Eine Arbeitsgemeinschaft der Verlage

Wilhelm Fink Verlag München
Gustav Fischer Verlag Jena und Stuttgart
Francke Verlag Tübingen und Basel
Paul Haupt Verlag Bern · Stuttgart · Wien
Hüthig Verlagsgemeinschaft
Decker & Müller GmbH Heidelberg
Leske Verlag + Budrich GmbH Opladen
J. C. B. Mohr (Paul Siebeck) Tübingen
Quelle & Meyer Heidelberg · Wiesbaden
Ernst Reinhardt Verlag München und Basel
Schäffer-Poeschel Verlag · Stuttgart
Ferdinand Schöningh Verlag Paderborn · München · Wien · Zürich
Eugen Ulmer Verlag Stuttgart
Vandenhoeck & Ruprecht in Göttingen und Zürich

Herbert Kuntze
Günter Roeschmann
Georg Schwerdtfeger

Bodenkunde

5., neubearbeitete und erweiterte Auflage

178 Abbildungen, 4 Farbtafeln
188 Tabellen

Verlag Eugen Ulmer Stuttgart

HERBERT KUNTZE, Prof. Dr., Leitender Direktor und Professor, geb. 1930. Studium der Agrarwissenschaft in Göttingen. 1957–1964 Grünlandlehranstalt und Marschversuchsstation für Niedersachsen, Infeld, 1964–1969 Staatliche Moorversuchsstation in Bremen, seit 1969 Leiter des Bodentechnologischen Instituts Bremen des Niedersächsischen Landesamts für Bodenforschung, 1970 apl. Professor an der Universität Göttingen, Lehrgebiet Boden- und Landeskultur. 1986–1993 Präsident der Deutschen Bodenkundlichen Gesellschaft.

GÜNTER ROESCHMANN, Prof. Dr., Direktor und Professor i. R., geb. 1925. Studium der Agrarwissenschaft in Kiel und Weihenstephan und der Geologie in Münster, von 1955–1990 am Niedersächsischen Landesamt für Bodenforschung in Hannover, 1962–1987 Lehrauftrag für Bodenkunde und Bodenkartierung an der Universität Münster; seit 1971 dort Honorarprofessor. 1978–1982 Vizepräsident der Deutschen Bodenkundlichen Gesellschaft.

GEORG SCHWERDTFEGER, Prof. Dr., geb. 1920. Studium der Agrarwissenschaft in Göttingen, 1950–1959 Sachbearbeiter, Lehrgangsleiter und Landw.-Lehrer bei den Landw.-Kammern Hannover und Weser-Ems, von 1959 bis 1985 Dozent an der Fachhochschule Nordost-Niedersachsen Fachbereich Bauingenieurwesen (Wasserwirtschaft und Kulturtechnik) in Suderburg.

Die Deutsche Bibliothek – CIP-Einheitsaufnahme

Bodenkunde : 188 Tabellen / Herbert Kuntze ; Günter Roeschmann ;
Georg Schwerdtfeger; – 5., neubearb. und erw. Aufl.
– Stuttgart : Ulmer, 1994
(UTB für Wissenschaft : Große Reihe)
4. Aufl. u.d.T.: Kuntze, Herbert: Bodenkunde
ISBN 3-8252-8076-4 (UTB)
ISBN 3-8001-2651-6 (Ulmer)
NE: Kuntze, Herbert; Roeschmann, Günter; Schwerdtfeger, Georg

© 1969, 1994 Eugen Ulmer GmbH & Co.
Wollgrasweg 41, 70574 Stuttgart (Hohenheim)
Printed in Germany
Lektorat: Nadja Kneissler
Herstellung: Ursula Stammel
Einbandgestaltung: Alfred Krugmann
Satz und Druck: Gulde Druck GmbH, Tübingen
Bindung: Ernst Riethmüller & Co. GmbH,
Stuttgart

ISBN 3-8252-8076-4 (UTB-Bestellnummer)

Vorwort

Zur 1. Auflage

Bodenkunde gehört zur Grundlagenforschung von Land-, Wald- und Gartenbau und ist im besonderen für eine zeitgemäße Bodennutzung und Bodenkultur eine unerläßliche Voraussetzung, nicht zuletzt auch für eine sinnvolle Landschaftsgestaltung einschließlich der Raumplanung. Sie selbst stützt sich auf verschiedene Wissensgebiete, vor allem auf Mineralogie, Geologie, Meteorologie, Physik, Chemie und Biologie.

Dieses Lehrbuch betont in erster Linie die angewandte Bodenkunde und stellt somit eine »Feldbodenkunde« dar. Es ist u. a. als Ergänzung der Vorlesungen über dieses Fachgebiet gedacht. Deshalb muß es an Stoff mehr bringen, als es der in seinen Vorträgen und Übungen zeitlich eingeengte Dozent vermag, und zwar auch aus den grundlegenden verwandten Disziplinen, ohne die man als Bodenkundler nicht auskommt. Um den Studierenden auf einer möglichst breiten naturwissenschaftlichen Grundlage verständnisvoll zum angestrebten Ziel zu führen, sind eingangs Geologie, Minera-logie und Bodeneigenschaften umfassender behandelt, als es in einschlägigen Lehrbüchern üblich ist.

So dürften nicht nur dem Studenten für Landbau, Gartenbau, Forstwirtschaft und Wasserwirtschaft, sondern selbst für das weitergehende bodenkundliche Studium in allen naturwissenschaftlichen Disziplinen vielfältige Anregungen zum selbständigen Wissenserwerb gegeben werden. Aber auch allen in Praxis, Lehre, Beratung und Verwaltung daran Interessierten und dafür Verantwortlichen vermittelt das Buch den neuesten Stand der Bodenkunde mit praxisnahen Empfehlungen zu ihrer Anwendung.

Die Autoren haben sich von Anfang an bei den ihnen jeweils zufallenden Kapiteln stetig ergänzt in dem Wunsch, eine zweckdienliche Gemeinschaftsarbeit vorzulegen.

Viele fördernde Fachgespräche sind vor allem mit maßgebenden Kollegen der Deutschen Bodenkundlichen Gesellschaft geführt worden. Ihnen und allen anderen, die uns fachkundigen Rat gegeben haben, sagen wir Dank.

Sommer 1969   Die Verfasser

Zur 5. Auflage

Mit der 4. Auflage des UTB-Taschenbuches Bodenkunde 1988 war wegen sprunghafter Zunahme bodenkundlichen Fachwissens ein für diese Reihe maximaler Umfang erreicht. Die notwendige Einbeziehung weiterer, neuer Fachkenntnisse insbesondere für den Bodenschutz sowohl der alten als auch der neuen Bundesländer machte die Übernahme in die große UTB-Reihe notwendig.

Zu der nun vorliegenden erweiterten 5. Auflage des Lehrbuches haben dankenswerterweise folgende Fachkollegen aktuelle Beiträge geliefert (siehe Inhaltsverzeichnis) bzw. an der Aktualisierung zahlreicher Kapitel mitgearbeitet: Prof. Dr. P. Felix-Henningsen/Münster, Prof. Dr. H. G. Frede/Gießen, Prof. Dr. K.-H. Oelkers/Hannover, Dr. W. Schäfer/Bremen sowie Frau Prof. Dr. B. Urban/Suderburg. Für diese kompetente Mitarbeit bedanken wir uns sehr.

Die bereits 1972 vom Europarat verfaßte Bodencharta hat für das zunehmende Umweltbewußtsein einen großen Beitrag geleistet. Aus dieser ist die Bodenschutzkonzeption der Bundesregierung und das Bodenschutzprogramm der Umweltministerkonferenz der Bundesländer erwachsen. Ein Bundesbodenschutzgesetz befindet sich in Vorbereitung, für Baden-Württemberg und Sachsen sind Landesgesetze bereits verkündet. Die dort aufgestellten Forderungen wurden in allen Abschnitten bei der Neubearbeitung dieser Auflage berücksichtigt. In breitem Umfang sind sie in den Abschnitten Bodeneigenschaften, Pedogenetische Prozeßkomplexe, Beschreibung der Bodentypen, insbesonre aber in dem wesentlich erweiterten Kapitel 4, Angewandte Bodenkunde, zu finden.

Die Kapitel über die Bodenarten (2.1.1) und die Bodensystematik (3.4.1) sind um wichtige Angaben zu den in der ehemaligen DDR erarbeiteten, in den neuen Bundesländern auch heute zunächst noch weiter benutzten Bodengliederungen ergänzt worden. Eine gemeinsame, neue deutsche Bodensystematik lag bei Redaktionsschluß noch nicht vor.

Für die Zeichnung zahlreicher neuer Abbildungen konnten wir wieder Frau Dipl.-Geogr. Brigitta Henzler/Trier gewinnen, der wir für ihre einfühlsame, gute Arbeit großen Dank schul-

den. Besonderen Dank möchten wir auch an dieser Stelle dem Verlag Eugen Ulmer mit seinem Inhaber Roland Ulmer sowie den Damen und Herren in Lektorat und Herstellung aussprechen für die stets konstruktive Zusammenarbeit und für die gute Ausstattung der nun größeren und mit Farbtafeln versehenen 5. Auflage des sich nicht nur an Studierende richtenden Lehrbuches einer anwendungsbetonten Bodenkunde. Wie bei den vorangegangenen Auflagen bitten wir unsere Leser wieder um fördernde Kritik.

Januar 1994   Die Verfasser

Inhaltsverzeichnis

Die in Klammern stehenden Namen der Hauptbearbeiter gelten jeweils für alle folgenden Kapitel bis zum nächsten Namen.

Einleitung

Die Bodenkunde als reine und anwendungsorientierte Naturwissenschaft

Die Bodenkunde ist heute in ihrem Grundlagenbereich eine Naturwissenschaft im Grenzgebiet zwischen den Geo- und Biowissenschaften und der Meteorologie. Der Boden selbst wird als eigener Naturkörper im Durchdringungsbereich zwischen Atmosphäre, Hydrosphäre, Biosphäre und Lithosphäre im weiteren Sinne verstanden. Er ist unter dem Einfluß der von diesen Sphären ausgehenden und der weiteren bodenbildenden Faktoren entstanden. Nach der Tiefe wird er in Bodenhorizonte mit unterschiedlichen Eigenschaften gegliedert.

Dies war nicht immer so. Zwar haben bereits vor 3000 Jahren z. B. die Chinesen und Ägypter, später auch die Griechen, die Böden nach ihrem Nutzwert beurteilt, erfaßt und Vorschläge für ihre Verbesserung erarbeitet. Dies geschah jedoch damals wie auch später – bis vor etwa 150 Jahren – fast ausschließlich für eine land- und gartenbauliche Nutzung (MÜCKENHAUSEN 1992). Die landwirtschaftlich ausgerichtete, angewandte Bodenkunde wurde auch »Agrogeologie« genannt (z. B. noch bei ALBRECHT THAER).

Im 19. Jahrhundert standen dann zunächst agrikulturchemische Fragen im Vordergrund bodenkundlich-naturwissenschaftlicher Forschungen, beginnend mit CARL SPRENGEL und JUSTUS VON LIEBIG. Als eigenes Fachgebiet ist die Bodenkunde erst 1862 in dem Lehrbuch von F. A. FALLOU »Pedologie oder allgemeine und angewandte Bodenkunde« bekannt geworden, wenn auch zunächst unter Betonung geologischer Gegebenheiten. Von 1878 bis 1898 veröffentlichte E. WOLLNY 20 Bände »Forschungen auf dem Gebiete der Agrophysik«, in denen zu vielen heute aktuellen bodenphysikalischen Fragen bereits grundlegende Aussagen gemacht worden sind.

Als Begründer der modernen Bodenkunde gilt W. W. DOKUTSCHAJEW, der 1883 das Werk »Die russische Schwarzerde« herausgab. Hierin wird erstmals auf die universelle Wirkung des Klimas und der Vegetation bei der Bodenbildung hingewiesen. Zehn Jahre später veröffentlichten in Deutschland E. RAMANN und in den USA E. W. HILGARD gleichzeitig Werke mit ähnlicher klimagenetischer Beschreibung und Gliederung der Böden. In RAMANNS Lehrbuch »Forstliche Bodenkunde und Standortslehre« wurden mehr die waldbaulichen, in HILGARDS Werk mehr die landwirtschaftlichen Aspekte betont. In dem 1906 von E. MITSCHERLICH herausgebrachten Bodenkunde-Lehrbuch stand die Pflanzenphysiologie im Vordergrund. Seit 1926 ist die Deutsche Bodenkundliche Gesellschaft mit ihren Organen »Zeitschrift für Pflanzenernährung und Bodenkunde« und den »Mitteilungen der Deutschen Bodenkundlichen Gesellschaft« Sammelbecken aller am Boden Interessierten. Aus diesen Grundlagen entwickelte sich dann – in den verschiedenen Ländern mit unterschiedlicher Systematik – die moderne, zunächst überwiegend genetisch ausgerichtete, horizontbezogene Bodenbetrachtung. Sie ist in Deutschland mit den Namen E. BLANCK und H. STREMME, seit 1950 u. a. mit W. L. KUBIENA, F. SCHEFFER, P. SCHACHTSCHABEL und E. MÜCKENHAUSEN verbunden. Auf ihren Arbeiten fußt auch die in diesem Buch dargestellte Bodensystematik.

Für das Gebiet der ehemaligen DDR wurde eine eigene Bodenklassifikation entwickelt, die jedoch großenteils auch die in Westdeutschland gebräuchlichen Bodentypen verwendete. In den entsprechenden Kapiteln des Buches wird auf wesentliche Unterschiede hingewiesen. Sie sind z. B. für die bodenkundliche Arbeit in den neuen Bundesländern und für Vergleiche mit den Böden in den alten Bundesländern von Bedeutung. An einer Vereinheitlichung wird gearbeitet.

Seit einiger Zeit sind Bestrebungen im Gange, diese pedogenetische Systematik mit der »Soil Taxonomy« der USA zu korrelieren. Sie betont zur Kennzeichnung und Abgrenzung der Bodeneigenschaften u. a. die chemischen und physikalischen Diagnosemerkmale. Das gleiche gilt für die internationale Bodennomenklatur der FAO (Food and Agricultural Organisation der

UN). Letzterer liegt die Legende der Weltbodenkarte der FAO zugrunde.

Die deutsche Bodensystematik stellt – wie auch der Inhalt dieses Buches zeigt – eine für wissenschaftliche wie praktische Zwecke gleichermaßen brauchbare Gliederung der mitteleuropäischen Böden dar. Sie läßt die Verflechtungen der Bodenkunde mit vielen anderen Nachbardisziplinen – wie z. B. Physik, Chemie, Biologie, Geologie, Geographie und Mineralogie/Petrologie – erkennen. Sie erleichtert sowohl die Abgrenzung der Böden in der Natur als auch die Anwendung bodenkundlicher Erkenntnisse in vielen Bereichen der Wissenschaft und Praxis (siehe auch Europäische Bodencharta, Kap. 4.5.3).

Bodenkundliche Gesellschaften

Die Mitglieder der Deutschen Bodenkundlichen Gesellschaft (DBG) können auch Mitglied sein in der Internationalen Bodenkundlichen Gesellschaft (IBG, International Society of Soil Science (ISSS), Association Internationale de la Science du Sol (AISS). Die 1924 gegründete IBG hat heute mehr als 7000 Mitglieder. Ihr sind 65 nationale Bodenkundliche Gesellschaften wie auch die DBG angeschlossen. Die IBG ist in sieben Kommissionen gegliedert:

I Bodenphysik, II Bodenchemie, III Bodenbiologie, IV Bodenfruchtbarkeit und Pflanzenernährung, V Bodengenetik, -Klassifikation und Kartographie, VI Bodentechnologie, VII Bodenmineralogie. Außerdem bestehen vier Subkommissionen mit den Themenbereichen Salzböden, Bodenmikromorphologie, Bodenerhaltung und Umwelt, Bodenzoologie. Aus der großen Zahl fachlicher Arbeitsgruppen seien folgende als Beispiele genannt: Digitalisierte internationale Boden- und Länderkarte; Waldböden; Informationssystem Boden- und Landbewertung; Paläopedologie; Pedotechnik; Fernerkundung und Bodenkartographie; Rhizosphäre; Boden- und Grundwasserverschmutzung. In fünf ständigen Komitees werden Fragen der Statuten der Gesellschaft, internationaler Forschungsprogramme, der Standardisierung, der Finanzen sowie der Bodenkundlerausbildung behandelt. Sitz der IBG ist Wien (Generalsekretär Prof. Dr. W. E. H. Blum, Institut für Bodenforschung, Universität für Bodenkultur, Gregor-Mendel-Straße 33, A-1180 Wien).

Die Deutsche Bodenkundliche Gesellschaft (DBG) ist im Prinzip ähnlich gegeliedert wie die IBG. Nach ihrer Gründung 1926 hießen die Kommission V z. B. noch »Bodengeologie«, die damals letzte Kommission VI »Bodenmeliora-tion«. Im Jahre 1935 erfolgte eine Neugliederung in acht Kommissionen: I Geologische Bodenkunde; II Landwirtschaftliche Bodenkunde; III Forstliche Bodenkunde; IV Gartenbauliche Bodenkunde; V Kulturtechnische Bodenkunde und VI Methodik der Bodenuntersuchung; VII Bodenkartierung; VIII Bodenkunde tropischer und subtropischer Länder. Bei der Neugründung der DBG am 7. 12. 1949 in Wiesbaden wurde dann die in der IGB-Gliederung aufgeführte Aufteilung der Gesellschaft in sieben Kommissionen beschlossen. Daneben bestehen fünf Arbeitsgruppen mit den Themenbereichen Bodenschutz; Bodennutzung in Wasserschutz- und -schongebieten; Bodenerosion; Informationssysteme in der Bodenkunde und Ungesättigte Bodenzone. Arbeitskreise der Kommission V behandeln die Themen Bodensystematik; Paläopedologie; Waldhumusformen und Urbane Böden, während der Arbeitskreis Waldböden zur Kommission II gehört. Die DBG hat z. Z. mehr als 2000 Mitglieder. Sitz der Gesellschaft ist Oldenburg (Geschäftsführer: Dr. P. Hugenroth, Wilhelmstraße 19, 26121 Oldenburg).

Die DBG führt im zweijährigen Turnus an wechselnden Orten große Jahrestagungen mit Fachexkursionen zur Förderung der Kenntnisse über die regionale Bodenkunde sowie über Nutzungs-, Verbesserungs- und Schutzprobleme der Böden durch. Zwischen den Jahrestagungen finden Sitzungen der Kommissionen, Arbeitsgruppen und Arbeitskreise zu Spezialthemen statt. Die vereinsinterne Unterrichtung der Mitglieder erfolgt durch die (unredigierten) Kurzfassungen von Referaten und Postern in den Mitteilungen der DBG (jährlich durchschnittlich 3–4 Bände à 300 Seiten). Organ der DBG ist die Zeitschrift für Pflanzenernährung und Bodenkunde (jährlich 6 Hefte). Hierin werden nur Originalarbeiten nach Begutachtung publiziert.

Deutsche Bodenkundliche Ausbildungsstätten (Lehr- und Prüfungsfach)

1. Universitäten (U) und Technische Universitäten (TU)

Ort	*Fachbereiche*
Kiel (U)	Agrarwissenschaften, Geographie
Rostock (U)	Agrarwissenschaften, Landeskultur
Hamburg (U)	Geoökologie
Bremen (U)	Geoökologie
Oldenburg (U)	Naturwissenschaften
Berlin (TU, U)	Landespflege, Agrarwissenschaften, Gartenbau, Bauingenieurwesen
Braunschweig (U)	Bauingenieurwesen
Hannover (TU)	Bauingenieurwesen, Geographie, Gartenbau, Landespflege
Münster (U)	Geographie, Geoökologie
Bonn (U)	Agrarwissenschaften, Geodäsie
Göttingen (U)	Agrarwissenschaften, Forstwissenschaften, Geographie
Halle/S. (U)	Agrarwissenschaften
Leipzig (U)	Geographie
Dresden (TU)	Bauingenieurwesen
Tharandt (TU)	Forstwissenschaften
Gießen (U)	Agrarwissenschaften, Geographie
Trier (U)	Geographie
Frankfurt (U)	Geographie
Karlsruhe (TU)	Geographie, Geoökologie, Bauingenieurwesen
Stuttgart-Hohenheim (U)	Agrarwissenschaften, Agrarbiologie
Bayreuth (U)	Geoökologie
Freising-Weihenstephan (TU)	Agrarwissenschaften, Landespflege
München (TU)	Bauingenieurwesen, Geodäsie, Forstwissenschaften
Freiburg im Breisgau (U)	Forstwissenschaften

2. Gesamthochschulen (GH) und Fachhochschulen (FH)

Ort	*Fachbereiche*
Eckernförde (FH)	Bauingenieurwesen
Rendsburg (FH)	Landbau
Nordost-Niedersachsen/ Suderburg (FH)	Bauingenieurwesen (Wasserwirtschaft, Umwelttechnik)
Osnabrück (FH)	Landbau, Gartenbau, Landespflege
Göttingen (FH)	Forstwissenschaften
Paderborn/Höxter (GH)	Landespflege, Umwelttechnik
Soest (GH)	Landbau
Essen (GH)	Landespflege
Siegen (FH)	Bauingenieurwesen
Kassel/Witzenhausen (GH)	Landbau
Geisenheim (FH)	Wein- und Gartenbau, Landespflege
Bad Kreuznach (FH)	Landbau
Nürtingen (FH)	Landbau, Landespflege
Freising-Weihenstephan/ Triesdorf (FH)	Landbau, Gartenbau, Landespflege

Verzeichnis der Abkürzungen

Nachstehende Abkürzungen werden aus Gründen der textlichen Straffung häufig verwendet. Nicht aufgeführt sind jedoch solche, die als Fachausdrücke und Begriffe genormt und damit allgemein gebräuchlich sind. Sie sind über das Sachregister zu finden.

Symbol	steht als Abkürzung für		
A	Abfluß, Abflußhöhe	Ld	Lagerungsdichte
a	Jahr (annum), jährlich	LF	Landwirtschaftliche Nutzfläche
a (Index)	aktuell	LK	Luftkapazität
AHL	Amonium-Harnstoff-Lösung	LV	Luftvolumen
CAL	Calciumlactatlösung	Me	Metallkation
d	Tag (day), täglich	m	Mittleres/er
D	Äquivalentdurchmesser	%mas	Gew.%
DE	Dungeinheit	%vol	Vol.%
DS	Diffusionskoeffizient	mT	mittlere Temperatur
e (Index)	effektiv	NAV	Natriumadsorptionsverhältnis
EKP	Elektrokinetisches Potential	NSG	Naturschutzgebiet
ET(als		nFK	nutzbare Feldkapazität
Index: et)	Evapotranspiration	o. S.	organische Substanz
ESP	Exchangable Sodium Percentage	p	Potential, potentiell (als Index)
FK	Feldkapazität	PSM	Pflanzenschutzmittel
Fl	Flur	PV	Porenvolumen
GF	Gesamtfläche	ROP	Redoxpotential
GOF	Geländeoberfläche	SM	Schwermetall
GPV	Gesamtporenvolumen	Thw	Tidehochwasser
GVE	Großvieheinheit	Tnw	Tideniedrigwasser
GW	Grundwasser	TM	Trockenmasse
hk	kapillare Hubhöhe	Tr. S.	Trockensubstanz
IEP	Isoelektrischer Punkt	u.	unter (Fl, GOF)
KA	Kartieranleitung	V	Verdunstung(shöhe)
KS	Klärschlamm	vFK	verfügbare Feldkapazität
K, k	Konstante, konstant	We	effektive Durchwurzelung
kf	Durchlässigkeitsbeiwert, gesättigt	WK	Wasserkapazität
ku	Durchlässigkeitswert, ungesättigt	WS	Wassersäule
KW	Kohlenwasserstoffe	WSG	Wasserschutzgebiet
KWB	klimatische Wasserbilanz	WV	Wasservolumen

1 Geowissenschaftliche Grundlagen

1.1 Die Erde als Planet

Vor etwa 6 Milliarden Jahren hat sich die Erde, wie auch die anderen acht Planeten unseres Sonnensystems, vermutlich durch Zusammenballungen von kalter kosmischer Materie gebildet. Diese bereits 1755 von KANT und 1796 von LAPLACE vorgelegte Nebular-Theorie hat heute in abgewandelter Form wieder an Bedeutung gewonnen. Aus geophysikalischen Tiefensondierungen geht hervor, daß die Erde einen schaligen Aufbau besitzt (Abb. 1). Über einem *Erdkern* von etwa 6950 km ⌀ folgen der *Erdmantel* (2840 km), die relativ dünne *Erdkruste* (5 bis 60 km), deren Oberflächenvertiefungen häufig mit Wasser gefüllt sind (Hydrosphäre), und die *Lufthülle* (Atmosphäre, Abb. 2).

Im Planetensystem unserer Sonne ist die Erde der drittnächste Planet zur Sonne. Sie bewegt sich in 365 Tagen mit einer Geschwindigkeit von etwa 30 km/s auf einer kreisähnlichen Ellipse einmal um die Sonne, die in einem der beiden Brennpunkte steht. Die Erde stellt ein an den Polen nur wenig abgeplattetes Rotationsellipsoid dar, das in Anbetracht der ungleichen Verteilung von Land und Meer auch als »Geoid« bezeichnet wird. Sie dreht sich in 24 Stunden in west-östlicher Richtung einmal um ihre Achse, die um 66° 33' gegen die Erdbahn geneigt ist (Ekliptik). Die Rotationsgeschwindigkeit beläuft sich am Äquator auf 465 m/s. Die Rotationsachse der Erde entspricht nicht genau der Symmetrieachse des Geoids und bewegt sich spiralförmig auf einem Kegelmantel. Am Äquator betragen der Erdumfang etwa 40 000 km, der Erdradius 6378 km. Bei einer Oberfläche von 510×10^6 km^2 beträgt das Gesamtvolumen der Erde etwa 1083×10^{12} km^3. Die durch Schwerkraft bedingte Fallbeschleunigung ist im Mittel $9,81$ m $\cdot$ s^{-2}. Das im Erdmittelpunkt liegende magnetische Kraftfeld der Erde besitzt zwei Pole, die mit den Rotationspolen des Geoids nicht übereinstimmen. Daraus ergibt sich eine Abweichung der Kompaß-Magnetnadel von der geographischen Nord-Süd-Richtung, die als magnetische Mißweisung oder Deklination bezeichnet wird.

1.1.1 Atmosphäre

Die Gashülle unseres Planeten ist eine der wichtigsten Voraussetzungen für das Leben auf der Erde. Sie entstand bereits in frühen Stadien der Erdgeschichte durch Exhalationen aus oberflächlich erkaltenden Gesteinen. In dieser Uratmosphäre herrschten vermutlich CO_2, NH_3 und CH_4 vor. Die Gase werden durch die Schwerkraft am Entweichen in den Weltraum gehindert. Die heutige Atmosphäre zeigt bis in etwa 110 km Höhe aufgrund von Durchmischung eine relativ homogene Gaszusammensetzung aus durchschnittlich 21 %vol Sauerstoff, 78 %vol Stickstoff, 0,9 %vol Argon, 0,03 %vol Kohlendioxid, Spuren von Wasserstoff und weiteren Edelgasen sowie wechselnden Mengen an

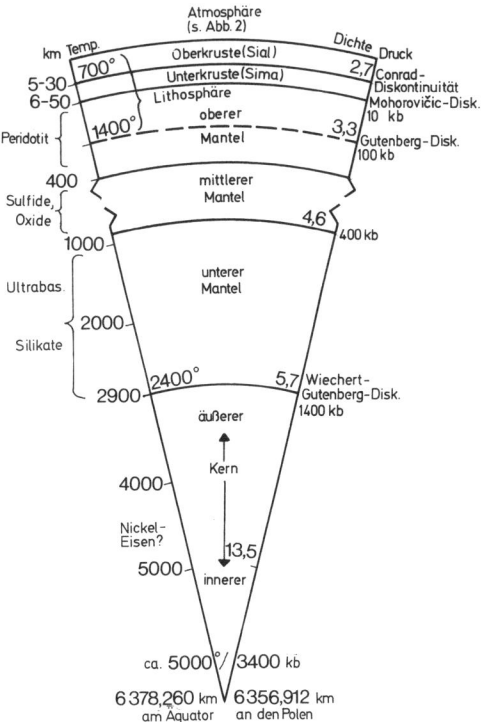

Abb. 1. Schalenaufbau des Erdkörpers (in Anlehnung an BRINKMANN 1990 und RICHTER 1986).

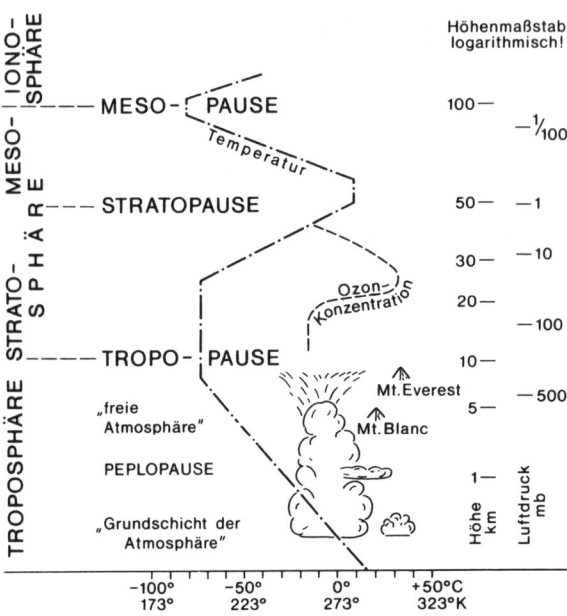

Abb. 2. Schematische Stockwerkgliederung der Atmosphäre (nach WEISCHET 1988, verändert).

Staub, Rauch, Ruß und vor allem an Wasserdampf.

Gegliedert nach dem vertikalen Temperaturverlauf unterteilt man die Atmosphäre in verschiedene Stockwerke (Abb. 2). Den unteren Teil bis in 8 km (Pol) bzw. 17 km Höhe (Äquator) bildet die für das Wettergeschehen besonders wichtige Troposphäre, in der sich die Wolken- und Niederschlagsbildung vollzieht (siehe Kap. 1.3.2.1 und 3.1.3). In ihr herrscht durch vertikalen und horizontalen Austausch starke Durchmischung, die Temperatur nimmt mit der Höhe im Mittel um 0,5 bis 0,7 °C pro 100 m ab (geometrischer Temperaturgradient). Die Obergrenze der Troposphäre bildet die Tropopause. Vor allem in mittleren Breiten verlaufen um den Erdball in diesem Niveau wellenförmige, stürmische Strahlströme (Jetstreams) mit Windgeschwindigkeiten bis zu 400 km pro Stunde von West nach Ost, die in ihrem Bereich auch das Wettergeschehen in der Troposphäre steuern.

In der sich anschließenden, praktisch wolkenfreien Stratosphäre findet keine Temperaturabnahme mehr statt, es herrschen bis in etwa 30 km Höhe Temperaturen von −50 bis −60 °C vor. Der Grenzbereich (Stratopause) zwischen der kalten Stratosphäre und der dann folgenden Mesosphäre wird von einer ozonhaltigen Schicht gebildet. Unter Einwirkung energiereicher kurzwelliger Strahlung von der Sonne wird durch Photodissoziation des Sauerstoffs (O_2)

und Rekombination zu Ozon (O_3) eine Ozonschicht gebildet, die den größten Teil der gefährlichen UV-Strahlung absorbiert, einhergehend mit einer Erwärmung auf bis zu 50 °C in 50 km Höhe. Ohne diesen Filter würde alles Leben auf dem Festland ausgelöscht.

In den letzten Jahren wurde eine Abnahme des Ozongehalts in der oberen Stratosphäre, insbesondere über der Antarktis (Ozonloch), um 0,3 bis 0,4% jährlich gemessen. Diese Reduktion der Ozonschicht wird durch Emissionen verschiedener halogenierter Kohlenwasserstoffe (FCKW, Fluorchlorkohlenwasserstoff) hervorgerufen, die wegen ihrer langen Lebensdauer in der Stratosphäre angereichert werden und durch photochemische Prozesse einen Ozonabbau verursachen. Die wichtigsten FCKW-Quellen sind Treibgase sowie Kühl-, Verschäumungs- und Reinigungsmittel, so daß durch den Einfluß menschlicher Aktivitäten ein Umweltproblem von globalem Ausmaß entstanden ist.

Im Anschluß an die Stratopause folgt die Mesosphäre, in der die Temperatur wieder auf etwa −80 °C in 80 km Höhe (Mesopause) abnimmt. Weiter oberhalb steigt die Temperatur in der Thermosphäre (auch Ionosphäre) durch Ionisation von Gasmolekülen, vor allem molekularem Sauerstoff, rasch an und kann in 300 km Höhe Werte von 1000 °C erreichen. Nach oben geht die Thermosphäre kontinuierlich in die Exosphäre und unter ständiger Verdünnung und abnehmender Dichte in den Weltraum über.

1.1.2 Hydrosphäre

Im Vergleich zur Größe des festen Erdkörpers stellt die Wasserhülle der Erde nur eine dünne, leicht bewegliche, die Vertiefungen der Erdoberfläche ausfüllende Sphäre dar, aus der die Festländer herausragen. Mit 361 Mio. km^2 bedeckt das Wasser rund 71% der Erdoberfläche. Mehr als 97% (1350×10^9 km^3) der gesamten Wassermengen der Erde entfallen auf die Ozeane, der größte Teil des Restes auf die Gletscher. Das Wasser der Seen und Flüsse, das Grundwasser und juvenile Wasser sowie das in der Biomasse und der Atmosphäre vorhandene Wasser ist zwar mit 0,3% mengenmäßig unbedeutend. Es stellt jedoch für das Leben auf dem Festland sowie für die Vorgänge der Bodenbildung, Verwitterung, Verlagerung und Sedimentation eine der wichtigsten Voraussetzungen dar.

Bei einer mittleren Dichte von 1,027 (bei 0 bis 15 °C) enthält das Meerwasser im Durchschnitt 3,5% gelöste Salze. NaCl ist mit 77% darin am stärksten vertreten. Es folgen 11% $MgCl_2$; 4,74% $MgSO_4$; 3,6% $CaSO_4$; 2,46% K_2SO_4. Der Gehalt an $CaCO_3$ ist mit 0,35% relativ gering. Insgesamt wurden im Meerwasser nahezu 50 Elemente nachgewiesen. Für die Lebensvorgänge im Meer sind vor allem die Gehalte an N, P und Si in Form ihrer Verbindungen (z.B. Nitrate, Nitrite, Ammoniak, organisch gebundener Stickstoff, Phosphate und Silikate) von Bedeutung. Die Wassertemperaturen schwanken in Abhängigkeit von den Klimazonen der Erde und der Meerstiefe erheblich ($+35$ bis -3 °C). Die vielfältigen Meeresströmungen haben unterschiedliche Ursachen. Außer windbedingten, oberflächennahen (max. 100 bis 200 m/h^{-1}) Driftströmen, wie z.B. den passatabhängigen Nord- und Südäquatorial-Strömen, sind durch Dichte-Unterschiede (Temperatur und Salzgehalt) des Meereswassers bedingte Tiefenströme verbreitet, durch die erhebliche mineralische Materialmengen transportiert werden. Für die Küstenformung haben schließlich die *Tiden*- oder Gezeitenströme der Meere große Bedeutung, die durch die Anziehungskräfte (Gravitation) des Mondes und – zum kleineren Teil – der weit entfernten Sonne sowie durch Fliehkräfte auf der abgewandten Seite der Erde hervorgerufen werden.

Die in den Gletschern besonders der Polregionen gebundenen Wassermassen sind im Vergleich zur gesamten Hydrosphäre gering. Durch Abschmelzen in wärmeren Perioden der Erdgeschichte und erhöhte Wasserbindung in Kaltzeiten bewirkten sie jedoch u. a. Meeresspiegelschwankungen von z. T. mehr als 100 m, die besonders an flachen Küsten erhebliche Landverluste bzw. -gewinne zur Folge hatten. So war z. B. während der letzten Eiszeit das Gebiet zwischen der heutigen Nordseeküste und der Doggerbank landfest, da der damalige Meeresspiegel zeitweilig mehr als 100 m tiefer lag als heute.

Für die Bodenkunde ist besonders der als Grundwasser und Bodenwasser vorliegende Teil der Hydrosphäre von Bedeutung. Auf die damit zusammenhängenden Fragen wird in mehreren späteren Kapiteln eingegangen.

1.1.3 Biosphäre

[handschriftlich: → größtes Ökosystem]

Die Biosphäre umfaßt eine dünne Oberflächenschicht der festen Erdkruste, die Binnengewässer und den belebten Teil der Weltmeere. Da sie die Gesamtheit der von Lebewesen besiedelten Teile der Erde einbezieht, sind auch die unteren Bereiche der Atmosphäre bis zu etwa 150 m Höhe dazuzurechnen (siehe Kap. 1.1.1).

Nur im Bereich der Biosphäre kommt es zur Ausbildung von Ökosystemen. In allen Ökosystemen reguliert sich das von Lebewesen (Biozönose) und deren anorganischer Umwelt (Biotop) gebildete Wirkungsgefüge weitgehend selbst. Das umfangreichste und mannigfaltigste Ökosystem ist die gesamte Biosphäre. Sie ist wie alle in ihr ausgebildeten Ökosysteme mehr oder minder ausschließlich auf die Sonnenstrahlung als Energiequelle angewiesen. Da auch aus jedem Ökosystem Energie abfließen kann, sind alle Ökosysteme offene Systeme. Durch Photosynthese gebundene und damit auch für andere Lebewesen nutzbar gemachte Energie wird letzten Endes als ungenutzte Atmungswärme wieder aus dem Ökosystem abgegeben. Das kann nicht als Energiekreislauf, sondern nur als Energie(durch)fluß betrachtet werden. Dagegen kommt es für einzelne Stoffe wie Stickstoff, Schwefel und Kohlenstoff zu Kreisläufen (siehe Kap. 2.3).

ELLENBERG hat 1973 einen Vorschlag für eine Hierarchie der Ökosysteme vorgelegt. Er stellt den natürlichen oder naturnahen die urbanindustriellen Ökosysteme gegenüber. Diese hängen von den vom Menschen erschlossenen, zusätzlichen Energiequellen wie Kohle, Erdöl und Atomkraft ab, wenn sie auch in engen Wechselbeziehungen zu den naturnahen Ökosystemen stehen und mit diesen durch Übergänge verbunden sind.

Die Mega-Ökosysteme des marinen und limnischen Bereichs (Gewässer) unterscheiden sich grundsätzlich von den Landökosystemen. Nur bei letzteren kommt es durch fortdauernde Dynamik zu immer neuen Formen der Bodenbildung. Auf solchen Standorten wachsen autotrophe Pflanzen mit viel Biomasse und relativ langsamem Umsatz. Dies führt in den Böden zur Humusanreicherung (siehe Kap. 2.1.3.1). In der Hierarchie der Ökosysteme lassen sich die Makro-Ökosysteme (z.B. Wälder) weiter in Meso-Ökosysteme aufteilen, die als grundlegende Typen der Klassifikation dienen. Als Beispiel für ein derartiges, weitgehend einheitliches Mesosystem wird der kältekahle Laubwald der feuchtgemäßigten Klimagebiete (Abb. 16) mit der Bodenzone der Braunerden (Cambisole und Luvisole) (Abb. 137) genannt.

Die von ELLENBERG vorgeschlagene weitere Unterteilung ermöglicht die Erfassung von Unterschieden, die z.B. bei Mikro-Ökosystemen durch die Höhenlage und bei Nano-Ökosystemen durch Wechsel im Wasserhaushalt bedingt sind. Da fast jedes Ökosystem aus mehreren Schichten oder sonstigen Teilsystemen besteht, ist eine befriedigende Systematik mindestens ebenso schwierig wie die Systematik der Bodengesellschaften. Solche Teilsysteme sind z.B. die Streuauflage mit dem davon beeinflußten Ah-Horizont in einem Wald, eine auf besonderem Substrat inselartig angesiedelte Lebensgemeinschaft (Moos-, Farn- und Pilzbewuchs auf älterem Holz) oder einjährige Begleitpflanzen in Hackfrucht- und Getreideäckern.

Um Stoff- und Energieflüsse für einen Standort zu erfassen, ist eine vertikale und horizontale Aufteilung der Biosphäre in einzelne Kompartimente erforderlich. Dabei müssen z.B. Einträge schon über der Oberfläche des Kronenraumes erfaßt werden. In den Beständen ist nach Baum-, Strauch-, Kraut- und Moosschicht und im Boden nach Streuauflage, Bodenoberfläche, Oberboden, Intensiv- und Extensivwurzelraum und Sickerwasseraustritt im Unterboden zu unterscheiden. Neben diesen horizontal angeordneten Kompartimenten sind in der Biosphäre auch im Boden oft laterale Flüsse bis zur Entfernung von mehreren Kilometern vorhanden, während Oberflächenabflüsse fast stets derartige Entfernungen durchlaufen. Dadurch ergibt sich bei Untersuchungen von Ökosystemen eine sehr große Zahl von Einzelmeßstellen. Beispielhafte Untersuchungen sind für Waldökosysteme im Solling (ULRICH et al. 1979) und für Ackerflächen im Harzvorland (ROHDENBURG und BORK 1985) durchgeführt worden.

Um die Vielzahl der in der Biosphäre wirksamen Einzelfaktoren in ihrem dynamischen Zusammenwirken zu erfassen, ist eine sinnvolle Gliederung erforderlich. Dies erfolgt für das Ökosystem Boden durch Angaben über seinen Wasser-, Luft-, Wärme- und Nährstoffhaushalt (siehe Kap. 2.5).

1.1.4 Lithosphäre

Die aus den uns bekannten Gesteinen aufgebaute, etwa 60 bis 200 km dicke *Lithosphäre* (Abb. 1) weist ein ungleichmäßiges Oberflächenrelief auf. Aus der *hypsometrischen Kurve*

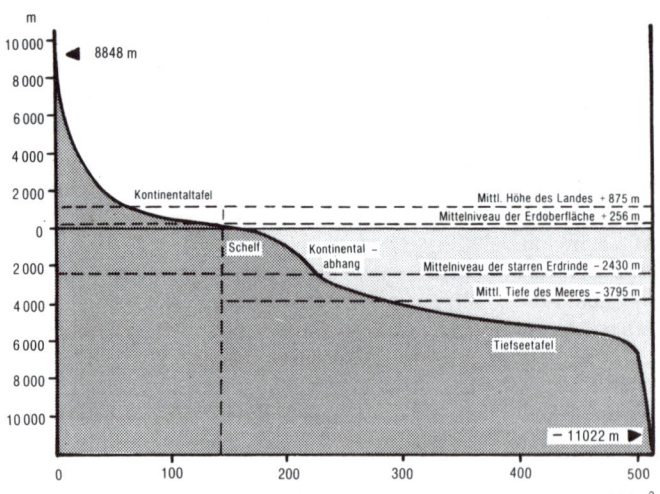

Abb. 3. Hypsometrische Kurve (nach KOSSINNA 1923, verändert).

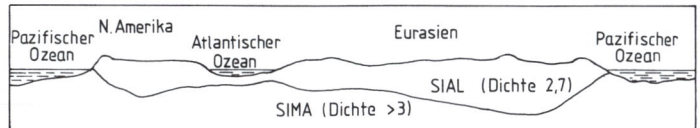

Abb. 4. Schnitt durch die Erdkruste (nach SCHWEGLER et al. 1969).

(Abb. 3) läßt sich ablesen, daß der Tiefseeboden mit Meerestiefen zwischen 4000 m und 5700 m unter NN den größten Flächenanteil aufweist, gefolgt von den durchschnittlich bis in etwa 900 m Höhe über NN aufsteigenden Kontinentaltafeln einschließlich der bis in etwa 200 m unter NN hinabreichenden *Schelfgebiete*, zu denen z. B. die Nordsee gehört. Die gesamte Landmasse der Erde mit ihren sechs *Kontinenten* Eurasien, Nord- und Südamerika, Afrika, Antarktis und Australien sowie den zahllosen großen und kleinen Inseln nimmt nur 29% der gesamten Erdoberfläche ein. Zu den als »*Kontinentalhang*« bezeichneten Höhenstufen der hypsometrischen Kurve gehören auch die höheren Lagen der zahlreichen untermeerischen Gebirgszüge, deren Gipfel örtlich als Inseln aus dem Meer herausragen.

Der obere Teil der Lithosphäre, die *Erdkruste* (Abb. 1), besitzt nur eine relativ sehr geringe, etwa zwischen 5 und 60 km wechselnde Mächtigkeit, die in einem Erdmodell von 1 m Durchmesser nur 0,3 bis 4,7 mm dick wäre. Da die tiefsten Erdschächte etwa 3000 m tief sind und man mit Tiefbohrungen – im nördlichen Rußland – bisher bis in maximal 12 000 m Tiefe vorgedrungen ist, können die Gesteine der Erdkruste auch nur bis zu dieser Tiefe direkt untersucht werden. Die petrographische und chemische Zusammensetzung der tieferen Schichten der Erdkruste, des Erdmantels oder gar des Erdkerns kann nur durch indirekte Schlußfolgerungen und Berechnungen, z. B. aus geophysikalischen Meßdaten, ungefähr abgeschätzt werden.

Die Erdkruste läßt sich nach den heutigen Kenntnissen in zwei Teile gliedern: die kontinentale *Oberkruste* besteht aus der Sedimentgesteins-Decke und dem Grundgebirge mit überwiegend magmatischen und metamorphen Gesteinen granodioritischer Zusammensetzung (»Granit-Schale«) und hohen Gehalten an Silicium (Si) und Aluminium (Al). Sie wird daher auch als »Sial« bezeichnet (Abb. 4) und besitzt in der Regel eine Mächtigkeit zwischen 5 und 30 km. Ihre Untergrenze bildet die sog. *Conrad-*

Diskontinuität, eine Unstetigkeitsfläche, die durch einen raschen Anstieg der Geschwindigkeit von Erdbebenwellen gekennzeichnet ist und zur Unterkruste überleitet.

Im Gebiet der Weltmeere ist die Oberkruste sehr geringmächtig oder fehlt gänzlich, so daß die *Unterkruste* oberflächlich ansteht. Sie wird daher auch als »ozeanische Kruste« bezeichnet. Ihre gabbroide Zusammensetzung läßt erkennen, daß hier – im sog. »Sima« – neben Silicium besonders an Magnesium (Mg) und an Eisen (Fe) reiche Gesteine vorherrschen. Ihre mittlere Dichte beträgt etwa 3,0. Die Unterkruste hat eine Dicke von 6 bis 50 km. Ihre Untergrenze zum Erdmantel ist durch einen weiteren sprunghaften Anstieg der Erdbebenwellen-Geschwindigkeit, die sog. *Mohorovičić-Diskontinuität*, gekennzeichnet.

Die Temperatur nimmt in der Erdkruste von oben nach unten zu und erreicht in etwa 60 km Tiefe schätzungsweise 1000 °C. Sie nimmt im Mittel etwa 3 °C je 100 m (bzw. 1 °C/33 m) zu. Diese mittlere »*Geothermische Tiefenstufe*« schwankt z. B. in Abhängigkeit von der Wärmeleitfähigkeit der Gesteine, ihrer unterschiedlichen radioaktiven oder vulkanischen Aufhei-

Tab. 1. Mittlere Zusammensetzung der Erdkruste bis in 16 km Tiefe

Element	Symbol	% mas	Element	Symbol	% mas
Sauerstoff	O	46,46	Wasser-		
Silicium	Si	27,61	stoff	H	0,14
Alumi-			Phosphor	P	0,12
nium	Al	8,07	Kohlen-		
Eisen	Fe	5,06	stoff	C	0,09
Calcium	Ca	3,64	Mangan	Mn	0,09
Natrium	Na	2,75	Schwefel	S	0,06
Kalium	K	2,58	Übrige		
Magne-			Elemente		0,92
sium	Mg	2,07			

zung sowie der Entwicklung chemischer Reaktionswärme bei der Inkohlung etwa zwischen 9 °C und 90 °C Erwärmung auf je 1000 m Tiefenzunahme.

Die mittlere chemische Zusammensetzung der Erdkruste geht aus Tab. 1 hervor. Sie zeigt, daß nur wenige Elemente des periodischen Systems mit wesentlichen Anteilen an ihrem Aufbau beteiligt sind, darunter die als Pflanzennährstoffe bekannten Elemente Ca, Na, K, Mg, Mn, P und S.

Die Erdkruste ist nicht starr und unbeweglich. Sie wird durch Vorgänge der exogenen und besonders der endogenen Dynamik ständig langsam umgestaltet (siehe Kap. 1.3.1.1).

Im Schalenaufbau der Erde folgt unter der dünnen Erdkruste der *Erdmantel*. Sein oberer Teil wird nach unten durch eine Zone mit Geschwindigkeitsumkehr der Erdbebenwellen *(Gutenberg-Diskontinuität)* begrenzt. Sie liegt unter den Ozeanen in etwa 60 km, unter den Kontinenten in etwa 100 bis 200 km Tiefe und entspricht vermutlich der Aufschmelzungszone der festen Gesteine. Erdkruste und basaltisch-peridotitisch zusammengesetzter oberer Erdmantel werden daher zur Lithosphäre zusammengefaßt, die in dem angeführten Erdmodell von 1 m Durchmesser etwa 1,5 cm dick wäre.

1.1.5 Erdinneres

Über die stoffliche Zusammensetzung und Gliederung des Erdinnern gibt es mehrere Hypothesen, denen jedoch die Anerkennung des Schalenaufbaues in Kruste, Mantel und Kern gemeinsam ist (Abb. 1). Als untere Begrenzung des *Erdmantels* wird im allgemeinen die Zone der *Wiechert-Gutenberg-Diskontinuität* in etwa 2900 km Tiefe angesehen, in der die Geschwindigkeit der P-Wellen von 13,64 km/sec auf 8,1 km/sec abfällt und die Dichte von 5,7 g/cm^2 auf 9,4 g/cm^2 ansteigt. Für den mittleren und unteren Mantel wird von vielen Forschern eine peridotitische Materie angenommen, die nach der Tiefe zu bei ansteigendem Druck- und Temperaturgradienten zunehmend in Form von Hochdruck-Modifikationen ultrabasischer Gesteine vorliegen soll.

Der Aufbau und die Zusammensetzung des *Erdkernes* ist weitgehend unbekannt. Aufgrund geophysikalischer Messungen und Berechnungen wurden verschiedene Hypothesen aufgestellt. Weit verbreitet ist die u. a. aus der Zusammensetzung von Meteoriten abgeleitete Auffassung, daß der Erdkern aus metallischem Nickel und Eisen besteht, denen Silikate des Eisens und Magnesiums beigemengt sind. Nach einer anderen Hypothese sind im Erdkern ähnliche Mineralarten wie in der Kruste, jedoch in dichterer Gitterbindung vorhanden.

Schätzungen der Temperaturen im inneren Erdkern schwanken zwischen 2000 °C und 20000 °C. Wahrscheinliche Werte liegen zwischen 3000 °C und 5000 °C. Der Druck soll im Erdmittelpunkt mehr als 3500 kbar (= 3,5 Mio. Atmosphären) betragen. Auch über den Aggregatzustand der Materie im Erdkern ist keine sichere Aussage möglich.

1.2   Minerale

1.2.1   Kristallaufbau

Unsere Erde ist in ihren obersten Schichten aus Gesteinen aufgebaut. Diese bestehen aus chemischen Verbindungen oder Elementen und werden als *Minerale* bezeichnet. Wie bei aller Materie bilden Atome deren kleinste, mit chemischen Mitteln nicht weiter zerlegbare Einheiten. Die physikalischen und chemischen Eigenschaften jedes Elements werden durch einen fast die gesamte Masse des Atoms enthaltenden, elektrisch positiv geladenen Atomkern und die ihn in einer schalenförmig umgebenden Atomhülle angeordneten, elektrisch negativ geladenen Elektronen bestimmt.

Durch Veränderung der auf der äußersten Elektronenschale befindlichen, normalen Elektronenzahl entstehen *Ionen*. Sie sind nach außen hin nicht elektrisch neutral. *Anionen* besitzen durch Elektronenüberschuß eine negative Ladung. Sie wandern in einem elektrischen Feld zur Anode. *Kationen* sind dagegen durch einen Elektronenunterschuß positiv geladen und werden daher von der Kathode angezogen. Wenn positiv oder negativ geladene Atome zu kleineren oder größeren Molekülen gehören, so werden diese Moleküle zu Ionen.

Den Vorgang der Ionenbildung durch Abtrennung eines oder mehrerer Elektronen von einem neutralen Körper bzw. Anlagerung an einen neutralen Körper bezeichnet man als *Ionisation*. Je nach Anzahl der überschüssigen oder fehlenden Elektronen spricht man von einfach, zweifach, dreifach usw. geladenen Ionen. In der Chemie werden sie als einwertige [z.B. Na$^+$, Cl$^-$), zweiwertige (z.B. Ca^{2+}, CO$_3$$^{2-}$), dreiwertige (z. B. Al^{3+}), vierwertige (z. B. SiO_4^{4-}) Ionen bezeichnet. Minerale, deren einzelne Bausteine (Atome, Ionen) in einer bestimmten, immer wiederkehrenden Anordnung im Raum verteilt sind, bezeichnet man als *Kristalle*. In diesen sind die Bausteine geometrisch regelmäßig in drei räumlich verschiedenen Richtungen angeordnet. Dieser Aufbau fester Körper wird als Kristallgitter bezeichnet. *Minerale* sind spezielle Gruppen von Kristallarten, die als chemische und physikalisch einheitliche Bestandteile die feste Erdrinde bilden. *Gesteine* sind Aggregate von Mineralien (Mineralgesellschaften), die in fester, felsartiger oder in lockerer Anordnung und Form auftreten können.

Um sich einen Begriff von der Anzahl der Kristallbausteine und ihren Größenordnungen im Raum zu machen, stellt man sich die Teilung eines Würfels von 1 cm Kantenlänge um jeweils eine Zehner-Potenz vor (Tab. 2). Die kleinste Einheit im metrischen System ist ein Picometer (pm) = 10^{-12} m. Atome haben Durchmesser zwischen 36 und 300 pm. Daher ist in der Tab. 2 eine Aufteilung bis zur Kantenlänge von 100 pm = $1 \cdot 10$ nm^{-1} (Nanometer) vorgenommen worden. Dieser Wert entspricht im alten Maßsystem einem Ångström, Kurzzeichen Å. Vom Zentimeter bis 100 Picometer ergeben sich bei der Würfelaufteilung acht Potenzschritte. Da bei jeder dieser Teilungen aus einem Würfel 10^3 neu entstehen, sind nach acht Teilungsschritten insgesamt 10^{24} Würfel mit je 100 pm Kantenlänge vorhanden. Damit wird deutlich, welche im-

Tab. 2. Vergrößerung der Oberfläche bei Aufteilung eines Würfels von 1 cm Kantenlänge

Kantenlänge	Anzahl der Würfel	Gesamtoberfläche
1 cm Zentimeter	$1 = 10^0$	6 cm^2
1 mm Millimeter	10^3	60 cm^2
0,1 mm	10^6	600 cm^2
0,01 mm	10^9	6000 cm^2
1 µm = 0,001 mm Mikrometer	10^{12}	6 m^2 = 60000 cm^2
0,1 µm	10^{15}	60 m^2
0,01 µm	10^{18}	600 m^2
1 nm = 0,001 µm Nanometer	10^{21}	6000 m^2
0,1 nm = 100 Picometer (pm)	10^{24}	6 ha = 60000 m^2

mens große Fläche die Summe der Oberflächen der Elektronenschalen in einem Kristallgitter darstellt. Dies ist für die an diese Oberfläche gebundenen Reaktionen von großer Bedeutung. Da die Minerale der Lithosphäre überwiegend kristallin sind, können sich Reaktionen ohne Auflösung des Kristallgitters nur an ihren Oberflächen abspielen.

Der kristallinen Phase steht die *amorphe* gegenüber, die für alle Gase und Flüssigkeiten typisch ist. Doch gibt es auch scheinbar feste Körper im amorphen Zustand, z. B. Glas. In allen

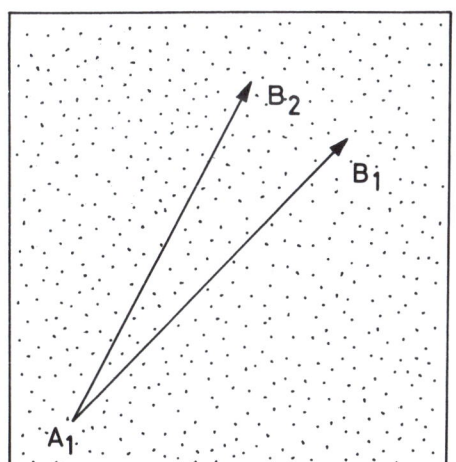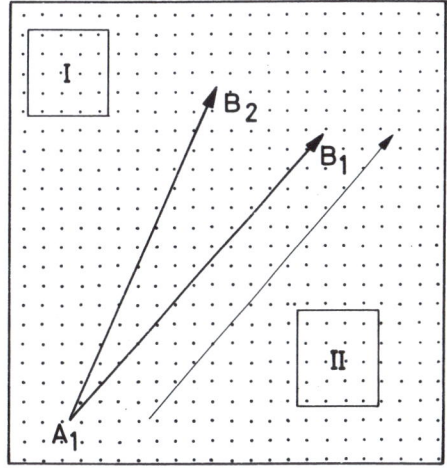

Abb. 5. Statistisch (links) und geometrisch homogene (rechts) Verteilung: amorphe Isotropie (links) und kristalline Anisotropie (rechts) (nach SCHUMANN 1968).

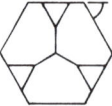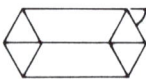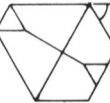

Abb. 6. Verzerrung von Quarzkristallen (Kopfbilder und Parallelprojektionen. nach RAMDOHR und STRUNZ 1978).

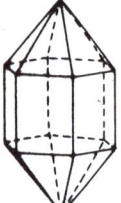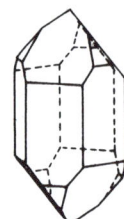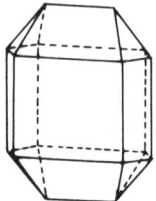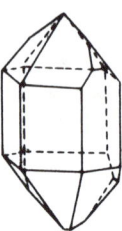

amorphen Stoffen sind die Bausteine rein zufällig, jedoch statistisch »gleichartig« verteilt (Abb. 5, linke Seite).

Setzt man in A_1 einen »Fahrstrahl« nach B_1 und einen anderen nach B_2 an, so werden diese zunächst bei kurzen Entfernungen eine unterschiedliche Anzahl von Atomen treffen. Sehr lange Fahrstrahlen treffen jedoch bei gleicher Weglänge unabhängig von der gewählten Richtung bei statistisch gleichartiger Atomverteilung stets auf gleich viel Atome. Da nun die physikalischen Eigenschaften der Körper von der Anordnung der Atome in ihrem Inneren abhängig sind, verhalten sich amorphe Körper in jeder Richtung physikalisch gleich, sie sind *isotrop*.

Grundsätzlich anders liegen die Verhältnisse bei *kristallinem* Aufbau eines Körpers (Abb. 5, rechte Seite). Zwei an beliebiger Stelle herausgegriffene, gleich große Raumteile I und II enthalten nicht mehr statistisch, sondern streng geometrisch gleich viele Atome. Sie sind daher in allen physikalischen Werten gleich. Aus Abb. 5, rechte Seite, ist zu ersehen, daß parallele Fahrstrahlen im allgemeinen gleichwertig, nicht parallele Fahrstrahlen ungleichwertig sein werden. Dementsprechend verhalten sich mehrere wichtige physikalische Eigenschaften kristalliner Körper, wie z.B. die Lichtbrechung, die Spaltbarkeit oder die Ritzhärte, in verschiedenen Richtungen verschieden; solche Körper sind *anisotrop*.

Auch die Wachstums- und Auflösungsgeschwindigkeit ist bei Kristallen wegen dieser Auswirkung der Gitteranordnung verschieden. Bei unbeeinflußter Entwicklung sind die Begrenzungsformen gesetzmäßige Vielflächner (Polyeder). Ein einfaches Beispiel hierfür ist der Koch- oder Steinsalz(NaCl)-Kristall. Er ist würfelförmig.

Die ebenen Begrenzungsflächen der Kristalle sind Gitterebenen. Die kristallographisch gleichen Flächen derselben Kristallart bilden an allen Individuen gleiche Winkel miteinander. Natürliche Kristalle weichen oft von der »idealen« geometrischen Gestalt ab. Sie sind »verzerrt« (Abb. 6), so daß Würfel als Quader, Oktaeder als flache Tafeln mit großen Dreiecksflächen erscheinen. Doch die Flächenwinkel sind stets genau eingehalten, man spricht vom Gesetz der *Winkelkonstanz*.

Alle übrigen physikalischen Eigenschaften der Kristalle sind ohne die Kenntnis ihres Aufbaues nicht verständlich. Die Kristallformen entstehen durch die Anordnung der Atome, Moleküle oder Ionen im Raum bei der Bildung aus erstarrenden Schmelzen, gesättigten Lösungen, Gasen oder durch chemische Reaktionen.

Dabei unterscheidet sich jedes chemische Element von anderen durch Aufbau, Gewicht und Anziehungskraft seiner Atome und Ionen. Aufgrund des verschiedenartigen Energiegehaltes

Tab. 3. Molekülradius des Wassers und Ionenradien wichtiger Elemente der Erdrinde in pm (Picometer)

Element	Ionenradius	Element	Ionenradius
»H_2O«	135	Fe	61 bzw. 78
K	133	Al	55
O	132	Si	39
Ca	106	H	35
Na	95	S	30 bzw. 184
Mg	78	C	18

der Atome bzw. Ionen kann man diesen auch verschieden große Wirkungsbereiche, d. h. verschiedene Größen zuordnen. Man stellt sich die Atome der einzelnen Elemente in der Regel schematisch als starre Kugeln verschiedener Größe vor.

In Tab. 3 ist der scheinbare Halbmesser des Wassermoleküls und elf wichtiger Ionen der festen Erdrinde aufgeführt. Die von diesen Ionen ausgehenden Anziehungskräfte sind nicht richtungsgebunden. Sie haben daher das Bestreben, eine möglichst dichte Lagerung der einzelnen Ionen im Raum herbeizuführen. Daher stellen die festen Körper der Erdrinde Packungen solcher Kugeln dar. Sie sind nur dann stabil, wenn die Ionen sich in ihrem äußeren Schalenbereich berühren und gegenseitig im Raum festhalten.

Der häufigste Fall ist der, daß sich die positiven und negativen Ladungen der Ionen ausgleichen. Die ungleich geladenen Ionen ziehen einander an und treten dabei so dicht wie möglich zusammen. Die Abb. 5 (rechts) gibt die Anordnung der Ionen in einem Kochsalzkristall mit einem regelmäßigen Wechsel von Na^+ und Cl^- wieder. Dadurch ist die Würfelform des Kochsalzkristalls erklärbar.

Die einfachste Anordnung ist die des Wassermoleküls, in dem einem O^{2-} zwei H^+ gegenüberstehen. Durch die sehr ungleiche Massenverteilung zwischen den großen Sauerstoffanionen und den Wasserstoffkationen (Protonen) fallen die Schwerpunkte der positiven und negativen Ladungen nicht zusammen. Ein Wassermolekül hat daher eine mehr positiv und eine mehr negativ geladene Seite. Es ist daher polarisiert und verhält sich als Dipol.

Sollen drei gleichgroße Ionen von einem kleineren Zentralion zusammengehalten werden und die vier Mittelpunkte dieser Ionen in einer Ebene liegen, so kann der Durchmesser der Ionen leicht berechnet werden. Beträgt der Durchmesser der großen Ionen 1, so ist derjenige des Zentralions 0,155. Diesen Fall hat die Natur in der CO_3-Koordination verwirklicht, die planar als Dreieck ausgebildet ist. CO_3 ist selbst ein zweifach negativ geladenes Anion (CO_3^{2-}). Die zweifach negativ geladenen Sauerstoffanionen haben einen Radius von 132 pm (Tab. 3). Das zwischen diesen drei Sauerstoffanionen festgehaltene Kation darf einen Radius bis zu 20 pm haben. In dieser Größenordnung liegt der Ionenhalbmesser des vierfach positiv geladenen Kohlenstoffs mit etwa 18 pm.

Die nächsthöhere Gruppierung ist die von

vier äußeren Kugeln, die wiederum aus Sauerstoffanionen bestehen. Dann ergibt sich für die mittlere Kugel ein Radius von 39 pm. Diese Abmessung hat das vierwertig positiv geladene Siliciumkation. Das Radikal SiO_4^{4-} ist eines der häufigsten und stabilsten in der Erdkruste. Da die Anziehungskräfte gleichmäßig auf die ganze Oberfläche des Siliciumkations wirken, müssen die Sauerstoffanionen in gleichen Abständen zueinander liegen. Die Verbindung ihrer Mittelpunkte durch gerade Linien ergibt ein Tetraeder: man nennt daher die vorstehend beschriebene SiO_4-Koordination SiO_4-Tetraeder (Abb. 7, Mitte).

Eine noch größere Zentralkugel ist bei der symmetrischen Anordnung von sechs Sauerstoffanionen möglich; ihr Radius beträgt 55 pm. Verbindet man die Mittelpunkte dieser sechs Sauerstoffionen, so entsteht ein Oktaeder (Abb. 7, rechts). Die nächsthöhere Kombination ist die des Hexaeders (Würfels), bei welcher acht gleiche Kugeln das Zentralatom umgeben. Bei der letzten und höchsten Kombinationsmöglichkeit sind es zwölf äußere Kugeln, die gleichartig eine mittlere, gleich große Kugel berühren. Dies ist ein Kubooktaeder.

Die geschilderten Gruppierungen werden Koordinationen genannt. Man spricht von Dreier-, Vierer- bis Zwölfer-Koordination; SiO_4- und AlO_6-Koordinationen sind Bausteine der Schichtsilikate und Tonminerale (siehe Kap. 2.1.2.1). Mit Hilfe dieser Vorstellungen läßt sich eine große Anzahl von Erscheinungen und Eigenschaften der kristallinen Stoffe erklären:

1. die viel geringere Zahl von tatsächlich auftretenden Verbindungen, als man nach der großen Anzahl von Elementen bei voller Kombinationsmöglichkeit erwarten müßte;

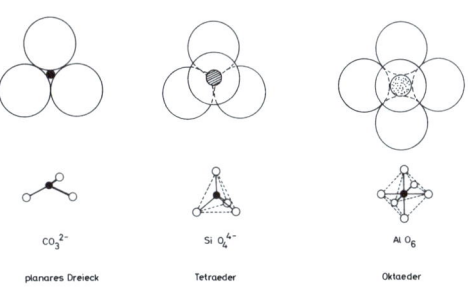

Abb. 7. Koordinationspolyeder in oxidischen Verbindungen.

2. die bestimmende Rolle der Anionen für die Ordnung im Kristallgitter;
3. das Auftreten von Symmetrie bei der Kristallbildung.

1.2.2 Mineralklassen unter besonderer Berücksichtigung der Silicate

Von den etwa 2000 in der Erdkruste vorkommenden Mineralarten sind nur einige Dutzend für die angewandte Geologie und Bodenkunde von Bedeutung.

Als Einteilungsprinzip dient an erster Stelle die chemische Zusammensetzung, an zweiter Stelle der Gitterbau. Dabei werden die großen Anionen (O, S, Cl usw.) für die Klasseneinteilung benutzt, da diese für die Besonderheiten der Raumgitterstrukturen maßgebend sind.

1.2.2.1 Nichtsilicate

Elemente: Die Edelmetalle Gold (Au), Silber (Ag) und Platin (Pt) kristallisieren in kubisch flächenzentrierten Gittern, ihre Atome bilden also eine sehr dichte Kugelpackung, so daß sich hohe spezifische Gewichte ergeben. – Elementarer Schwefel (S) kommt in so großen Mengen in der Natur vor, daß jährlich mehrere Millionen Tonnen abgebaut und industriell verarbeitet werden. – Der Kohlenstoff (C) hat als harter *Diamant* und als weicher *Graphit* zwei verschiedene Gitterformen.

Sulfide: Das Eisenbisulfid (FeS_2) findet sich häufig und wird als Mineral *Pyrit*, Schwefel- oder Eisenkies genannt. Seine Bedeutung als Schwefelerz, z.B. durch Abrösten für die Schwefelsäurefabrikation, ist größer als die, welche es als Eisenerz hat. Für die Buntmetallgewinnung spielen *Kupferkies* ($CuFeS_2$), *Bleiglanz* (PbS) und *Zinkblende* (ZnS) eine große Rolle. Sulfidische Minerale sind für Bausteine und -stoffe schädliche Gemengeteile, weil sich bei ihrer Verwitterung an feuchter Luft Schwefelsäure bildet, die das Bauwerk zerstört. In Böden und Sedimenten, insbesondere der Marschen und Abraumhalden, führt die Oxidation von Sulfiden ebenfalls zu einer starken Versauerung, die das Bodenleben zum Erlöschen bringen kann.

Halogenide: Große wirtschaftliche Bedeutung haben als Chloride *Steinsalz* (NaCl) und als Düngemittel die Kalisalze *Sylvin* (KCl) und *Karnallit* ($KClMgCl_2 \cdot 6H_2O$). *Calciumfluorid* (CaF_2), auch *Flußspat* oder *Fluorit* genannt, findet sich in feiner Verteilung in vielen Gesteinen.

Oxide und Hydroxide: Sauerstoffreiche Verbindungen stehen innerhalb der Lithosphäre an erster Stelle. Wegen des großen Ionenradius des Sauerstoffs ist seine Anordnung im Kristallgitter vor allem für den Gitterbau maßgebend.

Das *Wasser* (H_2O) tritt bei niedrigem Druck und tiefer Temperatur in der festen Form des Eises auf. Sein Gitter besitzt eine sehr lockere Packung, wobei die Sauerstoffatome durch Wasserstoffbrücken aneinandergeknüpft sind. Demzufolge hat Eis nur ein spezifisches Gewicht von 0,92 g.

Quarz (SiO_2) ist aus SiO_4-Tetraedern aufgebaut. Jedes Sauerstoffatom gehört gleichzeitig zwei Tetraedern an. Trotz eines lockeren Gitters, das zu dem relativ geringen spezifischen Gewicht von 2,65 führt, ist Quarz durch die enge und damit feste Si-O-Bindung sehr hart und weist keine Spaltbarkeit auf. Durch diese hohe mechanische und chemische Widerstandskraft sowie die Häufigkeit in der Erdrinde (12%) ist er einer der wichtigsten Bestandteile vieler Baustoffe. Quarz kommt in mehreren, durch Temperaturunterschiede bei der Kristallisation bedingten Zustandsarten und in vielen Färbungen durch akzessorische Bestandteile vor. Im Boden spielt Quarz als wichtigste Mineralart meist in Form von Sand eine sehr bedeutende Rolle. *Feuerstein* ist überwiegend aus amorpher Kieselsäure aufgebaut. *Opal* – mit einer Mohshärte von 5,5 bis 6,5 – ist in der Regel eine amorphe Substanz mit der Formel ($SiO_2 \cdot nH_2O$). Da in diesem amorphen Mineral die Si- und O-Atome nicht gittermäßig angeordnet sind, schwankt die Menge des eingebauten Wassers. Von dem in pflanzlichen und tierischen Geweben in opalähnlicher Form vorkommenden SiO_2 ist die aus Pflanzen von Kieselalgen (Diatomeen) bestehende *Kieselgur* als industrieller Rohstoff von wirtschaftlicher Bedeutung. In manchen Pflanzen kommen *Opal-Phytolithe* als Gerüstsubstanzen vor.

Das *Aluminiumoxid* kommt in Form von *Gibbsit* ($AlOH_3$, siehe Kap. 2.1.2.2), *Boehmit* und *Diaspor* (AlOOH) vor und ist häufig in Bauxiten angereichert. In dichtester Kugelpackung tritt es auch als *Korund* auf, der aufgrund seiner hohen Härte als Schleifmittel verwendet wird.

Die verschiedenen *Eisenoxide* und *-hydroxide* sind meist im Gemisch anzutreffen. Sie bedingen weitgehend die Färbung der Gesteine und Böden (siehe Kap. 2.1.2.2). Das Eisen-III-oxid (Fe_2O_3) ist unter den Namen *Roteisenstein, Hä-*

matit oder *Eisenglanz* bekannt. Größere Vorkommen stellen wertvolle Eisenerzlager dar. In feinen Schüppchen verteilt (z. B. als Einschluß in Feldspäten sowie in der Rinde der Quarzkörner von Sandsteinen) ruft es eine Rotfärbung der Gesteine und der daraus entstandenen Böden hervor. Das dominierende Eisenoxid in Ockerproben aus Dränrohren ist *Ferrihydrit* ($5FeO_3 \cdot 9H_2O$).

Das Eisen-II-ferrat ($FeOFe_2O_3$ – früher meist Fe_3O_4 geschrieben) ist als *Magnetit* oder *Magneteisenstein* ein besonders hochwertiges Erz. Diese Mineralart besitzt einen starken Magnetismus, der bei Rotglut verschwindet, beim Abkühlen aber wieder eintritt. Größere Magnetitkörner können bei der Verwitterung häßliche braune Flecken im Baustein bilden.

In den Böden besonders weit verbreitete, wasserhaltige Eisenoxide sind der in Form von Nadeleisenerz vorkommende *Goethit* (α-FeOOH) sowie der erheblich seltenere Lepidokrokit (γ-FeOOH), Rubinglimmer. An Goethit reiche Gesteine und Erze werden als *Brauneisenstein, Limonit, Eisenocker* und *Raseneisenstein* bezeichnet.

Die folgenden Klassen umfassen Salze von Säuren mit komplexem, sauerstoffhaltigen Anion.

Carbonate: Deren CO_3-Koordination ist wegen der günstigen Ionenradienverhältnisse des Kohlenstoffkations und der Sauerstoffanionen zueinander sehr stabil.

Das Calciumcarbonat ($CaCO_3$), der *Calcit* oder *Kalkspat*, steht unter den Carbonaten mengenmäßig an erster Stelle. Es ist, wie der Name andeutet, vorzüglich spaltbar. Seine chemische Widerstandsfähigkeit ist relativ gering. In kohlesäurehaltigem Wasser ist seine Lösungsgeschwindigkeit groß. In den Gesteinen der Kreide, des Jura und der Trias (besonders im Muschelkalk, aber auch im Keuper) ist Calciumcarbonat reichlich vertreten und Ausgangsmaterial einer Bodenbildung, die zum Bodentyp der Rendzina führt.

Das reine Magnesiumcarbonat ($MgCO_3$), der *Magnesit*, gleicht in vielem dem Kalkspat. *Dolomit* ist ein echtes Doppelsatz ($CaMg[CO_3]_2$).

Das Eisen-II-carbonat ($FeCO_3$) wird als *Eisenspat, Siderit* oder *Spateisenstein* in zahlreichen Vorkommen als vorzügliches Erz zur Eisengewinnung abgebaut. Es verwittert an feuchter Luft zu Brauneisenstein.

Nitrate: Natriumnitrat ($NaNO_3$), als *Natronoder Chilesalpeter* bekannt, findet sich als Ablagerung aus Vogelkot in den regenlosen, pazifischen Küstenstrichen Chiles als Caliche, die meist erheblich durch andere Salze verunreinigt ist. Synthetisch wird diese Mineralart nach dem Haber-Bosch-Verfahren in großem Umfange aus Luftstickstoff hergestellt. *Kalksalpeter* (Ca[$NO_3]_2$) entsteht vor allem an feuchten Stallwänden als Mauersalpeter.

Sulfate: Calciumsulfat ($CaSO_4$) wird in der wasserfreien Form *Anhydrit* genannt und findet sich in großer Menge in marinen Lagerstätten. Das wasserhaltige Calciumsulfat ($CaSO_4 \cdot 2H_2O$) ist als *Gips* bekannt. Im Zechstein und Gipskeuper kommt es gebirgs- und bodenbildend vor. Die Aufnahme der großen Wassermoleküle in das Kristallgitter führt zur Volumenvergrößerung sowie zu einer Verringerung der Dichte und Härte. Der aus Lagerstätten gewonnene Gips wird gemahlen und um 120 °C erhitzt. Dabei entsteht der in der Bauindustrie und für Abgüsse benutzte Stuck- oder Schnellbindegips ($CaSO_4 \cdot \frac{1}{2} H_2O$). Das Bariumsulfat ($BaSO_4$) wird wegen seines hohen spezifischen Gewichts *Schwerspat* oder *Baryt* genannt.

Phosphate: Calcium-Fluor-Phosphat ($Ca_5(F, Cl, OH)(PO_4)_3$), der *Apatit*, hat eine noch kompliziertere chemische Zusammensetzung als es die vorstehende Formel zum Ausdruck bringt. An Stelle des PO_4 kann teilweise SO_4 oder SiO_4 treten. Manche Apatite enthalten auch CO_3-Gruppen. Stellvertretend für Ca können andere Elemente im Gitter vorhanden sein, so daß sich der Apatit auch in fast allen Farben findet. Er ist in feinster Verteilung in vielen Gesteinen, vor allem in Eisenerzen enthalten. Da der in Säuren lösliche Apatit in den meisten Böden vorkommt, ist hiermit eine grundlegende Voraussetzung für alle Lebensprozesse erfüllt; denn alles Leben ist an das Vorhandensein von Phosphaten geknüpft. Aus apatitischen Rohphosphaten wird durch Säureaufschluß großtechnisch Superphosphat hergestellt. Viele Millionen Tonnen Rohphosphat werden aus Lagerstätten in Nordafrika, Florida, der russischen Eismeerregion, auf der Pazifikinsel Nauru in jährlich steigender Menge abgebaut.

Organische Verbindungen: Zu dieser Mineralklasse gehören neben *Bernstein, Erdwachs* und *Asphalt* im weiteren Sinne auch die verschiedenen Formen der *Kohlen* und *Torfe.* Ferner sind Humusbestandteile wie Polysaccharide und Salze organischer Säuren chemisch hier einzuordnen. Als Kohlenstoffverbindungen brennen alle organischen Minerale leicht.

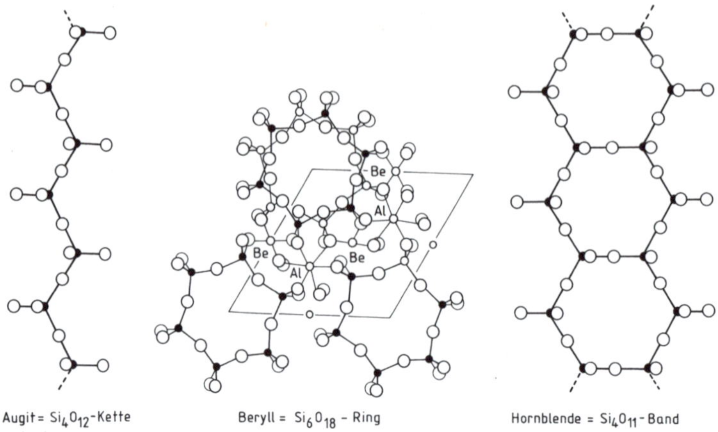

Abb. 8. Struktur von Ring- und Fasersilicaten.

Augit = Si_4O_{12}-Kette   Beryll = Si_6O_{18} - Ring   Hornblende = Si_4O_{11} - Band

1.2.2.2   Silicate

Etwa 80% der die Erdrinde aufbauenden Minerale sind Silicate. Daher sind die natürlichen und industriell gefertigten Bausteine in erster Linie aus diesen zusammengesetzt.

Das vierfach negativ geladene SiO_4-Tetraeder ist ein starker Protonenakzeptor und daher nur in stark alkalischer Lösung (pH > 12) stabil.

Nach der Art, wie die SiO_4-Tetraeder in einem Kristallgitter untereinander vernetzt sind, werden verschiedene Strukturtypen unterschieden, die man zur Einteilung der Silicate benutzt hat.

Inselsilicate: An Stelle der vorstehend beschriebenen Sauerstoffbrücken werden die Tetraeder durch Metallkationen (Mg^{2+}, Fe^{2+}, Al^{3+}) im Kristallgitter zusammengehalten. Die meisten zu dieser Abteilung gehörenden Minerale haben ein relativ hohes spezifisches Gewicht und eine bedeutende Härte. Vertreter dieser Gruppe sind: *Olivin* ([Mg, Fe]$_2SiO_4$). *Disthen* oder *Cyanit* ($Al_2[OSiO_4]$) und *Topas* ($Al_2[F_2SiO_4]$). Während die SiO_4-Koordination der Tetraeder sehr fest ist, sind die Bindungen der Kationenbrücken zwischen den Tetraedern relativ labil und durch Säureeinwirkung zu spalten. Daher unterliegt der Olivin einer raschen chemischen Verwitterung.

Gruppen- und Ringsilicate: Zwei, drei, vier oder sechs Tetraeder sind durch Sauerstoffbrücken zu selbständigen Gruppen innerhalb des Gitters verbunden. Dabei können auch Ringe entstehen (Abb. 8, Mitte). Diese Ringe liegen in einer Ebene und werden durch zweifach positive Ionen untereinander verknüpft. Als Beispiel für diese Gruppe ist der *Beryll* ($Al_2Be_3[Si_6O_{18}]$) zu

nennen. Varietäten sind grüner Smaragd und blauer Aquamarin.

Faser- und Bändersilicate: Verbindungen mit unendlichen Ketten von SiO_4-Tetraedern haben in Richtung der Fasern durch die Ausbildung von Sauerstoffbrücken eine hohe Festigkeit und senkrecht zu diesen gute Spaltbarkeit (Abb. 8, links).

Die Spitzen der Tetraeder liegen abwechselnd oberhalb und unterhalb der Zeichenebene. Im vollständigen Kristallgitter sind die Ketten parallel zueinander angeordnet und werden durch elektrostatische Ionenbindung zusammengehalten. Diese Kettenform liegt in den *Augiten* ($CaMgSi_2O_6$ + Al, Fe) vor, die aber noch zahlreiche weitere Elemente in geringen Mengen enthalten, so daß ihre Farbe oft stark wechselt. Diese Mineralgruppe gehört zu den *Pyroxenen*.

Wenn zwei dieser Ketten zusammentreten, entstehen Bänder. In diesen hat die Hälfte der Tetraeder zwei und die andere Hälfte drei Sauerstoffatome gemeinsam (Abb. 8, rechts). Damit sind in vier Tetraedern vier Siliciumatome und elf Sauerstoffatome vorhanden. Letztere weisen sechs negative Ladungen auf. Sie werden durch Brücken aus mehrwertigen Metallkationen abgesättigt, welche die Bänder miteinander verknüpfen. Daneben können auch noch Wassermoleküle und kleine Anionen, z. B. Hydroxid-Ionen, eingebaut sein. Die Mineralgruppe der *Hornblenden* gehört zu den *Amphibolen* und kann durch folgende Summenformel gekennzeichnet werden:

$Ca_2[Mg, Fe]_5[OH]_2[Si_4O_{11}]$. Ein bekanntes Beispiel für diese faserige Struktur mit ausgezeichneter Spaltbarkeit ist der *Serpentinasbest*.

Gerüstsilicate: Bei einer Verknüpfung der SiO₄-Tetraeder über alle vier Ecken ist jedes Sauerstoffatom an zwei Siliciumatome gebunden; daraus ergibt sich die Formel SiO_2 des Quarzes (siehe Kap. 1.2.2.1). Sind bei der Auskristallisation im Magma nicht genügend Siliciumatome vorhanden, so können sie durch andere Atome gleicher Größenordnung ersetzt werden. In Frage kommen vor allem die im Periodensystem benachbarten Aluminiumatome, zumal Aluminium nach Sauerstoff und Silicium das dritthäufigste Element in der Erdkruste ist.

Wird im Quarzgitter jedes vierte Siliciumatom durch ein Aluminiumatom ersetzt, so entsteht aus dem Bauelement (Si_4O_8) das des Alkalifeldspates $(AlSi_3O_8^-)$. Dieses Kristallgitter wäre nicht mehr elektrisch neutral, da die Aluminiumatome ein Valenzelektron weniger für die Bindungen zur Verfügung stellen können als die Siliciumatome. Die zum Ladungsausgleich erforderlichen, einwertigen Kationen haben in den Hohlräumen des Gitters Platz (Abb. 9). *Kalifeldspat* oder *Orthoklas* ist $(K[AlSi_3O_8])$ und *Natronfeldspat* oder *Albit* $(Na[AlSi_3O_8])$.

Wird im Quarzgitter jedes zweite Siliciumatom durch ein Aluminiumatom ersetzt, so entsteht aus dem Bauelement (Si_4O_8) das der Aluminiumsilicate $(Al_2Si_2O_8)$. Die beiden negativen Ladungen werden durch den Einbau von Na^+- oder Ca^{2+}-Ionen abgesättigt. Hier ist vor allem der *Kalkfeldspat* oder *Anorthit* $(Ca[Al_2Si_2O_8])$ zu nennen. Albit und Anorthit sind die Endglieder einer lückenlosen Mischungsreihe, die als *Plagioklas*gruppe bezeichnet wird. – Beim Permutit $(Na_2[Al_2Si_2O_8])$ sind die Natriumionen so locker gebunden, daß sie leicht durch Calciumionen ersetzt werden können. Permutite sind daher als Ionenaustauscher zum Enthärten von Wasser geeignet. Die Mineralgruppe der Feldspäte steht mengenmäßig an erster Stelle in der Erdkruste.

Schichtsilicate: Bei dieser Vernetzungsart von SiO₄-Tetraedern kann die Gestalt der Silicatschichten sehr verschieden sein. Am häufigsten sind Schichten, die aus Sechserringen aufgebaut sind, wobei auf jedes Bauelement zwei Silicium- und fünf Sauerstoffatome kommen. Zum Weiterwachsen des Si_4O_{10}-Netzes (Abb. 10) sind je zwei dieser Bauelemente erforderlich. – Ein weiteres Bauelement der Schichtsilicate sind die Oktaeder (Abb. 7). In diesen umgeben sechs Sauerstoff- und Hydroxilionen Al^{3+}-, Fe^{3+}-, Fe^{2+}- oder Mg^{2+}-Ionen als Zentralkationen. Diese Koordinationsoktaeder werden durch je

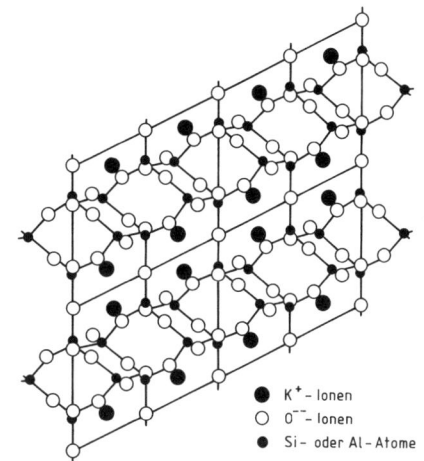

● K⁺-Ionen
○ O⁻⁻-Ionen
● Si- oder Al-Atome

Abb. 9. Gerüstsilicat.

zwei gemeinsame Hydroxylionen zu Netzen verbunden. Aus den SiO₄-Netzen ragen an den Tetraederspitzen Sauerstoffatome heraus, die an die Stelle eines Sauerstoffatoms im gegenüberliegenden Koordinationsoktaeder treten. Dadurch wird ein SiO₄-Netz mit einem Netz aus Koordinationsoktaedern verbunden. So entsteht ein Zweischichtmineral (Abb. 52, links). Dreischichtminerale entstehen, wenn auch die andere Seite der Oktaederschicht über gemeinsame Sauerstoffatome mit einem SiO₄-Netz verbunden wird (Abb. 52, rechts). Derartige Schichtsilicate liegen nicht nur in den Ausgangsgesteinen in mannigfachen Formen vor, sondern werden auch bei der Verwitterung neu gebildet. Da sie sich im Boden überwiegend in der Tonfraktion kleiner als zwei Mikrometer finden,

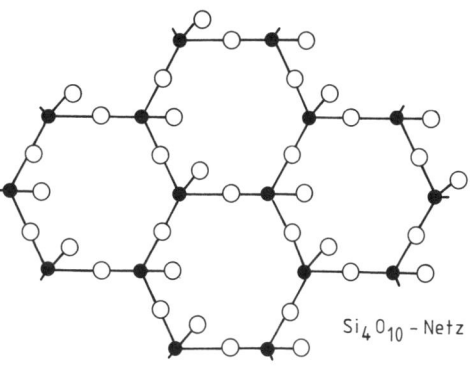

Si_4O_{10} - Netz

Abb. 10. Schichtsilicat.

werden sie als *Tonminerale* (siehe Kap. 2.1.2.1) bezeichnet.

Glimmer: In der Tetraederschicht der Glimmer ist jedes vierte Si-Zentralion durch Al^{3+} ersetzt. Die durch diesen *isomorphen Ersatz* hervorgerufene negative Überschußladung wird durch die Anlage einer Zwischenschicht aus K^+-Ionen ausgeglichen. Sie verbindet die beiden benachbarten Silicatschichten miteinander. Heller Glimmer oder *Muskovit* ($KAl_2[OH,F]_2Al$ Si_3O_{10}) kann auch noch Fe^{3+}-Ionen an Stelle der Al^{3+}-Ionen in den Oktaedern enthalten. Er ist relativ widerstandsfähig und daher oft in Sedimenten angereichert, z.B. in Glimmersanden und im Oberen Buntsandstein. In der Elektrotechnik waren große Muskovitkristalle früher ein viel benutztes Isolationsmaterial. Häufiger ist der dunkle Glimmer oder *Biotit*: dessen idealisierte Formel lautet $K[Mg,Fe^{2+}]_3(AlSi_3)$ $O_{10}(OH)_2$. In den Oktaedern treten an Stelle der Al^{3+}-Ionen in äquivalenten Mengen Mg^{2+}-, Fe^{2+}- oder Mn^{2+}-Ionen auf. Biotit ist ein wichtiges Gemengteil des Granits, in dem er an seiner glänzenden, tiefschwarzen Farbe gut erkennbar ist.

1.2.3 Eigenschaften der Minerale

Für alle kristallinen Minerale gilt das Gesetz der Winkelkonstanz. Aus den Symmetrieverhältnissen der Kristallgitterbegrenzungsflächen läßt sich die Symmetrie der Kristallgitter ableiten. Wachstumsgeschindigkeit, Ausbildung (Tracht), Flächenanordnung (Habitus) und die dadurch bedingte Kristallform der einzelnen Minerale finden darin ihre Erklärung. Heute sind röntgenographische und elektronenmikroskopische Verfahren die wichtigsten Hilfsmittel zur Untersuchung der Kristallstrukturen.

Die physikalischen Eigenschaften der Minerale lassen sich in drei Gruppen einteilen und sind charakteristische Materialkonstanten:

1. skalare Eigenschaften, die nicht von der Richtung abhängen;
2. vektorielle Eigenschaften, bei denen ein Unterschied zwischen Richtung und Gegenrichtung besteht;
3. bivektorielle (oder tensorielle) Eigenschaften, die in Richtung und Gegenrichtung völlig gleich sind.

Neben diesen meist durch genaue physikalische Messungen zu erfassenden Eigenschaften spielen beim Ansprechen der Minerale die

Tab. 4. Eigenschaften der Minerale

	Maßeinheit	Beispiele
1. Skalare Eigenschaften		
Dichte bzw. spezifisches Gewicht	$g \cdot cm^{-3}$	Wasser = 1; Silikate = $2,5 - 3,5$
Schmelz- bzw. Erstarrungstemperatur	°C	Schwefel 120 °C, Quarz 1750 °C
2. Vektorielle Eigenschaften		
Härte: Ritzhärte nach Mohs	10 Stufen	Gips 2, Quarz 7, Diamant 10
Schleifhärte nach Rosiwal	Korund = 1000	Gips 1,25; Kalkspat 4,5; Diamant 140 000
Bruch		zackig (Silber), muschelig (Feuerstein), erdig-rauh (Kreide, Ton)
Spaltbarkeit		höchst vollkommen, z.B. Glimmer; Glas ist nicht spaltbar
3. Biovektorielle Eigenschaften		
Wärmeleitfähigkeit	λ oder $W \cdot (mk)^{-1}$	Silber = 1, Kalkspat = 0,01; Luft = 0.000058
elektrische Leitfähigkeit	$S \cdot m^{-1}$	Silber = $6,1 \cdot 10^5$ Quarzglas = $2 \cdot 10^{-14}$
Lichtbrechung	n (Brechungsindex)	Luft = 1,000293 Wasser = 1,33. Glas = 1,5
Radioaktivität	Halbwertszeit	^{238}Uran = $4,51 \cdot 10^9$ Jahre

durch die menschlichen *Sinnesorgane* leicht anzustellenden Beobachtungen eine große Rolle.

Mit dem *Auge* lassen sich Farbe und Glanz feststellen. Die Eigenfarbe wird als sogenannter »Strich« durch Abrieb auf einer unglasierten Hartporzellanplatte ermittelt. Der Glanz ist von der Ausbildung der Oberfläche abhängig. Je glatter diese ist, desto stärker ist der Glanz. Man unterscheidet z. B.: Fettglanz, Metallglanz, Diamantglanz, Glasglanz oder Seidenglanz.

Auch der *Tastsinn* kann bei der Beobachtung der Minerale helfen. Talk fühlt sich fettig an, wie mit Öl bestrichen. Kreide und Ton haben eine matte, an frischen Bruchstellen etwas rauhe Oberfläche.

Bei Untersuchungen zur Schmelzbarkeit kann ein geübtes *Ohr* bei einigen Mineralen typische Erscheinungen des Verknisterns oder Verpuffens (durch Freiwerden und Verdampfen von Kristallwasser) wahrnehmen (z. B. ungebrannter Gips). – Auch der *Geruch* von organischen Stoffen beim Verbrennen (z. B. Oxidation von Schwefelverbindungen) ist für manche Minerale typisch.

1.3 Entstehung und Gliederung der Gesteine

Sowohl die Genese als auch die Eigenschaften der aus unterschiedlichen Mineralen bestehenden Gesteine sind für das Verständnis bodenkundlicher Prozesse wie auch für viele Bodeneigenschaften von großer Bedeutung. Im folgenden wird daher zunächst – nach einer kurzen Einführung in die tektonischen Wirkungen in der Erdkruste – auf die durch Kräfte des Erdinnern gesteuerten sog. endogenen Vorgänge und die mit ihnen zusammenhängenden magmatischen und metamorphen Gesteine eingegangen. Spätere Kapitel behandeln die an der Erdoberfläche ablaufenden exogenen Vorgänge und die daraus resultierenden Sedimentgesteine.

1.3.1 Endogene Vorgänge

1.3.1.1 Tektonik

Geologische Vorgänge im Erdinnern haben und hatten im Laufe der Erdgeschichte erheblichen Einfluß auf die Gestaltung der Erdkruste. Sie können in tektonische und magmatische Prozesse mit fließenden Übergängen gegliedert werden. Der Begriff *Tektonik* umfaßt sowohl die Lagerungsverhältnisse der Gesteine in der Lithosphäre als auch die Ursachen und Kräfte, die zu diesen Lagerungsformen führten. Dies gilt für den einzelnen Gesteinsverband wie auch für die Großstrukturen der Erdkruste.

Langsame, über Jahrmillionen andauernde Hebungen und Senkungen der Erdkruste, oft ohne erkennbare Verformungen der Gesteine, werden unter dem Begriff *Epirogenese* zusammengefaßt. Die langsame, schildförmige Hebung Skandinaviens und die vermutete Senkung des Nordseebeckens sind Beispiel für solche gegenläufigen Bewegungen, die wahrscheinlich Ausdruck von Massenverlagerungen im Erdinnern sind.

Während langer geologischer Zeiträume ständig absinkende, meistens wasserbedeckte, oft mehr als 1000 km langgestreckte und bogenförmige Troggebiete, in denen sich große Mengen abgetragener Schuttmassen aus den höhergelegenen Nachbargebieten sammeln, werden als *Geosynklinalen* bezeichnet. Sie sind häufig die Vorläufer späterer Gebirgsbildungen. So gehörte z. B. der heutige Alpenraum vor der Gebirgsbildungsphase im Jura (1.7.1) zu der langgestreckten, bis in den ostasiatischen Raum reichenden sog. »Thetis-Geosynklinale«.

Tektonische Bewegungen in der Erdkruste laufen häufig ruckartig ab *(Erdbeben)*: wenn die einwirkenden Druckkräfte die Grenzen der Gesteinsfestigkeit überschreiten, kommt es zum Bruch. Es entstehen dann Bewegungsbahnen, sog. *Verwerfungen*, entlang derer Gesteinsschollen aneinander vorbeigeglitten sind. Sie stellen häufig bevorzugte Wasserleitbahnen im Gestein dar. Viele Gesteine werden beim Bruch in ein System von kleineren oder größeren *Klüften* und *Spalten* zerlegt *(Kataklase* siehe Kap. 3.2.1.1), dessen Dichte und Art besonders in Oberflächennähe sowohl für die Bodenbildung als auch für die Bodeneigenschaften (z. B. Wasserbewegung, Durchwurzelung) wesentlich ist.

Bei der Einwirkung endogener Kräfte treten aber auch bruchlose Verformungen von Gesteinsverbänden als *Verbiegungen* auf. Sie fanden in der Regel in größerer Tiefe bei hohen Temperaturen und hohem allseitigem Umschließungsdruck in Jahrmillionen-langen Zeiträumen statt. Als Formen werden neben einfachen *Flexuren* (Verbiegungen in beliebiger Richtung) vor allem die durch aufwärts gerichteten Druck gebildeten *Beulen* (z. B. Salzdome Norddeutschlands) sowie die häufigen, durch seitlichen Druck und Einengung entstandenen, oft sehr komplizierten tektonischen *Falten* unterschieden. In den jungen und alten Faltengebirgen der Erde (z. B. Alpen, Himalaya, Anden bzw. Harz, Rheinisches Schiefergebirge) liegen eindrucksvolle Beispiele vor für die Vielfalt der Formen gefalteter Festgesteine. Die Faltengrößen schwanken zwischen wenigen Millimetern und vielen Kilometern. »Unechte«, nicht tektonisch bedingte Falten entstehen z. B. durch subaquatische Rutschungen weicher Sedimente oder durch Solifluktion (siehe Kap. 1.3.2.3.2).

Auch die bei Faltungen auftretenden großen Spannungen zerlegen die Gesteine häufig in größere bis mikroskopisch kleine Gesteinskörper unter Bildung von Scherflächensystemen. Besonders in tonig-schluffigen Sedimenten, aber auch in metamorphen Gesteinen entsteht vielfach ein engständiges Scherflächensystem, die sog. *Schieferung*, die häufig in unterschiedlichen Winkeln zur Schichtung liegt. Auch bei der Faltung wird also der Gesteinsverband mehr oder weniger umgestaltet, zerlegt und in Oberflächennähe infolge der Druckentlastung aufgelockert. Dadurch werden dort sowohl die Wasserbewegung und Durchlüftung als auch die Verwitterung und Bodenbildung beeinflußt und häufig gefördert.

Die Lage einer Schichtfläche, Kluft, Verwerfung usw. im Raum wird durch ihr »Streichen« (= Himmelsrichtung der Horizontalen auf der Schichtfläche) und ihr »Fallen« (= Einfallwinkel gegenüber der Horizontalen) gekennzeichnet (Abb. 11).

In gefalteten Gebieten treten an der Erdoberfläche oft besonders komplizierte Erosionsformen mit kleinflächig wechselnden Gesteinen und Böden auf.

Als tektonische Großformen der Erdkruste werden u. a. folgende **Gebirgsbau-Typen** unterschieden: *Faltengebirge* sind in der Regel schmale girlandenförmig-langgestreckte Berglandgebiete mit auffällig parallelen, den Faltenachsen folgenden Höhenzügen und Tälern (z. B.

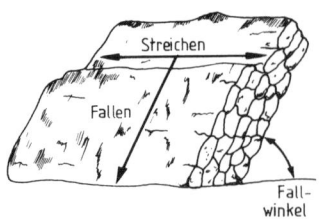

Abb. 11. Fallen und Streichen einer geologischen Schichtfläche (nach MÜCKENHAUSEN 1985).

Schweizer-französischer Falten-Jura). *Deckengebirge* entstanden durch besonders starke horizontale Verschiebungen. In den Alpen wurden die Gesteinsserien z. B. unter intensiver Faltung auf z. T. viele Kilometer langen Überschiebungsbahnen auf weniger als ein Drittel der ursprünglichen Gesteinsausdehnung deckenartig übereinandergeschoben. *Bruchfaltengebirge* haben sich in relativ stabilen Gebieten entlang von Bruchzonen in der Erdkruste durch epirogenetisch bedingte Vertikal- und Horizontalbewegungen gebildet. Es entstand eine Art Mosaik von gehobenen und abgesunkenen Schollen mit weitspanniger Verbiegung der Schichten und stärkerer Faltung nur in den relativ schmalen Zonen entlang der Schollengrenzen (Beispiel: Südniedersachsen, Nordhessen). *Bruchschollengebirge* sind Gebiete, in denen mosaikartige Gebirgsschollen ohne Verbiegungen mehr oder weniger stark emporgehoben (Horste, z. B. Spessart, Schwarzwald) bzw. abgesenkt wurden (Gräben, z. B. Oberrheintal, Leinetal). Sie können bereits gefaltete als auch vorher ungestörte Gesteinskomplexe umfassen.

Die früheren und heutigen Veränderungen des geotektonischen Großbildes der Erde mit seiner wechselnden Verteilung von Ozeanen und Kontinenten werden heute durch die Theorie der *Plattentektonik* erklärt. Nach dem derzeitigen Stand der Kenntnisse besteht die Lithosphäre (siehe Kap. 1.1.4) der Erde heute mosaikartig aus 10 bis 12 großen und zahlreichen kleineren Platten, Blöcken, Schollen und Plattenfragmenten, die sich relativ zueinander in ständiger Bewegung befinden (Abb. 12). Die jährlichen Bewegungsbeträge liegen zwischen 2 und 18 cm. Die Grenzen dieser 70 bis 150 km dicken Lithosphären-Platten sind nur selten mit den geographischen Kontinentgrenzen identisch (Abb. 12).

Die drei folgenden Beispiele zeigen in vereinfachter Form die hauptsächlichen Bewegungstypen der Lithosphären-Platten:

1. Der untermeerische »Mittelatlantische Gebirgsrücken« bildet die Grenze zwischen der ostwärts driftenden Afrikanischen und der westwärts driftenden Südamerikanischen Platte (Abb. 12). Im Zentralbereich dieses langgestreckten Rückens dringt ständig Lava aus dem tieferen Mantelbereich an die Meeresboden-Oberfläche. Hier driften also die Platten auseinander (»Meeresboden-Spreizung«) und neues Lithosphärenmaterial wird gebildet.

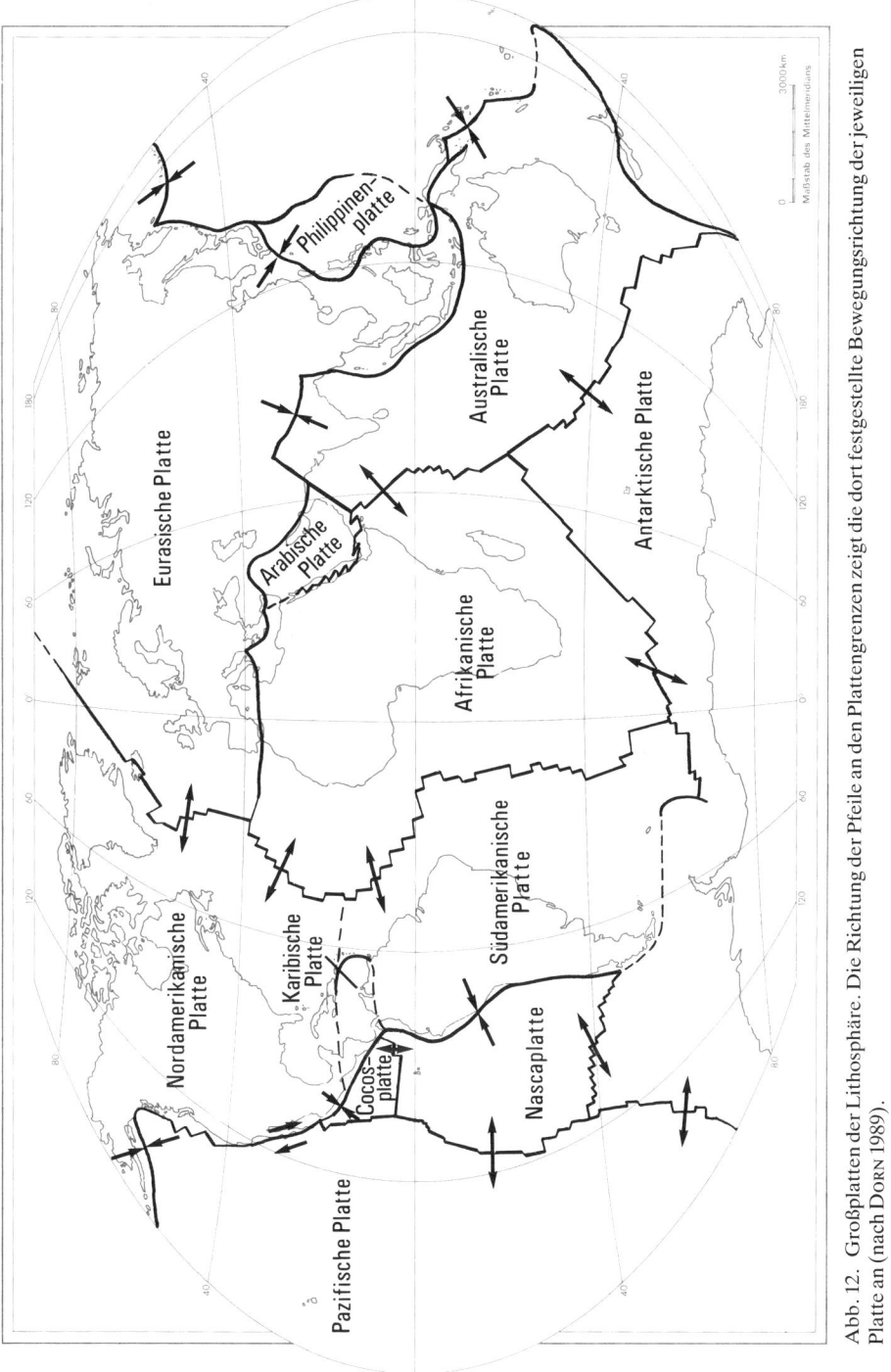

Abb. 12. Großplatten der Lithosphäre. Die Richtung der Pfeile an den Plattengrenzen zeigt die dort festgestellte Bewegungsrichtung der jeweiligen Platte an (nach DORN 1989).

2. An der Westgrenze der Südamerikanischen Platte dagegen stoßen zwei Großplatten aufeinander. Dabei taucht die schwerere, geringer mächtige, ozeanische Platte unter die leichtere, jedoch dickere kontinentale Südamerikanische Platte ab (Subduktion) und wird dabei in der Tiefe aufgeschmolzen. Hier wird also Lithosphärenmaterial aufgezehrt. Weltweit dürften sich nach neuesten Ermittlungen Aufzehrung und Neubildung von Lithosphärenmaterial in etwa die Waage halten.
3. In der Küstenregion Kaliforniens, im Bereich der bekannten St.-Andreas-Spalte, gleiten die Pazifische und die Nordamerikanische Platte z. T. ruckartig aneinander vorbei.

Bei allen Bewegungen der Platten treten an den Plattenrändern hohe Zug- und Druckspannungen auf, die schließlich unter Auslösung von Erdbeben zum Bruch der betroffenen Gesteine führen können. Außerdem häufen sich in diesen labilen Grenzregionen der Platten vulkanische Erscheinungen. Die zahlreichen Vulkangebiete im Grenzgebiet zwischen Eurasischer und Philippinischer Platte sind typische Beispiele hierfür (Abb. 12).

Nach den derzeitigen Kenntnissen begannen die relativen großtektonischen Bewegungen der Lithosphärenplatten überwiegend vor etwa 260 Millionen Jahren, als der im Paläozoikum entstandene, aus mehreren orogenetisch zusammengeschweißten Ur-Kontinenten (siehe Kap. 1.7.1) bestehende Super-Kontinent »Pangäa« am Ende der variszischen Orogenese während des Perm langsam zerbrach. Sowohl vor als auch nach dieser Zeit fanden natürlich außer den beschriebenen plattentektonischen Bewegungen in allen Teilen der Erde zahlreiche kleinere tektonische Ereignisse statt. Über erdgeschichtlich wichtige tektonische Vorgänge in Mitteleuropa wird im Kapitel 1.7.1 berichtet.

1.3.1.2 Magmatismus, Magmatische Gesteine

Die Vorgänge bei der Tektogenese werden auf Massenverlagerungen im Erdinnern zurückgeführt. Diese erfolgen in Form glutflüssiger silicatischer Schmelzen, die als *Magma* (griech. Teig) bezeichnet werden und die in erstarrtem Zustand magmatische Gesteine (*Magmatite*, Erstarrungsgesteine) bilden. Bei langsamer Abkühlung erstarren die magmatischen Schmelzen in der Erdkruste zu meist grobkörnigen plutonischen Gesteinen (*Plutonite* oder Tiefengesteine). Demgegenüber erstarren die bis an die Erdoberfläche aufgedrungenen Magmen relativ schnell zu mehr oder weniger feinkörnigen, z. T. blasigen oder schaumigen vulkanischen Gesteinen (*Vulkanite* oder Ergußgesteine), deren Auftreten vor allem an tektonische Schwächezonen der Erdkruste gebunden ist (siehe Kap. 1.3.1.1).

Vulkane, die einen Wechsel von Aschenlagen (Tuffen) und Lavaschichten aufweisen, werden als Schicht- oder *Stratovulkane* bezeichnet. Lokker- oder Aschenvulkane bestehen nur aus porösen Glutwolken-Absätzen (wie z. B. im Yellowstone-Park/USA). Als vulkanische Explosionstrichter *(Gasvulkane)* werden z. B. einige Eifelmaare gedeutet. Vulkanexplosionen sind allerdings erheblich seltener als Ausbrüche, bei denen etwa 1000 bis 1100 °C heißes, mehr oder weniger gasreiches Magma aus Spalten oder in Schloten als silicatischer Schmelzfluß an die Erdoberfläche dringt, in Form von oft kilometerlangen Lavaströmen ausfließt und bei etwa 700 °C erstarrt. Auf diese Weise entstanden die z. T. riesigen *Schildvulkane* (z. B. Hawaii) und die *Plateauvulkane* (Nordindien). *Quellkuppen* (Subvulkane) und *Staukuppen* – wie z. B. der Drachenfels und die Wolkenburg im Siebengebirge – bilden sich häufig aus zähflüssigem, silicatreichem Magma (Trachyt, Andesit). – Im Zusammenhang mit der vulkanischen Tätigkeit treten in der Umgebung häufig aus Röhren oder Spalten im Gestein bis zu 800 °C heiße Gase aus *(Exhalationen)*. Wasserdampfaustritte bezeichnet man als *Fumarolen*, solche mit hohem Schwefelwasserstoff-Gehalt als *Solfataren*. *Mofetten* sind CO_2-Exhalationen, *Geysire* episodische oder periodische Springquellen von heißem Wasser.

Wenn Magmen aus dem Erdinnern in die Erdkruste hinein aufsteigen und dort erstarren, ohne ausgeflossen zu sein, so entstehen *Plutone* in Form von meist riesigen Magmatit-Kammern. Wurden die über ihnen liegenden Gesteine durch Erosion abgetragen, so treten die Plutonite an die Erdoberfläche. Der Brocken im Harz ist ein Beispiel für einen relativ kleinen, als senkrecht stehender Stock ausgebildeten Granit-Pluton. Sehr große Plutone von maximal 250 000 km² Oberfläche liegen z. B. in Ost- und Südafrika. Platten- bis pilzförmige Plutone werden als *Lakkolithe*, solche mit verbreiterter Basis als *Batholithe* bezeichnet.

Die Gliederung und Zusammensetzung der wichtigsten *Magmatite* geht aus Abb. 13 hervor. Sie läßt die für bodenkundliche Fragen vorteilhafte Grobeinteilung in hellere (leukokrate) sogenannte »saure« und dunklere (melanokrate)

Abb. 13. Mineralzusammen-
setzung wichtiger Magmatite
(nach PAPE 1988, verändert).

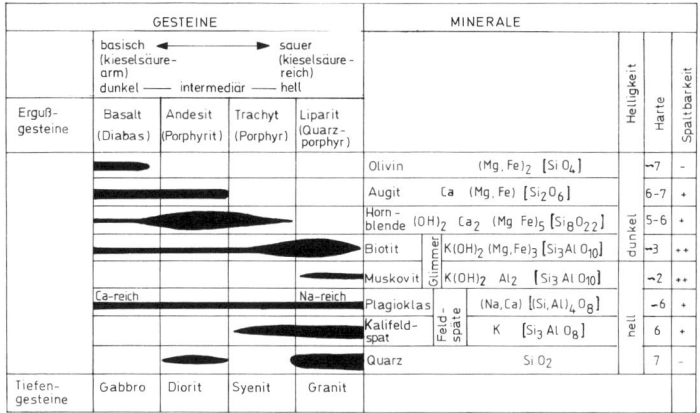

GESTEINE					MINERALE			
	basisch ◄——————► sauer (kieselsäure-arm) (kieselsäure-reich) dunkel —— intermediär —— hell					Helligkeit	Härte	Spaltbarkeit
Erguß-gesteine	Basalt (Diabas)	Andesit (Porphyrit)	Trachyt (Porphyr)	Liparit (Quarz-porphyr)				
					Olivin $(Mg,Fe)_2 [SiO_4]$	dunkel	→7	–
					Augit $Ca (Mg,Fe) [Si_2O_6]$		6-7	+
					Horn-blende $(OH)_2 Ca_2 (Mg Fe)_5 [Si_8O_{22}]$		5-6	+
					Biotit $K(OH)_2 (Mg,Fe)_3 [Si_3AlO_{10}]$	Glimmer	→3	++
					Muskovit $K(OH)_2 Al_2 [Si_3AlO_{10}]$		→2	++
	Ca-reich			Na-reich	Plagioklas $(Na,Ca) [(Si,Al)_4O_8]$	Feldspäte	→6	+
					Kalifeld-spat $K [Si_3AlO_8]$		6	+
					Quarz SiO_2	hell	7	–
Tiefen-gesteine	Gabbro	Diorit	Syenit	Granit				

»basische« Magmatite mit den zwischen beiden vermittelnden intermediären Gesteinen erkennen. Wie aus deren Mineralzusammensetzung hervorgeht, bezieht sich diese Unterscheidung auf den unterschiedlichen Gehalt an Kieselsäure, nicht aber auf den bodenkundlich wichtigen, bei der Verwitterung dieser Gesteine entstehenden Säuregrad im Boden (pH-Wert).

Tab. 5 zeigt, daß die relativ hohen Gehalte auch der »sauren« Magmatite an Alkalien (K, Na) und Erdkalien (Ca, Mg) bei der Gesteinsverwitterung eine basische Bodenreaktion fördern.

Der gesamte Formenschatz der Magmatite ist erheblich größer, als er in Abb. 13 dargestellt ist. Einige als bodenbildende Substrate in Mitteleuropa wichtige, nicht aufgeführte Magmatite werden am Schluß des Kapitels zusammen mit den vulkanisch ausgeworfenen pyroklastischen Gesteinen kurz besprochen (siehe auch Liste der Substrate in Kap. 3.1.1).

Abb. 14 zeigt die international gebräuchliche Einteilung der Magmatite mit und ohne Feldspatvertreter (Foide). Aus Abb. 13 ergibt sich,

daß Tiefen- und Ergußgesteine mineralogisch gleich oder ähnlich zusammengesetzt sein können. Unterschiede liegen in der Gesteinsstruktur. Während Tiefengesteine in der Regel körnig ausgebildet sind und relativ leicht verwittern, besitzen die Ergußgesteine – bei gleicher Mineralzusammensetzung – häufig ein feinkristallines, dichtes Grundgefüge, das die Verwitterbarkeit einschränkt.

Das am weitesten verbreitete Tiefengestein ist der Granit. In typischer Form stellt er ein richtungslos-körniges Gemenge aus Quarz, Alkalifeldspäten und Biotit dar. Bei vollständiger Verwitterung zerfallen Granite in grusige, lehmigsandige bis sandig-lehmige Bodenarten mit relativ hohem Gehalt an Alkalien (besonders Kalium), die aus dem Orthoklas und Biotit stammen. Geringe Mengen an Apatit dienen als Lieferanten der Phosphorsäure im Boden.

Ein oberflächlich weniger verbreitetes, granitähnliches Tiefengestein mit hohem Gehalt an Kalifeldspat, aber sehr geringem Quarzanteil, stellt der Syenit dar, dem bei den Eruptivgesteinen Porphyr und Trachyt entsprechen.

Tab. 5. Mittlere chemische Zusammensetzung wichtiger Tiefengesteinstypen (nach FRENZEL 1971).
Oxide in % mas

	SiO_2	TiO_2	Al_2O_3	Fe_2O_3	FeO	MgO	CaO	Na_2O	K_2O
Granit	70	0,4	15	1,5	1,8	1,0	2,0	3,5	4,0
Syenit	60	0,7	16	3,0	3,3	2,5	4,3	4,0	4,5
Diorit	57	0,8	17	3,2	4,4	4,2	6,7	3,5	2,0
Gabbro	48	1,0	18	3,2	6,0	7,5	11,0	2,5	1,0
Peridotit	41	–	2	3,0	5,5	46,0	0,7	–	–

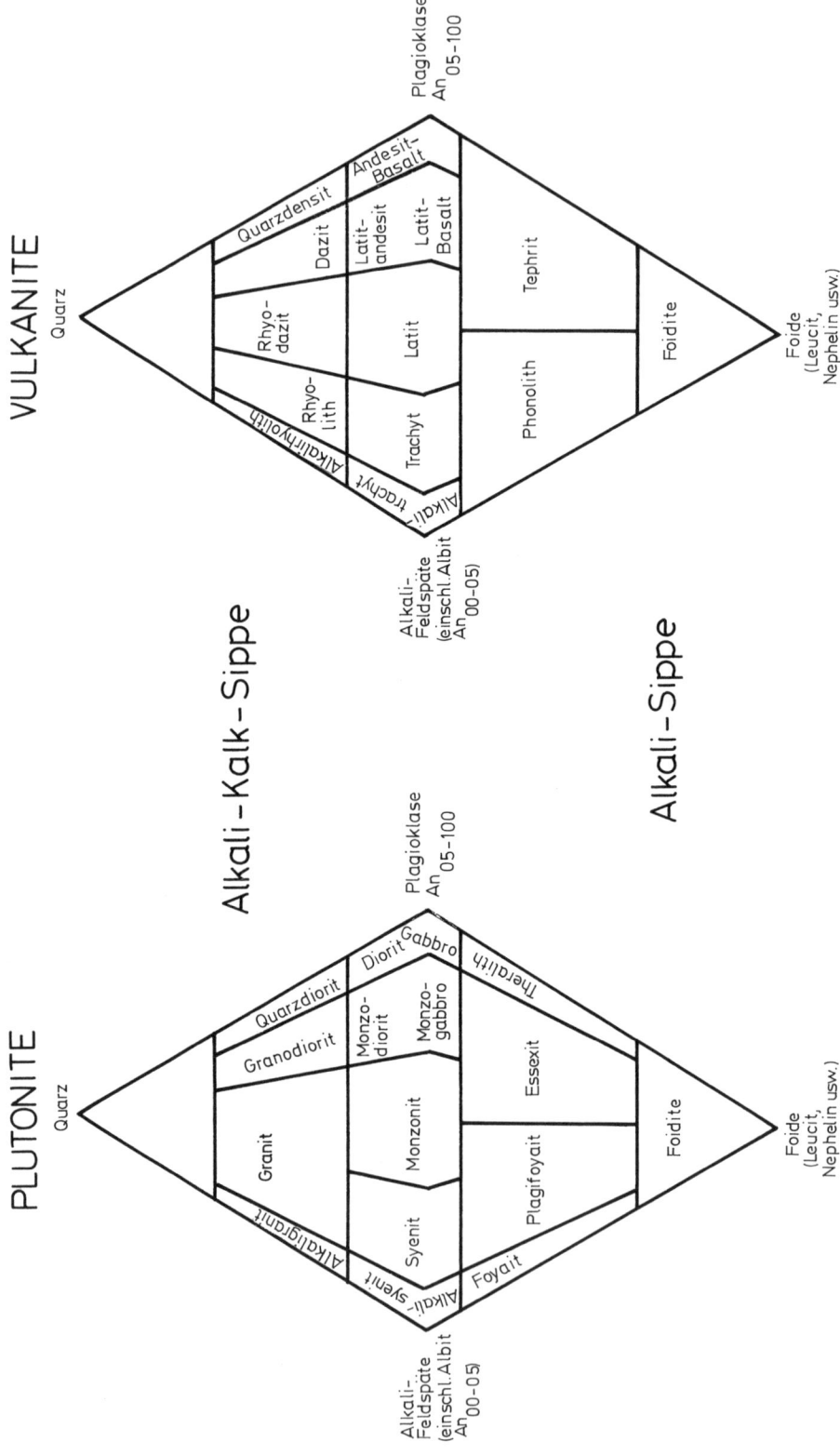

Abb. 14. Gliederung der Magmatite (nach STRECKEISEN 1973, vereinfacht). Anzunehmender Gehalt an Anorthit in %; Foide = Feldspatvertreter.

Ein in Mitteleuropa vorwiegend permisches Ergußgestein mit granitischer Zusammensetzung ist der oft rötlich gefärbte *Quarzporphyr*, ein verwitterungsresistentes, rhyolithisches Gestein mit feiner Grundmasse und porphyrischen Einsprenglingen von Feldspat- und Quarzkristallen sowie unregelmäßiger bis polyedrischer, z. T. sogar plattiger Absonderung. Tertiären Alters sind in Mitteleuropa die Ergußgesteine *Liparit* und *Rhyolith*. Sie haben eine granitähnliche Zusammensetzung mit oft glasklaren Kristallen des Kalifeldspates Sanidin.

Das richtungslos körnige, intermediäre Tiefengestein *Diorit* ist dunkler gefärbt als der Granit und enthält erheblich weniger Quarz, dafür aber – neben Biotit und Augit – viel Plagioklas und Hornblende. Zwischen Granit und Diorit vermitteln in der Mineralzusammensetzung der *Quarzdiorit* und *Granodiorit*. *Andesit* ist ein dichtes, relativ dunkles dioritähnliches Ergußgestein mit Plagioklas-Einsprenglingen in dichter Grundmasse, dessen älteres, meist jungpaläozoisches Äquivalent in Mitteleuropa *Porphyrit* genannt wird.

Gabbro schließlich stellt ein quarzfreies, kieselsäurearmes, körniges Tiefengestein dar mit hohen Gehalten an Ca-reichen Plagioklasen und Pyroxenen (besonders Diallag) sowie zurücktretend Hornblende, Biotit und nur z. T. Olivin. Das basenreichste, fast schwarze Tiefengestein ist der *Peridotit*, der im wesentlichen aus Pyroxen und Olivin besteht.

Die dunklen, oft schwarzen *Basalte* entsprechen – als tertiäre bis nachtertiäre basische *Ergußgesteine* – in ihrer mineralischen Zusammensetzung dem Gabbro. Aufgrund ihrer oft sehr dichten, feinkristallinen Struktur sind die Basalte – trotz ihres hohen Gehaltes an relativ leicht verwitternden Silicaten – recht verwitterungsbeständig. Bekannt ist die typische, säulenförmige Absonderung der Basalte.

Zu den *Eruptivgesteinen* werden hier auch die sog. pyroklastischen vulkanischen *Tuffe* gezählt, bei denen es sich um verschiedenkörnige Sedimente magmatischen Ursprungs handelt. Die Sedimentation des ausgeworfenen Materials kann äolisch oder submarin erfolgen. Nach der Korngröße unterscheidet man feinkörnige vulkanische Glasaschen, vulkanische Glassande und *Lapilli* (Steinchen) mit Korngrößen zwischen 2 und 20 mm. Größere, oft kugelige Auswürflinge werden als vulkanische *Bomben* bezeichnet. Stofflich entsprechen die Tuffe in der Regel den aus dem gleichen Vulkan stammen-

den Laven. Bestimmte verfestigte Formen sind z. B. als Schmelztuff *(Ignimbrit)*, als Traß und *Bimsstein* bekannt.

Aufgrund ihrer günstigen physikalischen und chemischen Eigenschaften entstehen aus den relativ leicht verwitternden vulkanischen Lockermassen – die z. B. im Neuwieder Becken und im Westerwald vorkommen – in der Regel gut bearbeitbare, nährstoffreiche, tiefgründige Böden mit günstigem Wasser- und Lufthaushalt.

1.3.1.3 Metamorphose, Metamorphe Gesteine

Wenn Tiefen- oder Sedimentgesteine bei tektonischen Bewegungen der Erdkruste in große Tiefen absinken, werden sie bereits unterhalb ihrer Schmelztemperatur in festem Zustand durch erheblichen Druck- und Temperaturanstieg in ihrem Mineralbestand und ihrer Struktur wesentlich verändert. Diese Umwandlungsprozesse bezeichnet man als Gesteinsmetamorphose und die daraus hervorgehenden Gesteine als Umwandlungsgesteine oder *Metamorphite*. Im Bereich der Aufschmelzungszone entstehen aus metamorphen Gesteinen durch sog. *Anatexis* schließlich wieder Magmatite.

Die Druckwirkung kann in senkrechter Richtung durch die Auflast der Gesteine oder seitlich durch sogenannten *Streß*, z. B. bei Gebirgsbildungsvorgängen, erfolgen (Dynamo- oder *Dislokationsmetamorphose*). Der Temperaturanstieg ist von der jeweiligen geothermischen Tiefenstufe abhängig (siehe Kap. 1.1.5). Gleiche Temperaturen können also z. B. in unterschiedlichen Tiefen und bei verschiedenen Drucken auftreten. Die Gesteinsumwandlung durch Hitzeeinwirkung wird als *Thermometamorphose* bezeichnet. In der Regel sind jedoch beide Faktoren beteiligt. Je nach den herrschenden Druck-Temperatur-Bedingungen entsteht eine Vielzahl von Metamorphiten mit spezieller Mineralfazies, deren wichtigste Tab. 6 zeigt.

Als *Kontaktmetamorphose* werden Umwandlungen in der Kontaktzone zwischen aufsteigendem heißem Magma und dem Nebengestein bezeichnet. So wird z. B. silicatisches Nebengestein in splittrig-feinkristallinen *Hornfels* umgewandelt, der neben Quarz, Feldspat und Biotit häufig die typischen Kontaktminerale Andalusit und Cordierit enthält. Als besonderer Fall einer Umwandlung von organischer Substanz durch Hitze und Druck unter Luftabschluß sei die *Inkohlung* genannt, bei der – unter zunehmender relativer Anreicherung von Kohlenstoff und

Tab. 6. Die wichtigsten Metamorphite (nach RICHTER 1975 und WINKLER 1974)

Meta-morphose-Zonen	Tempe-ratur (in °C)	Gefüge	Ausgangsgestein							
			Quarz-sand-steine	Ton-schiefer	Arko-sen Grau-wacken	saure Magma-tite und Tuffe	Basi-sche und ul-trabasi-sche Magma-tite	tonige Mergel	Mergel und merge-lige Kalke	Kalke
»Epi-zone« (niedri-ger Druck)	niedrig (180 −300)	feinkör-nig, schwach geschie-fert		Phyllit	Serizit-phyllit	Serizit-quarzit z. T.	Grün-schiefer	Serizit-Chlorit-schiefer	Kalk-phyllit (Kalk-gehalt >10%)	
»Meso-zone« (mittle-rer Druck)	mittel bis hoch (>500)	mittel-körnig, geschie-fert	Quar-zite	Glimmerschiefer			Ortho-Horn-blende-schiefer	Para-Horn-blende-schiefer	Kalk-glim-mer-schiefer	Mar-mor
»Kata-zone« (hoher Druck)		mittel bis grob-körnig, schwach geschie-fert bis massig		Paragneis		Ortho-gneis	Ortho-Amphi-bolit	Para-Amphi-bolit	Kalk-Si-licatfel-se, Skarn	
						Granu-lit	Plagioklas-Biotit-Hornblende-Gneis, Eklogit			

Abspaltung von flüchtigen Bestandteilen (H_2O-Dampf, CO_2, CH_4) – aus Torf zunächst Braunkohle, später Steinkohle, Anthrazit und schließlich reiner Kohlenstoff in Form von Graphit entstehen kann. In ähnlicher Weise entstehen z. B. aus Faulschlamm (Sapropel) Erdöl und Erdgas.

Die als Ausgangsgesteine der Bodenbildung wichtigen metamorphen Gesteine stammen vor allem aus dem Bereich der *Regionalmetamorphose*. Unter gerichtetem Druck (Streß) bilden sich z. B. auf Schieferungsflächen aus Glimmern parallel zueinander liegende, seidenglänzende Beläge von Serizitschüppchen. Aus Tonstein entsteht so *Tonschiefer* und *Phyllit*. Zunehmender Druck und ansteigende Temperaturen bewirken u. a. »plastische« Verformungen, Mineralzertrümmerungen und Umbildung von Mineralen. Drucklösung führt häufig zur Gesteinsverdichtung, und Stoffzufuhr von außen hat metasomatische Mineralneubildungen zur Folge. So entsteht z. B. aus Sandstein der verwitte-

rungsresistente, harte, dichte *Quarzit*, aus Kalkstein der gröber kristalline *Marmor*.

Die Intensität der Metamorphose nimmt bei normaler geothermischer Tiefenstufe und allmählich mit der Tiefe ansteigendem allseitigem Druck von oben nach unten zu. Man unterscheidet in diesem Falle drei Tiefenzonen mit zunehmender Metamorphose: Epizone, Mesozone und Katazone. Die Tiefenlage dieser Zonen schwankt infolge von Unregelmäßigkeiten der Druck- und Wärmeverteilung in der Erdkruste stark. Sie treten örtlich sogar nebeneinander auf (z. B. beim Aufstieg sog. Wärmedome).

Tab. 6 gibt in stark vereinfachter Form die wichtigsten in diesen Zonen aus unterschiedlichen Ausgangsgesteinen entstehenden Metamorphite wieder. *Orthometamorphite* entstehen aus Magmatiten, *Parametamorphite* aus Sedimentgesteinen. Gegenüber den Magmatiten und Sedimentgesteinen treten metamorphe Gesteine als Ausgangssubstrate für die Bodenbildung (siehe auch Liste der Substrate in Kap. 3.1.1) flächenmäßig zurück. Schräg oder senkrecht zur Erdoberfläche stärker geschieferte, mittel- bis grobkörnige Metamorphite verwittern in der Regel am schnellsten und tiefgründigsten. Grobkörnige Gesteine bilden oft grusige bis lehmig-sandige, feinkörnige dagegen lehmig-tonige Böden.

1.3.2 Exogene Vorgänge

Endogene Kräfte schufen und schaffen auch heute noch durch ständige, für unsere Zeitmaßstäbe langsame tektonische Umgestaltung der Erdkruste unterschiedliche Voraussetzungen für den Angriff der von außen wirkenden, exogenen Kräfte. Diese entstehen als Folge des ständigen Energiestromes von der Sonne im Zusammenwirken mit der Erddrehung und der von der Erde ausgehenden Schwerkraft. Temperatur, Wasser, Eis und Wind sind die wesentlichsten exogenen Faktoren, deren Wirksamkeit besonders auf dem Festland primär durch das Klima und den Witterungsverlauf sowie sekundär z. T. durch die klimaabhängigen biotischen Kräfte (Flora und Fauna) beeinflußt wird. Zum Verständnis der exogenen Vorgänge wird daher das Klima- und Witterungsgeschehen – vorzugsweise für die bodenkundlich wichtigen Festlandgebiete – in vereinfachter Form kurz dargestellt, ergänzt durch Angaben zur Vegetation.

1.3.2.1 Klima, Witterung, Vegetation

Sonneneinstrahlung, Wärmeabstrahlung von der Erdoberfläche und Erdrotation sind die für Luftbewegungen in der Troposphäre, Stratosphäre und Mesosphäre und damit für das Wettergeschehen bedeutsamsten Faktoren. Aus der Summe der *Witterungen* über längere Zeiträume ergibt sich ein für jedes Gebiet der Erdoberfläche typisches *Klima*, das vor allem durch den jahreszeitlichen Gang langjähriger Mittelwerte von Lufttemperatur, Niederschlag und Bewölkung gekennzeichnet wird.

Der Luftdruck nimmt innerhalb der Lufthülle mit Annäherung an die Erdoberfläche allgemein zu (Abb. 2). Durch Wärmeabstrahlung von der Erdoberfläche werden die unteren Luftschichten – oft unter Aufnahme von Wasserdampf – stärker erwärmt als höhere und dehnen sich aus. Die spezifisch leichtere, erwärmte Luft steigt in Schichten mit geringerem Luftdruck auf, während schwerere, kühle oder kalte Luftmassen nachströmen. Beide Luftbewegungen sind als

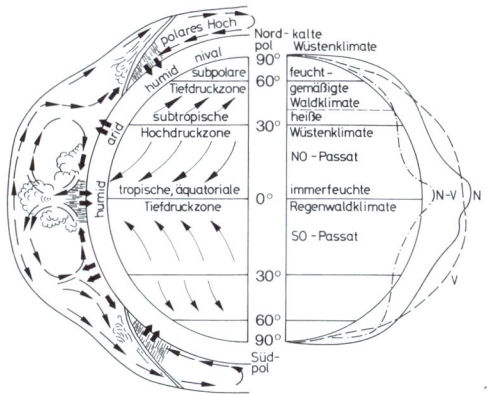

Abb. 15. Vereinfachtes Schema der Luftzirkulation in der Troposphäre sowie der aus Niederschlag (N) und Verdunstung (V) abgeleiteten Klimagliederung. Dicke Pfeile: Niederschlag (↓) bzw. Verdunstung (↑). Dünne Pfeile: Troposphärische Zirkulation.

Wind spürbar. Die aufsteigende Warmluft dehnt sich aus und kühlt sich ab. Dabei kondensiert der Wasserdampf unter *Wolken-* oder *Niederschlagsbildung*. Da die Sonneneinstrahlung und die Erwärmung der bodennahen Luftschicht im Äquatorialbereich am größten ist, entsteht dort durch ständigen Luftaufstieg ein regenreiches Tiefdruckgebiet mit *humidem* Klima (Niederschlagsmenge größer als Verdunstungsmenge), das von einem Höhen-Hoch überlagert wird.

An den Polen mit ihren Kalotten aus spezifisch dichter Kaltluft liegen demgegenüber in Erdnähe beständige Hochdruckgebiete mit relativ geringen Niederschlägen. Das dadurch vorhandene Temperatur- und Luftdruckgefälle von den Polen zum Äquator hält die wetterbestimmenden Luftbewegungen auf der Erde in Gang. Sie würden ohne weitere Einflüsse z. B. auf der Nordhalbkugel einen meridionalen, erdnahen Nordwind und in größerer Höhe einen Südwind erzeugen. Durch die Erdrotation und die dadurch erzeugte *Coriolis-Beschleunigung* wird jedoch die meridionale Luftbewegung abgelenkt, so daß aus den Nordwinden Ostwinde werden und aus den Südwinden Westwinde. Weitere Ablenkungen und Veränderungen der Luftbewegungen erfolgen z. B. durch die Reibung in der Nähe der Erdoberfläche und Windbremsung in den unteren Luftschichten bis in etwa 1000 m Höhe.

Wie Abb. 15 stark vereinfacht zeigt, fließen die im Äquatorialbereich aufsteigenden feuchten Luftmassen nach dem Abregnen zunächst in nördliche bzw. südliche Richtungen ab. Teile dieser Luftmassen sinken im Bereich der Wendekreise (30°) – von der Coriolis-Kraft nach Westen abgelenkt und unter Ausbildung hohen Luftdruckes am Boden – nach unten ab. Die dabei zunehmende Austrocknung und Erwärmung dieser Luftmassen führt zur Entstehung von subtropischen Hochdruckzonen beiderseits des Äquators mit *ariden* Klimabedingungen (Niederschlagsmenge < Verdunstungsmenge) und Wüstenbildungen. Beim Zurückströmen zum Äquator (Passat-Winde) nimmt die trockene, warme Luft dann besonders über den Ozeanoberflächen wieder Feuchtigkeit auf. Andere Teile der im Äquatorialbereich aufgestiegenen Luftmassen strömen jedoch in nördlichere bzw. südlichere Gebiete ab und treffen im Bereich der subpolaren Tiefdruckzone auf die vom polaren Hochdruckgebiet in Äquatorrichtung abfließende Kaltluft. Dabei gleitet die Warmluft über die schwerere Kaltluft entlang einer schrägen Grenzfläche aufwärts unter Abkühlung und Wolkenbildung mit Regenfällen. Zwischen dem dadurch entstehenden gemäßigt-humiden Klima der subpolaren Tiefdruckzone mit ihren häufigen, meist mäßigen Regenfällen – zu der auch Mitteleuropa gehört – und dem ariden Wüstenklima, wie auch zwischen diesem und dem tropisch-humiden, äquatorialen Bereich, liegen Übergangsgebiete mit *semihumiden* bis *semiariden* Klimaverhältnissen, die häufig einen ausgesprochenen Wechsel zwischen Trockenzeiten und Regenzeiten aufweisen.

Die hier beschriebenen, im einzelnen erheblich komplizierteren und z.T. örtlich wie auch jahreszeitlich wechselhaften Vorgänge in der Troposphäre haben die Entstehung von mehr oder weniger breitenkreisparallelen *Klimazonen* zur Folge, denen im Prinzip ähnlich begrenzte *Vegetationszonen* entsprechen (siehe Tab. 7, Spalte 4). Die Lage und Form dieser Zonen ist u.a. aufgrund der unterschiedlichen Verteilung von Land und Meer sowie der wechselnden Größe, Höhenlage und Form der Landmassen sehr verschieden. Höhere Gebirge weisen in der Regel in allen Klimagebieten ähnliche, jedoch vertikale Klima- und Vegetationsstufen auf.

Eine häufig zitierte Klimazonen-Einteilung stammt von W. KÖPPEN (1923). Von ihm werden jährliche Mittelwerte und der Jahresgang von Temperatur- und Niederschlag als weltweit besonders gut bekannte Klimadaten zur Ableitung von folgenden 5 Hauptklimagürteln verwendet,

Abb. 16. Klimageomorphologische Zonen in Eurasien. Afrika, Indonesien und Australien (nach WILHELMY 1974).
1 = arktische und antarktische Gletscherzone; 2 = polare und subpolare Frostwechselzone, a = polare Frostschutzzone, b = subpolare Tundrenzone, 3 = winterkalte Waldklimate; 4 = feucht-gemäßigte Waldklimate; 5 = winterkalte Waldsteppen-, Steppen-, Halbwüsten-, Wüsten- und Hochwüstenklimate; 6 = außertropische wechselfeuchte Klimate, a = mediterrane Winterregengebiete, b = außertropisches Monsungebiet; 7 = feuchte Subtropen; 8 = trockene Subtropen; 9 = subtropisch-tropische Wüstenklimate; 10 = trockene Randtropen; 11 = wechselfeuchte Tropen; 12 = immerfeuchte Tropen.

die ihrerseits in mehrere Klimazonen unterteilt werden:

A-Klimate: Tropische Regenklimate
B-Klimate: Trocken-warme Klimate
C-Klimate: Warmgemäßigte Regenklimate
D-Klimate: Winterkalte, boreale Klimate
E-Klimate: Schneereiche Kaltklimate

Für die regionale Erfassung typischer Kombinationen von Verwitterungs- und Bodenbildungsprozessen, von unterschiedlichen Arten der Verlagerung, Oberflächenformung und Sedimentation reichen weder diese Klimagliederung nach KÖPPEN noch solche nach der Aridität oder Humidität des Klimas aus. Eine Gliederung von H. WILHELMY (1974) nach geomorphologisch unterschiedlich wirksamen Klimagebieten erscheint für die Erfassung der oben angeführten Prozeßkombinationen besser geeignet (Tab. 7 und Abb. 16). Sie wird durch Vegetationsangaben nach H. WALTER (1977) sowie durch Angabe der wichtigsten Klimasymbole nach KÖPPEN ergänzt. Die Tabelle läßt außerdem in stark vereinfachter Form für jedes Klimagebiet die wichtigsten Arten der Verwitterung und Verlagerung erkennen, die in den folgenden Kapiteln eingehender behandelt werden.

1.3.2.2 Verwitterung und Bodenbildung

Alle an der Erdoberfläche oder in geringer Tiefe anstehenden Locker- und Festgesteine unterliegen dem Einfluß des Klimas und der Witterung: sie verwittern. Aus bodenkundlicher Sicht werden die physikalische, chemische und biologische Verwitterung unterschieden, die jedoch in der Regel gemeinsam wirksam sind. Ihr Anteil

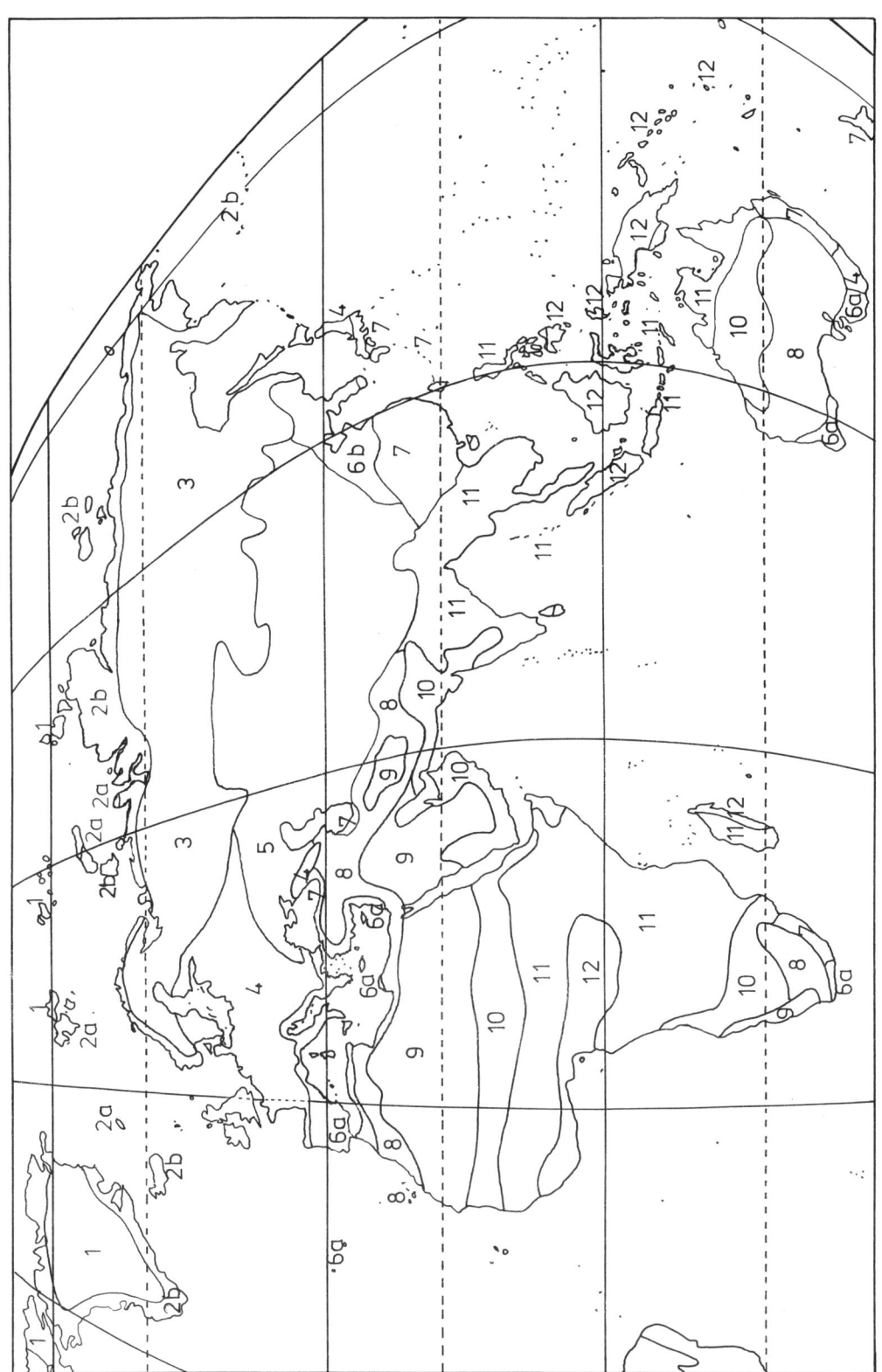

Tab. 7. Klima- und Vegetationsgebiete der Erde und die in ihnen vorherrschenden Verwitterungs- und

Klimagebiete	Vorherrschende mittl. Klima-Kennzeichen (MT = mittlere Temperatur)	Köppen-Klima	Vegetationsgebiete
Polare Gletscherklimate (nival)	< 200 mm Schnee; windreich; Polarnacht < −30 °C MT; Polartag < 0 °C MT	EF	Polare Eiswüste
Polare Frostschutt-Klimate (kalt-arid)	80−400 mm Schnee; windreich; Polarnacht −25 °C MT; Polartag < +6 °C MT	ET	Einzelne Flechten, Moose, Gräser
Subpolare Tundren-Klimate (kalt-humid)	80−400 mm Schnee; Wind; Polarnacht < −8 °C MT; Polartag < +10 °C MT	ET	Moos- und Flechtentundren mit Zwergbirke, Polarweide, einzelne Blütenpflanzen
Winterkalte boreale Waldklimate (humid bis semihumid)	200−500 mm Regen + Schnee, Winter lang: −3 ° bis −25 °C MT; Sommer kurz: ∅ + 15 °C MT	DW z. T.	Nadelwälder (Taiga) mit (Strang- u. Netz-) Mooren
Feuchtgemäßigte Waldklimate (humid)	500−1000 mm ganzjähr. Regen bzw. Schnee; Sommer +15 ° bis 20 °C; Winter +2 ° bis −13 °C MT	Cf + Df z. T.	Sommergrüne Laub- u. Mischwälder, viel Kulturland
Winterkalte, kontinentale Waldsteppen-, Steppen- und Wüstenklimate (semihumid bis arid)	100−500 mm (± Sturz-) Regen, 5 Mon. Winterstarre (0 ° bis −30 °C), 3−4 Mon. Sommerdürre +22 ° bis 25 °C MT; windreich	BSk, BWk, Df, EH	Wald- und Wiesensteppe, viel Kulturland; Kurzgras- bis Dornstrauch-Steppe, Hochwüste
Wechselfeuchte mediterrane Winterregenklimate (semihumid)	350−1000 mm Winterregen; Winter +6 ° bis 13 °C MT; Sommer arid, +22 ° bis 35 °C MT	Cs	Immergrüne Winterregen-Hartlaubgehölze und Hartlaubsteppen; viel Kulturland
Außertropische wechselfeuchte Monsunklimate (semihumid)	Winter trocken 0 ° bis −12 °C MT; Sommer + 20 ° bis 26 °C MT mit häufigen Starkregen: 250−650 mm	Dw, Cw z. T.	Sommergrüne Mischwälder, viel Kulturland

an der Gesamtverwitterung ist in den verschiedenen Klimagebieten unterschiedlich, so daß man von einem klimazonal-planetarischen Wandel der Verwitterungsarten sprechen kann (Tab. 7 und Abb. 16). Während bei der Verwitterung vorwiegend Abbau- und Umwandlungsprozesse vorherrschen, sind an der Bodenbildung u. a. zusätzlich zahlreiche Aufbau- und Neubildungsvorgänge beteiligt (siehe Kap. 3.2.1 und Kap. 3.2.2).

1.3.2.2.1 Physikalische Verwitterung

Durch physikalische Verwitterungsprozesse erfolgt – zusätzlich zu den tektonischen Gesteinsveränderungen durch Klüftung und Schieferung

– eine mechanische Zerlegung der Gesteine. Im einzelnen werden folgende Gruppen von Vorgängen unterschieden:

Thermische Verwitterung (Insolationsverwitterung): Bei häufigem Wechsel zwischen Erwärmung (= Ausdehnung) und Abkühlung (= Kontraktion) durch tageszeitlich unterschiedliche Sonneneinstrahlung oder/und Regenfälle auf heiße Gesteinsoberflächen entstehen besonders in Festgesteinen aufgrund unterschiedlicher Ausdehnungskoeffizienten der im Gestein vorhandenen Mineralarten Spannungen, die zu Kernsprüngen, zu schaliger Gesteinsablösung (Desquamation), zur Abschuppung und schließlich zum Zerfall des Gesteinsverbandes führen

Verlagerungsprozesse. Nach WILHELMY (1974) unter Verwendung von WALTER (1977)

Nr. in Abb. 16	Vorherrschende Verwitterungsarten	Vorherrschende Arten des Materialtransportes
1	Frostsprengung	Eisschurf; selten Schmelzwassererosion
2a	Frostsprengung; chemische Verwitterung kurz und gering	Auftauzone: Kryoturbation und freie Solifluktion; starke Tiefen- und Seitenerosion in Tälern (Polartag), Löß- und Flugsandverwehung
2b	Frostsprengung; chemische Verwitterung kurz und gering	Auftauzone: Kryoturbation; gebundene Solifluktion (ruckartig); starke Tiefen- und Seitenerosion in Tälern (Polartag)
3	Frostsprengung und chemische Verwitterung gering bis mäßig	Starke Seitenerosion in Tälern durch Schmelzwasser und Eisgang; Solifluktion besonders an Südhängen; Kryoturbation gering bis fehlend
4	Chemische + biologische Verwitterung mäßig bis stark, Thermische + Frostverwitterung mäßig bis gering	Geringe bis mäßige Fluß-Tiefenerosion. Transport gelöster Verwitterungsprodukte; geringe Winderosion auf Sand-Äckern; mäßige Wassererosion auf Hang-Äckern
5	Temperatur- u. Frostverwitterung stark; Chemische Verwitterung relativ gering	Solifluktion an feuchteren Hängen: starker flächenhafter Abtrag und fluviatile Erosion durch Schmelzwasser u. Sturzregen; starke Winderosion
6a	Rel. starke chemische Winterverwitterung, rel. starke thermische Sommerverwitterung	Starke winterliche Fluß-Tiefen- u. Seitenerosion, Verkarstung, Karrenbildung; rel. starke Wassererosion nach Entwaldung unter Acker
6b	Starke chemische Verwitterung (Sommer), Winter-Frostverwitterung	Starke lineare Erosion (terrassierte Lößschluchten), starke sommerliche Fluß-Tiefen- und Seitenerosion; rezente Lößanwehung aus östlicher Wüste in China

Fortsetzung der Tab. 7 auf den Seiten 44 und 45

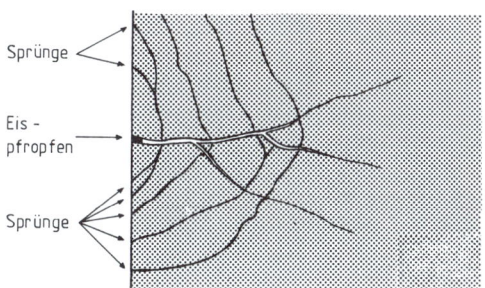

Abb. 17. Desquamation beim Gefrieren von Wasser in Gesteinsspalten.

können. An diesen Prozessen ist z. T. auch die *Hydratation* (siehe Kap. 2.2.3.3) beteiligt. Darüber hinaus spielt auch die Mineralfarbe eine Rolle, da sich dunkle Mineralien häufig schneller und stärker erwärmen und wieder abkühlen als hellfarbige. Die Insolationsverwitterung ist vorwiegend in warmen bis heißen Klimagebieten mit starkem täglichem Temperaturwechsel, episodischen Regenfällen und spärlicher Vegetation verbreitet, kommt aber auch in anderen Klimaten vor (Tab. 7).

Frostverwitterung: Sie beruht auf der Eigenschaft des Wassers, sich bei Gefrieren um 9% seines Volumens auszudehnen. Gefriert Wasser in mehr oder weniger geschlossenen Gesteins-

Fortsetzung der Tab. 7 von den Seiten 42 und 44

Feuchte Subtropen-klimate (humid)	500−3000 mm ganzjähr. Regen; milde Winter; heiße Sommer +27° bis 30 °C MT u. Regenmaximum	Cfa	Warmtemperierte, feuchte immergrüne Nadel- und Laubwälder
Trockene Subtropen-klimate (semiarid-arid)	Winter mild m. Sturzregen, < 400 mm gesamt. Sommer heiß, trocken (8−10 Mon.), Nächte ± kalt	BSh z. T.	Gras-, Dornstrauch-Sukkulenten-oder Wermut-Steppen
Halb- und Vollwüsten-klimate (arid)	0,5−200 mm episod. Sturzregen. heiße Sommer (∅ +35 °C MT) u. Winter (+20 °C MT), oft kalte Nächte	BWh	Einzelne Xero- und Halophyten
Trockene Randtropen-klimate (arid-semiarid)	150−600 mm Zenitalregen im Sommer; ganzjähr. warm bis heiß, +18° bis 30 °C MT (mittl. Schwankg.)	BSh z. T.	Natürliche Savannen, Grasland. Trocken-gehölze
Wechselfeuchte Tropen-klimate (semiarid-semi-humid)	Sommer-Regenzeit (meist > 1000 mm) 6−9 Mon., ganzjährig warm (> +18 °C) geringe Schwankungen	Aw	Feuchte bis trockene regengrüne Wälder und Savannen (oft anthropogen)
Immerfeuchte Tropen-klimate (humid)	> 2000 mm Zenitalregen ganzjährig; immer warm (> +18 °C), kaum Schwankungen	Af	Immergrüne Regen-wälder

hohlräumen, so treten erhebliche Drucke auf (bei −22 °C z. B. ein Maximaldruck von 2100 kg · cm⁻²), die besonders bei häufigem Frostwechsel durch fortschreitende Öffnung von Spalten und Rissen (Spaltenfrost) zum Zerfall oder mindestens zu schaliger Ablösung durchfeuchteter Gesteinsteile führen (Abb. 17). Diese Frostsprengung oder *Kryoklastik* kann zur Entstehung sehr feiner Korngrößen führen (Sand, Schluff, Grobton). Da der Gefrierpunkt des Wassers in sehr kleinen Hohlräumen durch Kapillarkräfte erniedrigt wird, setzt die Frostsprengung z. B. in feuchten, tonigen Gesteinen erst bei Temperaturen um −3 °C bis −5 °C ein.

Die Frostverwitterung ist in allen Klimagebieten mit mindestens zeitweiligem Bodenfrost wirksam, sie tritt jedoch in den polaren und subpolaren Klimaten, in Hochgebirgen sowie in Kontinentalgebieten mit strengen Wintern besonders intensiv in Erscheinung. **Salzverwitterung:** wenn salzhaltige Lösungen (z. B. durch Aufstieg aus dem Grundwasser) in Gesteinshohlräume eindringen und dort verdunsten, so bilden sich Salzkristalle, deren Kristallisationsdruck die Hohlraumwandungen auseinanderdrücken und dadurch den Gesteinsverband lockern kann. Der stärkste Druck wird hierbei in Richtung des schnellsten Kristallwachstums ausgeübt. Diese Druckwirkungen werden z. T. erheblich verstärkt, wenn bestimmte wasserfreie Salze bei Wiederbefeuchtung durch Regen, Tau oder Nebel infolge Hydratation Wasser aufnehmen und dabei ihr Volumen z. T. um 30 bis 100% vergrößern (Hydratationssprengung): *Anhydrit* = CaSO₄ + nH₂O → CaSO₄ · nH₂O = *Gips* mit 60% größerem Volumen. Diese Vorgänge führen vor allem in semiariden und semihumiden Klimaten (Tab. 7) häufig zu schaliger Ablösung (Desquamation) und können schließlich den Zerfall der Gesteine bewirken. In gemäßigten Breiten kommt es häufig über Salzausblühungen zu Schäden an Gebäuden aus kalk- und gipshaltigen Bausteinen. − Auch durch *Quellung* und *Schrumpfung* können Gesteine mit quellfähigen Mineralien (z. B. Montmorillonit, Vermiculit) langsam zerfallen.

7	Starke chemische Verwitterung, örtlich physikalische Verwitterung	Starke Linear- u. Flächenerosion nach Entwaldung; Verkarstung; relativ geringe Flußerosion in engen Schluchten (Schlammfluten) zwischen Beckenlandschaften
8	Starke Temp. u. Salz-Verwitterung, geringe chem. Verwitterung, Krusten durch kapillaren Aufstieg	Starke episodische Flächenspülung und Trockental- bzw. Cañon-Erosion; Binnenentwässerung z. B. in Salztonebenen; perennierende Fremdströme in Cañons
9	Starke Temperatur- und Salzverwitterung, kaum chemische Verwitterung (Nebel)	Starke Winderosion; selten episodische Flächenspülung bes. in Randwüsten, Trockental-Erosion episodisch in Salztonebenen; perennierende Fremdströme
10	Mittl. Temperatur-Verwitterung, mittl. chemische Verwitterung im Sommer	Häufige sommerliche Flächenspülung (bes. Äcker); rel. geringe Flußerosion: perennierende Fremdströme; örtliche Winderosion
11	Starke chemische Verwitterung im Sommer; mittl. Temperatur-Verwitterung	Starke sommerliche Flächenspülung; rel. geringe Schlammflußerosion
12	Ganzjährig starke chemische Verwitterung; geringe physikalische Verwitterung	Starke Verkarstung und Kerbtalerosion in Hochgebieten; Bergrutsche, Bodenfließen; mäandrierende Dammflüsse in großen Überflutungsebenen (z. B. Amazonas)

1.3.2.2.2 Chemische Verwitterung

Die Einwirkung von Wasser, anorganischen und organischen Säuren sowie Gasen (besonders CO_2 und O_2) auf die inneren und äußeren Mineraloberflächen führt zu chemischen Reaktionen, durch die Minerale in ihrem Aufbau verändert oder gänzlich aufgelöst werden. Die Summe dieser nebeneinander und nacheinander ablaufenden Prozesse wird als chemische Verwitterung bezeichnet. Ihr Ausmaß wächst mit abnehmender Korngröße der Gesteine und Minerale. Daher leistet gerade bei Festgesteinen die physikalische Verwitterung eine wichtige Vorarbeit für die chemische Verwitterung, weil durch die Zerteilung der Gesteine die Angriffsfläche für die chemischen Reaktionen zunimmt. Infolge der chemischen Reaktionen werden die Bindungen zwischen den Ionen der Mineralbausteine aufgehoben, so daß die Ionen in Lösung gehen können. Ihre Entfernung aus der Verwitterungslösung durch Auswaschung mit dem Sickerwasser, durch Pflanzenentzug, Mineralneubildung, Oxidation oder Komplexierung verhindert, daß sich ein chemisches Gleichgewicht zwischen der Mineraloberfläche und der umgebenden Verwitterungslösung einstellt. Nur so kann die Verwitterung stetig voranschreiten. Diese Prozesse beeinflussen ebenfalls die Verwitterungsintensität, die generell mit zunehmender jahreszeitlicher Dauer der Durchfeuchtung, zunehmender Temperatur (mit Ausnahme der Carbonatverwitterung, s. u.) und zunehmendem Säuregrad der Verwitterungslösung steigt. Daher ist die Intensität der chemischen Verwitterung in den verschiedenen Klimazonen unterschiedlich und erreicht in den warm-humiden Tropen ihr Maximum. Den chemischen Lösungsprozessen wirkt die Stabilität der Minerale entgegen, die von der Art der Ionen und ihrer Bindung im Mineralgitter bestimmt wird. So kommt es bei Gesteinen aus einem Mineralgemenge mit unterschiedlicher Stabilität zu einem sequentiellen Abbau der verschiedenen Minerale im Verlauf der Zeit. Zunächst werden die leicht löslichen Minerale (Chloride, Sulfate, Carbonate) und dann fortschreitend stabilere Minerale (Silicate) zerstört. Sehr schwer lösliche Minerale (z. B. Quarz, Fe-Oxide) überdauern die chemischen Prozesse und reichern sich relativ im Verwitterungsrückstand an.

Lösungsverwitterung: Von der Lösungsverwitterung werden vor allem Minerale und Gesteine aus leicht wasserlöslichen Chloriden, Sulfaten und Nitraten betroffen, wie z. B. Steinsalz (NaCl) sowie die als Düngemittel verwendeten Kalisalze (z. B. Sylvin, KCl) und Salpeterdünger (z. B. Kalksalpeter, $Ca(NO_3)_2$). Im Kontakt mit Wasser unterliegen die randlichen Ionen des Kristallgitters der Hydratation, indem sie sich aufgrund des Dipolcharakters der Wassermoleküle mit Wasserhüllen umgeben, die je nach Art der Ionen unterschiedlich dick sind. Dieses führt zu einer Lockerung und anschließenden Lösung der hydratisierten Ionen (Dissoziation). Die Lösungsverwitterung ist – sofern leicht wasserlösliche Gesteine (z. B. Salzstöcke) oder Minerale (z. B. Streusalz, Meersalze in Marschböden) in Oberflächennähe vorhanden sind – auf der ganzen Erde verbreitet.

Hydrolyse, Protolyse: Von diesen Prozessen der chemischen Verwitterung sind Salze betroffen, die sich aus einer schwachen Säure und/oder einer schwachen Base gebildet haben. Dazu zählen die Carbonate und die Silicate, die mit 55 bis 80 % den größten Anteil der gesteinsbildenden Minerale in der äußeren Erdkruste ausmachen (siehe Kap. 1.2.2.2 und 3.2.1.3). Bei der Hydrolyse reagieren die Minerale mit den H^+- und OH^--Ionen des Wassers. Sie wirkt gemeinsam mit der **Protolyse**, die für die chemische Verwitterung unter natürlichen Bedingungen die weitaus größte Bedeutung besitzt. Hierbei stammt der überwiegende Anteil der H^+-Ionen (Protonen), die das Mineralgitter angreifen, aus organischen und anorganischen Säuren. Ihre Wirksamkeit steigt mit abnehmenden pH-Werten in der Bodenlösung. Neben Kohlensäure und organischen Säuren tragen auch starke anorganische Säuren zur Steigerung der Protolyse bei. Dazu gehören vor allem H_2SO_4 oder HNO_3, die bei der Sulfid- und Eiweißzersetzung durch Oxidation entstehen oder aus Säurebildnern (NH_4, NO_x, SO_3) des »Sauren Regens« in Gebieten mit starker Luftverschmutzung hervorgehen.

Liegen in Gesteinen Carbonate vor, werden zunächst nur diese von den H^+-Ionen angegriffen, da sie im Vergleich zu den Silikaten eine größere Löslichkeit aufweisen.

Mengenmäßig ist für die Carbonatverwitterung die Kohlensäure besonders bedeutend, die sich im Wurzelraum durch die Atmung der Pflanzenwurzeln und Bodenorganismen ständig neu bildet:

$$CO_2 + H_2O <\text{---}> H_2CO_3$$

Carbonate, wie z. B. der Calcit ($CaCO_3$), reagieren mit der Kohlensäure zu Calcium-Hydrogencarbonat:

$$CaCO_3 + H_2CO_3 <\text{---}> Ca(HCO_3)_2$$

Calcium-Hydrogencarbonat ist gut wasserlöslich und kann mit dem Sickerwasser abgeführt werden. Die Intensität der Carbonatlösung, und damit die Entkalkung von Böden und Gesteinen (siehe Kap. 2.2.3.6) sowie die Wiederausfällung von Kalk, wird durch die Konzentration und die Stabilität der Kohlensäure gesteuert. Ihre Konzentration hängt vom CO_2-Partialdruck in der mit der Verwitterungslösung im Gleichgewicht stehenden Bodenluft ab, und damit in erster Linie von der biologischen Aktivität eines Bodens. Die Stabilität der Kohlensäure steigt mit abnehmender Temperatur. Daher kommt es auch bei kühlen Temperaturen zur Entkalkung von Gesteinen, obwohl die biologische Aktivität des Bodens herabgesetzt ist. Bei einem Temperaturanstieg oder abnehmendem CO_2-Partialdruck werden Carbonate aus hydrogencarbonathaltigen Lösungen wieder ausgefällt. Durch Kalkausfällung aus dem Sickerwasser können unterhalb des Wurzelraumes (abnehmender CO_2-Partialdruck) Horizonte mit Kalkanreicherung entstehen (siehe Kap. 3.2.2.2). Ein Temperaturanstieg führt bei Grundwasser, das Mergelgestein durchströmt hat und in Senken zu Tage tritt, zur oberflächennahen Kalkausfällung und zur Bildung von »Wiesenmergel«.

Stärkere Säuren, wie z. B. die Salzsäure (HCl) beim Carbonattest (siehe Kap. 2.2.3.6), reagieren mit Carbonaten unter Freisetzung von CO_2:

$$CaCO_3 + 2\,HCl <\text{---}> CaCl_2 + H_2O + CO_2 \uparrow$$

Durch die Verwitterungsreaktionen der Carbonate werden die Säuren neutralisiert und in ihrer Wirkung abgepuffert (siehe Kap. 2.2.4). Folglich unterliegen die schwerer löslichen Silicate erst dann der hydrolytischen Verwitterung, wenn in ihrer Umgebung keine Carbonate mehr vorhanden sind. Für die Verwitterung der Silicate wird der Prozeß der Hydrolyse am Beispiel des Kalifeldspats (Orthoklas) erläutert, der mit fast 20 % an der Mineralzusammensetzung der Erdkruste beteiligt ist und damit eines der am weitesten verbreiteten Minerale darstellt. Er kann vereinfacht als Salz aus der schwachen Kieselsäure (H_4SiO_4) und der starken Base KOH angesehen werden. Beim Kontakt der Mineraloberfläche mit Wasser werden die randlichen Ionen des Kristallgitters, vor allem die K^+-Ionen hydratisiert, was zu einer Lockerung der Bindungen führt. Die Protonen des Wassers spalten die K^+-Ionen ab:

$$KAlSi_3O_8 + H^+ + OH^- \text{ ---> } HAlSi_3O_8 + K^+ \, OH^-$$

In der äußeren Randzone des Minerals bildet sich eine Art »Wasserstoff-Feldspat«. In der Lösung entsteht Kalilauge, was im Laborversuch bei einer wässrigen Aufschlämmung von Orthoklas-Pulver an einer schwach alkalischen Reaktion zu erkennen ist. In natürlichen Porenlösungen der Böden werden die OH^--Ionen jedoch von den Protonen der enthaltenen Säuren neutralisiert und die K^+-Ionen ausgewaschen, adsorbiert oder von Pflanzen als wichtiger Nährstoff aufgenommen. Die weitere Anlagerung von Protonen und OH^--Ionen an das Kristallgitter des Feldspats führt zu einer Lösung der Si-O- und Al-O-Bindungen innerhalb der Tetraeder (vgl. Abb. 7). Schließlich wird die Mineralstruktur unter Bildung von Aluminiumhydroxid und Kieselsäure, die Endprodukte der Silicatverwitterung darstellen, zerstört:

$$HAlSi_3O_8 + 7\,H_2O \text{ ---> } Al(OH)_3 + 3\,H_4SiO_4$$

Die Prozesse gelten im Prinzip auch für die Verwitterung der übrigen Silicate, wie Glimmer, Plagioklase, Augite, Hornblenden und Olivin. Dabei werden Na-, Ca- und Mg-Ionen sowie z.T. erhebliche Mengen an Fe- und Mn-Ionen freigesetzt, die dann der Oxidation unterliegen (Verbraunung, siehe Kap. 3.2.2.1).

Aus Al^{3+}-Ionen und Kieselsäure, die während der Verwitterung aus den Silicaten herausgelöst werden, können – z.T. unter Beteiligung von Alkali- und Erdalkaliionen – Tonminerale rekristallisieren (siehe Kap. 2.1.2.1).

Oxidation: Bei der chemischen Verwitterung vieler Minerale und Gesteine spielen außer der Hydratation und Hydrolyse auch Oxidationsprozesse eine Rolle. Dieses gilt besonders für die dunklen Silicate (Biotit, Augit, Hornblende, Olivin) sowie für Fe- und Mn-Carbonate und -Sulfide, in deren Kristallgitter Fe^{2+}- und Mn^{2+}-Ionen eingebaut sind. Nach ihrer Freilegung durch Hydrolyse erfolgt die Oxidation der Ionen in den Randbereichen der Minerale durch den Luftsauerstoff. Infolge der Elektronenabgabe

nimmt die Wertigkeit der oxidierten Elemente zu, gleichzeitig verändert sich der Ionendurchmesser, wodurch eine Lockerung des Kristallgitters eintritt. Die Zunahme der positiven Ladung im Silicatgitter hat zur Folge, daß ein Teil der oxidierten Ionen außerhalb des Minerals in Form von rostbraunen Fe^{3+}- und schwarzbraunen Mn^{3+}- und Mn^{4+}-Oxiden ausgeschieden wird (Verbraunung, siehe Kap. 3.2.2.1). Die Umhüllung der Silicate mit Oxiden bewirkt eine Verlangsamung der hydrolytischen Verwitterungsprozesse. Zum zweiten können zum Ladungsausgleich aus OH-Gruppen des Silicatgitters Protonen abgespalten werden, die dann ihrerseits hydrolytisch wirksam werden und Bindungen der Tetraeder sprengen.

Bei der Oxidationsverwitterung von Eisensulfiden (z.B. Pyrit, FeS_2) werden sowohl die Fe^{2+}-Ionen als auch die Sulfidionen oxidiert, wobei neben Schwefelsäure (H_2SO_4) auch Eisen(III)-sulfat ($Fe_2(SO_4)_3$) entsteht, das nach Hydrolyse in Goethit (α-FeOOH) übergeht:

$$4\,FeS_2 + 15\,O_2 + 2\,H_2O \text{ ---> } 2\,Fe_2(SO_4)_3 + 2\,H_2SO_4$$

$$2\,Fe_2(SO_4)_3 + 8\,H_2O \text{ ---> } 4\,FeOOH + 6\,H_2SO_4$$

Im Verlauf der Verwitterung pyrithaltiger Gesteine (z.B. auf Bergehalden) oder bei der Oxidation von Eisensulfiden in Marschböden hat die Bildung von Schwefelsäure eine starke Versauerung und damit eine intensive protolytische Carbonatlösung bzw. Silicatverwitterung zur Folge.

Komplexierung: In Böden entstehen sowohl bei der Zersetzung organischer Substanzen als auch durch Ausscheidung aus Pflanzenwurzeln relativ einfache organische Säuren (z.B. Citronensäure, Weinsäure oder Fulvosäuren). Neben ihrer protolytischen Wirkung auf die Randionen der Minerale wird ihre Wirkung durch die Eigenschaft verstärkt, mit Fe-, Mn-, Al- und Schwermetallionen stabile Komplexe zu bilden. Wasserlösliche metallorganische Komplexe (Chelate) werden mit dem Sickerwasser verlagert. Durch den Entzug dieser Ionen aus der Verwitterungslösung wird die Einstellung eines Reaktionsgleichgewichts verhindert.

1.3.2.2.3 Biologische Verwitterung

Sie umfaßt alle durch die Lebenstätigkeit von Pflanzen, Tieren und Mikroorganismen in und auf Gesteinen sowie in Böden ablaufenden physikalischen und chemischen Verwitterungsvorgänge:

Physikalisch-biologische Verwitterung: Die in Gesteine oder Böden eindringenden Wurzeln höherer Pflanzen – vor allem die der Waldbäume – können osmotische Turgordrucke von 10 bis 15 kp · cm^{-2} entwickeln. Durch ihr Wachstum in Spalten und Risse der Gesteine hinein tragen sie zur Auflockerung von Festgesteinen wie auch von verdichteten Sedimenten und Böden bei. Dagegen begünstigen wühlende Bodentiere (z.B. Wühlmäuse, Maulwürfe, Hamster sowie die zahlreichen Regenwurmarten) durch die Substratmischung die chemische Verwitterung. Eine weitgehende Zerstörung von Festgesteinen kann z.B. in Küstengebieten durch die Tätigkeit von Bohrmuscheln, Bohrwürmern und Bohrschwämmen erfolgen.

Als eine besondere Art physikalisch-biologischer Verwitterung sei hier noch die mechanische Zerkleinerung organischer Abfallstoffe der Vegetation durch Bodentiere genannt, die z.B. Pflanzenrückstände zerbeißen oder zernagen.

Chemisch-biologische Verwitterung: Sie beginnt auf der Oberfläche von Festgesteinen z.B. nach der Besiedelung durch Flechten, die eine Symbiose zwischen Algen und Pilzen darstellen. Durch die Ausscheidung spezieller Flechtensäuren können sie die Gesteinsoberfläche angreifen und aufrauhen. Sie sind sowohl auf silicatischen als auch auf carbonatischen Gesteinen verbreitet und kommen als erste Pioniere der Besiedelung auch in subtropischen Wüsten, in Hochgebirgen und in der polaren Frostschuttzone (Tab. 7 und Abb. 16) vor. Nach dem Absterben sammeln sich die Zersetzungsrückstände der Flechten zusammen mit dem angewitterten Gesteinsgrus in Vertiefungen der Gesteinsoberflächen und bilden so das humose Material für die weitere Besiedelung und Verwitterung durch Leber- und Laubmoose sowie später durch höhere Pflanzen. Auch diese nehmen an der chemisch-biologischen Verwitterung teil. Schließlich ist auch eine große Zahl von *Mikroorganismen* durch Ausscheidung organischer Säuren an der Gesteinsverwitterung beteiligt, wie z.B. Ätzspuren auf glatten Gesteinsoberflächen gezeigt haben. Die Haupttätigkeit der Bodenbakterien, wie auch die vieler Pilze und Strahlenpilze (Actinomyceten), beruht jedoch auf der »Verwitterung« bzw. Zersetzung und Mineralisierung organischer Substanzen in Gesteinen und Böden. Sie erfolgt schrittweise unter Bildung zahlreicher Zwischenprodukte und führt schließlich u.a. zu den in großen Mengen produzierten Endprodukten H_2O und CO_2, die in der Bodenlösung als Kohlensäure die chemische Verwitterung beschleunigen. – Biologische Verwitterungsprozesse spielen vor allem in humiden Gebieten, und hier speziell im subtropisch-tropischen Bereich, eine große Rolle. Sie sind aber auch in Klimaten mit humiden Jahreszeiten oder Perioden zeitweilig von Bedeutung.

1.3.2.2.4 Bodenbildung

Als Bodenbildung *(Pedogenese)* wird hier die Veränderung von mineralischen und organischen Gesteinen sowie von Pflanzen- und Tierresten durch physikalische, chemische und biologische Prozesse (siehe Kap. 3.2) der *Verwitterung* und *Zersetzung*, der *Umbildung* und *Neubildung* sowie der internen *Verlagerung* von Bodenstoffen (siehe Kap. 3.2.1.5) in festem oder gelöstem Zustand verstanden, unter Ausbildung einer durch Bodenhorizonte gekennzeichneten *Pedosphäre.* Die bisher besprochenen Verwitterungsvorgänge stellen also nur einen Teil der bei der Pedogenese sowohl neben- als auch nacheinander ablaufenden Bodenbildungsprozesse (siehe Kap. 3.2) dar. Einzelheiten der Bodenentstehung und der Bodeneigenschaften werden später eingehend behandelt (siehe Kap. 3.2.2 und 3.4.1).

1.3.2.3 Verlagerung und Sedimentation auf dem Festland

Für das Verständnis der Entstehung und der Eigenschaften von Sedimenten und Sedimentgesteinen als Ausgangssubstraten für die Pedogenese sind, neben der Verwitterung und Bodenbildung, die Kenntnis der wichtigsten festländischen und marinen Verlagerungs- und Sedimentationsprozesse sowie deren Ergebnisse von Bedeutung. Im folgenden werden daher diese Vorgänge anhand der Wirksamkeit der verschiedenen exogenen Kräfte dargestellt. Für das Studium der oft komplizierten, z.T. mehrphasigen Morphogenese der heutigen Oberflächenformen wird auf die geomorphologische Literatur verwiesen.

1.3.2.3.1 Schwerkraftwirkungen

Da die *Gravitation* (Schwerkraft) als endogene Kraft besonders in Gebirgslandschaften z.T. erheblichen Einfluß auf die exogene Verlagerung von Gesteins- und Bodenmassen ausübt, wird ihre Wirkung zusammen mit den exogenen Vorgängen behandelt. Wenn die ins Erdinnere gerichteten Gravitationskräfte in Hanglagen größer werden als die der Gesteins-*Kohäsion* und inneren Reibung, so erfolgt eine Bewegung dieser Gesteinsmassen hangabwärts. Man unterscheidet plötzliche (»spontane«) und langsame Massenverlagerungen.

An Steilhängen werden z. B. durch die Temperatur- oder Frost-Verwitterung Gesteinsbrocken losgelöst und stürzen, oft in besonderen Rinnen, als *Steinschlag* abwärts, unter Anhäufung von Sturzhalden am Unterhang. Bewachsene Sturzhalden lassen im allgemeinen erkennen, daß sie nicht oder selten aktiv sind. Der spontane Absturz größerer Gesteinsmassen – oft an feuchtkalten Nordhängen – wird als *Bergsturz*, der Absturz von größeren Schutt- und Gesteinsmassen auf einer Gleitbahn als *Bergrutsch* bezeichnet. Dabei bildet sich an der Abrißstelle in der Regel eine Nische und am Ende der Gleitbahn – oft erst am gegenüberliegenden Hang – eine Art »Brandungswall« aus den bewegten Massen. Gleitbahnen werden häufig durch Schichtgrenzen (z. B. Sand- oder Kalkstein über Tonstein), durch Verwerfungen, Klüfte oder Schieferungsflächen mit verstärkter Wasserzirkulation gebildet. Spontane Hangrutsche weniger großer, aufgeweichter Bodenmassen auf einer oft schaufelartigen Gleitfläche nennt man *Erdschlipf* (engl. *landslide* oder *mudflow*, franz. *glissement*). Der Abrutsch erfolgt hier meist über undurchlässigen, oft tonigen Untergrundschichten.

Muren sind episodische, plötzliche Verlagerungen zähflüssiger wassergetränkter Schlamm- oder Schuttmassen, die sich meistens in steilen Bachbetten mit großer Geschwindigkeit hangabwärts bewegen und dabei z. T. tiefe »Murkanäle« in die Hänge reißen. Sie treten vor allem nach der Schneeschmelze oder nach längeren bzw. stärkeren Regenfällen auf. Plötzliche Erdbewegungen durch die Schwerkraft treten auch beim Einsturz von *Dolinen* in Karstgebieten auf.

Zu den langsamen Verlagerungen durch Gravitationskräfte gehört das besonders in gemäßigt-humiden Klimaten verbreitete Bodenkriechen *(Gekriech)*, das auch in bewachsenen Schutt- und Bodendecken an steilen Hängen auftritt und im Anschnitt am sogenannten »Hakenschlagen« der Gesteinsschichten sowie an den aufwärts gebogenen Stämmen der Waldbäume erkennbar ist (Abb. 18). Häufiger Frost- und Bodenfeuchte-Wechsel fördern diese Art der Bodenbewegung.

1.3.2.3.2 Periglaziäre Frostwechselwirkungen
Während der Eiszeiten waren die Polgletscher weit bis nach Süden vorgerückt, so daß ein gro-

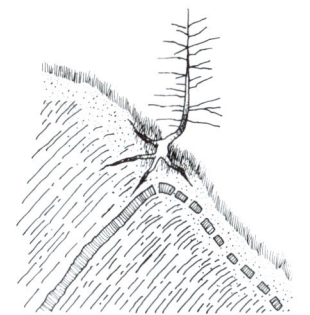

Abb. 18. Hanggekriech und »Hakenschlagen« (nach BRINKMANN 1990).

ßer Teil der heute gemäßigt-humiden Klimagebiete – wie z. B. auch Mitteleuropa – damals zum Periglazialgebiet mit Dauerfrostboden gehörte. Wie in den heutigen periglaziären polaren und subpolaren Klimaten (Tab. 7) wechselten lange, strenge Winter mit kühlen Sommern. Periglaziäre Verlagerungsprozesse waren damals also auch in Mitteleuropa verbreitet, haben ihre Spuren in den Oberflächensedimenten hinterlassen und sind daher für das Verständnis der heutigen Böden von Bedeutung.

Als periglaziäre **Solifluktion** wird das schwerkraftbedingte, langsame Bodenfließen zeitweilig aufgetauter, wassergesättigter, mehr oder weniger bindiger Frostschutt- und Bodendecken über Dauerfrostboden an Hängen polarer bis subpolarer Gebiete in der Umrandung heutiger Gletscher oder in klimatisch ähnlichen Hochgebirgslagen bezeichnet. Während der nur kühlen Monate des Polartages bzw. des Sommers taut der Oberboden bis in etwa 0,5 bis 1,0 m Tiefe auf. Das nach der Schneeschmelze im Auftauboden vorhandene Wasser kann wegen des dichten Dauerfrostbodens nicht nach unten versickern und wird außerdem durch bindige Bodenarten mehr oder weniger am Hangabzug gehindert. Der entstehende Bodenbrei fließt dann je nach Hangneigung, Bodenart und Bewuchs unterschiedlich langsam hangabwärts. *Freie Solifluktion* ist in der Frostschuttzone, *gebundene Solifluktion* in der vegetationsbedeckten Tundrenzone verbreitet. Die Vegetationsdecke reißt beim unregelmäßigen Fließvorgang häufig auf, unter Bildung von girlandenförmigen oder zungenförmigen Fließwülsten oder gar an Unterhängen von zusammengerollten Grasteppichen. Beim Fließvorgang erfolgt häufig eine Sortie-

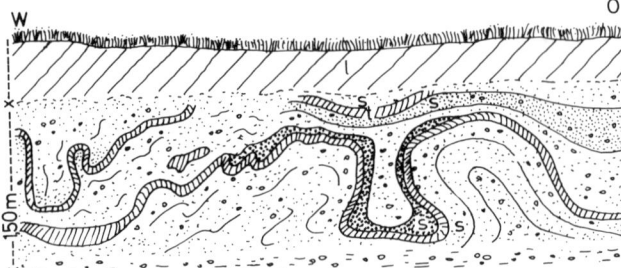

Abb. 19. Kryoturbate Stauchungen durch Frostschub (Taschenboden) im Kies der Rheinmittelterrasse bei Neuß (nach STEEGER in BRINKMANN 1990). l = Löß, s = Sand und Kies, t = Ton.

rung nach der Korngröße. In welligen Gebieten führt die periglaziäre Solifluktion schließlich zu einer weitgehenden Einebnung der Landschaft *(Kryoplanation)*. Diese hat auch während der Eiszeiten im mitteleuropäischen Raum bei der Entstehung der heutigen Oberflächenformen eine wesentliche Rolle gespielt.

Jahres- und tageszeitlicher, langandauernder Frostwechsel hat aber auch in ebenen Gebieten charakteristische Folgen: Beim Gefrieren bilden sich z.B. im nassen Auftauboden horizontale Eislinsen, die die darüberliegenden Schichten besonders bei kontinuierlicher Wasserzufuhr mehrere Meter hoch anheben können (Bildung von hügeligen *Pingos* bzw. *Palsen*). Schnelles, tiefes Gefrieren führt häufig zum Aufreißen von z.T. netzförmigen Systemen vertikaler, nach unten spitz zulaufender Spalten, die sich später mit Schmelzwasser füllen und beim Gefrieren *Eiskeilnetze* bilden. Nach dem Abtauen oder bereits im geöffneten Zustand mit Flugsand, Löß oder Lehm gefüllte, fossile Eiskeile sind z.B. in ehemaligen, pleistozänen Periglazialgebieten Mitteleuropas verbreitet. Dies gilt auch für die sog. *Taschen- oder Brodelböden*, die noch heute in Gebieten mit ständigem Frostwechsel durch **Kryoturbation** entstehen (Abb. 19): Beim Wiedergefrieren des breiartigen Auftaubodens wird zwischen dem liegenden Dauerfrostboden und der von oben eindringenden Gefrornis gespanntes Wasser eingeschlossen, das auf Schwächezonen seitlich oder nach oben auszuweichen sucht und dabei zu einer Verknetung der Schichten beiträgt. *Tropfenböden* entstehen demgegenüber durch tropfenförmiges Einsinken z.B. von schluffig-lehmigem Material in wassergesättigte Sande des Auftaubodens. Durch frostbedingte Dehydratation hervorgerufene Schrumpfungsvorgänge haben in schluffig-tonigen Auftauböden häufig Rißbildungen zur Folge, die zusammen mit Gesteinswanderungen durch Frosthebung und Korngrößentrennung zur Entstehung von *Frostmuster-* oder *Strukturböden* führen. Diese sind auf ebenen Flächen in Form von Steinringen oder oft sechseckigen Polygonen verbreitet (Abb. 20). Im Querschnitt stellen sie kesselartige Formen dar mit eingeregelten Steinen an der Kesselwand, Feinmaterial als Kesselfüllung und z.T. einem oberflächlichen Steinpflaster. Der Durchmesser der Strukturen ist wahrscheinlich von der Länge der Frostwechselphasen und von der Bodenart abhängig. An Hängen gehen die Steinringe und Polygone infolge der hier wirksamen Solifluktion in Steingirlanden, Steinstreifen oder in zungenartige Formen über.

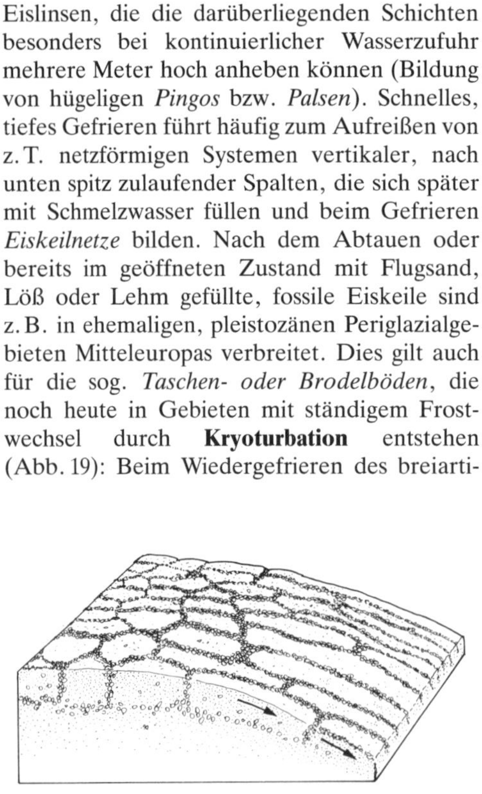

1.3.2.3.3 Schnee- und Eiswirkungen

Schnee und Eis können erhebliche Verlagerungen von Gesteins- und Schuttmaterial bewirken. Große Schneemassen rutschen z.B. an Hängen als Lawinen ab und reißen Bodenmaterial mit sich. Dies gilt besonders für die sog. *Grundlawinen*, die vor allem zur Zeit der Schneeschmelze durch Ablösung von feuchten, schweren Altschneedecken entstehen, z.T. rinnenförmige Lawinenbahnen in die Hänge reißen und viel Gesteinsschutt in die Täler verlagern können. Staubschnee- und Festschnee-Lawinen führen meistens kein Gesteinsmaterial mit sich.

Abb. 20. Freie Solifluktion: Übergang von Steinnetzen zu Steinstreifen bei zunehmender Hangneigung (nach SHARPE in WILHELMY 1974).

Abb. 21. Schematische Darstellung
eines Talgletschers mit Gletscherzunge im Längsschnitt (nach STREIFF-
BECKER 1938) und in der Aufsicht
(nach SEYDLITZ in RICHTER 1975).

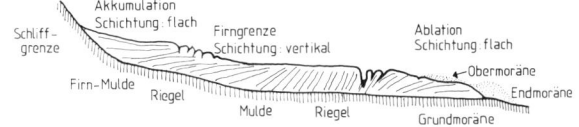

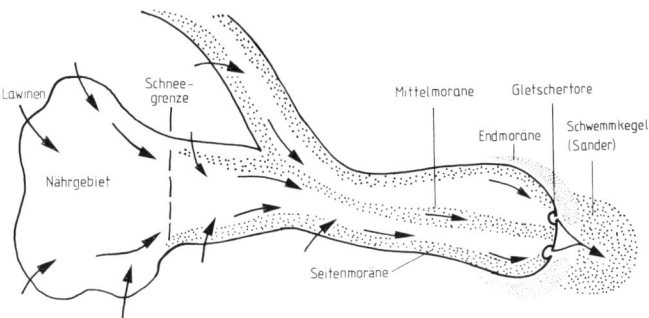

Im nivalen Klimabereich und in Hochgebirgen wird viel Gesteinsmaterial und Schutt durch
Gletscher verfrachtet und in vielfältiger Form als
glazigenes Sediment wieder abgelagert. Man unterscheidet im allgemeinen Talgletscher (z. B.
Alpen), Plateaugletscher (z. B. Island) und die
großen Inlandeismassen der Arktis (Grönland)
und Antarktis. Gletscher entstehen aus Schnee
durch kontinuierliche Firneis-Bildung (Sammelkristallisation geschmolzener Schneekristalle)
und dessen Verfestigung zu kompaktem Gletschereis. Dies geschieht z. B. im Hochgebirge
oberhalb der Schneegrenze in einer meist flachen Firnmulde, im sogenannten Nährgebiet
(Abb. 21), in dem mehr Schnee fällt, als durch
Abschmelzen (Ablation) verschwindet. Aus der
Firnmulde fließt das mächtige Gletschereis u. a.
durch Druckverflüssigung (bei einem Druck von
etwa $1000 \, \text{kg} \cdot \text{cm}^{-2}$ schmilzt Eis bereits bei
$-10\,°C$) und laminares Gleiten auf Scherflächen
talabwärts (mehrere Meter bis Kilometer pro
Jahr) in Form einer von Spalten durchzogenen
Gletscherzunge (Abb. 21) oder eines Gletscher-
lobus. Beim Fließen nehmen die unteren Eisschichten Gesteinsmaterial aus dem Untergrund
in sich auf und hobeln die Gesteine der Talsohle
und der Talflanken oberflächlich ab *(Exaration)*
unter Bildung von glatten oder gekritzten (Glet-
scherschrammen) Gesteinsoberflächen. Typische Formen dieser Tätigkeit sind U-förmige
Mulden- oder *Trogtäler* (Abb. 25) mit glatten
Rundhöckern und Hohlkehlen. Die Firnmulde
wird im Laufe der Zeit vom Eis durch Frostsprengung und Exaration zu einem tiefen, oft
steilwandigen *Kar* ausgeschürft. Der vom Glet-

schereis abgehobelte Grundschutt der unteren
Eisschichten bildet die *Grundmoräne*. Seitlich
auf den Gletscher fallender Oberflächenschutt
häuft sich am Gletscherrand zu *Seitenmoränen*
an, die sich beim Zusammenfluß zweier Glet-
scherzungen zu einer *Mittelmoräne* vereinigen
(Abb. 21). Vor der Stirn des Gletschers bilden
die aus dem Eis stammenden Schuttmassen
Endmoränenwälle, die beim Oscillieren des
Gletschers zu Stauch-Endmoränen mit gestörter
Sedimentschichtung zusammengeschoben werden können. Moränenmaterial ist meist unsor-
tiert, z. T. grobkörnig, z. T. auch steinig-lehmig,
und enthält die im Gletschergebiet anstehenden
Gesteinsarten oft in bunter Mischung.

Die Gletscherschmelzwässer sammeln sich in
subglaziären Eisspaltensystemen zu Strömen,
die große Schutt- und Geröllmengen transportieren können, die zur Tiefenerosion im
Gletscherbett beitragen und an der *Gletscherstirn* aus *Gletschertoren* ins Gletschervorland abfließen. Die mitgeführten Schuttmassen werden
vor dem Gletschertor in Form eines Schwemmkegels abgelagert, der als *Sander* (isländisch)
bezeichnet wird, und der in Gletschernähe meist
aus steinig-kiesigen Sedimenten, mit zunehmender Entfernung aus Sanden besteht.

Die großen Schmelzwassermengen der pleistozänen Inlandgebiete haben vor dem Eisrand
breite *Urstromtäler* eingetieft und darin geschichtete, glazifluviatile Kies-, Sand- und
Schluffsedimente abgelagert. Die tonige Glet-
schertrübe wurde bis in ruhige Becken transportiert und dort z. B. als *Bänderton* sedimentiert. Durch periodisch wechselnde Wasserfüh-

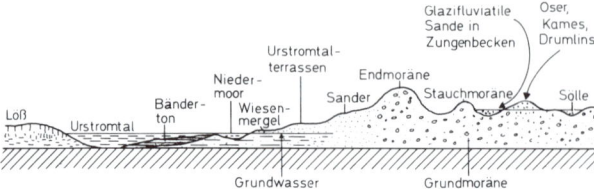

Abb. 22. Schematische Darstellung der glaziären Ablagerungen mit Urstromtal.

rung der z. T. sehr breiten und weit verzweigten Schmelzwasserflüsse entstanden häufig Urstromtal- bzw. Sander-Terrassen (Abb. 22).

Innerhalb der Endmoränenwälle, d. h. im sogenannten *Zungenbecken*, wurde das im Eis mitgeführte Schuttmaterial beim Abschmelzen der Gletscher als z. T. lehmige *Grundmoräne* flächenhaft abgesetzt. Schwarmweise auftretende, in Fließrichtung des ehemaligen Eises gestreckte elliptische Hügel aus Grundmoränenmaterial heißen *Drumlins*. In subglaziären Tunneltälern sedimentierte Kiese bilden nach dem Abschmelzen langgestreckte Hügelrücken, sog. *Oser*, während Kies- und Sandrücken, die unter freiem Himmel, z. B. zwischen Toteisblöcken, aus Schmelzwasser sedimentierten, als *Kames* bezeichnet werden. *Sölle* sind kleinere rundliche Hohlformen, die u. a. als Toteislöcher gedeutet werden. Große, vom Eis ausgehobelte Hohlformen innerhalb des Zungenbeckens bilden nach dem Abschmelzen des Eises langgestreckte *Rinnenseen*, die sowohl im Alpenvorland (z. B. Starnberger See) als auch in Norddeutschland (z. B. Schweriner See) verbreitet sind.

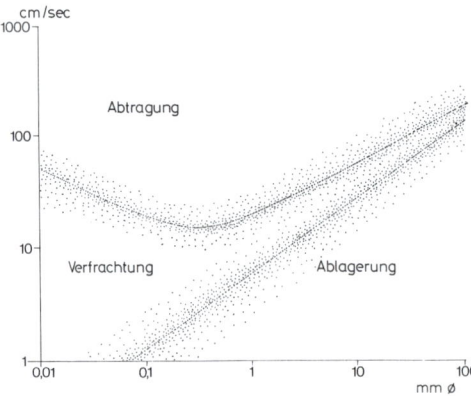

Abb. 23. Zusammenhang zwischen Fließgeschwindigkeit des Wassers (cm · sec^{-1}) und Frachtvermögen in Abhängigkeit von der Korngröße (mm $\varnothing$) (nach HJULSTRÖM in BRINKMANN 1990).

1.3.2.3.4 Wirkungen des Oberflächenwassers

Fließendes Wasser kann Gesteins- und Bodenmaterial abtragen (erodieren), transportieren und wieder ablagern (sedimentieren). Seine Wirkung ist besonders von folgenden Faktoren abhängig: Oberflächenrelief, Zusammenhalt und Korngrößenzusammensetzung des anstehenden Gesteins, Art, Menge und Fließgeschwindigkeit des Wassers, Art und Größe seines Einzugsgebietes (z. B. an Hängen), Art und Dichte der Vegetationsdecke sowie Zeitdauer der Einwirkung dieser Faktoren. Für Lockersedimente gelten z. B. die in Abb. 23 dargestellten Beziehungen zwischen Strömungsgeschwindigkeit und Körnung. Anhand unterschiedlicher Arten des Wasserdargebotes wird im folgenden die Wirkung des Oberflächenwassers auf Verlagerung und Sedimentation behandelt.

Regen: Regenfälle führen im allgemeinen auf geneigten, wenig oder nicht bewachsenen Lockergesteinsflächen – oft zusammen mit der Entstehung von unzähligen kleinen Spülrinnen – zu einer insgesamt *flächenhaften Abspülung*. Sie ist auf unbewachsenen Ackerflächen Mitteleuropas und Nordamerikas besonders in Löß- und Sandlößgebieten als gefährliche *Wassererosion* verbreitet. Durch Aussparung von Flächen mit stärker zusammenhaltenden Böden oder Festgesteinen und Vertiefung der Spülrinnen im Lockermaterial zu Gräben geht diese Form der flächenhaften Abtragung allmählich in die *linienhafte Erosion* durch kleinere und größere Gerinne über, die der folgende Abschnitt behandelt. Flächenhafte Abtragung ist besonders in wechselfeuchten bis trockenen Klimaten (Tab. 7) mit periodischen oder episodischen Starkregenfällen verbreitet, in denen vor allem in Trockenzeiten mit schütterer oder fehlender Vegetation durch Entstehung von *Schichtfluten* nach Sturzregen große Mengen lockeren Materials von den Hängen abgespült, in abflußlosen Senken bzw. Trockentälern *(Wadis)* sedimentiert oder in größeren Flüssen weitertransportiert werden.

Typische Einebnungsflächen dieser Art stellen die weit verbreiteten, flach geneigten Gebirgsfußflächen dar. Sie setzen sich aus einer oberen schuttfreien Abspülungsfläche, dem *Pediment* (Abb. 24), und dem bei etwa gleicher Hangneigung anschließenden *Glacis* zusammen, das aus den abgespülten Schuttmassen besteht und häufig in eine *Salztonebene* oder ein Flußtal ausläuft.

Die beschriebenen Regenwirkungen sind – wie alle Verlagerungsprozesse durch Wasser – weitgehend abhängig von der Widerstandsfähigkeit der Gesteine gegen Erosion: Während tektonisch zerrüttete Gesteine und Lockersedimente relativ schnell abgetragen werden, überragen Festgesteine ihre weichere Umgebung häufig als *Härtlinge* und bilden – u. a. in Abhängigkeit von der Lagerung der Gesteinsschichten und deren tektonischer Verformung – Einzelberge, Bergrücken, Bergketten oder Gebirge. In geologischen Zeiträumen hat die Wirkung des Regens jedoch eine Erniedrigung des gesamten Oberflächenreliefs zur Folge. Sie gehört damit zur Gruppe der *flächenhaften Denudationsprozesse*, die schließlich – wenn keine tektonischen Bewegungen hinzukommen – zusammen mit der linearen Erosion durch Flüsse zur Ausbildung einer *Fastebene* (Peneplain) führen können.

Flüsse und Bäche: Im Gegensatz zur flächenhaften Abspülung erfolgt die linienhafte Abtragung durch kleine und große Gerinne (Bäche, Flüsse) in Form der *fluviatilen Erosion.* Flüsse leisten die Hauptabtrags- und Transportarbeit auf dem Festland. Quellbäche beginnen in der Regel in Berggebieten mit der Einschneidung und dem Abtransport der erodierten Fracht. Mehrere Bäche vereinigen sich dann zu im Oberlauf erodierenden Flüssen, die wiederum Seitenflüsse aufnehmen und schließlich, bei abnehmendem Gefälle und zunehmender Sedimentation der mitgeführten Fracht bei Überflutungen, z. T. als breite Ströme ins Meer münden. Benachbarte Flußsysteme sind durch Wasserscheiden voneinander getrennt. Für alle Flußsysteme stellt der Meeresspiegel die Haupt-Erosionsbasis dar. Man unterscheidet stets wasserführende, perennierende *Dauerflüsse, periodische Flüsse*, die nur in regelmäßig wiederkehrenden Regenzeiten Wasser führen, und nur gelegentlich wasserführende, *episodische Flüsse* z. B. in Wüstengebieten. Die Wassermenge pro Zeiteinheit, die vom Gefälle abhängige Fließgeschwindigkeit sowie Art, Korngröße und Menge des mitgeführten, erodierten Gesteinsmaterials (Flußfracht)

Abb. 24. Pediment und Glacis (nach WILHELMY 1972).

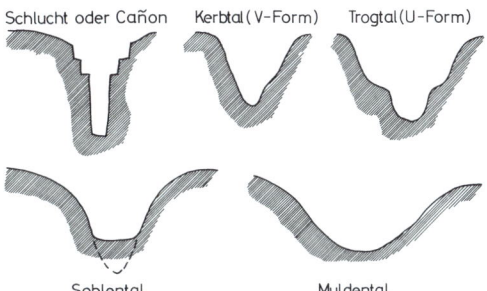

Abb. 25. Querprofile von Talformen.

bestimmen die Schleppkraft und Erosionsleistung *(Korrasion)* beim Abtrag der verschieden festen oder lockeren Gesteine. Außer der Turbulenz des Wassers hat besonders seine Geröllfracht große Bedeutung für das Abschleifen und Losreißen von Gesteins- oder Sedimentanteilen an der Flußsohle *(Tiefenerosion)* und von den Seiten des Flußbettes *(Seitenerosion)*. Auch Eisgang der Flüsse fördert deren Erosionskraft, während abnehmende Fließgeschwindigkeit zur Sedimentation führt. Durch gegenseitiges Abschleifen werden die losgerissenen Gesteinsbrocken – je nach Gesteinshärte unterschiedlich schnell – beim Transport zu *Geröllen* abgerundet. Harte Gesteine bilden im Flußbett oft Stufen (z. B. Wasserfälle, Stromschnellen), die im Laufe der Zeit zurückverlegt werden. Diese *rückschreitende Erosion* kann in geologischen Zeiträumen zur Eintiefung von *Schluchten, Klammen* oder *Cañons* führen (Abb. 25). V-förmige *Kerbtäler* entstehen vor allem in humiden Klimaten bei anhaltender Tiefenerosion und gleichmäßiger Hebung des Gebietes. Durch teilweise Auffüllung eines Kerbtales mit Sedimenten entsteht, je nach Steilheit der Hänge, ein *Kasten-* oder *Sohlental*. *Muldentäler* sind in nördlichen Breiten häufig aus Kerbtälern hervorgegangen, deren Flanken durch (z. T. eiszeitliche) Solifluktion abgeflacht wurden. Demge-

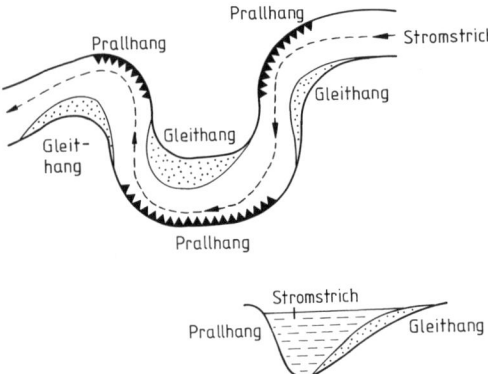

Abb. 26. Flußschlinge mit Stromstrich, Prallhang und Gleithang.

genüber stellen breite Flachmuldentäler typische Talformen der Rumpfflächen in den wechselfeuchten Tropen dar, die ihre Entstehung häufig der Flächenspülung verdanken. Die Genese der *Trogtäler* ist bereits früher behandelt worden (siehe Kap. 1.3.2.3.3).

Die Art der Wasserbewegung ändert sich im Flußtal vom Oberlauf zum Unterlauf. Während im *Oberlauf* in der Regel ein gesteinsbedingt schneller Wechsel unterschiedlich steiler Gefällestrecken mit vorwiegend gestreckter Linienführung und starker, sehr ungleichmäßiger Wasserturbulenz typisch ist, wird die Strömung im *Mittel-* und *Unterlauf* bei verringertem Gefälle und breiterem Flußbett im allgemeinen zunehmend ruhiger. Die Fließgeschwindigkeit ist innerhalb des Flußbettes bei geradem Flußverlauf im mittleren, oberflächennahen Wasserbereich – dem sogenannten *Stromstrich* – am größten. Nahe der Flußsohle entstehen durch Reibung wirbelartig verflochtene Stromfäden und Wasserwalzen mit erhöhter Erosionskraft, die hinter

Hindernissen durch Strudelbildung zur Auskolkung von Strudellöchern führen kann. Pendelbewegungen des Stromstriches bewirken eine unregelmäßige Erosionswirkung auf die Uferregion, die zur Entstehung von Flußkrümmungen und im Extremfall zur *Mäanderbildung* führt. Ein mäandrierender Fluß fließt streckenweise entgegengesetzt zu seiner Hauptfließrichtung. In Flußwindungen entsteht am Außenbogen durch ständige Ufererosion ein steiler *Prallhang* (Abb. 26). Im Innenbogen der Flußwindung, dem flachen *Gleithang*, wird demgegenüber bei verringerter Fließgeschwindigkeit Sediment abgelagert. Wenn der Fluß, z. B. infolge wiederholter Hochwasserführung mit zusätzlicher Überflutungssedimentation von *Auelehm*, sein Bett häufig wechselt, so entstehen im Laufe der Zeit schräg- oder kreuzgeschichtete Fließrinnen-Sedimente unterschiedlicher Körnung über- und nebeneinander, die mit horizontal geschichteten Auelehmdecken wechsellagern. Auelehme mit Holzresten sowie eingeschaltete Torflagen erlauben z. T. eine Datierung der fluviatilen Sedimentfolgen mit radiometrischen oder pollenanalytischen Methoden.

Unter gleichbleibenden Bedingungen strebt jeder Fluß einer gleichmäßigen Gefällekurve zu, bei der sich Erosion und Sedimentation die Waage halten. Auf Änderungen der Fließgeschwindigkeit reagiert der Fluß unterschiedlich, z. B. mit verstärkter *Einschneidung* bei tektonischer Hebung des Gebietes oder erhöhten Abflußspenden infolge höherer Niederschläge. Umgekehrt findet bei tektonischer Senkung oder klimatisch bedingter Verringerung der Abflußmengen eine *Aufschotterung* des Flußtales statt. Wechseln Zeiten·der Aufschotterung und Einschneidung miteinander ab, so entstehen *Flußterrassen* als Reste verschieden alter, durch

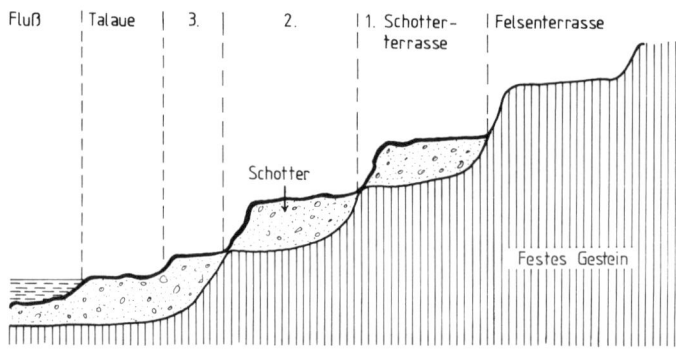

Abb. 27. Schematische Darstellung einer Talflanke mit fluviatilen Terrassen (nach GERMAN in RICHTER 1986).

Abb. 28. Längsschnitt durch eine Deltaschüttung (nach LOUIS in WILHELMY 1972, verändert).

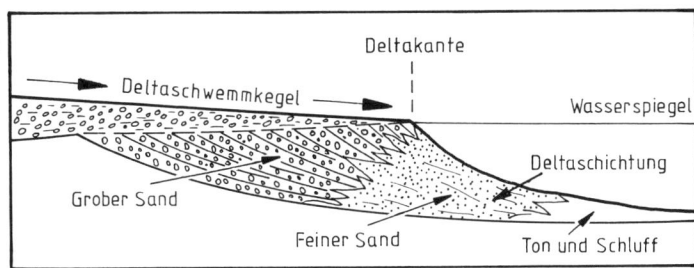

Erosion zerschnittener Talböden (Abb. 27). Bei der Einmündung des Flusses in einen See oder ins Meer werden infolge der verringerten Fließgeschwindigkeit große Mengen mitgeführter Stoffe in Form eines Schwemmkegels oder *Deltas* sedimentiert (Abb. 28). Zunächst lagern sich direkt vor der Küste gröbere Sedimente in relativ steil einfallenden Schichten (bis zu 35°) ab, die seewärts bei langsam verringertem Böschungswinkel und größerer Wassertiefe feiner werden und schließlich in fast horizontal geschichtete Tone übergehen. Bei der Vorverlegung des Deltas schüttet der Fluß über die Deltasedimente flach geneigte sogenannte *Übergußschichten* (1 bis 2°) hinweg. Oft entsteht quer zur Wasserströmung eine *Mündungsbarre*, die den Mündungstrichter im Gezeitenbereich abriegelt.

Durch Flüsse werden große Materialmengen erodiert, transportiert und wieder sedimentiert. So verlagert der Mississippi z. B. 40 Mio. t Sand und Geröll, 341 Mio. t Feinmaterial (Schweb) und 130 Mio. t gelöste Stoffe im Jahr! Sein Delta wächst jährlich um etwa 80 m seewärts und hat eine Größe von 34 000 km². Trichterförmige Flußmündungen *(Ästuare)* entstehen z. B. in Gebieten mit starken Gezeitenbewegungen des Meeresspiegels, besonders bei gleichzeitig sinkender Küstenregion (z. B. Elbe, Themse, Seine und St. Lorenz-Strom). Die Sinkstoffe werden hierbei in die offene See transportiert oder lagern sich als »Sände« in den Trichtermündungen ab.

Seen: Sie verdanken ihre Entstehung unterschiedlichen geologischen Vorgängen. So gibt es, um nur wenige Beispiele zu nennen, Eisschurf-(Kar-)Seen, glazifluviatile Rinnen-Seen, Altwasser-Seen in Flußauen, Maare, Auslaugungs-(Karst-)Seen sowie durch Einbruchstektonik entstandene Seen (Totes Meer): In Seen sammeln sich verschiedenartige *limnische Sedimente*. Von Flüssen durchströmte Fluß- oder Schaltseen (z. B. Bodensee) weisen an der Fluß-

mündung häufig ein Delta auf und werden oft relativ schnell aufgefüllt mit sandigen, schluffigen und tonigen Sedimenten, die bei erkennbaren organischen Anteilen als Mudden (siehe Kap. 1.3.2.6 und Tab. 12) bezeichnet werden. Diese Seen sind meist relativ nährstoffarm *(oligotroph)*, aber sauerstoffreich. Aus kalkreichem Wasser können Kalkalgen $CaCO_3$ abscheiden, das sich als *Seekreide* am Seeboden absetzt. Am Grunde nährstoffreicher *(eutropher)* Seen lagern sich unter weitgehendem Sauerstoffabschluß wenig oder nicht zersetzte Reste der reichen Pflanzen- und Tierwelt als *Faulschlamm* ab. Viele Seen humider Gebiete (Tab. 7, Abb. 33, Abb. 35) verlanden unter Bildung von Torf. In nährstoff- und planktonarmen *(dystrophen)* Moor-Seen flocken am Seeboden Humuskolloide als Torfschlamm oder *Dy* aus. Besondere Verhältnisse herrschen in Seen arider Gebiete, in denen sich Zufluß und Verdunstung die Waage halten. Sie besitzen dann keinen (Kaspi-See) oder nur einen periodischen Abfluß (Tschad-See) und werden im Laufe der Zeit zu *Salzseen*, die häufig am Rande eine Salzkrustenzone aufweisen (Oase Siwa). Die Salztonebenen arider Gebiete stellen z. T. episodische oder periodische Seen dar, in denen bei Schichtfluten viel Feinmaterial sedimentiert wird.

Quellen: Die geologische Wirkung von Quellen als natürliche, örtlich begrenzte Austritte von Grundwasser beruht vor allem auf der Bildung von *Quellmulden* durch Erosion oder als Abrißnische von Erdschlipfen, sowie auf der Speisung erodierender Bäche und Flüsse. In direkter Umgebung von Quellen entstehen oft besondere Sedimente. So scheidet sich z. B. in $Ca(HCO_3)_2$-haltigem Quellwasser durch Druckentlastung, Erwärmung und CO_2-Verbrauch durch Quellpflanzen poröser *Kalksinter* (»*Quelltuff*«) oder dichter *Travertin* aus. Eisenreiches Grundwasser führt – oft unter Mithilfe von Eisenbakterien – zur Ausfällung von braunem *Eisenocker*, der zu Goethitkrusten verhärten kann.

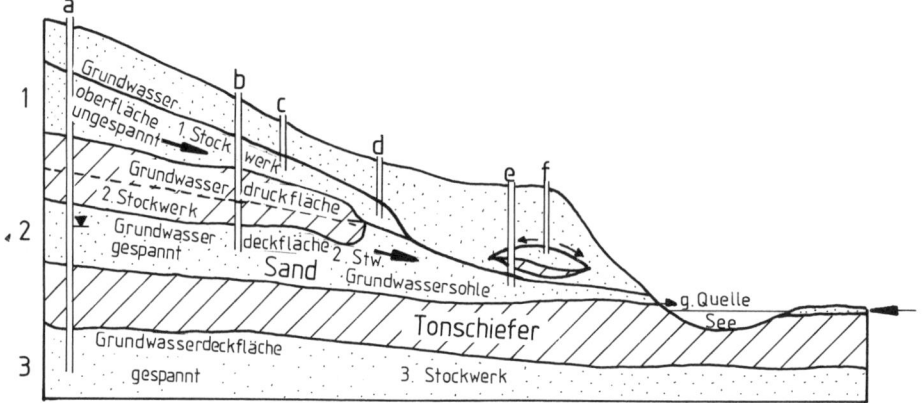

Abb. 29. Grundwasserarten und Grundwasserstockwerke mit Bohrbrunnen (a bis f) zu ihrer Erschließung (nach HERRMANN 1977).

1.3.2.3.5   Wirkungen des unterirdischen Wassers

Man unterscheidet aus hydrogeologischer Sicht:
1. das durch versickernde Niederschläge gespeiste *Grundwasser* (= vadoses Wasser),
2. das aus dem Erdinnern stammende, bei der Magmen-Entmischung entstehende *juvenile Wasser* und
3. das in früheren Zeiten der Erdgeschichte als tiefes Grundwasser gespeicherte *fossile Wasser*.

Grundwasser: Für die Prozesse der Verlagerung und Sedimentation ist vor allem das vadose Grundwasser von Bedeutung. Es wird definiert als »*das die Boden- und Gesteinshohlräume zusammenhängend ausfüllende und der Schwerkraft (d. h. dem hydrostatischen Druck) unterliegende Wasser*« (DIN 4049). Unterirdische Wasserläufe bzw. Höhlengewässer in Karstgebieten werden besonders dargestellt. Grundwasser entsteht durch die Versickerung von Niederschlagswasser und durch lateralen Zuzug von Oberflächenwasser aus Flüssen und Seen in Boden- und Gesteinshohlräume. Die »Bergfeuchte« besteht vorwiegend aus Haftwasser.

Der *Grundwasserspiegel* ist wasserwirtschaftlich definiert als Wasserspiegel in Brunnen und Beobachtungsrohren nach Druckausgleich mit dem Grundwasser. Der Begriff wird aber häufig auch auf die *Grundwasseroberfläche* in Gesteinen und Böden (Abb. 29) übertragen, deren Wasserdruck dem der Atmosphäre entspricht (freies Grundwasser). Als *Grundwasserstand* wird die Höhe des Grundwasserspiegels bezogen auf NN bezeichnet. Über dem Grundwasser

erhebt sich ein unterschiedlich hoch ansteigender *Kapillarraum*, der bereits zur wasserungesättigten Bodenzone gehört. Bodenhorizonte und Gesteine, in denen sich Grundwasser frei bewegen kann, nennt man *Grundwasserleiter*, -Träger, -Speicher oder Aquifer. Dazu gehören z. B. Kies und Sand, poröser Sandstein sowie kluftreicher Tonschiefer oder Kalkstein mit > 10% Poren- bzw. Kluft-Volumen. Ist die Wasserleitfähigkeit gering, wie z. B. in dichtem Sandstein oder Kalkstein mit 1 bis 5% Porenvolumen, so spricht man von einem *Geringleiter* oder Aquiclude; fehlt sie, so liegt ein *Nichtleiter* oder Aquifuge vor (z. B. Tonstein oder dichter Granit). Nichtleiter und Geringleiter können Wasserleiter als *Grundwasserdeckschicht* überlagern oder als *Grundwasserstauer* (= Grundwassersohlschicht, Staukörper) unterlagern (Abb. 29). Mehrfacher Schichtwechsel von Grundwasserstauern und -leitern kann zur Ausbildung mehrerer *Grundwasserstockwerke* mit unterschiedlichen Grundwassereigenschaften führen. *Gespanntes Grundwasser* tritt häufig in einem zwischen zwei Stauern liegenden Grundwasserleiter auf, in dem der hydrostatische Druck des Grundwassers infolge des behinderten Ausgleichs größer ist als der Luftdruck.

Der Grundwasserstrom fließt in einheitlich zusammengesetzten Grundwasserleitern im allgemeinen in breiter Front von den Nährgebieten zu tiefer liegenden Flächen, wobei seine Oberfläche in abgeschwächtem Maße den Geländeformen folgt. Je nach der Neigung der Grundwasseroberfläche sowie der Porengrößenverteilung und -kontinuität im Sediment strömt

Grundwasser unterschiedlich schnell. In Sanden beträgt die *Fließgeschwindigkeit* z. B. 0,2 bis 3,0 m · d^{-1}, in Schottern und Kiesen 10 bis 45 m · d^{-1}. Sie kann in stark geklüfteten Gesteinen (z. B. Kalken) auch 50 bis 100 m · d^{-1} erreichen. Das Grundwasser steht im allgemeinen mit dem Oberflächenwasser der Flüsse und Seen in Verbindung. In Flußtälern begleitet z. B. ein breiter Grundwasserstrom den Fluß. Bei Niedrigwasser strömt Grundwasser aus der Talaue ins Flußbett ein, während bei Hochwasser der umgekehrte Vorgang abläuft. Die *Grundwasserschwankungen* liegen im gemäßigt-humiden Mitteleuropa mit ozeanischem Einfluß im Durchschnitt zwischen 0,5 und 2,0 m. In semi-humiden bis ariden Klimagebieten (Tab. 7) können die jährlichen Grundwasserschwankungen in Abhängigkeit von den periodischen bzw. episodischen Niederschlägen viele Meter betragen.

Die vielfältigen Bewegungen des Grundwassers, seine unterschiedlichen pH-Werte, die verschiedenartige Mikroflora (vor allem Bakterien) sowie z. B. die vom Klima abhängigen Wassertemperaturen bewirken eine wechselnde Auslaugung der durchflossenen Gesteine. Die gelösten Stoffe werden mit dem Grundwasser transportiert und bedingen seine für technische Zwecke wichtige »Härte« und »Aggressivität« sowie seine *Qualität* als *Trink-* und *Brauchwasser*. Die »Carbonathärte« gibt an, wieviel Milligramm CaO bzw. MgO in einem Liter Wasser gelöst sind (1 deutscher Härtegrad = 10 mg CaO

oder 7,141 mg MgO · l^{-1}. Weiches Wasser hat 4° bis 8° d. H., hartes Wasser 18° bis 30° d. H.). Als »Sulfathärte« des Wassers wird sein Gehalt an CaSO$_4$, MgSO$_4$, CaCl$_2$ und MgCl$_2$ bezeichnet. Für die Qualität von Trink- und Brauchwasser ist z. B. sein Gehalt an Chloriden, Nitraten, Phosphaten und Eisenoxiden, an Kieselsäure und organischen Verbindungen sowie an gelösten Schadstoffen (z. B. Pestiziden) von Bedeutung. Außer diesen Stoffen können viele weitere anorganische und organische Verbindungen im Grundwasser gelöst sein, die bei Änderungen der physikalischen, chemischen und biologischen Bedingungen umgebildet (z. B. durch Reduktion) oder ausgefällt werden (z. B. durch Oxidation) und die Eigenschaften der durchflossenen Gesteine verändern können. Die in Lösung bleibenden Stoffe aber werden mit dem Grundwasserstrom den Flüssen und dem Meere zugetragen, verändern die Zusammensetzung des Meerwassers oder beteiligen sich an der Entstehung mariner, chemischer Sedimente und Sedimentgesteine.

Karstwasser: Es stellt eine besondere Form des unterirdischen Wassers dar und kommt in semiariden bis vollhumiden Gebieten mit anstehenden oder oberflächennahen Kalk-, Dolomit- und Gipsgesteinen vor. Intensive Kohlensäure-Verwitterung hat in diesen relativ leicht löslichen, meist klüftigen Gesteinen durch *Korrosion* zu einer raschen Erweiterung der oberflächennahen Klüfte zu Spalten, *Schlotten* oder *Erdorgeln* geführt. Zusammen mit der dadurch verstärkten Regenversickerung und Kalklösung (Subrosion) im Gestein kam es zur Entstehung unterirdischer Hohlraumsysteme, den *Karsthöhlen*. In relativ ebenen bis welligen Kalksteingebieten bildeten sich häufig zahlreiche flache Lösungs- und steilere Einsturztrichter (Erdfälle) über den Schlotten und Höhlen des Untergrundes, die als *Dolinen* bezeichnet werden. In Höhlen entstanden durch Verdunstung der an Calciumbicarbonat gesättigten Sickerwässer vielgestaltige *Tropfsteine*.

1.3.2.3.6 Windwirkungen

Neben dem Wasser ist der Wind als wichtiger Faktor für exogene Verlagerungs- und Sedimentationsvorgänge zu nennen. Für den flächenhaften Abtrag durch Wind *(Deflation)* sind vor allem die Turbulenz und Stärke des Windes sowie der Bodenzustand von Bedeutung. Die Windstärke wird in der Regel in Graden und m · sec^{-1} der heute 17stufigen Beaufort-Skala angegeben,

Tab. 8. Windstärke und bewegte Teilchengröße (unter Verwendung von Mückenhausen 1985)

Windstärke nach Beaufort		Bewegtes Material	
Grad	Windart	m · sec^{-1}	Durchm. in mm	Bezeichnung
1	leiser Zug	bis 0,5	0,002 −0,063	Schluff (Staub, Löß)
1	leiser Zug	− 1,5	−0,1	Feinstsand
2−3	leichte bis schwache Brise	− 4	−0,25	Feinsand
3−4	schwache bis mäß. Brise	− 7	−0,63	Mittelsand
6−7	starker bis steifer Wind	−15	−1,0	Grobsand
8−9	Sturm (> 10:Orkan)	−25	−10.0	Mittelkies

die für die Segelschiffahrt aufgestellt wurde (Beispiel-Windstärken siehe Tab. 8). Eine Verwehung setzt ein, wenn lose, trockene Sedimentkörner oder Aggregate ohne Vegetationsschutz an der Oberfläche liegen. Durch die Turbulenz des Windes an der Erdoberfläche werden die Körner zunächst abgehoben und dann gemäß der Windgeschwindigkeit rollend, springend oder fliegend fortbewegt. Die Angaben in Tab. 8 beziehen sich auf die fliegende Verwehung nach dem Abheben vom Boden.

Die großflächige Deflation ist sowohl in polaren Kältewüsten als auch besonders in semiariden bis ariden Rand- und Küstenwüsten verbreitet. Typische Deflationsformen stellen außer Wannen und Terrassen z. B. die weiten *Geröllwüsten (Serir)* mit ihrem wüstenlacküberzogenen, an *Windkantern* reichen Ausblasungspflaster dar. Während der Eiszeiten sind in den damaligen Periglazialgebieten Mitteleuropas und Nordamerikas ähnliche Deflationspflaster mit Windkantern entstanden.

In Berg- und Felswüsten *(Hammadas)* tritt an die Stelle der flächenhaften Deflation die Windschliff-Wirkung *(Korrasion)*, die wie ein Sandstrahlgebläse wirkt und z. B. Furchen, Mulden oder Waben aus den Festgesteinen herausschleift. Die Akkumulation des verwehten Materials erfolgt bei verringerter Windgeschwindigkeit und Transportkraft. Bei höherer Windgeschwindigkeit werden Sande, bei geringerer Schluffe bewegt (Tab. 8 u. Kap. 4.5.3.2.2).

Neben Flugsandfeldern mit Rippelmarken sind *Dünen* verbreitete Akkumulationsformen des Windes, die z. T. hinter Hindernissen (Steinen, Pflanzen) entstehen, z. T. aber auch als freie Dünen oder gar als Wanderdünen auftreten. Bekannte Formen sind die häufig küstenparallelen Wall- oder Querdünen, die in Windgas-

sen häufigen, konkav gegen den Wind zeigenden *Parabel-* oder *Bogendünen*; die konvex gegen den Wind zeigenden *Barchane* oder *Sicheldünen* sowie die oft viele Kilometer langen Strich- oder Längsdünen der Wüstengebiete. Fast alle Dünen bestehen aus einem flach zum Wind geneigten (etwa 10° bis 16°) *Luv-Hang* und einem steileren, windabgewandten *Lee-Hang* (um 30°), an dem der verwehte Sand herabrieselt unter Bildung einer steilen Schrägschichtung.

Äolische Staubsedimente, wie z. B. der *Löß*, (Abb. 41; Kap. 1.7.2.1) stammen häufig aus polaren oder subtropischen ariden und semiariden Gebieten. Sie wurden – und werden z. T. heute noch – bereits bei mäßiger Windgeschwindigkeit (Tab. 8) über große Strecken transportiert und oft in benachbarten Steppen- oder Tundrenarealen in Form großflächiger Schluffdecken abgelagert. Ihr ursprünglicher Kalkgehalt schwankt in Abhängigkeit von dem im Ausblasungsgebiet anstehenden Gestein (Löß: etwa 10 bis 20% $CaCO_3$). Grobschluff aus Quarzkörnern herrscht neben wenig Feldspat, Glimmer und Ton vor. Die günstigen physikalischen Eigenschaften des auch in Mitteleuropa weit verbreiteten Lösses werden später eingehender dargestellt (z. B. Kap. 3.2.2.2).

1.3.2.4 Verlagerung und Sedimentation im Meeresbereich

Das Meer stellt ein großes Sammelbecken für das vom Festland durch Wasser und Wind abgetragene Boden- und Verwitterungsmaterial dar. Insgesamt tragen die Flüsse jährlich etwa 10 km³ Fracht ins Meer, davon 80% als klastische Feststoffe (90% Schluff und Ton, 10% Sand) und 20% in gelöster Form (60% Carbonate, 28% Chloride und Sulfate, 10% SiO_2, 2% Al-, Mn-, Fe-Oxide und sonstige). Dazu kommen vergleichsweise wenig verwehter Staub und vulkanische Asche. Diese Abtragsrate würde das Festland im Durchschnitt in 20000 Jahren um etwa 1 m erniedrigen.

1.3.2.4.1 Der Küstenbereich

In dieser Begegnungszone zwischen festländischen und marinen Vorgängen herrscht die Abtragung vor. Wichtigster Faktor ist die durch Wind hervorgerufene Wellenbewegung, die bei schwerem Seegang mit leichten Aufwirbelungen am Meeresboden bis in 300 m Tiefe vordringen kann. An *Steilküsten* (Abb. 30) wirbeln die Brandungswellen sandig-kiesiges, bei Sturm

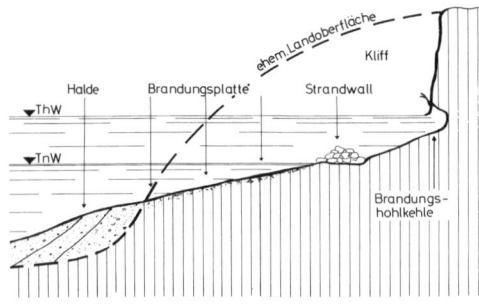

Abb. 30. Steilküstenformung (schematisch nach GERMAN in RICHTER 1986). Thw = Tide-Hochwasser (Flut), Tnw = Tide-Niedrigwasser (Ebbe).

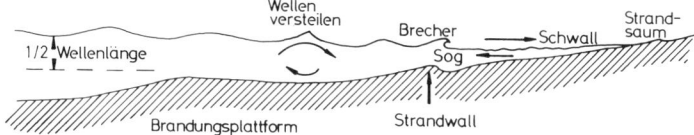

Abb. 31. Flachküstenformung (schematisch nach RICHTER 1986).

auch steiniges Material auf, schleudern es mit großer Wucht gegen das Kliff und erodieren eine Brandungshohlkehle. Durch Nachbrechen des überhängenden Gesteins wird das Kliff ständig landeinwärts verlegt, während davor eine Abrasionsplattform (Brandungsplatte) entsteht, auf der sich Gesteinsbrocken, Sand und Kies in Form von Strandwällen und Halden ansammeln.

An *Flachküsten* (Abb. 31) halten sich Abtrag und Anlandung oft die Waage. Die Wellen laufen auf einer häufig langen Brandungsplattform langsam unter Bildung von Sandbänken aus, während das feinere Material durch den Abfluß-Sog wieder mitgenommen wird. Ausgewehter Strandsand wird zu Küstendünen zusammengeweht. Schräg auf die Küste zulaufende Brandung bewirkt einen seitlichen Materialversatz längs der Küstenlinie. Im Wind- und Strömungsschatten eines Küstenvorsprunges kann dieses Material unter Bildung eines langgestreckten sogenannten Sandhakens sedimentiert werden (z. B. Halbinsel Hela), der als Strandwall, Nehrung oder Lido die dahinterliegende Bucht als Haff oder Lagune weitgehend abschnüren kann. Buchtenreiche Küsten können so zu einer *Ausgleichsküste* begradigt werden.

Eine besondere Art der Flachküste stellt die *Wattenküste* im Gezeitenbereich dar, die z. B. am Südrand der Nordsee im Schutz der Ostfriesischen Inseln entstand. Durch den Flutstrom wird in einem verzweigten Rinnensystem, den *Prielen*, sandig-toniges, oft schwach humoses Feinmaterial herantransportiert und während des Staues vor einsetzender Ebbe auf den weiten, ebenen Sand- und Schlickwatt-Flächen sedimentiert. Ein Teil des Sedimentes wird dann durch den Ebbstrom wieder mitgenommen. Während des Holozäns sind so – von Zeiten des Torfwachstums unterbrochen – viele Meter mächtige, feingeschichtete, durch Muschelschalenreste kalkhaltige, schluffig-tonige bis feinsandige Wattensedimente entstanden, die das Ausgangsmaterial für die Seemarschen bilden. – An gezeitenbeeinflußten Flachküsten tropischer Klimate sind *Mangrove-Watten* verbreitet. Dort wird das mit der Flut antransportierte Feinmaterial zwischen den Stelz- und Luftwurzeln der Mangrove-Wälder als zäher schwarzer Schlick abgelagert.

Wenn das Meer aufgrund tektonischer Senkung oder eustatischen Meeresspiegelanstiegs in bergiges Land eindringt *(Ingression)*, werden die Täler überflutet, und die Berge bilden Inseln. So entstehen in Abhängigkeit von den geologischen und geomorpholoischen Voraussetzungen unterschiedliche *Ingressionsküsten*. Besondere Küstenformen entstehen im Bereich der tropischen *Koralleninseln*. Hier bestehen die Küstensedimente ausschließlich aus dem durch die Brandung zerkleinerten Detritus der ständig nachwachsenden Riffkorallen.

1.3.2.4.2 Die Flachsee

Über 90% der auf dem heutigen Festland vorkommenden Sedimentgesteine stammt aus dem *neritischen* Bereich der Flachsee, die bei Meerestiefen bis zu 300 m den wechselnd breiten Kontinental-Schelf (Abb. 3) umfaßt. Die Sedimentation überwiegt hier bei weitem die durch Meeresströmungen bedingte *Abrasion*. Je nach den herrschenden Wasserverhältnissen (z. B. Temperatur, Lichteinfluß, O_2-, CO_2-, Salz- und Kalkgehalt), dem Meeresboden-Relief und der Entfernung von der Küste werden unterschiedliche Sedimente gebildet. In *Küstennähe* entstehen besonders in weitem Umkreis vor Flußmündungen zunächst gröber klastische, marine Sedimentserien aus Sanden bis tonigen Schluffen, die je nach dem Herkunftsgebiet der Flüsse und der Verbreitung kalkschaliger Organismen primär kalkhaltig oder kalkfrei sind. In *Küstenferne* kommen vorwiegend Tone unterschiedlicher Mineralzusammensetzung zum Absatz. Meeresströmungen können die Sedimente über große Entfernungen verfrachten. In polnahen Meeren schmelzen aus dem Eis der kalbenden Gletscher und der Eisberge große Schuttmassen aus und sedimentieren als moränenartige, marine Ablagerungen auf dem von Meerestieren reich belebten Meeresgrund. Die Kalkschalen der Fauna bleiben hier nicht im Sediment erhalten, da sie in dem an O_2 und CO_2 reichen Kaltwasser aufgelöst werden (siehe Kap. 1.3.2.2.2). Anders ist es in wärmeren Flachmeeren. Hier werden die Hartteile der abgestorbenen Organismen nach dem Absinken in das Meeressediment eingebettet und bleiben z. T. als Fossilien erhalten. Aus der Zusammensetzung dieser Faunen- und Florenreste kann auf die ökologischen Bedingungen zu ihren Lebzeiten geschlossen werden. Besonders in sehr flachen, warmen Meeresbereichen erfolgt aber z. B. auch eine chemische Ausfällung von Kalk – oft als Aragonitnädelchen – aus dem an Ca-Bikarbonat übersättigten Meerwasser, und es bilden sich helle *Kalkschlamm*-Sedimente. Auch die bekannten *Korallenriff*-Bauten sind in warmen tropischen Flachmeeren verbreitet. Andere Sedimentationsbedingungen herrschen in weitgehend abgeschlossenen Flachmeer-Becken ohne Meeresströmung (z. B. Schwarzes Meer). Infolge O_2-Mangels fehlt hier in der Tiefe höheres organisches Leben. Die aus dem belebten Oberflächenwasser absinkenden Organismenreste werden dort u. a. durch anaerobe Bakterien unter Bildung von H_2S teilzersetzt, und es bilden sich am Meeresboden sogenannte euxinische Sedimente in Form von pyritreichem, grauschwarzem Ton- oder Kalkschlamm sowie von Faulschlamm *(Sapropel)* mit höheren Gehalten an organischen Stoffen. – In der geologischen Vergangenheit kam es örtlich in abgeschnürten, flachen, zeitweilig austrocknenden Meeresbuchten zu marinen Salzabscheidungen *(Evaporiten)*, die auch zu den Flachmeer-Sedimenten gehören.

1.3.2.4.3 Die Tiefsee
80% der Meeresfläche gehören zur Tiefsee mit ihren submarinen weiten Ebenen, den z. T. hochgebirgsähnlichen ozeanischen Rücken und z. T. vulkanischen Bergländern sowie den *abyssalen* Tiefseegräben. In der *bathyalen* Region bis in 800 m Tiefe ist das Wasser noch intensiv belebt und relativ warm, in der darunter folgenden *pelagischen* Region bis in etwa 4000 m Tiefe herrschen jedoch Temperaturen zwischen +4° und −1 °C, die u. a. durch polare Meeresströme hervorgerufen werden. Pelagische Sedimente sind am weitesten verbreitet. Zu ihnen gehören neben geringen Mengen an äolischem Staub und vulkanischen Sedimenten vor allem die aus Plankton-Schalen aufgebauten Tiefsee-Schlämme. Im *hemipelagischen* Bereich zwischen 1500 und 2500 m Tiefe kommen besonders an den flach (etwa 4°) geneigten Kontinentalabhängen blauschwarze, FeS_2-reiche Blauschlicke sowie glaukonithaltige Grünsande und -schlicke zum

Absatz. In der am weitesten verbreiteten *eupelagischen* Region zwischen 2500 und etwa 5000 m Tiefe herrscht dann der helle, kalkreiche *Globigerinenschlamm* vor, der weitgehend aus den weniger als 1 mm großen, zarten kugeligen, durchlöcherten Protozoen-Skeletten der Foraminiferengattung *Globigerina* besteht und etwa 36% der gesamten Meeresbodenfläche bedeckt. Relativ geringe Verbreitung (2%) hat der aus planktonischen Kieselskeletten aufgebaute, in 4 bis 8000 m Tiefe verbreitete *Radiolarienschlamm*. Im *Diatomeenschlamm* der polaren Meere (8%) überwiegen die Skelette einzelliger Kieselalgen. Unterhalb von 5000 m herrscht dann der Rote Tiefseeton vor, ein brauner, zäher Schlick. Er wird als Lösungsrückstand des Globigerinenschlammes aufgefaßt, dessen Kalkschalen in dem O_2-reichen, kalten Tiefenwasser in Lösung gehen.

Besonderheiten stellen tiefe, steile submarine Cañons in den Kontinentalabhängen dar, die wohl durch episodische abgleitende Schutt- und Trübeströme entstanden sind und in der Tiefsee in deltaähnlichen Schutt- und Schlammfächern enden. Diese Sedimente weisen häufig eine von grob zu fein gradierte Schichtung auf und werden als *Turbidite* bezeichnet.

1.3.2.5 Sedimente und Sedimentgesteine
Im Anschluß an die Sedimententstehung wird nun auf die petrographische Gliederung der Sedimente und Sedimentgesteine eingegangen, unter besonderer Berücksichtigung der für die Bodenbildung wichtigen Eigenschaften. Man unterscheidet sedimentäre Lockergesteine und diagenetisch veränderte, sedimentäre Festgesteine (siehe auch Kap. 3.1.1). Ihre generelle Verbreitung in Mitteleuropa geht aus Abb. 32 hervor.

1.3.2.5.1 Diagenese
Als Diagenese werden Vorgänge bezeichnet, die ein Lockergestein in einen festeren, z. T. auch chemisch-mineralogisch veränderten Zustand überführen. Zur Metamorphose (siehe Kap. 1.3.1.3) bestehen fließende Übergänge. Wichtige Einzelfaktoren der Diagenese sind das Porenwasser und die in ihm gelösten Stoffe, die Temperatur, der Druck und die Zeitdauer der Einwirkung dieser Faktoren. Junge Sedimente können durch intensive Diagenese erheblich stärker verändert sein als sehr alte Sedimente (z. B. harter Tertiär-Dolomit der Alpen und weicher Ton des Kambriums bei Leningrad).

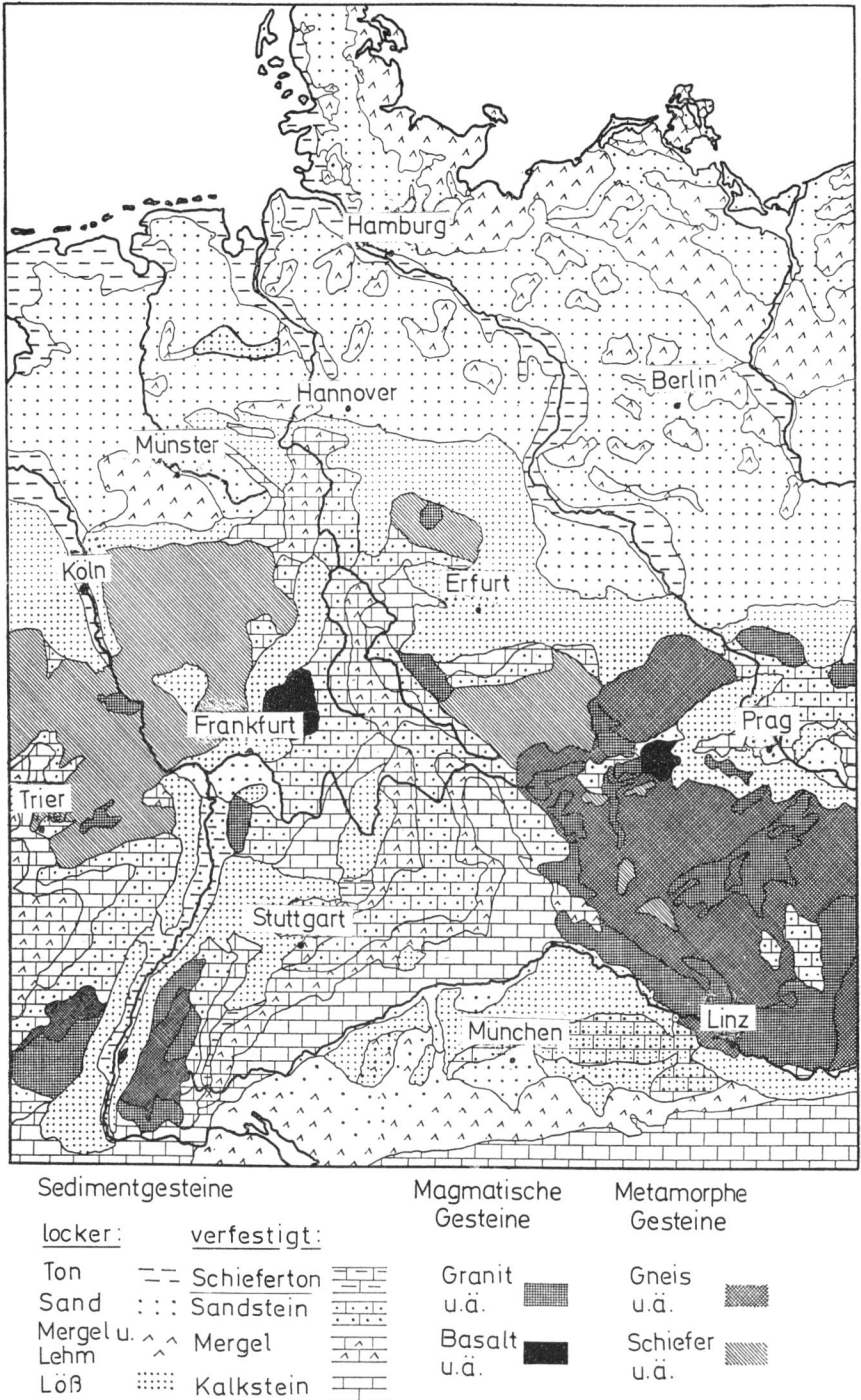

Abb. 32. Verbreitung wichtiger Ausgangsgesteine der Bodenbildung in Mitteleuropa (nach SCHLICHTING in
SCHEFFER/SCHACHTSCHABEL 1992).

Diagenetische Prozesse lassen sich in folgende Gruppen gliedern:

Biologische Wirkungen: Besonders in limnischen und marinen Ablagerungen verändern häufig lebende Organismen (z. B. Bakterien, Würmer, Mollusken und Arthropoden) bereits frühdiagenetisch sowohl die Sediment-Struktur als auch – über den O_2-Verbrauch sowie die H_2S- und CO_2-Bildung – den Chemismus in den Porenlösungen der Sedimente.

Drucksetzung: Unter der Auflast jüngerer Sedimente verringert sich das Porenvolumen in Lockergesteinen durch Setzung. In Sanden kann das Porenvolumen z. B. von 40 bis 50% auf 30%, in Tonen von 60 bis 80% auf 20% abnehmen. Dabei regeln sich die Tonmineral-Blättchen parallel zueinander ein. Aus Tonschlamm wird fester dichter Schieferton.

Entwässerung, Entsalzung: während der bereits frühdiagenetisch ablaufenden Sedimentsetzung wird das Porenwasser meist nach oben ausgepreßt, wobei bereits gelöste Salze mitwandern. Mariner Schlick kann so teilweise entsalzt werden. Bei zunehmendem Druck und steigender Temperatur werden weitere Stoffe gelöst und verlagert.

Porenfüllung durch Neubildungen: Die verlagerten Salze kristallisieren unter veränderten chemischen Bedingungen (z. B. pH-Wert, Konzentration, Lösungsgenossen) in den Porenräumen anderer Sedimente z. T. wieder aus. So kann z. B. aus Sand durch Kristallisation von Calcit zwischen den Sandkörnern fester Kalksandstein entstehen.

Um- und Sammelkristallisation: Kleine Primär-Kristalle der Sedimente lösen sich z. T. unter Druck auf und tragen zum Wachstum größerer Kristalle gleicher Art bei. Dichter feiner Kalkstein kann so zu hartem spätigem Kalkstein werden. Bei Zufuhr von Fremdionen kann es durch Umkristallisation zur Entstehung neuer Mineralien kommen.

Drucklösung: Unter starkem Belastungsdruck kommt es an den Berührungspunkten der Sedimentkörner zu Lösungs- und Wiederverwachsungserscheinungen, die z. B. aus Sand einen festen quarzitischen Sandstein oder gar harten Quarzit hervorgehen lassen.

Metasomatose: Mit der Porenwasserströmung werden häufig sedimentfremde Stoffe herangeführt, die über Austauschvorgänge z. T. eine metasomatische Veränderung des Ausgangsgesteins bewirken. Durch Zufuhr Mg-reicher Lösungen (z. B. mit dem damaligen Meerwasser)

hat sich im Bereich der Kalkalpen häufig Kalkstein in Dolomitstein ($Ca,Mg(CO_3)_2$) umgewandelt.

Über die Inkohlung wurde bereits im Kap. 1.3.1.3 berichtet. Auch die stofflichen Veränderungen der Organismenreste *(Fossilisation)* und die Bildung von oft knolligen *Konkretionen* (z. B. aus Calcit = Lößkindel, aus Siderit = Fe-CO_3-Toneisenstein, aus Kieselsäure = Feuerstein und aus FeS_2 = Markasit bzw. Pyrit) gehören mit zu den diagenetischen Vorgängen. Weitere Veränderungen erfolgen schließlich durch die bereits besprochenen tektonischen Einflüsse (z. B. Klüftung, Faltung, siehe Kap. 1.3.1.1) oder durch Metamorphose (z. B. Schieferung, Bildung neuer Mineralgesellschaften und Gesteine, siehe Kap. 1.3.1.3).

1.3.2.5.2 Klastische Sedimentgesteine

Lockere und verfestigte Sedimente aus feinem bis grobem Gesteinsschutt werden als *klastisch* (= zerbrochen, griech.) bezeichnet (Tab. 9 sowie Liste der Substrate in Kap. 3.1.1). Sie sind in der Regel primär fein bis grobbankig geschichtet. Ebenflächige, gleichmäßige Schichtung wird als *konkordante*, winklig aufeinander stoßende Schichtung sowie z. B. Wechsel zwischen gefalteten und ungefalteten Schichten als *diskordante* Schichtung bezeichnet. Diskordante Schichtgrenzen können große Altersunterschiede zwischen Liegendem und Hangendem anzeigen (z. B. junge, eiszeitliche Schotter über sehr alten, paläozoischen Tonschiefern).

Klastische Sedimente und Sedimentgesteine werden z. B. nach ihrer geologischen Herkunft (siehe Kap. 1.3.2.3 und Kap. 1.3.2.4), nach ihren Eigenschaften für technische Zwecke (etwa als Baugrund, als Baumaterial, zur Ziegel- oder Filterherstellung) oder auch als Bodenverbesserungsmittel unterschiedlich bezeichnet, gegliedert und gegeneinander abgegrenzt. In zunehmendem Maße wird außerdem zwischen natürlich entstandenen und anthropogenen klastischen Gesteinen · bzw. Substraten unterschieden, wobei die letzteren (z. B. als Bauschutt, Haldenmaterial, Flugasche oder Industrie- und Hausmüll) besonders große Unterschiede in den Eigenschaften aufweisen können (siehe auch Kap. 3.4.1.F und Kap. 4.5.3.6−8).

In fast allen diesen Fällen spielt jedoch die Korngrößenzusammensetzung der Substrate eine große Rolle. Sie liegt auch der folgenden Gliederung der natürlichen Klastischen Sedimente zugrunde:

Tab. 9. Klastische Sedimentgesteine (Trümmergesteine)

Lockergesteine			Festgesteine	
Körnung*			Verwitterbarkeit	
∅ in mm	Name	Symbol	leicht bis mittel	mittel bis schwer
Psephite > 63	Steine	X (Kies)	Breccien und Konglomerate mit Ton-, Kalk- oder Eisen-Bindemittel	Breccien und Konglomerate mit silicatischem Bindemittel.
63–20	Grob-	gG		
20–6,3	Mittel-	mG		
6,3–2,0	Fein-	fG		
			(alle Stein- und Kieskorngrößen)	
Psammite 2,0–0,63	Grob-	gS (Sand)	Sandsteine mit Ton- oder Eisen-Bindemittel, Kalksandsteine, Arkosen (z. T.), Glaukonitsandsteine	Sandsteine mit silicatischem Bindemittel, Quarzite, Arkosen (z. T.), Grauwacken, sandige Schiefer
0,63–0,2	Mittel-	mS		
0,2–0,063	Fein-	fS		
0,1–0,063	Feinst-	ffS		
			(alle Sandkorngrößen)	
Pelite 0,063–0,020	Grob-	gU (Schluff)	Schluffsteine, Tonsteine, Schiefertone, Mergeltonsteine	Schlufftonschiefer, Tonschiefer
0,020–0,006	Mittel-	mU		
0,006–0,002	Fein-	fU		
< 0,002	Ton	T		
			(oft Schluff-Ton-Mischungen)	

* Korngrößenabgrenzung nach DIN 4022 und 4220

Psephite sind steinig-kiesige, grobe Sedimente, die unverfestigt z. B. als Flußschotter, Wüstenschutt, Fanglomerat, Blockschutt oder Gehängeschutt, in verfestigter Form als Konglomerat bzw. Nagelfluh (mit gerundeter Körnung) oder als Breccie (mit eckiger Körnung) vorkommen. Durch Ton und Kalk verkittete Psephite verwittern leichter als solche mit silicatischem Bindemittel und liefern fruchtbare, oft tiefgründige, aber steinige Böden.

Psammite: Hierzu gehört die große Gruppe der marinen, fluviatilen oder äolischen Sande und Sandsteine. Außer ihrem primären Gehalt an Silicaten (z. B. Feldspat, Glimmer, Augit, Hornblende) in der Kornfraktion ist bei den Sandsteinen die Art des Bindemittels (siehe Kap. 1.3.2.5.1) für ihre Verwitterbarkeit und ihren Wert als Bodenbildungssubstrat ausschlaggebend. Durch Fe-Oxide verfestigte Quarz-Sandsteine sind zwar relativ leicht verwitterbar, liefern aber ebenso unfruchtbare Böden wie die schwer verwitterbaren, harten quarzitischen Sandsteine und Quarzite (z. B. Taunus- und Kellerwald-Quarzite). Aus den leichter verwitterbaren Sandsteinen mit tonigem Bindemittel (z. B. Unterer und Oberer Buntsandstein)

sowie aus Kalksandstein (z. B. Tertiär-Molasse am Alpennordrand) entstehen meistens fruchtbarere, tiefgründigere, saure bis neutrale Böden. Ähnliches gilt für die feldspatreichen Arkosen. Die aus Quarz, Feldspat, Glimmer und Schieferbruchstückchen bestehenden Grauwacken (z. B. des Devons und Karbons im Harz) haben neben tonig-silicatischem auch z. T. carbonatische Bindemittel und sind dementsprechend unterschiedlich zu bewerten. Der bodenkundliche Wert sandiger Lockergesteine ist wesentlich abhängig von der Körnung, der Lagerungsdichte sowie vom Gehalt an Carbonaten (besonders Kalk) sowie an Quarz, Feldspat, Glimmer und Eisenverbindungen. Aus den wechselnden Gehalten an Schwermineralien (u. a. Turmalin, Zirkon, Granat) lassen sich z. B. unterschiedliche Herkunftsgebiete genetisch gleicher Sandsteine und Sande ableiten.

Pelite sind die besonders weit verbreiteten, lockeren und verfestigten Ton- und Schluffgesteine. In schluffigen Lockergesteinen (z. B. im meist grobschluffigen Löß) bestimmen – wie bei den Sanden – die Gehalte an Carbonaten, Silicaten und Quarz sowie die Lagerungsdichte und Porengrößenverteilung die Verwitterungs- und

Fruchtbarkeitseigenschaften. Schluffe neigen (besonders nach Umlagerung) zur Verschlämmung, Dichtlagerung und Haftnässebildung und sind erosionsgefährdet (z.B. Schwemmlöß). Ähnliches gilt auch für den meist kalkfreien Sandlöß (Flottsand, Flottlehm) mit seinen beiden Korngrößenmaxima in der Grobschluff- und Mittelsand-Fraktion. Die Eigenschaften weicher Tone (z.B. Quellfähigkeit, geringe Wasserdurchlässigkeit im gequollenen Zustand) sind stark von ihrer Tonmineralzusammensetzung und den sorbierten Kationen abhängig. Selten besteht Ton aus nicht quellbarem Silicat- und Quarzmehl. Kaolinitreiche Tone (z.B. aus der lateritischen Verwitterung) sind weniger quellungs- und sorptionsfähig als Illit-Tone (z.B. Marschenklei). Die höchste Quellungs- und Sorptionsfähigkeit weisen montmorillonit-reiche Tone auf. Die Verdichtung von Tonen unter paralleler Einregelung der Tonmineral-blättchen führt zur Entstehung von Tonstein. Durch Verfestigung mit silicatischem Bindemittel bildet sich – häufig in Verbindung mit Vorgängen bei der Regionalmetamorphose (siehe Kap. 1.3.1.3) – der nicht mehr quellbare Tonschiefer, aus dem grusige bis steinig-lehmige Böden entstehen. Kalkhaltige Tonschiefer und Schiefertone verwittern leichter und ergeben oft fruchtbare Tonböden.

Die bisherigen Angaben zur Verwitterbarkeit bezogen sich auf oberflächlich anstehende Festgesteine. In nicht zu steilen Hanglagen des mitteleuropäischen Berglandes z.B. werden jedoch die Festgesteine großflächig von unverfestigten Deckschichten (z.B. Schuttdecken und Fließerden) überlagert, die während der Vereisungen des Pleistozäns durch Solifluktion entstanden sind, und in denen sich die heutige Verwitterung und Bodenbildung abspielt (siehe z.B. Abb. 133 und 134). Die Zusammensetzung und Eigenschaften der hangabwärts verlagerten Deckschichten sind weitgehend von der Art der oberhalb anstehenden Festgesteine abhängig. So kann z.B. an einem Unterhang über einem dort anstehenden, dichten kalkfreien Schieferton (z.B. des Röt) eine wechselnd mächtige, mit Lößmaterial vermischte steinig-lehmige, kalkhaltige Solifluktionsdecke (Fließerde; siehe Kap. 1.3.2.3.2) liegen, die von einem am Oberhang anstehenden Kalkstein (z.B. des Muschelkalkes) stammt. Die Vielfalt der Deckschichten wird noch dadurch erhöht, daß häufig mehrere verschieden alte Decksedimente übereinander liegen. Sie können für Zwecke der Bodenkartie-

rung zusammenfassend nach pedologisch wichtigen Eigenschaften in definierte »Lagen« gegliedert werden, wie z.B. in holozäne Oberlage; spätpleistozäne Hauptlage; lößhaltige, pleistozäne Mittellagen und lößfreie, oft altpleistozäne Basislagen. Die Eigenschaften der unter den Deckschichten anstehenden Festgesteine haben besonders dann für die Bodenbildung und die Bodeneigenschaften nur eine untergeordnete Bedeutung, wenn die Mächtigkeit der Deckschichten groß ist.

1.3.2.5.3 Chemische und biochemische Sedimentgesteine

Mergelsteine (Tab. 10) leiten als klastisch-chemische Mischgesteine von den kalkhaltigen Tonen über zu den chemisch-biochemischen Kalkgesteinen (Tab. 11). Ihre Verwitterbarkeit ist im wesentlichen von ihrem Ton- und $MgCO_3$-Gehalt sowie vom Verfestigungsgrad abhängig. Harte Mergelsteine und Dolomitmergel, z.B. des Jura und der Unterkreide in den Alpen, verwittern besonders bei teilweise silicatischem Bindemittel relativ langsam zu tonig-steinigen Böden. Aus den weit verbreiteten, weniger verfestigten Mergelsandsteinen und Tonmergeln entstehen in der Regel nährstoffreiche, oft schwere, örtlich staunasse Tonböden.

Die primären Kalkgehalte der eiszeitlichen, sandig-schluffigen bis lehmigen, steinhaltigen Geschiebemergel Norddeutschlands sind bereits primär bei der Ablagerung, aber auch infolge sekundärer Entkalkung sehr unterschiedlich. Geschiebemergel und entkalkte Geschiebelehme der letzten Vereisung (Würm/Weichsel) sind oft weniger verdichtet und nährstoffreicher als die der älteren Vereisungen.

Carbonatgesteine und unter ihnen besonders die Dolomit- und Kalksteine sind in Mitteleuropa weit verbreitet (Abb. 32). Sie haben je nach der Art ihrer diagenetischen Veränderung un-

Tab. 10. Klastisch-chemische Mischgesteine: Mergel (nach Bodenkundliche Kartieranleitung 1982, vereinfacht)

	mergeliger Ton	Mergelton	Mergel	Kalkmergel	Mergelkalk
CaCO$_3$ %mas	2−10	10−25	25−50	50−75	75−90
Ton %mas	75−95	65−75	35−65	25−35	5−25

Tab. 11. Beispiele für chemische und biochemische Sedimente und Gesteine

Hauptkomponenten	Abnehmende relative Verwitterbarkeit bzw. Löslichkeit
Chloride u. a.	Steinsalz, Kalisalze, Mischsalze
$CaSO_4 \cdot 2H_2O$	Gipsstein, porös
$+CaSO_4$	Gipsstein, dicht und Anhydrit
	Kalkstein, porös; Quellkalk (»Kalktuff«)
	Oolithkalkstein
	Schillkalkstein aus Kalkschalen
$CaCO_3$	Kalkstein, dicht; Riffkalkstein
	Sinterkalkstein (Travertin)
	Spatkalkstein, Marmor
$MgCO_3$ u. $CaCO_3$	Dolomitsteine
SiO_2 u. $CaCO_3$	Kieselkalkstein
SiO_2	Kieselschiefer
	Hornstein
Ton (Sand) und $CaCO_3$	Mergelsteine (Sandmergel → Tonmergel)

terschiedliche Eigenschaften (Tab. 11). Während poröse Kalke und Mergelkalke durch rasche Kalklösung relativ leicht zu tonig-steinigen Böden verwittern, bilden reine, harte Kalksteine (< 5% Ton), Kieselkalke und besonders Dolomitsteine häufig trockene, flachgründige, steinige Böden. Typische Beispiele für Kalkgesteine Mitteleuropas gehen aus Tab. 11 hervor (siehe auch Kap. 3.1.1).

Relativ leicht löslich ist der zu den *Evaporiten* (Verdampfungsgesteinen) gehörende Gipsstein, der bei großer Reinheit (z. B. am südwestlichen Harzrand) flachgründige, steinige Böden, jedoch in unreiner, toniger Fazies (z. B. als Gipskeuper-Mergel bei Heilbronn) tonige Böden entstehen läßt. Die ebenfalls im Zechsteinbecken durch Eindampfung entstandenen, besonders leicht wasserlöslichen Chloride, Sulfate und Carbonate des Natriums und Kaliums sowie Mischsalze, zum Beispiel in Verbindung mit Magnesium, treten im humiden Klima Mitteleuropas nicht als Ausgangsgesteine für die Bodenbildung auf.

Zu den harten, schwer löslichen, biogenen *Kieselgesteinen* gehören der durch Verkieselung aus Radiolarienschlamm entstandene Kieselschiefer (z. B. des Kulm im Harz) sowie der ehemals aus Kieselschwammgerüsten aufgebaute, jedoch durch Diagenese vollständig in Chalcedon oder Opal umgewandelte Hornstein. Die nicht verfestigte, aus Kieselalgengerüsten bestehende Kieselgur hat keine Bedeutung als Bodenbildungssubstrat.

1.3.2.6 Vertorfung und Moorbildung

Eine besondere Gruppe biogener Gesteine sind die Torfe und Kohlen (Kaustobiolithe). *Vertorfung* bedeutet Anhäufung abgestorbener Pflanzen- und Tierreste durch Wasserüberschuß unter zunehmend anaeroben, reduzierenden Bedingungen. Dann wird die anfängliche ± aerobe *Zersetzung* (Mineralisierung ⇋ Humifizierung) gehemmt. Unter anaeroben Bedingungen tritt *Verwesung* auf. Es entstehen Faul- und Sumpfgase (CH_4, H_2S). Im mineralogisch-petrographischen Sinne ist *Torf* ein organogenes Gestein mit > 30%mas organischer Substanz. Inkohlung (Kap. 1.3.1.3 und 1.3.2.5.1) bedeutet Zunahme des C-Gehaltes durch Diagenese (Pflanzen enthalten 44% C, Torfe 45 bis 55% C, Huminstoffe 55 bis 60% C, Braunkohle 70 bis 80% C, Steinkohle ca. 90%, Anthrazit 100% C).

Moore sind im *geologischen* Sinne Lagerstätten von Torfen mit > 30 cm (entwässert > 20 cm) mächtigen Torflagen, *geobotanisch* Landschaftsteile mit je nach Feuchte und Trophie charakteristischen Pflanzen- und Tiergesellschaften, *ökologisch* Feuchtbiotope. Durch Entwässerung und Kultivierung entstehen aus Mooren anthropogene Moor*böden* (Moorkulturtypen) (siehe Kap. 4.5.1.2). In der Bodensystematik (siehe Kap. 3.4.1) sind die Moore (i. S. von Moorböden) in einer eigenen Abteilung D zusammengefaßt. Ökologisch stehen die Anmoore den Mooren nahe als hydromorphe Bodenbildungen mit 15 bis 30%mas organischer Substanz im Ah-Horizont (Anmoorgleye).

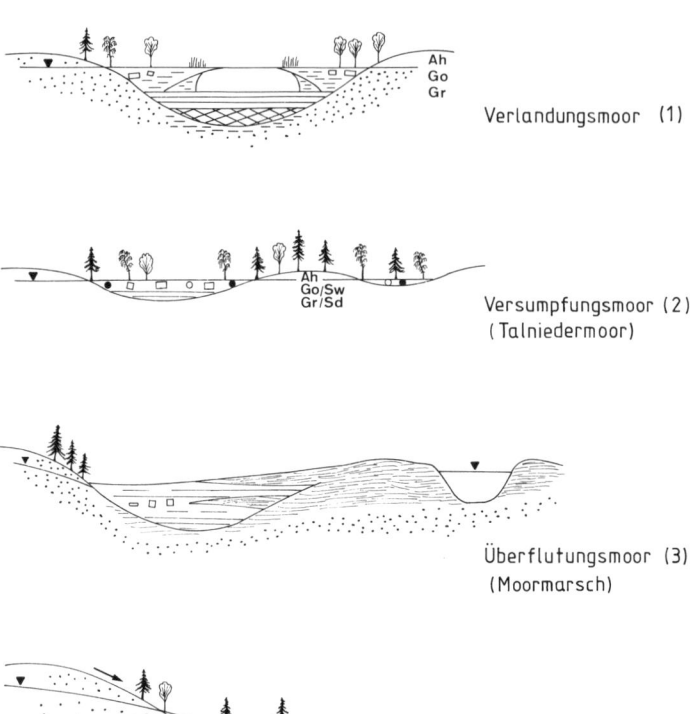

Abb. 33. Moortypen Europas.
a) Topogene Moore.

Verlandungsmoor (1)

Versumpfungsmoor (2)
(Talniedermoor)

Überflutungsmoor (3)
(Moormarsch)

Hang-, Quellmoor
soligen

Aus der regionalen Verbreitung der Moore (Tab. 15) und Anmoore wird deutlich, daß Topographie und Klima für ihre Entstehung verantwortlich sind. Folgerichtig unterscheidet man vom Grundwasser und Relief abhängige *topogene* (*Nieder*moore) und klimatisch durch Niederschlagsüberschuß bedingte *ombrogene* Moore (*Hoch*moore) (Abb. 33 und 34).

Flache Seen, Teiche, Altarme von Flüssen neigen zur natürlichen Eutrophierung, die eine Massenentwicklung von Plankton, niederen und höheren Wasserpflanzen ermöglicht. In einem See kommt es je nach Erosion und Kalkgehalt seiner Umgebung zunächst zur Sedimentation von mineralischen Substanzen. Diese limnischen Sedimente am Grunde stehender Gewässer bestehen aus allochthonen (geschichtet Eingeschlämmtes, z.B. Seeton) und autochthonen Komponenten (Reste von Wasserpflanzen und -tieren) sowie Ausfällungen (Carbonate-Seekreide). Süßwassersedimente mit erkennbaren Anteilen organischer Substanz heißen *Mudden*

(Tab. 12). Sie entstehen in Warmzeiten am Grunde stehender Gewässer und sind – im Gegensatz zu den i.d. R. geschichteten, kaltzeitlichen Beckentonen und -schluffen (z.B. Lauenburger Ton) – meistens ungeschichtet. Je höher der Gehalt an feinverteilter organischer Kolloidsubstanz in den Mudden ist, desto stärker neigen sie bei Wasserentzug zum irreversiblen Schrumpfen. Mudden sind entwicklungsgeschichtlich das erste Stadium topogener Moorbildungen (*Verlandungs*moore). In *Versumpfungs*mooren (Grundwasseranstieg) fehlen die Mudden.

Sandmudde: Sediment vorwiegend aus Sand mit erkennbarem Anteil organischer Substanz. Farben von ocker, hellgrau bis schwarzgrau mit grünlich-bräunlichen Nuancen.

Schluffmudde: Sediment vorwiegend aus Schluff mit erkennbarem Anteil organischer Substanz. Farbe grau bis dunkelgrau, grün und braun.

Tonmudde: Sediment überwiegend aus Ton mit erkennbaren Anteilen organischer Substanz;

Abb. 34. Moortypen Europas.
b) Ombrogene Moore.

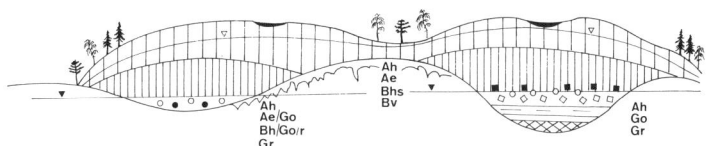

Hochmoore der Moränenlandschaft

über Versumpfungsmoor (5)   wurzelecht über (6)   über Verlandungsmoor (4)
fossilem Podsol

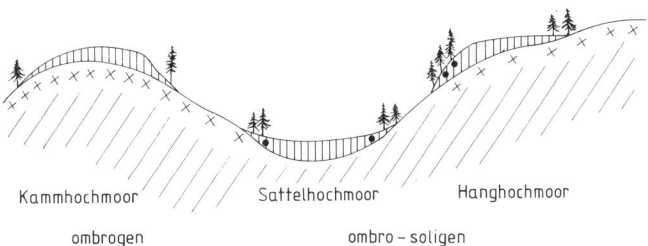

Gebirgs-Hochmoore

Kammhochmoor   Sattelhochmoor   Hanghochmoor

ombrogen   ombro-soligen

Tab. 12. Formen der Mudden

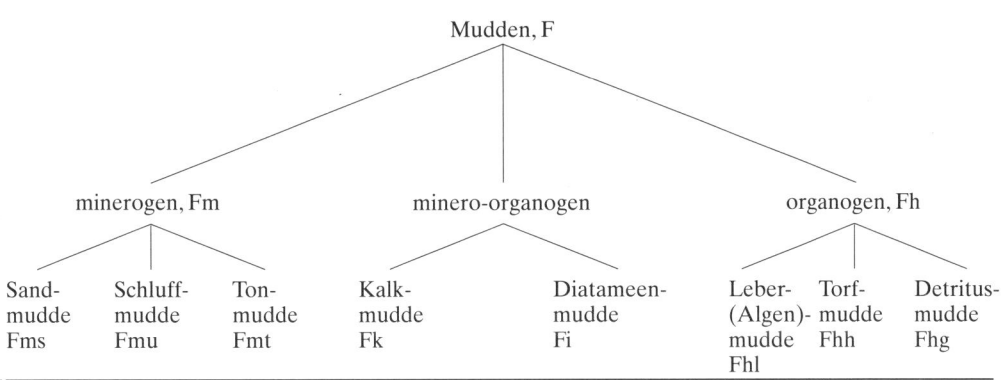

Mudden, F

minerogen, Fm   minero-organogen   organogen, Fh

| Sand-mudde Fms | Schluff-mudde Fmu | Ton-mudde Fmt | Kalk-mudde Fk | Diatameen-mudde Fi | Leber-(Algen)-mudde Fhl | Torf-mudde Fhh | Detritus-mudde Fhg |

Konsistenz plastisch, seifig, schmierig, oft zäh-flüssig; Farbe von weißgrau, dunkelgrün-grau bis blaugrau.

Kalkmudde: Im frischen Zustand plastisch oder elastisch. Sediment zerfällt mit HCl nicht völlig, über 20% Ungelöstes, gelblichweiß bis gelb-braun.

Diatomeenmudde: Keine sichere Geländean-sprache, mikroskopische Untersuchung, da mit Ton- oder Kalkmudde zu verwechseln, weiß-grau.

Lebermudde: Überwiegend organisch (Algenre-ste). Sediment homogen, elastisch (leberartig) gallertartige Konsistenz, trocken muschelig bre-chend: grün, gelb und rötlich bis rotbraun.

Torfmudde: Sediment aus vorwiegend deutlich erkennbaren Torfresten. Sicher nur mikrosko-pisch zu bestimmen; bräunlich bis braun-schwarz.

Detritusmudde: Das am weitesten verbreitete Seesediment; grau bis braun; gelegentlich starke Olivtönung, häufig Samen von Wasserpflanzen.

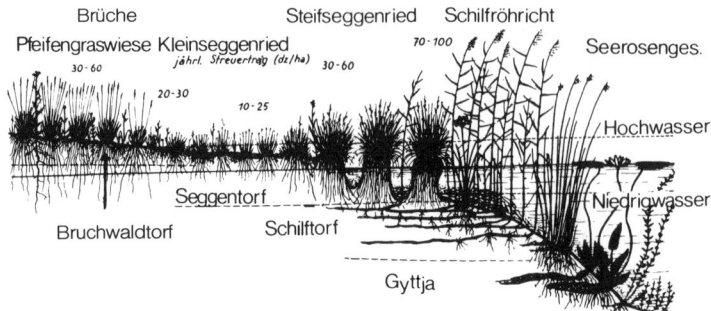

Abb. 35. Zonierung der Pflanzengesellschaften an einem nährstoffreichen See (halbschematisch) (nach ELLENBERG 1986).

Nach teilweiser Auffüllung der Seen, Teiche, Altarme durch Sedimente und Mudden können bei allmählich abfallendem Ufer schließlich höhere Wasserpflanzen wachsen. Diese führen in typischer Zonierung von Schwimmblattpflanzen-, Schilf- und Seggengürtel mit ihren unter Wasser als Torf konservierten Rückständen zur allmählichen Verlandung der Seen (Abb. 35). Erreicht diese den mittleren Seewasserspiegel, können schließlich Kleinseggenrieder, Pfeifengraswiesen und Büsche oder Bäume von Erlen, Weiden, Föhren und Birken Fuß fassen. Jede Vegetation hinterläßt einen Torf, der nach vorherrschenden Pflanzenresten makroskopisch moorgenetisch und damit in seiner Trophie bestimmt werden kann (Großrestanalyse). In den Tabellen 34 und 35 (siehe Kap. 2.1.3.2) wird die Ansprache von Torfarten aufgezeigt.

Torfe und Moore lassen sich in ihrer Trophie und Hydrologie gliedern. In Tab. 13 sind sie deshalb in Abhängigkeit vom Stickstoffgehalt und C/N-Verhältnis in die drei Trophiestufen oligotroph, mesotroph und eutroph unterschieden. In Abhängigkeit von der Rohdichte, trocken (Lagerungsdichte der Torfe) ergeben sich natürliche Stickstoffgehalte zwischen < 500 (Hochmoore) bis > 10000 kg $\cdot$ ha^{-1} $\cdot$ 10 cm Tiefe (Niedermoore), also ein Mehrfaches gegenüber Mineralböden (300 bis 5000 kg $\cdot$ ha^{-1} $\cdot$ 10 cm). Weitere Kriterien sind die durch pH-Werte, Calciumgehalt und Basensättigung ausgewiesene Säure-Basenstufen. Der natürliche Kalkgehalt der Torfe schwankt zwischen < 150 (Hochmoor) und > 4000 kg . ha^{-1} $\cdot$ 10 cm Tiefe (kalkhaltiges Niedermoor). Im Vergleich zu Mineralböden (2000 bis 25000 kg Ca $\cdot$ ha^{-1} $\cdot$ 10 cm), sind dies also nur relativ geringe Vorräte. Außer Mg sind K und Na nur relativ wenig an der natürlichen Basensättigung der Torfe beteiligt (z. B. < 25 kg K $\cdot$ ha^{-1} $\cdot$ 10 cm im Hochmoortorf, > 100 kg . ha^{-1} $\cdot$ 10 cm im Niedermoortorf).

Typische *Niedermoortorfe* sind Schilf-, Radi-

Tab. 13. Ökologische Torftypen nach SUCCOW 1981

| Trophiestufen | Säure-Basenstufen | | |
	pH ≦ 4,8 Ca < 1% *V ≦ 35%	pH 4,8−6,5 Ca 1−3% carbonatfrei V = 35−100%	pH ≧ 6,5 Ca > 3−5%, carbonathaltig V ≧ 100%
oligotroph N org. < 1,5% C/N > 35	Hh*	−	−
mesotroph N org. 1,5−2,5% C/N 20−35	Hh/Hu**	Hu	Hn/Hu
eutroph N org. > 2,5% C/N < 20	Hn***	Hn	Hn

* Hh: Hochmoortorf; ** Hu: Übergangsmoortorf; *** Hn: Niedermoortorf; *V: Basensättigung

zellen-(»Seggen-«), Erlenbruchtorfe. Sie sind in Abhängigkeit von der Nährstoffzufuhr aus ihrem Einzugsgebiet meist N- und Ca-reich.

In die Löß- oder jungpleistozäne Landschaft eingebettete Niedermoore sind N- und Ca-reicher als topogene Moorbildungen der Altmoränenlandschaft. Topogene Moore sind überall anzutreffen, Wüsten ausgenommen. Durch Erosionen und Überflutungen können wachsende Moore von Mineralbodenmaterial durchsetzt und bedeckt werden (*Überflutungsmoore*, Abb. 33). Vor allem im Gezeitenbereich entstehen vielfach starke Überschlickungen; bei < 4 dm Kleibedeckung werden sie *Moormarsch* genannt.

In arid-semihumiden Klimaten finden Verlandungsmoore mit dem Aufwachsen von Bruchwäldern ihren Abschluß. Herrscht jedoch langfristig ein klimatischer Wasserbilanzüberschuß, d. h. ein semihumid bis humides Klima mit Abflußbehinderung, kann das Moor weiter wachsen. Dann siedeln sich zunehmend solche Pflanzen an, die bei Wasserüberschuß *geringere* Nährstoffansprüche stellen. In einer üppigen oligotraphenten Moosvegetation ersticken die Bruchwälder. Da im Zentrum eines Moores die natürliche Entwässerung ungünstiger ist als am Rand, sind dort die Wachstumsbedingungen für Torfmoose (Sphagnen, Bleichmoose) und Wollgräser besonders günstig. Ohne Anschluß an das Mineralbodenwasser – Sphagnen haben keine Wurzeln – wird die torfbildende Vegetation schließlich allein von der früher sehr geringen Nährstoffzufuhr aus Niederschlägen und Einwehungen abhängig. Nur wenige, anspruchslose Pflanzenarten sind an dieser ombrogenen Torf- und Moorbildung beteiligt: uhrglasförmig sich über die Umgebung abhebend mit teils bewaldeten Randgehängen (Lagg), dort bis zu 10% Gefälle. Bulten und Schlenken sowie Rüllen finden sich auf der gefällearmen Hochfläche (< 2,5‰), und im Zentrum entstehen infolge schlechter natürlicher Entwässerung u. U. sehr tiefe Kolke (Mooraugen). Über das Grundwasser des Mineralbodens herauswachsend nennt man Bleichmoostorfanreicherungen *Hochmoore*. Der Beginn des Hochmoorwachstums ist nicht an ein abgeschlossenes Niedermoorwachstum gebunden.

Nährstoffarme Mineralböden, die durch Grundwasseranstieg oder bodengenetisch (z. B. Podsolierung) durch Staunässe versumpfen, können nach einer relativ kurzen, niedermoortorfbildenden Vegetation unmittelbar *wurzel-*

echte Hochmoore tragen. Gebirgshochmoore wachsen unmittelbar auf dem mehr oder weniger zersetzten Ausgangsgestein auf (*ombro-soligene* Moorbildungen). Sie werden als *Kamm-* oder *Hang-* bzw. *Sattelhochmoore*, im irisch-schottischen Raum als Deckenmoore, *blanket bogs* bezeichnet (Abb. 34).

Hochmoortorfe sind an vorherrschenden Resten von Bleichmoosen, Wollgräsern und Zwergsträuchern zu erkennen. Sie sind stets extrem sauer und nährstoffarm. Man unterscheidet die unter wärmeren Klimabedingungen (atlantisch, ab 5000 v. Chr.) *primär* stärker zersetzten, *älteren* Hochmoortorfe (*Schwarztorf*, Brenntorf) von den primär wenig zersetzten *jüngeren* Hochmoortorfen (*Weißtorf*, Streutorf), die im kühleren Klima (Subatlantikum, ab 800 v. Chr.) entstanden sind (Abb. 36). Der sich infolge Stillstandes des Moorwachstums durch charakteristische, teilweise holzreiche Torfreste im Moorprofil deutlich abhebende Schwarz-Weiß-Torf-Kontakt wird nach C. A. WEBER *Grenzhorizont* genannt. Im Alpenraum ist diese Zweiteilung der Hochmoore nicht so deutlich ausgeprägt. Häufige regionale Klimaschwankungen haben in Skandinavien bis zu neun solcher Rekurrenzflächen im Hochmoorprofil ausgebildet.

Je nach Umgebung kann der Wechsel von topogener zu ombrogener Moorbildung unterschiedlich schnell erfolgen. Vor allem bei kalk- und nährstoffreichem Einzugsgebiet können minerotraphente Pflanzenarten mit tieferem Wurzelsystem noch geraume Zeit neben ombrotraphenten, teilweise wurzellosen wachsen. Vegetationskundlich nennt man dieses Nebeneinander von Pflanzen unterschiedlicher Standortansprüche einen Durchdringungskomplex. Solche bei Wasserüberschuß angereicherten Torfe sind daher *mesotroph*. Sie werden als *Übergangsmoortorfe* bezeichnet. Erst wenn mindestens 3 dm Übergangsmoortorfe die Moorbildung abschließen, spricht man von einem Übergangsmoor. Reste von Blumenbinse (*Scheuchzeria*), Kiefer, Birke sowie bestimmter Laubmoose und Seggen sind charakteristisch für Übergangsmoortorfe. Im atlantisch geprägten Nordwesteuropa ist vor allem in kalk- und nährstoffarmer Umgebung der Wechsel von der eutrophen, topogenen zur oligotrophen, ombrogenen Moorbildung sehr schnell erfolgt, sofern man in dieser kritischen Phase nicht vorübergehenden Stillstand des Moorwachstums unterstellt. Nur wenige cm mächtige Übergangsmoortorfschichten

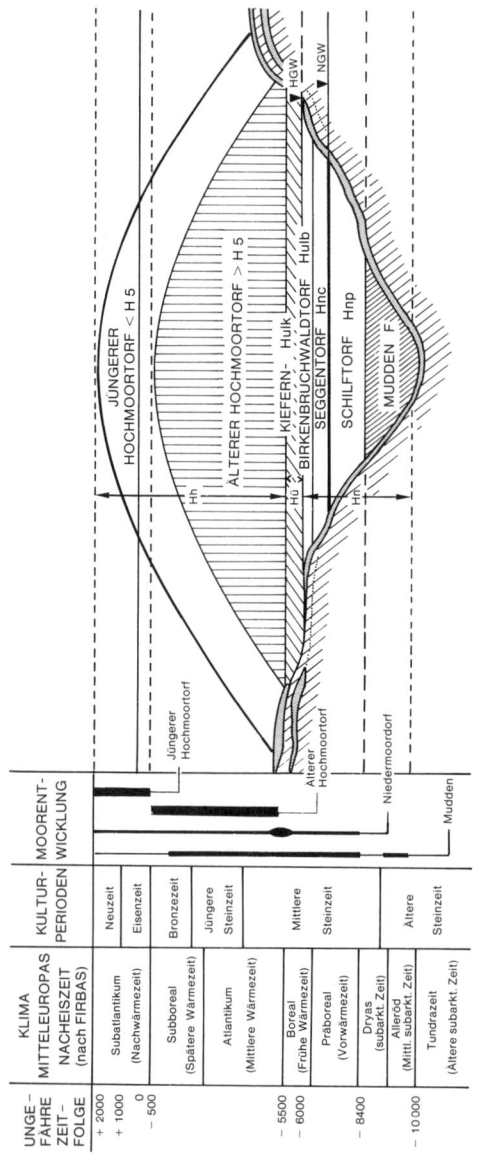

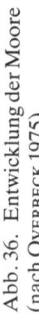

Abb. 36. Entwicklung der Moore (nach OVERBECK 1975).

trennen hier Niedermoor- vom Hochmoortorf. Übergangsmoore im i. e. S. sind hier kaum bekannt. Dagegen kann unter günstigen Voraussetzungen im Alpenraum diese mesotrophe Moorbildung länger anhalten. Nur dort sind vereinzelt Übergangsmoore flächenhaft anzutreffen.

Der stratigraphische Wechsel von hydrologisch, in ihrer Trophie und Azidität bestimmten Torfarten läßt sich aus pflanzlichen Großresten rekonstruieren und in Schichttypen darstellen. Mit Tab. 14 werden zunächst die hydrologischen Moortypen vorgestellt. Klimafaktoren (Niederschlag, Verdunstung, Temperatur) und Geofaktoren (mineralischer Untergrund, Relief, Einzugsgebiet, Zu- und Abfluß) sind bestimmend für diese. Großklimatische und hydrologische Änderungen in der Nacheiszeit und spätere anthropogene Einflüsse (Waldrodungen, Entwässerungen, Staumaßnahmen) haben Moorwachstum mit unterschiedlicher Schnelligkeit und Torfzersetzung geprägt. Das bedingt vielfältige Kombinationen von ökologischen wie hydrologischen Moortypen (siehe Abb. 33 und 34).

In Tab. 15 sind die hydrologischen Moortypen über die 2 Haupttypen Stauwassermoore (Regenmoore) und Grundwassermoore (topogene Moore) hinaus mit weiteren Untertypen in ihrer Verbreitung in einigen moorreichen mitteleuropäischen Ländern dargestellt.

Die 7 *Grundwassermoore* überwiegen regional mit 70 bis 100%; *Stauwassermoore* (Regenmoore) sind klimatisch bedingt auf maritimes Klima (D) bzw. regenreiche Bergländer (CS, A, CH) beschränkt.

Versumpfungsmoore entstehen durch allmählichen Grundwasseranstieg. Das oberflächennahe Grundwasser wird im Frühjahr zum Tagwasser, in sommerlichen Trockenperioden sinkt es deutlich unter GOF. Diese hydrologische Situation ist in Urstromtälern und auf Geestplatten der Altmoränenlandschaft verbreitet. Solchem Hydroregime am besten angepaßt sind Schilfröhrichte, Großseggenrieder und Erlenbrüche. Sie bilden mäßig bis stark zersetzte, geringmächtige Torflagen über gut durchlässigem mineralischen Untergrund.

Überflutungsmoore sind durch mineralische Zwischen- und Deckschichten gekennzeichnet. Man unterscheidet in den Unterläufen der Tieflandflüsse Auen- und Küstenüberflutungsmoore (siehe Moormarsch). Röhrichte, Erlen- und Weidenbrüche prägen die Torfbildung. Überflutungsmoore können sekundär durch hydrolo-

Tab. 14. Moortypen-Charakteristik nach Succow 1988, ergänzt

hydrolog. Moor-typ	Verlandungs-moor	Überflutungs-moor	Versumpfungs-moor	Durchströ-mungsmoor	Quellmoor	Hangmoor	Kesselmoor	Stauwassermoor
Landschaft	Jungmoräne Bergland	Täler	Urstromtäler	Jungmoräne Gebirgstäler	Hangfuß Endmoränen	Mittelgebirge	Jungmoräne	Küste Gebirge
Wasserregime	Flachwasser	Fremdwasser	Grundwasser	Grundwasser Oberfl. Wasser	Drängewasser	Hangwasser	Oberflächen-wasser	Niederschlags-wasser
Trophie	eu-, meso-	eu-	eu-, meso-	meso-, eu-	eu-, meso-	meso-	meso-, oligo-	oligo-
torfbildende Vegetation	Röhrichte Seggenrieder Erlenbrüche	Röhrichte Großseggen-rieder Erlenbrüche	Röhrichte Großseggen-rieder Erlenbrüche	Kleinseggen-rieder Erlen- und Wei-denbrüche	Braunmoos-Seggenrieder	Torfmoos-Seggenrieder Kiefern-Fichtenbrüche	Braunmoos-Seggenrieder Kiefernbrüche	Torfmoose Zwerg-sträucher
Torfbildung	semiaquat.	subaquat.	tw. subaquat.	semiaquat.	semiaquat.	semiaquat.	semiaquat.	semiaquat.
Torfwachstum	mittel	gering	gering	gering	stark	ger./mittel	stark	stark
Torfzersetzung	mittel	stark	m./stark	gering	m./stark	m./stark	ger./mittel	ger./mittel
Profil	$\dfrac{H^*}{F}$	$\dfrac{S-T}{H}$	$\dfrac{H}{S}$	$\dfrac{H}{L}$	$\dfrac{H}{Ca, Fe}$	$\dfrac{H}{X, G}$	$\dfrac{H}{F}$	$\dfrac{H}{S-L}$
Oberfläche	eben/konvex	uneben	eben	geneigt	kuppig	geneigt	konvex	konkav
Oberflächen-gewässer	Restsee	Altwasser	–	Rinnen	Quelle, Bach	Rinnen	Kleinsee	Kolke
Alter	subboreal	subatlantisch	subatl.	subatl.	subatl.	subatl.	subatl.	atlant./subatl.
Nutzung	G	G	G/A	G	W	G/W	G/W	G/W

G = Grünland; A = Ackerland; W = Wald; * H = Torf; F = Mudde; S. L, T, G, X siehe Tab. 9; Ca = Kalk; Fe = Ocker

Tab. 15. Prozentuale Verteilung der hydrologischen Moortypen in moorreichen europäischen Ländern (nach M. Succow und L. Jeschke 1986)

		D	PL	CS	H	A	CH
Grundwassermoore	Versumpfungsmoore	29	32	10	25	5	5
	Durchströmungsmoore	15	30	25	25	25	25
	Verlandungsmoore	13	20	5	20	15	15
	Überflutungsmoore	9	5	5	25	5	5
	Hangmoore	1	1	20	3	15	15
	Quellmoore	1	1	4	1	2	2
	Kesselmoore	2	5	1	1	3	3
	Regenmoore	30	6	30	–	30	30

gische Veränderungen in Flußlandschaften auf Versumpfungsmooren entstehen.

Verlandungsmoore herrschen im Jungmoränengebiet und Alpenvorland vor. Ihre Basis bilden deutlich ausgeprägte Muddenlagen. Die Verlandungsgeschwindigkeit flacher Stillgewässer wird zunehmend anthropogen durch Nährstoffeintrag beschleunigt. An der Westseite von Seen wird die Verlandung am wenigsten durch Wind und Wellengang beeinflußt. Hier können sich Schwingmoordecken ausbilden. Zwischen diesen und den Mudden an der Basis befinden sich große Wasserlinsen.

Durchströmungsmoore werden auch Tal-, Bekken-, Rand- oder Nischenmoore genannt. Ein durch den Torfkörper am Rand der Niederung zum Fluß sich ständig bewegender Fremdwasserstrom macht diese Moore waldfeindlich. Ihre sehr locker gelagerten Torfe sind sehr gering zersetzt. Mit vom Talrand abnehmender Trophie entwickeln sich Übergangsmoore. In der Jungmoränenlandschaft, vor allem aber im Mittelgebirge und Alpenvorland, sind Durchströmungsmoore weit verbreitet.

Hangmoore haben ein relativ junges Alter. Sie sind überwiegend erst nach mittelalterlichen Rodungen entstanden. Je nach Einzugsgebiet des Hangwassers haben sie eine begrenzte Größe. Sie wachsen mit geneigter Oberfläche dem zufließenden Hangwasser entgegen. Im Hochgebirge sind die langgestreckten Hangmoore mit Solifluktionsmaterial durchsetzt und auf Mittel- bis Unterhänge begrenzt.

Quellmoore sind an gespanntes Grundwasser (Drängewasser) gebunden. Dieses Druckwasser ermöglicht ständig ergiebige Grundwasseraustritte, die punktförmig bis kleinflächig nach Druckentlastung zur Vermoorung führen. Quellmoore sind am Rande von Endmoränen verbreitet. Da Quellwasser oft sauerstoff- und kalkreich ist, entstehen stark zersetzte, kalkreiche Torfe mit Quellkalkzwischenlagen und Eisenocker durchsetzt. In Quellmooren herrschen Seggentorfe (Radizellen) vor. Sie sind holzfrei.

Kesselmoore sind ebenfalls Kleinstmoore in der Moränenlandschaft, wo nach Ausschmelzen von Toteisblöcken tiefe Senken verblieben, die sich an der Basis mit Mudden ausfüllten und über Braunmoose, Seggen zu Torfmoosentwicklungen führen. Sie sind ringförmig von Randsümpfen umgeben.

Regenmoore bilden sich bei Niederschlagswasserüberschuß über stauendem mineralischen Untergrund aus Resten anspruchsloser Pflanzengesellschaften. Im milden, frostarmen Winter und regenreichem Sommer wenig versikkerndes und im Abfluß behindertes Wasser führt zur Ausbildung von Deckenmooren. Sie sind in Nordwesteuropa (Schottland, Irland) als blanket bogs weit verbreitet. In ihren großflächigen Torfdecken sind Erosionsrinnen verteilt. Die Torfe sind meist stark zersetzt.

Die atlantischen *Plan-* oder *Plateauhochmoore* sind die klassischen Hochmoore. Um den sich uhrglasförmig ausbreitenden, wassergefüllten Torfhügel entwickelt sich im nassen Moorrand (Lagg) mit meso- bis eutraphenten Pflanzen das Randgehänge, welches von schmalen Rüllen durchsetzt ist. Relativ trocken ist es mit Kiefern und Birken bestockt. Das Plateau ist von Bulten mit Sphagnen und Zwergsträuchern sowie Wollgras und wasserführenden Schlenken durchsetzt. Im Zentrum entwickeln sich Kolke und Blänken mangels natürlicher Entwässerung zum Rande hin.

Strangmoore sind von Nordeuropa bis Sibirien verbreitete Hochmoorschilde, die sich durch langgestreckte Stränge von Torfmooswällen neben wannenartigen Senken auszeichnen.

Aapamoore werden die in Nordostskandinavien und Karelien an der nördlichen Verbreitungsgrenze der Regenmoore über Versumpfungsmooren ausgebildeten Inselmoore genannt.

Palsamoore verdanken ihre 2 bis 4, maximal 10 m Höhe und 10 bis 35 m Durchmesser der Eisbildung im Inneren solcher Torfhügel im Permafrostgebiet. Ihre Scheitel sind meist vegetationsfrei.

Die Mächtigkeit der Torflagen variiert nach Alter und Entwässerung. Niedermoortorfe mit Mudden können in Deutschland > 10 m, Hochmoore maximal 6 m erreichen. Entwässerte Moore haben bis zu ein Drittel ihrer ursprünglichen Mächtigkeit durch *Sackung* (siehe Kap. 4.5.2.1.2) und *Mineralisation* (Kap. 2.1.3.3) sowie *Schrumpfung* verloren. Im Durchschnitt rechnet man mit 0,1 mm pro Jahr für das Wachstum von älteren Hochmoortorfen und 1 mm pro Jahr bei jüngeren Hochmoortorfen. Bezogen auf etwa 3 % vol Festsubstanz bzw. $50 \, g \cdot l^{-1}$ Rohdichte der Trockensubstanz werden in einem wachsenden Hochmoor jährlich 0,5 bis 5 dt · ha^{-1} organischer Trockenmasse akkumuliert, bei eutrophen Niedermoortorfbildnern ein Vielfaches davon.

In den Torfen werden Pollen gut konserviert. Mittels massenstatistischer Pollenanalyse wurde es möglich, die Vegetationsgeschichte der Moore, ihrer Umgebung und die großräumigen Klimaverhältnisse der Nacheiszeit zu rekonstruieren. Die zeitliche Zuordnung erfolgte zunächst durch prähistorische Funde im Moor. Die ^{14}C-Methode (Kap. 1.6) hat diese weitgehend bestätigt. Moore sind naturwissenschaftliche Archive von hohem Wert. Das unterstreicht ihre Schutzwürdigkeit. In Abb. 36 ist die Entwicklung der Moore schematisch dargestellt. Moore sind auch Archive der Klima- und Kulturgeschichte. Je nach Humidität des Klimas war das Moorwachstum unterschiedlich. Weite Moorflächen sind in Europa inzwischen durch Entwässerung kultiviert oder in einen Stillstands-

komplex überführt worden. Sie eutrophieren durch Immissionen und Verbuschen nach Entwässerung. Bei positiver klimatischer Wasserbilanz und Abflußverhinderung ist kurzfristig ihre Wiedervernässung möglich. Dem schließt sich mittelfristig eine Renaturierung durch Einwandern typischer Moorpflanzen und -tiere an, sofern diese nicht durch Immissionen daran behindert werden. Erst langfristig (Jahrhunderte) ist mit sichtbarer Vertorfung das *Endstadium* einer *Moorregeneration* erreicht. *Moorschutz* hat z. Zt. einen hohen umweltpolitischen Stellenwert (Feuchtbiotop, Flucht- und Rastbiotop, Genreservoir).

Feuchtbiotope lassen sich nach der Dauer ihrer Vernässung (Überflutung) und Belüftung in semiterrestrische, telmatische und limnische Pflanzengesellschaften unterteilen, die zu unterschiedlichen Mengen (humos-anmoorig-Torf) und Formen (Humus, Mudden, Torfen) der organischen Substanz führen (Tab. 16).

1.3.3 Der geologische Stoffkreislauf

Die durch endogene Kräfte z. B. orogenetisch oder epirogenetisch an die Erdoberfläche gehobenen oder vulkanisch entstandenen Magmatite unterliegen den Wirkungen der exogenen Kräfte: Durch die Wirkungen der Schwerkraft, der Temperatur, des Wassers, Eises und Windes werden die auf ihnen entstandenen Böden und Verwitterungsprodukte in fester oder gelöster Form verlagert und an anderen Stellen in Form von klastischen oder (bio-)chemischen Sedimenten wieder abgelagert. Die Diagenese sorgt dann für die Bildung neuer sedimentärer Festgesteine, die wiederum durch endogene Kräfte (z. B. beim Absinken in größere Tiefen durch Metamorphose, anschließende Aufschmelzung und durch Wiedererstarrung bei Hebung) zu magmatischen Gesteinen umgewandelt werden können (Abb. 37). Dieser einfache, große Kreislauf kann an mehreren Stellen unterbrochen werden und in anderer Richtung verlaufen. So können z. B.

a) Sedimentäre Locker- und Festgesteine sofort nach ihrer Entstehung wieder verwittern und erneut umgelagert werden.

b) Festgesteine können durch Metamorphose zu Paragesteinen umgewandelt werden, ohne Aufschmelzung wieder an die Oberfläche gelangen und dort verwittern.

c) Magmatite können vor ihrer Heraushebung und Freilegung zu metamorphen Orthoge-

Tab. 16. Gliederung von Feuchtbiotopen

Belüftung	ohne	periodische	ständige
	Überflutung		
	semiterr.	telmatische	limnische
	Pflanzengesellschaft		
aerob	humos (h)	humos/alluvial (h)	Gyttja (Fk)
aerob/ anaerob	anmoorig (a)	telmatische Mudde (Fm)	limnische Mudde (Fh)
anaerob	semiterr. Torf (Hh)	telmatischer Torf (Hu)	limnischer Torf (Hn)

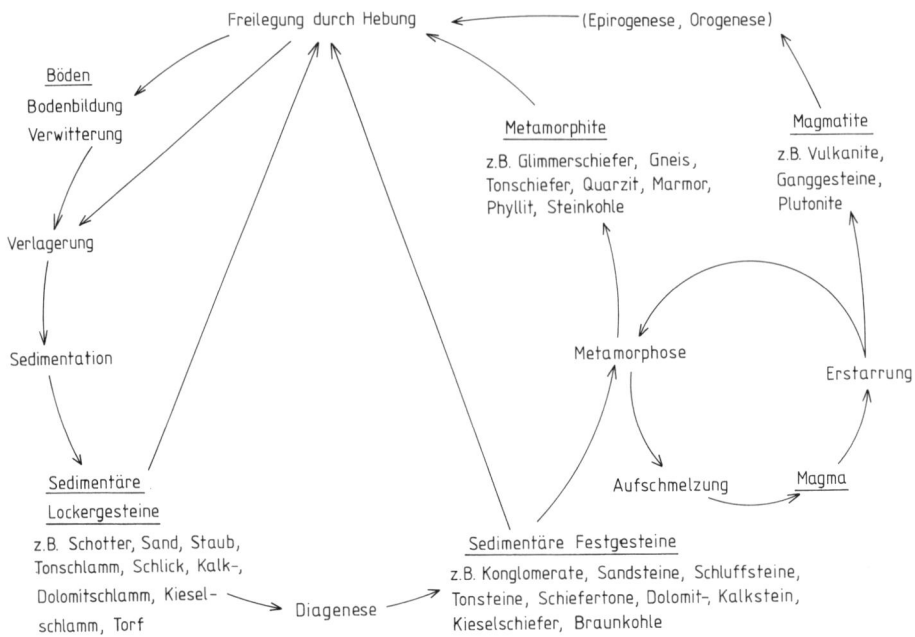

Abb. 37. Der geologische Stoffkreislauf.

steinen umgebildet und als solche wieder in den exogenen Kreislauf einbezogen werden.

Insgesamt gesehen hält also das Zusammenspiel der endogenen und exogenen Faktoren seit der Entstehung fester Gesteine auf der Erde den großen geologischen Stoffkreislauf in Gang, der von Ort zu Ort verschieden weit und stellenweise auch mehrfach durchlaufen wurde.

1.4   Stratigraphie

Gesteine, Fossilien und Böden sind Dokumente der Erdgeschichte. Ihre Beschreibung, genetische Deutung sowie zeitliche und räumliche Verknüpfung im Rahmen des Gesamtablaufes der Erdgeschichte ist Aufgabe der Stratigraphie (= Schichtbeschreibung). Man unterscheidet *lithostratigraphische* (gesteinskundliche), *biostratigraphische* (paläontologische) und *paläopedologische* Methoden.

In ungestört abgelagerten Sedimentserien sind die oberen (hangenden) Schichten jünger als die unteren (liegenden) Schichten (Gesetz von STENO 1764). Infolge Überkippung oder Überschiebung bei tektonischen Vorgängen (z. B. Gebirgsbildung) können jedoch auch älte-

re Schichten jüngere überlagern. Benachbarte Schichten gleichen Alters können unterschiedlich entstanden sein. So liegen z. B. an der flachen Nordseeküste im Bereich von Flußmündungen häufig gleich alte Flußwasser- und Meerwasser-Sedimente nebeneinander. Sie können aufgrund unterschiedlicher petrographischer und biologischer Merkmale (Fossilien) dem fluviatilen und dem marinen Faziesbereich zugeordnet werden (*Fazies* = Gesicht, hier Gesteinscharakter sowie Entstehungs- und Lebensraum). Man unterscheidet im großen die *terrestrische* und die *aquatische Faziesgruppe*, wobei die terrestrische z. B. in glaziäre, periglaziäre und äolische, die aquatische z. B. in marine, limnische und fluviatile Faziesbereiche gegliedert werden kann. Petrographische Merkmale sowie – wenn vorhanden – Mikro- und Megafossilien dienen zur faziellen Deutung und Differenzierung der Sedimente sowie zu ihrer stratigraphischen Einordnung in die relative erdgeschichtliche Zeitabfolge. Für die stratigraphische Gliederung der jüngeren Erdgeschichte haben pollenanalytische Untersuchungen große Bedeutung (siehe Kap. 1.6, 1.3.2.6 und Abb. 36), wobei Niedermoor- und Hochmoortorfe als Faziesgruppen unterschieden werden.

Bei den Böden entsprechen den Faziesgruppen in etwa die Abteilungen der anhydromorphterrestrischen, der hydromorphen bzw. semiterrestrischen, der subhydrischen und der anthropogenen Böden. Paläoböden werden in zunehmendem Maße zur stratigraphischen Unterteilung fossilarmer bzw. -freier, vor allem tertiärer und quartärer Sedimentserien herangezogen.

1.5 Paläoböden

Paläoböden entstanden in Bodenbildungsphasen vor dem Holozän (Nacheiszeit, seit ca. 8000 v. Chr., Tab. 21). Ihre Untersuchung ist Aufgabe der Paläopedologie, die – zumeist im Verbund mit anderen geowissenschaftlichen Disziplinen – wichtige Informationen zur Klima- und Landschaftsgeschichte liefern kann, wenn andere Zeitmarken oder Umweltzeugen wie z. B. Fossilien oder organische Ablagerungen in den Sedimenten fehlen. Daher sind Paläoböden vor allem für die stratigraphische Gliederung von eiszeitlichen Sedimenten, wie Löß, Flugsand, Schmelzwassersand und Geschiebemergel bedeutend.

Als *fossile Böden* (lat. fossilis = begraben) treten Paläoböden unter einer Auflage von jüngeren Sedimenten auf, die so mächtig ist, daß der darin entwickelte *rezente Boden* an der heutigen Landoberfläche noch einen C-Horizont aufweist. So waren die begrabenen Böden vor einer Überprägung durch jüngere Bodenbildungsprozesse weitgehend geschützt, wenngleich ihre labilen chemischen Eigenschaften (z. B. pH-Wert, Basensättigung, Kalkgehalt) häufig durch die Einwirkung von Sickerwässern aus den überlagernden Gesteinsschichten verändert wurden. Ein fossiler Boden kennzeichnet die Lage und – bei ausreichender Aufschlußgröße – den Verlauf einer ehemaligen Landoberfläche in einem Sedimentkomplex und zeugt damit von einem Zeitraum, in dem die Gesteine der Verwitterung und Bodenbildung ausgesetzt waren. In dieser Periode waren an der betreffenden Stelle Vulkanismus, Erosion und Sedimentation, die zu einer Zerstörung bzw. Überlagerung von Böden mit jüngeren Gesteinen führen, nicht wirksam oder stark eingeschränkt (morphodynamische Stabilität). Aus der Mächtigkeit, dem Verwitterungsgrad, der Horizontfolge sowie der genetischen und standortkundlichen Interpretation von relativ stabilen Einzelmerkmalen (z. B. Textur, Gefüge, Mineralbestand) der fossilen

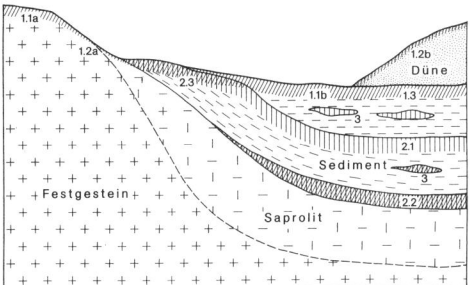

Abb. 38. Mögliche Vorkommen von rezenten Böden und Paläoböden unterschiedlichen Alters in einer Landschaft:
1. Holozäne Böden:
   1.1 Rezente Böden, reif, a) auf Festgestein oder b) pleistozänen Sedimenten;
   1.2 Rezente Böden, unreif, auf a) Erosionsflächen und b) jungen holozänen Sedimenten;
   1.3 Fossile Böden unter holozänen Sedimenten, bzw. anthropogenen Aufträgen
2. Paläoböden:
   2.1 Fossile Böden, pleistozän;
   2.2 Fossile Böden, präpleistozän;
   2.3 Reliktboden, rezenter Boden mit reliktischen Merkmalen
3. Umgelagerte Paläobodenrelikte

Böden lassen sich Hinweise auf die Bildungsdauer, die Konstellation der exogenen Faktoren (Klima, Relief, Vegetation, Bodentiere) und die Standortbedingungen (z. B. Grundwassereinfluß) ableiten (Abb. 39).

Fossile Böden blieben in allen Formationen und Abteilungen der Erdgeschichte in erosionsgeschützten Lagen des Festlandes erhalten. Bereits aus dem Devon und Karbon (Tab. 17) sind die »Wurzelböden« bekannt, die in küstennahen Senkungsgebieten unter hohen Grundwasserständen und zeitweiliger Wasserbedeckung entstanden. Sie wurden von den damaligen Torfen, den heutigen Kohleflözen, konserviert und im Zuge der variszischen Gebirgsbildung diagenetisch zu Tonschiefern umgewandelt. Auch aus dem festländischen Buntsandstein (Tab. 17) des mittel- und süddeutschen Raumes (»Germanisches Becken«) sind Paläoböden bekannt.

Die in Deutschland weit verbreiteten paläozoischen und mesozoischen Sedimentgesteine mariner Genese weisen dagegen keine fossilen Festlandsböden auf. Erst nach dem Meeresrückzug während des Tertiärs (Tab. 17) konnten Prozesse der Bodenbildung und eine Bodenkonservierung durch jüngere Sedimente stattfinden.

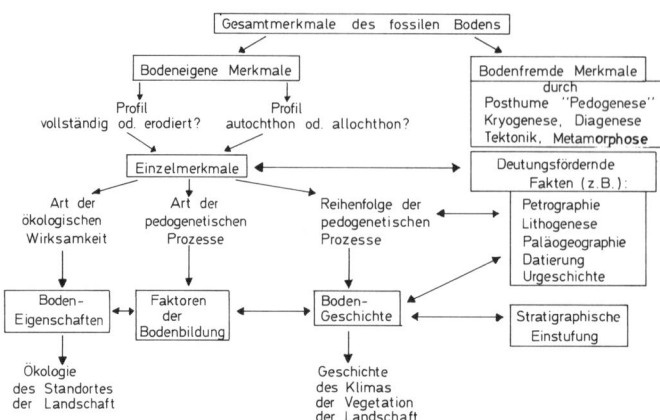

Abb. 39. Schema zur Untersuchung und Deutung fossiler Böden (nach ROESCHMANN 1975).

Daher sind fossile Böden unter und in tertiären oder quartären Sedimenten viel häufiger anzutreffen, als in den älteren Sedimentgesteinsserien. Die verschiedenen Möglichkeiten des Auftretens von Paläoböden in einer Landschaft zeigt Abb. 38.

In alten Festlandsgebieten Mitteleuropas (z. B. Zentralmassiv, Ardennen, Rheinisches Schiefergebirge, Vogelsberg, Böhmisches Massiv, Schwarzwald) blieben aus dem Tertiär kaolinitreiche fossile Böden (Plastosole, z. T. Ferralsole) erhalten, die in langen Zeiträumen unter warm-humiden, (sub)tropischen Klimabedingungen gebildet wurden (Kap. 3.4.2.2). Sie werden meist von einer z. T. > 100 m mächtigen Zone aus chemisch verwittertem Gestein unterlagert, das eine unveränderte Gesteinsstruktur aufweist und als *Saprolit* bezeichnet wird.

Fossile Böden des Pleistozäns entstanden in den Interglazialen und den Interstadialen unter gemäßigten bis kühlen, m. o. w. humiden Klimabedingungen. Die Bodentypen sind daher ihrer Genese nach mit den rezenten Böden zu vergleichen. Sie wurden in den anschließenden Kaltzeiten teilweise erodiert, frostmechanisch überprägt und von glazigenen, fluvialen oder äolischen Sedimenten überlagert. Auf Löß, Flußschottern und Geschiebemergel entstanden als reife Böden der Interglaziale die Braunerden, Parabraunerden und Pseudogleye, auf Schmelzwasser, Tal- und Flugsanden dagegen ausgeprägte Podsole. In den Interstadialen zwischen zwei Kaltphasen einer Eiszeit wurden unter Tundra, Nadelwald oder Steppenvegetation Naßböden (Tundragley), geringmächtige Podsole und Braunerden oder nur Humuszonen ausgebildet.

Die Aussagekraft fossiler Böden bei geologisch-stratigraphischen oder paläoökologischen Untersuchungen ist um so größer, je mehr über die Genese, die Eigenschaften und die damalige Verbreitung der Paläoböden bekannt ist. Abb. 39 skizziert den Untersuchungsgang fossiler Böden unter Berücksichtigung der Nachbarwissenschaften.

Paläoböden, die nicht von jüngeren Sedimenten bedeckt oder aber in einer jüngeren Erosionsphase wieder exhumiert wurden, unterlagen an der heutigen Landoberfläche einer Überprägung durch die holozäne Bodenbildung. Ihre Merkmale und Eigenschaften wurden je nach Stabilität mehr oder weniger verändert und durch junge Bodenmerkmale ergänzt. Diese Paläoböden werden als *Reliktböden* bezeichnet, wenn die ursprüngliche Horizontfolge und die Horizontmerkmale eines Paläobodens den holozänen Boden noch dominierend prägen (z. B. Terra rossa, Latosol, Kap. 3.4.1A und Kap. 3.4.3.5). Weit mehr verbreitet sind geogenetisch (z. B. durch Kryoturbation, Solifluktion) und pedogenetisch (z. B. durch Bioturbation, Mineralisierung, Lessivierung) überformte, abgetragene oder umgelagerte Reste alter Böden, die dann oberflächennah als *Paläobodenrelikte* in den Horizonten der rezenten Böden auftreten. Sie sind ebenfalls in Sedimenten als umgelagerte Fragmente von Bodenhorizonten oder als verschwemmte Humuslagen anzutreffen.

Auch in reifen holozänen Böden können die einzelnen Merkmale sehr unterschiedliche Alter aufweisen. In dem etwa 10000 Jahre dauernden Holozän wandelte sich infolge der Klima- und Vegetationsänderungen sowie der menschlichen Eingriffe die Konstellation der bodenbildenden

Faktoren. Zudem wurde im Zuge der fortschreitenden Bodenentwicklung eine pedogenetische Phase (z. B. Lessivierung) durch eine andere Phase der Merkmalsbildung (z. B. Podsolierung) abgelöst. So gehören die Prozesse der Lessivierung in stark versauerten Parabraunerden unter Wald oder die Podsolierung unter Ackernutzung längst der Vergangenheit an. Auch treten in Gleyen verbreitet Go-Horizonte auf, die noch von Grundwasserhochständen vor dem Ausbau der Vorflut zeugen. Doch ist der Nachweis einer abgeschlossenen Entwicklung sowie eine altersmäßige Zuordnung der einzelnen Merkmale bei den rezenten Böden meist nicht möglich. Daher wird die Bezeichnung »reliktisch« nur für präholozäne Bodenmerkmale verwendet. Neben den rezenten Böden konnten auch im Holozän fossile Böden entstehen, vor allem unter der Einwirkung des Menschen. Waldrodungen und Plaggenstich im Zuge des beginnenden Ackerbaues hatte z. B. in windreichen in Regionen mit sandigen Substraten verbreitet eine Bildung junger Dünen zur Folge, die den bis dahin gebildeten holozänen Boden überlagern. Ein direkter anthropogener Auftrag von Sedimenten auf die holozäne Bodenoberfläche bei der Plaggendüngung oder die Anlage von Hügelgräbern in der Bronze- und Eisenzeit führte ebenfalls zu einer Bedeckung und Konservierung des zuvor entstandenen und heute begrabenen Bodens. In Siedlungs- und Industriegebieten kommen holozäne, fossile Böden unter sehr unterschiedlichen anthropogenen Deckschichten vor.

1.6   Geologische Zeitrechnung

Mit der Bildung einer geschlossenen Gesteinskruste begann vor etwa 3,5 Milliarden Jahren die geologische Zeitrechnung. Über die davor liegende Zeit ist wenig bekannt. Lange war man auf Schätzungen des Alters der Gesteine angewiesen. Dies geschah z. B. durch *akutogeologische* Übertragung heutiger Sedimentationsgeschwindigkeiten unterschiedlicher Ablagerungen auf ältere Gesteinsschichten. Absolute Datierungen gelangen für kurze Zeitabschnitte der Erdgeschichte, z. B. durch die Zählung von Jahresschichten *(Warven)* in eiszeitlichen Bändertonen. Aber erst nach Einführung *radiometrischer Methoden* war die Aufstellung einer »absoluten« i. e. S. physikalischen Zeitskala für die bisher nur in ihrer relativen Zeitabfolge bekannten Abschnitte der Erdgeschichte möglich. Diese Methoden beruhen auf der Tatsache, daß *radioaktive Isotope* verschiedener Elemente unterschiedlich schnell in andere Isotope zerfallen. Zur Altersbestimmung kann daher die Restaktivität des Mutterisotops oder die Anreicherung der Zerfallsprodukte in den Mineralien bzw. Gesteinen dienen, wenn man die isotopenspezifischen *Halbwertszeiten* berücksichtigt. Sie sind definiert als die Zeiträume, in denen die Hälfte einer ursprünglich vorhandenen Menge an Mutterisotop zerfällt. Je nach dem vermuteten Alter von Gesteinen oder Mineralien bieten sich verschiedene radioaktive Isotope an (siehe Seite 77 unten).

Minerale oder Gesteine, die diese Isotope enthalten, können also datiert werden. Die radiometrischen Altersangaben beruhen auf solchen Isotopenmessungen.

Zur Datierung junger Proben bietet sich vor allem die *Radiocarbon-Methode* an. Voraussetzung ist, daß die Sedimente organische Substanzen enthalten, die möglichst zur Zeit der Sedimentation gebildet wurden. Pflanzen nehmen z. B. bei der Assimilation mit dem CO_2 Kohlenstoff der Luft auf, der neben normalem Kohlenstoff ^{12}C in Spuren – aber immer im gleichen Verhältnis – den *radioaktiven Kohlenstoff ^{14}C* enthält. Da die Halbwertszeit des ^{14}C 5570 Jahre beträgt, sind Radiocarbon-Datierungen unter Berücksichtigung methodischer Fehlerquellen auf organische Substanzen der letzten 40 000 bis 50 000 Jahre beschränkt. Am besten eignen sich z. B. Holz, Holzkohle, Torf, Braunkohle.

Die Altersbestimmung von *Huminstoffen* aus Böden ist problematisch, da diese in der Regel während längerer Zeiträume gebildet wurden und dementsprechend aus einer Mischung unterschiedlich alter organischer Substanzen mit unbekannten Anteilen bestehen. Sie ergibt nur

---

Kalium ^{40}K: Halbwertszeit $1{,}3 \times 10^9$ Jahre, Zerfallsprodukt ^{40}Ar
Rubidium ^{87}Rb: Halbwertszeit $4{,}5 \times 10^9$ Jahre, Zerfallsprodukt ^{87}Sr
Uran ^{238}U: Halbwertszeit $4{,}51 \times 10^9$ Jahre, Zerfallsprodukt ^{206}Pb
Thorium ^{232}Th: Halbwertszeit $1{,}39 \times 10^{10}$ Jahre, Zerfallsprodukt ^{208}Pb.

ein angenähertes Durchschnittsalter, das zudem durch eingewaschene, junge organische Stoffe aus dem Hangenden »verjüngt« sein kann. Solche sog. *Kontaminationen* können besonders bei sehr geringen Humusgehalten und hohen Bodenaltern erhebliche Verfälschungen hervorrufen. Im allgemeinen geben aber auch die Durchschnittsalter von Huminstoffen wertvolle Hinweise auf die ungefähre Altersstellung fossiler Böden der letzten 40000 Jahre.

1.7 Erdgeschichte Mitteleuropas unter besonderer Berücksichtigung des Quartärs

1.7.1 Präquartäre Erdgeschichte Mitteleuropas

Wichtige Einzelheiten der Erdgeschichte Mitteleuropas gehen aus der Tab. 17 hervor. Besonders einschneidende erdgeschichtliche Ereignisse stellen die Gebirgsbildungen (Orogenesen) dar. In Nordeuropa (Grönland, England, Norwegen) entstand z. B. während des Silurs das ehemals wohl alpenähnliche *Kaledonische* Gebirge, das einen im Nordwesten liegenden Urkontinent Laurentia mit dem Urkontinent Fennosarmatia im Osten verband (*Paläo-Europa*, Abb. 40).

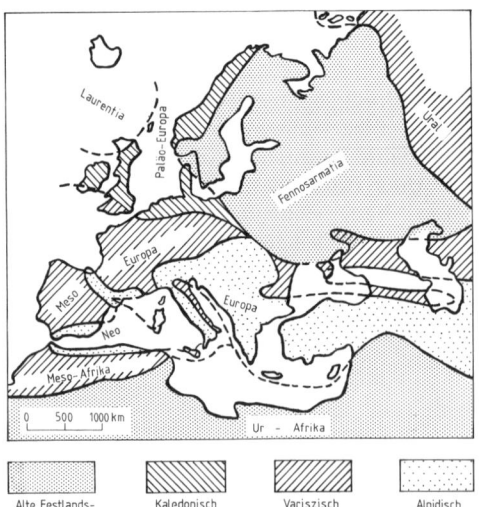

Alte Festlands-kerne	Kaledonisch gefaltetes Gebiet	Variszisch gefaltetes Gebiet	Alpidisch gefaltetes Gebiet

Abb. 40. Geotektonische Gliederung Europas.

Diese *kaledonische Ära* dauerte etwa 120 Millionen Jahre. Sie wurde von der *variszischen Ära* abgelöst, die bis zum Perm dauerte und mehrere alpine Faltengebirge von Nordafrika über Spanien und Frankreich bis nach Ostdeutschland entstehen ließ (*Meso-Europa*, Abb. 40), so u. a. das Rheinische Schiefergebirge und den Harz. Im südlichen Europa wurden schließlich in der *alpidischen Ära* die z. T. mehr als 5000 m mächtigen Sedimente des Südeuropa von Osten nach Westen durchquerenden Meeres der Tethys-Geosynklinale (Kap. 1.3.1.1) beim »Zusammenstoß« der südlichen afrikanischen mit der nördlichen eurasischen Platte unter gleichzeitigem Aufdringen magmatischer Gesteine zum heutigen Deckengebirge der Alpen zusammengeschoben (*Neo-Europa*, Abb. 40). Die zahlreichen Phasen dieser Orogenese dauerten etwa vom Jura bis zum Tertiär (etwa 180 Millionen Jahre) und vervollständigten den heutigen Subkontinent Europa.

Die Phasen der Gebirgsbildungen dürfen nicht als einheitliche, kurzfristige tektonische Ereignisse angesehen werden. Sie setzen sich vielmehr aus kontinuierlichen unzähligen ruckartigen Krustenbewegungen (Erdbeben) zusammen, unter gleichzeitiger Heraushebung der betreffenden Gebiete, und dauerten mehrere Millionen Jahre lang. Die Hebungsbeträge waren in jedem Falle größer als die der Abtragung. Erosion in den Hebungsgebieten hatte in den Randsenken der Gebirge die Ablagerung mächtiger, fein- bis grobkörniger Schuttsedimente zur Folge. Zu diesen gehören z. B. die viele tausend Meter mächtigen, später gefalteten, variszischen Randsenken-Sedimente des Karbons im Ruhrgebiet; die klastischen Trogfüllungen des Perms – z. B. im Saargebiet – sowie die ebenso mächtigen *Flysch-* und *Molasse*-Sedimente der alpidischen Ära in Oberbayern (Tab. 17). Die orogenen Phasen waren in der Regel mit verstärkter vulkanischer Tätigkeit verbunden. So wurden im älteren Paläozoikum häufig submarine Diabase gefördert. Das Karbon ist außerdem durch das Aufdringen großer Magmenmassen (Granit bis Diorit) während der variszischen Orogenese gekennzeichnet, während im Perm bei ausklingenden Krustenbewegungen Porphyre und Melaphyre (Saar), Quarzporphyre und Tuffe (Thüringen) gefördert wurden. Auch im Verlauf der Alpenfaltungen drangen unterschiedlich zusammengesetzte Magmen auf.

In der Umrandung der Gebirge herrschten u. a. epirogenetische Bewegungen vor. Die Bildung von weitgespannten Sätteln (Geantiklinalen) und Mulden (Geosynklinalen) bestimmte die Land-Meer-Verteilung. Hebungsgebiete unterlagen der Verwitterung, Abtragung und Einebnung wie beispielsweise das Rheinische Schiefergebirge, das seit dem Perm (abgesehen von zeitweiligen Überflutungsphasen in den Randbezirken) Festland geblieben ist. Während sich Hebungsphasen aufgrund der damit verbundenen Abtragung durch Erosionsdiskordanzen nachweisen lassen, sind Senkungsphasen an mächtigen Sedimentserien erkennbar. Im Zechstein begann z.B. die Einsenkung des »Germanischen Beckens«, das bis zum Keuper mit viele hundert Meter mächtigen Sedimenten ausgefüllt wurde und dessen Kern im hessisch-südniedersächsischen Raum lag. Am Rande des Beckens waren (wie z.B. im Keuper in der Umgebung von Nürnberg) sandige Deltaschüttungen verbreitet. Im unteren Keuper kam es örtlich zur Torfbildung (Kohlenkeuper). Rote Farben der Beckensedimente weisen auf mehr oder weniger semiaride Klimabedingungen hin. Besonders in randnahen Bereichen des süddeutschen Buntsandsteins sind zwischen mehreren Schichtkomplexen Relikte *fossiler Böden* bekannt. Sie zeigen, daß die Sedimentation zeitweilig aussetzte und Bodenbildungsprozesse möglich wurden, über deren Natur z.Zt. noch wenig bekannt ist. Solche fossilen Böden können örtlich zur stratigraphischen Gliederung fossilarmer bis fossilfreier Sedimentserien verwendet werden (siehe Kap. 1.5).

Während des Zechsteins, des Oberen Buntsandsteins (Röt), des Muschelkalkes und Keupers war das Germanische Becken meistens von einem warmen Flachmeer erfüllt, das bei zeitweiliger Abschnürung vom Weltmeer unter ariden Klimabedingungen unter Bildung von Gips und Salz eindampfte.

Neben epirogenen Wellenbewegungen der Erdkruste war außerhalb der Faltengebirge aufgrund von Zerrungs- und Einengungsvorgängen auch Bruchtektonik verbreitet (u.a. Jura, Kreide, Tertiär u. Quartär), die vor allem in den Bruchzonen von vulkanischen Vorgängen begleitet wurde. So entstanden z.B. zur Zeit des Einbruches des Oberrheintalgrabens und der hessischen Senke während des Tertiärs die vorwiegend basaltischen Vulkanite des Vogelsberges, Westerwaldes, Habichtswaldes, Kaiserstuhles und der Rhön sowie die vielen Vulkanschlote in Hessen, im Siebengebirge und Hegau sowie auf der Schwäbischen Alb. (Das Nördlinger Ries wird demgegenüber als Krater eines im Neogen (Miozän) eingeschlagenen Riesenmeteors gedeutet.) In Süddeutschland entstand seit der Kreidezeit durch Hebung und Schrägstellung der Scholle des schwäbischen und fränkischen Jura und der nördlich anschließenden mesozoischen Schichtkomplexe die durch Abtragung schwach geneigter Schichten geformte, heutige *Schichtstufenlandschaft*. Seit dem Jura kam es im hessisch-südniedersächsischen Raum unter gleichzeitigem, langsamem Meeresrückzug zu mehrphasigen Hebungen und Bruchfaltungen der mesozoischen Gesteinsserien, die das dortige Schichtstufenmosaik erklären. Nach einer letzten Überflutungsperiode im Paläogen (Oligozän) zog sich das Meer im letzten Abschnitt des Tertiärs, dem Pliozän, schließlich ganz aus Mitteleuropa zurück.

1.7.2 Quartär

Die gegen Ende des Tertiärs beginnende starke Klimadepression leitete vor etwa 2,3 Millionen Jahren zur ersten Kaltzeit des Quartärs über (Tab. 18 und 19). Diese jüngste erdgeschichtliche Formation, das Eiszeitalter, ist durch extreme Klimaveränderungen mit großräumigen Vereisungen in der nördlichen Hemisphäre, damit verbundene Verschiebungen der Klima- und Vegetationsgürtel der Erde sowie durch erhebliche globale Meeresspiegelschwankungen, gekennzeichnet. Die als Pleistozän bezeichnete quartäre Epoche umfaßt zwischen zehn und zwanzig Zyklen von Kalt- und Warmzeiten. Die jüngste Warmzeit, das Holozän (Beginn vor 10000 Jahren), stellt vor allem durch die anthropogene Umgestaltung vieler Lebensräume, die sich intensiv bereits seit dem Neolithikum (Jungsteinzeit) nachweisen läßt, eine eigene geologische Stufe dar. Die Ursachen für die pleistozänen Klimazyklen sind nach neueren Theorien im Zusammenwirken verschiedener Einzelursachen zu sehen, wobei im wesentlichen die zyklischen Veränderungen der Erdbahnelemente den Strahlungshaushalt der Erde nachhaltig beeinflußten (Milankovitsch-Theorie).

1.7.2.1 Pleistozän

Während der älteren pleistozänen Kaltzeiten (Altpleistozän) (Tab. 18 u. 19) kam es nicht zu ausgedehnten alpinen Vergletscherungen oder zum Vorstoß des skandinavischen Inlandeises. Die Lebensräume der wärmeliebenden Pflanzen und Tiere waren jedoch bereits während der

Tab. 17. Erdgeschichte Mitteleuropas (u. a. nach BRINKMANN 1991, SCHWARZBACH 1988 und SCHMIDT,

Zeit-alter	Periode, Formation	Epoche, Abteilung	Verteilung von Land und Meer, Gesteine; Orogenesen, Vulkanismus; Eiszeiten, Paläoböden, Böden
Neo- oder Känozoikum	Quartär	Holozän (Tab. 21)	Etwa heutiger Zustand; Schutt, Sand, Schlick, Torf, Böden
	Beginn vor ca. 2 Mio. J.	Pleistozän (Tab. 18)	Nordisches Inlandeis, Alpengletscher (6 Vorstöße); dazwischen periglaziäre Vorgänge u. Sedimente sowie Warmzeiten
	Tertiär 65 Mio. J.	Neogen Paläogen	Allg. Meeresrückzug; Braunkohle, Sand, Ton, Kalk, Vulkanite; Bruchtektonik (Oberrheintal, Hess. Senke); Vulkane (Vogelsberg, Rhön); Paläoböden. Haupt-Alpenfaltung (Molasse)
Mesozoikum	Kreide 135 Mio. J.	Oberkreide Unterkreide	Ende Kreide Meeresrückzug, vorher Überflutung, Kalk, Kreide, Mergel, Quadersandstein, Grünsand, Ton, Kohle; Ende Kimmerischer Bruchfaltung. Frühphasen d. Alpenfaltung (Flysch)
	Jura 195 Mio. J.	Malm Dogger Lias	Weite Schelfmeere m. Inseln; Lias-Tone u. Mergel; Dogger-Tone, Sandstein, Eisenoolith; Malm-Kalk, Mergel, Sandstein; Vorphasen d. Alpenfaltung N-Deutschland Kimmerische Bruchfaltung
	Trias 225 Mio. J.	Keuper	German. Becken Flachmeer: Mergel, Gips, Delta-Sandst.; Unterer Keuper Ton- u. Sandsteine, Kohlen; Tethys: (Riff-) Kalke; Dolomite; örtl. Paläoböden
		Muschelkalk	German. Becken Flachmeer-Ausbreitung: Platten-Kalk, Trochitenkalk, Wellenkalk, Mergel (z. T. salzhaltig oder dolomitisch)
		Buntsandstein	Schuttfüllg. des sinkenden German. Beckens: Sandstein-Schluffstein-Wechsel. z. T. Konglomerate; im Röt Tonstein mit Salzlagern; örtl. Paläoböden
Paläozoikum	Perm 285 Mio J.	Zechstein Rotliegendes	Senkg. German. Becken; Kupferschiefer. Kalk, Gips, Salz im Zechstein, Rotliegendes: Füllung sinkender Tröge: Konglomerate, Sandstein, z. T. Ton, Kohle; Vulkanismus: Porphyre; Tethys-Perm: Kalk, Salz
	Karbon 350 Mio. J.	Oberkarbon Unterkarbon	Variszische Gebirgsbildg. Sedimentation in Randsenken: Grauwacke, Sandstein, Tonschiefer, Kohle mit fossilen Wurzelböden, Kalk; Granit. Diabas
	Devon 405 Mio. J.	Ober- Mittel-Devon Unter-	Meer mit Inseln südl. des Old-Red-Kontinentes (variszische Geosynkline): Tonschiefer, Sandstein, Quarzit, Grauwacke, Kalk; Vulkanite: Diabas; örtl. Paläoböden
	Silur 500 Mio. J.	Gotlandium Ordovizium	Kaledonische Gebirgsbildg. in N-Europa: Old-Red-Kontinent; in M-Europa: Meer (Variszische Geosynkline); Ton- u. Kieselschiefer, Kalke
	Kambrium 570 Mio. J.	Ober- Mittel-Kam. Unter-	Seitenmeer d. N-europäischen Kaledonischen Geosynkline: Grauwacke, Sandstein, Tonschiefer; Kalkstein; Oberes Kambrium Diabas
Präkambrium	Eozoikum = Algonkium 2500 Mio. Jahre		In N-Europa mehrfach Gebirgsbildungen: Metamorpher Quarzit, Kalk, Schiefer; Granit bis Gabbro; Allg. Bildung großer Kontinentaltafeln
	Archäozoikum = Archaikum, 3500 Mio. Jahre		Bildung der Erstarrungskruste: mehrfach Gebirgsbildung mit Vulkanismus: Metamorphite. Sedimentgesteine. Granit

K. & ROLAND, W. 1990

Klima und Lebewelt	Gebiete Mitteleuropas mit Vorkommen der betreffenden geologischen Formationen
Erwärmung: Klima, Pflanzen u. Tiere wie heute; Einfluß des Menschen	Küsten, Täler, Dünen, Moore
Wechsel von Kalt- u. Warmzeiten, von Wald und Tundra; der Mensch erscheint	Norddeutsches Flachland u. Alpen (glaziär) Mitteldeutschland (periglaziär)
Ende Neogen Klimasturz: vorher subtropisch warmfeucht (Laterit); höhere Blütenpflanzen (Palmen) u. Säuger; Menschenaffen; Saurier ausgestorben	N-Rand Mittelgebirge (Ville, Helmstedt, Halle); Mainzer Becken; Bayerisches Tertiäres Hügelland, Alpen-Molasse
O. Kreide subtrop. warm, U. Kreide kühlfeucht; Riesensaurier-Blüte u. Ende; Ausbreitg. Angiospermen O. Kreide; erste Vögel u. höhere Säuger	Westfalen, Teutoburger Wald, Weserbergland, N-Harzvorland, Elbsandsteingebirge, Naab-Vils-Gebiet, Alpen-Flysch
Malm-warm-arid (Salz, Münder Mergel), Lias-Dogger kühl-humid; Gymnospermen Farne; Ammoniten- u. Reptilienblüte (Saurier); Urvogel, Kleinsäuger	Wiehen- u. Wesergebirge, S-Hannover, Helmstedt, Lothringen, Fränkisch-Schwäbische Alb; Alpen
Trocken-warm bis arid; Gymnospermen, Schachtelhalme, Farne; ausgestorben: Siegel- u. Schuppenbäume; Muschel-Ausbreitung; Ammoniten (Ceratiten-) u. Kalkalgen-Blüte; erste Belemniten u. Kleinsäuger; Saurier	Osnabrück, S-Hannover, N-Harzvorland, Thüringer Becken; Steigerwald (Sandstein), Frankenhöhe, Neckar, Alpen
	S-Hannover, N-Hessen, Elm, Thür. Becken, Raum Würzburg-Taubertal, Nord- u. Ost-Schwarzwald; Alpen
	S-Niedersachsen, N-Hessen, Spessart, Odenwald, N-Schwarzwald, Pfälzer Wald, N-Vogesen, Thüringen; Alpen
Zuerst humid, dann arid; Rotliegendes noch Pteridophyten, Florensprung; Zechstein Gymnospermen, Coniferen; Ausbreitg. Reptilien; letzte Brachiopoden	Zechstein: O-Rand Rhein. Masse, N-Hessen, S-Harzrand, Thüringer Wald; Alpen (Tauern), Rotliegendes: Ardennen, Schwarzwald, Thüringer Wald, Sachsen, Saar-Nahe-Gebiet
Tropische Kryptogamen-Wälder: Farne, Calamiten, Siegel- und Schuppenbäume; erste Coniferen, Reptilien, Insekten	Raum Aachen, Ruhr- u. Saargebiet, Frankenwald. Oberschlesien, Granit: Schwarzwald, Erzgebirge. Sudeten
Warmklima; erste Schachtelhalme, Farne, Bärlapp; erste Amphibien (Lurche) Ammoniten-Blüte; viele Fischarten	Ardennen, Hunsrück, Taunus, Rheinisches Schiefergebirge, Harz, Vogtland
Warmklima; Graptolithen-Blüte; z. B. erste Gefäßpflanzen u. Wirbeltiere (Panzerfische), erste Landtiere	Ardennen, Rheinisches Schiefergebirge, Harz, Franken, Thüringen, Sachsen, Böhmen (u. a. Diabas, Glimmerschiefer)
Zuerst kühl, dann wärmer, plötzlicher Fossilreichtum; Algen; Trilobiten-Blüte, alle Tierstämme außer Wirbeltiere	Hohes Venn, Fichtelgebirge, z. T. Erzgebirge, Lausitz, Böhmen
Klima wechselnd; zuerst nur Algen; später Entwicklg. primitiver wirbelloser Meerestiere; erste Brachiopoden	Sachsen, Böhmen, Schlesien (Assyntisches Faltengebirge Ende Präkambrium)
Klima wohl wechselnd; erste primitive pflanzliche Lebensspuren (Graphit); Eiszeitspuren (S-Afrika)	Kristalliner Sockel unter allen Sed.gesteinen: Vogesen, Schwarzwald, Spessart, Odenwald, Böhmen

Tab. 18. Gliederung des Quartärs des nördlichen Mitteleuropas (zusammengestellt unter Verwendung von BEHRE u. LADE 1986, URBAN et al. 1991, WOLDSTEDT u. DUPHORN 1974, ZAGWIJN 1989 et al.)

Zeitskala Jahre vor heute	Norddeutsches Vereisungsgebiet — Stufen	Norddeutsches Flachland	Eisfreies Deutschland
	Holozän (Tab. 21)	Wälder, Moore, Auelehm, warmzeitliche Böden, menschliche Einflüsse, Marschen, Öffnung der Ostsee; Terrassen, Dünen	
10000	Jungpleistozän / Weichsel-Glazial / Spät- — Alleröd, Bölling (Tab. 21)	Stadial- und Interstadial-Wechsel: Wiederbewaldung/Vegetationsauflichtung; Beginn Warmzeitlicher Bodenbildung	
13000			
rd. 25000	Mittel- — Hoch-Glazial	Pommersches Stadium Frankfurter Stadium	Niederterrassen-Schotter; Niederungssand (»Talsand«),
rd. 30000	Denekamp	Brandenburger Stadium	Löß u. Flugsand;
rd. 35000	Hengelo		Sandlöß, Fließerden;
rd. 40000	Moershoofd	Mehrere Stadiale (Moränen, Sander, Terrassensand(?)	Tundra-Böden, Periglaziäre Strukturböden
rd. 50000	Früh- — Glinde / Oerel		Interstadiale Böden
rd. 80000	Odderade Brörup Amersfoort	Interstadiale	Boreale Nadelwälder, Steppen, Tundren im Wechsel.
rd. 115000	Eem-Interglazial	Meeresablagerungen	Flußerosion
		Seen, Wälder, Moore, Warmzeitliche Böden, Bodenerosion, fluviatile Sedimentation	
rd. 130000	Mittelpleistozän / Saale-Glazial / Spät-	Wiedererwärmung, Wiederbewaldung	
	Mittel- — Warthe-Stadial	Mäßiger Eisvorstoß, Terrass. Sand, Schotter. Moränen, z. T. Tundra	Periglaziäre Strukturböden, Löß- u. Flugsand;
	Interstadial	Erosion, Verwitterung; Böden	Tundra-Böden
	Drenthe-Stadial	zwei größere Eisvorstöße Moränen, Sander, Beckenton	Tundra-Böden Periglaziäre Strukturböden (Mittel-)Terrassensedimente, Löß, Flugsand
	Früh- — Büddenstedt-Interstadiale/Elm Stadiale	Torfe, Böden, Schluffe Moränen	boreale Nadelwälder; Steppen, Tundren, Böden
	Dömnitz-Interglazial	Torfe, humose Beckenschluffe, fluviatiler Kies	Warmflora; Wälder, Seenverlandung; Böden
	Missaue-Interstadiale/Buschhaus-Stadiale	Torfe, humose Beckenschluffe, Schluffschichten	boreale Nadelwälder; Steppen, Tundren; Böden
	Holstein-Interglazial	Meeresablagerungen	Flußerosion
		Seen, Wälder, Moore, warmzeitliche Böden, Bodenerosion, fluviatile Sedimentation	
	Elster-Glazial	Zwei größere Eisvorstöße Moränen, Sander, Beckenton	Periglaziäre Strukturböden, Tundra-Böden (Ober-)Terrassensand, Schotter, Löß u. Flugsand
	Cromer-Komplex	mehrere Interglaziale und Glaziale	Wechsel wärmeliebender und kaltzeitlicher Faunen und Floren, Ton, Torf
rd. 700000	Altpleistozän — Bavel-Komplex	warmzeitliche und stadiale Klimaphasen	
rd. 900000	Menap-Kaltzeit Waal-Komplex		u. a. Kaltzeitliche Terassenschotter; Periglaziäre Vorgänge, Talver-
rd. 1,8 Mio.	Eburon-Kaltzeit Tegelen-Komplex Prätegelen (Brüggen-Kaltzeit)		schüttungen; warmzeitliche Riesenböden, zahlreiche Wechsel warm- und kaltzeitlicher Floren und Faunen. Erosion
rd. 2,3 Mio.	Tertiär (Pliozän) Reuver		

Tab. 19. Gliederung des Quartärs Mitteleuropas im alpinen Vereisungsgebiet sowie menschliche Kulturen und Menschenformen (gültig für das gesamte Mitteleuropa). (Zusammengestellt unter Verwendung von HABBE 1989, SCHREINER und EBEL 1981, WELTEN 1988, WOLDSTEDT und DUPHORN 1974 et al.)

Zeitskala Jahre vor heute	Alpines Vereisungsgebiet			Menschliche Kulturen und Menschenformen
	Stufen		Nördliches Alpenvorland und angrenzende Gebiete	
10000	Holozän (Tab. 21)		wie Norddeutschland (s. Tab. 18)	Jungpaläolithikum
13000	Jungpleistozän · Würm-Glazial · Mittel- · Spät-	Alleröd (Tab. 21) / Bölling	Eifel-Vulkanismus	
rd. 25000		Hoch-Glazial	Moränen, Nieder-Terrassenschotter, Löß, Sander / Eisvorstöße	Magdalénien / Solutréen / Aurignacien (Cro-Magnon-Mensch)
		mehrere Interstadiale	Wechsel: Interstadiale/Stadiale Wiederbewaldungsphasen/Kälterückschläge Löß/Schotter	Moustérien (Neandertaler Mensch) Micoquien
rd. 80000	Früh-	FW-Interstad. 4 / FW-Interstad. 3 / FW-Interstad. 2 / FW-Interstad. 1	Interstadiale/Stadiale Bodenbildungen	Mittelpaläolithikum
rd. 115000	R/W Interglazial		Wälder, Moore, Bodenbildung Erosion, fluviatile Sedimente	
rd. 130000	Mittelpleistozän · Riß-Glazial	Hoch-Glazial	Riß III — Moränen / Riß II — Sander, Löß, Eisvorstöße, Hoch-Terrassenschotter / Riß I — Wechsel: Wiederbewaldung/Vegetationsauflichtung	Jungacheuléen
		Holstein II-Interglazial	interglaziale Wälder, Bodenbildung; Schieferkohlen; Schluffe.	Mittelacheuléen
			Vegetationsauflichtung, Abkühlung	
	M/R Interglazial (Holstein I)		Wälder, Moore, interglaziale Bodenbildungen, Erosion, fluviatile Sedimente	Altacheuléen (Steinheimer Mensch)
	Mindel-Glazial	Haslach-Eiszeit	Moränen, Sander, Löß mehrere Eisvorstöße jüng. Deckenschotter; interglaziale Bodenbildung: Haslach/Mindel- Interglazial	Altpaläolithikum
		Günz-Komplex	Günz-Glazial (ält. Deckenschotter) Interglaziale?	(Heidelberger Mensch)
rd. 900000	Altpleistozän	Donau-Komplex	Donau-Glazial, Interglaziale (u. a. Uhlenberg-Warmzeit)	Homo erectus
		Biber-Komplex	Biber-Glazial, Interglaziale	
rd. 2,3 Mio	Tertiär (Pliozän), Reuver			Australopithecus africanus

frühen Kaltphasen stark eingeschränkt, so daß es zu großen Abwanderungen in nicht vereiste Refugialgebiete kam. Mitteleuropa ist damals weitgehend waldfrei gewesen. Tundren- und Steppengebiete waren weit verbreitet.

Seit dem Mittelpleistozän (Günz, bzw. Elster-Eiszeit) läßt sich gletschertransportierter Gesteinsschutt (Moräne) sowohl im Alpenvorland als auch im nordeuropäischen Raum, einschließlich Norddeutschlands nachweisen. Die Eismassen hatten große Bereiche der Alpen und im Norden Skandinavien bedeckt (Abb. 41). Heute wird davon ausgegangen, daß die eigentlichen Vereisungsphasen einen relativ kurzen Zeitraum innerhalb der gesamten Kaltzeit einnahmen. Zu Beginn der Kaltzeiten (Früh-Glazial) ist das Klima, soweit für die letzten drei Großklimazyklen bekannt, instabil gewesen. In den nicht vereisten Gebieten wechselten zahlreiche kalte Zeitabschnitte (Stadiale) mit offener Vegetation mit kurzen wärmeren Phasen (Interstadialen) mit Bewaldung ab. Im weiteren Verlauf der jeweiligen Glaziale nahmen Temperatur und Feuchtigkeit graduell ab. Ein Mosaik aus Steppen- und Tundrenflorenelementen mit angepaßten pleistozänen Großsäugern, wie dem Mam-

mut und dem wollhaarigen Naßhorn, prägten den eiszeitlichen, gräser- und kräuterreichen Lebensraum. Zur Zeit des Hochstandes der jeweiligen Vereisungen (Hochglazial) ist der eisfreie Lebensbereich zwischen Alpen- und Inlandvergletscherung z. T. stark eingeschränkt gewesen. Dieser Periglazialraum (Abb. 41) war z. B. im nördlichen Teil zunächst durch gletschernahe Frostschuttzonen und ihnen vorgelagerte Polarwüsten mit periglaziären Strukturböden gekennzeichnet, nach Süd-Westen gefolgt von Steppen-Tundra, Strauch-Tundra bis hin zum lichten Birkenwald in Atlantiknähe (Abb. 42). Die spärliche Vegetation war nicht in der Lage, feinkörniges Bodenmaterial offener Flächen in Flußnähe oder aus Moränenaufschüttungsfeldern gegen die häufigen, polaren, trockenen, starken Winde zu schützen. Die ausgewehten eiszeitlichen, äolischen Staubmassen wurden in günstigen Geländepositionen (Mulden, Becken) als Löß resedimentiert (siehe Kap. 1.3.2.3.6). Die verschieden alten Lößdeckschichten sind unterschiedlich mächtig. Auf ihnen bildeten sich während des Pleistozäns bereits vielfach – heute reliktische bzw. fossile – Böden (siehe Kap. 1.5). Für die Entstehung und

Mindel-(=Elster-)Eiszeit

Riß-(=Saale-)Eiszeit

Würm-(= Weichsel-)Eiszeit und Rückzugsstadien

Abb. 41. Vereisungsgrenzen und Lößverbreitung (punktiert) in Mitteleuropa (nach GRAHMANN und WOLDSTEDT in BRINKMANN 1990).

Eem-Interglazial Zyklus (West-Europa)   Vegetationsquerschnitte

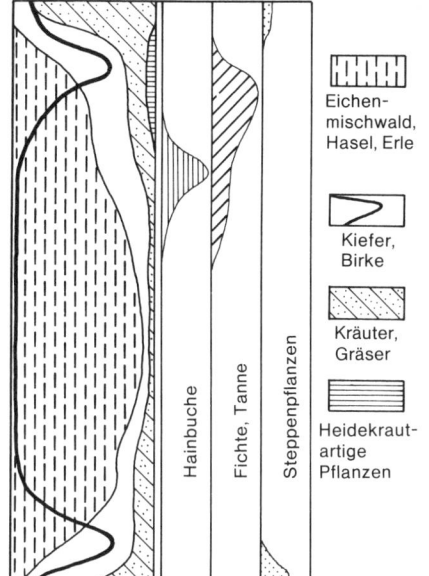

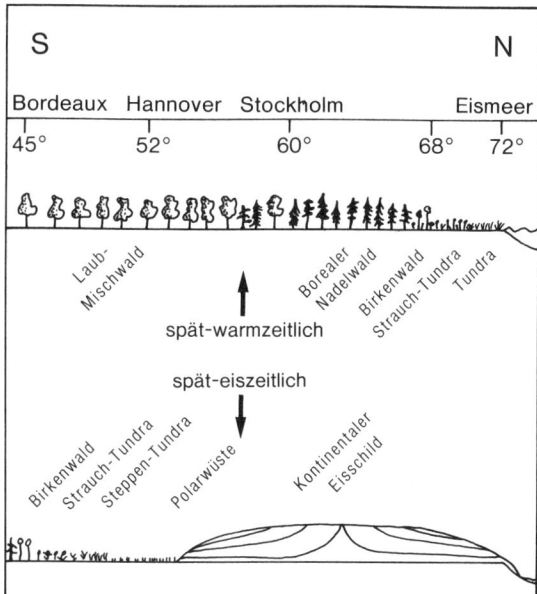

Abb. 42. Schema der Florenentwicklung eines Glazial-Interglazial-Zyklus. Links: Zeitliche Aufeinanderfolge der Florenelemente; rechts: räumliche Gliederung der Vegetationsgürtel (nach T. VAN DER HAMMEN et al. 1971).

Nutzung der heutigen, nacheiszeitlichen Böden stellt der i. d. R. kalkhaltige Löß ein weltweit verbreitetes Ausgangsmaterial mit besonders günstigen Eigenschaften dar.

Am Ende der Glaziale kam es als Folge der Wiedererwärmung zum Abschmelzen der Gletscher, zur Ablagerung von Endmoränenwällen an der ehemaligen Gletscherstirn und zur Sedimentation mächtiger Grundmoränen als Gletscherbasisschutt (siehe Kap. 1.3.2.3.3). Die Korngrößen der Schmelzwassersedimente vor den Endmoränen nehmen mit zunehmender

Tab. 20. Vegetationsgeschichtliche und zeitliche Gliederung des Eem-Interglazials von Bispingen/Luhe

Klimatische Gliederung	Vegetationsentwicklung Zone		Dauer in Jahren (nur Schätzungen)
Endinterglaziale Klimaverschlechterung	VIc + d	kräuterreiche Birken-Kiefernzeit	
	VIb	Birken-Kiefernzeit	
	VIa	Fichten-Kiefernzeit	
	VI	Kiefernzeit	
	Vb	Kiefern-Fichten-Tannenzeit	etwa 2000
Klimaxzustand	Va	Kiefern-Fichten-Hainbuchenzeit	etwa 2000
Hochwarmzeitlich	IV	Hainbuchenzeit	etwa 4000
Warmzeitlich	IIIc	Linden-Ulmen-Haselzeit	1000 – 1200
	IIIb	Haselzeit	700
	IIIa	EMW-Haselzeit	450
Interglazialbeginn	IIb	Kiefern-EMW-zeit	450
	II	Kiefern-Birkenzeit	200
	I	Birkenzeit	etwa 100

Gesamtdauer der Warmzeit (Zone I bis VIb) etwa 11 000 Jahre. EMW: Eichenmischwald.

Tab. 21. Gliederung des Spätglazials und des Holozäns im nördlichen Mitteleuropa (u. a. nach SCHMITZ

	Zeitskala Jahre heute	Klimastufe	Klima	Vegetation
Holozän (Nacheiszeit, Alluvium)	–	Sub-Atlantikum (Nachwärmezeit)	Gegenwartsklima kühl, feucht, atlantisch-ozeanisch	Nutzforste, Landbau Buche mit Eiche und Fichte
	2500	Sub-Boreal (Späte Wärmezeit)	kühler, trockener, kontinentaler	beginnende Buchenausbreitung, Eiche, Hasel, Ulmen-Abfall
	5000	Atlantikum (Mittlere Wärmezeit)	warm, feucht, atlantisch-ozeanisch Klima-Optimum (Sommer ca. 2,5°C wärmer als heute)	Eichenmischwald mit Eiche, Ulme, Linde, Esche Erlen-Steilanstieg
	8000	Boreal (Frühe Wärmezeit)	trocken, kontinental	Hasel, Kiefer
	9000 10000	Präboreal	gemäßigt, kontinental	Birke, Kiefer
Weichsel-Spätglazial	11000	Jüngere Dryas	subarktisch, kalt	baumarme Parktundra
	11800	Alleröd	kontinental, gemäßigt	Birke, (Kiefer)
	12000	Ältere Dryas	subarktisch, kalt	Parktundra
	13000	Bölling	gemäßigt, kontinental	Birke, (Kiefer)
	15000	(Kleinere Interstadiale) Älteste Dryas Hochglazial	(subarktisch) arktisch, kalt	baumlose Tundra

Entfernung vom Gletscher ab. Gletschernahe Urstromtäler sind mit sandig-kiesigen Sedimenten, weiter außerhalb gelegene Becken mit schluffig-tonigen Stillwassersedimenten verfüllt worden.

Die Rekonstruktion des pleistozänen Klimas auf den Kontinenten basiert vielfach auf pollenanalytischen Untersuchungen an Ablagerungen und Böden, die reich an organischem Material sind (Mudden, Torfe). Diese können kalt- oder warmzeitlichen Ursprungs sein. Die Florenentwicklung während der pleistozänen Warmzeiten ist für jedes Interglazial (Warmzeit) spezifisch. Die Ausbreitungsabfolge der Waldgehölze, ihre mengenmäßige Beteiligung in den Wäldern und der Übergang zu den jeweils nachfolgenden Eiszeit variieren von Interglazial zu Interglazial und

ermöglichen so ihre pollenanalytische Identifizierung und relative Alterseinstufung. Darüberhinaus lassen die quartären vegetationsgeschichtlichen Erkenntnisse sehr exakte paläoökologische und paläoklimatische Aussagen zu, beispielsweise bei der Rekonstruktion der natürlichen potentiellen Vegetation.

Eine ständig abnehmende Artenvielfalt vom Alt- zum Jungpleistozän hin ist für Mittel- und Nordeuropa typisch.

Die Warmzeiten sind z. B. nach Untersuchungen holstein- und eemzeitlicher Kieselgurablagerungen in der Lüneburger Heide unterschiedlich lang gewesen (Tab. 20). Die Gesamtdauer der letzten Warmzeit, des Eem-Interglazials, wird auf ca. 13000 Jahre geschätzt.

1955, MENKE 1968, WOLDSTEDT und DUPHORN 1974, SINDOWSKI und STREIF 1974, STREIF 1990)

Geologische Ereignisse			Menschliche Kulturen
Nordseebecken		Ostseebecken	
Mittelalterliche Meereseinbrüche	Verstärkte Waldrodung	*Mya*-Meer Meeresanstieg	Historische Zeit
Zeitweilige Meeresspiegel-absenkungen		*Lymnaea*-Meer	Eisenzeit
Flacher Meeresanstieg mit Oszillation	Bildung schwimmender Torfe	Aussüßung Landhebung (Belt)	Bronzezeit
		Litorina-Meer	Neolithikum
Steiler Meeresanstieg		Schneller Meeresanstieg	
	Öffnung d. Ärmelkanals	*Ancylus*-See Aussüßung *Yoldia*-Meer Überflutung	Mesolithikum
Beginn mariner Überflutung	Süßwassersee und Niedermoorbildung	Salpausselkä-Eisrandlagen	Stielspitzengruppen
		Laacher-See-Bims	Federmessergruppen
Fluviatile bis limnische und terrestrische Sedimentation		Baltischer Eisstausee	Hamburger Kultur
			Magdalénien

(Left vertical label: Flandrische Transgression)
(Right vertical labels over Ostseebecken/Kulturen: Gotiglazial, Daniglazial; Spät-paläolithikum, Jung-paläolithikum)

1.7.2.2 Weichsel-/Würm-Spätglazial und Holozän

Der letzte Abschnitt der Weichsel- oder Würmeiszeit, der in die Nacheiszeit überleitet, ist das Spätglazial. Es umfaßt den Zeitraum zwischen etwa 16 000 und 10 000 Jahren vor heute (Tab. 21). Während dieser eiszeitlichen Spätphase gab es noch mehrere Klimaschwankungen. Ab 10 000 Jahren vor heute kam es endgültig zur holozänen Wiedererwärmung. Während im älteren Spätglazial zwischen 16 000 und 13 000 Jahren vor heute (v. h.) Steppen und Tundren weit verbreitet waren, bewaldete sich Nordwestdeutschland während des Bölling- bzw. des Alleröd-Interstadials bereits vorübergehend mit Birken, Kiefern und Weiden, im Südosten und Süden Mitteleuropas auch mit Zit-

terpappeln, Traubenkirschen, Kreuzdorn und Korbweiden. Wie bereits im Bölling-Interstadial kam es auch unter den stark kontinental getönten Klimabedingungen der Alleröd-Zeit kurzfristig zu verstärkter Bodenbildung. Im Mittelrheingebiet gibt es z. B. unter konservierender Bedeckung mit allerödzeitlichem Laacher Bimstuff, der während des Laacher-See-Vulkanausbruches in den Jahren um 9240 v. Chr. sedimentierte (Tab. 21), gut erhaltene Reste von Löß-Pararendzinen aus der Zeit vor diesem Ereignis. Während der kaltzeitlichen Stadiale der Älteren und Jüngeren Dryas, benannt nach der Charakterpflanze *Dryas octopetala* (Silberwurz), lichteten sich die Wälder erneut auf und Zwergstrauchtundren breiteten sich aus.

Mit der konventionell festgesetzten Zeitgrenze bei 10000 Jahren vor heute beginnt das Holozän. Die endgültige holozäne Erwärmung wird im Präboreal von einer Massenausbreitung der Birke eingeleitet, der die Kiefer folgt. Die Kiefer hatte regional verschieden hohe Beteiligung am Waldbild während des Präboreals. Im Boreal treten ausgedehnte Haselbestände in den Wäldern auf. Eiche und Ulme wandern ein, gefolgt von Linde und Esche. Während des Boreals herrschte kontinentales, relativ trockenes, winterkaltes Klima, unter dessen Einfluß sich in den Lößgebieten Schwarzerden ausbildeten, so zum Beispiel in der Magdeburger und Hildesheimer Börde, der Helmstedter Mulde und im nördlichen Oberrheintal. Während des nacheiszeitlichen Klimaoptimums (Tab. 21) im Atlantikum stieg im Nordsee- wie auch im Ostseebekken der Meeresspiegel erheblich an. Im Binnenland wirkte sich dieses Ereignis durch beträchtlichen Grundwasseranstieg aus und führte vor allem in Talauen und im perimarinen Raum zu intensiver Vermoorung. Während in tieferen, nassen Lagen ausgedehnte Erlenbrücher vorherrschten, waren in trockeneren Lagen Eichenmischwälder weit verbreitet. Bereits seit dem frühen Atlantikum läßt sich insbesondere in den europäischen Lößgebieten der Übergang von nomadischer zu seßhafter Lebensweise des neolithischen Menschen nachweisen. Rodung, Kulturpflanzenanbau und Viehhaltung, Hausbau und Keramikherstellung kennzeichnen die »neolithische Revolution« und ziehen eine erste, tiefgreifende anthropogene Umgestaltung der Landschaftsräume nach sich. Verschlechterung des Infiltrationsvermögens genutzter Böden, für Lößstandorte in Altsiedlungsgebieten gut belegt, führten in Kombination mit einem niederschlagsreicheren Klima besonders in Hanglagen zu intensiver Bodenerosion, während an Unterhängen und in Tälern mächtige Kolluvien zur Ablagerung kamen (siehe Kap. 3.4.1 (Ak I) und Abb. 122).

Während der subborealen Klimaverschlechterung wanderten allmählich von Süden her Buchen nach Norden ein und markieren den Anfang der holozänen Schattholzphase. Mit Beginn dieser vegetationsgeschichtlichen Zone war das eigentliche holozäne Klimaoptimum überschritten. Der weitere Entwicklungsverlauf unserer Landschaftsräume wird insbesondere im Subatlantikum von der menschlichen Nutzung gravierend beeinflußt. Verstärkte Waldrodung führt zu erneuten intensiven Erosionserscheinungen und zusammen mit Überweidung partiell zu einer Ausbreitung von Sekundärvegetation. Heiden und Fichten-Kiefern-Nutzforste bestimmen zusammen mit intensivierter landwirtschaftlicher Nutzung, Plaggenwirtschaft und Moorkultivierung, intensiver Küstenbesiedlung, Gewässerausbau und Rohstoffeinsatz in historischer Zeit das geologisch-bodenkundliche Geschehen. Wegen der vielfältigen anthropogenen Eingriffe in den Naturhaushalt läßt sich der Klimaverlauf im Holozän pollenanalytisch anhand der Vegetationsgeschichte nur bis in das frühe Subatlantikum hinein rekonstruieren. Klimarekonstruktionen aufgrund anderer Beobachtungen markieren in der Neuzeit vor allem die relativ kühle Phase zwischen 1570 und 1860 n. Chr., als sogenannte »kleine Eiszeit«, während der es in Westeuropa aufgrund verheerender Ernteausfälle mehrfach zu Hungersnöten und Epidemien kam. Im Verlauf des 20. Jahrhunderts hat sich vor allem durch zunehmende Industrialisierung die Boden-, Luft- und Wasserqualität deutlich verschlechtert und örtlich sogar zum Aussterben von Floren- und Faunenelementen geführt.

2 Bodeneigenschaften

2.1 Feste Bodenbestandteile

2.1.1 Bodenart – mineralische Bodensubstanz

Verwitterung, Verlagerung und Bodenbildung gestalten ein Gemisch verschieden großer, meist unregelmäßig geformter Teilchen. Charakteristische Korngrößenverteilungen von Gesteinsresten, Mineralen und Mineralneubildungen nennt man Boden*art* (Synonym: Boden*textur*, Korngrößenzusammensetzung, Körnung). Sie ist ein relativ *konstantes* Kriterium der Bodenbewertung.

Man unterscheidet *Fein*boden (Teilchen < 2 mm) und *Grob*boden, das *Bodenskelett* (Teilchen > 2 mm). Der Feinboden wird in die Korngrößen*fraktionen Sand* (S), *Schluff* (U) und *Ton* (T) untergliedert. In Abbildung 43 sind übliche Korngrößenfraktionierungen dargestellt. Die Kornfraktionen sind logarithmisch in Zweierklassen aufgeteilt. Die Mitte der jeweiligen Klasse ist geometrisch die Ziffer 63. Da die Kornformen je nach Herkunft, Verwitterung und Verlagerung vielgestaltig sind, werden Äquivalentdurchmesser angegeben (Tab. 9) Kap. 1.3.2.5.

Die genaue Bestimmung der Korngrößenfraktionen erfolgt im Labor durch Sieb- und Schlämmanalyse (Abb. 44) nach DIN 19683, Teil 1 u. 2. Grobe Teilchen (> 0,06 mm) lassen sich durch Sieben, feinere durch Sedimentation, ggf. im Schwerefeld einer Zentrifuge voneinander trennen. In der Bodenmechanik genügt die mechanische Trennung im Wasser, z. B. für die Beurteilung als Baugrund. Für bodenkundliche Beurteilungen müssen zuvor Bindesubstanzen (Humus, Kalk, Eisen) durch H_2O_2 bzw. HCl und Reduktionsmittel aufgelöst und Aggregierungen durch Dispergierungsmittel (meist $Na_4P_2O_7$) getrennt werden. Die Vorbehandlungsart wirkt sich auf das Analysenergebnis und seine Verwendbarkeit entscheidend aus. Deshalb muß die Methode der Korngrößenbestimmung jeweils genau angegeben werden. Die Ergebnisse einer Korngrößenanalyse werden in %mas tabellarisch, als Kornverteilungs-Summen-Kurven (siehe Abb. 45) oder über Diagramme (siehe Abb. 46 und 47) ausgewertet.

Selten bestehen natürliche Böden aus *Einkorn*gemengen. Meist handelt es sich dann um durch Wasser oder Wind sortierte Sedimente (z. B. Talsand, Löß). Körnungen mit > 65% < 2 μm werden als Tonböden (T), > 80% < 63 μm als Schluffböden (U), > 85% > 63 μm als Sandböden (S) bezeichnet.

Zwei- oder *Dreikorn*gemenge von S, U, T herrschen vor. Bei Zwei-Korngemengen dominiert eine *Haupt*fraktion, die *Neben*fraktion tritt dagegen zurück. Die Bezeichnungen der Bodenart richtet sich dann nach der Hauptfraktion. Die Nebenfraktion wird als Beiwort: sandig (s), schluffig (u) oder tonig (t) ausgedrückt, z. B. sandiger Ton, konventionelles Zeichen sT, EDV-gerecht: Ts. Nach Abb. 46 sind sandige Tonböden solche, die zwischen 25 und 65%mas Rohton (< 2 μm) und < 18%mas Schluff (2 bis 62 μm) enthalten.

Bezeichnung der Bodenarten

		konventionell	EDV
Einkorngemenge		S, U, T	S, U, T
Zweikorngemenge		uS, tS	Su, St
		sU, tU	Us, Ut
		sT, uT	Ts, Tu
Mengenanteil (Beispiel)			
sehr schwach		s″T	Ts 1
schwach		s′T	Ts 2
mittel	sandiger Ton	sT	Ts 3
stark		s̄T	Ts 4
sehr stark		s̿T	Ts 5
Dreikorngemenge		L	
		sL, uL, tL	Ls, Lu, Lt
		suL, stL	Lsu, Lst

Der veränderliche Sandanteil von 17 bis 57%mas (> 63 bis 2000 μm) wird durch ergänzende Signaturen zur Nebenfraktion hervorgehoben: stark sandiger Ton (s̄T/Ts 4), mittelsandiger Ton (sT/Ts 3), schwach sandiger Ton (s′T/Ts 2).

In einem *Dreikorn*gemenge sind die drei Fraktionen S, U, T nahezu gleichrangig vorhanden. Dann spricht man von *Lehm* (L). Lehm ist die typische Körnung der Verwitterungsböden.

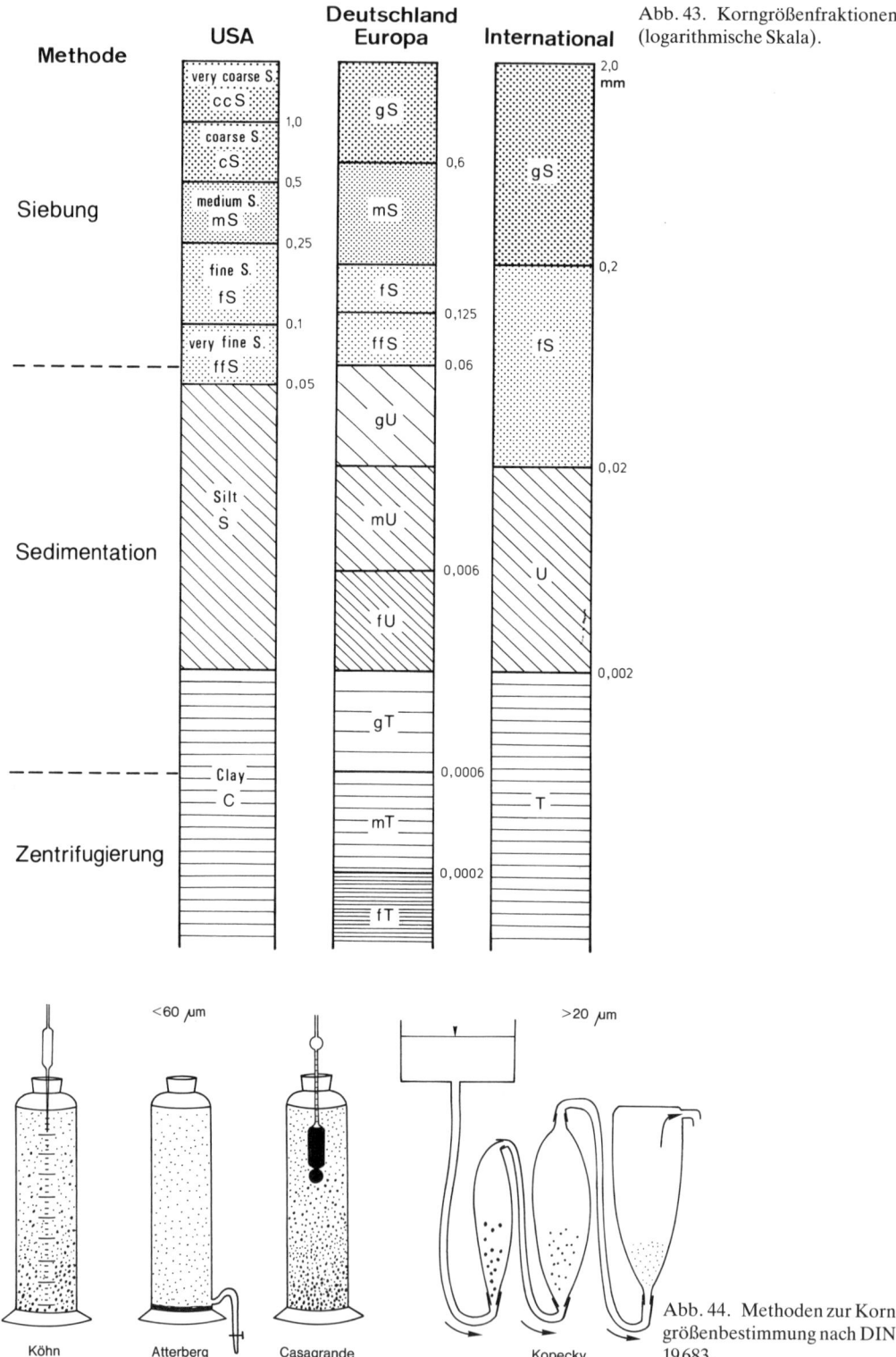

Abb. 43. Korngrößenfraktionen (logarithmische Skala).

Abb. 44. Methoden zur Korngrößenbestimmung nach DIN 19683.

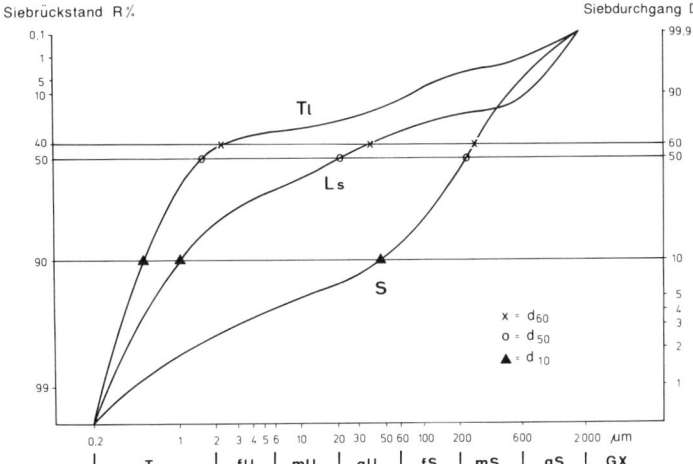

Abb. 45. Korngrößenvertei-
lungs(summen)kurven von drei
Bodenarten.

Sobald eine der drei Grundfraktionen in einem Dreikorngemenge überwiegt, wird diese als Beiwort hervorgehoben, z.B. sandiger Lehm (sL/ Ls 3). Dominiert jedoch eine der drei Hauptfraktionen (S, U, T) und treten die beiden anderen gleichrangig zurück, so bezeichnet man eine solche Bodenart als lehmig, z.B. lehmiger Ton (lT/Tl 3). Starke und schwache Anteile werden konventionell durch Überstreichungen und Häkchen symbolisiert, EDV-gerecht durch Ziffern (z.B. l'S oder Sl 2; lS oder Sl 4).

Da die Untersuchung und Bestimmung der Bodenart aus dem Feinboden erfolgt, muß vor allem in Böden aus Festgesteinsverwitterung der vorher abgetrennte Skelettanteil berücksichtigt werden. *Runde* Skelettanteile werden als *Kies, Geröll* (G), *eckigkantige* als *Steine* (X) oder Grus (Gr) bezeichnet. Der Skelettanteil der Bodenart wird nach Tabelle 22 zugefügt, z.B. schwach steiniger, lehmiger Sand = x'lS bzw. Sl3 x 2. Bei Sanden ist eine weitere Differenzierung nach Abb. 48 zweckmäßig. Feinstsand (ffS) ist in seinen Eigenschaften dem Schluff sehr ähnlich.

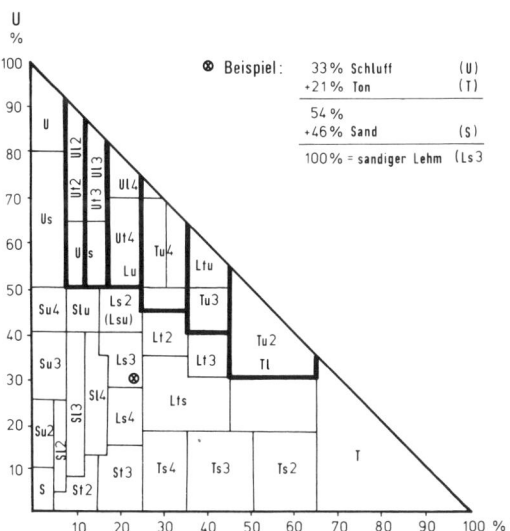

Abb. 46. Bodenartendiagramm des Feinbodens mit EDV-gerechter Schreibweise der Kurzzeichen (Bodenkundliche Kartieranleitung, 3. Auflage, 1982).

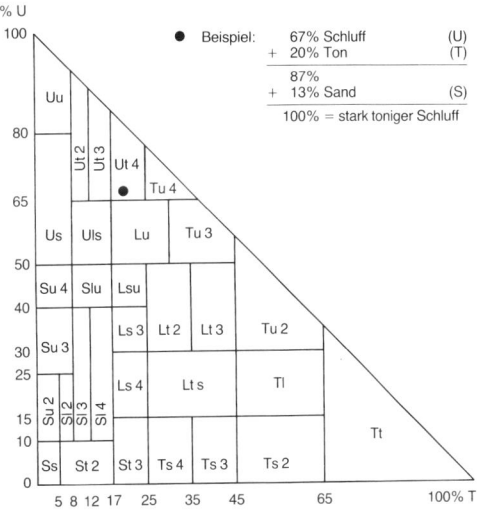

Abb. 47. Bodenartendiagramm des Feinbodens (Vorschlag für die 4. Auflage der Bodenkundlichen Kartieranleitung, 1994).

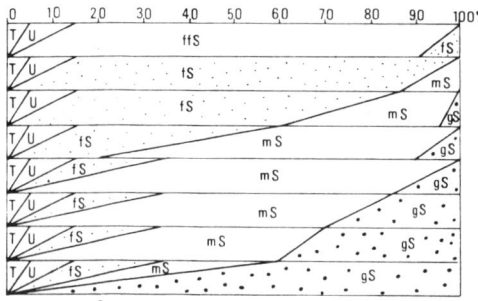

ffS	ffS
fS	fS
msfS	fSms
fsmS	mSfs
mS	mS
gsmS	mSgs
msgS	gSms
gS	gS

Abb. 48. Untergliederung der Bodenartengruppe Sand (i. e. S.) (KA 1982).

Tab. 22. Klassifizierung des Bodenskeletts

% vol	% mas	Bezeichnung	konventionell	EDV
< 1	< 2	sehr schwach	gr″, g″, x″	gr1, g1, x1
1−10	2−15	schwach	gr′, g′, x′	gr2, g2, x2
10−30	15−45	mittel	gr, g, x	gr3, g3, x3
30−50	45−60	stark	$\underline{\underline{gr}}$, $\bar{\bar{g}}$, $\bar{\bar{x}}$	gr4, g4, x4
50−75	60−85	sehr stark	$\underline{gr}$, g, $\bar{x}$	gr5, g5, x5
> 75	> 85	Skelettboden	Gr, G, X	Gr, G, X

Für die Neuauflage der Bodenkundlichen Kartieranleitung von 1982 wurde kürzlich eine neue Bodenartengliederung vorgeschlagen, die – unter besonderer Berücksichtigung der Ansprechbarkeit im Gelände – die Kartiererfahrungen in ganz Deutschland berücksichtigt (Abb. 47).

In bodenkundlichen Veröffentlichungen, Kartenwerken und Gutachten der ehemaligen DDR wurden die als Körnungsarten bezeichneten Bodenarten nach dem Fachbereichsstandard TGL 24300/05 (1985) verwendet (Abb. 49). Sie weichen von den Bodenarten nach DIN 4220, Teil 1 und 2 bzw. nach der bodenkundlichen Kartieranleitung (Hannover 1982), oftmals trotz gleicher Namensgebung, in ihren Abgrenzungen ab. In Anbetracht der zentralen Bedeutung der Bodenartenansprache bei bodenkundlichen Auswertungsarbeiten wird hier die in den neuen Bundesländern vorläufig noch verwendete TGL-Bodenartengliederung mit aufgeführt (Abb. 49). Zur Verwendung der TGL-Bodenarten bei der Ansprache von Substrattypen nach TGL 24300/07 siehe Kap. 3.1.1.

Sowohl bei der Auswertung vorhandener Körnungsdaten – z.B. für wissenschaftliche Zwecke oder für Gutachten – als auch bei künftigen Korngrößenanalysen wird es notwendig sein, die jeweils benutzte Bodenarten- bzw. Körnungs-Gliederung anzugeben, um falsche Schlußfolgerungen auszuschließen. Dies gilt natürlich auch für alle anderen, im Labor oder Gelände in Ost- und Westdeutschland mit unterschiedlichen Methoden ermittelten Bodendaten und -kennwerte, vor allem bei bundesweiten bodenkundlichen Untersuchungen.

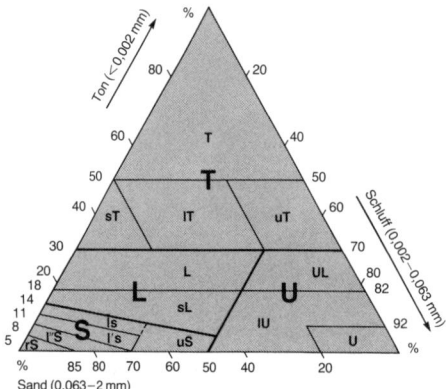

Abb. 49. Körnungsarten-Dreieck nach dem Fachbereichsstandard der ehemaligen DDR, TGL 24300/05 (Aufnahme landwirtschaftlich genutzter Böden: Körnungsarten und Skelettgehalt) von 1985. Erklärung der Symbole: T, t = Ton, tonig; L, l = Lehm, lehmig; U, u = Schluff, schluffig; S, s = Sand, sandig; r = rein. Überstreichung = stark; ein Häkchen = schwach; zwei Häkchen = sehr schwach. Zahlenangaben = % mas; Zahlen in Klammern = Korndurchmesser in Millimetern.

Fingerprobe: Eine genügend und gleichmäßig durchfeuchtete Bodenprobe wird zwischen den Fingern solange geknetet, bis mit Entfernen überschüssigen Wassers jeglicher Glanz verschwindet. Es wird zunächst von den fühl- und sichtbaren Merkmalen und Eigenschaften der Hauptfraktionen (S, U, T) und der Skelettanteile (G, Gr, X) ausgegangen.

Grobkörnige Lockergesteine und ihre Ansprache:

> Streichholzkopf	= G, (Gr, X)	< Streichholzkopf	= S
Hühnerei/Haselnuß	= gG (Gr, X)	Streichholzkopf/Zuckerkristall	= gS
Haselnuß/Erbse	= mG (Gr, X)	Zuckerkristall/Grieß	= mS
Erbse/Streichholzkopf	= fG (Gr, X)	< Grieß	= fS

Feinkörnige Lockergesteine und ihre Ansprache:

Ansprachemerkmale im feuchten Zustand	vorherrschende Fraktion
bindig, klebrig, ab mittleren Anteilen (> 17% mas 2 µm)	T
plastisch, gut formbar, > 35% mas glänzende Schmierflächen, >45% mas seifig	
in Fingerrillen haftend, mehlig, schlecht formbar	U
körnig, nicht in Fingerrillen haftend.	S

2.1.1.1 Feldansprache der Bodenart

Korngrößenanalysen sind zeit- und kostenaufwendig. Bei einiger Übung können mit der Finger- und Hörprobe sowie mit visuell erfaßbaren Merkmalen bestimmte Bodenarten angesprochen werden. Ein einfaches Arbeitsschema ist in Abb. 50 angegeben.

Visuelle Methode: Diese ist vornehmlich bei grobkörnigen Lockergesteinen (G, X, S) anzuwenden. Alle Kornteilchen sind einzeln mit Lupe erkennbar. Nur wenn diese Teilchen feucht sind, werden sie durch eine scheinbare Kohäsion über Wasserfilme miteinander verbunden. Eine Trockenfestigkeit besteht dagegen nicht. Obige Orientierungshilfen (Vergleichsgrößen) sind für die verschiedenen Korngrößen gegeben.

Sofern aus Formbarkeit und Bindigkeit keine sichere Ansprache möglich ist, kann zusätzlich die *Hörprobe* angewendet werden.

Anfänger schätzen trockene Proben oft zu grobkörnig, nasse dagegen zu feinkörnig. Hohe Humusgehalte lassen den Tongehalt überschätzen. Durch CaCO$_3$ verkittete Böden täuschen geringere Bindigkeit vor. T wird dann als U angesprochen. Eisen kann bei diffuser Verteilung den T-Gehalt, als Konkretionen den S-Ge-

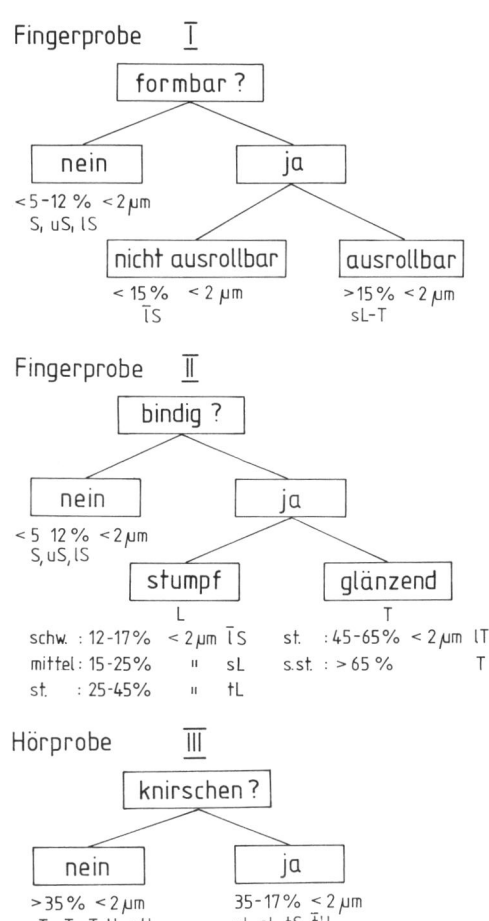

Abb. 50. Einfaches Arbeitsschema zum schnellen Bestimmen der Bodenart mit der Fingerprobe (Angaben in % mas).

halt verfälschen. In Zweifelsfällen und zur Eichung des Ansprachegefühls sind vergleichende Laboruntersuchungen notwendig. Je nach Übung und Erfahrung kann man bis zu 30 verschiedene Bodenarten hinreichend genau bereits im Gelände erfassen.

2.1.1.2 Aus der Bodenart abgeleitete Eigenschaften

Will man die Körnung durch einen einzigen Kennwert darstellen, so wird häufig der dem Äquivalentdurchmesser der Summenkurve entsprechende d_{50}-Wert verwendet. Nach Abb. 45 beträgt der d_{50}-Wert der dargestellten Summenkurven (o):

für den S-Boden   230 μm
für den Ls-Boden   22 μm
für den Tl-Boden   1,7 μm

Aus der Kornverteilungskurve kann ferner der *Ungleichförmigkeitsgrad* (UG) nichtbindiger Böden abgelesen werden. Dieser wird bestimmt aus dem Verhältnis der Korngrößen bei 60% (x) und 10% (▲) Siebdurchgang.

$$UG = \frac{d_{60}}{d_{10}}$$

Ein UG = 1 beschreibt einen Einkornboden (Tal-Fließsand). Je näher UG = 1, um so geringer ist die Möglichkeit einzuschätzen, daß sich kleinere Bodenteilchen zwischen gröbere einschieben. Solchen Böden fehlt die Eignung zum Bodenfilteraufbau und zur Gefügestabilisierung. Für Bauzwecke wird Kies und Sand mit UG < 5 noch als gleichförmig, > 12 als sehr ungleichförmig bezeichnet.

Aus der Kornverteilungskurve kann unter Berücksichtigung der Lagerungsdichte ebenfalls für nicht bindige Böden die Durchlässigkeit abgeleitet werden. Nach HAZEN korreliert diese mit der Körnung in folgender Gleichung:

$$k_f = 100 \times d_{10}^2 \ (m/d) \ / \ (d_{10} = \text{Siebdurchgang } 10\%)$$

Aus Bodenart, effektiver Lagerungsdichte und Humusgehalt werden Wasserspeicherung (nFK, FK), Durchlüftung (LK) und Durchlässigkeit, gesättigt (Kf) und ungesättigt (ku, kapillare Aufstiegsrate) abgeleitet (siehe Tab. 78, 84, 88). Fast alle physikalischen und chemischen Eigenschaften des Mineralbodens werden also vom Anteil und von der Verteilung unterschiedlicher Korngrößen bestimmt, wie z.B. Wasser- und Nährstoffanlagerung sowie -verfügbarkeit, Quellung und Schrumpfung, Gefügebildung und Bearbeitungsfähigkeit. Früher war allein die Bodenart Maßstab für die Bodenbewertung. An Feinbestandteilen reiche Lehm- und Tonböden wurden als »schwere Böden« höher eingeschätzt als daran ärmere »leichte Böden« (siehe auch Reichsbodenschätzung Kap. 4.2). Heute werden zusätzlich in ihrer Ausprägung jedoch veränderliche, gefügekundliche und genetische Merkmale zur Ansprache und zur ökologischen Bewertung des Bodens mit herangezogen. Dennoch bleibt die richtige Ansprache der Bodenart als Material*konstante* wichtige Voraussetzung für die vollständige Beurteilung eines Bodens als Pflanzenstandort mit seinen Nutzungs- und Verbesserungsmöglichkeiten (siehe DIN 4220, 19680/86, Kartieranleitung). Zusammengefaßt lassen sich aus der Bodenart bei mittlerer Lagerungsdichte bereits die in Tab. 23 dargestellten Eigenschaften qualitativ ableiten: Zur Quantifizierung siehe Tab. 79, 84, 88 und Abb. 87.

Tab. 23. Bodenart und Bodeneigenschaften (Lockergesteinböden)

Bodenart	S	U	T	L
Bearbeitung (siehe Kap. 2.4.1.6)	++*	0	−−	+
Nährstoffspeicherung (siehe Kap. 2.5.4)	−−	−	++	+
Nährstoffnachlieferung (siehe Kap. 2.5.4.1)	−	+	+	++
Schadstoffakkumulation (siehe Kap. 4.5.3.3.2.2)	−	+	++	++
Wasserspeicherung (siehe Kap. 2.4.3.4)	−−	+	++	++
Wassernachlieferung (siehe Kap. 2.4.3.7)	−	++	−	+
Filterung, mechan. (siehe Kap. 2.5.4.4)	+	++	−	+
Filterung, physiko-chem. (siehe Kap. 2.5.4.4)	−−	−	++	+
Dränung (siehe Kap. 4.5.2.1.2)	++	−−	−	0
Erodierbarkeit (siehe Kap. 4.5.3.2)	0	+	−−	−

* ++ sehr gut (sehr hoch); + gut (hoch); 0 befriedigend (mittel); − schlecht (wenig); −− sehr schlecht (sehr wenig)

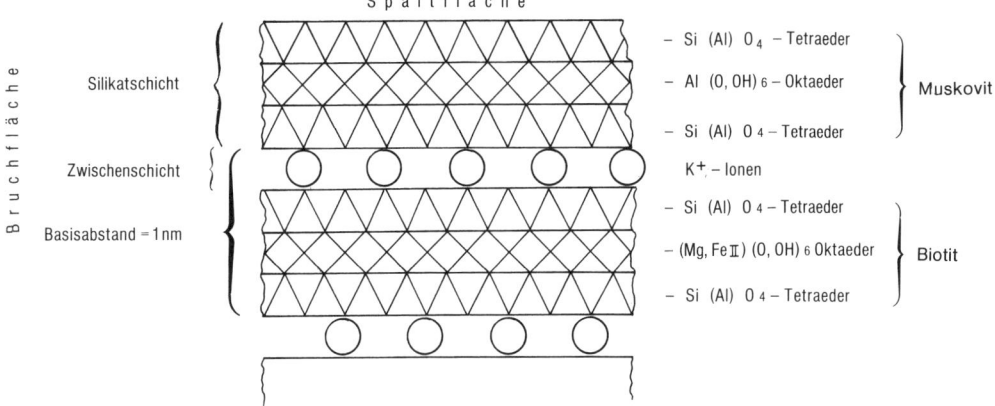

Abb. 51. Aufbau der Dreischicht-Silicate Muskovit und Biotit.

2.1.2 Verwitterungsneubildungen

In Böden geht die chemische Verwitterung primärer Silicate mit der Bildung sekundärer Minerale einher. Bei diesen handelt es sich um *silicatische Tonminerale* sowie um *Oxide* und *Hydroxide* von Si, Al, Fe, Mn und Ti, die strukturbildende Ionen der Silicate darstellen und bei Verwitterung aus dem Silicatgitter freigesetzt werden. Mengenmäßig dominieren die Tonminerale und die pedogenen Oxide in der Tonfraktion (< 2 µm, siehe Kap. 2.1.1). Als *Mineralneubildungen* stellen sie Fällungsprodukte aus übersättigten Lösungen dar. Die damit verbundene Erniedrigung der Lösungskonzentration verhindert die Entstehung eines Reaktionsgleichgewichts und fördert chemische Verwitterungsprozesse. Bei der *Mineralumbildung* dagegen entstehen sekundäre Minerale durch chemische Veränderung von Ausgangsmineralen unter Beibehaltung ihrer Grundstruktur.

2.1.2.1 Tonminerale

Unter den Mineralen der Tonfraktion machen die Tonminerale (daher ihr Name) den überwiegenden Anteil aus. Sie gehören zur Gruppe der Schicht- oder Phyllosilicate, wie auch die Glimmer Muskovit (Abb. 51) und Biotit (siehe Kap. 1.2.2.2) und weisen ebenfalls Oktaeder und Tetraeder als Bauelemente der Silicatschichten (Abb. 7 und Abb. 52) auf.

Bei den *Zweischichtmineralen* (Abb. 52 links) besteht eine Silicatschicht jeweils aus einer Tetraeder- und einer Oktaederschicht. Der Zusammenhalt der Silicatschichten erfolgt über die elektrostatische Anziehung zwischen den OH-

Ionen der Oktaeder und den O-Ionen der benachbarten Tetraeder. Wichtigste Vertreter dieser Mineralgruppe sind *Kaolinit* und *Halloysit* (beide mit der Grundformel $Al_2(OH)_4Si_2O_5$). Der Basisabstand der Silicatschichten beträgt 0,72 nm. Zwischen die Schichtpakete des Halloysits sind Wassermoleküle eingelagert. Die Ladungsverhältnisse in den Tetraeder- und Oktaederschichten sind ausgeglichen, so daß keine negative Überschußladung (s. u.) auftritt. Daher ist auch keine Zwischenschicht aus Kationen zum Ladungsausgleich vorhanden.

Die Silicatschichten der *Dreischichtminerale* (z. B. Illit, Abb. 52 rechts) bestehen aus einer Oktaederschicht, an die sich beidseitig eine Tetraederschicht anschließt. Eine wesentliche Eigenschaft der Dreischichtminerale, die ihren Aufbau bedingt, und sehr wichtige physikalisch-chemische Eigenschaften tonhaltiger Böden (z. B. Pufferung siehe Kap. 2.2.4, Kationenaustausch siehe Kap. 2.2.3, Gefügebildung siehe Kap. 2.4.1) zur Folge hat, ist die *Schichtladung*.

Sie resultiert aus dem *isomorphen Ersatz* von höherwertigen Zentralionen der Tetraeder und Oktaeder durch niederwertige Ionen. So wird in den Tetraedern das Si^{4+} teilweise durch Al^{3+} und in den Oktaedern das Al^{3+} in manchen Mineralen durch Fe^{2+} oder Mg^{2+} ersetzt. Die negative Ladung der äußeren Tetraederschichten wird als *permanente Ladung* (siehe Kap. 2.2.3.2) durch austauschbare Kationen abgesättigt. Die negative Ladung im Mineralinneren wird durch Kationen kompensiert, die in einer *Zwischenschicht* angeordnet sind und durch ihre Anziehungskräfte die Silicatschichten miteinander verbinden. Die Weite der Zwischenschichten

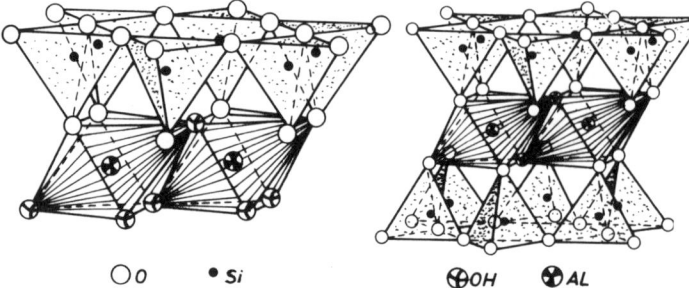

Abb. 52. Anordnung der Tetraeder und Oktaeder in Zweischichtmineralen (links) und Dreischichtmineralen (rechts) (nach JASMUND 1955).

○ O   • Si   ⊕ OH   ⊗ AL

Tab. 24. Basisabstände, Ladung, Vorkommen und Entstehung der Dreischichtminerale

Tonmineral	Basis-abstand in nm	negative Ladung pro ½ Formeleinheit	Vorkommen und Entstehung
Smectite (Montmorillonit, Beidellit, Nontronit)	1,8	0,2–0,6	In Böden bei der Verwitterung basischer Magmatite; diagenetisch in terrestrischen und marinen Sedimenten unter Zufuhr von Mg^{2+} und Kieselsäure
Vermiculit	1,4	0,6–0,9	In Böden aus Illit durch Austausch und Entzug der Zwischenschicht-K^+-Ionen
Chlorite (Primäre Fe-Mg-Chlorite, Al- oder Bodenchlorit)	1,4	0,9	Primäre Chlorite in Metamorphiten (Schiefern); Bodenchlorit (sekundärer Chlorit) in sauren Böden aus Vermiculit oder Smectit durch Einlagerung von Al-Hydroxykationen in die Zwischenschichten
Illit	1,0	1,0	Diagenetische Neubildung in terrestrischen und marinen Sedimenten; in Böden durch Verwitterung und K^+-Verlust aus Biotit und Muskovit

und die Art der Zwischenschichtkationen variiert in verschiedenen Dreischichtmineralen infolge unterschiedlich starker negativer Schichtladungen. Deshalb können diese Mineralgruppen durch die Basisabstände zwischen 1,0 und > 1,8 nm unterschieden werden (Tab. 24).

Illite zeigen eine ähnliche Struktur, wie die Glimmerminerale Biotit und Muskovit (siehe Kap. 1.2.2.2), aus denen sie gebildet werden. Gegenüber den Glimmern weisen jedoch Illite eine geringere Schichtladung, geringere K^+-Gehalte und höhere H_2O-Gehalte auf. In aufgeweiteten Randzonen und einzelnen Zwischenschichten sind die K^+-Ionen bereits gegen andere Kationen ausgetauscht. Ist dieser Austausch weit vorangeschritten, entstehen aus Illiten die *Vermiculite*, bei denen der Basisabstand der Silikatschichten durch Aufweitung der Zwischenschichten bei 1,4 nm liegt. Bei K-Zufuhr, z.B. durch Düngung, kontrahieren die Vermiculite

wieder auf einen Basisabstand von 1 nm. Durch diese *K^+-Fixierung* kann die Pflanzenverfügbarkeit des Kaliums in vermiculitreichen Böden (z.B. Lößböden) deutlich herabgesetzt werden. Bei *Smectiten*, die eine noch geringere Schichtladung aufweisen, führt die Einlagerung von Wassermolekülen und hydratisierten austauschbaren Kationen in die Zwischenschichten zu einer Quellung auf einen Basisabstand von 1,8 bis > 2 nm, der sich auch bei K^+-Zufuhr nicht mehr verändert.

Dreischichtmateriale haben oft keine einheitliche Schichtenfolge, sondern weisen innerhalb eines Minerals Übergänge zwischen verschiedenen Mineralgruppen auf. Minerale mit regelmäßig oder unregelmäßig wiederkehrenden Schichtpaketen von Illit, Vermiculit oder Smectit werden als *Wechsellagerungsminerale* bezeichnet.

Bei der Mineralgruppe der *Chlorite* sind die

Zwischenschichten durch eine fest gebundene Fe-, Mg- oder Al-Hydroxidschicht blockiert, die den Basisabstand der Silicatschichten auf 1,4 nm fixiert.

Kugelförmiger *Allophan* und röhrenförmiger *Imogolit* sind wasserreiche Al-Silicate, die als röntgenamorphe Frühstadien der kristallinen Tonminerale vor allem in jungen Böden aus vulkanischen Aschen neugebildet werden.

Durch Umbildung von Dreischichtsilicaten, den Glimmern (Biotit, Muskovit) und primären Chloriten, können Tonminerale in Böden und Sedimenten durch eine Abnahme der Schichtladung und Veränderung der Zusammensetzung der Zwischenschichtkationen entstehen. Daneben ist eine autogene Neubildung aus Ionen, die bei der Silicatverwitterung freigesetzt werden, möglich (Abb. 54). Die Art und das Resultat der Tonmineralneubildungen hängen von dem Ausgangsgestein, der Intensität der Verwitterung und Auswaschung sowie den Milieubedingungen (pH, Kationen- und Kieselsäurekonzentration) in der Porenlösung ab. Somit kennzeichnen Tonminerale auch das Verwitterungsmilieu und den Entwicklungsgrad von Böden. Unter den Verwitterungsbedingungen Mitteleuropas werden aus glimmerhaltigen Sedimenten und sauren Magmatiten (z. B. Granit) vorwiegend Illite und Vermiculite gebildet, aus basischen Magmatiten entstehen dagegen smectitreiche Tone. Mit zunehmender Versauerung, Basenauswaschung und Al^{3+}-Mobilisierung in Waldböden werden aus Vermiculit und Smectit sekundäre Chlorite neugebildet, indem Al-Hydroxikationen in die Zwischenschichten eingelagert und dort sehr fest gebunden werden.

In Böden und verwitternden Gesteinen (Saprolit) der warm-humiden Subtropen und Tro-

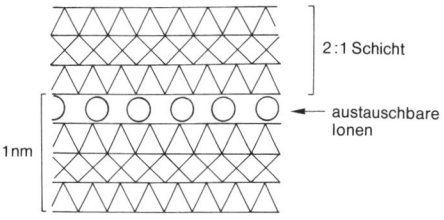

a) **Strukturschema eines Illits**

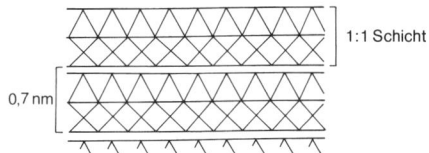

b) **Strukturschema eines Kaolinits**

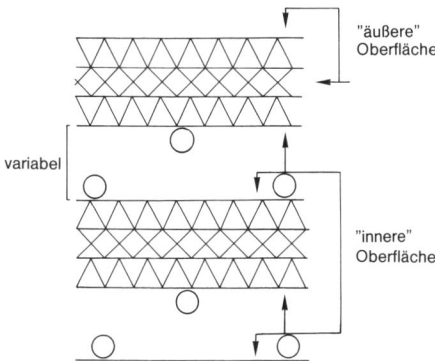

c) **Strukturschema eines Smectits**

Abb. 53. Beispiele für Strukturmodelle eines Illits, Kaolinits und Smectits.

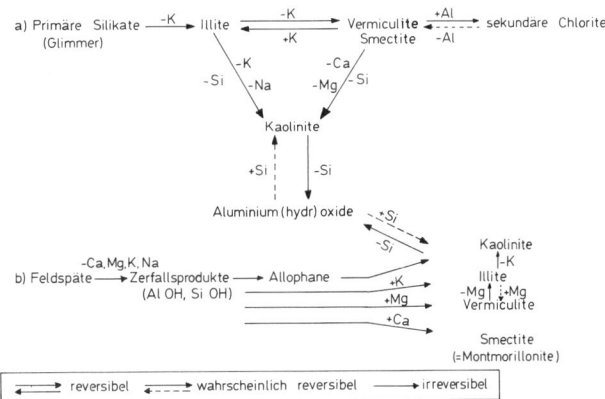

Abb. 54. Schema der Bildung, Umwandlung und des Zerfalls der Tonminerale.

Tab. 25: Form, Entstehung und Vorkommen von pedogenen Oxiden

Oxide (a) = amorph (k) = kristallin	chem. Formel Farbe	Entstehung und Vorkommen
Si:		
Quarz (k) Cristobalit (k)	SiO_2 farblos, klar bis milchig	Primärer Quarz in Magmatiten und Metamorphiten; sekundärer Quarz als submikroskopische Kristallite durch Neubildung in Böden.
Opal (a)	wasserhaltiges amorphes SiO_2, milchig weiß	In Böden durch Verwitterung Si-reicher vulkanischer Gläser; als *Phytoopal* nadelförmige Einschlüsse im Stützgewebe von Gräsern, deren Verwesung zur Phytoopal-Anreicherung in Ah-Horizonten führt.
Al:		
Gibbsit (k) Böhmit (k) Diaspor (k)	γ-Al(OH)$_3$ γ-AlOOH α-AlOOH, weiß	In stark verwitterten (sub-)tropischen Böden und Verwitterungslagerstätten (Bauxit) durch Verwitterung von Al-haltigen Silicaten bei intensiver Si-Abfuhr (Desilifizierung).
Ti:		
Anatas (k)	TiO_2	Verwitterung Ti-haltiger Silicate (Biotit, Amphibol) oder primärer schwer verwitterbarer Ti-Minerale (Ilmenit, Titanit, Titanomagnetit, Pseudorutil).
Fe:		
Goethit (k)	α-FeOOH gelbbraun	In Böden aller Klimate am weitesten verbreitet: durch Silicatverwitterung (Verbraunung) und Lösung von Ferrihydrit bei langsamer Freisetzung und Hydrolyse von Fe(III)-Ionen.
Ferrihydrit (a)	$5\,Fe^2O^3 \cdot 9\,H_2O$ rostbraun	Durchgangsstadium in Böden; schnelle Oxidation Fe^{2+}-haltiger Lösungen oder intensive Silicatverwitterung und rasche Hydrolyse der Fe(III)-Ionen.
Hämatit (k)	α-Fe$_2$O$_3$ ziegelrot	In (sub-)tropischen Böden durch Dehydration und Umkristallisation aus Ferrihydrit.
Lepidokrokit (k)	γ-FeOOH orange	In tonigen, carbonatfreien Staunässeböden durch langsame Oxidation von Fe^{2+}-haltigen Lösungen.
Mn:		
Pyrolusit (k) Kryptomelan (k) Hollandit (k) sowie zahlreiche Mn^{2+}- Mn^{3+}-Mn^{2+}- Mischoxide	$MnO_2 \cdot n\,H_2O$ $K_2Mn_8O_{16}$ $BaMn_8O_{16}$ schwaz bis schwarzbraun	In Böden bei der Verwitterung Mn-haltiger Silicate; Konzentration in Konkretionen in Sw-Horizonten von Pseudogleyen.

pen kristallisieren aus sauren, basenarmen Verwitterungslösungen Kaolinit und Halloysit aus. Während warm-humider Klimaphasen im jüngeren Mesozoikum und Tertiär entstanden auch in Mitteleuropa kaolinithaltige Böden und Sedimente aus verschiedenen Gesteinen. In Südengland, Zentralfrankreich, dem Rheinischen Schiefergebirge, in Sachsen, der Oberpfalz und in der Tschechoslowakei bilden diese kaolinithaltigen Sedimente und Relikte der Saprolitzonen die *Kaolin-Lagerstätten*. Sie werden als wertvoller Rohstoff für die keramische Industrie und die Porzellanherstellung genutzt.

2.1.2.2 Pedogene Oxide

Si-, Al-, Fe-, Mn- und Ti-Ionen, die bei der chemischen Verwitterung aus primären Silicaten freigesetzt werden, reagieren mit Wasser und Luftsauerstoff zu Oxiden (M-O), Hydroxiden (M-OH) oder Oxidhydroxiden (M-OOH). Da verschiedene Mineralformen meist nebeneinander in Böden vorkommen und nicht zu differenzieren sind, werden sie – ungeachtet ihres chemischen Charakters – zusammenfassend als »pedogene Oxide« bezeichnet (Tab. 25). Sie zählen zu den typischen Verwitterungsneubildungen in Böden. Wegen ihrer geringen Löslichkeit lagern sich die pedogenen Oxide meist in feiner Verteilung auf den Oberflächen der verwitternden Ausgangsminerale und der neugebildeten Tonminerale ab. Durch diese Umhüllung wird die Intensität chemischer Verwitterungsprozesse herabgesetzt und die Sorptionsfähigkeit von Tonmineralen gemindert. Manche der pedogenen Oxide sind zunächst amorph und altern im Laufe der Zeit durch Wasserabspaltung und Umkristallisation zu kristallinen Oxiden. Im Zuge der Alterung nimmt die Stabilität der Minerale weiter zu.

Die Löslichkeit der Si-Oxide ist im Bereich pH 2 bis 8 nahezu pH-unabhängig, wird jedoch mit steigender Temperatur intensiviert. Daher ist eine starke Desilifizierung der Böden mit Folge einer residualen Anreicherung von Fe- und Al-Oxiden (Lateritisierung) in Böden der humiden Tropen anzutreffen. Al-Oxide sind sowohl im alkalischen Milieu > pH 8 und im stark sauren Milieu < pH 4 löslich. Unter oxidierenden Bedingungen sind die Fe-Oxide sehr schwer löslich. Ihre Protolyse beginnt erst bei pH-Werten unter 3. Im Grund- und Stauwasserbereich steigt die Löslichkeit der Fe-Oxide durch Reduktion unter Bildung mobiler Fe^{2+}-Ionen stark an. In gleicher Weise gilt das auch für die Mn-Oxide, die protolytisch jedoch etwas leichter löslich sind. Die Art der neugebildeten Fe-Oxide sowie ihre Konzentration und Verteilung in den Bodenhorizonten sind wichtige Indikatoren für die Verwitterungsintensität, den Wassereinfluß und das Bodenalter.

2.1.3 Organische Bodensubstanz

Erst eine mit lebender und toter organischer Substanz durchsetzte Verwitterungsschicht ist aus sich selbst heraus Träger und Vermittler von Pflanzenwachstum. Sie prägt die Entwicklung von Verwitterungsprodukten über den Rohbo-

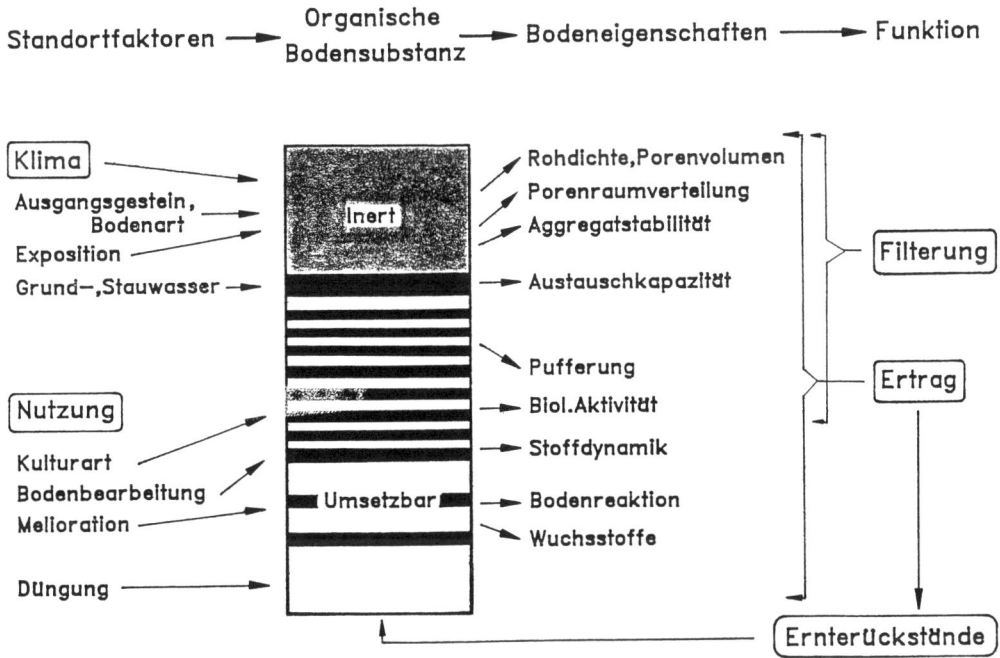

Abb. 55. Die Organische Substanz in ihrem Einfluß auf die Bodeneigenschaften.

den zum *Boden i. e. S.* Im Mittel besteht die org-
nische Substanz in Mineralböden aus 85% toter
organischer Substanz (= Humus), 10% Pflanzenwurzeln und 5% Edaphon (Bodenflora und
-fauna). Die mittlere chemische Zusammensetzung der organischen Bodensubstanz beträgt: 44
bis 58% C, 0,5 bis 4% N, 42 bis 46% O, 6 bis 8%
H. Die organische Substanz wird von Pflanzen-
und Bodenorganismen produziert und nach ihrem Absterben ab-, um- und zu stabilen organischen Verbindungen neu aufgebaut. Im Boden
angereicherte, humifizierte pflanzliche und tierische Rückstände werden als *Humus* (lat. =
feuchter, fruchtbarer Boden) bezeichnet. Er
verleiht dem Boden eine charakteristische dunkle Farbe. Alle physikalischen, chemischen und
biologischen Eigenschaften des Bodens werden
von der organischen Substanz stärker beeinflußt
als durch gleiche Mengen Tonminerale (Faktor 3
bis 5). Nur bis zu 5% des Humus nehmen am
jährlichen Umsatz der organischen Substanz teil
(Abb. 55). Standortfaktoren bestimmen Menge
und Qualität der organischen Substanz im Boden und dessen ökonomische und ökologische
Eigenschaften (Ertragsbildung, Filterung).

2.1.3.1 Humusgehalte der Böden
Die Produktion organischer Ausgangsstoffe, ihr
Entzug durch Ernte, Umwandlung durch Ver-
wesung, Mineralisierung und Humifizierung be-

stimmen in Abhängigkeit von Umweltfaktoren
(Klima, Gestein, Relief, menschliche Einflüsse)
den Humus*spiegel* eines Bodens. In *Natur*böden
wird ein Gleichgewicht zwischen Stoffauf- und
abbau eher erreicht als in *Kultur*böden. Wurzel-
massen, Bestandsabfall, Vegetations- und Ernterückstände sowie in den Kreislauf von außen
eingeführte organische Dünger bilden die organischen Ausgangssubstanzen zusammen mit der
Körpersubstanz aller Bodenorganismen. Produktivität des Standorts, Kultur und Fruchtar-
ten ergeben unterschiedliche Mengen organischer Substanz im Boden. Im Mittel liefern
Laubwälder > Nadelwälder > Dauergrünland
> Acker organische Substanz für die Humusbil-
dung (Tab. 26).
Wegen geringerer Belüftung des Bodens ist
unter mehrjährigen Kulturen mehr Humus angereichert als unter einjährigen (Bedeutung der
Feldgraswirtschaft). Grünlandböden haben im
Ah-Horizont unter gleichen Standortbedingungen einen im Mittel doppelt so hohen Humusgehalt als Ackerböden. Die humuszehrende Wirkung des Hackfruchtbaus gegenüber der humus-
mehrenden des Feldfutterbaus ist bekannt. Der
Getreideanbau nimmt eine Mittelstellung ein.
Mit dem Humusabbau durch ackerbauliche Nutzung steigt in nichtbindigen Böden die Wind-
und Wassererosionsgefahr. Da vornehmlich
aerobe Mikroorganismen den Abbau der orga-

Tab. 26. Mittlere jährliche Produktion an organischer Trockmasse (dt · ha^{-1})
(nach Schroeder 1983, ergänzt)

	Wald	Grünland	Ackerland
Wurzelmasse	30−> 100	30−80	5−30
Streu, Bestandsabfall, Vegetations- und Ernterückstände	20− 45	10−30	3−50*
organ. Dünger	−	−	10−25

* Strohdüngung

Tab. 27. Bodennutzung und Humananreicherung (nach Schroeder 1983, ergänzt)

Vegetation, Nutzung	Humusform	Rohdichte tr (g · l^{-1})	% organ. Subst. der Krume	= dt · ha^{-1} 1 m Tiefe
Acker	Mull		2	1000
Laubwald	Moder	1500−1000	4	2000
Nadelwald	Rohhumus		6	2400
Grünland	Mull/Moder		7	3500
Moor	schw. zers. Torf	50	98	4900
Moor	st. zers. Torf	120	95	11400

nischen Substanz besorgen, sind Standorte mit guter Belüftung des Bodens (leichte, grundwasserferne Böden) bei gleicher Bodennutzung humusärmer als Böden mit häufigem Luftmangel (Gleye, Pseudogleye, Pelosole, Anmoore und Moore). Unter völligem Luftabschluß durch Wasserüberschuß wird die Verwesung schließlich gänzlich unterbrochen. Dann kommt es zur Vertorfung (Konservierung) pflanzlicher Ausgangssubstanzen (Tab. 27).

Biochemische Oxidationen der organischen Substanz haben ihr Optimum im neutralen bis alkalischen Bereich. Deshalb findet in sauren Waldböden, Podsolen, entwässerten Hochmooren eine gehemmte Humifizierung statt, selbst bei ausreichender Luftzufuhr.

Auch die Bodentemperatur steuert die Umsetzung der organischen Substanz. Sie wird von der Topographie, geographischen Breite und Höhe sowie Exposition bestimmt. Trotz relativ geringer Biomasseproduktion ist die Humusanreicherung in nordischen Tundren bis hin zur Moorbildung beachtlich. Ähnlich steigt im Gebirge mit zunehmender Höhe der Anteil an organischer Substanz im Boden. Besonders viel organische Masse (Tangel) ist in Hochgebirgsböden bei Nordexposition (kühl und feucht) angereichert. Das Klima (Humidität, Temperatur) bestimmt die Vegetation und damit den Humus- und Bodenstickstoffgehalt (Abb. 56).

Nicht nur Feuchteüberschuß (= Luftmangel) führt zur Anreicherung von organischer Substanz im Boden. Auch bei Feuchtemangel wird die mikrobielle Aktivität der Böden gehemmt, vor allem im Steppenklima. Die relativ hohen Humusgehalte der Schwarzerden (bis 10%) sind durch Sommertrocknis und Winterkälte bestimmt. Edaphisch trockene Muschelkalkrendzinen an Südhängen haben ähnlich hohe Humusgehalte.

Häufig sind an der Humusanreicherung auch standorttypische Pflanzen mit unterschiedlich zersetzbaren Rückständen beteiligt. Weiche, eiweißreiche Gräser und Kräuter werden schneller zersetzt als harte, eiweißarme. Bestandsabfall von Laubbäumen auf kalkhaltigen Lockerbraunerden mit guter Belüftung führt zu geringerem Humusspiegel als der saure Bestandsabfall von Nadelhölzern auf Gleypodsolen. Zwergsträucher wie *Erica tetralix* (Moor-Glokkenheide), *Calluna vulgaris* (Besenheide), *Vaccinium myrtillus* (Heidelbeere), *Vaccinium vitisidaea* (Preiselbeere) wachsen auf luftarmen, sauren Mineral- und Moorböden. Die organi-

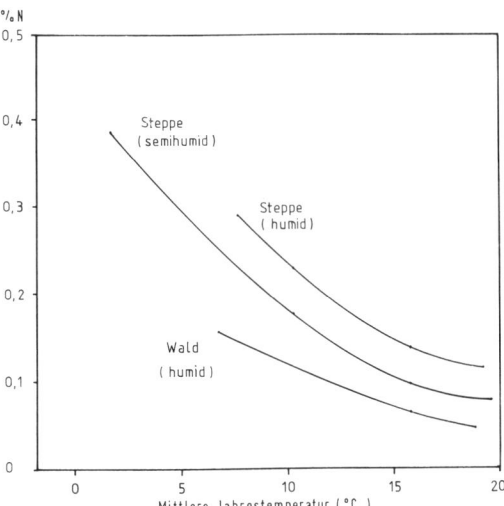

Abb. 56. Klima und Vegetation beeinflussen Boden-N-Gehalt.

sche Substanz dieser Pflanzen ist sehr schwer abbaubar. Sie sind Rohhumuslieferanten (siehe Kap. 2.1.2.2).

Mit Überschreiten des optimalen Tongehaltes eines Bodens wird meist sein Luft-, Wärme- und Wasserhaushalt verschlechtert. Dies ist aber nicht der einzige Grund für die höheren Humusgehalte schwerer Böden. Tonreiche Böden sind in ihrem Ertragspotential die besseren Pflanzenstandorte. Es wird folglich bei gleicher Nutzung mehr organische Substanz zugeführt. Außerdem wird ein Teil der organischen Substanz von Tonmineralen sorbiert und zu stabilen Tonhumuskomplexen vereinigt. In Aggregaten eingeschlossene organische Substanz wird vor mikrobiellem Abbau geschützt.

Tab. 28 gibt als Beispiel eine Humus*umsatz*berechnung.

Tab. 28. Humusumsatz

Humusspiegel	4% o. S.*
≙ in 3 dm Krume · ha^{-1}	180 t o. S.
1% Umsatz/Jahr	− 1,8 t o. S.
5% Umsatz/Jahr	− 9,0 t o. S.
Ersatz: Strohdüngung	+ 5 t/ha
Gründüngung	+ 2,0−8,7 t/ha
50 m³ Gülle	+ 5,0 t/ha
Ernterückstände (Getreide)	+ 1,5 t/ha

* o. S. = organische Substanz

Tab. 29. Humuswirkungen

	Dauerhumus (%)	Strukturstabilisierung – Wirkungsdauer –	Wirkungsgleichheit (dt TM · ha^{-1})
Rottemist	18	Jahre	33
Stroh	10	Monate	65 (+N-Ausgleichsdüngung)
Gründüngung	6	Wochen	100

Tab. 30. Bodenveränderungen nach Grünlandumbruch (Brackmarschboden, Osterstader Marsch)

Nutzung	PV	%vol LK	nFK	pH	% C	% N =	kg N · ha^{-1} · 10 cm
Dauergrünland	57	4	18	5,0	6,66	0,69	= 9490
2 Jahre Acker	64	12	21	4,6	5,87	0,59	= 9086
3 Jahre Acker	60	9	19	5,5^{+}	3,17	0,31	= 5084
6 Jahre Acker	58	8	19	5,8^{+}	2,99	0,30	= 5040

$^{+}$ nach Kalkung   = − 4,45 t

Tab. 31. Humifizierungskoeffizient (HK) und Humusreproduktion) (HR) (nach P. KUNDLER 1989)

organ. Dünger	HK*	HR**
Gründünger, Rübenblatt	0,19	0,01
Gülle	0,25	0,01
Stroh	0,26	0,09
Stallmist	0,35 (S0,3, L0,4)	0,04
Niedermoortorf	0,45	0,02

* Anteil des in Humus umgewandelten Dünger-C
** (HK · 0,01 TM% · 0,01% C i. TM)

Je nach Art und Intensität der Bodennutzung werden jährlich 1 bis 5% der organischen Substanz des Bodens mineralisiert. Um den Humusspiegel zu halten, müssen mindestens gleichhohe Mengen organischer Substanz jährlich ersetzt werden. Bei einem Humusumsatz > 1% reichen die Wurzelrückstände nicht aus. Es muß entweder organisch gedüngt (Stroh, Gülle, Stallmist) oder durch Zwischenfrüchte vermehrt organische Substanz bereitgestellt werden. Je nach organischer Düngung ist der Anteil stabiler Reststoffe nach ihrem Umsatz (»Dauerhumus«) sehr verschieden (Tab. 29).

Die an der Gefügestabilisierung erkennbare Wirkungsdauer reicht höchstens 2 bis 4 Jahre. Zur Wirkungsgleichheit müssen deshalb verschieden häufig unterschiedliche Mengen organischer Dünger angesetzt werden. Der Humusabbau erfolgt schneller als der Humusaufbau.

Mit dem durch intensive Bodennutzung forcierten Humusumsatz wird viel organisch gebundener Stickstoff bis zum Nitrat mineralisiert und größtenteils ausgewaschen, denn dieses große plötzliche Stickstoffüberangebot können die Folgefrüchte meist nicht verwerten. Bis zu 5 t · ha^{-1} werden bei Grünlandumbruch freigesetzt (Tab. 30). Nach diesem »Nitratstoß« folgt eine Stabilisierungsphase, in welcher sich der neue nutzungsspezifische Humusspiegel einstellt. Diese Phase nachlassender Humuswirkungen wurde früher als »Hungerjahre« bezeichnet. Sie werden heute durch Mineraldüngung kompensiert. Der mit dem Humusschwund in leichten Böden verbundene Gefügeverlust jedoch ist damit nicht aufzufangen (erhöhte Erosionsgefahr).

Es ist bei Humifizierungskoeffizienten zwischen 0,2 (Gründüngung) und 0,5 (Torf) (Tab. 31) sehr schwierig den Humusgehalt eines Bodens über den standorttypischen Humusspiegel anzuheben.

Durch Krumenvertiefung auf durchschnittlich 35 cm ist im modernen Ackerbau bei gleichem Humusgehalt jedoch die Gesamtmenge an Humus nahezu verdoppelt worden. Unter gleichzeitiger Verengung des C-N-Verhältnis wurden hohe Mengen organisch gebundenen Stickstoffs angereichert und zunächst vor Auswaschung geschützt (ca. 100 bis 140 kg N · ha^{-1} · cm Krumenvertiefung). Ein Beispiel dieser Stickstoffakkumulation durch Humifizierung (Verengung C/N) und Krumenvertiefung zeigt Tab. 33.

Tab. 33. N-Akkumulation (kg · ha^{-1}) in Sandböden

% o.S.*	C/N 25	12,5		
2	1800	3600	+ 1800 kg · ha^{-1} · 20 cm	durch Humifizierung (Verengung C/N)
3	2400	4800	+ 2400 kg · ha^{-1} · 20 cm	
4	3600	7200	+ 3600 kg · ha^{-1} · 20 cm	
2	2700	5400	+ 2700 kg · ha^{-1} · 30 cm	durch Krumenvertiefung (20−30 cm) und Humifizierung (Verengung C/N)
3	3600	7200	+ 3600 kg · ha^{-1} · 30 cm	
4	5400	10800	+ 5400 kg · ha^{-1} · 30 cm	
2	+ 900	+ 1800	durch Krumenvertiefung von 20 auf 30 cm	
3	+ 1200	+ 2400		
4	+ 1800	+ 3600		

* o. S. = organische Substanz

Aus diesem inzwischen erhöhten Bodenstickstoffvorrat werden inzwischen jedoch steigende Anteile remineralisiert. Diese erhöhte Stickstoffnachlieferung muß bei der Düngung berücksichtigt werden.

Der Humusgehalt des Feinbodens kann im Labor nur bei ton- und karbonatfreien Böden durch Veraschung (550 °C, DIN 19684, Teil 3 I) genau bestimmt werden. In allen übrigen Fällen wird er aus dem analytisch ermitteltem Kohlenstoff-(C-)Gehalt (DIN 19684, Teil II 2) errechnet. Der C-Gehalt der verschiedenen organischen Bodenbestandteile schwankt zwischen 40 und 60 %mas; je stärker die organische Substanz humifiziert ist, um so höher ist der C-Gehalt. Werden lebende Feinwurzeln und Edaphon mit-

erfaßt, beträgt der Fehler bis zu 15 %. Als Mittelwert kann ein C-Gehalt von 50 % unterstellt werden. Folglich ergibt sich

Humusgehalt = % C · Faktor 2.

Es ist zu empfehlen, gegebenenfalls nur den C-Gehalt anzugeben.

Im Gelände ist der Humusgehalt aus der Färbung des Bodens nur bei gleichem Ausgangsmaterial und -feuchte annähernd zu schätzen. Je dunkler ein Boden, um so höher ist sein Humusgehalt. Jedoch wird Sandboden bei gleichem Humusgehalt stärker verfärbt als Tonboden. Wegen seiner gegenüber Mineralbodensubstanz geringeren Dichte der organischen Substanz (1,3 bis 1,5 g · cm^{-3} zu 2,6 bis 2,7 g · cm^{-1} für

Tab. 33. N-Akkumulation (kg · ha^{-1}) in Sandböden

% o.S.*	C/N 25	12,5		
2	1800	3600	+ 1800 kg · ha^{-1} · 20 cm	durch Humifizierung (Verengung C/N)
3	2400	4800	+ 2400 kg · ha^{-1} · 20 cm	
4	3600	7200	+ 3600 kg · ha^{-1} · 20 cm	
2	2700	5400	+ 2700 kg · ha^{-1} · 30 cm	durch Krumenvertiefung (20 bis > 30 cm) und Humifizierung (Verengung C/N)
3	3600	7200	+ 3600 kg · ha^{-1} · 30 cm	
4	5400	10800	+ 5400 kg · ha^{-1} · 30 cm	
2	+ 900	+ 1800	durch Krumenvertiefung von 20 auf 30 cm	
3	+ 1200	+ 2400		
4	+ 1800	+ 3600		

* o. S. = organische Substanz

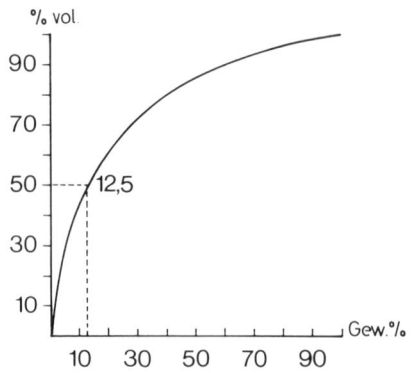

Abb. 57. Beziehung zwischen Gewichts- und Volumenprozenten des Verbrennlichen (Torf, Humus) im Boden (nach HILPOLTSTEINER 1958).

mineralische Feststoffe) kann der Humusgehalt in stärker humosen Bodenhorizonten auch aus der Rohdichte abgeleitet werden. Da die o. S. eine geringere Rohdichte aufweist als die mineralische, entsprechen bereits 12,5 %mas organische Substanz 50 %vol (Abb. 57).

In grundwasserfreien Böden kann der C-Gehalt aus folgender Beziehung abgeleitet werden: $C = 0,04 (T+fU) + 0,3$.

2.1.3.2 Humusformen

Morphologische Merkmale (pflanzliche Reste, koprogenes Gefüge, Farbe, Geruch) und chemische Eigenschaften (pH, C/N/P-Verhältnisse) charakterisieren die verschiedenen standorttypischen Humusformen. In ungestörten Böden (Wald, Grünland, Moor) lassen sich Humusformen aus typischen Abfolgen von Lagen im sog. Auflagehorizont (O) bzw. im humusangereicherten Ah-Horizont erkennen.

Der Auflage- oder *Ekto*humus (O) ist nur wenig mit dem Mineralischen vermischt. Sein mineralischer Anteil (bis zu 70 %mas) besteht hauptsächlich aus biogenen Aschebestandteilen. Der in den Mineralböden durch Wurzeln, Biomixion und Infiltration aus dem Auflagehumus inkorporierte Humus wird als *Endo*humus (Ah) bezeichnet.

Mit einfachen diagnostischen Hilfsmitteln kann im Gelände aus der Humusform (Horizontbildung, Gefüge, pflanzliche Reste) die stoffliche Zusammensetzung des Humus und damit die Dynamik des Standortes beurteilt werden, ackerbaulich genutzte Böden ausgenommen. Nach vorherrschenden hydrologischen Bedingungen unterscheidet man drei Gruppen von

Humusformen: *subhydrische, semiterrestrische* und *terrestrische.*

Subhydrische Humusformen

*zerteilt*pflanzlich	*ganz*pflanzlich
»*Mudden*« (F) an der Basis von Verlandungsmooren	Niedermoor*torfe* (Hn)
Dy-Braunschlamm-dystroph-*anaerob*	
Gyttja – Grauschlamm – eutroph – *aerob*	
Sapropel-Faulschlamm-*anaerob*	

Semiterrestrische Humusformen

± *zerteilt*pflanzlich/humif.	*ganz*pflanzlich
Feucht-Rohhumus	Hochmoor*torfe* (Hh)
*Feucht*moder	*Weiß*torf (H < 5)
*Feucht*mull	*Schwarz*torf (H > 5)

Terrestrische Humusformen

Rohhumus	± *zerteilt*pflanzlich
Moder	± humifiziert
Mull	± humifiziert

Subhydrische Humusformen

Subhydrische Humusformen entstehen unter Wasser, das bedeutet unter Luftabschluß bei meist reduzierenden Bedingungen. Der Mineralstoffgehalt (Trophie) des Wassers läßt sie weiter differenzieren. Durch Wassertiere und teilweise auch anaerobe Zersetzung sind Pflanzen und Organismenreste meist fast vollständig zerteilt. Man unterscheidet deshalb *zerteiltpflanzliche Mudden und ganzpflanzliche* Niedermoortorfe. Beide haben eine sehr geringe Rohdichte (siehe Kap. 1.3.2.6).

*Dy (Braun*schlamm): Dunkelbraune, saure Huminstoffgele, fast frei von Organismenresten, am Grunde dystropher (nährstoffarmer), humussaurer Braunwässer, auch an der Basis bzw. am Rand von Hochmooren im Übergang zum Liegenden, nährstoffarm, schlecht durchlüftet.

*Gyttja (Grau*schlamm): Grauschwarze, organismenreiche Ablagerungen zerteilter Pflanzenreste, Huminstoffe, Ton und Schluff am Grund eutropher (nährstoffreicher), sauerstoffreicher Gewässer, daher kaum Fäulnisgeruch.

*Sapropel (Faul*schlamm): Schwarze Huminstoffanreicherung durch gehemmte, anaerobe Zersetzung von Pflanzenresten am Grunde eutropher, sauerstoffarmer Gewässer, Fäulnisgeruch (H_2S). Bei hohem Gehalt pflanzenschädlicher Stoffe (nach Oxidation) im Gegensatz zur Gyttja von geringem Nutzwert.

Tab. 34. Bezeichnung der Torfarten nach vorherrschenden, mit bloßem Auge erkennbaren Pflanzenresten (nach ROESCHMANN et al. 1993)

Torfbildende Pflanzen					Torfart	
		Vorkommen				
Botanischer Name	V*	Hh	Hu	Hn	Bezeichnung	Kurzzeichen
Haupttorfart Hochmoortorf (Hh)						
verschiedene *Sphagnum*-Arten		× ×	×		Bleichmoostorfe undiff.	Hhs
Sphagnum Sect. acutifolia	(h)	× ×	×		Acutifoliatorf	Hhsa
Sphagnum Sect. cuspidata	(h)	× ×	×	×	Cuspidatatorf	Hhsu
Sphagnum Sect. cymbifolia	(h)	× ×	×	×	Cymbifoliatorf	Hhsy
Eriophorum vaginatum	(m)	× ×	×		Wollgrastorf	Hhe
Oxycoccus palustris	(s)	× ×	×		⎫	
Calluna vulgaris	(s)	× ×	×		⎬ Reisertorfe	Hhi
Erica tetralix	(s)	× ×	×		⎪	
Andromeda polifolia	(s)	× ×	×		⎭	
Haupttorfart Übergangsmoor (Hu)						
Scheuchzeria palustris	(m)	×	× ×		Beisentorf	Hua
Carex limosa	(m)	×	× ×		Schlammseggentorf	Huc
verschiedene Baumarten	(h)	×	× ×	×	Bruch(wald)torfe	Hhl, Hul, Hnl
Pinus sp.	(m)	×	× ×		Kiefernbruch(wald)torf	Hulk
Betula pubescens	(m)	×	× ×	×	Birkenbruch(wald)torf	Hulb
Haupttorfart Niedermoortorf (Hn)						
Menyanthes trifoliata	(s)		×	× ×	Fieberkleetorf	Hnmy
versch. *Carex*-Arten	(h)		×	× ×	Seggentorf	Hnc
Bryidae	(h)	×	× ×	× ×	Laubmoostorf	Hnb
Salix sp.	(s)		×	× ×	Weidenbruch(wald)torf	Hnlw
Equisetum fluviatile	(s)		×	× ×	Schachtelhalmtorf	Hnq
Phragmites australis	(h)			× ×	Schilftorf	Hnp
Alnus glutinosa	(h)			× ×	Erlenbruch(wald)torf	Hnle
Cladium mariscus	(m)		×	× ×	Sumpfschneidentorf	Hnel

V* = Häufigkeit, im Torf vorherrschend   × × Hauptvorkommen
h = häufig   m = mittel   s = selten   × Einzelvorkommen

Niedermoortorfe entstehen *topogen* in *Versumpfungs-*, *Verlandungs-*, *Durchströmungs-*, *Überflutungs-* und *Quellmooren* (siehe Kap. 1.3.2.6). Abgestorbene, meist unzerteilte Pflanzenreste werden unter Luftabschluß im eutrophen Wasser bei gehemmter Zersetzung (Vertorfung) angehäuft. Typische Niedermoortorfbildner zeigt Tab. 34. Niedermoortorfe sind je nach ihrer mineralischen Umgebung meist Ca- und N-reich (zur Trophie der Torfe siehe Tab. 34 u. 35). Ihre Ansprache erfolgt nach Tab. 35.

Semiterrestrische Humusformen

Anstelle des *Grund*wassers tritt zunehmend *Stauwasser*einfluß durch überschüssiges, nährstoffarmes Niederschlagswasser. Auch dieses bewirkt – zeitweise – Luftabschluß, Reduktion mit Anhäufung abgestorbener teilzersetzter Pflanzen. Die Übergänge vom subhydrischen zum semiterrestrischen Milieu sind fließend.

Übergangsmoortorf: Niedermoortorf- und hochmoortorfbildende Pflanzen wachsen nebeneinander (*Durchdringungs*komplex), daher sind ihre Eigenschaften und Merkmale zwischen denen des subhydrischen, eutrophen Niedermoortorfes und des semiterrestrischen, oligotrophen Hochmoortorfes einzuordnen. Nach den jeweiligen Ansprüchen der torfbildenden Pflanzen unterscheidet man minerotraphente (mineralstoffliebende) und ombrotraphente (mit nährstoffarmem Regenwasser auskommende) Arten.

Hochmoortorfe: Über Verdichtungen (Ortstein,

Tab. 35. Gliederung und Bezeichnung der Torfe (nach ROESCHMANN et al. 1993 und Entwurf für KA4)

botanische Torfarten-Einheit		botanische Torfarten-Untereinheit		(»botanische«) Torfart***		bodenkundliche Torfartengruppe* Hh Hu Hn		
Moos-torfe	Hm	Bleichmoos-torfe	Hms	Cymbifolia-T. Cuspidata-T. Acutifolia-T. Sonstige T.	Hmsy Hmsu Hmsa	! ! !	+ + +	
		Laubmoos-T.	Hmb	verschied. T.arten			v	v
Kräuter-torfe	HK	Hochmoor-Kräutertorfe	Hkh	Wollgras-T. Blasenbns.-T.	Hkhe Hkha	! !		
		Riedtorfe	Hkr	Fieberklee-T. Schachtelh.-T. Radizellen-T.** Schilftorf Schneidried-T.	Hkry Hkrq Hkrc Hkrp Hkrd	 + +	v v v 	v v v ! !
Reiser-torfe	Hi	Hochmoor-Reisertorf	Hih	Heidekraut-torf	Hihh	!		
Holz-torfe	Hl	Hochmoor-holztorf	Hlh	Kiefern-Hochmoortorf	Hlhk	!		
		Bruch(wald)-torfe	Hlh	Kiefernbrw.-T. Birkenbrw.-T. Erlenbrw.-T.	Hluk Hlub Hlue		! !	 !
amorphe Torfe	Hz	ohne bestimmbare Zuordnung ggf. nach oder an Hand von		Pflanzenreste, Stratigraphie Laboranalysen		v	v	v

*   Hh = Hochmoortorf; Hu = Übergangsmoortorf; Hn = Niedermoortorf
       ! = praktisch ausschließliche oder überwiegende Zugehörigkeit
       v = etwa gleichwertig in mehr als einer Gruppe
       + = seltenere Zuordnung
**   bisher häufig als Seggentorf bezeichnet
***   Beschreibung der bestimmenden Pflanzenreste in Geol. Jb. F 29, S. 13−20
       Eine erste grobe Gliederung erfolgt aus erkennbaren pflanzlichen Großresten von links nach rechts zunächst nach der botanischen Torfarteneinheit (Moostorf … Holztorf). Durch botanische Torfartenuntereinheiten ist eine weitere Unterteilung vor allem bei den Moos-, Kräuter- und Holztorfen möglich. – Bei guten botanischen Kenntnissen kann schließlich die botanische Torfart ausgewiesen werden. Die im Torf vorherrschenden Reste einer Pflanzenart bestimmen die botanische Torfart. Mischungen sind entsprechend quantitativer Reihenfolge zu bezeichnen, z.B. Hmsy/Hkhe = Cymbifoliatorf mit deutlichen Anteilen von Wollgrasresten.

Tab. 36. Ansprache des Zersetzungsgrades (bei nassen Torfen) nach der Quetschmethode von v. POST u. DIN 19682, Blatt 12

Abgepreßtes	Quetsch-rückstand	Pflanzenstruk-tur im Torf	Zersetzungs-grad	Kurzzeichen nach v. Post	DIN 19682
klar-gelbbraun trübes Wasser	nicht breiartig „	deutlich „	sehr schwach schwach	H1−H2 H3−H4	Z 1 Z 2
stark trübes Wasser < 1/3 Torfsubstanz	breiartig	weniger deutlich	mittel	H5−H6	Z 3
sehr stark trübes Wasser mit 1/2 bis 2/3 Torfsubstanz	nur noch wider-standsfähige Pflan-zenreste	undeutlich	stark	H7−H8	Z 4
wäßriger Brei bis 100% Torfsubstanz	fast kein Rückstand	nicht mehr erkennbar	sehr stark	H9−H10	Z 5

Geschiebelehm) im Liegenden gestautes basen- und nährstoffarmes Wasser fördert ombrotraphente anspruchslose Arten wie Bleichmoose, Wollgräser, Sonnentau, Moosbeere und andere Zwergsträucher. Im feuchtkühlen Klima (positive klimatische Wasserbilanz) können sich diese auch über abgeschlossenen Niedermoorbildungen ombrogen entwickeln. Hohe Wasserspeicherung hemmt den Abbau der Vegetationsrückstände. Sie wachsen auf diesen schildartig auf. Je nach ihrem Alter und den während ihrer Entstehung herrschenden Klimabedingungen (feuchtkühl – feuchtwarm) sind Hochmoortorfe in ihrem primären Zersetzungsgrad als *Weiß*- oder *Schwarz*torf zu unterscheiden (siehe Kap. 1.3.2.6).

Zersetzungsgrad und Torfart sind wichtig bei allen Untersuchungen von Moor und Torf. Er korreliert mit den physikalischen und chemischen Eigenschaften der Torfe und beschreibt den Anteil nichtstrukturierter Pflanzenreste im Torf. Je geringer der Zersetzungsgrad eines Torfes ist, um so günstiger ist er kulturtechnisch, pflanzenbaulich und ökologisch zu bewerten. Schwach zersetzte Torfe haben eine gute Wasserdurchlässigkeit und Wasserspeicherfähigkeit; stark zersetzte Torfe haben eine schlechte Wasserleitfähigkeit, eine zunehmend feste Wasserbindung, aber gleichzeitig eine erhöhte KAK.

Als Feldmethode hat sich die Quetschmethode bewährt. Ein feuchtes Torfstück wird in der Hand gequetscht. Farbe und Anteil strukturierter Torfsubstanz des zwischen den Fingern austretenden Wassers bzw. Breis sowie die Beschaffenheit des Quetschrückstandes ergeben den Zersetzungsgrad in einer zehnstufigen Skala (siehe Tab. 36).

Bei guter Übung schwankt der Schätzbereich nur um ± 0,5 H. Für stark ausgetrocknete Torfe ist diese Methode nicht anwendbar. Dann wird der Zersetzungsgrad nur nach dem Erhaltungszustand pflanzlicher Strukturen im Torf geschätzt.

Nach Entwässerung wird die Pedogenese fortgesetzt. In *Moorböden* genügt deshalb die Angabe des Zersetzungsgrades als Ausdruck einer primären (subfossilen) Bodenbildung nicht, um die sekundäre (rezente) Humifizierung zu beschreiben. Durch Vererdung, Vermulmung und Vermurschung entstehen charakteristische Gefügeformen (siehe Kap. 2.4.1.7).

Im Labor wird nach DIN 19542 in kochender, 72%iger H_2SO_4 der nicht hydrolisierbare Rückstand (r-Wert) als torftechnologisch wichtige Kenngröße bestimmt. (Weißtorf/Schwarztorf Grenzwert r = 48%).

Das *Anmoor* ist je nach Grundwasser- und Stauwassereinfluß niedermoorartig (subhydrisch) oder hochmoorartig (semiterrestrisch) ein dunkelgefärbtes Gemisch aus 15 bis 30% mas organischer Substanz und 85 bis 70% mineralischer Anteile. Bei unterschiedlicher Dichte beider Komponenten ist der deutlich höhere Volumenanteil der organischen Substanz zu beachten (Abb. 57). Eine Bewertung der Anmoore nach der vorherrschenden mineralischen Substanz (S, U, T) steht noch aus. Er weist folgende Humusformen auf:

Feuchtrohhumus ist ein schmieriger, meist schwarzer Auflagehumus im Einflußbereich basenärmeren, langfristig oder häufig hohen Stau- oder Grundwassers. Die Zersetzung der organischen Substanz ist stark gehemmt. Man kann deutlich in Streu-, Zersetzungs- und Humifizierungshorizonte trennen, letztere von schmieriger Konsistenz.

Feuchtmoder ist eine rötlich-braune Humussubstanz mit wenig Mineralanteilen, die bei langfristig stagnierendem, basenärmeren Grund- oder Stauwasser auftritt mit schmieriger H-Lage.

Feuchtmull ist die günstigste Humusform anmooriger Böden, da er nur periodisch unter Einfluß basen- und sauerstoffreichen Grundwassers steht.

Terrestrische Humusformen:
Diese sind nur unter Waldvegetation, seltener auch noch unter Dauergrünland zu erkennen.

Der Auflagehumushorizont läßt sich wie folgt untergliedern:
1. *L-Lage* (engl. *litter*; Förna – früher A_{00}-Horizont) morphologisch wenig veränderte, gebräunte Pflanzenreste (Blätter; Nadeln, Holz, Streu) < 10% amorphe organische Feinsubstanz, locker verklebt = Streuhorizont, Streuauflage.
2. *F-Lage* (engl. *fermentation*, *Vermoderungs*horizont, früher A_1-Horizont), morphologisch nicht mehr deutlich erkennbare, gebleichte Pflanzenreste (minierte Nadeln), vermischt mit Milben, Enchyträenkot und Pilzhyphen. 10 bis 70% organische Feinsubstanz, locker verklebt, stapelartig gelagert.
3. *H-Lage* (engl. *humification*, *Humusstoffhorizont*, früher A2-Horizont), ohne erkennbare Pflanzenstrukturen, ohne Vermischung mit Mineralböden, fast ausschließlich Enchyträenkot, mit Huminstoffen inkrustierte Hu-

muskörperchen ($\varnothing < 200\,\mu\text{m}$), scharfkantiger Bruch, > 50 bis 80% organische Feinsubstanz, lose bröckelig oder kompakt.

Rohhumus ist die Humusform untätiger Böden, z. B. Feuchtpodsole unter Heide, Nadelholz, Gräsertorf saurer Wiesen. Die Humifizierung findet vorwiegend abiologisch statt. Rohhumus ist daher mit Mineralboden nicht vermischt. »Saurer Regen« begünstigt die Rohhumusbildung. Die L-, F- und H-Lagen sind *scharf* gegeneinander abgesetzt. Rohhumus fördert die Podsolierung. Durch Infiltration saurer niedermolekularer Huminstoffe ist der Ah-Horizont dunkel gefärbt. Rohhumusmelioration (Kalkung, Stickstoffdüngung, Pflügen und Fräsen) führt zu Moder- und Mullhumus (aber auch NO_3-Freisetzung!).

Moder entsteht bei gehemmter Streuzersetzung und unvollständiger biogener Vermischung unter ungünstigen Standortbedingungen. Die L-, F- und H-Lagen bilden *unscharfe* Übergänge. Geringe Anteile Kleintierlosungen, nicht durch Pilzhyphen verklebt, locker-krümeliges Gefüge, Geruch nach Kartoffelkeller. Moder ist die typische Humusform der Sandböden, besserer Grünlandstandorte und Moorböden (siehe 2.4.1.7).

Mull bildet sich bei völliger Streuzersetzung unter günstigen mikrobiologischen Bedingungen. Deshalb intensive, biogene Vermischung von Mineralischem und Organischem mit stabilen koprogenen (Wurmmull), grauschwarzen Tonhumuskomplexen. L- und H-Lagen fehlen häufig. Voraussetzung für die Mullbildung ist ausreichender Tongehalt bei Anwesenheit von Kalk und freien Oxiden, die eine feste chemische Bindung der Humusstoffe an den Ton fördern. Mull ist die Humusform der besseren Böden. Ein frischer Erdgeruch ist typisch.

Tab. 37 faßt die Eigenschaften terrestrischer Humusformen zusammen und erlaubt Ableitungen ökologischer Eigenschaften.

Die Humusformen der Moorböden ($\pm$ zersetzte Torfe, vererdeter Torf, Mulm, Mursch) werden als Gefügeformen in Kap. 2.4.1.7 beschrieben, da sie nicht nur auf den oberen Profilbereich begrenzt bleiben. Ein allerdings reziproker Vergleich zu verschiedenen Lagen des Auflagehorizontes von Mineralböden bietet sich an. In Moorböden ist die obere Lage die am stärksten humifizierte über einem weniger häufig und stark austrocknendem Vermoderungshorizont, der den L-Lagen ($= \pm$ unveränderter Torfe) aufliegt. In den sauren Hochmoorböden bleibt die Tiefe der Humifizierung/Vermoderung auf die Kultivierungsschicht begrenzt. Unter einer Dauergrünlandnarbe bildet sich darüber jedoch eine neue Gräsertorfschicht als L-Lage und F-Lage aus. In kalkhaltigen Niedermoorböden ist der A-Horizont je nach Dauer und Intensität ihrer Nutzung vererdet bis vermulmt. In Trockenklimaten setzt sich diese Bodenbildung bis in den Unterboden fort. Bei welchselnder Durchfeuchtung/Austrocknung bilden sich aus der zunächst kohärenten stark humifizierten Matrix nach Schrumpfung grobe Segregate (Torfbröckelhorizont, Mursch) (siehe Kap. 2.4.1.7).

Tab. 37. Eigenschaften der terrestrischen Humusformen

Kriterium		Mull	Moder	Rohhumus
Gliederung:	L-Lage	(+)	+	++
	F-Lage	(−)	(+)	++
	H-Lage	−	(+)	++
Streuzersetzung		++	+	(−)
Bodenwühler		++	+	−
Humifizierung		hochpolymer $\longleftarrow$		$\longrightarrow$ niedermolekular
Reaktion		neutral, schwach sauer	sauer	stark sauer
Nährstoffdynamik		gut	mittel	schlecht
C-N-Verhältnis		10−17	18−29	> 29
C-P-Verhältnis		< 200	200−600	> 600

++ = sehr deutlich, + = deutlich, (+) = undeutlich, (−) = kaum erkennbar, − = fehlt

Tab. 38. Stoffumwandlungen im Boden

	mineralisch	organisch
Ausgangsmaterial	Gesteine, Minerale	Pflanzen, Tiere
Abbauprozeß	Verwitterung	Verwesung, Zersetzung
Aufbauprozeß	Mineralneubildung	Humifizierung
Neubildungen	sek. Tonminerale	Huminstoffe
	Metalloxide	Metalloxide

2.1.3.3 Humusbestandteile

Eine stofflich genaue Identifizierung des Humus ist schwierig:

1. Er enthält zahlreiche organische Verbindungen, die in Pflanzen und Tieren vorkommen.
2. Durch Humifizierung entstehen neue organische Verbindungen und intermediäre Stoffwechselprodukte (Metabolite).
3. Bodenspezifisch werden dunkelgefärbte, stabile Huminstoffe und organomineralische Komplexe angereichert.

Die Umwandlung primärer organischer Ausgangssubstanzen erfolgt in neben- und nacheinander ablaufenden Prozessen:

a) Überwiegend bodenbiologische Mineralisierung. Endprodukte: Gase (aerob CO_2, anaerob NH_3, N_2, H_2S, CH_4), Wasser, Anionen, Kationen und Asche (SiO_2, Fe_2O_3), gleichzeitig *Freisetzung* von Energie (siehe z.B. Erwärmung eines Komposthaufens). Leicht mineralisierbare organische Substanz wird als *Nährhumus* bezeichnet.

b) *Neu*bildung sekundärer, stabiler makromolekularer Huminstoffe (Humifizierung) unter *Energiebindung*. Akkumulation vorwiegend mit Tonmineralen. Bildung organomineralischer Komplexe. Diese Neubildungen sind nur noch sehr schwer mineralisierbarer *Dauerhumus*.

Das jeweilige Gleichgewicht zwischen Mineralisierung ⇌ Humifizierung wird mit dem *Zersetzungsgrad* beschrieben. Gehemmte Zersetzung bezeichnet man als *Vertorfung*, vollständige als Verwesung. Es bestehen zahlreiche Analogien der Stoffumwandlung biogener und lithogener Bodenkomponenten (Tab. 38).

Humusneubildungen sind kolloidale Bodensubstanzen mit großer spezifischer Oberfläche, Adsorptions- (Wassermoleküle) und Austauschereigenschaften (reversible Ionsorption). Sie beeinflussen damit Gefügebildung, Wasser-, Luft-, Wärme- und Nährstoffhaushalt der Böden. Zur stofflichen Beurteilung des Humus wird zwischen Nichthuminstoffen und Huminstoffen unterschieden.

Nichthuminstoffe umfassen alle abgestorbenen tierischen und pflanzlichen Stoffe im Stadium des biologischen und abiologischen Ab- und Umbaus. *Huminstoffe* sind durch chemische und biochemische Reaktionen entstandene stabile hochmolekulare organische Verbindungen (oft zyklische Polymerisate) meist dunkler Farbe.

Die **Zersetzung** (Mineralisierung, Verwesung und Humifizierung) organischer Substanzen verläuft in drei ineinander verknüpften Phasen.

1. *Biochemische Initialphase*
   Durch Hydrolyse und Oxidation werden hochpolymere Verbindungen der Tier- und Pflanzenorgane z.T. enzymatisch in ihre Einzelbausteine ohne sichtbare äußere Zerstörung des Zellverbandes zerlegt, so z.B. Stärke in Zucker, Eiweiß in Aminosäuren, Chlorophyll in aromatische Verbindungen. Die Braunverfärbung von Laub und Streu ist äußeres Merkmal dieser Anfangsphase.

2. *Mechanische Zerteilungs- und Vermischungsphase*
   Makro- und Mikrobodenfauna (Regenwürmer, Borstenwürmer und verschiedene Arthropoden) zerkleinern und vermischen die biochemisch bereits aufgelockerten Substanzen mit dem Boden.

3. *Mikrobielle Umbauphase*
   Heterotrophe und saprophytische Bodenorganismen spalten enzymatisch organische Verbindungen in ihre Grundbausteine, die sie für ihren Bau- und Betriebsstoffwechsel benötigen. Die mikrobielle Veratmung (Oxidation) organischer Verbindungen unter Freisetzung von CO_2, H_2O, Mineralstoffen und Energie wird *Mineralisierung* genannt. Die Abbauintensität ist von Standortfaktoren (Feuchte, Sauerstoff, Temperatur, Reaktion) und der unterschiedlichen Abbauresistenz der Ausgangssubstanzen abhängig. Die wich-

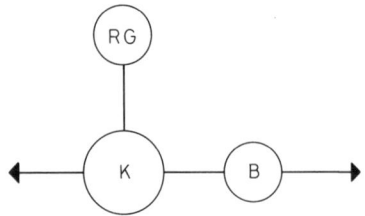

Abb. 58. Schema für die Anordnung von Kern (K), reaktiven Gruppen (RG) und Brücken (B) in der Huminsäurestruktur (monomer) (nach THIELE und KETTNER 1953).

tigsten Pflanzeninhaltsstoffe haben folgende zunehmende Stabilität: Zucker, Stärke, Proteine < Proteide < Pektine < Zellulose < Lignine < Wachse, < Harze < Gerbstoffe. Daraus erklärt sich der unterschiedlich schnelle Abbau von Pflanzenarten: Leguminosen > andere Kräuter > Gräser > Laubhölzer > Nadelhölzer > Zwergsträucher > Bleichmoose. Die relative Anhäufung von Pflanzenresten in einem Torf läßt daher nur bedingt Rückschlüsse auf die Zusammensetzung der ursprünglichen Vegetation zu. Die Aktivität des mikrobiellen Abbaus kann aus dem pH-Wert und dem C-N- und C-P-Verhältnis der organischen Substanz abgeleitet werden. Die Mikrobentätigkeit ist gehemmt, wenn nicht genügend N zum Aufbau körpereigenen Eiweißes vorhanden ist. Dieser N-Bedarf wird bei C/N < 20 gedeckt. Mit erweitertem C-N-Verhältnis wird entweder die weitere Entwicklung der Mikroorganismen gehemmt oder im Boden vorhandener, anorganischer N den dort wachsenden Pflanzen entzogen. Das C-N-Verhältnis guter Böden liegt bei 10. Der Gefahr der vorübergehenden N-Immobilisierung (Festlegung) ist z.B. bei Strohdüngung (C-N-Getreidestroh = 70 bis 100) durch zusätzliche N-Düngung zu begegnen. Im Prinzip gilt gleiches für ein optimales C-P-Verhältnis. Phosphate nehmen eine wichtige Rolle im Stoffwechsel der Mikroben ein. Allerdings liegt ihr P-Bedarf um eine Zehnerpotenz niedriger als der N-Bedarf. Das C-P-Verhältnis guter Ackerböden ist mit 100 bis 200 dafür ausreichend. Podsolauflagehumus hat dagegen C/P $\sim$ 1000. Optimal ist mithin C : N : P = 100 : 10 : 1.

Humifizierung: Stabile Huminstoffe können erst im Boden synthetisiert werden, wenn der mikrobielle Abbau soweit fortgeschritten ist, daß reaktionsfähige Spaltprodukte vorliegen. Reaktionsfähige Abbauprodukte sind u. a. aus Kohlenhydraten → Monosaccharide, aus Eiweißstoffen → Peptide und Aminosäuren, aus aromatischen Zellwandbestandteilen → phenolische Bausteine.

Monosaccharide, zyklische Aminosäuren und die meisten Phenole können direkt oder über Zwischenprodukte zu Huminstoffen polymerisieren. Huminstoffe sind also Makromoleküle. Wenn auch der Mechanismus der Huminstoffpolymerisation und der chemische Aufbau dieser Makromoleküle noch weitgehend unbekannt sind, so wissen wir doch aus den zahlreichen Modellversuchen das Prinzip der Huminstoffbildung zu deuten. Das Bauprinzip der Monomere zeigen in vereinfachter Darstellung Abb. 58 und 59.

Kern (K) (iso- und heterocyklische Sechs- oder Fünfringkonfiguration wie z.B. Benzol u.

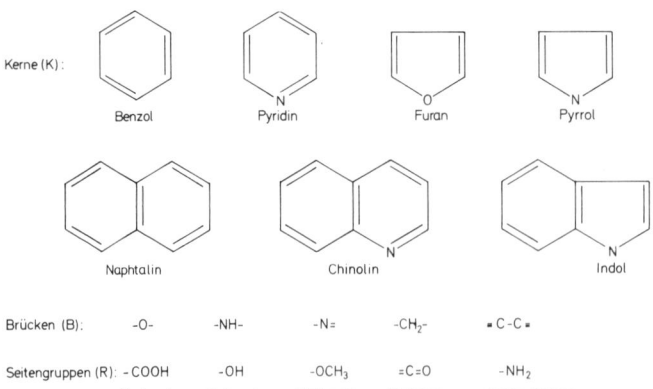

Abb. 59. Die wichtigsten Bauelemente der Huminstoffe.

HC = O
(HC – OH)$_4$ Zucker
HC = O

COOH   COOH   COOH
                R – CH
HO   H   OH
HO   O   COOH
   OH   OH   COOH
                                        CH – CH$_2$
                         O
                                   CH
                         NH   N
                    R – CH
                       C = O   Peptide
                       NH

Pyrrol), reaktive Seitengruppen (RG) (Carbo-xyl-, Hydroxyl-, Methoxyl-, Carbonyl- und Aminogruppen) sowie Brücken (B): Die verschiedenen Ausgangstoffe und -komponenten im Boden werden zu *Misch*polymerisaten verknüpft. Bereits in den Pflanzen vorhandene zyklische Grundsubstanzen (Lignine, Farb- u. Gerbstoffe) oder durch Zyklisierung linearer Spaltprodukte von Kohlenhydraten und Proteinen entstandene Ringverbindungen werden anschließend polymerisiert zu Neubildungen (= Huminstoffe). Die hohe Reaktivität der funktionellen Gruppen solcher aromatischer Ringverbindungen macht eine chemische Entstehung der Huminstoffe möglich. Vor allem in sauren, nährstoffarmen Mineral- und Hochmoorböden dürfte die chemische Reaktion vorherrschen. Biochemische Entstehung von Huminstoffen erfolgt vor allem im Verdauungstrakt der Bodentiere über Stoffwechsel- und Autolyseprodukte, besonders in Böden hoher mikrobieller Aktivi-

tät. Phenolische Hydroxyl- und Carboxylgruppen verleihen den Huminstoffen als Mischpolymerisate sauren Charakter und variable Austauschereigenschaften. Solche Huminstoffe sind mikrobiell weitgehend resistent. Die hypothetische Strukturformel einer Huminsäure ist oben dargestellt.

Durch verschiedene Lösungsmittel und Fällung mit Säuren lassen sich Huminstoffe in Stoffgruppen unterschiedlichen Polymerisationsgrades, Molekulargewichtes, Farbe, C- und N-Gehaltes trennen. Allerdings sind die Übergänge fließend. In Tab. 39 sind die wichtigsten Unterscheidungsmerkmale zusammengestellt.

Durch nacheinander geschaltete Lösungsversuche und Fällung des Natronlaugeextraktes mit Säuren ist eine Trennung der unterschiedlich löslichen Fulvo- und Huminsäuren von den nicht löslichen und fällbaren Huminen möglich. Die Salze der Fulvosäure heißen Fulvate, die der Huminsäuren Humate. Humine sind stabile Al-

Tab. 39. Huminstoffgruppen (nach SCHEFFER u. ULRICH 1957)

	Fulvosäuren	Hymato-melansäuren	Braun-huminsäuren	Grau-huminsäuren	Humine
Farbe	schw.-gelbbraun	braun	tiefbraun	grauschwarz	schwarz
Löslichkeit in:					
Wasser	+	–	–	–	–
Alkohol (C$_2$H$_5$OH)	+	+	–	–	–
Natronlauge (0,5n)	+	+	+	+	–
säurefällbar (HCl)	–	(+)	+	+	–

Tab. 40. Eigenschaften der Huminstoffe (nach MÜCKENHAUSEN 1985)

	Fulvosäuren (Fulvate)	Huminsäuren (Humate)	Humine
Farbtiefe Q 4/6		⟶	
Polymerisationsgrad	niedrig	Sphärokoloide	hoch
Teilchengewicht	2000−9000	5000−100000	n. b.
C-Gehalt (%)	48	55	58
N-Gehalt (%)	0,5−2,5	4−5	5−8
Säurecharakter	stark ⟵		schwach
KAK (mmol · 100 g^{-1})	300−320	380−480	370
Bindung an Ton	gering ⟶		hoch
Stabilität	gering ⟶		hoch
Mobilität im Boden	stark ⟵		sehr gering
Entstehung	⟵	chemisch biologisch ⟶	
Vorkommen	Podsol Hochmoor Rohhumus	Braunerde Niedermoor Moder	Schwarzerde Rendzina Mull

terungsprodukte der Fulvate und Humate. Weitere Eigenschaften der so gewonnenen Stoffgruppen sind in Tab. 40 aufgeführt.

Huminstoffe sind organische Verbindungen, die nicht durch Lebensvorgänge in einer Zelle synthetisiert werden. Ihre Bildung zwischen Biosphäre und Lithosphäre läßt sie in einer Inkohlungsreihe zwischen noch erkennbaren pflanzlichen Strukturen (Torf) und eigentlichem Gestein (Kohle) einordnen.

2.1.3.4 Ton-Humus-Komplexe

Nichthuminstoffe und Huminstoffe können mit Mineralbodenteilchen, vornehmlich mit den elektrisch geladenen, aufweitbaren Tonmineralen relativ starke Bindungen eingehen.

Niedermolekulare organische Substanzen können in Zwischenschichten quellfähiger Tonminerale eingelagert werden. Durch Seitenketten werden auf den Tonmineraloberflächen abgeschiedene größere organische Moleküle im Tonmineralkristallgitter verankert. So enthalten die dunklen montmorillonitreichen Vertisole besonders viel derart stabilisierte organische Substanz (Endohumus).

Daneben ist ähnlich wie bei mineralischen Kationen und Anionen auch eine sorptive Bindung anionischer (Carboxylgruppen, COO^-) und kationischer (Amino-Gruppen, NH_2) organischer Substanzen, z. B. Aminosäuren möglich. Als polyfunktionelle Substanzen können sie Brücken zwischen Mineralbodenteilchen bilden. Sofern die organischen Verbindungen polar sind, unterliegen sie ähnlich den Dipolmolekülen des Wassers unter dem Einfluß elektrischer Ladungen der Tonminerale einer Adsorption. Die Bindungsstärke ist vom Dipolcharakter der organischen Substanz abhängig und steigt mit abnehmender Teilchengröße.

Linearkolloide (Uronsäuren, Aminozucker) verestern über OH-Brücken in Eckpositionen der Tonminerale. Diese Bindung ist relativ stabil, jedoch lockerer als die sorptive bzw. die Einlagerung in Zwischenschichten (s. a. Bodenverbesserungsmittel aus synthetischen, kationischen und anionischen Linearkolloiden, z. B. Polyacryl bzw. Polyvinyl).

Die Bindung von Nichthuminstoffen an freie Metalloxide ist eine Ionenbindung zwischen organischer Säure und mehrwertigem Metallkation (Fällung). Das mehrwertige Metallkation bleibt mit einem Teil seiner Valenz im Kristallverband des Minerals verankert. Freie Eisenoxide bilden z. B. Krusten auf Tonmineralen. So stellt man sich auch die Bindung (sorptive Fällung) von Huminsäuren als Eisenhumat auf den mit Eisenoxiden belegten Sandkornoberflächen im Bs-Horizont der Podsole vor. Mit zunehmendem Alter von Sandmischkulturen kommt es selbst in fast tonfreien Böden zu einer innigeren Vernetzung der zunehmend zersetzten organischen mit der mineralischen Substanz (= geringere Erosionsgefahr, siehe Bodenschutz Kap. 4.4.4.2). Durch Schweretrennung mit apolaren Lösungsmitteln unterschiedlicher Dichte, die derjenigen der organischen Substanz ähnlich ist (z. B. $CCl_4 = 1,59\,g \cdot cm^{-3}$), kann man leichter und schwer abtrennbare organische Anteile ermitteln.

Lösliche organische Verbindungen, die ein Metallkation umhüllen und in Lösung bleiben, nennt man *Chelate* (scherenförmige Verbindungen). Im Boden ist die Chelatisierung von Metallkationen geringer Löslichkeit und ihre Verlagerung besonders wichtig. Fulvosäuren sind dazu besonders befähigt. Wenn diese oxidativ zu Huminsäuren polymerisieren, kann das Metallkation wieder ausfällen (siehe Podsolierung). Heidevegetation produziert stark chelataktive organische Säuren. Verschiedene Mangelkrankheiten dieser Standorte (Heide-, Moor- oder Urbarmachungskrankheit) treten auf, wenn nach Entwässerung und Aufkalkung ursprünglich mobile Spurenelemente (Cu, Mn, Mo) durch Chelatisierung maskiert werden; stark humifizierte organische Säuren mobilisieren, schwachhumifizierte immobilisieren Schwermetalle (siehe Kap. 4.5.3.3.2.2).

Beispiel eines Chelats

Me = Metallion
R = Rest

2.2 Physiko-chemische Bodeneigenschaften

2.2.1 Der Boden – ein Kolloidsystem

Tonminerale und Huminstoffe sind Bodenkolloide. Zum Verständnis ihrer Sorptionseigenschaften und der komplexen Vorgänge der Gefügebildung sollen einige Bemerkungen über kolloiddisperse Systeme – zu denen auch der Boden zählt – vorangestellt werden.

Kolloide (gr. kolla = Leim) bilden keine in sich geschlossene, chemisch definierte Stoffgruppe. Wir verstehen darunter einen Zerteilungszustand (lat. dispersio), den *jeder* Stoff erhalten kann. Man unterscheidet:
1. *grobdisperse Systeme*
2. *kolloiddisperse Systeme*
3. *molekulardisperse Systeme*.

Unterschiedlich große Teilchen eines Stoffes können in einem anderen fein verteilt (dispergiert) vorliegen. Kolloide nehmen eine Zwischenstellung ein (Tab. 41).

Die Kolloide können weiter unterschieden werden in:
1. *Dispersionskolloide*, 2. *Assoziationskolloide*, 3. *Molekülkolloide*.
Bodenkundlich sind *Dispersionskolloide* besonders wichtig. Jeder feste Körper läßt sich mechanisch unendlich fein aufteilen. Mit dem Grad der Zerkleinerung nimmt die spezifische Oberfläche ($cm^2 \cdot cm^{-3}$), das Verhältnis der Gesamtoberfläche aller Teilchen zum umschlossenen Volumen, zu (Tab. 2). Mit wachsender spezifischer Oberfläche nehmen die Grenzflächenkräfte zu, die für zahlreiche physikalische und chemische Bodeneigenschaften verantwortlich sind.

Assoziationskolloide entstehen spontan aus zunächst molekulardispersen Substanzen infolge zwischenmolekularer Kräfte bei Überschreiten ihrer Grenzkonzentration. Überwiegend assoziieren Moleküle mit bestimmten stereometrischen Eigenschaften und großem Dipolmoment. Der Assoziationsgrad ist abhängig von Konzentration und Temperatur. Entsprechend dem Bauprinzip solcher meist organischer Moleküle mit einem hydrophilen (z. B. Kohlenwasserstoffgruppe) und einem hydrophoben Pol (z. B. Karboxylgruppe) sind Assoziationskolloi-

Tab. 41. Charakteristische Eigenschaften disperser Systeme

Dispersion	grob	kolloidal	molekular
Teilchengröße (cm)	$> 5 \cdot 10^{-5}$	$5 \cdot 10^{-5}$ bis 10^{-7}	$< 10^{-7}$
Abbildung	Lichtmikroskop	Elektronenmikroskop	nicht sichtbar
Filtration	Papierfilter	Ultrafilter	nicht filtrierbar
Sedimentation	schnell	sehr langsam	nur nach Fällung,
	Gravitation	Ultrazentrifuge	Kristallisation
Beispiel	Bodensuspension	Tonsuspension	Salzlösung

Tab. 42. Kolloiddisperse Systeme

Dispersions-mittel	dispergierte Substanz	Bezeichnung	Beispiel
gasförmig	gasförmig	Gas	Luft
	flüssig	Aerosol	Nebel ⎫ Smog
	fest	Staub	Rauch ⎭
flüssig	gasförmig	Schaum	Seifenschaum
	flüssig	Emulsion	Milch
	fest	Suspension	Schlick
fest	gasfömig	Schwamm	Bimstein
	flüssig	Paste	Butter
	fest	Konglomerat	Gestein

de ebenfalls grenzflächenaktiv. Beispiele: Seife, organische Bodenkolloide.

Im Unterschied zu Dispersions- und Assoziationskolloiden besitzen *Molekülkolloide* bereits größere Dimensionen. Sie werden deshalb *Makromoleküle* genannt. (Mol.-Gew. > 10000, > 1500 Atome). Beispiele: Eiweiß, Cellulose, Kautschuk, Kunststoffe. Sie entstehen durch *Kondensation* (H_2O-Abgabe) oder *Polymerisation* (Auflösung von Mehrfachbindungen) aus Grundbausteinen (Monomere), die sich fadenförmig *(Linearkolloide)* oder kugelförmig *(Sphärokolloide)* anordnen und durch Hauptvalenzen verbunden sind. Es ist bisher noch nicht schlüssig bewiesen, ob Huminstoffe das Bauprinzip der Makrosphäromoleküle besitzen. Je nach Aggregatzustand (fest, flüssig, gasförmig) des Dispersionsmittels und der dispergierten Substanz gibt es eine Vielzahl kolloiddisperser Systeme (Tab. 42).

Echte Lösungen (molekular-dispers) streuen durchtretendes Licht nicht, wohl aber kolloidale Lösungen (TYNDALL-Effekt).

Im kolloiddispersen Zustand sind BROWNsche Wärmebewegung und Gravitationsbewegung im Gleichgewicht. Diesen Zustand schwebender Teilchen bezeichnet man als *Sol*. Die Einzelteilchen sind dann relativ weit voneinander entfernt und können sich in jeder Richtung frei bewegen. Solange die Kolloide gleichsinnige elektrische Ladungen tragen, sind die Abstoßungskräfte größer als die von ihrem Zentrum ausgehenden molekularen oder VAN DER WAALschen Anziehungskräfte. Diese gleichsinnige elektrische Aufladung der Kolloide kann auch durch bevorzugte Adsorption gleichwertiger Ionen erfolgen. Diesen Vorgang nennt man *Peptisation*. Zur Bestimmung der Korngrößenverteilung eines Bo-

dens (siehe Kap. 2.1.1) wendet man bei der Schlämmanalyse dieses Prinzip der vollständigen Dispergierung einer Bodensuspension durch Zugabe von Natriumpyrophosphat im Dispergierungsmittel Wasser an.

Über einen Grenzbereich der Na^+-Konzentration hinaus hält diese Peptisation jedoch nicht an. Sie kann auch durch Zugabe höherwertiger, weniger hydratisierter Ionen wie z.B. Ca^{2+} beendet werden. Solche Elektrolytzugaben entladen das Kolloid bis es elektrisch neutral reagiert und ausflockt *(Koagulation)*. Jetzt bilden mehrere Kolloid-Ton-Teilchen feine Aggregate, die man als *Gel* bezeichnet. In ihm sind die kolloidalen Teilchen geordnet in Flüssigkeitsschichten eingelagert. Gele sedimentieren im Gravitationsfeld der Erde. Dabei entsteht ein wasserreicher Festkörper (Flokulat) mit verschiedener Struktur und Packungsdichte (Aggregate). Aus dem Solzustand kann man zwar auch durch vergrößerte Schwerefelder (Ultrazentrifuge) Kolloide zur Sedimentation zwingen, deren Teilchen sich jedoch unstrukturiert absetzen (Polyplat).

In Böden als kolloiddisperse Systeme sind vielfältige Übergänge vom Sol zum Gel (Flokkung, Koagulation) und umgekehrt (Peptisation) möglich. Wassergesättigte Tonböden können zunächst als relativ feste, kohärente Masse (Gel) erscheinen. Bei mechanischer Beanspruchung, z.B. Vibration eines Schleppers, beginnen sie ohne Änderung des Wassergehaltes zu einem Brei (Sol) auseinanderzufließen (Thixotropie).

Tonreiche Salzböden sind bei Überangebot von z.B. NaCl zunächst gut geflockt (Gel) und leicht zu entwässern. Mit Auswaschung der Salze wächst ihre Verschlämmungsneigung (Sol).

Ohne Austausch der dispergierenden Na⁺ gegen flockende Ca²⁺ (Gipsmelioration) degenerieren sie über den Solonetz zum Solod, einem Boden mit außerordentlich ungünstigem Gefüge, siehe Kap. 2.4.2 und Kap. 2.2.3.6.

Der Kalkbedarf schwerer Böden steigt mit dem Tongehalt, da nur ein ausreichendes Angebot zweiwertiger Calciumionen Tonkolloide brückenförmig zu großen Teilchen aggregieren läßt.

Hydrophobe Kolloide (Ton) sind wegen ihrer hohen Elektrolytempfindlichkeit leicht zu flokken. Hydrophile Kolloide (Huminstoffe) dagegen besitzen infolge gerichteter Anlagerung der Wasserdipolmoleküle des Dispersionsmittels eine so starke Solvatschicht (Schwarmwasserhülle), daß die freie Energie der Teilchen nur sehr schwer wirksam werden kann. Hydrophile Kolloide (Gelantine, Huminstoffe, Kieselsäure aus Tonmineralzerfall) sind deshalb sehr stabil und nur schwer zu flocken. Ein hydrophobes Kolloid (Eisenoxidhydrat) kann nun in Gegenwart eines hydrophilen Kolloids (Huminstoffe) vor Entladung und Flockung geschützt werden (Schutzkolloidwirkung). In Emulsionen übernehmen Emulgatoren, in Schäumen Stabilisatoren diese den Solzustand stabilisierende Funktion. In der Bodenbildung sind Prozesse der Verlagerung (Lessivierung, Podsolierung) durch Peptisation und Schutzkolloidwirkung, Profildifferenzierungen (Bt, Bhs) dagegen durch erneute Koagulation (IEP) kolloidchemisch zu erklären.

2.2.2 Elektrokinetisches Potential (EKP)

Bodenkolloide besitzen vorwiegend negative Oberflächenladung. In der Bodenlösung (Wasser), die Ionen (Kationen, Anionen) enthält, kommt es zu ihrer Orientierung mit verschiedenen Ladungsträgern und teilweisem Ladungsaustausch. Unmittelbar an der Kolloidoberfläche befinden sich durch Ladungsausgleich angezogene Kationen in hoher Konzentration. Ihre Schichtdicke wird vom Durchmesser der Kationen und ihrer Konzentration der Lösung bestimmt. Ihr schließt sich ein äußerer Teil mit diffuser Verteilung der Ionen an (Abb. 60). Einem Kondensator vergleichbar, besteht diese sogenannte *Innen*lösung also aus einer elektrischen Doppelschicht (festhaftende sog. Stern-Schicht u. diffuse Schicht). An diese Innenlösung schließt die *Außen*lösung an. Hier sind die Ionen nicht mehr unmittelbar der elektrischen Ladung der Kolloidoberfläche ausgesetzt. Innen- und Außenlösung stehen jedoch in einem dynamischen Gleichgewicht (Nährstoffentzug durch Pflanzen, Diffusion).

Durch diese Konzentrationsunterschiede ist eine Diffusion der sorbierten Kationen von der diffusen Doppelschicht zur Außenlösung gegeben. Umgekehrt verhalten sich die Anionen. Als zum Kolloid gleichsinnig negativ geladene Teilchen werden sie bei negativem Ladungsüberschuß mit zunehmender Nähe zur Kolloidoberfläche abgestoßen. Ihre Konzentration nimmt deshalb in der Innenlösung zur Kolloidoberfläche hin ab. In der Innenlösung herrschen also Kationen, in der Außenlösung Anionen vor (negative Sorption, Salzadsorption). Um ein sorbiertes Kation von der Kolloidoberfläche in die Außenlösung zu transportieren, wird Arbeit erforderlich. Das zwischen Stern-Schicht, diffuser Schicht der Innenlösung und Außenlösung zu überwindende Potential ist ein Maß für diese Arbeit. Zunahme der Konzentration von Kationen in der Doppelschicht hat eine Kompression = Potentialerniedrigung zur Folge. Aufnahme von Wasser (Konzentrationsausgleich durch Verdünnung) dehnt die Doppelschicht aus und erhöht das Potential (Abb. 60b). Da der osmoti-

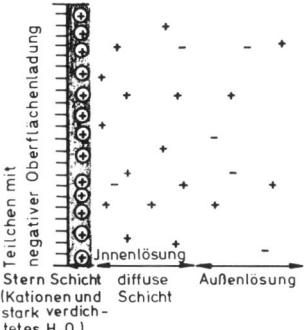
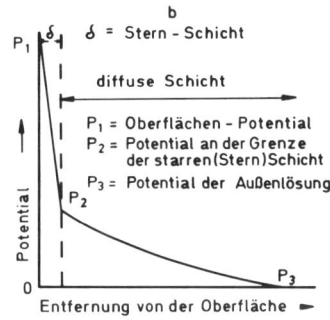

Abb. 60. Ionenverteilung (a) und elektrische Potentiale (b) in der Doppelschicht.

sche Druck einer Lösung zweiwertiger Kationen bei gleicher Konzentration rund 50% desjenigen einwertiger beträgt, ist die Tiefe der Doppelschicht auch von der Wertigkeit des Ionenbelages abhängig. Ladung der Kolloide und Stärke der elektrischen Doppelschicht bestimmen deshalb das elektrokinetische Potential.

$$EKP = \frac{e \cdot d}{D \cdot r^2}$$

e = elektr. Ladung des Kolloids
d = Stärke des festhaftenden,
     inneren Teils der Doppelschicht
D = Dielektrizitätskonstante des Wassers
r = Teilchenradius des Kolloids

Mit steigendem EKP nehmen die abstoßenden Kräfte zwischen gleichsinnig geladenen Kolloiden zu. Dabei stabilisiert sich der Solzustand. Mit abnehmendem Potential wird die Koagulationsbereitschaft gefördert. Es kommt also darauf an, das EKP zu erniedrigen, um in kolloidreichen Böden den unerwünschten Solzustand zu vermeiden. Nach obiger Gleichung bieten sich dazu verschiedene Wege an. Die Dielektrizitätskonstante (D) und der Teilchenradius des Kolloids (r) sind konstant. Die Ladung der Kolloide ist nur in begrenztem Umfange zu beeinflussen (siehe isoelektrischer Punkt). Dagegen ist es möglich, die Dicke (d) des festhaftenden Teiles der Doppelschicht zu verändern und zwar durch unterschiedlich stark hydratisierte Kationen (siehe Kap. 2.2.3.6).

Je stärker hydratisiert die sorbierten Kationen sind, um so größer ist d und damit auch das EKP. Zweiwertige Kationen sind im sorbierten Zustand weniger hydratisiert als einwertige. Sie besitzen außerdem eine stärkere Haftfestigkeit. Selbst bei hohem Wassergehalt in der Außenlösung bleibt das Gefüge schwerer Böden mit hoher Ca-Sättigung (Schwarzerden, Rendzinen) stabil. Dagegen peptisieren Na-Böden schon bei geringem Wassergehalt.

Nach SCHULZE-HARDY besteht folgende Flokkungsreihe

$$Me^+ : Me^{2+} : Me^{3+} = 1 : 100 : 10\,000$$
z. B. K   : Ca   : Al   = 1 : 50 : 2500

Maß für die Flockungsschwellenwerte ist die Salzkonzentration, bei welcher die Flockung eines Sols einsetzt.

Die Dicke der elektrischen Doppelschicht ist auch durch die Salzkonzentration der Außenlösung zu beeinflussen. Hohe Salzkonzentration dort führt zur Abnahme der Hydratation der Kationen in der Innenlösung ($\sim$ osmotischer Ausgleich). Damit wird wieder das EKP erniedrigt. Beispiel: gute Flockung von Salzböden trotz vorherrschender Na-Sorption der Bodenkolloide.

Entwässerung, Verdunstung und Frost fördern die Konzentrierung der Ionen in der Innenlösung. Diese Aggregierungen (z. B. Frostgare) sind jedoch mit erneuter Wasseraufnahme reversibel. Leicht verschlämmende Lößböden bereiten den Saaten Auflaufschwierigkeiten. 5 bis 10 dt $\cdot$ ha^{-1} CaO auf die bestellte Oberfläche ausgebracht, ergibt dort eine hohe Ca^{2+}-Konzentration mit Flockung der Bodenkolloide in der Oberfläche. Somit kann diese nicht mehr so leicht mechanisch verschlämmen und verkrusten.

Im Bereich niedriger Konzentrationen ist der Einfluß der Wertigkeit sorbierter Kationen auf die Dicke der Doppelschicht und damit das EKP größer als bei hoher Konzentration. In Böden humider Klimate herrschen geringe Salzkonzentrationen in der Bodenlösung vor. Deshalb ist die Kolloidflockung vor allem durch die Wertigkeit der Kationen zu beeinflussen. Das unterstreicht hier die Bedeutung der Kalkung schwerer Böden.

2.2.3 Der Boden – ein Austauschersystem

2.2.3.1 Kationenumtausch

Durch Stoffumwandlungen entstehen im Boden (Tab. 38) in Ab- und Aufbauprozessen kolloidale Substanzen (Ton, Humus, Metalloxide), die wegen ihrer großen spezifischen Oberfläche, Sorptionseigenschaften besitzen. Darunter versteht man die Fähigkeit, Moleküle (H$_2$O, Luft) und Ionen an Grenzflächen austauschbar anzulagern.

Die *physikalische* Adsorption von H$_2$O-Molekülen ist für den Wasserhaushalt der Böden von Bedeutung und beeinflußt Konsistenz und Ge-

Tab. 43. Dicke der Doppelschicht (cm $\cdot$ 10^{-8}) in Abhängigkeit von Konzentration und Wertigkeit der Metallkationen

Konzentration (mol/l)	Me$^+$	Me^{2+}	Me^{3+}
10^{-5}	1000	500	150
10^{-3}	100	50	15
10^{-1}	10	5	2

$$1 \text{ mmol} = \frac{\text{Atom- oder Molekulargewicht}}{\text{Wertigkeit (z)}} \cdot 10^{-3}\,\text{g}$$

$$\text{z. B. für Na}^+ : \frac{23}{1} \cdot 10^{-3}\,\text{g} = 23\,\text{mg} = 1\,\text{mmol}$$

$$\text{für Ca}^{2+} : \frac{40{,}08}{2} \cdot 10^{-3}\,\text{g} = 20{,}04\,\text{mg} = 1\,\text{mmol}$$

$$\text{für Al}^{3+} : \frac{26{,}98}{3} \cdot 10^{-3}\,\text{g} = 8{,}99\,\text{mg} = 1\,\text{mmol}$$

fügeeigenschaften. In humusreichen Mineralböden und stark zersetzten Moorböden kann unterhalb eines kritischen Wassergehaltes die Luftadsorption nachteilig sein (Benetzungswiderstand, puffig).

Die *chemische* Adsorption von Ionen (Kationen und Anionen) unterscheidet sich von der flächenorientierten physikalischen Haftung (Nebenvalenz- oder VAN DER WAALSche Kräfte) durch die Punktorientierung. Die sorptive Bindung erfolgt durch Hauptvalenzen (COULOMBsche Kräfte) und steht damit zwischen der physikalischen Haftung und der chemischen Bindung i. e. S. Wesentlich ist, daß die Ionensorption *reversibel* ist. Bereits sorbierte Ionen sind gegen andere austauschbar. Dieser Ionenumtausch erfolgt in äquivalenten Mengen, also unter Berücksichtigung der Wertigkeit beteiligter Ionen. Dazu ist als Transportmedium Wasser notwendig. Insofern unterscheiden sich Bodenaustauscher nicht von industriell hergestellten Kunstharzaustauschern, die für vielfältige Reinigungsprozesse, vornehmlich zur Wasseraufbereitung benutzt werden. Die Ionenumtauscher des Bodens beeinflussen seine Reaktion und Pufferung, damit Prozesse der Bodenentwicklung, Gefügebildung und -stabilität, den Nährstoffhaushalt der Pflanzenstandorte. Ökologisch wichtig sind besonders die von Ionenaustausch bestimmten Filtereigenschaften (Nährstoffauswaschung, Gewässerschutz, Schadstoffakkumulation, siehe Bodenschutz, Kap. 4.5.3.3.2).

Wenn man durch einen Boden mit beliebigem Ionenbelag z. B. eine CaCl₂-Lösung perkolieren läßt, werden Ca^{2+} von den Austauschern im Boden (Ton, Humus, Metalloxide) bevorzugt eingetauscht, sorbiert und gegen andere Kationen ausgetauscht, die dann im Filtrat erscheinen (Abb. 61). Im Boden herrscht wegen vorzugsweiser negativer Ladung seiner Austauscher der Kationenumtausch vor. Diese Versuchsanordnung ist das Prinzip zur Bestimmung der *Kationen-Austausch-Kapazität* (KAK), synonym: T-Wert. Mit ihr erfaßt man die Summe der austauschbaren Kationen. Sie wird in mmol/z/100 g Feinboden angegeben (alte Bezeichnung mval/100 g).

Die bodenkundlich wichtigsten austauschbaren Kationen sind: Ca, Mg, K, Na, H, Al, NH₄, Fe sowie in Spuren Schwermetalle sowie kationische organische (Schad-)Stoffe.

Die Summe der basisch wirkenden Metallkationen (Ca, Mg, K, Na) wird in mmol% als *Basensättigung oder V-Wert* ausgedrückt. Je höher der Anteil der Basensättigung der Bodenaustauscher ist, um so geringer ist der mit den Säurebildnern H^+, Al^{3+} belegte und die potentielle Bodenazidität bestimmende Anteil. In Tab. 44 sind die wichtigsten Eigenschaften der Austauscher im Boden zusammengestellt.

2.2.3.2 Spezifische Eigenschaften der Austauscher

Tonminerale unterscheiden sich je nach ihrem kristallinen Aufbau (Zwei- oder Dreischichttonminerale) in ihrer Kationenaustauschkapazität (KAK). Während Sandteilchen (> 60 µm) kaum Ionen sorbieren können, besitzen Mittelschluff-

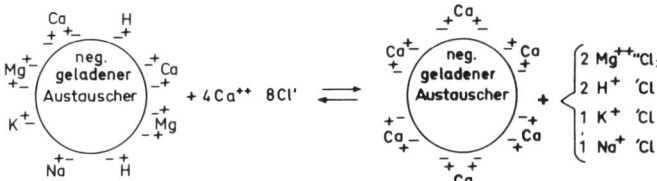

Abb. 61. Schema des Kationenumtausches.

Tab. 44. Eigenschaften der Austauscher im Boden

Austauscher	spez. Oberfläche $(m^2 \cdot g^{-1})$	innere Oberfläche (%)	mittlere KAK (mmol/100 g)	mittlere Ladungsdichte $(mmol \cdot cm^{-2} \cdot 10^{-7})$
Kaolinite, Halloysite	1−40	0	3−15	2
Illite, Glimmer	50−200	>0	20−50	3
Smectite	600−800	90	70−130	1,4
Vermiculite	600−700	70	150−200	2
Huminstoffe	800−1000		<150−>250	2,5
Metalloxide	50−200		3−25	
Allophane	700−1100		10−50	0,3

Tab. 45. Qualität der organischen Bodensubstanz und KAK

C:N	pH	mmol/100 g	Beispiele
>25	<4	<150	Podsole, Pseudogleye, *Rohhumus*
25−20	4−5	150−180	silikatarme Braunerden
20−15	5−6	180−210	silikatreiche Braunerden, *Moder*
15−10	6−7	210−250	Parabraunerden
<10	>7	>250	Schwarzerde, *Mull*

partikel (6 bis 20 µm) noch eine mittlere KAK von 5 mmol/100 g, Feinschluff (2 bis 6 µm) sogar bis zu 15 mmol/100 g.

An der Höhe der KAK einer Bodenprobe kann man vorherrschende Tonminerale im Boden erkennen. Dazu wird die auf 100 g Feinboden bezogene KAK um den Sorptionsanteil der Schluffkomponenten des vorliegenden Bodens mit 0,05 mmol/% U und für den Humusanteil um 2 mmol/% organische Substanz vermindert. Die so reduzierte KAK wird nun auf % < 2 µm bezogen. Böden mit < 40 mmol/100 g Ton lassen auf vorwiegend Zweischichttonminerale und damit ungünstige Nährstoff- und Gefügedynamik schließen. Bessere Mineralböden haben KAK > 40 mmol/100 g Ton (Dreischichttonminerale). Werte > 70 mmol/100 g Ton sind für mitteleuropäische Böden unwahrscheinlich (= Überprüfen der Analysenergebnisse!).

Die KAK der Huminstoffe ist je nach ihrem Polymerisationsgrad bei Humaten > Huminen > Fulvaten. Sie korreliert nach Tabelle 45 mit dem C-N-Verhältnis (siehe auch Humusform, Zersetzungsgrad) und dem pH-Wert (siehe auch variable Ladung).

Die KAK von Moorböden richtet sich nach dem Zersetzungsgrad der Torfe (schwach zersetzt (H2) 100 mmol/100 g Trockensubstanz − stark zersetzt (H9) 150 mmol/100 g) und eben-

falls nach dem pH-Wert der Bodenlösung (Tab. 48). Will man die Sorptionseigenschaften von Mineral- und Moorböden miteinander vergleichen, so muß außerdem deren unterschiedliche Rohdichte (r_t) berücksichtigt werden (siehe Tab. 46).

Auf das Volumen (1000 cm^3) bezogen hat ein wenig zersetzter Moorboden eine ähnlich niedrige KAK wie ein Sandboden. Mit steigendem Zersetzungsgrad (H2 → H9) und Rohdichte werden in Moorböden zunehmend höhere KAK gemessen als in schweren Mineralböden. Dieser Volumenbezug verbessert also die nährstoff- wie gefügedynamische Wertung eines Bodens über die analytisch ermittelte KAK.

In Tonmineralen entsteht durch isomorphen Einsatz der mehrwertigen Zentralionen (Si^{4+}, Al^{3+}) in den Si-Tetraedern und Al-Oktaedern durch niederwertige Kationen (Fe^{3+}, Mg^{2+}, K^+) ein negativer Ladungsüberschuß. Dieser wird als *permanente* Ladung bezeichnet. Zusätzlich können an seitlichen Bruch- und Spaltflächen der Tonschichtminerale aus Si-O-Si- und Si-O-Al-Bindungen im Kristallgitter funktionelle SiOH- und AlOH-Gruppen unter Beteiligung von H^+ und OH^- des Wassers entstehen. Je größer die spezifische Oberfläche, um so höher ist die Chance, daß solche Bruchstellen entstehen. Für ihre Beteiligung am Kationenumtausch

Tab. 46. Vergleich der KAK von Moor- und Mineralböden

	Moorboden			Mineralboden		
	H2	H6	H9	S	sL	T
KAK (mmol/100 g)	100	120	150	3	12	30
r_t (g/1 000 cm^3)	50	150	300	1 500	1 500	1 500
KAK (mmol/1 000 ccm^3)	50	180	450	45	180	450

Tab. 47. Dissoziable OH-Gruppen und ihr isoelektrischer Punkt (IEP)

Dissoziable OH-Gruppe	IEP (pH)
Tonminerale – SiOH, Al-OH	3,0
Huminstoffe, phenolische-OH, COOH	4,5
Fe-Hydroxid	5,5
Al-Hydroxid	6,5
amorphe Kieselsäure	8,0

ist ihre Säurestärke, d. h. die Dissozierung von H^+ entscheidend. Geringe Säurestärke bedeutet hohe Haftfestigkeit der H^+ aus der funktionellen Gruppe bzw. geringe Austauschstärke. Erst ab pH 5 bis 6, d. h. mit steigender OH^--Konzentration, erfolgt eine zunehmende H^+-Dissoziation, die dann durch andere Kationen austauschbar sind. Mit abnehmendem pH dagegen erfolgt eine zunehmende OH^--Dissoziation, die dann durch andere Anionen austauschbar werden.

Diese pH-abhängige Ladung eines Austauschers wird als *variable* Ladung bezeichnet. *Oberhalb* ihres *isoelektrischen Punktes* (IEP = pH, siehe Tab. 47) wirken derartige funktionelle Gruppen als *Kationen*austauscher steigender Kapazität, *unterhalb* des IEP als *Anionen*austauscher (amphoteres Verhalten). *Permanente* Ladungen eines Austauschers sind pH-*unabhängig*, *variable* dagegen pH-*abhängig*. Besonders ausgeprägte amphotere Eigenschaften besitzen die ebenfalls als Austauscher im Boden wirksamen Metalloxide im amorphen Zustand.

Da der IEP für Tonminerale erst < pH 3 wirksam wird, kommt der pH-abhängigen variablen

Ladung unter natürlichen Bedingungen nur für metalloxidreiche Mineralböden Bedeutung zu. Dabei ist zu beachten, daß mit Alterung (Kristallisation) der Metalloxide ihr IEP abnimmt. Das käme nun allerdings einer Zunahme ihrer Austauschkapazität gleich. Mit der Alterung nehmen aber die spezifische Oberfläche und damit Anzahl und Stellung funktioneller OH-Gruppen der Metalloxide ab. Amorphes Eisenhydroxid kann eine KAK von 10 bis 25 mmol · $100 \, g^{-1}$ besitzen, Goethit (kristallisiertes Eisenoxid) dagegen nur 3 bis 4 mmol · $100 \, g^{-1}$.

Während Tonminerale vorwiegend permanente Ladungen tragen, sind diese bei den organischen Austauschern weitgehend pH-abhängig und damit variabel. Die negative Überschußladung von Huminstoffen ist von der Art und Verteilung funktioneller COOH-, NH_2-, und phenolischer OH-Gruppen abhängig. Mit Anstieg des pH wird die H^+-Dissoziation dieser funktionellen Gruppen verstärkt, die KAK nimmt entsprechend zu. Das muß bei Bestimmung der KAK von Moorboden und Mineralboden mit viel organischer Substanz beachtet werden.

Die relativen Zu- und Abnahmen der KAK mit pH-Änderung der Austauscherlösung sind für organische Bodenaustauscher stärker als für anorganische. Mit Kalkung (pH-Erhöhung) wird die Austauschkapazität organischer Böden dreifach verändert:

1. Zunehmende Zersetzung = mehr spezifische Oberfläche (Tab. 45).
2. Erhöhte variable Ladung (Tab. 48).
3. Höhere Rohdichte (Volumenbezug – Tab. 46).

Tab. 48. pH der Austauschlösung und relative Änderung der KAK

	8,4	7,0	6,0	5,0	4,0	3,0 pH
anorganische Bodensubstanz	104	100	90	80	77	
organische Mineralbodensubstanz	108	100	79	54	35	
Moorboden	108	100		77		38

Tab. 49. Ionendurchmesser und Hydratationszahl

	H	Na	K	NH$_4$	Mg	Ca
Ionendurchmesser (10^{-8} cm)	0,70	1,96	2,66	2,86	1,56	2,12
Hydratationszahl (mol H$_2$O/Ion)	3,9	1,6	1,0	0,7	7,0	5,2

Um die nährstoffdynamisch und ökologisch wichtigen Bodeneigenschaften der Kationen- und Anionensorptionen richtig bewerten zu können, muß deren analytische Bestimmung nach DIN 19684, Teil 8, mit dem standorttypischen pH-Wert ihrer Bodenlösung erfolgen. Für Moorböden sollte daher die KAK mit saurer Austauscherlösung bei pH 5 ermittelt werden, für Mineralboden bei pH 8,2 (nach MEHLICH).

2.2.3.3   Einflüsse des Kationenbelags

Bisher wurde der bodenkundlich wichtige Vorgang des Ionenumtauschs vornehmlich von den verschiedenen Austauschern her behandelt. Nun sollen die von den Kationen ausgehenden Wirkungen betrachtet werden. Die *Haftfestigkeit* eines Kations wird von folgenden ionenspezifischen Faktoren bestimmt:
– Wertigkeit (Ladung des Kations),
– Hydratation des Kations,
– Konzentration der Kationen,
– Konzentration begleitender Ionen.

Da die Haftfestigkeit mit zunehmender Ladung ($Me^+ < Me^{2+} < Me^{3+}$) steigt, überwiegt in land- und gartenbaulich genutzten Böden die Ca^{2+}-Sorption (Kalkung), in Waldboden hingegen bei erhöhter saurer Disposition wird bei fehlender Kalkung die H^+- bzw. Al^{3+}-Sorption zunehmen. Trotz intensiver Kaliumdüngung beträgt die K^+-Sättigung selten mehr als 2% (Ausnahme Salzböden). Die Summe der sorbierten Me-Kationen wird als Basensättigung oder V-Wert in % der KAK angegeben. Optimal ist in Mineralböden eine Basensättigung > 80% (siehe Kalkbedarfsbestimmung, Kap. 2.2.3.6).

Bei gleichwertigen Kationen ist für die Eintauschstärke und Haftfestigkeit weiter der Durchmesser der hydratisierten Ionen entscheidend. Ionen sind von elektrischen Kraftfeldern umgeben. In diesen werden Moleküle polarer Lösungsmittel ausgerichtet. Wasser ist ein polares Lösungsmittel. Ein heteropolares Wassermolekül kann man sich durch die räumliche Anordnung der O- und H-Ionen als Dipol mit negativen ($1 \times O^{2-}$) und positiven Ladungspolen ($2 \times H^+$) vorstellen, das auf die verschieden stark geladenen Ionen unterschiedlich dicht ausgerichtet ist (siehe auch Hydratation, Tab. 49).

Diese gerichtete Anziehung von Wassermolekülen je nach ihrem positiven oder negativen Ladungspol an negativen bzw. positiven Ladungen der Austauschoberflächen bezeichnet man als *Hydratation*. Mit zunehmender Entfernung vom Ladungsschwerpunkt des Ions nimmt die Anziehung der Wassermoleküle ab. Die unmittelbar am Ion befindlichen H$_2$O-Dipole sind deshalb stärker angezogen, verdichtet und ausgerichtet als die weiter entfernten (Abb. 62). Mit zunehmendem Ionendurchmesser muß die Hydratation abnehmen. Der Ladungsschwerpunkt des Ions ist dann nämlich zu weit von seiner Oberfläche entfernt. Daneben ist die Hydratation aber auch von der Ladungsstärke des Ions abhängig, d. h. bei mehrwertigen größer als bei einwertigen. Aus dem Wechselspiel von Ladungsstärke und Ionendurchmesser ergibt sich eine unterschiedliche Hydratation (Tab. 49).

Schwächer hydratisierte Ionen haben bei gleicher Wertigkeit eine höhere Eintauschstärke als stärker hydratisierte ($Na^+ < K^+$; $Mg^{2+} < Ca^{2+}$). Die gegenseitige Anziehung unterschiedlich geladener Teilchen (Austauscher $\rightleftarrows$ Kation) ist umgekehrt proportional dem Quadrat der Entfernung und folglich um so stärker, je geringer die Entfernung der Ladungsträger voneinander ist. Die Entfernung der eintauschenden Kationen zum Austauscher wird also von ihrer unterschiedlichen Hydratation bestimmt. Nach HOFMEISTER lautet die lyotrope Reihe abnehmender Hydratation und damit steigender Haftfestigkeit der bodenkundlich wichtigsten Kationen:

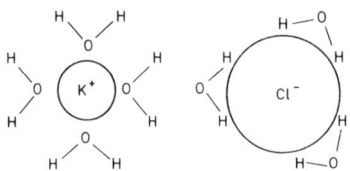

Abb. 62. Das Wassermolekül als Dipol.

$$\text{Hydratation} \quad \frac{Li > Na > H_3O > K > NH_4 > Rb > Cs}{Mg > Ca > Sr > Ba} \quad \text{Haftfestigkeit}$$

Es mag zunächst überraschen, daß nach Tab. 49 stärker hydratisierte Kationen wie Ca^{2+} und Mg^{2+} fester haften sollen als die schwächer hydratisierten K^+ oder Na^+. In diesem Falle überlagert die höhere Wertigkeit den Einfluß unterschiedlicher Hydratation. Für 2 Na^+ wird nur 1 Ca^{2+} sorbiert. Außerdem geht bei Adsorption mehrwertiger Kationen durch Überlappung ihrer Ladungen ein Teil des Hydrationswassers verloren. Diese so z. T. dehydratisierten Kationen haften dann sehr fest. Auch spielt dabei eine gewisse Deformation zweiwertiger Ionen (= Polarisation) eine Rolle.

Der Kationenumtausch ist auch von der Konzentration eintauschender Kationen abhängig. Mit steigender Konzentration nimmt die Auftreffhäufigkeit der einzelnen Ionen zu, der Diffusionsweg ab. Zunächst werden alle schwächer, schließlich auch die fester haftenden Kationen durch das im Überschuß in der Austauschlösung vorhandene Kation verdrängt. Dieses Verhalten macht man sich bei der KAK-Bestimmung zunutze. Durch die perkolierende konzentrierte Ba^{2+}-Lösung gelingt ein nahezu vollständiger Austausch aller vorher am Boden haftenden Kationen. Wenn man eine schnelle Änderung des Kationenbelages anstrebt, muß man also sehr große Mengen an Bodendünger geben (siehe Meliorationskalkung).

Je nach Grad der Verwitterung, Bodenentwicklung sowie anthropogener Einflüsse (Düngung > Entzug, Immission > Austrag) liegen unter natürlichen Bedingungen stets Mischbodenlösungen vor. Experimentell konnte man feststellen, daß mit steigender Verdünnung der Austauschlösung höherwertige Kationen gegenüber einwertigen bevorzugt adsorbiert werden. Dies erklärt die hohe Ca^{2+}-Sorption der meisten Böden und die Kationen-Selektivität der Austauscher. Diese wird nach GAPON durch den Selektivitätskoeffizienten (Ks) ausgedrückt.

$$Ks = \frac{Me^{2+} \text{ sorb.} \cdot (Me^+ \text{ lösl.})^2}{(Me^+ \text{ sorb.})^2 \cdot Me^{2+} \text{ lösl.}}$$

Bei Ks >1 sind Me^{2+}, bei Ks < 1 Me^+ stärker sorbiert. Auch spezifische Austauschereigenschaften können die bevorzugte Sorption eines Kations bedingen. Bekannt ist die bevorzugte Me^{2+}-Sorption organischer Austauscher, die zu zurückhaltender Kalkung von Moorböden zwingt, wenn deren Kaliumbevorratung nicht vernachlässigt werden soll. Bei glimmerreichen Böden neigt ein Teil der Sorptionsplätze zur bevorzugten K^+-Sorption. Diese ist vermutlich auf den K^+-Durchmesser zurückzuführen, der genau den napfartigen Vertiefungen entspricht, die durch Anordnung der O-Atome im Sechserring des tetraedrischen Teils im Kristallgitter der Tonminerale entsteht. Da NH_4^+ einen ähnlichen Ionendurchmesser wie K^+ besitzt, ist es nicht verwunderlich, wenn auch dieses Kation bevorzugt in Glimmerminerale eintauscht und unter dem Einfluß hoher elektrostatischer Feldstärke dann fester haftet als nach der lyotropen Reihe zu erwarten wäre. Zwischen den Elementarschichten ist durch Überlagerung der Feldstärken zweier benachbarter Ladungsflächen nämliche eine stärkere Sorption möglich als an den äußeren Oberflächen der Tonminerale, Vermiculit zeigt eine bevorzugte Mg^{2+}-Sorption. Die hohe Ladungsdichte in den Zwischenschichten bewirkt eine Dehydratisierung und erhöhte Haftfestigkeit.

Aufweitbare Dreischichttonminerale mit hoher Tetraedrischer Überschußladung, Smectite, Vermiculite und Illite, können schließlich durch Einlagerung von Kationen angepaßter Größe in diese Zwischenschichten wieder kontrahieren. Damit werden die in Zwischenschichtposition sorbierten K^+ (NH_4^+) vom austauschbaren in den nicht mehr austauschbaren Zustand überführt. Diese einigen Löß- und Alluvialböden eigene Fähigkeit nennt man *Fixierung*. Sie hat praktische Bedeutung bei der Bemessung der Kaliumdüngungshöhe schwerer Böden und ihrem N-Nachlieferungsvermögen. Zur Überwindung der K^+-Fixierung von Auentonen sind nach langer Wiesennutzung große K-Düngermengen (bis 2 t $\cdot$ ha^{-1}) erforderlich.

Ökotoxikologisch kritische Schwermetalle reichern sich als mehrwertige Kationen in tonreichen Böden an. Ihre Mobilität steigt mit sinkendem pH in der Reihenfolge Cd > Ni > Zn > Cu > Pb. Stark humifizierte organische Substanz hat ähnlichen Einfluß auf die Schwermetallmobilität, schwach humifizierte erhöht durch Komplexierung die Mobilität (siehe Kap. 4.5.3.3.2.2).

2.2.3.4 Anionenaustausch
Gegenüber dem Kationenumtausch tritt der Anionenumtausch quantitativ zurück, da die Aus-

tauscher im Boden pH-abhängig vorwiegend negativ geladen sind. Positive Ladungsüberschüsse sind vor allem bei Metalloxiden < pH 4,5 bis 5,5 möglich. Vom IEP abhängig, können an der Oberfläche nicht gealterter Metalloxide FeOH- und AlOH-Gruppen OH^- dissoziieren. Die Anionensorption steigt mit sinkendem pH und ist in sauren, metalloxidreichen Böden (Gleye, Marschen) von Bedeutung, Metalloxide können in ihren FeOH- und AlOH-Gruppen durch Aufnahme von Protonen auch H^+ addieren. Es entsteht dann in der $FeOH_2^+$-Gruppe eine positive Ladung.

Ähnlich ist auch die Anionensorption der Huminstoffe zu erklären. Hier können NH- und NH_2-Gruppen H^+ anlagern und dann als NH_2^+- und NH_3^+-Gruppen positive Ladungen zur Anionensorption tragen.

Bei Tonmineralen treten AlOH-Gruppen an seitlichen Bruchflächen auf. Vom pH abhängig, dissoziieren unterhalb des IEP bei niedrigem pH OH^-, die dann austauschbar sind. Ebenfalls ist die Addition von H^+ an AlOH zu $AlOH_2^+$ möglich.

Die Anionensorption ist also eine vom pH abhängige, variable Ladungseigenschaft der Bodenaustauscher, die mit sinkendem pH zunimmt (KAK-variabel nimmt dann ab). Grundsätzlich gelten für den Anionenumtausch die gleichen Regeln wie für den Kationenumtausch: er erfolgt in äquivalenten Mengen, ist abhängig von Wertigkeit, Hydratation und vorhandenen Komplementärionen. Eintauschstärke und Haltfestigkeit nehmen in folgender Reihe ab:

$$PO_4^{3-} > MoO_4^{3-} > SO_4^{2-} > NO_3^- \sim Cl^-$$

Von gewisser bodenkundlich positiver Bedeutung ist nur die PO_4^{3-}-Sorption. Je nach Metalloxid-, Humus- und Tongehalt beträgt diese in mitteleuropäischen Böden 0,5 bis 2 mmol · $100\,g^{-1}$. Ein großer Teil der PO_4^{3-} wird jedoch eher als Ca-, Al- oder Fe-Phosphat gefällt oder von alterndem Metalloxon fixiert bzw. okkludiert. Der direkte Einfluß sorbierter PO_4^{3-} auf das Gefüge der Mineralböden ist noch nicht abschließend geklärt. Die praktisch bedeutungslos geringe NO_3^{2-}-Sorption erklärt die ökologische Problematik Bodenfruchtbarkeit-Düngung-Gewässergüte infolge leichter NO_3-Auswaschung (siehe Kap. 2.5.4.4.2 und Bodenschutz, Wasserschutzgebiete Kap. 4.5.3.3.2.5).

2.2.3.5 Bodenreaktion

Freie H^+ in der Bodenlösung und sorbierte H^+ an den Austauschern bestimmen die Bodenreaktion (pH). Die H^+-Konzentration in der Bodenlösung bedingt die *aktuelle* Acidität, die an Austauschern sorbierten H^+ die *potentielle* Acidität. Zusätzlich zu den adsorbierten H^+ bestimmen auch austauschbare Al^{3+} die potentielle Acidität. Nach ihrem Austausch bilden sie nämlich in Lösung freie H-Ionen gemäß folgender Gleichung:

$$Al^{3+} + 3H_2O \rightarrow Al(OH)_3 + 3H^+$$

Zwischen sorbierten H^+ und $Al^{3+} + H^+$ in der Bodenlösung besteht ein Gleichgewicht, das sich in pH-Wert und Basensättigung ausdrückt. Meßbarer Ausdruck der Bodenreaktion ist der pH-Wert (**p**otentia **h**ydrogenii): Als pH-Wert wird der negative Logarithmus der H^+-Konzentration bzw. die H^+-Aktivität bezeichnet. Da in wäßriger Lösung das Produkt aus H^+ und OH^--Aktivität konstant ist (pH + pOH = 14) braucht man nur die Aktivität der H^+ zu messen. Diese Messung erfolgt exakt elektrometrisch, ungenauer über Farbindikatorstäbchen.

pH 1 bedeutet $1 \cdot 10^{-1}$ oder $\frac{1}{10}\,g\,H^+/l\,H_2O$
pH 2 bedeutet $1 \cdot 10^{-2}$ oder $\frac{1}{100}\,g\,H^+/l\,H_2O$
usw. bis pH 14.

Mit steigendem pH nimmt die H^+-Konzentration einer Lösung je pH-Stufe also um jeweils 10^{-1} ab. Man beachte, daß die *absolute* H^+-Abnahme von pH 2 auf pH 3 z. B. um zwei Zehnerpotenzen größer ist als die von pH 4 auf pH 5!

Die aktuelle Bodenreaktion gilt streng genommen nur für den jeweiligen Bodenwassergehalt und Bewuchs. Sie ändert sich z. B. mit diesen durch H^+-Konzentrationszunahme in der Bodenlösung bei abnehmendem Wassergehalt und zunehmender biologischer Aktivität. Da es meßtechnisch schwierig ist, die jeweiligen Bodenlösungen für diese pH-Wert-Bestimmungen zu gewinnen, wird konventionell in einer Bodensuspension mit genormtem Boden-Lösungs-Verhältnis (1:2,5) gemessen. Dabei bleibt es nicht aus, daß auch ein Teil der an Austauschern sorbierten H^+ die Elektrode berühren. Eine aufgeschüttelte, wäßrige Bodensuspension hat deshalb ein tieferes pH als die mehr oder weniger klare Lösung nach Absetzen der Bodenteilchen. Dieser Suspensionseffekt wird ausgeschaltet, wenn man statt H_2O eine Elektrolytsuspension (0,01 M $CaCl_2$, DIN 19684 Teil 1) verwendet. Durch den Ca^{2+}-Überschuß werden auch fest-

Tab. 50. Bodenreaktionen

pH	Bezeichnung	Beispiele
<3,0	äußerst sauer	saure Sulfatböden
3,0−4,0	sehr stark sauer	Hochmoorböden
4,0−5,0	sehr sauer	Podsole, Moormarsch
5,0−6,0	mittel sauer	Parabraunerden, Knickmarsch
6,0−6,5	schwach sauer	Braunerden, Kleimarsch
6,5−7,0	sehr schwach sauer	Schwarzerden
7,0	neutral	Kalkmarsch
7,0−7,5	sehr schwach alkalisch	kalkreiche Niedermoore
7,5−8,0	schwach alkalisch	Neutralsalzböden
8,0−9,0	mittel alkalisch	Alkaliböden
9,0−10,0	stark alkalisch	Kalkmergel
10,0−11,0	sehr stark alkalisch	Kalksteinpulver

haftende H^+ an den Austauschern umgetauscht. Diese zusätzlich so in die Bodenlösung überführten H^+ bedingen die *Gesamt*acidität (aktuelle + potentielle). Der pH-Wert ist also eine meßtechnisch bedingte, konventionelle Größe, denn mit der Konzentration eintauschender K^+ bzw. Ca^{2+} werden steigende Mengen fester sorbierter H^+ ausgetauscht. Nach 24 Stunden herrscht Austauschgleichgewicht. Erst dann sollte gemessen werden. Sowohl pedogenetisch wie auch ökologisch werden alle chemischen, biologischen und viele physikalischen Bodeneigenschaften vom pH bestimmt. Die Böden werden nach ihrer Reaktion eingestuft (siehe Tab. 50).

Aus der natürlichen Vegetation können gewisse Rückschlüsse auf die Bodenreaktion gezogen werden, solange weitgehend von Düngung und Nutzung unbeeinflußte Pflanzengemeinschaften noch vorhanden sind (Ödland, Wald, Extensivgrünland). Einzelnen *Zeigerpflanzen* wird deshalb heute weniger Aussagewert beigemessen. ELLENBERG (1979) hat typische Wildkräuter des Grün- und Ackerlandes in einer jeweils zehnteiligen Skala als Säure- bis Basenzeiger (R 1 bis 9) und Trocknis- bis Nässezeiger (F 1 bis 10) eingeteilt. Häufig sind niedrige R-Zahlen (z. B. R 2 beim Hasenklee, *Trifolium arvense*) mit kleiner F-Zahl (2 = Trockniszeiger) bzw. hohe Feuchtezahlen (F 7) mit großer Reaktionszahl (R 8) wie bei der Kohldistel (*Cirsium oleraceum*) verknüpft, während man eher Kombinationen von hoher Feuchtezahl, wie z. B. beim Brennenden Hahnenfuß, *Ranunculus flammula* (F 9) mit niedriger Reaktionszahl (R 3) erwartet. Auf ausführliche Tabellen in der Bodenkundlichen Kartieranleitung sei verwiesen.

Warum versauern Böden?
Vom Gehalt des Ausgangsgesteins an basisch wirkenden Kationen hängt es ab, wie schnell und wieviel davon bei Verwitterung freiwerden und die primär unterschiedliche, natürliche Basensättigung bestimmen. Bei Böden aus Magmatiten nimmt der natürliche Basenvorrat in folgender Reihe ab: Basalt > Diorit > Granit, bei Böden aus Sedimentgestein: Kalkstein > Geschiebelehm > Buntsandstein > Geschiebesand. Im Lauf der Bodenentwicklung reichern sich Protonen an. Quellen der Versauerung (siehe Tab. 51) sind verschieden gewichtige systeminterne und externe H^+-Ionen:
1. *Niederschläge*, die CO_2, SO_2, NO_x enthalten. Durch steigenden Verbrauch von Primärenergie aus fossilen Brennstoffen werden durch Industrie, Haushalte und Kfz-Abgase Säuren emittiert. Im Durchschnitt des Bundesgebietes beträgt die jährliche S-Immissionsbelastung der Böden heute 20 bis 60 kg S $\cdot$ ha^{-1}, in Industrienähe, infolge Filterung alkalischer Stäube, bis zu 150 kg S $\cdot$ ha^{-1}. eine etwa gleichhohe Säure-Immission erfolgt durch NO_x vor allem aus Kfz-Abgasen. Der mittlere pH-Wert des Niederschlagswassers beträgt in ländlichen Regionen z. T. 4,1 bis 4,5 und sinkt in Ballungsgebieten (z. B. Ruhrgebiet) auf 3,9. Im Winterhalbjahr (Heizperiode) werden z. B. in Bremen im Niederschlagswasser pH-Werte bis < 3,5, im Sommerhalbjahr von > 4,5 gemessen. Im humiden Klima mit positiver klimatischer Wasserbilanz werden die durch H^+ in die Bodenlösung ausgetauschten Basen ausgewaschen. In ariden Klimaten kommt es umgekehrt zu einer Salzanreicherung im Oberboden.

Tab. 51. Beiträge einzelner H$^+$-Quellen der Böden in Land- und Forstwirtschaft der Bundesrepublik Deutschland (in kg H$^+$ ha · Jahr bzw. %) unter besonderer Berücksichtigung »belastender« ökosystemfremder atmosphärischer H$^+$-Einträge und »normaler« ökosystemeigener bodeninterner H$^+$-Produktion (nach ISERMANN 1982)

| | H$^+$-Anlieferung in den Ökosystemen | | | |
| | Landwirtschaft | | Forstwirtschaft | |
H$^+$-Quellen	kg H$^+$ · ha^{-1} · a^{-1}	(%)	kg H$^+$ · ha^{-1} · a^{-1}	(%)
1. **»belastende« ökosystemfremde atmosphärische H$^+$-Einträge**	2,6–3,6	10–11	3,2–5,0	17–16
1.1 Aktuelle H$^+$-Deposition (durch SO$_x$, NO$_x$, Cl, CO$_2$)	1,0–2,0	4–6	1,6–3,4	9–11
1.2 Potentielle H$^+$-Deposition (nitrifizierter NH$_3$- bzw. NH$_4^+$-N)	~ 1,6	~ 5	1,6(–6,8)	~ 6
2. **»Normale« ökosystemeigene bodeninterne H$^+$-Produktion**	23,4–30,1	90–89	14,8–26,6	83–84
2.1 Bodenatmung (Wurzel- und Edaphonatmung)	~ 10	~ 33	(4)–10	~ 40
2.2 Bevorzugte Kationenaufnahme	0,1–5,0	< 1–15	0,1–10,1	< 1–32
2.3 Biologische (NH$_4^+$-)Bindung	(0,4–52)		(3,5–36)	
	$\varnothing \approx 0,7$	~ 2	$\varnothing \approx 3,6$	~ 15
2.4 Aktive H$^+$-Exkretion der Pflanzenwurzel (Protonenpumpe)	1,1–2,9	4–9	1,1–2,9	6–9
2.5 NH$_4$-N-Düngung (80 kg NH$_4^+$-N) → (Nitrifikation)	11,5	38	–	–
3. Gesamte H$^+$-Anlieferung im Boden*	26,0–33,7	100	18,0–31,6	100

* Humifizierung als weitere H$^+$-Quelle nicht berücksichtigt

2. Die *Vegetation* produziert jedoch wesentlich mehr Säuren (Tab. 51). Bei der Atmung von Bodenorganismen und Pflanzenwurzeln entstehen H$^+$ und ''CO$_2$. Schlecht gepufferte Böden können mit steigender CO$_2$-Konzentration in der Bodenluft vor allem dann versauern, wenn durch Verschlämmungen und Verkrustungen der Bodenoberfläche der Gasaustausch zur CO$_2$-ärmeren Atmosphäre unterbunden ist (siehe Kap. 2.5.2 Bodenlufthaushalt). Im zeitigen Frühjahr zeigen Saaten auf solchen Standorten durch Vergilbung Säureschäden, die nach Bodenlockerung und -lüftung, z. B. durch Eggen, Hacken oder leichtes Walzen wieder verschwinden. Immerhin kann eine intensiv landwirtschaftlich genutzte Fläche bis zu 12000 kg kalklösendes CO$_2$ ha^{-1} · a^{-1} produzieren. Durch bakterielle Nitrifizierung entsteht im Boden Salpetersäure. Pflanzenwurzeln scheiden organische Säuren aus. Die Rhizosphäre, der unmittelbare Bodenwurzelkontaktbereich ist deshalb um bis zu 1 bis 2 pH-Einheiten saurer als der wurzelfreie Boden.

Durch *Humifizierung* entstehen vor allem in der Streudecke der Wald- und Grünlandböden als Ab- und Aufbauprodukte organische Säuren. Humin- und Fulvosäuren können das Boden-pH stärker erniedrigen als biogene Kohlensäure. Oligotrophe, organogene Böden (Hochmoore) sind mit pH < 4 besonders

sauer. Mit dem Traufwasser der Pflanzen werden ebenfalls organische Säuren aus der pflanzlichen Oberfläche extrahiert bzw. aus trockenen Depositionen abgewaschen. Von den Pflanzenoberflächen aus der Atmosphäre »ausgekämmte« Mineralsäuren (siehe Interzeption, Kap. 2.5.1) gelangen vorzugsweise in die Nähe der Baumstämme in den Boden. Die besonders ausgeprägte Podsolierung in Stammnähe von immergrünen Koniferen führt zu tiefreichenden Wurzeltöpfen im Ae- und Bhs-Horizont. Saurer Regen schadet daher vorzugsweise in der Regel nicht gedüngten und ungekalkten Waldböden.

3. Grundwasserböden mit Sulfiden (z. B. Pyrit, FeS$_2$) und anderen *S-haltigen Mineralen* (z. B. Maibolt, Jarosit oder Gelbeisenerz (K$_2$Fe$_6$(OH)$_{12}$SO$_4$ in Moormarschen) sind im Reduktionsbereich charakteristisch schwarzgrau bzw. gelb gefärbt. Solange diese Stoffe reduziert bleiben, sind sie völlig unschädlich. Bei Entwässerung und Belüftung oder als Grabenaushub jedoch oxidiert, entstehen zunächst Eisensulfate (FeSO$_4$ und Fe$_2$(SO$_4$)$_3$), die in FeOOH und H$_2$SO$_4$ hydrolisieren:

$$4\,FeS_2 + 10\,H_2O + 15\,O_2 \rightarrow 4\,Fe\,OOH + 8\,H_2SO_4$$

Durch diese Oxidationsverwitterung kann die Bodenreaktion bis < pH 2 absinken, jegliches Leben in Böden und Gewässern unterbinden sowie Betonbauten (Brücken, Schöpfwerke) zerstören. Das nesterweise Auftreten solcher pflanzenschädlichen Stoffe erschwert die Bestimmung des *zusätzlichen* Kalkbedarfs. So bleiben oft über Jahrzehnte örtlich vegetationsfreie Grabenufer.

4. Schließlich sind Einflüsse der *Bodennutzung* durch den Menschen zu nennen. Von der Kulturart und ihrer Durchwurzelungstiefe hängt es ab, ob im humiden Klima leicht auswaschbare Basen aus dem damit angereicherten Unterboden wieder an die Bodenoberfläche gepumpt werden. Unter tiefwurzelndem Buchenwald ist der Versauerungsprozeß auf kalkhaltigem Unterboden gebremst und die Entwicklung zur Braunerde vorgezeichnet. Wird nach der Buche die flachwurzelnde Fichte gepflanzt, beginnt unter deren saurem Bestandsabfall die Podsolierung.

5. Landwirtschaftliche Produkte entziehen dem Boden nur wenig Basen (Tab. 105). So werden durch eine gute Getreideernte (60 dt · ha^{-1}) nur bis zu 200 kg · ha^{-1} K$_2$O, 60 kg · ha^{-1} CaO und 30 kg · ha^{-1} MgO entzogen, durch die Rübenernte (500 dt · ha^{-1}) dagegen mit 350 kg · ha^{-1} K$_2$O, 100 kg · ha^{-1} CaO und 100 kg · ha^{-1} MgO wesentlich mehr, vor allem dann, wenn das Rübenblatt nicht auf dem Feld verbleibt. Ein Teil der Nährstoffe kann über den Stallmist wieder in den Boden zurückgelangen. Verbleiben Stroh bzw. Blatt auf dem Ackerland ist der Basenexport auf etwa die Hälfte reduziert. Jahrhundertelange Streu- und Holzentnahme hat die Waldböden in ihrem Basenumlauf geschwächt und auch zur Versauerung beigetragen. Besonders durch Gemüse erfolgt ein starker Basenexport. Die Mineraldüngung wird bei den Hauptnährstoffen N, P, K den Bodengehalten und dem Entzug angepaßt, die Kalkversorgung aber häufig vernachlässigt (siehe Kap. 2.2.3.6).

Das gilt vor allem bei Verwendung ballastarmer, hochprozentiger, meist physiologisch saurer Mehrnährstoffdünger. Man kann die alkalische oder saure Wirkung eines Mineraldüngers vorausberechnen. Dazu werden den Kationen und Anionen äquivalente CaO-Mengen gegenübergestellt.

Tab. 52. Kalkäquivalente (nach SLUIJSMANNS 1970)

1 kg K$_2$O	äquivalent	0,6 CaO
1 kg CaO	äquivalent	1,0 CaO
1 kg MgO	äquivalent	1,4 CaO
1 kg Na$_2$O	äquivalent	0,9 CaO
1 kg SO$_3$	äquivalent	− 0,7 CaO
1 kg Cl	äquivalent	− 0,8 CaO
1 kg F	äquivalent	− 1,5 CaO
1 kg P$_2$O$_5$	äquivalent	− 0,4 CaO
1 kg N	äquivalent	− 1,0 CaO

Tab. 53. Nährstoffgehalte (%) und Kalkwerte (kg/100 kg) einiger häufig verwendeter Düngemittel

Mineraldünger	N	P$_2$O$_5$	K$_2$O	MgO	CaO	Kalkwert
Branntkalk					70−90	+ 70 bis +90
Mg-Branntkalk				16	68	+ 90
Kohlens. Kalk					45−51	+45 bis +51
Konverterkalk		3			43	+ 42
Kalkstickstoff	21				35	+ 35
N-Lösung (AHL)	28					−28
Kalkammonsalpeter	26				14	−12
Schwefels. Am.	21					−63
N-Magnesia	20			7		−25
Kalksalpeter	15,5				28,5	+13
Harnstoff	46					−46
Thomasphosphat		15			51	+ 45
Superphosphat		18			17	± 1
Novaphosphat		26			32	+ 22
Hyperphosphat		27			44	+ 33
Triplephosphat		46			15	− 3
Kalidünger			40−50			0
NPK-Dünger	6−24	8−15	8−20			− 9 bis −23

Tab. 54. Beurteilung des Carbonatgehaltes in Böden (Salzsäureprobe) (nach Kartieranleitung 1982), gekürzt)

CO_2-Entwicklung bei bindigen Bodenarten*	Bezeichnung	Kurzzeichen EDV	Ungefährer Carbonatgehalt (% mas)
keine Reaktion	carbonatfrei	c0	0
sehr schwache Reaktion, nicht sichtbar, hörbar	sehr carbonatarm	c1	< 0,5
schwache Reaktion, kaum sichtbar	carbonatarm	c2	0,5 – 2
schwache, nicht anhaltende, sichtbare Bläschenbildung	schwach	c3.2	2 – 4
deutliche, nicht anhaltende Bläschenbildung	mittel carbonathaltig	c3.3	4 – 7
starkes, nicht anhaltendes Aufschäumen	stark	c3.4	7 – 10
starkes anhaltendes Schäumen	carbonatreich	c4	20 – 25
	sehr carbonatreich	c5	25 – 50
	extrem carbonatreich	c6	> 50

* Bei nicht bindigen Bodenarten stärkere Reaktion bei gleichem Carbonatgehalt

Wenn aus einem Mineraldüngersalz das Kation (= Base) stärker von der Pflanze aufgenommen wird als das begleitende Anion (= Säurerest), handelt es sich um einen *physiologisch sauren* Mineraldünger (z. B. schwefelsaures Ammoniak $(NH_4)_2SO_4$). Bevorzugte Aufnahme des Säurerestes z. B. bei Ca-Phosphaten wirkt *physiologisch alkalisch*. Volldünger wirken ausnahmslos physiologisch sauer. Ohne Berücksichtigung von Basenauswaschung, NH_4-K-Fixierung, Nitrifikation, Denitrifikation können Kalkäquivalente für gebräuchliche Handelsdüngemittel angegeben werden (Tab. 53).

2.2.3.6 Entkalkung und Kalkbedarf
Überschüssige H^+ und positive klimatische Wasserbilanz (N > V) führen zur Entkalkung. Unterschiedliche Entkalkungsgeschwindigkeiten und -tiefen sind abhängig vom Kalkgehalt des Ausgangsgesteins, Entwicklung des Bodens. Trotz ihres hohen Alters sind Steppenschwarzerden weniger tief entkalkt als die unter humidem Klima weiter entwickelten Lößparabraunerden. Die Entkalkung der relativ jungen Marschen hängt ab von ihrem sedimentationsbedingt primären, unterschiedlichen Kalkgehalt und der für marine Sedimente spezifischen Schwefeldynamik. In ariden Klimaten kommt es dagegen zu Kalk- und Gipskrustenbildung an der Bodenoberfläche durch Anreicherung aus verdunstendem Bodenwasser kapillarer Nachlieferung aus Ca-reichen Untergrund.

Der Gehalt an Carbonaten kann im Felde relativ einfach durch die Salzsäureprobe ermittelt werden. 1:3 mit mit Wasser verdünnte, konzentrierte (37%) HCl wird auf vorbefeuchteten Boden getropft und der Carbonatgehalt aus sicht- und hörbaren Reaktionen des Bodens geschätzt. Da neben $CaCO_3$ auch andere Carbonate ($MgCO_3$, $FeCO_3$) im Boden vorhanden sein können, ist es besser, die mit der Salzsäuremethode ermittelten Gehalte nur auf Carbonate zu beziehen, wenn damit auch vorwiegend $CaCO_3$ erfaßt wird. Wenn H_2S-Geruch auftritt, sind Sulfide (siehe pflanzenschädliche Stoffe, Seite 124) im Boden vorhanden. Bei schneller CO_2-Entwicklung liegt vorwiegend Calcit vor. Verzögerte Reaktion weist auf Dolomit (überprüfen mit Chinalizarin) oder Siderit (gelbliche Färbung) hin. Gleichmäßiges Schäumen ist ein Zeichen von Feinverteilung.

Die Intensität der Reaktion ist außer von der Menge und Art der Carbonate auch von der Geschwindigkeit des Eindringens der HCl-Lösung im Boden abhängig. Faktoren, die das Durchtränken des Bodens mit der Salzsäure be-

Tab. 55. CO_2-abhängige $CaCO_3$-Löslichkeit $(mg \cdot l^{-1})$ bei 25 °C

	Atmo-sphäre	Bodenluft				
CO_2-Partial-druck (kPa)	0,031	0,33	1,6	4,3	10	100
$CaCO_3 (mg \cdot l^{-1})$	52	117	201	287	390	900

einflussen oder die Konzentration der HCl-Lösung nennenswert herabsetzen, können sich auf die Intensität des Reaktionsablaufes auswirken (z.B. Ton-, Wassergehalt, Oberfläche). Düngekalk, kalkhaltige Fossilien, Bauschutt und Kalksteinsplitter im Boden können die Ansprache verfälschen.

Böden aus Gesteinen mit Carbonatgehalten > 10%mas werden als Mergelböden bezeichnet, über 50%mas als Mergel- oder Kalksteinböden. Die Löslichkeit der Carbonate hängt vom CO_2-Gehalt des Wassers ab. Dieser ist abhängig vom CO_2-Partialdruck und fällt mit der Höhe der Temperatur.

Schwerlösliches $CaCO_3$ wird durch überschüssige Kohlensäure in leichtlösliches $Ca(HCO_3)_2$ überführt:

$$CaCO_3 + CO_2 + H_2O \rightleftarrows Ca(HCO_3)_2$$

Abgabe von CO_2, z.B. durch Erhitzen, kann umgekehrt wieder zur Ausfällung von schwerlöslichem $CaCO_3$ führen. Der in der Atmosphäre vorherrschende niedrige CO_2-Partialdruck wird in der Bodenluft durch biologische Aktivität deutlich überschritten. Unterstellt man einen relativ niedrigen CO_2-Partialdruck in der Bodenluft von 0,33 kPa = 0,3%vol, so sind in kalkhaltigen Böden je Liter H_2O 117 mg $CaCO_3$ löslich. Bei einer für das Bundesgebiet mittleren klimatischen Wasserbilanz von 800 mm Niederschlag und bis zu 500 mm Verdunstung = 300 mm Abfluß wären bei totaler Versickerung je m^2 jährlich 300 × 117 = 35 100 mg löslich (= 350 kg $\cdot$ ha^{-1} $CaCO_3$-Auswaschung). Rechnet man die durch örtlich unterschiedliche Immissionen (bis zu 200 kg $\cdot$ ha^{-1} SO_2) erforderlichen Kalkäquivalente = 250 kg $\cdot$ ha^{-1} $CaCO_3$ und den pflanzlichen Kalkentzug (bis zu 100 kg Ca $\cdot$ ha^{-1}) hinzu, so wird der hohe maximale Kalkbedarf unserer Böden deutlich. Dabei ist die von der Mineraldüngung und -wirkung abhängige Kalkbilanz noch nicht berücksichtigt (Tab. 53).

Diese Kalkbilanz gilt strenggenommen nur für kalkreiche Böden (freies $CaCO_3$). Bei kalkarmen, versauerten Böden ist das restliche, sorbierte Ca^{2+} relativ fest gebunden, schwerer austausch- und auswaschbar. Die Kalkverluste sind dann entsprechend kleiner (siehe Erhaltungs- und Gesundungskalkung, Seite 128). Im Hinblick auf einen wirksamen Bodenschutz (siehe Kap. 4.5.3.3.2) sind zur Immobilisierung von Schwermetallen und zur Gefügestabilisierung schwerer Böden relativ hohe, in humusreichen, organogenen Böden dagegen tiefe pH-Werte anzustreben.

Da zu hohe wie auch zu niedrige Kalkgehalte für Boden und Pflanze nachteilig sind (Spurenelementfestlegung bzw. Schwermetallmobilität, Abbau bzw. Anreicherung organischer Substanz, Al-Toxidität, Gefügestabilität) muß die Bodenreaktion durch pH-Messungen überwacht werden (Abb. 63). In Tab. 56 sind die pH-Ziele für die verschiedene Bodenarten im Ackerbau aufgeführt. Mit steigendem Gehalt an organischer Substanz fallen, mit dem Tonanteil steigen die Ansprüche der Böden an die Kalkversorgung.

Sobald der Ziel-pH-Wert bei Kontrolluntersuchungen deutlich unterschritten ist, muß zusätzlich eine Kalkbedarfsbestimmungen erfolgen.

Der *Kalkbedarf* kann aus der KAK und dem V-Wert abgeleitet werden. pH- und V-Wert korrelieren sehr eng (pH 7:V = 100%, pH 3:V = 10 bis 20%). Optimale Bodenreaktionen für landwirtschaftliche Kulturpflanzen sind für Mineralböden bei V = 80%, bei Moorböden bei V = 50% zu erwarten. Ein mmol H^+/100 g Boden entspricht 8,4 dt CaO/ha $\cdot$ 20 cm.

Das einfachste Verfahren zur Bestimmung des Kalkbedarfs von Mineralböden ist folgendes: Zusätzlich zur pH-Wert-Bestimmung in 0,01 M $CaCl_2$ wird eine weitere pH-Bestimmung in 1 M Calciumacetat durchgeführt und der Kalkbedarf aus Tabellen abgelesen.

Genauer wird der Kalkbedarf durch die Titrationskurve ermittelt. Die »Bodensäure« wird dabei mit 0,07 M $Ca(OH)_2$ in gestaffelten Mengen bis zum gewünschten pH neutralisiert. Im pH-Bereich 3 bis 7 ist die Neutralisation fast linear. Aus dem Anfangs-pH (ApH) und dem End-pH (EpH) (Zusatz von $Ca(OH)_2$) kann mit für praktische Zwecke ausreichender Genauigkeit die für das Ziel-pH (ZpH) erforderliche Kalkmenge mit folgender Gleichung ermittelt werden.

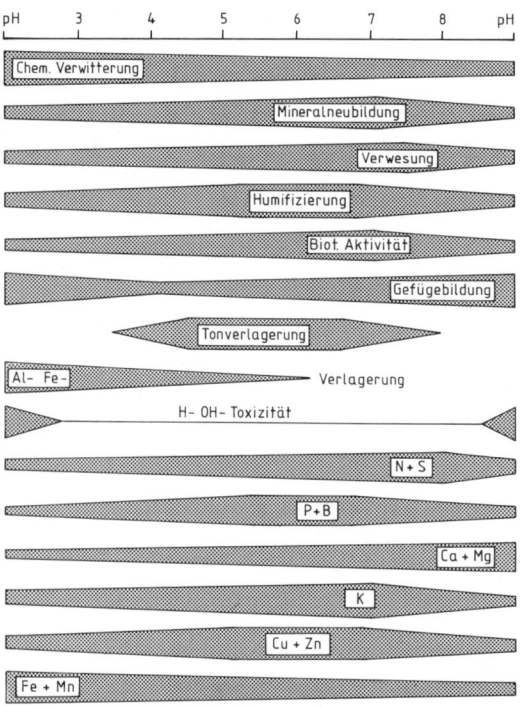

Abb. 63. pH-Wirkungen im Boden.

$$\frac{ZpH - ApH}{EpH - ApH} \cdot 37 = dt\ CaO\ ha \cdot 20\ cm$$

Dieses Verfahren wird zur Bestimmung des Kalkbedarfs von Moorböden angewendet.

Eine dem Kalkverlust entsprechende, prophylaktische, relativ kleine jährliche Gabe < 5 dt · ha CaO wird als *Erhaltungskalkung* bezeichnet. Werden nach einer Kalkbedarfsermittlung höhere Gaben erforderlich, so handelt es sich um eine einmalige *Gesundungs-* oder *Me-*

liorationskalkung. Oft reicht eine kleine Kopfkalkung, um Oberflächenverschlämmungen zu vermeiden.

Kontrolluntersuchungen nach der Kalkung zeigen häufig, daß die errechneten Kalkmengen nicht ausgereicht haben, das Ziel-pH im Boden zu erreichen. Verschiedene Gründe werden genannt:
1. Ungleichmäßige Kalkverteilung im Boden
2. Zu langsamer Reaktionsausgleich im Feld gegenüber dem Laborexperiment

Tab. 56. pH-Ziele der Ackerböden nach Verband Deutscher Landwirtschaftlicher Untersuchungs- und Forschungsanstalten (VDLUFA)

% 2 μm	Bodenart	< 4 (h3)	4−8 (h4)	8−15 (h5)	15−30 (h6)	30−60 (H)	> 60 (H)
			% mas org. Substanz				
< 5	S	5,5	5,5	5,0	4,5	4,0	4,0
5−12	Sl	6,0	5,5	5,0	4,5	4,0	4,0
12−17	Ls	6,5	6,0	5,5	5,0	4,5	4,0
17−25	L	7,0*	6,5	6,0	5,5	4,5	4,0
> 25	LT, T	7,0*	7,0*	6,0	5,5	4,5	4,0

* günstig, wenn zusätzlich > 1% freies $CaCO_3$ fein verteilt im Boden als gefügestabilisierende Reserve vorliegt.

3. Nach der Kalkung durch Mineralisierung organischer Substanz freigesetzte Säuren
4. Aktivierung variabler Austauscherladungen mit steigender Kalkzufuhr.

Diesen Nachteilen wird bei der Azetatmethode durch tabellarische Faktoren weitgehend Rechnung getragen. Für die Kalkung von Moorböden wird empfohlen, die aus der Kalkbedarfsermittlung im Labor errechneten Kalkmengen zu verdoppeln. Enthält ein Boden pflanzenschädliche Schwefelverbindungen, die erst nach Oxidation freigesetzt werden, muß nach DIN 19684, Teil 9, deren zusätzlicher Kalkbedarf berücksichtigt werden.

Böden mit zu hoher Na^+-Sorption erhalten Gips statt Kalk. Damit umgeht man den sonst nachteiligen Sodaeffekt mit Dispergierungsgefahr:

$$2\,Na\text{-Boden} + CaCO_3 = Ca\text{-Boden} + Na_2CO_3$$

Das bei der Gipsmelioration gebildete Neutralsalz Na_2SO_4 ist unschädlich für die Gefügestabilität.

$$2\,Na\text{-Boden} + CaSO_4 = Ca\text{-Boden} + Na_2SO_4$$

Gipsdüngung ist ab 1 bis 2 mmol $Na^+ \cdot 100\,g^{-1}$ Boden erforderlich, je mmol Na^+ sind 26 dt Gips/ha $\cdot$ 20 cm erforderlich. So werden Alkaliböden, aber auch länger von Meerwasser überflutete Marschen verbessert. Zur Salz- und Alkalibödenmelioration, siehe Kap. 4.5.2.3.

2.2.4 Der Boden als Puffersystem

In Anlehnung an die stoßdämpfenden Puffer der Eisenbahn, versteht man unter Pufferung die Eigenschaft eines chemischen Systems, bei Zugabe von H^+ oder OH^- sein pH kaum zu verändern. Bodenkundlich ist die Pufferung insofern wichtig, als Pflanzen und Bodenorganismen empfindlich auf plötzliche und starke pH-Änderungen, z. B. durch Düngung und Kalkung, reagieren. Langfristig ist ein gut gepufferter Boden auch gegen den ständigen Prozeß der Versauerung und gegen Schadstoffe besser geschützt als ein schlecht gepufferter.

Im Boden sind verschiedene Puffersysteme wirksam (Tab. 57). Gemische schwacher Säuren mit ihren Salzen können Reaktionsschübe gut auffangen. Die Wirkung beruht auf der Neutralisierung von H^+ und OH^- und deren Überführung in schwächer dissoziierte Säuren bzw. Basen. (Dissoziation = Fähigkeit eines gelösten Moleküls, in elektrisch verschieden geladene

Tab. 57. Pufferbereiche und Pufferkapazitäten von Böden in Abhängigkeit von deren pH-Wert (nach ULRICH 1984)

pH-Wert	Pufferbereich	Pufferkapazität*	
> 6,2	Carbonate	300	kmol H^+/% $CaCO_3$
6,2–5,0	Silikate	25	kmol H^+/% Silikat
5,0–4,2	Austauscher	7,5	kmol H^+/% Ton
< 4,2	Aluminium	150	kmol H^+/% Ton

* Angaben bezogen auf 10 cm Krumentiefe

Bestandteile (Ionen) zu zerfallen. Dissoziationsgrad = Anteil dissoziierter Kationen bzw. Anionen). So wirkt im pH-Bereich > 6,2 das Puffersystem $CaCO_3/Ca(HCO_3)_2/H_2CO_3$ nach folgender Gleichung:

$$CaCO_3 + CO_2 + H_2O \rightleftarrows Ca(HCO_3)_2 + 2\,HCl \rightarrow$$
$$CaCl_2 + 2\,H_2O + 2\,CO_2.$$

Anstelle der stark dissoziierten HCl sind die schwächere H_2CO_3 und das Neutralsalz $CaCl_2$ gebildet worden. H_2CO_3 kann wieder mit $CaCO_3$ reagieren oder in CO_2 und H_2O hydrolysiert werden. Im Gleichgewicht mit Luft unterschiedlichen CO_2-Gehaltes nimmt der pH-Wert des Wassers ab (siehe Tab. 58). Ist jedoch $Ca(HCO_3)_2$ im Wasser gelöst, so ist die pH-Abnahme deutlich verzögert.

Fehlen freie Carbonate, so puffern die Silicate und Austauscher im Boden im pH-Bereich 6,2 bis 4,2. Durch Austausch der Alkali- und Erdalkalikationen gegen H^+ entsteht aus der freien Säure in der Bodenlösung die undissoziierte »Feststoffsäure« am Austauscher. Die aktuelle (aktive) Acidität nimmt dabei ab, die Austauschacidität zu. Umgekehrt können überschüssige Basen neutralisiert werden. Je höher die KAK, um so besser ist diese Pufferwirkung eines Bodens. Humusarme Sandböden sind weniger gut gepuffert als Lehm-, Ton- oder Moorböden. Gärtnerische Erden (Torf-Lehm-Sandmischungen) sind besonders gut gepuffert.

Tab. 58. CO_2-Lösungsgleichgewicht gepufferten und ungepufferten Wassers in Abhängigkeit vom CO_2-Gehalt der Bodenluft

CO_2 in der Luft (% vol)	0,03	0,30	1,50
pH-Wasser	5,72	5,22	4,95
pH-Wasser + Ca $(HCO_3)_2$	7,89	7,81	7,47

Mit Phosphat hoch versorgte Böden sind im Nebeneinander von primären, sekundären und tertiären Phosphaten im pH-Bereich 5 bis 8 gut gepuffert:

$$2\,CaHPO_4 + 2\,HCl \rightleftharpoons Ca(H_2PO_4)_2 + CaCl_2$$

Das sekundäre oder Dicalciumphosphat hat die stark dissoziierte HCl unter Bildung des schwach sauren primären oder Monocalciumphosphat und des Neutralsalzes $CaCl_2$ gepuffert.

Bei pH-Werten $< 4{,}2$ beginnt die Wirkung des Al-Puffersystems. Drei H^+ lösen ein Al^{3+} aus den Oktaederschichten der Tonminerale, die von 6 H_2O Dipolmolekülen umgeben werden. Bei steigendem pH wird ein Wassermolekül durch eine Hydroxylgruppe ersetzt. Solche Moleküle können polymerisieren und negative Ladungen des Tonminerals neutralisieren (Polymerer-Aluminium-Hydroxo-Aqua-Komplex). Sie haften sehr fest an der Tonmineraloberfläche. So stellt man sich die Bildung von 4-Schichtmineralen oder sekundären Al-Chloriten vor.

Erst $< pH\,3{,}5$ ist das Wachstum der Kulturpflanzen durch Al^{3+}- und H^+-Überangebot beeinträchtigt (Säureschäden i.e.S.). Sofern der Boden gut gepuffert ist, kann der relativ geringe Ca-Bedarf der Kulturpflanzen meist gedeckt werden. So ist auf gut gepuffertem, Al^{3+}-freiem Moorboden das gute Wachstum der Kulturpflanzen um pH 4 zu erklären. Mineralböden müssen dagegen wegen der Al-Toxizität möglichst pH $> 4{,}5$ aufweisen. L- und T-Böden sollten an der Obergrenze der Austauscher-Pufferung bzw. im $Ca(HCO_3)/CaCO_3$ Pufferbereich genutzt werden. Für Schluff- und Sandböden ist die Phosphat-Pufferung vorteilhaft.

2.2.5 Der Boden als Redoxsystem

Chemisch-biologische Prozesse laufen im Boden als Oxidation oder Reduktion ab. In hydromorphen Böden überwiegen reduktive, in terrestrischen oxidative Einflüsse. Während auf Aggregaten und im luftführenden Porenraum – Porenkontinuität vorausgesetzt – Oxidation vorherrscht, kann *im* (verdichteten) Aggregat und in Engpässen dicht daneben Reduktion vorliegen. Dieses Nebeneinander beider Prozesse erschwert die exakte Messung des aktuellen Redoxpotentials im gesamten Boden. Viele Schäden an Böden und Pflanzen lassen sich durch Störungen im Redoxpotential (ROP) (vereinfacht = Verhältnis Oxidation/Reduktion) erklären. Oxidation und Reduktion sind jeweils als Elektronen verschiebende Reaktionen miteinander verknüpft.

Die oxidierende bzw. reduzierende Arbeit (Elektronenauf- und abnahme), die in einem Redoxsystem geleistet wird, bezeichnet man als Redoxpotential (ROP). Es wird bei 25°C auf das Normalpotential $H_2 \rightleftharpoons 2\,H^+$ (Wasserstoffelektrode) bei pH 0 (konventionell $= \pm\,0\,mV$) bezogen und bei 1-molarer Konzentration der Reaktionspartner mit einer Platin-Elektrode als Potentialdifferenz in mV gemessen. Je höher das ROP, um so stärker ist die Oxidationskraft. Im Boden laufen zahlreiche Oxidations-/Reduktionsprozesse neben- und nacheinander ab (Tab. 59). Man mißt also ein Gesamtpotential, das stark pH-abhängig ist. Im Boden sind ROP zwischen $-200\,mV$ (stark reduzierend) und $+700\,mV$ (stark oxidierend) möglich. Gut belüftete Böden haben hohe, vernäßte, an organischer Substanz, Fe^{2+}-, Mn^{2+}-reiche Böden niedrige ROP. In hydromorphen Böden nimmt das ROP mit der Tiefe ab. Im Go-Horizont werden positive mV, im Gr negative mV-Werte gemessen. Im Sw-Horizont schwankt das ROP auf engstem Raum. In terrestrischen Böden kann bei vernäßter, humushaltiger Krume umgekehrt das ROP dort niedriger sein als im Unterboden. Nur ROP-Messungen am gewachsenen Profil sagen genügend aus (Einfluß von Belüftung, sorbierter Elektronendonatoren und -akzeptoren). Je mehr Redoxpartner im Boden vorhanden sind, um so weniger stark ist die ROP-

Elektronenabgabe

$\uparrow$

Oxidation

Reduktionsmittel $-$ Elektronen $\rightleftharpoons$ Oxidationsmittel $+$ Elektronen

Reduktion

$\downarrow$

Elektronenaufnahme

Tab. 59. Boden-Redoxsysteme ($\rightarrow$ = Oxidation, $\leftarrow$ = Reduktion)

			Normalpotential	
H_2S	$\rightleftarrows S$	$\rightleftarrows SO_4$	$+ 2590$ mV	
Mn^{2+}	$\rightleftarrows Mn^{3+}$	$\rightleftarrows Mn^{4+}$	$+ 1230$	zunehmend reduktiv $\downarrow$
	H_2	$\rightleftarrows H_2O$	$+ 1200$	zunehmend oxidativ
	Fe^{3+}	$\rightleftarrows Fe^{3+}$	$+\ \ 770$	
NH_4	$\rightleftarrows N$	$\rightleftarrows NO_3$	$-\ \ 412$	
CH_4	$\rightleftarrows C$	$\rightleftarrows CO_2$	$-\ \ 636$	
red. org.	Subst.	$\rightleftarrows$ oxid. org. Subst.	$+ 100$ bis $- 200$	

Schwankung. Analog zur Pufferung nennt man das Abfangen von ROP-Veränderungen Beschwerung. Für Nährstoffhaushalt, biologische Aktivität, Verwitterung, Zersetzung und Bodenentwicklung ist die Höhe des ROP entscheidend.

Das ROP ist vom pH abhängig. Nur bei gleichem pH gemessene ROP sind vergleichbar. Die Potentialdifferenz einer pH-Stufe kann zwischen 50 und 100 mV betragen. Die pH-abhängige Reduktionskraft eines Systems (rH) kann nach folgender Beziehung ermittelt werden:

$$rH = \frac{ROP}{28,9} + 2 \cdot pH$$

(28,9 = Nernstsche Konstante)

Die rH-Skala reicht von 0 bis 41. rH 0 = Reduktionswirkung des gasförmigen, durch Berührung mit Pt aktivierten H bei 100 kPa und 18 °C, rH 5 = Reduktionswirkung von aktivierten H bei 10^{-3} kPa, rH 41 = reines O_2, bei 100 kPa und 18 °C, rH < 15: es überwiegen Reduktionsvorgänge, rH > 30: es überwiegen Oxidationen. In verschiedenen Systemen ermittelte rH-Werte sind unabhängig vom pH vergleichbar.

2.2.6 Bodenfärbung

Die unterschiedliche Färbung der Bodenhorizonte gibt wichtige Hinweise auf Ausgangsgestein (Minerale), Genese, Wasser-Luft-Regime, Bodenschäden. Sie hängt weiter ab von Menge und Verteilung folgender Bodenbestandteile: Metallverbindungen: im besonderen von Fe, Mn; Humusform; Tonminerale; Carbonate; Wasser.

Ihre wechselnden Anteile und Kombinationen bedingen Mischfarben. Rot-gelbe Färbungen herrschen in gut belüfteten, grün-blaue in luftarmen, vernäßten Böden vor.

Subjektive (Fehl-)Einschätzungen erschweren die richtige Ansprache der Bodenfarbe, weil Belichtung und Verteilungsform sowie die Art der Bodenoberfläche großen Einfluß haben. Besonders wichtig ist es, den Boden so weit anzufeuchten, bis keine Farbänderung mehr auftritt. Es ist zur richtigen Ansprache der Bodenfarbe üblich, standardisierte Farbtafeln anzuwenden. In der Bodenkunde hat sich international die bereits im Jahre 1905 von MUNSELL empfohlene Farbklassifikation bewährt. Sie gestattet, in einer Buchstaben- und Zahlenkombination Farbe (hue), Helligkeit (value) und Intensität (chroma) anzugeben. Dazu gibt es 24 Standardbodenfarbtafeln, die wie folgt aufgebaut sind:

Die 5 Hauptfarben – rot (R), gelb (Y), grün (G), blau (B), violett (P) – und ihre 5 Übergänge – gelb-rot (YR), grün-gelb (GY), blau-grün (BG), blau-violett (BP), rot-violett (RP) – werden der jeweils vorherrschenden Spektrallinie, in einem Dezimalsystem zugeordnet, z. B. 2,5 R, 5 R, 7,5 R und 10 R. In dieser Abstufung werden die Farbtafeln bezeichnet, z. B. erfaßt 2,5 YR die Farbbereiche rot-orangefarben bis rot-schwarz. Sodann werden die Farben nach ihrem Grauwert oder Helligkeit (value), ebenfalls von 0 bis 10, so geordnet, daß sie graduell von 1 bis 10 heller werden. Dieser Grauwert wird hinter den Farbwert gesetzt, z. B. 2,5 YR/7 = rötlich grau bis orangefarben. Die jeweilige Intensität der Farbe (chroma) wird mit einer weiteren Zahl von 0 bis 10 skaliert, 2,5 YR/7−6 bedeutet dann orangefarben. In solchen Kombinationen von Farbe, Helligkeit und Intensität wird die Bodenfärbung dreidimensional erfaßt. Diese Kodierung der Farbe ist präziser als die übliche subjektive Ansprache. In Tabelle 60 ist für einen mittleren Grauwert (5/−) die Zuordnung der in der Bodenkunde häufigsten Munsell-Farben (hue) mit ihren Intensitäten (chroma) gebräuchlichen Farbbezeichnungen der Kartieranleitung erfolgt. Man erkennt, daß z. B. die Bezeichnung grau-braun (GR BN) ohne weitere Differenzierung nach der Helligkeit die

Tab. 60. Farbbezeichnungen des Bodens (nach MUNSELL 1905) für value (Grenzwert) 5/–

hue	/1	/2	/3	/4	/5	/6	/7	/8 (Chroma -/)
7,5 R				GRRO			RO	
10,0 R	ROLIGR		ROGR				GRRO	
2,5 YR							ROBN	
5 YR	BNLIGR		BNGR				ROLIBN	
7,5 YR		BNGR	GRBN				BN	
10,0 YR	GR						GELIBN	
2,5 Y		GELIGR	GEGR				GEBN	
5 Y	GNLIGR		GNGR	GRGN			OLGN	
5 G								
5 B	BLGR							
5 BG								

Farbbereiche 5 bis 10 YR und Farbintensitäten 2,5 bis 4,5 umfaßt, also wesentlich unschärfer ist.

Zur praktischen Anwendung der Farbtafeln werden Bruchflächen von Bodenkörpern oder feuchte Bodenabstriche mit dem Daumen auf Filterpapier gebracht und diese mittels Lochschablone neben die jeweils vorausgewählten Farbtafeln solange über deren Einzelfelder geführt, bis visuell Farbgleichheit nach Grauwert und Intensität feststeht. In Gley- und Pseudogleyböden können mehrere Farben nebeneinander vorkommen. Dieses wird durch Zusätze »marmoriert«, »fleckig«, »gebändert« oder »bunt« mit den jeweiligen Flächenanteilen zum Ausdruck gebracht.

2.3 Biologische Bodeneigenschaften – Bodenbiologie

Die organische Substanz des Bodens umfaßt alle in und auf dem Boden befindlichen, abgestorbenen pflanzlichen und tierischen Stoffe und deren organische Umwandlungsprodukte (siehe Kap. 2.1.3). Der alt eingeführte Begriff Humus ist mit dieser Definition gleichbedeutend. Die Gesamtheit der im Boden lebenden pflanzlichen und tierischen Organismen wird als das Edaphon bezeichnet.

Bei der Bodenanalyse im Labor wird das Edaphon bei der chemischen Bestimmung der orga-nischen Substanz bis auf die größeren Bodentiere miterfaßt. Hierbei unterliegt das Ergebnis infolge der Vermehrungsrate der Kleinlebewesen und der Wurzelbildung der höheren Pflanzen starken jahreszeitlichen Schwankungen. Im Ap-Horizont eines intensiv genutzten Ackers kann daher der Gewichtsanteil des Edaphons an der gesamten organischen Substanz zwischen 1 bis 10 % mas schwanken. In der stark durchwurzelten Narbe eines Grünlandbodens können bis zu 15 % mas des Trockengewichts der organischen Masse zum Edaphon gehören.

Eine Unterteilung der Bodenlebewelt in Bodenflora und Bodenfauna berücksichtigt ihren komplexen Einfluß auf die Umsetzungsprozesse nicht hinreichend. Die Zusammensetzung der Gesamtheit der Bodenorganismen wird kleinräumig durch oft stark wechselnde Bodeneigenschaften bestimmt. Daher wird die Gliederung des Edaphons nach der Anpassungsfähigkeit der Bodenorganismen vorgenommen.

2.3.1 Lebewesen des Bodens – das Edaphon

Das Edaphon wird überwiegend von pflanzlichen Organismen dominiert; dabei treten die Bakterien in Menge und Formenvielfalt (Abb. 64) besonders hervor. Innerhalb der Bodenfauna dominieren Protozoen zahlenmäßig. Den Pilzen und Algen kommen wie den größeren Bodentieren ebenfalls wichtige Funk-

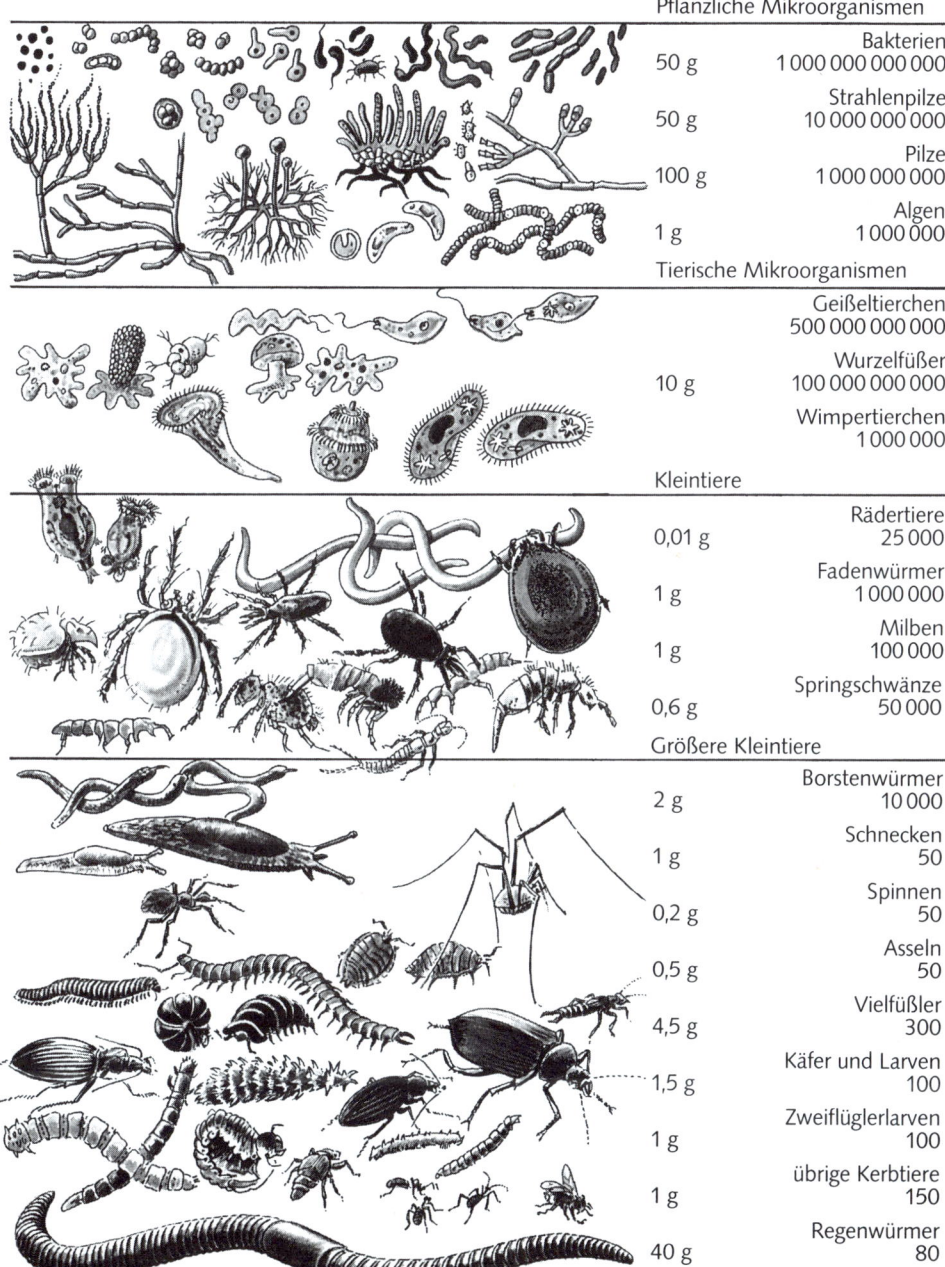

	Pflanzliche Mikroorganismen	
		Bakterien
50 g		1 000 000 000 000
		Strahlenpilze
50 g		10 000 000 000
		Pilze
100 g		1 000 000 000
		Algen
1 g		1 000 000
	Tierische Mikroorganismen	
		Geißeltierchen
		500 000 000 000
		Wurzelfüßer
10 g		100 000 000 000
		Wimpertierchen
		1 000 000
	Kleintiere	
		Rädertiere
0,01 g		25 000
		Fadenwürmer
1 g		1 000 000
		Milben
1 g		100 000
		Springschwänze
0,6 g		50 000
	Größere Kleintiere	
		Borstenwürmer
2 g		10 000
		Schnecken
1 g		50
		Spinnen
0,2 g		50
		Asseln
0,5 g		50
		Vielfüßler
4,5 g		300
		Käfer und Larven
1,5 g		100
		Zweiflüglerlarven
1 g		100
		übrige Kerbtiere
1 g		150
		Regenwürmer
40 g		80

Abb. 64. Leben im Boden (nach JEDICKE 1989). Die Zahlenangaben in Gramm beziehen sich auf einen Quadratmeter Boden bis in 30 cm Tiefe.

tionsleistungen in den Böden zu. Die Besonderheiten der Umweltbedingungen im Boden haben zu einer Anpassung besonders der Bodenfauna geführt. Innerhalb der Organismengemeinschaft des Bodens lassen sich vier ökologische Anpassungstypen unterscheiden:
1. *Bodenhafter* (sessiles Edaphon). Ihre schleimartigen Kolonien kleiden die Wände

Tab. 61. Physiologische Ansprüche von Bakterien

Sauerstoff	erforderlich – Aerobier, nicht erforderlich – Anaerobier
Temperaturbereiche	Maximum – Optimum – Minimum
	50 °C 15–25 °C 5 °C
Bodenreaktion	alkalisch – neutral – schwach und stark sauer
	pH 7,2–8,5 7 5,5–6,8 3–5
Verwertung von Kohlenhydraten	obligatorisch heterotroph: Abbau von Einfachzuckern, Stärkeabbau
	Abbau von Zellulose u. a. Polysacchariden: autotroph (fakultativ
	oder obligatorisch)
Salztoleranz	groß-mittel-gering
N-haltige Verbindungen	Eiweißabbau
	Nitratreduktion
	Aufnahme von anorganischen N-Verbindungen
	Bindung von elementarem Stickstoff
	Bedarf an Aminosäuren

selbst kleinster Bodenhohlräume oft rasenartig aus. Sie sitzen dort so fest, daß sich nur ein kleiner Teil von ihnen beweglich in der Bodenlösung befindet. Ihre Verbreitung erfolgt passiv durch Transport im Bodenwasser und durch Verschleppung.

2. *Bodenschwimmer* (natantes Edaphon). Es sind aktiv bewegliche, kleinste Lebewesen, die sich überwiegend von Organismen des sessilen Edaphons ernähren. Hierzu bewegen sie sich verhältnismäßig rasch in den die Hohlräume auskleidenden Wasserfilmen bzw. im Kapillarwasser. (Flagellaten, Ciliaten, Rädertierchen und einige Würmer).

3. *Bodenkriecher* (serpentes Edaphon). Sie kriechen durch die Bodenhohlräume weiter, sind teilweise sehr wendig. Zu dieser Lebensform gehören u. a. Boden-Rhizopoda (Wurzelfüßler), Rotatoria (Rädertierchen), größere Nematoden (Fadenwürmer), Enchyträen (Borstenwürmer), einige Regenwürmer, Tardigrada (Bärtierchen), größere Vielfüßer (Myriopoda, Chilopoda, Diplopoda), Isopoda (Asseln), Acari (Milben), Collembola (Springschwänze) und manche Insektenlarven.

4. *Bodenwühler* (fodentes Edaphon). Die zu dieser Gruppe gehörenden Kleintiere, nämlich Regenwürmer (Lumbriciden), Borstenwürmer (Enchyträen), bodenbewohnende Insekten und Insektenlarven (Ameisen, Termiten, Maulwurfsgrillen, Mist- und Aaskäfer, viele Zweiflüglerlarven) tragen zusammen mit einigen Wirbeltieren (Nager und Maulwürfe) zur Bodenlockerung und -durchmischung bei. Besonders die Lumbriciden sind

aufgrund der Bodenaufnahme und -passage für die Struktur des Bodens von besonderer Bedeutung (siehe Wurmlosungsgefüge, Kap. 2.4.2).

2.3.1.1 Lebensweise und Bedeutung der Flora im Boden

Innerhalb der pflanzlichen Mikroorganismen sind die Bakterien sowohl mengenmäßig wie auch ihren Bodenfunktionsleistungen nach eine der wichtigsten Gruppen. Insbesondere als Reduzenten (Abb. 65) im Kohlenstoffkreislauf sind sie wesentlich am Abbau der organischen Substanz (Mineralisation) zu CO_2, H_2O und pflanzenverfügbaren Mineralstoffen beteiligt. Einige Bodenparameter, wie Temperatur, pH-Wert, Bodenfeuchte, Vorhandensein von Sauerstoff, Nährstoffgehalt und Inhibitorstoffe steuern wesentlich den Besatz und die Aktivitätsleistungen der Mikroorganismen. Neben daraus resultierenden ganzjährig vorhandenen kleinräumigen Schwankungen der Zusammensetzung der Populationen in Böden treten übergeordnet auch jahreszeitlich bedingte Veränderungen auf. In Waldböden mit relativ ausgeglichenem Feuchtegehalt liegt im Winter ein Minimum an Bakterienbesatz und Aktivitätsleistung dem im Sommer ein Maximum folgt. In Ackerböden folgt auf eine Winterruhe ein Frühjahrsmaximum, dem sich im Sommer aufgrund zunehmender Trockenheit ein Rückgang anschließt. Oft ist ein zweites Maximum im Herbst unter verbesserten Feuchtegehalten zu beobachten.

Die Klassifikation und Bestimmung der Bakterien erfolgt aufgrund spezieller morphologi-

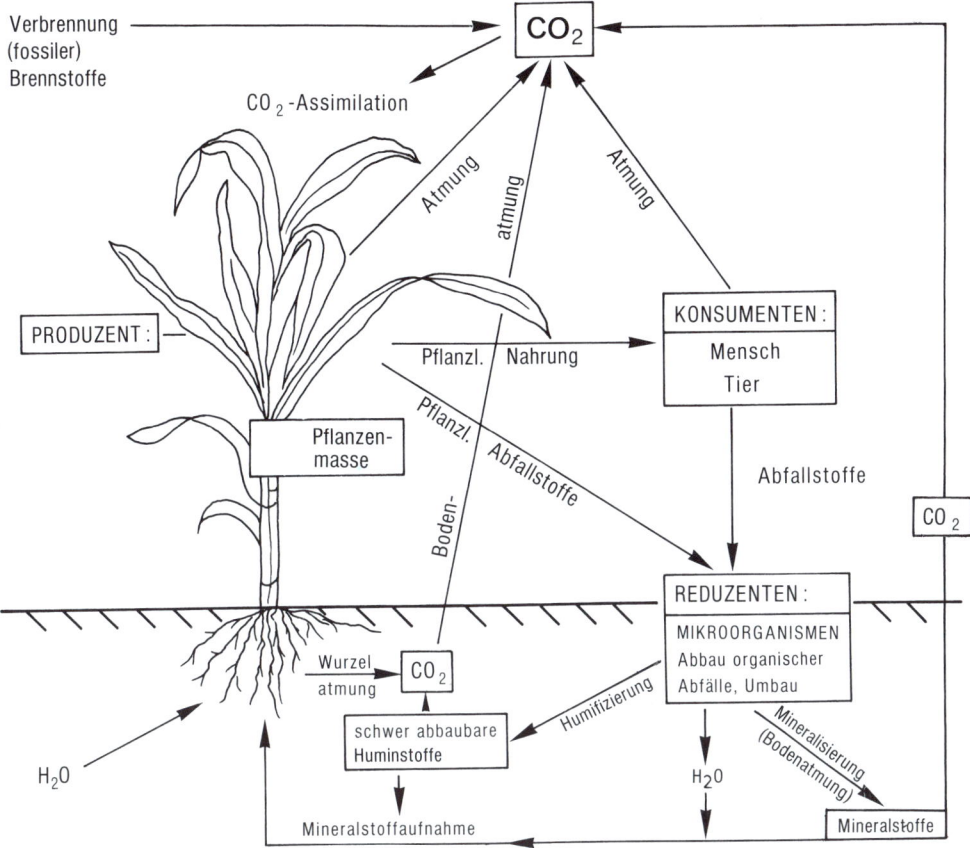

Abb. 65. Kohlenstoffkreislauf (n. HASLER und HOFER 1975; verändert: URBAN 1991).

scher (Form, Art der Begeißelung; Abb. 64) und physiologischer (Ernährungstypen, Zellwandstruktur: Gramfärbung, geeignete andere Färbemethoden) Merkmale. Der lebende Anteil an Bakterien einer Bodenprobe kann in direkter Methode fluoreszenzmikroskopisch ermittelt werden. Als indirekte Methode wird das Plattengußverfahren (nach ROBERT KOCH) mit Selektivnährböden angewendet. Dieses Anzuchtverfahren läßt die quantitative Ermittlung einer Reihe von Mikroorganismengruppen wie Luftstickstoffbinder, Nitrifikanten, Denitrifikanten, Cellulosezersetzer und Pilze zu. Diese werden auf speziellen Substraten in Reinkultur angezogen.

Die Gesamtheit der abhängigen mikrobiellen Umsetzungsprozesse ist über die Bodenatmung meßbar. Aus der Atmung (Messung des O_2-Verbrauchs: Sapromat oder der CO_2-Freisetzung Abb. 65) in vitro läßt sich die Biomasse bestimmen. Der Anteil des in der mikrobiellen Bio-

masse festgelegten C, kann in Böden zwischen 0,027 bis 4,8% betragen. Dabei sind die Bakteriengehalte im Oberboden in der Regel am höchsten (einige Mrd./g trockenem Boden) und nehmen mit zunehmender Tiefe ab. Auch über verschiedene Bodenenzyme (u. a. Katalase, Dehydrogenase, Protease, Amylase, alkalische Phosphatase) kann die mikrobielle Leistungsfähigkeit bzw. ihre Aktivität ermittelt werden.

Innerhalb der verschiedenen Stoffkreisläufe steht der *Kohlenstoffkreislauf* an zentraler Stelle (Abb. 65). Die über die photosynthetisch aktiven grünen Pflanzen (Produzenten) gebildeten Kohlenhydrate und Folgeprodukte können von Mensch und Tier (Konsumenten) als Nahrung verwertet werden oder direkt als pflanzlicher Abfall in den Boden gelangen. Durch die Atmung von Tieren und Pflanzen wird ein Teil des organisch gebundenen Kohlenstoffs der Atmosphäre wieder zugeführt, ein überwiegender Teil jedoch gelangt über Pflanzen- und Tierreste in den Boden (siehe Kompostierung). Hier mineralisiert das Edaphon (Reduzenten) die C-Quellen als leicht abbaubaren Nährhumus zu CO_2, das für die Regeneration der Atmosphäre und damit für die grünen Pflanzen extrem wichtig ist. Durch Verbrennung fossiler C-Verbindungen (Erdöl, Erdgas, Kohle) ist ein Anstieg des CO_2 der Erdatmosphäre meßbar. Eine weitere Besonderheit mineralisierten Kohlenstoffs ist das Methan, das unter anaeroben Bedingungen von Mikroorganismen aus der organischen Substanz produziert wird. Es entstammt u.a. Standorten der Tundra, Reisfeldern und dem Pansen der Wiederkäuer. Über OH-Radikale der Luft wird es über Kohlenmonoxid (CO) zu CO_2 oxidiert. Methan und Kohlendioxid gelten als maßgebliche Treibhausgase.

Eine Reihe von organischen Stoffen, die schwerer abbaubar sind, wie Cellulose und Hemicellulosen als Hauptbestandteil pflanzlicher Zellen, können von einigen Bakterien, Actinomyceten und Pilzen enzymatisch aufgespalten werden. Der Abbau des Lignins (Holzstoff) ist nur wenigen Organismen möglich, darunter vor allem holzzerstörenden Pilzen (z.B. »Weißfäule«, »Braunfäule«). Mit seiner phenolischen Struktur liefert das Lignin zusammen mit Fetten, Wachsen, Kohlenhydraten und vor allem auch Proteinbestandteilen Ausgangsstoffe für die Huminstoffbildung (siehe Kap. 2.1.2.3.4, Kompostierung). Mit dem Abbau der organischen

Substanz im Boden findet eine N-Anreicherung und ein Verlust an C-Verbindungen (CO_2-Verlust: Atmung) statt. Diese Verengung des C-N-Verhältnisses ist auch mit zunehmender Humifizierung der organischen Abfallstoffe festzustellen. Bei einem mittleren C-N-Gehalt in Pflanzenrückständen (Fallaub) von 40:1, liegen die Gehalte im Humus bei etwa 10:1. Damit ist diese Dauerhumusform gegenüber mikrobiellem Angriff relativ stabil und kann wichtige physikochemische Funktionen im Boden übernehmen (Kationenaustausch, Wasserspeicherung, Strukturauflockerung) siehe (Kap. 2.1.2.1).

Eine intensive Stoffwechseltätigkeit der Mikroorganismen ist demnach von der Verfügbarkeit einer Reihe anorganischer Verbindungen abhängig. Die N-Gehalte des Bodens sind dabei entscheidend wichtig. Über den Eintrag pflanzlicher Reste direkt oder aber Verwertung und anschließende Ausscheidung von Harnstoff durch Mensch und Tiere bzw. tierischer Reste, gelangen N-haltige Verbindungen in den Boden (Abb. 66). Dort werden sie entweder mineralisiert oder aber festgelegt. Der Proteinabbau im Boden ist durch Ammoniumbildung (Ammonifikation) charakterisiert. An diesem Prozeß sind viele Pilze und Bakterien beteiligt, unter anderem *Bacillus cereus* var. *mycoides*, *Pseudomonas*-Arten, *Proteus vulgaris* u.a.

Eine weitere Form des Stickstoffabbaus ist die Harnstoffhydrolyse an der eine große Zahl von Harnstoffzersetzern beteiligt sind (*Bacillus pa-*

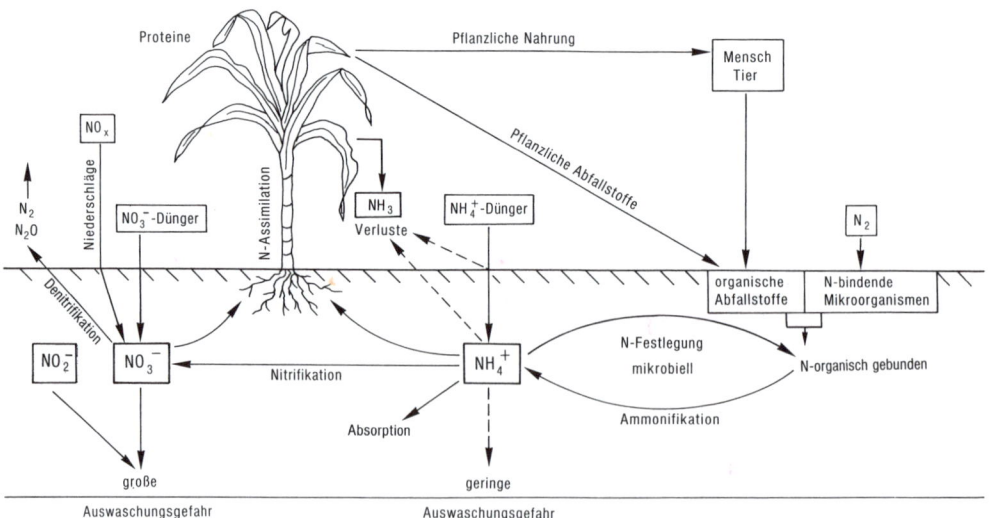

Abb. 66. Stickstoffkreislauf (n. HASLER und HOFER 1975; verändert: URBAN 1991)

$$NO_3^- \rightarrow NO_2 \rightarrow NO \rightarrow N_2O \rightarrow N_2$$

| Nitrat | Nitrit | Stickstoffoxid | Distickstoffoxid | Stickstoff |

steurii, *Sporosarcina ureae*, *Proteus vulgaris* u. a.). Durch das von den Bakterien gebildete Enzym Urease wird der Harnstoff gespalten:

$$H_2N\text{-}CO\text{-}NH_2 + H_2O \rightarrow 2\,NH_3 + CO_2$$

Bei der vollständigen Harnstoffspaltung (z. B. in Tierställen bzw. in der Gülle) werden aufgrund der dabei zunehmenden Ammoniumgehalte extreme pH-Werte (pH 9 bis 10) erreicht, die von den abbauenden Bakterien toleriert werden.

Das bei der Mineralisation gebildete oder mit Düngern zugeführte Ammonium wird in Böden mit guter Durchlüftung und nicht zu niedrigen pH-Werten mikrobiell weiter zu Nitrat umgebildet. An diesem als Nitrifikation bezeichneten Prozeß sind vor allem *Nitrosomonas* und *Nitrobacter* beteiligt. Die optimalen Temperaturbereiche für Nitrifikaten liegen zwischen 15 und 35 °C mit einem Maximum bei 25 °C und leicht alkalischem pH-Wert. Bei pH < 6 ist eine deutliche Abnahme der Nitrifikation festzustellen, die daher in sauren Böden eine geringere Rolle spielt. Auch bei niedrigen Temperaturen, sogar bis zum Gefrierpunkt kann noch nitrifiziert werden, allerdings mit starkem Aktivitätsrückgang. In Ackerböden oxidieren überwiegend *Nitrosomonas europaea* und Arten von *Nitrosolobus* Ammonium zu Nitrit:

$$NH_4^+ + 1\tfrac{1}{2}O_2 \rightarrow NO_2^- + 2H^+ + H_2O$$

während u. a. *Nitrobacter winogradskyi* Nitrit unmittelbar weiter zu Nitrat oxidiert:

$$NO_2^- + \tfrac{1}{2}O_2 \rightarrow NO_3^-$$

Die bei der Nitrifikation frei werdenden Protonen können zu einer Ansäuerung des Bodens und damit Erhöhung der Löslichkeit von Mineralien und Schwermetallen führen.

Bei einem Humusgehalt von 2 bis 3% in Ackerböden des gemäßigt-humiden Klimas liegt der N-Anteil zwischen 0,1 bis 0,15% bezogen auf die oberen 20 cm des Mineralbodens. Höhere Pflanzen können als N-Quellen nur Nitrat oder Ammonium aus dem Boden verwerten. Aufgrund der Ladungsverhältnisse wird jedoch NH_4 wesentlich besser von Bodenaustauschern zurückgehalten als Nitrat, das daher stärker Auswaschungsvorgängen unterliegt (Abb. 66).

Eine weitere Form des N-Eintrags in Böden erfolgt durch frei lebende (aerobe *Azotobacter*-

und anaerobe *Clostridium*-Arten) oder symbiontisch lebende Bakterien (*Rhizobium, Agrobacterium*). Auch Cyanobakterien sind zur Luftstickstoff-Fixierung in der Lage. In Reisfeldern lebt der Wasserfarn *Azolla* mit der Blaualge *Anabaena azollae* in Symbiose. In dieser Gemeinschaft beträgt der N-Gewinn etwa 300 kg N $\cdot ha^{-1} \cdot a^{-1}$. Für weitere 40 Cyanobakterien-Arten ist die Fähigkeit zur Luftstickstofffixierung nachgewiesen. Notwendiges Element zur Luft-N-Fixierung ist Molybdän, das Bestandteil des Enzyms Nitrogenase und damit essentiell ist. Darüber hinaus wird zur Leguminosen-N-Fixierung Cobalt benötigt.

Andererseits kann es durch Arten der Gattungen *Pseudomonas* und *Alcaligenes* in Böden zu Stickstoffverlusten durch Denitrifikationsvorgänge (N_2-Entbindung) des Nitrats kommen. Diese Bakteriengruppen können NO_3^- statt O_2 als Wasserstoffakzeptor bei der Atmung (anaerobe Atmung) benutzen. Denitrifikation tritt daher in Böden mit geringem O_2-Gehalt (z. B. Staunässe), bei Temperaturen > 5 °C und pH-Werten über 6 (Optimum: schwach alkalisch) bei Anwesenheit leicht abbaubarer organischer Stoffe auf (siehe Gleichung am oberen Rand).

Der Prozeß der Denitrifikation ist der einzige biologische Prozeß bei dem umgesetzter, gebundener Stickstoff in molekularen Stickstoff rückgeführt wird und damit die Stickstoffgehalte der Atmosphäre regeneriert werden. Bei ausschließlicher Mineralisierung organischen Stickstoffs bis zum Nitrat als Endprodukt, würde es zu dessen Auswaschung in Böden und seiner Verlagerung durch Gewässer ins Meerwasser und dort zur Anreicherung kommen. Durch Denitrifikationsvorgänge sauerstoffarmer Biotope wird die Verarmung der Atmosphäre an molekularem Stickstoff verhindert. Denitrifikationsverluste belaufen sich Abschätzungen zufolge zwischen wenigen bis zu 200 kg N $\cdot ha^{-1} \cdot a^{-1}$.

Das Element *Schwefel* gehört zu den für alle Lebewesen unentbehrlichen Elementen. Die bedeutendsten Quellen der S-Verbindungen im Boden sind die Mineralisation S-haltiger, organischer Rückstände pflanzlicher oder tierischer Herkunft, die langsame, kontinuierliche Verwitterung der Ausgangsgesteine und die aus der Atmosphäre eingetragenen S-Verbindungen (Abb. 67). Diese entstammen überwiegend den

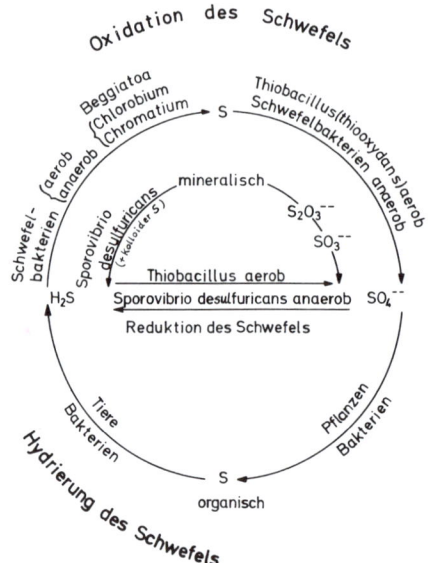

Abb. 67.   Kreislauf des Schwefels (nach Butlin 1953).

Industrie-, Verkehrs- und häuslichen Verbrennungsprozessen. Sie können bis zu $60 \, kg \cdot ha^{-1}$ betragen (siehe Kap. 2.5.4.2).

Die S-Aufnahme durch die höheren Pflanzen erfolgt bevorzugt in Form von Sulfaten. Im allgemeinen ist der S-Gehalt in Kulturböden so hoch, daß weder bei Kulturpflanzen noch bei Mikroorganismen Mangelerscheinungen auftreten. Eine besondere S-Düngung ist daher bisher nicht erforderlich, da durch anthropogene Einträge und S-Anteil in Mineraldüngern der Entzug ausgeglichen wird.

Das C/S-Verhältnis der meisten Böden liegt bei etwa 100:1. Dieser hohe C-Anteil ist für mehrere am Schwefelkreislauf beteiligte Bakterien unerläßlich. Schwefelbakterien beteiligen sich als »Fäulnisbakterien« am Abbau der schwefelhaltigen Eiweißverbindungen. Diese Mineralisierung des organisch gebundenen S wird durch das Redox-Potential des Bodens gelenkt (siehe Kap. 2.2.5). Je nach Art der Reaktionen entstehen unter anaeroben Bedingungen Schwefelwasserstoff (Sulfatatmung), unter aeroben dagegen als Zwischenprodukt zunächst Mercaptan (CH_3SH) und als Endprodukt mehr oder weniger oxidierte S-Verbindungen. Durch die Oxidation von elementarem S, H_2S oder anderen S-Verbindungen gewinnen autotrophe Schwefelbakterien die zur CO_2-Assimilation erforderliche Energie (Chemosynthese). Die im Genus Thiobacillus zusammengefaßten chemoautotrophen Schwefelbakterien sind tolerant gegenüber pH-Werten zwischen 0,5 und 1.

Der Hauptanteil des in der Natur freigesetzten H_2S stammt aus der »Sulfatatmung« von Mikroorganismen in Faulschlämmen und verunreinigten Gewässern, die 10^4 bis 10^7 Desulfurikanten $\cdot \, ml^{-1}$ enthalten können.

$$8 \, H^+ + SO_4{}^{2-} \rightarrow H_2S + 2 \, H_2O + 2 \, OH$$

Die H_2S-Bildung verdient aus drei Gründen besondere Beachtung:

1. In stärkerer Konzentration kann eine toxische Wirkung auf die Mikro- und Makroflora eintreten. Hemmwirkungen sind bisher beim Wachstum von Bodenpilzen und bei der Samenkeimung nachgewiesen worden.

2. Durch den schlechten Geruch wird die Trinkwassergewinnung auf diesen Standorten unmöglich. Andererseits sind manche Heilquellen durch ihre Schwefelgehalte besonders ausgezeichnet.

3. Die Bildung von Schwefelwasserstoff ist oft die Ursache der Korrosion bei Metallgegenständen. Gefürchtet ist diese Erscheinung bei Schöpfwerken und in Wasserleitungsrohren aus Metall.

Neben dieser Metallsulfidbildung ist H_2S als Nährsubstanz S-oxidierender Bakterien auch für eine Korrosion an Mauern und anderen Zementbauwerken verantwortlich, die auf eine Schwefelsäurebildung zurückzuführen ist.

Die jährliche Mineralisationsrate von organisch gebundenem S kann in Böden mit einem durchschnittlichen S-Gehalt von 0,02 % mas zwischen 4 und $12 \, kg \cdot ha^{-1}$ betragen. Ähnlich den Verhältnissen bei der C- und N-Mineralisation beeinflussen der Ausgangsgehalt des gebundenen S und die auf den Stoffabbau im Boden allgemein einwirkenden Faktoren den Umfang und das Zeitmaß der Umsetzung des S von der organischen in die mineralische Form.

Wenn dieser verhältnismäßig geringe Umsatz im Boden für den gesamten S-Kreislauf auch unbedeutend erscheinen mag, so können sich diese Vorgänge in längeren Zeiträumen doch stark in ihrer Wirkung summieren. Die geologische Bedeutung der Schwefelbakterien ist in ihrer Beteiligung an Lösungs- und Fällungsreaktionen zu sehen. Letztere führen zur chemischen Sedimentation. Dadurch werden diese Minerale im Kreislauf der Gesteine schadlos deponiert. Die bakterielle Oxidation von H_2S und SO_3 zu H_2SO_4 führt in Torfen und Moorgewässern,

$$Fe(HCO_3)_2 \rightarrow FeCO_3 + H_2O + CO_2$$
$$4\,FeCO_3 + 6\,H_2O + O_2 \rightarrow 4\,Fe(OH)_3 + 4\,CO_2 + 271{,}5\,J$$

aber auch im Ablauf mancher Bergwerke zu Schwefelsäurebildung. Bei der Zementverarbeitung sind diese als Anmachwasser unbrauchbar. Diese freie Schwefelsäure ist aber auch einer der wichtigsten Faktoren für das Aufschließen der in den unverwitterten Ausgangsgesteinen enthaltenen Pflanzennährstoffe, besonders der sonst schwer löslichen Apatite (Rohphosphate).

Eisenbakterien entnehmen den zur CO_2-Assimilation erforderlichen Kohlenstoff dem Eisenbikarbonat in Gewässern und im oberflächennahen Bodenwasser. Die dabei erfolgende Ausfällung des Gels Ferrihydroxid führt zur Verockerung (siehe Gleichungen oben).

Bei längerem Einfluß eines oberflächennahen, wenig schwankenden Grundwassers (GW) und zusätzlicher Eisenzufuhr aus benachbarten Landböden können durch mineralische und organische Beimengungen stark verkittete, sehr harte, eisenreiche (bis 40% Fe) Go-Horizonte entstehen, die als Raseneisenerz vor jeder maschinellen Bodenbearbeitung beseitigt werden müssen. Aus wasserlöslichen Ferroverbindungen entstehen in stark reduzierenden Horizonten schmutzigweißer Siderit ($FeCO_3$), an der Luft sich blau färbendes Vivianit ($Fe_3(PO_4)_2 \cdot 8\,H_2O$) sowie grünliches Eisenhydroxid und schwarze Eisensulfide (FeS und FeS_2). Hierdurch werden in den Gr-Horizonten der Gleyböden die kennzeichnenden fahlgrauen Farben hervorgerufen.

An diesen Reduktionsvorgängen sind insbesondere Bacillen, Clostridien und *Pseudomonas*-Arten beteiligt.

Die Oxidation von Eisen (II) zu Eisen (III) wird im wesentlichen von dem Eisenbakterium *Thiobacillus ferrooxidans* durchgeführt:

$$4\,Fe^{2+} + 4\,H^+ + O_2 \rightarrow 4\,Fe^{3+} + 2\,H_2O$$

Seine Standorte sind unter anderem saure Wässer von Erzbergwerken, wo Metallsulfide (z.B. FeS_2) anfallen. Weiterhin treten sie zusammen mit manganoxidierenden Organismen in Dränsystemen auf (Verockerung).

Eine besondere Bedeutung innerhalb der Mikroorganismen haben die Actinomyceten (Abb. 64), die als mycelartig wachsende Bakteriengruppe überwiegend im Boden leben. Dort sind sie wesentlich am Abbau von Cellulose und Chitin wie anderer schwer abbaubarer organischer Substanzen beteiligt (vgl. Kap. 4.5.3.8.1, Kompostierung). Der Modergeruch der Waldböden ist ebenfalls auf die Abbauaktivität der Actinomyceten in den Bestandesabfällen zurückzuführen.

Im Zusammenhang mit der Fähigkeit zur Antibiotikaproduktion ist vor allem die Gattung *Streptomyces* bekannt.

Eine große ökologische Rolle spielt die Actinomyceten-Gattung *Franckia* als Luftstickstofffixierender Symbiont mit höheren Pflanzen. Dabei finden sich Wurzelknöllchen insbesondere bei solchen Gehölzpflanzen, die als Pioniergehölze auf Rohböden oft auch im Landschaftsbau Verwendung finden: Erle *(Alnus)*, Sanddorn *(Hippophaë)*; darüber hinaus sind u.a. besonders Symbiosen mit Gagelstrauch *(Myrica)*, Ölweide *(Elaeagnus)*, Büffelbeere *(Shepherdia)* und Silberwurz *(Dryas)* bekannt. Der Stickstoffgewinn einiger dieser Pflanzen durch die Symbiose kann zwischen 150 bis 300 kg $\cdot$ ha^{-1} $\cdot$ a^{-1} betragen und ist daher besonders effektiv.

In Verbindung mit allen Bodenmineralen können die Actinomyceten viele einfache und komplex aufgebaute organische Verbindungen optimal verwerten. Neben pflanzlichen Stoffen wie Zellulose, Hemizellulose, Chitin, Tannin, aromatischen und aliphatischen Kohlenwasserstoffen werden auch hochmolekulare Humusbestandteile abgebaut und umgewandelt. Sie verbinden dabei zyklische Verbindungen wie Chinonringe mit den Stickstoffresten aus Eiweißstoffen und Peptonen und bauen daraus die verschiedenen Huminstoffe auf (siehe Kap. 2.1.2.3).

Einige Pilzarten können ebenfalls Antibiotika (z.B. Penicillin) erzeugen. Die Mehrzahl der über 30000 bisher beschriebenen Pilzarten sind Bodenbewohner. Ihre weitverzweigten Hyphen können in fruchtbaren Böden ein feines Netz von bis zu hundert Metern im Gramm Bodensubstanz bilden. Für die Streuzersetzung sind Lignin abbauende Basidiomyceten besonders wichtig.

Die *Mykorrhiza* (gr. mykos = Pilz, rhiza = Wurzel) ist eine weitverbreitete Symbiose zwischen verschiedenen Pilzen (Phycomyceten = Algenpilze, Ascomyceten = Schlauchpilze und Basidiomyceten = Ständerpilze) und Wurzeln höherer Pflanzen. Die große ökologische Bedeutung liegt in der physiologischen Leistung der Pilze für die Ernährung der Waldbäume, deren Wasser- und Nähstoffversorgung ausschließlich über den Pilzpartner erfolgt und durch ihn optimiert wird. Bei dieser Form der Mykorrhiza (ektotroph), tritt eine dichte Wurzelverpilzung auf, bei der die einzelne Pilzhyphe nicht in das Innere der Wurzelrindenzelle vordringt, sondern zwischen den Zellen der Wurzelrinde ein dichtes Netzwerk ausbildet (Hartigsches Netz). Unter den an der Waldgehölzmykorrhiza beteiligten Pilzen befinden sich viele Vertreter der Hutpilze, wie Röhrlinge (z.B. Birken-, Lärchenröhrling), letztere sind wirtsspezifisch und Täublinge, Milchlinge und Wulstlinge.

Endotrophe Mykorrhiza tritt bei Orchideen auf, wobei dann der Pilzpartner in den Wurzelrindenzellen lebt und kaum Verbindung mit den im Boden lebenden Mycelen hat.

Die *Algenflora* des Bodens setzt sich aus Vertretern der *Chlorophyta* (Grünalgen) und der *Chrysophyta* (Goldalgen) im wesentlichen zusammen. Menge und Zusammensetzung sind stark schwankend. Auf Extremstandorten wie Meeresufern, Hochgebirgen und arktischen Regionen können sie jedoch wichtiger als die anderen Bodenbewohner sein. Als Erstbesiedler von Rohböden, zum Teil in Symbiose mit Pilzen als Flechten, sind sie für die Gesteinsverwitterung und damit eingeleitete Bodenbildung von sehr großer Bedeutung.

Wegen ihrer empfindlichen Reaktion auf Emissionen sind Flechten in jüngerer Zeit (SO$_2$-Indikatoren) zur Ermittlung der Schadstoffgehalte der Luft in Ballungsgebieten herangezogen worden (Flechtenkartierungen in Städten).

2.3.1.2 Lebensweise und Bedeutung der Bodenfauna

Für die Umsetzung im Boden kommt neben der Mikroflora der Bodenfauna eine große Bedeutung zu.

Der 1. Stamm des Tierreiches umfaßt die einzelligen *Protozoen*. Alle bisher beschriebenen annähernd 25000 Arten können ihre Lebensfunktionen nur im Wasser entfalten. Dadurch ist erklärbar, daß die Zellen der Boden-Protozoen wesentlich kleiner sind als die vergleichbaren Süßwasser- oder Meerwasserformen. Ungünstige Lebensbedingungen überstehen die meisten Protozoen in der Ruhephase als Zysten. Zur Zystenbildung umgibt sich die Einzelzelle mit Sekretstoffen, meist Chitinsubstanzen, die zur Entwicklung eines Panzers führen, der das jahrelange Überdauern ungünstiger Lebensbedin-

gungen ermöglicht. Da sie sich meist von Bakterien und Pilzen ernähren, sind sie für die Erhaltung des biologischen Gleichgewichts im Boden von großer Bedeutung. In 1 g Wiesenboden wurden nach FIEDLER und REISSIG (1964) 50000 Protozoen und 90000 Protozoenzysten gefunden. Nach neueren Untersuchungen ist die Protozoenfauna nicht nur ein Regulativ der Mikroflora in qualitativer und quantitativer Richtung, sondern auch für die N-Bindung und die Intensität des Kohlenhydratstoffwechsels von Bedeutung.

Das Vorkommen einer Reihe von Protozoenarten läßt eindeutige Rückschlüsse auf die Biotopbeschaffenheit zu, so werden z.B. Foraminiferen als Leitfossilien und Ciliaten als Indikatoren für Gewässerverschmutzung herangezogen.

Die noch zur *Mikrofauna* zählenden *Nematoden* sind teils Pflanzenparasiten, teils Detritusfresser. Letztere sind sowohl im Boden als auch im Bakterienrasen von Tropfkörper-Kläranlagen für den Abbau der organischen Substanzen von großer Bedeutung.

Als Vertreter der *Mesofauna* sind Milben und Springschwänze wegen ihrer Bedeutung für die Zerkleinerung organischer Reste besonders wichtig. Die Ernährungsweise der Milben ist vielfältig. Hornmilben (*Orobatiden*), mengenmäßig in Böden dominant, ernähren sich von Mikroorganismen und bereits leicht zersetzter Pflanzenmasse, während die Raubmilben (*Gamassiden*) von verschiedenartigen Kleintieren leben. Springschwänze nehmen verrottende Pflanzen- und Tierreste und Mikroorganismen auf. Im wesentlichen bauen sie die Laubstreu der L- und Of-Lagen von Waldböden ab (siehe Kap. 2.1.3.2).

An der Zusammensetzung der *Makrofauna* sind Schnecken (*Gastropoden*), Spinnen (*Arachniden*), Asseln (*Isopoden*), Tausendfüßler (*Myriopoda*), Insekten mit u. a. Käfern (*Coleopteren*) und Larven von Schmetterlingen und Zweiflüglern sowie Borstenwürmer (*Enchyträen*), Ameisen und Termiten in tropischen Böden beteiligt. Viele von ihnen zerkleinern die organische Masse, die sie so teilweise auch für den weiteren Abbau aufbereiten. Verbreitungsschwerpunkte sind Waldstandorte, auf Ackerböden treten die meisten Vertreter dieser Gruppe mengenmäßig zurück.

Die dem Stamm der Ringelwürmer (*Annelida*) angehörenden Borstenwürmer (*Enchyträen*) und Regenwürmer (*Lumbriciden*) sind nicht nur durch ihre wühlende Tätigkeit bodenkundlich besonders bedeutsam. In ihrem Verdau-

Tab. 62. Menge und Gewicht (g) der Kleinlebewesen je m^2 bis 3 dm Tiefe (in Anlehnung an Lieberoth 1981)

	Anzahl (Mittel)	Optimum	Gewicht (Mittel)	Optimum
Mikroflora [bis 0,2 mm]			200	2 000
Bakterien	10^{12}	10^{14}	50	500
Actinomyceten	10^{10}	10^{13}	50	500
Pilze	10^{8}	10^{12}	100	1 000
Algen (differiert)	10^{6}	10^{10}	1	15
Mikrofauna [bis 0,2 mm]			10	100
Flagellaten	5×10^{11}	10^{12}		
Rhizopoden	10^{11}	5×10^{11}		
Ciliaten	10^{6}	10^{8}		
Nematoden			2,5	50
Mesofauna [0,2−2 mm]	10^{6}	2×10^{7}	1	20
Milben	10^{5}	4×10^{5}	1	20
Springschwänze	10^{4}	4×10^{5}	0,5	10
Makrofauna [2−20 mm]			50	500
Enchyträen	10^{4}	2×10^{5}	2	25
Mollusken	5×10	10^{3}	1	30
Asseln und Spinnen	10^{2}	5×10^{2}	1	2
Insekten mit Larven	10^{3}	2×10^{4}	4	35
Megafauna [> 20 mm]				
Regenwürmer	10^{2}	10^{3}	40	400
Wirbeltiere	10^{-3}	10^{-1}	2	8
Edaphon ohne lebende Wurzeln			260	2 650

ungskanal bauen sie aus frischer Pflanzensubstanz Huminstoffe auf. Ihren Lebensbedürfnissen sagen gleichmäßig durchfeuchtete und gut belüftete, kalkhaltige Böden besonders zu. Austrocknung, Besonnung, aber auch schon geringer Frost wirken rasch tödlich; doch können sie sich unter ungünstigen Bedingungen in tiefere, relativ feuchte bzw. frostfreie Zonen zurückziehen und in einem »Ruhezustand« lange Zeit aushalten. Dabei graben sie bis zu 10 mm große und oft bis über ein Meter tief reichende Röhren. Diese durch Schleim- und Kalkabsonderungen verbauten und stabilisierten Röhren stellen besonders auf feinerdereichen Böden den Hauptteil des spannungsfreien Porenvolumens dar, so daß hierdurch eine günstige Durchwurzelung und Durchlüftung und eine gute Wasserführung sichergestellt sind. Die Regenwürmer sind in Deutschland mit etwa 30 Arten vertreten.

Zu den im Boden lebenden Wirbeltieren (Vertebraten) gehören Vertreter der Lurche (Amphibien), Kriechtiere (Reptilien) und Säugetiere (Mammalia). Von letzteren durchmischen und lockern vor allem die Kleinsäugetiere aus den Ordnungen der Insektenfresser (u. a. Spitzmäuse und Maulwurf) und der Nagetiere den Boden. Neben den mausartigen spielen auch Kaninchen und Hamster zuweilen – z. B. in Schwarzerden – eine Rolle.

2.3.2 Einfluß der Bodenlebewesen auf den Boden

Bei der Untersuchung von Ökosystemen sind die naturnahen gegenüber den von Menschen stärker veränderten Biotopen besser für die Untersuchung physiologischer Vorgänge geeignet.

Für die gesamte Stoffproduktion sind in Rotbuchenwäldern 15 bis 25 t · ha^{-1} · a^{-1} anzusetzen. Da nur ein Viertel davon als Derbholz geerntet wird, muß der überwiegende Teil abgebaut werden. Für die Intensität dieses Abbaus ist die Zahl der in einem Boden lebenden Organismen entscheidend. Ihre Aufteilung ist aus Tab. 62 zu entnehmen. Biologisch inaktive Böden weisen demgegenüber eine viel geringere

Organismenmasse auf. Die Mehrzahl der Bodenorganismen ist sauerstoffbedürftig und daher in den obersten Horizonten angereichert. Da in diesen auch die organische Masse am reichlichsten vorhanden ist, besteht in den meisten Böden ein Gefälle in der Besatzdichte mit Lebewesen von der Bodenoberfläche in Richtung der tieferen Horizonte.

Aus dem in Tab. 62 ermittelten Gesamtgewicht der Lebendmasse des Edaphons von $2,6\,t \cdot ha^{-1}$ im Mittel und $26,5\,t \cdot ha^{-1}$ im Optimum leitet LIEBEROTH einen Anteil von 0,5 (Mittel) bis 5% (Optimum) des Edaphons am Humusgehalt einer Ackerkrume ab.

Vorstehende Angaben sind nur Näherungswerte; auf genauer untersuchten Einzelflächen werden stets große Abweichungen auftreten. Wechselnde Temperatur- und Feuchtigkeitsverhältnisse und ein geändertes Nahrungsangebot für die Bodenlebewesen bewirken jeweils unterschiedliche Störungen des Gleichgewichts in der Biozönose, die aber meist nur vorübergehend auftreten. Bei zeitlich begrenzten Untersuchungszeiträumen ist zu beachten, daß viele Organismen über längere Zeiträume stark in Abundanz und Biomasse schwanken. Die Änderung von einzelnen Bewirtschaftungsmaßnahmen (z.B. Düngung oder Bodenbearbeitung) kann die Dominanzverhältnisse davon betroffener Organismen drastisch ändern. Zu- oder Abwanderung wird dadurch wesentlich geringer beeinflußt.

In Ackerböden ist die bearbeitete Krume ziemlich gleichmäßig von Bodenorganismen besiedelt. Daher kann durch Krumenvertiefung der bewirtschaftete Raum nachhaltig vergrößert werden. An der Bearbeitungsgrenze nimmt die Besatzdichte sprunghaft ab.

In Grünlandböden ist die Grasnarbe am dichtesten mit Kleinlebewesen besiedelt, da dort bis zu 95% der Wurzelmasse konzentriert sind. Waldböden haben das Maximum ihrer Besiedelung für gewöhnlich im Mull oder Moder des Auflagehorizontes. Im Rohhumus ist dagegen der Organismenbesatz erheblich geringer und einseitiger; hier herrschen oft bestimmte Pilzarten vor.

Sowohl die Artenzusammensetzung als auch der Massenwechsel in den einzelnen Biozönosen wird überwiegend durch Klimafaktoren bestimmt. Die Artenzusammensetzung in den Landböden ist weitgehend vom zonal- und bestandsbedingten Klima, der Massenwechsel innerhalb der Biozönosen dagegen von den jahreszeitlichen Schwankungen des Witterungsverlaufs abhängig. Dieser weist im atlantischen Bereich mit seinem kühlgemäßigten Klima ein Optimum in den Sommermonaten auf. In den Hochgebirgen dieser Klimazone unterliegt der jahreszeitbedingte Massenwechsel einem ausgeprägten Sommermaximum und Winterminimum. Kontinental beeinflußte Klimaräume haben dagegen deutlich zweigipflige Kurven für den jahreszeitlich bedingten Verlauf des Massenwechsels. Es besteht ein ausgeprägtes Maximum der Besatzdichte im feuchten Spätfrühjahr und Vorsommer und ein zweites, geringeres nach der Wiederanfeuchtung des Bodens im Spätherbst. Dazwischen liegt ein durch die Sommertrockenheit bedingtes Minimum, dem ein zweites, winterliches Minimum gegenübersteht. Nicht nur die Winterruhe sondern auch die für alle sommertrockenen Gebiete kennzeichnende sommerliche Trockenruhe des Bodenlebens führen zu einer gehemmten Zersetzung der organischen Substanz. Daher ist in diesen Gebieten der Aufbau wertvoller Grauhuminsäuren besonders begünstigt; so entstehen z.B. die mächtigen Ah-Horizonte in Schwarzerden.

Bei der Beschreibung der Bodenflora ist bereits auf deren Bedeutung für die chemische Umwandlung des Bestandesabfalls hingewiesen worden (siehe Kap. 2.2.1.1).

Gegenüber der freilebenden Bodenflora ist deren Wirkung in Verbindung mit der Bodenfauna oft wesentlich verstärkt. Vor allem im Verdauungskanal vieler Bodentiere kommt es nicht nur zu Abbau- sondern auch zu Aufbauprozessen stabiler organischer Substanzen. Dies setzt eine mechanische Zerkleinerung des Bestandsabfalls voraus. Eine Grobzerkleinerung der an der Bodenoberfläche und im durchwurzelten Teil des Bodenprofils anfallenden pflanzlichen Reste erfolgt vor allem durch Regenwürmer, Landschnecken und größere Arthropoden. Kleinere Arten dieser Gruppe, Milben und Collembolen, arbeiten die pflanzlichen Rückstände in humose Exkremente auf. Sie bilden dabei *Feinmoder*.

Die *biologische Bodendurchmischung* (Bioturbation, siehe Kap. 3.2.1.4) erfolgt unter mitteleuropäischen Klimabedingungen in erster Linie durch Regenwürmer. Neben diesen haben vor allem im semiariden Klima grabende Kleinsäuger wie Hamster, Kaninchen und Ziesel sowie über diesen Klimaraum hinaus Maulwurf und Wühlmäuse eine erhebliche Bedeutung für die Bodendurchmischung. Auf gut mit Humus versorgten Böden sind bis zu 150 Wurmröhren/ m² festgestellt worden. Aus diesen wird der überwiegende Teil der Exkremente zur Bodenoberfläche transportiert (oft $> 1000\,dt \cdot ha^{-1} \cdot a^{-1}$). In gut durchlüfteten, zeitweilig trockenen Landböden der Tropen schleppen Termiten zum Aufbau ihrer Galerien humoses Material mehrere Meter tief in die Böden und scheinen es ähnlich wie die Regenwürmer in kleinste Humuspartikel umzuwandeln und mit anorganischen Teilchen kolloidaler Größenordnung zu vermengen.

Die Regenwurmdichte auf Dauergrünland liegt in der Regel deutlich höher als in Ackerböden. Ihre Verbreitung und Aktivität wird wesentlich von der Bodenacidität und der Konzentration an gelösten Ionen (Salzgehalt) im Bodenwasser bestimmt. Kalkungsmaßnahmen fördern die Regenwurmfauna auf Grünland und Ackerböden. Intensive mechanische Bodenbearbeitung wirkt sich dagegen ungünstig auf die Besatzdichten aus.

Da Regenwürmer erhebliche Mengen feinster Mineralstoffe in ihren Verdauungskanal zur Zerkleinerung der organischen Substanzen aufnehmen, sind dort besonders günstige Bedingungen für die Bildung von Ton-Humus-Komplexen gegeben (siehe Kap. 2.1.3.4). Das so gebildete Gefüge ist relativ resistent gegen mikrobiellen Abbau. Zur mikrobiellen Resistenz trägt vermutlich auch bei, daß in gleicher Weise mikrobiell erzeugte Enzyme gebunden und dadurch inaktiviert werden. Die *Lebendverbauung* des Bodengefüges ist eine bedeutende Leistung der Bodenorganismen (siehe Kap. 2.4.1.4). Durch regelmäßige Humuszufuhr, besonders in Form von feinstverteilten Haarwurzeln, wird ein aktives Bodenleben und damit die Lebendverbauung gefördert. Im Gegensatz zu den durch chemisch-physikalische Prozesse entstandenen, scharfkantigen Bodenaggregaten stellen die biogenen Aggregate hohlraumreiche, oberflächlich mehr oder weniger gerundete Krümel dar. Schleimförmige Bakterienkolonien, Pilz- und Algenfäden und feine Wurzelhaare verkleben und umspinnen die Bodenteilchen. Dadurch werden nicht nur die in ihnen enthaltenen feinsten Hohlräume stabilisiert, sondern der Zerfall durch Einwirkung von fließendem Wasser verhindert. Intensiv lebendverbaute Böden besitzen demnach eine höhere Infiltrationsrate als wenig verbaute hinsichtlich der chemischen und physikalischen Eigenschaften gleichwertiger Böden.

Eine wesentliche Rolle spielt die Bodenmikroflora neuerdings im Zusammenhang mit der Sanierung kontaminierter Standorte, bis hin zu Altlasten. Bakterien der Gattungen *Achromobacter*, *Alcaligenes*, *Artrobacter*, *Bacillus*, *Mycobacterium* und *Pseudomonas* sind in der Lage n-Alkane, aromatische Kohlenwasserstoffe (KW), Terpene und chlorierte KW oxidativ abzubauen. Ihre Leistungsfähigkeit ist vor allem durch Gehalte an terminalen Wasserstoffakzeptoren (O_2, NO_3), Nährstoffen (insbesondere N und P) und Spurenelementen begrenzt. In Laborversuchen werden die optimalen Abbaubedingungen der autochtonen Mikroflora für den jeweiligen Schadensfall ermittelt (siehe Teil 4, Altlastensanierung). In manchen Fällen wird zur Steigerung der Abbauleistung mit auf den Schadstoff spezialisierten, eigens gezüchteten Mikroorganismenkulturen geimpft.

In jüngster Zeit weisen Befunde darauf hin, daß auch synthetische organische Verbindungen mikrobiell abbaubar sind, zum Beispiel eine Reihe von Umweltschadstoffen wie DDT, Lindan, polychlorierte Biphenyle (PCB) und Dioxine. Biotechnologische und großtechnische Erprobung erforderlicher Abbauverfahren stehen noch am Anfang. Unter den anorganischen Schadstoffen können vor allem Schwermetalle unter niedrigen pH-Werten einen Einfluß auf die Mikroflora und ihre Aktivität nehmen. Während die Elemente Cu, Mn, Zn, Co, Mo im Spurenbereich als Mikronährstoff (Enzymaktivatoren) eine wichtige Funktion erfüllen, wirken sie in höheren Konzentrationen zusammen mit anderen Schwermetallen in der Bodenlösung toxisch und setzten die Funktionsleistungen nicht nur der Mikroorganismen herab. Aus den bisherigen Befunden läßt sich jedoch ein gewisses Anpassungsvermögen mancher Mikroorganismengruppen und der Bodenfauna beobachten. Viele Bodenpilze sind im Vergleich mit Bakterien schwermetalltoleranter. Bei Regenwürmern sind überdies Anreicherungen von Schwermetallen gefunden worden (Cd, Pb, Cu). Für die Hutpilze sind im Zusammenhang mit der Nahrungsaufnahme durch den Menschen darüberhinaus der Einbau radioaktiven Cäsiums nach der Reaktorkatastrophe von Tschernobyl bekannt.

2.4 Physikalische Bodeneigenschaften – der Boden ein poröses System

2.4.1 Gefügebildung

Unter *Bodengefüge* (Synonym *Bodenstruktur*) versteht man die *räumliche* Anordnung der festen Bodenteilchen. Man unterscheidet das *Primär-* oder *Grundgefüge* vom *Sekundärgefüge*. Die drei Grundgefügeformen sind:

1. Das allein von der Lagerung der einzelnen Bodenteilchen zueinander abhängige *Einzelkorngefüge* (lockere Lagerung, trocken, leicht rieselnd; naß, leicht schlämmend – vornehmlich in leichten Böden).
2. Das ungegliederte, durch Bindesubstanzen (z.B. Metalloxide) ausgefüllte *Kittgefüge* sowie
3. das *Kohärentgefüge* (dichte Lagerung, Teilchen ohne Bindesubstanz haftend verklebt, vornehmlich in schweren Böden).

Das Sekundärgefüge wird in *Aufbau-* und *Ballungsgefüge* (Aggregate) sowie *Absonderungsgefüge* (Segregate) unterteilt. Durch chemische und bioloigsche Wechselwirkungen werden beim Aufbau- und Ballungsgefüge Bodenteilchen unterschiedlicher Größe – sowohl mineralisch als auch organisch – relativ locker miteinander zu *Aggregaten* verknüpft (Krümel-, Wurmlosungsgefüge). Bei Wasserverlust sich durch Schrumpfung orientierende Feinbodenbestandteile bilden *Segregate* mit relativ hoher Dichte und geringer Porosität (Polyeder-, Prismen-, Säulengefüge).

Die drei Grundgefügeformen können zu Sekundärgefüge um-, wie auch umgekehrt diese zu Grundgefüge zurückverwandelt werden (siehe Abb. 72). Die unterschiedliche Lagerung der Bodenbestandteile zueinander gliedert das Hohlraumvolumen in ein vielgestaltiges Porensystem. Dieses wird deshalb teilweise mit Wasser, Luft, Wurzeln und Bodenorganismen gefüllt. Damit beeinflußt es den Wasser-, Luft-, Wärme- und Nährstoffhaushalt eines Pflanzenstandortes und seine biologische Aktivität. Das Bodengefüge ist in diesen vielfältigen Funktionen keine Konstante, sondern eine Summierung von äußerst *dynamischen* Bodeneigenschaften. Es rückt damit immer mehr in den Mittelpunkt der Beurteilung von Böden – weniger als Träger, denn als Vermittler von Wachstumsfaktoren und Filtereigenschaften. Eine umfassende Ge-

fügebeurteilung steht am Anfang aller Überlegungen zur standortgerechten Nutzung und Verbesserung des Bodens.

Während die Kräfte der Verwitterung – mechanisch durch Sprengung des Gesteins- oder Mineralverbandes, chemisch durch Lösung und Transport – zu einer weitgehenden Aufgliederung der Festsubstanz mit zunehmender spezifischer Oberfläche führen, sind die Kräfte der Gefügebildung darauf gerichtet, das Bodengerüst wieder zu vergröbern zu einem möglichst stabilen, porösen Filterkörper. Alle Vorgänge im Boden spielen sich an *Phasengrenzflächen* ab. Wenn man die je nach Anteil feinster Bestandteile potentiell sehr großen inneren Oberflächen (einige Mio. $m^2 \cdot ha^{-1}$) eines Bodens in Beziehung setzt zu den von Pflanzen entwickelten Wurzeloberflächen (einige $10\,000\ m^2 \cdot ha^{-1}$), so wird selbst bei geringer Funktionsdauer eines Wurzelhärchens und ständigen Wurzelneubildungen ein für diese ungünstiges Kontaktvolumen deutlich. Gefügeaufbau ist vor allem für schwere Mineralböden oder stark zersetzte Moorböden gleichzusetzen mit einer Verminderung innerer Oberflächen durch Zusammenfassung von vielen kleinsten Bodenteilchen zu gröberen Gefügeelementen. Die Wasser- und Nährstoffsorption wird dann erniedrigt. Umgekehrt ist es in leichten Mineralböden mit grobem Einzelkorngefüge erforderlich, günstigere Bodeneigenschaften durch Ein- und Zwischenlagerung sorptionsfähiger Substanzen zu erhalten.

Wir unterscheiden in der Gefügebildung: Quellung, Schrumpfung, Flockung, Verkittung, Verklebung und Zertrümmerung. Diese Prozesse werden von chemischen, biologischen und physikalischen Bodeneigenschaften bestimmt.

2.4.1.1 Quellung und Schrumpfung – Bildung von Absonderungsgefüge

Wenn man feuchte Bodenpasten z.B. in Petrischalen langsam trocknet, entstehen mit zunehmendem Tonanteil unregelmäßig geformte Schwundrisse, die mit Wiederbefeuchtung nur z.T. verschwinden. Ab 10 bis 15% mas < 2 µm sind mit Änderung des Wassergehaltes durch Quellen und Schrumpfen Volumenvergrößerungen wie -verminderungen des Bodens möglich. Je geringer die Lagerungsdichte (Rohdichte) eines Bodens ist, um so stärker wirkt sich diese initiale Gefügebildung aus. Man kann sie gut auf Spülfeldern und trocken gefallenen Watt- und stark zersetzten Moorböden beobachten.

Quellung: Die Volumenzunahme bei Befeuchtung hängt vom Kolloidgehalt des Bodens und der Tonmineralart ab (siehe Tab. 63). Sie kann als *Quellungsdruck* gemessen werden. Ein Quellungsdruck baut sich auf, wenn bei Wasseradsorption an Oberflächen von Bodenteilchen ihre Volumenzunahme behindert ist. Zwei-Schichttonminerale entwickeln einen geringeren Quellungsdruck als Drei-Schichttonminerale mit relativ schwacher Ionenbindung zwischen den einzelnen Blättchen. Wasseraufnahme erhöht den Schichtabstand.

Der Quellungsdruck korreliert gut mit zunehmender KAK und spezifischer Oberfläche. Bei gleichem Tonmineralanteil, jedoch unterschiedlicher Kationenbelegung ist der Quellungsdruck durch Na^+-Belegung (starke Hydratation) doppelt so hoch wie durch Ca^{2+}-Belegung (geringe Hydratation) (siehe Tab. 64).

In natürlich gelagerten Böden treten derartig hohe Quellungsdrücke wie in Tab. 63 dargestellt nicht auf. Bei Quellung findet im Boden zunächst eine Umorientierung der Teilchen statt. Wenn ein zu feuchter Boden vorher mechanisch schon stark beansprucht gewesen ist, tritt die Quellung besonders deutlich auf, z.B. zertretene Weiden, Fahrspuren im Acker.

Die Volumenzunahme findet vornehmlich in horizontaler Richtung statt. Schwundrisse werden dabei teilweise wieder geschlossen. Nur in zu dicht lagernden Böden wird diese horizontale Ausdehnung behindert. Dann wird der Boden mehr vertikal angehoben. Das kuppenförmig aufgewölbte Säulengefüge im Solonetz und im Knick sowie die Oberflächenausformung bestimmter Vertisole (Gilgai-Böden) sind Ergebnisse hohen Quellungsdruckes. Mit zunehmender Quellung sinkt die Durchlässigkeit des Bodens. Je weniger ein Gefüge durch Quellung verändert wird, um so günstiger ist es für den Wasser- und Lufthaushalt der Böden. Quel-

lungshindernisse sind stabilisierende Hüllen und Krusten von Eisenoxiden, grobe Bodenteilchen, die die Bodenverschiebung durch Reibung begrenzen sowie eine verminderte Wasseradsorption.

In der Innenlösung der elektrischen Doppelschicht sind austauschbare Kationen konzentriert. Sie ist bestrebt, sich unter Wasseraufnahme zu verdünnen. Das osmotische Druckgefälle zwischen Innen- und Außenlösung bestimmt daher Stärke und Geschwindigkeit der Quellung. Salze in der Bodenlösung beeinflussen den Quellungsvorgang. Durch gezielten Kationenumtausch (Düngung) kann der osmotische Druck der elektrischen Doppelschicht beeinflußt werden. Zweiwertige, wenig hydratisierte Kationen vermindern durch ihre größere Nähe

Tab. 63. Quellungsdruck von Tonmineralen (KUNTZE 1965)

Tonmineral	Quellungsdruck $(MPa \cdot kg^{-1})$	spez. Oberfläche $(m^2 \cdot g^{-1})$	KAK $(mol \cdot kg^{-1})$
Kaolinite	0,24–0,43	20	10
Illite	0,55–0,88	100	40
Smectite	4,07–4,23	1 200	120

Tab. 64. Kationenbelegung und Quellungsdruck – aus Marschboden gewonnene Tonfraktion (KUNTZE 1965)

Vorherrschende Belegung	$MPa \cdot kg^{-1}$
Mg	1,75
H	1,45
Na	1,42
K	0,84
Ca	0,71

Tab. 65. Quellungsdruck nach Meliorationsdüngung eines Marschbodens (SCHEFFER, KUNTZE, NEUHAUS 1963)

dt/ha	Düngung	Quellungsdruck $(MPa \cdot kg^{-1})$	Rohdichte $(g \cdot cm^{-3})$	$<2\mu m$ (% mas)	pH (KCl)
	ohne	0,565 ± 0,014	1,39	27,1	4,6
50	Thomasphosph.	0,430 ± 0,045	1,34	20,8	5,1
100	Thomasphosph.	0,403 ± 0,017	1,30	24,7	5,5
400	Kalkmergel	0,408 ± 0,015	1,35	23,2	6,4
400	Blausand	0,368 ± 0,029	1,33	24,0	6,5

zur Austauscheroberfläche die elektrostatische Abstoßung der Bodenkolloide. Wie bei einem schweren Marschboden durch unterschiedliche Düngung der Quellungsdruck mit steigendem pH gesenkt werden konnte, zeigt Tab. 65.

Während Quellung durch physiko-chemische Vorgänge bedingt ist, kann die *Schrumpfung* nur teilweise auf molekulare Kräfte zurückgeführt werden. Die Schrumpfung ist nicht in allen Stadien ein der Quellung entgegengesetzt verlaufender Prozeß. Kapillarkräfte und Temperatur haben besondere Bedeutung.

Die im Vergleich zu anderen Flüssigkeiten (siehe Tab. 76) mit 73 µN/cm hohe Oberflächenspannung des Wassers führt mit Austrocknung zur Kontraktion benetzter Bodenteilchen. Die Tendenz zur Verkleinerung der Grenzfläche Wasser–Luft ist um so größer, je geringer der Abstand benetzter Oberflächen mit abnehmendem Wassergehalt im Boden wird. Feinkörnige Böden schrumpfen stärker als grobkörnige. Dabei kommt es zu einer Orientierung der Bodenteilchen. Zwischenmolekulare (van der Waalsche) Kräfte wie auch Hauptvalenzbindungen durch mehrwertige Brückenionen fördern die Kohäsion der Bodenteilchen.

Bei eisenhaltigen Böden bilden sich durch bevorzugte Oxidation an den Wandungen von Rissen, Fugen oder Spalten feste Krusten. Häufiger Wechsel von Quellung und Schrumpfung läßt die Schwundrisse immer wieder an derselben Stelle aufreißen. Wurzeln folgen gern den Schwundrissen, weil in ihnen die Wasser-, Luft- und Nährstoffversorgung besser ist als in der kohärenten Masse zwischen ihnen. Alle diese Vorgänge bewirken gemeinsam eine nur teilweise reversible Quellung. In humusreichen Mineralböden und stark zersetzten sauren Moorböden ist nach Austrocknung unter einen kritischen Feuchtegehalt, der nahe Feldkapazität liegen kann, eine Wiederbenetzung erschwert. Hier können Anreicherungen von schwer zersetzbaren Pflanzenbestandteilen (Wachse, Bitumen), Eisenhumaten, hohe Aggregatdichte sowie Luftadsorption den Benetzungswiderstand verursachen. Die Schrumpfung verläuft nacheinander in 3 Stadien:

1. *Strukturschrumpfung:* Entleerung *grober* Poren. Wasserverlust > Volumenabnahme: Übergang von der gesättigten zur ungesättigten (= langsamen) Wasserbewegung.
2. *Normalschrumpfung:* Entleerung *mittlerer* Poren, Wasserverlust = Volumenabnahme. Weitere allmähliche Abnahme der ungesät-

tigten Durchlässigkeit, Dichtlagerung der Teilchen.
3. *Restschrumpfung:* Entleerung *feiner* Poren: Weitere Annäherung der Bodenteilchen nicht möglich. Wasserverlust > Volumenabnahme, wieder stärkere Abnahme der ungesättigten Wasserdurchlässigkeit durch Luftzutritt.

Ausgeprägte Normalschrumpfung tritt bei nicht aggregierten Böden auf, z. B. bei solchen, die wassergesättigt einer starken mechanischen Beanspruchung, etwa durch Kneten, unterlagen (z. B. bevorzugte Schwundrißbildung in Fahrspuren auf schweren Böden).

Die maximale lineare Schrumpfung von Tonen liegt bei 10 bis 15% mas H_2O. Stark zersetzte Moorböden haben eine Volumenschrumpfung von > 60%.

Je höher der Tongehalt (> 15% mas), um so stärker ist die Schrumpfung. Böden mit geringer Rohdichte (z. B. Watten, Spülgut) können stärker schrumpfen als bereits dicht gelagerte Böden. Kalkung vermindert in bindigen Böden die Schrumpfung. Je stärker ein Boden schrumpft, um so besser ist seine Neigung zur Entwicklung von Segregaten zu beurteilen. Ständiger Wechsel von Quellen und Schrumpfen ist ein »selfmulching-effect«. Er fördert die Bodenbelüftung, -reifung und Selbstdränung. Ohne diesen Vorgang wären tonreiche Pelosole kulturunwürdig.

Schwundrisse entstehen im Boden dort, wo dem Bestreben der mit Wasserentzug verbundenen Annäherung der Bodenteilchen ein Widerstand entgegengesetzt ist. Sie entstehen vorzugsweise an Schwächestellen im System in Abhängigkeit lokaler Inhomogenitäten der Bodenteilchen. Nach den ersten Rissen ändert sich die Spannungsverteilung (siehe Seite 157). Die zweite Generation von Rissen verläuft meist rechtwinklig zur ersten. Erneute Änderung der Spannungsverteilung führt zu neuen Rißrichtungen. Je nach der Isotropie der Spannungsrichtung entstehen gleichförmige oder ungleichförmige Segregate. Scherben- und Splittergefüge sind Folge anisotroper Zugrichtungen.

Die Beurteilung der Veranlagung zur Gefügebildung schwerer Böden kann nach der Rißbildmethode erfolgen. Auf einer glatten, sauberen Glasscheibe werden aufbereitete Bodensuspensionen allmählich getrocknet. Anzahl, Art und Breite der Schwundrisse sowie der Zeitraum ihrer Ausprägung lassen 3 verschiedene *Rißtypen* unterscheiden (Abb. 68) (siehe DIN 19683, Teil 18):

Abb. 68. Schrumpfrißtypen
nach DIN 19683

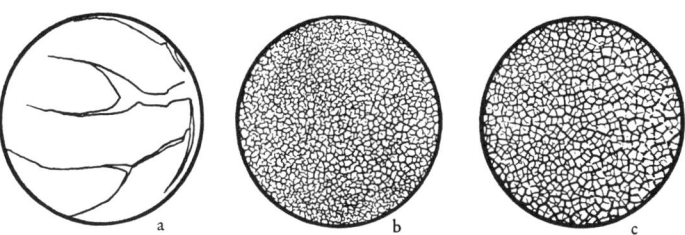

a) Wenige glattrandige, durchgehende Risse, die erst relativ spät, d.h. bei hoher Wasserspannung (pF 4,4) entstehen. Böden mit hoher Na$^+$-Belegung (Abb. 68a).

b) Viele fein verästelte, gezackte Risse, nicht zusammenhängend, schon bei relativ geringer Wasserspannung (pF 3,2) sich spontan ausbildend. Böden mit hoher H$^+$-Belegung (Abb. 68b).

c) Viele durchgehend glatte und verzweigte Risse, schon bei relativ geringer Wasserspannung (pF 3,0) einsetzend und mit weiterer Austrocknung zunehmend. Stark mit Ca^{2+} belegte Böden (Abb. 68c).

Die kulturtechnisch-bodenkundliche Wertung der Gefügeentwicklung (= bessere Durchlässigkeit nach Entwässerung) lautet: Rißtyp a < b < c. Die natürliche Lagerungsdichte bleibt dabei allerdings unberücksichtigt. Diese Methode ist für dichte, staunasse Böden weniger gut geeignet als für Naßböden geringer Lagerungsdichte (siehe Watt- und Spülfeldbodenreifung). Auch für Moorböden ist sie nicht anwendbar. Feine Torffasern behindern klare Rißbildungen. Hier mißt man die Volumenschrumpfung und die nur teilweise reversible Quellung an kleinen Monolithen. Sie bedingt neben Sackung und Torfschwund besonders bei stark zersetzten Torfen die Höhenverluste entwässerter Moore.

2.4.1.2 Flockung – Bildung von Ballungsgefüge

In Kap. 2.2.1 sind bereits kolloidale Eigenschaften verschiedener Bodenbestandteile (Ton, Humus, Metalloxide) vorgestellt worden. Hervorzuheben ist hier die hohe Elektrolytempfindlichkeit hydrophober Tonkolloide, die aus EKP (siehe Kap. 2.2.2) und der KAK (siehe Kap. 2.2.3.1) zu erklären ist. Dabei sind auch die spezifischen Eigenschaften der Austauscher zu beachten.

Düngung kann als wichtige chemische, gefügebildende und -stabilisierende Maßnahme an-

gesehen werden. Mehrwertige, schwächer hydratisierte Kationen, wie z.B. Ca^{2+}, bewirken eine brückenartige Vernetzung mehrerer Tonteilchen. Der Ladungsausgleich findet nicht nur mit einem Tonkolloid statt. Diesen Vorgang nennt man Flockung (Koagulation). Er führt zur Kornvergröberung durch Mikroaggregatbildung. Der Ca^{2+}-Eintausch ist ein reversibler Vorgang. Nur bei entsprechend hohen Ionenkonzentrationen in der Außenlösung ist sichergestellt, daß ein Rücktausch unterbleibt. Deshalb wird in der Bemessung des Kalkbedarfs schwerer Böden (Tab. 56) zusätzlich zum hohen pH eine gefügefördernde Reserve an Ca^{2+} durch freies CaCO$_3$ verlangt.

Auch überwiegend mit H$^+$ gesättigte, saure L-, T-Böden sind gut geflockt. Mit zunehmender H-Sättigung nehmen Ladung und EKP der Austauscher ab. Unterhalb pH 4,5 setzt ein Tonmineralzerfall ein. Dabei werden vermehrt Al^{3+} freigesetzt. Der Wertigkeitseffekt des Al^{3+} bedingt dann nur eine geringe Dicke der elektrischen Doppelschicht und damit die besonders hohe Flockungsempfindlichkeit saurer Tonböden. Ihr sehr hoher Kalkbedarf bewirkt nun häufig, daß trotz ausreichend bemessener Gaben zunächst nur pH 5,5 bis 6,5 erreicht wird. Das ist der Bereich des IEP der Metalloxide. Dann kann es sogar zu einer Gefügeverschlechterung durch Kalkung kommen, weil die Al^{3+}-Flockung besser war als die durch Kalk erzielte oberhalb des IEP der als Aggregierer nun ausgeschalteten Metalloxide. Nur außerordentlich hohe Kalkgaben können solche Polymeren-Aluminium-Hydroxo-Aqua-Komplexe beseitigen, die auf Tonmineralen dicke Krusten bilden, in ihre Zwischenschichten eindringen und deren Ladung blockieren.

Neben diesen direkten Wirkungen der Düngung auf die Gefügestabilität müssen auch indirekte beachtet werden. Vermehrte Durchwurzelung im besser erschließbaren geflockten Gefüge fördert die weitere biogene Gefügebildung.

Regenwürmer als Gefügeverbesserer benötigen für ihre schleimbildenden Drüsen Kalk. Sie fehlen daher in kalkarmen, sauren Böden.

Positive Nebenwirkungen Ca-haltiger N- und P-Dünger auf das Gefüge wurden bereits in Kap. 2.2.3.5 erwähnt. In schwach sauren Mineralböden mit vielen Metalloxiden ist eine PO_4^{3-}-Flockung denkbar. Anionensorption ist bei Tonmineralen mit dem Ziele einer Gesamtpotentialerniedrigung erst bei sehr hoher PO_4^{3-}-Konzentration in der Bodenlösung denkbar. Dazu sind sehr hohe P-Gaben erforderlich. Sie können ihre volle Wirkung auf das Bodengefüge erst dann erreichen, wenn Sekundärreaktionen durch Fällung schwerlöslicher Al-, Fe- und Ca-Phosphate ausgeschaltet sind. Das ist in Ca-, Al- und Fe-reichen Böden erst bei sehr hohem pH möglich. Insofern ist die direkte gefügefördernde Wirkung von P-Düngemitteln vorrangig auf eine verbesserte Ca^{2+}-Sorption zurückzuführen. Gerade in schluffreichen, schwer zu flockenden Böden kann eine PO_4^{3-}-Nebenwirkung, die Förderung des Wurzelwachstums, jedoch nicht hoch genug eingeschätzt werden. Dort wurden durch einmalig sehr hohe P-Gaben (50 bis 100 dt $\cdot$ ha^{-1} Thomasphosphat) nachhaltige Gefügeverbesserungen erzielt. Insofern sind Phosphate auch Bodendünger (Tab. 65). Auch eine verkittende Wirkung dieser kieselsäurehaltigen Düngemittel ist denkbar.

2.4.1.3 Verkittung – Bildung von Kitt- und Hüllengefüge

Chemische Prozesse können im Boden mineralische Fällungsprodukte entstehen lassen, die entweder eigene Mineralkörper darstellen (Eisen-Mangankonkretionen = Pseudosand) und damit die Korngrößenverteilung vergröbern oder als Kittsubstanzen andere feste Bodenfeinteilchen zu gröberen Aggregaten aufbauen. Wenn schließlich die Zwischenhohlräume total ausgefüllt sind, entsteht ein Kittgefüge (Ortstein). Mikroskopisch liegt dann oft ein Hüllengefüge vor.

Mit Änderung des Bodenwassergehaltes ergeben sich Zu- oder Abnahmen der Ionenkonzentration. Bei starker Austrocknung beschränkt sich die Verteilung des Wassers im Boden schließlich auf Häutchen und Porenwinkel. In diesen Wassermanschetten an Kornberührungsstellen herrscht eine hohe Oberflächenspannung und Ionenkonzentration, die zu einer CO_2-Abgabe aus der Bodenlösung führt. Damit fällt das vorher lösliche Calciumbicarbonat als Carbonat aus ($Ca(HCO_3)_2 \rightarrow CaCO_3 + CO_2 \uparrow + H_2O$).

Die Kornberührungsstelle wird durch solche Austrocknungen vermörtelt. Bedeutung hat diese Karbonatfällung vor allem für schluffreiche Böden, die mangels Ladung durch Ca^{2+} kaum geflockt werden können. Für solche Böden (Löß, Marsch) ist daher ebenso wie für tonreiche Böden freies $CaCO_3$ für die Bildung und Stabilisierung des Gefüges wichtig. Wenn jedoch durch zu starke Ca-Ausfällung schließlich – wie in manchen semiariden Böden – dichte Kalkkrusten durch kapillar aufsteigendes und verdunstendes bicarbonatreiches Wasser entstehen, werden sowohl Gefüge- wie Nährstoffdynamik solcher »vermörtelter« Böden ungünstig für das Pflanzenwachstum. Wir kennen diese Karbonatfällungen auch als Wiesenkalk, Alm oder Rheinweiß. Sie entstehen überall dort, wo bikarbonatreiches Grundwasser an der Kapillarsaumoberfläche entspannt wird und verdunstet. Diese Kalkanreicherungshorizonte liegen häufig im Grenzbereich rezenter und fossiler Go/Gr-Horizonte (Kittgefüge).

In humiden Klimaten kommt es mit Versauerung der Böden zur Freisetzung von Metallionen. In Braunerden werden die einzelnen Mineralteilchen gleichmäßig durch Eisenoxidhäutchen umhüllt. Bei guter Bodenbelüftung entstehen und altern solche Eisenoxidbeläge schnell. Gefüge und Filtergerüst dieser Braunerden sind daher recht stabil (Hüllengefüge).

In Gegenwart organischer Umsetzungsprodukte oder Huminstoffneubildungen, die im sauren Milieu beweglich sind und als Chelatoren wirken, kommt es zur Bildung organo-mineralischer Komplexe. Sie werden mit dem Sickerwasser im Boden verlagert und bei Überschreiten ihres IEP im Unterboden mit höherem pH ausgefällt (siehe Podsolierung, Eisen-Humusortstein). Weitere Humusverkittungen erfolgen durch Fällung höher polymerer organischer Stoffe. Orterde ist ein unverfestigtes, Ortstein ein verfestigtes Kittgefüge mit total verschlossenen Poren.

In hydromorphen Böden bleiben Metalloxide lange beweglich. Durch häufigen Wechsel von Naß- und Trockenphasen ist in staunassen Böden eher eine fleckige Verteilung oxidierten und reduzierten Eisens festzustellen (Marmorierung). Nur allmählich bilden sich z. B. entlang alter Wurzelbahnen und Schwundrisse feste Konkretionen aus, die nur partiell das Gefüge dieser Böden stabilisieren. Tonböden mit vielen Eisenkonkretionen sind gut durchlässig. Wenn es jedoch – vor allem in Gleyen mit geringen

Grundwasserschwankungen – zu bänderartiger Eisen-Manganfällung kommt, entstehen wasserstauende Horizonte durch das dabei verhärtende Kittgefüge (Raseneisenstein).

In tropischen Böden geht die Tonmineralzerstörung häufig soweit, daß kolloidale Kieselsäure ausgewaschen wird und nur noch Fe- und Al-Oxidausfällungen in Form von Konkretionen (in Roterden) oder als harte Krusten (Laterit) übrigbleiben.

2.4.1.4 Verklebung – Bildung von Aufbaugefüge

Eine Substanz klebt an einer anderen, wenn die Adhäsionskräfte an Phasengrenzflächen die Kohäsionskräfte übertreffen (siehe Benetzung). Bodenkolloide mit hoher spezifischer Oberfläche sind dazu besonders befähigt. Die Übergänge zwischen dieser flächenorientierten Haftung zweier Stoffe zur punktorientierten Kationensorption sind fließend. Organischen Substanzen wird häufig der größte Einfluß auf die Verklebung von Bodenteilchen zu Aggregaten zugesprochen.

Polysaccharide und Polyuronide, die beim Abbau organischer Substanzen oder als Stoffwechselprodukte der Mikroben entstehen, umspannen als kettenförmige Makromoleküle die Bodenteilchen (siehe Wurmlosungsgefüge). Neben Bakterienkolonien können auch Pilzhyphen und feine Haarwurzeln Bodenteilchen verkleben und verflechten (Lebendverbau). Solche biogen verklebten Aggregate sind jedoch nur beständig, solange die Mikroorganismen leben. Daraus erklärt sich der jahreszeitliche Wandel ihrer Ausprägung und Stabilität. Ein gutes Krümelgefüge wird häufig auch als Ausdruck einer Schattengare bezeichnet. Unter schützendem Schirm der Pflanzen ist eine hohe biologische Aktivität im Boden möglich. Grünlandböden sind besser aggregiert als zeitweise offen liegende Ackerböden (aktives – passives Gefüge). Organische Düngemittel können neben der mechanischen Auflockerung nur solange gefügefördernde biogene Einflüsse auf den Boden ausüben, wie sie mikrobiell umgesetzt werden. Gründüngung und Ernterückstände wirken bei hohem Anteil leicht umsetzbarer organischer Substanzen (Nährhumus) unmittelbar, jedoch nur kurzfristig gefügelockernd. Rottemist (Dauerhumus) nimmt eine mittlere Stellung ein, am meisten geschätzt wird der Kompost. Wenig zersetzte Hochmoortorfe sind langsam, anhaltend wirkende Bodenverbesserer.

Synthetische Gefügebildner (Bodenverbesserungsmittel, engl. *soil conditioner*), z.B. Krilium®, Compofix®, sind ebenfalls meist fadenförmige Makromoleküle mit funktionellen Gruppen (− COOH, − OH, − NH₂). Durch ihre netzartige Verklebung können sie ein bereits vorhandenes Bodengefüge stabilisieren oder so fixierte Bodenoberflächen vor Wind- und Wassererosion schützen. Andere Bodenverbesserungsmittel haben z.B. kolloidale Kieselsäure als Wirkungsbasis (Agrosil®) oder Eisen-III-Ammoniumsulfat (Flotal®). Sie werden aus Preisgründen mehr im Landschaftsbau (Böschungsbegrünung) eingesetzt.

Stryromull und Hygromull® sind synthetische Produkte, die keine Verbindung mit dem Boden eingehen, wohl aber als Flocken in den Boden eingemischt sein Filtergerüst verbessern. Während Styromull, geschlossenporig, weitgehend abbauresistent zur Bodenauflockerung eingesetzt wird, ist Hygromull als aufgeschäumtes Harnstoff-Aldehyd-Kondensat offenporig und mikrobiell langsam abbaubar. In gärtnerischen Kultursubstraten, im Landschafts- und Kulturbau, zur Bodenauflockerung und als Filterstoffe werden diese Produkte eingesetzt.

2.4.1.5 Durchwurzelung

Pflanzenwurzeln haben die Funktion, das Bodenvolumen für mineralische Nährstoffe und Wasser aufzuschließen und die Pflanze im Boden zu verankern. Zu diesem Zweck wachsen sie in einem weit verzweigten System in den Boden hinein und expandieren sowohl in longitudinaler als auch in radialer Richtung. Bei diesem Vorgang beanspruchen sie einen minimalen Porendurchmesser (Tab. 78). Bei < 400 μm setzt eine Reduzierung des Wachstums der Hauptwurzeln ein, bei ca. 100 μm wird eine absolute Grenze erreicht. Wurzelhärchen dringen noch in Feinporen bis 10 μm ein. Der von vorrückenden Wurzelspitzen ausgelöste Druck wird in älteren Untersuchungen mit 2 MPa angegeben. Neuere Arbeiten zeigen jedoch, daß bereits bei 0,02−0,4 MPa eine Beeinträchtigung des Wachstums einsetzt. Der Eindringwiderstand ist abhängig von Festigkeit, Lagerungsdichte und Wasserspannung. Die Durchwurzelung eines Bodens wird an der Profilwand durch das *Wurzelbild* (möglichst von Einzelpflanzen) und über die Durchwurzelungsintensität festgestellt. Beides erlaubt bodengenetische und gefügekundliche Schlüsse. Wurzeltiefgang und -verbreitung ergeben das Wurzelbild. Wurzelbilder eignen

Tab. 66. Einstufung der Durchwurzelungsintensität (nach Kartieranleitung 1982)

Feinwurzeln/dm^2	Bezeichnung	Kurzzeichen
1– 2	sehr schwach	W 1
3– 5	schwach	W 2
6–10	mittel	W 3
11–20	stark	W 4
21–50	sehr stark	W 5
> 50	extrem stark bis Wurzelfilz	W 6

Tab. 67. Einstufung der physiologischen Gründigkeit, Durchwurzelbarkeit (nach Kartieranleitung 1982)

Tiefe in dm	Bezeichnung	Kurzzeichen
< 2	sehr flach	Wp 1
2– 4	flach	Wp 2
4– 8	mittel	Wp 3
8–13	tief	Wp 4
> 13	sehr tief	Wp 5

sich zur Standortbeurteilung. Sie geben Hinweise auf Verdichtungen im Profil, auf die Lagerungsdichte und Verfestigung der Aggregate. Vor allem einzeln wachsende Pflanzen geben mit ihren Wurzelbildern guten Einblick in die Dynamik eines Bodens. Nicht immer sind Profilmerkmale rezent. Das Wurzelbild korreliert gut mit bodentypologischen und gefügekundlichen Merkmalen. Die gute Zugänglichkeit der Wasser- und Nährstoffvorräte bis in größere Bodentiefe und damit die Produktivität einer Schwarzerde werden ebenso deutlich wie die Ertragsunsicherheiten von Podsol oder Pseudogley als flachgründige Standorte aus Wurzelbildern erkennbar. Artspezifische Wurzelbilder werden durch Standorteinflüsse umgeformt. In trockenen Jahren ist bei einjährigen Pflanzen in einem hydromorphen, tonigen Boden durch Schwundrisse eine tiefere Durchwurzelung möglich als in nassen Jahren. Abgestorbene Pflanzenwurzeln hinterlassen Gänge, die für den Wasser- und Lufttransport, sowie für Bodentiere und nachwachsende Wurzeln Bedeutung haben.

Durch Auszählen der Feinwurzeln (< 2 mm ∅ je dm^2) an der Profilwand erfolgt die Einstufung der *Durchwurzelungsintensität* (Tab. 66). Ungleichmäßige Durchwurzelung, z.B. an Schwundrissen oder anderen groben Hohlräu-

men, sowie vorzugsweise horizontal wachsende Wurzeln über Verdichtungen oder Wurzelverdickungen müssen gesondert vermerkt werden. Die *Durchwurzelbarkeit* ist dagegen von der physiologischen Gründigkeit abhängig. Darunter wird die Tiefe verstanden, bis zu welcher Pflanzenwurzeln unter gegebenen Verhältnissen im Boden maximal eindringen könnten. Sie wird begrenzt durch das Solum, das feste Gestein ohne Klüfte, verfestigte, verdichtete Horizonte/Schichten, Reduktionserscheinungen, schroffen Wechsel chemischer oder physikalischer Eigenschaften. Die Durchwurzelbarkeit und physiologische Gründigkeit wird nach Tab. 67 eingestuft.

Flachgründige Böden sind land- wie forstwirtschaftlich unsichere Standorte, ökologisch oft Habitate seltener Pflanzen- und Tierarten (Magerrasen, Feuchtbiotope). Die im Ackerbau hydrologisch bedeutsame *effektive* Durchwurzelungstiefe wird im Kapitel Wasserhaushalt und Bodentechnologie ausführlich behandelt.

2.4.1.6 Bodenbearbeitung und Konsistenz

Unter der schützenden Decke einer Dauervegetation steht das natürliche Bodengefüge im Gleichgewicht endogener (*im* Boden wirkender) und exogener (*auf* den Boden wirkender) Faktoren. Aus den jeweiligen Bodeneigenschaften und Umwelteinflüssen wird ein aktives Gefüge gebildet. Mit der Bodenbearbeitung und -nutzung greift der Mensch in diese Gefügedynamik ein. Vielfältige Kräfte können jetzt auf den zeitweise offenliegenden Boden einwirken: mechanische (Maschinen, Erosion) und chemische (Immissionen). Durch periodisch wiederkehrende Bodenbearbeitung oder schließlich in größeren Abständen notwendige tiefergreifende Meliorationen wird versucht, Gefügeschäden zu begegnen. Durch Lockern, Mischen und Wenden werden die durch Setzung, Verlagerung und Entmischung entstandenen Bodenverdichtungen zu beseitigen versucht.

Dieses künstlich geschaffene Lockergefüge steht nicht immer im Gleichgewicht mit den anderen gefügebildenden Faktoren. Es wird daher als *passives* Gefüge bezeichnet. Es ist instabil.

Ziel jeder ordnungsgemäßen land- und gartenbaulichen Bodenbearbeitung kann nur sein, mechanisch bessere, neue *Voraussetzungen* für einen anschließenden Gefügeaufbau durch Flockung, Verkittung, Verklebung und Durchwurzelung zu schaffen. Dieses Ziel kann jedoch nur erreicht werden, wenn die Bodenbearbeitung zum günstigsten Zeitpunkt erfolgt. Dieser wird durch die Bodenfeuchte und Temperatur bestimmt. Zu feucht bearbeitete, tonige Böden werden plastisch verformt und verschmieren. Ein bekannter Bodengefügeschaden ist die durch Druck und Schlupf schwerer Geräte gebildete Pflugsohle, die Niederschlagswasser in der Krume staut und die tiefere Durchwurzelung des Bodens behindert. Zu trocken bearbeitet, entstehen als Bodenfragmente grobe Schollen und Klumpen. Die darin enthaltenen Wasser- und Nährstoffvorräte sind unzugänglich für die Wurzeln.

Der Widerstand eines bindigen Bodens gegen Verformung wird als *Konsistenz* oder *Zustandsform* bezeichnet. Man unterscheidet bodenkundlich sieben Zustandsformen: fest, halbfest, steif, weich, breiig, zähflüssig, flüssig. Diese werden durch den Wassergehalt des Bodens und die zwischen Boden und Wasser wirksamen Kräfte der Adhäsion und Kohäsion bestimmt. Unter *Adhäsion* versteht man das Haften zweier verschiedener Stoffe aneinander durch moleküläre Anziehungskräfte an ihren Phasengrenzflächen (Leimen, Kleben, Kitten) (Abb. 70). Nur polare Flüssigkeiten wie z. B. Wasser können mit ihren Dipolmolekülen an festen Oberflächen haften. Dieser Benetzungsvorgang wird bodenkundlich auch als *Hygroskopizität* bezeichnet. Über die bei der Benetzung freiwerdende Wärme kann man auf die Adhäsionsenergie rückschließen (auch als Haftspannung mit der Adhäsionswaage meßbar).

Unter *Kohäsion* versteht man den Zusammenhalt eines Stoffes durch zwischenmolekulare Kräfte. Sie wird vom Aggregatzustand bestimmt. Die Kohäsion ist bei Gasen < Flüssigkeiten < festen Substanzen.

In einem völlig ausgetrockneten Boden ist nur die diesem Material eigene Kohäsionsenergie wirksam. Diese ist um so höher, je bindiger der Boden ist. Hohe Kohäsion bewirkt harte Schollen und Klumpen. Mit Benetzung der Bodenteilchen umgeben sich diese mit dünnen Wasserfilmen. Ein Teil der Kohäsionsenergie wird oberflächlich abgegeben an die Adhäsion des Wassers. Folglich ist der Zusammenhalt des Bodens weniger fest (Zustandsform halbfest). Er wird bröckelig. Mit weiterer Wasseraufnahme bilden sich an den Berührungspunkten der Wasserfilme Porenwinkel- und schließlich Kapillarwasser. Die an den Kontaktflächen Boden/Wasser/Luft sich in den Menisken auswirkende hohe Grenzflächenspannungen täuschen dann selbst

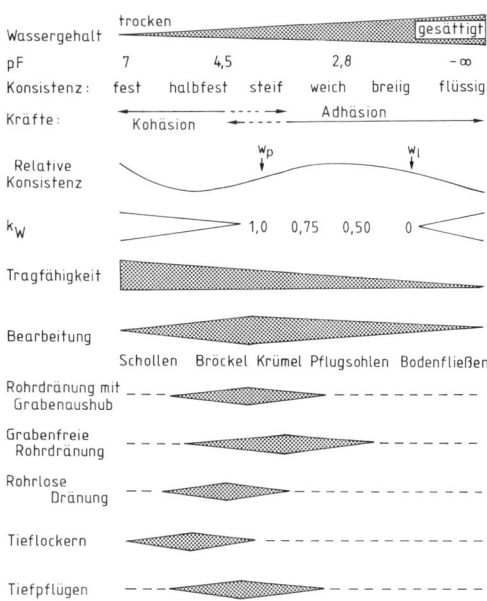

Abb. 69. Verhalten bindiger Böden mit unterschiedlicher Feuchte

in nichtbindigen Böden (Sand) eine scheinbare Kohäsion vor. Das so weit befeuchtete Bodenmaterial erhält die Zustandsform »steif«. Weitere Wasseraufnahme läßt schließlich die Kohäsionskräfte des Bodens derart hinter die Adhäsionskräfte zum Wasser zurücktreten, daß über den weichen und breiigen Zustand allmählich ein Zerfließen des Bodens einsetzt.

Im Feuchtebereich unterhalb halbfester Konsistenz ist eine Bodenbearbeitung nicht sinnvoll. Neben hohen Bearbeitungswiderständen wäre das Ergebnis nur ein Zertrümmern in grobe Schollen. Bodenkrümelung als günstiger Ausgangszustand für den weiteren Gefügeaufbau ist erst im Übergang halbfest/steif zu erwarten. Bindiges Material läßt sich dann gerade noch zu bleistiftstarken Würsten ausrollen. Der diese Konsistenz beschreibende Wassergehalt (%mas) ist die *untere Plastizitätsgrenze* oder *Ausrollgrenze* (wp). Sie entspricht pF ~ 3. Schmiersohlen treten auf, wenn die Konsistenz von weich nach breiig wechselt. Das ist die *Klebgrenze*. *Die Fließgrenze* (wl) – sie entspricht pF < 1 – oder *obere Plastizitätsgrenze* wird ebenfalls in %mas H_2O des Bodens im Labor mit einem Gerät nach Casagrande (DIN 18 122), bestimmt. Die Differenz wl − wp ergibt die *Plastizitätszahl*

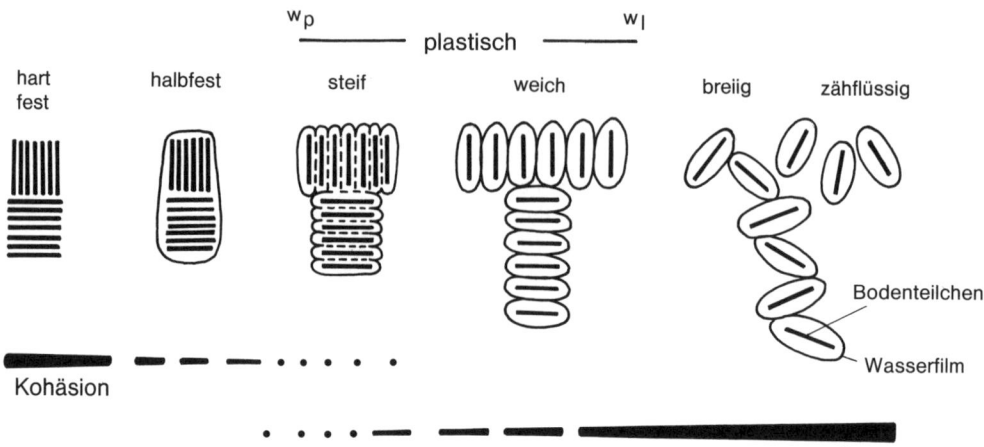

Abb. 70. Veränderung der Konsistenz des Bodens durch Wasseraufnahme

(siehe DIN 18122, Teil 1, Plastizitätsindex) als Maß der Empfindlichkeit auf Wassergehaltsänderungen und Stabilität des Bodens. Abb. 69 zeigt weitere Beziehungen der Konsistenz zu Wasserspannung, Bearbeitungs- und Tragfähigkeit.

Die jeweilige Konsistenzzahl (K_W) bei vorgegebenem Wassergehalt (wx) wird durch folgende Beziehung ausgedrückt:

Je höher die Wassermenge ist, die ein Boden aufnimmt vom festen, trockenen Zustand über die Ausrollgrenze bis zum Zerfließen, um so größer ist der Zusammenhalt der Teilchen.

Die plastischen Eigenschaften von Böden und damit ihre mechanische Belastbarkeit wie z.B. Gefügebeanspruchung sind abhängig von Ton- und Humusgehalt, Kationensorptionsverhältnissen und Gefügestabilität. So steigt wp mit Zufuhr von Ca^{2+}. Das bedeutet: so verbesserte Böden sind auch bei höherer Bodenfeuchte ohne Gefügeschaden noch zu bearbeiten. Umgekehrt sinkt der Wassergehalt bei wp und wl

durch überwiegende Na^+- oder H^+-Sorption. Mit dem Humusgehalt verschieben sich beide Plastizitätsgrenzen in den Bereich höherer Wassergehalte. Je höher der Humusgehalt eines Tonbodens ist, um so besser bearbeitungsfähig ist er und um so weniger wird er im Gefüge gefährdet.

Aus der Konsistenz eines Bodens sind weitere bodenmechanische Eigenschaften abzuleiten. Böden mit Plastizitätszahlen < 6 neigen zur Verschlämmung (Erosion, Dränfilterung). Erst bei Plastizitätszahlen > 9 ist Erddränung möglich. Plastizität ist eine Eigenschaft fester Körper, sich bei Einwirkung äußerer Kräfte zu verformen. Im Mineralboden ist diese Verformung weitgehend unelastisch, d. h. nur teilweise reversibel. Je höher die Plastizitätszahlen liegen, um so gefügeempfindlicher sind diese Böden. Neben dem absoluten Tongehalt ist auch die jeweils vorherrschende Tonmineralart von Einfluß auf die Plastizität (Smectit > Illit > Kaolinit). Je beser ein Boden aggregiert ist, um so

$$K_w = \frac{wl - wx}{wl - wp}$$

K_w = 0	Fließgrenze (30 bis 100 % mas H_2O (wl)
< 0,5	breiig
0,5 bis 0,75	weich — Klebgrenze
0,75 bis 1,00	steif
1,00	Ausrollgrenze (0 bis 40 % mas H_2O) (wp)
> 1,00	halbfest – fest

höher ist sein Widerstand gegen Verformung. Mechanisch überbeanspruchte Böden z. B. an Baustellen sind daher sehr schwer wieder in ein ökologisch befriedigendes Gefüge zurückzuführen.

Mit zunehmender Motorisierung und Mechanisierung der landwirtschaftlichen Bodennutzung nehmen Gefügeschäden vor allem bei bindigen, plastischen Böden zu, wenn arbeitswirtschaftliche Engpässe zu wenig Rücksicht auf Bodeneigenschaften nehmen lassen. Da die Bodenbearbeitung in nichtbindigen Böden von der jeweiligen Bodenfeuchte viel weniger abhängig ist, werden diese heute als Ackerstandorte bevorzugt. Allerdings ist hier bei zu hoher Bodenfeuchte die Gefahr der Rüttelverdichtung bis in größere Tiefen zu beachten.

2.4.1.7 Gefügebildung in Moorböden

Der mit Tab. 36 feststellbare Zersetzungsgrad der Torfe beschreibt eine *vor* der Vertorfung abgelaufene fossile Bodenbildung. Das primäre Gefüge von Torfen ist noch überprägt von den Strukturen jeweilig torfbildender Pflanzenreste. Nach Entwässerung und Belüftung setzt eine sekundäre Bodenbildung zum Moor*boden* ein, die in Abhängigkeit von der Zeit und Trophie der Torfe unterschiedlich schnell und zu verschiedenen Gefügeformen führt.

Zunächst entsteht im Gleichgewicht von Mineralisierung und Humifizierung ein dunkel bis schwarzbraunes schwammiges Krümelgefüge, in welchem mit bloßem Auge pflanzliche Strukturen nicht mehr, mikroskopisch eine noch in feinfaserigen Resten erkennbare pflanzliche Struktur vorhanden ist. Dieser Prozeß wird *Vererdung* genannt, mit der Gefügeform vererdeter Torf. Diese wird in allen mäßig entwässerten jüngeren Moorkulturen gefunden, vornehmlich im Ap-Horizont.

Mit Dauer und Intensität der Belüftung sowie Häufigkeit der Austrocknung entsteht schließlich ein humin- und aschereiches, schwer benetzbares und trocken, leicht ausblasbares Feinkorngefüge. Dieser Prozeß wird als *Vermulmung* bezeichnet, mit der Gefügeform Mulm. Die gelegentlich hierfür benutzte Bezeichnung Vermullung bzw. Mull ist wegen ihrer Verwechslung mit der doch günstigen terrestrischen Humusform Mull tunlichst nicht zu verwenden. Mulm beschreibt eine für den Wasserhaushalt und Nährstoffdynamik sehr ungünstige, durch

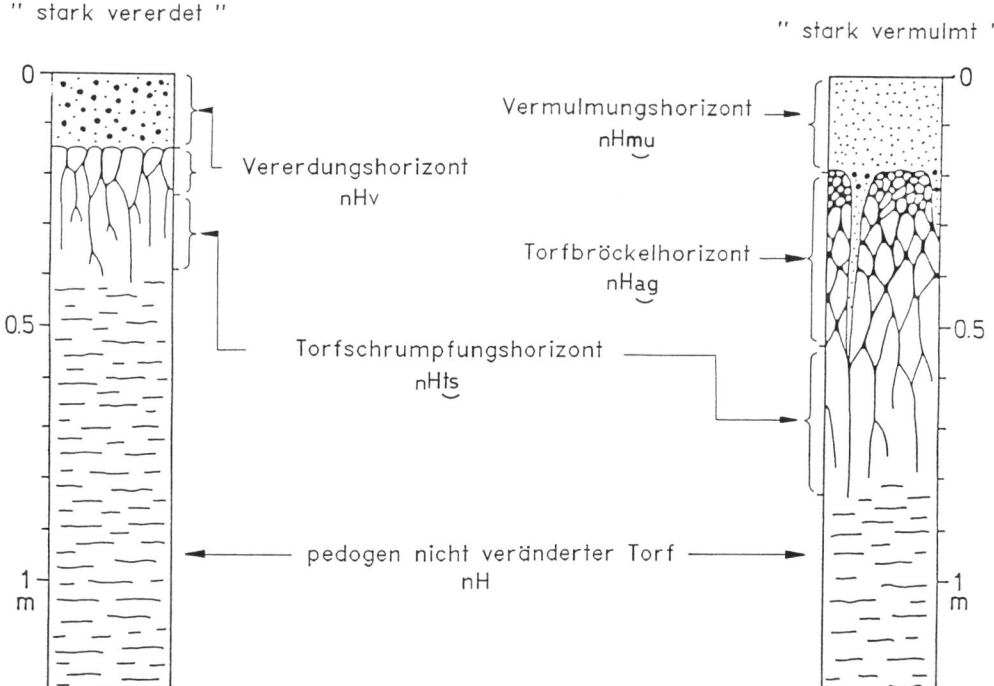

Abb. 71. Zwei unterschiedlich weit entwickelte Niedermoorböden

Wind leicht erodierbare Gefügeform der lange und intensiv entwässerten Niedermoorböden, vornehmlich im Ap-Horizont.

Im weniger stark und häufig austrocknenden Unterboden, vor allem von Niedermoorböden bleibt die mineralisierte/humifizierte Bodensubstanz feucht bis naß in einem kohärenten Gefügeverbund. Gelegentliches Austrocknen führt mit Schrumpfung zu polyedrischem bis prismatischem Absonderungsgefüge. Diese Segregation ist das Endstadium der Niedermoorpedogenese, insgesamt auch als Vermurschung bezeichnet. Die Polyeder sind je nach Kalkgehalt feingrusig bis koksartig, sehr stabil, schwer benetzbar, ungünstig für Durchwurzelung, Wasser- und Nährstoffhaushalt. In Abb. 71 sind die charakteristischen Abfolgen von zwei unterschiedlich weit entwickelten Niedermoorböden mit den jeweiligen Gefügeformen dargestellt.

2.4.2 Gefügeformen

Laboranalysen des Gefüges erfassen jeweils nur einzelne Eigenschaften, z. B. Aggregatstabilität, -dichte. Aus der im Gelände angesprochenen Gefügeform können dagegen recht umfassende Aussagen über den Wasser- und Lufthaushalt sowie die Durchwurzelbarkeit eines Standortes gemacht werden. Man muß jedoch beachten, daß lang- und kurzfristige Klima- und Witterungswirkungen das Bodengefüge als eine *veränderliche* Eigenschaft erscheinen lassen.

Tab. 68. Verfestigungsgrad des Bodens (nach Kartieranleitung 1982)

Verhalten des Boden-monolithen bei der Fallprobe	Bezeichnung	Kurz-zeichen
zerfällt schon bei Entnahme	sehr lose (sehr schwach verfestigt)	Vf1
zerfällt beim Aufprall in zahlreiche Bruchstücke	lose (schwach verfestigt)	Vf2
zerfällt beim Aufprall in wenige Bruchstücke, von Hand weiter aufteilbar	mittel (mäßig verfestigt)	Vf3
zerfällt beim Aufprall in wenige Bruchstücke, von Hand nicht oder nur schwer aufteilbar	fest (stark verfestigt)	Vf4
zerfällt beim Aufprall kaum	sehr fest (sehr stark verfestigt)	Vf5

Langfristig läuft die Gefügegenese parallel zur Bodenentwicklung. Bodentypen haben horizonteigene Gefügeformen, z. B. Prismen im Bt-Horizont. *Kurzfristig* unterliegt das Bodengefüge zyklischen Veränderungen in Abhängigkeit von Jahreszeit, Durchfeuchtung, Pflanzenbestand, Bodenbearbeitung (siehe Schatten- und Frostgare). Nahe zur Bodenoberfläche (siehe Seite 157) sind diese kurzfristigen Gefügeänderungen besonders deutlich.

Zur Gefügebeurteilung muß man ein Bodenprofil aufgraben. An der Schürfgrubenwand werden Bruchflächen vorsichtig mit einem Spatel oder Messer herauspräpariert. Für ackerbauliche Fragestellungen genügt häufig die Spatendiagnose.

Durch Fallenlassen eines vorher mechanisch nicht beanspruchten, mit dem Spaten ausgebrochenen Bodenziegels aus 1 m Höhe auf eine feste, ebene Unterlage kann man den zur Trennung von Gefügeelementen erforderlichen Kraftaufwand als *Verfestigungsgrad* abschätzen. Unter Verfestigung versteht man den vom Wassergehalt unabhängigen Zusammenhalt ganzer Horizonte. Daraus wird der Bodenwiderstand gegen Bearbeitung und Durchwurzelung abgeleitet. Am Verfestigungsgrad wird das *Grundgefüge* erkannt und damit die Übergänge vom Einzelkorn- zum Kitt- sowie vom Kohärent- zum Aggregatgefüge. Er wird nach Tab. 68 ermittelt.

Wenn eine Probe völlig in ihre Primärteilchen zerfällt, liegt *Einzelkorngefüge* vor. Deshalb ist der Boden nun nicht etwa strukturlos. Je nach Größe und Form der Primärteilchen können derartige Böden bessere Gefügeeigenschaften besitzen als sekundär erst aggregierte Böden. Wenn makroskopisch keine Aggregate oder Einzelteilchen zu erkennen sind, ist der Boden ungegliedert. Je nach Verkittung oder Verfestigung durch Einlagerung unterscheidet man das *Kohärent-* bzw. *Kittgefüge* (z. B. Ortstein).

Von besonderem Interesse ist das *Aggregatgefüge*. Man unterscheidet im Gelände das Makrogrobgefüge (Querachsen > 50 mm) – *Riß*gefüge, *Säulen*gefüge und *Schicht*gefüge – vom Makrofeingefüge (Querachse < 50 mm) (*Krümel, Subpolyeder, Polyeder, Prismen* und *Platten*). Das Mikrogefüge kann nur im Labor an Bodendünnschliffen bzw. Mikrotomschnitten (Torfe) beurteilt werden. Aggregate und Segregate, aus vielen Bodeneinzelteilchen zusammengesetzte größere Einheiten, entstehen durch die in Kap. 2.4.1 beschriebenen Prozesse der Gefügebildung (Flockung, Verklebung, Lebendverbau

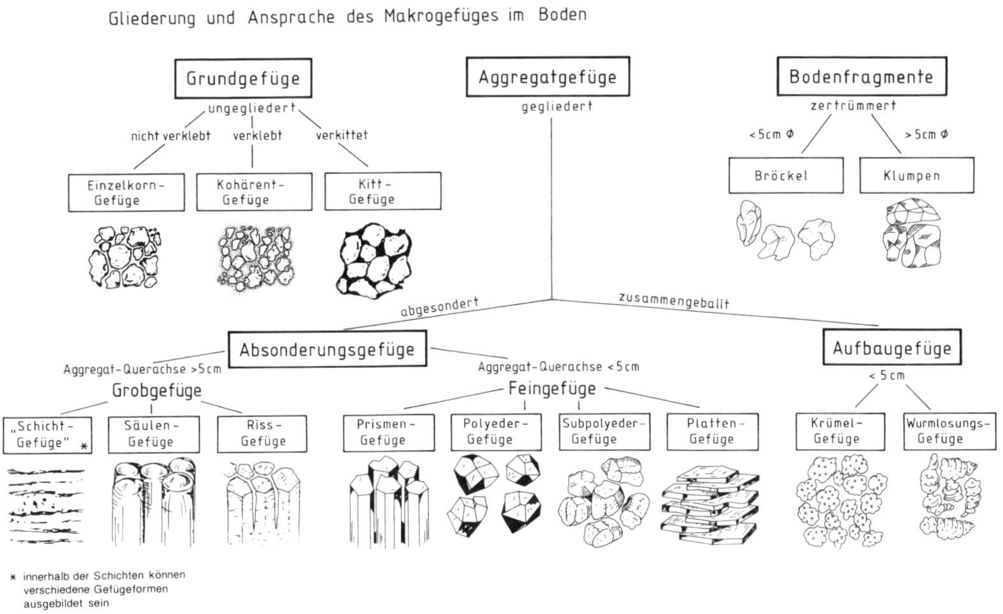

Gliederung und Ansprache des Makrogefüges im Boden

Abb. 72. Gliederung und Ansprache des Makrogefüges im Boden

bzw. Schrumpfung und Quellung) in Abb. 72 zusammengefaßt als Zusammenballung oder Absonderung und Zertrümmerung. Besonders das Absonderungsgefüge ist weiter zu untergliedern. Die verschiedenen Gefügeformen der Mineralböden lassen sich wie folgt beschreiben und bodenkundlich deuten:

2.4.2.1 Grundgefüge
Einzelkorngefüge, nicht verklebte Primärteilchen, trocken rieselnd, naß zerfließend, Gefügeform humusarmer S- oder U-Böden.
Kohärentgefüge, Primärteilchen kohäsiv dicht haftend, dadurch ungegliedert. Gefügeform kalkarmer T-tU-Böden und wassergesättigter Alkaliböden.
Kittgefüge, Primärteilchen gleichmäßig mit Häutchen von Metalloxiden, Humus, $CaCO_3$ oder amorpher Kieselsäure überzogen. Kittsubstanzen größtenteils auch intergranulare Hohlräume ausfüllend und verfestigt (Ortstein, Raseneisenstein, Wiesenkalk). Mikroskopisch liegt oft eine *Hüllengefüge* vor.

2.4.2.2 Makrogefüge

Absonderungsgefüge – Grobgefüge – Segregate
Rißgefüge, entstehen durch Absonderung aus bindigem, schrumpfendem Kohärentgefüge; die grobprismatischen Gefügeelemente sind sehr groß. Breite Risse entstehen, die auch bei Wiederbefeuchtung beständig bleiben. Primäres Absonderungsgefüge in reifenden Watt- und Spülfeldböden, das sich mit Bodenreifung in Feingefüge (Prismen, Polyeder) weiter aufteilen läßt.
Säulengefüge, glatte Seiten- und Kopfflächen, abgerundete Stirnseiten und Kanten (> 100 mm ∅). Gefügeform der tonreichen Alkaliböden, auch im Knick der Marsch, gelegentlich in Pelosol-/Pseudogleyen.
Prismengefüge, 5 bis 6 rauhe Seitenflächen, oft mit Tonhäutchen, Längsachsen > Querachsen, Feinprismen (< 20 mm ∅), Grobprismen (> 100 mm ∅), senkrecht im Unterboden tonreicher, kalkarmer Gleye, Marschen, Bt-Parabraunerde, in Subpolyeder/Feinprismen aufteilbar.
Schichtgefüge, relativ große, plattige Elemente mit guten horizontalen Wasserleitbahnen in Sedimentböden, also geogen, vom pedogenen/anthropogenen kleineren Plattengefüge zu unterscheiden.

Absonderungsgefüge – Feingefüge – Segregate
Splittergefüge, scharfkantige Absonderungen (< 5 mm $\varnothing$), glattflächig, eine Achse lang, zweite Achse kurz (Frostgare).
Subpolyedergefüge, unregelmäßig rauh poröse, stumpfkantige Segregate (< 30 mm $\varnothing$), nahezu gleiche Achsen, Gefügeform der Bv-Horizonte.
Polyedergefüge, unregelmäßig, poröse, glattflächige Segregate (< 100 mm $\varnothing$), scharfkantig, gleiche Achsen, Gefügeform kalkhaltiger Tonböden, gelegentlich Tonhäutchen.
Plattengefüge, dünnplattig (< 1 mm $\varnothing$) bis dickplattig (< 100 mm $\varnothing$), horizontal orientierte Segregate mit rauher Oberfläche, Gefügeform der Pseudogleye (Frosthebung durch Eislinsen) und Pflugsohlen.

Aufbau/Ballungsgefüge – Aggregate i. e. S.
Krümelgefüge, rundliche, lose miteinander verbundene Ballungen von Bodenteilchen (< 10 mm $\varnothing$) mit rauher, poröser Oberfläche, sehr stabil. Beste biogene Gefügeform humus- und tonhaltiger Böden optimaler Reaktion und hoher biologischer Aktivität, vorwiegend im Ah-Horizont von Schwarzerden, Rendzinen, Garten- und Gründlandböden.
Wurmlosungsgefüge, traubenförmige, koprogen verklebte Bodenteilchen (< 10 mm $\varnothing$) mit guter Stabilität, meist mit anderen Gefügeformen in Teilbereichen vergesellschaftet.

2.4.2.3 Bodenfragmente
Bröckel, vielgestaltig, rauhe Oberflächen, stumpfkantig (< 5 m $\varnothing$), aus anderen Seggregaten oder Kohärent/Kittgefüge entstanden.
Klumpen, vielgestaltig, rauhe Oberflächen, stumpfkantig (> 5 m $\varnothing$), aus Kohärentgefüge entstanden.

2.4.2.4 Weitere Gefügemerkmale
Zur Gefügebeurteilung der Moorböden siehe Kap. 2.4.1.7.
Zur vollständigen Kennzeichnung und Beurteilung des Makrogefüges und seiner Funktion sind neben Verfestigungsgrad und Gefügeform Angaben über Gefügegrößen, Lagerungsart, Risse und sonstige Hohlräume erforderlich.
Die *Gefügegröße* läßt Rückschlüsse auf wichtige physikalische Eigenschaften wie effektive Lagerungsdichte (siehe Seite 160), Porengrößenverteilung und Wasserdurchlässigkeit zu. Je häufiger der Bodenfeuchtewechsel erfolgt, um so kleiner ist das jeweilige Absonderungsgefüge. Grobe Gefügeelemente bedingen weniger Hohlräume und eine hohe Lagerungsdichte.

Die *Lagerungsart* des Gefüges beschreibt die Beschaffenheit, Zwischenräume bzw. Grenzflächen der Gefügeelemente. Je mehr sich die Grenzflächen benachbarter Segregate entsprechen, also vollkommene Abdrücke (Fugen) voneinander, wie z. B. bei Prismen, bilden, um so höher ist der Quellungsdruck. Auch bei guter Gefügeausbildung ist dann die Wasserdurchlässigkeit äußerst gering. Eine solche Lagerungsart nennt man *geschlossen*. Unregelmäßige, sich gegenseitig also nicht entsprechende Gefügegrenzflächen lassen auch bei Quellung noch genügend große Hohlräume für die Wasser- und Luftführung bestehen. Diese Lagerungsart nennt man *offen* bis *sperrig* (z. B. Subpolyeder). Eine mittlere Entsprechung der Grenzflächen bedingt im Quellungszustand eine *halboffene* Lagerung mit Spalten.
Für das Makrogrobgefüge ist die Rißbreite (offene Klüfte und halboffene Spalten) wichtiges Kriterium für den Luft- und Wasserhaushalt, bzw. die Durchwurzelbarkeit. Wichtig ist, ob Risse vor Verdichtungshorizonten enden oder diese durchziehen.
Zu berücksichtigen sind ferner Intergranular-, Interaggregat- und biogene *Hohlräume* in den Gefügeelementen. Bis 0,1 mm $\varnothing$ sind Poren noch ohne Lupe zu erkennen. Röhren durchwurzeln den Boden meist senkrecht, schwammartige Poren netzartig. Regenwurmgänge enden blind und sind durch Schleimabsonderung abgedichtet. Ihr Wert für die Wasserbewegung durch verdichtete Horizonte oder Schichten wird nicht bezweifelt. In Böden mit dichtem Unterboden wird ihre dränende Wirkung meist jedoch überschätzt. Häufig werden Porenausmündungen erst nach Abkratzen von T-, U-, Fe-, H-Überzügen sichtbar. Stärke und Geschlossenheit der Überzüge geben Hinweise auf pedogenetisch wichtige Prozesse (Verlagerung, innere Erosion, Gefügestabilität). Folgende ökologische wichtige Bodeneigenschaften lassen sich gefügekundlich ableiten:

Luft/Wasserdurchlässigkeit – Durchwurzelbarkeit
Lagerungsart: offen > sperrig > halboffen > geschlossen
Verfestigungsgrad: sehr lose > lose > mittel > fest > sehr fest
Segregatgröße: klein > mittel > groß
Porenausmündungen: viele > wenige
Lagerungsdichte
Lagerungsart: geschlossen > halboffen > offen > sperrig

Verfestigungsgrad: sehr fest > fest > mittel > lose > sehr lose

Segregatgröße: groß > mittel > klein

Poren: grob > fein

Gefügeform: Kohärent > Kitt > Hüllen > Platten > Prismen > Polyeder > Subpolyeder > Krümel

Ein Schema zur Gefügebeurteilung im Gelände gibt Tab. 70.

2.4.2.5   Gefügestabilität

Ausprägung und Stabilität des Bodengefüges unterliegen phänotypischen, d. h. jahreszeitlichen Schwankungen. Die beste Gefügeausprägung und -stabilität findet man ausgangs des Winters unter wachsenden Pflanzenbeständen (Frost-/Schattengare). Mit zunehmender Belastung des Bodens kommt es zum Gefügezerfall.

Diesem kann durch eine der Bodenart entsprechende Versorgung mit humusbildenden Substanzen, Kalk und Phosphaten vorgebeugt werden. Zwar wird man die zyklischen Veränderungen der Gefügestabilität nicht grundsätzlich verhindern, wohl aber die Unterschiede zwischen Gefügeoptimum und -minimum verringern können.

Böden mit großer Gefügestabilität ändern ihre physikalischen Eigenschaften besonders an der für Wasser-, Luft- und Wärmehaushalt wichtigen Bodenoberfläche nur wenig. Die Verschlämmungsgefahr an der Bodenoberfläche (siehe Bodenlufthaushalt, 2.5.2, im Drän (siehe Bodentechnologie, 4.5.2.1.2), und die Wasser- und Winderosion (siehe Bodenschutz, 4.5.3.2) ist bei fS-, U-Böden mit geringer Gefügestabilität besonders groß. Die Gefügestabilität kann im Labor durch Messung der Aggregatstabilität mittels Siebtauchverfahren oder Beregnungs-

methoden ermittelt werden (siehe DIN 19683, Teil 16 u. 17). Man mißt den Grad des Aggregatzerfalls. Böden, die bei wiederholten Permeabilitätsmessungen große Abnahmen der k_f-Werte ergeben, haben ein besonders instabiles Gefüge. Als Feldmethode gibt das Verschlämmungsbild (Tab. 69) qualitative Unterschiede. 10 bis 20 Aggregate (1 bis 3 mm) werden auf einem Uhrglas vorsichtig befeuchtet und mit Wasser überstaut. Nach der Zerfallsart unterscheidet man 6 Klassen der Gefügestabilität.

2.4.2.6   Bodenstabilität durch Druck und Spannung

Einzelne Bodenteilchen sind Kräften ausgesetzt, die in unterschiedlichem Ausmaß an ihnen angreifen und sie aus der Ruhelage herausbewegen können. Diese wirksamen Kräfte sind 1. Eigengewicht der Teilchen (Schwerkraft), 2. Auflast (Gewicht höher liegender Bodenschichten wie auch kurzfristig wirksame Gewichte wie Tiertritt oder Fahrzeuge), 3. Strömungsdruck (im wesentlichen durch unterschiedlichen Wasserdruck bewirkt) und 4. Kräfte an den Kontaktflächen benachbarter Teilchen (Ko- und Adhäsionskräfte inkl. Wassermenisken). Während Eigengewicht, Auflast und Strömungsdruck in Richtung einer Verdichtung wirksam sind, sind die an den Kontaktflächen angreifenden Kräfte richtungsneutral. Die an einzelnen Bodenteilchen wirksamen Kräfte greifen auch gleichermaßen an Aggregaten an.

In der Regel heben sich die vier wirksamen Kräfte nicht gegenseitig auf (Summe ≠ null), so daß daraus eine Kraft resultiert, die das Teilchen in seiner Lage verändern möchte. Kann der Boden dieser Resultierenden eine Reaktions(Gegen)-Kraft entgegensetzen, erfolgt keine Teilchenbewegung. Wird jedoch die aktivierbare Gegenkraft überschritten, wird das Teilchen verlagert. Die Reaktionskraft besteht aus zwei Teilgrößen: der *Auflagekraft* und dem *Scherwiderstand*, wobei der Scherwiderstand in seiner Größenordnung wiederum von der Auflagerkraft bestimmt wird (Abb. 73a). Auf die Auflagefläche bezogen wird die Auflagekraft als *Normalspannung* (σ_n) bezeichnet.

Scherwiderstand tritt auf, wenn zwei Teilchen an ihrer Berührungsstelle gegeneinander bewegt werden. Bei einem flächigen Kontakt zweier Bodenteilchen wird der Scherwiderstand als *Scherspannung* (τ) bezeichnet. Er ist abhängig von der Normalspannung und zwei Materialei-

Tab. 69. Verschlämmungsbild und Gefügestabilität (SEKERA 1940)

Zerfallart/ Verschlämmungsbild	Gefüge-stabilität	Klasse
kein Zerfall	sehr groß	1
vorwiegend grobe Bruchstücke	groß	2
gleichviel grobe u. kleine Bruchstücke	mittel	3
vorwiegend kleine Bruchstücke	mäßig	4
kleine Bruchstücke u. Trübung	gering	5
völlige Auflösung, Trübung	sehr gering	6

Tab. 70 Gefügebeurteilung im Feld: Beurteilungsschema nach DIEZ, 1987 (gekürzt)

Bewertung	1	2	3	4	5
	günstig		ungünstig		

Bodenoberfläche

Merkmal	je nach Anforderung rauh bis fein, Makroporen und Einzelaggregate erkennbar, Wurmkot			Grobporen fehlen, Aggregate verwaschen, verschlämmt, Entmischung, Krusten	

Krume und Unterboden

Ungegliederte Gefügeformen (nicht aggregierte Gefüge)			Einzelkorngefüge		
			Zusammenhängendes Gefüge (Kohärentgefüge)		
			locker	verdichtet	
			locker zusammenhängend, porös, bei Druck leicht zerfallend	fest zusammenhängend, dicht gelagert, kaum (keine) Makroporen	

Gegliederte Gefügeformen (aggregierte Gefüge)	**Krümelgefüge**				
	porös, locker, feinaggregiert				
		Bröckelgefüge			
		unscharf begrenzte, poröse Aggregate, bei leichtem/stärkerem Druck zerfallend			
			Scharfkantiges Gefüge (Polyedergefüge)	Prismengefüge, Plattengefüge	
				scharfkantige, glattflächige, mehr oder weniger dichte Aggregate, sehr fein 0,2; fein 0,2 bis 0,5; mittel 0,5 bis 3; grob über 3 cm	

Sonstige Merkmale

Wurzeln (Durchwurzelung)	gleichmäßig, hohe Wurzeldichte, kein Wurzelstau			ungleichmäßig, Wurzelfilz auf Kluftflächen, geknickte Wurzeln, wurzelleere Zonen	
Farbe, Geruch (Durchlüftung)	gleichmäßig (braun) Farbe, keine Rost- und Grauflecken, erdiger Geruch			Rost- und Grauflecken (Reduktionszonen), Konkretionen, Geruch faulig, stinkend	
Ernterückstände	in Rotte oder weitgehend abgebaut (Jahreszeit berücksichtigen)			relativ frisch, »einzementiert«, ungleichmäßig verteilt (»Matratzen«), verpilzt	
Röhren, Klüfte	zahlreiche Röhren (Wurm- oder Wurzelröhren), Klüfte			wenige oder keine Röhren und Klüfte	
Übergang (z.B. Krume/Unterboden)	allmählich			abrupter Wechsel von locker-porösem zu kohärent-dichtem Gefüge	

genschaften: Winkel der inneren Reibung (α) und Kohäsion (c) (Abb. 73 b).

$$\tau = tg\,\alpha \cdot \sigma_n + c$$

Als »stabil« ist eine Bodenstruktur dann anzusehen, wenn Normalspannung und Scherspannung groß genug sind, um die Resultierende aus den wirksamen Kräften zu kompensieren. Ist das nicht der Fall, findet normalerweise eine Einregelung (Verdichtung) statt und es stellt sich ein neues Gleichgewichtssystem bei geringerem Porenvolumen ein.

Die Gesamtlast in einer beliebigen Ebene eines Bodens ergibt sich im wesentlichen aus dem Gewicht der aufliegenden Schicht. Sie wird *Vertikalspannung* (σ_z) genannt und errechnet sich aus der Tiefe (z), der Rohdichte ϱt und der Erdbeschleunigung (g).

$$\sigma_z = z \cdot \varrho t \cdot g$$

Zwischen σ_z und dem Volumen eines Bodens besteht ein Zusammenhang, der im Labor durch den Drucksetzungsversuch nachvollzogen wird (einachsialer Drucksetzungsversuch). Danach nimmt das Volumen (angegeben als Porenziffer ε) (siehe Kap. 2.4.3.3) bei steigender Auflast ab. Jeder Auflast ist somit ein definierter, boden- und horizontspezifischer Verdichtungszustand zuzuordnen (= *Normalverdichtung*). Bei dieser Betrachtungsweise gibt es keinen *unverdichteten Boden* (Abb. 74).

Wird der Boden nach einer Belastung wieder entlastet, so bleibt infolge plastischer Verformung und dadurch erzielter höherer Anzahl an Kornberührungsstellen ein überverdichteter, Teilgrößen: der *Auflagerkraft* und dem *Scherwiderstand*, wobei der Scherwiderstand in seiner Größenordnung wiederum von der Auflagerkraft bestimmt wird (Abb. 73 a). Auf die Auflagefläche bezogen wird die Auflagerkraft als *Normalspannung* (σ_n) bezeichnet.

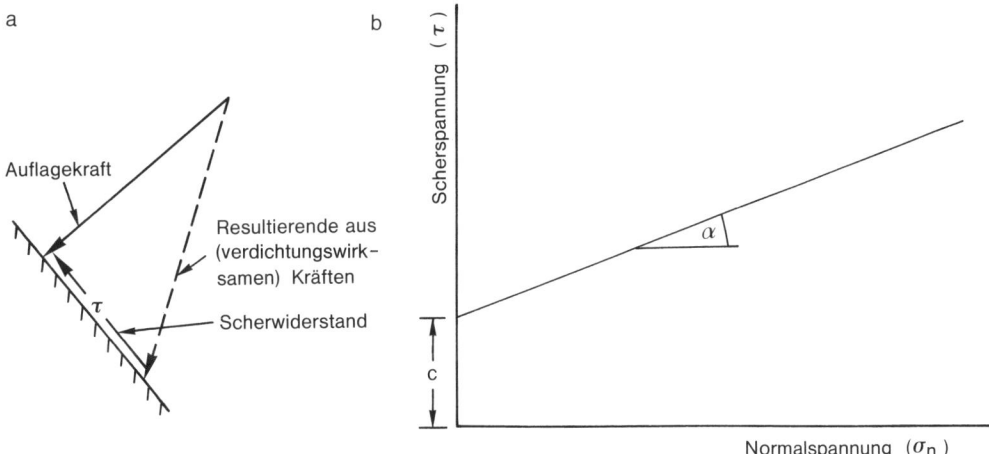

Abb. 73. Zusammenhang zwischen der Resultierenden aus (verdichtungswirksamen) Einzelkräften, Normalspannung und Scherspannung (a), sowie zwischen Scherspannung, Reibungswinkel, Kohäsion und Normalspannung (b) (nach HARTGE 1978).

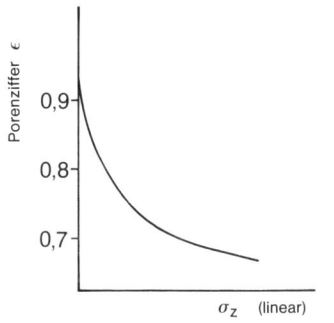

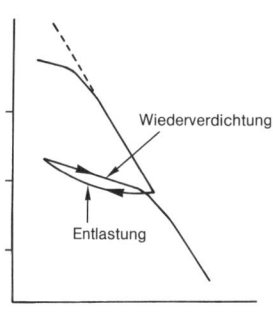

Abb. 74. Drucksetzungskurve eines Bodens ohne (a) und mit (b) Druckentlastung und Wiederbelastung (aus HILLEL 1982).

2.4.3 Gefügeeigenschaften

2.4.3.1 Probenahme

Für bodentechnologische Maßnahmen (siehe Kap. 4.5) reichen graduelle morphologische Angaben nicht aus. Ergänzend zur Feldansprache müssen dann dem jeweiligen Untersuchungszweck entsprechende Labor- oder Felduntersuchungen angesetzt werden. Für bodenphysikalische Messungen müssen dazu in der Regel Proben in ungestörter Lagerung mittels Stechzylinder entnommnen werden (siehe DIN 19681). Der beste Zeitpunkt zur Entnahme ungestörter Proben ist bei FK, also Ausgang des Winters. Zu trocken entnommene bindige Proben verdichten durch Quellen im Stechring, zu feucht entnommene verschmieren.

Da physikalische Bodeneigenschaften je nach Gefügeform, Körnung, Lagerungsart auf engstem Raum stark schwanken, müssen die Einzelmeßwerte zum geometrischen (logarithmischen) Mittel- oder Zentralwert vereinigt werden. Bei arithmetrischer Mittelwertbildung erhalten Extreme (»Ausreißer«) zu hohes Gewicht. Die Streuung der Einzelwerte und damit die Sicherung des Mittelwertes sinkt mit der Stechringgröße. Für kf-Messungen haben sich 250 cm^3 Stechringe besser bewährt als die für pF-Messungen ausreichenden, 100 cm^3 fassenden.

Für eine repräsentative Beprobung einer Schicht müssen z.B. bei den üblichen 100 cm^3 Stechringen aus Edelstahl zwischen 7 bis 12 parallele Proben entnommen werden. Statt des häufig angewendeten Einschlagens der Stechringe mit einem Aufsatzgerät und Gefahr der Stauchung wird ein langsames hydraulisches Einpressen mittels an der Profilwand abgestützten Wagenhebers empfohlen. Wichtig ist das vorsichtige, volumengetreue Herauspräparieren durch scharfe Messer mit Wellenschliff oder kleine Handsäge. Zur Messung der Wasserdurchlässigkeit zwecks Berechnung der Dränung ist eine horizontale, für die Infiltration zur Beurteilung der Bewässerungsfähigkeit die vertikale Entnahmerichtung der Stechringe zwingend erforderlich. Für andere Messungen, z.B. pF, Porenraumgliederung, ist die Entnahmerichtung bei der Probenahme von untergeordneter Bedeutung.

2.4.3.2 Dichte und Lagerungsdichte

Die Dichte (s) ist die Masse (g) pro Volumen (cm^3). Das häufig synonym gebrauchte spezifische Gewicht hat die Dimension Masse (g)/ Volumen (cm^3). Die Dichte wird nach DIN 19683, Teil 11 in Flüssigkeitspyknometer bestimmt.

Tab. 71. Dichte von Bodenbestandteilen (g·cm^{-3})

org. Subst. – Torf (je nach Zersetzung u. Aschegehalt)	1,3–1,5
Ton (je nach Mineralart)	2,2–2,9
Mineralboden (je nach Ton- und Humusgehalt)	2,5–2,7

Die natürliche Lagerungsdichte (Ld) eines Bodens wird nach DIN 19683, Teil 12, als Rohdichte trocken (ϱt) ebenfalls als Quotient von Masse und Bodenvolumen, aber unter Einschluß der Hohlräume in g·cm^{-3} ermittelt.

Tab. 72. Rohdichte, trocken (ϱt), (g·cm^{-3}) der Böden

S-, U-Boden (je nach Humusgehalt)	1,2 –1,8
T-, L-Boden (je nach Humusgehalt)	1,1 –2,0
H-Boden (je nach Zersetzungsgrad und Entwässerung)	0,05–0,5

Synonyme Bezeichnungen sind: Volumen-/ Raumgewicht, trocken (r$_t$), scheinbares spez. Gewicht. Zur Messung der Lagerungsdichte müssen Stechringproben in natürlicher Lagerung bei 105 °C getrocknet werden.

Eine (künstliche) Bodenverdichtung > 2 g· cm^{-3} ist nicht möglich. Je größer der Ungleichförmigkeitsgrad einer Bodenart ist, um so stärker läßt sich diese verdichten. Die Ld einzelner Segregate/Aggregate kann mit bis zu 2,2 g·cm^{-3} beträchtlich höher sein als die Rohdichte des Gesamtbodens.

Je größer die Lagerungsdichte, um so schlechter durchwurzelbar ist ein Boden. Grenzwerte über diese ökologisch wichtige Abhängigkeit können jedoch noch nicht gegeben werden, da die Wurzelentwicklung neben genotypischen Unterschieden u.a. auch davon abhängt, ob ein Wechsel von hoher zu niedriger Lagerungsdichte oder umgekehrt im Profil vorliegt. Die letztgenannte Situation ist ungünstiger für die Tiefenausbreitung der Wurzel. Während bei S-Böden eine Erhöhung der Lagerungsdichte für das Pflanzenwachstum eher Vorteile bringt, sind auf komprimierten U-Böden schnell Wachstumsschäden festzustellen. Jüngere Alluvialböden haben trotz hohen Tongehaltes eine geringere Lagerungsdichte als z.B. mesozoische Tonböden. Bei Moorböden wird die Tragfähigkeit von der Lagerungsdichte bestimmt. Je höher diese ist, um so weniger können sie noch sacken und um so länger halten Maulwurfdräne. Die Lagerungsdichte (Ld) kann aus Gefügeform und Lagerungsart abgeleitet werden (Tab. 73).

2.4.3.3 Porenvolumen und Porenziffer

Je nach ihrer Lage zwischen Einzelkörnern oder Aggregaten unterscheidet man *Primär-* oder *Intergranularporen* von *Sekundär-* oder *Interaggregat-* und *biogenen Poren*. Das *Inter*porenvolumen bestimmter Gefügeformen (z. B. Prismen) kann sehr gering sein.

Wenn man sich Bodenteilchen als Kugeln vorstellt, so können diese unterschiedlich dicht gepackt sein (Abb. 75). Theoretisch kann man aus dem Teilchendurchmesser die größten und kleinsten Kapillardurchmesser je nach Packungsdichte errechnen. Bei dichter hexagonaler Packung von Kugeln erhält man ein minimales Porenvolumen (PV) von nur 26 % vol, bei lockerer kugelförmiger Packung von maximal 48 % vol. Bodenteilchen sind jedoch vielgestaltig. Selbst in extrem verdichteten Böden werden selten PV < 30 % vol festgestellt, wohl aber in Segregaten. Meist haben Mineralböden zwischen 40 und 50 % PV, S-Böden locker gelockert 45 % PV, verdichtet ~ 30 % vol, U-Böden locker 45 % PV, verdichtet 35 % vol.

Moorböden haben sogar 85 bis 97 % PV. Humus- und Tongehalt beeinflussen wegen der besonders von diesen Bestandteilen abhängigen Gefügebildung das Porenvolumen am stärksten. Es wird aus der Rohdichte, trocken (ϱt) und der Dichte (s) nach folgender Beziehung ermittelt

$$PV = (1 - \frac{\varrho t}{s}) \cdot 100 \ (\% \, vol);$$

Die Differenz zu 100 ist das Substanzvolumen

$$(SV): 100 - PV = SV.$$

Aus Rohdichte, frisch (ϱf) – Rohdichte, trocken (ϱt) wird das Wasservolumen (WV) ermittelt.

Tab. 73. Bestimmung der effektiven Lagerungsdichte (Ld) anhand des Makrogefüges (nach Kartieranleitung 1982)

Makrogefüge	Ld	g·cm^{-3}
Lockeres Einzelkorn- oder Kohärentgefüge, feines Aggregatgefüge mit sperriger Lagerungsart und losem bis sehr losem Zusammenhalt, geringer Eindringwiderstand	gering	< 1,40
Mäßig dichtes Einzelkorn- oder Kohärentgefüge, mittelgroße Aggregatgefügeelemente mit halboffener bis offener Lagerungsart und mittlerem Zusammenhalt, mittlerer Eindringwiderstand	mittel	bis 1,75
Dichtes Einzelkorn- oder Kohärentgefüge, grobes Aggregatgefüge mit geschlossener Lagerungsart und festem bis sehr festem Zusammenhalt, hoher Eindringwiderstand	hoch	> 1,75

Damit ergibt sich folgende Beziehung für das Luftvolumen (LV) zur Zeit der Probenahme

$$LV = PV - WV$$

Sind keine Stechringe zur volumengetreuen Probennahme vorhanden, ermittelt man PV aus paraffinierten Klumpenproben, die mit einer hydrostatischen Waage in Luft und Wasser gewogen werden. Die Differenz beider Wägungen ergibt das verdrängte Wasservolumen, von dem noch das Paraffinvolumen abgezogen werden muß. Das Paraffinieren erübrigt sich, wenn man statt Wasser Quecksilber verwendet. So wird die Aggregatdichte ermittelt.

In Moorböden wird bei Entnahmeschwierigkeiten für volumengetreue Proben das SV aus dem Glührückstand (g) und ϱt nach DIN 19683, Teil 14, wie folgt berechnet

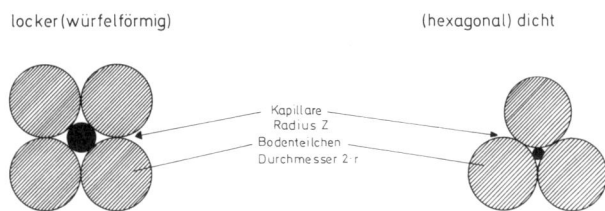

Abb. 75. Lagerung kugelförmiger Teilchen.

$$SV = \frac{(2,65 \cdot 100 - g) \cdot \varrho t}{2,65 \cdot 1,60}$$

$$100 - SV = PV$$

Aus dem Substanzanteil (SV) eines Moorbodens (= relative Lagerungsdichte) (Tab. 74) kann die mit diesem abnehmende Sackung bei Entwässerung berechnet werden (siehe DIN 19683, Teil 9).

Tab. 74.   Substanzvolumen der Moorböden

Vorentwässerung Hh	Hn	Torfeigenschaft	SV-%
nicht	nicht	fast schwimmend	< 3
schwach	s. schwach	locker	3 − 5
mäßig	schwach	ziemlich locker	5 − 7,5
stark	mäßig	ziemlich dicht	7,5−12
sehr stark	stark	dicht	> 12

Mineralböden < 40% PV sind absolut verdichtet. Eine *relative* Verdichtung liegt bereits vor, wenn der umgebende Profilbereich PV-Abweichungen von 3%vol aufweist. Tonböden können bis zu 70% PV besitzen, trotzdem aber mangels grober Poren schlechte Wasser- und Luftführung zeigen. Das PV reicht daher nicht aus, bodenphysikalische Eigenschaften hinreichend zu deuten.

Zur Charakterisierung der Bodenstruktur, z.B. bei meliorativen Eingriffen, die mit großen Volumenänderungen verbunden sind, bringt die PV-Angabe das Problem mit sich, daß sich die Bezugsgröße (das Gesamtvolumen) ändert. Vergleiche werden damit ungenau, da bei gleichem Gesamtvolumen unterschiedliche SV berücksichtigt werden müssen. Für solche Fragestellungen hat sich in der Bodenmechanik die Verwendung der *Porenziffer* (ε) bewährt, deren Gebrauch auch in bodenkundlichen Fragestellungen angebracht ist. ε gibt das PV-SV-Verhältnis an. Da sich das SV bei Volumenänderung (Lockerung–Verdichtung, Quellung–Schrumpfung) nicht ändert, gestattet ε Vergleichsmöglichkeiten bei Volumenänderungen.

PV und ε stehen in folgendem Zusammenhang:

$$\varepsilon = PV / (1 - PV)$$

oder

$$\varepsilon = s/\varrho t - 1$$

2.4.3.4 Wasserbindung

Der Boden ist von polaren Flüssigkeiten wie z.B. Wasser leicht benetzbar. An Grenzflächen wirkende molekulare *(v. d. Waalsche)* sowie *Coulombsche* Kräfte an vorwiegend negativ geladenen Sorptionsträgern (Ton, Humus, Metalloxide) übertreffen als Adhäsionskräfte die Kohäsionskräfte des Wassers (Abb. 76). Bei der Wasserbindung wird Energie frei, die man als Benetzungswärme in Kalorimetern messen kann. $1\,J \cdot g^{-1} = 9,7\,m^2 \cdot g^{-1}$ (siehe Tab. 75).

Tab. 75.   Benetzungswärme $(J \cdot g^{-1})$ von Böden (nach MITSCHERLICH)

Boden	$J \cdot g^{-1}$
Tonboden	20,80−45,76
Lehmboden	8,32−20,80
Sandboden	1,25− 8,32

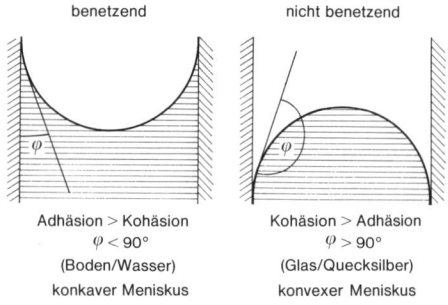

Abb. 76.   Benetzung.

Je höher der Anteil feinster Bodenbestandteile mit großer spezifischer Oberfläche ist, um so stärker ist die Benetzung. Um die im Boden durch Adsorption von Wasser gebundene Energie wieder freizusetzen, muß Energie zugeführt werden, z.B. durch Erhitzen. Mit abnehmendem Wassergehalt muß zunehmend Wärmeenergie aufgewendet werden. Zur Bestimmung der Bodentrockensubstanz muß daher eine Trocknungstemperatur von 105 °C aufgewendet werden. Die freie Energie wächst mit Zunahme der Bodenfeuchte und Temperatur. Aus Abb. 77 wird deutlich, wie mit zunehmendem Abstand von der Oberfläche eines negativ geladenen Bodenteilchens Orientierung und Dichte der Wasserdipolmoleküle abnehmen (= abnehmende Bindungsenergie).

Die in unmittelbarer Nähe der Bodenoberfläche zusammen mit den adsorbierten Kationen angezogenen Wasserdipolmoleküle unterliegen

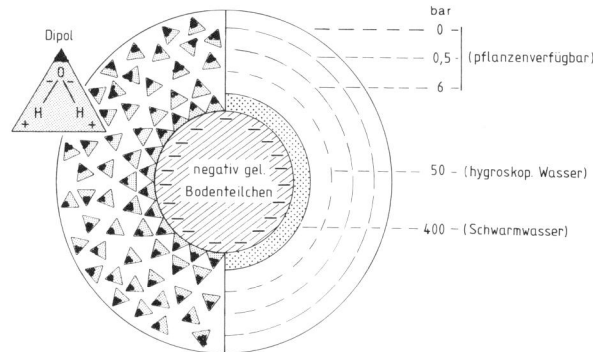

Abb. 77. Wasserhülle um ein Bodenteilchen.

als Schwarmwasser einer Bindungsenergie von $> -40\,\mathrm{Mpa}$, das hygrokopisch gebundene Wasser von $-5\,\mathrm{Mpa}$. Nur die äußeren Wasserhüllen mit gegen Null abnehmender negativer Bindungsenergie sind durch Saugspannungen der Pflanzenwurzeln diesem Energiefeld leicht zu entziehen.

Nun bestehen Böden nicht wie in diesem vereinfachten Modell aus in sich selbständigen Einzelteilchen. Wenn zwei mit Film- oder Adsorptionswasser umgebene Bodenteilchen einander berühren, überlagern sich im unmittelbaren Kontaktbereich die Wasserfilme zu Porenwinkel- oder Manschettenwasser (Abb. 78). Man kann sich nun leicht vorstellen, wie mehrdimensional aus Porenwinkelwasser schließlich total mit Wasser gefüllte Kapillaren entstehen. Diese Bindungsform des Bodenwassers wird als Kapillar- oder Porensaugwasser bezeichnet. Das *Haftwasser* im Boden besteht also aus *Adsorptions-* und *Kapillarwasser*.

Wenn man zwei mit Wasser benetzbare Glasplatten gewinkelt einander nähert und in eine mit Wasser gefüllte Glaswanne stellt, so ist zu beobachten, wie das Wasser dort am höchsten steigt, wo die Platten sich berühren (Abb. 79). Bewegt man nun auch die äußeren Plattenenden

wie ein zusammenklappendes Buch aufeinander zu, so stellen sich vom freien Wasserspiegel am äußeren Ende mit dem weitesten Plattenabstand bis zu der unmittelbaren Berührung der Platten steigende Wasserhöhen ein (Flächenkapillare).

Taucht man Glasröhren unterschiedlichen Durchmessers, z. B. 1, 0,1 und 0,01 cm Ø in eine Wasserfläche, so steigt das Wasser in ihnen unterschiedlich schnell hoch (Rohr*kapillare*). In den 1 cm-Röhren ist praktisch kein Wasseransteig meßbar, dagegen steigt in der 0,1 cm-Röhre das Wasser um 3 cm, in der 0,01 cm-Kapillare (= Haarröhrchen) sogar um 30 cm über den freien Wasserspiegel. Je enger die Kapillare, um so höher steigt das Wasser in ihnen. Ohne die hohe Kohäsion zwischen den Wassermolekülen (bis zu 100 Mpa) wäre diese Wasserhaltung nicht möglich. Die obere Begrenzung der Wassersäule bildet jeweils ein mehr oder weniger stark konkav gekrümmter Meniskus. Selbst wenn man nun Kapillaren unterschiedlicher Durchmesser quer miteinander verbindet (Netzkapillare), wird die unterschiedliche Steighöhe nicht verändert. Mit der letzten Vorstellung ist man dem schwammförmig vernetzten Hohlraumsystem im Boden schon recht nahe. Durch unterschiedlich große Bodenteilchen, die verschieden

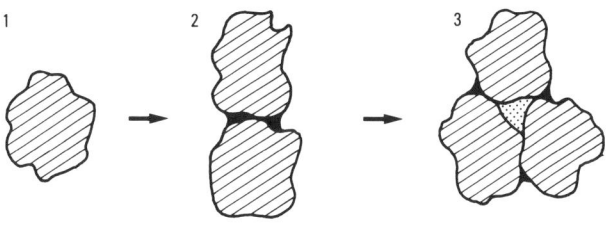

Abb. 78. Bindungsformen des Bodenwassers (Haftwasser).

1   Film –,
     Adsorptionswasser

2   +Manschetten–,
     Porenwinkelwasser

3   + Kapillar –,
     Porensaugwasser

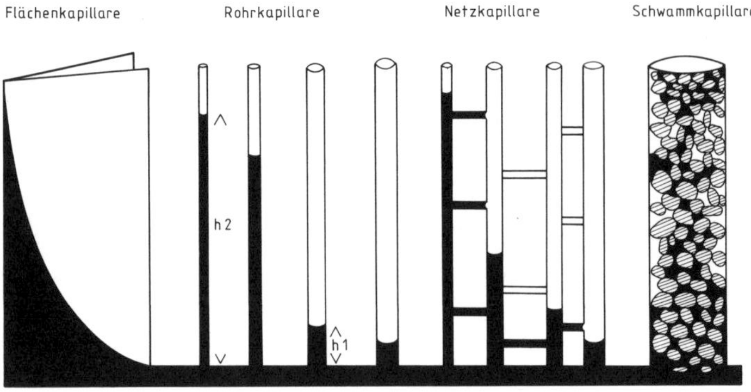

Flächenkapillare   Rohrkapillare   Netzkapillare   Schwammkapillare

Abb. 79. Kapillarsysteme im Boden (nach MEYER et al. 1970).

aggregiert sein können, entstehen im Boden Schwammkapillaren.

Im Kontakt mit dem Grundwasserspiegel sind oberhalb desselben im Boden feinste Hohlräume noch in größerer Entfernung mit Wasser gefüllt, während gröbere Hohlräume nur in Nähe des Grundwassers Wasser führen (unten geschlossener, oben offener Kapillarraum (Abb. 79). Die Poren des Bodens muß man sich mit Engpässen und Ausbuchtungen vorstellen. Bei abwärts gerichteter Wasserbewegung (z. B. Grundwasserabsenkung, -sinken) entwickelt sich bei Passage des Wassers an der ersten, obersten, engsten Stelle ein besonders stark gekrümmter Meniskus. Zur Überwindung seiner Spannung ist ein entsprechend großer Wasserunterdruck (= lange Wassersäule) erforderlich (h 2) (Abb. 80). Der mit Kapillarwasser gefüllte Porenraum über dem absinkenden Grundwasser ist im Sommer deshalb größer als bei wieder ansteigendem Grundwasser ab Herbst. Dann nämlich ist die jeweils unterste Engstelle (h 1, Abb. 80) im Porensystem mit ihrer hohen Kapillarspannung durch Wasserüberdruck zunächst zu überwinden. Solange bleibt der Kapillarraum relativ geringmächtig (h 1 < h 2, Abb. 80). Die unterschiedliche Kapillarfüllung je nach Bewegungsrichtung des Wassers im Boden wird als kapillare Hysterese bezeichnet (hysteresis, griech = Hinterherhinken hinter einem Ereignis).

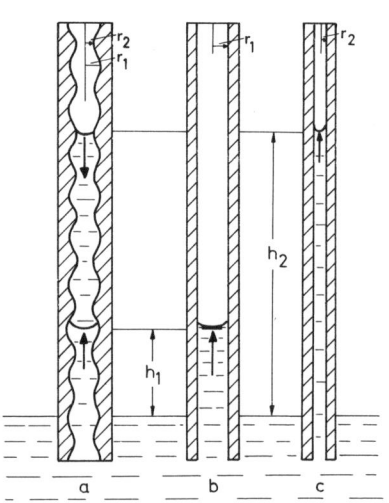

Abb. 80. Steighöhen in verschiedenen Kapillaren. Unterschiedliche Porendurchmesser ($2 \times r_1$ bzw. r_2) bestimmen die Porenraumfüllung. Bei absinkendem Wasserspiegel ($\downarrow$) ist deshalb eine höhere Füllung (h_2) als bei steigendem Wasserspiegel ($\uparrow$) (h_1) feststellbar.

Zum Verständnis der Kapillarität müssen wir uns zunächst mit der *Oberflächenspannung* auseinandersetzen, die für die Ausbildung wassertragender und stützender bzw. hängender Menisken in den Kapillaren verantwortlich gemacht wird.

Oberflächenspannung ist eine physikalische Erscheinung an Grenzflächen zwischen flüssigen und gasförmigen Stoffen. Flüssigkeiten haben das Bestreben, eine möglichst kleine Oberfläche auszubilden. Die Flüssigkeitsoberfläche (Grenzfläche zur Luft) wirkt dabei wie eine gespannte Haut. Wenn man eine angefettete Nähnadel aus Stahl ($s = 7{,}8 \, g \cdot cm^{-3}$) vorsichtig auf

Tab. 76. Oberflächenspannungen bei 20°C
($g \cdot s^{-2}$)

Ethylalkohol	17
Olivenöl	20
Wasser	73
Quecksilber	430

Abb. 81. Oberflächenspannung.

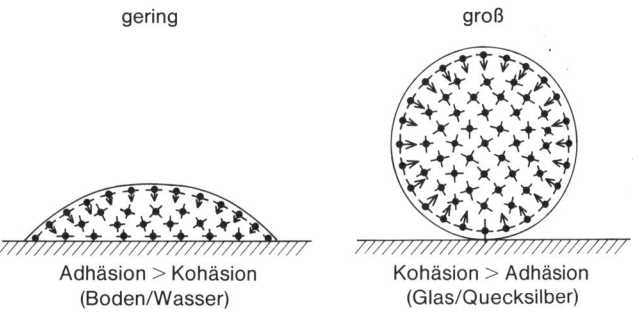

gering   groß

Adhäsion > Kohäsion   Kohäsion > Adhäsion
(Boden/Wasser)   (Glas/Quecksilber)

✳ allseitig gleiche Molekularkräfte
↡ oberflächennahe, nach innen gerichtete Molekularkräfte

eine Wasseroberfläche legt, so schwimmt sie auf dem Wasser trotz großen Dichteunterschiedes (s $H_2O = 1,0\,g \cdot cm^{-3}$). Innerhalb einer Flüssigkeit stehen die Moleküle durch allseitig gleiche Molekularkräfte miteinander im Gleichgewicht, d. h. ihre Kohäsionskräfte heben sich auf. Oberflächennahe Moleküle haben diese Kompensation jedoch nur zum Teil. In einer Schichtdicke, die kleiner ist als die Wirkungssphäre der Molekularkräfte ($< 10^{-6}$ cm), sind nur einseitig nach unten gerichtete molekulare Anziehungskräfte wirksam. Auf jedes an der Oberfläche befindliche Molekül ist hier eine ins Flüssigkeitsinnere gerichtete Kraft wirksam. Will man ein Molekül aus dem Flüssigkeitsinnern an die Oberfläche bringen, so muß man Arbeit verrichten. Die Moleküle an der Flüssigkeitsoberfläche haben daher eine größere potentielle Energie (= Oberflächenspannung) gegenüber den Molekülen im Flüssigkeitsinnern (Abb. 81).

Die freie Oberflächenenergie einer Flüssigkeit kann als die Arbeit/Fläche

$$\frac{(\text{Kraft} \times \text{Weg})}{(\text{Flächeneinheit})} = \frac{N \times m}{m^2} = N \cdot m^{-1}$$

gemessen werden, die aufgewendet werden muß, um die Oberfläche z. B. eines Wassertropfens zu vergrößern.

Wirken nun gleichzeitig molekulare Anziehungskräfte eines festen Stoffes ein, so wird die Oberflächenspannung der Flüssigkeit um so mehr verkleinert, je stärker die Adhäsionskräfte des festen Stoffes sind. Deshalb kann ein Wassertropfen mit geringerer Oberflächenspannung eine Glasfläche besser benetzen als z. B. ein Quecksilberkügelchen (Abb. 81). Bringt man an den Rand eines solchen gewölbten Wassertropfens ein kleines Korkstückchen, so wird dieses

unter dem Einfluß der Oberflächenspannung auf den Tropfen hinaufgezogen, da diese tangential wirkt.

Kapillarität kann in einem Porensystem nur entstehen, wenn bei guter Benetzung (kleine Benetzungswinkel) die allseitige Adhäsion größer ist als die Kohäsion innerhalb der aufsteigenden Flüssigkeit. Dieses Wechselspiel von Adhäsion und Kohäsion führt in Kapillaren zur Ausbildung von Menisken mit Oberflächenspannung. Der Oberflächenspannung im Meniskus entspricht ein negativer Druck (Saugspannung) der am Meniskus hängenden Wassersäule. Dar-

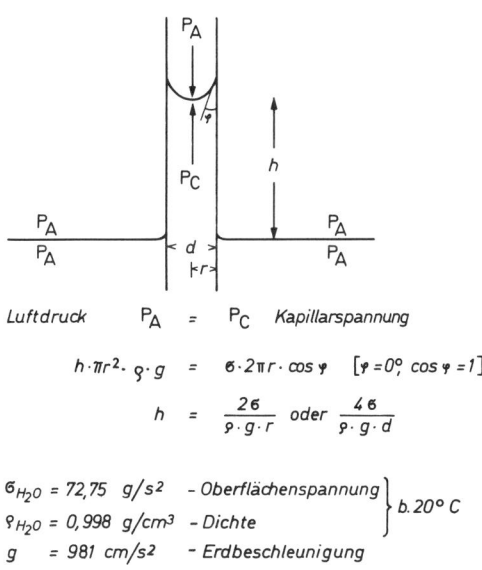

Luftdruck P_A = P_C Kapillarspannung

$$h \cdot \pi r^2 \cdot \varrho \cdot g = \sigma \cdot 2\pi r \cdot \cos \varphi \quad [\varphi = 0°,\ \cos \varphi = 1]$$

$$h = \frac{2\sigma}{\varrho \cdot g \cdot r} \quad \text{oder} \quad \frac{4\sigma}{\varrho \cdot g \cdot d}$$

$\sigma_{H_2O} = 72,75\ g/s^2$ – Oberflächenspannung ⎫
$\varrho_{H_2O} = 0,998\ g/cm^3$ – Dichte   ⎬ b. 20° C
$g = 981\ cm/s^2$ – Erdbeschleunigung   ⎭

$$h = \frac{0,297}{d}\ cm$$

Abb. 82. Ableitung des Kapillaritätsgesetzes.

aus können wir nun das bodenkundlich sehr wichtige Kapillaritätsgesetz ableiten (Abb. 82).

In einer Kapillare wird Wasser durch Druckdifferenz bis zu einer Höhe gesaugt, in welcher der atmosphärische Druck P_A mit der am Meniskus wirksamen Kapillarspannung P_C im Gleichgewicht steht. Die abwärts gerichtete Kraft ist gegeben durch die Höhe (h) und den Querschnitt (πr^2) der Wassersäule, die am Meniskus hängt, multipliziert mit der Dichte (ϱ) und der Erdbeschleunigung (g). Aufwärts gerichtet wirkt die Oberflächenspannung (ϱ) des Wassers multipliziert mit dem benetzten Umfang ($2\pi r$) und dem Benetzungswinkel (φ). Wenn man die Gleichung nach h auflöst und für Böden einen unendlich kleinen Benetzungswinkel ($\varphi = 0° \rightarrow \cos \varphi = 1$) unterstellt, so ergibt sich unter Einsatz der übrigen Konstanten folgende einfache Beziehung des Kapillaritätsgesetzes

$$h = \frac{0{,}297}{d} \text{ cm} \cong \frac{3000}{d} \text{ μm}$$

Die Höhe (h), um die eine Wassersäule in einer Kapillare gehoben wird, ist danach umgekehrt proportional zu deren Durchmesser (d). Je kleiner die Kapillare, um so höher ist deren Kapillarität. Mit dieser Steighöhengleichung können wir nun verschiedene bodenphysikalisch wichtige Aussagen und Messungen machen:

1. Jedem Porendurchmesser ist eine Kapillarspannung zuzuordnen.
2. Bei vorgegebener Wasserspannung können die jeweils mit Wasser gefüllten Poren und ihre Durchmesser ermittelt werden.

Wenn man eine Stechringprobe total mit Wasser sättigt und anschließend steigendem Über- oder Unterdruck stufenweise immer solange aussetzt, bis die Probe kein Wasser mehr abgibt, kann man aus dem Wasserverlust ($s = 1 \text{ g} \cdot \text{cm}^{-3}$) die mit jeweiligem Drücken korrespondierenden Porenanteile in %vol ermitteln. Damit ist die Bindungsintensität des Wassers im Boden als die Saugspannung definiert, die bei seiner Entwässerung überwunden werden muß. Die erforderlichen Drücke liegen zwischen 0 und 1,5 MPa. Wegen dieses großen Spannungsbereiches werden zur Kennzeichnung der Wasserspannung pF-Werte als dekadische Logarithmen des jeweiligen Druckes (log cm WS) eingeführt (p = Potential, F = freie Energie des Wassers).

pF 1 entspricht	10 cm WS =	0,01 bar = 1 kPa
pF 2 entspricht	100 cm WS =	0,1 bar = 10 kPa
pF 3 entspricht	1000 cm WS =	1,0 bar = 100 kPa
pF 4 entspricht	10000 cm WS =	10,0 bar = 1000 kPa

Da unter Normalbedingungen durch Druck und Temperatur sich die Dichte des Wassers ändert, sind die hier angegebenen pF-Werte als gebräuchliche Mittelwerte zu verstehen. 1 bar entspricht bei 20 °C 1033,3 g $H_2O \cdot \text{cm}^{-2}$ bzw. 1022,7 cm WS bzw. 100 kPa bzw. 0,1 MPa.

Die Saugspannungen im Boden reichen von 0 (pF − ∞) bis 1 GPa (pF 7,0). Die mit dem jeweiligen pF-Wert korrespondierenden Wassergehalte werden in %vol angegeben. Sie gestatten keine Rückschlüsse auf die Bindungsform. Energetisch betrachtet, bestehen gleitende Übergänge von Adsorptions- und Kapillarwasser.

Die Einstellung gewünschter pF-Werte erfolgt im Labor nach DIN 19683, Teil 5. In Stechzylindern ungestört bei Feldkapazität entnommene Volumenproben des Bodens werden unter Vakuum total mit Wasser gesättigt. Bis pF 2,2 bedient man sich der sog. Unterdruckmethode, von pF 2,2 bis 4,2 wird das Überdruck- oder Zentrifugenverfahren angewendet (Abb. 83). Saugspannungen > pF 4,2 werden nach Dampfspannungsausgleich zwischen Boden und Luft über Schwefelsäure verschiedener Konzentration im Exsikkator eingestellt. Da im höheren Saugspannungsbereich (> pF 4,2) nur noch Adsorptionswasser erfaßt wird, können gestörte Proben verwendet werden. Bei stufenweiser Entwässerung der Proben durch steigende Unter-, Überdrücke bzw. Dampfdrücke werden die jeweiligen Wasserverluste durch Zwischenwägungen bzw. direkt in Büretten ermittelt. Aus der Beziehung pF/%vol H_2O lassen sich im halblogarithmischen Maßstab sogenannte pF-Kurven zeichnen, die für jeden Boden einen typischen Verlauf zeigen. Gleiche Wassergehalte verschiedener Böden können unter unterschiedlicher Spannung stehen. Beispiele siehe Abb. 84.

Gleiche Pflanzen welken deshalb unter sonst gleichen Umgebungsbedingungen auf *verschiedenen* Böden unterschiedlicher Restfeuchte unterschiedlich schnell. *Verschiedene* Pflanzenarten welken auf *demselben* Boden gleich schnell,

Abb. 83. pF-Verfahren im
Laboratorium.

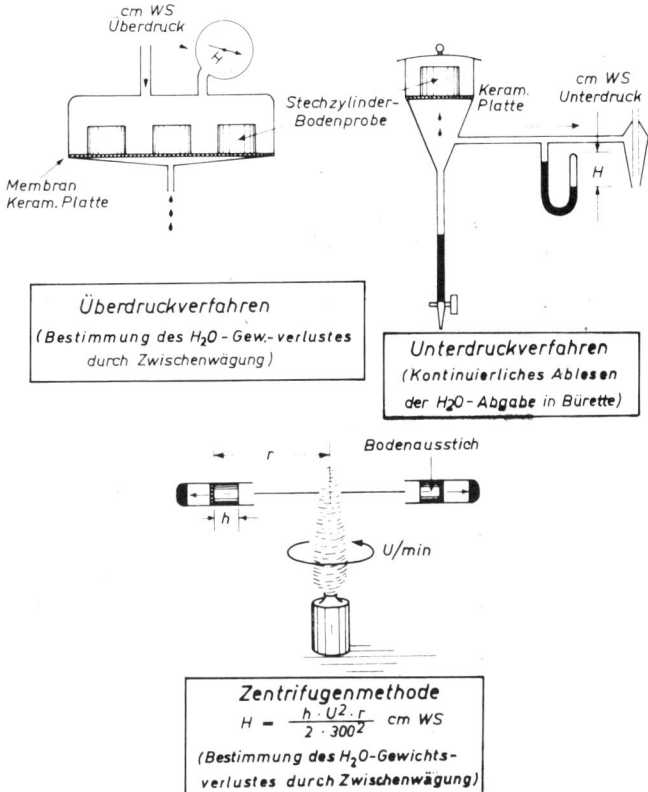

Abb. 84. Saugspannungs-pF-Kurven
wichtiger Böden.

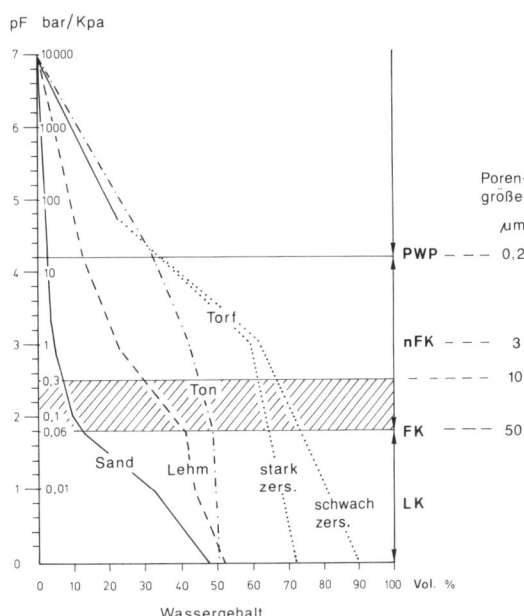

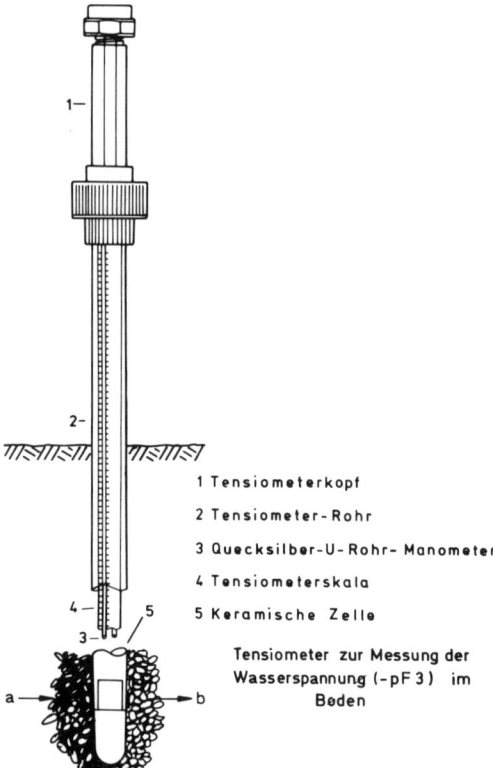

1 Tensiometerkopf

2 Tensiometer-Rohr

3 Quecksilber-U-Rohr-Manometer

4 Tensiometerskala

5 Keramische Zelle

Tensiometer zur Messung der
Wasserspannung (-pF 3) im
Boden

Abb. 85. Tensiometer zur Messung der Wasserspannung (bis pF 3) im Boden.

manometer angeschlossen ist. Im Kontakt mit den ebenfalls porösen Böden wird nun bei Feuchteunterschieden Wasser aus der Tensio- meterzelle in den trockenen Boden (mit höherer Saugspannung) austreten und nach Spannungs- ausgleich diesen Unterdruck anzeigen. Wird daraufhin der Boden bewässert, kommt es um- gekehrt zu einer Fließbewegung des Wassers aus dem feuchten Boden geringeren Potentials in die Tensiometerzelle. In dieser Funktion sind Tensiometer besonders zur Steuerung einer Be- wässerung geeignet (Abb. 85).

2.4.3.5 Porenraumgliederung

Das vielgestaltige Porensystem der Böden ist mathematisch nicht zu berechnen. Energetisch betrachtet erfolgt die Bindung des Wassers im Boden nach den Gesetzmäßigkeiten der Kapil- larität und Adsorption an festen Grenzflächen. Die Wasserbindungsintensität im Boden ist vor allem eine Funktion der Porengröße. Die Was- serbindung im Boden ist ein Teil des energeti- schen Systems Boden – Pflanze – Atmosphäre. Allen pF-Verfahren liegt die Annahme zugrun- de, daß sich der Filterkörper Boden durch Über- oder Unterdruck in seinem Gefüge nicht ändert. Bei Böden geringer Gefügestabilität und hoher Elastizität infolge viel organischer Substanz gilt das nur bedingt. Nach dem Kapillaritätsgesetz (siehe Seite 165) kann man mit dieser Einschrän- kung aus der Saugspannung (h = cm WS) den Äquivalentporendurchmesser (d = μm) errech- nen und umgekehrt bei gegebenem d die Poren verschiedenen Saugspannungen und Funktions- bereichen zuordnen (siehe Tab. 77).

Weitere Porengrößenfunktionen im bioti- schen Bereich siehe Tabelle 78. Das in Grobpo- ren versickernde Wasser ist nur teil- und zeitwei- se pflanzenverfügbar. Das zwischen pF 1,8 bis 2,2 und pF 4,2 im Boden gespeicherte Wasser wird auch als *nutzbare Feldkapazität* (nFK) be- zeichnet. Die obere (höchste) Ausschöpfung der Saugspannung wird als *permanenter Welkepunkt*

wenn dieser einen bestimmten Wassergehalt er- reicht. Der Wasser*gehalt* des Bodens ist also im System Wasser-Boden-Pflanzen-Atmosphäre keine geeignete Bezugsbasis. Erst mit der Be- stimmung des Wasser*zustandes* (pF-Wert) wird der notwendige *energetische* Bezug hergestellt.

Im gewachsenen Boden kann die vorherr- schende Saugspannung nach DIN 19682, Teil 4, auch bis ~ pF 3 mit *Tensiometer* registriert wer- den. Ein Tensiometer ist eine mit Wasser gefüll- te poröse Zelle, die luftdicht an ein Unterdruck-

Tab. 77. Porenraumgliederung und -funktionen

Poren ∅ μm	Saugspannungsbereich pF	kPa		Poren- bereich	funktion	
>50	<1,8	<6		Grobporen	schnell dränend	LK
50–10	1,8–2,5	6– 30	} FK	Grobporen	langsam dränend	} nFK
10–0,2	2,5–4,2	30–1500		Mittelporen	pflanzenverfügbar	
<0,2	>4,2	>1500		Feinporen	Totwasser	PWP

Tab. 78. Porengrößen und ihre Funktionen

∅ mm	pF	Funktionen physikalisch	Funktionen biotisch
< 0,0002	> 4,2	← PwP	Totwasser
0,001	3,47	← Hygroskopizität	
		Nutzbare Feldkapazität	Bakterien Wurzelhaare Protozoen, Algen
0,009	2,54		
0,02	2,18		
0,06	1,70	Kapillare Nachlieferung	Wurzeln Würmer
0,1	1,47		
0,3	1,00	Belüftung + Dränung	
> 0,3	< 1,00		

(PWP), die untere Saugspannungsgrenze als *Feldkapazität* (FK) bezeichnet. Das ist nach DIN 19682, Teil 6, auch der Wassergehalt eines natürlich gelagerten Bodens, der sich an seinem Standort zwei bis drei Tage nach voller Wassersättigung gegen die Schwerkraft einstellt. Spätestens ausgangs des Winters haben die Böden im humiden Klima FK erreicht. FK umfaßt Adsorptions- und Kapillarwasser. Die Spanne pF 1,8 bis 2,2 drückt aus, daß FK je nach Grundwassernähe einem unterschiedlichen Potential unterliegt. Bei einem Grundwasserspiegel von 60 cm unter Flur herrscht bei kapillarer Kontinuität an der Bodenoberfläche eine Saugspannung von 6 kPa, bei 100 cm Flurabstand des Grundwassers 10 kPa. Bei grundwasser*freien* Böden stellt sich FK infolge kapillaren Abrisses bei pF 2,0 bis 2,5 ein. FK ist abhängig von Körnung (je feinkörniger um so mehr spezifische Oberfläche und Adsorptionswasser), Bodengefüge (je fein- und mittelporiger um so mehr Kapillarwasser), Art der Kolloide (Huminstoffe adsorbieren bis zu 5mal mehr Wasser als Tonkolloide) und Kationenbelag (Na^+-Kolloide halten mehr Hydratationswasser als Ca^{2+}-Kolloide).

nFK ist als ein *maximaler* Wert der pflanzlichen Wasserversorgung je Volumeneinheit Boden anzusehen. Seine Höhe und Ausschöpfung hängt von der effektiven Durchwurzelungstiefe und -intensität ab (Abb. 86). Diese bestimmen die *verfügbare Feldkapazität* (vFK), die stets

kleiner als nFK ist. In Abbildung 86 ist die effektive Durchwurzelungstiefe We von Zuckerrüben auf einer Braunerde aus Sand in einem niederschlagsarmen Jahr dargestellt. Nur in der intensiv durchwurzelten Krume wird nFK voll bis zum PWP ausgeschöpft. Mit der Tiefe nimmt ihre Ausschöpfung ab. In 12 dm Tiefe ist noch die volle nFK vorhanden. Dort liegt die horizontale Wasserscheide mit dem hydraulischen Gradienten O. Oberhalb dieser Wasserscheide ist eine aufwärts-, unterhalb derselben eine abwärtsgerichtete kapillare Wasserbewegung festzustellen. Die effektive Durchwurzelungstiefe wird nun so berechnet, daß der unterhalb der gestrichelten Linie bis zur vollen FK fehlende (gepunktete) Bereich dem oberhalb derselben noch bis zum PWP vorhandenen (gestrichelten) entspricht. We liegt je nach Korngröße bei Sanden mittlerer Lagerungsdichte zwischen 5 (gS) und 9 dm (lS), bei Schluff-, Lehm- und Tonböden um 10 dm, in Moorböden bei 2(Hh) bis 4 dm (Hn). Bei hoher Ld vermindert sich We um 1 bis 2 dm. Schichtwechsel, Verdichtungen, Nährstoffmangel begrenzen We. Grundwasserböden haben eine maximale We bis zur Obergrenze des Gr-Horizontes. Für praktische Zwecke hinreichend genau ist vFK = ½ nFK ≙ pF 3.

Wenn man verschiedene Kulturpflanzen auf demselben Boden solange ohne Wasserversorgung wachsen läßt, bis irreversibel (Verlust der Turgeszenz selbst in wasserdampfgesättigter Luft) ihr Welketod eintritt, so ist dieser in salz-

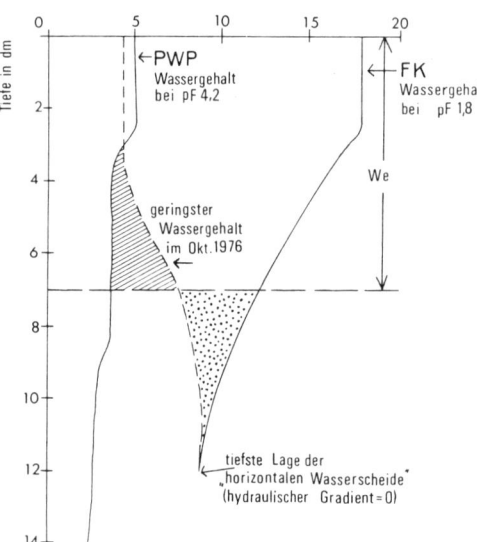

Abb. 86. Beispiel für die Bestimmung der effektiven Durchwurzelungstiefe (We) aus Feldkapazität (FK), Permanentem Welkepunkt (PWP) und Wassergehaltsminimum unter Zuckerrüben bei einer Braunerde aus Sand (msfS) in einem niederschlagsarmen Jahr (Oktober 1976, nach Kartieranleitung 1982).

(PWP) als eine *Konstante* in salzfreien Böden anerkannt. Pflanzenphysiologisch sind Wasserbindungen > pF 4,2 uninteressant *(Totwasser)*.

Hat man Bodenart und Lagerungsdichte richtig bestimmt, so kann man, wie vergleichende pF-Messungen ergeben haben, die mittlere Porenraumgliederung näherungsweise bereits angeben. Wie Abb. 87 und Tab. 79 ausweisen, nimmt zwar das PV mit dem Tongehalt der Mineralbodenarten zu, die Porenraumgliederung dagegen wird dabei zunehmend ungünstiger. Vergleicht man alle Porenbereiche nach ihrer Funktion, so haben Lehmböden und Moorböden bei mittlerer Lagerungsdichte bzw. Zersetzungsgrad ein optimales Verhältnis von Grob-: Mittel-: Feinporen (gute Luft- und Wasserführung *und* -speicherung als Voraussetzung für ungehindertes Wurzelwachstum und biologische Aktivität, geringe Witterungsempfindlichkeit).

In Moorböden nimmt PV mit steigendem Zersetzungsgrad ab. Dabei ist eine Porenraumneugliederung zugunsten von Mittel- und Feinporen festzustellen. Richtige Mischungen von S, L (T) mit Torf zu *gärtnerischen Erden* lassen die jeweils gewünschte Porenraumverteilung einstellen.

Bei den Mineralbodenarten wird die Porenraumgliederung vor allem durch die Lagerungsdichte und den gefügewirksamen unterschiedlichen Humusgehalt beeinflußt. Mit steigendem Humusgehalt ist vor allem bei leichten Böden eine deutliche Verbesserung der nFK zu erzielen. Organische Bodensubstanz kann bis zum fünffachen des Eigengewichtes Wasser adsorbieren, das überwiegend pflanzenverfügbar, d. h. relativ schwach gebunden ist. Schwere Böden (> 35% < 2 µm) werden dagegen durch

freien Böden unabhängig von der Pflanzenart stets bei einem Wassergehalt erreicht, der durch die Saugspannung pF > 4,2 definiert ist. In diesem Bereich enthalten die meisten Böden nur noch sehr wenig Wasser. Der steile Verlauf der pF-Kurve in diesem Saugspannungsbereich zeigt, daß geringe Wassergehaltsänderungen sich in großen pF-Unterschieden ausdrücken. Deshalb hat man den *permanenten Welkepunkt*

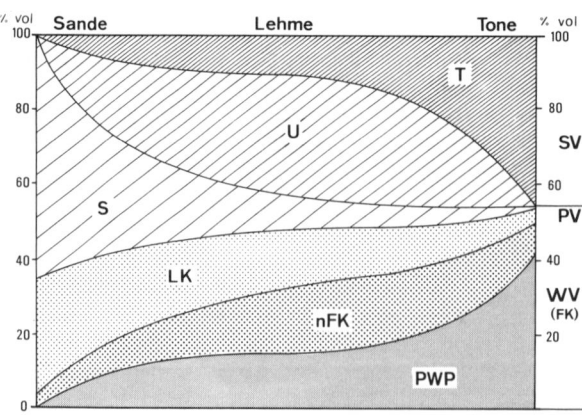

Abb. 87. Wasser, Luft und Substanzvolumen in Abhängigkeit von der Bodenart.

Tab. 79. Nutzbare Feldkapazität (nFK), Luftkapazität (LK), Feldkapazität (FK) und Porenvolumen (PV) in Abhängigkeit von Bodenart und effektiver Lagerungsdichte (Ld) bzw. Torfart, Zersetzungsstufe (z) und Substanzvolumen (SV) in mm · dm^{-1} bzw. % vol (nach Kartieranleitung 1982, gekürzt, Moorböden ergänzt)

Boden- bzw. Torfart Kurzzeichen		nFK Ld/SV-Stufe			LK Ld/SV-Stufe			FK Ld/SV-Stufe			PV Ld/SV-Stufe		
konvent.	EDV	g*	m	h	g	m	h	g	m	h	g	m	h
gS	gS	6	6	6	35	29	21	9	9	9	44	38	30
mS	mS	10	9	9	27	24	19	14	12	12	41	36	31
fS	fS	16	12	12	27	20	13	25	18	16	52	38	29
l'S	Sl2	20	16	14	23	19	11	27	22	21	50	41	32
l S	Sl3	23	17	15	19	15	9	32	27	26	51	42	35
l̄ S	Sl4	23	16	14	18	14	8	34	28	27	52	42	35
sU	Us	26	22	19	15	11	7	35	33	29	50	44	36
l'U, t'U	Ul2, Ut2	27	25	21	15	8	5	38	36	32	43	44	37
l U, t U	Ul3, Ut3	27	24	20	13	7	5	40	37	34	53	44	39
l̄U, t̄U	Ul4, Ut4	26	21	19	13	8	5	40	37	35	53	45	40
s'L	Ls2	23	17	14	14	10	5	38	33	31	52	43	36
s L	Ls3	22	17	14	14	10	6	38	33	31	52	43	37
s̄L	Ls4	22	17	14	15	11	7	37	32	30	52	43	37
uL	Lu	24	19	16	12	9	5	40	36	33	52	45	38
t L t'L	Lt3, Lt2	19	15	12	10	7	4	46	41	36	56	48	40
utL	Ltu	21	17	12	10	7	4	47	42	38	57	49	42
stL	Lts	22	16	12	11	7	4	47	41	37	58	48	41
ū T	Tu4	21	17	12	10	7	4	47	42	38	57	49	42
uT	Tu3	19	15	12	10	7	4	46	41	36	56	48	40
lT, u'T	Tl, Tu2	20	14	11	8	4	2	55	49	45	63	53	47
T	T	20	15	11	7	4	1	59	54	49	66	58	50
Hh z″, z′	Hh z1, z2	55	60	45	30	20	20	65	70	65	95	90	85
Hh z	Hh z3	60	55	45	25	15	15	70	75	70	95	90	85
Hhz̄, z̿	Hh z4, z5	55	50	40	10	5	5	80	80	75	90	85	80
Hn z″, z′	Hn z1, z2	60	60	50	20	15	15	75	75	70	95	90	85
Hn z	Hn z3	55	50	40	15	10	5	80	80	75	95	90	80
Hn z̄, z̿	Hn z4, z5	50	45	35	5	5	0	85	80	80	90	85	80

* g = geringe, m = mittlere, h = hohe Lagerungsdichte (Ld) bzw. Substanzvolumen (SV)

steigende Humuszufuhr mehr im dränenden Grobporenraum LK verbessert (Tab. 80).

Allerdings sind auch Humusform und Zersetzungsgrad zu berücksichtigen. Nach Abb. 88 zeigen Mischungen von S-Böden mit Weiß- und Schwarztorf sowie Humus, daß mit der Humifizierung der organischen Substanz PV und dränende Poren deutlich abnehmen. Optimale Porenraumverteilung erkennt man nur bei stark humosen Böden. Zuwenig wie zuviel organische Substanz (anmoorig!) ist von Nachteil. Je nach Zersetzungsgrad und Lagerungsdichte können Torfe bis zum Zwanzigfachen ihres Gewichts Wasser binden. Mit zunehmender Lagerungsdichte nimmt nFK der Mineralbodenarten ebenfalls ab, bei S < U < L < T. Die Böden werden je nach ihrer Nähe zum Grundwasser in ihrer nFK klassifiziert.

Tab. 80. Zu- und Abschläge für nutzbare Feldkapazität (nFK), Luftkapazität (LK), Feldkapazität
(FK) und Porenvolumen (PV) mit zunehmendem
Gehalt organischer Substanz und in Abhängigkeit
vom Tongehalt (nach Kartieranleitung 1982)

Tonge- halt	organ. Subst.	Zuschläge und Abschläge (−) (mm · dm^{-1})			
(%)	(%)	nFK	LK	FK	PV
	2	2	0	1	1
	4	4	−1	3	2
<5	8	10	−3	12	9
	12	14	−5	19	14
	14	16	−6	23	17
	2	1	0	1	1
	4	3	−1	3	2
5−12	8	8	−2	10	8
	12	13	−4	17	13
	14	15	−5	21	16
	4	2	−1	2	1
	8	8	−2	9	7
12−17	12	12	−4	15	11
	14	15	−5	20	15
	4	1	−1	1	0
17−35	8	6	−1	7	6
	12	10	−1	12	11
	14	12	−1	15	14
	6	2	0	2	2
35−65	10	4	3	5	8
	14	8	4	9	13
	6	2	0	2	2
>65	10	4	4	4	8
	14	6	7	6	13

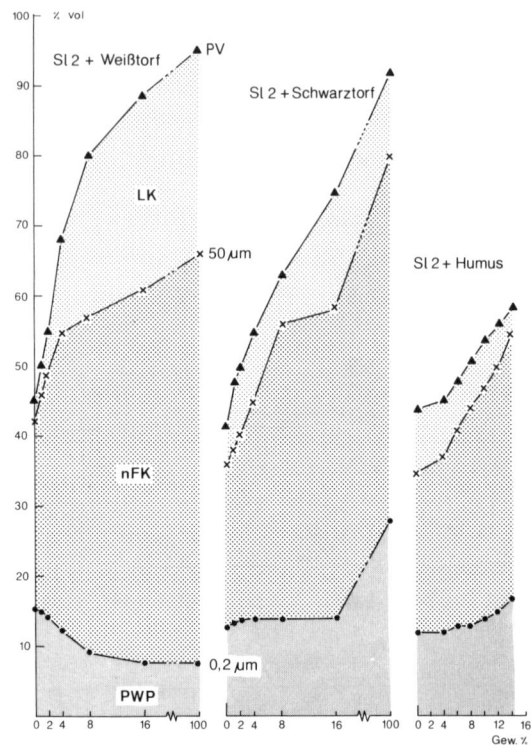

Abb. 88. Porenraumgliederung und organische
Substanz (nach Kuntze und Djacovic 1970).

Tab. 81. Einstufung der nutzbaren Feldkapazität
des effektiven Wurzelraumes (nFK-We)
(nach Kartieranleitung 1982, gekürzt)

nFK We in mm	Bezeichnung	Beispiele
< 50	sehr gering	Regosol, G u. gS Podsol u. Braunerde,
50− 90	gering	fsmS Braunerde Sl2,
90−140	mittel	Hochmoor z2 Braunerde,
140−200	hoch	Parabraunerde und Auenboden Sl3, Kolluvien Ult, Niedermoor z4
<200	sehr hoch	Schwarzerde und Parabraunerde Ult

In Abb. 89 sind Porenraumgliederungen verschiedener Bodentypen als Blockdiagramme
dargestellt. Bodengenetisch ausgebildete Horizonte, wie z. B. der Bhs im Podsol in 30 bis 40 cm
Tiefe oder die Knickschicht des Marschbodens
in 20 bis 90 cm Tiefe zeigen Porenengpässe. Kör-
nungsunterschiede durch Verlagerung oder
Verdichtung werden in der Porenraumgliederung deutlich. Meist nimmt unter dem Einfluß
exogener Kräfte (Verwitterung, Frost, Auflast,
Durchwurzelung) der Grobporenanteil im Profil
der Mineralböden von oben nach unten ab. In
Moorböden ist dagegen durch stärkere Zersetzung die Grobporenverteilung im Krumenbe-
reich ungünstiger als im Unterboden. Moorstra-

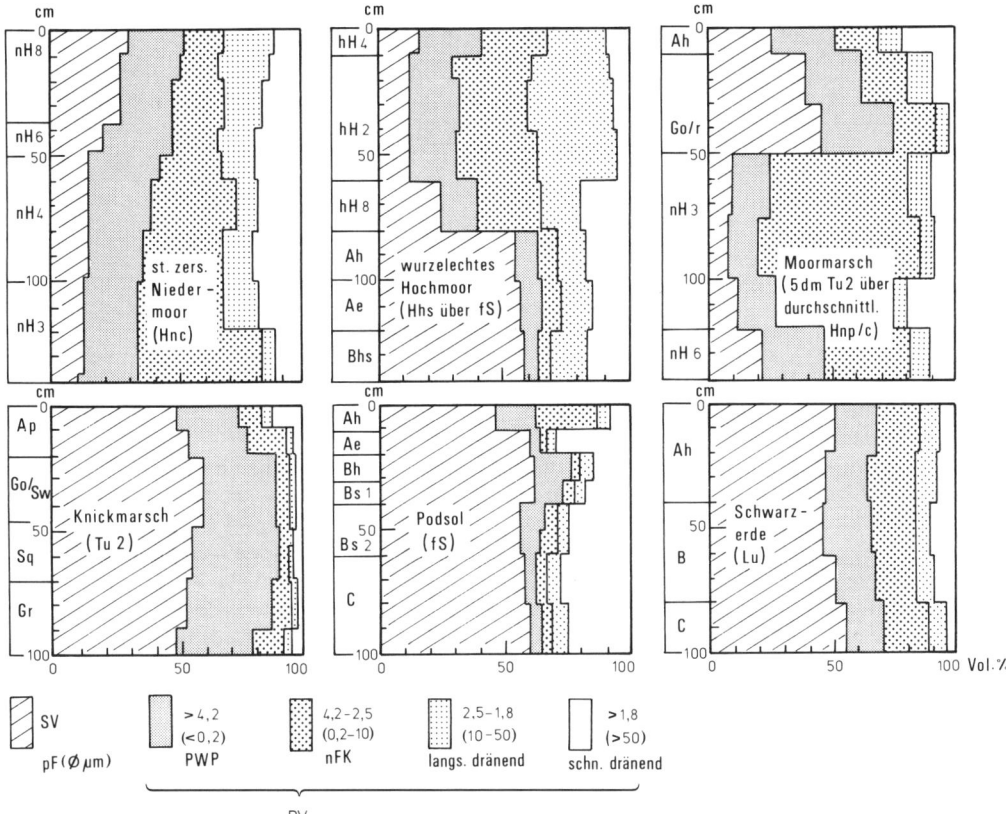

Abb. 89. Porenraumgliederung verschiedener Bodentypen.

tigraphisch sind im Hochmoorprofil die bodenphysikalisch ungünstigen älteren Hochmoortorfe unter den besser geporten jüngeren Hochmoortorfen deutlich zu erkennen. An der Porenraumverteilung im Profil erkennt der Bodenkundler, wo er bodenverbessernde Maßnahmen ansetzen muß oder welche Nutzung er empfehlen kann.

In Tab. 81 werden die wichtigsten Bodentypen nach ihrer nFK geordnet.

2.4.3.6 Wasserpotentiale im Boden

Potentiale sind als Energiezustände gespeicherte Arbeitsfähigkeit. Das Potential des Bodenwassers ist der auf eine bestimmte Menge Wasser (Masse oder Volumen) bezogene Arbeitsinhalt. Dem 1. Hauptsatz der Thermodynamik folgend sind alle Energieformen einander gleichwertig und damit vollständig austauschbar. Die Summe aller Wasserpotentiale im Boden ergibt das Gesamtpotential »Null« (Abb. 90). Um einen Energiezustand zu ändern, ist dem System von außen Arbeit zuzuführen. So wird z. B. je nach Lage eines Pendels seine *potentielle* Energie in *kinetische*, die kinetische wieder in potentielle umgewandelt.

Durch zugeführte Wärmeenergie wird im Boden die Wasserbindungsenergie überwunden, bei Wasserbindung wird umgekehrt Wärme frei (Tab. 75). Die für das Verhalten des Wassers im Boden wichtige Matrixenergie ist als gebundene Energie deshalb stets eine negative. Ihr ist positive Energie z. B. durch Erhitzen zuzuführen, um sie in *freie* Energie umzuwandeln. Dieser Zustand der freien Energie wird = Null gesetzt.

Bringt man einen wasserungesättigten Boden (= hohes negatives Matrixpotential ψm) mit einer freien Wasserfläche mit dem Potential = Null in Berührung, so steigt im Boden solange Wasser auf, bis Gleichgewicht zwischen Adsorptions-, Kohäsions- und Kapillarkräften einerseits und Gravitationskräften andererseits

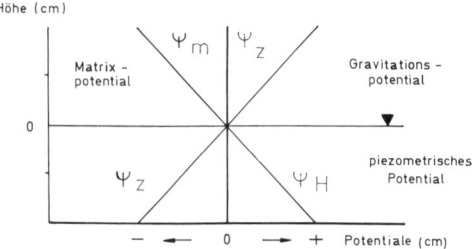

Abb. 90. Potentiale des Wassers im Boden (nach
MEYER et al. 1974).

herrscht. In beliebigen Punkten zwischen freier
Wasseroberfläche (Grundwasser) und je nach
Entfernung zu derselben unterschiedlich mit
Wasser gesättigtem Boden ist die potentielle
Energie des Bodenwassers das zum Bezugsnive-
au (Grundwasser) je Gewichts-, Volumen- oder
Masseneinheit Wasser vorherrschende negative
Potential (pF = Potential freier Energie). Zwischen zwei Punkten unterschiedlicher potentieller Energie herrscht mithin ein Energiegefälle.
Dabei bewegt sich in unserem Beispiel das Bodenwasser von Punkten höheren zu solchen
niedrigen freien Potentials, d. h. die Wasserbewegung erfolgt von der freien Wasseroberfläche
aufwärts in Richtung eines negativen hydraulischen Gradienten. Wird der Boden dagegen von
oben bewässert, so wird dort der hydrostatische
Druck größer als der atmosphärische Druck.
Damit wird das auf die Grundwasseroberfläche
bezogene Potential positiv. Nun fließt Wasser
vom höheren positiven zum niedrigeren Potential Null der freien Wasserfläche und versickert.

Mit dem Potential des Wassers im Boden
(= hydraulisches Potential) ψ werden also recht
unterschiedliche Energiezustände beschrieben.
Man unterscheidet das von Adhäsions- und Kapillarkräften der Bodensubstanz abhängige *Matrixpotential* ψm, das in bezug auf ein bestimmtes Niveau sich einstellende *Gravitationspotential* ψz sowie das nur in salzhaltigen Böden wichtige *osmotische Potential* ψo.

Das *Gesamtpotential* ψt ist definiert als

$$\psi t = \psi m + \psi z + \psi o.$$

In Abb. 90 ist das Zusammenwirken der verschiedenen Potentiale des Wassers im Boden
dargestellt. Ihre Summe ist im Gleichgewichts-
zustand stets gleich groß.

Wählt man den Grundwasserspiegel, im Boden die Grundwasseroberfläche, als Bezugsni-

veau, so nimmt das Gravitationspotential ψz als
Arbeitsinhalt einer bestimmten Wassermenge
mit zunehmendem Abstand im positiven Sinne
zu. ψz ist auf das Volumen (V) bezogen dann
definiert als

$$\psi z = m \cdot g \cdot (h-z)/V = \varrho \cdot g \cdot (h-z).$$

m = Wassermasse
g = Erdbeschleunigung
h = Abstand GOF–GW
z = Tiefenkoordinate
ϱ = Dichte des Wassers.
V = Volumen

Die Dichte des Wassers = 1 gesetzt, wird

$$\psi z = h-z \text{ (cm WS)}.$$

Dadurch nimmt ψz die Dimension eines Druk-
kes (Kraft/Fläche = $N \cdot m^{-2}$) an. Unterhalb GW
(▼) nimmt nach Abb. 90 ψz mit zunehmender
Tiefe im negativen Sinne zu.

Das Matrixpotential ψm ist ein energetischer
Ausdruck für die Stärke der Bindung der Be-
zugsmenge Wasser im Boden. Da man Energie
zuführen muß, um dieses Wasser vom Boden
freizubekommen, ist dieser Arbeitsinhalt negativ. ψm ist also der erforderliche Betrag nutzbare Arbeit/Volumenanteil ($J \cdot cm^{-3}$), um eine
bestimmte Wassermenge reversibel und iso-
therm von einer freien Wasserfläche in gebundenes Wasser zu überführen. Nach Abb. 90 nimmt
das Matrixpotential im negativen Sinne mit zunehmendem Abstand zum GW zu.

Auch das Matrixpotential hat die Dimension
eines (negativen) Druckes. In der Bodenkunde
wird dieser ersetzt durch den Begriff der Wasserspannung. Matrix- und Tensiometerpotentia-
le sind nicht völlig identisch, da mit letzterem
auch Außendrücke (Luftdruck und Bodenauf-
last) miterfaßt werden. Unterhalb einer freien
Wasserfläche tritt anstelle des Matrixpotentials
das piezometrische Potential ψH. Dieses nimmt
im positiven Sinne mit seinem Meßabstand von
der Bezugsebene Grundwasserspiegel, d. h. mit
der Tiefe, zu.

An jeder Stelle des in Abb. 90 vereinfacht dargestellten Zusammenwirkens der Teilpotentiale
kompensieren diese sich zum Gesamtpotential
»Null«. In Salzböden muß das osmotische Potential ψo zusätzlich beachtet werden. In salzhaltigen Böden ist befriedigendes Pflanzenwachstum, d. h. ausreichende Wasseraufnahme
für den Betriebs- und Baustoffwechsel nur möglich, wenn bei vom Salzgehalt der Bodenlösung
abhängigen hohen osmotischen Potential das

Matrixpotential ψm niedrig, d. h. der Boden ständig sehr feucht gehalten wird. Erst wenn ψo und ψm zusammen hoch werden, treten größere Wachstumsschäden auf.

Dem Prinzip von der Erhaltung der Energie folgend, können sich die im Boden wirksamen hydraulischen Teilpotentiale ergänzen. In Böden bleibt das Wasser solange in Bewegung, wie insgesamt Potentialunterschiede vorherrschen. Dabei fließt das Wasser vom hohen zum niedrigen Potential. So wird der Gradient des Gravitationspotentials eine auf das Wasservolumen bezogene Kraft für die gesättigte Wasserbewegung (Perkolation, Versickerung i. w. S.).

$$\frac{d\psi z}{dz} = -\frac{m \cdot g}{V}$$

Unterschiede im Matrixpotential, $\frac{d\psi z}{dz}$ sind die treibende Kraft für die ungesättigte Wasserbewegung (kapillare Nachlieferung). Unterschiede im osmotischen Potential bestimmen die Richtung und Intensität der Diffusion. Damit sind viele Richtungen der Wasserbewegung im Boden möglich.

2.4.3.7 Bewegung des Wassers im Boden

Gleiche Mengen Wasser infiltrieren je in der Feuchte verschiedene Böden unterschiedlich schnell und tief. Im Profil ist bei sommerlicher Austrocknung nach Niederschlägen/Beregnung eine scharfe Begrenzung der dunkel gefärbten Durchfeuchtungsfront zum darunter noch trockenen Boden zu erkennen. Die Wasseraufnahme unterliegt im Boden 2 Kräften: Kapillar- (ψ) und Schwerkraft (Z). Wie in Kap. 2.4.3.6 darge-

stellt, ist eine Bewegung des Wassers im Boden nur einem Potential-Gefälle folgend möglich. Zunächst bestimmt das unterschiedlich hohe negative Matrixpotential die Wasserbewegung. Mit zunehmender Befeuchtung und Porenfüllung nimmt die Wasserspannung ab. Die Wasserbewegung ist anfangs auf Wasserfilme, Porenwinkel und kleinere Kapillaren begrenzt. Eine solche auf Teilbereiche des Porensystems in ihrem Massentransport beschränkte Wasserbewegung im 3-Phasensystem (Boden-Wasser-Luft) bezeichnet man als *ungesättigt*. Wenn schließlich alle Poren mit Wasser aufgefüllt sind, entsteht ein 2-Phasensystem (Boden-Wasser). Es entsteht nun eine *gesättigte* Wasserbewegung durch Differenzen im hydrostatischen Druck (Gravitationspotential Z).

Diese beiden unterschiedlichen Gradienten der Wasserbewegung erklären das ruckartige, schrittweise Vorrücken der Durchfeuchtungsfront. In Abbildung 91 sind beide die Infiltration bestimmenden Potentiale als Vektoren eines Kräfteparallelogramms vereinfacht dargestellt. Die Schwerkraft (Z) ist in beiden Fällen gleich (gleichlange senkrechte Pfeile), das Matrixpotential (ψ) ist jedoch beim leichten Boden links schwächer (kurzer seitlicher Pfeil) als beim schweren Boden rechts (langer seitlicher Pfeil). Die Resultierende beider Vektoren ergibt die unterschiedliche Eindringtiefe gleicher Mengen Wassers.

Neben der Bewegung des Wassers im flüssigen Zustand ist auch eine dampfförmige Verlagerung von Wasser möglich (siehe Kap. 2.4.3.7.3). In ihrer ökologischen Bedeutung tritt diese jedoch im humiden Klima hinter der gesät-

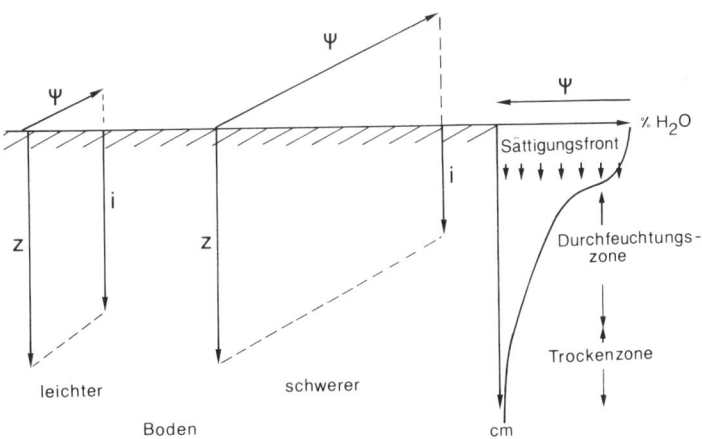

Abb. 91. Eindringtiefe (i) des infiltrierenden Wassers in Böden unterschiedlichen Matrixpotentials (ψ).

Tab. 82. Bewegung des Wassers im Boden

	fest	flüssig		gasförmig
		gesättigt	ungesättigt	
pF	$> 4,2$	$> -\infty$	$< -\infty$ bis $4,2$	$> 4,2$
Potential	Dampfdruck	Gravitation	Matrix	Dampfdruck
Bedeutung	Frosthebung	Dränung	Bewässerung	innere Kondensation

tigten und ungesättigten Wasserbewegung zurück. In arktischen und ariden Klimaten kann jedoch die Verlagerung des Wassers als Eis bzw. Dampf große Bedeutung erlangen (siehe Tab. 82).

2.4.3.7.1 Gesättigte Wasserbewegung

Wir betrachten den porösen Boden als total mit Wasser gefüllten Filterkörper. Bei gegebenem Wasserspiegelgefälle (i), das durch die hydrostatische Druckhöhe (h) bezogen auf die Filterlänge (l) definiert ist, wird die Filtergeschwindigkeit (v) zusätzlich von einem bodenspezifischen Faktor, dem Durchlässigkeitsbeiwert k_f bestimmt.

$$v = i \cdot kf \, (cm \cdot s^{-1}) \, (1); \quad i = \frac{h}{l}$$

Die Filtergeschwindigkeit (v) ist keine reale Fließgeschwindigkeit des Wassers. Diese ist bei gleichem hydraulischen Gradienten in einem offenen Gerinne höher als im porösen Medium Boden. Hier muß nämlich das Wasser viele Bodenteilchen umfließen. Die Wasserbewegung findet zudem nur in den gröberen, nahezu spannungsfreien Grobporen statt. Das Wasser strömt also nicht auf dem kürzesten Wege und durch das gesamte Porenvolumen. Als »scheinbare«, nur auf die *aktive* Porosität beschränkte Durchgangsgeschwindigkeit wird sie nach DARCY (1856) aus der Durchflußrate Q ($cm^3 \cdot s^{-1}$) bezogen auf den Durchflußquerschnitt F (cm^2)

ermittelt. Laminares Fließen wird dabei unterstellt.

$$v = \frac{Q}{F} = \frac{cm^3}{cm^2 \cdot s} = cm \cdot s^{-1} \, (2)$$

Aus Gleichungen 1 und 2 ist der bodenspezifische k_f-Wert abzuleiten:

$$i \cdot kf = \frac{Q}{F}$$

$$kf = \frac{Q}{F \cdot i} \left(\frac{cm^3 \cdot cm}{cm^2 \cdot cm \cdot s^{-1} \cdot cm} \right) = cm \cdot s^{-1} \, (3)$$

Synonyme für kf-Wert sind: Durchlässigkeitsbeiwert, Durchlässigkeit, hydraulische Leitfähigkeit, Permeabilität.

Mit der Bezeichnung hydraulische Leitfähigkeit ist ein Analogieschluß zu den Verhältnissen in einem elektrischen Leiter möglich. Die Wasserbewegung im Boden ist mit der Bewegung von Elektronen im elektrischen Leiter vergleichbar. Für diese gilt das Ohmsche Gesetz

$$J = R \cdot U.$$

Die pro Zeiteinheit durch den Leiterquerschnitt (F) fließende Menge (Q) an Elektronen ergibt die

Stromstärke J ($\triangleq \frac{Q}{F}$). Sie ist abhängig von der

Spannung U ($\triangleq i$), die man als Druckdifferenz an den Enden des Leiters auffassen kann, und vom leiterspezifischen Widerstand R ($\triangleq kf$).

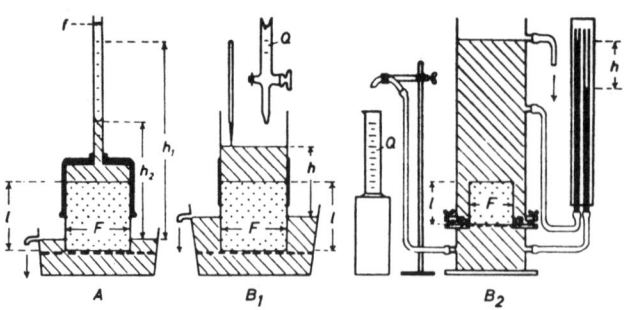

Abb. 92. Geräte zur kf-Messung. A = Meßanordnung mit fallenden Gradienten, speziell bei geringer Durchlässigkeit; B_1 = Meßanordnung mit konstanten Gradienten; B_2 = Meßanordnung mit konstanten Gradienten, speziell bei großer Durchlässigkeit.

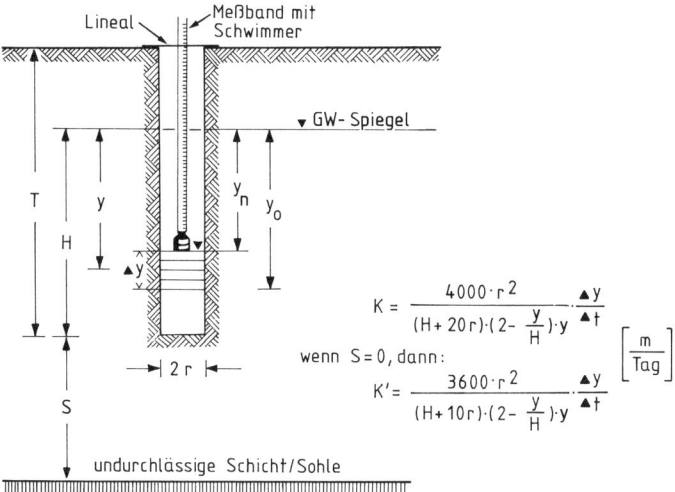

Abb. 93. Schema der Bohrlochmethode zur Bestimmung der Bodendurchlässigkeit für Wasser (nach HOOGHOUDT-ERNST in: v. BEERS 1962).

$$K = \frac{4000 \cdot r^2}{(H + 20r) \cdot (2 - \frac{y}{H}) \cdot y} \cdot \frac{\blacktriangle y}{\blacktriangle t} \quad \left[\frac{m}{Tag}\right]$$

wenn $S = 0$, dann:

$$K' = \frac{3600 \cdot r^2}{(H + 10r) \cdot (2 - \frac{y}{H}) \cdot y} \cdot \frac{\blacktriangle y}{\blacktriangle t}$$

Im Labor wird die Durchlässigkeit des Bodens an wassergesättigten Proben in ungestörter Lagerung (Stechzylinder) gemessen. Je nach Heterogenität des Bodens (siehe Gefügeform, Körnung, Durchwurzelung) und Volumen der Probe müssen nach DIN 19683, Teil 9, mindestens 6 bis 12 Parallelproben untersucht werden, um einen repräsentativen geometrischen Mittelwert des Horizontes zu erhalten. Geeignete Meßanordnungen zeigt Abb. 92. Vor allem feingeschichtete/horizontierte Böden lassen sich nur durch solche Stechringuntersuchungen in ihrer Durchlässigkeit beurteilen. Dazu ist eine horizontale Probennahme mit Stechringen erforderlich. Wegen des hohen Aufwandes und oft unbefriedigender Resultate (große Streuung) haben sich Messungen der Durchlässigkeit mehr auf solche Feldmethoden verlagert, die *in situ* größeres Bodenvolumen erfassen lasen. Für grundwassernahe Böden hat sich die Bohrlochmethode (DIN 19682, Teil 8) bewährt, sofern das Grundwasser ungespannt ist. Mit dem Flügelbohrer wird ein Loch (∅ 8 cm) in den Grund- oder Stauwasserleiter gebohrt (Abb. 93). Nachdem sich der Ruhegrundwasserspiegel eingestellt hat, wird Wasser aus dem Bohrloch (T = 0,4 bis 2,0 m) geschöpft oder gepumpt. Dadurch stellt sich ein Absenkungstrichter um das Bohrloch ein. Mit Beendigung des Ausschöpfens ist das Grund-/Stauwasser bestrebt, durch allseitige Anströmung den Ruhegrundwasserspiegel wieder herzustellen. Aus der Absenkungstiefe y_o und der Steiggeschwindigkeit $\frac{\Delta y}{\Delta t}$ wird unter Berücksichtigung von Bohrlochdurchmesser, Ruhegrundwasserspiegel und Abstand zu einer undurchlässigen Sole (S) die Wasserdurchlässigkeit in m · d^{-1} errechnet (Abb. 93). Gemessen wird also die gesättigte Wasserbewegung unterhalb des Grundwasserspiegels.

Die Durchlässigkeit der Böden wird wie folgt klassifiziert:
In grundwasser*freien* Böden kann die Wasserdurchlässigkeit nach der Doppelringinfiltrometermethode (DIN 19682, Teil 7) oder in tieferen Schichten mit der Sickerrohrmethode nach KHAFAGI im Gelände ermittelt werden. Voraussetzung bei beiden Methoden ist ein ausreichend (= > FK) wassergesättigter Boden. Je nach Aufsättigung des umgebenden Bodenraums stellen sich zusätzlich zum hydraulischen Gradienten nämlich Matrixpotentialunterschiede ein, die dann das Meßergebnis verfälschen (Abb. 91). Derartige Messungen geben daher eher die in der Zeiteinheit pro Flächeneinheit infiltrierende Wassermenge als Infiltrationswert k_i (cm/sec) an. Für Bewässerungszwecke mögen solche Angaben genügen. Besser sind abgeleitete Werte.

Je geringer die Lagerungsdichte, um so höher ist die Durchlässigkeit. Mit Zunahme der Lagerungsdichte um eine Stufe nimmt auch die Durchlässigkeit um etwa mindestens eine kf-Stufe ab. Bei Torfen haben Zersetzungsgrad und Torfart größeren Einfluß (Tab. 84) als die relative Lagerungsdichte (SV).

Tab. 83. Klassifizierung der Durchlässigkeit von Böden (nach Kartieranleitung 1982, gekürzt u. ergänzt)

Kf cm · d^{-1}	Bezeichnung	kf-Stufe	Beispiel
< 1	sehr gering	1	Sd-Horizonte, Knick
1 − 10	gering	2	Sg-Horizonte, stark zers. Torfe
10 − 40	mittel	3	Löß-Parabraunerde, Seemarsch, mäßig zersetzte Torfe
40 − 100	hoch	4	Horizonte guter Gefügeentwicklung m. bis schw. zers. Torfe, fmS
100 − 300	sehr hoch	5	Horizonte mit sehr guter Gefügeentwicklung
> 300	extrem hoch	6	s. schw. zers. Torfe, durchwurzelte Tone, gS, G

Tab. 84. Mittlere Wasserdurchlässigkeit (kf-Stufen nach Tab. 83), wassergesättigter Boden- und Torfarten in Abhängigkeit von effektiver Lagerungsdichte (Ld) bzw. Substanzvolumen (SV) und Zersetzungsstufe (z); in Anlehnung an Kartieranleitung 1982, gekürzt

Boden- bzw. Torfart	Ld/SV		
	gering	mittel	hoch
gS−fS	6−5	6−4	5−3
Su−Sl	4−5	3−4	2−3
Us−Ut	4−5	3	2−1
Ls−Lt	5−4	4−3	2−1
Tu−T	5−4	3	2−1
Hh z2−z4	5−2	3−1	2−1
Hn z2−z4	6−4	4−2	3−1
Hl z3−z5	6−5	5−4	4−3

Tab. 85. Durchlässigkeit geschichteter Böden (nach LEBEDEW 1930)

Sand	683 cm · d^{-1}
Torf	12 cm · d^{-1}
Sand	
Torf	0,4 cm · d^{-1}
Sand	

Da in die Durchlässigkeit nicht nur der Anteil dränender Poren, sondern auch deren Verteilung, Gestalt und Kontinuität eingehen, kann mit dieser wichtigen physikalischen Bodeneigenschaft eine umfassende Gefügebeurteilung in *einer* Zahl erfolgen. Bodengenetisch sind typischen Horizonten auch spezifische Durchlässigkeiten zuzuordnen. Je weiter die Entwicklung eines Bodens vorangeschritten ist, um so stärker kann die aus dem Substrat abzuleitende Durchlässigkeit verändert sein. Meist haben gut durchwurzelte, belebte, aggregierte Ah- und Ap-Horizonte eine hohe Durchlässigkeit, die jedoch

jahreszeitlich und nutzungsbedingt schwanken kann. Mit der Profiltiefe verändert sich der kf-Wert. Er nimmt z. B. ab durch Einlagerungsverdichtungen (Bhs, Bt). Bei Moorböden sind infolge Sackungen und Zersetzung die oberen Torflagen häufig schlechter durchlässig als tiefere. Durch Sedimentationsunterschiede sind z. B. in Auenböden (Hochflutlehmdecke) und Marschen die oberen Profilabschnitte weniger gut durchlässig als der liegende Sand, Schotter bzw. Torf. Geschichtete Profile sind schlechter durchlässig als ungeschichtete oder gar homogenisierte. Porensprünge bewirken an Schichtgrenzen (z. B. Lehm über Sand) tragende/hängende Menisken und bis zu deren Überwindung Wasserstau (Tab. 85).

Das *Stauvermögen* eines Bodenhorizontes ist der Fließwiderstand im wassergesättigten Zustand. Er kann als Kehrwert des Durchlässigkeitsbeiwertes

$$\frac{1}{k} = s \cdot cm^{-1}$$

aufgefaßt werden. Je nach ihrer Durchlässigkeit unterscheidet man Stauwassersohle (Sd-Horizont), Stauwasserleiter (Sw-Horizont) und Haftnässehorizonte (Sg) (Tab. 86).

Die Regenverdaulichkeit eines Bodens (mm · h^{-1}) hängt ab von der Saugspannung und Durchlässigkeit sowie dem Anteil luftführender Poren. Beispiele: Lu (Löß) kf = 10 cm · d^{-1}, 5% vol LK = 5 mm/10 cm. Infiltrationsrate = 5 mm/24 h bzw. 0,2 mm · h^{-1} Regenverdaulichkeit. Dagegen mS, kf = 100 cm · d^{-1}, 30% vol LK = 30 mm/10 cm, Infiltrationsrate = 300 mm/24 h bzw. 12,5 mm · h^{-1} Regenverdaulichkeit (praktische Bedeutung für Bewässerungsverfahren, siehe Kap. 4.5.2.1.1).

In Mitteleuropa sind Regenintensitäten von < 1 mm · h^{-1} (Landregen) bis > 50 mm · h^{-1} (Gewitter) möglich. In der Beregnungstechnik sind für Böden mit schlechter Regenverdaulichkeit Schwach- bzw. Langsamregner (< 7 mm ·

Tab. 86. Kriterien der Staunässe

Staunässe

Stauwasser	**Haftnässe**
Ah	Ah
Sw	Sg
Sd	Bv/C

Kriterien

Horizont	k_f $cm \cdot d^{-1}$	LK (vol %)	Ld $(g \cdot cm^{-3})$
Stauwasser-leiter (Sw)	100−40	12−7	1,20−1,40
Stauwasser-sohle (Sd)	< 1	<3	>1,75
Haftnässe-horizont (Sg)	<40	<3	1,75−1,95

h^{-1}) der Starkberegnung > 17 mm · h^{-1} (Regenmaschinen!) vorzuziehen. Wassererosion setzt ein, wenn Regenintensität > Regenverdaulichkeit.

2.4.3.7.2 Ungesättigte Wasserbewegung

Unter *Infiltrationsrate* ($1 \cdot m^{-2} \cdot t^{-1} = mm \cdot t^{-1}$) wird die Wassermenge (l) verstanden, die unter gegebenen Bedingungen je Flächen-(m^2) und Zeiteinheit (t) im Boden versickern kann. Sie ist nicht identisch mit der gesättigten Wasserbewegung (k_f). Nur im Grund- und Stauwasser ist *gesättigtes* Fließen anzutreffen. Im Wurzelraum herrscht jedoch meistens die *ungesättigte* Wasserbewegung vor. Die Gesetzmäßigkeiten der Darcy-Gleichung gelten auch für das ungesättigte Fließen des Wassers im Boden. Richtung und Stärke der ungesättigten Wasserbewegung (V_u) wird jetzt vom Matrixpotentialunterschied $\frac{d\varphi}{dz}$ und einer substratspezifischen Konstanten (k_u), der ungesättigten hydraulischen Leitfähigkeit bestimmt.

$$V_u = - k_u \cdot \frac{d\psi}{dz} \text{ oder } k_u = \frac{V_u \cdot dz}{d\psi} (cm \cdot s^{-1})$$

Das negative Vorzeichen weist auf den für Wasser im Boden herrschenden Unterdruck hin.

Während bei der gesättigten Wasserbewegung alle groben Poren mit Wasser gefüllt sind und Wasser leiten, nimmt bei der ungesättigten Wasserbewegung der leitende Querschnitt mit abnehmendem Wassergehalt ab. In Abb. 94 ist k_u verschiedener Böden dargestellt. Von einem maximalen (gesättigten) k_f-Wert ausgehend, fällt k_u mit steigender Saugspannung ab, und zwar anfangs stärker, d. h. nichtlinear. In grobkörnigen Böden leitet schließlich nur noch das Film- oder Porenwinkelwasser, während feinkörnige Böden auch im ungesättigten Bereich noch zahlreiche wassergefüllte Mittel- und Feinporen aufweisen. Man kann folglich zwischen k_f- und k_u-Werten gegenläufige Rangordnungen für die verschiedenen Bodenarten feststellen:

k_f: S > H 1−5 > L > U > H 6−10 > T
k_u: S < H 1−5 < L < U < H 6−10 < T

Der Vorzug schluffiger Lehmböden ist bodenphysikalisch darin zu sehen, daß sie neben einer hohen nFK in *allen* Spannungsbereichen optimales Fließen des Wassers erlauben, d. h. in trockenen wie nassen Jahren Wassermangel bzw. -überschuß für die Pflanzen ausschließen. Ähnlich sind Moorböden mittleren Zersetzungsgrades (H 4 bis 7) einzustufen. Mit der Kultivierung der Moore nimmt nach Abb. 94 infolge zunehmender Lagerungsdichte und Zersetzung die ungesättigte Leitfähigkeit mit zunehmender Saugspannung schneller als im unkultivierten Moorboden ab. Profile mit Bodenartenwechsel sind wie in der gesättigten auch in der ungesättigten vertikalen Wasserleitfähigkeit ungünstiger einzustufen als gleichförmige. Wasser kann sich aus einer Schicht mit vorwiegend feinen Poren (T) nur dann in eine gröber gekörnte S-Schicht bewegen, wenn im Sand eine höhere Saugspannung herrscht. Aufgrund substratspezifischer Porung ist bei gleichem Wassergehalt die Matrixspannung in T-Böden höher als in S-Böden. Eine Wasserabgabe wird daher aus dem T- in den S-Boden mit zunehmender Austrocknung unmöglich. Umgekehrt kann mit hoher Saugspannung im Tonboden nicht genügend Wasser aus dem S-Boden kapillar nachfließen, da sein Fließquerschnitt zu gering ist.

In Alluvialböden mit häufig wechselnden Sedimentschichten wird so die vertikale Feuchtebewegung behindert. Trotz Grundwassernähe sind diese Böden in Trockenperioden dürreempfindlich, in Nässeperioden dagegen durch Wasserstau gekennzeichnet (Porensprung).

Die ungesättigte Wasserbewegung hat große Bedeutung für die ökologisch wichtige Wassernachlieferung aus dem Grundwasser über den Kapillarraum in den Wurzelsaum. Unter *Kapillarhub* (kapillare Steighöhe, Kapillarität $h_k = $

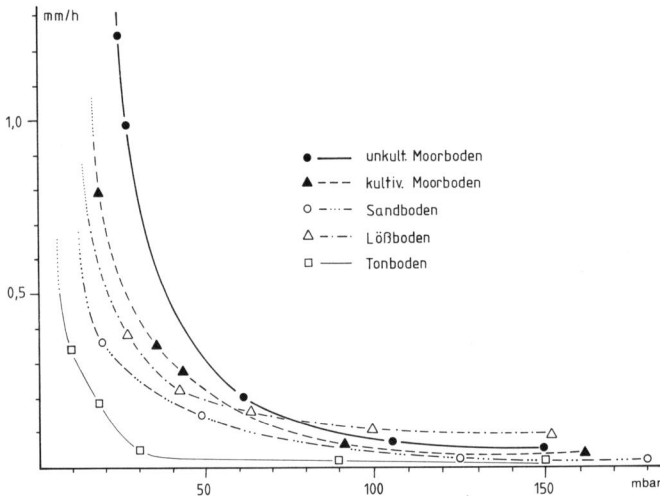

Abb. 94. Von der Saugspannung des Boden (kfa) abhängige ungesättigte Wasserdurchlässigkeit (mm · h^{-1}).

cm) versteht man die Höhe, um welche Wasser durch Grenzflächenkräfte im Boden über die Grundwasseroberfläche mit senkrecht nach oben gerichtetem Saugspannungsgradienten gehoben wird. Oberhalb des Grundwasserleiters entwickelt sich so ein ebenfalls mit Wasser gesättigter *Kapillarraum.* Dieses Wasser ist im Ge-

gensatz zum freien Grundwasser jedoch gebunden. Zusammenhängende Menisken bilden die Kapillarraumobergrenze. Die Mächtigkeit des Kapillarraumes ist von Boden/Torfart, Gefüge bzw. Zersetzungsgrad abhängig.

Man unterscheidet einen unteren Bereich des *geschlossenen* vom oberen *offenen* Kapillar-

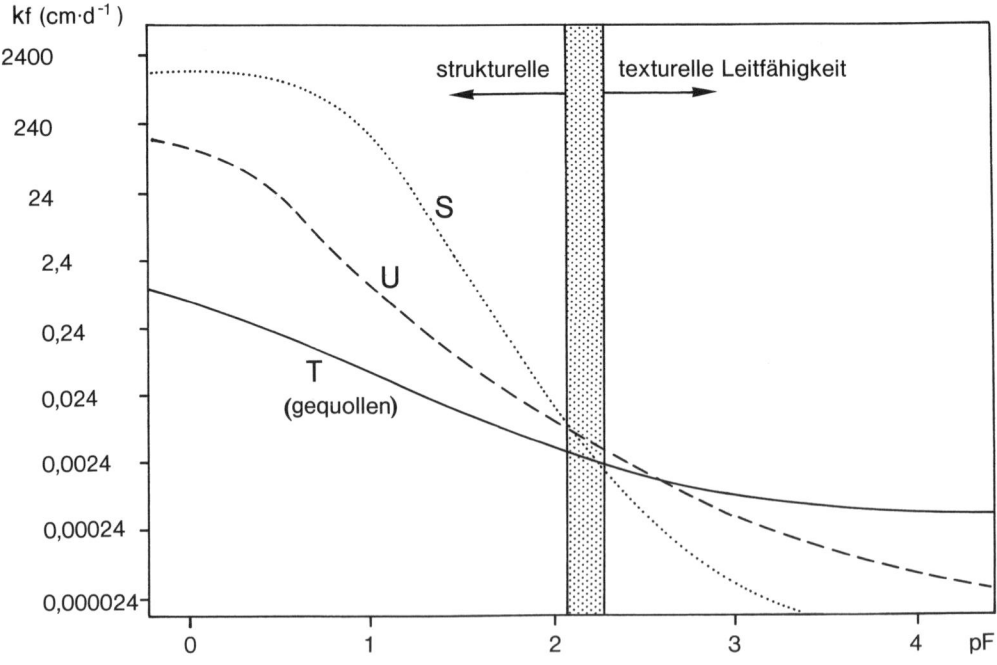

Abb. 95. Die von der Saugspannung (pF) abhängige Wasserdurchlässigkeit (kf) mit einem strukturellen und texturellen Leitfähigkeitsbereich (n. J. RICHTER 1986).

Abb. 96. Kapillarhub in geschichteten Bodenprofilen.

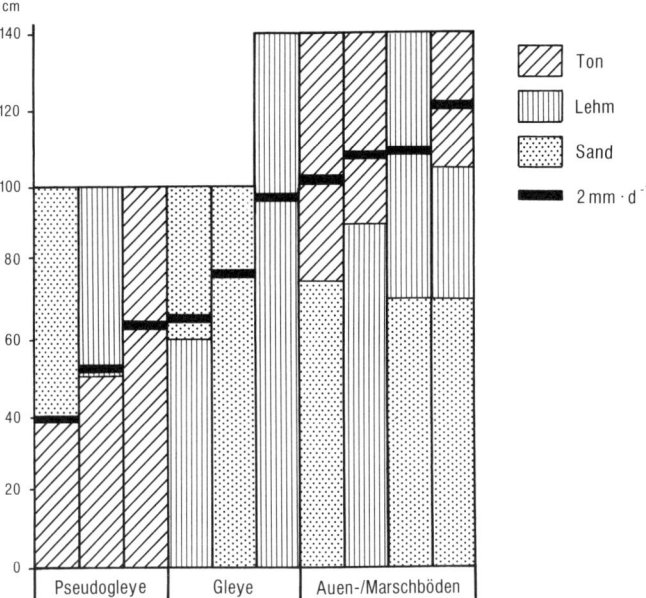

raum. Durch kapillare Hysterese ist die Mächtigkeit des Kapillarraumes bei *sinkendem*
Grundwasser (*passive* Kapillarität) größer als
bei Grundwasser*anstieg* (*aktive* Kapillarität).
Das Schwamm- oder Netzporensystem
(Abb. 79) ungleichporiger, d. h. ungleichförmi-
ger Böden bedingt eine auf engstem Raum stark
wechselnde Kapillarraumobergrenze. Mit Vor-
schieben der Kapillarwassersäulen nehmen
Lufteinschlüsse zu und das mit Kapillarwasser
gefüllte Porenvolumen ab. Der jeweils im Profil-
abschnitt vorherrschende größte Porenquer-
schnitt bestimmt den geschlossenen Kapillarraum (= scheinbare Grundwasseroberfläche).
Darüber hinaus in engen Poren vorrückendes

Wasser führt zu keiner Wassersättigung. Dieser
folglich teilweise belüftete und durchwurzelte
Bodenraum wird *offener* Kapillarraum genannt.
DIN 19683, Teil 10, beschreibt eine Meßanordnung für die Bestimmung des offenen und geschlossenen Kapillarraumes. Man kann diesen
auch im Felde einfach mit dem Rillenbohrer
feststellen. Durch leichtes Klopfen gegen den
Bohrer wird das Wasser im Kapillarraum aus
seiner Spannung gelöst, aus dem geschlossenen
leichter und mehr als aus dem offenen, und tritt
frei an die Oberfläche des Bohrgutes. Bei mittlerer Lagerungsdichte kann der *geschlossene* Kapillarraum auch von der Bodenart abgeleitet
werden (Tab. 87).

Abb. 97. Schematische Darstellung des Kapillarraumes und der
Abhängigkeit des Sättigungsgra-
des von der Höhe über der
Grundwasseroberfläche ▼ (Null-
Druckfläche) links: einkörnig;
rechts: mehrkörnig, strukturiert.

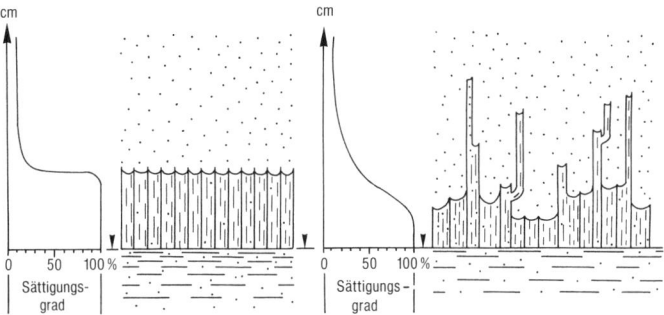

Tab. 87. Mittlerer aktiver geschlossener Kapillarraum in dm über GW-Spiegel

dm über GW-Spiegel	Bodenart
< 1	G, gS
1	mS, H1−2
2	fS, Sl2, Tu2, T3, H7−9
3	Su3, Sl3, Ls3
4	Sl4, Ls7, Tu4, Ut4, Ul4
5	Ut3, Ul3

Da jedoch auch Gefügeeigenschaften und vor allem biogene Poren diese wichtige Bodeneigenschaft mitbeeinflussen, sind große Abweichungen möglich. So sind gerade bei Tonböden je nach Aggregierung und bei Moorböden je nach Anteil gröberer fossiler Pflanzenreste sehr weite Spannen der Kapillarraummächtigkeit möglich. Wichtiger als die absolute Steighöhe ist die über den Kapillarraum in der Zeiteinheit nachlieferbare Wassermenge (*kapillare Aufstiegsrate* mm · h^{-1}). In dieser bodenphysikalischen Eigenschaft werden die Böden je nach Lagerungsdichte noch weiter differenziert. Das zeigt ein Beispiel in Abb. 98.

Ab Schluffkorngröße ist die kapillare Aufstiegsrate deutlich verlangsamt. Der kapillare Aufstieg aus dem Grundwasser über den geschlossenen/offenen Kapillarraum ist abhängig vom Gradienten der im Wurzelraum herrschenden Saugspannung, die bei fehlendem Niederschlag von der Evapotranspiration bestimmt wird. Unterstellt man dann an der Untergrenze des effektiven Wurzelraumes (We) in den verschiedenen Böden unterschiedliche Ausschöpfung des Bodenwassers (Wasserspannung), so ergeben sich für verschiedene kapillare Aufstiegsraten (mm · d^{-1}) bei gleichem Abstand zum Grund- oder Stauwasser Aufstiegshöhen, die in Tab. 88 aufgelistet sind.

Mit zunehmendem Anteil feinster Bestandteile bzw. Zersetzungsgrad nimmt die kapillare Aufstiegshöhe zu. Mit fossilen Pflanzenresten (z. B. Holz) stärker strukturierte Hn-Torfe haben bei gleichem Zersetzungsgrad und gleicher Lagerungsdichte eine ungünstige Kapillarität. Die kapillare Nachlieferung aus dem Grundwasser ist im Bereich schluffig-lehmiger Mineralböden und Torfen mittlerem Zersetzungsgrades am höchsten. Allgemein ist die Aufstiegshöhe ohne Bewuchs um so größer, je geringer die Aufstiegsraten sind. Nimmt die Lagerungsdichte zu, werden immer kleinere Aufstiegsraten über eine geringere Distanz kapillar gefördert. Bei Böden mit Bewuchs bestimmen die Wasseransprüche der Pflanzen zusammen mit der kapillaren Nachlieferungsrate des Bodens die Höhe des geschlossenen Kapillarraumes.

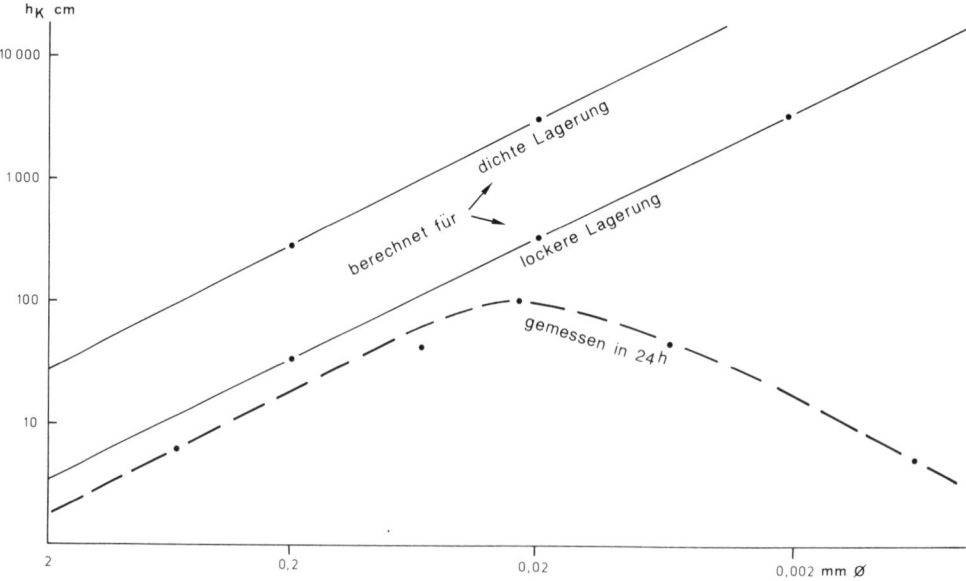

Abb. 98. Kapillare Steighöhe (h$_k$ in cm) in Abhängigkeit vom Teilchendurchmesser (mm), berechnet für dichte und lockere Lagerung im Vergleich zur 24-Stunden-Messung.

Tab. 88. Mittlere kapillare Aufstiegsrate in Boden- und Torfarten aus dem Grundwasser bis zur Untergrenze des effektiven Wurzelraumes (KRWe) in Abhängigkeit mittlerer effektive Lagerungsdichte bzw. Zersetzungsstufe (z) (nach Kartieranleitung, 1982, gekürzt)

Boden- u. Torfart	KRWe (mm · d^{-1}) bei dm Abstand zwischen GW und Untergrenze We													φ* mbar
	2	3	4	5	6	7	8	9	10	12	14	17	20	
Sande														
gS	>5,0	5,0	1,5	0,5	0,2	<0,1	–	–	–	–	–	–	–	100
mS	>5,0	>5,0	>5,0	3,0	1,2	0,5	0,2	<0,1	–	–	–	–	–	120
fS	>5,0	>5,0	>5,0	>5,0	3,0	1,5	0,7	0,3	0,2	<0,1	–	–	–	140
Sl2, St2	>5,0	>5,0	>5,0	>5,0	4,5	2,5	1,5	0,7	0,4	0,1	<0,1	–	–	150
Sl3	>5,0	>5,0	>5,0	>5,0	5,0	3,5	2,0	1,5	0,8	0,3	0,1	<0,1	–	180
Su3, Slu	>5,0	>5,0	>5,0	>5,0	>5,0	>5,0	5,0	3,0	2,0	1,0	0,5	0,2	–	200
St3	>5,0	>5,0	>5,0	>5,0	3,0	2,0	1,0	0,7	0,4	0,2	<0,1	–	–	300
Schluffe														
U, Us3	>5,0	>5,0	>5,0	>5,0	>5,0	>5,0	>5,0	5,0	3,5	2,0	1,0	0,5	0,2	250
Ul2, Ul3, Ut2–3	>5,0	>5,0	>5,0	>5,0	>5,0	>5,0	4,5	3,0	2,5	1,5	0,7	0,3	0,1	300
Uls	>5,0	>5,0	>5,0	>5,0	4,5	3,0	2,0	1,5	1,0	0,5	0,2	<0,1	–	300
Lehme und Tone														
Ls2–3	>5,0	>5,0	5,0	3,5	2,0	1,3	0,8	0,5	0,3	0,2	<0,1	–	–	350
Lu3	>5,0	>5,0	>5,0	>5,0	4,5	3,5	2,5	2,0	1,5	0,8	0,4	0,2	<0,1	400
Ltu, Tu4	>5,0	>5,0	4,0	2,0	1,0	0,7	0,5	0,3	0,2	0,1	<0,1	–	–	600
Lts, Lt2–3, Tu3	>5,0	5,0	2,5	1,2	0,7	0,5	0,3	0,2	0,2	<0,1	–	–	–	550
T, Tl3, Tu3	4,0	2,0	1,1	0,7	0,5	0,4	0,4	0,3	0,2	0,2	0,1	0,1	<0,1	700
Torfe und Zersetzungsstufe														
Hh z1–2	>5,0	>5,0	>5,0	5,0	2,0	0,7	0,3	0,1	–	–	–	–	–	100
Hh z4–5	>5,0	3,0	1,0	0,2	0,1	<0,1	–	–	–	–	–	–	–	100
Hn z1–2	>5,0	>5,0	>5,0	>5,0	5,0	1,0	0,1	–	–	–	–	–	–	100
Hn z3	>5,0	>5,0	>5,0	>5,0	5,0	2,0	0,5	<0,2	–	–	–	–	–	100
Hn z4–5	>5,0	>5,0	>5,0	5,0	2,0	0,5	0,2	<0,1	–	–	–	–	–	100

* angenommene Saugspannung φ an der Untergrenze We; bei Mineralböden entspricht dies etwa 70% der nFK an dieser Grenze, bezogen auf den Gesamtwurzelraum etwa 50% der nFK, bei in der Regel feuchten Moorböden ist FK unterstellt.

Zur Abschätzung von Auswirkungen einer Grundwasserabsenkung, z. B. im Bereich von Wasserwerken, bei Ent- und Bewässerungsmaßnahmen (Versalzung) auf die Vegetation ist die jeweils zulässige mittlere Tiefe der Grundwasseroberfläche *vorher* zu bestimmen. Diese wird als *Grenzflurabstand* des Grundwassers bezeichnet. Er berechnet sich aus der effektiven Durchwurzelungstiefe (We) und der kapillaren Aufstiegsrate, die beim jeweils betroffenen Boden für die vorherrschende Kulturart, Nutzungsintensität in niederschlagsfreien Perioden zur pflanzlichen Wasserversorgung aus dem Grundwasser sichergestellt bleiben müssen.

In Tab. 89 sind zwei Beispiele zur Verdeutlichung dieser von Boden, Pflanze und Witterung bestimmten Zusammenhänge aufgeführt.

Trotz höherer nFK bzw. vFK des Niedermoorbodens ist zur Sicherung des in seinem Wasserbedarf anspruchsvolleren Grünlandes (höhere Evapotranspiration, dichter Dauerpflanzenbestand) infolge einer nutzungs- (Wurzelkonkurrenz) und bodenspezifischen (rH, pH) geringeren effektiven Durchwurzelungstiefe

184 Bodeneigenschaften

Tab. 89. Berechnung des Grenzflurabstandes

Nr.	Boden-kennwert	Grünland Hn, z4	Getreide, Sl, Ld3
1.	We (dm)	4	8 (2.4.1.5)
2.	nFK (mm)	220	136 (Tab. 79)
3.	vFK (mm)	110	68 (Abb. 86)
4.	ETmax (mm·d^{-1})	5	2
5.	Vorratszeit (d)	22 (3. : 4.)	34 (3. : 4.)
6.	KRWe (mm·d^{-1})	5	2 (Tab. 88)
7.	GW-Abstand bis We (dm)	5	8
8.	Grenzflurab-stand (dm)	9 (1. + 6.)	16 (1. + 6.)

(We) im gewählten Beispiel eine deutlich geringere Grundwasserabsenkung tolerierbar als beim Getreide auf leichtem Mineralboden. Zur Sicherung von Feuchtbiotopen in der Kulturlandschaft siehe Kap. 4.5.3.5, Bodenschutz.

2.4.3.7.3 Dampfförmige Wasserbewegung

Im humiden Klima sind die Böden meist ausreichend mit Wasser gesättigt. Bei relativ niedriger Wasserspannung kann soviel Wasser verdunsten, daß die Bodenluft mit Wasserdampf gesättigt ist (100% relative Luftfeuchte). Mit steigender Saugspannung nimmt die relative Wassersättigung der Bodenluft ab (Tab. 90). Durch Unterschiede im Dampfdruck wird Wasserdampf erst > pF 4,2 bewegt. Ursachen des Dampfdruckgefälles sind:
1. Unterschiedliche Saugspannungen
2. Unterschiedliche Temperaturen
3. Unterschiedliche osmotische Drücke in der Bodenlösung.

Erst > pF 4,2 ist der relative Dampfdruck ($\frac{P}{Po}$) so eriedrigt, daß wirksame Gradienten entstehen. So starke Austrocknungen sind nur im ariden Klima möglich, im humiden Klima trocknen allenfalls Krumenböden gelegentlich bis pH 4,2

aus. Der dorthin sich bewegende Wasserdampf kondensiert vorzugsweise in feinsten Kapillaren, weil der relative Dampfdruck nur in diesen besonders stark erniedrigt werden kann. Diese *Kapillarkondensation* hat für die pflanzliche Wasserversorgung in Dürreperioden nur geringe Bedeutung, da sie sich im Totwasserbereich abspielt.

Ein Dampfdruckgefälle kann im Boden auch durch Temperaturunterschiede entstehen. Durch Einstrahlung ist besonders bei unbedeckten Böden am Tage und im Sommer die Bodenoberfläche stärker erwärmt als der Unterboden. Der Dampfdruck ist entsprechend im Profil oben größer als unten. Der Wasserdampf wird nicht nur aus dem Boden in die Atmosphäre abgegeben (Evaporation), sondern bewegt sich auch in Richtung des kühlfeuchten Untergrundes. Nachts kommt es umgekehrt zu einer Abkühlung an der Bodenoberfläche durch Rückstrahlung. Dann bewegt sich dem Dampfdruckgefälle folgend Wasserdampf aus dem relativ wärmeren Unterboden an die kühlere Oberfläche, wo er kondensiert. Diese von der Temperatur abhängige Kondensation wird *Thermokondensation* genannt.

Kapillar- und Thermokondensation werden als *innere* Kondensation zusammengefaßt. Je nach Jahreszeit und Witterung können in Abhängigkeit von der Saugspannung und der relativen Luftfeuchte im semihumiden Klima bis zu 0,2 mm/Nacht als Wasserdampf im Wurzelraum kondensiert werden. Unter ariden Klimabedingungen sind Wasserdampfbewegungen von 2 bis 7 mm/Tag möglich (siehe auch Taubrunnen zur Wassergewinnung in Wüsten).

2.5 Ökosystem Boden

Die Ökologie (gr. *oikos* = Haushalt) ist die Wissenschaft von der Struktur und Funktion der Natur. In ihrer ursprünglichen Definition nach HAECKEL (1866) wurde sie als »die gesamte Wis-

Tab. 90. Dampfdrücke und Porendurchmesser bzw. Saugspannungen

⌀ μm Poren	0,002	0,010	0,024	0,125	0,22	0,56	5,6	12,5	freies Wasser
pF	6,1	5,5	5,1	4,4	4,2	3,8	2,8	2,5	− ∞
$\frac{P}{Po}$	0,4	0,8	0,9	0,98	0,987	0,997	0,997	0,998	1,00

senschaft von den Beziehungen der Organismen zur Außenwelt« aufgefaßt. Ökologie kann daher nur in der Synthese zahlreicher naturwissenschaftlicher Disziplinen verstanden werden. Als eine *angewandte* Naturwissenschaft ist auch die Bodenkunde eine ökologische Disziplin. Der Boden als Pflanzenstandort ist ein belebtes physikalisch-chemisches System. *Synökologisch* betrachtet ist er ein *Ökosystem*. Die untrennbare Einheit von Lebensraum (Biotop-Klima-Boden) und Lebensgemeinschaft (Biozönose: Bodenorganismen-Pflanzen-Mensch-Tier) integriert das jeweilige Ökosystem Boden in höhere ökologische Einheiten unserer Umwelt. Dabei übernimmt der Boden – die Pedosphäre – eine zentrale Funktion in der gesamten Ökosphäre (Abb. 99). Er ist der Durchdringungskomplex von Atmosphäre, Hydrosphäre, Lithosphäre, Anthroposphäre und Biosphäre. Jeweils spezifische Eigenschaften wie auch Veränderungen der einzelnen Sphären beeinflussen den Boden in seinen Funktionen. In unterschiedlichen Klimaten entwickeln sich aus verschiedenen Gesteinen spezifische Böden (siehe 3.3.1). Für die Hydrosphäre ist der Boden wichtiger Filter (Grundwasserneubildung). Lithogene, klimatische und hydrologische Wirkungen erreichen über den Boden transformiert die Vegetation, die ihrerseits Nahrungsketten einleitet, die durch den Menschen (Anthroposphäre) stark beeinflußt, Bodenentwicklung und Boden-

fruchtbarkeit bestimmen. Diese im Vergleich zur Gesamtmasse des Planeten Erde extrem dünne äußere Bodenhülle entscheidet damit über unser aller Leben. Der Boden ist deshalb wichtiges Schutzobjekt.

In einem Ökosystem bestehen dynamische Gleichgewichte zwischen *abiotischen* (Gestein – Boden – Klima) und *biotischen* Bereichen (Produzenten – autotrophe Mikroorganismen, assimilierende Pflanzen und Konsumenten – heterotrophe Mikroorganismen, Tiere, Mensch). Wesentliches Merkmal eines Ökosystems ist die Fähigkeit zur *Selbstregulation* und die Abhängigkeit von der Sonnenenergie. Daher sind ökologische Systeme stets offen, d. h. durch Einflüsse von außen störbar und ohne scharfe Grenzen (ELLENBERG 1973).

So ist der Boden mit seinen vielfältigen Eigenschaften sowohl der Energiespeicherung und -transformation als auch der Filterung und Pufferung ein wichtiger Umweltfaktor. Solange bodenspezifische Belastungsgrenzen nicht überschritten werden, z.B. durch nicht standortgemäße Nutzung, Überdüngung, Immissionen, Ent- und Bewässerung, können im und über dem Boden wirksame Funktionen zur Selbstregulation vielfältige und zunehmende zivilisatorische Einflüsse schadensfrei auffangen. Zum besseren Verständnis dieser Wechselbeziehungen von *input* und *output* sollen die ökologischen Eigenschaften des Bodens als *Teilhaushalte* nachfolgend näher betrachtet werden. Alle diese Haushalte stehen untereinander in Wechselbeziehungen. In ihrer Summe bestimmen sie die *Bodenfruchtbarkeit*. Zur Prophylaxe und Sanierung von Bodenschäden siehe Bodenschutz (Kap. 4.5.3 ff.).

2.5.1 Bodenwasserhaushalt

Das Bodenwasser ist mit Zustands- und Ortsänderungen Bestandteil des Wasserkreislaufes. Die erweiterte Wasserhaushaltsgleichung drückt dieses aus:

$$N = A + V + (R - B)$$

N = Niederschlagshöhe ($1 \cdot mm^{-2} = mm$) aufgefangen mit Regenmesser nach HELLMANN. Verteilung nach dem Gießkannenprinzip im Gebiet ungleichmäßig. Niederschlagsintensität ($1 \cdot mm^{-1}$).

A = Abflußhöhe (mm) = Summe des Abflusses eines hydrologisch einheitlichen Einzugsgebietes (Wasserscheiden),

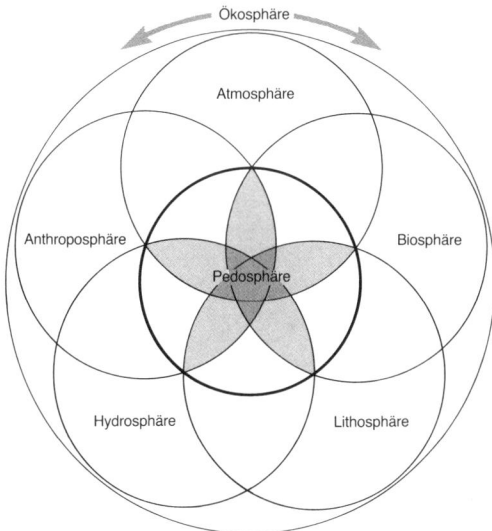

Abb. 99. Umweltfaktor Boden.

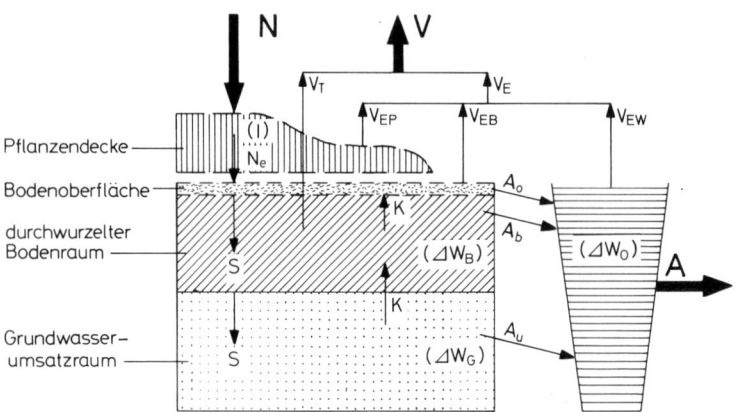

Abb. 100. Der Wasserkreislauf im Wirkungsfeld Wasser – Boden – Vegetation (nach WOHLRAB u. BAHR 1974).

z. B. durch geeichte Überfallwehre in Fließgewässern mit Meßpegeln zu erfassen. Abfluß = $1 \cdot s^{-1}$; Abflußspende $1 \cdot s^{-1} \cdot ha^{-1}$ bzw. km^{-2}.

V = Gebietsverdunstung (Evapotranspiration, V_{ET} (mm) Summe der unproduktiven Verdunstung = Evaporation, V_E, Interzeption = V_I und produktiven Verdunstung = Transpiration V_T im Einzugsgebiet.

R = Rücklage bzw. Vergrößerung des gesamten ober- und unterirdischen Wasservorrates (mm) des Einzugsgebietes für eine bestimmte Zeitspanne unter Annahme gleichmäßiger Verteilung.

B = Verbrauch, Verkleinerung des gesamten ober- und unterirdischen Wasservorrates (mm) des Einzugsgebietes für eine bestimmte Zeitspanne unter Annahme gleichmäßiger Verteilung.

R−B = Vorratsänderung im Boden-, Grund- und Oberflächenwasser.

Abb. 100 zeigt die einzelnen Wasserhaushaltsglieder. Die nebenstehenden Zahlen geben die mittleren jährlichen Beträge für die westlichen Bundesländer Deutschlands wider. Danach nimmt der weitaus größte Teil von N seinen Weg über den Boden. Die vorübergehende Speicherung (R) im Boden ist sehr unterschiedlich (S > L > T > H). Etwa 30% der Niederschläge dienen nach Sickerung der Grundwasserneubildung. Diese ist in Abhängigkeit von KWB, FK und kf der Böden sowie Kulturart unterschiedlich hoch (etwa 100 mm im Raum Göttingen auf Lößstandorten unter Acker, etwa 300 mm auf gut durchlässigen Sandstandorten im Raum Bremen).

Der Abfluß (A) ist untergliedert in Oberflächenabfluß (A_o), oberflächennahen Abfluß (A_b) (Interflow, Dränwasser) und unterirdischen Abfluß (A_u) (Sicker- und Sinkwasser).

Der Wasserkreislauf wird maßgeblich von der Pflanzendecke beeinflußt. Der effektive Niederschlag N_e ist bei bewachsenen Böden geringer als der Gesamtniederschlag. Ein Teil des Niederschlages wird von der Pflanzenoberfläche zurückgehalten und kommt von dort aus direkt zur Verdunstung. Diese, auch Interzeption genannte Verdunstungsgröße (V_I in Abb. 100), kann bei Koniferen mehr als 300 mm pro Jahr ausmachen. Bei landwirtschaftlichen Kulturen mit kurzer Wachstumzeit beträgt sie bis zu 50 mm

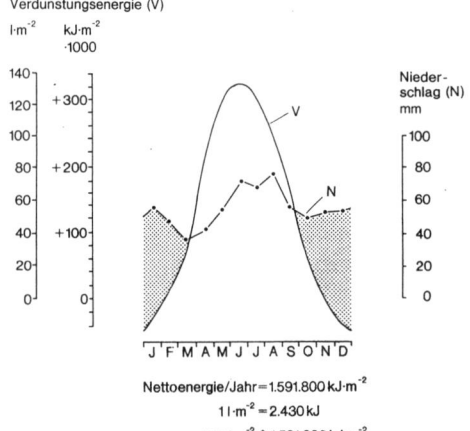

Abb. 101. Monatsbeträge an Nettoenergie für den 50. Breitengrad n. (Raum Frankfurt/M.) und langjährige Niederschlagsverteilung für Frankfurt/M.-Flughafen.

pro Jahr. Die Gesamtverdunstung erfaßt weiterhin neben der Transpiration (V_t) die Verdunstung von der Boden- (V_{EB}) und der Wasseroberfläche (V_{EW}).

Die in Abb. 100 dargestellten Größen für die einzelnen Wasserhaushaltsglieder schwanken in Abhängigkeit von der Klimaregion in weiten Grenzen (Voralpenraum, Küstenregion). So ergeben sich auch für die östlichen Bundesländer Deutschlands andere mittlere Jahresbeträge als für die westlichen: N = 660 mm, V = 502 mm, A = 160 mm.

Man unterscheidet zwischen der *aktuellen* (ET_a) und der *potentiellen* Verdunstung (ET_p). Die ET_p wird in ihrer Größenordnung von der Bodenart und ku und von der eingestrahlten Energiemenge bestimmt (vgl. hierzu auch Abb. 101 (Energiebilanzen) und Abb. 102). Sie ist in Abhängigkeit von Breitengrad und Jahreszeit unterschiedlich hoch. Für den 50. Breitengrad nördlicher Breite (Raum Frankfurt) stehen jährlich ca. 1,6 Mill. KJ · m^{-2} für Verdunstung zur Verfügung. Zur Verdunstung von 1 Liter ist ein Energiebetrag von 2430 KJ notwendig. So läßt sich die ET_p für diesen Raum mit 655 mm errechnen (Abb. 101).

Die Gegenüberstellung von mittleren monatlichen Niederschlägen und der verfügbaren Verdunstungsenergie läßt Jahreszeiten erkennen, in denen die für die Verdunstung benötigten Wassermengen aus dem Niederschlag gedeckt oder nicht gedeckt werden können. In Phasen eines jahreszeitlichen Wasserbilanzdefizites ist der Verdunstungsbedarf aus gespeicherten Bodenwassermengen (nFK) zu decken. Ist die nFK zu gering und sind entsprechend die Saugspannungen zu hoch, sinkt je nach ku (siehe Kap. 2.4.3.7.2) die ET_a unter ET_p (Abb. 102).

Die ET_p kann gemessen und berechnet werden. Ältere *Meßgeräte* sind Keramische Scheibe nach CZERATZKI, Pichè-Evaporimeter und Wildsche Verdunstungswaage, die aber alle ihre Meßprobleme aufweisen. Hochauflösend sind dagegen wägbare Lysimeter. Weltweit verbreitet ist die Class A-Pan, in der die Verdunstung aus einer großen wassergefüllten Wanne mit genormten Maßen gemessen wird. Durch Um-

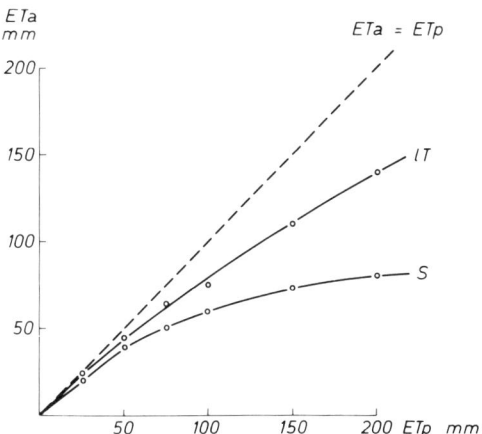

Abb. 102. Aktuelle (ETa) und potentielle (ETp) Evapotranspiration in Abhängigkeit von der Bodenart.

rechnungsfaktoren läßt sich hier auch die Pflanzenverdunstung angeben.

Lufttemperatur, aktueller Wasserdampfdruck, Windgeschwindigkeit und Nettostrahlung sind die wesentlichen Witterungsgrößen, die die Höhe der ET_p bestimmen. Sie werden in verschiedenen empirisch und physikalisch begründeten *Berechnungsverfahren* berücksichtigt. Bekannt sind u. a. die empirischen Berechnungsverfahren von THORNTHWAITE (Temperatur) und HAUDE (Sättigungsdefizit). Die physikalisch begründeten Verfahren gehen auf PENMAN zurück, der in seiner Gleichung den Betrag der vertikalen Energieabgabe mit der allgemeinen Verdunstungsgleichung nach DALTON (Sättigungsdefizit) kombinierte.

Für humide Klimagebiete bietet der einfache Berechnungsansatz nach HAUDE ein praktikables Berechnungsverfahren, das in DIN 19685 festgelegt ist (siehe unten).

Liegen die Jahresniederschläge in der Größenordnung der verfügbaren Verdunstungsenergie (Abb. 101), so können bei grundwassernahen, bewachsenen Böden und freien Wasserflächen bis zu 100% der Jahresniederschläge verdunsten. Im Vergleich dazu ist die Verdun-

Berechnung der potentiellen Evapotranspiration (ET_p) nach HAUDE

$$ET_p = b \cdot (E - e)14^h$$

b	= variabler Monatsfaktor	(0,27−0,54)	
E	= Sättigungsdampfdruck	bei gegebener Temperatur aus Tabellen in DIN 19685 ablesbar bzw. hygrometrisch um 14.00 Uhr gemessen.	
e	= Partialdruck		
E − e	= Sättigungsdruck		

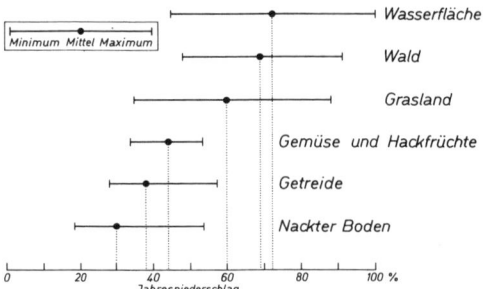

Abb. 103. Jahresverdunstung bei verschiedener
Bodennutzung.

stung unter Ackerkulturen und unbewachsenem
Boden deutlich geringer (Abb. 103).

Da über längere Zeiträume in der erweiterten
Wasserhaushaltsgleichung die Wasservorratsänderung R – B sich aufhebt, wird N = A + V.
Sobald zwei Größen – leicht meßbar A und N –
bekannt sind, kann die jeweils dritte auch abgeleitet werden. Im ariden Klima ist V > N, im
humiden V < N. Sofern A vernachlässigt werden kann, wird die *klimatische Wasserbilanz* nur
aus N und V ermittelt. Bei *negativer* klimatischer
Wasserbilanz (N < V) und < 50% nFK ist eine
Bewässerung notwendig, um die Ertragsverluste
durch Mangel an pflanzenverfügbarem Wasser
auszuschalten. Klimatische Wasserbilanz*überschüsse* N > V machen *Ent*wässerungsmaßnahmen erforderlich. Be- und Entwässerungsbedarf
richten sich neben dem Klima vor allem nach
Bodeneigenschaften (nFK, k_f) und Nutzungsansprüchen (siehe Kap. 4.5.2).

Als Bemessungsgröße für den wirtschaftlichen Einsatz von Wasser in der Pflanzenproduktion wurde in der Vergangenheit vielfach der
Transpirationskoeffizient (l $H_2O \cdot kg^{-1}$ Tr. S.)
bzw. die water use efficiency (g Tr. S. $\cdot m^{-3} H_2O$)
gewählt. Die Erfahrung hat gezeigt, daß diese
Größen nur sehr ungenaue Angaben ermöglichen. Bessere Prognosen über den zu erwartenden Trockenmasseertrag lassen sich aus folgender Gleichung ableiten:

$$Tr. S. = A \cdot \frac{V_T}{\Delta e}$$

A = pflanzenspezifischer Faktor
Δe = Sättigungsdefizit

Bei ungleichmäßiger Verteilung der Niederschläge ist die Pflanze zeitweise auf die Boden-

wasservorräte angewiesen. Der Bodenwasserhaushalt ist Teil des großen Gebietswasserhaushaltes (Abb. 104). Veränderungen der Bodenfeuchte machen die Dynamik des Bodenwasserhaushaltes deutlich. Oberflächenabfluß (A_o)
setzt ein, wenn die Niederschlags-(Beregnungs-)
intensität (mm $\cdot h^{-1}$) größer wird als die Regenverdaulichkeit (mm $\cdot h^{-1}$) (siehe auch Erosion,
Kap. 4.5.3.2).

Die Wasseraufnahme erfolgt im Boden als Infiltration in Abhängigkeit von der aktuellen Bodenfeuchte und damit Höhe der Wasserbindungsintensität. Versickerung setzt erst nach
Wassersättigung > FK ein. Makroporenfluß
(Influktuation) kann schon eher in Schwundrissen, Wurmröhren u. a. groben Hohlräumen erfolgen (= Minderung der Filterleistung). Man
unterscheidet deshalb *Sickerwasser* (dränende
Poren, pF < 2,0) und *Sinkwasser* (spannungsfreies Porenvolumen, pF ∞).

Vom Haftwasser sind nur die zwischen pF 1,8
und 2,2 (= untere Grenze der FK) bis pF 4,2
(obere Grenze der FK, PWP) adsorptiv oder
kapillar gespeicherten Anteile pflanzenverfügbar (= nFK). Zusätzlich müssen die effektive
Durchwurzelungstiefe (We) und -intensität sowie die kapillare Nachlieferung berücksichtigt
werden. Sie bestimmen die verfügbare Feldkapazität (nFK We). Während des Sickervorganges ist das Wasser noch pflanzenverfügbar, dabei kann kapillargetragenes Wasser entstehen
(Abb. 80). Gelangt Sicker- oder Sinkwasser auf
eine schwer oder undurchlässige Bodenschicht,
werden über dieser allmählich sämtliche Hohlräume zusammenhängend mit Wasser gefüllt,
welches dann allein der Schwerkraft unterworfen sich nur einem Gefälle bzw. unterschiedlichem Druckpotential folgend bewegen kann.
Man unterscheidet *Stau*- und *Grund*wasser.

Sofern die undurchlässige Sohle im Bodenprofil höher als 1,3 m u. Fl. ansteht, unterliegt
das dadurch gestaute Wasser der von Witterung
und Vegetation abhängigen Verdunstung. Deshalb ist *Stauwasser* als eine besondere Form des
Grundwassers nur *zeitweilig* (N > V) im Boden
oberhalb einer Stauwassersohle (Sd) im Stauwasserleiter (Sw) vorhanden und verursacht
dort Luftmangel. In Perioden mit negativer klimatischer Wasserbilanz (N < V) herrscht dagegen in Staunässeprofilen Wasser*mangel*, da die
Wasservorräte unter dem schlecht wasserleitenden Sd-Horizont für die Wurzeln kaum verfügbar sind. Je höher eine Stausohle ansteht, um so
extremer wird dieses Bodenwechselklima (naß–

Tab. 91. Ermittlung des Staunässegrades (nach Kartieranleitung 1982, gekürzt und ergänzt)

aktuelle Bodenmerkmale		Dauer der Naßphase			Verzögerungen d. Vegetationsbeginns	Störungen des Vegetationsverlaufs	landwirtschaftl. Nutzungseignung u. Meliorationen	Staunässestufe
in humosem Oberboden	unterhalb Oberboden	0–2 dm	2–4 dm	4–8 dm				
keine Staunässemerkmale	s. schw. eisen-/bleichfleckig	–	(–)	(+)	–	–	landbaul. Nutzung ohne nässebedingte Probleme	nicht staunaß
s. schwache Reduktionserscheinungen im Frühjahr, schw. eisenfleckig in Wurzelbahnen	schw. eisen-/bleich-fleckig	(–)	(+)	+	(–)	–	Tragfähigkeit u. Bearbeitkeit selten eingeschränkt	sehr schwach staunaß
schw. erhöhter Humusgehalt, Eisenflecken in Wurzelbahnen	eisenfleckig, bleichfleckig	(+)	+	++	(+)	–	Tragfestigkeit u. Belastbarkeit gelegentl. eingeschränkt, Oberflächenentwässerung	schwach staunaß
erhöhter Humusgehalt, eisenfleckig	deutl. Naßbleichung, ± eisenfleckig	+	++	+++	+	(–)	Grünland, Ackerland bedingt; Trittfestigkeit u. Bearbeitung häufig eingeschränkt; Bedarfsdränung	mittel staunaß
st. erhöhter Humusgehalt; eisen-/bleichfleckig	st. Naßbleichung; ± eisenfleckig	++	+++	++++	+	(+)	Wiese; Weide bedingt; Trittfestigkeit stets eingeschränkt; Tieflockerung u. Dränung	stark staunaß
s. st. erhöhter Humusgehalt; Reduktionserscheinungen	s. st. Naßbleichung; häufig reduziert; ± eisenfleckig	+++	++++	++++	+++	++	Wiese, Befahrbarkeit stets stark eingeschränkt; Tieflockerung u. Dränung	sehr stark staunaß
anmoorig; weitgehend reduziert	meist reduziert	++++	++++	++++	++++	keine Wuchsmöglichkeiten für landwirtschaftliche Nutzpflanzen	Streuwiesen, Tieflockerung u. Dränung	äußerst staunaß

Erläuterung:
– nie, keine; (–) selten; (+) gelegentlich; + kurzfristig, häufig; ++ mittelfristig; +++ langfristig, stark; ++++ sehr langfristig, ständig

Tab. 92. Einstufung der Grundwasserstände (nach Kartieranleitung 1982, gekürzt und ergänzt)

Vorherrschende Höhe des Grundwasserstandes in dm u. GOF			Grundwasserstufe	Entwässerungsbedarf für landw. Nutzung
MHGW	MGW	MNGW		
> GOF	< 2	< 4	sehr flach	+ + +
2 – GOF	2 – 4	4 – 8	flach	+ +
4 – GOF	4 – 8	8 – 13	mittel	+
4 – 8	8 – 13	13 – 16	tief	(+)
8 – 13	13 – 16	16 – 20	sehr tief	–
13 – 16	16 – 20	> 20	sehr tief	–
16 – 20	> 20	> 20	äußerst tief	–

MHGW = mittlerer Grundwasserhöchststand; MGW = mittlerer Grundwasserstand; MNGW = mittlerer Grundwasserniedrigstand

trocken). Der Staunässe*grad* wird von der Tiefenlage des Sd-Horizonts bestimmt (Tab. 91).

Neben Stau*wasser* ist Stau*nässe* auch durch zuviel *Haftwasser* möglich. In schluffreichen Böden mit vorherrschenden Mittel-Feinporen und geringer LK herrscht bereits bei FK Luftmangel. Haftnässe kann sich z.B. in Hochflutlehmdecken über Talsand auch durch tragende Menisken bilden. Gealterte Moorschwarzkulturen werden ebenfalls haftnaß.

Grundwasser (GW) ist unterirdisches Wasser, das sich – im bodenkundlichen Sinne – über einer tiefer als 1,3 m unter GOF liegenden GW-Sohle (wasserundurchlässiger GW-Nichtleiter (Aquiclude) im GW-Leiter (Aquifer) ansammelt und dessen Hohlräume zusammenhängend ausfüllt. Man unterscheidet je nach Hohlraumgestaltung Poren-, Kluft- und Karstgrundwasserleiter. Allein der Schwerkraft unterworfen, kann es sich durch Gefälle bzw. unterschiedliche Druckpotentiale bewegen. Im Gegensatz zum Stauwasser ist es *ständig* vorhanden. Je höher das GW ansteht, um so stärker unterliegt die GW-Oberfläche jahreszeitlichen Schwankungen. Diese GW-Amplitude wird durch Grundwasserhöchststand (HHGW) meist ausgangs des Winters und Grundwassertiefststand (NNGW) meist im Spätsommer bestimmt. GW wird in Brunnen, Röhren, Pegeln oder Bohrlöchern nach Druckausgleich als GW-Spiegel eingemessen. Dieser ist nicht identisch mit der durch höheren Druck im Boden eingestellten GW-*Oberfläche*. Zwischen wasserungesättigtem Bodenraum und GW-Leiter entwickelt sich der *Kapillarraum* infolge *Kapillarhub* (h_k). Die Obergrenze des geschlossenen Kapillarraumes wird

als *scheinbare* Grundwasseroberfläche bezeichnet (Abb. 97).

In Böden mit geringer nFK kann für wasserliebende Kulturen bei häufig negativer klimatischer Wasserbilanz Grundwasseranschluß für eine hohe pflanzliche Produktivität erwünscht sein, sofern keine Versalzungsgefahr besteht. Der für eine Versorgung der Pflanzen aus dem Grundwasser gerade noch ausreichende GW-Grenzflurabstand wird ermittelt aus der mittleren effektiven Durchwurzelungstiefe der Kultur-/Fruchtart und der erwünschten kapillaren Nachlieferungsrate (k_u) über dem Kapillarraum (Tab. 89). Besonders bindige und schluffige Mineralböden, vor allem aber Moorböden sind bei zu hohem Grundwasser (< 0,8 m u. Fl.) nicht trag- und trittfest.

In Tab. 92 sind die für eine landbauliche Nutzung und den Entwässerungsbedarf wichtigen Grundwasserstände eingestuft.

Mittlere Grundwasserstände (MGW) sind in ihrer Witterungsabhängigkeit höchst unsichere ökologische Kriterien. Bessere Aussagen liefert der GW-Schwankungsbereich (MHGW – MNGW). Sofern dieser nicht durch langfristige Messungen, z.B. der Gewässerkundlichen Dienststellen, belegbar ist, kann die Mächtigkeit des Go-Horizontes zu diesen Daten hinführen. Allerdings ist dabei zu beachten, daß der geschlossene Kapillarraum die Grenzen des Go-Horizontes mitbestimmt und die Werte aus Tab. 87 entsprechend abzuziehen sind, um den MNGW (= untere Grenze Go) bzw. MGHW (= obere Grenze Go) richtig zu bemessen. Leider zeichnen nur eisenhaltige und organogene Böden den Oxidations-Reduktionseinfluß sicher.

Tab. 93. Ermittlung der Grundnässestufe (nach Kartieranleitung 1982, gekürzt u. ergänzt)

Tiefe Grundwasseroberfläche Ende Mai i. dm u. GOF	Grundwasserstufe	Aktuelle Bodenmerkmale		Aktuelle Vernässung			Ökologische Wirkungen		Nutzungseignung	Grundnässestufe	Entwässerungsbedarf
		im humosen Oberboden	im Unterboden	0–2	2–4	4–8	Verzögerung Vegetationsbeginn	Störungen Vegetationsverlauf			
					dm u. GOF						
> 16	äußerst tief	keine Nässemerkmale	s. schw. eisenfleckig	–	(–)	(+)	–	–	ohne nässebedingte Probleme	nicht grundnaß	–
13–18	sehr tief	s. schw. Reduktionserscheinungen im Frühjahr, schw. eisenfleckig in Wurzelbahnen	schw. eisenfleckig	(–)	(+)	+	(–)	–	Tragfestigkeit, Bearbeitbarkeit selten eingeschränkt	schw. grundnaß	–
10–16	tief	schw. erhöhter Humusgehalt, Eisenflecken an Wurzelbahnen	eisenfleckig	(+)	+	++	(+)	–	Tragfestigkeit u. Bearbeitkeit gelegentl. eingeschränkt	schw. grundnaß	verbesserte Vorflut
3–12	tief-mittel	erhöhter Humusgehalt, schw. eisenfleckig	eisenfleckig	+	++	++	+	(–)	Ackerland bedingt; Tragfestigkeit, Bearbeitbarkeit häufig eingeschränkt	grundnaß	Dränung
1–9	flachtief	erhöhter Humusgehalt; eisenfleckig	eisenfleckig; oft Reduktion an Wurzelbahnen	++	+++	++++	++	(+)	Weide bedingt; Tragfähigkeit u. Befahrbarkeit stets eingeschränkt	st. grundnaß	verbesserte Vorflut und Dränung
< 2	s. flach bis mittel	s. st. erhöhter Humusgehalt; häufig Reduktionserscheinungen	eisenfleckig; überwiegend reduziert	+++	++++	++++	+++	+	Wiese, Befahrbarkeit stets st. eingeschränkt	grundnaß	Hochwasserschutz, verbesserte Vorflut
0	s. flach bis flach	torfig, anmoorig; weitgehend reduziert	voll reduziert; Oxidation nur in Wurzelbahnen	++++	++++	++++	keine Wuchsmöglichkeiten für landwirtschaftliche Nutzpflanzen		(Streuwiesen?)	äußerst grundnaß	Hochwasserschutz

Erläuterungen:
– nie, keine; (–) selten; (+) gelegentlich; + kurzfristig, häufig; ++ mittelfristig; +++ langfristig, stark; ++++ s. langfristig, ständig

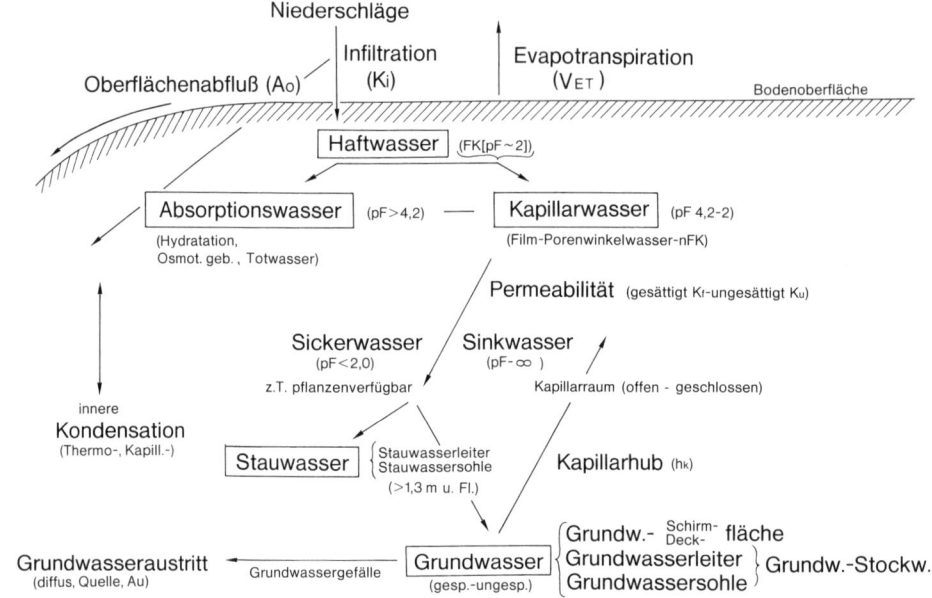

Abb. 104. Halbschematische Übersicht über das Verhalten des Wassers im Boden.

Außerdem müssen solche hydromorphen Merkmale nicht mehr rezent sein. Die Grundwasseramplitude bestimmt die aktuelle Vernässung. Besonders kritisch ist sie zu Vegetationsbeginn. Nach Tab. 93 kann man aus hydromorphen Merkmalen die Grundnässe in ihrer ökologischen und Nutzungswirkung sowie den Entwässerungsbedarf ableiten.

Nur das obere GW ist für die Vegetation von Bedeutung. GW-Leiter mit einer oberen (Schirm, Deckfläche) und unteren (GW-Sohle) Begrenzung umfassen ein GW-Stockwerk. GW-Stockwerke werden von oben nach unten numeriert. Das 1. GW-Stockwerk ist für Trinkwassergewinnung in intensiv landwirtschaftlich genutzten Gebieten u. a. durch NO_3-Belastung gefährdet. Deshalb werden GW-Schutzgebiete mit Zonen unterschiedlicher Nutzungsintensität eingerichtet (siehe Kap. 4.5.3.3.2.5).

GW-Schirm- oder Deckflächen können ein GW-Stockwerk nach oben begrenzen. Sofern zwischen GW-Leiter und einer oberen undurchlässigen Grenzfläche ein nicht mit GW erfüllter Raum (Aquiclude) verbleibt, handelt es sich um eine GW-Schirmfläche. Das darunter befindliche GW ist *ungespannt. Gespanntes* (artesisches) GW tritt auf, wenn die GW-Oberfläche nicht in eine schwer- bis undurchlässige Grenzfläche eindringen kann. Diese heißt dann GW-

Deckfläche. Gespanntes GW hat deshalb einen höheren hydrostatischen Druck als dem atmosphärischen Druck in dieser Tiefe entspricht. Es wird als GW-Druckspiegel gemessen. Dem Gefälle folgend, tritt GW in Abhängigkeit geologischer Schichtungen diffus oder in Quellen aus.

Durch innere Kondensation kann ein geringer Teil des GW auch dampfförmig durch Druck- und Temperaturunterschiede in porösen Böden bewegt werden.

2.5.2   Bodenlufthaushalt

Wasser und Lufthaushalt der Böden sind in folgender Gleichung verbunden: PV – WV = LV. WV-Zunahmen bedingen LV-Abnahmen. Entsprechend ist die Luftkapazität LK (% vol) der bei FK mit Luft erfüllte Anteil grober Poren > 50 μm. LK = PV – FK. Im Sommer ist oft LV > LK. LK ist abhängig von Körnung, Lagerungsdichte (Tab. 79), Gefüge, Profiltiefe, Entwässerung. Die Böden sind in ihrer LK klassifiziert (Tab. 94). Mit steigendem Tongehalt nimmt LK ab, gut aggregierte T-Böden jedoch können hohe LK haben. Mit steigendem Humusgehalt nimmt LK nach Tab. 80 bei leichten Böden deutlich ab. Dafür nimmt nFK zu. Mittlere Böden behalten nahezu konstante LK, unabhängig vom steigenden Humusgehalt. Schwere

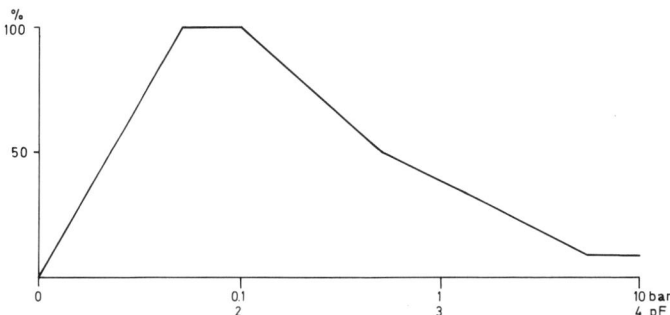

Abb. 105. Bodenwasserspannung und Nitrifizierung in einem Löß-lehm ($100 = 8,3\,mg \cdot kg^{-1}$) NO_3-N/d).

Böden werden erst > 8% mas organische Substanz deutlich in der LK verbessert, ihre nFK nimmt parallel zu.

Zu hohe Humusgehalte (Anmoore) haben wieder geringere LK zur Folge (Abb. 88). Je geringer der Zersetzungsgrad der Torfe, um so höher ist die LK der Moorböden. Die unterschiedlichen LK der Böden bestimmen ihre Eignung für den Anbau von Kulturpflanzen.

Wurzelaktive Pflanzen (Hackfrüchte) haben einen höheren Luftanspruch im Boden als Flachwurzler (Gräser) (Tab. 95). Durch im Boden vorherrschende O_2-Konzentrationen werden mikrobiologische Prozesse gesteuert. An- und Abwesenheit von O_2 fördert, unterdrückt oder tötet verschiedene Gattungen und Arten der Bodenfauna und -flora. Dieses gilt für Pilze ebenso wie für Bakterien. Letztere lassen sich nach ihrer Affinität zum Sauerstoff unterteilen. Nach der Art des H-Akzeptors wird unterschieden in Atmung (aerob), Gärung und anaerobe Atmung (anaerob). Ein behinderter Gasaustausch wird angezeigt durch Anhäufung von Umbau- und Abbauprodukten mikrobiologischer Tätigkeit sowie chemische Umwandlungsprozesse (organische Säuren, reduzierte Mn-, Fe- und S-Verbindungen). Sie alle können in Abhängigkeit von der Verteilung belüfteter und nicht belüfteter Kompartimente im Boden kleinräumig (Marmorierung) nebeneinander vorkommen.

Für landwirtschaftlich genutzte Standorte sind die fakultativ anaerob lebenden Denitrifikanten von besonderer Bedeutung. Diese Bakteriengruppe stellt bei O_2-Mangel ihren Stoffwechsel von der O_2-Atmung auf die NO_3-Atmung um und entbindet so gasförmigen N_2. Der Prozeß der Denitrifikation führt zu Verlusten von bodenbürtigem und Dünger-N und stellt damit für die Landwirtschaft einen ökonomischen Verlust dar. Auf der anderen Seite kann die Denitrifikation bei zu hohen NO_3-Gehalten im Boden und im Grundwasser eine Ausgleichsgröße im N-Haushalt bilden und dazu beitragen, die NO_3-Belastung des Grundwassers zu reduzieren.

Nach Abb. 105 ist die Nitrifizierung im pF-Bereich um 2 (FK, LK) optimal. Unterhalb LK führt Wasserüberschuß/Luftmangel zur Denitrifikation, oberhalb LK begrenzt Wassermangel die Nitrifikanten.

In einem biologisch aktiven Boden können jährlich bis zu $12\,000\,kg \cdot ha^{-1}$ CO_2, davon zwei Drittel mikrobiell und ein Drittel über die Wurzelatmung, produziert werden. Dabei wird O_2 verbraucht.

Ein behinderter Gasaustausch im Boden führt zur Anreicherung von CO_2 in der Bodenluft, wobei erhöhte CO_2-Konzentrationen durchaus wachstumsfördernd sind. Für Gerste kann ein Optimum des Wurzelwachstums bei 1–2% vol CO_2 und für Ackerbohnen bei 1–4% vol CO_2 angenommen werden. Die positive Ertragswirkung eines erhöhten CO_2-Partialdruckes ist so zu erklären, daß dieser eine Erhöhung der Permeabilität der Zellwände und damit eine verbesserte Nährstoff- und Wasseraufnahme bewirkt. Wachstumsbegrenzende CO_2-Konzentrationen, die für die Bodenluft oberhalb von ca. 15% vol CO_2 liegen, werden auf landwirtschaftlich genutzten Kulturböden nur selten erreicht. Konzentrationsmessungen von O_2 und CO_2 in der Bodenluft können letztlich kein Maß für die Durchlüftungsbedingungen sein. So können sich z.B. gleich hohe O_2-Gehalte bei grundsätzlich unterschiedlich hohem O_2-Bedarf und unterschiedlicher O_2-Nachlieferung einstellen.

Wie beim Wasser- sind auch für den Lufthaushalt der Böden weniger das wechselnde LV, sondern seine Zusammensetzung und Verfügbarkeit entscheidende Kriterien eines Pflanzenstandorts.

Tab. 94. Einstufung der Luftkapazität bzw. der Speicherkapazität für Grund- und Stauwasser (entwässerbares Porenvolumen) (nach Kartieranleitung 1982)

Grobporen ($\varnothing > 50\,\mu$m) in % vol	Bezeichnung	Kurzzeichen	Beispiel
< 3	sehr gering	LK 1	Sd-, Knick-, Sg-Horizont
3– 7	gering	LK 2	Bt-Horizont, aus Ul 4
7–12	mittel	LK 3	Bt-Horizont aus Lu, H > z3
12–18	hoch	LK 4	Bv-Horizont aus Sl 3
>18	sehr hoch	LK 5	Bv-Horizont aus gmS, H < z3

Solange sich Bodenwasser ausreichend schnell bewegt und viel absorbierte Luft (O_2) enthält, können Pflanzen selbst bei geringem LV gut gedeihen. Hydrokulturen gelingen nur in belüfteten Nährlösungen. Stagnierendes Grund- oder Stauwasser ist schädlicher als fließendes GW. Ein Hangwassergley ist ein besserer Pflanzenstandort als ein Stagnogley. Durch Dränung wird in schweren Mineralböden und in stark zersetzten Moorböden weniger das LV vermehrt als vielmehr durch das im dränenden Porenraum bewegte Wasser der Gasaustausch verbessert.

Der Gasaustausch zwischen Boden und Atmosphäre wird vom Sauerstoff- und Kohlendioxid-Partialdruck bestimmt. Weltweit kann eine CO_2-Produktion aus dem Abbau organischer Bodensubstanz von jährlich 40–50 Mrd. t CO_2 angenommen werden, die damit etwa der zehnfachen CO_2-Menge entspricht, die der Verfeuerung fossiler Brennstoffe aus Industrie und

Haushalten entstammt. Unter der Annahme, daß die im Boden produzierten CO_2-Mengen allein dem aeroben Abbau organischer Substanz entstammen, müssen äquivalente Mengen an Sauerstoff in den Boden gelangen. Größe und Gestaltung des luftgefüllten Porenraumes bestimmen dabei die Geschwindigkeit des Gasaustausches.

Der Gasaustausch zwischen Boden und Atmosphäre erfolgt nicht ungehindert (Porenkontinuität, Verkrustung der Bodenoberfläche), so daß es zur Anreicherung von gasförmigen Abbauprodukten und Verminderung von O_2 gegenüber der Außenluft kommt (Tab. 96).

Die Anteile einzelner Gaskomponenten im Boden variieren sehr. Dafür lassen sich viele Ursachen nennen: Die CO_2-Konzentration korreliert mit Bodentemperatur, WV, Ld, pH-Wert und – bei gleichem LV – mit der Menge der organischen Substanz. Die O_2-Konzentration wird entsprechend erniedrigt.

Ausreichende O_2-Versorgung im Wurzelraum ist neben der Wasser- und der Nährstoffversorgung eine wachstumsbestimmende Größe. Sie steuert die Wasser- und die Ionenaufnahme.

Partialdruckunterschiede bewirken den Gasaustausch. Höhere CO_2-Gehalte in der Bodenluft veranlassen eine CO_2-Diffusion in Richtung Atmosphäre. Umgekehrt diffundiert O_2-reichere Außenluft in den Boden. So bleibt nach dem Gesetz von Dalton der *Gesamt*druck als Summe der *Partial*drücke stets gleich.

Entscheidend für die Durchlüftungsbedingungen ist die Geschwindigkeit des Gastransportes. Dieser kann entweder konvektiv oder diffusiv erfolgen. *Konvektiver* Gasaustausch als Folge von Druckunterschieden kann z. B. nach Starkregen durch eingeschlossene Luft unter einer vorrückenden Wasserfront und durch tägliche Barometer- oder Temperaturschwankungen ausgelöst werden. Diese Unterschiede werden

Tab. 95. LK-Ansprüche der Kulturpflanzen (in % vol)

Gräser	Getreide	Hackfrüchte
6–10	7–15	>15

Tab. 96. Mittlere Zusammensetzung der Atmosphäre und der Bodenluft (verändert nach Frede 1986)

	O_2	CO_2 (% vol)	N_2
Atmosphäre	21	0,035	78,9
Boden			
– Ls	19–21	0,1–3	79,1
– Tu	9–19	1 –5	
– Lsu		0,2–1,5	

in dem kommunizierenden Porensystem nur vergleichsweise langsam ausgeglichen. Eine weitere Möglichkeit des konvektiven Gastransportes ist der Massentransport gelöster Gase mit dem Bodenwasser. Dieser Transportweg ist mengenmäßig jedoch nur für das CO_2 von Bedeutung, das eine etwa 30fach höhere Löslichkeit in Wasser hat als O_2. Weiterhin lösen Dränung und Beregnung Saug- und Preßvorgänge auf die Bodenluft aus, die zu einem Massenausgleich führen können. Insgesamt hat der konvektive Gasaustausch jedoch mit ca. 10% nur einen untergeordneten Anteil am gesamten Gasaustausch.

Die *Diffusion* ist somit bestimmende Größe des Gasaustausches im Boden. Sie verläuft entlang einem Konzentrationsgradienten und gleicht Konzentrationsunterschiede aus. Die Diffusion läßt sich nach dem 1. Fickschen Gesetz beschreiben.

$$q = -D_0 \cdot dC/dx \ (Mol \cdot cm^{-2} \cdot s^{-1})$$

Die Diffusionsrate q ist auf einen Einheitsquerschnitt bezogen. Der Fluß der diffundierenden Moleküle ist dem Konzentrationsgradienten dC $(Mol \cdot cm^{-3})$ proportional und der Diffusionsstrecke dx (cm) umgekehrt proportional. Der Proportionalitätsfaktor D_o $(cm^2 \cdot s^{-1})$ wird Diffusionskoeffizient genannt. Er ist zu beziehen auf das diffundierende Medium in Außenluft. Das 1. Ficksche Gesetz hat Gültigkeit für ideale Gase und unter der Voraussetzung, daß die Konzentration des diffundierenden Stoffes viel geringer ist als die des Meßmediums. Diese Bedingungen sind für die in der Bodenluft bedeutsamen Gase gegeben. Der Diffusionskoeffizient ist für definierte Gase unterschiedlich groß. So beträgt er für Sauerstoff in Luft $2,03 \cdot 10^{-1}$, für Wasser $2,60 \cdot 10^{-5}$ und für Festsubstanz etwa $10^{-11} cm^2 \cdot s^{-1}$. Der luftgefüllte Porenraum eines Bodens ist folglich der eigentliche luftleitende Raum, und Festsubstanz ebenso wie Wasserfilme um Pflanzenwurzeln und Meniskenwasser stellen Barrieren für den diffusiven Gasaustausch dar.

Das verwinkelte Porensystem bedingt eine im Vergleich zur Außenluft verlängerte Diffusionsstrecke. Dieser Umstand wird in dem Diffusionskoeffizienten für den Boden, dem sog. *»scheinbaren Diffusionskoeffizienten D_s«* berücksichtigt, der das Produkt aus dem entsprechenden Diffusionskoeffizienten für Luft D_o der Porenkontinuität $1/\tau$ und dem luftgefüllten Porenraum LV $(cm^3 \cdot cm^{-3})$ ist.

$$D_s = D_o \cdot 1/\tau \cdot LV \ (Mol \cdot cm^2)$$

Die Porenkontinuität $1/\tau$ gibt das Verhältnis der kürzesten Entfernung zwischen zwei Meßpunkten zur tatsächlichen Porenlänge wieder. In Anlehnung an die Terminologie der Wasserbewegung ist der Kehrwert der Tortuosität τ, die Kontinuität, gebräuchlich. Der Ausdruck der Porenkontinuität, der immer < 1 sein muß, umfaßt neben dem Verhältnis der kürzesten zur tatsächlich zurückgelegten Wegstrecke weitere Unregelmäßigkeiten des Porensystems, so z.B. blind endende Porengänge, eingeschlossene Porenbereiche, Porenverengungen und -vergrößerungen. Somit ist eine verringerte Porenkontinuität nicht ausschließlich mit einer verlängerten Fließstrecke zu erklären.

D_s wird in einem Diffusionsmeßgefäß, in das eine Stechzylinderprobe eingespannt wird, bestimmt (Abb. 106). Durch Spülen des Meßgefäßes mit N_2 oder einem anderen Gas wird ein Konzentrationsgefälle für O_2 zur Außenluft erzeugt, das sich durch Diffusion durch die Probe ausgleicht. Aus der wiederholten Messung (Gaschromatographie) des O_2-Anstieges im Meßgefäß wird D_s bestimmbar.

Um den Diffusionskoeffizienten verschiedener Gase miteinander vergleichen zu können, ist die Angabe des »relativen scheinbaren Diffusionskoeffizienten D_s/D_o« gebräuchlich.

Zur Ermittlung der Durchlüftungsbedingungen wird neben der Bestimmung des Diffusionskoeffizienten auch die des Red-Ox-Potentials (siehe Kap. 2.2.5) verwendet, das enge Bezie-

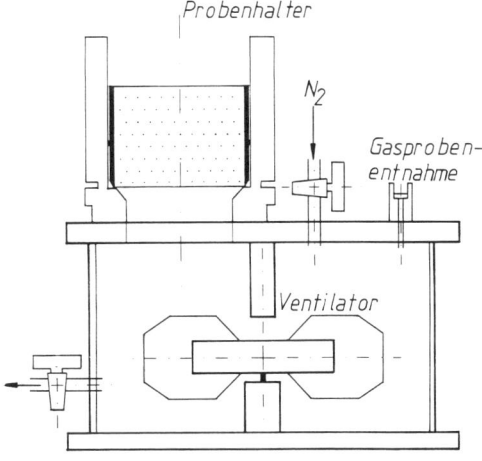

Abb. 106. Meßgefäß zur Bestimmung von Ds.

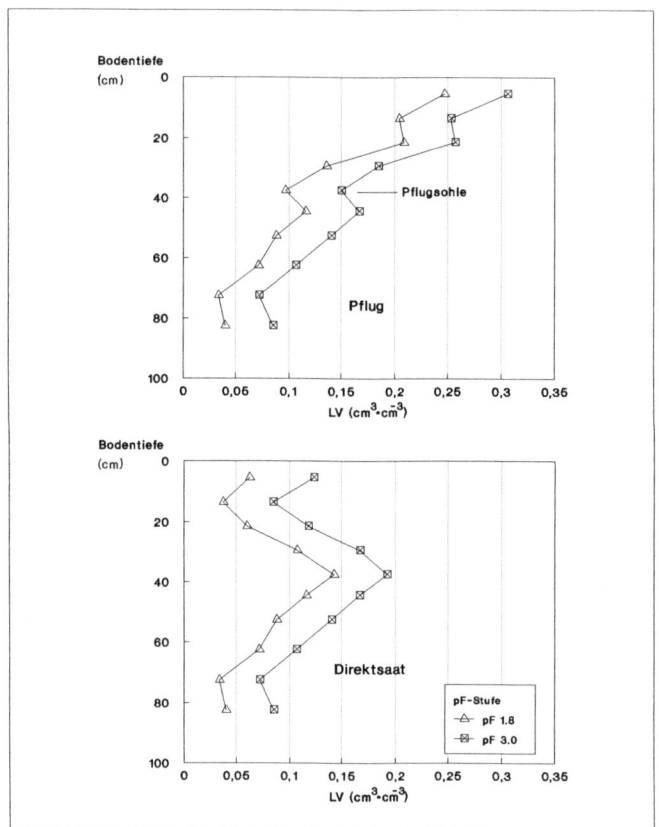

Abb. 107. Luftführendes Porenvolumen in einer Tschernosem-Parabraunerde aus Löß bei verschiedenen Entwässerungsstufen unter langjähriger Pflugarbeit und Direktsaat.

hung zu der im Boden vorherrschenden O_2-Konzentration aufweist.

Bodenbearbeitung beeinflußt LV nachhaltig. So wird durch mechanische Lockerung der Akkerkrume eine deutliche Erhöhung des Grobporenvolumens erreicht, das selbst bei FK für sehr gute Durchlüftungsverhältnisse des Oberbodens sorgt (Abb. 107). Im Gegensatz dazu bewirkt Unterlassen der Bodenbearbeitung bei Direktsaatverfahren eine Reduzierung des Grobporenvolumens und damit auch eine Verringerung der Durchlüftungsbedingungen bei gleichen Saugspannungen.

Dem Gewinnen an Grobporen in der Ackerkrume durch Pflugarbeit steht häufig eine deutliche LV-Verringerung an der Krumenbasis gegenüber (Pflugsohlenverdichtung). Dagegen läßt sich bei Direktsaat erhöhtes LV in diesen Pflugsohlenbereichen nachweisen, die auf biologische Lockerung durch Regenwurmaktivität zurückzuführen sind (Abb. 107).

Die Beziehung zwischen dem luftgefüllten Porenvolumen E_L und dem relativen scheinbaren Diffusionskoeffizienten kann auch zur Charakterisierung des Bodengefüges herangezogen werden. Das Beispiel in Abb. 108 zeigt, daß der relative scheinbare Diffusionskoeffizient auf einer U-reichen Tschernosem-Parabraunerde mit zunehmendem LV überproportional ansteigt, was für einen solchen Boden so zu interpretieren ist, daß hier die Porenkontinuität mit abnehmendem Wassergehalt zunimmt. Dieser Effekt ist auf den Abbau von Meniskenwasser zwischen schon luftgefüllten Porenbereichen und der damit verbundenen Freigabe von kontinuierlichen Porenwegen zurückzuführen. Auf S-Böden ist ein solcher Zusammenhang nicht nachzuweisen. Hier steigt der D_s/D_o-Wert mit zunehmendem luftführenden Porenanteil linear an, was die fehlende Aggregierung des Sandbodens (Einzelkorngefüge) anzeigt.

Weiterhin lassen solche Darstellungsformen Rückschlüsse über die Bedeutung des LV und der Porenkontinuität für die Durchlüftung des Bodens zu. Wie Abb. 108 zu entnehmen ist, führen unterschiedliche Bearbeitungssysteme auf verschiedenen Standorten nicht zu unterschiedlichen Beziehungen zwischen dem relativen scheinbaren Diffusionskoeffizienten und dem LV. Daraus ist abzuleiten, daß LV die bestimmende Größe für den Gasaustausch ist und die Porenkontinuität dabei von untergeordneter Bedeutung ist. Somit sind unterschiedliche Bearbeitungsverfahren im Hinblick auf ihre Wirkung der Durchlüftung in erster Linie am Gewinn von LV zu bewerten.

Tab. 97. Verbreitung der Bodentypen in Abhängigkeit mittlerer Jahrestemperatur

Bodentyp	mittlere Jahrestemperatur ($^\circ$C)
Podsole	< 8
Schwarzerden	$6-10$
Braunerden	$4-15$
kastanienfarbige Böden	$12-17$
Latosole	> 17

2.5.3 Bodenwärmehaushalt

Wärme ist ein wichtiger ökologischer Faktor. Keimung und Pflanzenwachstum beginnen erst $> 5\,^\circ$C Bodentemperatur. Mikrobiologische Umsetzungen (z.B. Nitrifikation/Denitrifikation) haben im Boden ihr Optimum um $25\,^\circ$C. Verwesung, Verwitterung, kurz alle biochemischen Prozesse und damit auch die Bodenentwicklung sind abhängig von der Bodentemperatur. Nach der van't Hoffschen Regel werden chemische Reaktionsgeschwindigkeiten bei An-

stieg der Temperatur um $10\,^\circ$C verdoppelt. Bodentypen sind in ihrer Verbreitung u.a. von der mittleren Jahrestemperatur abhängig. Man kann den Wärmehaushalt im Ökosystem Boden in Einnahmen und Ausgaben bilanzieren. Auf der Einnahmeseite steht die Einstrahlung (E) mit durchschnittlich $8,37\,\mathrm{J} \cdot \mathrm{cm}^{-2} \cdot \mathrm{min}^{-1}$.

Wärme (J) ist eine kinetische Energieform. Die Temperatur ($^\circ$C) gibt als thermodynamische Zustandsgröße die Intensität der Wärme, den

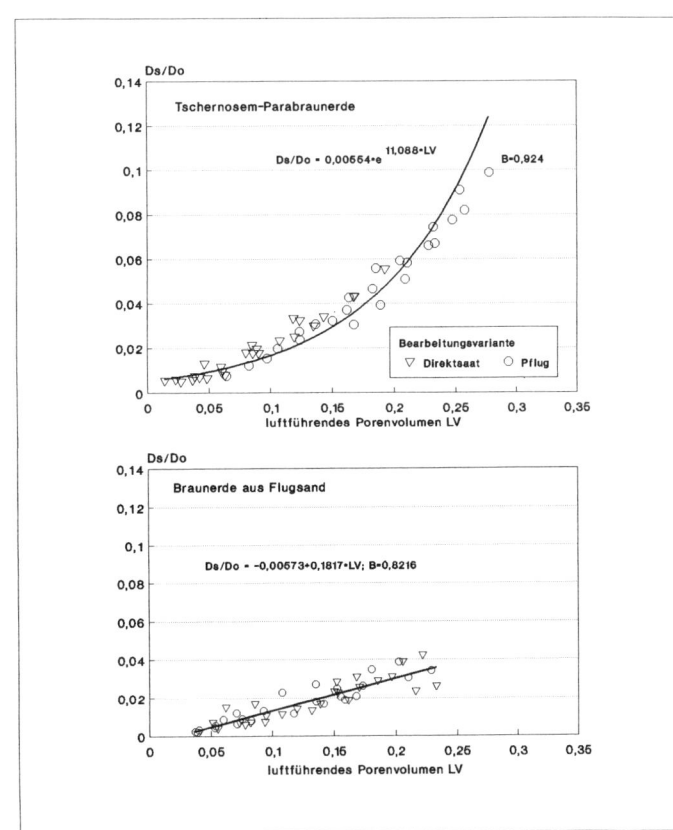

Abb. 108. Relative scheinbare Diffusionskoeffizienten in Abhängigkeit vom luftführenden Porenvolumen bei langjährig unterschiedlicher Bodenbearbeitung für eine Tschernosem-Parabraunerde aus Löß und eine Braunerde aus Sand.

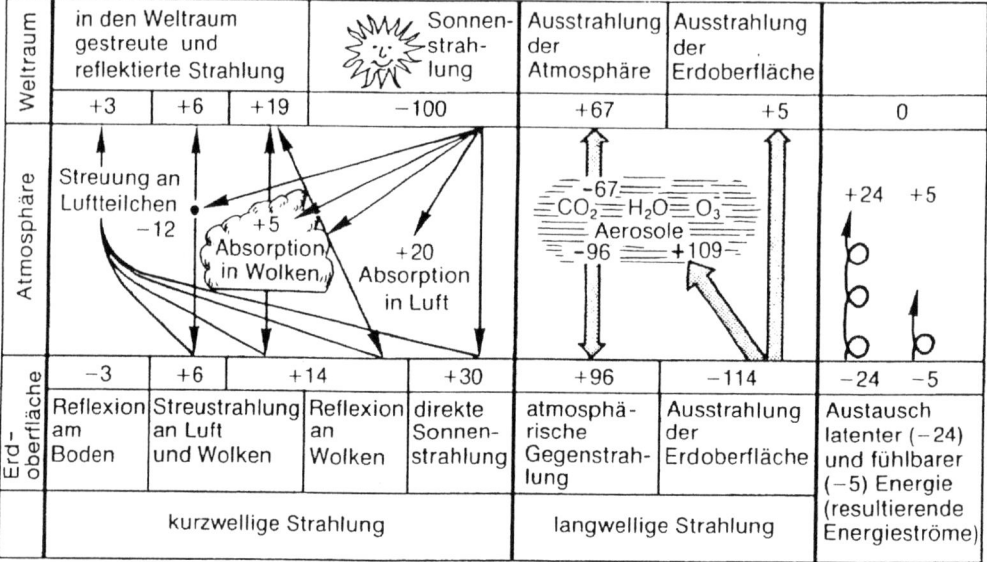

<table>
<tr><td rowspan="2">Weltraum</td><td colspan="3">in den Weltraum gestreute und reflektierte Strahlung</td><td>Sonnen-strah-lung</td><td>Ausstrahlung der Atmosphäre</td><td>Ausstrahlung der Erdoberfläche</td><td></td></tr>
</table>

Weltraum	in den Weltraum gestreute und reflektierte Strahlung			Sonnen-strah-lung	Ausstrahlung der Atmosphäre	Ausstrahlung der Erdoberfläche	
	+3	+6	+19	−100	+67	+5	0
Atmosphäre	Streuung an Luftteilchen −12	+5 Absorption in Wolken	+20 Absorption in Luft		−67 CO_2 H_2O O_3 Aerosole −96 +109		+24 +5
	−3	+6	+14	+30	+96	−114	−24 −5
Erd-oberfläche	Reflexion am Boden	Streustrahlung an Luft und Wolken	Reflexion an Wolken	direkte Sonnen-strahlung	atmosphä-rische Gegenstrah-lung	Ausstrahlung der Erdoberfläche	Austausch latenter (−24) und fühlbarer (−5) Energie (resultierende Energieströme)
	kurzwellige Strahlung				langwellige Strahlung		

Abb. 109. Der Energiehaushalt von Erde und Atmosphäre.

Wärmepegel an. Auf der Ausgabenseite stehen Energieverluste durch Rückstrahlung, Verdunstung, Wärmeableitung. Je nach geographischer Breite, Höhe, Jahreszeit, Einstrahlungswinkel (Inklination, Exposition), Bewuchs, Bodenfarbe, Witterung wird ein Teil der eingestrahlten Energie noch vor Erreichen der Erdoberfläche reflektiert (Abb. 109). So verbleiben für mitteleuropäische Standorte als *Netto*wärmezufuhr (Strahlungsbilanz Rn) aus der eingestrahlten Sonnenenergie von $6026\,J \cdot cm^{-2} \cdot d^{-1}$ (12 h) im Mittel nur rund $1800\,J \cdot cm^{-2} \cdot d^{-1}$ (420 bis $3300\,J \cdot cm^{-2} \cdot d^{-1}$). Das Verhältnis reflektierter/eingestrahlter Energie wird als Albedo (A) bezeichnet. Nach Tab. 98 wird vor allem die energiereichere kurzwellige Strahlung reflektiert, jedoch um so weniger, je dichter der Bewuchs und je feuchter der Boden ist.

Erwärmung fördert die Verdunstung (endothermer Prozeß). Je g verdunsteten Wassers werden 2449 J benötigt. Bei Verdunstung von 1 mm (= $0,1\,g \cdot cm^{-2}$) werden $245\,J \cdot cm^{-2}$ als Verdampfungsenergie (Verdunstungskälte) verbraucht. An einem Sommertag verdunstet ein geschlossener Pflanzenbestand jedoch bis zu $6\,mm \cdot d^{-1}$. Dabei kann fast die gesamte Nettoenergiezufuhr aus der Sonneneinstrahlung verbraucht werden. Nur im begrenzten Umfange kann die bei exothermen Umsetzungsprozessen freigesetzte chemisch gebundene Wärmeener-

gie (C) oder die Wärmeströmung (G) aus dem Erdinnern (mittlere geothermische Tiefenstufe 1 °C/33 m) auf der Einnahmeseite gebucht werden. Ein gewisser Ausgleich erfolgt durch die erneute Freisetzung von Wärme bei Kondensation von Wasserdampf (siehe Wärmefront vor Tiefdruckgebiet). In Anlehnung an die Wasserhaushaltsgleichung lautet die *Wärmehaushaltsbilanz*:

$$Rn + G + H + E + P + C + A = O$$
vereinfacht ausgedrückt $-E = Rn + G + H$

Rn	=	Strahlungsbilanz
G	=	Bodenwärmestrom
H	=	Strom fühlbarer Wärme
E	=	Verdunstungsenthalpie
P	=	biologische Wärme
C	=	chemische Wärme
A	=	Advektion

Tab. 98. Albedo (%) verschiedener Oberflächen

	kurzwellig	langwellig
Schnee	50−83	0,5
Gras	20−32	2
Wüstensand	25	11
Sand, feucht	9	
Wald	7	
Wasser	6	

In dieser einfachen Wärmehaushaltsgleichung ist bodenkundlich der Energiebeitrag (G) von besonderem Interesse, den der Boden zu speichern und ggf. wieder abzugeben vermag. Am Tag wird vorwiegend kurzwelliges energiereiches Licht eingestrahlt, nachts herrscht Ausstrahlung energieärmerer langwelliger Strahlen vor. Da Wasserdampf und CO_2 in der Atmosphäre langwellige Strahlungsenergie absorbieren bzw. reflektieren, entsteht je nach Bewölkungsdichte eine langwellige Rückstrahlung zur Erdoberfläche (Glashauseffekt durch zunehmende CO_2-Freisetzung bei Verbrennung fossiler Energieträger). Klare Nächte sind nach intensiver Einstrahlung wegen Strahlungsfrostgefahr gefürchtet, vor allem bei Böden mit geringer Wärmekapazität und -leitfähigkeit.

Die *spezifische Wärme* des Wassers beträgt 4,1868 J/g · °C, diejenige der mineralischen Bodensubstanz im Mittel 0,8374 J/g · °C und der organischen Substanz 1,6748 J/g · °C. Man versteht darunter die Wärmemenge, die notwendig ist, um ein g Substanz von 14° auf 15 °C zu erwärmen. Mit der jeweiligen Dichte s (g · cm^{-3}) multipliziert, erhält man auf der Basis des Volumens die *Wärmekapazität* (C) J/cm^3 · °C.

Je feuchter ein Boden ist, um so mehr Wärme muß zugeführt werden, um eine bestimmte, ökologisch wichtige Temperatur zu erreichen.

Hydromorphe Böden haben daher infolge großer Wärmekapazität als kalte Pflanzenstandorte einen verzögerten Vegetationsbeginn. Im Herbst dagegen speichern sie viel länger Wärme als ein trockener Boden, sofern nicht eine andere wichtige thermische Bodeneigenschaft, die *Wärmeleitfähigkeit* (λ), diesen Vorteil wieder aufhebt.

Die Wärmeleitfähigkeit gibt die Wärmemenge (J) an, die je s bei einem Temperaturgradienten °C · cm^{-1} durch einen Querschnitt von 1 cm^2 fließt. Nach Tab. 99 haben mineralische Bodenbestandteile im Vergleich zu Wasser eine größere Wärmeleitfähigkeit. Diese ist jedoch auf die unmittelbaren Kontaktstellen begrenzt, also auch von der Körnung, Gefügeform und Lagerungsdichte abhängig. Deshalb kommen den Wasserfilmen und -manschetten wichtige Funktionen der Wärmeübertragung zu. Feuchte Böden haben eine bessere Wärmeleitfähigkeit als trockene. Je dichter ein Boden lagert und je feuchter er ist, um so tiefer dringt die Wärme in den Boden ein und kann dort gespeichert werden. An ihrer Oberfläche zu locker gelagerte (aufgefrorene) Moorböden sind durch Strah-

Tab. 99. Thermische Eigenschaften von Bodenbestandteilen (G. H. BOLT)

Komponente	Wärmekapazität (C) (J/cm^3 · °C)	Wärmeleitfähigkeit (λ) (J/cm · s · °C)
Quarz	2,11	0,088
Ton	2,49	0,029
Humus	2,76	0,0025
Wasser	4,19	0,0059
Luft	0,0012	0,00025

lungsfröste besonders gefährdet. Bei Einstrahlung absorbieren diese dunkel gefärbten Böden an ihrer Oberfläche viel Wärme, leiten diese aber über die gelockerte, trockene Krume nicht schnell und tief genug weiter. Es kommt zu einem Wärmestau am Tage und relativ schneller Rückstrahlung nachts. Ähnlich wie bei Wüstenböden wurden bei Moorböden Wärmeamplituden (Tag–Nacht) bis zu 60 °C gemessen. *Moorschwarzkulturen* sind daher fast das ganze Jahr über durch Nachtfröste gefährdet. Man begegnet ihnen im Frühjahr durch schweres Walzen. Durch *Sanddeck- oder -mischkulturen* (siehe Kap. 4.5.1.2) wird ebenfalls das gesamte Moorbodenprofil infolge Dauerbelastung genügend feucht und damit wärmeleitend gehalten. Eine *Bodenmelioration* ist deshalb häufig auch eine *Klimamelioration*. Jeder Eingriff in den Wasserhaushalt verändert auch den Wärmehaushalt. Ein gut gedränter Boden erwärmt sich schneller als ein vernäßter Standort. Andererseits wirken sich jahreszeitlich bedingte Temperaturschwankungen dann auch in größeren Bodentiefen aus.

Von besonderem Einfluß auf Bodenwasser- und -wärmehaushalt ist der Bodenfrost (Frostgare). Das Gefrieren des Wassers im Boden beginnt in den groben Hohlräumen. Dort sind Wasserspannung und Ionenkonzentrationen am geringsten. Mit zunehmender Wasserspannung bei abnehmendem Porendurchmesser wird der Gefrierpunkt erniedrigt. Er liegt bei pF 4,2 (= 0,2 µm ∅) bei −1,2 °C. Druck erniedrigt den Gefrierpunkt (siehe Wasserfilm unter Schlittschuhen). In groben Hohlräumen wachsen die primären Eiskristalle unter zwei Voraussetzungen:

1. Die beim Gefrieren freiwerdende Wärme, 335 J · g^{-1} (siehe Frostschutzberegnung), muß abgeleitet werden. Wärmeverlust durch Abstrahlung ist nur bei schneefreier Bodenoberfläche möglich.

2. Das am wachsenden Eiskristall angereicherte Wasser muß aus dem umgebenden Boden leicht nachgeliefert werden können (siehe ku). Durch Austrocknung und Schrumpfung des noch nicht gefrorenen Bodens entstehen Segregate bei ausreichendem Tongehalt.

In schluffreichen, verdichteten Böden bilden sich schichtförmig Eislinsen. Sie bewirken durch Volumenausdehnung des gefrierenden Wassers, Kristallwachstum und Luftverdrängung eine Hebung des Bodens. Wenn der umgebende Boden kein leichtbewegliches Wasser mehr abgibt, bilden sich unter Fortschreiten der Frostgrenze in größerer Tiefe neue Eislinsen mit zwischengelagertem plattigen Gefüge.

So kommt es zu einer Wasseranreicherung in den Eislinsen neben partieller Austrocknung mit Frostgare. Diese ackerbaulich auf schweren Böden erwünschte Feinsegregierung bleibt aber nur erhalten, wenn

1. entweder die Eiskristalle/-linsen sublimieren (aus dem festen in den gasförmigen Zustand verdampfen). Das ist nur oberflächennah in relativ trockenen, schneearmen Wintern möglich oder
2. beim Erwärmen das Schmelzwasser schnell zwischen den Segregaten in groben Schwundrissen versickern kann, d.h. Bodenverdichtungen auch in größerer Tiefe durch den Gefriervorgang erfaßt worden sind. Frosttiefen bis 1,2 m sind in Deutschland gemessen worden.

Bei häufigem Wechsel von Frieren und Tauen können Frostsegregate schnell wieder zerstört werden. In hängigem Gelände weichen oberflächlich tauende, wasserreiche Schichten auf und geraten ins Fließen. Das nennt man Solifluktion. Deshalb ist in und nach manchen Wintern die positive Wirkung des Frostes bald durch negative Begleiterscheinungen aufgehoben.

Die Bildung größerer Eislinsen unterbleibt, wenn die Abkühlung des Bodens schnell erfolgt. Das Wasser gefriert dann, ehe es kapillar verlagert wird. Der Kristallisationsdruck wachsender Eiskristalle ist relativ niedrig. Er kann sich nur auswirken, wenn durch die Porengestaltung der regelmäßige Kristallaufbau des Eises behindert ist. Immerhin ist bei $-5\,°C$ ein Kristallisationsdruck $> 130\,kPa$ möglich, ausreichend, um eine Bodenschicht von mehreren Metern Mächtigkeit zu heben. Frostaufbrüche sind im Straßenbau gefürchtet (deshalb Einbau einer kapillarbrechenden Schicht). Aus steinreichen Unterböden können Steine auffrieren und schließlich

Wurzeln abreißen, die noch im gefrorenen Unterboden verankert sind. Bei wechselndem Tauen und Gefrieren wird die Bodenoberfläche um etwa 1 bis 2 cm auf und ab bewegt.

Die Bildung von Eislinsen unterbleibt auch dann, wenn der Boden keine groben Poren enthält, also z.B. durch Zerkneten verdichtet ist. In feinkörnigen, dichten Böden bilden sich dann nur feine nadelförmige Eiskristalle. Eine Volumenzunahme des so gefrierenden Wassers bedingt ein generelles Aufblähen des Bodens. Das Eis und Wasser kann nicht in grobe, luftgefüllte Poren ausweichen. In solchen wassergesättigten, gefrierenden Böden entstehen schon bei $-1\,°C$ Drücke bis 13MPa. Derartig hohe Drücke helfen selbst zementartig verdichtete Böden aufzulockern und dabei neue Makro- und Mesoporen aufzubauen, d.h. den Boden für die Luft- und Wasserführung, Wasserspeicherung sowie Durchwurzelung zu verbessern. Auf schweren Böden sind in der Regel Jahre nach einer Trockenperiode die besseren Erntejahre als solche nach Nässeperioden. Ein zwischengeschalteter Gefrierprozeß im Boden kann diese Gesetzmäßigkeit aufheben. Den größten Nutzen des Phänomens Frost- und Trockengare haben die schweren Böden.

2.5.4 Bodennährstoffhaushalt

Der Boden ist Träger und Vermittler von Nährstoffen für Pflanzen und Mikroorganismen. Neben H_2O und CO_2 sind Ionen für die Pflanzenernährung erforderlich. Hier werden nur die Nährelemente behandelt, die als Kationen oder Anionen über die Wurzeln aus dem Boden aufgenommen werden. Man unterscheidet die *Hauptnährelemente* (N, P, K, Ca, Mg, S) und die *Spurenelemente* (Fe, Mn, Zn, Cu, Bo, Mo u. a.). Zwar sind alle Nährelemente im Boden vorhanden, jedoch nicht immer in ausreichender Menge und in einem für die Ernährung der jeweiligen Pflanzen richtigen Verhältnis.

Früher wurden Böden vornehmlich nach ihrem natürlichen Vorrat an Pflanzennährstoffen beurteilt. Ihr Wert stieg mit dem Gehalt verwitterungsfähiger Mineralien (siehe Kap. 1.3.2.2 – Freisetzung von Nährstoffen), Nährstoffe austauschbar sorbierender Tonminerale (siehe Kap. 2.2.3), mineralisierbarer organischer Substanz und Humus (siehe Kap. 2.1.3), insbesondere als langsam fließende Stickstoffquellen. Natürlich nährstoffreiche Böden wie Löß-Schwarzerden, Marschen und Niedermoore

Tab. 100. Häufige Nährionen-Konzentrationen in der Bodenlösung (Ap)

Ca, Mg, NO$_3$, SO$_4$	10–200 ppm
K	5–10 ppm
P	< 1 ppm
Spurennährelemente	< 0,1 ppm

wurden bei der Landnahme nährstoffarmen Heidepodsolen und Hochmooren vorgezogen. Nährstoffentzüge durch Erntegut, Auswaschung, Erosion und Denitrifizierung versuchte man zunächst durch Bodenwechselwirtschaft, Bodenruhe (Brache), Fruchtwechsel zu kompensieren. Ehe die Notwendigkeit von Nährstoffersatz und -anreicherung nach den Erkenntnissen JUSTUS-VON-LIEBIGS durch gezielte Düngung für eine intensive Bodennutzung erkannt wurde. Heute wird ein Boden weniger nach seinem absoluten Nährelementgehalt als vielmehr nach deren harmonischen Verhältnissen und Verfügbarkeit beurteilt. Beste Böden sind solche, die alle Aufwendung am und im Boden, also auch die Düngung, nachhaltig und optimal in Pflanzenertrag umsetzen (Transformationsvermögen, SCHEFFER 1963) ohne andere Bereiche im Ökosystem (z. B. Gewässer) zu belasten.

Hat ein Boden durch seine Entwicklung und Düngung nach Menge und Verhältnissen optimale Nährstoffgehalte erreicht, sind jeweilige Nährstoffbilanzen im Gleichgewicht zu halten. Eine Nährstoffbilanz setzt sich aus input- und output-Größen zusammen. Für die weniger mobilen Nährstoffe (z. B. P) genügen mehrjährige Fruchtfolgebilanzierungen, für Stickstoff jährliche fruchtartenspezifische Bilanzen. Eine Nährstoffbilanz ist ausgeglichen, wenn

$$\text{input} = \text{output}$$

Beide Seiten dieser Gleichung bestehen aus mehreren Einzelgrößen. Die ausführliche Nährstoffbilanz lautet dann

$$D + I + M = E + A + F$$

D = Düngung
I = Immission
M = Mineralisierung
E = Ernteentzug
A = Austrag
F = Festlegung, Immobilisierung.

Es handelt sich um die Summe vieler dynamischer Gleichgewichte. Am Nährstoffhaushalt

sind zahlreiche Prozesse beteiligt. Überwiegen die input-Größen (D, I), kommt es zu Nährstoffanreicherungen (F) mit Eutrophierung der Böden. Die bei geringerem Entzug (E) und Erschöpfung der Bindungen im Boden (F) zum verstärkten Nährstoffaustrag (A) führt. Werden mehr Nährstoffe entzogen als insgesamt zugeführt, werden bis zur Erschöpfung der Bodenfruchtbarkeit Bodenvorräte (M) angegriffen, die z. B. im Falle des Nährstoffes Ca schließlich zur Versauerung mit Tonmineralzerfall (siehe Lessivierung, Podsolierung) führen.

2.5.4.1 Nährstoffnachlieferung aus dem Boden

Man unterscheidet vier verschiedene Nährstoffpools.

1. *Mineralisch und organisch fest gebundene Nährelemente* (nachlieferbare Reserve): Im Kristallgitter der Minerale liegen Nährelemente in relativ fester Bindung vor. Allmählich wird z. B. K$^+$ aus dem Glimmer oder PO$_4^{3-}$ aus Apatit durch Verwitterung freigesetzt. Gleiches gilt für heterozyklisch gebundenen N in höhermolekularen Huminstoffen, die sehr schwer mineralisierbar sind. Bei gleicher Teilchengröße gelten für diese Bodennährelementreserve folgende Stabilitätsreihen:

Silicate > Carbonate/Sulfate > organ. Substanzen
Silicate: Olivin < Anorthit < Apatit < Augite < Hornblenden < Albit
Biotit < Orthoklas < Muskovit
Sulfate, Carbonate: Gips < Kalkspat < Dolomit
organ. Stoffe: Zucker, Stärke, Protein < Proteide < Pektin < Hemizellulose < Zellulose < Lignine < Wachse < Harze < Gerbstoffe

2. *Nachlieferbare Nährelemente:* Je nach strukturellem Aufbau der Minerale oder der Huminstoffe sind Nährelemente in Randpositionen häufig schwächer gebunden, so z. B. K in Illitgitterzwischenräumen, N in Aminosäuren, P im Phytin. Hier setzen Verwitterung und Mineralisierung besonders leicht an. Pflanzenwurzeln scheiden organische Säuren aus, die zur Chelatbildung mit Metallionen befähigt sind. So werden während der Vegetationszeit Nährelemente allmählich mobilisiert und pflanzenverfügbar. Diesen äußeren Bereich der Bodenreserven bezeichnet man als den nachlieferbaren Anteil.

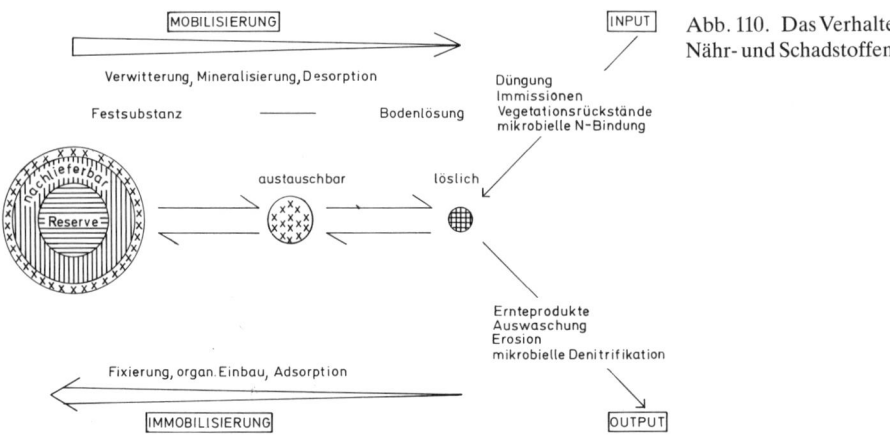

Abb. 110. Das Verhalten von
Nähr- und Schadstoffen im Boden.

3. *Austauschbare Nährelemente:*
Relativ leicht und kurzfristig verfügbar sind die sorbierten Kationen und Anionen. Im Austausch mit den von den Pflanzenwurzeln produzierten H^+- und OH^-- bzw. HCO_3^-- oder anderweitig der Bodenlösung zugeführten Ionen werden äquivalente Nährionenanteile von den Austauschern (Ton, Humus, Metalloxide) verfügbar. Diese sorptive Bindung schützt gleichzeitig vor Verlusten durch Auswaschung. Spezifische Eigenschaften der adsorbierten Ionen und der Austauscher steuern diese dynamischen Prozesse des Ionenumtausches.

4. *Ungebundene Ionen in der Bodenlösung:*
Schließlich sind Ionen im geringen Umfange (1 bis 10% der sorbierten Anteile, Tab. 100), in der Bodenlösung frei beweglich. Dieser Anteil ist sehr leicht und sofort verfügbar, aber auch leicht auswaschbar.
Abb. 110 stellt schematisch die unterschiedlichen Größenanordnungen der Nährstoffpools und ihre Wechselbeziehungen dar. Gleiches gilt prinzipiell auch für Schadstoffe (siehe Bodenschutz, Kap. 4.5.3.3.2.2).
Fest gebundene ⇄ sorbierte ⇄ lösliche Nährelementanteile stehen im Boden in zwei Richtungen untereinander im Fließgleichgewicht. Nährstoffentzüge durch die Pflanze lassen Nährelemente aus sorptiver Bindung in die Bodenlösung übergehen. Verwitterung und Mineralisierung setzen aus fester oder schwächerer Bindung Ionen frei, die zunächst sorbiert werden. Diesem Prozeß der *Mobilisierung* entgegengesetzt verläuft die *Immobilisierung.* Durch Düngung zugeführte Kationen (K^+, NH_4^+) werden adsorbiert, oder auch im Tonmineralgitter fixiert, Anionen (PO_4^{3+}, NO_3^+, SO_4^{2+}) teils gefällt (PO_4) teils in organische Bodensubstanz eingebaut; ihre Sorption ist dagegen schwach (siehe Kap. 2.2.3.4).

Während Entzug die Mobilisierung fördert, verstärkt die Zufuhr von Nährelementen die Immobilisierung. Dieses dynamische Gleichgewicht wird vor allem durch Bodenfeuchte, pH, ROP beeinflußt. In feuchten Böden ist eher eine Mobilisierung, in trockenen dagegen eine Immobilisierung zu erwarten (siehe K-Fixierung und -Löslichkeit).

Während von den Hauptnährstoffen N, P, S beachtliche Anteile organisch gebunden sind, herrschen bei Spurennährstoffen mineralischsorptive Bindungen vor (Tab. 101). Man unterscheidet von Natur aus eutrophe, nährstoffakkumulierende Böden (Schwarzerden, Niedermoore, Basaltverwitterungsböden) und oligotrophe Böden (silicatarme Sande, Hochmoore). Durch Düngung sind diese natürlichen Unterschiede in der Trophie in landwirtschaftlich genutzten Böden Deutschlands weitgehend verschwunden. Auch Geestböden (ndt. güst = unfruchtbar) erhalten durch Düngung eine beachtliche Ertragsfähigkeit, trotz ursprünglich geringer Bodenfruchtbarkeit. Erst die Überversorgung solcher Böden mit Nährstoffen läßt Gefahren der *Hypertrophierung* (Abb. 149) aufkommen.

2.5.4.2 Nährstoffimmissionen

Man unterscheidet *Emissionen* (Emittenten: Industrie, Verkehr, Haushalte) in Form von Staub, Aerosolen, Gasen; *Transmissionen* (Um-

Tab. 101. Die wichtigsten Haupt- und Spurenelemente des Bodens (für Mineralboden nach SCHROEDER 1983, ergänzt; für Moorböden nach DAVIS u. LUCAS 1959)

Element	Herkunft*	Bindungsform im Boden	Gesamtgehalte i. d. Trockensubstanz	
			Mineralböden	Moorböden
N	Pflanzen	organisch (98 %)	0,03−0,3 %	0,3−4,0 %
	Edaphon			
	Luft	anorg. fixiert (2 %)		
P	Phosphate	mineralisch (75−40 %)	0,01−0,1 %	0,01−0,5 %
	Pflanzen	organisch (25−60 %)		
K	K-Feldspäte	kristallin (70−80 %)	0,2−3 %	0,007−0,8 %
	Glimmer, Illit	sorptiv (20−30 %)		
Ca	Ca-Feldspäte	kristallin	0,2−1,5 %	0,01−6,0 %
	$CaCO_3$, $CaSO_4$	sorptiv	(ohne Mergelböden)	
Mg	Augite	sorptiv	0,1−1,0 %	0,04−3,0 %
	Hornblenden	kristallin		
	Dolomit, Olivin			
S	Sulfide, Sulfate, Meer,	mineralisch (40− 5 %)	0,01−0,1 %	0,004−4,0 %
	Pflanzen	organisch (60−95 %)		
Fe	Tonminerale	mineralisch, kristallin	0,5−4,0 %	0,02−3,0 %
	Oxide, Hydroxide	sorptiv, gelöst, amorph		
Mn	Manganit	mineralisch	200−4000 ppm	2−800 ppm
	Pyrolusit	sorptiv		
	Silicate			
Cl	Chloride, Meer	gelöst	50−> 1000 ppm	10−1000 ppm
Zn	Phosphate	mineralisch	10−300 ppm	10−4000 ppm
	Karbonate	sorptiv		
	Hydroxide			
	Silicate			
Cu	Sulfide, Sulfate	mineralisch	5−100 ppm	1−1000 ppm
	Carbonate,	sorptiv		
	Silicate			
B	Turmalin	mineralisch	5−100 ppm	1−1000 ppm
	Silicate	gelöst		
Mo	Fe-Al-Oxide	mineralisch	0,5−5 ppm	0,1−50 ppm
	Silicate	sorptiv		

* ohne Immissionen!

wandlung und Verbreitung der emittierten Stoffe in der Atmosphäre, z. B. $SO_2 + \frac{1}{2}O_2 + H_2O \rightarrow H_2SO_4$) und *Immissionen* (Ablagerung auf Vegetation, Böden, Gebäude und in Gewässer). Immissionen können als *nasse* (Niederschläge) oder *trockene* (Staub) *Deposition* in Ökosysteme gelangen. Steigender Öl- und Kohleverbrauch mobilisiert vor allem CO_2, SO_x und NO_x aus fossilen Ablagerungen und führt diese zusätzlich in rezente Kreisläufe. Insgesamt hat der Nährstoffeintrag zugenommen (Tab. 102). Der P-Gehalt des Niederschlagswassers stammt vorwiegend aus Pollen und Blütenstaub (0,5 kg · $ha^{-1} \cdot a^{-1}$). Im Niederschlag liegt N weniger als $NO_3 - N$ (auch durch elektrische Entladung

Tab. 102. Stickstoff im Niederschlag

Jahr	kg · ha^{-1}	zitiert in KUNTZE (1992)
1910	5,0	LEMMERMANN et al.
1920/24	14,3	HASSELHOFF
1937	6,0	PFAFF (1)*
1938	14,8	SCHARRER u. SCHROPP
1948/49	28,2	SCHARRER u. FAST (1)*
1955/56	22,2	GERICKE u. KURMIES (9)*
1956/59	3−7,0	RIEHM (12)*
1954/57	9,8	KRZYSCH (1)*
1957	5,7	NEUWIRTH (3)*
1982/86	15,7	BRECHTEL (59)*

* Anzahl der Meßstellen

Tab. 103. Stoffeinträge durch Niederschläge $(kg \cdot ha^{-1} \cdot a^{-1})$ (KUNTZE 1992)

	Lichten-moor (NI)	Timpe-moor (EL)	Honigau (OH)	Bremen (HB)
	80/87	84/88	72/77	80/90
NH_4-N	10,5	14,8	15,8	12,5
NO_3-N	9,0	7,7	8,2	8,3
Rest-N	3,9	4,6	n. b.	5,3
N_t	24,2	27,1	(24,0)	25,9
P_t	0,3	0,1	0,4	0,2
SO_4	47,3	73,0	n. b.	26,1

Erläuterungen: NI = Landkreis Nienburg
EL = Lkr. Emsland
OH = Lkr. Ostholstein
HB = Hansestadt Bremen

z. B. bei Gewittern oxidiert der Luftstickstoff) in Nordwestdeutschland (starke Emissionen der Viehhaltung) mehr als NH_4-N gelöst vor (siehe Tab. 103). Vorwiegend in trockener Deposition ist als Rest-N auch organisch gebundener N enthalten.

Mehr Stickstoff als durch Niederschläge $(30 kg \cdot ha^{-1} \cdot a^{-1})$ wird dem Boden durch freilebende autotrophe oder symbiontische, heterotrophe Bakterien biogen gebunden; die nicht symbiontische N_2-Bindung (Azobakter, Azotomonas, Clostridien) kann unter mitteleuropäischen Ackerböden bis zu $60 kg \cdot ha^{-1} \cdot a^{-1}$ betragen. In tropischen Böden beträgt dieser Gewinn

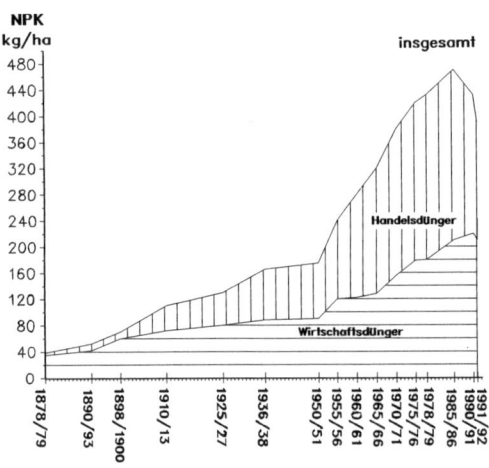

Abb. 111. Nährstoffzufuhr (N_2, P_2O_5, K_2O) je ha LF von 1878/79 bis 1978/79 nach Statistischen Jahrbüchern (nach KUNTZE und VOSS 1980, ergänzt).

aus atmosphärischem N_2 bis zu $100 kg \cdot ha^{-1} \cdot a^{-1}$. Knöllchenbakterien (Rhizobien) leben in Symbiose mit Leguminosen und können bis zu $400 kg \cdot ha^{-1} \cdot a^{-1}$ N binden. Erle, Gagel und einige Ölweiden haben als Symbionten Strahlenpilze. Ihre N-Anreicherung wurde mit bis zu $60 kg \cdot ha^{-1} \cdot a^{-1}$ ermittelt. Vermutlich nutzen diesen symbiontischen N-Gewinn noch mehr Pflanzenarten, als bisher bekannt ist.

Sofern Grundwasser als Fremd- oder Druckwasser zufließt, können dem Boden je nach geologischer Situation beachtliche Nährstoffmengen zugeführt werden. Bekannt ist z. B. die allochthone, permanente Verockerung selbst eisenfreier Niederungsböden in Talrandlagen, oft mit P-Anreicherungen [Vivianit, $Fe_3 (PO_4)_2$] verbunden. Im ariden Klima werden sehr viele Salze kapillar gehoben und im Oberboden akkumuliert; bei unzureichender Entwässerung und durch zu hohe Bewässerungsgaben kommt es zur Grundwassererhebung. Versalzung der Böden ist zu befürchten, wenn kritische Grundwasserflurabstände bei salzhaltigem Grundwasser überschritten werden (zur Qualität des Bewässerungswassers siehe Bodentechnologie, Kap. 4.5.2.1.1).

Abb. 111 zeigt die sprunghafte Entwicklung der Nährstoffzufuhren aus Mineral- und Wirtschaftsdünger seit 1950. Überproportional stiegen regional die Wirtschaftsdüngermengen. Durch hohe Kraftfuttermittelimporte wird gleichsam Bodenfruchtbarkeit mit eingeführt. Viehstarke Betriebe produzieren dann bald mehr Wirtschaftsdünger als – gemessen am Ertragspotential ihrer Böden – recycliert werden kann. Das machte Gülleerlasse erforderlich. Bezogen auf nordwestdeutsche Standortverhältnisse wird z. Zt. die Höhe der Wirtschaftsdüngungen durch 2 bis 2,5 Dungeinheiten (1 DE = 80 kg N bzw. 60 kg P_2O_5, z.B. 1,5 GVE Rind = 1 Dungeinheit) neben ihrer zeitlichen Ausbringung begrenzt, um Gewässereutrophierungen zu vermeiden. Durch organische Düngung werden die Humusgehalte der Böden und mit diesen die Stickstoffnachlieferung besonders erhöht (Tab. 104). Der PK-Handelsdüngereinsatz nimmt seit 1986 ab.

2.5.4.3 Nährstoffentzüge

Mit der Ertragshöhe und Häufigkeit der Bodennutzung nehmen die Nährstoffentzüge zu (siehe Tab. 105).

Verbleiben Stroh oder Blatt auf dem Felde, so sind die Entzugszahlen um 20% zu reduzieren.

Tab. 104. Auswirkungen verschiedener Düngungssysteme auf den Humusgehalt im Boden (Durchschnitt aus mehreren europäischen Dauerversuchen) (nach BECK 1984)

	ohne Düngung	nur mineralisch NPK	nur organisch Stallmist	mineralisch NPK + Stallmist
% Humusveränderung in 10 Jahren	−6	−1,5	+18	+26

Tab. 105. Beispiel für Nährstoffentzüge ($kg \cdot ha^{-1}$) (Faustzahlen)

Fruchtart	Ertragseinheit	N	P_2O_5	K_2O	CaO	MgO
Getreide	10 dt Korn + Stroh	20−30	10−15	20−30	6−10	3− 5
Körnermais	10 dt Korn + Stroh	25−30	10−15	28−25	6−10	6−10
Kartoffeln	100 dt Knollen o. Kraut	30−40	10−15	55−65	1− 5	3−10
Zuckerrüben	100 dt Rüben + Blatt	40−55	15−20	50−75	10−20	10−20
Reben	100 dt Trauben	100	40	110	160	30

Nur bei gut mit Nährstoffen versorgten Böden könnte allein eine nach dem Entzug ausgerichtete Ersatzdüngung den Ansprüchen der Folgefrucht genügen. Man muß jedoch einerseits weitere Verluste durch Auswaschung, Immobilisierung, Denitrifikation, und andererseits Zufuhren durch Niederschlag, Mobilisierung, Nitrifikation berücksichtigen. Es empfiehlt sich außerdem, solche Nährstoffbilanzen auf die Fruchtfolge, also mehrjährige Entzüge und Zufuhren zu beziehen. Nach einer Phase der Anreicherungsdüngung sind vor allem intensiv landbaulich genutzte Böden inzwischen eutrophiert. Berücksichtigt man die mit dem gelegentlich als Abfall unterbewerteten Wirtschaftsdüngemitteln (Gülle!) zugeführten Nährstoffe, die gestiegenen Immissionen und Bodenvorräte, so ist eine reduzierte Mineraldüngung angezeigt (Tab. 106).

Tab. 106. Beispiel für die Nährstoffbilanz einer Fruchtfolge in $kg \cdot ha^{-1} \cdot a^{-1}$ (Faustzahlen für die Landwirtschaft)

	N	P_2O_3	K_2O
Ernteentzug	− 140	− 55	− 160
Auswaschung, Immobilisierung, Denitrifikation	− 60	− 55	− 40
Niederschlag, Mobilisierung, Nitrifikation	+ 50	+ 10	+ 20
organische Düngung ($0,8 \, GVE \cdot ha^{-1}$)	+ 40	+ 20	+ 70
Bilanz	− 110	− 80	− 110
= Zufuhr als Mineraldüngung	+ 110	+ 80	+ 100

2.5.4.4 Nährstoffverluste

Nährstoffe können mit dem Sickerwasser oder gasförmig (N_2O, N_2, NH_3) aus dem Boden verlorengehen. Man unterscheidet Nährstoff*abtrag* durch Oberflächenabfluß und Erosion, Nährstoff*verlagerung* im Bodenprofil durch Versickerung und Kapillarhub, Nährstoff*austrag* in Oberflächengewässer z. B. durch Dränung sowie Nährstoff*auswaschung* ins Grundwasser durch Versickerung.

2.5.4.4.1 Nährstoffabtrag

Wenn die Regenverdaulichkeit ($mm \cdot h^{-1}$) eines Bodens geringer ist als die Niederschlagsintensität ($mm \cdot h^{-1}$), kommt es vor allem in Hanglage und bei gefügelabilen U-Böden zur Wassererosion. Bodenteilchen werden durch Plantschwirkung aufprallender Regentropfen aus ihrem Verband gelöst. Durch Bodenbedeckung wird die Erosionsneigung deutlich vermindert. Sie ist bei Dauergrünland deutlich geringer als bei Monokulturen (Tab. 107). Ein Gewitterregen auf unbedeckten Boden (Zuckerrüben und Mais bis Juni) kann > 90% des P-Gesamtabtrages in *einer* Welle in die Gewässer verfrachten und dort Eutrophierungsschübe bewirken (Erosionsschutz siehe Kap. 4.5.3.2.1).

Phosphate gelangen vornehmlich an erodiertes Bodenmaterial sorbiert oder okkludiert in die Gewässer. Dort können je nach P-Gehalt des Wassers suspendierte Bodenteilchen weitere gelöste P-Anteile adsorbieren oder in Lösung ab-

Tab. 107. Nährstoffabtrag (kg $\cdot$ ha^{-1} $\cdot$ a^{-1}) durch Oberflächenabfluß (L-Boden, 3,6% Gefälle) (DULEY u. MILLER 1923)

Bodennutzung	N_t	P_t
brach	99	48
gepflügt	74	33
Maismonokultur	40	8
Weizenmonokultur	30	11
Fruchtfolge Mais – Weizen – Klee	6	2
Grünland	0,6	0,1

Tab. 108. Belastung Oberflächengewässer (1000 t) 1987 (altes Bundesgebiet)

	nach WERNER u. OLFS P 66	nach FINK u. GEGENMANTEL N 710
	davon in %	
Haushalte	**53**	23
Landwirtschaft	27	**34**
Industrie	18	27
Natürl. Grundlast	2	16

geben. Es besteht immer die große Gefahr, daß die im Gewässersediment an Eisenoxide sorbierten/gebundenen P-Anteile im reduktiven Milieu wieder gelöst werden und so sekundär zur Gewässereutrophierung beitragen.

Die Gefahr der Verlagerung der Nährstoffe im Bodenprofil, sofern sie frei in der Bodenlösung vorliegen und nicht bei Passage im Filterkörper Boden sorptiv gebunden oder gefällt werden, kommt in ihrer unterschiedlichen Konzentration in der Bodenlösung in Tab. 100 zum Ausdruck. P ist in Mineralböden praktisch unbeweglich, im sauren, Fe-, Al- und Ca-Ionenfreien Milieu organogener Böden ist dagegen eine hohe P-Mobilität festzustellen bis zum 30fachen dessen, was bei Mineralböden bekannt ist.

Gewässer sind empfindliche Ökosysteme. Vor allem stehende Gewässer tendieren zur natürlichen Eutrophierung und schließlich Verlandung (siehe topogene Moorbildung, Kap. 1.3.2.6). Solange zwischen Produzenten (Plankton, Algen, Wasserpflanzen) und Konsumenten (Fische) ein Gleichgewicht herrscht, ist ein Gewässer nicht gefährdet. Wird jedoch durch Zufuhr eines das Wachstum der Produzenten bis-

her limitierenden Nährstoffes (meist P) eine Massenentwicklung eingeleitet, die von den Konsumenten nicht mehr kontrolliert werden kann, führt die *Über*produktion organischer Substanz schließlich mit deren Absterben zu erhöhtem biologischem (BSB$_5$) und chemischem (CSB) Sauerstoffbedarf. Nährstoffe haben vermehrt Zehrstoffe produziert, die schließlich zur O$_2$-Verarmung eines Gewässers bis zum biologischen Tod durch Fäulnis (»Umkippen eines Sees«) führen.

Man unterscheidet *diffusen* und *punktuellen* Nährstoffeintrag in die Gewässer.

Beim Phosphateintrag in die Gewässer kommt es vornehmlich darauf an, den punktuellen kommunalen Abwasseranteil zu verringern (P-Fällung durch eine 3. chemische Reinigungsstufe oder Abwasserlandbehandlungen). In Mineral- und Wirtschaftsdünger sind zusammen 82% (P$_2$O$_5$) bzw. 64% (N) der Gesamtnährstoffzufuhr enthalten. Nach ihrer Verwertung über die Pflanze und Passage durch den Bodenfilter ist diese diffuse Nährstoffbelastung der Gewässer jedoch zu nur noch 27% (P$_2$O$_5$) bzw. 34% (N) auf die mineralische und wirtschaftseigene Düngung zurückzuführen. Dessenungeachtet können jedoch in rein ländlichen Einzugsgebieten kritische Schwellenwerte für die Eutrophierung der Gewässer (0,01 bis 0,02 ppm P) erreicht werden.

2.5.4.4.2 Nährstoffauswaschung

Besonders leicht auswaschbar, da kaum sorptiv im Boden zu binden, ist NO$_3$. Die Tiefe der Nitratverlagerung und somit die Zeit bis zum Erreichen des Grundwassers ist abhängig von der klimatischen Wasserbilanz (KWB). Je größer diese ist, um so höher ist die Sickerwassermenge. Des weiteren bestimmt die FK der Böden die Nitratverlagerung, die um so größer wird, je geringer die FK der Böden ist. Je höher die FK und je geringer die Sickerwassermenge sind, um so höher ist bis zur nächsten Vegetationsperiode das NO$_3$-Rückhaltevermögen im Boden und um so geringer die Gefährdung des Grundwassers (Tab. 109). Die Kulturart und Nutzungsintensität haben großen Einfluß auf den Nitrataustrag.

Weitere gasförmige Stickstoffverluste entstehen, wenn NH$_4$-haltige oder -bildende Dünger (Gülle, Ammiak, Harnstoff) auf alkalische oder sorptionsschwache Böden gegeben werden: NH$_4^+$ + OH$^-$ → NH$_3$↑ + H$_2$O. Auf sorptionsstarken, Illit-reichen Böden sind durch NH$_4$-

Tab. 109. Beurteilung der Nitratauswaschungsgefahr aus der von der Feldkapazität und Sickerwassermenge abhängigen Verlagerungsgeschwindigkeit (nach GÄTH und WOHLRAB 1993)

Feldkapazität	Mittlere Verlagerungsgeschwindigkeit*					
	Sickerwassermenge (mm · a^{-1})					
	50	100	150	200	300	400
mm · dm^{-1}	dm · a^{-1}					
10	5	10	15	20	30	40
20	2,5	5	7,5	10	15	20
30	1,7	3,3	5	6,7	10	13,3
40	1,3	2,5	3,8	5	7,5	10
50	1	2	3	4	6	8
Bewertung des standörtlichen Verlagerungsrisikos						
Verlagerungsgeschwindig-keit dm · a^{-1}	< 5	5−10	10−15	15−20	> 20	
	s. gering	gering	mittel	groß	s. groß	

$$* \text{ Verlagerungsgeschwindigkeit (dm · a}^{-1}) = \frac{\text{Sickerwassermenge (mm · a}^{-1})}{\text{Feldkapazität (mm · dm}^{-1})}$$

Bei Kenntnis der Grundwasserspiegeltiefe kann aus der mittleren Verlagerungsgeschwindigkeit die Aufenthaltsdauer des Sickerwassers in der ungesättigten Zone abgeschätzt werden.

Tab. 110. N-Eintrag (kg/ha^{-1} · a^{-1} und mg · l^{-1}) ins Grundwasser (nach LÜBBE 1983)

Nutzung	kg · ha · a^{-1}	mg · l^{-1} bei 150 mm · a^{-1}	mg · l^{-1} bei 280 mm · a^{-1}
Dauerbrache	< 2	6 (2)	3 (1)
Grünland	5− 15	44 (4)	8 (2)
Wald	5− 10	30 (6)	11 (3)
Acker	20− 70	103 (31)	55 (17)
Getreide	20− 30	65 (19)	35 (10)
Hackfrüchte	20− 45	100 (30)	54 (16)
Schwarzbrache	100−175	354 (106)	190 (57)
Sonderkulturen	100−200	295 (89)	158 (47)

Werte in ( ) = bei 70 % Denitrifikation

Eintausch (Fixierung) diese Verluste geringer (Auenböden, Marschen nach langjähriger Wiesennutzung).

Die Literatur über Nährstoffauswaschungen ist zahlreich. Folgende Spannen des Nährstoffaustrages werden zumeist aus Lysimeteruntersuchungen abgeleitet. Mit der Sickerwassermenge fällt die Nährstoffkonzentration (Tab. 110).

Aus dicht lagernden Böden kann infolge erhöhter Denitrifikation weniger Nitrat ausgewaschen werden als aus gut belüfteten. Humusreiche Böden haben höhere N-Verluste als humusarme. Auch die Jahreszeit beeinflußt das Ergebnis von Messungen des Nährstoffaustrags. So-

lange Nährstoffe aufnehmende Pflanzen einen Boden bedecken, ist der Nährstoffaustrag relativ gering. Durch Anbau von Zwischenfrüchten können von der Vor-Hauptfrucht nicht verbrauchte Nährstoffe verwertet werden. Vegetationsfreie Böden haben einen entsprechend erhöhten Nährstoffaustrag. Das Maximum der Nährstoffausträge liegt im Herbst/Winter. Solange eine dem jeweiligen Pflanzenbedarf angemessene Mineraldüngung erfolgt, ist nicht mit erhöhtem Nährstoffaustrag zu rechnen. Die immergrünen Kulturarten bewirken die geringste Nährstoffbelastung der Gewässer: Wald < Grünland < Ackerland (siehe Abb. 112 und Tab. 111). In dieser Reihenfolge kommt auch

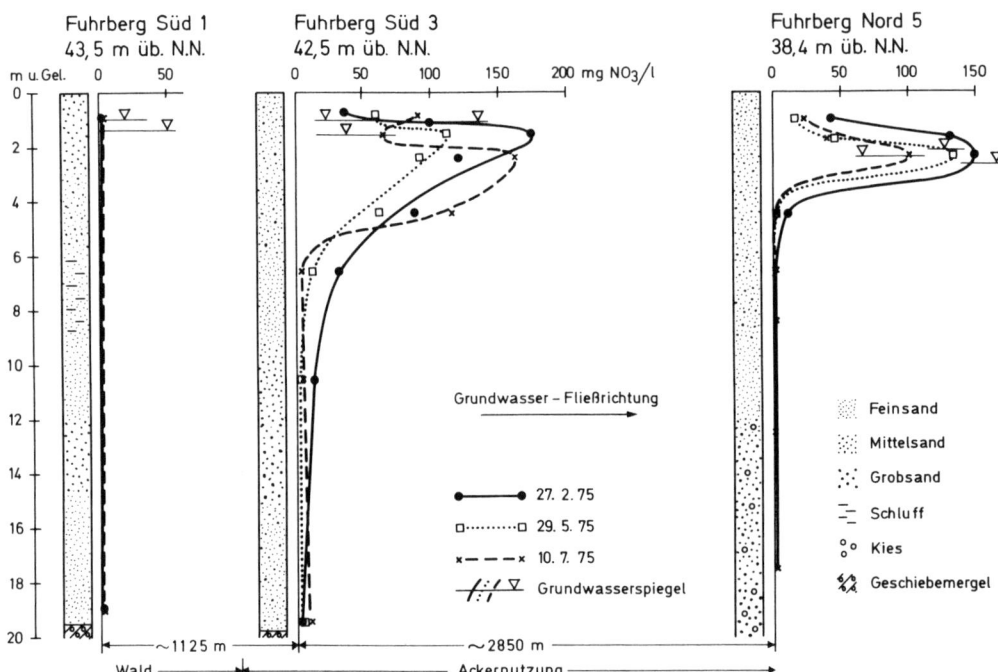

Abb. 112. Nitratverteilung im Aquifer in Abhängigkeit von Tiefe und Entfernung vom Eintragungsort (nach STREBEL et al. 1975).

Tab. 111. Nitrat- und Phosphatausträge (in kg · ha^{-1} · a^{-1})

Boden	N			P	
	A	G	F	A	G
S	30–70	5–15	0,5– 8	0,5	
Sl		–15	3–30	0,6	
Ul		1–24		0,3	
Ls	13–95		10–60	0,3	
Tu	14–30	5–14		1,2	–3,7
Hh				15–25	–6
Hn				6	–4
Yf				13	–7
Uh				4	–0,1

A = Ackerland; G = Grünland; F = Forst

die unterschiedliche Höhe der Düngung zum Ausdruck.

Die Sickerwasserfronten bewegen sich in Porengrundwasserleitern (Lockersedimenten) unter mitteleuropäischen Klima- und Bodenver-hältnissen jährlich um 0,5 bis 2 m in Richtung Grundwasser. In Kluftgesteinen und Schwundrissen wird dagegen das Niederschlagswasser schnell »verschluckt«. Es kann u. U. Jahrzehnte dauern, bis Stickstoffüberdüngungen sich durch zunehmende NO$_3$-Gehalte im Grundwasser widerspiegeln, sofern nicht bei der Bodenpassage oder gar erst im Aquifer selbst *De*nitrifikationen stattgefunden haben (siehe auch abnehmende NO$_3$-Gehalte mit der Tiefe im GW-Leiter, Abb. 112). Dieser biochemische Prozeß ist abhängig von der Temperatur (> 15 bis 30 °C) und von der Anwesenheit reduktionsfähiger Substanzen (lösliche organische Substanzen, Sulfide) (Abb. 113).

Besonders bei N-reichen Niedermoorböden, die jährlich bis zu 1000 kg N · ha^{-1} mit Torfschwund mineralisieren, müssen beachtliche Stickstoffmengen nach Nitrifikation wieder denitrifiziert werden. Die witterungsbedingten Schwankungen im NO$_3$-N-Gehalt sind in Moorböden sehr groß, der Nitrataustrag über Dräne mit 50 kg · ha^{-1} · a^{-1} relativ gering, und da die N-Aufnahme der Dauerkultur Grünland kaum über 500 kg · ha^{-1} beträgt, müssen hier erhebliche Nitratanteile (bis zu 100 kg · ha^{-1} · a^{-1}) denitrifiziert oder immobilisiert werden. In humusärmeren Mineralböden betragen dagegen die Denitrifikationsverluste nur wenige kg/ha · a. Mit N$_{15}$-Markierungen war es möglich, bis zu 50% Denitrifikationsverluste aus der Düngung nachzuweisen. In oberflächennahen Grundwässern sind unter Ackernutzung bis zu 200 mg NO$_3$ · l^{-1} gemessen worden. Bereits 1 bis 2 m tiefer waren es < 50 mg NO$_3$ · l^{-1}. Verdünnung allein reicht nicht als Erklärung für diese Konzentrationsabnahme aus.

Besonders hohe Stickstoffmengen werden bei Grünlandumbruch aus der organischen Bodensubstanz mineralisiert. Der Humusspiegel des Dauergrünlandes ist bei sonst gleichen Standortbedingungen etwa doppelt so hoch wie der des Ackerlandes. So können innerhalb weniger Jahre bis zu 5 t N · ha^{-1} freigesetzt werden. Z. Zt. zu beobachtende Zunahmen der Nitratgehalte dürften auch auf den Verlust von immerhin rd. 1 Mio. ha Dauergrünland seit 1950 in der Bundesrepublik zurückzuführen sein (Tab. 30).

Regionale Nitratprobleme (Massentierhaltung!) werden durch Gülleerlasse zu regeln versucht. Aus Wirtschaftsdüngern kann erst durch Nitrifikation des NH$_4$ bzw. Harnstoffs, bzw. allmähliche Mineralisierung der organisch gebundenen N-Anteile freies Nitrat entstehen. Dazu sind Bodentemperaturen > 10 °C erforderlich. Diese sind bei Böden mit hoher Wärmekapazität oft noch bis in den Spätherbst möglich. Die Erlaubnis der Gülledüngung bis Ende Oktober berücksichtigt diese Zusammenhänge leider nicht. Die Gefahr der Nitrateinwaschung ist trotz winterlich positiver klimatischer Wasserbilanz geringer, wenn Gülle auf kälteren Böden, d.h. später, ausgebracht wird. In Hanglagen und Gewässernähe ist allerdings die oberflächliche Abschwemmung von Nährstoffen und sauerstoffzehrenden organischen Substanzen bei gefrorenem Boden und Schneeschmelze zu bedenken.

Während die Ausbringungszeiten der Gülle leicht kontrolliert werden können, sind die zulässigen Güllemengen nach Dungeinheiten nicht auf die gesamte Betriebsfläche, sondern auf die tatsächlich begüllten Flächenanteile zu beziehen. Analog der Klärschlamm-Verordnung sollte die Eutrophierung der Böden (bei Gülle z. B. durch P$_2$O$_5$- oder N$_{min}$-Gehalte) durch gezielte Bodenuntersuchungen begrenzt werden. Deshalb sollten auch bei der landbaulichen Verwer-

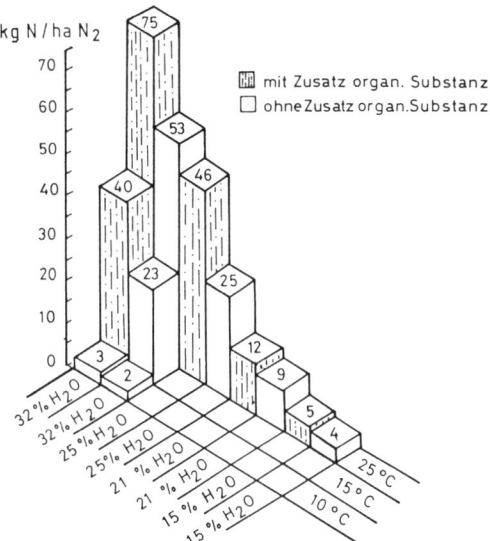

Abb. 113. Denitrifikation in Abhängigkeit von Bodenfeuchte und -temperatur (nach FREDE et al. 1975).

tung von stickstoffreichen Klärschlämmen Mengen und Ausbringungszeiten bedacht werden.

In Wasserschutz- und -schongebieten wird man zur Sicherung der Grundwasserqualität ohne Nutzungseinschränkungen (z. B. Verbot des Grünlandumbruchs und Intensivgemüsebaues, restriktive Düngung und Pflanzenschutzmittel-Anwendung) den Nutzungskonflikt Landwirtschaft – Wasserwirtschaft nicht lösen können. Allerdings reicht zur Ausweisung der Schutzzone II die allein nach hygienischen Gesichtspunkten über die *horizontale* Fließgeschwindigkeit im Aquifer ausgewiesene 50-Tage-Kennlinie nicht aus. Hier müssen vielmehr die *vertikalen* Filtereigenschaften der Böden zukünftig stärker berücksichtigt werden (Tab. 109).

2.5.4.4.3 Gasförmige Nährstoffverluste
Da die Bodenluft in ihren O$_2$-, CO$_2$- und N$_2$-Anteilen anders zusammengesetzt ist als die bodennahe Luftschicht kommt es durch Partialdruckunterschiede zum Gasaustausch nach den Gesetzmäßigkeiten der Diffusion und zum Teil auch durch Massenfluß (siehe Kap. 2.5.2).

Vor allem der Stickstoffhaushalt ist durch gasförmige Verluste gekennzeichnet. Unter schrittweiser Abgabe von Sauerstoff aus dem Nitratanion entsteht schließlich wieder elementarer gasförmiger Stickstoff (siehe Kap. 2.3.1.1). Dieser Prozeß der Denitrifikation wird biochemisch durch eine spezielle Gruppe von Bodenmikroorganismen – Denitrifikanten – gesteuert. Er ist abhängig von folgenden Bodeneigenschaften: NO_3-Gehalt, löslicher C-Gehalt, pH, rH (Wassergehalt) und Bodentemperatur ($> 5\,°C$) (Abb. 113).

In humusarmen, gut belüfteten Ackerböden liegen die jährlichen Denitrifikationsverluste bei einigen Kilogramm $N \cdot ha^{-1}$. Sie steigen mit der Stickstoffdüngungshöhe und -art (Gülle!). In stickstoffreichen Niedermoorböden, die als Grünland genutzt werden, werden deshalb die größten Denitrifikationsverluste gemessen, weil hier viel Nitrat, viel löslicher Kohlenstoff, hoher pH, niedriges rH bei ausreichender Feuchte vorhanden sind (Tab. 112). Mit steigender Zersetzung/Humifizierungsgrad fällt das Denitrifikationspotential infolge abnehmenden Anteils löslichen Kohlenstoffs. Wenn durch überhöhten Nitrateintrag in den Grundwasserleiter der dort geringere Anteil löslichen Kohlenstoffs erschöpft wird, kann keine Denitrifikation mehr erfolgen, die Nitratgehalte im Grundwasser steigen an. Mit großräumiger Wiedervernässung von Moor- und Anmoorböden ist mit erhöhter Denitrifikation zu rechnen. Der N_2O-Verlust beträgt etwa 10% vom Gesamt-N_2-Verlust. Global wird der N_2O-Anteil an der Erwärmung der Atmosphäre mit 4% und mit steigender Tendenz angegeben. N_2O ist am Ozonabbau beteiligt.

Weitere gasförmige Stickstoffverluste erfolgen auf kalkhaltigen Böden bei Harnstoff und Ammoniumdüngung (Gülle) in Form von Ammoniakentgasung. Besonders hohe Ammoniakemissionen entstehen bei der Gülledüngung, wenn die Lufttemperatur $18\,°C$ übersteigt, durch CO_2-Abgabe aus der fein versprühten Gülle wenn der pH-Wert steigt und die Gülle nicht sofort in den Boden eingearbeitet wird.

2.5.4.5 Nährstoffverfügbarkeit

Zur Bewertung eines Bodens als Nutzpflanzenstandort dienen chemische *Bodenuntersuchungen*. Obwohl wir wissen, daß die aus ihrem natürlichen Verband herausgelöste Boden*probe* je nach Art und Umfang der Laboruntersuchung nur Teilauskünfte (Momentaufnahme) zu liefern vermag, so unterliegen dennoch manche der Versuchung einer zu umfassenden Standortbeurteilung aus solchen Untersuchungsbefunden. Diese stehen dann auch oft im Widerspruch zur praktischen Erfahrung der Bodennutzung. Solches Mißverständnis führt leider sehr schnell zu Zweifeln an der Richtigkeit der Bodenuntersuchung. Das Untersuchungsergebnis ist nicht falsch (wenn man Fehlerquellen vor allem bei der Probenahme ausschließt), sondern es wird häufig überinterpretiert.

Der pflanzliche Ertrag ist eine Leistung durch das Zusammenwirken *aller* Wachstumsfaktoren. Die Fähigkeit eines Systems (Boden–Pflanze), Arbeit zu leisten, wird analog einem hydraulischen Modell gedeutet:

In Abb. 114 ist der Boden als Vorratsgefäß dargestellt. Dessen Größe wird von der Gründigkeit und den im Bodenraum aktiven Oberflächen bestimmt. Flachgründige, sorptionsschwache Böden sind einem kleinen, schwere, tiefgründige Böden einem größeren Vorratsgefäß gleichzusetzen. Man muß bei der Deutung der Laboruntersuchung also das Bodenprofil kennen.

Die Reichsbodenschätzung (siehe Kap. 4.2) läßt sich z. T. von dieser Vorstellung einer unterschiedlichen Bevorratung der Böden leiten. Der Boden wird dabei *statisch* als Träger von Wachstumsfaktoren beurteilt, ohne deren unterschiedliche Vermittlung *(Dynamik)* an die Pflanzen genügend zu berücksichtigen. Jeder *Vorrat* (Kapital) ist solange eine statische Größe, wie er

Tab. 112. Potentielle Denitrifikation ($kgN \cdot ha^{-1} \cdot dm^{-1} \cdot a^{-1}$) mineralischer und Niedermoorböden

Boden	$kgN \cdot ha^{-1} \cdot dm^{-1} \cdot a^{-1}$	Quellen (cit. in Richter, 1987)
Mineralböden		
fs-ts	0,6–9,0	Müller et al. 1980
uL	1,5–7	Benckiser et al. 1986
T	18–20	Colbourn et al. 1984
Niedermoorböden		
Hn brach, trocken	16,2	Terry u. Tate 1980 b
Hn brach, geflutet	32,2	Terry et al. 1981 b
Hn, Grünland	65,6	Terry u. Tate 1980 b

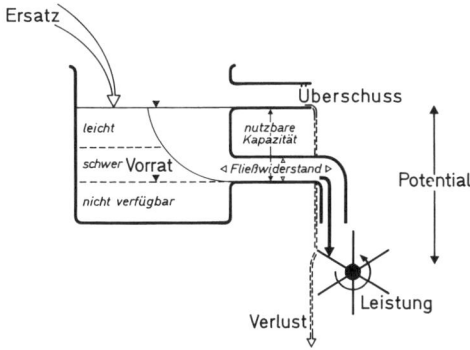

Abb. 114. Verfügbarkeit von Wachstumsfaktoren (Modell) (nach SCHEFFER, ULRICH, LISANTI 1962).

nicht arbeitet und in Leistung (Zinsen) umgesetzt wird.

Für die Ausnutzung des Vorrats eines Wachstumsfaktors sind zunächst eine untere und obere Grenze maßgebend, im Modell als Aus- bzw. Überlauf dargestellt. Sie bestimmen die *nutzbare* Kapazität des Gesamtvorrats. Abfluß kann erst dann stattfinden, wenn das Vorratsgefäß mindestens bis zur Höhe des unteren Auslaufs aufgefüllt ist. Bis dahin ist, energetisch betrachtet, noch nichts verfügbar, wenn wir z. B. das aus dem Gefäß ausfließende Wasser (Nährstoffe) zum Antrieb einer Mühle (Pflanze) ausnutzen wollen. Das ist dem Totwasser vergleichbar (Welkefeuchte) der im Boden festgelegte Nährstoffpool.

Je höher wir das Vorratsgefäß mit Wasser (Nährstoffen) auffüllen, um so mehr wird über den unteren Auslauf ausfließen. Der Grad der Verfügbarkeit eines Vorrats hängt nun ab von seiner Höhe (Potential) über dem anzutreibenden Mühlenrad (Pflanze). Unter einem Potential versteht man physikalisch die Arbeit, die geleistet werden muß, um eine bestimmte Masse (Vorrat) vom gegebenen Bezugspunkt zu einem anderen zu bringen. Je höher dieses Potential, um so leichter verfügbar ist der jeweilige Wachstumsfaktor. Je geringer die Saugspannung des Wassers im Boden, um so leichter steht es den Pflanzen zur Verfügung. Das kann durch die Vorratskurve in der Abbildung ausgedrückt werden (siehe pF-Kurven, Abb. 84).

Auch Pflanzennährstoffe sind in ihrer Verfügbarkeit von bodenchemischen und -physikalischen Potentialen abhängig, die von ihrer Nähe zur Austauscheroberfläche und durch Gegenionen bestimmt wird. So ist das Ca-Potential von der Aktivität der H^+-Ionen (pH) abhängig. Das P-Potential und das K-Potential sind von der Ca-Aktivität abhängig. Der Grad der Verfügbarkeit (leicht–schwer) der Phosphate im Boden ist daher ohne Berücksichtigung des pH nicht zu beurteilen. Mit der üblichen chemischen Bodenuntersuchung erfaßt man meist nur den leichter verfügbaren Vorrat.

Große oder kleine »Vorräte« sagen also zunächst noch nichts über die Verfügbarkeit aus. Das ist wie beim Wasser*gehalt* des Bodens. Gleiche Wassermengen in einem S- und T-Boden sind nicht gleich verfügbar. Man muß dazu das unterschiedliche Potential der Wasserbindung (pF) berücksichtigen. So kann ein leichter Boden entsprechend einem kleinen Vorratsgefäß, dieses aber voll aufgefüllt und damit bei hohem Potential einen Nährstoff (bzw. das Bodenwasser) schneller in pflanzliche Leistung (an der Mühle) umformen als ein schwerer Boden mit vergleichsweise größerem Vorrat, der aber wegen noch ungenügender Auffüllung seines großen Vorratsgefäßes erst ein geringeres Potential aufweist. Allerdings ist die unterschiedliche Nachhaltigkeit des Nährstoffflusses zu bedenken.

Der leichte Boden ist wie ein kleines Vorratsgefäß schneller entleert als ein schwerer Boden mit großem Vorrat.

Die nachgelieferte Nährstoffmenge soll möglichst dem Bedarf entsprechen. Sie ist von der Fließgeschwindigkeit (Fließwiderstand) im Boden abhängig. Diese wird annähernd in der unterschiedlichen Höhe sogen. *Grenzwerte* für Nährstoffe in verschiedenen Böden berücksichtigt. Sie liegen deshalb bei schweren Böden höher als bei leichten. Für eine Aussage über die Nachlieferungs-Geschwindigkeit sind diese Zahlen jedoch nicht geeignet.

Entscheidend für den Beginn der Verfügbarkeit der Wachstumsfaktoren ist nun nicht nur die Höhe des unteren Auslaufs. Bedingt durch seine Dimension (Länge, Durchmesser) und Beschaffenheit der Rohrwandung (Rauhigkeit) ergeben sich Fließwiderstände. Durch ein enges krummes Rohr mit rauher Wandung fließt bei gegebenem Potential weniger in der Zeiteinheit ab, als durch ein weites, gerades und glattes Rohr. In der Bodenphysik messen wir diesen Fließwiderstand als die bei gegebenem Potential in der Zeiteinheit durch einen bestimmten Bodenquerschnitt fließende Wassermenge (ungesättigte kapillare Leitfähigkeit). So hat ein völlig wassergesättigter S-Boden zunächst eine bessere Durchlässigkeit als L- oder T-Böden. Mit abnehmendem Wassergehalt (= zunehmende Saugspannung) jedoch nimmt die kapillare Nachlieferung in umgekehrter Reihenfolge zu. Je höher die nutzbare Kapazität und das Potential sind, um so mehr fließt am unteren Rohr aus.

Den Fließwiderstand der Böden gegen die Nährstoffbewegung kann man über die Nährstoffdiffusion in Abhängigkeit von der Wasserspannung ermitteln. Moorböden mit vergleichbar hohem Wassergehalt setzen der Diffusion der Nährstoffe zur Pflanze hin geringere Widerstände entgegen als ein T-Boden. Deshalb sind in nährstoffarmen Moorböden vergleichsweise kleinere Vorräte bei gegebenem Potential in ihrer Wirkung auf die pflanzliche Leistung ausreichend (siehe niedrigere Grenzwerte, in Tab. 114).

Bei absolut nährstoffreichen T-Böden setzt dagegen nicht nur das Fließen der Nährstoffe relativ spät ein, sondern ist bei gegebenem Potential und hohem Fließwiderstand nur bei entsprechend großem Vorrat zufriedenstellend. Deshalb müssen wir diese Böden besonders hoch mit Nährstoffen versorgen. Bei Sandböden sind zwar geringe Fließwiderstände für Pflanzennährstoffe zu erwarten, wegen der begrenzten Bevorratung ist jedoch mit starken Potentialschwankungen zu rechnen. Ihre Bevorratung mit Nährstoffen und Wasser ist deshalb begrenzt.

Wenn man nun einen Boden über seine maximale Aufnahmefähigkeit mit einem Wachstumsfaktor aufzufüllen versucht, fließt das im Vorratsgefäß nicht Speicherbare als Überschuß ab. Angestrebt wird, den für eine optimale pflanzliche Leistung über das untere Auslaufrohr ablaufenden Anteil immer gerade wieder so zu ersetzen, daß das System im Bereich des günstigsten Potentials bleibt (siehe Ersatzdüngung analog Beregnungssteuerung durch Auffüllen maximal bis FK).

Vor allem schnell umsetzbare Düngemittel sollten nicht in einer Frühjahrsgabe, sondern in mehreren Teilgaben ausgebracht werden. Meist wird jedoch, gemessen am augenblicklichen Bedarf junger Pflanzen, zuviel gedüngt. Dieser Überschuß kann ökologisch und wirtschaftlich manche Nachteile bringen. Er kann ungenutzt versickern und schließlich Gewässer belasten. Sickerwasser steht beim Passieren des Wurzelraumes der Pflanze nur teilweise zur Verfügung.

Vorübergehend treibt es das Mühlenrad mit an und stört dessen gleichmäßigen Lauf. In pflanzliche Leistung umgedeutet, stellen wir ungleichmäßiges Wachstum (z. B. Lagerung bei N-Überschuß) fest.

Vorrat, Potential und Verfügbarkeit der Wachstumsfaktoren bestimmen die Leistung eines Bodens als Pflanzenstandort. Experimentell läßt sich der Vorrat leicht bestimmen. Potentiale selbst sind witterungsabhängig durch Einwirkungen der Pflanze veränderlich. Nährstoff- und Wasseraufnahmen schaffen je nach Durchwurzelungsintensität Potentialunterschiede im Boden auf kleinem Raum. Eine Potentialbestimmung sagt also etwas aus über die Grenzen, in denen ein bestimmter Vorrat verfügbar sein kann. Damit ist der Versorgungs*zustand* besser charakterisiert als durch die Vorratsgröße allein. Praxisnahe bodenkundliche Methoden zur Bestimmung der Nährstoff*bewegung* und *-nachlieferung* gibt es noch nicht. Die Nährstoffbewegung wird daher durch Analyse der Pflanze in kritischen Wachstumsstadien (z. B. kurz vor dem Ährenschieben, Nadel- und Blattanalyse) zu erfassen versucht. Nach diesen Modellvorstellungen müssen wir auch die konstruktiven Merkmale *der Mühle* selbst (Pflanzenart, Sorte) berücksichtigen.

Es bleibt ferner zu beachten, daß für jeden einzelnen Wachstumsfaktor spezifische energetische Beziehungen auf die pflanzliche Leistung bestehen und erst das harmonische Zusammenwirken all dieser Prozesse (Einzelvorrat – Einzelpotential – Einzelfließwiderstand) die volle pflanzliche Leistung erbringt.

Viele unterschiedlich große Vorratsgefäße für zahlreiche Wachstumsfaktoren kann man sich in unterschiedlicher Höhe (Potential) über dem Mühlrad (Pflanze) vorstellen. Nur wenn alle antreibenden Ausflüsse das Mühlenrad an gleicher Stelle treffen, ist mit voller Leistung zu rechnen.

2.5.4.6 Bodenuntersuchung und Nährstoffkontrolle

Die chemische Bodenuntersuchung durch Landwirtschaftliche Untersuchungs- und Forschungsanstalten (LUFA) bildet die Grundlage der Düngeberatung. Sie ist z. Zt. als Serienanalytik auf *Krumenmischproben* (Acker 0 bis 30, Grünland 0 bis 10 cm) beschränkt. Wichtige Kennwerte sind: pH-Wert, Kalkbedarf sowie die »pflanzenverfügbaren« Gehalte an P_2O_5, K_2O, MgO, gelegentlich auch weitere Spurennährstoffe. Feinbodenproben werden mit gepuffer ten Lösungen von Salzen organischer Säuren geschüttelt. Phosphat und Kalium werden z. B. mit Doppellaktatlösung (DL) extrahiert, bei kalkreichen Böden werden Ammoniumlaktat (AL) oder Calciumacetatlaktat (CAL) als Extraktionsmittel bevorzugt (größere Pufferung, Lösung von Apatiten). Auch die Wasserlöslichkeit (H_2O) kann nach niederländischen Erfahrungen besonders für die Beurteilung der P-Verfügbarkeit in Grünlandböden mit herangezogen werden. Allen Untersuchungsverfahren ist gemeinsam, daß bei Beachtung bestimmter Randbedingungen (Zeit, Temperatur, Konzentration, Einwaageverhältnis) ein *statisches* Lösungsgleichgewicht eines Nährstoffes aus einer aus dem natürlichen Verband herausgelösten und vorbehandelten *Bodenprobe* (Trocknung, Mahlen, Sieben) ermittelt wird. Dazu muß feststehen, daß die Mischprobe (30 Einstiche) für ein Feld repräsentativ ist (maximal 2 ha/Probe). Bodenunterschiede sind durch getrennte Beprobung zu berücksichtigen. Als beste Probenahmezeit gilt der Herbst/Winter (*nach der Ernte, vor der Düngung*). Die Untersuchungsergebnisse werden für Mineralboden in mg Nährstoff/100 g, für Moorboden (sehr niedrige Rohdichten) in mg Nährstoff/100 cm³ angegeben. Der

Volumenbezug ist besser, da die Pflanzenwurzeln ja den Boden in seiner natürlichen Lagerung erfassen: Multipliziert mit 10 ergibt je 10 cm Berechnungstiefe $kg \cdot ha^{-1}$.

Die LUFAs unterscheiden nur noch 5 Gehaltsklassen (A–E) mit Düngungsempfehlungen (Tab. 113).

Den jeweiligen Gehaltsklassen werden Grenzwerte für die einzelnen Nährstoffe und Bodenarten zugeordnet. Je nach Standortverhältnissen bestehen regionale Abweichungen. Für die einzelnen Kulturpflanzen werden ihrem unterschiedlichen Aneignungsvermögen und Ertrag/Entzug entsprechend Düngermengen (mineralisch + organisch) empfohlen. Der Nährstoffanspruch steigt vom Getreide < Raps, Leguminosen < Hackfrüchte bzw. Wiese < Weide.

In den Tab. 114 und 115 wurden für Mineralböden Humusgehalte von < 4% (h) unterstellt. Mineralböden mit höheren Humusgehalten haben bei gleicher Gehaltsklasse etwas höhere Richtwerte, da deren Rohdichte abnimmt. Mit steigendem Tongehalt nehmen für K innerhalb einer Gehaltsklasse ebenfalls die Richtwerte zu (hohe K-Bindungsintensität – K-Fixierung). Andererseits ist auf die hohe K-Reserve und

Tab. 113. Gehaltsklassen und Düngeempfehlungen

Gehaltsklasse	Bewertung	Düngungsempfehlung	Düngerbedarf E · f**
A	= starker Mangel	stark erhöhte Düngung	· 2,0
B	= schwacher Mangel	mäßig erhöhte Düngung	· 1,5
C	= optimale Versorgung	Erhaltungsdüngung (E)*	· 1,0
D	= Luxusversorgung	verringerte Düngung	· 0,5
E	= Überschuß	z. Zt. keine Düngung	· 0,0

* Ernteentzug + bodenspezifische Festlegung   ** f = Faktor.

Tab. 114. Bewertung der P-Versorgung der Mineralböden nach Gehaltsklassen; DL-Methode (nach LUFA Oldenburg, 1987, für Moorböden nach Bodentechnol. Institut Bremen 1993

Gehaltsklasse	P_2O_5	
	Mineralböden (mg/100 g)	Moorböden (mg/100 cm³)
A niedrig	4– 6	< 3
B mittel	7–15	3– 5
C hoch	16–30	6–10
D sehr hoch	31–50	11–15
E extrem hoch	> 50	> 15

Tab. 115. Bewertung der K-Versorgung der Mineralböden nach Gehaltsklassen und DL-CAL-Methode (nach VDLUFA-Mitt., Heft 2/1987, für Moorböden nach Bodentechnol. Institut Bremen, 1993)

Gehaltklasse	mg/100 g Bodenart (% Ton $< 2\mu$m)			mg/100 cm^3
	leicht (bis 12)	mittel (13−25)	schwer (ab 26)	Moorböden
A niedrig	< 4	< 6	< 8	< 4
B mittel	5−11	7−14	9−19	4− 7
C hoch	12−20	15−25	20−33	8−12
D sehr hoch	21−30	26−40	34−50	13−18
E bes. hoch	> 30	> 40	> 50	> 18

damit langsame, aber nachhaltige K-Nachlieferung schwerer Mineralböden hinzuweisen.

Wenn man die relativ niedrigen Richtwerte für Moorböden mit denen für Mineralböden vergleicht, müssen die unterschiedlichen Rohdichten berücksichtigt werden. Mineralböden 30 mg P$_2$O$_5$/100 g (C), Rohdichte tr. 1500 g/l = 450 mg P$_2$O$_5$/l − Moorböden 10 mg P$_2$O$_5$/100 cm^3 (C). Rohdichte tr. 200 g/l = 100 mg P$_2$O$_5$/l bzw. 50 mg/100 g. Die bessere P-Verfügbarkeit in Moorböden ist also berücksichtigt. Das gilt analog für K.

Für die *Düngebedarfsermittlung* (und -beratung) sind in den Gehaltsklassen bereits unterschiedliche Ton- und Humusgehalte berücksichtigt. Hinzuzuziehen sind ferner pH-Wert, Durchwurzelungstiefe, Wasser-Lufthaushalt, Bodentyp (Ausgangsgestein, Klima) und die spezifischen Pflanzenansprüche (evtl. zusätzlich Pflanzenanalyse). Erst unter Berücksichtigung von Fruchtfolge, Wirtschaftsdüngung, Nutzungsintensität und Ertragspotential kann man Empfehlungen zur Mineraldüngermenge geben.

Wie eine Übersicht aus dem Einzugsgebiet

Tab. 116. Verbreitung und Erscheinungsformen der Spurenelementmängel

Spurenelement	geol. Vorkommen	Mangelstandorte	⌀ Landw. Entzug g · ha^{-1} · a^{-1}	⌀ Auswaschung g · ha^{-1} · a^{-1}
Mn	Basalt	wechselfeuchte, kalkreiche, überkalkte Mineralböden, sehr kalkreiche Niedermoor- und Marschböden	300−1000	250
B	marine Tone	überkalkte, trockene, tonarme Böden	50−150	250
Cu	Schiefer	besonders kalkreiche Niedermoorböden, überkalkte Hochmoorböden mit stark zersetzten Torfen, Podsole	50−100	30
Mo	Olivin	saure, Fe- und Mn-reiche Böden	3−20	?
Co	Paragneis	Granit-Verwitterungsböden	− 1	?

der LUFA Oldenburg beispielhaft zeigt, weisen inzwischen dort die Bodenuntersuchungsergebnisse zur Kalk-, Phosphat- und Kaliumdüngebedarfsermittlung einen überwiegenden Anteil hoch bis sehr hoch mit diesen Nährstoffen versorgter Böden aus. Vorrangig Kosten-Nutzen-orientierte Landwirte reagieren inzwischen mit zurückhaltender PK-Mineraldüngung (s. a. Abb. 111). In einem Gebiet hoher Viehdichte wird jedoch nicht nur über Handelsdüngemittel gedüngt. Solange die Bemessungsgrenzen für den Wirtschaftsdüngereinsatz (Gülle!) vorrangig nach dem Stickstoffgehalt gehen, ist mit einer weiteren Zunahme der P- und K-Gehalte der Böden zu rechnen. Eine in Vorbereitung befindliche Düngemittelanwendungs-VO wird im Interesse des Gewässerschutzes, insbesondere der auch ökologisch bedenklichen P-Überversorgung vieler Böden engere Grenzen setzen müssen.

Obwohl N die Ertragshöhe und -qualität besonders beeinflußt, gab es bisher keine reproduzierbare und aussagekräftige Untersuchungsmethode für diesen wichtigen Nährstoff. Die Dynamik des Stickstoffhaushaltes (Nitrifizierung – Denitrifizierung – Auswaschung) läßt jede Düngebedarfsermittlung aus einer momentanen Untersuchung des NO_3-Gehaltes im Boden problematisch erscheinen. Feststellungen des N_t-

Nährstoffversorgung der Böden in Weser-Erms 1992 (LUFA Oldenburg, 1994)

Acker (ca. 80 000 Proben)				
Versorgungs-stufe	pH	P	K	Mg
A	8,5	1,0	0,3	5,0
B	31,1	12,3	8,3	19,7
C	50,7	49,6	40,0	40,3
D	0	30,2	38,9	24,4
E	9,6	6,9	12,4	9,7
Grünland (ca. 44 000 Proben)				
Versorgungs-stufe	pH	P	K	Mg
A	6,1	3,0	0,8	6,2
B	22,0	24,4	17,1	20,3
C	52,6	48,6	37,3	32,7
D	0	19,3	29,4	26,9
E	19,3	4,8	15,5	13,9

Gehaltes (3000 bis 30 000 kg · ha^{-1}) und Annahmen wahrscheinlicher Umsetzungsraten (0,5 bis 3 %) helfen wenig. Für die Bemessung der ersten N-Frühjahrsgabe wird ein seit einigen Jahren an südniedersächsischen Lößböden für Winterweizen und Wintergerste entwickeltes Verfahren empfohlen. Ende Februar/Anfang März wird in

Fortsetzung von Tab. 116

Mangelsymptome	Mangelkrankheit	Gegenmaßnahmen
Jüngere Blätter graubraun gefleckt, Blattadern grün gesäumt	Dörrfleckenkrankheit (Getreide) Gelbfleckigkeit (Rüben) Intercostalchlorose (Gemüse) Lecksucht (Wiederkäuer)	50–300 kg · ha^{-1} $MnSO_3$ auf Boden, 25 kg · ha^{-1} 1 %ig über Blatt, Thomasphosphat (4 % Mn), Physiologisch saure Düngung
Sproß- und Vegetationspunkte absterbend	Herz- und Trockenfäule (Rüben), Braunfleckigkeit (Blumenkohl)	10–30 kg · ha^{-1} Borax, Borsuperphosphat, physiol. saure Düngung
Blätter schmutzig grün, Spitzen weiß gezwirnt, taube Ähren, Zwiewuchs	Heidemoor-, Urbarmachungskrankheit (Getreide) Wipfeldürre (Obst) Lecksucht (Wiederkäuer)	10–100 kg · ha^{-1} $CuSO_4$ 2–3 dt · ha^{-1} Cu-Schlacke
graue Blätter, eingedreht, welkend	Klemmherzigkeit (Blumenkohl), Mo-*Überschuß*: Moorruhr (Wiederkäuer)	2–4 kg · ha^{-1} $NaMoO_4$
Durchfall bei Wiederkäuern, struppiges Fell, Wachstumshemmung	Hinschkrankheit (Wiederkäuer)	Thomasphosphat, Rohphosphat, Superphosphat, Hüttenkalk

$CaCl_2$- bzw. KCl-Lösung der NO_3-Gehalt des Bodens bis 90 cm Tiefe (Hauptwurzelraum) ermittelt (N_{min}). Sofern weniger als 120 kg N_{min} in diesem Bodenvolumen vorhanden sind, soll die Start-N-Gabe dem Fehlbetrag entsprechen (WEHRMANN 1976). Je nach klimatischer Wasserbilanz und Vorfrucht sind nach relativ trockenen Wintern höhere N_{min}-Werte als nach nassen Perioden zu erwarten. Die weitere N-Gabe richtet sich nach der Bestandesentwicklung. Witterungsperioden mit hoher Denitrifikation (feucht, warm) und Auswaschung können die Voraussage der Dünger-N-Bedarfsermittlung nach der N_{min}-Methode negativ beeinträchtigen. Eine Übertragung dieser Erkenntnisse auf andere, weniger homogene Böden mit geringerer Durchwurzelung, tieferem ROP, höheren Ton- und Humusgehalten ist unsicher.

Der weitere N-Düngebedarf wird entweder halbquantitativ aus einer Preßsaftanalyse der Pflanzen oder nach dem EUF-Verfahren (Elektro-Ultra-Filtration) bemessen. Dazu wird unter steigenden elektrischen Spannungen extrahiert. Die erst bei höherer Spannung freigesetzten Nährstoffe sind die fester gebundenen, sie entsprechen den nachlieferbaren Anteilen des jeweiligen Nährelements.

Im Obst- und Waldbau sind Ergebnisse der Bodenuntersuchungen weitaus schwieriger zu interpretieren. Hier stützt sich die Beurteilung des Versorgungszustandes der Bestände mit Nährstoffen wegen ihre anderen Durchwurzelungsverhältnisse und Ansprüche allein auf die *Blatt- bzw. Nadelanalyse*.

Im Rahmen dieser Bodenkunde werden die *Spurennährelemente* nicht näher behandelt. Tab. 116 gibt einen Überblick zu den Mangelstandorten und -symptomen. Absolute Spurennährstoffmängel sind heute auf älterem Kulturland kaum noch anzutreffen. Gelegentlich treten sie als physiolgische Mängel infolge Ionenantagonismen, vor allem zu Ca (pH) auf, z.B. Zn- und Mn-Mangel bei Überkalkung bzw. zu hohem pH-Wert. Gefahren einer zu hohen Anreicherung von Schwermetallen sind in Sonderkulturen (z.B. Wein, Hopfen) durch langjährige Pflanzenschutzmaßnahmen (z.B. Cu-Spritzmittel) oder durch Anwendung von Siedlungsabfällen sowie Immissionen in Nähe spezieller Industrien, am Rande stark befahrener Verkehrswege (Pb), gegeben (siehe Kap. 4.5.3.3.2.2).

3 Genese, Systematik und Verbreitung der Böden

3.1 Faktoren der Bodenbildung

Im Kap. 1.3.3 wurde bei der Besprechung des geologischen Stoffkreislaufes das wechselseitige Zusammenwirken von Gesteinseigenschaften und Prozessen dargestellt. Dieses Zusammenspiel der endogenen und exogenen Faktoren hält aber seit der Entstehung fester Gesteine nicht nur den großen geologischen Stoffkreislauf in Gang, sondern führt auch mit zahlreichen zusätzlichen Aufbau- und Neubildungsvorgängen zur Bodenbildung.

Der Begriff »Bodenentwicklung« umfaßt vom Inhalt her mehr als der Begriff der »Bodenbildung«. Während unter Bodenbildung die Entstehungsart der Bodenmerkmale verstanden wird, kennzeichnet die Bodenentwicklung den Ablauf der Bodenentstehung von Stadium zu Stadium.

Jeder einzelne Prozeß der Bodenbildung wird stets von mehreren Faktoren der Bodenbildung beeinflußt. Durch ihr Zusammenwirken entstehen Bodenmerkmale, aus denen direkt oder indirekt bestimmte ökologische oder technische Eigenschaften der Böden abgeleitet werden können. Die Bodenmerkmale und -eigenschaften lassen auch Rückschlüsse auf die bisherige und oft auch auf die zukünftige Entwicklung der Böden zu. Charakteristische Stadien dieser Bodenentwicklung stellen die Bodentypen dar. Sie sind als Resultat der Bodenbildung die Grundeinheiten der deutschen Bodensystematik, deren Kategorien daher überwiegend pedogenetisch bestimmt sind.

3.1.1 Ausgangsgestein

Während man am Beginn der wissenschaftlichen Bodenkunde die Böden nur nach der vorherrschenden Bodenart einteilte (z. B. bei ALBRECHT THAER 1805), hat die genetische Bodenforschung der letzten 100 Jahre in der Abwägung der Bodenbildungsfaktoren das Gestein zurücktreten lassen. Der Schwerpunkt dieser Untersuchungen lag auf Standorten mit tiefgründigen Lößböden und mit starkem Einfluß der Außenfaktoren wie in tropischen Gebieten mit ausgeprägter chemischer und biologischer Verwitterung. Dagegen ist der Faktor Ausgangsgestein in Mitteleuropa mit geringerer Verwitterungsintensität für die Bodenbildung viel wirksamer. Je jünger die Böden sind, desto mehr werden ihre Eigenschaften durch das geologische Ausgangsmaterial oder Muttergestein geprägt. Mit dem Fortschritt der Verwitterung wird der Einfluß des Gesteins auf die Bodenbildung geringer.

Böden können aus Fest- und Lockergesteinen entstehen. Für die Ansprache und Abgrenzung dieser Substrate nennt die Bodenkundliche Kartieranleitung (3. Auflage, 1982) eine Auswahl aus dem »Symbolschlüssel Geologie«, von der Tab. 117 eine zahlenmäßige Übersicht gibt.

Die Symbole für die stratigraphische, petrographische und geogenetische Ansprache werden im Symbolschlüssel Geologie durch Schrägstriche voneinander getrennt. Diese Schrägstriche sind in der bodenkundlichen Kartieranleitung in der Regel weggelassen worden, da die Lockergesteine fast ausschließlich durch geogenetische, die Festgesteine durch petrographische Symbole gekennzeichnet werden. Hierzu wurden im Teil 1 ausführliche Angaben gemacht (Magmatite: Kap. .3.1.2; Metamorphite: Kap. 1.3.1.3 und Sedimente: Kap. 1.3.2.5). Lockergesteine können auch nach ihrer Korngrößenzusammensetzung durch Angabe der Bodenart (siehe Kap. 2.1.1) und durch ihren Carbonatgehalt gekennzeichnet werden.

Die im Kap. 1.3 beschriebene und in den folgenden Tabellen 118 und 119 der bodenbildenden Substrate zusammengestellte große petro-

(Fortsetzung Seite 220)

Tab. 117. Anzahl der an der Erdoberfläche verbreiteten Substrate als Ausgangsmaterial der Bodenbildung

Festgesteine (petrographisch)			Locker-gesteine
Magmatite	Meta-morphite	Sedimentite	(geo-genetisch)
9	7	9	57

Tab. 118. Natürliche und künstliche (anthropogene) Substrate als Ausgangsmaterial für die Bodenbildung (Beispiele in Mitteleuropa verbreiteter Substrate)

A) **Natürliche Substrate** (nach »Bodenkundliche Kartieranleitung« 1982)
a) **Lockergesteine** (siehe auch Kap. 1.3, besonders 1.3.2.5)
   Meer- und Flußsedimente im Gezeitenbereich:
      Marine, brackische und perimarine Sande, Schluffe, Lehme und Tone (»Klei«, »Schlick«)
   Fluß- und Bachablagerungen:
      Fluß-Schotter, -Kies, -Sand, -Schluff, -Lehm, -Ton; Auelehm, Hochflutlehm; Wiesen-, Auen-, Fluß-Mergel
   See- und Beckenablagerungen:
      Limnische Seekreide, Seemergel, See-Ton, -Schluff, -Sand; Organische, mineralisch-organische und mineralische Mudden; Tonige bis schluffige Beckenablagerungen
   Äolische Ablagerungen:
      Flugsand, Sandlöß, Löß (carbonathaltig) »Lößlehm« (carbonatfrei)
   Vulkanische Lockermassen:
      Tuff, Bims, Trass (als vulkanische Aschen verschied. Zusammensetzung)
   Glaziäre Ablagerungen:
      Geschiebemergel, Geschiebelehm (carbonatfrei),
      Geschiebe-Sand, -Kies, -Ton
      sandig-kiesige, schluffig-kiesige und schluffig-tonige Moränen
   Schmelzwasserablagerungen:
      Glazifluviatile Sande, Kiese und Schotter; Sander-Sand
   Verwitterungsbildungen (in situ oder parautochthon):
      Deckschutt, Geschiebedecksand; Kryogene Sand-, Schluff-, Lehmschichten
   Verlagerungsbildungen:
      Hang-Lehm, -Sand, -Schutt; Schwemmlöß;
      Abschwemmassen, Abschlämmassen;
      Sandige, schluffige, lehmige, oft steinige periglaziäre Verwitterungsdecken und Fließerden (Solifluktionsmaterial)
   Subaerische Ausfällungen:
      Quellkalk (»Kalktuff«), Sinterkalk, Wiesen(quell)kalk, Alm
   Torfe: Niedermoor-, Übergangsmoor-, Hochmoor-Torf (Kap. 1.3.2.6)

b) **Festgesteine**
   Sedimentäre Festgesteine (Sedimentite) (Kap. 1.3.2.5)
      Sandstein, Konglomerat, Breccie, Schluffstein, Tonstein; Mergelstein, Kalkstein, Dolomitstein
   Magmatische Festgesteine (Magmatite) (Kap. 1.3.1.2)
      Granit, Syenit, Diorit, Gabbro (Tiefengesteine);
      Pegmatite (Ganggesteine)
      Quarzporphyr (Rhyolith), Diabas, Basalt (Ergußgesteine)
   Metamorphe Festgesteine (Metamorphite) (Kap. 1.3.1.3)
      Glimmerschiefer, Gneis; Tonschiefer, Phyllit; Quarzit; Marmor

B) **Künstliche (anthropogene) Substrate** (nach »Kartierung von Stadtböden«, Empfehlungen des Arbeitskreises »Stadtböden« der Deutschen Bodenkundlichen Gesellschaft, 1989)
   a) Bauschutt von Siedlungsbauten:
      Ziegel- und Mörtelschutt sowie Holz, Metalle, Glas, Keramik u. a.
   b) Bauschutt vom Straßenbau:
      Beton- und Natursteine, Bitumen, Teer, Kalk, Zement u. a.
   c) Aschen: z. B. Kraftwerks- und Müllverbrennungsaschen
   d) Schlacken: z. B. Hochofenschlacke und Hüttensand; Blei-, Zink-, Kupfer-Schlacke
   e) Müll: z. B. Hausmüll, Sperrmüll, Straßenkehricht
   f) Schlämme aus der Abwasserreinigung: z. B. Klärschlamm, Faulschlamm
   g) Schlämme verschiedener Industriezweige:
      z. B. Teerschlamm, Rotschlamm, Lack- und Farbschlamm, Kunststoffschlamm, Ölschlamm, Chemieschlämme, Gipsschlamm der Rauchgasentschwefelung, Holzschleifschlamm

Fortsetzung Tab. 118. Natürliche und künstliche (anthropogene) Substrate als Ausgangsmaterial für die Bodenbildung (Beispiele in Mitteleuropa verbreiteter Substrate)

h)	Bergwerks-Haldenmaterial: Künstliche Aufschüttungen aus unterschiedlichen »Bergematerial« der im Bergwerk anstehenden natürlichen Locker- und Festgesteine: Gesteinsbruch unterschiedlicher Größenzusammensetzung. Beispiele: Braunkohle-, Steinkohle-, Salzbergwerk-, Erzbergwerk-Haldenmaterial

In der ehemaligen DDR galten für die bodenkundliche Arbeit die in der Fachbereichsnorm TGL 24300/07 sowie in der 1973 in 2. Auflage erschienenen »Hauptbodenformenliste« (LIEBEROTH 1973) definierten Substratarten. Die hierbei verwendeten Begriffe und Inhalte werden auch künftig in den neuen Bundesländern zunächst noch Bedeutung haben. Die folgende Tab. 119 zeigt daher Beispiele der dort verbreiteten Substratarten. Die Abgrenzung der Körnungs- bzw. Bodenarten innerhalb der Substratarten geht aus dem Körnungsarten-Dreieck im Kap. 2.1.1 hervor.

Tab. 119. Substratarten als Ausgangsmaterial für die Bodenbildung (Beispiele nach Fachbereichsnorm TGL 24300/07 und der von J. LIEBEROTH 1991 (4. Auflage) zusammengestellten »Hauptbodenformenliste« für das Gebiet der ehemaligen DDR). Künftig nicht mehr gültig

A) **Einheitliche Substrate** (i.d.R. Bodenarten-Gruppen)

Kies:	> 50 % mas Skelettanteile mit > 2 mm Korn-Durchmesser
Sand:	Material der Körnungsarten Sand und anlehmiger Sand
Bändersand:	Körnungsart Sand bis anlehmiger Sand mit 2 bis 40 cm mächtigen Bändern aus lehmigem Sand
»Salm«:	Abkürzung für die Körnungsart »lehmiger Sand« (Lehmsand)
Sandlehm:	Körnungsarten sandiger bis stark sandiger Lehm
Lehm:	Körnungsart Lehm
Löß:	Körnungsarten lehmiger Schluff und Schlufflehm mit > 40 % mas Grobschluff und < 20 % mas Sand ohne Gröberes
Sandlöß:	Körnungsarten sandiger Lehm, Lehm, lehmiger Schluff und Schlufflehm mit > 25 % mas Grobschluff, > 20 % mas Sand, < 10 % mas Grobskelett
Schluff:	Körnungsart außerhalb der Lößgebiete (z.B. Auen, Moränen) mit Körnungsarten Schluff, lehmiger Schluff und Schlufflehm mit > 40 % mas Grobschluff und > 2 % mas Sand
Ton:	Körnungsarten lehmiger Ton, schluffiger Ton und schwerer Ton
Kalk:	Lockermaterial mit > 30 % mas $CaCO_3$ (z.B. Wiesenkalk)
Mergel:	Halbfeste mergelige Gesteine und Gips (in der TGL entfallen)
Fels:	Festgesteine einschließlich der oberen Auflockerungs- und Zersatzzone, z.T. mit geringmächtiger Verwitterungsdecke
Schutt:	Skelettreiches Verwitterungsmaterial von Festgesteinen mit < 50 % mas Feinerde und >50 % mas kantigem Grobskelett
Grus:	Durch Verwitterung in Feinskelett (2 bis 20 mm Durchmesser) zersetztes Festgestein mit feineren Anteilen, z.T. umgelagert
Torf:	Substrat mit > 30 % mas organische Substanz, in den Mächtigkeitsstufen geringmächtig (2 bis 4 dm) mittelmächtig (4 bis 8 dm), mächtig (8 bis 12 dm) und sehr mächtig (> 12 dm).

Besonderheiten der Herkunft von Substraten werden durch bestimmte Vorsilben ausgedrückt, wie z.B.

Berg...:	Verwitterungs- und Umlagerungsmaterial von Festgesteinen (< 25 % vol Skelettgehalt) im Berg- und Hügelland
Auen...:	Auensedimente in Fluß- und Bachtälern
Kolluvial...:	Durch Bodenerosion akkumuliertes, meist humoses Material
Rigol...:	Durch sehr tiefe Pflugarbeit (> 4 dm) mit humosem Krumenmaterial durchsetzte Substrate (in der TGL entfallen)

Tab. 119. Substratarten (Fortsetzung)

B) Geschichtete Substrate (Beispiele)

Mehrschichtigkeit wird angegeben, wenn mindestens zwei unterschiedliche Substratarten von ≥ 2 dm Mächtigkeit übereinander liegen. Ihre Kennzeichnung erfolgt in festgelegter Ausdrucksweise unter Berücksichtigung der Tiefenstufen

a) 2 bis 3/4 dm durch die Bezeichnung »flach«
b) 3/4 bis 8/9 dm durch die Bezeichnung »tief«
c) 8/9 bis 12 dm durch die Bezeichnung »unterlagert«
d) > 12 bis 20 dm durch die Bezeichnung »tief unterlagert«

Beispiele:

a) Felsberglehm: 2 bis 3 dm steiniger Lehm über Festgestein.
   Torfflachsand: 2 bis 3/4 dm Torf über Sand.
   Sandflachtorf: 2 bis 3/4 dm Sand über Torf.
b) Sandtieftorf: 3/4 bis 8/9 dm Sand über Torf.
   Salmtieflehm (siehe A): 3/4 bis 8/9 dm lehmiger Sand über Lehm.
   Löß über Gestein: 3/4 bis 8/9 dm Löß über Gestein (bestehend aus Festgestein einschließlich seines Verwitterungsschuttes)
   Auenschluff über Kieslehm: 3/4 bis 8/9 dm schluffreiches Auensediment über stark lehmigem (Terassen-)Kies
   Deckkolluviallehm: 3/4 bis 8/9 dm lehmiges Kolluvium über wasserdurchlässigem Material
c) Lehm, sandunterlagert: 8/9 bis 12 dm Lehm über Sand
   Torfunterlagerter Sand: 8/9 bis 12 dm Sand über Torf
d) Sand, tief lehmunterlegt: 8/9 bis 12 dm Sand über Lehm

C) Anthropogene Substrate (z. B. von Halden oder Müllkippen) werden durch die Vorsilbe »Kipp-« gekennzeichnet. Beispiele: Kipp-Sand, Kipp-Kohlelehm, Kipp-Asche, Kipp-Müll

graphische Vielfalt der Gesteine verdeutlicht ihre Bedeutung als Faktor der Bodenbildung. Bei der Besprechung der Sequenzen (Kap. 3.2.2 und Abb. 116 bis 125) wird diese Auswirkung auf die Pedogenese beispielhaft für wichtige Bodentypen beschrieben.

3.1.2 Relief

Der Begriff »Relief« ist die zusammenfassende Bezeichnung für die Höhenverhältnisse der Erdoberfläche, die in ihren Ausformungen stets dreidimensional betrachtet werden müssen. Unter den Formen des Makroreliefs werden Ebenen, Kulminationsbereiche von Erhebungen (Hügel, Berge), Hohlformen (Mulden, Täler) und Hänge mit ihren verschiedenen Bereichen (Ober-, Mittel- und Unterhang) und Profilen (konvex, konkav, gestreckt) unterschieden.

Die Reliefeinheiten lassen sich mit Länge, Breite und Neigung (Inklination in Grad oder Prozent) beschreiben. Neben der Inklination gibt die Ausrichtung eines Hanges zur Himmelsrichtung (Exposition) über wichtige geländeklimatische Bedingungen (Sonnenhang, Schatthang) Auskunft.

Die Oberflächenformen kleiner Dimensionen bilden das Mikrorelief. Es kennzeichnet die Rauhheit der Erdoberfläche und kann mit den Begriffen rillig, dellig, höckerig, kesselig, stufig, zerschnitten, glatt und eben beschrieben werden. Zum Mikrorelief gehören auch natürliche und künstliche Wälle und Aushöhlungen wie Schmelzlöcher und Vertiefungen durch entwurzelte Bäume. Die Bedeutung des Reliefs als bodenbildender Faktor beruht vornehmlich darauf, daß das Ausmaß und die Richtung der Schwerkraft modifiziert werden, die im Boden und auf geneigten Bodenoberflächen stets wirksam ist. Als direkte Folge der Schwerkraft können Böden ganz oder teilweise durch Abtragung oder Durchmischung zerstört werden. Wenn nämlich der Scherwiderstand von Bodensubstraten an einem Hang – z. B. als Folge von Vegetationszerstörung und starker Durchfeuchtung – von der neigungsabhängigen Schwerkraft überschritten wird, kommt es zu lateralen Massenverlagerungen (siehe Kap. 1.3.2.3.1) in Form von Bodenkriechen oder Hangrutschungen.

Die Schwerkraft bedingt, daß Wasser stets bergab fließt und somit als Transportmedium für feste und gelöste Stoffe auf der Bodenoberfläche und in den Bodenhorizonten wirksam wird. Die Hangneigung und die Hanglänge steuern die Intensität der Bodenerosion (siehe Kap. 4.4.4.2) am stärksten. Ihr Ausmaß hängt davon ab, wie stark die kinetische Energie des fließenden Wassers die Scherfestigkeit des Bodenmaterials übersteigt. Vor allem unter Ackernutzung weisen Oberhänge und exponierte Hangelemente wie Hangschultern und Hangrücken abgetragene und damit genetisch verjüngte Böden auf. Das erodierte Bodenmaterial wird als Kolluvium an den Unterhängen sowie als Auenlehm in den Tälern abgelagert.

Sickerwasserbewegungen und die damit verbundenen Stofftransporte verlaufen in ebenen Lagen überwiegend vertikal. In Hanglagen tritt dagegen neben einer vertikalen auch eine laterale, hangparallele Wasserbewegung als Hangzugwasser auf. Daher sind Kuppen und Oberhanglagen in Hügel- und Berglandschaften in stärkerem Maße durch Trockenheit und Stoffabfuhr geprägt als die Böden der Unterhänge in Senken und Tälern, die durch Zuschußwasser, Ansammlung von Grundwasser und Zuwanderung von gelösten Stoffen (Kalk, Nährstoffe) beeinflußt werden.

Vorwiegend in Berg- und Hügellandschaften, in denen die lateralen Stofftransporte über die Grenzen eines Pedons hinausgehen, stehen die Bodentypen in einer vielfältigen genetischen Beziehung miteinander. So entstanden die Kalkgleye in den Senken der norddeutschen Jungmoränenlandschaft durch Zuwanderung von Calciumhydrogencarbonat, das bei der Entkalkung des Geschiebemergels als Ausgangssubstrat der Böden auf den angrenzenden Hängen gebildet wurde. In diesen Reliefpositionen sind je nach dem Ausmaß der Erosion und dem Einfluß des Hangzugwassers Braunerden, Parabraunerden in Kuppen- und Oberhanglagen sowie Pseudogleye und Kolluvien in Mittel- und Unterhanglagen ausgebildet (Abb. 122).

Über die Höhe über NN und die Exposition wirkt das Relief auch auf die bodenbildenden Klimafaktoren ein. Mit der ansteigenden absoluten Höhe in Hochgebirgen gehen eine abnehmende Temperatur und zunehmende Durchfeuchtung der Böden einher. Sie führen zu einer reliefbedingten Höhenzonalität einzelner Bodenmerkmale und ganzer Bodentypen (Abb. 138). In Tälern und Senken ist die Bildung von Kaltluftseen für die Standorteigenschaften und die Bodenentwicklung von Bedeutung. Durch die unterschiedliche Sonneneinstrahlung wirkt sich die Exposition von Hängen über die Temperaturen des Bodens und der bodennahen Luftschicht auf die Bodenentwicklung aus. Daher weisen die Böden der Nordhänge auf der Nordhalbkugel geringere Temperaturen, höhere Wassergehalte und tiefgründigere Durchfeuchtung auf als die Böden der Südhänge, die dagegen häufiger und langanhaltender von Trockenheit geprägt werden. Daher sind die Auswaschung, Versauerung und Verschlechterung der Standortbedingungen der Böden auf nordexponierten Hängen gegenüber den Südhängen oft weiter vorangeschritten, was z.B. in einer schlechteren Humusform oder dem geringeren Entwicklungsgrad dieser Böden zum Ausdruck kommt. So sind in Mitteleuropa auf Sandstein an den Nordhängen oft basenarme Braunerden, an den Südflanken dagegen Ranker anzutreffen.

3.1.3 Klima

Bodenwirksame Kräfte des Klimas (siehe Kap. 1.3.2.1) sind Niederschlag (N), Temperatur (T), relative Luftfeuchtigkeit und Wind. Diese atmosphärischen Einflußgrößen können großräumig (Makroklima) und kleinräumig (Mikroklima) auf die Bodenbildung einwirken. Abb. 115 veranschaulicht die Bodenentwicklung durch Wasserbewegung bei aridem und humidem Klima.

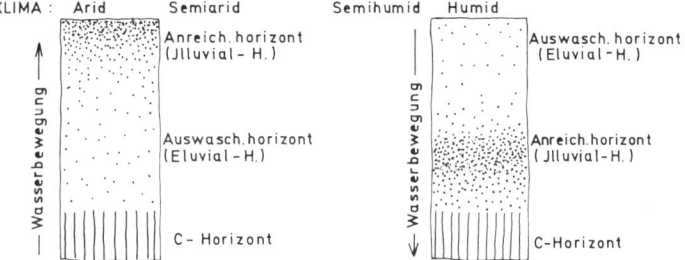

Abb. 115. Einfluß des Klimas auf den Profilaufbau des Bodens.

3.1.3.1   Makroklima

Die geographische Breite eines Standortes beeinflußt die dort herrschende Temperatur. Aus den u.a. dadurch bedingten Klimazonen (Tab. 7) lassen sich die Vegetations- und Bodenzonen (Abb. 137) der Erde ableiten. Durch die großen, weltweiten Meeresströmungen, die vorherrschenden Hauptwindrichtungen, die Verteilung von Land und Wasser und die Lage und Höhe von Gebirgsmassiven sind Abweichungen der Klimazonen von der geographischen Breitenlage bedingt. Dadurch wird die Menge, die Intensität und die jahreszeitliche Verteilung der Niederschläge beeinflußt. Auch die Höhe, Verteilung und Intensität der Niederschläge hat zunehmende Bedeutung, da aus der Atmosphäre gelöste Salze, z.B. NO_x, mit den Niederschlägen in die Böden gelangen können.

Durch die Niederschläge wird das im Boden gespeicherte Wasser ergänzt. Hierfür ist nicht deren absolute Menge entscheidend, sondern der zur Versickerung kommende Anteil. Zur Bestimmung dieser Durchfeuchtung müssen von den Jahresniederschlägen der Oberflächenabfluß und die aktuelle Verdunstung abgezogen werden. Die so ermittelten Werte betragen in trockeneren Gebieten (Mainz, Halle) etwa 100 bis 200 mm, in Landschaften mit mäßiger Durchfeuchtung (Hannover, Aachen) 300 bis 500 mm und in Gebirgslagen (Harz, Alpenvorland) über 500 mm. Im humiden Klima ist der Einfluß der Bodendurchfeuchtung oft so stark, daß die anderen Faktoren der Bodenbildung dagegen zurücktreten. Mit zunehmender Durchfeuchtung ist in Lößböden bei gleichem Relief der Tongehalt und die Austauschkapazität höher, während der pH-Wert sinkt. Dieses ist darauf zurückzuführen, daß die chemische Verwitterung primärer Silicate und deren Umwandlung in sekundäre Tonminerale verstärkt und gleichzeitig die Auswaschung von Ca-, Mg-, K- und Na-Ionen erhöht wird. In den kühlhumiden Klimazonen hemmt die Nährstoffverarmung das Bodenleben und damit den Abbau des Bestandesabfalles und die Gefügebildung, so daß oft Rohhumusauflagen entstehen. Bei der Granitverwitterung herrscht der kryoklastische Zerfall der Glimmer und die Bildung von Illiten vor, während in den feuchten Tropen überwiegend die Feldspäte chemisch verwittern und als sekundäres Tonmineral Kaolinit entsteht (siehe Kap. 2.1.2.1).

Unter ariden Bedingungen, bei denen die Verdunstung größer als der Niederschlag ist, werden bei geringer chemischer Verwitterung die gelösten Stoffe nicht ausgewaschen, sondern mit dem aufsteigenden Kapillarwasser in den Oberboden transportiert. Dort kommt es zur Anreicherung von Carbonaten, Gips, Chloriden und anderen Salzen. Bei geringen Niederschlägen kann die Salzkonzentration des Bodenwassers durch die Zufuhr ungeeigneten Bewässerungswassers erhöht werden (siehe Kap. 2.5.4.2).

3.1.3.2   Mikroklima

Ein ausgeprägtes Mikroklima ist z.B. im Innern eines tropischen Regenwaldes anzutreffen. Am Boden, der im Baumschatten liegt und den weniger als ein Prozent des Tageslichtes erreicht, ist die Temperatur im Tageslauf annähernd konstant und die Luft ständig dampfgesättigt. Durch die unregelmäßige Kontur des Kronendaches kommt es selbst bei der geringen nächtlichen Abkühlung zu einem Tauniederschlag auf den Baumwipfeln. Von dort tropft er ab und benetzt die Blätter der unteren Schichten. Daher wirken sich auch mehrwöchige Trockenzeiten im Innern eines tropischen Regenwaldes kaum aus.

Doch auch in anderen Klimazonen und bei niedriger Vegetation hat die bodennahe Luftschicht bis in zwei Meter Höhe häufig ein vom Makroklima abweichendes Mikroklima. Durch die Rauhigkeit der Bodenoberfläche kommt es zu einer Verwirbelung der Luftströmungen. Hierdurch ist ein verstärktes Abheben von Bodenteilchen bei Winderosion zu beobachten. Diese Erscheinung kann verstärkt werden, wenn an Südhängen nach stärkerer Erwärmung der bodennahen Luftschicht und der oberen Zentimeter des Bodens durch höhere Verdunstung (bis zu einem Drittel) die Durchfeuchtung im Oberboden deutlich abgenommen hat. Oft sind auch die nach Westen geneigten Hänge wärmer als die nach Osten geneigten.

Kaltluft fließt wegen ihrer größeren Dichte vor allem nachts hangabwärts und sammelt sich in Bodensenken. Diese bodennahe Kaltluft staut sich vor Dämmen von Verkehrsbauten oder anderen Hindernissen für die Luftströmung. In derartigen Kaltluftseen muß mit dem verstärkten Auftreten von Spät- und Frühfrösten gerechnet werden.

Sandige Böden, die nur 10 bis 15% vol Wasser festhalten können, erwärmen sich rascher und kühlen auch rascher ab als tonreiche Böden mit bis zu 30% vol Wassergehalt. Helle Böden reflektieren die einfallende Sonnenstrahlung stärker als dunkle. Schneeflächen reflektieren diese Strahlung besonders stark. Humusreiche Böden erwärmen sich aufgrund ihres hohen Porenvolumens und daher geringeren Wärmeleitfähigkeit langsamer, haben aber für das Bodenleben und das Wachstum der Pflanzen einen ausgeglicheneren Wasserhaushalt. Kleinräumig führt dieser z. B. an Wald- und Heckenrändern zur voll ausgebildeten Vegetation eines standortgerechten Waldmantels.

Die Auswirkung von wechselnden Standortverhältnissen auf das Mikroklima kann in Sequenzen erfaßt werden, um Gesetzmäßigkeiten abzuleiten. Hierbei dürfen anthropogene Einflüsse, die z. B. von Siedlungsräumen ausgehen, nicht mit den Faktoren naturnaher Biotope vermischt werden. Während mit ansteigender Höhenlage, bedingt durch Steigungsregeneffekte, eine Zunahme der Niederschläge eintritt, kommt es in Mitteleuropa mit vorherrschenden, regenbringenden Westwinden auch an der Ostseite größerer Siedlungen zu deutlichen Regenschattengebieten.

Das Bodenklima ist im Teil 2 dieses Buches in den Kap. 2.5.1 bis 2.5.3 eingehend dargestellt worden. Während zum Bodenluft- und Bodenwärmehaushalt keine weiteren Ausführungen erforderlich sind, ist hier in Ergänzung zum Bodenwasserhaushalt das Wasser als bodenbildender Faktor darzustellen.

3.1.4 Wasser

Die Bodenentwicklung wird vom Bodenwasser so stark beeinflußt, daß es in der deutschen Bodensystematik als besonders wichtiger Faktor der Bodenbildung für die hierarchische Gliederung des Systems an dessen oberster Stelle verwandt wird.

Der in diesem Abschnitt dargestellte Bodenbildungsfaktor Wasser bezieht sich auf das Niederschlagswasser, das durch Infiltration und anschließende Perkolation in den Boden gelangt, aber nur dann, wenn es als Sickerwasser von Pflanzen genutzt werden kann; dadurch ist es auch an der Bodenbildung beteiligt. Das übrige Niederschlagswasser wurde bereits beim Bodenbildungsfaktor Klima besprochen. Daher sind aus der klimatischen Wasserbilanz auch keine Werte direkt zu Aussagen über die Bodenbildung zu nutzen.

Für die Bodenbildung sind die folgenden im Boden vorkommenden Formen (Abb. 104, Kap. 2.5.1) von besonderer Bedeutung:

– Grundwasser
– Stauwasser
– Sink- und Sickerwasser und
– Haftwasser (Absorptions- und Kapillarwasser).

Diese Wasserarten werden von MÜCKENHAUSEN als Zuschußwasser bezeichnet.

Wirkt Grundwasser als bodenbildender Faktor, so reicht es mit seiner Oberfläche und dem zugehörigen Kapillarraum stets an den von Pflanzenwurzeln erreichten Horizont heran. Hierzu muß die Grundwasseroberfläche im Mittel höher als 1,5 m unter der Bodenoberfläche liegen. Weitere Auswirkungen des Bodenbildungsfaktors Wasser werden in Kap. 3.1.6 Zeit (Bodenbildungsdauer), und Kap. 3.4.1 Systematik der Böden der Bundesrepublik Deutschland beschrieben.

3.1.5 Organismen

Die in den vorausgegangenen Abschnitten beschriebenen abiotischen Faktoren stehen mit den biotischen (Pflanzen, Tiere, Mensch) in Wechselwirkung. Alle wirken gemeinsam in vielfältigen Ökosystemen. Diese Wirkungsgefüge von Lebewesen und deren Standortgegebenheiten sind als offene Systeme bis zu einem gewissen Grade zur Selbstregulierung befähigt.

3.1.5.1 Pflanzen

Die großräumig vom Klima abhängigen, unterschiedlichen Pflanzenbestände sind für die Bodenentwicklung von großer Bedeutung. So ist z. B. nur auf bewachsenen Böden eine gleichmäßige Versickerung der Niederschläge möglich. Pflanzen entziehen den Böden je nach Wachstumsintensität durch Transpiration jahreszeitlich sehr unterschiedliche Wassermengen. Durch diesen Wasserentzug werden Versickerungsvorgänge verzögert, die Stoffverlagerungen zur Wurzel aber gefördert. Gleichzeitig werden gelöste Nährsalze über Wurzelaufnahme und spätere Streurückgabe aus dem Unterboden in den Oberboden umgelagert.

Die Durchwurzelung erreicht bei den meisten Kulturpflanzen des Ackers und des Grünlandes im allgemeinen etwa 1,5 m und hinterläßt überwiegend kleine Poren. Nur einige Mehrjährige wie die Luzerne und die Weinrebe wurzeln tiefer.

Die flachwurzelnden Bäume wie die Fichte schaffen überwiegend horizontale Kanäle im

Boden. Baumarten mit tieferstrebenden Wurzeln (z.B. Stieleiche, Hainbuche und Douglasie) bilden in ihrer viele Jahrzehnte langen Wachstumszeit viele Meter tief reichende Wurzeln aus, die nach ihrer Vermoderung als Leitbahnen für das Sickerwasser und die Luft dienen (Wurzelbilder geben Aufschluß über Gefügeformen und Wasserbewegung in der ungesättigten Zone eines Bodens).

Entscheidend für jede Bodenbildung ist der Bestandesabfall; in ihm liefern die Pflanzen die Ausgangssubstanz für den Humus. Seine Bildung ist in Kap. 2.1.2 ausführlich beschrieben worden. Von den Faktoren der Bodenbildung haben das Klima und das Ausgangsgestein mit seinem unterschiedlichen Basen- und Nährstoffgehalt besondere Bedeutung für die Entstehung der standortbedingten Humusform. Mull stabilisiert durch seinen hochpolymeren, basen- und N-reichen Humus das Bodengefüge und hemmt alle Degradierungsprozesse. Im Gegensatz dazu wirkt fulvosäurereicher Rohhumus, der vorzugsweise von Heide, Wacholder, Nadelgehölzen, Heidelbeere und Drahtschmiele gebildet wird, in Richtung einer Degradation. Diese Profildifferenzierung wie z.B. beim Podsol wird durch den chemischen Angriff auf eine Reihe von Bodenstoffen ausgelöst. Nach der Mobilisierung werden diese Stoffe im humiden Klima durch Sickerwasser verlagert.

Eine zunehmende Versauerung, die sowohl durch säureliefernde Pflanzen wie Säureeintrag durch SO_2-. und NO_x-Verbindungen aus der damit belasteten Atmosphäre als auch durch bodeneigene Prozesse (siehe Kap. 2.2.3.5) bedingt sein kann, ist zunächst an Schadbildern bei den bisher an diesen Standorten wachsenden Pflanzen zu erkennen. Die vermehrten Waldschäden des letzten Jahrzehnts sind ein besonders schwerwiegendes Beispiel hierfür.

Bei lang anhaltendem Einfluß dieser Versauerung stellt sich die Vegetation um. Im humiden Klima können sich dann Bleichmoose und die mit ihnen vergesellschafteten hochmoorbildenden Pflanzen vermehrt ausbreiten.

In Nordwesteuropa sind die im Holozän aufgewachsenen, oft flächendeckenden Hochmoore der großen Ebenen und die Gipfelmoore in den Gebirgen um 1000 m Höhe eindrucksvolle Beispiele für diese an vielen Stellen der Erde sich typisch wiederholenden Sukzessionen.

Durch die zunehmende Versauerung haben Hochmoortorfe pH-Werte unter 3. Ihr charakteristischer Wasserhaushalt und ihre Nährstoff-

armut hemmen zudem den mikrobiellen Abbau bzw. Umbau der organischen Substanz.

Eine voll ausgebildete Pflanzendecke schützt den Boden vor Abtrag durch Wasser und Wind, wirkt ausgleichend auf Temperatur und Feuchtigkeit – vor allem durch erhöhte Transpiration – und beeinflußt das Klima der bodennahen Luftschicht.

Diese mikroklimatischen Unterschiede sind in Wäldern besonders stark ausgeprägt (siehe Kap. 3.1.3.2). Daneben kann Wald bei Staunässe ausgleichend wirken. Ein wüchsiger Fichtenbestand kann im Beginn der Wachstumsperiode das gestaute Wasser schnell verbrauchen. Dadurch werden gleichzeitig die reduzierenden Prozesse gemildert und die oxidativen gefördert. Nach dem Kahlschlag derartiger Fichtenbestände tritt im darauffolgenden Frühjahr starke Staunässe auf, die durch flächendeckendes Auftreten der Flatterbinse besonders deutlich wird.

3.1.5.2 Tiere

Viele im Boden lebende Tierarten können sich bei günstigen Lebensbedingungen sehr rasch vermehren. Dadurch ist ihre gesamte Biomasse oft größer als diejenige der auf einer gleichgroßen Bodenoberfläche lebenden Tiere.

Dabei leben Konsumenten und Destruenten (siehe Kap. 2.3) fast stets in vielgliedrigen Freßketten zusammen. Dadurch werden pflanzliche Substanzen nicht nur zerkleinert, sondern auch ab-, um- und wieder zu Makromolekülen aufgebaut. Das Optimum dieser Prozesse entwickelt sich bei ausreichender Temperatur, Durchfeuchtung und Belüftung im Boden. Die Bodentiere nehmen an der Humusbildung und -stabilisierung teil. Vor allem im Darm von Regen- und kleineren Borstenwürmern werden die gebildeten Humusstoffe mit Mineralfeinsubstanzen innig durchmischt. Dabei entstehen sehr stabile Ton-Humus-Komplexe (siehe Kap. 2.3.4).

Die wühlende Tätigkeit vieler größerer Bodentiere, insbesondere der Nager, führt zu einer intensiven Durcharbeitung des Bodens (Bioturbation). Auch Regenwürmer und Ameisen sind nicht unwesentlich am Homogenisierungsprozeß beteiligt.

Die Regenwürmer gehören zu den Wenigborstern (Oligochaeta), die mit über 3000 Arten die Voraussetzung zur Besiedlung sehr unterschiedlicher Landstandorte haben. Während viele Gruppen vor allem die Tropen und Subtropen bewohnen, sind die 160 Arten der Lumbricidae (davon mehr als 30 Arten in Mitteleuropa) weltweit verbreitet.

Diese Regenwürmer ergreifen nachts Blätter von der Bodenoberfläche und ziehen sie in ihre Gänge hinein. Dabei zerteilen sie die Blätter nicht, sondern überlassen dies den Bakterien. Erst nach dieser Vorverdauung wird im Muskeldarm die aufgenommene Nahrung durch gleichzeitig gefressene mineralische Feinsubstanz soweit zerkleinert, daß eine chemische Verdauung erfolgen kann. Dabei bleiben die Bodenbakterien nicht nur intakt, sondern vermehren sich noch. So können auch nach dem Absetzen der Kothäufchen an der Bodenoberfläche die biologischen Prozesse der Humusbildung weiterlaufen.

Wesentlich artenreicher sind mit etwa 6000 bekannten, hauptsächlich in den Tropen verbreiteten Arten die Ameisen. Von den etwa 80 in Deutschland vorkommenden Arten gehört die Rote Waldameise zu den verbreitesten. Ihre bis zu ein Meter hohen, aus Bestandesabfall zusammengetragenen Haufen setzen sich etwa ebenso tief im Boden fort. Doch auch viele kleinere Arten können an den bevorzugten, trockenen Standorten mit nah beieinanderliegenden Ameisennestern eine intensive Auflockerung und Durchmischung des Oberbodens erreichen.

Ausschließlich in den Tropen und Subtropen leben dagegen die Termiten. Ihre 6000 Arten legen ihre Nester meist unterirdisch oder in Holz an. Erst mit zunehmendem Alter ragen bei manchen Arten die Bauten bis zu sechs Meter über die Erdoberfläche hinaus. Verlassene Termitenbauten bieten mit ihrem aufgelockertem Bodengefüge günstige Bedingungen für den Baumwuchs. In der Termitensavanne der wechselfeuchten Tropen finden sich daher die inselartig eingestreuten Baumgruppen oft an derartigen Stellen. Viele höherentwickelte Termiten züchten in ihren Nestern auf zerkautem Pflanzenmaterial Pilze (Pilzgärten), die vor allem Zellulose und Lignine abbauen. Deren Hyphen werden von den Arbeitstermiten gefressen und an andere Koloniemitglieder verfüttert.

An diesen wenigen Beispielen wird bereits deutlich, welch große Bedeutung Tiere im Stoffkreislauf haben. Auf den für tierische Lebewesen aller Größen ungünstigen Standorten kommt es infolge des Fehlens der zersetzenden Fauna zur Anreicherung von organischer Substanz, so z.B. an den Bodenoberflächen im Hochgebirge oder in Hochmooren in Form von Tangelhumus oder Torf.

3.1.5.3 Menschen

Die bisher besprochenen Faktoren der Bodenbildung sind während der ganzen Erdgeschichte über Milliarden von Jahren wirksam gewesen. Dagegen ist der menschliche Einfluß auf seine Umwelt erst seit einigen Jahrtausenden durch vielfältige Standortnutzungen zunehmend wirksam.

In Mitteleuropa und in anderen intensiv genutzten Gebieten der Erde ist der Mensch im wesentlichen durch die nachfolgenden Tätigkeiten und Nutzungsvarianten der am meisten wirksame Faktor der Bodenbildung im Naturhaushalt. Hierzu gehören vor allem die Rodung, Landwirtschaft mit Dränung und Bewässerung, Forstwirtschaft, Gartenbau. Weinbau, Wasserbau, Landschaftsbau allgemein, Besiedlung, Bebauung, Rohstoffabbau, Abfallproduktion, Anlage von Deponien, Verbrennungsprozesse (industriell, privat), Industrie und Verkehr. Durch die Vollmotorisierung und die Einbeziehung weiterer technologischer Hilfsmittel sind die Einwirkungsmöglichkeiten in den letzten Jahrzehnten drastisch verstärkt worden. In Mitteleuropa und auch in anderen intensiv genutzten Räumen unserer Erde ist der Mensch auf den bewirtschafteten Flächen der am meisten wirksame Faktor der Bodenbildung. Die gewollten Veränderungen dienen im allgemeinen einer Steigerung der Bodenfruchtbarkeit und haben dadurch die Ertragsfähigkeit vieler Böden in den letzten hundert Jahren oft um das Drei- bis Vierfache gesteigert. Dabei kam es aber zu ungewollten Veränderungen im Zusammenspiel der Faktoren der Bodenbildung.

In allen Acker- und Gartenböden wird der obere Profilbereich durch die Bearbeitung gemischt; dadurch wird der Stoffverlagerung in den Unterboden entgegengewirkt. Es entstehen Ap-Horizonte mit zunehmender Mächtigkeit.

Ein besonders drastisches Beispiel für negative Folgen ist die in den letzten Jahrzehnten verstärkte Nutzung fossiler Brennstoffe. Die dabei in die Atmosphäre gelangenden Mengen von NO_x und SO_2 kommen mit den Niederschlägen in die Böden und steigern deren Versauerung. Dieser Schaden ist auf Ackerböden durch regelmäßige Kalkdüngung weitgehend kompensiert worden.

Durch Kalkung der Waldbestände wurde z.B. versucht (ULRICH u. a. 1985), den seit Beginn der 80er Jahre verstärkt aufgetretenen Waldschäden entgegenzuwirken. Da bei diesen Absterbeerscheinungen der Bäume aber viele Faktoren zusammenwirken, kann nur ein umfassender Bodenschutz Abhilfe bringen. Die im Frühjahr 1985 von der Bundesregierung vorgelegte Bodenschutzkonzeption bedarf der örtlichen Umsetzung. Auf der untersten Ebene der politischen Gemeinden kann dies ein Bodenschutzplan als verbindlicher Bestandteil des Flächennutzungsplanes sein.

Im Rahmen eines langfristigen Bodenschutzes ist nicht nur den Hauptnährstoffen, sondern auch den Mikronährstoffen vermehrte Beachtung zu schenken. Diese kommen in vielen Ausgangsgesteinen der Bodenbildung in den Schwermineralen natürlich vor. Dort sind sie meist ebenso immobil wie in den Komplexen der organischen Bodenmasse. Pflanzenaufnehmbar sind dagegen fast alle über die Atmosphäre aus Abgasen der Industrie und des Verkehrs oder aus gewerblichem und häuslichem Abwasser meist in Form von Klärschlamm zugeführten Schwermetalle. Bei Überschreiten bestimmter Konzentrationen werden sie zu anorganischen Schadstoffen. Sie können aber im Boden niemals direkt auf den Menschen einwirken. Nur über die Luft, das Trinkwasser oder die Nahrung können die für Menschen schädlichen Höchstmengen aufgenommen werden. Durch eine feste Bindung immitierter Schadstoffe wird eine Aufnahme durch Kulturpflanzen verhindert.

In Trinkwassergewinnungsgebieten muß eine Abwanderung in das geförderte Grundwasser verhindert werden. Diese ist bei den kaum beweglichen Schwermetallen bisher nicht aufgetreten. Für das leicht lösliche Nitrat hat die 1985 erfolgte Herabsetzung des Grenzwertes für die zulässige Höchstkonzentration von 90 auf 50 mg NO_3 je Liter Wasser in einigen Wasserwerken zu Schwierigkeiten geführt. Diese können langfristig nur verringert werden, wenn landwirtschaftlich genutzte Flächen in Schutzgebieten nur mit den für die Pflanzenernährung erforderlichen N-Mengen gedüngt werden. Eine derartige Forderung muß vor allem bei der Gülleausbringung zeit- und mengenmäßig berücksichtigt werden.

Aber auch die vom Menschen geschaffenen Gartenböden (Hortisole) und Plaggenesche sind oft sehr N-reich. In den meist mehrere Dezimeter mächtigen Böden sind häufig einige tausend kg $N \cdot ha^{-1}$ gespeichert; hiervon werden aber nur etwa 1% im Jahr pflanzenverfügbar. Da sich deren Freisetzung über die ganze Vegetationsperiode erstreckt, kann nur bei mehrmaliger N_{min}-Untersuchung (siehe Kap. 2.5.4.6) eine für die qualitative Grundwasserbewirtschaftung

hinreichend genaue Bemessung der N-Düngung erfolgen.

Die technischen Möglichkeiten zur Schaffung von Böden mit völlig neuem Profilaufbau haben im gegenwärtigen Zeitpunkt einen Umfang erreicht, der der Systematik dieser anthropogenen Böden oder Kultosole mehr Aufmerksamkeit als in der Vergangenheit abverlangt.

3.1.6 Zeit (Bodenbildungsdauer)

Alle Vorgänge der Bodenbildung sind zeitabhängig. Sie entwickeln sich mit sehr unterschiedlicher Geschwindigkeit, so daß es für diese Prozesse kein einheitliches Zeitmaß gibt. In Mitteleuropa sind erst seit dem Beginn des Holozäns in gleicher Ausprägung und Kombination die vorstehend beschriebenen Faktoren der Bodenbildung wirksam.

Deren gleichmäßige Einwirkung reicht in den nicht von einer quartären Vereisung betroffenen Gebieten der Tropen und Subtropen bis weit ins Erdmittelalter zurück. Den »alten« Böden dieser Räume stehen die jüngeren Böden der großen Ebenen Europas und Amerikas gegenüber.

3.2   Prozesse der Bodenbildung

Das Zusammenwirken der Faktoren der Bodenbildung löst in den Substraten, den Ausgangsgesteinen, pedogenetische Prozesse aus, die diese – je nach Art, Intensität und Reihenfolge der Faktoreneinwirkung in verschiedener Form und Richtung – zu unterschiedlichen Bodentypen ausformen. Im folgenden werden die pedogenetischen Grundprozesse und die Bodentypen prägenden Prozeßkomplexe getrennt behandelt.

3.2.1   Pedogenetische Grundprozesse

Die pedogenetischen Grundprozesse werden hier in Abbau-, Aufbau- und Verlagerungsprozesse gegliedert. Ein Teil der Abbauprozesse kann auch unabhängig von der Bodenbildung, z.B. als geogenetische Verwitterung, in den Gesteinen ablaufen und zur Bildung von Saprolit (siehe Kap. 1.5) führen.

3.2.1.1   Physikalische Abbauprozesse
Hierzu gehören zunächst die Vorgänge der *Kataklase*, der Zerlegung des Gesteins in durch Klüfte, Spalten oder Schieferungsrisse getrenn-

te, in sich oft kompakte Bruchstücke (siehe Kap. 1.3.1.1, 1.3.1.3, 1.5.3). Die dabei gebildeten Gesteinshohlräume können bereits vor Beginn der Bodenbildung vorhanden sein, können aber z. T. auch während der Pedogenese neu entstehen. Sie haben in der Regel erheblichen Einfluß auf zahlreiche Bodenbildungsprozesse und Bodeneigenschaften, wie z. B. den Wasser-, Luft- und Nährstoffhaushalt.

Die *Temperaturverwitterung* (Insolation, siehe Kap. 1.3.2.2.1) und *Frostsprengung* (Kryoklastik, siehe Kap. 1.3.2.2.1) spielen bei der Zerlegung der Gesteine in kleinere bis kleinste Bruchstücke eine erhebliche Rolle. In tonigen Gesteinen mit quellbaren Tonmineralen wird auch die Hydroklastik als *Quellungs-Schrumpfungsdynamik* (siehe Kap. 2.4.1.1), z. B. im Zusammenwirken mit wechselfeuchten Witterungsbedingungen, zur Gesteinszerkleinerung beitragen können. Das gleiche gilt zum Beispiel in semiariden Gebieten für die *Salzsprengung* (Haloklastik, siehe Kap. 1.3.2.2.1). Zur biologisch-physikalischen Gesteinszerkleinerung gehören Prozesse der *Wurzelsprengung* (Rhizoklastik), bei der die Druckwirkung wachsender Wurzeln z. B. Gesteinshohlräume erweitert (siehe Kap. 1.3.2.2.3). Schließlich wird die physikalische Zerkleinerung von Fest- und Lockergesteinen auch durch Korrosion bei Umlagerungsvorgängen des gesamten Substrats bzw. Bodens an Hängen gefördert.

3.2.1.2 Chemische Abbauprozesse

Die Prozesse der *Hydratation*, der *Lösung* (Solvatation) und der *Hydrolyse* (siehe Kap. 1.3.2.2) bewirken als zunächst frühe Teilprozesse der Bodenbildung eine Veränderung und schließlich Auflösung des ursprünglichen Mineralbestandes der Gesteine unter Entstehung zahlreicher anorganischer Zwischen- und Endprodukte. Sie tragen daher beim Fortgang der Pedogenese zur Ausbildung von Bodenhorizonten mit neuen, dem Gestein nicht innewohnenden Eigenschaften bei.

In organischen Substraten, den Torfen, in Ah-Horizonten, aber auch in den jährlich neu anfallenden Rückständen der Vegetation, gehen einerseits ähnliche, chemische Abbauprozesse vor sich, wie in den mineralischen Substraten. Andererseits spielen hier zusätzlich zahlreiche energieliefernde, oxidierende, biochemische (z. B. mikrobiell-enzymatische) Reaktionen eine Rolle. Ein solcher Abbau organischer Stoffe wird als *Zersetzung* (Decomposition) oder *Ver-*

wesung bezeichnet. Dabei entstehen zunächst vielfältige organische Zwischenprodukte wie Monosaccharide, Peptide, Aminosäuren und Polyphenole. Die Prozesse können aber auch zur völligen mikrobiellen Veratmung (Oxidation) führen. Sie wird als *Mineralisierung* bezeichnet und liefert schließlich unter weiterer Freisetzung von Energie CO_2, H_2O und Mineralstoffe.

Der Abbau von Gesteins- und Bodenbestandteilen wird durch die bei der Bodenbildung entstehenden anorganischen und organischen *Säuren* z. T. wesentlich beschleunigt (siehe Kap. 1.3.2.2 und 2.2.3.5). Während die großenteils aus organischen Zersetzungsprozessen stammende, relativ schwache, aber im Boden stets vorhandene Kohlensäure langsam wirksam ist, treten die z. B. bei der Sulfid- und Eiweißzersetzung im Boden entstehenden, intensiv wirkenden starken Säuren (H_2SO_4, HNO_3) häufig mehr örtlich und weniger langfristig auf. Mittlere Verwitterungsintensitäten bewirken die von Pflanzenwurzeln und Mikroorganismen ausgeschiedenen organischen Säuren (z. B. Zitronensäure, Oxalsäure) sowie die bei der Humifizierung entstehenden, relativ niedermolekularen Huminsäurevorstufen und Fulvosäuren.

Reduktions- und Oxidationsprozesse (siehe Kap. 1.3.2.2 und 2.2.5) sind am chemischen Abbau der Gesteins- und Bodenkomponenten z. T. wesentlich beteiligt. Dies gilt nicht nur für die bereits erwähnte oxidative Zersetzung organischer Substanzen, sondern auch für die Verwitterung zahlreicher Minerale und Gesteine, in denen ionare Gitterbausteine in reduzierter Form vorliegen (z. B. Fe^{2+} in Augiten, Hornblenden sowie im Pyrit und Siderit), die bei der Verwitterung unter Abgabe von Elektronen und Veränderung der Ionengröße oxidiert und aus dem Gitterverband herausgelöst werden. Dabei entstehen in der Regel H^+-Ionen, die ihrerseits in wenig gepufferten Böden die weitere Verwitterung beschleunigen. Umgekehrt kann aber z. B. auch das unter oxidierenden Bedingungen entstandene, dreiwertige Eisen des Goethits in einem stark reduzierenden Milieu unter Zerfall des Kristallgitters wieder in die zweiwertige Form überführt werden.

Eine weitere Art von Abbauprozessen in Böden stellt die *Komplexierung* dar (siehe Kap. 1.3.2.2.2 und 2.1.3.4). Hierbei bilden niedermolekulare organische Säuren mit Randionen von Kristallen (besonders Al, Fe, Mn) relativ stabile, metall-organische Komplexe (Chelate), die das langsame Herauslösen der Metall-Ionen aus dem Gitterverband beschleunigen.

Die bei der Hydroklastik erwähnte Quellung von Tonmineralen kann als Vorstufe zu einem weiteren Abbauprozeß angesehen werden, der zur Zerteilung tonhaltiger Gesteine beiträgt, die *Dispergierung* (siehe Kap. 2.2.1). Ihr entspricht in kolloidalen Lösungen die als *Peptisation* bezeichnete Überführung in den Solzustand. Sie wird vor allem in feuchten, tonigen Lockergesteinen und vorverwitterten tonigen Festgesteinen mit vorherrschenden Dreischicht-Tonmineralen aber ohne kieseliges Bindemittel durch Anlagerung von stark hydratisierten einwertigen Ionen (wie z. B. Na^+, K^+, NH_4^+) gefördert. Die dabei zwischen den gleichsinnig aufgeladenen Tonkolloiden des Gesteins auftretenden Abstoßungskräfte bewirken eine über die Quellungs-Hydroklastik hinausgehende Zerlegung der Tongesteinsaggregate in ihre Primärteilchen.

3.2.1.3 Abbauresistenz der Substrate

Die verschiedenen Minerale setzen den beschriebenen pedogenetischen Abbauprozessen unterschiedliche Widerstände entgegen. Die wichtigsten Minerale lassen sich in die folgende *Verwitterungsstabilitätsreihe* ordnen, die jedoch nur für vergleichbare Korngrößen gilt:

Chloride < Gips < Kalkspat < Dolomit ≪ Olivin < Anorthit < Apatit < Augite < Hornblenden < Albit < Biotit < Muskovit < Orthoklas ≪ Quarz.

Die Verwitterbarkeit der *Gesteine* ist nicht nur von der Abbauresistenz ihrer Einzelmineralien abhängig, sondern u. a. auch von deren Größe und gegenseitiger Verwachsung, vom Auftreten glimmerreicher Lagen und bei sedimentären Festgesteinen von der Art des Bindemittels. Durch Kieselsäure verfestigte Sediment-Gesteine verwittern z. B. erheblich langsamer als solche mit limonitischem, carbonatischem, tonigem oder bituminösem Bindemittel. Natürlich spielen auch die Art, der Umfang und die Kontinuität des Hohlraumsystems der Gesteine (z. B. Kataklase siehe Kap. 1.3.1.1) für deren Verwitterbarkeit eine erhebliche Rolle.

Über die Abbauresistenz der *organischen Verbindungen* in Böden gibt die folgende Stabilitätsreihe Auskunft:

Zucker < Stärke und Proteine < Proteide < Pektine, Hemizellulose < Zellulose < Lignin, Wachse, Harze, Gerbstoffe.

Die ersten vier Verbindungen werden als Zellinhaltsstoffe erheblich schneller zersetzt als die dann folgenden Zellwandbestandteile. Ihre Anteile sind in den abgestorbenen pflanzlichen und tierischen Resten der Böden sehr wechselnd und ergeben deren unterschiedliche Zersetzbarkeit.

3.2.1.4 Aufbauprozesse

Die Abbauprozesse sind in der Regel von gleichzeitig oder nacheinander ablaufenden Aufbauprozessen begleitet, die zur Neubildung von vorher nicht vorhandenen, bodentypischen Stoffen führen. Häufige Vorgänge sind die der pH-abhängigen *Ausfällung* und *Koagulation* (Flokkung, siehe Kap. 2.4.1.2) der beim Abbau von primären Mineralen entstandenen Zwischen- und Endprodukte. Dies geschieht u. a. durch Reaktion dieser Stoffe mit den Ionen des Wassers (z. B. Bildung von Al- und Fe-Hydroxiden oder von Opal) oder mit anderen, im Wasser gelösten Stoffen, wie z. B. Kohlensäure (Bildung von Carbonaten) oder Kieselsäure (Bildung von Silicaten). Hierbei entstehen durch Fällung und Koagulation häufig zunächst feinkristalline bzw. gelförmige, stark wasserhaltige Verbindungen, die jedoch im Laufe der Zeit unter Wasserverlust »altern« und – besonders während der Austrocknungsphasen von Böden – auskristallisieren. Diese *Kristallisation* kann auch ohne die amorphe Zwischenphase vor sich gehen und z. B. zur Neubildung von Quarz, Calcit, Goethit, Gibbsit oder Apatit führen (siehe Kap. 2.1.2). Besonders wichtig für die Bodeneigenschaften ist die Neubildung von Tonmineralen (siehe Kap. 2.1.2.1), z. B. aus den Abbauprodukten der Silicate, z. T. auch unter Erhaltung der ursprünglichen Gitterstruktur, z. B. durch Umwandlung von Muskovit in Illit unter Verlust von Kalium-Ionen.

Neubildungen von organischen Stoffen haben für die Eigenschaften von Böden besonders große Bedeutung. Die Abbauprozesse organischer Ausgangssubstanzen führen nur z. T. bis zu den Endprodukten der Mineralisierung. In der Regel reagieren bereits vielfältige, z. T. sehr reaktionsfähige Zwischenprodukte (siehe Abbauprozesse) miteinander sowie mit anderen Lösungsgenossen und polymerisieren zu relativ stabilen, organischen Makromolekülen. Diese als *Humifizierung* (siehe Kap. 2.1.3.3) bezeichneten Vorgänge führen zu einer Fülle von Neubildungen: zu den wasserlöslichen Fulvosäuren, den reaktionsfähigen, relativ abbauresistenten Huminsäuren und ihren Salzen (Humaten) sowie zu den durch Alterung der Humate entstehenden, reaktionsträgen Huminen. Zusammen mit den nicht oder wenig zersetzten, abgestorbenen Pflanzen- und Tierresten sowie den Zwischenprodukten der Zersetzung bilden diese neugebildeten Huminstoffe den Bodenhumus (siehe Kap. 2.1.3).

Chemische Reaktionen zwischen organischen und anorganischen Bodenstoffen haben gemischte *Komplexverbindungen* zur Folge, die u. a. durch sorptive Bindung, durch Veresterung, Chelatbindung und Brückenbildung, aber auch z. B. durch Verankerung von Huminsäure-Seitenketten in Zwischenschichten quellfähiger Tonminerale entstehen können. So gebildete Ton-Humus-Komplexe (siehe Kap. 2.1.3.4) sind meistens stabil, reaktionsfähig und besitzen oft eine hohe Kationenaustausch-Kapazität. Andere Komplexverbindungen, wie z. B. Chelate von Fulvosäuren, sind demgegenüber wasserlöslich und können im Boden leicht verlagert werden.

Eine besonders wichtige Grupe von pedogenetischen Aufbauprozessen stellen die verschiedenen Arten der *Gefügebildungen* (siehe Kap. 2.4.1) dar mit ihren z. T. erheblichen Einflüssen auf den Wasser-, Luft-, Wärme- und Nährstoffhaushalt der Böden, auf ihre biologische Aktivität sowie auf viele meliorative Bodeneigenschaften (siehe Kap. 4.5):

*Lockerungs*prozesse (z. B. Frostgare, siehe Kap. 2.4.3.7.3) oder *Verdichtungsprozesse* (siehe Kap. 2.4.1.6) bewirken bereits in gleichem Bodenmaterial eine unterschiedliche Größenverteilung und Kontinuität der Primär- und Sekundärporen (siehe Kap. 2.4.3.3).

Durch *Quellungs- und Schrumpfungsvorgänge* entstehen – in Abhängigkeit von der Bodenart, vom Tongehalt und der Tonmineralzusammensetzung sowie u. a. von der Art und dem Feinheitsgrad der Huminstoffe – die Formen des Absonderungsgefüges mit ihren unterschiedlichen, sekundären Interaggregat-Hohlräumen.

Kolloidchemische *Koagulation* (siehe Kap. 2.2.1) hat ebenfalls Einfluß auf die Gefügebildung und kann bei anschließender Alterung und Kristallisation der Fällungsprodukte zur *Verkittung* und *Verhärtung* ganzer Bodenhorizonte führen (siehe Kap. 2.4.1.3). – Besonders günstig wirken sich im Boden die Vorgänge der meist biologisch bedingten *Verklebung* von Bodenteilchen zu hohlraumreichen, lockeren, aber unterschiedlich stabilen Bodenkrümeln aus (Aufbaugefüge, siehe Kap. 2.4.1.4), deren gegenseitige Vernetzung unter günstigen Bedingungen zu einem ökologisch optimalen Schwammgefüge führen kann.

3.2.1.5 Verlagerungsprozesse

Außer den pedogenetischen *Transformationsprozessen* des Abbaues und Aufbaues lassen sich in vielen Böden – in wechselndem Umfang – auch *Translokationsprozesse* nachweisen, die zur Neubildung von Bodenhorizonten beitragen. Sie finden großenteils innerhalb der Böden statt, können aber auch ganze Gesteinskomplexe, Bodenhorizonte oder gar Bodenprofile erfassen und verlagern.

Zu den häufigsten Verlagerungsprozessen gehören: die Umverteilung von Kationen und Anionen mit der auf- und absteigenden Bodenlösung sowie die Auswaschung der gelösten, aus Verwitterungsvorgängen stammenden, anorganischen und organischen Abbauprodukte. Eine solche *Lösungswanderung* – die auch bereits während der Gesteins-Diagenese (siehe Kap. 1.3.2.5.1) eine große Rolle spielt – kann zur lateralen oder vertikalen *Umlagerung* und Adsorption oder Ausfällung der Lösungsgenossen an anderen Stellen des Bodens führen. In vorwiegend humiden Klimagebieten werden die gelösten Stoffe in untere Bodenhorizonte verlagert oder auch völlig ausgewaschen (siehe auch Versauerung, Kap. 2.2.3.5, und Nährstoffverluste, Kap. 2.5.4.4). Unter mehr ariden Klimabedingungen sorgt umgekehrt ein aufwärts gerichteter, im Oberboden verdunstender Bodenwasserstrom für eine Anreicherung der gelösten Stoffe in oberen Bodenhorizonten oder an der Bodenoberfläche.

In vielen Böden humider Gebiete findet eine *mechanische Durchschlämmung* toniger und teilweise auch humoser Substanzen mit dem Sikkerwasser aus dem Ober- in den Unterboden statt. Dieser Prozeß spielt sich vor allem in gröberen Hohlräumen des Bodens ab, z. B. in Rissen, Wurm- und Wurzelröhren sowie in Grob- und Mittelporen hoher Kontinuität. Er wird auch als Tonwanderung, Tonverlagerung, Illimerisation und *Lessivierung* bezeichnet. Die Tondurchschlämmung beginnt in der Regel im Oberboden nach einer Auswaschung der die Koagulation (siehe Kap. 2.2.1) begünstigenden Ca-Ionen bei pH-Werten zwischen 7,0 und 6,5 infolge zunehmender Dispergierung der besonders in der Feintonfraktion vorhandenen kolloidalen Substanzen. Dabei werden vor allem quellfähige Tonminerale mit anhaftenden Hydroxiden und Oxidhydraten des Fe, Al und Mn verlagert. Die Tondurchschlämmung erreicht ihr Maximum in unseren Böden in der Regel zwischen pH 6,5 und 5,0. Im stärker sauren Bereich findet sie aufgrund der dann in der Bodenlösung verstärkt auftretenden, die Koagulation fördernden, freien Al-Ionen nicht mehr statt. Im Unterboden werden die verlagerten Bodenteilchen entweder wieder ausgeflockt – z.B. aufgrund erhöhter Ca-Ionen-Konzentration –, in blind endenden Bodenhohlräumen festgehalten oder bei Austrocknungsvorgängen an den Hohlraumwänden abgelagert. Dabei ordnen sich die Tonmineralblättchen mit ihren Basisflächen häufig parallel zur Wandfläche und erzeugen einen unter dem Mikroskop parallelschichtigen Wandbelag, der auch makroskopisch – z.B. auf Kluftflächen – als »Tontapete« oder Toncutane erkennbar ist. In Böden mit einem hohen Anteil an Ton-Humus-Komplexen in der Tonfraktion können auch diese bei ähnlichen pH-Werten dispergiert, verlagert und im Unterboden angereichert werden. In Na-reichen Böden findet die Ton-Humus-Durchschlämmung bei pH-Werten über 8,0 statt.

Ein großer Teil der pedogenetischen Verlagerung wird durch verschiedene Arten der Durchmischung (Turbation) bewirkt. In den humosen, biologisch aktiven Ah-Horizonten der Böden ist die *Bioturbation* (siehe Kap. 2.3.2 und 3.2.2.2) wirksam. Wühlende Bodentiere wie Wühlmäuse, Maulwürfe und Hamster, aber auch besonders Regenwürmer mischen bereits das humose Bodenmaterial selbst, erstere verlagern aber auch z.T. humusfreies oder -armes Unterbodenmaterial nach oben und mischen es dort ein. Sie fördern dadurch z.B. die Entstehung eines hohlraumreichen, stabilen Krümelgefüges im Ah-Horizont, »verwischen« die Grenzen der Bodenhorizonte und sorgen dafür, daß in den Unterboden ausgewaschene Stoffe (wie z.B. Kalk oder Pflanzennährstoffe) mindestens teilweise wieder in die Hauptwurzelzone zurückgebracht werden. Auch Pflanzenwurzeln haben einen gewissen Anteil an der Bioturbation, z.B. durch kleinräumige Mischung von Bodenanteilen in direkter Umgebung von Wurzeln beim »Stampfen« der Bäume im Wind sowie örtlich durch das Herausreißen von Wurzelballen beim Windwurf ganzer Bäume.

In Böden mit größeren Anteilen quellbarer Tonmineralien findet eine Mischung von Bodenmaterial bei häufigem Wechsel von Quellung und Schrumpfung statt, die als Pelo- oder *Hydroturbation* bezeichnet wird. Sie ist besonders in Montmorillonit-reichen Böden warmer, wechselfeuchter Gebiete verbreitet. Der Boden wird dort in Trockenzeiten von Trockenrissen durchzogen, in die loses Bodenmaterial hineinfällt. In der darauffolgenden Feuchtperiode führt dann der Quellungsdruck zu einer starken Pressung und z.T. tiefgreifenden Vermischung des tonigen Bodenmaterials unter Ausbildung glatter, glänzender Scherflächen (slicken sides, siehe Kap. 2.4.1.1 und 3.4.3.1). In gemäßigten Klimaten ist dieser sog. Selbstmulcheffekt erheblich geringer.

Eine anthropogene Mischung von Bodenmaterial, z.B. beim Pflügen, Grubbern oder beim Tiefumbruch, wird als *Kultoturbation* bezeichnet.

Kryoturbationen – Mischungen von Bodenmaterial durch Frosteinfluß – entstehen schließlich vor allem in feuchten Böden, die einem häufigen Wechsel von Gefrieren und Auftauen unterworfen sind (siehe Kap. 1.3.2.3.3). Durch die Bildung von Eislinsen wird Bodenmaterial angehoben, sinkt beim Auftauen zurück und vermischt sich dabei in geringem Maße. Häufige Wiederholungen dieses Vorganges führen zu stärkerer Vermischung, die – besonders in arktischen und subarktischen Gebieten mit Permafrost im Unterboden – ganze Bodenprofile erfassen kann und z.B. zur Entstehung der vielgestaltigen arktischen Strukturböden beiträgt.

In Hangböden dieser Permafrostgebiete ist zusätzlich eine Gruppe von Verlagerungsprozessen verbreitet, die als freie oder gebundene *Solifluktion* bezeichnet wird (siehe Kap. 1.3.2.3.2). Hierbei wird nicht nur – wie bisher beschrieben – ein Teil des Bodenmaterials innerhalb des Bodenprofils verlagert, sondern es »fließen« während der sommerlichen Auftauphasen im aufgeweichten Zustand ganze Bodenprofile über dem gefrorenen Untergrund langsam hangabwärts. Dabei kommt es einerseits zu Mischungen innerhalb des Bodenmaterials, bei größerer Auftautiefe aber auch zur Vermischung des Bodens mit dem aufgeweichten Untergrund über dem Permafrosthorizont sowie zur Zerkleinerung der wandernden Gesteinsbruchstücke durch gegenseitigen Abrieb. Während der Eiszeiten entstanden auf diese Weise auch in den nicht vom Eis bedeckten Teilen Mitteleuropas z.B. über den Gesteinen des Berglandes weit verbreitet Solifluktionsdecken bzw. Fließerden, die als Relikte eiszeitlicher Strukturböden das Ausgangsmaterial für die heutige, warmzeitliche Bodenentwicklung bilden. Solifluktion tritt heute z. B. auch in subnivalen und nivalen Hochgebirgsregionen auf.

Rezente Bodenbewegungen können in steilen Hanglagen der Mittelgebirge in Form des *Bodenkriechens* oder *Hangkriechens* beobachtet werden (siehe Kap. 1.3.2.3.1). Sie sind unter Wald am sog. Hakenschlagen der Bäume zu erkennen (Abb. 18). – In ungeschützten Bergregionen kann es außerdem – besonders nach Starkregen – zu Bodenverlagerungen durch Bergrutsche, Erdschlipfe oder Muren kommen (siehe Kap. 1.3.2.3.2).

Als weitere, weit verbreitete und oft flächenhaft auftretende Art der Bodenverlagerung ist schließlich die *Bodenerosion* durch Wasser oder durch Wind zu nennen (siehe Kap. 1.3.2.3.4 und 1.3.2.3.6).

3.2.2 Beispiele für Bodentypen prägende, pedogenetische Prozeß-Komplexe und ihre zeitliche Abfolge

Die pedogenetischen Grundprozesse treten während der Bodenbildung niemals einzeln, sondern stets gemeinsam mit anderen als Prozeßkomplexe auf. Die Art, Richtung, Intensität, Geschwindigkeit und Dauer der Einzelprozesse kann – in Abhängigkeit von den jeweils wirksamen Faktoren der Bodenbildung (siehe Kap. 3.1) – innerhalb der Prozeßkomplexe sehr unterschiedlich sein. Ihr Zusammenwirken führt dadurch zur Entstehung verschiedenartiger Böden. Typische Ausprägungsformen von Böden mit bestimmten, wiederkehrenden Horizontfolgen bilden als Bodentypen die grundlegende Kategorie der pedogenetischen Bodensystematik (siehe Kap. 3.4).

Bodenbildende Prozesse sind mindestens seit dem Erscheinen der ersten Landpflanzen am Beginn des Paläophytikums – etwa an der Wende Silur-Devon vor etwa 400 Mio. Jahren (siehe Kap. 1.7.1) – zu allen Zeiten der Erdgeschichte innerhalb der jeweils oberflächlich anstehenden Gesteine wirksam gewesen. Über ihre Ergebnisse, die Böden früherer Zeiten, ist jedoch bis zum Tertiär relativ wenig bekannt. Nach dieser Zeit wurden die Faktoren der Bodenbildung den heutigen Bedingungen immer ähnlicher. Außerdem sind uns vor allem seit dem Beginn des Holozäns in fossilen Böden, in Relikten älterer Böden und in den heutigen Oberflächenböden erheblich zahlreichere Indizien über die Arten und Abfolgen pedogenetischer Prozesse erhalten geblieben und bekannt als aus den älteren Formationen der Erdgeschichte. Aus diesen Gründen werden in den folgenden Abschnitten Beispiele für pedogene Prozeßabfolgen und die daraus entstandenen Bodentypen für verschiedene verbreitete Ausgangsgesteine (Substrate) Mitteleuropas, ausgehend von den Umweltbedingungen einer zu Ende gehenden Eiszeit, anhand von typischen Bodenbildungssequenzen besprochen. Die Beispiele beziehen sich auf Standorte in ebener Lage. Die Prozeßabfolgen stellen jedoch aus Forschungsergebnissen abgeleitete, kontinuierliche Bodenentwicklungsreihen im Rahmen holozäner Klima- und Vegetationsbedingungen Mitteleuropas dar. Sie sind in der Natur selten so ideal und vollständig verwirklicht. Auf Abweichungen von den dargestellten Sequenzen sowie auf die Pedogenese in wichtigen anderen Substraten Mitteleuropas mit ähnlicher Prozeßabfolge wird hingewiesen.

3.2.2.1 Bodenentwicklung auf weichseleiszeitlichem Geschiebemergel im atlantisch beeinflußten gemäßigten Klima

Beim Abschmelzen der Gletscher des nordischen Vereisungsgebietes ist während des Weichsel-Glazials – dem im Alpenraum die Würm-Eiszeit entspricht (siehe Kap. 1.7.2.1) – im Gebiet des östlichen Schleswig-Holsteins großflächig Geschiebemergel (siehe Kap. 1.3.2.3.3, Tab. 118) zum Absatz gekommen. Dabei handelt es sich in der Regel um das beim Vorrücken der Gletscher aus dem Untergrund ins Eis aufgenommene, zerriebene, überwiegend kristalline Gesteinsmaterial Skandinaviens sowie der im Ostseebecken anstehenden, meistens carbonatischen Gesteine der Kreidezeit. Petrographisch liegt in der Regel ein ungeschichteter, meistens schluffreicher sandiger Lehm vor, der wechselnde Mengen von Kies und Steinen unterschiedlichen Durchmessers enthält. Größere Steine werden als Geschiebe bezeichnet. Der Carbonatanteil des Geschiebemergels schwankt meistens zwischen 15 und 25 %mas und besteht großenteils aus Kreidekalk und Dolomit sowie deren Zerreibsel. Das Sediment selbst ist häufig dicht gelagert und enthält heute bei einem Gesamtporenvolumen von 30 bis 40% überwiegend feine Poren.

Während und nach dem Rückzug der weichseleiszeitlichen Gletscher aus Schleswig-Holstein lag der Geschiebemergel im ausgehenden Weichsel-Glazial bei arktischen bis subarktischen Klimabedingungen im Permafrostgebiet.

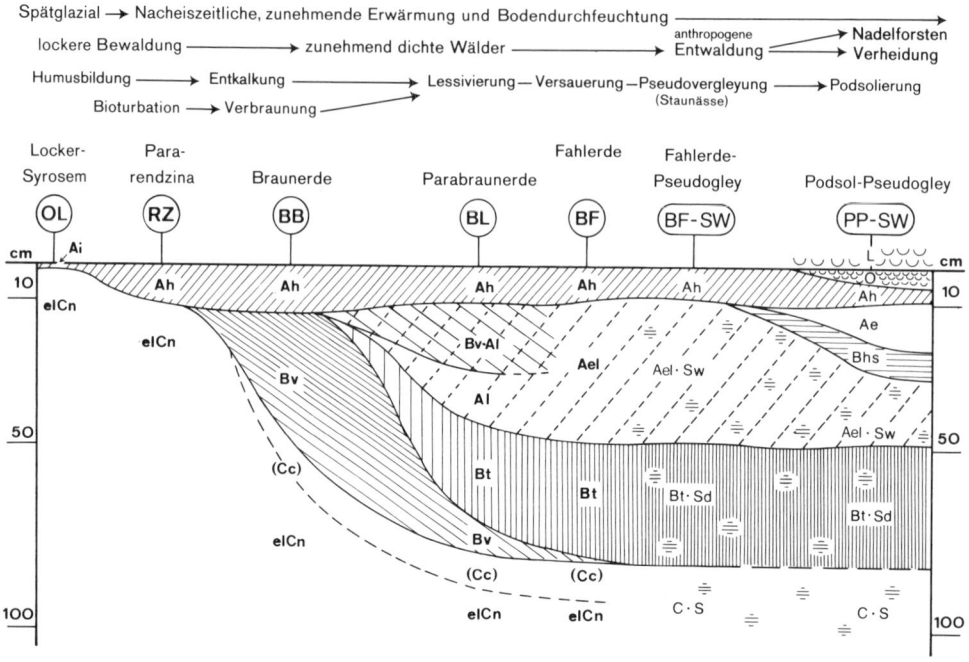

Abb. 116. Bodenentwicklung auf weichseleiszeitlichem Geschiebemergel seit dem Spätglazial der Weichseleiszeit im atlantisch-gemäßigten Klimagebiet Mitteleuropas. Stark schematisch. (Entwurf ROESCHMANN 1984).

In den zunächst kurzen, später bei langsamer Klimaerwärmung längeren Sommern mit Temperaturen > 0 °C taute lediglich der Oberboden kurzfristig auf. In ebener Lage entstanden dort, z. B. infolge von kryoklastischem Gesteinszerfall, Frosthebung, Kryoturbation und Eiskeilbildung (siehe Kap. 1.3.2.3.2), unterschiedliche arktische und subarktische Frostmusterböden (Råmark), deren Pedogenese – besonders bei ausreichender Ableitung überschüssigen Bodenwassers – zunächst mit der Bildung eines *Lockersyrosems (OL)* mit Ai/elC-Profil begann (Abb. 116). In feuchten Lagen waren wahrscheinlich Tundrengleye verbreitet, in nassen Senken auch Moore.

Bei weiterer Erwärmung und ständiger Tieferlegung der Dauerfrostboden-Obergrenze setzte dann wohl unter sich verdichtender Tundrenvegetation eine stärkere Huminstoffanreicherung ein, deren Einmischung in den Oberboden durch Bioturbation im einfachsten Fall zur Entstehung eines deutlichen Mullhumus-Horizontes und damit zum Bodenprofil einer *Pararendzina (RZ)* mit Ah/elC-Profil führte.

Darüber hinaus hatte auch im Oberboden die Carbonatauswaschung begonnen, die bereits in den ersten, noch kühlen Phasen der Nacheiszeit des Holozäns (siehe Kap. 1.7.2.2), auch den nicht humosen Unterboden erreicht haben dürfte. Eine mit der Erwärmung einhergehende Verdichtung der Vegetation und das Auftreten von zunächst lockeren, später dichteren Wäldern (die sich bereits vorübergehend während des Bölling- und Alleröd-Interstadials (siehe Kap. 1.7.2.2) der ausgehenden Eiszeit gebildet hatten) bewirkten im frühen Holozän auch unterhalb des Ah-Horizontes der Böden eine intensivere Entkalkung mit gleichzeitiger Freisetzung von Residual-Ton und -Schluff aus den Kalk- und Mergelsteinkomponenten des Geschiebemergels. Eine verstärkte chemische Verwitterung der Silicat-Minerale führte u. a. zur Neubildung von Sesquioxid-Mineralen (z. B. Goethit) sowie von graubraunen metallorganischen Komplexverbindungen, die die Mineralkörner umhüllen (Verbraunung). Gleichzeitig entstanden aus den Gitterbausteinen der verwitterten Silicate oder durch Umbildung aus Glimmermineralen, häufig unter Freisetzung von Kalium-Ionen, vorwiegend illitische Tonminerale, die die »Verlehmung« des verbraunten Bodenmaterials und die Genese eines Bv-Horizontes bewirkten. Während sich in der so entstandenen *Braunerde (BB)* infolge des jahreszeitlich bzw. witterungsmäßig bedingten Wechsels von Quellung und Schrumpfung der Tonminerale im Bv-Horizont ein subpolyedrisches Absonderungsgefüge bildete, hatten die gleichen Vorgänge im humosen Ah-Horizont im Zusammenwirken mit der Tätigkeit der Bodenorganismen die Entstehung eines Krümelgefüges zur Folge.

Das wärmer und feuchter werdende Klima und die demzufolge dichtere Laubwald-Vegetation führten im Oberboden der Braunerde u. a. zu einer langsam zunehmenden Entbasung des Sorptionskomplexes (siehe Kap. 2.2.3.5), zur Erniedrigung der pH-Werte sowie zur Dispergierung (siehe Kap. 2.2.1) der Bodenkolloide, die dann besonders bei pH-Werten zwischen 6,5 und 5,0 mit dem Sickerwasser aus dem Ober- in den Unterboden verlagert wurden (Tondurchschlämmung, Lessivierung, siehe Kap. 3.2.1.5). Dies geschah vor allem in den Grob- und Mittelporen sowie in Schrumpfungsrissen des Bodens und betraf vorwiegend die Feinton-Fraktion ($\emptyset$ < 0,2 µm). Außer Tonmineralen, Huminstoffen und Silicatmineralen in dieser Korngröße waren z. B. auch fein verteilte, braune Sesquioxide an der Durchschlämmung beteiligt. Die Feinsubstanzverluste hatten im Laufe der Zeit eine farbliche Aufhellung des Oberbodens und damit die Ausbildung eines Al-Horizontes zur Folge. In seinem oberen Teil bewirkte die dort stärkere Versauerung jedoch auch eine verstärkte Mineralverwitterung, die besonders in silicatreichen Substraten zu gleichzeitiger, erneuter Verbraunung (Bv-Al-Horizont) führen kann.

Die aus dem Oberboden im peptisierten Zustand mit dem Sickerwasser abwärts verlagerten Bodenkolloide gelangten im Unterboden in Bereiche mit höheren pH-Werten und höherer Basensättigung. Sie wurden dort z. B. bei verlangsamter Wasserbewegung ausgeflockt und angereichert. Außerdem wurde die Tonverlagerung häufig in blind endenden Poren und Rissen sowie durch Austrocknung gestoppt, z. B. beim Verbrauch des Sickerwassers durch Pflanzenwurzeln. Im Laufe der Pedogenese entstand so im Unterboden ein Tonanreicherungshorizont (Bt-Horizont) und die ehemalige Braunerde wandelte sich zur *Parabraunerde (BL)* mit einem Ah/(Bv-Al)/Al/Bt/Bv/(Cc)/elC-Profil (in Klammern stehende Horizonte sind nicht in jedem Fall ausgebildet). Bt-Horizonte dieses Bodentyps zeichnen sich durch folgende Merkmale aus:

1. Ein um 5 bis 20%mas höherer Tongehalt gegenüber dem Al-Horizont,
2. rötlichbraune Farben infolge der Anreicherung von oft mit rostfarbenen Eisenoxiden umkleideten Mineralen der Tonfraktion,
3. prismatisches Makrogrobgefüge aufgrund der Bildung von Schrumpfungsrissen bei zeitweiliger Bodenaustrocknung, das oft im Laufe der Zeit, z. B. durch weitere Schrumpfrißbildung bei längeren Austrocknungsphasen, von einem polyedrischen Makrofeingefüge überprägt worden ist,
4. Tonbeläge – die auch Cutane, clay coatings oder argillans genannt werden – auf den Wandungen der Bodenhohlräume, in denen die Tonmineral-Blättchen in der Regel bereits während ihrer Sedimentation feinschichtig parallel zur Hohlraumwandung eingeregelt wurden (dies kann aber auch z. B. durch Pressung oder Gleitung bei Quellungsvorgängen geschehen).

Unterhalb des Bt-Horizontes sind z. T. noch ein Bv-Horizont-Rest sowie ein carbonatreicher elCc-Horizont ausgebildet.

Im gemäßigt-humiden Klima versauerte der Parabraunerde-Al-Horizont unter Wald besonders in Gebieten mit sandreicherem, wasserdurchlässigerem Geschiebemergel bei fast völliger Entbasung bis zu pH-Werten von < 4,0. Dadurch wurde die Verwitterung von weiteren primären Silicaten und auch von Tonmineralen beschleunigt und führte u. a. zu einer Zunahme von freien Al-Ionen in der Bödenlösung sowie von sorbierten, austauschbaren Al-Ionen am Sorptionskomplex. Die koagulierende Wirkung der Al-Ionen verhinderte u. a. eine weitere Tondurchschlämmung und führte schließlich unter Wald zum Endstadium des lessivierten Bodens, zur stark sauren *Fahlerde (BF)* mit einem Ah/Ael/Bt/elC-Profil. Sie kommt besonders in kontinentaleren Gebieten mit älteren Moränen der Weichseleiszeit und des Warthestadiums (siehe Kap. 1.7.2.1) vor.

Die Tonanreicherung im Unterboden hatte – besonders in bereits primär dichtgelagertem Geschiebemergel – im humiden, gemäßigten Klima eine immer stärkere Verstopfung der »dränenden« Bodenporen (»Einlagerungsverdichtung«) und damit eine zunehmende Vernässung zur Folge, die sich u. a. in einer Verlängerung der winterlichen Naßphasen des Bodens, aber auch in einer Intensivierung der Vernässung mit zeitweiligem Luftmangel bemerkbar machte. Während dieser Naßphasen wurden z. B. die Eisen- und Manganoxide durch Mikroorganismen reduziert und in gelöstem Zustand kleinräumig im Boden verlagert. So entstanden besonders im Oberboden örtlich an Sesquioxiden verarmte, gebleichte Bodenbereiche. In Zeiten abnehmender Bodenfeuchte wurden noch vorhandene oder z. B. durch Hangwasser lateral hinzugeführte Fe- und Mn-Verbindungen bei ansteigendem O_2-Partialdruck in der Bodenlösung und allmählicher Luftfüllung größerer Bodenporen wieder oxidiert und in unregelmäßiger, fleckenhafter Verteilung (»Rostflecken«) im Oberboden als Oxidhydrat ausgefällt. Dies hat örtlich bis zur Entstehung von Eisen-Mangan-Konkretionen geführt.

Im nach unten dichter werdenden, prismatisch-polyedrischen Bt-Horizont erfolgte die Wasserbewegung während der Naßphasen zunächst vornehmlich in den größeren Hohlräumen (Rissen, Klüften, Wurzelbahnen) des Bodens. Die Reduktion, Lösung und Fortfuhr der Sesquioxide war daher an den Hohlraumwänden am stärksten, so daß dort hellgraue, verarmte Randzonen entstanden. Ein Teil der reduzierten Sesquioxide wurde mit der Stauwasserbewegung verlagert, ein anderer Teil wanderte während der Vernässungsphase durch Diffusion ins Innere der Bodenaggregate, wo er infolge der dort eingeschlossenen Bodenluft oxidiert, ausgefällt und angereichert wurde. Außerdem drang während der Austrocknungsphase aus den gröberen Hohlräumen Luft von außen in die Aggregate ein und hatte eine Intensivierung der Oxidation im Innern der Aggregate zur Folge. Ein rascher und häufiger Wechsel im Redoxmilieu führte bis zur Bildung von Konkretionen. Der Bt-Horizont erhielt so im Laufe der Zeit ein »marmoriertes«, rostfleckiges Aussehen.

Böden mit solchen, durch Staunässe entstandenen, hydromorphen Merkmalen werden als *Pseudogleye (SW)* bezeichnet. Laufen die Prozesse der Hydromorphierung z. B. in den Horizonten einer Fahlerde ab, so entsteht aus ihr allmählich ein *Fahlerde-Pseudogley (BS-SW)*, in dem ein relativ wasserdurchlässiger, »wasserleitender« rostfleckiger Ael-Sw-Horizont über einem verdichteten, wasserstauenden, marmorierten Bt-Sd-Horizont liegt. Die Vernässung ist in ebenen Lagen bei sonst vergleichbaren Umweltbedingungen dort besonders stark, wo bereits der Geschiebemergel (elCn-Horizont) – verstärkt z. B. durch Einlagerung von aus dem Solum ausgewaschenen Carbonaten – wasser-

stauend wirkt. Die auf den Braunerden, Parabraunerden, Fahlerden und Pseudogleyen aus Geschiebemergel stockenden dichten Laub- und Mischwälder wurden im Laufe der menschlichen Besiedelung des Gebietes zunächst z. B. durch ständige Waldweide und Streunutzung zunehmend aufgelichtet, z. T. dadurch allmählich zerstört und schließlich – bei steigendem Bedarf an Bau- und Brennholz sowie an landwirtschaftlichen Nutzflächen – vollständig abgeholzt. Aufgrund der fehlenden Pumpwirkung der Waldvegetation vernäßten dadurch z. B. bisher frische bis schwach feuchte Standorte durch überschüssiges Stauwasser. In stärker aufgelichteten Laub-und Mischwäldern breitete sich in feuchter Lage die Moor-Glockenheide *(Erica tetralix)*, in trockener Lage die Besenheide *(Calluna vulgaris)* aus.

Die Eingriffe des Menschen in die primäre natürliche Waldvegetation hatten häufig das Entstehen von sekundären anthropogenen Vegetationsformen zur Folge (z. B. Nadelholz- und Heidevegetation). Die mikrobielle Zersetzung der schwer zersetzbaren, relativ nährstoffarmen Streu dieser Sekundärvegetation wurde im kühlfeuchten Klima – wohl vorzugsweise in Gebieten mit tiefer entkalktem oder von silicatarmen Sandschichten bedecktem Geschiebemergel – durch starke Versauerung und Nährstoffmangel behindert, so daß sich daraus im Laufe der Zeit auf der Mineralbodenoberfläche stark saure, torfähnliche Auflagehumusschichten anreicherten, die im Extremfall als Rohhumus (siehe Kap. 2.1.3.2) aus relativ mächtigen, oft verfilzten L-, Of- und Oh-Lagen bestehen. Mit den versickernden Niederschlägen wurden daraus stark saure (pH-Werte z. T. < 3,0), niedermolekulare organische Verbindungen (z. B. Polyphenole und Fulvosäuren) ausgewaschen, die zunächst in den oberen Teilen des darunter folgenden, an Ton verarmten Ah- und Al-Horizontes eine intensive Verwitterung der restlichen Silicate hervorriefen. Die dabei u. a. entstehenden Fe-, Mn- und Al-Verbindungen wanderten – teils in ionarer Form, teils reduziert in Form von wasserlöslichen, solförmigen organo-mineralischen Komplexverbindungen (z. B. Chelaten) – mit dem Sickerwasser abwärts und hinterließen im Laufe der Zeit einen an Mächtigkeit langsam zunehmenden, silicatarmen, in Extremfällen sogar silicatfreien, durch »Sauerhumus« gebleichten Ae-Horizont mit blanken Quarzkörnern. Die vertikal verlagerten Stoffe selbst gelangten dann, etwa im unteren Teil des Ael-Horizontes einer Fahlerde, in silicatreichere Bereiche mit etwas höheren pH-Werten sowie Resten an basischen Kationen. Solförmige Stoffe wurden dort z. B. beim Erreichen ihres isoelektrischen Punktes (siehe Kap. 2.2.3.2), durch Aufnahme weiterer Al- oder Fe-Ionen, durch Oxidation, aber auch durch Austrocknung ausgefällt. Die organischen und mineralischen Fällungsprodukte reicherten sich im Laufe der Zeit an und umkleiden heute die Mineralkörner als dunkle Rinden. So entstand oft ein mikroskopisch sichtbares »Hüllengefüge«, das typisch ist für Bsh- und Bhs-Anreicherungshorizonte.

Der beschriebene, in Geschiebemergel-Gebieten jedoch selten extreme Prozeß-Komplex wird als *Podsolierung* bezeichnet und führt zur Ausbildung des Bodentyps *Podsol (PP)*. Er weist im natürlichen Zustand unter Heidevegetation oder unter Nadelwald häufig die Horizontfolge L/Of/Oh/Ah/Ae/Bhs/C auf. Al-Verbindungen werden aufgrund von Löslichkeitsunterschieden in etwas größerer Tiefe ausgefällt als Fe- und Mn-Verbindungen. Außerdem entstehen in wasserdurchlässigen, sandigen Substraten unterhalb des Bhs-Horizontes z. T. schwarzbraune, unregelmäßig horizontal verlaufende Anreicherungsbänder aus etwas tiefer verlagerten organisch-mineralischen Komponenten des Podsolierungsprozesses (siehe auch Kap. 3.2.2.5).

Unter Laubwald ist die Podsolierung, z. B. von Fahlerden, Parabraunerden und Braunerden, häufig nur gering. Sie beschränkt sich in der Regel auf die oberen 10 bis 15 cm des Mineralbodens und ist meistens bereits makroskopisch an zahlreichen gebleichten Sandkörnern zu erkennen, die den dunklen Ah-Horizont aufhellen, ohne daß darunter ein Bhs-Horizont farblich erkennbar ist. Er läßt sich jedoch analytisch z. B. durch erhöhte Fe- und Al-Gehalte nachweisen. Solche Oberböden werden als »podsolig« bezeichnet und besitzen, wenn sie z. B. im Bodenprofil einer Braunerde auftreten, die Horizontfolge L/O/Aeh/Bhsv/Bv/C (podsolige Braunerde). Auf weitere Abweichungen vom Normalprofil eines Podsols wird später (siehe Kap. 3.2.2.5) eingegangen. Das gleiche gilt für die vielfältigen anthropogenen Einwirkungen, z. B. im Verlauf von Meliorationen podsolierter Böden (siehe Kap. 4.5.2.2).

Die beschriebene, »idealisierte« Bodenbildungssequenz auf Geschiebemergel wird in der Natur durch mannigfaltige geologische, geomorphologische, klimatologische, biologische und hydrologische Faktoren verändert. Einige Beispiele sollen dies erläutern.

In heute beackerten Kuppenlagen werden die pedogenetischen Prozesse häufig durch die Bodenerosion unterbrochen. Sie beginnen nach der Abtragung entweder auf dem nicht erodierten Unterboden oder – bei vollständiger Erosion des Solums – auf dem frischen Geschiebemergel von neuem. Die in Jungmoränengebieten verbreiteten Pararendzinen auf Hügelkuppen und an Oberhängen zeugen davon.

An Unterhängen ist häufig die hangabwärts gerichtete, laterale Sickerwasserzufuhr so stark, daß sich dort – häufig bei abgeschwächter Tondurchschlämmung – Hangpseudogleye entwickelt haben. Sie gehen in Senken oft in Pseudogleye mit langer Naßphase und Gleye über, die z. T. oberflächlich vermoort sind. Dies führt zur Entstehung von Kleinstmooren. Zwischen Stauwasser- und Grundwasserböden bestehen häufig Übergänge. Aber nicht nur ein andersartiger Wasserhaushalt führt zu Abweichungen von der beschriebenen Pedogenese. In carbonatreicheren Geschiebemergeln ist z. B. das Stadium der Fahlerde oft noch nicht erreicht. Bewaldete, nicht erodierte Kuppen- und Oberhanglagen weisen örtlich noch heute das Stadium der Braunerde – z. T. mit geringer Tonverlagerung – auf, da die dort geringere Durchfeuchtung der Böden eine stärkere Tondurchschlämmung ausschließt. Auf weitere Abwandlungen der hier beschriebenen Prozeßabfolgen wird im Kapitel Bodengeographie (siehe Kap. 3.5.2.2) eingegangen.

Ähnliche Bodenbildungssequenzen haben aber z. B. auch auf äolischen, schluffreichen, meist kalkhaltigen, *eiszeitlichen Lößsedimenten* stattgefunden. Die Art, Richtung und Geschwindigkeit der Einzelprozesse wurde hier jedoch – ebene Lage und vergleichbare Klima- und Vegetationsentwicklung vorausgesetzt – z. B. durch folgende Faktoren zusätzlich beeinflußt: Unterschiedliche Kalkgehalte führten bei gleicher Wasserführung des Substrates zu unterschiedlichen Entkalkungs- und Verwitterungsgeschwindigkeiten. Mächtiger, locker gelagerter äolischer Löß besitzt in ebener Lage und bei gleichen Kalkgehalten eine größere Wasserdurchlässigkeit als primär dichtgelagerter Schwemmlöß, in dem dann aufgrund von früher einsetzenden und langfristigeren Stau- bzw. Haftnässephasen einerseits die Entkalkung, Verbraunung und Tondurchschlämmung eingeschränkt, die Pseudovergleyung jedoch andererseits beschleunigt wird. Im Weichsel-Löß geschieht dies beispielsweise auch beim Auftreten verdichteter, fossiler Naßbodenhorizonte aus wärmeren Interstadialen des Weichsel-(Würm-) Glazials im Unterboden.

Auf geomorphologisch bedingte Abwandlungen wird in Kap. 3.5.2.2 und Abb. 130 hingewiesen. Wie sich eine klimatisch andersartige Entwicklung seit dem Ausgang der letzten Eiszeit auf dem gleichen Substrat (kalkhaltiger Weichsel-Löß) auswirkt, zeigt das folgende Kapitel.

3.2.2.2 Bodenentwicklung auf weichseleiszeitlichem Löß im kontinental beeinflußten gemäßigten Klima

Das äolische, in der Regel karbonathaltige Schluffsediment Löß (siehe Kap. 1.3.2.3.6) bedeckt im ehemaligen eiszeitlichen Periglazialgebiet Mitteleuropas große Flächen (siehe Kap. 1.7.2.1). Während die Bodenentwicklung in den feuchteren, westlichen Lößgebieten große Ähnlichkeit mit der auf Geschiebemergel aufweist, verlief sie in den kontinentaleren, östlichen Lößgebieten zunächst z.T. in anderer Richtung (Abb. 117).

Zunächst wurde auch wohl hier eine Pararendzina mit Ah/elCn-Profil gebildet. In den ersten, insgesamt noch kühlen und nach Osten zunehmend winterkalten und sommertrockenen Phasen des Holozäns reichte jedoch nach den bisherigen Kenntnissen die Bodenfeuchte während der Vegetationszeit für eine dichtere Bewaldung nicht aus, so daß hier zunächst steppenartige Vegetationsformen (u. a. Waldsteppe) vorherrschten, wie sie heute z. B. in sommertrockenen, winterkalten Gebieten auf dem Balkan und in Südrußland vorkommen. Während der frühholozänen Zeitabschnitte des Präboreals und Boreals (etwa 8000 bis 6000 v. Chr.) war die Bodenbildung in den mitteldeutschen Lößgebieten und ihren westlichen Ausläufern – etwa bis in den Raum Hildesheim und Göttingen – aber auch z. B. in trockeneren Lößarealen Hessens und im nördlichen Oberrheintal – unter grasreicher, lichter Laubwald- bis Steppen-Vegetation durch die pedogenetischen Prozesse der Humusbildung und Bioturbation gekennzeichnet, bei gleichzeitiger langsamer Entkalkung des Humushorizontes. Die im Frühjahr und z. T. auch im Herbst entstandenen und im

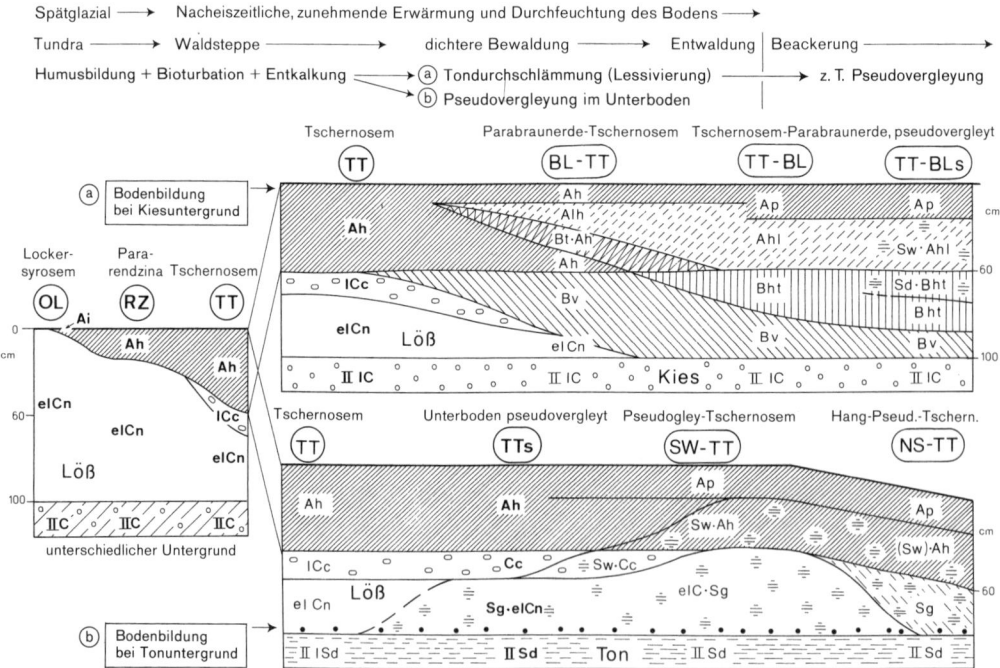

Abb. 117. Bodenentwicklung auf weichseleiszeitlichem Löß über Kies-(a) und Ton-Untergrund (b) seit dem Spätglazial der Weichseleiszeit im kontinental-gemäßigten Klimagebiet Mitteleuropas. Stark schematisch (Entwurf ROESCHMANN 1984).

Laufe der Zeit vorwiegend zu Grauhuminsäuren umgebildeten Vegetationsrückstände konnten sich im Oberboden anreichern, da die Zersetzungsprozesse im Winter durch strenge Kälte, im Sommer durch Trockenheit unterbrochen wurden. Die wühlende Waldsteppenboden-Fauna (z. B. Regenwürmer, Hamster, Ziesel) vermischte die Huminstoffe mit immer tieferen Mineralbodenschichten, so daß im Laufe der Zeit ein 50 bis 70 cm mächtiger, bei fortschreitender Kalkauswaschung carbonatfreier, durch Huminstoffe schwarz gefärbter Ah-Horizont mit optimalem Krümelgefüge entstand. Die aus dem humosen Oberboden ausgewaschenen Carbonate kristallisierten in den Bodenhohlräumen unterhalb des Ah-Horizontes teils diffus, teils nesterförmig aus und bildeten in diesem Kalkanreicherungshorizont (lCc) z. T. harte nierenförmige Carbonatkonkretionen, die sogenannten »Lößkindel«.

In den ersten beiden Jahrtausenden nach der letzten Eiszeit entstand so unter den Bedingungen des relativ trockenen, winterkalten Klimas allmählich das tiefgründige Bodenprofil des Bodentyps *Tschernosem (TT)* bzw. der Schwarzerde mit der Horizontfolge Ah/lCc/elCn, während sich gleichzeitig in der klimatisch feuchteren Umgebung, besonders in westlicheren Lößgebieten, unter dichterem Wald Parabraunerden entwickelten. Aber auch in den kontinentaleren Tschernosem-Gebieten Mitteleuropas wurde das Klima während der folgenden Perioden des Holozäns, vor allem seit dem Beginn des Atlantikums vor etwa 7000 Jahren, feuchter, so daß hier die ursprüngliche Steppenbzw. Waldsteppenvegetation durch dichtere Laubwälder abgelöst wurde. Dies hatte für die Schwarzerden unterschiedliche Folgen, je nachdem, ob das Substrat – gleiche Carbonatgehalte vorausgesetzt – eine gute oder eine schlechte Wasserführung besaß.

In Gebieten mit mehrere Meter mächtigen, porösen, äolischen Lößschichten sowie dort, wo unter geringer mächtigem Löß wasserdurchlässige Schichten folgten, war eine relativ ungehinderte Wasserbewegung im Substrat möglich (Abb. 117 a). Hier begann unter Wald innerhalb des Tschernosem-Ah-Horizontes die pedogenetische Prozeßfolge Entbasung, Versauerung, Silicatverwitterung, Tonmineralneubildung und Tonverlagerung (Lessivierung). Letztere erfaßte jedoch hier – anders als in primären Löß-Parabraunerden – sowohl den mineralischen Feinton als auch die humosen Bestandteile

und Ton-Humus-Komplexe der Tonfraktion. Gleichzeitig fortschreitende Entkalkung und spätere Verbraunung und Verlehmung des humusfreien Unterbodens führten zur Entstehung eines Bv-Horizontes. Die im Oberboden bei der Lessivierung verlagerten organisch-mineralischen Tonanteile bildeten zunächst innerhalb des mächtigen Ah-Horizontes einen oft tiefschwarzen Tonanreicherungshorizont (Bt-Ah), während der Oberboden infolge der Verarmung an Ton und Humus aufhellte, langsam versauerte und eine graue, häufig in sich feinfleckige (»grisige«) Färbung annahm. Es entwickelte sich ein *Parabraunerde-Tschernozem* (BL-TT) (Abb. 117). Im Laufe der weiteren Bodenbildung »wanderte« der Bt-Ah-Horizont – bei zunehmender Mächtigkeit des Ahl-Horizontes – in den entkalkten, verbraunten Unterboden hinein und bildete schließlich im oberen Teil des Bv-Horizontes einen relativ tonreichen, durch Einschlämmung von Ton und schwarzen Humusstoffen rötlichbraun und schwarz gefleckten Bht-Horizont. Dieser Boden mit der Horizontfolge (Ah bzw. Ap/Ahl/Bht/Bv/II lC) wird als (Relikt-)*Tschernosem-Parabraunerde*, wegen des grisig-grauen Ahl-Horizontes auch als »Griserde« bezeichnet.

Die Ton-Humuseinschlämmung hat schließlich örtlich zu einer Verdichtung des Unterbodens und damit im heute humiden Klimabereich zu zeitweiliger Staunässe im Oberboden geführt. Sie kann allerdings auch z. B. nach einer anthropogenen Entwaldung und anschließender landwirtschaftlicher Nutzung im Boden auftreten, wenn die erhebliche sommerliche Pumpwirkung der Baumwurzeln fortfällt. In Abhängigkeit von der Reliefposition dieser Böden ist Staunässe außerdem auch in Senken – und Unterhanglagen – verbreitet.

In einigen, vorwiegend westlichen Randgebieten der mitteleuropäischen Tschernosem-Verbreitung verlief die Bodenentwicklung nach dem heutigen Kenntnisstand in anderer Richtung. Hier ist der Tschernosem nicht selten aus relativ geringmächtigem Löß (1 bis 2 m) entstanden, der über dichten, tonigen Substraten liegt (Abb. 117 b). Nach der Tschernosem-Bildung hatte das feuchter werdende Klima bereits relativ früh in regenreichen Jahreszeiten zeitweilige Staunässe hervorgerufen, da das versickernde Niederschlagswasser oberhalb des dichten, tonigen Untergrundes im Löß – aufgrund seines hohen Mittelporenanteils vorwiegend als Haftwasser – gestaut wurde. Im zunächst gelben elCn-

Horizont entstanden dann durch Hydromorphierung in zunehmendem Maße Merkmale der
Pseudovergleyung in Form von Rostflecken und
kleinen Fe-Mn-Konkretionen (elCn-Sg-Hori-
zont). Eisen-Mangan-Konkretionen im unteren
Teil des Ah-Horizontes weisen außerdem darauf hin, daß die Staunässe bis in den humosen
Oberboden aufsticg, so daß das frühholozäne
Tschernosem-Stadium dieser Böden möglicherweise dadurch konserviert wurde.

Der heute z. B. in der Hildesheimer Börde aus
Löß über Tonuntergrund auch in Kuppenlagen
verbreitete Subtyp des *Pseudogley-(Relikt-)
Tschernosems* mit seinem Ah- bzw. Ap/(Ah)/
Sw-Ah/Sw-Cc/elC-Sg/IISd-Profil ist also ein
durch Pseudogley-Merkmale sekundär überprägter, frühholozäner Relikt-Tschernosem,
der wegen seiner häufigen Vernässung nach der
Inkulturnahme zunächst großflächig als Grünland genutzt wurde und erst nach der Einführung der Rohrdränung die bekannten optimalen
Ackerboden-Eigenschaften (Bodenzahl 100 der
Bodenschätzung) erhielt. Lediglich unter Wald
weist der obere Teil des Ah-Horizontes örtlich
deutliche Merkmale der Ton-Humusverarmung
auf (Alh-Horizont), während der untere Teil als
tonreicher pseudovergleyter Sw-Bt-Ah-Hori-
zont mit kleinen FeMn-Konkretionen ausgebildet ist.

In Hanglagen hat häufig infolge langsamer
lateraler Hangwasserbewegung eine Entkalkung des Löß-Untergrundes stattgefunden, die
auf ebenen Flächen fehlt. Das Bodenwasser
liegt jedoch auch hier vorwiegend als Haftwasser
vor, so daß diese Hangböden die Horizontfolge
Ap/(Sw-)Ah/Sg/IISd aufweisen.

Der Pseudogley-Tschernosem hat sich örtlich
auch aus kalkhaltiger Grundmoräne (Geschiebemergel) entwickelt. In Tschernosem-Gebieten, in denen die Lößdecke örtlich auskeilt und
der tonig-mergelige Untergrund an der Erdoberfläche ansteht, haben sich flachgründige
schwarze Tonböden gebildet, da hier die Bioturbation infolge der hohen Lagerungsdichte des
Substrates und der häufigen Staunässe nur im
Oberboden wirksam war. Sie dürften jedoch
dem Pseudogley-Tschernosem aus Löß entsprechen.

3.2.2.3 Bodenentwicklung auf Kalkstein und Mergelstein

In den vorangegangenen Kapiteln wurden Sequenzen der Pedogenese auf unterschiedlichen
carbonathaltigen, silicatischen Lockergesteinen
vorgestellt. Im folgenden wird die Prozeßabfolge unter humid-gemäßigten Klimabedingungen
auf harten Kalksteinen und etwas weicheren
Mergelgesteinen (siehe Kap. 1.3.2.5, Tab. 10) in

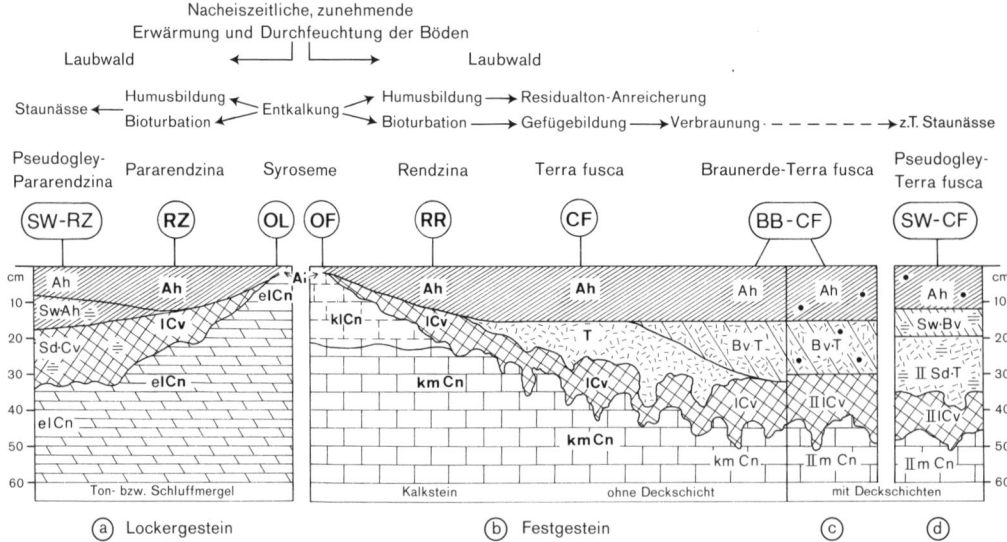

Abb. 118. Bodenentwicklung auf mesozoischem Mergel (a) und Kalkstein (b), ohne und mit Deckschichten (c
und d), seit dem Spätglazial der Weichseleiszeit im gemäßigten Klimagebiet Mitteleuropas. Stark schematisch.
(Entwurf ROESCHMANN 1984).

ebener Lage behandelt. Die Bodenbildung ist hierbei wesentlich abhängig von der Härte (Kristallisationsgrad des CaCO$_3$), der Dichte (Porenraum) und Klüftigkeit des Festgesteins, von der Größe oberflächlich anstehender Gesteinsschutt-Bruchstücke sowie von der mineralogischen Zusammensetzung und Menge des nichtcarbonatischen Anteils im Kalkstein.

Als typisches, einfaches Beispiel soll hier zunächst die Pedogenese auf dem beispielsweise im Göttinger Wald anstehenden, wellig-plattigen bis dünnbankigen Kalkstein des Unteren Muschelkalkes (»Wellenkalk«) dienen (Abb. 118). Die fast horizontal liegenden, harten, sehr feinporigen Kalke enthalten im Mittel nur rund 6% nichtcarbonatische Anteile in Form von fast 60% vorwiegend illitischem Ton, etwa 40% silicatischem Schluff und sehr wenig Sand. Zwischen den etwa 1 bis 3 cm dicken Kalkbänkchen treten jedoch nicht selten millimeterdünne Mergeltonlagen und Tonhäutchen auf, die oft nur zu einem Drittel aus CaCO$_3$ und zum großen Teil aus Tonmineralen bestehen. Die Kalkbänke sind bereits im Gesteinsverband in sich durch feine Risse und einzelne, wohl tektonisch bedingte, offene Klüfte in handteller- bis nußgroße Bruchstücke aufgeteilt. In den oberen Dezimetern wurde der Gesteinsverband jedoch wahrscheinlich schon während des Weichsel-Glazials durch Kryoklastik und z. T. Kryoturbation mechanisch aufgelockert, so daß das unbeeinflußte Festgestein – in ebener Lage und ohne fremde Deckschicht – sehr wahrscheinlich bereits im Spätglazial von einer geringmächtigen Frostschuttschicht aus Kalkgesteinsgrus überdeckt war. Sie enthielt außer harten Kalksteinbröckchen und -zerreibsel mit Sicherheit auch die Tonanteile der dünnen Mergeltonlagen (klCn-Horizont).

In diesem Substrat begann spätestens während der wärmeren Phasen des Spätglazials (siehe Kap. 1.7.2.2) unter Birkenwald und in den kalten Phasen unter Tundrenvegetation die Bodenbildung mit den Initialprozessen der Humusbildung sowie der Lösung feinkörniger Carbonate und ihrer Auswaschung während der zunehmend längeren sommerlichen Auftauperioden des Oberbodens. Syroseme (OF) mit Ai/klCn/kmCn-Pofilen und Protorendzinen mit geringmächtigen Ah-Horizonten dürften damals verbreitet gewesen sein.

Im Holozän setzten sich diese pedogenetischen Prozesse unter Laubwald verstärkt fort, wobei der zunächst noch kalkhaltige, schwach alkalische bis neutrale Ah-Horizont einerseits durch Bioturbation vertieft wurde, andererseits aber auch nach vollständiger Entkalkung schwach versauerte und infolge der relativen Anreicherung des Kalkstein-Lösungsrückstandes toniger wurde. Außerdem entstanden im Ah-Horizont in zunehmendem Maße Ton-Humus-Komplexe sowie außer Schrumpfungs-Polyedern auch durch intensive Mikroorganismen- und Regenwurmtätigkeit stabile, meist humus- und hohlraumreiche Krümel- und Wurmlosungsaggregate (Humusform Mull). Gleichzeitig wurde der obere Teil des harten Kalksteins (kmCn-Horizont) infolge der starken Durchwurzelung unter Wald sowie in winterlichen Frostperioden durch Kryoklastik mehr oder weniger tief aufgelockert und zum manchmal schwach humosen lCv-Horizont umgeformt. Hier konnten wiederum die Entkalkungsprozesse verstärkt wirksam werden. Möglicherweise war so bereits im frühen Holozän das Bodenprofil einer typischen *Mull-Rendzina (RR)* mit einem Ah/lCv/kmCn-Profil ausgebildet.

Während der folgenden, feucht-warmen Periode des Atlantikums (siehe Kap. 1.7.2.2) wurde dann nach heutigen Vorstellungen die Entcarbonatisierung des Oberbodens und die relative Anreicherung des tonigen Lösungsrückstandes infolge zunehmender Entbasung und Versauerung derartig beschleunigt, daß sich – unter Einbeziehung der z. T. erheblichen Tonmengen aus den Mergeltonlagen – zwischen dem Ah- und dem lCv-Horizont ein tonreicher, aufgrund von intensiver Quellungs-Schrumpfungsdynamik fein- bis mittelpolyedrischer, im feuchten Zustand relativ dichter, humusfreier bis humusarmer T-Horizont – der auch z. T. als Bav-Horizont symbolisiert wird – aus illit- und glimmerreichem Residualton entwickelte. Seine anfangs oft intensiv braungelbe Farbe ist auf die Freisetzung und Oxidation von zweiwertigen, kalksteinbürtigen Eisenverbindungen unter Bildung von Goethit, zurückzuführen (primäre »Entkalkungsverbraunung«). Dies hat KUBIENA (1953) dazu veranlaßt, diesen Bodentyp *Terra fusca (CF)*, Kalksteinbraunlehm zu nennen. Er hat die Horizontfolge Ah/T/lCv/kmCn und gehört zusammen mit der rotgefärbten Terra rossa (siehe Kap. 3.4.1A) zur Bodenklasse der Terrae calcis. In Abhängigkeit von der lokalen primären Zusammensetzung des Kalkstein-Lösungsrückstandes – z. B. seiner Glimmer- und Tonmineralarten sowie der Sesquioxid-Formen und

-Gehalte – kann die durch Oxidationsverwitterung entstandene Farbe der T-Horizonte etwa zwischen Gelb und Rötlichbraun wechseln. Da diese Farben aber auch sekundär durch die pedogenetischen Teilprozesse der Verbraunung entstehen können, ist es im Gelände oft schwierig, zwischen beiden zu unterscheiden, zumal beide Prozesse heute in der Natur gleichzeitig nebeneinander ablaufen. Aber erst wenn der T-Horizont z. B. durch deutliche Verwitterung von Glimmern mit erhöhter Eisenfreisetzung, durch graduelle Aufweitung der gesteinsbürtigen Illite, durch Tonneubildung sowie durch bioturbate Einmischung von humosen Substanzen aus dem Ah-Horizont dunkler braune bis graubraune Farben und ein mehr subpolyedrisches Gefüge angenommen hat, wird er als Bv-T-Horizont bezeichnet und der Boden als *Braunerde-Terra fusca (BB-CF)* mit Ah/Bv-T/lCv/kmCn-Profil angesprochen. Intensivere Verbraunung kann auch zur Terra fusca-Braunerde (mit T-Bv-Horizont) führen, in der die pH-Werte des Oberbodens unter Waldvegetation oft bereits unter pH 5 abgesunken sind.

Wie Kartierarbeiten gezeigt haben, sind auch in ebener Lage nur sehr wenige T-Horizonte in Terra-fusca-Profilen ausschließlich aus autochthonem Residualton aufgebaut. Häufig enthalten sowohl der Ah- als auch der Bv-T-Horizont z. B. wechselnde Lößmengen, die durch Kryoturbation eingemischt wurden und meistens an einem erhöhten Grobschluffgehalt erkennbar sind. Vielfach liegen auch mehr oder weniger dünne Lößdecken über dem Residualton, der sich dadurch – mindestens teilweise – als reliktische Bildung aus der Zeit vor der eiszeitlichen Lößaufwehung ausweist.

An Hängen ist der Residualton häufig mit Löß durch Solifluktion vermischt worden. Diese eiszeitlichen Fließerden enthalten oftmals auch Bruchstücke der am Oberhang anstehenden Gesteinsschichten und liegen in der Regel mit relativ scharfer Grenze über Resten des T-Horizontes oder direkt über dem lCv-Horizont. Die Häufigkeit solcher Schichtprofile zeigt, daß viele der heutigen Terra-fusca-Profile mindestens teilweise reliktisch sind und sich vielleicht bereits im Eem-Interglazial (siehe Kap. 1.7.2.1) oder noch früher gebildet haben. Möglicherweise hat die Entcarbonatisierung der Kalksteine des mitteleuropäischen Periglazialraumes zwischen den nördlichen und südlichen Gletschermassen örtlich auch in wärmeren Glazialperioden bei tieferliegender Permafrostgrenze unter Tundrenvegetation stattgefunden, wenn die Niederschläge während der Sommermonate aus dem dann aufgetauten Oberboden durch Spalten und Klüfte der Kalkgesteine nach unten absickern konnten. Die größere Hydrogencarbonat-Löslichkeit des Calcites bei niedrigen Temperaturen (siehe Kap. 1.3.2.2.2) könnte in diesen kühlen Auftauperioden sogar eine relativ rasche Carbonatabfuhr bewirkt haben, sofern die Gesteinsklüfte mindestens teilweise offen blieben oder ein Hangwasserabzug möglich war.

In feuchteren Lagen, wie z. B. an Unterhängen oder in Geländesenken, hat der langanhaltende Quellungszustand der tonreichen, dichten T- oder Bv-T-Horizonte häufig zu einer Vernässung der Oberböden durch Hang- bzw. Stauwasser oder durch Haftnässe geführt. Da in diesen Reliefpositionen in der Regel Schichtprofile aus Löß oder lößhaltiger Fließerde über Residualton vorliegen, bildete sich in der etwas hohlraumreicheren, schluffigen, oft verbraunten Deckschicht ein Sw-Bv-Horizont über dem dichten, wasserstauenden IISd-T-Horizont des Residualtons, so daß, bei geringmächtiger Deckschicht, das Bodenprofil einer *Pseudogley-Terra fusca (SW-CF)* entstand. Stärkere oder länger anhaltende Staunässe konnte dagegen zur Ausbildung eines Terra fusca-Pseudogleyes (CF-SW) mit Ah/Sw/IIT-Sd-Profil führen.

In von Natur aus ton- oder schluffreicheren, carbonatischen Lockergesteinen, wie z. B. den mittel- bis feinporigen, zunächst relativ gut wasserdurchlässigen Ton- oder Schluffmergeln, verliefen die Prozesse der Entkalkung und Residualton- bzw. -Schluffanreicherung in der Regel erheblich rascher. Zunächst entstand hier durch zusätzliche Humusbildung und Bioturbation ein der Rendzina ähnliches Ah/lCv/elCn-Profil, das in Anbetracht des hohen nichtcarbonatischen Anteils im Substrat (> 25%) den Typennamen *Pararendzina (RZ)* erhält (Abb. 118a). Bereits während der Entkalkung sank jedoch besonders in Schluffmergeln das z. T. noch carbonathaltige Substrat unter langsamer Verdichtung und Hohlraumverminderung in sich zusammen und bildete unterhalb des Ah-Horizontes einen zunächst schwach, im Laufe der Zeit stärker wasserstauenden Sd-Cv-Horizont. Die zeitweilige Staunässe konnte hier auch unter Ausbildung eines Sw-Ah-Horizontes bis in den Ah-Horizont aufsteigen, so daß dann das Bodenprofil einer *Pseudogley-Pararendzina (SW-RZ)* vorliegt.

Über die hier beschriebenen, vorwiegend für ebene Lagen und einheitliche Substrate geltenden pedogenetischen Sequenzen hinaus veränderten natürlich auch bereits relativ geringe Unterschiede in der Gesteinszusammensetzung sowie in der Art und Mächtigkeit geologisch entstandener Deckschichten die Art und Geschwindigkeit der Bodenentwicklung. Hierbei spielten auch die Intensität der kryoklastischen Vorverwitterung und die spezifische Lösungsgeschwindigkeit der Gesteinsbruchstücke eine ausschlaggebende Rolle.

In wasserdurchlässigen Kalkmergelsteinen ähnelt die Abfolge der pedogenetischen Prozesse z. T. der auf Geschiebemergel (siehe Kap. 3.2.2.1). Ähnliches gilt für die oft relativ schnell verwitternden Kalksandsteine, wobei hier außer der Sandkörnung und der Gesteinsporosität auch z. B. die mineralogische Zusammensetzung des Bindemittels große Bedeutung haben kann. In Tonmergeln und Mergeltonsteinen verlief die Bodenbildung jedoch in eine andere, wenn auch in manchem ähnliche Richtung, wie die Beispiele im folgenden Kap. 3.2.2.4 zeigen.

Als weitere, wichtige Faktoren, die die Pedogenese gegenüber der beschriebenen Sequenz verändern, sind z. B. unterschiedliche Gesteinsschichtungen, Hangneigungen und Hangrichtungen zu nennen. Außerdem wirkten klimatische Unterschiede – und damit vor allem unterschiedliche Sickerraten des Bodenwassers –, verschiedene Nutzungsarten der Böden (Wald, Acker, Grünland) sowie menschliche Eingriffe in den Boden, etwa in Form von Entwässerung, Bodenlockerung und/oder Düngung als pedogenetische Faktoren zusammen.

3.2.2.4   Bodenentwicklung auf tonreichen Sedimentgesteinen

Tonige Sedimentgesteine, wie z. B. marine, limnische oder fluviatile Tone, Tonsteine oder Tonschiefer (siehe Kap. 1.3.2.5.2 und 3.1.1 sowie Tab. 9, 118 und 119) sind in der Regel feingeschichtet und enthalten häufig wechselnde, z. T. größere Mengen an Schluff. Wechsellagerungen mit schluffigen und sandigen Lagen sind ebenso verbreitet wie tonige Gesteine mit unterschiedlichen Carbonatgehalten, die dann als Mergeltone oder Tonmergel bezeichnet werden (Tab. 10). Während harte Tonschiefer mit kieseligem Bindemittel häufig Höhen bilden und zu steinig-grusigen Lehmböden (z. B. Ranker, Braunerden) verwittern, sind weiche, tonige Lockersedimente vorwiegend in Senken, Tallagen oder in den Marschen verbreitet. Aus ihnen haben sich in der Regel Grundwasser- oder

Staunässeböden entwickelt. Feste Tonsteine und Mergeltonsteine kommen großflächig in den fränkischen und schwäbischen Stufenlandschaften sowie verstreut im hessisch-südniedersächsischen Bergland in Schichten des Röt, Keuper, Jura und der Unterkreide vor.

Feingeschichtete, carbonatfreie bis -arme Tonsteine z. B. des Dogger-α (»Opalinus-Ton«) und des Lias δ (»Amaltheen-Ton«) sollen hier als Beispiel dienen (Abb. 119). Sie besitzen in der Regel Tongehalte zwischen 50 und 60 % mas und mehr als 40 % mas Schluff. Für die Pedogenese ist von Bedeutung, daß die Tonfraktion dieser Gesteine überwiegend aus mäßig quellbaren Wechsellagerungstonmineralen (siehe Kap. 2.1.2.1) besteht, während Kaolinit und Smectite zurücktreten.

Während der letzten Eiszeit waren diese Gesteine im Periglazialgebiet Mitteleuropas dem arktischen bis subarktischen Frostwechselklima ausgesetzt, in der Frostschuttzone ohne, in der Tundrenzone mit unterschiedlich dichter, oft nur spärlicher Vegetationsdecke. Vermutlich wechselten damals lange, harte Winter mit ständiger Bodengefrornis und fehlender Pedogenese – wahrscheinlich jedoch mit deutlicher Eisspaltenbildung – mir kurzen, kühlen Sommern, in denen nur wenige Dezimeter des Substrates auftauen konnten und dann vorwiegend in aufgeweichtem, wassergesättigtem, gequollenem und kohärentem Zustand über dem gefrorenen Untergrund vorlagen. Stärkerer Frostwechsel (siehe Kap. 1.3.2.3.2) dürfte besonders während der Übergangzeiten zwischen den Sommer- und Wintermonaten vorgeherrscht haben. Er hatte – wahrscheinlich u. a. durch Eislinsen- und Kammeisbildung, intensive Kryoklastik (z. B. mit mechanischer Zerkleinerung von Feldspäten und Glimmern), durch Kryoturbation und – wohl untergeordnet – Quellung und Schrumpfung (siehe Kap. 2.4.1.1) bei kurzfristiger, z. T. frostbedingter Austrocknung – eine Zerstörung der primären Gesteinschichtung und eine Aufweichung der festen Gesteinsbruchstücke zur Folge. So entstand – bei gleichzeitiger, allmählicher Humusanreicherung im Oberboden unter der Tundrenvegetation – über dem Ausgangsgestein ein zunächst vielleicht grusiger, später relativ strukturloser, toniger tCv-Horizont. Aus dem ursprünglichen Syrosem (OF) entwickelte sich, wahrscheinlich örtlich schon während des Weichselglazials, das Ah/tCv/tCn-Profil eines tonigen *Rankers (RN)*, anfänglich noch mit Permafrost im tCn-Horizont.

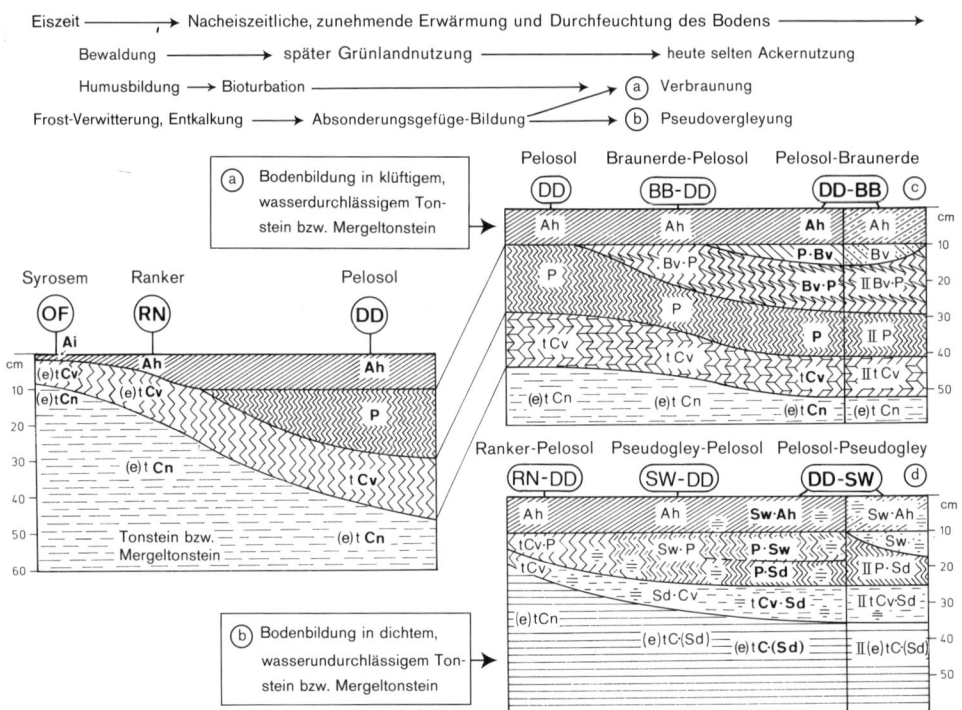

Abb. 119. Bodenentwicklung auf wasserdurchlässigem (a) und wasserundurchlässigem (b) mesozoischen Tonstein bzw. Mergeltonstein, ohne und mit Deckschichten (c und d), seit dem Spätglazial der Weichseleiszeit im gemäßigten Klimagebiet Mitteleuropas. Stark schematisch. (Entwurf ROESCHMANN 1984).

Tonböden mit dieser Horizontfolge kommen heute z. B. in kuppigen Erosionslagen auf oberflächlich anstehenden Tonsteinen vor. Unter den warmzeitlichen Klimabedingungen des Holozäns ist jedoch die »Aufweichung« des Tonsteins dort in stärkerem Maße durch einen Wechsel von Quellung und Schrumpfung als durch Frostwechsel erfolgt.

Die weitere Pedogenese der tonigen Ranker wurde im Holozän im wesentlichen durch drei Prozeßkomplexe bestimmt: Einerseits sorgten die intensivere Humusbildung und Bioturbation für eine Vertiefung des heute meistens als Mull vorliegenden, oft recht humusreichen Ah-Horizontes mit zunehmend subpolyedrischem bis krümeligem Gefüge. Andererseits »pendelte« der Boden über dem tCn-Horizont zyklisch zwischen völliger Wassersättigung (im Winter – mit zeitweiliger Bodengefrornis – während der Schneeschmelze sowie nach längeren Regenperioden) und stärkerer Austrocknung (während der oft windreichen, niederschlagsarmen Frühjahrsmonate und sommerlicher bis frühherbstli-

cher Trockenperioden). Die Frequenz und Eindringtiefe der dabei auftretenden Quellungs- und Schrumpfungszustände hängt vor allem von der Intensität, Häufigkeit und Dauer der jeweiligen Witterungsvorgänge ab, während ihr Ausmaß – die sogenannte Gefügeamplitude – neben dem Humusgehalt besonders durch den Tongehalt des Bodens, den Anteil und die Art quellbarer Tonminerale, deren Ionenbelegung bzw. örtlich auftretende freie Salze sowie vom Gewicht der Auflast in unterschiedlicher Bodentiefe beeinflußt wird. Smectitreiche Böden haben eine größere Amplitude als solche mit vorwiegend illitischen Tonmineralen oder gar Kaolinit.

Während der Austrocknung des tonreichen Bodens entstand im Ah- und tCv-Horizont durch Schrumpfungsvorgänge ein Absonderungsgefüge (siehe Kap. 2.4.1.1; 3.2.1.4), das im Oberboden in der Regel relativ feinpolyedrisch ist, nach unten gröber wird und schließlich in ein vorwiegend prismatisches Gefüge übergeht. Während des Schrumpfungsprozesses entstanden einerseits zahlreiche grobe und sehr grobe

Hohlräume, überwiegend in Form von Schrumpfungsrissen. Andererseits nahmen innerhalb der Gefügeaggregate durch Komprimierung die feinen Poren zu, so daß sich die Porengrößen und ihre Verteilung im Boden während der Austrocknung unter Abnahme der Mittelporen stark veränderten. Das Solum über dem Tonstein wurde dadurch stärker durchlüftet und Oxidationsprozesse besonders in der Nähe der Schrumpfungsrisse gefördert. Die Wasserdurchlässigkeit und Durchwurzelbarkeit nahmen innerhalb der Rißsysteme zu, im Innern der Gefügeelemente jedoch ab.

Wird der aggregierte, relativ trockene Boden dann z. B. bei intensiven Regenfällen wieder angefeuchtet, so versickert zunächst der größte Teil des Niederschlagswassers schnell innerhalb der Schrumpfungsrisse, jedoch lediglich unter Anfeuchtung und Quellung einer dünnen Randzone des benachbarten Bodens. Dies liegt daran, daß die sowieso sehr feinen Poren im Innern der tonreichen Bodenaggregate durch fest absorbierte Wassermoleküle so stark verkleinert werden, daß Wasser selbst bei hohem Druckgradienten von außen nur sehr langsam eindringen kann. Außerdem kann auch in den Hohlräumen eingeschlossene, mehr oder weniger komprimierte Luft das Vordringen der Wasserfront behindern. Die Quellung des Bodenmaterials erfolgt dadurch nur langsam und inhomogen, so daß zunächst erhebliche Wassermengen im offenen Rißsystem des Bodens versickern können.

Ist das tonige Gestein des tCn-Horizontes klüftig, so gelangt das Sickerwasser auch in den tieferen Untergrund, ohne daß der Oberboden vernäßt. Durch Basenauswaschung kann dabei im Oberboden eine relativ geringe Absenkung der ursprünglich oft um den Neutralpunkt liegenden pH-Werte eintreten.

Über dichtem, nicht geklüftetem Tonstein werden jedoch zunächst die unteren Schrumpfungsrisse mit Wasser gefüllt. Durch langsame Quellung verdichtet sich dann der Unterboden zum Staukörper. Dies führt bei weiteren Niederschlägen auch zur Auffüllung der Hohlräume des Oberbodens. Schließlich quillt auch dort das Innere der Bodenaggregate, die Schrumpfungsrisse schließen sich und es bildet sich in der Naßphase vorübergehend ein Bodenhorizont mit hoher Lagerungsdichte, in dem nun, oft unter Ausbildung eines »Kartenhaus«-Mikrogefüges, wieder die Mittelporen größeren Raum einnehmen. Das Bodenwasser liegt dort größtenteils als Haftwasser vor, das die Bodenhohlräu-

me völlig erfüllen kann, dann zu Luftmangel und Reduktionserscheinungen führt und das Wurzelwachstum behindert.

Durch solchen rhythmischen Wechsel von Quellung und Schrumpfung entstand im gemäßigten Klima Mitteleuropas aus dem zunächst vorwiegend durch »Aufweichung« des Tongesteins geprägten tCv-Horizont des Ton-Rankers ein Bodenhorizont mit eigener Dynamik, der als P-Horizont (z. T. auch als Ba- oder Ca-Horizont; a von aggregiert) bezeichnet wird und in der Horizontfolge Ah/P/tCv/tCn den Bodentyp des *Pelosols (DD)* kennzeichnet (griech. *pelos* = Ton) (siehe Abb. 119).

Die pedogenetische Weiterentwicklung eines Pelosols ist u. a. wesentlich von der Wasserdurchlässigkeit des Ausgangsgesteins, vor allem seiner Klüftigkeit, abhängig. In Abb. 119 sind zwei Möglichkeiten (a und b) dargestellt. Pelosole aus relativ klüftigem Tongestein, wie sie z. B. örtlich aus dem Röt- oder Keupertonstein Hessens und Südniedersachsens entstanden sind, besitzen besonders in flachen Kuppenlagen eine so günstige Wasserführung, daß ihre P-Horizonte lange Zeit des Jahres hindurch im aggregierten Zustand vorliegen. Regenzeiten führen nur kurzfristig durch partielle Quellung zur Verminderung gröberer Hohlräume, zumal die Quellbarkeit der Tonminerale nicht selten durch ausgefällte Eisenoxide herabgesetzt ist. Der in diesen Böden vorherrschende Wechsel von Feucht- und Trockenphasen ohne ausgeprägte Nässezeiten hatte u. a. eine Versauerung des Oberbodens sowie eine intensive Verwitterung der primären Silicate des Substrates zur Folge, die vor allem im oberen Teil des P-Horizontes als Verbraunung erkennbar ist. Die unvollkommene Quellung verhinderte dort außerdem im Zusammenwirken mit tiefergreifender Bioturbation und Durchwurzelung die Ausbildung des für P-Horizonte typischen, scharfkantigen Polyedergefüges, so daß unterhalb des Ah-Horizontes im Laufe der Zeit über die Zwischenstufe eines Bv-P-Horizontes ein deutlich verbraunter P-Bv-Horizont mit z. T. krümeldurchsetztem Subpolyedergefüge entstand und sich der ursprüngliche Pelosol zum Subtyp der *Pelosol-Braunerde (DD-BB)* wandelte. Häufig wurde die Verbraunung des Oberbodens auch durch geringmächtige äolische oder solifluidale Deckschichten mit tonärmerer, oft schluffreicherer Bodenart gefördert. Deckschichten-Profile sind in Pelosol-Landschaften besonders weit verbreitet.

Die relativ gute Wasserzügigkeit der beschriebenen Pelosole aus klüftigen Tongesteinen förderte auch den pedogenetischen Prozeß der Tondurchschlämmung (siehe Kap. 3.2.1.5), die besonders bei langsam sinkenden pH-Werten innerhalb der Schrumpfungsrißsysteme dieser Böden abläuft und stellenweise an dünnen Tonhäutchen (cutane) auf den Aggregatoberflächen erkennbar ist. Da sich jedoch in Austrocknungsperioden auch z.T. neue Schrumpfungsrisse an anderen Stellen bildeten wurden die älteren Ton-Cutane nicht selten mit der Zeit wieder zerstört und während der Quellungsphasen in die tonige Matrix eingearbeitet. Im Laufe längerer Zeiten konnte der Oberboden auf diese Weise tonärmer werden (Al-P-Horizont-Bildung), während im Unterboden ein Bt-P-Horizont entstand und sich das Bodenprofil eines *Parabraunerde-Pelosols (LB-DD)* entwickelte. Tonärmere Deckschichten täuschen nicht selten eine solche Horizontfolge vor. Sie bewirken allerdings z.T. gerade wegen ihrer besseren, nicht nur auf Schrumpfungsrisse beschränkten Wasserdurchlässigkeit bei schwach bis mäßig sauren pH-Werten eine verstärkte und beschleunigte Tondurchschlämmung, die dann zur Ausbildung einer *Pelosol-Parabraunerde (DD-LB)* mit einem Ah/Al/IIP-Bt/IItCn-Profil führen kann.

Ein Beispiel der Bodenentwicklung aus dichtem Tonstein bzw. Mergelstein zeigt die Darstellung b in Abb. 119. Die geringe oder fehlende Wasserdurchlässigkeit dieses Substrates bewirkt – wie bereits erwähnt – z.B. bei intensiven Regenfällen zunächst eine relativ rasche Auffüllung der gröberen Hohlräume des aggregierten P-Horizontes mit Stauwasser. Die dabei einsetzende Quellung des tonigen Bodenmaterials führt aber dann zu einem luftarmen, mit Haftwasser erfüllten Kohärentgefüge mit Reduktionsmerkmalen, wenn weiteres Sickerwasser über längere Zeit nachgeliefert wird. Setzt jedoch ein erneuter Austrocknungsprozeß – z.B. durch trockene Witterung und/oder die Pumpwirkung der Vegetation – bereits nach kürzerer Zeit ein, so bleiben im Oberboden aufgrund der dort noch unvollkommenen Quellung größere Bodenhohlräume erhalten, die teils mit Stauwasser, teils mit Luft erfüllt sind, und in denen sich besonders bei häufigerem Feuchtewechsel die Prozesse der Pseudovergleyung (siehe Kap. 3.2.2.1) abspielen. Diese erzeugen zunächst durch Ausbildung eines polyedrisch-prismatischen, schwach rostfleckigen Sw-P-Horizontes über dem gequollenen, dichten Sd-Cv-Horizont

das Bodenprofil eines *Pseudogley-Pelosols (SW-DD)*, das bei fortschreitender Vernässung und Quellungsverdichtung auch des unteren Teiles des P-Horizontes in einen *Pelosol-Pseudogley (DD-SW)* übergehen kann. Auch diese Subtypen kommen nicht selten in Tonstein- und Mergeltonstein-Landschaften mit geringmächtiger, tonärmerer Deckschicht vor (Abb. 119, Profil d). Ist die Deckschicht mehr als 2 dm mächtig, werden diese Böden als typische Pseudogleye angesprochen.

3.2.2.5 Bodenentwicklung auf sandigen Sedimentgesteinen

Sandige Sedimentgesteine sind als Locker- und Festgesteine (siehe Kap. 1.3.2.5.2 und 3.1.1) in Mitteleuropa weit verbreitet. Zunächst wird auf die pedogenetischen Prozeß-Komplexe und ihre zeitliche Abfolge in sandigen Lockersedimenten eingegangen (Abb. 120). Sie kommen besonders im norddeutschen Flachland (siehe Kap. 1.7.2 und 3.5.2.2 sowie Tab. 118) in folgenden Arten vor:

– als glazigene Sande, die im direkten Einflußbereich der eiszeitlichen Gletscher entstanden,
– als glazifluviatile, eiszeitliche Schmelzwassersande,
– als fluviatile Sande, die vor allem in der Nacheiszeit (Holozän) im Bereich der Flüsse und Bäche sedimentiert wurden,
– als marine Sande im Gezeitenbereich der Nordsee und
– als äolische, sowohl im Pleistozän als auch im Holozän deckenförmig oder in Form von Dünen abgelagerte Flugsande.

Als Beispiel dient hier ein äolisches Sandsediment, das im norddeutschen Flachland im Spätglazial der Weichseleiszeit während der jüngeren Tundrenzeit vor etwa 11 000 Jahren in Form einer etwa 2 m mächtigen Flugsanddecke in ebener Lage über glazifluviatilen Sanden abgelagert wurde. Das Herkunftsgebiet des Sandes soll in der warthestadialen Grundmoränenlandschaft südlich von Hamburg liegen, aus deren geschiebeführenden Sandflächen die starken Winde des Periglazialklimas einen silicathaltigen, fein- bis mittelsandigen Flugsand ausgeblasen haben, oft unter Hinterlassung eines Steinpflasters mit windgeschliffenen Oberflächen und Windkantern (siehe Kap. 1.3.2.3.6). Nach dem Windtransport von einigen Kilometern erfolgte die Sedimentation des Flugsandes, der im angeführ-

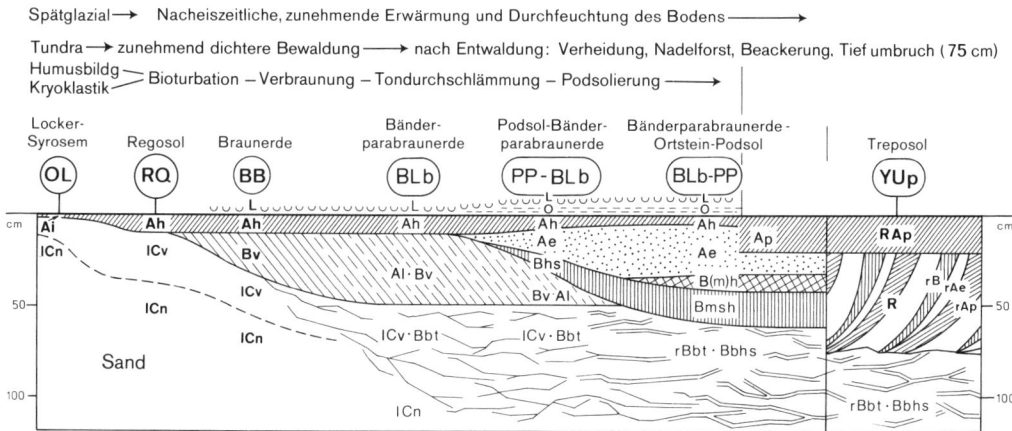

Abb. 120. Bodenentwicklung auf weichseleiszeitlichem Sand seit dem Spätglazial der Weichseleiszeit im gemäßigten Klimagebiet Mitteleuropas. Stark schematisch (Entwurf ROESCHMANN 1984).

ten Beispiel etwa 10 bis 20% mas Silicate in Form von vorwiegend Orthoklas und Muskowit, zum kleineren Teil von Plagioklasen sowie wenig Biotit, Pyroxene und Amphibole enthielt.

In diesem relativ lockeren, trockenen Sandsediment dürfte sich im Spätglazial als erster pedogenetischer Prozeß die jahreszeitlich wechselnd intensive kryoklastische Zerkleinerung der Sandkörner, und hier vor allem der gut spaltbaren Silicate, abgespielt haben. Nach der Besiedelung dieses Standortes durch die Tundrenvegetation kam es in Oberflächennähe schon bald zur Humusbildung und -anreicherung sowie zu beginnender Bioturbation, so daß der zunächst vorhandene *Lockersyrosem (OL)* mit Ai/lCn-Profil möglicherweise noch im ausgehenden Spätglazial, sicherlich aber zu Beginn des Holozäns durch den *Regosol (RQ)* mit seinem Ah/lCv/lCn-Profil abgelöst wurde. Als lCv-Horizont wird hier der vorwiegend durch Kryoklastik stärker beeinflußte, obere Teil des Flugsandsedimentes bezeichnet.

In den sommerlich trocken-warmen, ersten Abschnitten der Nacheiszeit (Präboreal und Boreal, siehe Kap. 1.7.2.2, Tab. 21) bot dieser auch edaphisch trockene Standort zunächst sicherlich nicht genügend Feuchtigkeit für eine dichtere Bewaldung. Es ist jedoch wahrscheinlich, daß in dem durch Kryoklastik überprägten lCv-Horizont schon zu Beginn des Holozäns, u. a. infolge einer zunächst nur langsam fortschreitenden Versauerung, die chemische Verwitterung der kryoklastisch zerkleinerten Silikat einsetzte. Sie wurde dann im Verlauf des feuchter werdenden

Klimas seit Beginn des Atlantikums und unter dem Einfluß der dichteren Besiedelung des Bodens mit der dort standortgerechten, natürlichen Eichen-Birkenwald-Vegetation relativ schnell intensiver und war in geringem Ausmaß auch von einer Neubildung z. B. von Tonmineralen begleitet. Im Laufe der Zeit haben diese pedogenetischen Prozesse unter Ausbildung eines sehr schwach tonigen, gelbbraunen Bv-Horizontes auch tiefere Teile des Flugsandes erfaßt und zur Entstehung einer *Braunerde (BB)* mit Ah/Bv/lCv/lCn-Profil geführt.

Vermutlich haben die pH-Werte des Bodens damals den schwach sauren Bereich erreicht. Während dieser Zeit begann dann auch der pedogenetische Prozeß der Tondurchschlämmung, von dem sowohl die primär vorhandenen, u. a. durch Kryoklastik bis zur Tonkorngröße zerkleinerten Silikate (besonders Glimmerschüppchen) als auch neu gebildete Tonminerale betroffen wurden. Aufgrund der relativ groben Hohlräume des sandigen Bodens sind hier – anders als z. B. in schluffigen (siehe Kap. 3.2.2.2) und tonigen (siehe Kap. 3.2.2.4) Böden – außer Feinton auch Grobton und z. T. Feinschluff an der Durchschlämmung beteiligt.

Die Ablagerung der durchschlämmten Bodenteilchen erfolgte unterhalb des Bv-Horizontes im mehr oder weniger geschichteten, sandigen lC-Horizont unter Ausbildung von millimeter- bis zentimeterdicken Tonanreicherungsbändern. Diese für Sandböden typische Form der Tonanreicherung wurde u. a. durch Änderung der Fließgeschwindigkeit des mit Feinstoffen befrachteten Sickerwassers aufgrund eines vertikalen Wechsels der Porengrößenverteilung – z. B. in Abhängigkeit von der Schichtung und Lagerungsdichte des Lockergesteins – hervorgerufen und findet häufig während der Austrocknungsphasen des Unterbodens nach stärkerer Durchfeuchtung statt. Tonbänder durchziehen das sandige Sediment jedoch auch häufig ohne erkennbare Bindung an Schichtgrenzen. Möglicherweise haben in diesen Fällen zunächst Austrocknungsfronten versickernden Bodenwassers schichtungsunabhängig zum Absatz der verlagerten Feinstoffe und damit zu einer sekundären Veränderung der Porengrößen des Sandes geführt. Sie bewirkte dann ihrerseits im Verlauf der weiteren Tonverlagerungsphasen an dieser Stelle – ohne jede primäre Schichtgrenze – eine zunehmende, bänderförmige Tonanreicherung. So wird auch erklärlich, daß Tonbänder häufig schräg zur Schichtung des Sedimentes oder gar senkrecht durch den Unterboden ziehen. Eine weitere Möglichkeit zur Entstehung von Tonanreicherungsbändern in Sandböden besteht darin, daß Sickerwasserfronten durch im Boden eingeschlossene Luft zum Stillstand kamen. Dort erfolgte dann bei langsamer Verdunstung des Bodenwassers der Absatz der mitgeführten Feinstoffe.

Im angeführten Beispiel dürfte die bei schwach saurer Bodenreaktion ablaufende Phase der Tondurchschlämmung aufgrund der hohen Wasserdurchlässigkeit des carbonatfreien Flugsandes im gemäßigt-humiden Klima nicht lange gedauert haben, so daß – auch infolge des geringen Angebotes an verlagerbaren Feinstoffen – unter dem an Ton verarmten Al-Bv-Horizont verhältnismäßig schnell ein nur mäßig mächtiger lCv-Bbt-Horizont mit relativ dünnen Tonanreicherungsbändern und damit das Bodenprofil einer *Bänderparabraunerde (BLb)* entstand.

Die relativ schnelle Auswaschung basischer Verwitterungsprodukte und ihre demgegenüber langsame Nachlieferung durch die Silicat-Verwitterung hatten schon bald eine stärkere Versauerung des Oberbodens, ein Ausklingen der Tonverlagerung und auf der Bodenoberfläche eine Anreicherung saurer organischer Rotteprodukte aus der Streu der Waldbäume – zunächst in Form mullartigen Moders – zur Folge, die im humiden Klima die Prozesse der Podsolierung in Gang setzten. Gebleichte Sandkörner im Ah-Horizont sind als erste Anzeichen für diese Prozesse bekannt, zunächst ohne daß ein Podsol-B-

Horizont makroskopisch erkennbar ist (»Podsolige« Böden). Die für die Podsolierung typische Bildung und Verlagerung von metallorganischen Komplexverbindungen des Al und Fe (siehe Kap. 2.1.2.2) verlief unter Laubwald relativ langsam. Sie führte dort zusammen mit stärkerer Versauerung des Al-Bv-Horizontes zur Entstehung von podsoligen Bänderparabraunerden bzw. bei fehlender Tonbänderbildung zu Sauerbraunerden, die bei intensiverer Podsolierung, jedoch fehlender deutlicher Profildifferenzierung, als *Rosterden* bezeichnet werden.

Der pedogenetische Prozeß-Komplex der Podsolierung ist im einzelnen bereits im Kap. 3.2.2.1 beschrieben worden.

Auch in den hier behandelten Sandböden hat die Podsolierung im atlantischen humiden norddeutschen Raum vor allem nach der anthropogenen Entwaldung größerer Gebiete unter der dann häufig folgenden Sekundärvegetation von Calluna- und Erica-Heide oder Nadelholz-Forsten die ehemaligen Waldböden sekundär überprägt. Dieses geschah sowohl infolge der in Sanden besonders großen Wasserdurchlässigkeit als auch – besonders in tonfreien silicatarmen Substraten – aufgrund fehlender Pufferkapazitäten (siehe Kap. 2.2.4) in verstärktem Ausmaß und führte zur Ausbildung von Podsolen mit deutlich horizontierten O/Ah/Ae/Bh/Bsh-Bodenprofilen. Unterhalb von Podsolen geringer Entwicklungstiefe ist häufig noch ein deutlicher Rest des Al-Bv-Horizontes der Bänderparabraunerde bzw. des Bv-Horizontes einer Braunerde erkennbar. Ist der Podsol-B-Horizont als unverfestigte Orterde ausgebildet, so liegen die Bodenprofile einer *Podsol-Bänderparabraunerde (PP-BLb)* bzw. einer *Podsol-Braunerde (PP-BB)* vor.

Intensivere Podsolierung hat jedoch häufig zur Bildung von harten Bmh- und Bmsh-Horizonten (»Ortstein«) geführt und bei größerer Entwicklungstiefe nicht selten die Oberboden-Horizonte der ehemaligen Waldböden völlig überprägt. Ehemalige Bänderparabraunerden sind dann oft nur noch an der rötlichbraunen Tonbänderung ihres lCv-Bbt-Horizontes erkennbar. Diese heute reliktischen Bänder wurden jedoch in der Regel in ihrem oberen Teil zusätzlich durch dunkel gefärbte Ausfällungsprodukte der Podsolierung (z. B. organisch-mineralische Komplexverbindungen) überprägt, so daß eine Art »Doppelbänderung« entstanden ist: *Bänderparabraunerde-Podsol (BLb-PP)* mit rBbt-Bbhs-Horizont (Abb. 120).

Die Verfestigung des B-Horizontes zu Ortstein kann das Tiefenwachstum rezenter Pflanzenwurzeln erheblich behindern oder gar verhindern, während die Versickerung des Bodenwassers besonders in der Umgebung älterer, noch offener Wurzelbahnen nur wenig beeinflußt wird. In Ortstein-Podsolen stehen oft nur der Ah- bzw. Ap-Horizont und der häufig extrem nährstoffarme Ae-Horizont für die Durchwurzelung zur Verfügung. Dies kann in regenarmen Zeiten zusätzlich relativ schnell zu Wassermangel und Trockenschäden an der Vegetation führen. Aus diesen Gründen sind Ortstein-Podsole in den vergangenen Jahrzehnten häufig tiefgepflügt und durch Unterfahren und Brechen des Ortsteins zu *Podsol-Treposolen* (trepein = griech. wenden) mit Ap/R/rBbt-Bbsh-Profil (Abb. 120) umgeformt worden, die zur Klasse der Terrestrischen Kultosole gehören. Die ehemaligen Podsol-Horizonte lassen sich in Treposolen unterhalb des heute gepflügten Ap-Horizontes häufig noch in den beim Umbrechen schräg abgelagerten Tiefpflugbalken als reliktische zerbrochene und »auf dem Kopf stehende« Horizontfolge erkennen (Abb. 120). Sekundäre Verlagerungsprozesse können in R-Horizonten, meistens im Zusammenhang mit Setzungsprozessen, im Laufe der Zeit lokal zu erneuter Verdichtung oder gar Verhärtung führen.

Die beschriebenen pedogenetischen Prozesse wurden u. a. durch petrographische Unterschiede der sandigen Lockersedimente variiert. So ist z. B. die Verbraunung und Tonbildung in silicatarmen oder -freien Quarzsanden naturgemäß sehr gering und eine Tonverlagerung oft nicht nachweisbar, während die Podsolierung verstärkt auftritt. Die B-Horizonte dieser Podsole sind in der Regel arm an Sesquioxiden und reich an organischer Substanz (Bh-Horizonte). Umgekehrt treten in silicatreichen Sanden oft Bbt-Horizonte mit dicken Tonanreicherungsbändern auf, die in schluffreicheren Sanden (z. B. im Sandlöß) mehr als 10 cm mächtig sein können. Hier kommen Podsole seltener vor und sind oft nur gering entwickelt. Starke Podsole auf silicatreichen Sanden besitzen jedoch in der Regel einen sesquioxidreichen Bhs-Horizont.

Auf sandigen Festgesteinen (z. B. Sandstein, Grauwacke, Arkose) war die pedogenetische Prozeßabfolge im Prinzip ähnlich. Die Intensität und Zeitdauer der Einzelprozesse schwankten jedoch erheblich, u. a. in Abhängigkeit vom Körnungsspektrum der Sandsteine, von ihrem Gehalt an leichter verwitterbaren Mineralien, von ihrem Bindemittel und dessen Verhärtungsgrad. So konnten z. B. aus silicatreichen, relativ weichen Sandsteinen mit tonigen oder limonitischem Bindemittel sowie aus Kalksandsteinen unter Laubwald relativ rasch tief entwickelte, z. T. nährstoffreiche Braunerden entstehen, oft mit der Tendenz zur Lessivierung (siehe Kap. 3.2.1.5). Demgegenüber verlief die Pedogenese unter Laubwald auf harten, silicatarmen quarzitischen Sandsteinen sehr viel langsamer. Nach einem lange andauernden Ranker-Stadium haben sich hier im Holozän oft nur geringmächtige, nährstoffarme saure Braunerden gebildet, deren Weiterentwicklung besonders unter Misch- und Nadelwald zur Podsolierung tendiert.

Zwischen diesen petrographisch relativ extremen, pedogenetisch unterschiedlich wirksamen sandigen Festgesteinen gibt es zahlreiche Übergänge, die den beschriebenen Ablauf der Pedogenese variieren. Dies gilt aber z. B. auch für die besonders im Bergland über sandigen Festgesteinen weit verbreiteten sandigen bis steinigen Deckschichten, die in der Regel während der Eiszeiten in Form von Solifluktionsdecken (siehe Kap. 1.3.2.3.2) entstanden sind. Ihre petrographische Zusammensetzung schwankt in Abhängigkeit vom Ausgangsgestein in weiten Grenzen und beeinflußte auch hier sowohl die Geschwindigkeit als auch die Intensität der Bodenentwicklung vom eiszeitlichen Regosol – oft mit Permafrost im Unterboden – zur spätglazialen bis holozänen Braunerde bzw. Parabraunerde in starkem Maße. Hierbei spielte auch die z. T. erhebliche Lößbeimischung eine große Rolle.

3.3 Bodenhorizonte

Die durch Prozesse der Bodenentwicklung entstandenen Bodenmerkmale finden sich in den Bodenhorizonten wieder und bestimmen zum großen Teil deren Eigenschaften. Bodenhorizonte sind die relativ leicht erkennbaren, in sich ± einheitlichen Teilbereiche der Bodendecke in horizontaler Erstreckung. Sie ermöglichen die vertikale Unterteilung der Böden. Im Gelände sind die Horizonte in ihrer vertikalen und horizontalen Ausdehnung an einem aufgeschlossenem Bodenprofil in Zentimetern oder Metern direkt mit bloßem Auge anzusprechen. Eine Entnahme von Bodenproben sollte stets horizontweise erfolgen, wobei für die Beantwortung mancher Fragestellungen auch die Horizont-übergänge von Bedeutung sein können. Diese Ansprache- und Probenahmestandorte müssen auf der Grundlage bereits vorliegender bodenkundlicher Informationen und einer umfassenden Landschaftsanalyse mit Bedacht ausgewählt werden.

Aus der von oben nach unten beobachteten Folge von Horizonten ergibt sich das Bodenprofil eines Standorts. Da auch der Gesteinsuntergrund häufig die Eigenschaften des Gesamtbodens beeinflußt, sollte stets eine ausreichende Mächtigkeit des darunter liegenden Ausgangsgesteins in die Profilbeschreibung einbezogen werden. Oberboden, Unterboden und Ausgangsgestein werden weltweit mit der Horizontfolge A/B/C angesprochen. Für die Mehrzahl der weiteren Horizonte und ihrer Symbole besteht international diese Übereinstimmung noch nicht.

Die nachstehend aufgeführten Symbole und Definitionen der Bodenhorizonte sind für die Beschreibung der bodentypologischen Kategorien der Bodensystematik für die Bundesrepublik Deutschland maßgebend. Sie entsprechen weitgehend denen der »Bodenkundlichen Kartieranleitung« (1982) und der DIN 4047, Teil 3 (1984). Sie sind vom Arbeitskreis für Bodensystematik der DBG 1985 in einer deutschen, englischen und französischen Ausgabe veröffentlicht worden. Diese Symbolik ermöglicht die kurze Charakterisierung eines Bodenprofils. Jeder Horizont wird dabei durch einen oder mehrere, kombinierte Großbuchstaben (Hauptsymbole) gekennzeichnet. Mit zugefügten Kleinbuchstaben (Merkmalssymbole) werden wichtige Horizontmerkmale beschrieben. Geogene und anthropogene Merkmale werden dem Hauptsymbol vorangestellt, pedogene nachgestellt.

Übergangshorizonte werden durch eine Kombination von Hauptsymbolen und/oder Merkmalssymbolen gekennzeichnet, wobei das Symbol des am stärksten ausgeprägten Merkmals zuletzt steht. Zur Darstellung von Horizontfolgen werden die Symbole für die einzelnen Horizonte in einer für die Datenverarbeitung geeigneten Schreibweise durch Schrägstriche voneinander getrennt, z.B.: Go Ah/Gro/Gor/Gr. Da alle Symbole getrennt definiert sind, muß der Benutzer bei den Horizonten, für die eine Kombination der Symbole erforderlich ist, diese selbst vornehmen. Eine Beschränkung der Zahl der Horizonte in einem Profil ist dadurch möglich, daß auch geringmächtige Horizonte nur in Zentimetern erfaßt werden. Im Unterboden können die Horizonte in Dezimetern eingemessen werden.

Die Tiefenangaben für die einzelnen Horizonte erfolgen von der mineralischen Bodenoberfläche aus, z.B. Ah 0 bis 6, Ae 6 bis 10, Bsh 10 bis 20. Die Mächtigkeit der organischen Auflagenhorizonte wird in ganzen Zentimetern in einer Zahl angegeben. Bei Moorböden wird stets von der Oberfläche der anstehenden Torfe aus gemessen. Ein + hinter der letzten Tiefenangabe zeigt an, daß die Untergrenze dieses Horizontes nicht erreicht worden ist, sondern noch tiefer liegt.

Durch diese Symbolik können viele Feldbeobachtungen sowie physikalische und chemische Analysenergebnisse ausgedrückt und mit den sich daraus ergebenden Horizontfolgen Bodentypen und Subtypen in kurzer Form beschrieben und gegeneinander abgegrenzt werden (Seite 249 bis 257).

In der nachfolgenden Übersicht der Symbole und ihrer Definitionen sind am rechten Rand die in den neuen Bundesländern (NBL) bisher gebräuchlichen Horizont-Symbole aufgeführt, wenn diese von den Symbolen der alten Bundesländer abweichen. Als Quelle für die bisherige Horizontansprache in den NBL sind die als Fachbereichsstandards von der Akademie der Landwirtschaftswissenschaften in Berlin der ehemaligen DDR herausgegebenen Normwerke TGL 24 300/04 (Moorstandorte) und 08 (Horizonte, Bodentypen und Bodenformen von Mineralböden) sowie KOPP, D. et al. (1969) und LIEBEROTH, J. et al. 1973 zu nennen.

Neue Horizontsymbole, die in einzelnen Kapiteln dieses Buches aufgeführt sind, nicht aber in der Bodensystematik der Deutschen Bodenkundlichen Gesellschaft von 1985, werden in der linken Spalte der folgenden Aufstellung in Klammern gesetzt.

Horizont-Definitionen und Symbole (nach Deutsche Bodenkundl. Ges., Mitteilg., Band 44, 1985)

Subhydrischer Horizont   *NBL*

F   am Gewässergrund mit über 1%mas organischer Substanz, soweit nicht H-Horizont.

Organische Horizonte

H   mit > 30%mas organischer Substanz (Torf) aus Resten torfbildender Pflanzen,   T
an der Oberfläche unter Grundwasser- und/oder Stauwassereinfluß entstanden
(H von Humus).

nH   vorwiegend aus Resten von Niedermoortorf bildenden Pflanzen (n von Niedermoor).

uH   vorwiegend aus Resten von Übergangsmoortorf bildenden Pflanzen (u von Übergangsmoor).

hH   vorwiegend aus Resten von Hochmoortorf bildenden Pflanzen (h von Hochmoor)

Hp   durch regelmäßige Bodenbearbeitung geprägt (p von Pflug).

(Ha)   Torf-Bröckelhorizont   Ta

(Hv)   Torf-Vererdungshorizont   Tv

(Hm)   Torf-Vermulmungshorizont   Tm

(Ht)   Torf-Schrumpfungshorizont   Ts

Hc   erkennbar mit Sekundärcarbonat angereichert (c von Carbonat).

Hz   sekundär mit Salz angereichert: elektrische Leitfähigkeit des Sättigungsextraktes > 4 mS · cm^{-1} (z von Salz).

(Hs)   mit Sesquioxiden angereichert (s von Sesquioxid).

L   aus Ansammlung von nicht und wenig zersetzter Pflanzensubstanz (Förna) an   Ol
der Bodenoberfläche; die organische Substanz besteht zu weniger als 10%vol
aus Feinsubstanz (ohne makroskopisch erkennbare pflanzliche Gewebereste)
(L von englisch litter = Streu).

O   (soweit nicht H-Horizont) aus Humusansammlung über dem Mineralboden
oder aus Resten von Sekundärvegetation über entwässertem Torf; die organische Substanz besteht zu mehr als 10%vol aus Feinsubstanz (O von organisch).

Of   O-Horizont, in dem neben Pflanzenresten bereits die organische Feinsubstanz
deutlich hervortritt; ihr Anteil liegt in der Regel zwischen 10 und 70%vol (f von
schwedisch Förmultningskiktet).

Oh   O-Horizont, in dem die organische Feinsubstanz mit über 70%vol deutlich
überwiegt; bei sprunghafter Zunahme der org. Feinsubstanz auf über 50%vol
kann im oberen Abschnitt des Oh der Feinsubstanzanteil zwischen 50 und
70%vol betragen (h von Humus).

Mineralische Horizonte (Horizonte mit weniger als 30%mas organischer Substanz)

A   Mineralischer Oberbodenhorizont mit Akkumulation organischer Substanz
und/oder Verarmung an mineralischer Substanz.

Ai   A-Horizont mit geringer Akkumulation organischer Substanz und initialer Bodenbildung, charakterisiert durch lückige Entwicklung *und* < 2 cm mächtig mit
Humusgehalten wie bei Ah *oder* > 2 cm mächtig und dann mit Humusgehalten
unter denen des Ah (i von initial = beginnend).

Ah   A-Horizont mit bis zu 15%mas akkumuliertem Humus, dessen Menge nach
unten abnimmt; Mindestgehalt an organischer Substanz bei: < 17% Ton und <
50% Schluff 0,6%mas, bei < 17% Ton und > 50% Schluff bzw. 17 bis 45% Ton
0,9%mas und bei > 45% Ton 1,2%mas (h von Humus) – NBL: Humushorizont.

(Aw)	Wurzelfilz-Horizont (z. B. unter Dauergrasland)	Aw

Übergangs-Ah-Horizonte:

Aih   1 bis 2 cm mächtig, aber durchgehend vorhanden, organische Substanz vorwiegend Pflanzenreste mit makroskopisch erkennbaren Strukturen.

Ach   makorskopisch erkennbare sekundäre Karbonatausscheidung (c von Carbonat).

Aeh   ungleichmäßig humos, violettstichig, in der Regel durch Huminstoffauswaschung beeinflußt.

Alh   Ton-Humusverarmung.

Weitere Übergangs-Ah-Horizonte: BvAh, BtAh, BtvAh, SwAh, GoAh, RAh, EAh, yYAh, jYAh.

Aa   A-Horizont mit 15 bis 30 %mas organischer Substanz und über 1 dm Mächtigkeit, unter Grundwasser- oder Stauwassereinfluß an der Oberfläche entstanden (a von anmoorig).
Übergangs-Aa-Horizonte: SwAa, GoAa, GcoAa.

Ae   sauergebleicht, Munsell-Farbwert 4/ und mehr (bzw. 5/ und mehr, wenn trocken) sowie Quotient aus Farbwert: Farbtiefe 2,5 und größer und über einem Bh-, Bsh, Bs- oder Bsv-Horizont liegend (e von eluvial).   Es

Übergangs-Ae-Horizont:
Ahe   Humusgehalt unter denen des Ah, violettstichig (Huminstoffeinwaschung), mit diffus-wolkigen Bleichflecken, deren Farbe dem Ae entspricht.
Weitere Übergangs-Ae-Horizonte: MAe, MAhe, SwAe, SwAhe, GoAe, GoAhe.

Al   durch Tonverlagerung entstanden (lessiviert), aufgehellt gegenüber Ah- und Bt-Horizont, über einem tonangereicherten Horizont (Bt) liegend (1 von lessiviert = ausgewaschen). Tongehaltsdifferenzen zum Bt siehe bei Bt-Horizont.
(Ael)   Fahlhorizont   Et

Übergangs-Al-Horizont
Ahl   Humusgehalt, der unter dem eines Ah liegt.

Weitere Übergangs-Al-Horizonte: BvAl, SwAl, GoAl, BsAl.
Ahz   Humusgehalt, der unter dem eines Ah liegt und mit Salz angereichert, so daß die elektrische Leitfähigkeit $> 4\,\mathrm{mS \cdot cm^{-1}}$ beträgt.
Übergangs-Az-Horizonte: GoAhz, GoAiz.

Ap   durch regelmäßige Bodenbearbeitung geprägt, meist als Ackerkrume bezeichnet (p von Pflug, neuerdings auch als pA bezeichnet). NBL: Krumenhorizont.

B   Mineralischer Unterbodenhorizont. Farbe und Stoffbestand des Ausgangsgesteins verändert durch Akkumulation von eingelagerten Stoffen aus dem Oberboden und/oder durch Verwitterung in situ und mit weniger als 75 %vol Festgesteinsresten sowie frei von lithogenem Carbonat in der Feinerde; ausgenommen S, T, P und braungefärbte C-Horizonte.

Bv   durch Verwitterung verbraunt und verlehmt (Tonbildung und/oder Lösungsrückstände); gegenüber dem nach unten folgenden Horizont (gleiches Ausgangsgestein vorausgesetzt) geringerer V-Wert *und* röterer, bei rotgefärbten Gesteinen gelberer Munsell-Farbton oder intensivere Farbtiefe oder/und höherer Tongehalt, *ferner* totale (potentielle) Kationenaustauschkapazität der Tonfraktion $> 16\,\mathrm{mmol/100\,g}$ (= mval/100 g) oder Muskovitgehalt der Feinerde $> 6\%$ oder Gehalt an verwitterbaren Mineralen $> 3\%$ (sonst Bu-Horizont)

NBL

sowie in der regel ton- oder/und schluffreicher *und* Skelettgehalt in der Regel geringer (v von verwittert, verbraunt, verlehmt). NBL: Braunhorizont

Übergangs-Bv-Horizonte:

Bcv erkennbar sekundär mit Carbonat angereichert

Bhv mit eingewaschenen Humusstoffen angereichert, Humusgehalt unter den Werten von Ah.

Bsv mit Sesquioxiden angereichert, Munsell-Farbton ist mehr als eine halbe Stufe röter als ein darüber und darunter folgender Horizont soweit nicht Bs.

Btv mit Ton angereichert, Tongehaltsdifferenz unter den Werten von Bt. Bänderhorizont

Bbtv mit < 1 cm mächtigen Tonanreicherungsbändern (b von Band).   Bb
Weitere Übergangs-Bv-Horizonte: AhBv, AlBv, PBv, SwBv, GoBv, MBv

Brauner Gefügeumbildungshorizont, relativ dicht   Ba

Bh durch Einwaschung humushaltig, Humusgehalt wie bei einem Ah (Iluvialhorizont); Quotient aus pyrophosphatlöslichem Kohlenstoff (Cp): pyrophosphatlöslichem Eisen (Fep) größer 10. NBL: Humus-Orthorizont.

Bmh Humus-Ortstein.

Übergangs-Bh-Horizont:

Bsh mit Sesquioxidanreicherung; Cp: Fep 3 bis 10 (siehe Bh).
Weitere Übergangs-Bh-Horizonte: SwB(s)h, SdB(s)h, GoB(s)h.

Bs mit Sesquioxiden durch Umlagerung angereichert (Illuvialhorizont). Munsell-Farbton mindestens eine Stufe röter als beim darüber und darunter folgenden Horizont *und* Cp: Fep < 3 (siehe Bh) (s von Sesquioxid).
NBL: Sesquioxid-Orthorizont.

Bms Sequioxid-Ortstein

Übergangs-Bs-Horizonte:

Bbs Sesquioxidanreicherung bänderförmig, meist in mehreren Bändern, Einzelbändchen < 2 cm mächtig.

Bhs mit Humuseinwaschung, Humusgehalt unter dem von Ah; Cp: Fep 3 bis 10 (siehe Bh).

Bvs Übergangshorizont zum Bv-Horizont; Munsell-Farbton mindestens eine Stufe röter als Bv.
Weitere Übergangs-Bs-Horizonte: AlBs, SwB(h)s, SdB(h)s, SdBbs, GoB(h)s.

Bt durch Einwaschung mit Ton angereichert (Illuvialhorizont, absolute Tongehaltsdifferenz gegenüber dem tonverarmten Horizont mindestens 3%mas bei < 17% Ton und < 50% Schluff, 5%mas bei < 17% Ton und > 50% Schluff bzw. 17 bis 45% Ton, 8%mas bei > 45% Ton (jeweils bezogen auf den Bt-Horizont) auf eine Distanz von weniger als 30 cm, wobei die relative Tonanreicherung den gesamten Bt-Horizont durchdrungen hat, *und* ausgeprägte Tonhäute (Tapeten) von kräftig brauner, meist rötlichbrauner Farbe auf den Hohlraumwandungen, an Aggregatoberflächen und in feinen Poren mit bloßem Auge oder Lupe erkennbar, *oder* mit einem Flächenanteil von über 1% im Dünnschliff erkennbar, *oder Tonbrücken zwischen* Sandkörnern mit der Lupe erkennbar.
NBL: Tonhäutchen Horizont

Übergangs-Bt-Horizonte:

Bbt Tonanreicherung bänderförmig, meist in mehreren Bändern, Einzelbändchen 1 bis 5 cm mächtig (bei < 1 cm Bbtv).

(Bht) Anreicherung von schwarzer humoser Tonsubstanz

Bvt   mit Merkmalen des früheren Bv-Horizontes.
      Weitere Übergangs-Bt-Horizonte: AhBt, SdBt, GoBt, (SwBht), (PBt),
      (lCvBbt).

Bu   ferrallitisiert, weniger als 5%vol Festgesteinsreste (ausgenommen verwitte-
      rungsresistente Feuersteine) *und* Munsell-Farbton zwei und mehr Stufen röter
      als beim darunter folgenden Horizont sowie Farbwert (feucht) 4/ oder weniger
      bei einem höchstens um eine Stufe höheren Wert in trockenem Zustand *und*
      Gehalt an verwitterbaren Mineralen unter 3% (Feldspäte der Schluff- und
      Sandfraktion, FeMg-haltige Silicate, Gläser, 2:1 Tonminerale) *und*
      Tongehalt über 17%, wobei einzelne Subhorizonte deutlich weniger dispergier-
      baren Ton ausweisen können, *und* totale (potentielle) Kationenaustauschkapa-
      zität der Tonfraktion unter 16 mmol/100 g (= mval/100 g), sofern Tonfraktion
      nicht reich an Al-Chloriten, *und*
      effektive (reale) Kationenaustauschkapazität (bzw. die Summe von austausch-
      baren Kationen beim natürlichen pH) der Tonfraktion unter 10 mmol/100 g
      (= mval/100 g) (u von rubefiziert).
Bku   mit > 5%vol Anteil an Plinthitfragmenten (Laterit); in Mitteleuropa nur fossil
      und im allgemeinen als Krustenbruchstücke oder Konkretionen von 0,5 bis
      10 cm ∅ (k von Konkretion).
Bmu   Bu-Horizont mit durchgehendem Kittgefüge (Laterit).
Bj   fersiallitisierter Unterboden der Plastosole, kieselsäurereicher als Bu, sehr pla-
      stisch infolge von spezifischem Plasma, dicht, mehr oder weniger Gehalt an
      Kaolinit, teils auch Illit.

C   Mineralischer Untergrundhorizont; Gestein, das unter dem Boden liegt, in der
      Regel das Ausgangsgestein, aus dem der Boden entstanden ist. NBL: Unter-
      grund-Horizont.
aC   mit vermutetem, unregelmäßigem, aber nicht durch Merkmale erkennbarem
      Grundwassereinfluß (siehe aG).
Cv   schwach verwittert. Übergang zum frischen Gestein; geringerer Carbonatgehalt
      oder V-Wert als im darunter liegenden Horizont (gleiches Substrat vorausge-
      setzt) oder bei Festgestein zu Bruchstücken verwittert, z. B. Frostschutt.

      Übergangs-Cv-Horizonte: BvCv, BsCv, BbtCv, TCv, SdCv.
BvCv Bv-Merkmale, aber Steingehalt über 75% *oder*
      Bv-Merkmale unterhalb der Definitionsgrenze.

Cn   unverwittert; bei Festgesteinen nicht angewittert, keine Verwitterungsklüfte,
      z. B. massiver Fels, Gesteinsbänke (n von novus = frisch, unversehrt).
lC   C-Horizont aus Gestein, das mit Spaten grabbar ist oder das zerfällt nach 15-
      stündiger Dispergierung mit Natriumpyrophosphat (Lockergestein, z. B. Löß,
      Flugsand, Schotter) (l von locker).
(clC) primär carbonatreiches Lockergestein
(el−) primär mergeliges Lockersgestein
mC   C-Horizont besteht aus auch im feuchten Zustand mit dem Spaten nicht grab-
      barem Gestein (Festgestein) (m von massiv).

      Unterteilung der C-Horizonte aus Fest- und Lockergestein nach ihrem Verwitte-
      rungsgrad:
lCn   aus unverwittertem Lockergestein.
(tCn) aus unverwittertem Tongestein.

NBL

lCv   aus mehr oder weniger verwittertem Lockergestein sowie oft aus im Pleistozän mobilisierten Verwitterungsdecken wie Fließerden und Schuttdecken, mit regional gegenüber dem lCn geringerem Kalkgehalt oder V-Wert.

mCn   anstehendes, nicht angewittertes Festgestein (z. B. massiver Fels, Gesteinsbänke) oder sehr verfestigte Fließerde.

mCv   zerteiltes (gesteinsabhängig), auch chemisch vorverwittertes Festgestein, im wesentlichen noch im Gesteinsverband (z. T. Saprolit, Kap. 1.5).

(tCv)   gering verwittertes Tongestein.

Cc   erkennbar mit Carbonat angereichert; Gehalt an Sekundärcarbonat mindestens   Cc
         5% vol bzw. 6% mas. NBL: Carbonat-Untergrundhorizont.

Ckc   mit Konkretionen aus Sekundärcarbonat, z. B. Lößkindel.

         Marmorierter Untergrundhorizont.   Cg

P   Mineralischer Unterbodenhorizont aus Tongestein.
         Tongehalt über 45% mas *und* ohne die Merkmale und Eigenschaften der S-Horizonte *und* ausgeprägte Quellungs- und Schrumpfungsdynamik mit zeitweilig breiten Trockenrissen (in 50 cm Tiefe 1 cm breit), *und* besonders im unteren Bereich grobes, in sich dichtes Prismen- und Polyedergefüge (oft slicken sides = Scherflächen) (P von Pelosol).
         Übergangs-P-Horizonte: AhP, AlP, BtP, BvP, CvP, SwP, SdP.

T   Mineralischer Unterbodenhorizont aus dem Lösungsrückstand von Carbonatgesteinen, die über 75% mas Carbonat enthalten. Tongehalt > 65% mas, in Übergangs-T-Horizonten 45 bis 65% mas (z. B. infolge von Lößbeimischung), Feinerde ohne lithogenen Kalk, im Lösungsrückstand < 5% vol Carbonatgestein *und* leuchtend braungelbe bis braunrote Farben (Chroma > 5) *und* ausgeprägtes Polyedergefüge (T von Terra).
         Übergangs-T-Horizonte: BvT, SdT.

Tc   erkennbar mit Carbonat sekundär angereichert.

S   Mineralbodenhorizont mit Stauwassereinfluß und bestimmten hydromorphen Merkmalen, zeitweilig oder ständig luftarm (Luftgehalt unter 3% vol und dann rH-Wert $\leq$ 19) infolge gehemmter Wasserversickerung (S von Stauwasser).

Sw   stauwasserleitend,
         > 80 Flächen% Bleich- und/oder Rostflecken und/oder Konkretionen *und* höhere Wasserdurchlässigkeit als darunter liegender Sd-Horizont (w von wasserleitend)

Skw   > 5% vol Fe/Mn-Konkretionen.

Sew   naßgebleicht, mit deutlicher Eisenverarmung. Munsell-Farbwert meist 4/ und mehr (bzw. 5/ und mehr, wenn trocken) sowie Quotient aus Farbwert: Farbtiefe 2,5 und mehr *und* < 5 Flächen% Rostflecken und/oder Konkretionen.
         Hydromorpher Eluvialhorizont   Eg
         Konkretions-Eluvialhorizont   Egk

Srw   Munsell-Farbwerte wie Sew, stark naßgebleicht und infolgedessen weniger als 1 Flächen% Konkretionen und Rostflecken (r von reduziert).

         Übergangs-Sw-Horizonte: AhSw, AhSrw, AaSw, AlSw, BvSw,B(s)hSw, B(h)sSw, CSw, MSw, ESw, GoSw, PSw.

Sd wasserstauend,
höhere effektive Lagerungsdichte und geringere Wasserdurchlässigkeit (kf meist $= 1\,cm \cdot d^{-1}$) als darüber liegender Sw-Horizont *und*
marmoriert (Intensität je nach Zeichnereigenschaften des Bodenmaterials), das heißt Aggregatoberflächen gebleicht, Aggregatinneres rostfleckig *oder*
Marmorierung nicht vorhanden infolge fehlender Eisenverlagerung oder nicht erkennbar, da verdeckt, z.B. durch Eigenfarbe des Substrates oder durch Humus. (d von dicht).
z.T. hydromorpher Marmorierungshorizont durch Staunässe   Bg

Srd im Jahresablauf langfristig luftarm (rH-Werte während der Naßphase $\leqq 19$).

Übergangs-Sd-Horizonte: fAhSd, BtSd, B(s)hSd, B(h)sSd, BbsSd, BjSd, BjSrd, PSd, TSd, MSd, GoSd, fGoSd, fGorSd, CvSd.

Sq in der Marsch im Grundwasserbereich, bei Austrocknung ausgeprägtes Prismengefüge; wasserstauend, stark ausgeprägt = Knick-Horizont, schwach ausgeprägt = knickiger Horizont.

Sg haftnaß, mit > 80 Flächen% diffuse Bleich- und Rostflecken.
Luftmangel bereits bei Feldkapazität wegen geringen Anteils an Grobporen (Luftkapazität $< 3\%$ vol) *und*
häufig hoher Gehalt an Schluff und feinem Feinsand (Feinstsand); wenig Quellung und Schrumpfung (Abgrenzung noch in der Diskussion).
Hydromorpher Marmorierungshorizont durch Haftnässe   Bg

Übergangs-Sg-Horizonte: AlSg, BtSg, BvSg, GoSg, lCnSg.

G Mineralbodenhorizont mit Grundwassereinfluß und mit dadurch verursachten hydromorphen Merkmalen (G von Grundwasser). NBL: Grundgley-Horizonte.

zG Substrat mit hohem primärem Salzgehalt.

Go oxidiert,
> 10 Flächen% Rostflecken oder/und Carbonatflecken, besonders an Aggregatoberflächen, *und*
im Grundwasserschwankungsbereich einschließlich Schwankungsbereich des geschlossenen Kapillarraumes entstanden (o von oxidiert).
NBL: Rostabsatz-Horizont

Gro 5 bis 10 Flächen% Rostflecken.

Gco erkennbar mit Carbonat angereichert, Gehalt an Sekundärcarbonat $< 6\%$ mas $(5\%$ vol).

Goc $> 6\%$ mas sekundäre Carbonatanreicherung.

Gso unverfestigte Absätze von Eisenoxid (über 5% dithionitlösliches Fe).

Gkso $> 5\%$ vol Fe/Mn-Konkretionen.

Gmso durchgehendes Kittgefüge (Raseneisenstein).

Übergangs-Go-Horizonte: AiGo, AhGo, AaGo, AeGo, AlGo, BvGo, BtGo, B(s)hGo, B(h)sGo, PGo, MGo, EGo, SwGo, SgGo, SdGo, SdGro.

Gr reduziert, naß meist an über 300 Tagen im Jahr (und dann rH-Wert $\geqq 19$), wenn nicht entwässert, *und*
mit einem Munsell-Farbton von N1 (schwarz) bis N8 (weiß) oder von 5Y (grau), 5B (graugrün) bzw, 5B (blaugrau) bei einem Chroma $< 1,5$ (bei 5G $< 2,5$), *und*
< 5 Flächen% Rostflecken oder/und Carbonatflecken (an Wurzelbahnen). – NBL: Reduktionshorizont

Gor < 5 Flächen% Rostflecken; Rostflecken oder/und Carbonatflecken auch außerhalb von Wurzelbahnen.

NBL

Grh	deutliche Humusanreicherung (Humusgehalt entsprechend Ah).
Ghr	zurücktretender Humusgehalt (Humusgehalt < Ah).
Gcr	erkennbare sekundäre Carbonatanreicherung unter 5% vol.
Ghor	zurücktretender Humusgehalt (Humusgehalt < Ah).
Gcor	erkennbare sekundäre Carbonatanreicherung unter 5% vol.
Gzor	sekundäre Salzanreicherung (Elektrische Leitfähigkeit des Sättigungsextraktes > 4 m · cm^{-1} (z von Salz).

Übergangs-Gr-Horizonte: CGr, MGr, SwGr, SdGr, SwGor.

aG   G-Horizont der Auenböden (Böden in Auenlage), soweit er mit der üblichen Bohrtiefe von 2 m nicht erreicht wird oder wegen schlechter Zeichnereigenschaften des Bodenmaterials in seinen Grenzen nicht exakt feststellbar ist.

M   Mineralbodenhorizont des Kolluviums, Äoliums und des Allochthonen Braunen Auenbodens, entstanden aus sedimentiertem Solummaterial (vor Umlagerung pedogen im Chemismus veränderte, fluviatil oder äolisch transportierte Auftragsmasse); Mindestgehalt an organischer Substanz bei < 17% Ton und < 50% Schluff: 0,6% mas; bei < 17% Ton und > 50% Schluff bzw. 17 bis 45% Ton: 0,9% mas; bei > 45% Ton: 1,2% mas (M von lateinisch migrare = wandern).

Übergangs-M-Horizonte z.B.: AeM, AheM, BvM, B(s)hM, B(h)sM, SwM, GoM, GrM.

Aggregierter M-Horizont (durch Gefügeumbildung)   Ma

Mc   M-Horizonte mit makroskopisch erkennbarer sekundärer Carbonatanreicherung.

Hydromorpher marmorierter M-Horizont   Mg

wM   M-Horizont des Kolluviums: Durch Wasser von Hängen abgespültes und am Hangfuß, in Senken und kleinen Tälern akkumuliertes Solummaterial, das zusammen mit dem Ah-Horizont mächtiger ist als die unveränderten Ah-Horizonte benachbarter, nicht erodierter Böden (w von Wasser).

aM   M-Horizont des Allochthonen Braunen Auenbodens: Akkumuliertes Solummaterial, das im Gegensatz zu dem des Kolluviums weit transportiert worden ist (a von Auen).

oM   M-Horizont des Äoliums: Akkumuliertes angewehtes Solummmaterial (o von äolisch).

jM   M-Horizont des durch verschiedene Techniken der Bodenbearbeitung akkumulierten Bodenmaterials, das zusammen mit dem Ah-Horizont mächtiger ist als die unveränderten Ah-Horizonte benachbarter Böden (meist Ap-Material, z.B. auf Wölbäckern, Ackerbergen).

Anthropogene Horizonte

E   aus aufgetragenem Plaggenmaterial entstanden, > als Pflugtiefe; Mindestgehalt an organischer Substanz bei < 17% Ton und < 50% Schluff: 0,6% mas; bei > 50% Schluff bzw. 17 bis 45% Ton: 0,9% mas; bei > 45% Ton: 1,2% mas; mit Kulturresten und/oder stark erhöhtem (z.T. zur Tiefe abnehmendem) Phosphatgehalt (E von Esch).

R   Mischhorizont, durch tiefgreifende bodenmischende Meliorationsmaßnahmen (Rigolen, Tiefumbruch) entstanden (R von Rigolen). Pedogene Veränderungen in situ werden durch Kombination mit Horizontsymbolen gekennzeichnet, z.B. RAp, RAh. NBL: Durch tiefe Bodenbearbeitung veränderte Unterboden- bzw.

Untergrund-Horizonte wurden zusätzlich zu den jeweiligen Horizontsymbolen durch ein nachgestelltes p gekennzeichnet.

Y   aus anthropogenen Aufschüttungen oder anthropogenen Aufspülungen als Ausgangsmaterial der Bodenbildung entstanden. (Siehe Ergänzungen Seite 400)

yY   Y-Horizont aus künstlichen Substraten, z. B. Schutt, Müll, Schlacken, Scheideschlamm, Industrieschlämmen. (Neu: yC)

jY   aus natürlichen Substraten, z. B. Löß, Sand, Schlick, Abraum (j von juvenil = jugendlich). (Neu: jC)

Fossile und reliktische Horizonte

f...   begrabener (fossiler) Horizont im wesentlichen unterhalb des bioturbat veränderten Wurzelraumes; das f wird dem Horizontsymbol vorangestellt, z. B. fAh = begrabener Ah-Horizont. Wenn der fossile Horizont gleichzeitig zu einem rezenten Boden gehört, werden die Kurzzeichen durch einen höhergestellten Punkt getrennt, z. B. fAh · Sd = Stauhorizont aus begrabenem Ah-Horizont (Humusdwog).

r...   *Überprägter (reliktischer) Horizont:* das r wird dem Horizontsymbol vorangestellt, z. B. rGo = ehemaliger Go, nach Grundwasserabsenkung Go-Merkmale (Rostflecken) noch erhalten, aber nicht mehr im Grundwasserschwankungsbereich liegend.

II, III   Zusatzzeichen bei geologischem Schichtwechsel für eine zweite bzw. dritte Schicht im Profil, aus deren Material der darüber liegende Boden nicht entstanden ist. Diese Zusatzzeichen sind nur im Zusammenhang mit einem Horizontsymbol zu verwenden, z. B. IIBv, und auch nur dann, wenn aus der Horizontfolge nicht schon hervorgeht, daß ein Schichtwechsel vorliegt (also nicht E – IIBv sondern E – Bv).

Alphabetische Auflistung der Merkmalssymbole als Kleinbuchstaben (Suffixe)

1. Aussage der Kleinbuchstaben (Suffixe) **nach** den Großbuchstaben des Horizont-Symbols

Bedeutung: *Pedogene Merkmale*

a   von **a**nmoorig
b   von **b**andförmige Anreicherung
c   von **C**arbonat
d   von **d**icht (stauwasserstauend)
e   von **e**luvial = ausgewaschen
f   von »**F**örmultningskiktet« (schwed.)
g   für **H**aftnässe
h   von **h**umos
i   von **i**nitial (beginnend)
j   für **f**ersiallitisch
k   von **K**onkretion
l   von **l**essiviert (= an Ton verarmt)
m   von **m**assiv (pedogene Struktur)
n   von **n**eu, frisch (lat. novus)
o   von **o**xidiert
p   von ge**p**flügt (z. T. auch vorangestellt)
q   für »**K**nickhorizont« in Marschböden
r   von **r**eduziert

s   von angereichert mit **S**esquioxiden
t   von angereichert mit **T**on
u   von **r**ubefiziert, ferrallitisiert
v   von **v**erwittert (bei H: vererdet)
w   von stau**w**asserleitend
z   von **S**al**z**

2. Aussage der Kleinbuchstaben (Suffixe) **vor** dem Großbuchstaben des Horizont-Symbols

Bedeutung: *Geogene* und *anthropogene Merkmale*

a   von **A**uenlage
(c)   von **C**arbonatgestein (z. T. k von Kalkstein)
(e)   von **M**ergelgestein
f   von **f**ossil
h   von **H**ochmoor
j   von **j**uvenil für anthropogen umgelagerte Natursubstrate
l   von **L**ockersubstrat
m   von **m**assives Natursubtrat (Festgestein)
n   von **N**iedermoor
o   von **ä**olisches Substrat
r   von **r**eliktisch

(s) von silikatisches Gestein (neu: i)
(t) von Tongestein
w von wassertransportiertes Substrat
u von Übergangsmoor
y für Kunstsubstrat, anthropogen akkumuliert
z von primär salziges Substrat
II, III für geologischen Schichtwechsel

3.4 Systematik der Böden

Für eine Beschreibung der Böden muß Ordnung in deren Vielfalt gebracht werden und die Einreihung in ein bestimmtes System erfolgen. Mit Beginn einer landbaulichen Nutzung führten Beobachtungen und Erfahrungen zu sehr einfachen Einteilungen, in denen oft nur ein Faktor zur Bezeichnung diente. Die unterschiedlichen naturnahen Wälder oder die Korngrößenzusammensetzung wurden zur Benennung von Böden herangezogen; hierbei sind häufig mundartliche Namen übernommen worden.

Die heute bei uns übliche Systematik der Böden Deutschlands lehnt sich an das 1953 erschienene Werk von KUBIENA »Bestimmungsbuch und Systematik der Böden Europas« an. Zur Tagung der Internationalen Bodenkundlichen Gesellschaft 1986 in Hamburg hat der Arbeitskreis für Bodensystematik der Deutschen Bodenkundlichen Gesellschaft unter Federführung von MÜCKENHAUSEN eine Kurzfassung dieser »Systematik der Böden der Bundesrepublik Deutschland« vorgelegt, die auch diesem Abschnitt in etwas veränderter Form zugrunde liegt. Im folgenden Text sind z. T. Formulierungen dieser Kurzfassung wörtlich übernommen worden.

Diese bodensystematische Grundgliederung beruht auf folgenden bodeneigenen Kriterien:

1. Dem durch das Ausgangsmaterial (Substrat, Kap. 3.1.1) bedingten Filtergerüst, da Bodenentwicklung und Wasserhaushalt weitgehend davon abhängen.
2. Richtung und Ausmaß der Wanderung echt- und kolloidgelöster Stoffe sowie anderer wanderungsfähiger Substanzen im Boden.
3. Dem Profilaufbau (einschließlich der Humusdecke), soweit dieser ein Ergebnis der Bodenentwicklung und keine geologische Schichtung ist.
4. Der spezifischen Bodendynamik, die sich aus Stoffverlagerung, Profilaufbau und Filtergerüst ergibt.

Aus diesen Kriterien ergeben sich die wichtigsten physikalischen, chemischen und biologischen Eigenschaften, die bei der systematischen Kategorisierung berücksichtigt sind. Diese somit pedogenetisch bedingten Kategorien der Bodensystematik werden durch die in Tabelle 120 aufgeführten Buchstaben- und Zahlsymbole bezeichnet. Als Grundeinheiten des Systems werden die Bodentypen verwendet.

Als Subtypen werden einerseits die typischen Ausbildungsformen eines Bodentyps bezeichnet, z. B. Typischer Podsol, andererseits aber auch die häufig anzutreffenden Übergänge zwischen zwei Bodentypen. Dabei steht der am Standort wichtigere Typenname an zweiter Stelle, z. B. Gley-Podsol, wenn die Podsoleigenschaften überwiegen.

3.4.1 Systematik der Böden der Bundesrepublik Deutschland

A Terrestrische Böden

a	Terrestrische Rohböden	O
I	Syrosem	OF
II	Lockersyrosem	OL

Tab. 120. Kennzeichnung der Kategorien und deren Merkmale

Kennzeichnung	Kategorie	Merkmal
A, B bis F	Abteilung	A−C gleiche Einwirkung des Wassers, Moore, Eiszeitliche Reliktböden u. Anthropogene Böden
a, b bis k	Klasse	gleiche oder ähnliche Horizontfolge
I, II bis XI	Typ	charakteristische Horizontfolge mit speziellen Horizonteigenschaften
(I) bis (XX)	Subtyp	qualitative Modifikation des Typs
1 bis 10	Varietät	graduelle Merkmalsunterschiede
(1) bis (10)	Subvarietät	qualitative *und* quantitative Unterschiede
11* bis 15*	Form	lithogene Ergänzung

b	Ah/C-Böden	R
I	Ranker	RN
II	Regosol	RQ
III	Rendzina	RR
IV	Pararendzina	RZ
c	Steppenböden	T
I	Tschernosem (Schwarzerde)	TT
II	Brauner Steppenboden	TB
d	Pelosole	D
e	Braunerden	B
I	Braunerde	BB
II	Parabraunerde	BL
III	Fahlerde	BF
f	Podsole	P
I	Podsol	PP
II	Staupodsol	PS
g	Terrae calcis	C
I	Terra fusca	CF
II	Terra rossa	CR
h	Plastosole (Fersiallite)	V
I	Grauplastosol	VG
II	Braunplastosol	VB
III	Rotplastosol	VR
i	Latosole (Ferrallite)	W
I	Rotlatosol	WR
II	Gelblatosol	WG
III	Plinthitlatosol (Laterit)	WP
j	Stauwasserböden (Staunässeböden)	S
I	Pseudogley	SW
II	Haftnässepseudogley	SH
III	Stagnogley	SS
k	Kolluvien	K
I	Kolluvium (Fluviales Kolluvium)	KF
II	Äolium (Äolisches Kolluvium)	KA

B Semiterrestrische Böden

a	Auenböden	A
I	Rambla	AO
II	Paternia (Auenregosol)	AQ
III	Auenpararendzina	AZ
IV	Borowina (Auenrendzina)	AR
V	Tschernitza	AT
VI	Auenbraunerde (Autochthone Vega)	AB
VII	Auenparabraunerde	AL
VIII	Auenpseudogley	AS
IX	Auenpelosol	AD
X	Auengley	AG
XI	Allochthone Vega	AK
b	Gleye	G
I	Gley	GG
II	Naßgley	GN
III	Anmoorgley	GA
IV	Moorgley	GH
V	Hanggley	NG
VI	Quellengley	QG
c	Marschen	M
I	Seemarsch	MS
II	Brackmarsch	MB
III	Flußmarsch	MF
IV	Organomarsch	MO

C Semisubhydrische und subhydrische Böden

a	Semisubhydrischer Wattböden	I
I	Mariner Wattboden, Seewatt	IS
II	Brackwatt	IB
III	Flußwatt	IP
b	Subhydrische Böden	J
I	Protopedon	JP
II	Gyttja	JG
III	Sapropel	JS
IV	Dy	JD

D Moore

I	Niedermoor	HN
II	Hochmoor	HH

E Periglazialböden

a	Aktuelle Alpine Periglazialböden	
b	Fossile Periglazialböden	
I	kryoturbater Boden	
II	Polygonboden	
III	Steinringboden	
IV	Tropfenboden	
V	Hydromorphe Periglazialböden	

F Anthropogene Böden

a	Terrestrische Anthropogene Böden	Y
I	Plaggenesch	YE
II	Agrosol	YP
III	Hortisol	YO
IV	Rigosol	YR
V	Tiefumbruchboden (Treposol)	YU
VI	Auftragsboden	YY
b	Semiterrestrische Anthropogene Böden	
c	Anthropogen stärker veränderte Moorböden	
I	Moor-Deckkulturboden	HYD
II	Moor-Mischkulturboden	HYM

In den folgenden Bodensystematik-Kapiteln werden am Schluß der einzelnen Bodentypen-Beschreibungen unter »ST« die in etwa entsprechende Bodenbezeichnung der Soil Taxonomy

(1975) angegeben, unter »FAO« die in den Legenden zur Soil Map of the World (1988) bzw. zur Soil Map of the European Communities (1985) verwendeten Bodennamen genannt (Kap. 3.4.2.1 und 3.4.2.2).

A Terrestrische Böden
In dieser Abteilung sind die Böden ohne Grundwassereinfluß zusammengefaßt worden. In ihren spannungsfreien Hohlräumen fließt das der Schwerkraft unterliegende Bodenwasser vorwiegend von oben nach unten bis zum Grund- oder Stauwasser. Auch die Stauwasserböden werden zu den Terrestrischen Böden gestellt, die auch als Landböden bezeichnet werden.

a Terrestrische Rohböden O
In dem oft nur schwach ausgeprägten Ai/C-Profil kann häufig ein Cv- und Cn-Horizont unterschieden werden. Eingeschränkte Verwitterung und biologische Aktivität haben eine nur geringe Humusbildung und Horizont-Differenzierung zur Folge, so daß diese Böden nur wenig vom Ausgangsgestein abweichen. Die früher dieser Klasse zugeordneten alpinen und arktischen Böden sind jetzt zu den Periglazialböden gestellt worden.

I Syrosem OF (Abb. 118, 119 und Tab. 121)
Der Name dieses Bodentyps kommt aus dem Russischen und bedeutet Rohboden. Er entsteht aus Kalk-, Gips-, Kiesel- oder Silicatgestein und hat ein Ai/(Cv/)mC-Profil. Das Festgestein steht oberhalb 3 dm unter Geländeoberfläche an und bestimmt die Eigenschaften. In höheren und steilen Lagen der Hochgebirge ist der Syrosem verbreitet anzutreffen, da dort das lose Bodenmaterial durch Erosion immer wieder abgetragen wird. An steilen Stellen der Mittelgebirge mit starkem Bodenabtrag ist er kleinräumig zu finden.
ST: Lithic Udorthents (Festgestein oberhalb von 5 dm)
FAO: Lithic Leptosols (früher Lithosols)

II Lockersyrosem OL (Abb. 116, 117, 118, 120 und Tab. 121)
Die für diesen Bodentyp kennzeichnenden sandigen Lockersedimente sind im Abschnitt »Bodenentwicklung auf sandigen Sedimentgesteinen« (siehe Kap. 3.2.2.5) genannt. Auch auf bei Bodenabtrag freigelegtem Löß oder carbonathaltigem Geschiebemergel kommt es in der Initialphase zur Bildung von Lockersyrosemen

mit einem Ai/lCn-Profil. Die unverwitterten, sandigen Lockersedimente waren im norddeutschen Flachland bis ins vorige Jahrhundert weit verbreitet; nach Vegetationsschäden durch Winderosion kam es z. B. zu Windanrissen mit Dünenbildung. Durch Vergrößerung der Schläge bei intensivem Ackerbau kommt es heute in hügeligen Landschaften zu einer erheblichen Wassererosion.
ST: Typic Udipsamments
FAO: Regosols, z. T. Arenosols

b Ah/C-Böden R
Die Böden dieser Klasse haben einen voll ausgebildeten Ah-Horizont, der dem C-Horizont unmittelbar aufliegt. Dieser kann in einen Cv- und einen Cn-Horizont unterteilt sein. Das unterschiedliche Ausgangsgestein und die Humusform im Ah-Horizont bestimmten die Eigenschaften der Typen.

I Ranker RN (Abb. 119 und Tab. 121)
Diese flachgründigen Böden sind Festgesteinen mit carbonatfreien oder carbonatarmen Bindemittel zuzuordnen. Im Ah/(Cv/)mC-Profil liegt der skelettreiche mC-Horizont weniger als 30 cm unter der Geländeoberfläche. Das Solum ist stets carbonatfrei.

Der Name Ranker ist von Kubiena (1953) aus dem österreichischen Wort »Rank« (Berghalde, Steilhang) abgeleitet worden. In den kristallinen Gebirgsmassiven der Zentralalpen ist der Subtyp des Tangel-Ranker mit einem L/Of/Oh/Ah-mC-Profil oft die Endstufe (Klimax) der Bodenentwicklung. Im kühl-humiden Klima der Hochgebirge hemmt Wärmemangel und lange Schneebedeckung die Umsetzung der aus einer Strauch- und Rasenvegetation gebildeten organischen Substanz. Diese Pflanzenbestände sind sehr trittempfindlich; daher sind in solchen Hochlagen für das zunehmende Bergsteigen Schutzbestimmungen erforderlich.

Eutrophe Ranker aus basenreichen Silicatgesteinen bilden im semiariden Klima mit warmtrockenen Sommern und längerem winterlichen Bodenfrost im Ah-Horizont Mull mit engem C/N-Verhältnis. Im humiden Klima der europäischen Atlantikküste von der Bretagne bis Mittelportugal mit ganzjähriger Aktivität der Bodenorganismen kommt es z. B. auf Granit zur Bildung eines Dystrophen Rankers. In diesem besteht im Ah-Horizont eine deutliche Tendenz zur Rohhumusbildung. Daraus können sich über Podsolige Ranker, Podsol-Ranker und

Tab. 121. Profile der Rohböden, Ah/C-Böden, Steppenböden und Pelosole

Kurzzeichen	Subtyp	Ausgangsgestein (ohne Angabe der Decklage)	Vorkommen	aufgenommen im Jahr	durch	Horizontfolge	Bodenschätzung bzw. Nutzung
OFn	Typischer Syrosem	Dolomit	Oberbayern	56	1/1	Ai/mC	Unland
BB-RN	Braunerde-Ranker	Grauwacke und devonischer Schiefer	Eifel	56	1/13	L/Ah/AhBv/Cv/Cn	Fichtenwald
DD-RQ	Pelosol-Regosol	Rötton des oberen Buntsandsteins	Spessart und Rhön	83	3/2.31	Ap/PCv/IICn/IIICn	LT6V 36/31
PP-RQ	Podsol-Regosol	Düne	Münsterland	89	2/58/167	L+0/Ahe/Ae/Bhs/fBhsC	Kiefernforst
RRn	Mullrendzina	Malm-Kalke	Alborland	86	2/46/113	Ah/AhCv/cCn	extens. Weide
RZn	Typ. Pararendzina	Gerölle der Würmvereisung	Oberbayern	56	1/8	Ap/AhCv/Cn	38
TT	Schwarzerde	Würm-Löß	Harz-Vorland	55	1/9	Ap1/Ap2/Ah/AhCc/Cv	94
TTn	Typ. Schwarzerde	Würm-Löß	Hildesheimer Börde	86	3/2.1	Ap/Ah/AhCv/Cv	LILö95/92
GG/TT	degrad. Gley-Schwarzerde	Kolluvium über Geschiebemergel	Ostholstein	86	2/46/280	MAp/GofAh/Gro/Gor	Feldrand
TBn	Brauner Steppenboden	Würm-Löß	Mainzer Becken	86	2/46/169	Ap/Ah/AhC/Ccv/fAh/C	Acker
DDn	Typischer Pelosol	Amaltheenton	Alborland	86	2/46/112	Ap/P/PCv/Cn	Acker oder Wiese
DDn	Typischer Pelosol	Mergelton	Donau-Isar-Hügelland	86	3/2.32	Ah/P/PCv/Sd/Cv	TIIb3 46/41

Erläuterung der Kurzzeichen und Ziffern der Tab. 121 bis 125:

Für die in diesen Tabellen aufgeführten Kurzzeichen ist eine Ergänzung der in der Übersicht der Böden der Bundesrepublik Deutschland auf den Seiten 257, 258 genannten Kurzzeichen der Bodentypen durch das nachgestellte Kurzzeichen für den Subtyp erfolgt. Diese Kurzzeichen sind in der älteren Literatur nicht enthalten. Bei der Aufnahme steht zunächst die Jahresangabe in einer zweistelligen Zahl (1956 = 56), dann die Literaturangabe. Hierbei ist MÜCKENHAUSEN (1977) mit 1 und nachgestellte die Nummer aus dem Verzeichnis der 60 abgebildeten Böden (1/9 = Schwarzerde) angegeben. Mit 2 und nachgestellter Bandangabe (2/46/280 = degradierte Gley-Schwarzerde) wird auf die Seite in dem betreffenden Band der Mitteilungen der Deutschen Bodenkundlichen Gesellschaft hingewiesen. 3 sind Angaben aus DIEZ/WEIGELT (1987): Böden unter landwirtschaftlicher Nutzung mit deren nachgestellter Profilnumerierung. 4 und weitere Zahlen werden mit einer Fußnote unter der jeweiligen Tabelle erläutert.

Ranker-Podsole flachgründige Podsole entwik-keln. Diese Flachgründigkeit läßt nur eine extensive Nutzung der standorttypischen Magerrasen oder Buschwälder zu. Bäume können sich nur über klüftigem Gestein entwickeln.
ST: Lithic Udorthents und Entic and Lithic Haplumbrepts
FAO: Dystic bis Eutric Leptosols (früher Rankers)

II   Regosol RQ (Abb. 120, 124 und Tab. 121)
Der Name ist von dem griechischen Wort rhegos (= Decke) abgeleitet worden und weist auf die geringe Mächtigkeit der Bodendecke dieses Ah/lC-Profils hin. Es entsteht aus carbonatfreien oder carbonatarmen Kiesel- oder Silikatlockergesteinen, z. B. Dünensand und Beckenschluff.
Eigenschaften wie Wasserkapazität und Sorptionsvermögen sind weitgehend von der Körnung und den mineralischen Komponenten im Ausgangsgestein abhängig. Bei günstigen Voraussetzungen ist Waldbau oder landwirtschaftliche Nutzung möglich.
ST: Typic Udorthents (shallow), Typic Udipsamments, Entic Haplumbrepts
FAO: Regosols, z. T. Arenosols

III   Rendzina RR (Abb. 118, Tab. 121, Farbtafel I)
Der Bodenname »Rendzina« kommt aus der polnischen Sprache; er kennzeichnet das »Rauschen« von Steinen am Streichblech des Pfluges. Das flachgründige Ah/C-Profil entsteht aus Gesteinen mit einem Carbonatgehalt über 75% (Kalkstein, Mergelkalke, Dolomit) oder Gips- und Anhydritgestein. Auch weicher Kalksinter, Alm, weicher Kreidekalk und lockere Fließerde aus carbonatischem Schutt können das Ausgangsgestein bilden.
Die Entwicklung dieses Bodentyps beginnt mit der Syrosem-Rendzina (Protorendzina) und führt über die Mullartige Rendzina zur Typischen Rendzina (Mullrendzina). In den nördlichen Kalkalpen ist oberhalb der Waldgrenze kleinräumig die Tangelrendzina mit einem rohhumusähnlichen Auflagehorizont (L/Of/Oh/Ah/C-Profil) und die Alpine Pechrendzina (Of/Oh/(Ah/)C-Profil) anzutreffen.
In weiten Bereichen Mitteleuropas mit dcn vorstehend genannten Ausgangsgesteinen stehen Rendzinen am Beginn der Bodenentwicklung; diese führt über Subtypen der Rendzina z. B. zur Braunerde, Terra fusca oder zum Pseudogley.
Die organische Substanz dieser Böden mit einem C-N-Verhältnis zwischen 9 und 14 ist in der Mullrendzina fest, in den anderen Rendzinen locker mit den mineralischen Anteilen verbunden. Der Ah-Horizont enthält oft freien Kalk, seine Reaktion ist im allgemeinen schwach alkalisch bis schwach sauer. Daher finden die Bodenorganismen günstige Bedingungen. Kotkrümel, vor allem die der Regenwürmer (siehe Kap. 2.3.1.2), stellen stabile Aggregate dar, die das optimale Wurmlosungsgefüge (siehe Kap. 2.4.2.2) aufbauen.
Neben dem N-reichen Humus weisen die meisten Rendzinen auch ausreichend Ca und Mg auf; sie sind dagegen fast immer arm an P und K. Wegen ihrer häufig günstigen Sorptionskraft für Pflanzennährstoffe sind diese recht düngerdankbaren Böden trotz gelegentlicher Trockenheitsgefährdung höher eingeschätzte Ackerstandorte für den intensiven Getreideanbau einschließlich Mais.
Steillagen und hohe Steingehalte zwingen vielfach zur Waldnutzung. Auf Mullrendzinen herrscht auf diesen Standorten die natürliche Waldgesellschaft des typischen Kalkbuchenwaldes (ELLENBERG 1986) vor. In ihr dominieren nach REHFUESS (1990) Buche, Esche, Berg- und Spitzahorn, Linde, Traubeneiche und Bergulme. Ihre Anteile an der Bestockung und ihre Wuchsleistung hängen vor allem vom Wasserhaushalt ab. Dieser wird bestimmt durch den Ton-, Skelett- und Humusanteil im Solum, die Beschaffenheit des Gesteinsuntergrundes, die Mächtigkeit des Hauptwurzelraumes und die Ausformung der Hänge. Bei ausreichenden Niederschlägen ist auch die Weißtanne am Aufbau des natürlichen Waldes beteiligt; sie hat unter den Waldschäden der letzten Jahre besonders stark gelitten. Die wenigen natürlichen Vorkommen von Kiefer und vor allem Fichte sind auch auf den Rendzinen in den letzten zwei Waldgenerationen waldbaulich stark ausgeweitet worden. Heute wird versucht, ihren Bestandsanteil zugunsten des standorttypischen Laubwaldes zurückzunehmen.
ST: Typic, Entic and Lithic Rendolls
FAO: Calcaric Leptosols (früher Rendzinas)

IV   Pararendzina RZ (Abb. 116, 117, 118 und Tab. 121)
Die Pararendzina (von griechisch Para = neben) steht als selbständiger Bodentyp neben der Rendzina. Von dieser unterscheidet sie sich im Ausgangsgestein durch einen deutlich geringeren Anteil von carbonathaltigem (um 2 bis

75%), festem oder lockerem Kiesel- oder Silicatgestein. Diese Ausgangsgesteine bilden Übergänge zwischen den Carbonatgesteinen, aus denen die Rendzina entsteht, und den kalkfreien Ursprungsgesteinen des Rankers.

Die Pararendzina ist in Mitteleuropa im allgemeinen dort anzutreffen, wo Erosion das Gestein freigelegt hat und danach die neue Bodenbildung das Ah/C-Profils einer typischen Pararendzina (Mullpararendzina) entstehen ließ. Unter Nadelwald führt der Bestandesabfall zu einem basenverarmten, sauren Ah-Horizont mit geringer biologischer Aktivität; dadurch entsteht der Subtyp der Versauerten Pararendzina (Moderpararendzina) mit einem (L/Of/Oh/)Ah/C-Profil.

Die Abb. 117 zeigt die Weiterentwicklung einer Pararendzina auf Löß zu einem Tschernosem; hierzu war das kühl, trockene Klima der frühen und späten Wärmezeit (Tab. 21) erforderlich. Auf Geschiebemergel entstand im humiden atlantischen Klima aus der Pararendzina durch Entkalkung und Verbraunung die Braunerde (Abb. 116). Auf staunässebeeinflußten Standorten mit zunehmenden Niederschlägen der Nacheiszeit bildete sich der Subtyp der Pseudogley-Pararendzina mit einem Ah/SwAh/SdCv/lCn-Profil (siehe Abb. 118).

Pararendzinen auf Lockersedimenten sind für den Ackerbau gut geeignet, da auch ihr C-Horizont gut durchwurzelbar ist; bei langjähriger Nutzung sind aus ihnen im allgemeinen Kultosole (siehe Kap. 3.4.1.F) entstanden. Jüngste Bildungen stellen Pararendzinen unter Ruderalvegetation aus Trümmerschutt des letzten Krieges dar (SCHEFFER/SCHACHTSCHABEL 1988).

Für die Waldnutzung ist eine Pararendzina aus Geschiebemergel gut geeignet. Auf diesem Boden ist ein Seggen-Hainbuchenwald mit kraut- und strauchreicher Unterschicht die standorttypische, naturnahe Waldgesellschaft. Von etwa 1000 m Meereshöhe an aufwärts ist in den nördlichen Kalkalpen in ähnlicher Artenzusammensetzung eine tannenreiche Waldgesellschaft ausgebildet (ELLENBERG 1986).
ST: Entic and Lithic Hapludolls, Typic Udorthents
FAO: Calcaric Regosols

c Steppenböden T

Im Gegensatz zu den vorstehend beschriebenen flachgründigen A/C-Böden sind die Steppenböden durch einen mächtigen Ah-Horizont gekennzeichnet. Sie sind Klimaxböden des semi-ariden Klimas (FRANZ 1960) und entstanden aus carbonathaltigem, feinbodenreichem Lockergestein (oft Löß) im Spätglazial bis Atlantikum unter Steppe und Waldsteppe. Ihre Einordnung in die Systematik der Böden der Bundesrepublik Deutschland ist in Anlehnung an die Steppenböden der osteuropäischen Bodenprovinzen erfolgt.

I Tschernosem Schwarzerde TT (Abb. 117 und Tab. 121 sowie Farbtafel I)

Tschernosem ist die deutsche Schreibweise des volkstümlichen, russischen Namens für die schwarze Erde der Ukraine. Er ist einer der ältesten Bodennamen und wird daher oft international gebraucht (englisch: Chernozem).

Die zur Schwarzerde führende Bodenentwicklung ist in Kap. 3.2.2.2 beschrieben. Im dabei entstandenen Ah/lCc/lCn-Profil des Subtyps eines Typischen Tschernosems ist der Ah-Horizont > 40 cm mächtig. Er hat im trockenen Zustand eine schwärzlichgraue, im feuchten eine dunkelgrauschwarze Farbe. Als Folge intensiver Bioturbation sind örtlich metertief reichende, ehemalige Wurmgänge und Krotowinen wühlender Nagetiere zu beobachten, die bei einem Durchmesser bis > 10 cm im C-Horizont dunkles Ah-Horizontmaterial, im Oberboden teilweise hellgelbes C-Horizontmaterial enthalten. Im durchgehend weißlichen lCc-Horizont ist $CaCO_3$ z.B. als Pseudomycel oder in Form von Lößkindeln angereichert. Bei fortschreitender Bodenentwicklung zu anderen Bodentypen kommt es zunächst zur Ausbildung von folgenden Subtypen des Tschernosems:

– Braunerde-Tschernosem (Degradierter Tschernosem) mit einem Ah/BvAh/Bv/C-Profil. Der BvAh ist teilweise oder ganz aufgehellt (schwach verbraunt). Der Bv-Horizont ist < 20 cm mächtig. Bei stärkerem Bv-Horizont liegt der Subtyp Tschernosem-Braunerde vor.

– Parabraunerde-Tschernosem (Griserde) mit einem Alh/BtAh(Bv/)C-Profil. Der Alh-Horizont kann sich bei zunehmender Ton-Humus-Verarmung zu einem Ahl-Horizont entwickeln; diese Horizonte enthalten dann nur 0,5 bis 2% Humus. Die Entwicklung läuft weiter zur Tschernosem-Parabraunerde.

– Pseudogley-Tschernosem mit einem Ah/(Sw)Ah/SwCc/CSw (bzw. CSg)/IISd-Profil. Im SwCc-Horizont treten häufig Lößkindel auf. Der CSw-Horizont ist rostfleckig und weist kleine Fe-Mn-Konkretionen auf.

– Gley-Tschernosem mit einem Ah/GoAh/ G(c)o/G(c)r-Profil. In den Go- und Gr-Horizonten können sekundäre Carbonatanreicherungen auftreten. Der G(c)r-Horizont hat im frischen Bodenanschnitt eine bläulichgraue bis grünlichgraue Farbe. Die Obergrenze des Go-Horizontes liegt zwischen 40 und 80 cm und die des Gr-Horizontes häufig zwischen 130 und 200 cm unter Geländeoberfläche.

Verbreitung: Große Schwarzerdegebiete gibt es in den Steppenlandschaften Europas (Ukraine), Asiens und Amerikas. Die reliktischen Vorkommen in Deutschland liegen vor allem in der Magdeburger Börde, im Thüringer Becken, im nördlichen Harzvorland und in der Wetterau. Stark umgebildete, ehemalige Tschernoseme mit stärkerer Tondurchschlämmung liegen z. B. in der Soester und Warburger Börde, in Randgebieten des Leinetals und im Limburger Bekken.

Eigenschaften: Die Schwarzerde ist ein sehr fruchtbarer Boden. Der Ah-Horizont ist ausgezeichnet durch ein poröses Krümelgefüge (Schwammgefüge). Bei einem Gesamtporenvolumen von 50% sind etwa 20% zu den groben, 20% zu den mittleren und 10% zu den feinen Poren zu rechnen. Durchwurzelbarkeit, Lufthaushalt und Wasserkapazität sind optimal. Der Tschernosem vermag 20 mm Regen je dm Bodenschicht pflanzenverfügbar zu speichern. Ein 100 cm mächtiger Boden kann daher fast den gesamten Winterniederschlag (200 mm) nutzbar aufnehmen. Degradierte Schwarzerden haben weniger günstige Eigenschaften: Verlust des Schwammgefüges, bei Gley- und Pseudogley-Schwarzerde Bildung von Polyedern, ferner Entkalkung, Verschlämmung und Verdichtung (siehe Kap. 3.2.2.2).

Günstig ist auch die Zusammensetzung der Tonfraktion. Der Tongehalt beträgt in den mitteleuropäischen Schwarzerden 15 bis 20%, in Rußland 20 bis 40%. Unter den Tonmineralen ist Illit am stärksten vertreten. Die Teilchen > 2 µm setzen sich überwiegend aus Quarz sowie wenigen Feldspäten und Glimmern zusammen. Die organische Substanz – in Mitteldeutschland 2 bis 4%, in Rußland teilweise mehr als 10% – hat ein hohes Wasserhaltevermögen, eine Austauschkapazität von etwa 250 mval je 100 g und ein C/N-Verhältnis von 8 bis 10. Sie ist zum größten Teil (zu etwa 85%) an mineralische Teile gebunden (Ton-Humus-Komplex siehe Kap. 2.1.3.4). Weitere wichtige Eigenschaften sind eine etwa neutrale Reaktion und ein relativ hohes Nachlieferungsvermögen für Kalium bei Illitreichtum. An der Austauschkapazität des Bodens (15 bis 20 mval je 100 g) ist die organische Substanz zu 30 bis 50% beteiligt. Das Verhältnis der austauschbaren Ca- und Mg-Ionen beträgt im Mittel 7:1. Der A-Horizont der deutschen Schwarzerden enthält bis auf wenige Ausnahmen (z. B. Mainzer Becken) kein freies $CaCO_3$. Letztlich ist der reiche Besatz des Bodens mit Mikro- und Makroorganismen zu erwähnen (besonders Regenwürmer).

Die Schwarzerde ist unter den klimatischen Bedingungen Mitteldeutschlands – etwa 600 mm Jahresniederschlag und eine mittlere Jahrestemperatur von 8 bis 10 °C – ein sehr leistungsfähiger Boden, dem bei der Bodenschätzung die höchste Bodenzahl 100 gegeben wurde. In den typischen Schwarzerdegebieten, z. B. in der Ukraine, ist der geringe Sommerniederschlag oft der begrenzende Ertragsfaktor.

ST: Pachic and Udorthentic Haplustolls, Typic and Pachic Vermustolls

FAO: Phaeozems, seltener Chernozems

II   Brauner Steppenboden TB (Tab. 121)

Der Tschernosem des nördlichen Oberrheintales (z. B. im Mainzer Becken) hat in seinem Ah/ AhCc/Cc/C-Profil i.d.R. einen dunkelgraubraunen und > 40 cm mächtigen, stets carbonathaltigen Ah-Horizont. Er ist aus Löß oder feinbodenreichem fluviatilem Lockermaterial mit relativ hohen primären Ton- und Carbonatgehalten entstanden. Sekundäre Carbonatanreicherungen liegen besonders im Ah-Horizont häufig in Form eines »Pseudomycels« vor, so daß dieser Boden auch als »Kalkmycel-Tschernosem« bezeichnet wird.

Die Farben der Ah-Horizonte schwanken – u. a. in Abhängigkeit von den Humusgehalten (1 bis 2% mas) – zwischen dunkelgraubraum und dunkelbraungrau, so daß bei Bodenkartierungen – auch in Abhängigkeit vom Ausgangssubstrat – zwischen Braunem und Grauem Tschernosem unterschieden wird.

Entkalkung und Verbraunung haben örtlich zur Ausbildung von Braunerde-Tschernosem und Tschernosem-Braunerde geführt, zusätzliche Tondurchschlämmung zu Parabraunerde-Tschernosem und Tschernosem-Parabraunerde. In Erosionslage tritt Pararendzina-Tschernosem, in Senkenlage Kolluvium-Tschernosem auf.

Alle genannten Übergangsböden kommen auch mit durch Kalkdüngung oder/und kapillaren Carbonataufstieg bedingtem, sekundär wieder aufgekalktem Oberboden vor.

Der in Rheinhessen vorkommende Auenboden-Tschernosem ist ein tonreicher Boden (> 45% mas Ton) mit z. T. > 6 dm mächtigem, dunkel gefärbtem Ah-Horizont und einem Ap/Ah/AhCc/Cc/C-Profil. Er wird Smonitza genannt und ist eine Vorstufe der Tschernitza (siehe Kap. 3.4.1 B); nach der Systematik gehört er jedoch zum Tschernosem des Oberrheintales, wo sein Vorkommen auf kleine Flächen beschränkt ist.

Der Braune Steppenboden ist im Ah-Horizont gut gekrümelt und hat einen günstigen Wasser- und Lufthaushalt. Das C-N-Verhältnis beträgt etwa 8 und die Bodenzahlen liegen zwischen 84 und 95. Daher können dort fast alle landwirtschaftlichen Früchte und viele Spezialkulturen mit hohen Erträgen angebaut werden.
ST: Cumulic und Entic Haplustolls (calcareous)
FAO: Calcic Phaeozem

d Pelosole D

Der Name Pelosol ist vom griechischen pelos = Ton abgeleitet. Diese Bodenklasse erfaßt tonige Böden mit meist über 45% Feinsubstanz < 2 µm. Obzwar auch die Plastosole, Vertisole und Terrae oft ebensoviel Tonsubstanz enthalten, gehören sie nicht zu dieser Klasse, da sie eine andere Genese und dadurch auch andere Eigenschaften haben. Pelosole weisen ein ausgeprägtes Absonderungsgefüge auf, wobei das in sich dichte Prismen- und Polyedergefüge zeitweilig mit > 1 cm breiten Trockenrissen durchzogen ist.

Die Unterteilung dieser Klasse in Typen wäre nach dem vorherrschenden Tonmineral möglich, indem die Typen Kaolinit-, Illit- und Mont-Smectit-Pelosol unterschieden würden.

I Pelosol DD (Abb. 119 und Tab. 121)
Im Typischen Pelosol mit einem Ah/P/PCv/Cn-Profil ist der P-Horizont hochplastisch (lehmiger Ton oder Ton), im Profil bis mindestens 100 cm Bodentiefe carbonatfrei und hat ein ausgeprägtes Gefüge aus Prismen, die sich in große Polyeder zerlegen lassen. Die Farbänderung gegenüber dem Ausgangsgestein ist gering. Der Reaktionsbereich im Solum schwankt von neutral bis stark sauer.

Die Entwicklung eines Pelosols ist in Kap. 3.2.2.4 beschrieben. Die Weiterentwicklung verläuft im wasserundurchlässigen zur Braunerde und im wasserdurchlässigen Ton- bzw. Ton-mergelstein zum Pseudogley. Subtypen des Pelosols sind folgende Übergangsformen: der Regosol-Pelosol (Ah/CvP/lC-Profil), der Ranker-Pelosol (Ah/CvP/mC-Profil), der vertisolartige Pelosol (Ah/AhP/(P)/C-Profil und der Gley-Pelosol (Ah/P/PGo/Gr-Profil). Aus carbonathaltigem Tongestein kann ein kalkhaltiger Pelosol oder ein Pararendzina-Pelosol entstehen.

Pelosole sind u. a. im Bereich des Keupers und Juras Südwestdeutschlands verbreitet, vereinzelt in Südniedersachsen, Ostwestfalen, im Münsterland und in der Wittlicher Trias-Senke anzutreffen. Gegenüber Tonstein als Ausgangsmaterial sind Tonmergelsteine häufiger das Ausgangsgestein. Auf älteren Gesteinen mit silicatischem Bindemittel aus Tongesteinen (Tonschiefer, Schieferton) sind sie seltener anzutreffen.

Pelosole aus Tonstein werden wegen der starken Quellungs- und Schrumpfungsvorgänge vorwiegend als Grünland oder Wald genutzt. Die forstliche Standorteignung kann nur unter Berücksichtigung des Regionalklimas, der Lage im Gelände, des Ausgangsgesteins und des Fortschritts der Bodenentwicklung bestimmt werden. Tiefwurzler können sich im tonigen Solum verankern und auch die Nährstoffe und Wasserreserven des Unterbodens nutzen. Das Spektrum der Waldbauziele reicht von wüchsigen, tannenreichen Mischwäldern auf tiefgründigen, dabei gut dränierten Pelosolen an Unterhängen bis zu lichten und strauchreichen Schutzwäldern aus Traubeneiche, Feld- und Spitzahorn, Winterlinde, Vogelkirsche und eingesprengten Kiefern auf flachgründigen Pelosolen der Kuppen und südexponierten Hangrippen. Ackerbau ist meist nur auf Pelosolen aus Tonmergelstein rentabel, weil deren Lufthaushalt und Durchwurzelbarkeit günstiger und die Bodenbearbeitung weniger stark erschwert ist.
ST: Dystric (Vertic) Eutrochrepts
FAO: Vertic Cambisols

e Braunerden B (Abb. 120 und Tab. 122 sowie Farbtafel II)

In dieser Klasse sind die drei Bodentypen Braunerde mit Ah/Bv/Cv/Cn-Profil, Parabraunerde mit Ah/Al/Bt/(Bv)C-Profil und Fahlerde mit Ah/Ael/Bt/BvC-Profil zusammengefaßt worden. Die B-Horizonte dieser drei Bodentypen haben eine durch fein verteilte Eisenoxide bedingte braune Farbe. Diese braunen Böden haben in Mitteleuropa die größte Verbreitung von allen Bodentypen.

I Braunerde BB

Die Entstehung einer Braunerde wurde in Kap. 3.2.2.5 für das norddeutsche Flachland beschrieben. Auf dem relativ lockeren, trockenen Sandsediment hat sich ausgehend vom Lockersyrosem über einen Regosol die Braunerde entwickelt. Dabei hat im Bv-Horizont eine Verwitterung »an Ort und Stelle« stattgefunden. Im humiden Klima verwittern bei starker Bodendurchfeuchtung die Silicate, vor allem Feldspäte, Augite, Glimmer und Hornblenden; hierbei werden sekundäre Tonminerale wie Illit, Vermiculit und Smectit (siehe Kap. 2.1.2.1) neugebildet. Der neben diesem Prozeß der Verlehmung parallel verlaufende Prozeß der Verbraunung (Bildung von Fe(III)-Oxiden, z.B. Goethit) führt dazu, daß primäre und sekundäre Mineralteilchen von Oxidhäutchen umgeben sind. Diese verursachen überwiegend die Braunfärbung des Bv-Horizontes. Die Kationenaustauschkapazität der pedogenen Tonfraktion beträgt meistens > 16 mval/100 g.

In der Typischen Braunerde erfolgt keine Verlagerung von Tonmineralen und Eisenoxiden aus dem Ah-Horizont in den Bv-Horizont oder innerhalb dieses Horizonts. Nach dem Basengehalt werden unterschieden: Basenreiche Braunerde, Mittelbasische Braunerde, Basenarme Braunerde und Sehr Basenarme Braunerde. Der Bv-Horizont einer Eisenreichen Braunerde ist rotbraun und hat ein loses Schorfgefüge. In der Rostbraunerde ist der Bv-Horizont ocker- bis rostfarben und zeigt ein loses bis schwach verfestigtes Gefüge. Weitere Abweichungen vom Normaltyp sind die Kalkbraunerde und die Lockerbraunerde, die im Bv-Horizont ein Gesamtporenvolumen > 60% hat. Bei überwiegend sandiger Bodenart kommen Braunerden mit Tonanreicherungsbändern von < 1 cm Mächtigkeit vor. Übergänge zu anderen Bodentypen kommen als Subtypen der Braunerde in folgenden Verbindungen vor: Ranker-, Regosol-, Rendzina-, Pararendzina-, Pelosol-, Grauplastosol-, Rotlatosol-, Terra fusca-, Parabraunerde-, Pseudogley-, Gley- und Podsol-Braunerde. In letzterem sind die Aeh und A(h)e-Horizonte zusammen > 3 cm mächtig. Braunerden mit geringerem Podsolierungsgrad (Aeh und A(h)e-Horizont < 3 cm) werden als Podsolige Braunerde bezeichnet. Die Podsol-Braunerde entsteht aus sandigen Substraten, die zunächst eine schwache Braunerdeentwicklung ermöglichen; aber die schnelle Versauerung lenkt die Bodenentwicklung in Richtung Podsol.

In Abhängigkeit von der Humusform schwankt das C/N-Verhältnis in Braunerden zwischen 10 und 22. Stärkere Unterschiede treten bei den V-Werten zwischen 95 und 20 auf. Der Gehalt an organischer Substanz beträgt bei Ackernutzung im Ap-Horizont 2 bis 3%. Weiteste Verbreitung hat der Subtyp der Basenarmen Braunerde und deren Übergangsbildungen, die großflächig aus kalkfreien Gesteinen und deren Verlagerungsprodukten des Devons, Karbons, Perms und der Trias und aus silicatreichen, glazigenen und fluviatilen Sanden des Quartärs entstanden sind.

Bodenzahlen zwischen 25 und 70 zeigen (siehe Tab. 122), daß der ackerbauliche Wert der Braunerden in einem weiten Bereich schwankt. Auch auf nährstoffarmen Ausprägungen der Braunerde lassen sich bei Zufuhr aller fehlenden Nährstoffe und Einsatz der Feldberegnung zur Ertragssicherung hohe Erträge erzielen. Eine Waldnutzung erfolgt oft in Anlehnung an naturnahe Waldbestände. ELLENBERG (1986) führt dazu aus, daß die Braunerde-Buchenwälder und -Buchenmischwälder ihre Ausprägung vor allem durch die unterschiedliche Bodenreaktion erfahren.

ST: Dystric Eutrochrepts, Typic Dystochrepts, Typic Haplumbrepts

FAO: Dystric bis Eutric Cambisols

II Parabraunerde BL (Abb. 116 und Tab. 122 sowie Farbtafel II)

Der Unterschied zur Braunerde besteht in der vertikalen Tonverlagerung im Profil: diese Lessivierung führt zur Horizontfolge der Parabraunerde Ah/(Al-Bv/)Al/Bt/(Cc/)C-Profil. Die Tongehaltdifferenz zwischen Al- und Bt-Horizont beträgt mindestens 3%mas bei < 17% Ton und < 50% Schluff, mindestens 5%mas bei < 17% Ton und > 50% Schluff oder 17 bis 45% Ton, mindestens 8%mas bei > 45% Ton. Für die Ansprache als Parabraunerde braucht keine genetische Beziehung zwischen Al- und Bt-Horizont zu bestehen, wenn aus dem anstehenden Substrat normalerweise Parabraunerden entstehen. Besteht zwischen Al- und Bt-Horizont mit Sicherheit ein Schichtwechsel, so ist das in der Horizontsymbolik zu berücksichtigen: Ah/Al/IIBt/(Bv)C-Profil.

Die in Kap. 3.2.2.1 beschriebene Bodenbildungsfolge auf weichseleiszeitlichem Geschiebemergel im atlantisch beeinflußten, gemäßigten Klimabereich Mitteleuropas zeigt die Entstehung einer Parabraunerde auf; diese Boden-

Tab. 122. Profile der Braunerden (Erläuterung der Kurzzeichen siehe Tab. 121)

Kurzzeichen	Subtyp	Ausgangsgestein	Vorkommen	aufgenommen		Horizontfolge	Bodenschätzung bzw. Nutzung
				im Jahr	durch		
BBn	Typische Braunerde	Buntsandstein	Odenw. u. Rhön	80	3/2.23	Ap/Bv/IIBvCv/Cv	S14V32/29
BBn	Typische Braunerde	Geschiebesand/ Schmelzwassersand	Ostholstein	93	2/70/224	Ap/AhBv/Bv1/Bv2/ (Al)Bv/BbtC/rGBv/BbsC	Acker
BBk	Kalkbraunerde	Muschelkalk	Jura	80	3/2.10	Ap/Bv/Cv	L 4V63/58
BB1	Lockerbraunerde	Basaltzersatz	Vogelsberg	80	2/46/218	L/Oh/Ah/AhBv/Bv/II Bv	Fichtenwald
RR-BB	Rendzina-Braunerde	Muschelkalk	Ostwestfalen	55	1/22	Of/Bv/BvlCv/mCn	Buchenwald
RZ-BB	Pararendzina-Braunerde	Würm-Löß	Vorgebirge	58	1/18	Ap/Bv/Bv1Cv/1Cv	70/?
CF-B	Terra fusca-Braunerde	Lias-Mergel	Oberfranken	80	4/13	Ap/Bv1/Bv2/BvCv	LT4V53/64
DD-BB	Pelosol-Braunerde	Lias-Mergel des Hettangium	Ardennen	83	2/37/57	Ah/Bv1/Bv2/IIBv3/PCc/ PCv/Cn	Primel-Hain-buchenwald 50/?
BL-BB	Parabraunerde-Braunerde	Geschiebemergel	Oberbayern	56	1/21	Ap/A1Bv/BtBv/IImC	
PP-BB	Podsol-Braunerde	Geschiebesand	w. Nienburg/ Weser	58	1/24	L/Ahe/BsBv1/BsBv2/IISw/ Sd	Kiefernwald
PP-BB	Podsol-Braunerde	Buntsandstein	Freudenbg. Main	56	1/56	L/Ahe/Bv1/Bv2/mCn	
SS-BB	Pseudogley-Braunerde	Löß	Freudenbg. Main	55	1/23	L/Of/Ah/Bv/Sw/Sd	Eichenwald
BLn	typ. Parabraunerde	Geschiebemergel	Kaufunger Wald Ostholstein	86	2/51/20	LOf/Of/Oh/Ah/Al/Bvt/ BtC/Ccv/Cv/IICn	Laubwald
S–L	Pseudogley-Parabraunerde	Löß	Soester Börde	89	2/58/114	Ap/SwAl/SdBt/SdBtv/ SgBv/BvGo/IICGo	Acker

4/13 Merkblätter für Bodenkultur und Pflanzenbau, Herausgeber: Bayer. Landesanstalt für Bodenkultur und Pflanzenbau Freising und München, Abt. Boden u. Landschaftspflege: Böden und ihre Nutzung.

entwicklung verläuft vom Lockersyrosem über Pararendzina und Braunerde (Abb. 116). In dem genannten Abschnitt sind auch Aufbau und Eigenschaften der Parabraunerde nachzulesen. Bei den Substypen sind zu unterscheiden:

- Typische Parabraunerde, bei der durch die Verlagerung von Ton zusammen mit Eisenoxiden ohne sekundäre Verbraunung der Al heller und der Bt dunkler (gegenüber dem Bv-Horizont der Braunerde) gefärbt ist. Es kann eine Basenreiche und eine Basenarme Parabraunerde unterschieden werden.
- Rötliche Parabraunerde, deren Bt-Horizont durch Hämatit rötlichbraun gefärbt ist.
- Eisenreiche Parabraunerde, die aus einem eisenreichen Ausgangsgestein (z. B. eisenreicher Oolith mit carbonatischem Bindemittel) entstanden ist.
- Bänder-Parabraunerde, deren Bt-Horizont in tonangereicherte Bänder von 1 bis 10 cm Mächtigkeit geteilt ist; dieser Subtyp entsteht aus meist carbonathaltigen, sandigen Substraten.
- Tschernosem-Parabraunerde mit Ah/Ahl/AhBt/(Bv/)C- oder Ap/Ahl/Bt/BtvAh/AhC/C-Profil. Dieser Boden ist der genetische Übergang von der Schwarzerde zur Parabraunerde, bei dem die Tonverlagerung weit fortgeschritten ist (Griserde) (Abb. 117), der genetische Vorläufer ist der Parabraunerde-Tschernosem.
- Braunerde-Parabraunerde. Dieser Subtyp geht bei zunehmender Tonverlagerung aus der Parabraunerde-Braunerde hervor.

Podsol-Parabraunerde, Pseudogley-Parabraunerde und Gley-Parabraunerde sind Übergänge zu diesen Bodentypen.

Die Parabraunerde entsteht oft aus kalkhaltigen Lockersedimenten, die in Mitteleuropa großflächig verbreitet sind.

Diese Böden sind fruchtbare Ackerstandorte mit Bodenzahlen zwischen 50 und 90. Schluffreiche Parabraunerden neigen im Oberboden zur Verschlämmung und werden in Hanglagen leicht erodiert. Zur Beseitigung zeitweiligen Wasserstaus reicht in schluffreichen Pseudogley-Parabraunerden eine Dränung nicht immer aus. Eine erforderliche Gefüge- und Hydromelioration (siehe Kap. 4.5.2.2) durch Tiefumbruch soll eine Tonanreicherung im tonverarmtem Al-Horizont erreichen. Nur dann ist durch verbesserte Gefügestabilität eine ausreichende Wasserzügigkeit und Minderung der Erosions-

gefahr (siehe Kap. 4.5.3.2) zu erwarten. Die Humusformen sind Mull bis Moder, deren C/N-Verhältnis zwischen 12 und 20 schwankt (REHFUESS 1990). Je nach den klimatisch und reliefbedingten Standortausbildungen gedeiht eine breite Palette von Laub- und Nadelgehölzen. Auf im Oberboden basenreichen, tiefgründigen Parabraunerden wurzelt auch die Fichte tief und kann bei geringer Sturm- und Fäulegefährdung ohne die Gefahr einer starken Degradation der A-Horizonte angebaut werden.
ST: Typic Hapludalfs, Hapludults
FAO: Luvisols

III Fahlerde BF (Abb. 116)
Im Ah/A(e)l/Bt/Bv/(Cc/)lC-Profil ist der A(e)l-Horizont weißlich grau oder fahlgelb gefärbt und > 30 cm mächtig. Der Tongehaltunterschied zwischen A(e)l- und Bt-Horizont ist hoch; der Bt-Horizont relativ dicht und etwas verfestigt. Die Tonverlagerung hat in Folge starker Versauerung aufgehört. Die Aggregatoberflächen im oberen Teil des Bt-Horizonts erscheinen im trockenen Zustand durch Schluffanreicherung an der Aggregatoberfläche weiß überpudert. Typische Fahlerden werden überwiegend unter Wald angetroffen.

Es gibt einige Übergänge als Subtypen zu anderen Bodentypen, vor allem zur Parabraunerde, zum Podsol und zum Pseudogley. In der Kartieranleitung (1982) wird die Fahlerde aus kartiertechnischen Gründen mit der Parabraunerde zusammengefaßt.

Die Fahlerde ist vorwiegend auf älterem Löß und Geschiebelehm, sowie auf kalkhaltigen Sandsteinen des Keupers und der Kreide in Süddeutschland anzutreffen. Sie ist weniger fruchtbar als die Parabraunerde.
ST: Albic and Glossic Hapludalfs
FAO: Podzoluvisols und Albic Luvisols

f Podsole P (Abb. 120 und Tab. 123 sowie Farbtafel III)
Die freie Übersetzung des russischen Wortes Podsol ist »Ascheboden«. Dies sagt, daß unter dem aschgrauen, »gebleichten« Verarmungshorizont der nährstoffreichere Unterboden liegt. Der Bleichhorizont gab ursprünglich diesen Böden auch den Namen »Bleicherden«.

I Podsol PP
Das Ausgangsgestein ist vorwiegend kalkfrei und silicatarmer, quarzreicher Sand, Sandstein, Quarzit oder Kieselschiefer. Daraus entstand

Tab. 123. Profile der Podsole, Pseudogleye und Kolluvien (Erläuterung der Kurzzeichen siehe Tab. 121)

Kurzzeichen	Subtyp	Ausgangsgestein	Vorkommen	aufgenommen		Horizontfolge	Bodenschätzung bzw. Nutzung
				im Jahr	durch		
PPn	Typischer Podsol	roter Sandstein	Odenwald	86	2/46/162	Ofh/Aeh/Ae/Bh/Bhs/Bts/IICbtv/IICv/IIICn	Fichten-Buchenwald
PP	Podsol	Dünensand	Münsterland	89	2/58/165	L + O/Ahe + He/Bhs/C1 + 2/IIfAe/IIfbh/IIfBs/IIfBhsC	Anflug-Kiefern
PPe	Eisenpodsol	Gehängeschutt aus Kreide-Sandstein	Eggegebirge	55	1/32	L/Of/Ahe/Ae/B(s)h/Bs/C	Fichtenwald
PPeh	Eisen-Humus-Podsol	umgel. Hauptdolomit	Oberbayern	86	2/46/41	L/Of/Oh/Aeh/SwAe/Bhs/IIBsh1/Bsh2/Bsh3/BvCv	Tannen-Buchenwald
BB-PP	Braunerde-Podsol	roter Sandstein	Odenwald	86	2/46/164	Aeh/Ahe/Bhs/Btv/B(t)C/IICbtv	Kiefern-Buchenwald
BB-PP	Braunerde-Podsol	Geschiebesand	Oldenburger Geest	86	3/2.20	Ap/Ae/BvBhs/BhsCv	S4D27/25
GG-PP	Gley-Podsol	Flugsand	Emsland	55	1/33	L/Ahe/Bsh/Bhs/Bs/Go/Gr	Kiefernwald
BB-CF	Braunerde-Terrafusca	Jurakalke	Frankenalb	86	3/2.22	Ap/IIT/TCv	sL4Vg45/42
SSn	Typischer Pseudogley	Löß über Keuperton	Hohenloher Ebene	56	1/36	Of/AhSw/Sw/Sd1/Sd2	Fichtenwald
LL-SS	Parabraunerde-Pseudogley	jüngerer über älterem Löß	Hohenloher Ebene	86	2/46/146	Ah/Al/SdBt/IIBtSd	Buchenwald
SHn	Typischer Haftnässepseudogley	Graulehm aus Mittlerem Buntsandstein	Kaufunger Wald	55	1/42	L/Of/Ah/AhSg/Sd1/Sd2	Fichtenwald
SSn	Typischer Stagnogley	Löß über Fließerde aus buntem Plastosol	Weserbergland	55	1/43	L/Of1/Of2/SwAh/Srw1/Srw2	Fichtenwald
KFn	Typisches Kolluvium	Löß über Keuperpelit	Leineaue	85	2/42/316	Ap/M/IIBt/IIICv/IVC	Acker
KFn	Typisches Kolluvium	Schmelzwassersand	Ostholstein	93	2/70/228	MAh/M1/M2/M3/fAh/Bv1/Bv2	Weide

durch die Podsolierung (siehe Kap. 3.2.2.1 und 3.2.2.5) ein extrem verarmter Boden mit O/Aeh/Ahe/Ae/B(s)h/B(h)s/C-Profil.

Der im O-Horizont dem Profil aufliegende Rohhumus kann oft in drei Lagen aufgeteilt werden: L-, Of- und Oh-Horizont (siehe Kap. 3.3). Die Horizontfolge des Typischen Podsols ist im B(s)h-Horizont meistens 5 bis 40 cm mächtig und kann wenig (Orterde) oder stark (Ortstein) verfestigt sein; im Bsh- und Bhs-Horizont ist der Quotient aus pyrophosphatlöslichem Kohlenstoff zu pyrophosphatlichem Eisen Cp: Fep 3 bis 10. Wenn der Gehalt an organischer Substanz in den B-Horizonten > 0,6% mas ist, liegt der Humuseisenpodsol vor. Bei höherem Gehalt an organischer Substanz im B-Horizont kann der Typische Podsol auch als Eisenhumuspodsol bezeichnet werden.

Weitere Subtypen sind:

- Eisenpodsol mit O/Aeh/Ahe/Ae/Bs/C-Profil. Der Bs-Horizont enthält vorwiegend Sesquioxide des Eisens und Aluminiums und hat ein Cp:Fep-Verhältnis < 3.
- Humuspodsol mit O/Aeh/Ahe/Ae/Bh/C-Profil. Der Bh-Horizont enthält vorwiegend Humusstoffe als illuviale Anreicherung, und zwar mehr als der Ae-Horizont; im Bh-Horizont ist der Cp:Fep-Verhältnis > 10.
- Braunerde-Podsol und Parabraunerde-Podsol zeigen im Unterboden Reste der ursprünglichen Bodentypen. Zu diesem Subtyp ist in Abb. 120 das Beispiel Bänderparabraunerde-Ortstein-Podsol dargestellt; er hat die Horizontfolge L/O/Ah/Ae/B(m)h/Bmsh/rBbt · Bbhs/C. Auf allen im Ackerbau genutzten Flächen sind die oberen Horizonte des Podsols bis in den Ae-Horizont oder darüber hinaus durch die Bodenbearbeitung unkenntlich geworden. Dann sind sie zumindest von gepflügten Podsol-Parabraunerden nicht mehr zu unterscheiden. In der Kartieranteilung (1982) wird in diesem Falle vorgeschlagen, beide Subtypen zu einer Kartiereinheit zusammenzufassen. Überlegenswert ist in solchen gar nicht seltenen Fällen eine Zuordnung zu den Kultosolen als Agrosol (siehe Kap. 3.4.1.F).
- Pseudogley-Podsol mit O/Aeh/Ahe/Ae/B(s)h/B(h)s/Sw/Sd-Profil. Das zum Podsol gehörende Solum ist > 40 cm mächtig, d. h. im oberen Profilbereich liegt Podsolierung vor und im unteren wirkt Staunässe.

- Gley-Podsol mit O/Aeh/Ahe/Ae/B(s)h/B(h)s/ G(h)o/Gr-Profil. Auch hier ist das Podsol-Solum > 40 cm mächtig. Die Obergrenze des G(h)o-Horizontes liegt 40 bis 80 cm unter Geländeoberfläche, die des Gr-Horizontes häufig 130 bis 200 cm unter Geländeoberfläche.
- Plaggenesch-Podsol mit einem E/(O/)Aeh/ Ae/B(s)h/B(h)s/C-Profil. Der durch Plaggendüngung entstandene E-Horizont ist < 40 cm mächtig.
- Moor-Podsol mit einem H/(Aa/)Ahe/Ae/ B(s)h/B(h)s/C/(-G)-Profil. Der H-Horizont ist < 30 cm mächtig und oft eine Resttorfschicht nach Abtorfung. Dieser entstand über einem Podsol entweder bei gestautem Niederschlagswasser als Hochmoortorf oder bei Grundwasseranstieg (ertrunkener Podsol) als Niedermoortorf. Das Stau- oder Grundwasser ist – zumeist durch anthropogene Entwässerung – abgesenkt worden.

Der Podsol ist im kühlen bis kalt-gemäßigt humiden Klima weit verbreitet; besondere Schwerpunkte sind das Emsland, die Lüneburger Heide, der Mittelrücken von Schleswig-Holstein, Brandenburg und Mecklenburg. In diesen Bereichen Norddeutschlands hat der Mensch vielfach durch Abholzung des naturnahen Eichen-Birkenwaldes, langjährige Heidenutzung und Wiederaufforstung mit Kiefern die Podsolierung gefördert. Weitere kleinräumige Vorkommen finden sich auf Graniten und Gneisen im Harz, Hochschwarzwald, Fichtelgebirge, Bayrischen Wald und in den Zentralalpen, auf Sandsteinen des Devons im Harz, des Buntsandsteins im Schwarzwald, des Keupers in Süddeutschland, der Kreide im Teutoburger Wald und im Weserbergland und auf Quarziten im Rheinischen Schiefergebirge.

In Abhängigkeit von Ausgangsgesteinen, Pflanzenbeständen und Bewirtschaftungseingriffen ist die organische Substanz der Podsole in Menge und Güte sehr unterschiedlich. Dieser Humus ist jedoch gewöhnlich stickstoffarm; sein C/N-Verhältnis liegt zwischen 25 und 40 (REHFUESS 1990). Auf derartigen Standorten stehen ohne Mineraldüngung nur 10 bis 50 Kg N · ha^{-1} · a^{-1} überwiegend in der NH$_4$-Form für das Pflanzenwachstum zur Verfügung. Daher ist die Baumartenwahl oft auf die Kiefer eingeengt und kann deren Wachstum sogar auf armen Eisenpodsolen auf Dünensand bis zum Krüppelwuchs beschränken. Für eine landwirtschaftliche Nutzung ist eine gründliche Gefügemelioration in

Krume und Unterboden, Hydromelioration durch Bewässerung und Chemomelioration durch Kalkung und Mineraldüngung (siehe Kap. 4.5.2) erforderlich. In den letzten Jahrzehnten sind derartige Bodenverbesserungen großflächig durchgeführt worden. Dadurch ist oft der Anteil an organischer Substanz im bis zu 35 cm mächtigen Ap-Horizont auf zwei bis drei %mas mit einem C/-N-Wert zwischen 12 und 17 erhöht worden. Dieses hat die Ertragsfähigkeit dieser ärmeren Podsole deutlich verbessert. Zur Ertragssicherheit ist allerdings ein wesentlich höherer Betriebsaufwand (z. B. regelmäßige Düngung einschließlich einer Vorratskalkung und in sommertrockenen Gebieten Beregnung) als auf besseren Böden erforderlich.

ST: Typic Haplorthods, Typic Haplohumods, Ferrods
FAO: Podzols

II   Staupodsol PS
Der Name ist vom Wasserstau über einem tiefer liegenden, dichten SdBhs-Horizont abgeleitet. An niederschlagsreichen Standorten kommt es zu zeitweiligem Stau, der aber im Sommer bei hoher Verdunstung verschwindet. Bei starker Podsolierung werden im B-Horizont die Hüllen um die Quarzkörner immer dicker. Dadurch werden die Zwischenräume ausgefüllt und so wird eine verminderte Wasserdurchlässigkeit verursacht. Der Staupodsol unterscheidet sich vom Podsol in der Verdichtung und Rostfleckigkeit des B-Horizontes und vor allem durch vermehrte Ansammlung von Feuchthumus in den O- und Aeh-Horizonten.

Im Subtyp des Ortstein-Staupodsol mit einem O/(Sw/)Aeh/(oder SwAa/)SwAe/(II)SdBhs/C-Profil ist durch Eisenoxidverkittung eine Verdichtung des Ortsteins zu einer Stausohle entstanden. Im Bändchen-Staupodsol mit O/Aeh/SwAe/SwBb(h)s/C-Profil verläuft ein welliges Bändchen als SdBb(h)s-Horizont, das rostbraun, hart, nur < 2 cm mächtig und wasserstauend ist. Der dunkelgraue 20 bis 40 cm mächtige Aeh-Horizont ist von meist recht feuchtem Rohhumus überlagert. Dieser seltene Subtyp kommt auf Buntsandstein im Hochschwarzwald vor.

ST: Epiaquic Haplorthods or Placorthods, Typic Epiaquic Placohumods
FAO: Placi-Stagnic Podzol

g   Terrae calcis C
Der Name weist darauf hin, daß diese in Mitteleuropa häufig umgelagerten Böden aus den Lö-sungsrückständen von Carbonatgesteinen entstanden sind. Trotz der Umlagerung sind die ursprünglichen Eigenschaften weitgehend erhalten geblieben; im oberen Profilbereich ist oft Fremdmaterial (hauptsächlich Löß) beigemischt.

I   Terra fusca CF (Abb. 118, Tab. 123)
Die Entstehung dieses Bodentyps mit einem Ah/T/lCv/mCn-Profil ist in Kap. 3.2.2.3 beschrieben. Der braungelbe bis rotbraune T-Horizont enthält > 45% Ton und ist wasserdurchlässig. Im Subtyp der typischen Terra fusca steigt im leuchtend gelb bis ockerbraun gefärbten T-Horizont der Tonanteil auf > 65%.

Die Kalkhaltige Terra fusca mit einem Ach/Tc/C-Profil ist durch sekundäre Aufkalkung, z. B. durch solifluidale Umlagerung, Beackerung oder Hangrutschung bis in den Ach-Horizont kalkhaltig. Weitere Subtypen sind durch eine Bodenentwicklung zur Braunerde, Parabraunerde oder zum Pseudogley gekennzeichnet. Letzterer hat ein Ah/SwBv/IISdT/C-Profil; der IISdT-Horizont ist (als Relikt der Verwitterung von tonigem Kalkstein bzw. Mergelkalk) oft nach solifluidaler Umlagerung verdichtet und hat eine mehr oder weniger starke Staunässe verursacht. Ah- und SwBv-Horizont sind gering mächtig (< 40 cm) und bestehen größtenteils aus Fremdmaterial (z. B. Löß). Die Tangel-Terra fusca mit O/Ah/T/C-Profil kommt in den Kalkalpen oberhalb 1400 m vor.

Terra fusca-Böden sind wegen ihres hohen Tonanteils bei Beackerung schwer zu bearbeiten und werden daher allgemein als Grünland oder Wald genutzt. Sie tragen von Natur aus in den Hügelländern und im Mittelgebirge buchenreiche Laubmischwälder mit Traubeneiche, Esche, Spitz- und Bergahorn und Linden. Im warmtrockenen, kollinen Bereich des Weinbau-Klimas herrscht auf flach- und mittelgründiger Terra fusca die Traubeneiche vor, während die Buche sich vor allem auf lößlehmvergüteten Standorten durchsetzt (REHFUESS 1990).

ST: Typic and Dystric Eutrochrepts (very fine)
FAO: Chromic Cambisols

II   Terra rossa CR
Dieser Bodentyp hat seinen Namen von der leuchtend braunroten Färbung des T-Horizontes im Ah/T/C-Profil. In Deutschland ist er meist fossil oder reliktisch und daher weit seltener als die Terra fusca. Als Subtyp wurde die vererdete

(Ferrallitische) Terra rossa im Mainzer Becken gefunden, die tertiäres Alter besitzt.
ST: Rhodic Xerochrepts (very fine)
FAO: Rhodo-Chromic Cambisols

h   Plastosole (Fersiallite) V
Plastische, kaolinitreiche, teils illitreiche Böden, die in Mitteleuropa im Tertiär oder früher in einem subtropischen bis tropischen Klima aus Silicatgesteinen entstanden und im Jungtertiär großenteils abgetragen wurden. Der Restboden ist meist im Pleistozän solifluidal umgelagert worden. Bei den Normaltypen der Plastosole können Deckschichten bis 2 dm Mächtigkeit auftreten. Diese Böden sind das Produkt einer intensiven Verwitterung und daher extrem versauert und verarmt; sogar etwas Kieselsäure ging dabei in Lösung und wurde weggeführt. Die sorptionsschwache Tonsubstanz der Plastosole ist leicht dispergierbar, so daß diese Böden zur Dichtlagerung und Staunässe neigen und eine Dränung oft mangelhaft wirksam ist. Die meisten Flächen mit Plastosolen gibt es im Rheinischen Schiefergebirge, und hier besonders in der Eifel und im Hunsrück.

I   Grauplastosol VG
Das Ah/Bj/(Cv/)C-Profil ist das Ergebnis einer präpleistozänen Verwitterung; es ist grau gefärbt und hoch plastisch, arm an Eisen, das zum Teil in rostgelben und rostbraunen Flecken oder als Konkretion an der Basis des Profils ausgefällt wurde. Der Grauplastosol ist in Mitteleuropa als Subtyp mit Staunässe am weitesten verbreitet, wenn er in ebener oder schwach muldiger Geländeposition entstand.

Vor Anwendung von Kalk und Mineraldüngung war dieser Boden unfruchtbar und trug daher nur dürftiges Grünland oder Wald. Nach Verbesserung der Düngung und Weidetechnik ist heute eine gute Weidewirtschaft möglich, wie KLAPP ab 1950 z. B. auf dem Versuchsgut Rengen gezeigt hat.

Beim Pseudogley-Grauplastosol mit einem Ah/SwBj/SdBj/C-Profil lagert das Graulehmmaterial oft so dicht, daß es zur extremen Staunässe kommt, die jede Bodennutzung sehr erschwert. Diese bodenbürtigen, aber auch durch menschliche Eingriffe hervorgerufenen Verdichtungen werden durch eine Tieflockerung nach dem von SCHULTE-KARRING (1986) entwickelten »Ahrweiler Meliorationsverfahren« beseitigt (siehe Kap. 4.5.2.2.1).

Beim Braunerde-Grauplastosol mit einem Ah(BvBj/Bj/(Cv/)C-Profil liegt in der Regel eine Deckschicht von 20 bis 40 cm über den Grauplastosolmaterial; die Deckschicht kann Lößlehm oder Braunerdematerial (z. B. vom höheren Hang her) sein, die weitgehend frei von Grauplastomaterial ist.
ST: Typic, Epiaquic and Oxic Dystropepts
FAO: Gleyic and Cambic Acrisols

II   Braunplastosol (Gelbplastosol) VB
Im Ah/Bj/(Cv/)C-Profil kann der Bj-Horizont intensiv gelbbraun, orange (Lepidokrokit) bis rotbraun gefärbt sein. In Deutschland findet er sich selten in fossiler Form z. B. auf Löß, Geschiebelehm und Terrassenmaterial, aus denen er vor allem während warmer Interglazialzeiten entstand. Diese Böden sind weniger dicht gelagert und deshalb ist auch die Tendenz zur Staunässebildung geringer als beim Graupastosol. Zu diesem gibt es Übergänge, die die Färbung beider Typen haben. Sie sind stark grau und rotbraun (oder gelbbraun) gefleckt, so daß für diese Böden die Bezeichnung Buntplastosol angebracht ist.
ST: Typic and Oxic Dystropepts
FAO: Acrisol

III   Rotplastosol VR
Im Ah/Bj(Cv/)C-Profil ist der Bj-Horizont durch einen hohen Hämatitgehalt intensiv rot gefärbt. Dieser Bodentyp entstand wahrscheinlich unter trockeneren Lokalbedingungen und ist daher nicht staunaß. Er bildete sich in Deutschland während des Tertiärs vor allem auf Basalt und Basalttuffen im Vogelsberg und Westerwald; kleinere Vorkommen finden sich im Taunus und im Fichtelgebirge.
ST: Typic and Oxic Dystropepts
FAO: Rhodic Acrisol

i   Latosole (Ferrallite, Ferralsols) W
Rote oder gelbe, Al- und ± Fe-reiche, an Kieselsäure verarmte, nichtplastische »lateritische« Böden mit hoher Wasser- und Luftdurchlässigkeit und erdigschorfigem Gefüge (deshalb früher »Erden« genannt). In Mitteleuropa sind sie im Tertiär aus basischen, eisenreichen Silicatgesteinen entstanden und meistens im Pleistozän umgelagert. Geringmächtige Deckschichten (< 20 cm) sind möglich. Sie kommen vorwiegend im Vogelsberg vor.

I   Rotlatosol (Roter Ferrallit, Ferralsol) WR
Der Typische Rotlatosol mit einem Ah/Bu/Cv/

C-Profil ist im allgemeinen hämatitreich und hat oft ein erdig-flockiges Mikrogefüge. Trotz der dadurch bedingten hohen Wasserleitfähigkeit, guten Durchlüftung und tiefgründigen Durchwurzelbarkeit sind diese Böden schwierig zu bewirtschaften, da sie sehr nährstoffarm sind, leicht austrocknen und infolge des hohen Fe-Oxidgehaltes Phosphate sehr stark festlegen. Die vor allem in Zentralafrika, Südamerika, Südostasien und Australien verbreiteten Rotlatosole werden für den Anbau vieler wertvoller Kulturpflanzen (Baumwolle, Kaffee, Kakao u. a.) genutzt. In Deutschland sind sie als Ergebnis einer tertiären Bodenentwicklung auf Basalt in einigen Teilen des Vogelsberges verbreitet; kleinere Vorkommen sind im Pfälzer Wald, Taunus und Westerwald festgestellt worden.
ST: u. a. Typic Haplorthox
FAO: Orthic and Rhodic Ferralsol

II   Gelblatosol (Gelber Ferrallit) WG
Die gelbliche Farbe im Ah/Bu/Cv/C-Profil beruht auf Goethit. Dieser kaolinitreiche Bodentyp hat ein stabiles erdiges Mikrogefüge und ist gut durchlässig für Wasser und Luft. In Mitteleuropa tritt er sehr selten auf.
ST: Typic Haplorthox
FAO: Xanthic Ferralsol

III   Plinthitlatosol (Plinthit-Ferrallit) WP
Im Ah/Bku/(Bu/)Cv/C-Profil besteht der Sesquioxid-Anreicherungshorizont Bku in Mitteleuropa nur aus Krustenbruchstücken oder Konkretionen von Erbsen- bis Faustgröße; das Solum ist hier umgelagert. Bei saurem Ausgangsgestein tritt häufig kein Bu-Horizont auf. Als Übergang zu anderen Typen ist der Pseudogley-Plinthitlatosol anzusprechen.

ST: Plinthic Haplorthox
FAO: Plinthic Ferralsol
Bei Kartierung mit dem Bohrstock sind fersiallitische und ferrallitische Bodenbildungen sehr schwer von den Edaphoiden, vorwiegend durch vulkanogen-hydrothermale Einflüsse entstandene, meist rot gefärbte Gesteinszonen, zu unterscheiden. Die Edaphoide können paläopedogenetisch überprägt sein.

j   Stauwasserböden S (Abb. 121 und Tab. 123)
Die Zuordnung der in der 1. Auflage dieser »Bodenkunde« (1969) als Staunässeböden bezeichneten Pseudogleye entsprach der damaligen Systematik, die von MÜCKENHAUSEN (1957) veröffentlicht war. Sie ordnete die Staunässeböden in der Klasse f den Landböden zu. Zwischenzeitlich waren die Stauwasserböden als Klasse a in die Abteilung B der Stau- und Grundwasserböden (Hydromorphe Böden) übernommen worden. Das ist in der 2. und 3. Auflage der »Bodenkunde« (1981 und 1983) berücksichtigt worden. Die 1985 von der Deutschen Bodenkundlichen Gesellschaft veröffentlichte Systematik ordnet nunmehr die Stauwasserböden wieder der Abteilung A »Terrestrische Böden« zu.
In Bodenklasse j sind die Böden vereinigt, in denen das Sickerwasser auf einem weitgehend undurchlässigen Unterboden- bzw. Untergrundhorizont (oder einer -schicht) gestaut wird und sich darüber als Stauwasser sammelt. Im Sommer verschwindet es von der Bodenoberfläche meistens durch direkte Verdunstung und Transpiration der Vegetationsdecke, so daß ein Wechsel zwischen Vernässung und Austrocknung für den Wasserhaushalt dieser Böden typisch ist. Die Dauer der Vernässungs- und die der Trockenphase sind für Boden und Pflanze

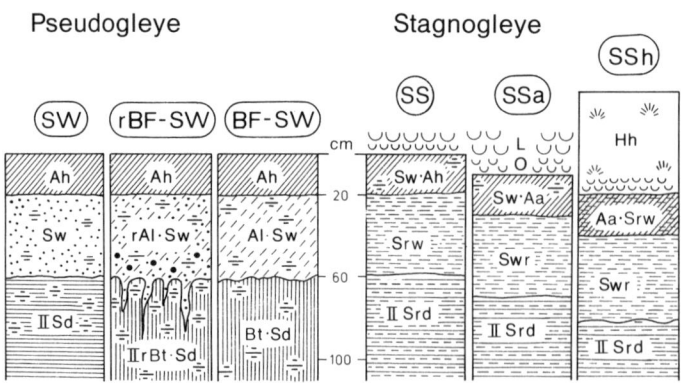

Abb. 121. Typische Bodenprofile von Stauwasserböden: SW: Typischer Pseudogley aus Sand über Ton; rBF-SW: Relikt-Fahlerde-Pseudogley aus Geschiebedecksand über saaleglazialem Geschiebelehm; BF-SW: Fahlerde-Pseudogley aus weichselglazialem Löß; SS: Typischer Stagnogley aus Sand über Ton; SSa: Anmoor-Stagnogley aus Sand über Ton; SSh: Hochmoor-Stagnogley aus Sand über Ton (Hh jetzt hH). Stark schematisch (Entwurf ROESCHMANN 1984).

(Bodenprofilbilder I–IV aus *RID* 1984)

Ah — grauschwarzer, stark humoser, schwach carbonathaltiger toniger Lehm mit Kalkstein-Bruchstücken; Krümelgefüge, locker, stark durchwurzelt

cCv — angewitterte Kalkstein-Bruchstücke mit gelbbraunem, z. T. carbonathaltigem Residualton aus der Kalksteinverwitterung in den Zwischenräumen; Feinpolyeder-Gefüge, locker, durchwurzelt

cCn — graugelber plattiger Kalkstein, mit hoher Wasserdurchlässigkeit in den zahlreichen Gesteinsklüften

Rendzina aus Kalkstein (Wald)

Ap — schwarzbrauner, humoser, toniger Schluff; Krümel- bis Bröckelgefüge, unterschiedlich porös, durchwurzelt

Ah — braunschwarzer, humoser, toniger bis stark toniger Schluff; hohlraumreiches Krümel- bis Schwammgefüge

Ah-Cc — gelber, carbonatreicher, z. T. humoser, schwach toniger Schluff mit schwarzgrauen, humosen »Krotowinen«; Krümel- bis Kohärentgefüge, porös

cCn — gelber, carbonathaltiger, schwach toniger Schluff (Löß); Kohärentgefüge, feinporig

Tschernosem (Schwarzerde) aus Löß (Acker)

Ah	graubrauner, stark humoser, feinsandiger Lehm; Krümelgefüge, locker, stark durchwurzelt
Bv	gelblich- bis rötlichbrauner, schwach humoser feinsandiger Lehm; Krümel- bis Subpolyedergefüge, stark porös, stark durchwurzelt (nach unten abnehmend)
Cv	bräunlich-gelber feinsandiger Lehm, z. T. geschichtet; Subpolyeder- bis Schichtgefüge, porös, schwach durchwurzelt
Cn	gelbgrauer feinsandiger Lehm; Kohärentgefüge, schwach porös

Braunerde aus Lehm des Miozäns (Tertiär) (Grünland)

Ap	dunkelgraubrauner, humoser lehmiger Schluff; Brökkelgefüge, unterschiedlich porös, durchwurzelt
Al	hellgraubrauner, z. T. schwach humoser, schwach toniger Schluff; Subpolyeder- bis Kohärentgefüge, porös, schwach durchwurzelt
Bt	rötlichbrauner stark toniger Schluff; Polyedergefüge mit Tonhäutchen auf Kluftflächen, stark porös bis porös
Bvt	brauner toniger Schluff; Subpolyedergefüge mit einzelnen Tonhäutchen, z. T. grobprismatisch, porös
Bv	gelbbrauner, schwach toniger Schluff, nach unten schwach carbonathaltig; Kohärentgefüge, porös bis schwach porös

Parabraunerde aus Löß (Acker)

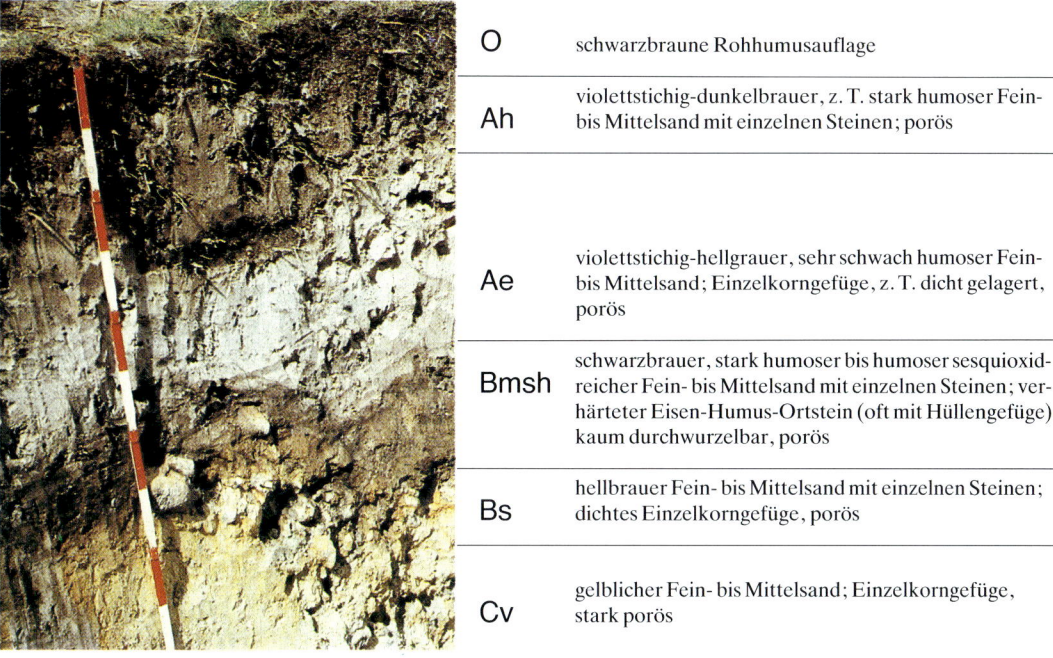

O	schwarzbraune Rohhumusauflage
Ah	violettstichig-dunkelbrauer, z. T. stark humoser Fein- bis Mittelsand mit einzelnen Steinen; porös
Ae	violettstichig-hellgrauer, sehr schwach humoser Fein- bis Mittelsand; Einzelkorngefüge, z. T. dicht gelagert, porös
Bmsh	schwarzbrauer, stark humoser bis humoser sesquioxid-reicher Fein- bis Mittelsand mit einzelnen Steinen; verhärteter Eisen-Humus-Ortstein (oft mit Hüllengefüge), kaum durchwurzelbar, porös
Bs	hellbrauer Fein- bis Mittelsand mit einzelnen Steinen; dichtes Einzelkorngefüge, porös
Cv	gelblicher Fein- bis Mittelsand; Einzelkorngefüge, stark porös

Podsol aus eiszeitlichem Sand mit kleinen Geschieben (Grünland)

Ap	braungrauer, stark humoser bis humoser toniger Schluff; Bröckelgefüge, z. T. plattig, porös
Sw	hellbräunlicher, stark rostfleckiger, schwach toniger Schluff, z. T. mit Raseneisenstein-Konkretionen; dichtes Einzelkorn- bis Kohärentgefüge, porös
Swd	Übergangshorizont: toniger Schluff mit Raseneisenstein-Konkretionen; Kohärentgefüge, schwach verdichtet, schwach porös
Sd	rostbraun- und gelblich-hellgrau-fleckiger toniger Schluff; dichtes Kohärentgefüge, porenarm

Pseudogley aus Löß (Acker)

Ah	dunkelgraubrauner, stark humoser schluffiger Lehm; Krümel- bis Subpolyedergefüge, stark porös, stark durchwurzelt
Go	hellgrauer, stark rostfleckiger schluffiger Lehm; Subpolyeder- bis Kohärentgefüge, porös, durchwurzelt
Gor	mittelgrauer, schwach rostfleckiger, schluffiger Lehm; Kohärentgefüge, schwach porös (schwarzgraue Lage: fossiler Ah-Horizont mit Polyedergefüge)
Gr	mittelgrauer, schluffiger Lehm, Kohärentgefüge, schwach porös

Gley aus Auelehm (Grünland)

Ap	graubrauner, humoser, stark schluffiger Ton; Bröckelgefüge, locker, stark durchwurzelt
Go	braungrauer, stark rostfleckiger, schwach humoser, stark schluffiger Ton; Subpolyeder- bis Polyedergefüge, porös, durchwurzelt
cGor	grauer, carbonathaltiger, mittel- bis schwach rostfleckiger, geschichteter schluffiger Ton; grobes Prismengefüge (in sich kohärent), schwach porös *darunter:* cGr: grauer, carbonathaltiger, geschichteter, stark schluffiger Ton; kohärent.

Seemarsch aus Meeresschlick (Acker)

gleichermaßen von Bedeutung. Während der Vernässungsphase wird die Bodenentwicklung von Reduktionsvorgängen bestimmt. In der Trockenphase gelangt Luft in den Boden, und dadurch können dann Oxidationsvorgänge ablaufen. Hierdurch ergibt sich ein sehr spezifischer, kleinräumlich differenzierter, von Jahr zu Jahr wechselnder Wasserhaushalt. Das Zusammenwirken von Reduktions- und Oxidationsprozessen bei der Bodenbildung ist in den Abschnitten 1.3.2.2.2 sowie 2.2.5 und 3.2.1.2 beschrieben.

I Pseudogley SW

Der Boden mit einem Ah/S(e)w/(II)Sd-Profil (Abb. 121 und Farbtafel III) ist nur zeitweilig vernäßt und unterliegt oft einem deutlichen Wechsel von Naß- und Trockenphasen. Deren Dauer hängt ab von:
- der Tiefenlage des mehr oder weniger dichten Sd-Horizontes,
- der Textur (Korngrößenzusammensetzung) des wasserleitenden S(e)w-Horizontes,
- dem Relief der Oberfläche des Sd-Horizontes und der Bodenoberfläche,
- der Niederschlagsmenge und -verteilung,
- der Temperatur und der Luftfeuchtigkeit.

Der Typische Pseudogley zeigt das charakteristische, »marmorierte« Profilbild, bei dem im Sd-Horizont die im allgemeinen rötlich- und rostbraunen Farben mit grauen Flecken und Streifen durchsetzt sind. Er ist in Gebieten verbreitet, in denen eine mehr oder weniger dichte Schicht (bzw. Horizont) von durchlässigem Material überlagert wird (siehe Kap. 3.2.2.1 und 3.2.2.2).

Weitere Subtypen sind der Kalkhaltige, der Tiefhumose, der Konkretionsreiche, der Hardpan- und der Hangpseudogley. Letzterer tritt in Hanglagen mit > 9% (5°) Neigung und einer hangabwärts gerichteten, langsamen Wasserbewegung im oberen Profilbereich auf.

Der Anmoorpseudogley mit einem SwAa/S(e)w/Sd-Profil hat einen > 10 cm mächtigen SwAa-Horizont. Dieser ist durch hochanstehendes, längerfristiges Stauwasser gebildet worden; er entsteht vorwiegend in seichten Vertiefungen des Mikroreliefs.

Eine Veränderung des ursprünglich am jeweiligen Standort entstandenen Bodentyps durch Bildung von Stauzonen im Unterboden mit der Folge von zeitweiligen Vernässungserscheinungen wird systematisch mit folgenden Subtypen des Pseudogleys erfaßt:

- *Tschernosem*-Pseudogley, in dem das zeitweilige Stauwasser höher im Oberboden aufsteigt als im Pseudogley-Tschernosem (Abb. 117),
- *Braunerde*-Pseudogley, in dem Ah + BvSw zusammen < 40 cm mächtig sind; er entstand durch einen dichten (II)Sd-Horizont,
- *Parabraunerde*-Pseudogley, ging aus einem im Zuge der Tonverlagerung verdichteten BtSd-Horizont hervor, kann aber auch als Schichtprofil auftreten,
- *Fahlerde*-Pseudogley (Abb. 116 und 121), in dem der BtSd-Horizont u. a. eine längere Bildungsdauer hat als bei den vorstehenden Subtypen, er kann als IIrBtSd auch reliktisch sein,
- *Podsol*-Pseudogley mit einem L/O/Ah/Ae/Bhs/(Al)Sw/(II)BtSd/C-Profil. Voraussetzung für diese Entwicklung ist ein dichter, wasserstauender Untergrund, überdeckt mit nahezu calciumfreien quarzreichen Sanden, die relativ schnell im kühl-feuchten Klima der Podsolierung unterliegen (Abb. 116); die Bodenentwicklung kann zum Podsol-Pseudogley (siehe Kap. 3.2.2.1) führen,
- *Pelosol*-Pseudogley mit einem SwAh/(Sw)IIPSd/tCvSd/(e)tCSd-Profil auch dieser Subtyp ist Klimax der Bodenentwicklung auf dichtem, wasserundurchlässigen Ton- bzw. Tonmergelstein (Abb. 119),
- *Terra-fusca*-Pseudogley mit einem Ah/SwBv/IISdT/mCv/mCn-Profil ist eine Weiterentwicklung der Pseudogley-Terra fusca (Abb. 118),
- *Gley*-Pseudogley mit Ah/Sw/Sd/(IIGo/)Gr-Profil, die Ah, Sw und Sd-Horizonte sind zusammen 40 bis 80 cm, der Sd-Horizont > 20 cm mächtig, darunter ist bisweilen gespanntes Grundwasser anzutreffen, die Obergrenze des Gr-Horizontes liegt häufig 130 bis 200 cm unter Geländeoberfläche.

Eine Zersetzung der organischen Substanz erfolgt in Pseudogleyen relativ langsam, da während der Naßphasen infolge Luftmangels das Bodenleben stark eingeschränkt ist. Diese Böden sind daher in der Regel für eine acker- und gartenbauliche Nutzung wenig geeignet. Hierzu sind z. T. umfangreiche Meliorationen (siehe Kap. 4.5.2.1) erforderlich. Hingegen stellen die Pseudogleye besonders oft relativ günstige Grünlandstandorte dar.

Bei Waldnutzung von Pseudogleyen ist die Wurzelaktivität vieler Baumarten wegen Luftarmut und niedriger Temperaturen stark einge-

schränkt. Eine tiefere Durchwurzelung erreichen nur die Weißtanne, die Stieleiche und die
Schwarzerle. Letztere versorgt ihre Wurzeln
über Lentizellen am Wurzelhals und ein Luft-
leitgewebe (Aerenchym) mit Sauerstoff und
kann daher Naßphasen mit Luftmangel schadlos
überstehen. Die Fichte entwickelt dagegen nur
flache Wurzelteller, so daß es auf Pseudogleyen
in Fichten-Monokulturen leicht zu Sturmschä-
den mit großflächigem Windwurf kommt.
ST: Epiaquic Haplaquept
FAO: Stagno-Dystric, -Calcaric, -Humic, -Mol-
lic Gleysols, z. T. Stagnic Luvisols

II Haftnässepseudogley SH
Das in feinen Poren schluff- und tonreicher Böden fast ausschließlich durch Kapillarkräfte gebundene, nur aufgrund von Wasserspannungs-
differenzen bewegliche Haftwasser führt zur
Ausbildung eines Ah/Sg-Profils. In diesem zeitweise vernäßten Boden erfolgt kein schroffer
Wechsel zwischen den Naß- und Feuchtphasen;
Trockenphasen treten kaum auf. Der Wasserhaushalt dieses Bodentyps ist schwer erfaßbar
und daher noch in der Diskussion. Als Subtypen
können neben dem Normaltyp ein Toniger sowie ein Sand- und Kiesgründiger Haftnässepseudogley und Übergänge zur Braunerde, Parabraunerde und zum Gley unterschieden werden.
ST: –
FAO: –

III Stagnogley SS (Abb. 121 und Tab. 123)
Der typische Stagnogley mit einem O/SwAh/
Srw/IISrd-Profil ist infolge langandauernder
Staunässe luftarm, fast stets stark entbast und
hat eine geringe biologische Aktivität, die im O-
Horizont häufig zur Bildung von Feuchtrohhumus führt. Darunter folgen zwei naßgebleichte
Horizonte, von denen der SwAh-Horizont
durch Humuseinschlämmung aus dem O-Horizont schwärzlichgrau und der darunter befindliche, dichte und etwas plattig gelagerte Srw-Ho-
rizont hellgrau ist. Dieser Farbton hat zu der
früheren Bezeichnung »Molkenboden« geführt,
weil dieser Horizont und das daraus gewonnene
Wasser die Farbe von Molke hat. Unter diesem
hellen Horizont folgt meistens die sehr dichte,
oben fahlgraue und unten rostgelb und -braun
gefleckte Stauwassersohle IISrd, die bei einer
seltenen, tieferen Austrocknung große, dichte
Polyeder bildet (Abb. 121).
Im Subtyp des Anmoorstagnogley mit einem
L/O/SwAa/Swr/IISrd-Profil ist der SwAa-Hori-

zont > 10 cm mächtig und enthält 15 bis 30% mas
organische Substanz. Die bis in diesen Horizont
reichende, langanhaltende Staunässe führt zu
starker Naßbleichung und einem Reduktionsmi-
lieu im ganzen Profil, das auch stets stark entbast
ist.
Durch ein niederschlagsreiches Klima in
Hochlagen der Mittelgebirge wächst der Feuchtrohhumus nicht selten zu einem > 30 cm mächtigen hH-Horizont auf, so daß dadurch der Subtyp des Moorstagnogley (SSh in Abb. 121) entsteht.
Wenn sich Grundwasser im Untergrund befindet, bildet sich bei gleichen Standortbedingungen der Gley-Stagnogley mit einem
O/SwAh/Srw/IISrd/IIIG-Profil.
Stagnogleye sind für eine landwirtschaftliche
Nutzung nicht geeignet. In Forstrevieren sollten
derartige Flächen eine Dauerbestockung erhalten und nicht melioriert werden. Kahlgelegte
Stagnogleye sind nur unter größten Schwierigkeiten wieder aufzuforsten. Da die Fichte in
Hochlagen besonders sturmgefährdet ist, sind
dort Tannen-, Kiefern- und Birkenbestände mit
einem kraut- und moosreichen Unterwuchs vorzuziehen. So können Stagnogleye und ihre Bestockung als einmalige, spezifische und schüt-
zenswerte Feuchtbiotope erhalten werden
(REHFUESS 1990).
ST: –
FAO: Dystric and Histic Planosol

k Kolluvien K (Abb. 122 und Tab. 123)
Bei den Böden dieser Klasse ist das Substrat der
Bodenbildung durch Wasser oder Wind über
kurze Strecken transportiert und dann abgelagert worden. Dieses kolluviale Material muß
> 40 cm mächtig sein; darunter folgt der hier an
der ehemaligen Oberfläche gebildete, autochthone Bodentyp.
Die Umlagerung ist die Folge der Bodennutzung. Ackerbau auf großen Schlägen im hängi-
gen Gelände kann zur Bodenerosion führen. Somit sind diese Kolluvien oft relativ jung und im
beackerten Hügelland kleinflächig weit verbreitet. – Auf leichten Böden war im nördlichen
Mitteleuropa durch Abholzung und Überweidung eine so starke Zerstörung der Vegetation
eingetreten, daß es zu großflächiger Winderosion kam. Hierdurch entstanden in den Ablage-
rungsräumen kolluviale Decken, aus denen teilweise auch Binnendünen aufwuchsen.
Für die systematische Gliederung der Kolluvien sind maßgebend:

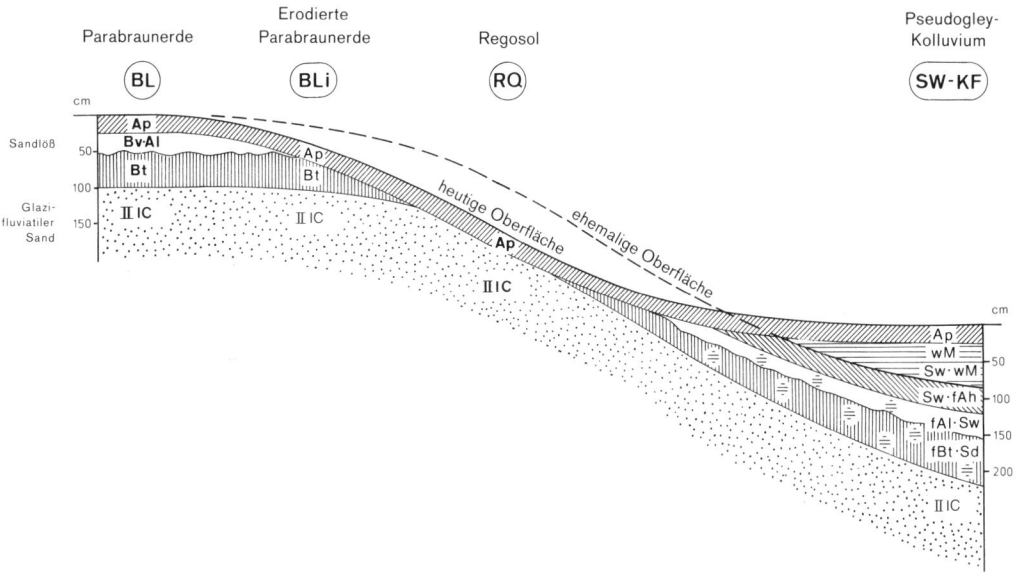

Abb. 122. Typisches Beispiel einer Bodencatena in einem hügeligen, beackerten Sandlöß-Gebiet Norddeutschlands. Nach der anthropogenen Entwaldung wurde die ursprüngliche Sandlöß-Parabraunerde am Mittelhang durch intensive Wassererosion völlig abgetragen. Stark schematisch (Entwurf ROESCHMANN 1984).

1. Die Mächtigkeit des Kolluviums über dem an der ehemaligen Oberfläche gebildeten Bodentyp,
2. sichtbare pedogenetische Veränderungen in der kolluvialen Decke,
3. die Herkunft des kolluvialen Solumsediments.

Die Fakten 1. und 2. sind für die Bildung der Subtypen maßgebend, während der 3. Faktor in einer niederen bodensystematischen Kategorie berücksichtigt wird, z. B. Pseudogley-Kolluvium aus Parabraunerdematerial über autochthonen Bodenbildungen (Abb. 122).

I Kolluvium (Fluviales Kolluvium) KF
Beim Subtyp des Typischen Kolluviums kann ein sehr mächtiges Ah/wM-Profil vorliegen, bei dem es auch im Ah-Horizont wegen anhaltender Ablagerung von kolluvialem Material noch nicht zu einer sichtbaren pedogenetischen Veränderung gekommen ist. Bei Stauwassereinfluß durch Verschlechterung der Vorflut entsteht ein Pseudogley-Kolluvium mit einem Ap/wM/SwM/SwfAh/fAlSw/fBtSd/II lC-Profil. Bei hoher Lagerungsdichte und geringer Wasserdurchlässigkeit (Sd-wM-Horizont) entsteht im vorliegenden Fall ein Pseudogley-Kolluvium über einem ursprünglich anstehenden Pseudogley. Bei einem Gley-Kolluvium wird die Vergleyung schon vor der Ablagerung des Kolluviums oder erst danach wirksam. Weitere Subtypen dieser Art sind möglich.

Während in den Abtragsbereichen an Mittelhängen eine deutliche Verschlechterung der Bodengüte eintritt, sind die Kolluvien, wenn sie nicht vernässen, besonders wertvolle Ackerflächen.

II Äolium (Äolisches Kolluvium) KA
Das > 40 cm mächtige Ah/oM-Profil entsteht aus i. d. R. humosem Bodenmaterial, das von benachbarten Flächen während vegetationsfreier oder -armer Perioden durch Winderosion abgetragen worden ist. Solche Flächen finden sich häufig an der Leeseite von Gewässern in Talrandlagen.

Durch Stau- und Grundwassereinfluß kommt es auch beim Äolium zur Bildung von Subtypen des Pseudogleys bzw. des Gleys. Beim Podsol-Äolium über Podsol mit cinem Ah/oM/(O/) (Aeh/)Ahe/Ae/Bhs/Bs/C-Profil kann die Obergrenze des anstehenden Podsol 40 bis 80 cm unter der Geländeoberfläche liegen. Mehrstöckige Podsolprofile können durch wiederholte Überwehung entstanden sein. Vom Podsol-Äolium kann nur dann gesprochen werden, wenn die Podsolierung innerhalb des Äoliums stattfindet.

B Semiterrestrische Böden

Im Hinblick auf den Bodenbildungsfaktor Wasser nehmen die Böden dieser bodensystematischen Abteilung eine Mittelstellung zwischen den terrestrischen Böden und den semisubhydrischen und subhydrischen ein. Die Entstehung der semiterrestrischen Böden wird durch hohes Grundwasser (höher als etwa 1,3 m unter Geländeoberfläche), mehr oder weniger schwankenden Grundwasserstand und teils durch Überflutung und Überstauung bedingt. Diese Entstehungsbedingungen schwanken außerordentlich stark und verursachen eine große Mannigfaltigkeit von bodentypologischen Bildungen, die nach ihrer Entstehung, ihrem Aufbau und ihrer Dynamik gegliedert werden. Die einige Jahre lang dieser Abteilung zugeordneten Stauwasserböden sind nunmehr wieder in die terrestrischen Böden eingegliedert worden. Die Moore bilden wegen ihrer genetischen Sonderstellung eine besondere Abteilung D.

a Auenböden A (Abb. 123, 124 und Tab. 124)

Die Böden der Flußniederungen außerhalb des Gezeiteneinflusses mit Ausnahme der Gleye, Anmoorgleye und Moore, in denen bei durchlässigem Untergrund die Grundwasserschwankungen mit denen des Flußwasserspiegels übereinstimmen und die z. T. periodisch bei Hochwasser überflutet werden, sind in der Klasse der Auenböden zusammengefaßt.

Die Schwankungsamplitude des Grundwasserstandes ist im allgemeinen 1,5 bis 3 m, kann aber auch 4 m und bisweilen noch darüber hinaus betragen.

Wenn die Talaue längere Zeit überflutet wird und ihr Untergrund gut durchlässig ist, so wird der Grundwasserstand in den Auenböden noch mehrere km weit vom Flußlauf entfernt beeinflußt. Ist dagegen die Hochwasserzeit kurz und/oder der Untergrund relativ dicht, so reicht die Beeinflussung im seitlichen Grundwasserstrom nur bis in wenige 100 m Entfernung vom Flußlauf. Ist das Flußbett durch tonigen Schlamm gut abgedichtet, so kann naturgemäß kein Flußwasser in den seitlichen Grundwasserstrom der Aue eintreten. Wenn der Fluß bei Hochwasser über die Ufer tritt, wird je nach Strömungsgeschwindigkeit Bodenmaterial unterschiedlicher Korngröße im Überflutungsbereich aufgelandet.

Bei Hochwasser kann jedoch im eingedeichten Auengebiet bei durchlässigem Untergrund das Grundwasser nach dem Prinzip der kommunizierenden Röhren hinter dem Deich als Druck- oder Qualmwasser hochsteigen und die Aue überstauen. Bei fallendem Flußspiegel sinkt auch das Qualmwasser in den Untergrund zurück und fließt dem Flußbett wieder zu. In Mitteleuropa sind Frühjahrshochwasser am häufigsten; nach ausgiebigen Niederschlägen oder bei den aus dem Bergland kommenden Flüssen zur Zeit größerer Schneeschmelze können diese auch im Sommer eintreten. Dabei ist in jedem Fall der Transportweg des abgelagerten Materials lang im Vergleich zu dem des Kolluvium.

Liefert das Einzugsgebiet der Flüsse vorwiegend Solummaterial erodierter Böden, so entsteht daraus die Allochthone Vega (Braunauenboden); bringen aber die Flüsse vorwiegend unverwittertes, nur zerkleinertes Gesteinsmaterial, so bildet sich daraus die Vielzahl der Autochthonen Auenböden.

Die Namen dieser Bodentypen werden oft durch Zusammenziehen des in der Bodenentwicklung erreichten, terrestrischen Bodens mit dem Wort Auen gebildet, z. B. Auenregosol. Auen ist von Au oder Aue abgeleitet, womit das Verbreitungsgebiet dieser Böden in meist breiteren Fluß- und Stromtälern angesprochen wird. Von der Entstehung her ist die Bezeichnung Schwemmlandböden und vom geologischen Alter her die frühere Ansprache als alluviale Böden abgeleitet. Die aus spanischen, tschechischen und polnischen Volksnamen gebildeten Namen der Auenböden gehen überwiegend auf Kubiena zurück.

Die Auswirkung von Änderungen in der Bodennutzung im Gebiet des Oberlaufes eines Flusses auf die Bildung von Auenböden macht die Abb. 124 aus dem Wesertal deutlich. Dieser sich in den letzten 2000 Jahren ständig verstärkende Einfluß der Besiedlung und Landbewirtschaftung ist erst in den letzten 100 Jahren durch Deich- und Flußausbau mit Staustufen eingedämmt worden. Diese Veränderung ist auch an den Profilen selbst zu erkennen: bei hoher Stromgeschwindigkeit ist grobes Material abgelagert worden. Mit zunehmender Aufhöhung nimmt an diesem Standort die Geschwindigkeit der Strömung ab, so daß vermehrt feineres Material zur Ablagerung kommt. Wenn sich dieser stets von unten nach oben erfolgende Sedimentationsvorgang »mehrstöckig« wiederholt, so ist im allgemeinen die Ursache in der Verlegung der Hauptströmung eines Flusses zu sehen.

In Böden der Täler der Alpen und ihres Vorlandes, in denen bei Überflutungen nicht vorverwittertes Material (Gesteinszerreibsel) abgelagert worden ist, erhalten die entsprechenden Horizonte das Symbol C und nicht M.

In den Institutionen für Bodenkartierung und im Arbeitskreis für Bodensystematik der Deutschen Bodenkundlichen Gesellschaft wird z. Zt. darüber diskutiert, die Auenboden-Typen I bis X den entsprechenden Bodentypen der terrestrischen und semiterrestrischen Böden als Subtypen zuzuordnen.
ST: Udifluvents
FAO: Fluvisols

I Rambla (Auenrohboden) AO
Im Ai/aC/aG-Profil sind Ai- und aC-Horizont zusammen > 80 cm mächtig. Dieser Boden entstand aus jungem Flußsediment. Als Subtypen sind die Typische Rambla (Auensilicatrohboden mit < 2% $CaCO_3$) und die Kalkrambla (Auencarbonatrohboden mit > 2% $CaCO_3$) zu unterscheiden. Die meist grobkörnigen, schon sauber gewaschenen Böden der Typischen Rambla werden oft zur Kiesgewinnung abgebaut. Dabei entstehende, offene Wasserflächen können eine landschaftliche Bereicherung der Flußlandschaft sein.

II Paternia (Auenregosol) AQ
Der Name wurde vom Rio Paternia in der spanischen Sierra Nevada von Kubiena (1953) abgeleitet. Dieser Boden hat bereits einen deutlichen Ah-Horizont über den unverwitterten Auensedimenten. Unterschieden werden die Subtypen Typische, Braune und Rambla-Paternia; in letzterer ist der durchgehende Aih-Horizont nur 1 bis 2 cm mächtig.

III Auenpararendzina (Kalkpaternia) AZ
Das Ah/(e)aC/Go/Gor/Gr-Profil ist aus carbonathaltigem (2 bis 75%) jungen Flußsedimenten entstanden.

IV Borowina (Auenrendzina) AR
Bei gleicher Horizontfolge ist das Ausgangsgestein carbonatreich (> 75% $CaCO_3$) und der Ah-Horizont dunkelgrau gefärbt. Die Borowina ist in Deutschland nur in den Flußtälern kleinflächig anzutreffen, die nur oder fast nur Kalkgerölle mitführen (Mückenhausen 1985).

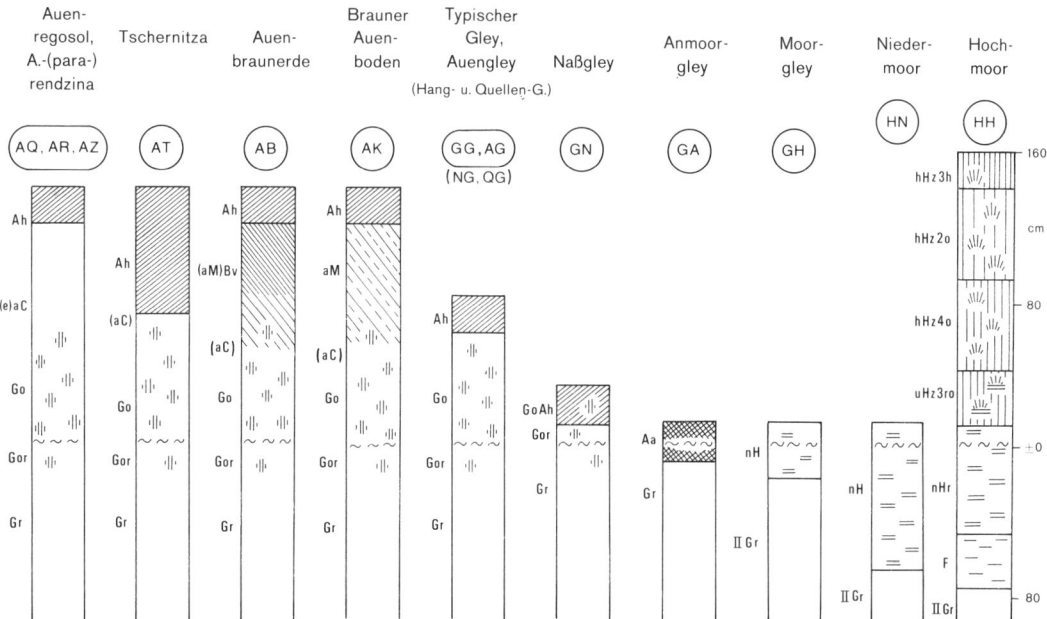

Abb. 123. Typische Bodenprofile von semiterrestrischen Böden und Moorböden in ihrer Lage zum mittleren Grundwassertiefstand (Wellenlinie). (aC) = an dieser Stelle ist in manchen Bodenprofilen ein aC-Horizont vorhanden. Stark schematisch (Entwurf Roeschmann 1984).

V Tschernitza (Tschernosemähnlicher Auenboden) AT

Dieser Name wird in der Tschechoslowakei für die grauschwarzen Böden der breiteren Täler gebraucht und ist von dem tschechischen Wort tscherni = schwarz abgeleitet. Im Ah/(aC/)aGo/Gor/Gr-Profil ist der Ah-Horizont > 40 cm mächtig und im feuchten Zustand grauschwarz. Die Entwicklung dieses Bodentypes verlief oft über ein früheres Anmoorstadium. Durch Flußausbau und Binnenentwässerung ist i. a. der Grundwasserspiegel so weit abgesenkt worden, daß mit besserer Durchlüftung die Aktivität der Bodenorganismen verstärkt wurde. Dies führte zur Vertiefung des Ah-Horizontes durch Bioturbation und zu einer Stabilisierung der stickstoffreichen Humussubstanz. Bei sandiglehmiger Textur hat die Tschernitza eine hohe Wasserkapazität mit etwa 300 mm pflanzenverfügbarem Wasser. Mit einem hohen V-Wert, einem C/N-Verhältnis um 10 und einer Bodenzahl nahe 80 gehört sie zu den besten Ackerböden. Die Gesamtfläche der Tschernitza ist relativ klein; sie findet sich in Mitteleuropa jedoch in fast allen größeren Flußtälern.
ST: Fluvaquentic and Fluventic Hapludolls
FAO: Eutric and Mollic Fluvisols

VI Auenbraunerde (Autochthone Vega) AB

Im Ah/(aM)Bv/(aC/)Go/Gor/Gr-Profil sind die beiden obersten Horizonte zusammen > 80 cm mächtig. Subtypen werden analog der Braunerde gebildet, z. B. Auengley-Auenbraunerde (Gley-Vega). Nur in diesem Boden erreicht das aufsteigende Grundwasser längere Zeit den oberen Profilbereich; bei allen anderen Subtypen erfolgt dies nur für kurze Zeit. Daher werden Auenbraunerden im allgemeinen intensiv landwirtschaftlich genutzt, Ackerbau ist nur im Schutz sicherer Deiche möglich. Die in Abb. 124 als Ausgangssituation dargestellten Auenwälder in den Gesellschaften des Silberweidenwaldes, der Grauerlenaue und des eschenreichen Hartholz-Auenmischwaldes sind nur noch in Relikten vorhanden. Da diese naturnahen Wälder durch einen hohen Anteil von Geophyten einen besonderen Artenreichtum aufweisen, ist ihr starker flächenmäßiger Rückgang im Sinne des Naturschutzes besonders bedenklich.
ST: Dystric Fluventic and Fluventic Eutrochrepts
FAO: Fluvi-Eutric Cambisol

VII Auenparabraunerde AL

Dieser Boden kann sowohl aus unverwittertem Flußsediment als auch aus Bodensediment (Allochthonem Auenboden) entstanden sein. Dadurch ergeben sich folgende zwei Profile: Ah/Al/Bt/(Bv/)aC/(aG) bzw. Ah/Al/Bt/(Bv/)aM/aG. Auch hier werden die Subtypen analog der Parabraunerde gebildet. Dieser Bodentyp geht oft aus der Auenpararendzina hervor. Eigenschaften und Nutzungsmöglichkeiten entsprechen in diesem denen der Auenbraunerde.
ST: Alfic Fluvisol, Fluventic Alfisol
FAO: Fluvi-Eutric Luvisol

VIII Auenpseudogley AS

Durch Tonverlagerung im Profil oder bei der Sedimentation kann im Unterboden ein wasserstauender Horizont entstanden sein, der zur Ausprägung eines Ah/S(e)w/Sd/(aC, aM, aG/)-Profils geführt hat. Auch hier werden die Subtypen analog dem Pseudogley gebildet. Auenpseudogleye werden ganz überwiegend als Grünland genutzt; der in den letzten Jahren oft erfolgte Umbruch zur Ackernutzung hat sich vor allem bei Wintergetreideanbau nicht bewährt. Durch gefrierendes Stauwasser kommt es zu verstärkten Auswinterungsschäden.
ST: –
FAO: Fluvi-Stagnic Gleysol

IX Auenpelosol AD

Im Ah/Pa-C/(aG/, aM/)-Profil sind Ah + P + C bzw. aM zusammen > 80 cm mächtig. Das tonige Sediment des P-Horizontes ist in Talauen nach Überflutung im beruhigten Wasser abgesetzt worden. In diesem tonigen Material kann weder eine Versickerung der Niederschläge noch ein nennenswerter Aufstieg des Grundwassers erfolgen. Qualmwasser kann dem Auenpelosol nur aus den Bereichen von in der Umgebung anstehenden, durchlässigen Böden überfließen; Überstauwasser kann auch nur seitwärts wieder abfließen. Daher bereitet der Auenpelosol bei der Bewirtschaftung die gleichen Schwierigkeiten wie der Pelosol. Diese sind bei der Nutzung als Dauergrünland am geringsten.
ST: –
FAO: Fluvi-Vertic Cambisol

X Auengley AG

Das Ah/Go/(Gro/)Gor/Gr-Profil stimmt weitgehend mit dem des Typischen Gleys überein und hat auch die gleiche Dynamik. Durch das Vorkommen zahlreicher Subtypen als Übergän-

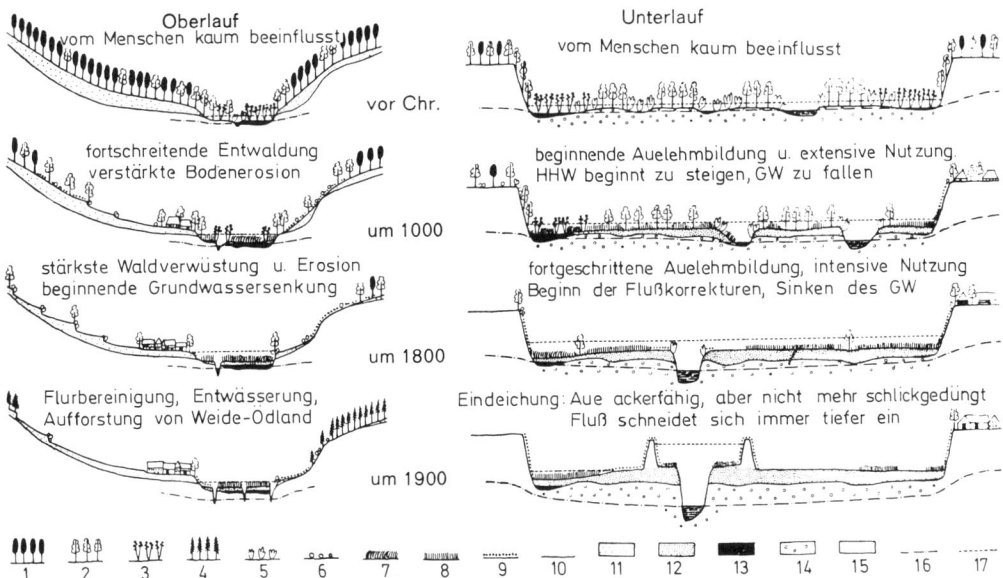

Abb. 124. Mitteleuropäische Flußtallandschaft. 1 = Buchenwald, 2 = Eichen- u. a. Laubmischwälder, 3 = Erlenbruch, 4 = Nadelholz-Aufforstungen, 5 = Weidengebüsch, 6 = sonstige Gebüsche 7 = Naßwiesen, 8 = Frischwiesen (Glatthaferwiesen), 9 = Trockenwiesen, 10 = Äcker, 11 = Lößlehm, 12 = Auelehm, 13 = Moor, 14 = Kies, 15 = andere Bodenarten, 16 = mittlerer Grundwasserstand, 17 = mittlere Hochwasserhöhe. Die Signaturen 1 bis 9 sind nicht maßstabsgerecht (aus ELLENBERG 1986).

ge zu den anderen Auenböden und eine in Flußtälern örtlich und zeitweilig auftretende, kurzfristige Überflutung wird deutlich, daß der Auengley zur Bodengesellschaft der Auen gehört. Wenn > 10% carbonathaltiges Sediment vorliegt, wird dieser Subtyp als Kalkhaltiger Auengley angesprochen.

Der diesen Boden kennzeichnende hohe, wenig schwankende Grundwasserspiegel findet sich vor allem an den Talrändern. Dort tritt oft aus den benachbarten Hängen Wasser in den Untergrund der Talaue ein. Der standortgemäße Wald ist der Erlenbruchwald, der meist in Grünland umgewandelt ist. Eine Ackernutzung sollte auf diesen Böden unterbleiben.
ST: –
FAO: Fluvisols

XI Allochthone Vega (Braunauenboden) AK
Das Ah/aM/(aC/)Go/Gor/Gr-Profil (Abb. 123) ist aus verlagertem, mehr oder weniger humosem Bodenmaterial (Solummaterial) entstanden; es ist durch Niederschlagswasser von Hängen abgespült und nach langem Transport in meist breiten Tälern sedimentiert worden. An diesem Material sind keine pedogenetischen

Veränderungen erkennbar. Das Solum dieser Vega ist häufig gleichmäßig braun.

Je nach Herkunft des abgelagerten Materials sind die Braunauenböden gutes bis sehr gutes Garten- und Ackerland. Bei schonender Bodenbearbeitung oder unter einer Grasnarbe kann sich ein hoher Besatz von Regenwürmern und anderen Bodentieren entwickeln. Durch die gute Durchlüftung wird von den Regenwürmern ein dichtes Netz von Röhren bis in größere Tiefe angelegt. Durch diese biologische Aktivität sowie durch das Einsetzen weiterer pedogenetischer Prozesse wird eine autochthone Bodenentwicklung eingeleitet. Nur wenn bei regelmäßig wiederkehrenden Überflutungen immer wieder neues Solummaterial abgelagert wird, bleibt das mächtige Profil der Allochthonen Vega längere Zeit erhalten.
ST: Udifluvents, Fluvic Udipsamments
FAO: Eutri-Cambic Fluvisol

b Gleye G (Abb. 123 und Tab. 124 sowie Farbtafel IV)
Die Böden dieser Klasse mit Ah/Go/Gr-Profil entstehen unter dem Einfluß von hochstehendem Grundwasser. Seine mittlere Schwankung

Tab. 124. Profile der Auenböden und Gleye (Erläuterung der Kurzzeichen siehe Tab. 121)

Kurzzeichen	Subtyp	Ausgangsgestein	Vorkommen	aufgenommen im Jahr	aufgenommen durch	Horizontfolge	Bodenschätzung bzw. Nutzung
AZ	Auenpararendzina	Kalkschotter	Oberbayern	82	4/20	Ap/IICv/Cn(Go)/(Gr)	1S4A1 45/43
AT	Tschernitza	Kalkschotter	Unterallgäu	82	3/2.37	Ap/Ah/IICv/Cn	LT5A1 53/48
ABk	Auenkalkbraunerde	holozäner Flußlehm	Oberrheintal	86	2/46/172	Ah/AM/M1/M2/M3/M4/fAh/Go/Gr	Wiese
AGn	Typischer Auengley	holozäne Sedimente der Weser	Mittelweser	77	2/24/48	Ah/M1/M2/MGo/Go/IISd/Gor	LIIa 66
GGn	Typischer Gley	umgelagerter Würmlöß	Kölner Bucht	58	1/53	Ah/Go/Gor/Gr	Grünlandgrundzahl 60 Laubwald
BB-GG	Braunerde-Gley	Sand und Kies der Niederterrasse	Niederrhein	56	1/51	Ah/Bv/BvGo/Gro/Gor/IIGr	
SS-GG	Pseudogley-Gley	Hochflutlehm	Donau-Isar-Hügelland	86	3/2.43	Ap/Sw/GoSwd/fAa/Gr	LIIIb 37/35
GN	Naßgley	holozäner Sand	NO-Westfalen	58	1/54	AhGor/Gor1/Gor2/Gr	Grünlandgrundzahl 28
GAn	Typischer Anmoorgley	fluviatiler Sand	Emsland	55	1/55	AaGo/Gr1/Gr2/Gr3	Grünlandgrundzahl 40
NGn	Typischer Hanggley	Fließerden und Geschiebelehm	Hochschwarzwald	79	2/28/204	L/Oh/OhAh/Go/Gor/Gor1–3/Gr/GrC/Cn	Fichtenwald mit Ebereschen

4/20 Merkblätter für Bodenkultur, Herausgeber: Bayer. Landesanstalt für Bodenkultur und Pflanzenbau, Freising und München, Abt. Boden- u. Landespflege: Böden und ihre Nutzung.

ist im Vergleich zu den Auenböden weniger stark; sie beträgt im Mittel etwa 50 bis 150 cm im Jahresablauf. Wichtig sind dabei Hoch- und Tiefstand im Profil, womit die wichtigsten Gleytypen gegeben sind.

Darüber hinaus haben die seitliche Bewegung und der Sauerstoffgehalt des Grundwassers Einfluß auf die Typenbildung. Im Einflußbereich des Grundwassers sind Oxidations- Go und Reduktionszone Gr zu unterscheiden. Zwischen diesen können Gro- und Gor-Horizonte ausgebildet sein. Die Oxidationszone ist an rostgelben und rostbraunen Flecken, die bevorzugt an den Aggregatoberflächen ausgebildet sind, und die Reduktionszone an grauer, graublauer und graugrüner Färbung zu erkennen. In der Reduktionszone werden Stoffe (z. B. Eisen, Mangan) durch Reduktion in Lösung gesetzt und in der Oxidationszone durch Oxidation wieder ausgefällt.

Die Gleye sind typische Böden der (meist schmaleren) Täler und der Niederungen. Sie können auch in Hanglagen auftreten; in diesem Falle liegt der Grundwasserhemmer in geringer Tiefe und das Grundwasser fließt mehr oder minder schnell hangabwärts. In ausgesprochenen Hanglagen ($> 5°$ Neigung) können ähnliche Gleye auftreten wie in ebener Lage; zu ihrer Kennzeichnung wird »Hang« vorangestellt.

I Gley GG (Abb. 123, Tab. 124, Farbtafel IV) Im Ah/Go/Gor/Gr-Profil sind die Ah- und Go-Horizonte zusammen > 40 und < 80 cm mächtig; die Obergrenze des Go-Horizontes < 40 cm. Der Typische Gley hat im Go-Horizont $> 10\%$ (Flächenprozent) Rostflecken. Bei diesem Subtyp zeigt der Gr-Horizont stets Reduktionsfarben (grau, graublau, graugrün) und bis 5% Rostflecken auf Wurzelbahnen. Bei landwirtschaftlich genutzten Böden ist der Humusgehalt $< 8\%$. Im Subtyp des Oxigleys fehlt der Gr-Horizont, da sauerstoffreiches Grundwasser eine Oxidation im ganzen Profil ermöglicht. Im Subtyp des Eisenreichen Gleys treten starke Absätze von Brauneisen auf, die im Gso-Horizont unverfestigt, im Gkso- als Raseneisenstein-Konkretionen und im Gmso-Horizont als knolliger oder bankiger Raseneisenstein vorliegen.

Im Bereich außerhalb der Auen kommt örtlich ein Gley mit stark schwankendem Grundwasser vor. Das Grundwasser sinkt dort im allgemeinen im Sommer sehr stark ab, kann aber auch kurzfristig wieder hoch ansteigen; dies ist vom zeitlichen Zufluß und der Menge und Ver-teilung der Niederschläge sowie einer hohen Kapillarität der G-Horizonte abhängig.

Im Humusgley (= Humusreicher Gley) beträgt der Humusgehalt in landwirtschaftlich genutzten Böden 8 bis 15%mas. Zwischen dem Kalkhaltigen Gley und dem Kalkgley liegt die Grenze des Carbonatgehaltes bei 10%. In ersterem werden sekundäre Carbonatanreicherungen durch das nachgestellte Merkmalssymbol c gekennzeichnet. Der Kalkgley ist oft aus weichen Mergelkalken und Kalken wie Alm, Seekreide und Sinterkalk entstanden. Übergänge zu den Bodentypen Rendzina, Pararendzina, Regosol, Braunerde, Parabraunerde, Podsol, Pseudogley und Plaggenesch sind durch eine Mächtigkeit der beiden oberen Horizonte von > 40 cm zu erkennen; somit liegt bei ihnen die Obergrenze des Go-Horizontes stets > 40 cm unter Geländeoberfläche. Die Obergrenze des Gr-Horizontes ist dann in der Regel zwischen 80 und 130 cm anzutreffen.

Die Entstehung dieser verschiedenen Ausprägungen des Gleys ist in Kap. 2.4.1.3 und 3.2.1 beschrieben worden. Da sie auf unterschiedlichen Sedimenten in Senken und Tälern überall dort vorkommen, wo hohes, meistens wenig schwankendes Grundwasser vorhanden ist, sind sie zwar weit verbreitet, nehmen aber allgemein nur kleine Flächen ein.

Das Gefüge der Gleye ist in den einzelnen Profilbereichen verschieden: in tonreichen Gleyen im zeitweilig feuchten Oxidationshorizont krümelig, polyedrisch oder prismatisch, im ständig nassen Reduktionshorizont meist kohärent. In Sand-Gleyen herrscht Einzelkorngefüge vor. Gleye sind häufig schwach bis stark sauer. Ausgenommen sind kalkhaltige Böden, deren $CaCO_3$ dem Ausgangsgestein oder kalkreichem Grundwasser entstammen kann. Der Go-Horizont ist allgemein durch einen relativ hohen, fleckig verteilten Gehalt an Fe-Oxiden ausgezeichnet. Raseneisenstein kann 40% und mehr Fe_2O_3 enthalten. Er wurde seit Beginn der Eisenzeit in Mitteleuropa in kleinen Schmelzöfen verhüttet. Wegen seiner schweren Verwitterbarkeit wurde er schon im frühen Mittelalter als Baumaterial genutzt.

Der Raseneisenstein ist oft zugleich relativ reich an Phosphat, bindet dieses jedoch so stark, daß die P-Verfügbarkeit gering ist. Als Humusformen treten im Gley in feuchten bis nassen Lagen Moder und Torf auf. Wenn das Grundwasser tiefer steht und kalk- und sauerstoffreich ist, wird Mull gebildet.

Gleye bilden natürliche Standorte nässeverträglicher Pflanzengesellschaften, z.B. der Feuchten Eichen-Hainbuchen- und Erlenwälder. Die Böden sind als Grünland und auch forstlich gut nutzbar, besonders für den Anbau von Eschen, Pappeln, Erlen und anderen Baumarten mit hohem Wasserverbrauch. Auch der Hainbuche, der Stieleiche und den Ahorn-Arten ist die Nässe kaum schädlich; wichtig ist, daß die Böden ausreichend mit Nährstoffen versorgt sind.

Als Acker- und Gartenland sind Gleye meist erst nach Senkung des Grundwasserspiegels geeignet. Während sich der rostfleckige Go-Horizont dadurch nur sehr langsam verändert, bedingt die Durchlüftung des Gr-Horizontes Oxidationsvorgänge und u.a. im Zuge der Umbildung von Eisensulfiden eine deutliche pH-Senkung. Der Entwässerung ist eine Meliorationskalkung anzuschließen, da sonst sekundär in tonigschluffigen Böden eine Pseudovergleyung eintreten kann. Bei gut wasserdurchlässigen Gleyen genügt oft schon der Vorflutausbau, bei schlecht wasserdurchlässigen muß zur Binnenentwässerung zusätzlich gedränt werden. Auch dann bleiben sie vorwiegend Grünlandstandorte (Verockerungsgefahr).
ST: Typic, Aeric, Humic und Mollic Haplaquents
FAO: Gleysols

II   Naßgley GN (Abb. 123 und Tab. 124)
Durch langanhaltenden, oberflächennahen Grundwasserstand ist das GoAh/Gor/Gr-Profil gegenüber dem Gley deutlich verkürzt. Der Humusgehalt des GoAh-Horizontes beträgt < 15%. An manchen Standorten fehlt die Go-Ausprägung des obersten Horizontes weitgehend. Ein derartiges Profil ist durch das Vorherrschen von grauen, grünlichen oder bläulichen Farben gekennzeichnet. Der Naßgley hat in der Regel ein kohärentes, ungegliedertes Makrogefüge und erwärmt sich schlecht.

Am Standort des Naßgleys finden sich als naturnahe Pflanzengesellschaften Saure Kleinseggenrieder (ELLENBERG 1986), die nur als einschürige Streuwiesen genutzt werden können. Bei Entwässerung und Belüftung kann das im Reduktionshorizont gebildete Eisensulfid zu Schwefelsäure oxidiert werden. Die dadurch eintretende Versauerung kann nur durch wiederholte, sorgfältige Kalkung so abgemildert werden, daß der Naßgley sich zu einem der nicht versauerten Gley-Subtypen entwickeln kann.

Erst dann können seine Pflanzenbestände in nutzbares Grünland umgewandelt werden.
ST: Typic Haplaquolls; Typic, Mollic and Humaqueptic Psammaquents
FAO: z.T. Dystric Gleysols

III   Anmoorgley GA (Abb. 123 und Tab. 124)
Im Aa/Gr-Profil ist der oberste Horizont 10 bis 40 cm mächtig. Dessen Humusgehalt beträgt 15 bis 30%mas. Der Typische Anmoorgley ist carbonatfrei. Im Kalkhaltigen Anmoorgley liegt der Carbonatgehalt < 10%, im Kalkanmoorgley > 10%. Ein weiterer Subtyp ist der Pelosol-Anmoorgley mit einem GoAa/PGo/Gr-Profil, der aus tonigem Flußsediment unter sehr feuchten Standortbedingungen entstanden ist. Im PGo-Horizont kommt es in Trockenjahren zeitweilig zu Schwundrißbildungen.

Der Typische Anmoorgley entsteht nur bei sehr hohen Grundwasserständen. In einem ausgeprägten humiden Klima ist er auf sandigen Böden die Initialphase eines Wurzelechten Hochmoores (siehe Kap. 1.3.2.6). Bei Grundwasserabsenkung trocknet sein Oberboden schnell aus und kann vor allem in Kalkanmoorgleyen puffig werden.
ST: Humic Haplaquepts, Typic Humaquepts
FAO: Humic Gleysols

IV   Moorgley GH (Abb. 107 und Abb. 123)
Im nH/IIGr-Profil ist der H-Horizont < 30 cm mächtig und enthält > 30% organische Substanz. Neben diesem häufigeren Niedermoorgley kommt auch der Hochmoorgley vor, dessen Torfe überwiegend aus Hochmoorpflanzen entstanden sind. Durch Aufwachsen des H-Horizontes > 30 cm Mächtigkeit entsteht Moor.

Der Moorgley findet sich vornehmlich in der Randzone der Moore. Nach Absenkung des Grundwassers beginnt die Zersetzung der Torfe, die bei zunehmendem Ca-Gehalt beschleunigt verläuft. Nach langjähriger Ackernutzung können so Ap-Horizonte mit 8 bis 15% organischer Substanz entstehen.
ST: Histic Humaquepts, Histic Haplaquolls
FAO: Histic Gleysols

V   Hanggley NG (Tab. 124)
In niederschlagsreichen Gebieten, z.B. höheren Mittelgebirgslagen, Alpenvorland und Alpen, kommt es bei stärkerer Neigung auch am Mittel- und Oberhang nur durch Niederschlagswasser ohne zusätzliches Quellwasser zur Bildung von Grundwasserböden. Diese Hanggleye weisen

sich vor allem durch die geringe Tiefe des Grundwasserhemmers und die relativ schnelle, hangabwärts gerichtete Fließrichtung des Hanggrundwassers als bodensystematisch eigenständig aus. Eine nähere Charakterisierung des Hangwassers nach Dynamik und Stofftransport ist in der bodensystematischen Kategorie der Subvarietät unbedingt erforderlich.

Als Sonderform des Typischen Hanggleys mit Ah/Go/(Gr)-Profil kann auch ein Temporärer Hanggley auftreten, bei dem die Hangwasserzufuhr zeitweise nachläßt oder ganz ausbleibt. Als weitere Subtypen bilden sich in Hanglagen die gleichen, durch hohes Grundwasser geformten Böden wie in ebenen Lagen aus; die wichtigsten sind folgende:
Oxihanggley, Kalkhaltiger Hanggley, Kalksinter-Hanggley, Braunerde-Hanggley, Naßhanggley, Anmoorhanggley, Moorhanggley.
ST: –
FAO: Gleysols on slopes

VI Quellengley QG
In nassen Quellbereichen (Quellnischen, Quellaustritten), wo ständig oder fast ständig Quellwasser an die Oberfläche tritt und einen relativ kleinen Bodenbereich stark vernäßt, ist das Ah/Go/G(o)r-Profil des Quellengleys anzutreffen. In derartigen Hanglagen wird unterhalb des Quellaustrittes ein schmaler Hangstreifen ebenfalls stark vernäßt; dieser gehört ebenso zum Quellengley. Wenn sauerstoffreiches Wasser die Oxidation im ganzen Profil ermöglicht, bildet sich ein Oxiquellengley ohne Gr-Horizont.

Calcium- und Nährstoffgehalt des Quellwassers, Vernässungsgrad und Ansammlung von organischer Substanz lassen unterschiedliche Subtypen entstehen, z. B. Kalkhaltiger Quellengley, Kalkquellengley und Rendzina-Quellengley. Die meist nur kleinflächig vorkommenden Quellengleye sind für die Erforschung der Bodengenese besonders lehrreich.
ST: –
FAO: Gleysols on spring-water

c Marschen M (Abb. 125, 126, Tab. 125 und Farbtafel IV)
Marschen sind Bodenbildungen, die in Europa in Küstengebieten der Nordsee unter dem Einfluß der Gezeiten auf marinen, brackischen und fluviatilen Sedimenten entstanden.

Die Bildung der Marschen begann vor etwa 7500 Jahren. Das gesamte Marschprofil, das bis 20 m mächtig sein kann, gibt Zeugnis von den rhythmischen Transgressionen durch das Meer. An den deutschen Nordseeküsten sind drei Überflutungszeiten (Hauptsenkungszeiten) nachgewiesen worden:

1. *Atlantikum* bis Anfang *Subboreal* mit drei unterscheidbaren Meeresvorstößen (etwa 6000 bis 2800 v. Chr., flandrische Transgression)

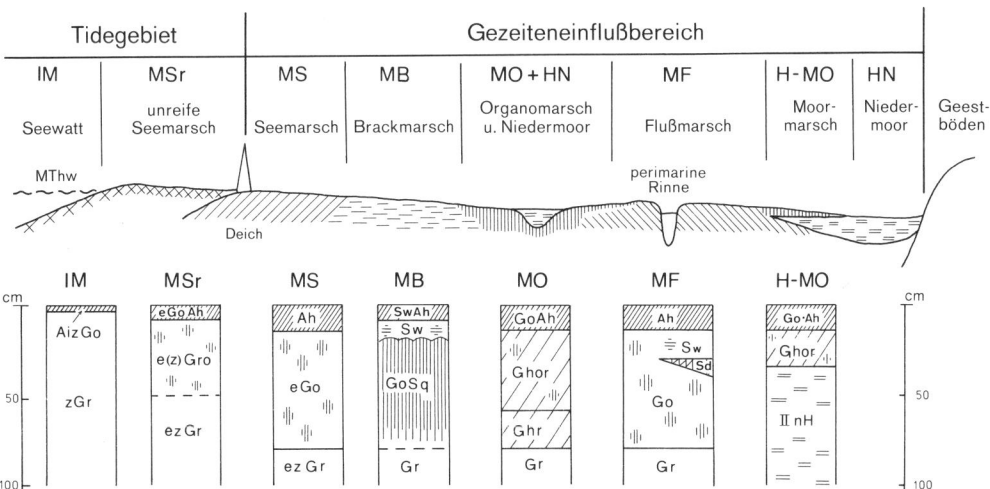

Abb. 125. Typische regionale Abfolge der wichtigsten Böden im Watten- und Marschengebiet zwischen der Nordseeküste und der südlich anschließenden, sandigen Geestlandschaft. Stark schematisch. (Entwurf ROESCHMANN und BENZLER 1984).

2. *Subboreal* bis Anfang *Subatlantikum* mit zwei unterscheidbaren Meeresvorstößen (etwa 2800 v. Chr. bis 700 v. Chr.)
3. *Subatlantikum* mit vier unterscheidbaren Meeresvorstößen (ab 700 v. Chr.) (siehe Tab. 21 und Abb. 126).

Die Transgressionen wurden mehrmals durch Stillstandzeiten (Regressionen) unterbrochen. Es bildeten sich Moore oder andere mit Festlandvegetation bedeckte Flächen, die bei erneuter Überflutung des Landes überschlickt wurden. Daher sind in einem Marschprofil oft zahlreiche begrabene Horizonte zu erkennen: Torfhorizonte, dunkle, meist verdichtete fossile Ah-Horizonte (Humusdwog), fossile Gyttjen, fossile Eisenfleckenhorizonte (Eisendwog), mit Schilftorf durchsetzte Horizonte (Darg) und fossile Spülsäume (durch Ausspülung entstandene feine Schichten).

Das Seewasser enthält etwa 3,5% Salze. Unter den in ihm enthaltenen Kationen steht Na^+ mit fast 80% bei weitem an erster Stelle, es folgen Mg^{2+} mit 15 bis 20%, Ca^{2+} mit 5% und K^+ mit nur 2%. Die Salzkonzentration des Brackwassers ist gering (1,8 bis 0,05%). Auch in ihm überwiegt allgemein das Na^+. Im Flußwasser, dessen Salzgehalt unter 0,05% liegt, ist die Kationen-Verteilung vom Einzugsgebiet der Flüsse abhängig, doch dominieren hier allgemein die Ca^{2+}. Für den Ionenbelag der Sedimente ergibt sich daher folgendes Bild: Die Tonkolloide im Seewasserbereich sind vor allem mit Na^+ belegt, die aber nach der Eindeichung und Entwässerung rasch durch Ca^{2+} aus den Carbonaten ersetzt werden. Im Brackwasserbereich sind Na^+ und Mg^{2+} stark vertreten, während der Kationenbelag im Flußwasserbereich vorwiegend aus Ca^{2+} besteht.

Die Marschen als selbständige Bodenklasse besitzen gegenüber den Klassen Auenböden und Gleye folgende spezifische Merkmale:

1. die Eigenart der Sedimentation – kurzzeitig unter Tideeinfluß und längerfristig im Zuge der Transgression und Regression des Meeres,
2. das meist feinkörnige Sediment, aufgespült durch das Meer oder einen Fluß im Deltabereich,
3. der unter natürlichen Bedingungen ohne Eindeichung mit der Tide konform gehende, meist hohe Grundwasserstand,
4. die physikalische, chemische und biologische Differenzierung dieser Böden, die bedingt ist durch Sedimentation im See-, Brack- oder

Flußwasser (Kalkgehalt, Ionenbelag), Wechsel und Dauer der Überflutung bei der Auflandung und die nach einer Eindeichung stattfindende Bodenentwicklung.

Da in den verschiedenen Vorschlägen für die systematische Gliederung der Marschen keine tiefgreifenden Unterschiede zu sehen sind, wird hier der Einteilung gefolgt, die der weitgehend abgeschlossenen Kartierung der niedersächsischen Marschen zugrunde liegt.

I Seemarsch MS (Abb. 125, Tab. 125, Farbtafel IV)

Das Ah/eGo/ezGr-Profil der Kalkreichen Typischen Seemarsch kann durch zeitliche Unterbrechung der Sedimentation auch mehrstöckig sein; oft ist die Sedimentationsgrenze durch einen Dwoghorizont gut anzusprechen. Abweichungen vom Normaltyp sind die Unentwickelte (Roh)-Seemarsch, die Unreife Seemarsch, die Kalkreiche Brack-Seemarsch und die Haftnässe (verschlämmende) Seemarsch.

Die Seemarsch kommt großflächig in den Küstengebieten vor, wo keine Mischung von Salz- und Süßwasser erfolgen kann; das sind überwiegend die Räume zwischen den großen Flußmündungen, die oft erst in der Neuzeit aus Rückgewinnung von mittelalterlichen Landverlusten eingedeicht sind. Der frische Seeschlick enthält etwa 20‰ Salz, das beim Ausbleiben weiterer Überflutungen in wenigen Wochen vom Niederschlag in den Untergrund ausgewaschen wird. Ab 9‰ Salzgehalt können salztolerante Kulturen wie Sommergerste angebaut werden. Die Auswaschung von Carbonaten geht erst in Jahrhunderten vor sich. Der hohe Ca-Gehalt erzeugt in der Seemarsch ein günstiges, krümeliges und feinpolyedrisches Gefüge; sie wird daher überwiegend als Acker genutzt, der vor allem beim Weizenanbau Spitzenerträge bringt.

Die seit Jahrhunderten eingedeichte und daher im oberen Bereich entkalkte Seemarsch (Altmarsch) kann durch starke Kalkung oder Blausandmelioration (Kap. 4.5.2.3) verbessert werden. Derartige hohe Investitionen für die landeskulturelle Sicherung der Ertragsfähigkeit haben in der Vergangenheit die Seemarschen zu Standorten mit herausragender Bodenfruchtbarkeit gemacht. Um einen ganzjährigen Einsatz von schweren Landmaschinen zu ermöglichen, wurde in den letzten Jahren die grabenlose Dränung erfolgreich durchgeführt.

ST: Halaquent
FAO: Sali-Calcaric Gleysols

Tab. 125. Profile der Marschen und Moore (Erläuterung der Kurzzeichen siehe Tab. 121)

Kurzzeichen	Subtyp	Ausgangsgestein	Vorkommen	aufgenommen		Horizontfolge	Bodenschätzung bzw. Nutzung
				im Jahr	durch		
MSp	Unentwickelte (Roh)-Seemarsch	Marine Sedimente und Flußablagerungen	Dithmarschen	86	2/46/264	zGoAh/zAhGo/zGo/zGro/zGor/zGrl/zGr2/zGr3	Andelweide
MSn	Typische Seemarsch	Marine Sedimente und Flußablagerungen	Dithmarschen	86	2/46/268	Ap/GoAp/Go1/Go2/Gor/Gr1/Gr2	Schafweide
MSn	Typ. Seemarsch	mariner Schlick	Ostfries. Marsch	86	3/2.45	Ap/rGol/rGo2	L2Al 89/86
MBs	Knickige Brackmarsch	Marine Sedimente und Flußsedimente	Dithmarschen	86	2/46/270	Ah/GoAp/SwGo/SdfAh/fAh-GoSd/fAhSd/fAhGo/Gho/Gro/Gor1/Gor2/Gr	Weide
MBs	Knickige Brackmarsch	brackige Sedimente aus 2 Perioden	Wesermarsch	86	3/2.46	SwAh/Sq/IIfAhGr/Gr	TIIa3 50/47
MFn	Flußmarsch	fluviatile Sedimente	Wesermarsch	77	2/24/56	Ah/AhGo/Go1/Go2/IIAhGr/Gr/IIIGr/IIa2	62
MOs	Schwefelreiche Organomarsch	Marine Sedimente und Flußablagerungen	Dithmarschen	86	2/46/272	GoAh1/GoAh2/Gho/Ghro/Ghor1/Ghor2/Ghr/Gr	Weide
HNn	Typisches Niedermoor Verlandungsmoor	Niedermoortorf über Mudden	Dümmerniederung	77	2/24/130	Hc/HbHc/Fh1/Fkm/Fhf/uS/Hb/MoIIa3/SHb/uS	31
HNn	Typisches Niedermoor	Kalkschotter mit Quellaustritten	Erdinger Moos	84	3/2.47	Hp/nH/IInHCv	MoIIa3 30/28
HHn	Typisches Hochmoor, wurzelecht	Hochmoortorf	Teufelsmoor	86	2/50/235	Y/hH1−hH6/nH7/IIfAhe/Bh/C	Weide
HHn	Typ. Hochmoor	Bleichmoos-Torfe	Wesermünder Geest	86	3/2.48	Hp/hH1/hH2	MoIIa4 27/25
HNu	Übergangsmoor	Seeton im Toteissee	westliches Allgäu	87	2/54/78	uHf1/uHf2/nHf	Moorödland
HNu	Übergangsmoor	Braunmoostorfe über Mudden	Ostholstein	93	2/70/230	Aa/uH1/uH2/nH1/nH2/nH3	Feuchtgrünland

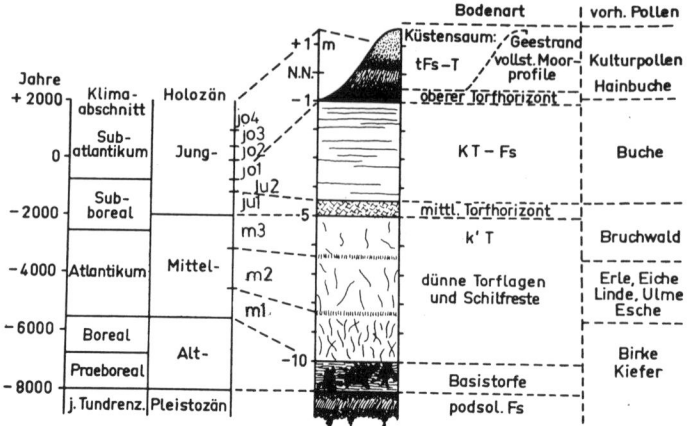

II   Brackmarsch MB (Abb. 125 und Tab. 125)
Das SwAh/Sw/GoSq/Gr-Profil weist auf eine sehr geringe Durchlässigkeit des Unterbodens hin. Die daher stark staunasse Brackmarsch wird überwiegend als Dauergrünland genutzt. Der Tongehalt im Oberboden beträgt > 17%. Subtypen weisen u. a. ein unterschiedliches Ca-Mg-Verhältnis auf: Knick-Brackmarsch < 1,5, Knickige Brackmarsch 1,5 bis 2,5, Übergangs-Brackmarsch 2,5 bis 4 und Kalk-Brackmarsch > 4. Das Ca-Mg-Verhältnis kann nach der Sedimentation während der Pedogenese von mehreren Faktoren beeinflußt worden sein.

Die Brackmarsch bildet bei Quellung durch Wassersättigung aufgrund des hohen Schluffgehaltes und der Mg- und Na-Ionen eine dichte, weitgehend kohärente Masse, fast ohne dränfähige Poren (Kap. 2.4.1.1). Der Anteil an Mikroporen fällt so stark ab, daß nur noch eine geringe oder keine Wasserdurchlässigkeit besteht. Obzwar die FK etwa 400 mm · m^{-3} beträgt, sinkt die nFK auf 10 bis 20% ab. Daher kann auch Grünland auf Brackmarsch bei langanhaltender Trockenheit Dürreschäden zeigen.
ST: –
FAO: Fluvi-Dystric Gleysol

III   Flußmarsch MF (Abb. 125 und Tab. 125)
Im Ah/Go/Gr-Profil der Typischen Flußmarsch liegt die Obergrenze des Gr-Horizontes > 8 dm unter Geländeoberfläche. Die Entkalkungstiefe ist > 4 dm; der Humusgehalt des Go-Horizontes ist geringer als der des Ah. Allenfalls kann mäßiger Stauwassereinfluß auftreten, der zu einem Ah/Sw/(Sd/)Go/Gr-Profil führt. Im Subtyp der Haftnassen Flußmarsch mit einem Ah/Sg/Go/

(z)Gr-Profil verschlämmt der Go-Horizont leicht und hat typische Haftnässe-Merkmale.

Im Ablagerungsgebiet der Flußmarschen in den großen Flußmündungen beträgt der Salzgehalt < 0,5‰; das Ca-Mg-Verhältnis ist > 4. Die Zusammensetzung der Ablagerungen ist von den Gesteinen und Böden im Einzugsgebiet abhängig, so daß z. B. in der Wesermarsch Material aus den Buntsandsteingebieten des Weserberglandes anzutreffen ist.

Die Vorland-Flußmarsch im Deichvorland ist durch regelmäßige Überflutung und Überschlickung kalk- und nährstoffreich. Nach Eindeichung wird sie zur Kalkhaltigen Flußmarsch, die in der Krume ein gutes Krümelgefüge hat und daher ein hochwertiger Ackerboden ist. Nach Absenkung des Grundwassers tritt ein »Reifungsprozeß« des Unterbodens ein; er schrumpft und bleibt für den Wasserabzug hinreichend durchlässig. Die Ausnutzbarkeit des reichlich gespeicherten Wassers ist auch im Untergrund gut, wenn nicht Dwog-Horizonte die Wurzelausbreitung erschweren.

Nach der Ablagerung von zwar in den einzelnen Sedimentationsbereichen wechselnden, insgesamt aber hohen Schluff- und Tonanteilen entstehen die Subtypen der Unreifen Flußmarsch, der Dwog-Flußmarsch oder der Brack-Flußmarsch. Ihre geringe bis schlechte Durchlässigkeit zwingt zur Oberflächenentwässerung, die meist durch Beete und Grüppen erfolgt. Derartige Böden bedürfen einer regelmäßigen Kalkung (pH-Wert > 5,5) und können dann für einige Jahre als Acker genutzt werden. Ertragssicherer ist jedoch das Dauergrünland auf diesen Böden.

ST: –
FAO: Gleyo-Eutric Fluvisols, Fluvi-Mollic Gleysols

IV Organomarsch MO (Abb. 125 und Tab. 125)
Im GoAh/Ghor/Ghr/Gr-Profil der Typischen Organomarsch liegen die pH-Werte > 3. Weitere Subtypen sind die teilweise salzhaltige Roh-Organomarsch, die Unreife Organomarsch mit schlechter Durchlüftung und Gefügeentwicklung, die Eisenreiche Organomarsch mit starken Eisenanreicherungen in Form von harten Konkretionen und die Schwefelreiche Organomarsch.

Im Profil des letzten Bodensubtyps können bei relativ langer Entwicklung von einigen Jahrtausenden reduzierte Schwefelverbindungen angereichert sein. Mit deren Oxidation durch tiefgreifende Bodenbewegungen können diese zu Sulfaten umgewandelt werden, wobei es zu pH-Werten nahe 2 kommen kann. Dadurch wird jede Vegetationsentwicklung unmöglich. Diese Böden sind an dem nesterweise auftretenden schwefelgelben Maibolt zu erkennen, der vorwiegend aus Jarosit besteht. In sulfatsauren Böden kann eine Tonzerstörung mit starker Al-Auswaschung stattfinden.

In Marschlandschaften können pleistozäne Mineralböden oder Moore überschlickt sein. Wenn diese Marschauflagen 2 bis 4 dm mächtig sind, bezeichnet man diese Böden als Moormarsch. Sie sind meist stark sauer und naß. Durch Sackung des Moores hat sich das tiefliegende »Sietland« (= Hamrich) gegenüber der »Hohen Marsch« gesenkt, wodurch das Grundwasser relativ anstieg und es bei zunehmender Vernässung zu erneuter Moorbildung kam. Auf extensivem Dauergrünland kann sich Gräsertorf, z. B. aus Honiggräsern, bilden.
ST: –
FAO: Fluvi-Humic Gleysol

C   Semisubhydrische und subhydrische Böden
In dieser Abteilung werden Böden erfaßt, die in der ständig unter dem Einfluß von Ebbe und Flut stehenden Tideregion der Meeresküste (semisubhydrisch) oder am Grunde von Binnengewässern aller Größen (subhydrisch) entstehen, allseitig von Wasser durchdrungen sind und einen F-Horizont aufweisen. Da auch an diesen Standorten nach der Sedimentation pedogenetische Prozesse ablaufen, werden die Ablagerungen nicht, wie in der Geologie und Hydrologie

üblich, zu den Sedimenten gestellt, sondern den Böden zugeordnet.

a   Semisubhydrische Wattböden I (Abb. 125)
Böden dieser Klasse entstehen im ständigen Einflußbereich der Gezeiten des Meeres in der Region der Küste und des Unterlaufes der größeren Flüsse; und zwar landwärts der Grenze des Mitteltideniedrigwassers (MTnw); sie werden vom Mitteltidehochwasser (MThw) überflutet. Die nachstehenden Bodentypen sind nach der Gliederung der Wattböden an der Küste von Niedersachsen beschrieben; die Gliederung der Wattböden an der Küste von Schleswig-Holstein unterscheidet Marines Watt und Ästuarines Watt.

I   Mariner Wattboden, Seewatt IM (Abb. 125)
Dieser Boden mit AizFo/zFr-Profil entsteht im marinen und brackischmarinen Sedimentationsbereich. Die Bildung von Subtypen erfolgt aufgrund der mineralischen (Schlickseewatt, Mischseewatt, Sandseewatt) und organischen (z. B. marines Organoschlickwatt) Zusammensetzung, des Carbonatgehaltes, des Entwicklungszustandes (abhängig von der Durchlüftungsdauer) und etwaiger Vegetation (z. B. Queller-Schlickgraszone).
ST: Hydraquents
FAO: –

II   Brackwatt IB
Im brackischen Sedimentationsbereich des Unterlaufs der Flüsse und an Küsten mit unterirdischem Süßwasserzufluß kommt dieser Bodentyp mit einem Ai(z)Fo/(z)Fr-Profil vor. Die Subtypen werden wie beim Seewatt gebildet.
ST: Hydraquents
FAO: –

III   Flußwatt IP
Der auch als Perimariner Wattboden bezeichnete Bodentyp mit einem AiFo/Fr-Profil ist im Gezeitenrückstaubereich der großen Flüsse anzutreffen. Hier werden die Subtypen wie beim See- und Brackwatt gebildet.
ST: Hydraquents
FAO: –

b   Subhydrische Böden J (Unterwasserböden)
Die Horizont-Nomenklatur und weitere Untergliederung der Unterwasserböden ist noch nicht festgelegt. Sie entstehen am Grunde von Binnengewässern (Flüssen, Seen und Teichen), sind

allseitig von Wasser durchdrungen und besitzen an der Profiloberfläche einen F-Horizont mit in der Regel > 1 % mas organischer Substanz.

Diese Böden werden auch Mudden genannt und besitzen eine charakteristische Humusform (siehe Kap. 1.3.2.6).
ST und FAO: –

I Protopedon JP

Protopedon (griechisch) bedeutet Urboden. Er ist ein Unterwasserrohboden mit einem geringmächtigen Fi-Horizont, der aus sehr unterschiedlichen Sedimenten hervorgegangen sein kann. Es ist kein sichtbarer Humus vorhanden, doch ist der Boden von Wasserpflanzen und -tieren besiedelt. Er entsteht im Bereich stärkerer Wasserbewegung (durch Strömung und Wellen), wo relativ wenig Bestandesabfall sedimentiert bzw. wieder erodiert wird. Diese Gewässer sind bis zum Grund sauerstoffreich, wodurch der Abbau organischer Substanz begünstigt wird.

II Gyttja JG

In ebenfalls gut durchlüfteten, hier stets nährstoffreichen Gewässern bilden sich die Gyttjen oder Grauschlammböden mit einem Fo-Horizont. Dieser hat eine olivgrüne, graue oder graubraune Farbe und ist oberflächlich organismenreich. Nach Trockenfallen findet eine teils irreversible Schrumpfung statt, so daß keine künstliche Entwässerung für eine landwirtschaftliche Nutzung erforderlich ist. In Mitteleuropa treten überwiegend Dy-Gyttja-Übergangsböden auf.

III Sapropel JS

Der typische, schwärzliche Fr-Horizont dieser auch als Faulschlamm bezeichneten Mudde weist auf die Sauerstoffarmut im Gewässer hin. Aus dem fast immer vorhandenen Eisensulfid kann bei Luftzutritt Schwefelsäure entstehen, die bei Austrocknung des Gewässers zu extremer Versauerung führt. Auch die schwärzliche Farbe weist auf diese Standorteigenschaften hin. Dies führt dazu, daß nur anaerobe Organismen darin leben können. Im übrigen ist die Bodenmasse nährstoffreich.

IV Dy JD

Der für einen Unterwasserboden sauerstoff- und nährstoffarmer Gewässer typische Fr-Horizont besteht aus dunkelbraunen, sauren und biologisch armen Huminstoffgelen (Braunschlamm). Bei Trockenlegung schrumpft die

Tab. 126. Typische Schichtfolgen der Torfe in Moorbodenprofilen

HN				HH				
				(hH)	hH	hH	hH	hH
		uH	uH	uH	(uH)	(uH)	(uH)	
nH	nH	nH	nH		nH	nH		
F			F		F			
MB	MB	MB	MB	MB	MB	MB	MB	MB

(Abkürzungen d. Schichten: nH = Niedermoortorf; uH = Übergangsmoortorf; hH = Hochmoortorf; F = Mudde; MB = Mineralboden)

Humusmasse zu harten Stücken zusammen, die bei Frost zu Pulver zerfallen. Daher ist dieser Boden nutzungsfeindlich. Er findet sich vor allem in Skandinavien am Boden von Binnenseen, deren Zufluß überwiegend aus saurem, braunem Hochmoorwasser besteht.

D Moore (Böden aus Torfen) H (Abb. 123 und 126, Tab. 125 und Tab. 126)

Moorböden bilden in der deutschen Bodensystematik eine eigene Abteilung, weil wie bei keinem anderen Boden mit ihrer Bildung zugleich das Ausgangsmaterial entsteht. In dieser Abteilung werden Böden mit > 3 dm Torfmächtigkeit zusammengefaßt. Der Anteil an organischer Substanz beträgt in den H-Horizonten > 30 % mas. Liegt dieser Anteil zwischen 15 und 30 % mas, so handelt es sich um einen Anmoorgley. Ist die Torfmächtigkeit < 3 dm, so steht ein Moorgley an. Für die bodentypologische Einstufung sind die obersten Torflagen von > 3 dm bestimmend. Wenn Moore natürliche Mineralbodendecken > 4 dm aufweisen, werden sie bodensystematisch den entsprechenden Mineralbodentypen zugeordnet, z. B. Moormarsch.

Zur vollständigen Ansprache müssen die gesamte Moormächtigkeit einschließlich örtlich vorhandener Mudden, der mineralische Untergrund, sowie mineralische Deckschichten erfaßt werden. Moorbodenprofile sind in der Regel nicht nur aus einer Torfart aufgebaut. Infolge wechselnder klimatischer und hydrologischer Bedingungen entstehen Schichtfolgen unterschiedlicher Torfarten, die Mudden oder fossile Mineralbodentypen überlagern können (z. B. Anmoorgleye oder Gleye unter Niedermoortorfen, Pseudogleye und Podsole unter Hochmoortorfen). Diese Schichtfolgen können im bodensystematischen Sinne als Überlagerungssubtypen aufgefaßt werden (siehe Tab. 126).

Die topogene bzw. ombrogene Moorentstehung kann aus Geländemerkmalen abgeleitet werden. Das Hochmoor ist ökologisch (Mineralstoffarmut) und botanisch (Negativkriterium: Fehlen vom Mineralbodenwasseranzeigern) ein klar definierter Moortyp. Alle übrigen Moore sind ökologisch weiter gefaßt und daher botanisch in ihrer Artenzusammensetzung sowie hydrologisch sehr vielfältig (siehe Kap. 1.3.2.6).

Eine Untergliederung der Schichtfolgen und Moormächtigkeiten (3 bis 8, 8 bis 13, > 13 dm) erfolgt in der nächsttieferen Kategorie der Varietät. Weitere Modifikationen nach der Torfart und deren Zersetzungsgrad (H < 4, H 4−7 und H > 7) bzw. nach Gefügemerkmalen (vererdet, vermulmt, segregiert, siehe Kap. 2.4.1.7) werden als Varietäten ausgewiesen. Mineralbestandteile in den Torfen sowie die Beschaffenheit des Liegenden (Substrat, Bodenart und Bodentyp des fossilen Mineralbodens) werden in der Bodenform berücksichtigt.

a   Natürliche und Naturnahe Moore

In dieser einzigen Klasse der Abteilung der Moore werden zwei Bodentypen unterschieden, deren Torfartengruppen im Kap. 1.3.2.6 beschrieben sind.

I   Niedermoor HN

Im Entstehungszustand ist das Niedermoor ganz von Wasser erfüllt, das seine physikalischen Eigenschaften weitgehend bestimmt. Nach einer Entwässerung wird es luftreich. Bei fortschreitender Entwicklung kann es so locker und schwer benetzbar (puffig) werden, daß sein Wasser- und Wärmehaushalt (zunehmende Bodenfrostgefahr) sich wesentlich verschlechtert.

Der Subtyp des Typischen Niedermoores mit einem (nHp/)nH/F/IIfGr-Profil ist in der Regel reich an basischen Kationen und hat daher einen pH-Wert in $CaCl_2$ > 4.

Ist das Moorwachstum bei gleichzeitigem Zufluß kalkhaltigen Grundwassers erfolgt, so ist der Subtyp des Carbonathaltigen Niedermoores mit einem nHc/(F)/IIfGr-Profil entstanden. Dessen pH-Wert ist > 6,5; seine Torfe weisen eine deutliche HCl-Reaktion auf. Große Flächen dieses Subtyps gibt es z.B. in den Niedermooren Bayerns (Erdinger-, Dachauer- und Donaumoos) und in den Tälern und Niederungen der Jungmoränenlandschaft Norddeutschlands und im Baltischen Höhenrücken.

Das bisher als Bodentyp ausgewiesene Übergangsmoor ist als Subtyp HNu dem Niedermoor zugewiesen; es schließt den bisherigen Subtyp des Sauren Niedermoores ein. Sein aus Torfen mit vorherrschenden Resten von Pflanzen relativ nährstoffarmer minero- und ombrotropher Moorstandorte entstandenes uH/nH/(F)/IIfGr-Profil hat einen pH-Wert < 4,0.

Diese drei Subtypen des Niedermoores wurden früher landwirtschaftlich ganz überwiegend als Dauergrünland genutzt. Der besonders in den neuen Bundesländern in den letzten Jahrzehnten erfolgte mehrmalige Umbruch für die Ansaat von Futtergräsern hat zu erheblichen Standortverschlechterungen geführt. Auf derartigen Flächen müssen in Zukunft alle Erfordernisse und Möglichkeiten des Bodenschutzes (Kap. 4.5.3) beachtet werden.

ST: Typic Medifibrists and histic subgroups
FAO: Eutric and Dystric Histosols

II   Hochmoor HH

Da das früher als Subtyp beschriebene »Wurzelechte Hochmoor« heute als Besonderheit der Torfartenschichtenfolge (Tab. 126) aufgefaßt wird, gibt es nur den Subtyp des Typischen Hochmoores HHh. Sein Profil hat in Nordwesteuropa stets Weiß- und Schwarztorfhorizonte. Unter Angabe der Zersetzungsstufe z nach der fünfteiligen Skala nach DIN 19682, Blatt 12 (Tab. 36) ist folgende Horizontfolge aus dem rechtsstehenden Profil der Abbildung 123 charakteristisch: hHz3h/hHz2o/uHz3ro/nHz4r/Fz5/ IIGr.

Bei diesem »vollständigen« Hochmoorprofil ist zwischen dem Schwarztorf hHz4o und dem Niedermoortorf nHz5r auch ein Übergangsmoortorf uHz3ro ausgebildet. Zu dessen Ansprache ist eine Bestimmung der torfbildenden Pflanzen erforderlich. Hierzu werden deren erkennbare Großreste makro- und mikroskopisch (z.B. Stengelquerschnitte und Blattoberflächen) und pollenanalytisch untersucht (SCHWAAR 1982). Im wachsenden Hochmoor sind nur wenige typische Hochmoorpflanzen (Torfmoose, Moosbeere, Sonnentau, Wollgras u.a.) anzutreffen. Nach Entwässerung breitet sich eine Sekundärvegetation aus, zu der vor allem Pfeifengras, Besen- und Glockenheide sowie Birke gehören.

Die meisten Hochmoore haben sich auf nährstoffarmen Böden im luftfeuchten Klima des Nordwestens und im niederschlagsreichen Klima am nördlichen Alpenrand entwickelt. Ein-

zelne, meist kleinere Hochmoore gibt es in höheren Lagen der deutschen Mittelgebirge.
ST: Typic Sphagnofibrists (and histic subgroups)
FAO: Dystric Histosols

E   Periglazialböden

Im periglazialen Raum, d. h. im Vorgebiet des Inlandeises und der Gletscher, entstehen Böden besonderer Prägung, die in einer bodensystematischen Abteilung zusammengefaßt werden. In Mitteleuropa treten aktuelle Periglazialböden nur in der näheren Umgebung der Gebirgsgletscher auf. Diese Strukturböden sind aber auch während der Eiszeiten im Periglazialgebiet Mitteleuropas zwischen dem Inlandeis im Norden und der alpinen Vergletscherung im Süden gebildet worden. Hiervon sind viele lokale Vorkommen, oft nur als gekappte fossile Böden, erhalten geblieben. Viele fossile Bodenreste sind zwar meistens noch im Pleistozän durch solifluidale oder äolische Ereignisse überdeckt worden. Vor allem in diesen meist geringmächtigen jüngeren Sedimenten vollzog sich die nacheiszeitliche Bodenbildung. Aber für die heutigen Eigenschaften des fossilen Unterbodens und Untergrundes mit meist starker Unregelmäßigkeit in Korngrößenzusammensetzung und Lagerungsdichte haben die fossilen Periglazialböden oft maßgeblichen Einfluß auf den Boden als Pflanzenstandort.

Bedingungen für die Entstehung von Periglazialböden sind:

1. Die »ewige Gefrornis« führt zu Dauerfrostboden. Der dort ständig herrschende Permafrost (Zusammenziehung von »permanenter Frost«) erreicht in den subpolaren Gebieten der großen Kontinentalräume (Alaska und Nordkanada, Nordostsibirien) Tiefen über 300 m. Von Nordostsibirien sind größere Gebiete südlich der Eismeerküste über die Halbinsel Kola bis zu inselartigen Vorkommen in Nordskandinavien auch heute Dauerfrostböden. Im Höhepunkt der Würmvereisung lag ganz Mitteleuropa unter Permafrost.
   Die Permafrostböden tauen nur im Sommer je nach Breiten- und Höhenlage sowie Exposition und Vegetation zwischen 0,5 m bis 6 m tief auf. In Mitteleuropa betrug diese Auftautiefe während der Würmvereisung bis etwa 2 m. Unter der Auftauzone bleibt der Permafrost ständig erhalten. Im Herbst beginnt der aufgetaute Bereich von oben her wieder zu gefrieren. Dadurch vereist das Substrat der oberen Bodenschicht je nach ihrer Wärmeleitfähigkeit unregelmäßig tief und setzt die restliche, noch nicht gefrorene Auftauschicht unter verschieden starken Druck.

2. Die Folge von unterschiedlich starkem Druck auf das noch nicht gefrorene Bodenmaterial ist seine Bewegung vom Ort höheren zum Ort niederen Drucks. Damit ist eine grobe Vermischung oder Verknetung der Bodenmasse verbunden (Kryoturbation, siehe Kap. 1.3.2.3.2). Andererseits bewirkt der jahreszeitlich bedingte Wechsel von Gefrieren und Auftauen im Oberboden eine Entmischung von Steinen und Feinerde, u. a. auch infolge unterschiedlicher Wärmeleitfähigkeit.

3. Die Bodenbildung vollzieht sich vorwiegend in der Auftauschicht bei meist niedriger Temperatur und stetiger Feuchtigkeit.

4. Die überwiegend als Frostsprengung ablaufende physikalische Verwitterung ist so stark, daß sie zur mechanischen Zerkleinerung des Gesteins, teils bis zur Größe des Schluffs und des Grobtons, führt (Kryoklastik, siehe Kap. 1.3.2.3.2).

5. Weil der Permafrost das Sickerwasser nicht in den Untergrund abziehen läßt, erfolgt im Sommer bei feuchtem Klima meistens eine starke Vernässung der Böden. Die Verdunstung ist hier bei hoher Luftfeuchtigkeit und niedrigen Temperaturen gering; bei trockenem Klima ist die Luftfeuchtigkeit geringer, und daher die Verdunstung höher.

6. Die wenigen kälteresistenten Pflanzen wachsen nur sehr langsam. Der Besatz mit Bodenorganismen ist gering.

7. Soweit pflanzliche Rückstände vorhanden sind, kommt es durch Nässe und Kälte zur Ansammlung von Feuchtrohhumus oder sogar zur Moorbildung.

8. Bei starker Vernässung und schlammiger Konsistenz der Bodenmasse sowie fehlender oder lückiger Vegetation kann der Boden selbst bei nur geringer Hangneigung (ab 3 %) in langsames Fließen (Bodenfließen oder Solifluktion, siehe Kap. 1.3.2.3.2) kommen.

a   Aktuelle Alpine Periglazialböden

Diese Bodenklasse erfaßt die heute noch in der Entstehung befindlichen Alpinen Periglazialböden, die saumartig in der Umgebung der alpinen Gletscher und örtlich oberhalb der Schneegrenze auftreten. Diese Böden sind im Jahreslauf langzeitig, örtlich auch ganzjährig, gefroren. Sie sind damit zwar der Frostdynamik ausgesetzt; es fehlt jedoch der Permafrost (siehe Kap. 3.5.2.5).

I   Alpiner Periglazialer Rohboden
Das Ai/(lC)mC-Profil unterliegt der Frostdynamik und ist daher teilweise von einem mehr oder minder dichten Steinpflaster (Hamada) bedeckt. Er entspricht dem Arktischen Rohboden sowie dem Syrosem bzw. Lockersyrosem.
ST: Lithic or Typic Cryorthents
FAO: Gelic Leptosols

II   Alpiner Periglazialer Ranker
Im Ah/mCv/mCn-Profil hat der Ah-Horizont einen hohen Humusgehalt und der mCv-Horizont ist durch Frostsprengung gelockert.
ST: Lithic or Ruptic-Entic Cryumbrepts
FAO: Lithi-Gelic Leptosols

III   Alpiner Periglazialer Regosol
Das aus Frostschutt entstandene Ah/lCv/lCn-Profil hat im Ah-Horizont einen hohen Humusgehalt.
ST: Typic Cryopsamments
FAO: Gelic Regosols

*IV   Alpine Periglaziale Rendzina und
      Pararendzina*
Diese Bodentypen haben ein Ah/mCv/mCn- oder ein Ah/lCv/lCn-Profil mit durch Frostsprengung gelockertem mCv- bzw. zerkleinertem lCv-Horizont. Die Rendzina entsteht aus festem Carbonatgestein oder carbonatischem Frostschutt. Ausgangsgestein der Pararendzina ist dagegen festes carbonathaltiges Silicatgestein oder ein Gemisch von carbonatischem und silicatischem Schutt; daher ist im Ah-Horizont mehr mineralische Substanz vorhanden.
ST: Lithic Rendolls or Entic Hapludolls
FAO: Geli-Rendic und Geli-Calcaric Leptosols bzw. Arenosols

V   Alpiner Solifluktionsboden
Im Ah/B/C-Profil kann es bei zeitweiligem Bodenfließen des Solums zu einer wulstartigen Stauung des Solifluktionsmaterials kommen.
ST und FAO: –

b   Fossile Periglazialböden
Zu dieser Bodenklasse gehören die verschiedenartigen, fossilen arktischen Böden, die in Mitteleuropa während der Eiszeiten des Pleistozäns entstanden.
   Dabei waren sowohl Materialvermischung

durch kryogene und solifluidale Vorgänge als auch Materialsortierung durch fluviatile, äolische und kryogene Abläufe beteiligt. Dadurch kamen sehr komplizierte Bodenbildungen zustande. Überwiegend gehören die Fossilen Periglazialböden zur großen Gruppe der Strukturböden, deren oberer Profilteil fast immer gestört und von Fremdmaterial (äolisches und solifluidales) als Deckschicht überlagert ist.

I   Kryoturbater Boden
In diesen Böden ist es zu einer Massenbewegung auf engstem Raum gekommen, weil durch jahreszeitlich bedingte, fortschreitende Eisbildung von der Oberfläche her ein ungleicher, öfter wechselnder Druck auf das aufgetaute Bodenmaterial über dem Permafrost ausgeübt wurde. Die Bodenmasse bewegt sich dabei in Richtung des geringeren Druckes, und es entstehen durch diese Verknetung eigenartige Strukturen, die z. B. beulen- oder taschenartig sein können. Die Vielgestaltigkeit dieser Strukturböden wird durch die vielen für sie gebrauchten Namen zum Ausdruck gebracht; Würgeboden, Wickelboden, Brodelboden, Knetboden, Wannenboden, Taschenboden und noch weitere.
   Oft ist der obere Teil dieser Bodenprofile durch Solifluktion, Bodenabtrag oder -auftrag verändert worden. Im Spätglazial und/oder Holozän hat sich über und teils in dem fossilen Bodenrest ein Bodentyp des nacheiszeitlichen Klimas gebildet. Die Schichtgrenze ist oft unscharf und räumlich wechselnd ausgebildet.
ST: Cryaquepts
FAO: –

II   Polygonboden
Durch Schrumpfung, die durch Wasserentzug aus den feinerereichen Bodenteilchen bei der Eisbildung erfolgt, entstehen Spalten, die den Boden in Polygone aufteilen. Die rezente Tundra und Taiga zeigen im wesentlichen zwei Polygontypen, nämlich große, wahrscheinlich ältere Polygone, begrenzt von z. T. mehrere Meter tiefen, keilartigen Spalten, und kleine Polygone, oft eine Aufteilung der größeren, begrenzt von weniger tiefen Spalten. Alle Spalten sind oben breiter und laufen nach unten spitz zu. Diese Keilform ist durch das von oben zufließende und dann gefrierende Wasser entstanden. Die Eiskeile werden schließlich durch Füllung mit lockerem Bodenmaterial plombiert. Die Bildung von Eiskeilen und anderen Eiskörpern war nicht

immer mit der Polygonbildung verbunden, sie entstanden auch als Einzelgebilde.

ST: Cryaquepts

FAO: –

III Steinringboden

Dieser Boden ist durch ringartige, aus Steinen bestehende Gebilde an der Oberfläche gekennzeichnet. Der Steinringboden wird aus einer steinhaltigen, teils auch kieshaltigen Feinerdemasse durch Entmischung gebildet.

Oft ist der Steinringboden aus einem Polygonboden entstanden. Die etwas nach oben gewölbten Kerne der Polygone bestehen aus feinerdereicherem und die Streifen über den Spalten zwischen den Polygonen aus gröberem Material. Dies ist durch ein Abgleiten der Steine von den durch Frost aufgewölbten Feinerdekernen erfolgt. So reichern sich die Steine in der Spaltenzone um den Feinerdekern zu einem Steinring an, der meistens noch das Polygon des Spaltennetzes erkennen läßt. Davon ist auch der Name Steinnetzboden abgeleitet.

In Mitteleuropa ist der fossile Steinringboden an mehreren Stellen festgestellt worden. Er ist meist wegen Überlagerung an der Bodenoberfläche nicht erkennbar, sondern nur im Profilschnitt oder nach Abtrag der oberen Bodenschicht.

Wenn der gleiche Vorgang der Steinringbildung in Hanglagen stattfindet, kommt hier die differenzierende Bildungskomponente der solifluidalen Bodenbewegung hinzu. Die mehr oder weniger in Hangrichtung orientierten Steine der Steinringe rutschen parallel hangabwärts; dabei bilden sich Steinstreifen. Der Steinstreifenboden ist genetisch eine Variante des Steinringbodens. Großflächig ist dieser Boden im arktischen Bereich oberhalb der Baumgrenze anzutreffen. Er kommt kleinflächig aber auch rezent in den Alpen und vereinzelt in den Spitzenlagen der Mittelgebirge vor.

ST: Cryaquepts

FAO: –

IV Tropfenboden

Voraussetzung für seine Entstehung war die Überlagerung von Boden oder Sediment, dessen Rohdichte größer ist, als die des darunter befindlichen Materials. Im Zustand völliger Wasserdurchtränkung in der Auftauzone sank das spezifisch schwerere Material in das spezifisch leichtere tropfenartig ein, nicht selten bis zum Permafrost. Dies ist daran erkennbar, daß

der »Tropfen« auf dem vereisten Untergrund gestaucht und dadurch die Unterseite des »Tropfens« flach wurde.

Der Tropfenboden ist in Mitteleuropa öfter beobachtet und beschrieben worden. Besonders charakteristisch ist er in Westfalen entwickelt, wo pleistozänes lehmig-sandiges Bodenmaterial über kretazischem Quarzsand liegt. Hier ist der lehmig-sandige Tropfen in den Quarzsand eingesunken; ein lehmig-sandiger Streifen markiert die Gleitbahn des Tropfens.

ST: Cryaquepts

FAO: –

V Hydromorphe Periglazialböden

In tieferen Lagen der Tundra und Taiga, wo in der sommerlichen Auftauperiode Wasser ober- und unterirdisch zusammenfließen kann, bildet sich der Tundra- bzw. Taiga-Gley. Unter einem rostgelb und rostbraun geflecktem Go-Horizont folgt ein mittel- oder hellgrauer Gr-Horizont. Sie unterscheiden sich vom Gley des gemäßigt warmen, humiden Klimas durch die spezifische Dynamik im nivalen Klima. Nur in der Auftauzeit herrschen ähnliche Bedingungen wie im Typischen Gley.

Beginnt die Auftauzone im Herbst zu gefrieren, so kann in der noch nicht gefrorenen Zwischenschicht Kryoturbation (siehe Kap. 1.3.2.3.2) stattfinden. Die noch schwach gefrorene Oberschicht kann bei Wasserandrang von unten aufbrechen. Dann tritt der unter Druck stehende Bodenbrei als sogenannte Erdquelle an die Oberfläche. Dieser Prozeß führt zu einer starken Bodenvermischung.

Ist die Wasseransammlung im Vergleich zum Tundra- und Taiga-Gley geringer, so ist der gleiche oder ähnliche Wasserhaushalt wie im Pseudogley des gemäßigt warmen, humiden Klimas vorhanden. Für diesen Tundra- bzw. Taiga-Pseudogley bildet die Obergrenze des Permafrostes die Stauwassersohle.

Bei sehr nassen Bedingungen und stärkerem Bewuchs entsteht ein Tundra-Anmoor mit einem Aa/Gr-Profil. Dieses bildet oft den bodengenetischen Übergang zwischen Tundra-Gley und Tundra-Moor. Das Tundra-Moor unterscheidet sich von den Mooren des gemäßigt warmen, humiden Klimas durch Permafrost und eine starke Oberflächengliederung in Torfbulten und dazwischen gelegene Schlenken. Neben den vorherrschenden Bleichmoosen sind u.a. Krähenbeere, Moltebeere, Moosbeere, Zwergbirke und Flechten auf der kleinflächigen Oberfläche

zu finden. Die durch größere Eislinsen gebildeten, bis zu mehreren Metern hoch werdenden Torfhügel nennt man Pingos oder Palsen.
ST: Cryaquepts
FAO: Gelic Gleysols

F Anthropogene Böden Y

In dieser Abteilung werden einerseits Böden zusammengefaßt, die durch landwirtschaftliche, forstliche und gartenbauliche Kulturmaßnahmen eine so starke Umgestaltung im Profilaufbau erfahren haben, daß die ursprüngliche Horizontfolge weitgehend zerstört wurde. Sie werden als Kultosole bezeichnet und in die drei Klassen der Terrestrischen und Semiterrestrischen Anthropogenen Böden und die der Anthropogen stärker veränderten Moore untergliedert.

Zu ihnen gehören nicht die Böden, die durch normale Pflugarbeit eine < 35 cm mächtige Akkerkrume haben, unter der die natürliche Horizontfolge erhalten blieb. Auch Böden, die in ihrem Profilaufbau nur durch mittelbare Einflüsse des Menschen, z. B. Auslösung der Erosion durch Abholzung oder Ackernutzung, verändert wurden, zählen nicht zu den Kultosolen.

Darüber hinaus haben in den letzten Jahren im Zuge bodenkundlicher Gutachten und Kartierungen in urbanen und industriellen Räumen (BURGHARDT 1990) die Kenntnisse über zahlreiche weitere, bisher nur unzureichend erfaßte anthropogene Böden stark zugenommen. Hinsichtlich ihrer Klassifikation bestehen zur Zeit unterschiedliche Vorstellungen und Entwürfe. Als Beispiel wird am Schluß des Kapitels – zunächst ohne bodensystematische Zuordnung – eine Gliederung solcher »Anthropomorpher Böden« dargestellt, die sich bei der Bodenkartierung im Ruhrgebiet bewährt hat (SCHRAPS 1989). Sie umfaßt außer den Kultosolen die Bodengruppen der Auftragsböden (Deposole), der Abtragsböden (Denusole) und der Eindringböden (Intrusole).

a Terrestrische Anthropogene Böden Y
   (Tab. 127)
Unbefriedigende Wasser- und Nährstoffverhältnisse sind schon im frühen Mittelalter durch planmäßige Bodenbewirtschaftung nachhaltig verbessert worden. Ein kleinräumiges Beispiel sind die Klostergärten. Großflächig wurden die Langstreifenfluren im sächsischen Siedlungsraum durch Plaggenwirtschaft in einer von Natur aus oligotrophen Landschaft zu fruchtbaren Eschböden umgewandelt.

I Plaggenesch YE
Esch ist eine alte Flurbezeichnung für hofnahe Ackerflächen, die ein bis zwei Meter höher lagen als die umliegenden, meist recht ebenen glazifluviatilen Ablagerungen. Auf diesen Standorten reicht die Plaggenwirtschaft im allgemeinen bis ins 8. bis 11. Jahrhundert zurück.

Als Plaggen bezeichnet man die mit einer besonderen Hacke, der Plaggenhaue, flach abgehobenen Soden des humosen und stark durchwurzelten Oberbodens, die mit Heide oder Gras bewachsen sind. Diese Plaggen wurden größtenteils in den damals üblichen Tiefställen als Einstreu gebraucht und dort über mehrere Monate einer anaeroben Verrottung ausgesetzt. Dieser Plaggenmist wurde dann, angereichert mit organischer Substanz und Nährstoffen aus Kot und Harn der Tiere, in bis zu zwei Meter hohen Erdmieten einer gehemmten Zersetzung unterzogen. Dabei verengte sich das C/N-Verhältnis auf 12 bis 15. Die Erdmieten sind nach mehrmonatiger Rotte abgetragen und als Düngung auf den relativ kleinen Ackerflächen verteilt worden. Durch diese Plaggendüngung erhöhten sich die Ackerflächen um etwa 1 mm im Jahr. Um einen Boden als Plaggenesch ansprechen zu können, muß die Plaggenauflage (der E-Horizont) > 40 cm sein. Im allgemeinen sind Plaggenesche 60 bis 90 cm mächtig, wobei sie zur Mitte der Ackerfläche deutlich aufgewölbt sind. Im Profil ist der heute ständig bearbeitete EAp- vom darunter liegenden E-Horizont zu unterscheiden.

Das Typische Plaggenesch EAp/E/IIfAe/Bsh/ Cv/Cn-Profil ist für einen aus grauen Heideplagen über einem Podsolprofil entstandenen Boden charakteristisch; dieser Subtyp wird daher auch Grauer Plaggenesch genannt. Der Braune Plaggenesch ist vorwiegend aus Grasplaggen und anderen organischen Stoffen entstanden. Er enthält mehr bindiges Material (lehmige Sande, Lehme, tonige Schluffe) und liegt oft über Sauren Braunerden.

Wenn sowohl sandige Heideplaggen als auch lehmig-sandige Grasplaggen als Einstreu verwandt worden sind, ist der Graubraune Plaggenesch entstanden, dessen Farbe meist dunkelgrau bis braungrau ist. – Weitere Subtypen sind der Gley-Plaggenesch und der Pseudogley-Plaggenesch, bei denen die Plaggenauflage auf einem Gley bzw. Pseudogley liegt. Auf den Plaggen-

Tab. 127. Profile der anthropogenen Böden (Erläuterung der Kurzzeichen siehe Tab. 121)

Kurzzeichen	Subtyp	Ausgangsgestein	Vorkommen	aufgenommen im Jahr	aufgenommen durch	Horizontfolge	Bodenschätzung bzw. Nutzung
YEn	Grauer Plaggenesch über Gley-Podsol	fluvioglazialer Sand der Riß-Eiszeit	Emsland	55	1/45	Ap/E/Ah/Ae/Bsh/Bs/Go	38
YEn	Typ. Grauer Plaggenesch	Geschiebesand	Oldenburger Geest	86	3/2.21	EAp/E/IIfAeE/Bhs/Cv	S3D31/34
YEb	Brauner Plaggenesch	fluvioglazialer Sand der Riß-Eiszeit	Südoldenbg.	55	1/46	EAp/E/BvAp/Ahe/Ae/Bsh/Bs/Cv	45
YFn	Holländische Fehnkultur	teilweise abgetorftes Hochmoor	Drenthe (Niederl.)	86	2/50/293	RAp/RHp/RAh/fAh/Ae/Bh/Cv	Acker
Uh	Sandmischkultur	Hochmoortrof über fluvialen Sanden	Emsland	86	2/50/258	RAp/RHh/RfAhe/RfBh1/RfBh2/RC/IIC	Acker
YM	Methanosol	nicht ausgefaulter Klärschlamm	Stadtgebiete (Kiel)	87	2/55II/833	Aoh/yYCro/yYCr/yYCcr/yYCr	Klärschlammdeponie
	»Deposol«[1]	mittelgründiger Auftragsboden	Stadtgebiete (Hannover)	90	2/4/189	jY1/jY2/jY3/IIrBhs-rGo/IIrGo	Baumreihe an der Straßenbahn
	»Deposol«[1]	Kohleschlämme	Stadtgebiete (Essen)	89	2/58/250	yYAp/yY1/yY2/yY3/yY4/yY5	Grünflächen

[1] Nach neuerer Auffassung Substrat

stichflächen kam es zur Ausbildung gekappter Podsole.
ST: Plaggepts
FAO: Fimic Anthrosols

II Agrosol YP

Die Bodenbearbeitung durch den Pflug und seine Folgegeräte erreichte auf der Gespannstufe nur eine Tiefe von wenig über 20 cm. Nur diese Ackerkrume war durch die Lockerung so stark belüftet, daß sich eine Belebung durch aerobe Organismen einstellte. Darunter bildete sich oft die als Pflugsohle bekannte Verdichtung aus. Dadurch konnten auf solchen Ackerflächen vorwiegend flachwurzelnde Kulturpflanzen angebaut werden. Auch die überwiegende Zahl der Wildkräuter beschränkte sich auf diesen Wurzelraum.

Durch die Verstärkung der Zugkräfte ist eine Vertiefung des bearbeiteten Bereichs möglich geworden. Wenn dies > 40 cm sind, ist stets ein Ap1/Ap2/C-Profil ausgebildet. Dabei sind die ursprünglichen Profile eines flachgründigen Podsols oder einer Basenarmen Braunerde fast vollständig beseitigt. Diese Krumenvertiefung ist selten in einem Arbeitsgang erfolgt, sondern meistens in mehrjährigem Abstand schrittweise vorgenommen worden. Mit Pflügen und Schwergrubbern werden dabei Tiefen von 40 bis 50 cm selten überschritten. Darüber hinaus erfolgt eine Unterbodenlockerung von 50 bis 80 cm Tiefe (SCHULTE-KARRING 1986), um Störungen des Wasserhaushaltes zu beseitigen. Die so gelockerten Bereiche müssen durch Unterbodendüngung und Anbau tiefwurzelnder Zwischenfrüchte stabilisiert werden. In Weingärten besorgt dies die Rebe mit intensiver Wurzelbildung im gelockerten Bereich.

Wenn auf krumenvertieften Agrosolen mehrjährig nur eine flachgründige Bodenbearbeitung erfolgt und der Anbau tiefwurzelnder Kulturpflanzen und Zwischenfrüchte (Leguminosen und Kreuzblütler) unterbleibt, treten im Ap2-Horizont Verdichtungen auf. Diese können besonders bei schluffiger Bodenart als Reduktionszonen (siehe Kap. 2.2.5) mit entsprechender Bodenverfärbung ausgebildet sein. Das Bodenleben stellt sich dann zu anaeroben Organismen um.

Die Ap-Horizonte des Agrosols haben im allgemeinen pH-Werte von 5 bis 6 und sind deutlich mit Nährstoffen angereichert. Vor allem pflanzenaufnehmbare Phosphate mit bis zu 30 mg/100 g Boden liegen über dem Nährstoff-

bedarf der meisten Kulturpflanzen. Neben dem Typischen Agrosol sind weitere Subtypen anzusprechen, bei denen im Unterboden noch wesentliche Teile des ursprünglichen Profils vorhanden sind, z. B. Parabraunerde-Agrosol mit einem Ap1/Ap2/IIfBt/(Bv/Cc/)C-Profil. Weitere Übergangstypen zum Gley und Pseudogley sind möglich, aber wesentlich seltener zu beobachten.
ST: Arents
FAO: –

III Hortisol YO

Der Hortisol (von lateinisch hortus = Garten und sol = Boden) ist ein seit Jahrhunderten intensiv genutzter Gartenboden. Der stets > 40 cm mächtige Ah-Horizont enthält > 4 % mas organische Substanz.

Diese ist durch regelmäßige, starke Zufuhr von Humusdüngern aller Art (Stallmist, Jauche, Fäkalien, Müll) entstanden. Oft sind diese Abfallstoffe durch vorheriges Kompostieren verbessert worden. Tieferes Umgraben, zusätzliche Wasserversorgung durch regelmäßiges Begießen und langandauernde Bodenbeschattung begünstigten nicht nur das Wachstum der Kulturpflanzen, sondern auch die Tätigkeit der Bodentiere, besonders der Regenwürmer. Diese intensive Bodenkultur führte örtlich geradezu zu einer »Anthropogenen Schwarzerde«. Neben dem jährlichen, meist spatentiefen Umgraben, das zu einem Ap-Horizont führt, wird in größeren Zeitabständen das gesamte Profil mit Bodenbewegungen durchmischt; daraus entstehen im Unterboden RAh-Horizonte. Im RAp/RAh1/(RAh2/)II...-Profil des Typischen Hortisol sind die RAh-Horizonte > 80 cm mächtig. Beim Braunerde-Horitsol (RAp/RAh/Bv/C-Profil) und beim Parabraunerde-Hortisol (RAp/RAh/Bt/(Bv/)C-Profil) sind die RAp und RAh-Horizonte zusammen 40 bis 80 cm mächtig. Es gibt weitere Subtypen dieser Art. Typische Hortisole sind in alten Siedlungen (Klostergärten, alte Gärten innerhalb mittelalterlicher Stadtmauern) zu finden. In größeren Flächen kommen Hortisole in alten Gemüseanbaugebieten vor, z. B. in den Vierlanden bei Hamburg, in der Regnitz-Niederung bei Bamberg und in der Rheinauc bei Mainz-Mombach.
ST: Arents
FAO: –

IV Rigosol YR

Durch den Arbeitsvorgang des Rigolens ist in diesen Böden die natürliche Horizontfolge vollkommen umgestaltet worden. Dies ist z.B. bei den zum Teil über 1000 Jahre alten Weinbergsböden der Fall. Sie wurden früher alle 30 bis 80 Jahre mit der Hand, heute alle 20 bis 40 Jahre maschinell rigolt, wobei unterschiedlich große Mengen an Fremdmaterial (Bodenaushub, Müllkompost u.a.) eingearbeitet wurden. Beim Rigolen werden durch unterschiedliche tiefe Furchen obere gegen untere Bodenbereiche umgeschichtet. Ein derartiger Austausch wirkt der Auswaschung von Nährstoffen, Humus und Feinboden in den Untergrund entgegen. Zu den Rigosolen kann auch die früher häufig angewandte Fehnkultur auf abgetorftem Hochmoor (siehe Kap. 4.5.2.2) gerechnet werden.

Der Typische Rigosol mit einem RAp/(RAh/) R1/R2/C-Profil ist vielfach auch bei Verfüllung ehemaliger Baugruben, aufgelassener Straßen oder Gräben und Einebnung von Wällen und Böschungen entstanden. In der Klasse der Kultosole einen eigenen Bodentyp »Friedhofsboden« anzusprechen, scheint nicht erforderlich zu sein, da sich der Standort in den Typ des Rigosols einordnen läßt. Auch bei Auenböden und Marschen sind tiefreichende Rigolarbeiten (z.B. Kuhlen oberflächlich entkalkter Marschen siehe Kap. 4.5.2.2) vorgenommen worden, um die Eigenschaften des Oberbodens zu verbessern. Weitere Subtypen werden gebildet, indem der Bodentyp, aus dem der Rigosol hervorging, in die Benennung einbezogen wird, z.B. Braunerde-Rigosol.

ST: Arents
FAO: Anthrosols

V Tiefumbruchboden (mineralischer Mischkulturboden, Treposol) YU

Wenn durch den Einsatz von Tiefpflügen das ursprüngliche Bodenprofil gänzlich beseitigt worden ist, liegt mit einem RAp/(RAh/)R/C-Profil ein Typischer Treposol vor (Abb. 120). Im einzelnen sind dabei zu unterscheiden:

Tiefumbruch auf
Podsol (Heidekultur)   YUp
Parabraunerde   YUl
Gley   YUg
(Moor-Treposole werden in der Klasse c beschrieben).

Beim Tiefumbruch muß der den Wasserhaushalt bzw. die Durchwurzelung störende Hori-

zont (Bsh beim Podsol, Bt bei der Parabraunerde, fester Go beim Gley, tiefster H-Horizont bei den Mooren) unbedingt unterfahren werden. Wenn andererseits zuviel von darunter anstehenden, nährstoffarmen Sanden in den Oberboden eingemischt wird, geht dies zu Lasten der Bodenfruchtbarkeit. In windgefährdeten Lagen kann durch diesen Fehler beim Tiefpflügen auch die Winderosion erheblich zunehmen.

Böden, auf denen eine Tieflockerung durchgeführt wurde, bei der die ursprüngliche Horizontfolge weitgehend erhalten blieb, gelten nicht als Treposole.

ST: Arents
FAO: Aric Anthrosols

Außer den bisher beschriebenen Anthropogenen Böden sind besonders in industriellen Ballungsgebieten durch menschliche Tätigkeit zahlreiche weitere, sogenannte »Anthropomorphe Böden« entstanden, die z.T. als technogene Substrate das Ausgangsmaterial für häufig noch wenig bekannte pedogenetische Prozesse darstellen. Hier ihre vorläufige Gliederung:

Auftragsböden (Deposole) (Tab. 127)

Die meist in mehreren Jahrzehnten abgelagerten Ausgangsstoffe haben für die Horizontansprache dieser Profile zu einer größeren Mannigfaltigkeit geführt (Tab. 127). Das Auftragsmaterial kann ein natürliches (jY-Horizont) oder künstliches (yY-Horizont) Substrat sein. Danach werden Deposole und Technosole unterschieden. Eine weitere Untergliederung ist bisher noch in der Diskussion. Die Vielgestaltigkeit der Substrate (Kap. 3.1.1) muß im einzelnen beschrieben werden. Wenn in diesen Substraten nach langjähriger Bodenbildung eine pedogenetische Veränderung zu beobachten ist, sollten die dann entstandenen Böden den genetischen Bodentypen zugeordnet werden. In Diskussion ist, ob ein klar anzusprechender Subtyp die Vorsilbe »Depo« erhalten soll (z.B. Depopararendzina, BLUME 1988).

Abtragsböden (Denusole)

Ein Denusol kann z.B. in einem Steinbruch in Form des dort anstehenden, nicht veränderten Felsgesteins oder in einer Sandgrube nach Abgrabung als sandiges Lockergestein vorhanden sein. Wenn in einer Sandgrube bis zum anstehenden Grundwasser abgegraben wird, bildet sich im Laufe der Zeit ein Denu-Gley, der bereits ein Subtyp des Gleys ist.

Eindringböden (Intrusole)
Diese Böden aus natürlichen oder technogenen Substraten sind durch das von Menschen hervorgerufene Eindringen von Gasen oder bodenfremden Flüssigkeiten, d. h. durch Immissionen stark verändert worden. Hat jedoch z. B. eine Bergsenkung zu einem starken Anstieg des Grundwassers geführt, so sollte dieser Sekundär-Gley in die Klasse der Gleye eingeordnet werden.

Zu Klasse der Intrusole gehört auch der zum Beispiel auf bepflanzten Müllkippen in den Stadtgebieten von Berlin und Kiel festgestellte *Methanosol* (BLUME 1988) (Tab. 127). Wenn in Deponien viel eiweißreiche, leicht abbaubare Substanz eingebracht wird, erfolgt über Jahrzehnte eine intensive mikrobielle Umsetzung. Dabei entstehen bei erhöhter Lagerungsdichte unter anaeroben Bedingungen Methan und andere Deponiegase. Solche Böden enthalten mindestens 5% Methan in der Bodenluft und sind im Unterboden durch Metallsulfide schwarz gefärbt (Cr-Horizont). Der darüber anstehende huminstoffangereicherte, lockere und damit sauerstoffreiche Oberboden ist oft durch rostausgekleidete Wurzelröhren und Aggregatoberflächen gekennzeichnet. –

b   Semiterrestrische Anthropogene Böden
Diese Gruppe umfaßt Böden, die mit ihrer Lage zum nahen Grundwasser weiterhin semiterrestrisch pedogene Bedingungen haben, deren natürliches, pedogenetisches Profil jedoch durch den Menschen umgestaltet worden ist. Damit gehören sie weiterhin in den Bereich der Auenböden, Gleye und Marschen, d. h. sie werden als Übergänge in die Kategorie der Subtypen eingeordnet.

I   Plaggenesch-Gley Ye-G
In dessen EAp/(E/)EGo/(Go/)Gr/-Profil sind die drei E-Horizonte > 40 cm mächtig. Er kommt im Verbreitungsgebiet des Plaggeneschs in Niederungen mit hochanstehendem Grundwasser auf sandigen Sedimenten vor.

II   Hortisol-Gley YO-G
Im RAp/(R/)RGo/Gr-Profil sind RAp + (R) zusammen > 40 cm mächtig. Dieser Boden ist häufig in der Nähe von Siedlungen in Flußnähe zu finden.

III   Rigosol-Auenboden YR-A
Das RAp/(bzw. RAh/)R/aM/aG-Profil ist mit Spaten oder Pflug mit dem Ziel umgestaltet worden (meistens vermischt), einen besseren Kulturboden zu schaffen.

IV   Rigosol-Marsch YR-M
Das RAh (bzw. RAp/)RGo/Gr-Profil dieser Marsch ist mit Spaten, Pflug oder Kuhlmaschine umgestaltet worden (vermischt oder gewendet) mit dem Ziel, einen besseren Kulturboden zu schaffen, indem günstigeres Bodenmaterial an die Bodenoberfläche gebracht wurde oder sandige und tonige Texturen vermischt wurden.

Wenn bei diesen Semiterrestrischen Anthropogenen Böden die pedogenetisch bestimmenden Grundwasserverhältnisse durch Vorflutausbau und nachhaltige Verbesserung der Binnenentwässerung (z. B. mit Hilfe von Schöpfwerken) geändert werden, müssen sie den Terrestrischen Böden zugeordnet werden.

c   Anthropogen stärker veränderte Moore
(Abb. 125 und Tab. 127). Zwei grundsätzlich unterschiedliche kulturtechnische Eingriffe in Moorböden führen bodensystematisch zur Untergliederung dieser Bodenklasse in die beiden Typen der Moordeckkulturböden und der Moormischkulturböden (näheres siehe Kap. 4.5.1.2).

I   Moordeckkulturboden YDH
Das Moorbodenprofil ist i. d. R. durch eine 10 bis 20 cm mächtige künstlich aufgebrachte Deckschicht aus Mineralbodenmaterial gekennzeichnet, die wichtige Eigenschaften der Moorböden – hier meistens Niedermoor – wie z. B. die Trittfestigkeit, Nährstoffdynamik und das bodennahe Klima – z. T. erheblich verbessert. Wie in Kap. 4.5.1.2 im Einzelnen erläutert, erfolgt der Auftrag der Deckschichten nach verschiedenen Verfahren, die z. T. für die bodensystematische Namengebung der Subtypen maßgebend sind. Außer dem *Typischen Moordeckkulturboden* (= Sanddeckkultur) werden die Subtypen *Kuhl-*, *Bagger-* und *Tiefpflug-Moordeckkulturboden* unterschieden. Mit Bunkerde (wenig zersetzter bis schwach vererdeter Hochmoortorf) künstlich abgedeckte, tiefabgetorfte Hochmoorprofile (Leegmoorflächen) werden neuerdings als Subtyp *Leegmoordeckkulturboden* diesem Bodentyp zugeordnet.

II   Moormischkulturboden YMH
In Böden dieses Typs sind Torfschichten – hier meistens Hochmoortorfe – durch unterschiedliche Verfahren mit Teilen des liegenden Mineralbodens vermischt worden (Kap. 4.5.1.2) Man unterscheidet bodensystematisch die Subtypen *Kuhl-* und *Bagger-Moormischkulturboden,* den früher in Norddeutschland und Holland durch Handarbeit entstandenen *Fehnkulturboden,* den ebenfalls in Handarbeit in Marschgebieten erstellten *Spittkulturboden* sowie den besonders im Emsland großflächig verbreiteten, durch Tiefumbruch (z.T. bis in 2,4 m Tiefe) entstandenen *Sandmischkulturboden (Hochmoor-Treposol).* –
Die in diesem Kapitel wiedergegebene Bodensystematik gilt im Prinzip auch für die neuen Bundesländer (NBL). In der ehemaligen DDR ist jedoch in wichtigen Einzelheiten davon abgewichen worden (LIEBEROTH 1982; TGL 24300/08 u. a.). In der obersten Kategorie wurden von LIEBEROTH (1982) drei Abteilungen unterschieden:

A) Anhydromorphe Böden: Sie entsprechen mit Ausnahme der Staunässeböden der Abteilung der Terrestrischen Böden.
B) Hydromorphe Böden: Sie entsprechen den Abteilungen der Semiterrestrischen sowie der semisubhydrischen und subhydrischen Böden einschließlich der terrestrischen Klasse der Staunässeböden.
C) Moorböden.

Die Bodenklassen wurden – in ähnlicher Weise wie in den alten Bundesländern – nach dem prinzipiellen Charakter und der Richtung der Bodenentwicklung unterschieden. Zentrale bodensystematische Einheit war auch hier der in gleicher Weise definierte Bodentyp. Innerhalb der Subtypen wurden unterschieden:

a) Normsubtyp, der dem zentralen Konzept des jeweiligen Bodentyps entspricht,

Anhydromorphe Mineralböden:

A	Ranker	F	Fahlerde
C	Rendzina	P	Parabraunerde
V	Vega (Auenboden)	I	Griserde
T	Schwarzerde	D	Podsol
W	Braunschwarzerde		
B	Braunerde		
R	Rosterde		

Halbhydromorphe Mineralböden:

U	Braunstaugley	E	Rostgrundgley (einschl. Podsolgley)
Q	Fahlstaugley	L	Braungrundgley
J	Schwarzstaugley	K	Vegagrundgley
Y	Halbamphigley	Z	Schwarzgrundgley
N	Vegaamphigley		

Hydromorphe Mineralböden:

S	Graustaugley	G	Graugrundgley
H	Humusstaugley	M	Humusgrundgley
X	Grauamphigley	O	Anmoor

Anthropogen stark beeinflußte Böden:

Ri	Rigolerde
Ko	Kolluvialerde

Moorböden:

NI	Ried	UE	Übergangsmoor
NF	Fen	HO	Hochmoor
NM	Mulm		

b) Übergangs-Subtypen zwischen zwei Bodentypen, wobei es, anders als in den alten Bundesländern, jeweils nur *einen* Übergangssub-
typ zwischen zwei Typen gibt, und

c) Subtypen mit Sondermerkmalen, zu denen
vor allem pedogenetische, nutzungsbedingte
und regionale Besonderheiten gehören, aber
auch anthropogene Einflüsse (z.B. Kipp-
Ranker).

Die hydromorphen Böden konnten außer in
Staugleye (= Staunässeböden), Grundgleye (=
Gleye) und Moorböden auch nach ihrer Vernäs-
sungsintensität in halb- und vollhydromorphe
Böden gegliedert werden, wobei sich bei den
halbhydromorphen Böden zwischen dem Oberboden und dem hydromorphen Unterboden aufgrund geringerer Oberbodenvernässung ein an-
hydromorpher Zwischenhorizont gebildet hat.
Diesen Böden entsprechen in der Systematik
der alten Bundesländer terrestrisch-semiterre-
strische Subtypen wie z.B. Gley-Braunerde
oder Podsol-Gley. Böden mit Staunässe- und
Grundnässemerkmalen im gleichen Bodenprofil
wurden als Amphigleye bezeichnet.

Die Übersicht links zeigt die wichtigsten bodensystematischen Einheiten nach dem Fachbereichsstandard TGL 24300/08 (1986): Aufnahme landwirtschaftlich genutzter Standorte; Horizonte, Bodentypen und Bodenformen von Mineralböden; Fachbereichsstandard TGL 24300/
04: Moorstandorte der ehemaligen DDR.

3.4.2 Verbreitete, weitere Bodenklassifikationen

3.4.2.1 Die Soil Taxonomy der USA

Die in den USA und zahlreichen anderen Ländern vornehmlich des englischen Sprachraumes
gebräuchliche Soil Taxonomy wurde nach langjähriger, z.T. internationaler Zusammenarbeit
im Jahr 1975 veröffentlicht. 10 Ordnungen (Or-
ders) bilden die oberste Kategorie der Soil Taxonomy. Die Bodennamen wurden neu geprägt
und in der Regel aus lateinischen und griechischen Wortstämmen zusammengesetzt.

1. *Entisol:* Unentwickelte Böden ohne erkenn-
barc Horizontc (von cngl. *recent* = jung).
2. *Vertisol:* Dichte, dunkle Böden aus quellfähigen Tonen (von lat. *vertere* = umwenden).
3. *Inceptisol:* Schwach entwickelte Böden, die
erkennbare Horizonte und als Humusformen Rohhumus, Moder oder sauren An-

moorhumus besitzen (von lat. *inceptum* =
Anfang).

4. *Aridisol:* Böden mit Merkmalen trockenen
Klimas (von lat. *aridus* = trocken).
5. *Mollisol:* Böden mit mächtigem, dunklem
humusreichem (Mull), krümeligem A-Horizont (von lat. *mollis* = weich).
6. *Spodosol:* Böden mit Podsol-B-Horizont
(von griech. *spodos* = Holzasche).
7. *Alfisol:* Böden mit Tonanreicherungshorizont, aber mäßiger Silicatverwitterung (von
Pedalfer = in der älteren amerikanischen
Nomenklatur Böden mit völliger Carbonatauswaschung).
8. *Ultisol:* Böden mit Tonanreicherungshorizont, relativ starker Silicatverwitterung und
Jahresmitteltemperatur > 8°C (von lat. *ulti-
mus* = der Letzte).
9. *Oxisol:* Sesquioxidreiche, stark verwitterte,
innertropische Böden (von Oxid).
10. *Histosol:* Moore und andere Böden mit
mächtiger Humusauflage (von griech. *histos*
= Gewebe).

Die Bodennamen der Unterordnungen (Subor-
ders), Gruppen (Great Soil Groups), Unter-
gruppen und Familien werden durch substantivi-
schen oder adjektivischen Zusatz weiterer,
wichtige Eigenschaften kennzeichnender Silben
gebildet. Ein Ortstein-Humuspodsol mit mächtigem A-Horizont erhält z.B. den Untergrup-
pen-Namen *Cumulic Humod*. Ein typisch entwickelter Tschernosem mit weniger als 50 cm
mächtigem A-Horizont wird als *Entic Haplobo-
roll* bezeichnet. Die Bodenansprache im Gelände erfolgt unter Verwendung genau definierter
und quantitativ gegeneinander abgegrenzter,
diagnostischer Bodenhorizonte. Die dadurch er-
zielbare weltweite Anwendungsmöglichkeit dieser Taxonomie und die relativ gute Objektivität
bei der Bodenkennzeichnung ist jedoch z.T. mit
erheblichen bodengenetischen Inkonsequenzen
verbunden. So können z.B. hydromorphe Böden auch bei ähnlicher oder gleicher Genese in
sieben der zehn Ordnungen auftreten und werden erst im Niveau der Unterordnung durch die
Zusatzsilbe *aqu-* gekennzeichnet. Typische
Gleye können z.B. als *Aquent*, *Aquept* oder als
Aquoll vorliegen. Andererseits werden z.T. bodengenetisch so unterschiedliche Bodentypen
wie Ranker, Rendzinen, bestimmte Tschernoseme und Gleye bei ähnlich ausgebildeten Oberböden in der Ordnung der *Mollisols* unterge-
bracht.

3.4.2.2 FAO- Bodenklassifikation

Im Jahre 1977 wurde nach langjähriger internationaler Zusammenarbeit unter Federführung der FAO/Unesco ein Bodenkartenwerk der Erde im Maßstab 1:5 Millionen fertiggestellt, für dessen Legende eine eigene, internationale Bodennomenklatur erarbeitet wurde. Die mehrfach geänderte und 1988 zur Bodenklassifikation erweiterte Legende (DRIESSEN u. DUDAL 1989) beruht wie die Soil Taxonomy auf der Verwendung diagnostischer Horizonte und stellt einen Kompromiß aus verschiedenen nationalen und internationalen Bodenklassifikationen dar (besonders aus den USA, aus Frankreich, Rußland, Großbritannien, Australien, Canada und der Bundesrepublik Deutschland).

Für die weitere Untergliederung der Böden werden auf mehreren hierarchischen Ebenen adjektivische Zusatzbegriffe (formative elements) verwendet, die bestimmte wichtige Bodeneigenschaften kennzeichnen. In diesem Buch verwendete, derartige Begriffe sind in der folgenden Aufstellung kurz erklärt:

Albic (von lat. *albus* = weiß): stark gebleichter Oberboden

Calcaric (von lat. *Calcarius* = kalkhaltig): Kalkhaltiges Substrat in 20 bis 50 cm Tiefe, oft über Kalkstein

Calcic (von lat. *calx* = Kalk): Anreicherung von Kalk oberhalb 125 cm Bodentiefe

Sie unterscheidet:

Fluvisols:	Auenböden mit geringer Profildifferenzierung
Gleysols:	Böden mit starken hydromorphen Merkmalen
Regosols:	Rohböden aus Lockersedimenten
Leptosols:	Schwach entwickelte flachgründige Böden, vorwiegend aus Festgesteinen
Arenosols:	Schwach entwickelte Böden sandreicher Lockergesteine
Andosols:	Böden aus vulkanischen Aschen mit schwarzem mullartigem Ah-Horizont
Vertisols:	Montmorillonitreiche, selbstmulchende Böden
Cambisols:	Verlehmte und verbraunte Landböden
Calcisols:	Böden mit Kalk-Anreicherungen in weniger als 1,25 m Tiefe
Gypsisols:	Böden mit Gips-Anreicherungen in weniger als 1,25 m Tiefe
Solonchaks:	Böden mit Anreicherungen freier Salze (NaCl, Gips u. a.)
Solonetz:	Böden mit hoher Na$^+$-Sorption
Kastanozems:	Steppenböden mit kastanienfarbenem A-Horizont
Chernozems:	Steppenböden mit mächtigem, dunklen Ah-Horizont
Phaeozems:	Degradierte Steppenböden mit Entkalkung, Verbraunung, Ton-Humus-Verlagerung
Greyzems:	AC-Böden mit Mull-Ah-Horizont und gebleichten Aggregatoberflächen
Planosols:	Böden mit tonarmem, naßgebleichtem A-Horizont über scharf abgesetztem tonreicherem Unterboden
Luvisols:	Lessivierte Böden mit hoher Bassensättigung
Podzoluvisols:	Lessivierte Böden mit stark verfahltem, zungenförmig in den B-Horizont übergreifendem Al-Horizont
Podzols:	Podsolierte Böden
Lixisols:	Böden mit Tonanreicherungshorizont mit < 16 mval Austauschkapazität und > 50% Basensättigung
Acrisols:	Stark verwitterte, lessivierte Böden
Alisols:	Böden mit Tonanreicherungshorizont mit > 16 mval Austauschkapazität, < 50% Basensättigung und hoher Al-Sättigung
Nitisols:	Lessivierte Böden mit geringer Austauschkapazität der Tonfraktion
Ferralsols:	Ferrallitisierte Böden
Plinthosols:	Eisenreiche, rostfleckige, nicht verhärtete, tonreiche ferrallitische Böden
Histosols:	Organische Böden, Moorböden
Anthrosols:	Durch menschlichen Einfluß entstandene oder/und wesentlich umgestaltete Böden

Cambic (von lat. *cambiare* = wechseln): Wechsel von Farbe, Struktur oder/und Konsistenz im Oberboden (gegenüber dem Unterboden)

Carbic (von lat. *carbo* = Kohle): hoher Gehalt an organischem Kohlenstoff in Podsol-B-Horizonten

Chromic (von griech. *chromos* = Farbe): Bodenmaterial in leuchtender rötlicher bis roter Farbe (Hue < 7,5 YR der Farbtafel)

Dystric (vom griechischen *dys* = mangelhaft, unfruchtbar): Boden mit geringer Basensättigung

Eutric (von griech. *eu* = gut, fruchtbar): Boden mit hoher Basensättigung

Ferralic (von lat. *ferrum* und *alumen* = Eisen und Aluminium): Bodenhorizont mit hohem Gehalt an Sesquioxiden und geringer Basensättigung

Ferric (von lat. *ferrum* = Eisen): Eisenanreicherung im Boden in Form von Rostflecken, Konkretionen oder Ortstein

Fibric (von lat. *fibra* = Faser): Anreicherung von wenig zersetztem organischem Material (z.B. Torf)

Fimic (von lat. *Fimum* = Mist, Kot, Dünger): Kontinuierlich und intensiv (z.B. mit Stalldung oder Plaggen) gedüngter Oberboden

Gelic (von lat. *gelidus* = kalt): Permafrost oberhalb 2 m Bodentiefe

Gleyic (von russ. *gley* = nasser Boden): Boden mit hydromorphen Merkmalen durch Grundwassereinfluß

Haplic (von griech. *haplos* = einfach): Bodeneinheit mit normaler Horizontfolge

Humic (von lat. *humus* = Erdboden): Oberboden mit Humusanreicherung, reich an organischer Substanz

Lithic (von griech. *lithos* = Stein): Sehr geringmächtiger Bodenhorizont über Festgestein

Luvic (von lat. *luere* = auswaschen): Boden mit Tonanreicherungshorizont im Unterboden

Mollic (von lat. *mollis* = weich): Boden mit lockerem, krümeligem, humusreichem dunklem Ah-Horizont

Plinthic (von griech. *plinthos* = Ziegelstein): Boden mit geflecktem Tonhorizont, der bei Austrocknung an der Oberfläche irreversibel verhärtet

Rendzic (von polnisch »*rzedzic*« − Rauschen beim Pflügen): Boden mit geringmächtigem stark steinigem Oberboden über Kalkstein

Rhodic (von griech. *rhodon* = rötlich): Boden mit rot bis rötlich gefärbten Horizonten

Salic (von lat. *sal* = Salz): Salzhaltiger Boden

Stagnic (von lat. *stagnare* = stauen): Boden mit hydromorphen Merkmalen durch Stauwassereinfluß

Vertic (von lat. *vertere* = wenden): Boden mit stark quellendem und schrumpfendem tonigem Oberbodenhorizont mit selbstmulchenden Eigenschaften

Xanthic (von griech. *xanthos* = gelb): Boden mit leuchtend gelb gefärbten Horizonten

Als Beispiele für diese Bodenklassifikation werden die folgenden Böden genannt (siehe auch Kap. 3.4.1):

Dystric Leptosol (Basenarmer Ranker)
Eutric Cambisol (Basenreiche Braunerde)
Albic Luvisol (Fahlerde)
Stagnic Luvisol (Pseudogley-Parabraunerde)
Gleyic Podzol (Gley-Podsol)
Fimic Anthrosol (Plaggenesch)

Auch außerhalb der formativen Elemente können zahlreiche Zusatzbegriffe zur Kennzeichnung von Böden mit besonderen Merkmalen oder diagnostischen Horizonten herangezogen werden. So erhalten z.B. in Küsten- oder Flußtalgebieten die dortigen Gleysols mit zusätzlichen Merkmalen zeitweiliger Überflutungssedimentation den Zusatz »Fluvic«. Böden mit geringmächtiger Torfauflage werden durch die Silbe »Histic«, solche mit einem dünnen, aber harten Eisenanreicherungshorizont oberhalb 125 cm Tiefe mit dem Vorsatz »Placic« gekennzeichnet.

Auf der Grundlage der Bodeneinheiten der Weltbodenkarte der FAO wurde 1990 von einer Expertengruppe der Internationalen Bodenkundlichen Gesellschaft (Core Group »International Reference Base for Soil Classification«, IRB) ein weltweit anwendbares Rahmenwerk vorgeschlagen (DUDAL 1990), in dem bisher 20 »Major Soil Groupings« als repräsentative, prinzipielle Komponenten der Bodendecke der Erde kurz beschrieben werden. Als Gliederungskriterien dienen z.B. die unterschiedlichen, aus sichtbaren und meßbaren Bodenmerkmalen ableitbaren pedogenetischen Prozeßrichtungen, wie u.a. die Verwitterung und Verbraunung in situ (Cambic soils), die Lessivierung (Luvic soils), die Podsolierung (Podzic soils), die Versalzung (Salic soils) und die Vergleyung (Gleyic soils). Böden mit wasserstauenden Unterbodenhorizonten werden beispielsweise als Stagnic soils, solche mit geringer Profildifferenzierung

(Rohböden, AC-Böden u.a.) als Primic soils bezeichnet. Tonige Böden mit überwiegend stark quellenden Tonmineralen heißen Vertic soils, tief humose, dunkle Steppenböden Chernic soils, während die vielfältigen Auenböden in der Gruppe der Fluvic soils und die Moorböden in den Organic soils zusammengefaßt werden. Neben anderen ist eine Gruppe der anthropogenen Böden (Anthric soils) neu aufgestellt worden.

Die bisher im Entwurf vorliegenden Major Soil Groupings sollen als höchste Generalisierungsstufe der FAO-Bodenklassifikation künftig die international einheitliche Grundlage (Reference Base) für alle Korrelationen mit den zahlreichen regionalen und weltweiten Bodenklassifikationen bilden und deren Vergleichbarkeit ermöglichen.

3.4.3   Böden anderer Regionen

Die Benennung der Bodeneinheiten in diesem Kapitel folgt der Legende zur Weltbodenkarte der FAO/Unesco von 1988 (siehe Kap. 3.4.2.2).

3.4.3.1   Böden der feuchten und wechsel-feuchten Tropen und Subtropen

Nach Einteilung in Hygroregimes werden die immerfeuchten Tropen (äquatoriale Region zwischen 10°N und 10°S), die immerfeuchten Subtropen (Ostseiten der Festlandmassen, z.B. Florida, Südost-China) sowie die sommerfeuchten Tropen (Trocken- und Feuchtsavannen zwischen den Passat-Trockengebieten und dem äquatorialen Regenwald) unterschieden Tab. 7). Für die Entwicklung der Böden in diesen Regionen sind vor allem folgende Klimafaktoren von Bedeutung:

1. Immerfeuchtes bis periodisch wechselfeuchtes (> 3 Monate Trockenzeit im Winter) Klima mit Jahresniederschlagsmengen zwischen 600 und 10000 mm.
2. Hohe Temperatur mit geringer oder fehlender Tages- und Jahresamplitude.

Diese Klimafaktoren bedingen eine intensive chemische Mineralverwitterung und Mineralisierung der organischen Substanz. Deshalb sind die Böden meist arm an verwitterbaren Mineralien und nachlieferbaren Pflanzennährstoffen. Unterhalb der Bodenhorizonte folgt häufig das chemisch verwitterte Gestein, der Saprolit, der über 100 m mächtig werden kann. Der Oberboden ist trotz des starken Pflanzenwachstums humusarm. Durch die intensive Auswaschung von

basischen Kationen und Kieselsäure (Desilifizierung, siehe Kap. 2.1.2.2), die bei der Silicatverwitterung freigesetzt werden, bilden sich als relativ Si-arme Tonminerale Kaolinit und Halloysit. Daneben entstehen durch relative Anreicherung Al- (Gibbsit) und Fe-Oxide (Goethit, Hämatit). Zusammen mit der Armut an organischer Substanz verleihen die Fe-Oxide vielen Bodentypen eine intensive Gelb- bis Rotfärbung. Die Summe der Prozesse wird auch als »Ferrallitisierung« bezeichnet, die bei der Bildung der Ferralsole (s.u.) am stärksten zur Wirkung kam.

Die genannten Eigenschaften der Böden schränken ihr Ertragspotential stark ein: Durch den geringen Humusgehalt, den hohen Gehalt an Kaolinit und das saure Milieu als Folge der Basenauswaschung ist die Kationenaustauschkapazität (KAK) der Böden gering. Bei niedrigen pH-Werten werden Phosphate als Fe- und Al-Phosphat durch die freien Oxide fixiert, wodurch Phosphate nicht mehr pflanzenverfügbar sind. Hohe Al-Konzentrationen in der Bodenlösung können zu Vegetationsschäden (Al-Toxizität) führen. Die geringe Gefügestabilität des Bodensubstrats hat zur Folge, daß die Böden nach Entfernung der Vegetationsdecke durch den Menschen stark erosionsgefährdet sind.

Neben den exogenen Faktoren ist das Alter für die Differenzierung der Böden in den Klimaregionen von entscheidender Bedeutung. In Berg- und Hügellandschaften ließen Erosion, Akkumulation und vulkanische Tätigkeit genetisch jüngere Böden entstehen als in ebenen Regionen mit langfristig stabiler Landoberfläche. Bei den alten Böden führten Änderungen in der exogenen Faktorenkonstellation, z.B. in der Humidität des Klimas oder der Vegetationsbedeckung, zur Bildung polygenetischer Profile. Aufgrund der wechselnden globalen Ausdehnung von Klimazonen in der geologischen Vergangenheit sind Reliktböden weit verbreitet. So treten z.B. auf alten Landoberflächen der Savannenregion Ferralsole (s.u.) auf, die für die immerfeuchten Tropen charakteristisch sind.

Immerfeuchte Tropen: Der charakteristische zonale Bodentyp mit großer Verbreitung in Afrika, Südamerika, Südostasien, und Australien ist der *Ferralsol* (Oxisol, Ferrallit, Sols ferrallitiques, Rot- und Gelberde), der auf verschiedenen Gesteinen durch Ferrallitisierung entstand und dessen Entwicklung örtlich bis ins Erdaltertum zurückreichen kann. Der mächtige gelbe bis tiefrote Ferralic-B-Horizont (<10%

verwitterbare Silicate, $>8\%$ Ton aus Kaolinit, Al- und Fe-Oxiden, $KAK_{pot} < 16\,cmol/kg$ Ton, stark sauer), weist keine Tonverlagerung auf. Die tonreichere, hydromorphe Variante des Ferralsole ist der *Plinthosol*, dessen B-Horizont von Bleich- und Rostflecken durchzogen wird. Alte Ferralsole und Plinthosole (Tertiär und älter), deren Oberboden im Quartär infolge der Verschiebung der Klimagürtel unter wechselfeuchten Klimabedingungen erodiert wurde, unterlagen einer tiefgreifenden, irreversiblen Härtung des oxic-B-Horizonts. Dieser wurde in *Laterit* (lat. later = Ziegelstein) umgewandelt, der als massive Kruste (FAO: ironstone) die Erdoberfläche in großen Landstrichen der Savannenregionen bildet. In Erosionslandschaften der immerfeuchten Tropen treten die schwächer verwitterten *Ferralic Cambisols* (noch verwitterbare Minerale, höhere KAK) als jüngere Stadien der Ferallitisierung auf.

Immerfeuchte Subtropen: Der charakteristische zonale Bodentyp ist der ockerbraune bis braunrote *Acrisol*, der aber auch in den Feuchtsavannen (stärker humider Bereich der wechselfeuchten Tropen) große Areale einnimmt und schwächer verwittert ist als der Ferralsol. Sein Profil ist durch Tonverlagerung (Bt-Horizont) geprägt. Ähnlich wie beim *Plinthosol* kann der Unterboden hydromorphe Merkmale durch Staunässe aufweisen *(Plinthic Acrisol)*. Die Horizonte sind bis in große Tiefe stark versauert und die Basensättigung (noch im Bt $< 50\%$) ist gering. In der Tonfraktion dominiert Kaolinit, daneben tritt auch Gibbsit häufig auf. Die geringe Gefügestabilität der Bodenhorizonte bedingt eine erhebliche Erosionsanfälligkeit. Böden der gleichen Klimaregion mit ähnlicher Horizontfolge und Färbung, aber höheren Anteilen an Dreischicht-Tonmineralen und einer höheren Basensättigung, die deshalb ein günstigeres Ertragspotential besitzen, werden als *Alisols* bezeichnet.

Sommerfeuchte Tropen: Die Savannenregion (Feucht- und Trockensavanne) ist in stärkerem Maße als die übrigen tropischen Klimaregionen in unterschiedliche Bodentypen gegliedert. In den Feuchtsavannen nehmen auf alten Landoberflächen *Ferralsols* und *Acrisols* große Areale ein. Sie sind mit schwächer verwitterten, meist jüngeren Bodentypen vergesellschaftet, von denen *Nitisols*, *Lixisols* und *Vertisols* die größte Verbreitung aufweisen. Die roten bis rotbraunen *Nitisols* entstanden im Gegensatz zu den *Acrisols* auf silicatreichen, basischen Gesteinen

und sind daher sehr tonreich (35 bis 60% Ton, vorwiegend Kaolinit). Durch erhebliche Reste an verwitterbaren Mineralen (Nährstoffvorräte) und günstige Gefügeeigenschaften (geringe Erosionsneigung, hohe nFK) gehören sie zu den fruchtbarsten Böden der gesamten (Sub-)Tropen. Wie auch die Acrisols und die Nitisols sind *Lixisols*, ähnlich den Ferric Luvisols, durch Tonverlagerung geprägt (Bt-Horizont). Zwar dominiert bei diesen Böden auch der Kaolinit in der Tonfraktion, doch ist die Basensättigung des Unterbodens mit über 50% relativ hoch. Im Gegensatz zu den Acrisols treten freie Al-Oxide nicht auf. Durch Staunässe im Unterboden weisen sie verbreitet nur ein mäßiges Ertragspotential auf. *Vertisols* sind schwarze bis braune, tonreiche ($> 30\%$ Ton, meist $> 50\%$) A-C-Böden, die aus tonigen und $CaCO_3$-haltigen Sedimenten im Bereich von Talböden und abflusslosen Senken entstanden. Der hohe Anteil an quellfähigen Tonmineralen, vor allem Smectiten, bedingt den Selbstmulch-Effekt, der eine intensive Bodendurchmischung und damit die Ausbildung des mächtigen Ah-Horizonts bewirkt. In der Regenzeit weisen Vertisols eine dichte, zähplastische Konsistenz auf, während in der Trockenzeit bis über 10 cm breite und bis 150 cm tief reichende Schrumpfrisse entstehen und den Boden in Polygone zerteilen. Da die Spalten durch eingewehtes oder nachfallendes humoses Oberbodenmaterial verfüllt werden, führt die Wasseraufnahme der Polygone in der anschließenden Regenzeit zu erheblichen Quellungsdrucken. Daraus resultiert eine Verknetung des Substrats und seine Aufpressung in Richtung Bodenoberfläche (Hydroturbation, Peloturbation), an der sich meist ein kleinkuppiges Relief (Gilgai-Relief) ausbildet. Im Unterboden werden die Tonminerale an den Scherflächen der Gefügekörper eingeregelt und bilden glänzende Oberflächen (*slickensides*, Streß-Cutane). Zwar weisen Vertisole hohe Nährstoffvorräte, KAK und Basensättigung auf, doch führen ihr Wasserhaushalt (hoher Totwasseranteil) und die schwere Bearbeitbarkeit zur Einschränkung der ackerbaulichen Nutzung. Viele Vertisolgebiete werden daher als Weideland genutzt.

Weitere substrat- und reliefgebundene Typen der humiden (Sub-)Tropen sind *Gleysols* (Grundwasserböden der Talauen), *Fluvisols* (junge, schwach differenzierte Auenböden), *Arenosols* (rote, tiefgründig verwitterte Sandböden) und *Andosols* (dunkle, humose und allophanreiche Böden aus vulkanischen Aschen).

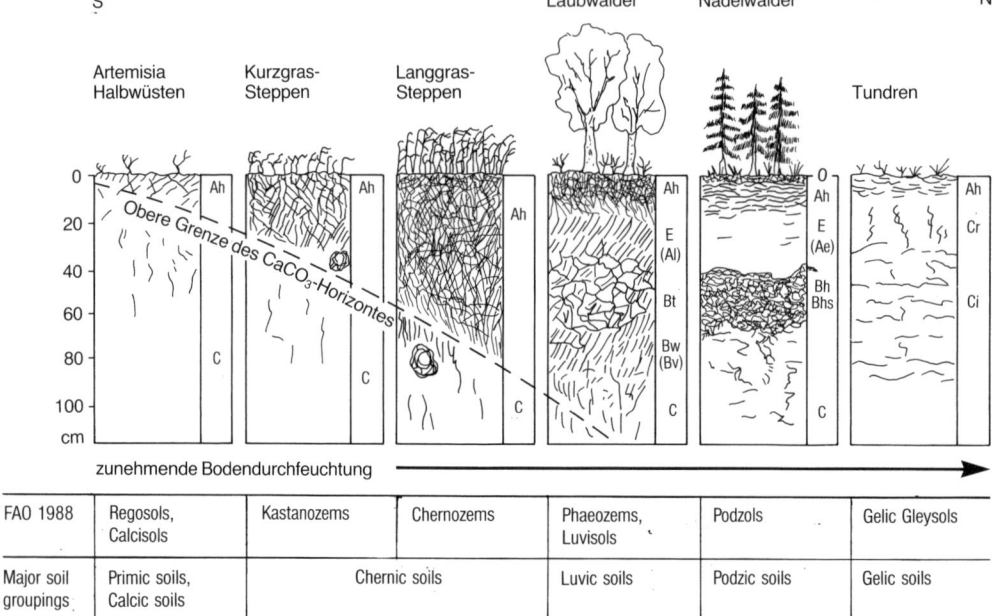

Abb. 127. Bodenprofilabfolge längs eines SW-NE-Schnittes durch den Westteil Rußlands in Beziehung zur Vegetation und zur Aridität bzw. Humidität des Klimas (unter Verwendung von GANSSEN 1972, SCHULTZ 1988 und SCHEFFER-SCHACHTSCHABEL 1992). Bodennamen nach Legende zur Weltbodenkarte, FAO-Unesco 1988, und DUDAL 1990 (untere Reihe). Horizotsymbole: E = Eluvialhorizont; Bw = Verwitterungshorizont; Cr = Reduktionshorizont in der Auftauzone (sub-)arktischer Böden; Ci = Permafrosthorizont; übrige Horizontsymbole: siehe Kap. 3.3.

3.4.3.2 Böden der Steppenklimate

Die in ariden bis semiariden Klimaräumen auftretenden Steppenböden sind in einem Humiditätsbereich zwischen 250 bis 650 mm N · a^{-1} verbreitet. Sie weisen allgemein ein A/C-Profil auf, das häufig in Ah/Cc/lCv differenziert werden kann. Die Mächtigkeit des Ah-Horizontes nimmt mit zunehmender Aridität des Verbreitungsgebietes ab; der Carbonatanreicherungshorizont (AhCc oder Cc) liegt oberflächennäher, je trockener es ist (Abb. 127).

Die Humusform dieser Böden ist der Mull, der stabile, N-reiche organomineralische Komplexe, im allgemeinen ein gutes Krümelgefüge und eine hohe Austausch- und Wasserkapazität aufweist. Diese Eigenschaften begründen die bekannte hohe potentielle Fruchtbarkeit dieser Böden, sofern die Höhe und Verteilung der Niederschläge für optimales Pflanzenwachstum ausreichen. Dies ist häufig nicht der Fall.

In feuchteren Übergangsbereichen zu den eigentlichen Trockengebieten, sind unter Wald, Waldsteppen oder Langgrassteppen bei 500 bis 650 mm N · a^{-1} die *Phaeozems* verbreitet (synonym mit dem früheren Brunizem bzw. degradierten Tschernosem). Es sind häufig aus Löß oder aus anderen basischen Lockersedimenten entstandene Böden mit einem 30 bis 50 cm mächtigen Ah-Horizont. Sie zeigen erhöhte Verwitterungsintensität mit Carbonatauswaschung und Verbraunung. Tonverlagerung tritt allerdings nur in ihren feuchtesten Verbreitungsgebieten auf und ist diagnostisches Merkmal der Luvic Phaeozems. Bei mittlerer bis hoher Basensättigung und einem das Niederschlagsdefizit ausgleichenden Wasserspeichervermögen sind die meisten Phaeozeme sehr fruchtbare Böden.

Verbreitungsschwerpunkte der Phaeozeme sind das nordamerikanische Maisanbaugebiet in einer zumeist ehemaligen Langgrassteppenlandschaft (daher früher: Prairie soils oder Brunizems), subhumide bis humide Bereiche der argentinischen Pampa sowie Teile Uruguays und Südbrasiliens. Darüberhinaus sind sie auch in Südosteuropa vertreten.

In kontinentalen und semiariden Gebieten mit Niederschlägen zwischen 300 und 600 mm · a^{-1}, treten mit weiter Verbreitung, und in Europa fast ausschließlich aus Löß entwickelt, *Chernozems* (Tschernoseme, Schwarzerden) auf. Die ursprüngliche gräser- und kräuterreiche Steppenvegetation (Langgrassteppe, Abb. 127) oder ihre Ersatzvegetation produziert während der feuchteren Jahreszeit große Mengen an Biomasse, die nur geringfügig während der warm-trockenen Jahreszeit mineralisiert werden kann. Sie wird jedoch von Steppentieren in den Boden eingearbeitet (Bioturbation) und dort in unterschiedlichen Tiefen akkumuliert. In den Grabgängen (Krotowinen) der Kleinsäuger wird auch unverwittertes kalkhaltiges Material nach oben transportiert und so dem Basenverlust entgegengewirkt.

Der bis zu 1 m mächtige Ah-Horizont ist N-reich, zeigt gute Gefügemerkmale und weist eine hohe Austauschkapazität auf. Die Humusgehalte können bei stark ausgebildeten Chernozemen über 10% betragen, bei mitteleuropäischen Chernozemen liegen sie zwischen 2 und 6%. Chernozeme weisen unterhalb des Ah-Horizontes einen Carbonatanreicherungshorizont auf, der mit zunehmender Aridität zur Bodenoberfläche vorrückt. Während die meisten trockenen Chernozem-Varianten Kalk- oder z. T. auch Gipsausscheidungen besitzen, treten unter feuchteren Klimabedingungen (> 600 mm N · a^{-1}) lessivierte Formen auf (Luvic Chernozem).

In Eurasien und Nordamerika haben die Chernozeme große zusammenhängende Verbreitungsgebiete, vor allem im Bereich des von Mitteleuropa ausgehenden, bis nach Sibirien und nach Süden bis zur Balkanhalbinsel reichenden Lößgürtels (Abb. 41).

Die Chernozems sind von großer agrarökonomischer Bedeutung, sie stellen die potentiell fruchtbarsten Böden der Erde dar.

Mit zunehmender Trockenheit folgt auf die Chernozems unter Kurzgrassteppenvegetation (Abb. 127) der *Kastanozem*. Auch diesen Boden kennzeichnet ein A/C-Profil mit Mull als Humusform. Seinen Namen verdankt er dem kastanienfarbenen Ah-Horizont, der etwa 50 cm mächtig ist, blockige Struktur und einen Humusgehalt zwischen 2 bis 4% aufweist. Die Böden sind regelmäßig kalk- und gipsangereichert. Sofern im Unterboden nicht wasserlösliche Salze auftreten, zählen diese basengesättigten, wasser- und luftdurchlässigen, jedoch oft trockenheitsgefährdeten Kastanozeme zu den fruchtba-

ren Böden. Sie treten weltweit auf. Hauptverbreitungsgebiete liegen in den südlichen Teilrepubliken der GUS, in den USA, Mexiko, Südbrasilien, den trockenen Pampa-Regionen Uruguays und Argentiniens.

Die ebenfalls zu den Steppenböden gehörenden *Greyzems* sind durch Bleichung graue A-C-Böden, mit Mull als Humusform. Ihre Verbreitung ist gering und konzentriert sich auf die feuchteren Randzonen der Übergangsbereiche von borealen und laubwerfenden Wäldern zu den Steppen Eurasiens und Nordamerikas. Greyzems sind, wie die anderen Übergangsböden der Waldsteppenzone, oft lessiviert (Luvic Chernozem und Luvic Phaeozem). Als relativ fruchtbare Böden werden sie sowohl forstwirtschaftlich als auch ackerbaulich genutzt.

3.4.3.3 Böden der Halbwüsten und Wüsten
In der neuen Bodenklassifikation der FAO – UNESCO (1989) sind die Wüsten- und Halbwüstenböden Yermosol und Xerosol nicht mehr enthalten. In Abhängigkeit von ihren Bodenmerkmalen werden sie den Fluvisols, Regosols, Leptosols, Cambisols, Luvisols, Lixisols, Planosols oder Ferralsols zugeordnet (siehe Kap. 3.4.2.2). Böden mit Gipsanreicherung bilden die Bodeneinheit *Gypsisols*, solche mit Kalkanreicherung die der *Calcisols*.

Das Klima ist streng arid. Den geringen Niederschlägen (< 250 mm jährlich, oft als Starkregen) stehen hohe Temperaturen und hohe Verdunstungswerte gegenüber. Die xerophytische Pflanzendecke ist spärlich oder fehlt fast ganz. Erosion und Deflation können große Mengen an Boden- und Gesteinsmaterial verfrachten.

Böden der Halbwüste (früher u. a. *Burosem*): Sie zeichnen sich in der Regel durch hohe Basensättigung und durch ein lockeres, krümeliges Gefüge aus. Artemisia-Arten bilden vor allem die Vegetation der Trockensteppe, die in Südostrußland und in westlichen Gebieten der USA weit verbreitet ist.

Böden der Wüste: *Lockere Rohböden* der Wüste (z. B. Calcaric Regosols): Sie sind oft kalkhaltig und besitzen nur Spuren von organischer Substanz.

Steinpflaster-Regosols, auch Hamada-Wüstenböden genannt: Nach Zerkleinerung des Gesteins durch physikalische Verwitterung und Ausblasung von feinem Material blieb ein Steinpflaster zurück.

Sandwüstenböden (Arenosols) bestehen im wesentlichen aus weißlich-grauem, ockergelbem oder rotgelbem Wüstensand. Sie werden auch Erg genannt.

Salzstaubböden enthalten wasserlösliche Salze.

Wüstenkrustenböden zeichnen sich durch eine steinähnliche Kruste aus, die sehr verschieden mächtig sein kann (5 bis 200 cm). Salze werden bei gelegentlichen Niederschlägen gelöst und infolge intensiver Verdunstung und kapillaren Wasseranstiegs nahe der Oberfläche wieder ausgeschieden. Man unterscheidet Kalk- und Gips-Krustenböden *(Calcisols, Gypsisols)*.

3.4.3.4 Salzböden

Sie sind in ariden, semiariden und semihumiden Klimagebieten weit verbreitet und entstanden in der Regel aus relativ tonreichen Gesteinen unter dem Einfluß von salzhaltigem Grund- und Oberflächenwasser. Voraussetzung sind Salzlagerstätten im Untergrund oder fließendes Grundwasser, das gelöste Salze in Senken und Niederungen führt. In Küstennähe können die Salze auch aus dem Meerwasser stammen. Das kapillar ansteigende Bodenwasser verdunstet, es scheiden sich in den oberen Horizonten Salze aus, die oft nur die Entwicklung von Halophyten zulassen oder das gesamte Pflanzenwachstum zum Erliegen bringen.

Die Salzböden sind gekennzeichnet durch hohe Gehalte an Chloriden und Sulfaten von Na, Mg und K sowie an Karbonaten von Na und Mg. Auch kann eine hohe Na-Sättigung vorliegen.

Solonchak (Weißalkaliboden): Er ist vorwiegend in Senken mit hochstehendem salzhaltigen Grundwasser gebildet worden.

Kapillarer Anstieg des Wassers und Verdunstung rufen die Bildung weißer Salzkrusten und Ausblühungen an der Bodenoberfläche hervor. Die Salze sind vor allem $NaCl$, Na_2SO_4, Na_2CO_3, $CaSO_4$, $MgSO_4$ und $CaCO_3$ in wechselnden Mengen. Es kann zwischen Natrium- und Calcium-Solonchak unterschieden werden. Weitere Kennzeichen dieses Bodens sind: Salzgehalt des Oberbodens > 0,3%, Reaktion schwach bis mäßig alkalisch (pH meist unter 8,5). Aggregatbildung gut, Gehalt an organischer Substanz gering, Horizontgliederung des Unterbodens wie bei den Gleyen in Go und Gr. Die Vegetation besteht nur aus wenigen Halophyten (Suaeda maritima, Lepidium cartilagineum u. a.).

Solonetz (Schwarzalkaliboden): Charakteristisch sind der niedrige Salzgehalt im Oberboden und der hohe Na-Sättigungsgrad im B-Horizont (15 bis 90%). Da durch Hydrolyse $NaOH$ und bei Zutritt von CO_2 oft Na_2CO_3 entstehen können, sind die Solonetze stark bis sehr stark alkalisch (pH bis 11). Die hohe Na-Sättigung bedingt schlechte physikalische Eigenschaften: Verschlämmung bei Durchfeuchtung und Verkrustung bei Trockenheit. Quellung und Schrumpfung führen im tonreichen B-Horizont zur Ausbildung des typischen Säulengefüges. Na-Humate werden in peptisiertem Zustand in den B-Horizont verlagert, der dadurch tief dunkel gefärbt wird. Solonetze tragen eine reichere Vegetation als Solonchake.

Solod (Steppenbleicherde) entstand aus Solonetz infolge Absinken des Grundwasserspiegels. Er ist schwach sauer und die Na-Sättigung im B-Horizont relativ gering (< 7%). Die starke Verlagerung der organischen Substanz führte zu einer deutlichen Profildifferenzierung: Unter dem schwach humosen Ah-Horizont, der ein plattiges Gefüge aufweist, liegen ein fast humusfreier Bleichhorizont und ein dunkel gefärbter, mit Ton und Humus angereicherter B-Horizont. Im Zuge der intensiven Verwitterung kann KOH-lösliche Kieselsäure im Oberboden so stark angereichert werden, daß sie als weißliche Ausblühung zu erkennen ist. Bei hohem $CaCO_3$-Gehalt werden nicht Solode gebildet, sondern den Pseudogleyen und Parabraunerden verwandte Böden.

3.4.3.5 Böden mediterraner und ähnlicher Klimate

Regionen mit mediterranem Klima zählen zu den winterfeuchten Subtropen. Sie sind nicht allein auf den Mittelmeerraum beschränkt, sondern zwischen 30° und 40° geographischer Breite an den Westseiten der Kontinente anzutreffen (z. B. Südwest-Australien, Kap-Provinz, Kalifornien). Das Klima ist durch Wärme und Trockenheit im Sommer sowie milde Winter mit Niederschlägen zwischen 400 und 1000 mm gekennzeichnet. In jährlich mindestens 5 humiden Monaten ist die klimatische Wasserbilanz positiv.

Im Gegensatz zu den sommerfeuchten Subtropen und Tropen (siehe Kap. 3.4.3.1) führt die jahreszeitliche Divergenz zwischen Niederschlägen und Temperatur zu einer schwächeren Verwitterungsintensität. Bei abnehmenden Temperaturen und zunehmenden Niederschlägen erfolgte in den Hochlagen der Gebirge eine Bodenentwicklung wie in den nördlichen Breiten.

Als Folge der jahrhundertealten anthropogenen Entwaldung von Bergregionen führen Starkregen in Hanglagen gegen Ende des Winters zur Bodenerosion. Dadurch wurden die alten, reifen Böden weitgehend abgetragen, so daß *Rendzic Leptosols* auf Kalksteinen und *Dystric* bis *Eutric Leptosols* auf Silicatgestein im Wechsel mit *Lithic Leptosols* verbreitet sind. Letztere finden sich oft auf harten, mächtigen Kalkkrusten, die tiefe Kalkanreicherungshorizonte (FAO: Calcic Horizont) vorzeitlicher Böden vom Typ des *Calcisol* darstellen und durch Erosion der darüberliegenden Bodenhorizonte an die heutige Oberfläche gelangten. Auf Flächen mit weitgehend ungestörter Bodenentwicklung ist auf Silicatgestein der *Chromic Luvisol* verbreitet, den eine rotbraune Färbung (Bildung von Hämatit) und Lessivierung kennzeichnet. Zu dieser Kategorie der FAO-Legende zählen auch die im Mittelmeerraum auf Kalksteinen weit verbreitete Terra rossa (warme, trockene Lagen) und die Terra fusca (kühlere, feuchtere Lagen) mit ihren leuchtend braunroten bzw. braungelben B-Horizonten aus dem Lösungsrückstand des Kalkgesteins. Im Mittelmeerraum wird der Chromic Luvisol als reliktische Bildung der älteren pleistozänen Interglazialzeiten angesehen. Als jüngere Böden treten der schwächer verwitterte *Chromic Cambisol* mit rötlichbraunem Bv-Horizont ohne Tonverlagerung sowie der *Calcic Cambisol* mit sekundärer Carbonatanreicherung im Unterboden auf. In niederschlagsarmen Regionen wurde in Senken und Talauen durch aufsteigendes salzhaltiges Grundwasser der *(Gleyic) Solonchak* gebildet.

Generell weisen die Bodentypen einen engräumigen Wechsel auf. Allen gemeinsam ist ein geringer Humusgehalt des Oberbodens unter Gras- oder Hartlaubvegetation (Macchie, Garrigue). Für die Bodennutzung ist die nutzbare Feldkapazität in Abhängigkeit von der Textur und der Solummächtigkeit ein wesentlicher limitierender Faktor. Daher beschränkt sich der Ackerbau auf die Unterhanglagen mit feinkörnigen Kolluvien und die Täler mit Lockersedimenten und hohen Grundwasserständen. Hanglagen mit flachgründigen Böden werden als extensive Viehweiden genutzt.

3.4.3.6 Böden des arktischen Klimas

Die Bildungsbedingungen der Frostböden (Gelic Soils) sind: Tiefe Temperaturen, geringe Niederschläge, geringe Verdunstung, schwache chemische, aber starke physikalische Verwitterung, schwaches Pflanzenwachstum, langsame Zersetzung der organischen Substanz, Dauerfrost und Bodenfließen schon bei mäßiger Hang-

lage (etwa 3%). Dauerfrost (Permafrost) herrscht von einer gewissen Tiefe an. Im Sommer tauen die Böden 40 bis 60 cm tief auf und frieren zu Beginn des Winters von oben nach unten wieder vollständig ein. Böden mit Permafrost im Unterboden werden durch den Zusatz »gelic« gekennzeichnet.

An Bodentypen sind zu nennen:
Arktischer Rohboden mit Ai/C-Profil.
Arktischer Steinpflaster-Rohboden (Gelic Regosol) mit »Steinpflaster« nach Ausblasung der Feinsubstanz.
Tundra-Ranker mit Ah/C-Profil auf Felsfluren und Gesteinsschutt, oft mit Rohhumus-Auflage *(Gelic Leptosol)*.
Nordischer Zwergpodsol, dessen Profil bis zum G- oder C-Horizont vielfach weniger als 25 cm mächtig ist *(Gelic Podzol)*.
Tundra-Gley (Gelic Gleysol), gebildet in tieferen Lagen, dort, wo während der Auftauzeit das Wasser ober- und unterirdisch zusammenfließen kann.
Tundra-Anmoor (Humi-Gelic Gleysol), entstanden bei starker Vernässung und relativ dichter Pflanzendecke, mit dunklem, humusreichem Ah- und hellgrauem G-Horizont.
Tundra-Moor (Gelic Histosol). Kennzeichen sind: Rohhumus-Auflage aus Sphagnaceen und Polytrichum- und Dicranum-Arten, sowie Bildung von Torfbülten, die mit Birke, Krähenbeere, Bärentraube, Moltebeere u. a. Pflanzen bestanden sind.
Alpine Rendzinen, z. B. Syrosem-Rendzina und Polster-Rendzina in hohen Gebirgslagen (z. T. *Geli-Rendzic Leptosol*).
Arktische Strukturböden. Sie sind bereits in den Kap. 1.3.2.3.2 und 3.4.1.E beschrieben worden.

Den arktischen Böden z. T. ähnliche Böden der Hochgebirge werden im Kap. 3.5.2.5 dargestellt.

3.5 Bodengeographie – Regionale Bodenkunde

3.5.1 Verbreitung und Vergesellschaftung der Böden

Böden haben als Landschaftssegmente eine räumliche Ausdehnung. Der kleinste, einheitliche Bodenkörper von in der Regel weniger als 1 m² Größe wird *Pedon* genannt (Abb. 128) und durch den Bodentyp, die Bodenartenschichtung

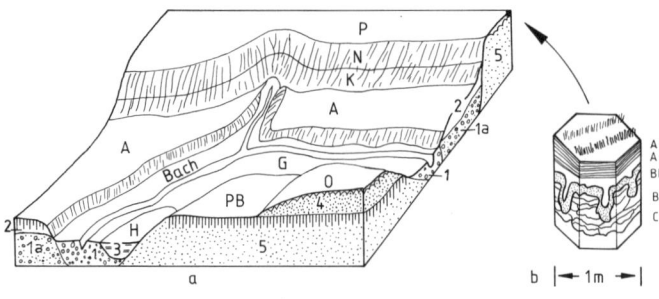

Abb. 128. Bachdurchflossene Bodenlandschaft (a) aus dem norddeutschen Flachland (schematisch) und Pedon (b) aus der beackerten Podsol-Bodengesellschaft. P = Podsole aus glazifluviatilen Sanden (5); N = Regosol in Hanglagen (Erosion); K = Kolluvien; G = Gleye aus jüngsten Auensedimenten (1); A = Auenböden aus holozänem Auelehm und – Sand (2) über älteren Auesedimenten (1a); H = Niedermoor (3) und Anmoorgley; O = Rohboden und Podsol-Regosol auf einer Düne aus jungem Flugsand (4); PB = Podsol-Braunerde aus glazifluviatilen Sanden (5). (Entwurf ROESCHMANN 1983).

und das Ausgangsmaterial der Bodenbildung (Substrat) als *Bodenform* gekennzeichnet (z. B. feinsandiger, tiefer Ortstein-Podsol aus Flugsand). Direkt benachbarte Pedons einer Bodenform bilden – als Grundbausteine der Pedosphäre und Teilbereiche der Ökosphäre – ein *Polypedon*, das in seiner räumlichen Ausdehnung (in Anlehnung an die Begriffe Biotop, Physiotop, Ökotop) nach HAASE u. SCHMIDT (1975) als *Pedotop* bezeichnet wird. Pedotope sind meist in sich nicht völlig homogen (z. B. aufgrund geringer Unterschiede in den Horizontmächtigkeiten). Zu Nachbar-Pedotopen bestehen oft fließende Übergänge. Scharfe Grenzen sind seltener (z. B. bei plötzlichem Gesteinswechsel oder an Steilstufen).

Treten unterschiedliche oder ähnliche Pedotope in einer Bodenlandschaft (auch als Bodenschaft (BLUME 1976) oder Soilscape (HOLE 1978) bezeichnet) in regelhafter, wiederkehrender Anordnung als Bodenformengesellschaften auf (z. B. Kuppen-Parabraunerden und Senken-Pseudogleye in einer hügeligen Lößlandschaft), so können sie zu pedologisch mehr oder weniger heterogenen *Pedochoren* zusammengefaßt werden (HAASE 1973 u. a.).

Die Unterscheidung und Abgrenzung der Pedochoren erfolgt nach SCHMIDT (1978)

a) nach ihrem Bodenformen-Inventar, unter Angabe vorherrschender Leit- und zurücktretender Begleit-Bodenformen sowie deren Heterogenitätsgrad und unter Angabe wichtiger Bodeneigenschaften,

b) nach den Reliefverhältnissen (z. B. Relieformen, Hangneigungsstufen),

c) und nach dem typischen Verflechtungs- und Anordnungsmuster der Pedotope (Pedotopengefüge).

Im *Kommunikations*gefüge sind die Pedotope – häufig bei gleichem oder ähnlichem Substrat – durch frühere oder heutige pedogenetische Prozesse (z. B. unterschiedliche Vernässung, Podsolierung, Tonverlagerung) miteinander verbunden, während die räumliche Anordnung unterschiedlicher Pedotope im *Kombinations*gefüge z. B. auf tektonisch bedingten Gesteins- und Reliefformenwechsel zurückzuführen ist.

Bei der groß- und mittelmaßstäbigen Bodenkartierung (etwa > 1:200000) werden in der Regel zunächst dem Maßstab und Zweck der Karte angepaßte Kartiereinheiten gebildet und auf der Karte – unter Angabe von Leit- und Begleitböden – als *Bodeneinheiten* ausgegrenzt (ARBEITSGEMEINSCHAFT BODENKUNDE 1982). Diese können z. B. zweckbestimmte Bodeneigenschaften oder Bodentypen repräsentieren, aber auch aus Pedotopen, Pedokomplexen oder/und Pedochoren bestehen. Sie geben dann das regionale Bodenmosaik der verschiedenen Boden(land-)schaften wieder (Kap. 4.3).

Auch auf kleinmaßstäbigen Bodenkarten (etwa ab 1:500000) werden die Bodeneinheiten häufig nach Leit- und Begleitböden unterschieden. Der kleine Maßstab zwingt jedoch zu stärkerer Zusammenfassung und zur Beschränkung auf wenige, für den Zweck der Karte wichtige Gliederungskriterien. Bodengeographisch erfolgt z. B. die Ausgrenzung von *Pedoregionen* (u. a. HAASE 1975, Abb. 129) – auch z. T. *Bodengebiete* genannt (SCHROEDER 1969/83) – nach pedologisch relativ homogenen Landschaften mit gleichen Tendenzen der Bodengenese (Norm-Bodenbildung), wie sie z. B. die Schwarzerde-Region der Magdeburger Börde, die Podsol-Region der Lüneburger Heide oder die Marschen-Region der Nordseeküste darstellen. Mehrere

Bodenregionen bilden eine *Bodenprovinz* (z. B. die Norddeutsche Tiefebene, die paläozoischen Schiefergebirge Mitteleuropas oder die Württembergisch-fränkische Stufenlandschaft), deren Bodenlandschaften vorwiegend durch unterschiedliche petrographisch-geomorphologische Faktoren oder z. B. auch durch das unterschiedliche Alter ihrer Landoberflächen bedingt sind. In den globalen *Bodenzonen* und den häufig mehr kontinentalen *Bodensubzonen* erfolgt die Bodengliederung schließlich in pedogenetisch gleichartige Bodengürtel entsprechend den Klima- und Vegetationszonen der Erde (Abb. 137, Kap. 3.5.3).

3.5.2 Typische Bodengesellschaften von Bodenregionen Mitteleuropas

Abb. 129 zeigt die Verbreitung der Bodengesellschaften in Mitteleuropa. Aus der Legende gehen die wichtigsten Leit- und Begleitböden hervor. Die Grundgliederung erfolgt nach Bodenlandschaften mit geogenetisch bedingten, verschiedenartigen Ausgangsgesteinen der Bodenbildung (Substraten), denen in der Regel auch bestimmte Gruppen von Oberflächenformen entsprechen. Die innerhalb des gemäßigt humiden Klimagebietes Mitteleuropas häufig engen Beziehungen zwischen den Substraten, Reliefformen und Bodentypen mit ihren ökologisch und technologisch unterschiedlichen Bodeneigenschaften werden dadurch deutlich. Klimatisch bedingte Unterschiede treten in der groben Übersicht zurück, sind jedoch sowohl in horizontaler (atlantischer bis kontinentaler Einfluß) als auch in vertikaler Richtung (klimatische Höhenstufen im Bergland und Gebirge) vorhanden.

3.5.2.1 Bodengesellschaften der Marschen und Flußauen

Die Besonderheiten der Marschenverbreitung an der Nordseeküste (Abb. 125) lassen sich weitgehend aus deren Genese ableiten. Das Abschmelzen der Gletscher des nördlichen Vereisungsgebietes hatte im Spätglazial und Holozän einen erheblichen Meeresanstieg zur Folge, der im gezeitenbeeinflußten Küstenbereich – bei gleichzeitiger langsamer Küstensenkung – zu ständiger Auflandung von Wattensedimenten führte. In den am weitesten seewärts gelegenen Gebieten kamen ausschließlich marine Feinsedimente mit hohen Salz- und Kalkgehalten zum Absatz, die sich später z. B. durch Entsalzungs-

und Oxidationsvorgänge zur Typischen Seemarsch umbildeten. Im landeinwärts folgenden Bereich sowie besonders in den weiten Mündungsgebieten der großen Flüsse bewirkte dagegen die gezeitenbedingte Mischung von Meer- und Flußwasser bei Überschwemmungen die Ablagerung brackischer Marschenschlicke. Sie weisen besonders bei niedrigen pH-Werten und geringen oder fehlenden Carbonatgehalten bereits primär ein dichtes Gefüge und ungünstigere Eigenschaften auf (Brackmarschen). Flußmarschen schließen sich in noch gezeitenbeeinflußten Flußtalbereichen an, in denen bei Überflutungen rein fluviatile Sedimente zum Absatz kamen. Außerhalb des Tideeinflusses gehen sie in den Unter- und Mittellaufgebieten der Flüsse in die Gley- und Auenbodenlandschaften über.

Die Vergesellschaftung der Böden in den Flußauen ist weitgehend von den jeweiligen mittleren Grundwasserständen abhängig. Unter natürlichen Verhältnissen sind in den Überflutungsgebieten Gleye und Auenböden entstanden, die noch heute zu Zeiten hoher Grundwasserstände bis in den Oberboden hinein vernässen und zeitweilig überflutet werden, wenn nicht der Wasserhaushalt durch Flußregulierungen künstlich verändert wurde. Während Auenböden in der Regel höhere Flächen der Flußtäler mit stark schwankendem, im Sommer tief liegendem Grundwasser einnehmen (z. B. Terrassenflächen oder Uferrehnen), sind Gleye in tieferen Lagen mit mittleren bis hohen Grundwasserständen zu finden. Sie gehen z. B. am Rande von nassen Senken oft in Naßgleye, Anmoorgleye und/oder Moorböden über. Die besonders in den Mittellaufgebieten vieler Flußtäler zahlreichen Hochwässer und Flußverlegungen haben im Laufe des Pleistozäns und Holozäns häufig zu Sedimentumlagerungen, zur Erosion älterer und zur Anlandung jüngerer Auensedimente sowie zur Torfbildung in Altwässern und Senken geführt. Dadurch bilden die Flußtalböden dort häufig ein besonders heterogenes, kleinflächiges Bodenmosaik (Abb. 123).

3.5.2.2 Bodengesellschaften eiszeitlicher Aufschüttungsgebiete

Hierzu gehören die Bodenregionen des Norddeutschen Flachlandes sowie des Alpenvorlandes (Abb. 129). In den nördlichen, weichseleiszeitlichen Moränengebieten bildete zu Beginn des Holozäns großflächig Geschiebemergel das Ausgangsgestein für die Bodenbildung. Entkalkung und Tondurchschlämmung – meist unter

Böden der großen Täler und Küstengebiete

	Gebiet	Böden	Ausgangsgestein
	Marschen-Gebiete	Seemarsch, Brackmarsch, Flußmarsch u. a.; Salzmarsch, Kalkmarsch, Kleimarsch	mariner bis brackischer Schlick
	Auenboden-Gebiete	Auenböden, Gleye, Niedermoore, höhere Lagen mit Braunerde, Parabraunerde, Pararendzina	tonige bis sandige Flußsedimente
	Moorboden-Gebiete	Hochmoor (bes. in Norddeutschland), Niedermoor	Torfe

Böden des Flachlandes und der Lößgebiete (in Tälern Auenböden und Gleye, z. T. Moore)

	Gebiet	Böden	Ausgangsgestein
	Podsol-Gebiete	Podsol, Podsol-Braunerde, Rostbraunerde; Bänderparabraunerde; Gley-Podsol	fluviatile, glazifluviatile, glazigene und äolische Sande
	Fahlerde-Gebiete	Fahlerde, Podsol-Fahlerde, Pseudogley-Fahlerde; Podsol-Parabraunerde, Pseudogley-Parabraunerde	Sand (z. T. Geschiebedecksand) über Geschiebelehm
	Parabraunerde-Gebiete	Parabraunerde, Pseudogley-Parabraunerde, Fahlerde, Pseudogley-Fahlerde	kalkhaltige Moränenablagerungen, u. a. Geschiebemergel, z. T. mit Sanddecke
	Parabraunerde-Gebiete	Parabraunerde, Pseudogley-Parabraunerde, Fahlerde, Pseudogley-Fahlerde; z. T. Übergänge zur Schwarzerde	Löß, Sandlöß, Schwemmlöß, Hochflutlehm
	Schwarzerde-Gebiete	Schwarzerde, Pseudogley-Schwarzerde, Übergänge zu Parabraunerde ("degradierte" Schwarzerde); Pararendzina, Brauner Steppenboden (Mainzer Becken)	Löß, Schwemmlöß
	Pseudogley-Gebiete	Pseudogley, Fahlerde-Pseudogley, Parabraunerde-Pseudogley, Podsol-Pseudogley	Geschiebemergel, z. T. Geschiebelehm, selten Löß

Böden der Bergländer und Mittelgebirge (in Tälern Auenböden und Gleye, z. T. Moore)

	Gebiet	Böden	Ausgangsgestein
	Podsol-Gebiete	Podsol, Podsol-Braunerde	Sandstein
	Braunerde-Gebiete	Braunerde, Podsol-Braunerde, Pseudogley-Braunerde; Pseudogley, Stagnogley, Ranker	Sandstein, Schluff-Sandstein
	Braunerde-Gebiete	Braunerde, Podsol-Braunerde, Ranker; örtlich Plastosol-Relikte (z. B. Eifel)	Schluff- und Tonschiefer
	Braunerde-Gebiete	Braunerde, Podsol-Braunerde, Ranker	saure Magmatite, z. B. Granit, Gneis, Trachyt
	Braunerde-Gebiete	Braunerde und Parabraunerde; Pseudogley, Ranker, örtl. Latosol-Relikte (z. B. Vogelsberg)	basische und intermediäre Magmatite, häufig Basalt, oft mit Lößdecke
	Braunerde-Rendzina-Gebiete	Relativ engräumiger Wechsel von Braunerde, Rendzina, Ranker, Parabraunerde, Pseudogley	Sandstein, Schluffstein, Tonstein, Kalkstein und Mergelstein im Wechsel ohne und mit Deckschicht (z. T. Löß)
	Rendzina-Terra fusca-Gebiete	Rendzina, Rendzina-Braunerde, Braunerde-Terra fusca; Parabraunerde, Pseudogley; örtlich Terra rossa-Relikte (Alb)	Kalkstein, Mergelstein, Dolomit, oft mit Lehm- oder Lößdecke
	Pseudogley-Pelosol-Gebiete	Pseudogley, Pelosol, Pseudogley-Braunerde; Pseudogley-Parabraunerde, Rendzina	Tonstein, Tonmergelstein, oft mit lehmiger Deckschicht (z. T. Löß)

Böden des Hochgebirges (in Tälern Auenböden und Gleye, z. T. Moore)

	Gebiet	Böden	Ausgangsgestein
	Rendzina-Rohboden-Gebiete	Rendzina, Tangelrendzina, Pararendzina, Rohböden; Braunerde, Pseudogley	Dolomitstein, Kalkstein, Mergelstein und deren Schutt
	Ranker-Rohboden-Gebiete	Ranker, Rohböden; Braunerde, Pseudogley, Podsol	Silikatische Festgesteine (oft Gneis, Granit) und deren Schutt

Abb. 129. Bodengesellschaften Mitteleuropas mit wichtigen Leitböden und Ausgangsgesteinen (Entwurf ROESCHMANN 1981).

Wald – waren die wichtigsten pedogenetischen Prozesse, die über die Zwischenstadien der Pararendzina und Braunerde zur Entstehung von Parabraunerden mit Entkalkungstiefen zwischen 1,0 und 2,0 m führten. Sie haben vor allem in ausreichend entwässerten Kuppen- und Hanglagen weite Verbreitung. In flachmuldiger bis ebener Lage führte jedoch der relativ dichte Geschiebemergel des Untergrundes besonders in klimatisch feuchteren Regionen zu Staunässe im Oberboden, so daß hier pseudovergleyte Pa-

rabraunerden und Pseudogleye überwiegen. Starke Versauerung – oft unter Nadelwald – führte in weiten Gebieten zur Ausbildung von Fahlerden, eine nach anthropogener Entwaldung einsetzende Verheidung nicht selten zu zusätzlicher Podsolierung der Oberbodenhorizonte (Abb. 116). In grundwassernahen Lagen der Täler herrschen Gleye und z. T. Niedermoore vor.

Die Böden der meist gröberkörnigen, wasserdurchlässigeren Würm-Moränen und -Schotter

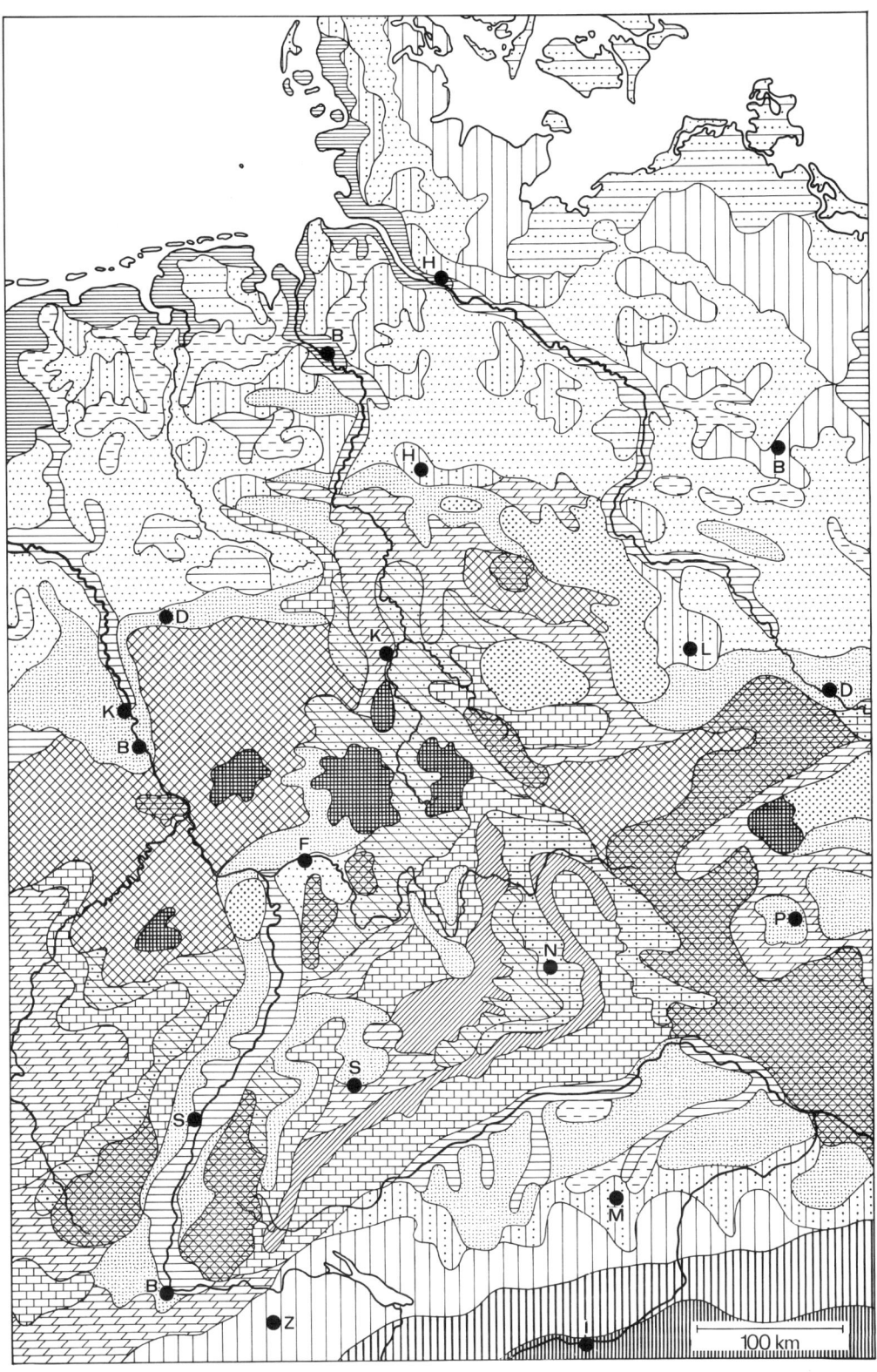

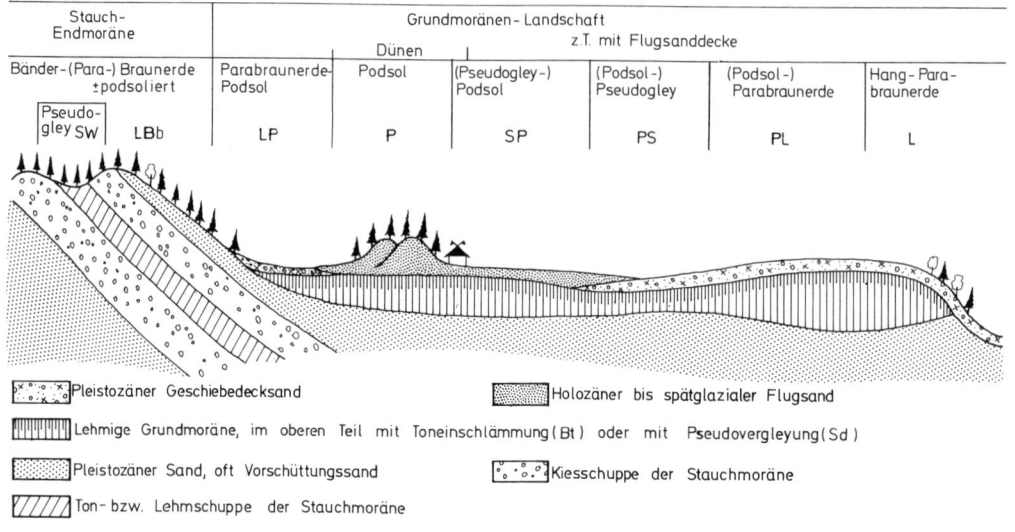

Stauch-Endmoräne		Grundmoränen-Landschaft z.T. mit Flugsanddecke					
		Dünen					
Bänder-(Para-)Braunerde ±podsoliert	Parabraunerde-Podsol	Podsol	(Pseudogley-)Podsol	(Podsol-)Pseudogley	(Podsol-)Parabraunerde	Hang-Para-braunerde
Pseudo-gley SW	LBb	LP	P	SP	PS	PL	L

Pleistozäner Geschiebedecksand

Holozäner bis spätglazialer Flugsand

Lehmige Grundmoräne, im oberen Teil mit Toneinschlämmung (Bt) oder mit Pseudovergleyung (Sd)

Pleistozäner Sand, oft Vorschüttungssand

Kiesschuppe der Stauchmoräne

Ton- bzw. Lehmschuppe der Stauchmoräne

Abb. 130. Typische Bodenverbreitung in hochliegenden Geestgebieten mit Geschiebelehm-Decke (schematisch, stark überhöhter Querschnitt, unmaßstäblich; Entwurf ROESCHMANN 1971).

des Alpenvorlandes sind oft als Parabraunerden mit zapfenartig in den C-Horizont hineinreichenden Bt-Horizonten ausgebildet. In steileren Erosionslagen befinden sich auf kalkreichem Substrat (z.T. verbraunte) Pararendzinen, auf silicatischem Material Regosole und flachgründige Braunerden.

Die Böden auf dem weit verbreiteten älteren Geschiebelehm der Saale- bzw. Rißvereisung haben demgegenüber eine länger andauernde und kompliziertere Bodengeschichte hinter sich. Einerseits ist das Substrat während wärmerer Interstadiale der Eiszeiten und besonders im Eem-Interglazial intensiven Bodenbildungsprozessen ausgesetzt gewesen, die damals ähnliche Böden wie in den heutigen Jungmoränengebieten hervorgebracht haben. Andererseits haben während der Kaltzeiten (Tab. 18 und 19) kryogene Prozesse stattgefunden, die zusammen mit äolischer Deflation und Akkumulation (Flugsanddecken) zur Umgestaltung der warmzeitlichen Böden beitrugen. So sind z.B. die Tonverarmungshorizonte der interglazialen Parabraunerden in ebener Lage häufig durch Kryoturbation mit dünnen Flugsanddecken vermischt worden, während sie an Hängen über dem Bt-Horizont durch Solifluktion mehr oder weniger weit hangabwärts verlagert wurden. Sie stellen also periglaziäre Deckschichten über reliktischen Bt-Horizonten älterer Parabraunerden und Fahler-

den dar. Von Quartärgeologen wird diese Abfolge daher auch als »Geschiebedecksand über Geschiebelehm« bezeichnet (Abb. 130). Mit dem Beginn des Holozäns wurden dann die reliktischen Bodenmerkmale von der rezenten Bodenbildung überprägt in Form deutlicher Verbraunung oder Verfahlung des Oberbodens bei meist undeutlichen oder fehlenden Tonverlagerungsmerkmalen, aber häufig sekundärer, z.T. starker Podsolierung. In Senken und/oder bei stark verdichtetem Unterboden tritt wechselnd intensive Pseudovergleyung durch Staunässe auf. Eine Trennung reliktischer und rezenter Bodenmerkmale ist oft schwierig, aber zur Beurteilung der heutigen Bodeneigenschaften wichtig. Wenn der größte Teil des Tones im Bt-Horizont dieser Böden vor dem Holozän verlagert wurde, so sollte von Parabraunerden oder Fahlerden mit reliktischen Bt-Horizonten gesprochen werden. Die Abb. 130 zeigt einen schematischen Querschnitt durch diese Bodenlandschaft.

Großflächig fehlt jedoch im Norddeutschen Flachland der Geschiebelehm im Unterboden; glazifluviatile, fluviatile und äolische sandige bis kiesige Sedimente bilden die Oberfläche. Hier kam es in trockenen Lagen zunächst unter Wald zur Ausbildung von Braunerden und Bänderparabraunerden (Abb. 120) mit z.T. wohl reliktischen Bänder-Bt-Horizonten. Bei gleichzeiti-

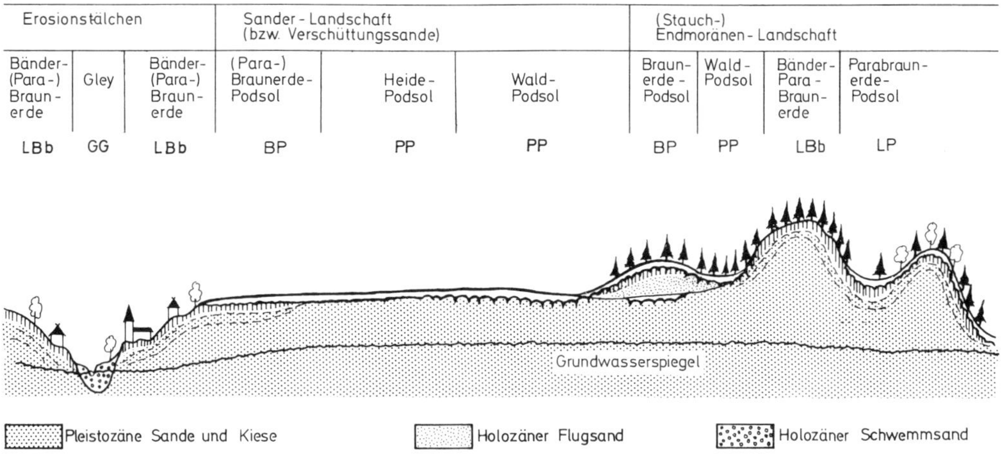

Erosionstälchen			Sander - Landschaft (bzw. Verschüttungssande)			(Stauch-) Endmoränen - Landschaft			
Bänder- (Para -) Braun- erde	Gley	Bänder- (Para -) Braun- erde	(Para -) Braunerde- Podsol	Heide - Podsol	Wald- Podsol	Braun- erde - Podsol	Wald - Podsol	Bänder- Para - Braun- erde	Parabraun- erde- Podsol
LBb	GG	LBb	BP	PP	PP	BP	PP	LBb	LP

Pleistozäne Sande und Kiese   Holozäner Flugsand   Holozäner Schwemmsand

Abb. 131. Typische Bodenverbreitung in hochliegenden, sandigen Geestgebieten (schematischer, stark überhöhter Querschnitt, unmaßstäblich; ROESCHMANN 1971).

ger oder/und schwächerer Podsolierung entwikkelten sich großflächig Podsol-Braunerden (Rosterden). Häufig erfolgte jedoch nach der Entwaldung der Flächen durch den Menschen und anschließender Verheidung eine stärkere, sekundäre Podsolierung mit deutlich ausgebildeten Podsol-Horizonten. Diese Böden sind als Braunerde-Podsole mit fester Orterde oder Ortstein besonders in Nordwestdeutschland verbreitet (Abb. 131).

Die sandigen wie auch die mit Geschiebelehm bedeckten Hochflächen der eiszeitlichen Aufschüttungsgebiete werden sowohl von unzähligen kleinen und größeren Bachtälern als auch von breiten Flußtälern durchzogen, die häufig eiszeitlich angelegten Urstromtälern folgen. Außer den im vorigen Abschnitt beschriebenen Talauen-Böden sind in ihnen auch großflächig mehr oder weniger podsolierte Anmoorgleye, Gley-Podsole sowie Hochmoore und (meist mesotrophe) Niedermoore verbreitet.

Besonderheiten sind im Nordwestdeutschen Raum die oft in Ortsnähe verbreiteten Plaggenesche sowie weitere inzwischen relativ weitverbreitete Kultosole wie z. B. Sandmischkulturen und Podsol-Tiefumbrüche (siehe Kap. 3.4.1 F).

3.5.2.3 Bodengesellschaften nördlicher Löß-Landschaften

In Mitteleuropa ist Löß in einem von Belgien bis nach Südpolen reichenden breiten Streifen verbreitet (Abb. 41). Während der Löß nahe seiner Nordgrenze in der dortigen Hügellandschaft ei

ne fast geschlossene, meistens relativ geringmächtige Deckschicht über vorwiegend mesozoischen Gesteinen bildet, ist er im südlich anschließenden Bergland sowie im Mittelgebirgsraum vor allem in intra-montanen Senken und Becken sowie im Oberrheintal und im nordöstlichen Alpenvorland zu finden. In der Regel bildet junger Weichsel/Würm-Löß das Substrat für die Bodenbildung. Die Vergesellschaftung der Böden zeigt dort häufig Ähnlichkeiten mit der des nördlichen Jungmoränengebietes. Aus Abb. 132 geht hervor, daß in welligen Lößbörden des nördlichen Raumes auf relativ gut entwässerten Kuppen oder bei grobkörnigem LößUntergrund häufig Parabraunerden (BL) vorherrschen, deren Entkalkungstiefen durchschnittlich zwischen 1,5 m bei tonigem und 3,0 m bei sandig-kiesigem Untergrund schwanken. Bei mittleren Lößmächtigkeiten von 1 bis 3 m über toniglehmigen Untergrundschichten sind auf ebenen Flächen und an flachen Hängen Pseudogley-Parabraunerden (SL) verbreitet, während sich in flachen Senken ohne Grundwassereinfluß Pseudogleye (S), mit Grundwasseranschluß Pseudogley-Gleye (G) gebildet haben. Pseudogleye treten auch in Gebieten mit geringmächtigem Löß über dichten, meist bindigen Schichten oder in mächtigen, älteren, verdichteten Lößen oder Löß-Fließerden auf. Infolge der hohen Erosionsanfälligkeit ihrer schluffreichen Oberböden sind beackerte Parabraunerden und Pseudogleye in Hanglagen oft stark erodiert (Li).

Auf dem im Norddeutschen Flachland insel

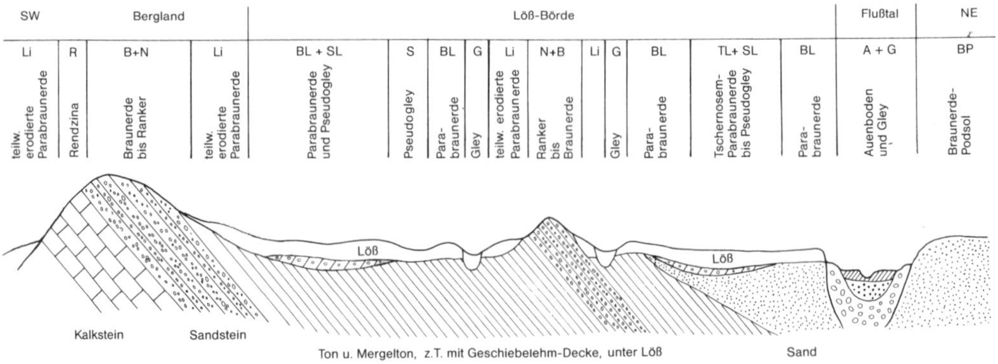

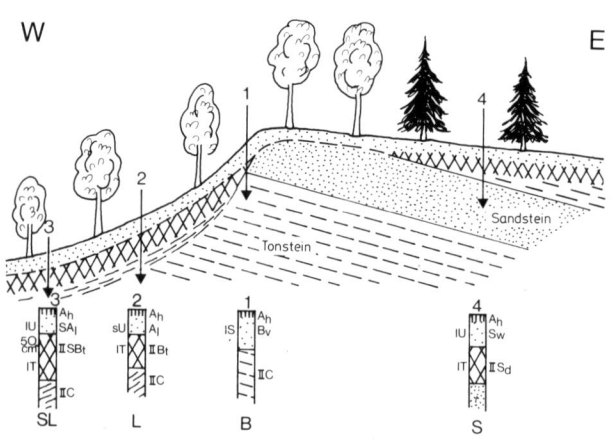

Abb. 132. Bodengesellschaften im Lößgebiet südwestlich von Hannover (schematisch; unmaßstäblich; Erklärung der Abkürzungen im Text; Entwurf ROESCHMANN 1981).

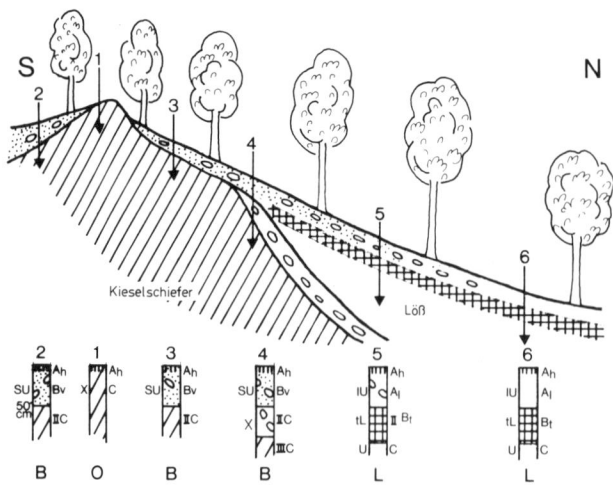

Abb. 133. Bodenabfolge im Deckgebirge: Hessisches Bergland (SEMMEL 1983). Profil 1 = B = Braunerde aus Deckschutt; Profil 2 = L = Phäno-Parabraunerde aus Deckschutt über Basisschutt; Profil 3 = SL = Pseudogley-Phäno-Parabraunerde aus Deckschutt über Basisschutt; Profil 4 = S = Pseudogley aus Deckschutt über Basisschutt; rechts der Profile = Horizontsymbole, links = Bodenarten.

Abb. 134. Bodenabfolge im Grundgebirge; NE-Rand des Rhein. Schiefergebirges (SEMMEL 1983). Profil 1 = O = Ranker aus Kieselschiefer; Profil 2 und Profil 3 = B = Braunerde aus Deckschutt; Profil 4 = B = Braunerde aus Deckschutt über Basisschutt; Profil 5 = L = (Phäno-)Parabraunerde aus Deckschutt über Löß; Profil 6 = L = Parabraunerde aus Löß. Symbole rechts der Profile = Horizontsymbole, links = Bodenarten, X = stark steinig.

förmig verbreiteten Sandlöß entwickelten sich unter Wald Parabraunerden, Fahlerden und Pseudogleye mit wechselnden Podsolierungsmerkmalen.

Besonderheiten der nördlichen Lößgebiete stellen z. B. das relativ niederschlagsarme Thüringer Becken und die Magdeburger Börde dar, in denen sich bereits im Frühholozän unter Steppen- bzw. Waldsteppenvegetation Löß-Tschernoseme bildeten. Ausläufer dieser Schwarzerden reichen bis in die Hildesheimer Börde (Abb. 117, Kap. 3.2.2.2 und 3.4.1.Ac).

3.5.2.4 Bodengesellschaften der Berglandregionen

Innerhalb der durch vorherrschende Braunerdebildung gekennzeichneten Bergländer und Mittelgebirge ist die kleinräumige Vielfalt der Böden vor allem durch Gesteins- und Reliefunterschiede bedingt. In steileren Kuppen- und Hanglagen sind – neben Fels-Rohböden – in der Regel auf silicatischen Festgesteinen Bodengesellschaften aus Rankern und sauren Braunerden verbreitet, während auf Carbonatgesteinen Rendzinen mit wenig oder nicht versauerten Braunerden vergesellschaftet sind. An Mittel- und Unterhängen hat allerdings das anstehende Festgestein meistens nur eine untergeordnete Bedeutung für die Bodenentwicklung, weil im Pleistozän gebildete und durch Solifluktion verlagerte, oft mit Löß vermischte Fließerden und Schuttdecken sowie zum Unterhang zunehmend mächtige Lößschleier das Ausgangsmaterial für die Bodenbildung darstellen. Häufig liegt unter der wohl i. d. R. aus dem Spätglazial stammenden tonärmeren oberen Solifluktionsdecke (»Deckschutt« bzw. Hauptlage) eine ältere, oft tonreichere Schicht, teils in Form einer lößhaltigen Mittellage, teils als lößfreie Basislage bzw. »Basisschutt«. Die Abb. 133 und 134 zeigen typische Bodengesellschaften auf solchen Substraten. Während z. B. der wasserdurchlässige, paläozoische Kieselschiefer und die steilere Hangneigung die Entwässerung des Oberbodens und damit die Bildung von Braunerden und Parabraunerden fördern, sind auf den oft flacheren Sandstein- und Tonsteinhängen besonders bei dichten lößvermischten Deckschichten mäßig bis stark staunasse Pseudogley-Parabraunerden und Pseudogleye verbreitet. Wenn die tonreichere Basislage zwar umgelagerte Relikte älterer Bodenhorizonte (Interglazial?), aber nur wenige oder keine Merkmale rezenter Toneinschlämmung aus dem Deckschutt aufweist, werden diese auch in ihren ökologischen Eigenschaften den genetischen Parabraunerden ähnlichen Schichtprofile als Phäno-Parabraunerden bezeichnet.

Entsprechende Bodengesellschaften treten auch auf anderen Festgesteinen auf. Während sich z. B. auf basischen Magmatiten relativ nährstoffreiche Ranker und Braunerden entwickelten, lassen die gleichen aber meist versauerten Bodentypen auf Graniten und Gneisen häufig zusätzlich Podsolierungsmerkmale erkennen. Örtlich treten Podsole auf. Diese sind auch in Sandsteingebieten besonders des Keupers im Nürnberger Raum verbreitet. Eine deutliche Abhängigkeit der Bodenbildung von Gestein und Relief zeigt auch das süddeutsche Schichtstufenland. Hier sind die Bodengesellschaften darüber hinaus besonders deutlich durch die Landschaftsgeschichte mitbestimmt, wie Abb. 135 zeigt. Besonders auf alten, seit dem Tertiär vorhandenen Landoberflächen (Rumpfflächen) sind z. B. auf Kalksteinen der Fränkischen und Schwäbischen Alb neben rezenter Rendzina und vorwiegend im Pleistozän entstandener Terra fusca auch Relikte tertiärer Böden in Form z. T. fossiler Terra rossa vorhanden.

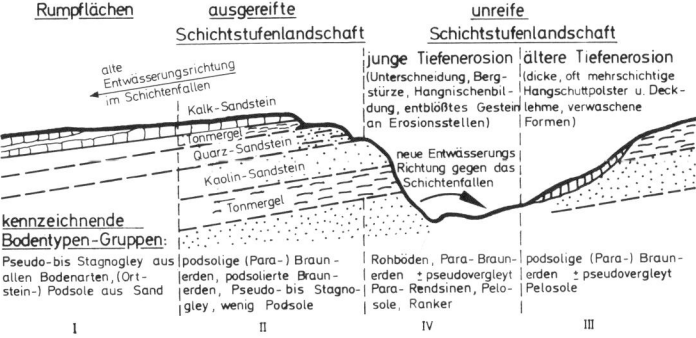

Abb. 135. Erdgeschichtliche Entwicklungstypen der Landschaft im württembergischen Keuperbergland mit kennzeichnenden Bodentypengruppen (MÜLLER 1969).

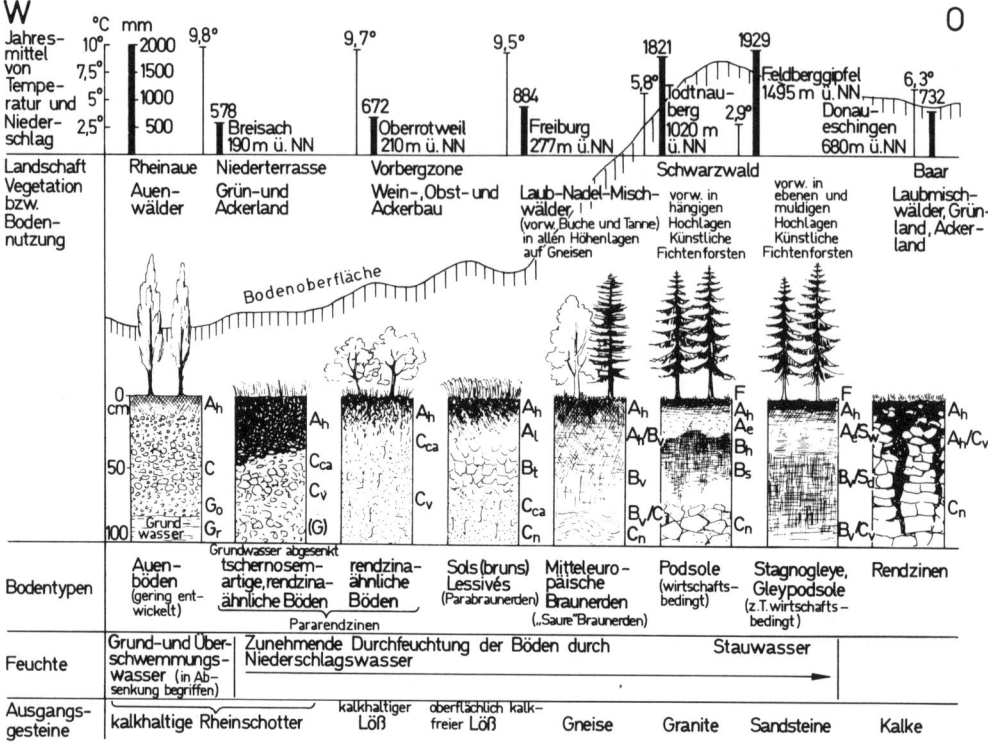

Abb. 136. Idealer Querschnitt durch Oberrheingraben, Hochschwarzwald und Baar als Beispiel für die Beziehungen der Böden zu Gestein, Klima, Vegetation, Relief, Grund- und Stauwasser und Bodennutzung (GANSSEN und HÄDRICH 1965).

Umgelagerte Braunlehm-, Graulehm- und Rotlehm-Reste des Tertiärs finden sich z.B. in Hochlagen auf Schiefern der Eifel und des Rheinischen Schiefergebirges. Abb. 136 zeigt, daß die Bodenbildung außer vom Gestein und Relief im Mittelgebirge auch durch die vertikale Änderung der klimatischen Bedingungen beeinflußt wird (Klimastufen).

3.5.2.5 Bodengesellschaften der Alpen

Die Bodenregion der Alpen weist besondere Züge auf, weil hier die *klimatische Höhenstufung* für die Vegetations- und Bodenentwicklung besondere Bedeutung hat. Zusätzlich spielen u.a. auch die Steilheit der Hänge und die verschiedenen Ausgangsgesteine eine erhebliche Rolle: Vorwiegend Carbonatgesteine (Kalke, Mergel, Dolomite) in den nördlichen und südlichen Randalpen (»Kalkalpen«) und silicatische Gesteine (z.B. Granit, Porphyr, Gneis, Grauwacke) in den Zentralalpen. In der *unteren, kollinen Waldstufe* (bis 600 bis 800 m Höhe)

und der *mittleren, montanen Waldstufe* (bis 1000 bis 1500 m Höhe) herrschen die aus den Mittelgebirgen bekannten Böden vor: Rendzina und Terra fusca auf karbonatischen sowie Ranker und ± podsolige Braunerde aus silicatischen Festgesteinen; Pararendzinen, Regosole, Braunerden, Parabraunerden und Pseudogleye sind auf höhergelegenen Lockergesteinen (z.B. Schutt, Fließerden, Moränen), Auenböden, Gleye und Niedermoore in Tälern verbreitet. Niederschlagsarme, warme Täler der Südalpen weisen trockene Rendzinen und rötlichbraune sog. »insubrische« Braunerden (ähnlich mediterranen Braunerden) auf, im trockenwarmen oberen Rhonetal finden sich sogar steppenbodenartige Bildungen. Die folgende *obere subalpine Waldstufe* mit ihrem feuchten kalten Klima hat auf Dolomit- und Kalkgesteinen die Ausbildung von typischen und dystrophen Tangelrendzinen ermöglicht (siehe Kap. 3.4.1 A,b). Auf Silicatgesteinen sind neben podsoligen Braunerden auch Podsole sowie in Senken Gleye und

Moore verbreitet. Mit der *potentiellen Wald-grenze* in 1650 m (nördliche Randalpen) bis 2400 m über NN (Zentralalpen) beginnt dann in den Randalpen die *Krummholzstufe* z.B. mit Tangel- und Polserseggen-Rendzinen unter Latschenkiefern und Pararendzinen bzw. alpinen Braunerden unter Grünerlenbeständen. Diese Stufe wird in den Zentralalpen oft durch Zwergstrauchheiden mit Podsolen ersetzt. Die dann folgende Höhenstufe der Alpenmatten (bis etwa 2900 m) weist bereits eine intensive Frostverwitterung auf. Zeitweilige Solifluktion führt an Hängen zur Ausbildung von begrasten Girlandenböden und Erdströmen. Rohböden sind verbreitet. Auf Karbonatgesteinen kommen Initialphasen der alpinen Rendzina und der Polsterrendzina vor, während Silicatgesteine humusreiche alpine Ranker und Rasenbraunerden tragen. Auf feinkörnigen Lockergesteinen haben sich unter dem wasserstauenden Einfluß des Bodenfrostes örtlich Pseudogleye gebildet. In der ab 2400 bis 2600 m in den Randalpen und ab 2900 m Höhe in den Zentralalpen folgenden *subnivalen Höhenstufe* liegen zwischen Rohbö-

den unter spärlicher Vegetation Inseln von Polster-Rendzinen bzw. alpinen Rankern verstreut. Ab 2700 m Höhe wurde örtlich Permafrost im Boden beobachtet. Oberhalb der zwischen 2800 und 3100 m Höhe liegenden mittleren Schneegrenze werden die Fels- und Frostschutt-Rohböden der *nivalen Stufe* nur noch von Flechten, Moosen und einzelnen höheren Pflanzen besiedelt.

3.5.3 Bodenzonen der Erde

Den Klima- und Vegetationszonen der Erde (siehe auch Tab. 7 und Abb. 16) entsprechen – mit Abweichungen – planetarische Bodenzonen. Sie sind in Abb. 137 nach den in ihnen vorherrschenden Leitböden mit bestimmter, vom Klima und der natürlichen Vegetation abhängiger Genese benannt (Klimaxböden). Eine zusammenfassende Kennzeichnung dieser Böden ist im Kap. 3.4 erfolgt, so daß hier – stark vereinfacht – vor allem auf Beziehungen zwischen Klima- und Vegetationsgebieten (Tab. 7 und Abb. 16) und den Bodenzonen hingewiesen

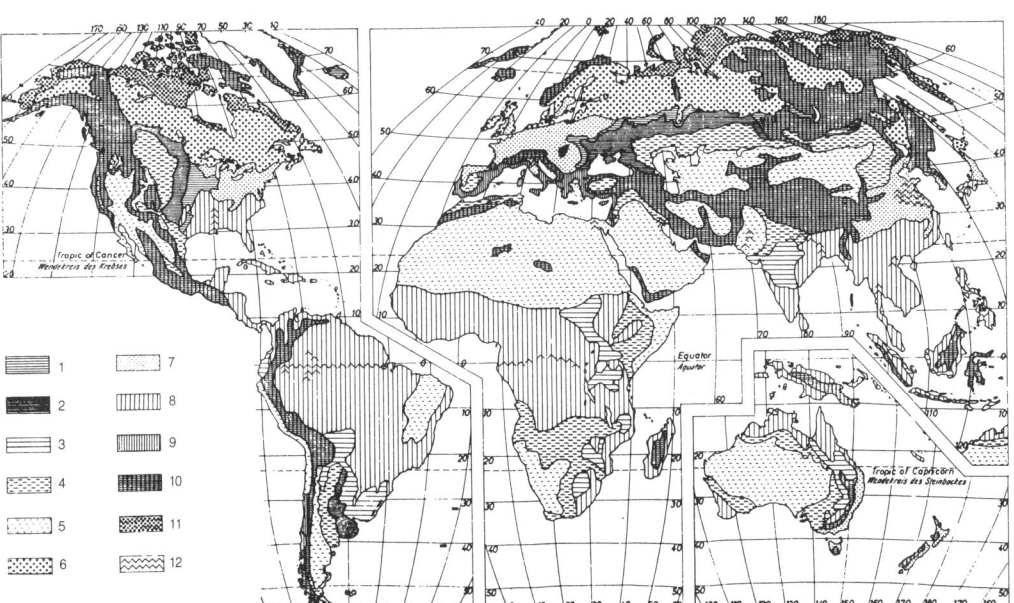

Abb. 137. Bodenzonen der Erde (MÜCKENHAUSEN 1973, nach US-Dept. of Agriculture and FAO, Rom 1960, ergänzt). Benennung der Zonen nach Leitböden: 1 = Degradierte Schwarzerden (Phaeozems), 2 = Schwarzerden (Chernozems), 3 = dunkle Tonböden (Vertisols), 4 = kastanienfarbene Böden (Kastanozems), 5 = Wüsten- und Salzböden (Regosols und Solonchaks), 6 = Bleicherden und Fahlerden (Podzols und Podzoluvisols), 7 = Braunerden (Cambisols und Luvisols), 8 = Roterden (Ferralsols und Acrisols), 9 = Rotgelbe Mittelmeerböden (Chromic Luvisols und Rendzic Leptosols), 10 = Skelettböden (Leptosols), 11 = Frostböden (Gelic Soils), 12 = Marschen und Auenböden (Fluvisols).

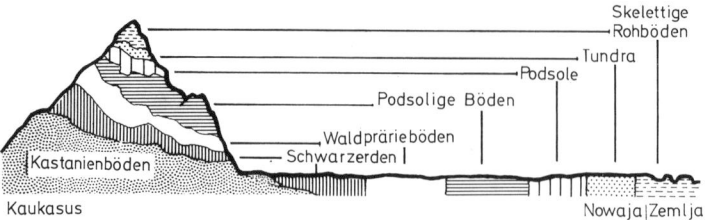

Abb. 138. Beziehung zwischen den Böden der Klimazonen Rußlands und den Böden in den Höhenzonen des Kaukasus (MÜLLER 1969).

wird. Die in Klammern stehenden Bodennamen der Kartenlegende entsprechen denen der Weltbodenkarte der FAO (Rom 1988, siehe Kap. 3.4.2.2). Abb. 138 zeigt ein Beispiel für die Beziehungen zwischen horizontalen Bodenzonen und der vertikalen Bodenabfolge in Gebirgen.

In der Zone der Frostböden (Gelic Soils) herrschen im polaren Frostschuttklima Rohböden vor, häufig in Form arktischer Strukturböden, während im subpolaren Tundrenklima außerdem Tundrengleye, Anmoorgleye und Moore verbreitet sind. Ihnen folgen im südlich anschließenden Bereich der winterkalten, borealen Nadelwälder zunächst – ebenfalls von Mooren durchsetzte – weite Podsolgebiete, die im südlichen Teil dieser Bodenzone mehr und mehr von wechselnd podsolierten Fahlerden abgelöst werden. In den maritim beeinflußten, feuchtgemäßigten Laub- und Mischwaldgebieten herrschen dann Braunerden (Cambisols) und Parabraunerden (Luvisols) vor, während die Fahlerden besonders im eurasischen Raum unter winterkalten Waldsteppen- und Steppenklimaten (Kap. 3.4.3.2) nach Süden in degradierte Schwarzerden (Phaeozems) und Schwarzerden (Chernozems), sowie schließlich unter zunehmend wüstenhaften Klimabedingungen in Kastanozems und von Salzböden (Kap. 3.4.3.4) durchsetzte Halbwüsten- und Wüstenböden (Regosols und Leptosols) übergehen.

In Nordamerika folgen südlich der Podsole und Fahlerden ähnliche Bodenzonen aufeinander, allerdings in Abhängigkeit von der dort andersartigen Klima- und Vegetationsabfolge in ost-westlicher Richtung. Eine Besonderheit stellen die mit Rendzic, Dystric und Eutric Lep-

tosols vergesellschafteten roten und gelben Chromic Luvisols des Mittelmeerraumes dar (Kap. 3.4.3.5). Weite Verbreitung haben die gering entwickelten Regosols und Leptosols der semiariden bis ariden, subtropischen Halbwüsten- und Wüstenklimate, vor allem in Nordafrika (Kap. 3.4.3.3). In den südlich anschließenden semiariden und semihumiden Savannengebieten (Kap. 3.4.3.1) werden diese Böden dann zunehmend durch rote, z. T. lateritische Böden (Ferralsols und Acrisols) sowie – vorwiegend in Senken – durch dunkle Tonböden (z. T. Vertisols) abgelöst, die in den äquatornahen vollhumiden Regenwaldgebieten häufig von tropischen Podsolen durchsetzt sind. In den Talgebieten der großen tropischen Flußsysteme sind tropische Auenböden und Gleye (Fluvisols, Gleysols) sowie örtlich Moore (Histosols) verbreitet.

In weiten Gebieten stimmen die Grenzbereiche der Bodenzonen nicht mit denen der heutigen Klima- und Vegetationsgebiete überein. Dies läßt sich damit erklären, daß viele Böden z. B. bereits unter den Klimabedingungen des Pleistozäns entstanden, als die Klima- und Vegetationszonen aufgrund des Vorrückens der polaren Inlandeiskappen in Äquatorrichtung verschoben wurden. In Interglazialzeiten setzte wiederum eine umgekehrte Verlagerung in Polrichtung ein. Im Laufe ihrer oft relativ langsamen Entwicklung sind besonders die alten Böden subtropischer Gebiete mehrfachen und z. T. starken Klimawandlungen ausgesetzt gewesen, die in Extremfällen wie z. B. bei sehr tief entwickelten Ferralsolen (»Lateritböden«) – bis in die Kreidezeit zurückreichen können.

4 Angewandte Bodenkunde

4.1 Übersicht der Aufgaben angewandter Bodenkunde

Auf der Grundlage des in den Kap. 1 bis 3 Vermittelten ergeben sich viele Anwendungsmöglichkeiten bodenkundlichen Wissens, deren wichtigste im folgenden zusammengestellt werden. Schwerpunkte dieses Lehrbuches sind die ökologischen und wirtschaftlich-technischen Anwendungsrichtungen.

Historisch-genetische Anwendungsrichtungen
Vor- und Frühgeschichte:
1) Standorteigenschaften von Siedlungsplätzen und deren anthropogene Veränderungen.
2) Bodengenetische Untersuchung anthropogener Aufschüttungen (z. B. Grabhügel, Burgwälle).
3) Bodendatierung mit Hilfe historischer und prähistorischer Funde (z. B. Werkzeuge, Keramik, Schmuck).
Mineralogie, Petrographie:
1) Mineralneubildungen in Böden (z. B. Tonminerale, Eisenoxide).
2) Mineralgenese in älteren Bodenrelikten (z. B. »Laterit«) und fossilen Böden.
Geographie:
1) Bodengenetische Hinweise zur Deutung und relativen Datierung geomorphologischer Elemente (z. B. Terrassen, Rumpfflächen).
2) Landschaftsgeschichtliche Deutung der Genese und Vergesellschaftung von Böden.
Geologie:
Fossile Böden 1) als erdgeschichtliche Dokumente aus Schichtlücken-Zeiträumen,
2) als stratigraphische Leithorizonte (z. B. in fossilfreien Gesteinsserien).
Paläontologie, Paläoklimatologie: Fossile Böden als klimatisch-ökologische Dokumente vorzeitlicher Biotope.

Ökologische Anwendungsrichtungen
Mikrobiologie:
Bodengenetische und ökologische Deutung mikrobiologischer Prozesse in Böden.

Zoologie, Botanik:
Einflüsse von Bodeneigenschaften auf die Bodenfauna und -flora (Ökologie, Soziologie).
Pflanzensoziologie:
Standortkundliche und regionale Zusammenhänge zwischen Bodeneigenschaften und Pflanzengesellschaften.
Naturschutz:
Eigenschaften und Vergesellschaftung von Böden als Grundlage für sinnvollen Naturschutz.
Landespflege:
Bodenuntersuchung und -kartierung als Grundlage für die Planung und deren Durchführung:
1) zur Erhaltung und Verschönerung der Landschaft.
2) zur Beseitigung von Landschaftsschäden.
Raumordnung, Landesplanung:
Bodenuntersuchung und -kartierung als Grundlage
1) für Flächennutzungspläne
2) für die Großraum- und Regionalplanung,
3) zur Erfassung von »Grenzertragsböden«.
Umweltsicherung:
Bodenuntersuchung und -kartierung zur Feststellung, Beseitigung und Verhinderung
1) von Umweltbelastungen (Salze, toxische und radioaktive Substanzen, sonstige mineralische und organische Schmutz- und Schadstoffe aus Abwasser, Müll, Klärschlamm);
2) von Erosions- und Deflationsschäden;
3) zur Ausweisung potentieller Erholungsgebiete; als Grundlage
4) zur sinnvollen Brachflächennutzung;
5) für die Rekultivierung von Tagebauen, Kiesgruben, Spülflächen, Mülldeponien, Abraumhalden und Mooren;
6) für die Friedhofsplanung (Filterwirkung des Bodens);
7) für die Erhaltung bzw. Anlage von Feuchtbiotopen;
8) für die Renaturierung von Abtorfungsflächen in Moorgebieten.
Gartenbau:
1) Bodenuntersuchung bei der Anlage von Gärten, Grünflächen, Obstanlagen;
2) Eigenschaften von Böden und künstlichen Substraten im Gemüse- und Zierpflanzenbau.

Forstwirtschaft:
1) Bodenkartierung im Rahmen der forstlichen Standortaufnahme sowie zur Ausweisung von Brach- und Grenzertragsflächen für die Aufforstung;
2) Untersuchung des Bodens als ökologischer Faktor bei der Holzartenwahl und Bestandespflege; Bodenuntersuchungen im Rahmen der Waldschaden-Erhebung und -Bekämpfung.

Landwirtschaft:
Bodenuntersuchung und -kartierung als Entscheidungshilfe für die landwirtschaftliche Praxis und Beratung sowie als Grundlage
1) zur Nutzungseignung und Fruchtbarkeit der Böden;
2) zur Bodenbewertung unter Verwendung der Bodenschätzung;
3) für die Planung und Durchführung von Maßnahmen zur Bodenerhaltung (Erosionsschutz der Böden);
4) für Beratungen zur Düngung und Bodenbearbeitung sowie 5) für die Agrarstruktur-Planung und Flurbereinigung.

Wirtschaftlich-technische Anwendungsrichtungen

Hydrogeologie, Wasserwirtschaft:
Erfassung der Bodenveränderungen
1) durch Flußregulierung, Vorflutausbau, Schöpfwerksbau, Talsperrenbau.
2) durch Grundwasserabsenkung um Wasserwerke (Bodenkundliche Beweissicherung).
3) Bodenkundliche Untersuchungen zur Grundwasserneubildung und Wasserbilanz für wasserwirtschaftliche Rahmenpläne.

Kulturtechnik:
Bodenuntersuchung und -kartierung für Zwecke der Bodenverbesserung
1) durch Gefügemeliorationen (z. B. Tiefumbruch, Tieflockerung, Deckkultur, Meliorationsdüngung);
2) durch Hydromeliorationen (z. B. Entwässerung, Beregnung, bei Bewässerung insbesondere zur Verhinderung oder Verminderung der Bodenversalzung.

Ingenieurgeologie, Bauwirtschaft:
1) Bodeneigenschaften im Rahmen flächiger Baumaßnahmen (z. B. Flugplatz- oder Sportplatz-Bau).
2) Bodenwasserhaushaltsänderungen durch Baumaßnahmen (Bodenkundliche Beweissicherung).

Industrie:
Bodenbewertung für neue Industriestandorte.

Verkehr:
Veränderungen umliegender Böden durch Straßen-, Kanal- oder Eisenbahnbau (Bodenkundliche Beweissicherung).

4.2   Bodenbewertung, Bodenschätzung

Viele Böden der Erde werden für land- und forstwirtschaftliche Kulturen, Hoch- und Verkehrsbauten sowie Abfalldeponien genutzt und unterschiedlich bewertet. In Deutschland wurde 1934 ein »Gesetz über die Schätzung des Kulturbodens« (Bodenschätzungsgesetz) verabschiedet und 1965 durch das »Bewertungsänderungsgesetz« ergänzt. Es ist Grundlage für eine gerechtere Besteuerung der Landwirtschaft, sinnvolle Bodennutzungsplanung, Beleihungen, Grundstückskäufe, Entschädigungen u. ä.

Die Bodenschätzung erfolgte im gesamten ehemaligen Reichsgebiet bei Geländebegehungen mit 1 m-Bohrungen im 50 m-Abstand und Aufgrabungen im Beisein ortskundiger Landwirte durch amtlich bestellte Bodenschätzer nach einem einfachen Bewertungsschlüssel.

Die Ackerböden werden nach Bodenarten, Zustandsstufen und Entstehungsarten in Klassen eingeteilt. In den Aufgrabungen angetroffene Bodenarten werden zur Beurteilung von Akkerflächen zu acht, von Grünlandflächen zu fünf *Hauptbodenarten* zusammengefaßt (Tab. 128 und 129, Spalte 1). Die ökologisch wirksame Bodenartenschichtung wird bei der Gesamtansprache berücksichtigt. Nach der Ansprache der Bodenart ordnet man den Ackerboden einer der sieben *Zustandsstufen* zu. Sie kennzeichnen zusammenfassend die durch Klima, früheren Pflanzenbestand, Geländegestaltung, Wasserhaushalt und derzeitige Nutzung hervorgerufenen unterschiedlichen Bodeneigenschaften (Stufe 1 = sehr guter, Stufe 7 = sehr schlechter Bodenzustand). Die 7 Stufen des Ackerlandes werden bei der Grünlandschätzung zu 3 Bodenstufen (gut, mittel, schlecht) zusammengefaßt (Tab. 129, Spalte 2). Wegen ihrer Bedeutung für die Beurteilung der Ertragsfähigkeit erfolgt bei Ackerböden die Angabe der sog. *Entstehungsart* (Tab. 128, Spalte 2), bei Grünlandböden stattdessen eine Kennzeichnung der *Klimaverhältnisse* (Tab. 129, Spalte 3) nach der durchschnittlichen Jahreswärme (a = > 8 °C; b = 7,9 bis 7,0 °C; c = < 6,9 °C) und der *Wasserverhältnisse* nach fünf Wertstufen (1 = sehr günstig, 4 und 5 zu trocken oder zu naß, Tab. 129, Spalten 4 bis 8). Aufgrund dieser Kriterien wird im Acker- oder Grünlandschätzungsrahmen die den Bodenwert kennzeichnende Bodenzahl bzw. Grünlandgrundzahl bestimmt und schließlich durch Abschläge oder Zuschläge (Ungunst oder Gunst der Lage) die Ackerzahl bzw. Grünlandzahl ermittelt. Sie stellt eine auf den Reinertrag bezogene, für die Flächenbesteuerung gültige Verhältniszahl dar (7 = absolutes Unland; 100 = bestes Ackerland). Beispiele: Ackerland: L 3 Lö 78/85; Grünland: 1S I a 2 60/58. Die Ergebnisse

Tab. 128. Ackerschätzungsrahmen

Bodenart	Entstehung	Zustandsstufe						
		1	2	3	4	5	6	7
S	D		41−34	33−27	26−21	20−16	15−12	11− 7
Sand	Al		44−37	36−30	29−24	23−19	18−14	13− 9
Sl(S/lS)	D		51−43	42−33	34−28	27−22	21−17	16−11
anlehmiger	Al		53−46	45−38	37−31	30−24	23−19	18−13
Sand	V		49−43	42−36	35−29	28−23	22−18	17−12
lS	D	68−60	59−51	50−44	43−37	36−30	29−23	22−16
lehmiger	Lö	71−63	62−54	53−46	45−39	38−32	31−25	24−18
Sand	Al	71−63	62−54	53−46	45−39	38−32	31−25	24−18
	V		57−51	50−44	43−37	36−30	29−24	23−17
	Vg		47−41	40−34	33−27	26−20	19−12	
SL(lS/sL)	D	75−68	67−60	59−52	51−45	41−38	37−31	30−23
stark	Lö	81−73	72−64	63−55	54−47	46−40	39−33	32−25
lehmiger	Al	80−72	71−63	62−55	54−47	46−40	39−33	32−25
Sand	V	75−68	67−60	59−52	51−44	43−37	36−30	29−22
	Vg		55−48	47−40	39−32	31−24	23−16	
sL	D	84−76	75−68	67−60	59−53	52−46	45−39	38−30
sandiger	Lö	92−83	82−74	73−65	64−56	55−48	47−41	40−32
Lehm	Al	90−81	80−72	71−64	63−56	55−48	47−41	40−32
	V	85−77	76−68	67−59	58−51	50−44	43−36	35−27
	Vg		64−55	54−45	44−36	35−27	26−18	
L	D	90−82	81−74	73−66	65−58	57−50	49−43	42−34
Lehm	Lö	100−92	91−83	82−74	73−65	64−56	55−46	45−36
	Al	100−90	89−80	79−71	70−62	61−54	53−45	44−35
	V	91−83	82−74	73−65	64−56	55−47	46−39	38−30
	Vg		70−61	60−51	50−41	40−30	29−19	
LT	D	87−79	78−70	69−62	61−54	53−46	45−38	37−28
schwerer	Al	91−83	82−74	73−65	64−57	56−49	48−40	39−29
Lehm	V	87−79	78−70	69−61	60−52	51−43	42−34	33−24
	Vg		67−58	57−48	47−38	37−28	27−17	
T	D		71−64	63−56	55−48	49−41	39−30	29−18
Ton	Al		74−66	65−58	57−50	44−36	40−31	30−18
	V		71−63	62−54	53−45	47−40	35−26	23−14
	Vg		59−51	50−42	41−33	32−24	25−14	
Mo		54−46	45−37	36−29	28−22	21−16	15−10	
Moor								

Al = Alluvium (Holozän); D = Diluvium (Pleistozän), z. T. Tertiär; Lö = Löß; V = Verwitterungsboden; g = Gestein, steinig

Tab. 129. Grünlandschätzungsrahmen

Boden-art	Boden-stufe	Klima-	Wasserverhältnisse				
			1	2	3	4	5
S Sand	I (45−40)	a	60−51	50−43	42−35	34−28	27−20
		b	52−44	43−36	35−29	28−23	22−16
		c	45−38	37−30	29−24	23−19	18−13
	II (30−25)	a	50−43	42−36	35−29	28−23	22−16
		b	43−37	36−30	29−24	23−19	18−13
		c	37−32	31−26	25−21	20−16	15−10
	III (20−15)	a	41−34	33−28	27−23	22−18	17−12
		b	36−30	29−24	23−19	18−15	14−10
		c	31−26	25−21	20−16	15−12	11− 7
IS lehmiger Sand	I (60−55)	a	73−64	63−54	53−45	44−37	36−28
		b	65−56	55−47	46−39	38−31	30−23
		c	57−49	48−41	40−34	33−27	26−19
	II (45−40)	a	62−54	53−45	44−37	36−30	29−22
		b	55−47	46−39	38−32	31−26	25−19
		c	48−41	40−34	33−28	27−23	22−16
	III (30−25)	a	52−45	44−37	36−30	29−24	23−17
		b	46−39	38−32	31−26	25−21	20−14
		c	40−34	33−28	27−23	22−18	17−11
L Lehm	I (75−70)	a	88−77	76−66	65−55	54−44	43−33
		b	80−70	69−59	58−49	48−40	39−30
		c	70−61	60−52	51−43	42−35	34−26
	II (60−55)	a	75−65	64−55	54−46	45−38	37−28
		b	68−59	58−50	49−41	40−33	32−24
		c	60−52	51−44	43−36	35−29	28−20
	III (45−40)	a	64−55	54−46	45−38	37−30	29−22
		b	58−50	49−42	41−34	33−27	26−18
		c	51−44	43−37	36−30	29−23	22−14
T Ton	I (70−65)	a	88−77	76−66	65−55	54−44	43−33
		b	80−70	69−59	58−48	47−39	38−28
		c	70−61	60−52	51−43	42−34	33−23
	II (55−60)	a	74−64	63−54	53−45	44−36	35−26
		b	66−57	56−48	47−39	38−30	29−21
		c	57−49	48−41	40−33	32−25	24−17
	III (40−35)	a	61−52	51−43	42−35	34−38	27−20
		b	54−46	45−38	37−31	30−24	23−16
		c	46−39	38−32	31−25	24−19	18−12
Mo Moor	I (45−40)	a	60−51	50−42	41−34	33−27	26−19
		b	57−49	48−40	39−32	31−25	24−17
		c	54−46	45−38	37−30	29−23	22−15
	II (30−25)	a	53−45	44−37	36−30	29−23	22−16
		b	50−43	42−35	34−28	27−21	20−14
		c	47−40	39−33	32−26	25−19	18−12
	III (20−15)	a	45−38	37−31	30−25	24−19	18−13
		b	41−35	34−28	27−22	21−16	15−10
		c	37−31	30−25	24−19	18−13	12− 7

der Bodenschätzung liegen für das gesamte Bundesgebiet in Schätzungsbüchern und Schätzungskarten unterschiedlicher Maßstäbe bei den zuständigen Finanzämtern vor.

Die Erhebungen der Bodenschätzung waren nicht nur für steuerliche Zwecke, sondern auch als allgemeine Planungsgrundlage vorgesehen (§ 1 des Bodenschätzungs-Gesetzes). Der Arbeitsablauf der Bodenschätzung beginnt mit der Basisdatenerhebung im Gelände, deren Ergebnis durch eine flächentypische Profilaufnahme für jede Fläche in Schätzungsbüchern dokumentiert wird. Aus den Profilaufnahmen werden dann die Klassenzeichen und aus diesen schließlich die Wertzahlen abgeleitet. Die Erstschätzung ist flächendeckend für das Bundesgebiet abgeschlossen. Ihre Ergebnisse werden durch fortlaufende Nachschätzungen aktualisiert.

Weil die Bodenschätzung wesentliche bodenkundliche Basisinformationen beinhaltet und in sehr hoher räumlicher Auflösung vorliegt, ist sie für Maßnahmen zum Bodenschutz von besonderer Bedeutung. Ihre Ergebnisse sind jedoch getrennt in den Liegenschaften der Katasterverwaltung und in den Schätzungsbüchern der Finanzverwaltung dokumentiert. Da die Unterlagen außerdem sehr umfangreich sind, ist ihre landesweite Nutzung in der vorliegenden Form nicht möglich. Zuerst wurden daher Versuche unternommen, das Datenmaterial in handlichen Rahmenkarten 1:5000 zusammenzufassen (z. B. als Bodenkarten auf der Grundlage der Bodenschätzung). Aber auch mit diesen analogen Karten ist eine landesweite Nutzung schwierig. Deshalb werden die Daten der Bodenschätzung z. Zt. in digitaler Form erfaßt, in Bodeninformationssysteme überführt und dort automatisch ausgewertet (BENNE, HEINEKE und NETTELMANN 1990). Da die Erfassung und Auswertung der Daten einheitliche Strukturen und Normen erfordern, wird die bereitss vor 1930 konzipierte Methode der Profilbeschreibung für die Bodenschätzung künftig bei Nachschätzungen den heute üblichen bodenkundlichen Normen weitgehend angepaßt. Die Klassifizierungs- und Bewertungsgrundlagen nach dem Acker- und Grünlandschätzungsrahmen sind davon nicht betroffen.

4.3   Bodenkartierung, Bodenkarten

Die Herstellung von praktisch und wissenschaftlich auswertbaren Bodenkarten nach dem neuesten Stand der Kenntnisse erfordert einen hohen zeitlichen, personellen und damit finanziellen Aufwand. Um vor allem die aufwendige Kartierarbeit im Gelände nach Möglichkeit zu reduzieren, ist es sinnvoll, vor dem Beginn der Geländearbeit aus vorhandenen Unterlagen eine Konzeptkarte zu erarbeiten. Die Sichtung und Auswertung v. a. der folgenden Unterlagen ist dabei hilfreich:

- Aus *topographischen Karten* mit Höhenlinien können z. B. die Grenzen von Neigungsstufen abgeleitet werden, bei zusätzlicher Verwendung von *historischen Karten* auch die heutigen und früheren Grenzen der Kulturarten (z. B. Wald, Heide, Acker, Grünland).
- Vorhandene – auch ältere – *Bodenkarten anderer Maßstäbe* geben wichtige Hinweise auf die im Blattgebiet vorhandenen Böden und ihre Verbreitung, wobei die Auswertung früherer Bohrergebnisse nicht selten lokale Einzelaussagen zu den Böden des Kartiergebietes ermöglicht.
- *Forstliche Standortkarten*, ihre Erläuterungstexte und Profilbeschreibungen (meistens im Maßstab 1:10000) enthalten oft wesentliche Gliederungs- und Abgrenzungskriterien der Böden.
- Bei der Auswertung von *Bodenschätzungskarten* können nicht nur die Klassengrenzen, Klassenzeichen und Bodenzahlen (Kap. 4.2) sondern z. B. auch die Bodenprofilbeschreibungen der bestimmenden Grablöcher wichtige Hinweise für die spätere Kartierarbeit im Gelände liefern.
- *Geologische* und *geomorphologische Karten* lassen in der Regel bodenkundlich wichtige Gesteins- und Reliefgrenzen erkennen. Zahlreiche Erläuterungstexte zu den Karten enthalten bodenkundlich auswertbare Angaben und die Geländeprotokolle der Kartierbohrungen geben Aufschluß über die auch bodenkundlich wichtige Gesteinsschichtung nach der Tiefe.

Aus diesen und weiteren Unterlagen (wie z. B. geowissenschaftlichen Veröffentlichungen, Gutachten, Dissertationen usw.) wird dann eine Konzeptkarte des Kartiergebietes erarbeitet, die bereits wichtige Bodengrenzen und bodenkundliche Flächeninhalte enthält. Sie erleichtert z. B. einen gezielten Ansatz der Bohrungen bei der Geländearbeit, ermöglicht so eine z. T. erhebliche Einsparung von Bohrungen und kann den Kartieraufwand im Gelände auf mindestens die Hälfte reduzieren.

Die bodenkundliche Kartierung erfolgt mit 1- bis 2-m-Bohrern und Spaten. Die Bohrabstände richten sich nach dem Maßstab und Zweck der Karte (z. B. Übersichts- oder Spezialkarte), den in der Konzeptkarte bereits vorhandenen bodenkundlichen Angaben sowie den örtlichen Verhältnissen (z. B. Gesteins- und Bodenwechsel, Relief). An typischen Stellen werden Aufgrabungen mit genauen Profilbeschreibungen und Probenahmen für Laboruntersuchungen eingeschaltet.

Die Profilbeschreibungen werden in der Regel – in Anlehnung an die Bodenkundliche Kartieranleitung (Arbeitsgemeinschaft Bodenkunde 1982) – auf besonderen Formblättern vorgenommen und sollen möglichst viele Bodenmerkmale, -merkmalsgruppen und Bodeneigenschaften sowie deren Wechsel nach der Tiefe erfassen. Aus diesen werden Horizontfolge und Bodentyp abgeleitet. Für praktische Belange sind z. B. Aussagen zur Erosionsgefährdung, zur Melioration und zu den Filtereigenschaften der Böden gegenüber Schadstoffen von Interesse.

Unter Berücksichtigung der Konzeptkarte werden Bodeneinheiten gebildet (z. B. vorherrschende Leitböden und zurücktretende Begleitböden), im Gelände die endgültigen Bodengrenzen in die Feldkarte eingetragen und daraus unter Verwendung von Labordaten als Druckvorlage eine Feldreinkarte erarbeitet. Versuche zur Herstellung EDV-gestützter Konzept- und Bodenkarten (siehe Kap. 4.4) sind in einigen Bundesländern schon weit fortgeschritten.

Die Verwendbarkeit der Bodenkarten für praktische Zwecke richtet sich nach Karteninhalt, Kartiergenauigkeit und Maßstab. Bodenkarten 1:25000 sind i. d. R. nicht mehr für die Planung von Einzelprojekten geeignet. Die Heterogenität der kartierten Flächen geht z. T. aus den in der Legende zusätzlich zum Leitboden angegebenen Begleitböden hervor und nimmt bei mittleren bis kleinen Maßstäben rasch zu. Die in Erläuterungen und Kartenlegenden angegebenen Bodeneigenschaften beziehen sich in der Regel nur auf die Leitböden. In zahlreichen Bundesländern werden die Kartierergebnisse in digitalisierter Form in Bodendatenbanken elektronisch gespeichert. Sie können dann für die verschiedensten praktischen und wissenschaftlichen Auswertungszwecke schnell zur Verfügung gestellt werden (siehe Kap. 4.4).

Aus den Ergebnissen der Bodenschätzung werden z. B. in den Bundesländern Baden-Württemberg, Nordrhein-Westfalen und Niedersachsen »Bodenkarten auf der Grundlage der Bodenschätzung 1:5000« erarbeitet (siehe Kap. 4.2). Sie enthalten außer den Schätzungsergebnissen (Grenzen, Klassenzeichen, Wertzahlen) eingekreiste Ziffern, die auf flächentypische Bodenprofile der Kartenlegende hinweisen mit durchschnittlichen Angaben zum Bodentyp, zur Bodenartenschichtung sowie zum Ausgangsmaterial der Bodenbildung. Sie entstanden durch »Übersetzung« der in den Schätzungsbüchern vorliegenden Bodenansprachen der bestimmenden Grablöcher in die heute üblichen bodenkundlichen Begriffe. Bei zusätzlicher Verwendung des z. T. am Kartenrand abgedruckten geologisch-bodenkundlichen Überblickes können diese Karten über die Schätzungsergebnisse hinaus einfache bodenkundliche Entscheidungshilfen z. B. für Kommunalplanungen oder Flurbereinigungsverfahren liefern.

Bodenkarten unterschiedlicher Maßstäbe sind in vielen Ländern der Erde in staatlichen bodenkundlichen Diensten oder Hochschulinstituten hergestellt worden. Von der UNESCO/FAO in Rom wurde eine Weltbodenkarte 1:5000000 in 19 Blättern, von der Europäischen Gemeinschaft eine Bodenkarte von West-Europa 1:1000000 in 7 Blättern herausgegeben.

Beispiele von Bodenkarten in den alten Bundesländern der Bundesrepublik Deutschland (Stand 1991)

Boden- und Moorkarte des Emslandes 1:5000. 584 Blätter. B: NLfB Hannover 1953 bis 1963.

Geologisch-bodenkundliche Karte der niedersächsischen Marschen 1:5000. Etwa 150 Blätter. B: NLfB Hannover 1955 bis 1964.

Bodenkarte zur landwirtschaftlichen Standorterkundung von Nordrhein-Westfalen 1:5000. Mehr als die Hälfte der landwirtschaftlichen Nutzfläche des Landes ist kartiert. B: GLA Krefeld.

Bodenkarte der Niederungsgebiete von Schleswig-Holstein 1:5000. 1:5000 bis 1:10000. Etwa 200 Blätter. B: GLA Kiel.

Bodenkarte auf der Grundlage der Bodenschätzung 1:5000. B: etwa 6500 Blätter GLA Krefeld;

etwa 4400 Blätter NLfB Hannover; etwa 6500 Blätter GLA Freiburg.

Bodenschätzungskarten 1:5000 von Bayern (fast vollzählig) und Baden-Württemberg (etwa 45000 Blätter). B: GLÄ München und Freiburg.

Boden- und Standortkarten der Weinbaugebiete in Hessen, Franken und im Rheingau 1:2000 bis 1:5000. B: GLÄ Mainz und München, HLfB Wiesbaden.

Bodenkundliche Standortkarten von Obstbaugebieten in Rheinland-Pfalz, Baden-Württemberg und Bayern 1:2000 bis 1:10000. B: GLÄ Mainz, Freiburg und München.

Geologisch-bodenkundliche Karten zahlreicher Stadtkreise in Nordrhein-Westfalen 1:5000 oder 1:10000. B: GLA Krefeld.

Bodenkarten 1:10000 im Rahmen der Forstlichen Standorterkundung in allen Bundesländern. B: Forstliche Dienststellen und GLA Krefeld.

Bodenkarten 1:25000 mit Erläuterung oder Tabellenlegenden. Etwa 400 Blätter, aufgenommen im Rahmen der bodenkundlichen Landesaufnahme der GLÄ und LfB der meisten Bundesländer, neuerdings in einigen Bundesländern auch als Teile dortiger Bodeninformationssysteme.

Standortkundliche Bodenkarte 1:50000 von München-Augsburg und Umgebung, mit einem Erläuterungsband. 14 Blätter. B: GLA München. 1986 bis 1988.

Bodenkarte von Nordrhein-Westfalen 1:50000, vollständig. B: GLA Krefeld.

Bodenkarten 1:25000 bis 1:100000 von zahlreichen Planungsgebieten und Landkreisen in fast allen Bundesländern. B: GLÄ und LfB.

Bodenkarte 1:100000 von Nordrhein-Westfalen. 4 Blätter; B: GLA Krefeld.

Bodenkundliche Standortkarte 1:200000 im Rahmen der Karten des Naturraumpotentials von Niedersachsen und Bremen. 7 Blätter. B: NLfB Hannover.

Bodenübersichtskarten der Bundesländer: 1:200000 (Rheinland-Pfalz), 1:300000 (Hessen, Nordrhein-Westfalen, Rheinland-Pfalz), 1:500000 (Schleswig-Holstein, Niedersachsen, Hessen, Bayern, Rheinland-Pfalz), 1:600000 (Hessen, Baden-Württemberg); 1:875000 (Niedersachsen); B: GLÄ und LfB.

Bodenübersichtskarten der Bundesrepublik Deutschland, alte Bundesländer, 1:1 Mill. (1986 mit Erläuterungsheft) und 1:2 Mill. (1978). B: NLfB Hannover.

Alte und neue Bundesländer, 1:1 Mill. (1994, im Druck). B: BGR Hannover/Berlin.

Beispiele von Bodenkarten in den neuen Bundesländern der Bundesrepublik Deutschland (Stand 1991)

Karten von Moorgebieten im Rahmen der Torferkundung in großen Maßstäben, vorrangig im heutigen Land Mecklenburg-Vorpommern (ehemals GFE Halle, Betriebsteil Schwerin, jetzt: GLA Mecklenburg-Vorpommern, Schwerin)

Bodengeologische Kreiskartierungen 1:10000 des Kreises Neubrandenburg und der Kreise des Bezirkes Rostock (ehemals GFE Halle, Betriebsteil Schwerin, jetzt: GLA Mecklenburg-Vorpommern, Schwerin)

Bodenkarten zur Meliorationsvorbereitung, zur Nutzflächen- bzw. Schlagkennzeichnung in der Landwirtschaft 1:10000, z.B. 43 Bodenformenübersichtskarten der Magdeburger Börde von ALTERMANN 1974 (ehemals GFE-Betriebe, vorwiegend Betrieb in Halle, jetzt: GLA Sachsen-Anhalt, Halle/Saale)

Karten der Reichsbodenschätzung 1:10000 mit Darstellung der Klassenflächensymbole ohne Acker-/Boden-/Grünlandzahl, für die landwirtschaftliche Nutzfläche vorliegend (Vertrieb durch ehemals Institut für Bodenkunde u. Bodenschutz Eberswalde, jetzt: Zentrum für Agrarlandschafts- und Landnutzungsforschung (ZALF), Müncheberg)

Karten der forstlichen Standorterkundung 1:10000, fast flächendeckend für die Forstflächen und in gedruckter Form (ehemals VEB Forstprojektierung Potsdam mit seinen Betriebsteilen, jetzt: Landesanstalt für Forstplanung, Potsdam)

Karten der Kippbodenformen auf Halden- und Kippflächen vorwiegend des Bergbaues 1:2500 bis 1:10000, in der Regel jährliche Rückgabeflächen an die Forst- oder Landwirtschaft (ehemals

---

Abkürzungen: B = Bearbeiter der Karten. GLA = Geologisches Landesamt, LfB = Landesamt für Bodenforschung, BGR = Bundesanstalt für Geowissenschaften und Rohstoffe.

Abkürzungen: LPG = Landw. Produktionsgenossenschaft. GFE = Kombinat geologische Forschung und Erkundung, Zentrale in Halle/Saale. VEB = Volkseigener Betrieb. GLA = Geologisches Landesamt.

GFE-Betriebe, jetzt: GLÄ Sachsen, Sachsen-Anhalt, Thüringen und Brandenburg)
Betriebsstandortkarten 1:25 000 von ca. 10 LPG(P) bzw. Pflanzenproduktionsbetrieben mit jeweils mehreren Tausend Hektar (ehemals GFE-Betriebe, vorwiegend Betrieb in Halle, jetzt: GLA Sachsen-Anhalt, Halle))
Bodengeologische Karte der DDR 1:25 000, 3 Blatt gedruckt (Beetzendorf 1975, Finsterwalde 1975, Kirchhain 1975) (ehemals Geologische Dienste, später GFE-Betriebe, jetzt: Bundesanstalt für Geowissenschaften u. Rohstoffe Brandenburg, Kleinmachnow)
Bodengeologische Karte der DDR 1:100 000, 3 Blatt gedruckt (Leipzig 1971, Frankfurt (O) 1978, Eisenhüttenstadt 1978) (ehemals Geologische Dienste, später GFE-Betriebe, jetzt: GLÄ)
Karten der Mittelmaßstäbigen Landwirtschaftlichen Standortkartierung 1:100 000, Arbeitskarten als Lichtpausen 1:25 000, 63 Blätter gedruckt (ehemals Betriebe des Kombinates GFE und des Forschungszentrums für Bodenfruchtbarkeit, Bereich Fernerkundung/Bodenkunde Eberswalde, jetzt: dafür: Zentrum für Agrarlandschafts- und Landnutzungsforschung (ZALF), Müncheberg)
Bodengeologische Karte der Bezirke Erfurt, Gera und Suhl 1:100 000, 4 Blatt gedruckt (Erfurt-West 1973, Erfurt-Ost 1973, Gera 1971, Suhl 1974) (ehemals Geologischer Dienst in Jena, später GFE-Betrieb, jetzt: Thüringer Landesanstalt für Bodenforschung, Weimar)
Naturraummosaikkarten 1:100 000, vorwiegend auf der Grundlage der Forstlichen Standortkartierung sowie der Mittelmaßstäbigen Landwirtschaftlichen Standortkartierung mit zusätzlichen Geländeuntersuchungen entstanden, derzeitig in Bearbeitung (ehemals VEB Forstprojektierung Potsdam mit seinen Betriebsteilen, jetzt: Landesanstalt für Forstplanung, Potsdam)
Karte »Böden« aus dem Atlas der DDR 1981 im Maßstab 1:750 000, gedruckt.

4.4 Bodeninformationssysteme

Für den Umwelt- und Bodenschutz sind die Anforderungen an die bodenkundlichen Dienste sprunghaft gestiegen. Der Maßnahmen-Katalog zur Bodenschutzkonzeption (Sonderarbeitsgruppe Informationsgrundlagen Bodenschutz der Bundesregierung, 1987) gibt dazu einen umfassenden Überblick. Voraussetzung für konkrete Einzelmaßnahmen sind eine hinreichende *Datenbasis* über die Verbreitung, die Eigen-

schaften und die Veränderungen der Böden sowie die Bereitstellung von *Methoden* zur Auswertung der Datenbasis. Die Fertigstellung einer ausreichenden Datenbasis ist mit der bisherigen Arbeitsweise in absehbarer Zeit nicht zu erreichen (FINNERN 1991, BLUME 1990, OELKERS 1990). Den Ansatz zur Lösung dieser unbefriedigenden Situation ist in der systematischen Nutzung bereits vorliegender Daten und Methoden sowie in deren problembezogener Ergänzung und Fortführung zu sehen. Wegen des Umfanges der zu bearbeitenden Daten und Methoden ist dieser Ansatz landesweit manuell nicht durchführbar. Es sind deshalb fachlich-bodenkundliche, DV-technische und organisatorische Konzepte zu entwickeln, um die notwendigen Arbeiten weitgehend rechnergestützt durchführen zu können. Eine solche Gesamtkonzeption wird als *Bodeninformationssystem* verstanden. Die bodenkundlichen Arbeiten werden dabei in einem »Fachinformationssystem Bodenkunde« (FIS-Boden) zusammengeführt, das wiederum Teil eines alle geowissenschaftlichen Bereiche umfassenden Bodeninformationssystems ist.

Über den Stand der Arbeiten zum Aufbau von Bodeninformationssystemen in den einzelnen Bundesländern haben z.B. WITTMANN (1986, 1989), FINNERN (1991) und FETZER (1991) berichtet. Am Beispiel des Niedersächsischen Bodeninformationssystems NIBIS (dafür: OELKERS 1992, HEINEKE 1991) soll nachfolgend kurz der Aufbau und die Nutzung eines Bodeninformationssystems beschrieben werden.

Ausgangspunkt der Überlegungen zum Aufbau einer ausreichenden *Datenbasis* ist, daß bodenkundlich interpretierbare Unterlagen für die meisten Bodenkarten-Maßstabsebenen bereits flächendeckend vorliegen bzw. in absehbarer Zeit zu erwarten sind und ständig mit hohem Aufwand fortgeführt werden. Mit diesen Daten sind im wesentlichen die Ausgangsfaktoren der Bodenbildung erfaßt. Durch deren Verknüpfung ergeben sich Areale mit gleicher Konstellation der bodenbildenden Faktoren und definierbarem bodenkundlichem Inventar. Das im Rahmen der bisherigen Landeserforschung erarbeitete Wissen über Wirkungszusammenhänge zwischen den Einzelfaktoren bildet die Grundlage für die Interpretation der Faktorengefüge. Eine auf diesem Wege bereitgestellte Datenbasis ist sowohl Grundlage für erste Auswertungen als auch Ausgangspunkt für weitere gezielte Informationsverdichtungen im Rahmen der fortlaufenden systematischen Landeserforschung.

Die Bereitstellung ausreichender Auswertungsmethoden stützt sich ebenfalls auf bereits vorliegende Arbeitsergebnisse. Aufbauend auf den Erfahrungen einer ersten systematischen Nutzung und unter Berücksichtigung der Fortführung der Datenbasis werden die Forschungsansätze weiterentwickelt.

Voraussetzung für die Umsetzung dieser Lösungsansätze sind neben der Anwendung der modernen Informationstechniken und organisatorischer Veränderungen wesentliche Umstellungen der bisherigen bodenkundlichen Arbeiten. Sie haben nicht nur eine Beschleunigung der Arbeiten, sondern auch ihre qualitative Verbesserung zum Ziel.

Die Umstellung der Arbeiten erfordert insbesondere eine engere Verknüpfung der einzelnen Arbeitsbereiche wie sie in Abb. 139 dargestellt ist. Es wird grundsätzlich zwischen dem Aufbau der *Datenbasis* und der Bereitstellung von *Auswertungsmethoden* zur Auswertung der Datenbasis unterschieden. Die Datenbasis beinhaltet Informationen zur *Bodenverbreitung* (= Flächendatenbank), basierend in der Regel auf Schätzgrößen zahlreicher punktueller Profilaufnahmen im Gelände. Eine repräsentative Teilmenge der punktuellen Geländeerhebungen wird beprobt und im Labor zur Ermittlung der vollständigen *Bodeneigenschaften* analysiert (= Labordatenbank). Wiederum eine Teilmenge davon wird zur Ermittlung von *Bodenveränderungen* zur Dauerbeobachtung ausgewählt. Da sich durch die Auswertung der aufwendigen Bodenanalytik Beziehungen zwischen den hier ermittelten komplexen Bodenkennwerten und den bei den Geländeerhebungen gewonnenen Schätzgrößen herstellen lassen, können letztlich die Ergebnisse der Labordatenbank und der Dauerbeobachtung durch Verknüpfung mit der Flächendatenbank auch flächenmäßig dargestellt werden. Der Aufbau und die Fortführung der Datenbasis hängt in hohem Maße von der *Datenzulieferung* durch andere Dienststellen ab, was eine enge Abstimmung mit deren Datenerhebungen und laufenden Arbeitsprogrammen notwendig macht.

In der *Methodenbank* werden die für Nutzungen notwendigen Auswertungsmethoden zu verschiedenen Themen abgelegt und den aktuellen Anforderungen ständig angepaßt. Bei unzureichender Datenbasis ist eine entsprechende Datenverdichtung bzw. -erweiterung möglich. Durch die enge Einbindung aller bodenkundlichen Arbeitsbereiche in einem problembezoge-

nen und durchgängigen Gesamtkonzept erfahren alle Bereiche (Bodenkartierung, Bodenanalytik, Dauerbeobachtung und Entwicklung von Auswertungsmethoden) eine ständige Rückmeldung über ihre Arbeiten. Notwendige Anpassungen können auf diese Weise rasch umgesetzt werden.

Die eigentliche problembezogene *Nutzung* von Datenbasis und Auswertungsmethoden ist zunächst getrennt vom Aufbau des NIBIS. Der Aufbau ist zwar generell nach dem aktuellen Bedarf ausgerichtet, die Daten und Methoden sollen jedoch wegen der zu erwartenden Nutzungsvielfalt universell nutzbar sein. Ihre Bereitstellung erfolgt deshalb problemneutral (z. B. ist eine Methode der Methodenbank zur Bewertung des Ertragspotentials nicht direkt ausgerichtet für Fragen der Raumordnungsplanung). Die problembezogene Nutzung erfordert deshalb im konkreten Fall weiteren Sachverstand.

Voraussetzung für die DV-technische Realisierung eines Bodeninformationssystems ist zunächst die Festlegung entsprechender Vorschriften (Normen) für jeden Arbeitsschritt. Nur so kann die Bereitstellung einer einheitlichen Datenbasis und darauf aufbauender Auswertungsmethoden, der problemlose Daten- und Methodenaustausch sowie letztlich die Vergleichbarkeit der Auswertungsergebnisse gewährleistet werden. Alle Normen werden in der Methodenbank des NIBIS abgelegt und sind damit fester Bestandteil des Bodeninformationssystems.

Die Bereithaltung von Daten und Methoden in einem Informationssystem erfüllt allein noch nicht die Anforderungen des praktischen Bedarfs. Der zur konkreten Nutzung notwendige Zugriff auf Daten und Methoden und ihre problembezogene Zusammenfügung ist ohne zusätzliche Rechnerunterstützung uneffektiv, fehlerträchtig und nur von spezialisierten Fachleuten zu erledigen. Deshalb ist die Bereitstellung entsprechender DV-technischer Hilfsmittel notwendig. Der Daten- und Methodenbankebene des NIBIS werden deshalb eine *Benutzerebene* und eine *Steuerungsebene* übergeordnet.

Der Aufbau des Niedersächsischen Bodeninformtionssystems NIBIS erfolgt in Abstimmung mit dem ebenfalls im Aufbau befindlichen Niedersächsischen Umweltinformationssystem NUMIS. Die Grundkonzeption beider Systeme lehnt sich eng an den »Vorschlag für die Einrichtung eines landesübergreifenden Bodeninformationssystems« der SONDERARBEITSGRUPPE IN-

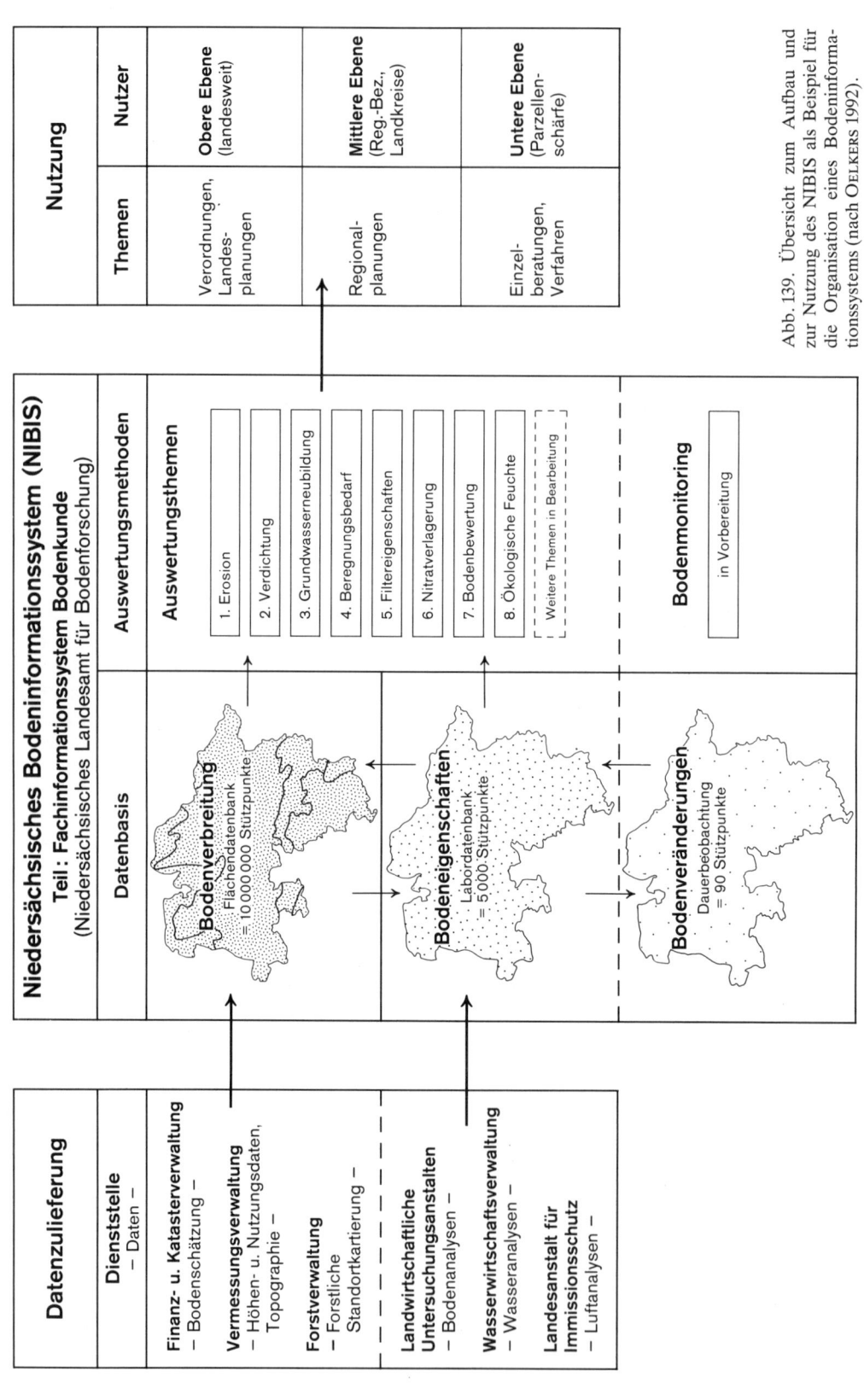

Abb. 139. Übersicht zum Aufbau und zur Nutzung des NIBIS als Beispiel für die Organisation eines Bodeninformationssystems (nach OELKERS 1992).

FORMATIONSGRUNDLAGEN BODENSCHUTZ (SAG) der Umweltministerkonferenz (1989) an. Neben dem beim NUMIS zentral zu führenden *Kernsystem*, das Datenbankregister, Thesaurus und eine fachübergreifende Datenbasis umfassen soll, werden für die einzelnen Disziplinen der Geowissenschaften im NIBIS separate *Fachinformationssysteme* mit fachspezifischen Daten- und Methodenbanken eingerichtet.

4.5 Bodentechnologie

Die Nutzung des Bodens wird von seinen Eigenschaften bestimmt (Standort*orientierung*). Wichtige Planungsunterlagen liefert die Bodenkartierung (siehe Kap. 4.3). Häufig müssen Böden erst pflanzenbaulichen und ökologischen Anforderungen angepaßt werden (siehe 4.5.2) (Standort*verbesserung* durch kultur- oder ökotechnische Maßnahmen). Mit zunehmender Besiedlungsdichte überlagern sich die wachsenden Nutzungsansprüche an den Boden. Er wird dabei immer stärker in Anspruch genommen. Bodenschäden vorzubeugen (Prophylaxe) oder sie zu beseitigen (Sanierung) ist Aufgabe des Boden*schutzes* (siehe Kap. 4.5.3). Aufgabe der Bodentechnologie insgesamt ist es, den jeweiligen Bedarf, die Fähigkeit und Würdigkeit für Nutzungen, Verbesserungen oder Schutz des Bodens nach *objektiven* boden- und standortskundlichen Kriterien zu lenken. Die bodentechnologischen Arbeitsgebiete liegen chronologisch gegliedert folglich in:

- *Neulandgewinnung* aus Watten, Mooren und Heiden (früher Ödlandkultur)
- *Melioration* ertragsunsicherer Böden (Standortverbesserung)
- Schutz des Bodens vor mechanischen und chemischen Belastungen *(prophylaktischer Bodenschutz)*
- *Sanierung von Bodenschäden* (Rekultivierung, Renaturierung, Altlastensanierung, Siedlungsabfallverwertung)

Oberstes Prinzip aller Maßnahmen ist die Nachhaltigkeit ihrer Wirkung. Das Ökosystem Boden ist ein Verbundsystem verschiedener Teilhaushalte (siehe Kap. 2.5). Änderung einer Bodeneigenschaft (z.B. Wasserdurchlässigkeit) hat Rückwirkungen auf die übrigen (z.B. Luft-, Wärme- und Nährstoffhaushalt). *Haupt-* und *Neben*wirkungen sind also zu beachten (siehe Umweltverträglichkeitsprüfung).

4.5.1 Neulandgewinnung

Der Ackerbau ist mit dem Seßhaftwerden der Menschen verbunden. Dabei erfolgte eine Orientierung nach Standorteigenschaften. Landschaften mit ackerbaulich gut geeigneten Böden (Börden) erlangten so früh historische Bedeutung. Mit Zunahme der Bevölkerung waren den Waldrodungen (9. und 15. Jh.) topographische und klimatische Grenzen gesetzt. Weitere *horizontale* Expansion war nur durch Neulandgewinnung an den Küsten und Flußmündungen aus Meeres- und Flußsedimenten *(Marschkultur)* oder durch Trockenlegung der Sümpfe, Brüche und Moore *(Moorkultur)* möglich.

In Deutschland ist die Phase der staatlich gelenkten Neulandgewinnung mit Wirksamwerden des EG-Marktes, über den Bedarf steigende Erträge, schwindende Ödlandreserven und deren steigendem ökologischen Wert (siehe Renaturierung) beendet. Im Rahmen dieses Lehrbuches bleiben jedoch für das bessere Verständnis der so anthropogen veränderten Böden (siehe Kultosole) und zur Verwertung von Erfahrungen in Entwicklungsländern nähere Erläuterungen erforderlich.

4.5.1.1 Marschkultur

Gezeitenabhängige Flachküsten wie an der südlichen Nordsee sind bevorzugte Sedimentationsräume. Meeres- und Gezeitenströmungen sortieren Schwebstofffrachten der Fluß- und Seewässer. Die Differenz zwischen mittlerem Tidehochwasser (MThw, Flut) und mittlerem Tideniedrigwasser (MTnw, Ebbe) wird als Tidehub bezeichnet. Dieser mittlere täglich 2malige Wasserstandswechsel beträgt in der südlichen Nordsee ca. 3 m. Dabei entstehen mit Dauer und Höhe der Überflutung in Körnung, Salz- und Nährstoffgehalt unterschiedliche Sedimente, die ab 40 cm über MThw im marin-brackischen Milieu mit einer halophilen, im brackisch-fluviatilen Bereich mit einer telmatischen Pioniervegetation begrünen (Abb. 140). Damit beginnt die semiterrestrische Entwicklung der Marschböden (siehe Kap. 3.4.1 und 3.5.2.1).

Bereits vorher haben Diatomeen und Algen zusammen mit einer artenreichen Schlickfauna im marinen Milieu subhydrisch erste Bodenbildungsprozesse eingeleitet (siehe Wattgyttja). Der halophile Queller *(Salicornia herbacea)* wirkt als Schlickfänger und beschleunigt die Auflandung. Schließlich aus dem Einflußbe-

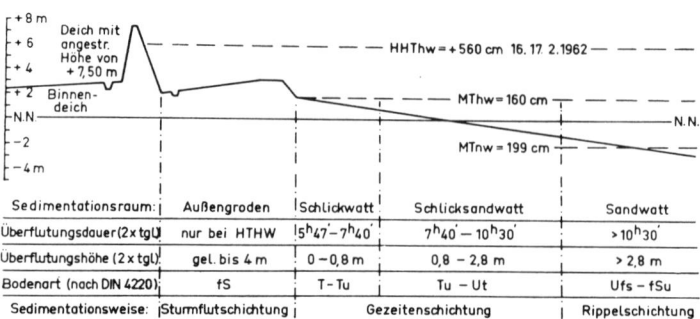

Abb. 140. Sedimentations-
räume im Watt.

Sedimentationsraum:	Außengroden	Schlickwatt	Schlicksandwatt	Sandwatt
Überflutungsdauer (2 x tgl.)	nur bei HTHW	5ʰ47'–7ʰ40'	7ʰ40'–10ʰ30'	> 10ʰ30'
Überflutungshöhe (2 x tgl.)	gel. bis 4 m	0–0,8 m	0,8–2,8 m	> 2,8 m
Bodenart (nach DIN 4220)	fS	T–Tu	Tu–Ut	Ufs–fSu
Sedimentationsweise:	Sturmflutschichtung	Gezeitenschichtung		Rippelschichtung

reich des MThw aufgelandet und allmählich durch Niederschläge entsalzt, bildet sich eine Grasnarbe (Andelgras, *Puccinellia maritima*; Rotschwingel, *Festuca rubra*). Ihre sommerliche Beweidung ist bereits möglich. Jetzt ist der Boden deichreif. Im salzärmeren oder salzfreien brackischen bzw. fluviatilen Milieu und Gezeiteneinfluß übernehmen angepaßte niedere (Algen) und höhere Pflanzen (z. B. Schilf) die Rolle des Schlickfängers (siehe Kap. 1.3.2.6). Brackmarschen sind daher mit Organomarschen, Flußmarschen mit Moormarschen räumlich und stratigraphisch verzahnt.

Durch quer zur Hauptströmung angelegte Steinschüttungen (Buhnen) oder Holz-, Strauchwerkfaschinen (Lahnungen) greift der Mensch gestaltend in die Sedimentation ein. Zwischen solchen – auch dem Ufer- und Küstenschutz dienenden – Bauwerken, die wie Schlickfallen wirken, weil sie die Strömungsgeschwindigkeiten mindern, entstehen *An*landungsfelder. Oberhalb MTnw werden diese durch flache Grüppen im Abstand von 10 bis 20 m entwässert. Durch den wiederholten Auswurf der immer wieder verschlickenden Grüppen entstehen zwischen diesen allmählich aufgewölbte Beete, die oberflächlich gut entwässern und ebenfalls bald ihre Pioniervegetation tragen.

Gegen winterlich höhere Sturmfluten und Hochwässer sind allerdings Deiche erforderlich. Seit dem 10./11. Jahrhundert sind solche Deichbauten an der Nordseeküste üblich. Vorher boten nur künstlich aufgeworfene Wohn- und Fluchthügel (Wurten, Warften) Schutz vor Hochwasser. Der Deichbau macht eine andere Entwässerung notwendig. Das während Hochwasser hinter dem Deich sich sammelnde Niederschlagswasser wird durch ein Siel- und Schleusensystem abgeleitet. Anstelle der natürlich entwässernden Priele im Vordeichgelände

müssen hinter dem Deich künstliche Kanäle (Fleete, Wettern, Siele) und ein darauf führendes Grabensystem angelegt werden. Im Deichkörper selbst wird ein Durchlaß (Siel) am Ende des Hauptentwässerungskanals eingebaut, das als Klappschleuse mit Stemmtoren funktioniert. Dem jeweiligen Überdruck folgend, öffnen und schließen sich die Sieltore selbsttätig mit Tnw bzw. Thw zweimal täglich. Die Sielzugseiten sind jedoch immer kürzer geworden durch immer höher auflaufende Fluten infolge eustatischer Meeresspiegelerhöhung (25 cm/Jahrhundert), geosynklinaler Senkungen des Nordseebeckens, Sackungen infolge Entwässerung, Ausbau der Flußunterläufe für die Großschiffahrt. Deshalb sind in den letzten Jahrzehnten *zusätzlich* elektrisch betriebene Deich-, Stufen- und Kleinschöpfwerke erforderlich geworden, um auch tiefer gelegene Flächen hinter den Deichen kontinuierlich zu entwässern (Abb. 141). Vorläufer dieser künstlichen Vorflut waren die holländischen Windschöpfmühlen des späten Mittelalters.

Durch diese künstliche Entwässerung ist es heute sogar möglich, mehrere Meter unter dem Meeresspiegel gelegene Polder im Gebiets- und Bodenwasserhaushalt zu regulieren, wie die Landgewinnung in der Zuidersee beweist.

Mit der Dauer der Entwässerung reifen die Sedimente zu Böden. Man unterscheidet eine *physikalische*, *chemische* und *biologische Bodenreifung*. Sedimente mit > 15% < 2 μm schrumpfen bei Entwässerung. Sie ändern ihre Konsistenz von flüssig-breiig zu halbfest-fest. Es entsteht je nach Salz-, Na^+- oder Ca^{2+}-Gehalt der Bodenlösung ein Säulen-, Prismen- oder Polyedergefüge. Mit der Reifungstiefe werden die ursprünglich flachen Grüppen zu immer tieferen Gräben ausgebaut. Die Bodenreifung ist somit ein wichtiges kulturtechnisches Kriterium. Sie

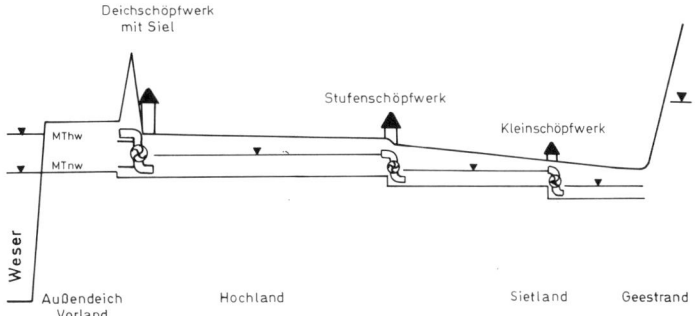

Abb. 141. Die künstliche Entwässerung einer tideabhängi-
gen Flußniederung.

kann aus der Konsistenz, die vom Wasser-, Ton-
und Humusgehalt (= n-Wert) abhängig ist, abgeleitet werden (Tab. 130).

Der zwischen den Gräben verbleibende Boden entwässert und entsalzt. Da leichtlösliche
Na-Salze schneller abgeführt werden als die Ca-
Salze, ändert sich auch die Kationengarnitur an
den Austauschern des Bodens. Aus den Roh-
bzw. unreifen Seemarschen (*Salz*marschen) des
Vordeichlandes werden durch chemische Bodenreifung (Belüftung, Ionenumtausch) typische Seemarschen (*Kalk*marschen) des Polders.
Da vor allem marine Sedimente reich sind an
Sulfaten, die sich aus den Sulfiden des stark
reduzierten, dunklen Wattsediments bei dessen
Belüftung bilden, entwickelt sich eine starke S-
und Fe-Dynamik in diesen Böden, die ihre Entkalkung beschleunigt ($\varnothing$ bis 1% $CaCO_3$/100 Jah-

re). Je nach Kalkgehalt des Sedimentationsrau-
mes (marin > fluviatil > brackisch) sind durch
synsedimentäre Entkalkung Bodenreifungen
zur *Klei-* oder *Knick*marsch möglich. Entkalkte
oder primär kalkfreie Marschböden werden als
Klei- bzw. Brackmarschen bezeichnet. Sie können auch durch weitere Basenverluste und Tondurchschlämmung zur Knickmarsch degenerieren.

Neben der Regelung des Wasserhaushalts
durch Entwässerung ist deshalb dem Basenhaus-
halt der an Feinstsubstanz reichen Marschen besondere Aufmerksamkeit zu widmen. Zufällig
ist man im 17. Jahrhundert beim Brunnenbau
auf den Wert des kalkhaltigen Wattsandes im
Untergrund vieler Marschen aufmerksam geworden. Er wurde seither aus metertiefen Gru-
ben oder Gräben mit dem Spaten ausgegraben

Tab. 130. Klassifikation des Schlicks nach physikalischem Reifegrad (nach PONS und ZONNEFELD 1965)

Bezeichnung	Indizes[1]	Konsistenzbefund bei mittlerem Tongehalt	n-Wert[2]
unreif	wα	flüssiger Schlamm, unknetbar	>2,0
beinahe unreif	wγ	weich, haftet stark an den Fingern und kann ohne Mühe zwischen den Fingern durchgequetscht werden	1,4−2,0
halbreif	wβ	ziemlich weich, haftet an den Fingern und kann ohne Mühe zwischen den Fingern durchgequetscht werden	1,0−1,4
beinahe reif	wδ	ziemlich fest, neigt dazu an den Fingern zu haften und kann nicht mühelos zwischen den Fingern durchgequetscht werden	0,7−1,0
reif	r	fest, haftet nicht oder nur wenig an den Fingern und geht beim Quetschen nicht zwischen den Fingern durch	<0,7

[1] zusätzlich zu den üblichen bodenkundlichen Kennzeichen der Horizonte
[2] aus Ton-, Humus- und Wassergehalt errechnet: n = (A − 0,2R)/(L + bH), wobei
A = Gesamtwassergehalt %mas
L = Tongehalt in %mas
H = Organische Substanz in %mas
R = nichtkolloidaler mineralischer Bodenanteil (R = 100 − H − L)
b = Verhältnis des Wasserabsorptionsvermögens o.S. zu dem von Ton (= 3−5)

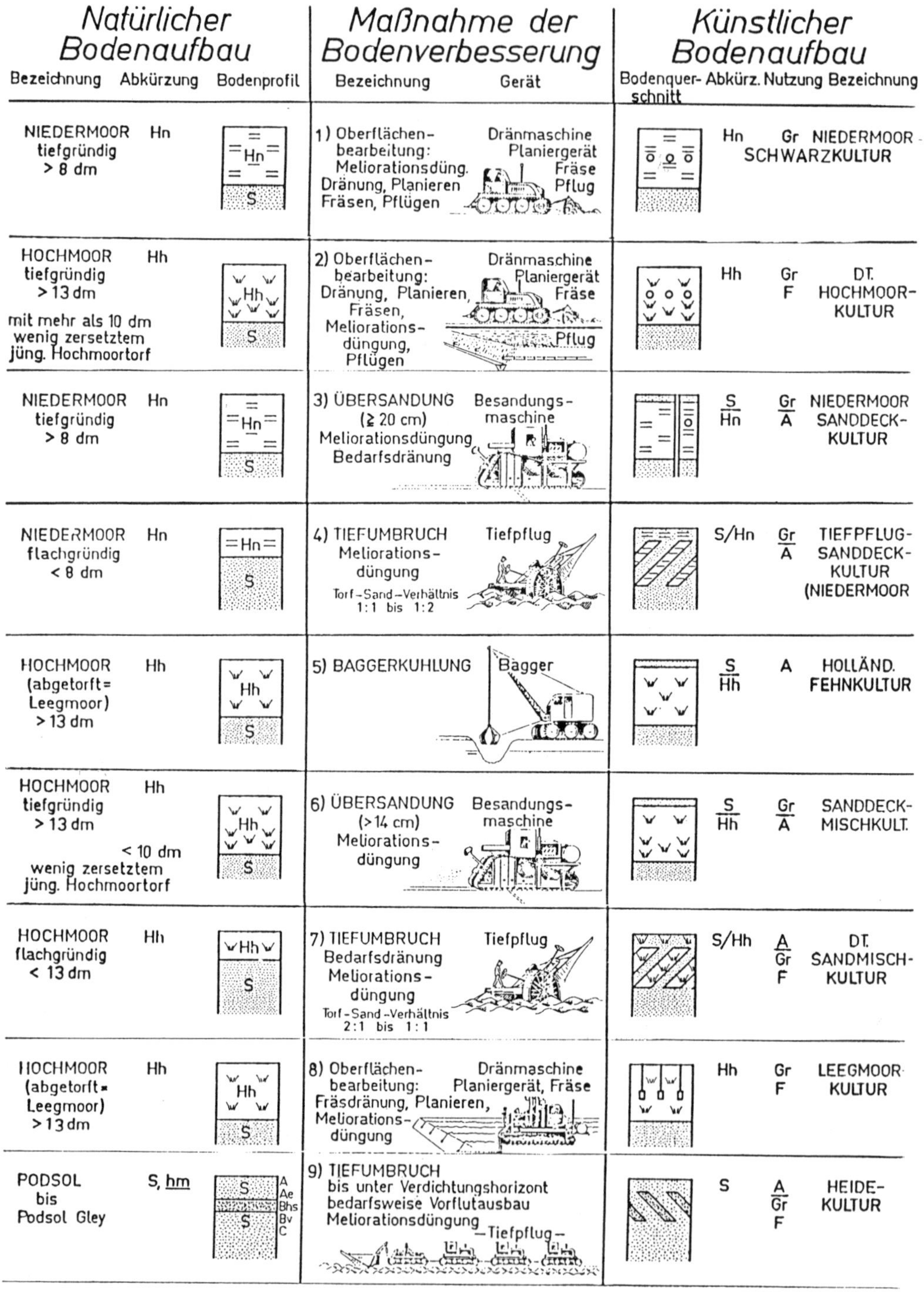

Natürlicher Bodenaufbau			Maßnahme der Bodenverbesserung		Künstlicher Bodenaufbau			
Bezeichnung	Abkürzung	Bodenprofil	Bezeichnung	Gerät	Bodenquer- schnitt	Abkürz.	Nutzung	Bezeichnung
NIEDERMOOR tiefgründig > 8 dm	Hn		1) Oberflächen- bearbeitung: Meliorationsdüng. Dränung, Planieren Fräsen, Pflügen	Dränmaschine Planiergerät Fräse Pflug		Hn	Gr	NIEDERMOOR SCHWARZKULTUR
HOCHMOOR tiefgründig > 13 dm mit mehr als 10 dm wenig zersetztem jüng. Hochmoortorf	Hh		2) Oberflächen- bearbeitung: Dränung, Planieren, Fräsen, Meliorations- düngung, Pflügen	Dränmaschine Planiergerät Fräse Pflug		Hh	Gr F	DT. HOCHMOOR- KULTUR
NIEDERMOOR tiefgründig > 8 dm	Hn		3) ÜBERSANDUNG (≥ 20 cm) Meliorationsdüngung Bedarfsdränung	Besandungs- maschine		S/Hn	Gr A	NIEDERMOOR SANDDECK- KULTUR
NIEDERMOOR flachgründig < 8 dm	Hn		4) TIEFUMBRUCH Meliorations- düngung Torf-Sand-Verhältnis 1:1 bis 1:2	Tiefpflug		S/Hn	Gr A	TIEFPFLUG- SANDDECK- KULTUR (NIEDERMOOR
HOCHMOOR (abgetorft= Leegmoor) > 13 dm	Hh		5) BAGGERKUHLUNG	Bagger		S/Hh	A	HOLLÄND. FEHNKULTUR
HOCHMOOR tiefgründig > 13 dm < 10 dm wenig zersetztem jüng. Hochmoortorf	Hh		6) ÜBERSANDUNG (>14 cm) Meliorations- düngung	Besandungs- maschine		S/Hh	Gr A	SANDDECK- MISCHKULT.
HOCHMOOR flachgründig < 13 dm	Hh		7) TIEFUMBRUCH Bedarfsdränung Meliorations- düngung Torf-Sand-Verhältnis 2:1 bis 1:1	Tiefpflug		S/Hh	A Gr F	DT. SANDMISCH- KULTUR
HOCHMOOR (abgetorft= Leegmoor) > 13 dm	Hh		8) Oberflächen- bearbeitung: Fräsdränung, Planieren, Meliorations- düngung	Dränmaschine Planiergerät, Fräse		Hh	Gr F	LEEGMOOR KULTUR
PODSOL bis Podsol Gley	S, hm		9) TIEFUMBRUCH bis unter Verdichtungshorizont bedarfsweise Vorflutausbau Meliorationsdüngung –Tiefpflug–			S	A Gr F	HEIDE- KULTUR

A = Acker, Gr = Grünland; F = Forst; $\frac{A}{Gr}$ vorwiegend zur Ackernutzung geeignet, zeitweise Grünlandnutzung möglich;

$\frac{Gr}{A}$ = vorwiegend zur Grünlandnutzung geeignet, zeitweise auch Ackerbau möglich

Abb. 142. Methoden der Bodenverbesserung in Moor und Heide (KUNTZE in OEHMICHEN 1986).

(»gekuhlt«) und auf die entkalkte Krume verteilt.

Dieser kalkhaltige, reduzierte Blausand (bis zu 10% $CaCO_3$, infolge Reduktion blaugrau verfärbt) wird etwa 5 cm hoch auf die entkalkte bzw. kalkarme Bodenoberfläche gebracht. Das bedeutet eine doppelte Bodenmelioration:

1. Meliorationskalkung mit rund 50 t · ha^{-1} vornehmlich langsam löslichen Muschelkalkes,
2. Magerung der oft zu bindigen Böden bei höherem Sandgehalt der Kuhlerde.

Seit 1925 wird die schwere Arbeit des Handkuhlens durch die Kuhlmaschine von RATJENS erledigt. Diese kann je laufenden Meter Maschinenvorschub bis zu 1 m^3 Blausand aus bis zu 3,2 m Tiefe an die Bodenoberfläche fördern. Eine solche *Blausandmelioration* hat je nach Kalk- und Sandgehalt eine nachhaltig bodenverbessernde Wirkung von 30 bis 50 Jahren mit bis zu 30% Mehrerträgen und 25% Zugkraftersparnis bei der Bodenbearbeitung. Der etwa 60 cm breite Kuhlschlitz wirkt wie ein großer Erddrän.

Marschböden mit Tongehalten zwischen 15 und 35% mas sind bei entsprechender Entwässerung gute Ackerstandorte. Erstfrüchte auf frisch eingedeichten, noch salzhaltigen Böden sind die salztolerante Sommergerste und der Raps, später Weizen und Rüben. Hackfrüchte sind jedoch auf diesen bindigen Böden bei später Ernte nicht empfehlenswert wegen der Ernteschwierigkeiten. Schwere Marschböden eignen sich vorzüglich für den Feldgemüse- und Obstbau (siehe Vier- und Marschlande, Altes Land bei Hamburg). Dank ihrer hohen nFK und guten Kapillarität werden sie jedoch überwiegend als hochwertiges Dauergrünland (Fettweiden) genutzt. In einigen schlecht entwässerbaren Gebieten (Moormarschen) erfuhr früher die Grünlandnutzung durch den giftigen Sumpfschachtelhalm (*Equisetum palustre*, »Duwock«) Einschränkungen.

Das enge Grabennetz der ursprünglichen Beetkulturen brachte neben bis zu 15% Landverlust erhebliche Erschwernisse bei der maschinellen Bearbeitung. Diese ist deshalb inzwischen durch Rohrdränung und allmähliche Planierung der Gräben abgelöst worden. Voraussetzungen für eine sichere Dränwirkung sind in diesen schluffreichen, makroporenarmen Böden:

– sichere Vorflut für eine möglichst tiefe Dränung

– Vollfilterdräne gegen die Verschlämmungs- und Verockerungsgefahr.

Durch wechselnde Sedimentationsbedingungen sind Marschprofile in der Regel fein geschichtet. Das behindert ihre vertikale Wasserführung. Trotz ausreichender Absenkung des Grundwassers wird dann die bisher verdeckte Staunässe deutlich, sofern nicht eine gute, primäre, biogene Porung der Wattenfauna diese Porensprünge überwindet. Aus klimatischen Gründen sind diese an sich für eine tiefere Homogenisierung in ihren Unterböden meliorationsbedürftigen Profile dem Tieflockern oder Tiefpflügen schlecht zugänglich. Zusätzlich ist bei solchen mechanischen Eingriffen auf eine sehr gute Entwässerung zu achten.

4.5.1.2 Moorkultur

Viele alte Dörfer liegen am Rande von *Nieder*mooren. Schon sehr früh wurden diese eutrophen Moore als sichere Futterquelle erkannt. Viehhaltung mit Produktion wirtschaftseigener Dungstoffe war von großem Wert für die ackerbauliche Nutzung vor allem leichter Mineralböden (»Die Wiese ist die Mutter des Ackerlandes«). Deshalb sind die Niedermoore schon seit dem frühen Mittelalter durch Initiativen der Klöster, später der weltlichen Landesherren landeskulturell erschlossen worden. Entsprechende großflächige Kultivierung der *Hoch*moore im Verlauf bäuerlicher Abtorfungen waren weniger erfolgreich. Die Hochmoore und ebenfalls an Nährstoffen verarmten Heiden stellten daher bis in die Nachkriegszeit die letzten Landreserven für eine *horizontale* Expansion dar. Unterschiedliche Moore machen verschiedene Kultivierungsverfahren erforderlich.

Von rund 1 000 000 ha Niedermoore sind in Deutschland nahezu 95% in Kultur, die 450 000 ha Hochmoore zu etwa 70%. Die Moorkultivierung ist mit der Erschließung des Emslandes in der Bundesrepublik Deutschland ausgeklungen. Um den Erhalt der erst teilweise unter Naturschutz gestellten restlichen unkultivierten Moore als Feuchtbiotope wird hart gerungen. Im Ausland hat die Moorkultivierung jedoch noch große Bedeutung. Auf deutsche Erfahrungen wird gern zurückgegriffen. Wegen der gefügekundlichen Labilität der Moorböden müssen gealterte Moorkulturen wiederholt *re*kultiviert werden. Das jeweilige Verfahren zur Kultivierung oder Rekultivierung richtet sich nach Moortyp, Moormächtigkeit, Beschaffen-

Tab. 131. Moorkulturverfahren

| | Moormächtigkeit | | |
> 1,3 m		< 1,3 m	
HH	HN	HH	HN
a) Deutsche Hochmoor-kultur	a) Niedermoorschwarz-kultur	Deutsche Sandmischkultur	Tiefpflug(sand)deck-kultur
b) masch. Sanddeckmisch-kultur	b) masch. Sanddeckkultur		

heit des mineralischen Untergrundes (siehe Abb. 142 und Tab. 131). In jedem Falle sind ausreichende Entwässerungstiefen und entsprechende Vorflut erforderlich. Nachfolgend werden die wichtigsten Moorkulturtypen in ihrer Verbreitung, Kultivierung, Eigenschaft, Nutzung, Weiterentwicklung und Rekultivierung beschrieben.

Schwarzkulturen
Niedermoorschwarzkultur
Verbreitung: Weltweit an Seen, in Niederungen. Ältester Moorkulturtyp.
Entstehung: Nach Entwässerung direkte Nutzung des gewachsenen Moorprofils. Die Torfe werden mit Dauer und Intensität der Nutzung schnell und stark humifiziert (siehe Kap. 2.4.1.7). Sie verleihen der Krume eine tiefschwarze Farbe.
Profil: Meist > 1,3 m Torfmächtigkeit, häufig in der Krume stark vermulmt. Darunter folgen je nach Degradation vererdete, vermulmte Horizonte über ± ganzpflanzlichen Torfen über Mudden (*Verlandungs*moor) oder über mineralischen Lockersedimenten (*Versumpfungs*moor). Schichttypen 1 und 2: Torfe gut durchwurzelt (Abb. 143), wenn entwässert.
Eigenschaften: Mit Humifizierung der Torfe hohe, jedoch abnehmende nFK; kf-Werte anfänglich sehr hoch, nehmen mit Sackung und Torfschwund zunächst ab, nach Segregierung wieder zu. ku-Werte verhalten sich umgekehrt. Bis pH 4,5 ist die Basenversorgung der Pflanzen ausreichend. Niedermoorschwarzkulturen mit pH > 7 und freiem $CaCO_3$ (Konchilien) sollten kalkzehrende Handelsdüngemittel erhalten. Je höher die Basensättigung, um so ungünstiger ist die Kaliumsorption. Bei zusätzlicher Durchschlickung ist regional (je nach Tonmineralgarnitur) mit K-Fixierung zu rechnen. Auch die natürliche P-Bevorratung ist in diesem Boden begrenzt. Das ungünstige, natürliche N:P:K:Ca-Verhältnis von 1:0,1:0,01:2 zwingt aus Sorge vor Festlegung (P) oder Auswaschung (K) zu später Frühjahrsdüngung. Verbreitet tritt auf diesen N-reichen Böden Cu-Mangel auf. Desgleichen wird in kalkreichen Niedermooren Mn in schwerer lösliche Oxidationsstufen überführt (Dörrfleckenkrankheit). Physiologischer Mo-Mangel führt zur Moorruhr. K-betonte Ersatzdüngung und N-Düngung nur als Startgabe (Priming effect).

Hohe N-Freisetzungen (bis zu 1200 kg/ha · a), Verunkrautungsgefahr und mit der Intensität der Belüftung zunehmender Torfschwund (bis zu 2 cm · a^{-1}) machen diesen Moorkulturtyp zum *absoluten* Grünlandstandort. Gleichwohl ist er regional wegen der leichten Bearbeitung und seiner hohen Erträge vor allem im Gartenbau begehrt.
Weiterentwicklung: Je nach Nutzungs- und Entwässerungsintensität (Acker > Grünland) schneller, anhaltender Torfschwund mit Mineralisierung und Humifizierung. Torfschwund beträgt in Deutschland bei Ackerbau 2 cm · a^{-1} und bis zu 7 cm · a^{-1} im ariden Klima. Neben dem am Höhenverlust erkennbaren Torfschwund, Ausprägung charakteristischer Gefügeformen mit qualitativer Veränderung der organischen Bodensubstanz. Zersetzungsrückstände, Huminstoffvorstufen (Fulvosäuren) sind hydrophob. Benetzungswiderstände und Winderosionsgefahr bei spezifisch leichten Mulm, vor allem bei offener Oberfläche (Ackerbau). Zwischen zeitweise trockener Krume und stets durchfeuchtetem Unterboden liegt eine Zone besonders intensiver biochemischer Umsetzungen. Analog der H-Lage im Auflagehumus entwickelt sich ein sehr stark humifizierter Horizont, der – vorwiegend aus Huminstoffen bestehend – bei Austrocknung zu scharfkantigen Polyedern segregiert. Mit der Entwicklung des Niedermoorbodens nehmen Mächtigkeit und Tiefe dieses Segregierungshorizontes zu.

Physikalisch hat er nach Austrocknung Eigenschaften wie Kies, da die Segregate nahezu irreversibel schrumpfen. Durch Gefügeunterschiede werden kf wie ku im Bodenprofil gehemmt. Wurzeln meiden diesen Horizont geringer nFK. Trotz Grundwassernähe kann deshalb die direkte Wasserversorgung über die Wurzeln oder die indirekte durch kapillare Nachlieferung in Trockenperioden unterbrochen sein. Die Rückquellung der Segregate ist nahezu ausgeschlossen. Diese Vermurschung ist im kontinentalen Klima stärker ausgeprägt als im humiden.

Verbesserung: Bedeckung mit Sand (siehe Sanddeckkultur) bremst die Torfumsetzungen und verbessert die Wiederbenetzung vermulmter-segregierter Niedermoorböden. Auf die Tragfähigkeit begrenzte Entwässerungstiefe, bei gS unterlagerten, ebenen Flächen auch die jahreszeitlich nach Bedarf gelenkte kombinierte Unterflurbewässerung und Entwässerung drosseln die zu hohe Stickstoffdynamik dieses Moorkulturtyps ebenfalls.

Deutsche Hochmoorkultur

Verbreitung: Im atlantischen Klimaraum sowie im Voralpengebiet früher verbreitetster Hochmoorkulturtyp, da relativ einfaches und billiges Kulturverfahren.

Entstehung: Als Alternative zur Moorbrandkultur von der Moorversuchsstation Bremen auf Schichttypen 5−7 (siehe Tab. 126) entwickelt. Nutzung des gewachsenen, > 1,3 m mächtigen Hochmoores, evtl. teilabgetorft (Leegmoor) nach Entwässerung. Kalkung bis pH 4,0 und Zufuhr fehlender Nährstoffe, die nur 20 cm tief

eingemischt werden. Nur dieser meliorierte Horizont ist dann durchwurzelbar (Abb. 143).

Profil: Krume mittel- bis stark vererdet, anthropogen eutrophiert, intensiv durchwurzelt. Möglichst > 8 dm wenig zersetzte, jüngere Hochmoortorfe (Weißtorf bzw. Bunkerde) über stärker zersetzten, älteren Hochmoortorfen (Schwarztorf) oder/und Niedermoortorfen, bzw. wurzelecht. Unterboden nicht durchwurzelt.

Eigenschaften und Nutzung: Solange genügend wenig zersetzte Torfe (H < 5) mit geringer Lagerungsdichte vorhanden, nach Entwässerung optimale Luft/Wasserverteilung. Anfangs sehr hohe nFK, mittlere kf- und ku-Werte nehmen mit Alterung ab. Bodenchemisch haben diese oligotrophen Böden anfangs einen hohen Kalkbedarf (bis 5 t · ha^{-1} CaO) und müssen zunächst mit 300 kg · ha^{-1} P$_2$O$_5$, 300 kg · ha^{-1} K$_2$O und 10 kg · ha^{-1} Cu einen künstlichen Nährstoffvorrat erhalten. Da Ca^{2+} durch organische Austauscher selektiv gebunden werden, ist eine Ca-Auswaschung in Hochmoorböden vernachlässigbar. Es besteht eher Gefahr zu starker Kalkanreicherung mit kalkmehrenden Handelsdüngemitteln, vor allem bei Grünlandnutzung. Diese oberflächennahe Sperrschicht mit bis zu pH 6,5 verhindert die Wanderung der sonst sehr mobilen Phosphate im Moorboden. PO$_4^{3-}$ bleibt im sauren Hochmoorboden bei fehlendem Fe^{2+}, Al^{3+} leichtlöslich. Dies ist für die Nährstoffversorgung der Pflanzen günstig. Selbst relativ niedrige DL-P$_2$O$_5$-Werte sind für die Pflanzenernährung aus diesen Böden ausreichend. Nach der Chemomelioration reicht eine dem jeweiligen Ernteentzug entsprechende Ersatzdüngung.

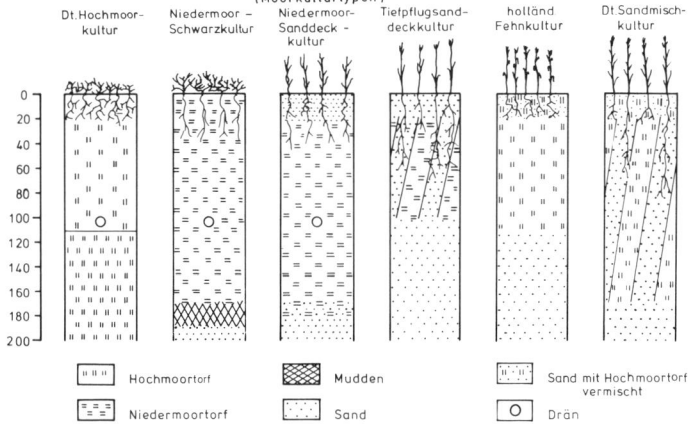

Abb. 143. Durchwurzelung anthropogener Moorböden (Moorkulturtypen).

Höhere P-Gaben werden schnell im Boden verlagert und ausgewaschen. Der P-Austrag aus Hochmoorböden ist bis zu 100mal höher als aus Mineralböden. Bis zu $15 \, \text{kg} \cdot \text{ha}^{-1}$ P wurden jährlich als Austrag über Dräne gemessen. Auch K^+ ist vor allem im zu hoch aufgekalkten Hochmoorboden leicht auswaschbar. Schwarzkulturen bedürfen keiner organischen Düngung. Die N-Düngung wird teilweise im Humifizierungsprozeß verbraucht. Krumenböden Deutscher Hochmoorkulturen sind innerhalb weniger Jahre im N-Gehalt verdoppelt. Sie werden immer mehr dem Niedermoor ähnlich.

Dennoch bleibt die Nitrifikation im sauren Milieu gering. In nassen Perioden muß mit hohen Denitrifikationsverlusten gerechnet werden. Zur Erhaltung der Trittfestigkeit sind beim Dauergrünland $200 \, \text{kg} \cdot \text{ha}^{-1} \cdot \text{a}^{-1}$ N die obere Grenze der N-Düngung. Trotz guter Anfangserfolge, v. a. im Kartoffelbau, ist zur Substanzerhaltung Dauergrünland vorzuziehen. Diese Kulturart ist durch deutlich geringeren Nährstoffaustrag gekennzeichnet. Ökologisch hat Dauergrünland die größere Naturnähe. Forstnutzung ist wegen Windwurfgefahr nur begrenzt möglich.

Weiterentwicklung: Sackungsverdichtungen besonders im oberen Profilbereich (Weißtorf). Bei weitem C/N-Verhältnis und tiefer Bodenreaktion verzögerter Torfschwund (0,5 bis 1 cm/Jahr). Im Vergleich zur Niedermoorschwarzkultur langsamere Alterung. Flurabstand des Grundwassers und der physikalisch günstige Bereich der wenig zersetzten Hochmoortorfe nehmen allmählich ab. So tendieren alternde Hochmoorkulturen zur Stau- und Haftnässe, die bei Rekultivierung engere Dränabstände erforderlich machen. Der zunächst auf 20 cm Tiefe chemisch meliorierte Krumenraum verflacht selbst unter Dauergrünland und zwingt zu wiederholtem Umbruch mit Neuansaat.

Verbesserung: Mit Alterung (Sackung, Torfschwund) je nach Moormächtigkeit und Stratigraphie erneute Rekultivierung zur Deutschen Hochmoorkultur mit allerdings engeren Saugerabständen, schließlich nur noch Maulwurffräsdränung ökonomisch sinnvoll oder Rekultivierung durch Tiefumbruch zur Deutschen Sandmischkultur, sofern die Gesamtmoormächtigkeit < 1,3 m erreicht, bei geeignetem mineralischem Untergrund (Tab. 132).

Sanddeckkulturen
Niedermoorsanddeckkultur
Verbreitung: Mittel- bis Ostdeutschland, Polen.

Entstehung: Stark vermulmte Niedermoortorfe werden puffig. Ihr ungünstiger Wasserhaushalt (Benetzungswiderstand) kann durch Belastung z. B. mit einer Sanddecke verbessert werden. Dieser Sand wird aus Gräben gewonnen und/oder seitlich antransportiert (Moordammkultur). Heute ist maschinelle Besandung mit der Kuhlmaschine möglich.

Profil: Niedermoortorfe mit 15 bis 20 cm Sanddecke, *nicht* mit Torf vermischt; Wurzeln reichen in Niedermoortorfe des Unterbodens (Abb. 143).

Eigenschaften: Tief durchwurzelbare, *flach* zu bearbeitende, tragfähige, intensiv nutzbare Akkerstandorte bei guter Entwässerung. Vermulmung, Torfschwund und zu hohe N-Mineralisation durch schützende Sanddecke reduziert. Günstige thermische Eigenschaften (Nachtfrostgefahr vermindert), häufig Kupfer- und Manganmangel, P,K-Ersatzdüngung.

Weiterentwicklung: Sofern Bodenbearbeitung *flach* bleibt, sich auf die Sanddecke beschränkt, relativ gute Stabilität. Sobald jedoch N-reicher Niedermoortorf eingemischt ist, wird sein Abbau beschleunigt. Mit steigenden Gehalt o. S. verschlechtern sich hydrologische und thermische Eigenschaften. Schnelle Näherung zum Grundwasser und gleichzeitig Ausbildung von Haftnässe in zunehmend anmooriger Sanddecke machen weiteren Ackerbau zur Plage. Selbst als Grünland sind gealterte Sanddeckkulturen kaum noch sinnvoll zu nutzen.

Verbesserung: Verstärkung der Sanddecke bei zu stark humosen Böden und Entwässerung. Einsatz von Kuhlmaschine, wenn Moortiefe < 3 m und m-gS im Liegenden. Bei Resttorfmächtigkeit < 0,8 m und guter Entwässerung (kein Fremdwasser!) Tiefumbruch (s. u. Tiefpflugsanddeckkultur; P,K-betonte Ersatzdüngung).

Tiefpflugsanddeckkulturen
Verbreitung: In flachgründigen Niedermooren (< 80 cm) über Talsand bei extrem guter Entwässerung.

Entstehung: Versumpfungsmoore, Schichttyp 2, sind nach zu starker Entwässerung schnell irreversibel ausgetrocknet. Durch Bedeckung mit Sand und Konservierung des Niedermoortorfes im Unterboden werden hydrologische und thermische Eigenschaften verbessert. Durch Stufenpflugtechnik im Unterboden mögliche Wechselfolge von steilgestellten Sand- und Torfbalken. Darüber ausreichend mächtige Sanddecke, die *nicht* mit Niedermoortorf vermischt werden darf (P,K-betonte Ersatzdüngung).

Profil: 20 bis 30 cm mächtige *schwach* humose Sanddecke. Darunter in Wechsellagen *steil* gestellte Sand- und Torfbalken zur Selbstdränung, bzw. Wasser-Nährstoffspeicherung. Tief durchwurzelt (Abb. 143).

Eigenschaften: Sanddecke bewirkt als Auflast gute kapillare Durchfeuchtung. Nachtfrostgefahr und N-Umsatz deutlich reduziert. Tief durchwurzelbar und gut tragfähig. Intensivem Ackerbau mit breitem Nutzungsspektrum zugänglich.

Weiterentwicklung: Sofern Bodenbearbeitung den Niedermoortorf im Unterboden nicht erfaßt, langsame Humusanreicherung in der Sanddecke (Konservierung). Wird dagegen zu tief bearbeitet, Niedermoortorf eingemischt, schnelle Mineralisierung und sekundäre Vernässung (Alterung – haftnaß).

Verbesserung: Verhaltene Humuszufuhr aus Wirtschaftsdüngung und Wurzeln. Gelegentliches Tiefgrubbern, um Pflugsohlenbildungen, bzw. Porensprung Sand/Torf zu begegnen.

Sandmischkulturen
Holländische Fehnkultur

Verbreitung: Holländische Fehnkolonien (Groningen, Drenthe), Weser-Ems-Gebiet.

Entstehung: Die oberen Torflagen des Hochmoorprofiles aus stark zersetztem Heidetorf (initialer Ah) und wenig zersetztem Bleichmoostorf wurden zurückgesetzt, abgebunkt (= »Bunkerde«), dann der ältere, stärker zersetzte Hochmoortorf zur Brenntorfgewinnung ausgegraben, oft bis zum liegenden Sand. Nach Rigolen des fossilen Podsols im Liegenden werden 10 bis 15 cm Sand auf die wieder aufgebrachte Bunkerde aufgetragen und mit gleichen Anteilen Torf vermischt. Meliorationsdüngung anfangs mit aus den Städten in den Torfkähnen zurücktransportiertem »Straatendreck«, später mit Wirtschafts- und Handelsdüngemitteln (wie Deutsche Hochmoorkultur).

Profil: Sehr nährstoffreiche, mit Sand, Torf und Kompost gemischte Krume (15 bis 20 cm) über umgelagerter, meist wenig bis mäßig zersetzter Bunkerde. Darunter teilweise noch stärker zersetzte Torfe. Resttorfe häufig stark verdichtet. Im Liegenden rigolter, fossiler Podsol aus Sand. Schichttypen 8 und 9 (Tab. 126).

Eigenschaften: Äußerst produktive Standorte intensiven Acker- und Gemüsebaus, da hydrologische, thermische und nährstoffdynamische Voraussetzungen bei *flacher* Bodenbearbeitung günstig.

Weiterentwicklung: Mit Alter und Intensität der Nutzung Nährstoffanreicherung. Durch ständiges Einmischen frischen Torfes bei ackerbaulicher Nutzung ähnlich starker Torfschwund wie bei Schwarzkulturen. Zunehmend anmoorige Krumen werden haftnaß. Wiederverdichtung der umgesetzten Bunkerde und Torfe im Unterboden.

Verbesserung: Zur Erhaltung ihres hohen Nährstoffkapitals in der Krume werden Unterbodenverdichtungen durch »Mengwoeler« gelockert und wenig Sand aus dem Untergrund als vertikale Sickerdochte bis an die Krume heraufgewühlt. Jedoch sekundäre Wiederverdichtung.

Maschinelle Hochmoorbesandung

Verbreitung: In nordwestdeutschen Hochmooren überall dort, wo Ackerbau erwünscht, langfristig Deutsche Hochmoorkultur nicht günstig und Deutsche Sandmischkultur noch nicht möglich.

Entstehung: 1,5 bis 3 m mächtige Moorprofile werden von Kuhlmaschine durchfahren, die je laufenden Meter etwa 1 m^3 Sand unter Moor an die Mooroberfläche fördert und ausbreitet. Je enger die Kuhlmaschine fährt, umso mehr Sand wird gefördert. Besandungshöhe variiert zwischen 5 cm (trittfestes Grünland) und 15 cm (Ackerland). Je nach Feuchte und Körnung des Sandes jedoch ungleichmäßige Verteilung, die Nachplanieren erforderlich macht, ehe Sanddecke mit gleichen Torfanteilen vermischt wird. Kuhlschlitze wirken als große Erddräne. Düngung analog Deutscher Hochmoorkultur.

Profil: Natürliche Stratigraphie der Moore bleibt erhalten. Nur obere Torflage mit Sand bedeckt und vermischt. Wurzelraum auf diese Mischkrume begrenzt (Abb. 143).

Eigenschaften: Durch Kuhlschlitz relativ gute Dränung. Sandauftrag begünstigt die kapillare Durchfeuchtung von unten. Porensprung zwischen Mischboden in der Krume und darunter folgendem, wenig zersetzten Torf führt leicht zu Stauwasser bis Haftnässe. Bei gleichmäßigem Sandauftrag und torfschonender, ackerbaulicher Nutzung gute thermische Eigenschaften. Nährstoffdynamisch den holländischen Fehnkulturen ebenbürtig. Je nach Stärke der Sanddecke Acker- und Grünlandnutzung. Kulturpflanzen höherer Standortansprüche zugänglich.

Weiterentwicklung: Bei ungleichmäßiger Sanddecke unregelmäßige Einarbeitung von Torf, dadurch unterschiedlicher Torfschwund und Ausbildung verschieden humoser bis anmooriger Krumenböden mit ungleichmäßigen Wachstumsvoraussetzungen. Partielle Vernässung und Unebenheiten zwingen dann zur Aufgabe der Ackernutzung.

Verbesserung: Stauwasser und Haftnässe lassen sich durch einfache Schlitzdränung beheben, die durch Einfräsen von Sand in den Unterboden dochtartig den Porensprung überwindet.

Deutsche Sandmischkultur

Vorbereitung: Mit rund 150 000 ha der z. Zt. in Nordwestdeutschland verbreitetste Moorkulturtyp. Endglied der anthropogenen Moorbodenentwicklung. Klassisches Moorrekultivierungsverfahren.

Entstehung: Aus der Heidekultur (siehe Kap. 4.5.2.2.2) ab 1937 von der Moorversuchsstation in Bremen weiter entwickelter Moorkulturtyp. Sofern wurzelechte Hochmoore < 1,30 m mächtig oder als Deutsche Hochmoorkultur auf diese Moormächtigkeit gealtert, bzw. durch Teilab-

torfung so weit reduziert, wird bei ausreichender Vorflut (2 dm > Pflugtiefe) der Mammutpflug (bis 2,4 m Pflugtiefe) eingesetzt. Lagerungsdichten von Torf und Sand bestimmen das Volumenverhältnis beider Komponenten. Es soll schichtmäßig 2:1 bei locker gelagertem Torf ($r_t < 200$ g · l^{-1}) und Sand ($r_t < 1300$ g · l^{-1}) und 1:2 bei dichter lagerndem nicht überschreiten. Der Sand soll höchstens 15 % Abschlämmbares ($< 20 \mu$m) enthalten, sonst erfüllt er seine Dränfunktionen nicht. Nach dem Tiefpflügen wird planiert und in die Krume die Meliorationsdüngung – nach Bodenuntersuchung bis zu 5 t · ha^{-1} CaO, 350 P_2O_5, 250 kg · ha^{-1} K_2O, 10 kg · ha^{-1} Cu – eingemischt. Nur die Krume wird gemischt. Dieser Moorkulturtyp ist sofort und nachhaltig ackerfähig. Die Voraussetzungen für eine stabile Deutsche Sandmischkultur sind in Tabelle 132 zusammengefaßt.

Profil: Unter einer anfangs sehr stark humosen Krume aus gemischtem Torf und Sand mit Tendenz zur Krumenvertiefung folgen im Unterboden um 135 ° überkippte Sandbalken (Selbstdränung) und Torfbalken (Wasserspeicherung). Je steiler gepflügt wurde, umso besser sind beide Funktionen in nassen wie trockenen Jahren zu erfüllen. Der Untergrund besteht aus dem bis in

---

Tab. 132. Voraussetzung für eine stabile Deutsche Sandmischkultur (nach DIN 1185, 1973)

1. Ausgangsmaterial	Torfart (Hh > Hn, geringer Holzgehalt) Mineralboden (f-mS < 15 % < 20 μm) Pflanzenschädliche Stoffe beachten
2. Vorflut	> 2 dm < Tiefpflug-Sohle kein Fremdwasser Grabenabstand 150 bis 250 m
3. Pflugtechnik	Torf: Sand = 2:1 – 1:2 Furchentiefe: Breite = 3:2 Furchengefälle < 3 bis 5 % Überkippwinkel 135° nicht im Wasser pflügen (Bagger)kuhlung der Vorgewende Planierung nach Abtrocknen Oberflächengefälle < 1 % zum Graben
4. Meliorationsdüngung	pH 4,8 → 5,5 je nach Humusgehalt P, K, Cu – Vorratsdüngung (350/250/10) → Versorgungsstufe B/C nach Bodenuntersuchung
5. Folgenutzung	Bearbeitung quer zur TK-Furche allmähliche Krumenvertiefung wiederholtes Nachplanieren (15 % Setzung) Bedarfsdränung (N > 600 mm)

Abb. 144. Erträge und Bodenentwicklung der Sandmischkulturen (KUNTZE 1974).

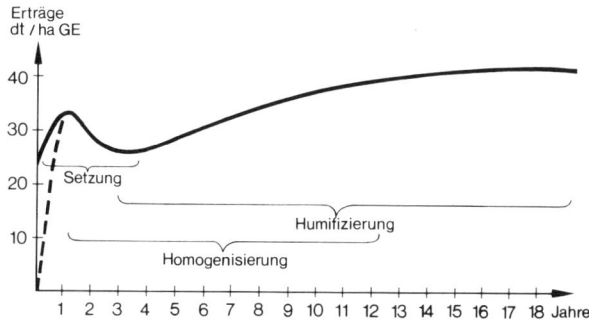

den Bv-Horizont gekappten fossilen Podsol, in der Regel vergleyt (Abb. 155).

Eigenschaften: Vielseitig nutzbarer Boden mit günstigen hydrologischen (Selbstdränung, hohe nFK) und thermischen Eigenschaften (verminderte Nachtfrostgefahr). Mit der Tiefe der gemischten Krume und in den steilgestellten Sandbalken auch darüber hinaus durchwurzelbar. Als gefügestabiler Moorkulturtyp nachhaltig ackerfähig, mit breitem Nutzungsspektrum und hoher Anbauintensität, gleichzeitig aber auch als Dauergrünland und Forststandort gut geeignet.

Weiterentwicklung: Man unterscheidet 3 Phasen der Bodenentwicklung, die sich im Ertragsverlauf widerspiegeln (Abb. 144):

1. *Setzung* (bis 15% des aufgepflügten Bodens). Das anfangs optimale Luftvolumen wird wieder verringert (vorübergehender Ertragsrückgang).
2. *Homogenisierung.* Zunächst liegen nur rohe Mischungen von Torf und Sand vor. Diese werden in der Krume zunehmend homogenisiert.
3. Allmähliche *Humifizierung* des Torfes in der Krume. Mit Homogenisierung und Humifizierung Wiederanstieg des Ertrages. Nach 15 bis 18 Jahren ist die Sandmischkultur in der Krume zum Boden geworden. Der N-Gehalt der organischen Substanz hat sich dann von 1% im Hochmoortorf auf > 2% im Moderhumus erhöht. Mit zunehmendem Alter stabilisiert sich die mineralische Komponente mit der organischen. Der Humusspiegel stellt sich auf 6 bis 8%mas ein. Dann steigt der ursprünglich auf pH 4,8 zu bemessene Kalkbedarf auf pH 5,5. Die Erosionsgefahr läßt nach. Bei starker Setzung kann Bedarfsdränung erforderlich werden. Insgesamt nehmen

ältere Sandmischkulturen schließlich Eigenschaften des Plaggenesch an.

Verbesserung: Mit dem Alter steigenden Kalkbedarf beachten. Durch allmähliche Krumenvertiefung und Bedarfsdränung weiter zu verbessern.

4.5.2 Standortverbesserung

Die *Melioration des Standortes* umfaßt neben *boden*verbessernden Maßnahmen auch Flurneuordnung, Wirtschaftswegebau, Gewässerausbau, landschaftspflegerische Begleitmaßnahmen, infrastrukturelle Maßnahmen sowie Dorferneuerung. Grundformen der *Bodenverbesserung* sind: *Hydro-* (Ent- und Bewässerung), *Profil-* und *Gefügemelioration* sowie *Chemomelioration*. Nach der *Tiefe* bodentechnologischer Eingriffe unterscheidet man:
a) *Krumen*melioration (< 35 cm), Bodenpflegemaßnahmen im i. w. S.
b) *Unterboden*melioration (Solum, B-, Sw-, Sd-, Go-, Gr-Horizonte)
c) *Untergrund*melioration (C-Horizont).
Kombinationen der verschiedenen Grundformen und Tiefen der Bodenverbesserung sind die Regel (Tab. 148).

Standorte und Böden sollen den veränderten Anforderungen ihrer Nutzung besser angepaßt werden. Vorrangig geht es heute dabei eher um eine witterungsunabhängige, rationelle, großtechnische Bodennutzung mit Sicherung der Erträge. Die dafür anzusetzenden Bodentechnologien führen zu einem vergrößerten nutzbaren Bodenvolumen. Diese *vertikale* Expansion hat verstärkt eingesetzt, nachdem eine horizontale mangels geeigneter Flächen und hoher Nutzungskonkurrenzen in der dichtbesiedelten Kulturlandschaft nicht mehr möglich ist.

Tab. 133. Klimazonen der Erde (nach THORNTHWAITE)

	N (mm)	N <> V	% der Erde	
perhumid	> 1500	N >> V	14	Ent-
humid	1000−1500	N > V	11	wässerg.
subhumid	500−1000	N > V	20	Bewässe-
semiarid	250− 500	N < V	30	rung not-
arid	< 250	N << V	25	wendig

4.5.2.1 Hydromelioration

Hydromeliorationen verfolgen das Ziel, den Boden-Wasser-Haushalt zu verbessern. Dabei ist die Wasserhaushaltsgleichung zu beachten.

$$N = A + V + (R\text{-}B) \, [mm]$$

N = Niederschlagssumme
A = Abflußsumme
V = Verdunstungssumme
R = Bodenwasserspeicherung (FK)
B = Bodenwasserverbrauch (nFK)

Bei *positiver* klimatischer Wasserbilanz (N > V), die größer ist als FK, ist *Ent*wässerung (= Erhöhung von A), bei *negativer* klimatischer Wasserbilanz (N < V) und geringer nFK *Be*wässerung (= Erhöhung von R) angezeigt.

4.5.2.1.1 Bewässerung

Der Bewässerungsbedarf wird geprägt von Klima, Boden und Pflanzenart. Er ist in den verschiedenen *Klimazonen* unterschiedlich hoch und läßt sich aus der klimatischen Wasserbilanz KWB (N - V) ermitteln. Monate mit negativer klimatischer Wasserbilanz (N < V) heißen Dürremonate. Ihre Häufigkeit bestimmt je nach Bodenart (nFK) den Bewässerungsbedarf.
Bewässerung wird nötig, wenn

nFKWe ± KWB < 50% nFK (ungefähr pF 3,0).

Bei gleicher Anzahl Dürremonate steigt der Bewässerungsbedarf von H, T, tL über sL-L nach lS-S. Er kann auch aus der Ackerzahl der Reichsbodenschätzung (siehe Kap. 4.2) abgeleitet werden.

Bei GW-Böden wird zur nFK die Summe täglicher kapillarer Aufstiegsraten der Wachstumszeit hinzugezählt (Tab. 88). Der pflanzliche Wasserbedarf ist art- und sortenabhängig, er wechselt während der Vegetationsperiode. Z. B. benötigt Getreide zur Keimung 30% nFK, beim Schossen bis Blüte 60 bis 70% nFK und bis zur Reife wieder 30% nFK. Die Wasseransprüche steigen mit der Blattoberfläche (Blattfrüchte > Halmfrüchte). Tiefwurzler erschließen mehr nFK als Flachwurzler (Tab. 134). Dichte und Dauer der Vegetation machen das flachwurzelnde Grünland besonders wasserbedürftig. Reichliche Wasserversorgung junger Pflanzen erzieht diese zu »Säufern«, sie entwickeln dann nur ein relativ flaches Wurzelnetz. Schlechte Nährstoffversorgung zwingt die Pflanze zur Erfüllung ihres Nährstoffbedarfs zu erhöhter Transpiration.

Aus dem Wasserverbrauch zur Erzeugung einer bestimmten Menge TM (Transpirationskoeffizient, siehe Kap. 2.5.1) kann nicht der Wasserbedarf, wohl aber die Effektivität des Bewässerungsverfahrens abgeleitet werden.

Das Wasseraufnahmevermögen (Infiltrationsrate) des Bodens wird im Feld mit dem Doppelring-Infiltrometer (DIN 19682, 7) ermittelt.

In Regionen mit *Versalzungsgefährdung* der Böden (semiarid, arid) ist mit der Bewässerung neben dem Wasserbedarf der Pflanzen auch der Bedarf zur Auswaschung von Salzen abzudecken. Diese Wassermenge richtet sich nach dem

---

Tab. 134. Wasserbedarf verschiedener Nutzungsarten (Trockenjahre) nach Ackerzahlen (AZ) der Reichsbodenschätzung (Entnahmemengen in $m^3 \cdot ha^{-1} \cdot a^{-1}$)

Nutzungsart	leichte Böden 18−30	mittlere Böden 31−45	schwere Böden > 45 AZ	Frostschutz- beregnung
Hackfrucht-Getreide	1200	1000	800	1000
Futterbau-Weide	2000	1500	1200	−
Feldgemüse	2000	1500	1200	1000
Obst- und Weinbau	4000	3500	3000	1200
Freilandgemüsebau	6000	6000	6000	1000
Unterglasbetriebe	20000	20000	20000	−

Wasserbedarf der Pflanzen, dem Salzgehalt des Bewässerungswassers und des Bodens sowie der Salzverträglichkeit der Kulturpflanze. Hohe Salzgehalte erhöhen das osmotische Potential im Boden, dadurch wird das Bodenwasser für Pflanzen schlechter verfügbar. Weiterhin wird durch hohes Na-Angebot (Dispergierung) das Gefüge geschädigt (Natriumgefährdung).

Die *Qualität des Bewässerungswassers* läßt sich nach der elektrischen Leitfähigkeit EC in 4 Gruppen einteilen (Tab. 136), aus denen auch näherungsweise die Salzmengen geschätzt werden können.

Der *Versalzungsgrad des Bodens* (Gehalt an löslichen Salzen) wird nach DIN 19684 durch Leitfähigkeitsbestimmung (EC) eines Sättigungsextraktes ermittelt. Bei einer Leitfähigkeit von 0 bis $2\,mS \cdot cm^{-1}$ ist die Auswirkung der Versalzung auf den Ertrag vernachlässigbar, oberhalb von $16\,mS \cdot cm^{-1}$ ist ein zufriedenstellender Ertrag nur noch bei sehr salztoleranten Pflanzen (z. B. Gerste) zu erwarten (Abb. 145).

Neben dem Gehalt an löslichen Salzen ist für die Gefügebildung der Na-Gehalt am Austauscher entscheidend. Dieser wird bestimmt über den

$$ESP = \frac{austauschbarer\ Natriumgehalt}{Kationenaustauschkapazität} \times 100$$

Tab. 135. Infiltrationsrate und Bewässerungsverfahren (nach KOHNKE, ergänzt)

Klasse	Infiltrationsrate	Bezeichnung	Verfahren
I	$<5\,mm \cdot h^{-1}$	gering	Beregnen, Tröpfeln, Stauen
II	$6-127\,mm \cdot h^{-1}$	mittel	Berieseln
III	$>128\,mm \cdot h^{-1}$	hoch	Beregnen, Tröpfeln

oder einfacher über den

$$SAR = \frac{Na^+}{\sqrt{\dfrac{Ca^{2+} + Mg^{2+}}{2}}}$$

Der SAR-Wert wird über den Sättigungsextrakt der Bodenlösung ermittelt und ist damit einfacher zu bestimmen als der ESP-Wert, der eine KAK-Bestimmung (siehe Kap. 2.2.3.1) notwendig macht. Aus EC, ESP und pH lassen sich Salz- und Alkaliböden einteilen (Tab. 137, Abb. 137).

Versalzte Böden werden hydrologisch regeneriert. Das versalzte GW muß tief abgesenkt

Tab. 136. Richtwerte des US Salinity Laboratory für Klassifizierung der Qualität des Bewässerungswassers und Angabe vergleichbarer Salzgehalte

Güteklasse Schädigung durch Gesamtsalzgehalt	Elektrischer Leitwert ($\mu S \cdot cm^{-1}$) bei 25 °C	Vergleichbarer Salzgehalt ($mg \cdot l^{-1}$)
Gering (C1)	$0-\ 250$	$0-\ 160$
Wasser geeignet für die meisten Pflanzen und Böden bei sehr geringer Wahrscheinlichkeit einer Versalzunggefahr. Die durch Bewässerung eintretende Auswaschung reicht normalerweise aus.		
Mittel (C2)	$250-\ 750$	$160-\ 480$
Wasser geeignet für Pflanzen mit mäßiger Salzverträglichkeit bei ausreichender Auswaschung des Bodens.		
Stark (C3)	$750-2250$	$480-1440$
Wasser geeignet für Pflanzen mit guter Salzverträglichkeit auf gut dräniertem Boden. Zusätzliche Salzauswaschung ist erforderlich.		
Sehr stark (C4)	$2250-5000$	$1440-3200$
Wasser geeignet für Pflanzen mit sehr guter Salzverträglichkeit auf durchlässigem gut dräniertem Boden. Verstärkte zusätzliche Salzauswaschung ist erforderlich.		

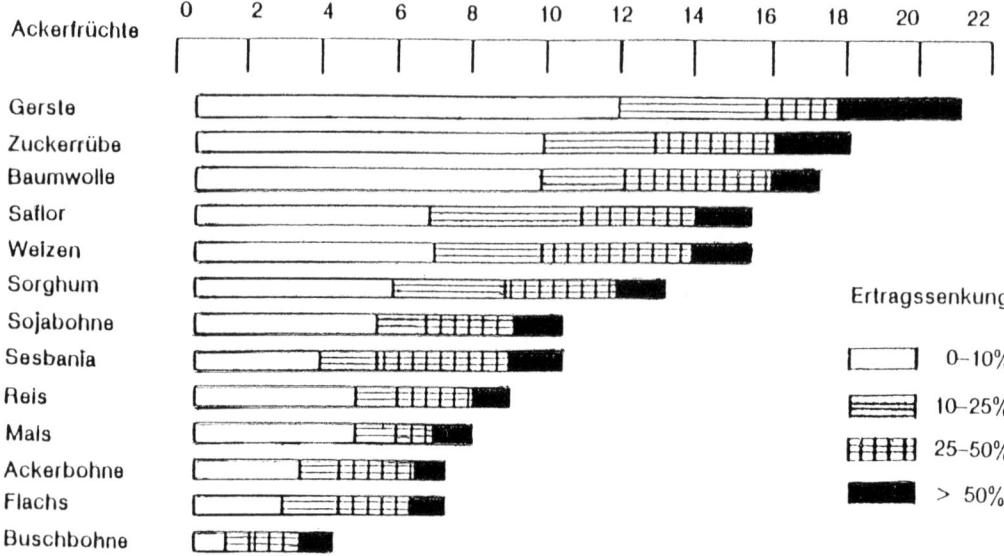

Abb. 145. Salzverträglichkeit und Ertragssenkung bei verschiedenen Ackerfrüchten (aus ACHTNICH, 1980).

werden. Die kritische GW-Tiefe wird aus der Kapillarität (siehe Kap.2.4.3.7.2, DIN 19683) bestimmt. Sie beträgt z. B. bei U-Böden je nach Salzgehalt und V_{ET} 2 bis 3 m. Mit salzhaltigem Wasser bewässerte Böden müssen also tief entwässert werden. Anschließend wird periodisch zur Salzauswaschung bewässert (»Leaching«). Häufige mittlere Gaben sind günstiger als einmalige hohe. Über salztolerante Pflanzen kann nur ein geringer Teil des Salzes mit dem Erntegut exportiert werden.

Die Bewässerungsgabe (BM), die gleichzeitig Pflanzenwasserbedarf und die für das Leaching notwendige Wassermenge berücksichtigt, berechnet sich nach:

$$BM = \frac{V}{(1 - C_{BM})/C_S}$$

V = Gesamtverdunstung, C_{BM} und C_S = elektrische Leitfähigkeit des Bewässerungswassers und des Sättigungsextraktes im Wurzelraum (Tab. 137).

Ungenügend entsalzte Böden degenerieren zum Alkaliboden. Dieser ist feucht gequollen, zähplatisch, kohärent und luftarm. Nach Austrocknung schrumpft er in ein Säulengefüge mit geringer nFK. Seine Melioration ist sehr schwierig. Alkaliböden werden mittels Gips melioriert.

$$2\,Na\text{-}Ton + CaSO_4 \rightarrow Ca\text{-}Ton + Na_2SO_4.$$

Das Natriumsalz Na_2SO_4 muß anschließend ausgewaschen werden. Wird $CaCO_3$ anstelle Gips genommen, entsteht wegen der Sodadispergierung ein ungünstiges Gefüge:

$$2\,Na\text{-}Ton + CaCO_3 \rightarrow Ca\text{-}Ton + Na_2CO_3.$$

Topographie, Böden und Bewirtschaftung machen unterschiedliche Bewässerungs*verfahren* erforderlich. Wasser- und energiesparende Verfahren sind vorzuziehen.

Bewässerungs*würdig* sind vor allem hochproduktive Früchte (Gemüse, Obst, Hackfrüchte).

Tab. 137. Einteilung der Salzböden

Boden	EC (mS cm^{-1}) bei 25 °C	ESP (%)	pH
Neutralsalzboden (SOLONTSCHAK)	> 4	< 15	< 8,5
Salzalkaliboden	> 4	> 15	> 8,5
Alkaliboden (SOLONEZ)	< 4	> 15	> 8,5

Bewässerungsverfahren

	Stauen	Rieseln	Beregnen	Tröpfeln
Wassermengen	←			
Wasser- und Bodenbelüftung				→
Wirkungsgrad (Zufuhr/Ausnutzung)				→
Kosten, Management				→

Vorstehend sind die wichtigsten Bewässerungsverfahren Stauen, Rieseln, Beregnen und Tröpfeln hinsichtlich ihrer Effizienz dargestellt.

Die Regenintensität muß der Regenverdaulichkeit des Bodens angepaßt werden. Diese ist abhängig von Bodenart (Porenraumverteilung und kf) und von der Hangneigung. Die in der Kombination beider Parameter zulässige mittlere Regenintensität ist aus Tab. 138 abzulesen.

4.5.2.1.2 Entwässerung

Der *Entwässerungsbedarf* ist abhängig vom Klima (humid, semihumid), Topographie (Tal > Ebene > Hang), Bodenart (S < L < T < H), Bodentyp (hydromorphe Böden, Abb. 146), Nutzung (Acker > Weide > Wald > Wiese).

Ursachen schädlicher Bodennässe sind: Fremd-, Druck-, Grund- und Stauwasser. Bodentypen reflektieren den Wasserhaushalt, jedoch überdecken fossile Merkmale leicht rezente Einflüsse.

Zur Beurteilung des Entwässerungs*bedarfs* und der Entwässerungs*fähigkeit* sind vorrangig folgende Fragen zu beantworten:

1. *Dauer* der Vernässung
   - Ständig → Fremdwasser.
   - Wechselnd, witterungsabhängig → Staunässe,
   - periodisch, vorwiegend außerhalb Vegetationszeit → Grundwasser

Tab. 138. Zulässige mittlere Regenintensität $(mm \cdot h^{-1})$ in Abhängigkeit von Bodenart und Hangneigung zur Abflußminimierung

Bodenart	Hangneigung		
	< 4%	4–9%	> 9%
S	25	20	12
Sl	20	15	10
Ls	15	10	8
L	10	7	5

2. *Flächenmäßige* Ausdehnung der Vernässung
   - partiell *am Hang* → Schicht- oder Quellwasser
   - partiell *in der Ebene* → Reliefunterschiede, Entfernung zum Vorfluter, Bodenunterschiede,
   - *großflächig* → Bodenprofilstörungen, Bodenbearbeitungsfehler, fehlende Vorflut.

Fremdwasser. Fremdwasser ist das in ein Entwässerungsgebiet von außen ober- oder unterirdisch dringende Wasser, das einem *anderen* Niederschlagsgebiet entstammt. Es folgt geologisch vorgeprägten Schichten und Verwerfungen. Meist tritt es streifig, kleinflächig oder punktuell (Quelle) am Hangfuß auf. Fremdwasser ist häufig Transportmittel für gelöstes Eisen (Verockerungsgefahr!). Es wird durch Fanggräben oder

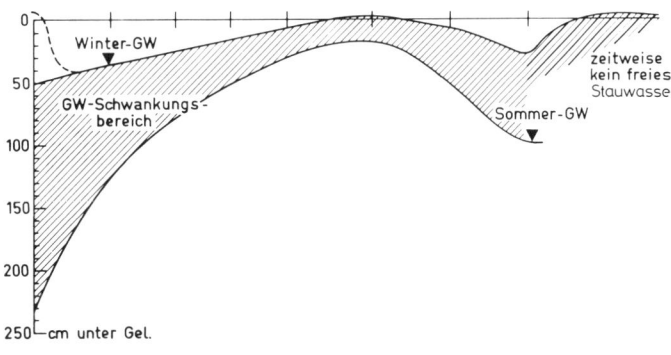

Abb. 146. Vom Grundwasser bzw. Stauwasser geprägte Bodentypen.

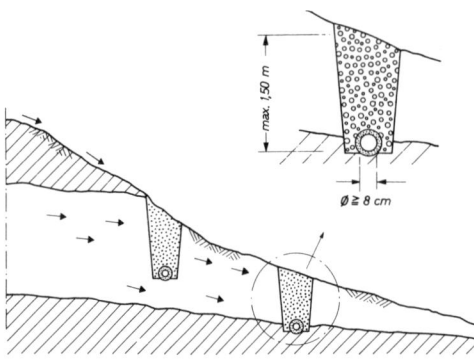

Abb. 147. Fangdräne für Fremdwasserandrang (nach DIN 1185, Teil 1).

-dräne *quer* zur Anströmung abgeleitet (Abb. 147). Der Fremdwasseranteil ist bei Bemessung von Schöpfwerksleistungen zu berücksichtigen.

Grundwasser (siehe Kap. 2.5.1). Hier interessiert nur das *oberflächennahe* Grundwasser, das sich über einer undurchlässigen Sohle > 1,3 m unter GOF ansammelt. Dichtlagernde, luftarme Böden zeigen kurzfristig nach Niederschlägen schnellen Grundwasseranstieg (1% vol LK = 1 mm Wasseraufnahme · dm^{-1}). Der Grundwasserstand wird als Grundwasserspiegel in mindestens 2 m tiefen Bohrlöchern, Beobachtungsrohren oder Brunnen nach Druckausgleich eingemessen. Frühestens 24 Stunden nach Bohrung und Verrohrung kann der Ruhegrundwasserspiegel eingemessen werden. Es genügt, in 1- bis 2wöchigem Abstand den Grundwassergang einzumessen. Die Grundwasseramplitude (Grundwasserhöchst- und Grundwassertiefststände, Abb. 146) ist auch an Profilmerkmalen (z. B. Verfärbung des Eisens) abzulesen. Die Grundnässe wird nach Tab. 93 eingestuft, daraus Nutzung und Entwässerung abgeleitet.

Für die meisten Böden ist eine ausreichende Trag- und Trittfestigkeit erst ab einem Grundwasserstand > 50 cm u. GOF gegeben. Bei größerer maschineller Belastung sind jedoch 80 cm anzustreben. Werden diese Flurabstände besonders in den kritischen Zeiten der Frühjahrsbestellung, Ernte- und Herbstbearbeitung nicht erreicht, muß der Grundwasserflurabstand durch Entwässerung vertieft werden. Das anzuwendende Entwässerungsverfahren wird vom Bodentyp und seiner Durchlässigkeit bestimmt (Tab. 83). Da der Wasservorrat im Grundwasser in trockenen Perioden als wertvolle Reserve für

die pflanzliche Wasserversorgung angesehen werden muß, sollte die Grundwasserabsenkung über einen kritischen Grenzflurabstand nicht hinausgehen. Dieser Grenzflurabstand setzt sich zusammen aus mittlerer, effektiver Durchwurzelungstiefe (We) und kapillarer Aufstiegsrate (Ka). Böden geringer nFKWe sind eher auf kapillarem Grundwasseranschluß angewiesen. Der Grenzflurabstand ist nicht gleichzusetzen mit der Dräntiefe, da zwischen den Dränen höhere Grundwasserstände sich einstellen als in unmittelbarer Nähe zum Drän (Abb. 148).

Staunässe. Zeitweise Vernässung des Wurzelraums durch *dränbares Stau*wasser oder/und *nicht dränbares Haft*wasser wird als Stau*nässe* bezeichnet (siehe Kap. 2.5.1 und Tab. 91).

Stauwasser bildet sich, wenn eine undurchlässige Sohle < 1,3 m u. GOF ansteht. Es ist also eine besondere Form oberflächennahen Grundwassers. Häufiger Wechsel von extrem naß (Luftmangel), extrem trocken (Wassermangel) ist typisch für Pseudogleye. Ihr Staunässe*grad* ist um so deutlicher ausgeprägt, je höher die Stauwassersohle (Sd) unter Geländeoberfläche ansteht. Die Staunässe wird nach Tab. 91 eingestuft nach Tiefe des Sd-Horizontes u. GOF und Dauer der Vernässung in Krume und Unterboden. Daraus leiten sich Nutzung und Meliorationsbedarf ab.

Haftnässe tritt besonders bei schluffreichen, tonarmen, dichtlagernden Mineral- und Anmoor-, bzw. Moorböden mit hohem Zersetzungsgrad der Torfe auf. Das sind Böden mit vorwiegend engen, kleinen Poren. Bei hohem Anteil kapillar gebundenen, schwerbeweglichen Wassers ist hier zu wenig Luft im Boden. Sie gelten als die meliorationstechnisch schwierigsten Böden.

Ziel einer Melioration vernäßter Böden muß es sein, Wasserbewegung *und* Wasserspeicherung im Boden zu verbessern. Dazu dienen Dränung und/oder Unterbodenmeliorationen (siehe Kap. 4.5.2.2), die das nutzbare Bodenvolumen (= innerer Flächengewinn) erhöhen. Durch Maßnahmen der Entwässerung (Ausbau der natürlichen, bzw. Erstellung einer künstlichen Vorflut – Schöpfwerke – Binnenentwässerung – Rohrdränung und Unterbodenmelioration) soll und kann nur das überschüssige, im Boden allenfalls schwach gebundene Wasser abgezogen werden. Maß der Dränfähigkeit des Bodens ist seine Wasserdurchlässigkeit. Sie ist selten im Profil gleichmäßig ausgeprägt. Böden mit gröberer Körnung haben eine bessere Durchlässig-

Tab. 139. Wasserandrang und Wasserdurchlässigkeit (nach EGGELSMANN 1973)

Wasserandrang beim Bohren	Wasserdurch-lässigkeit	cm · d^{-1}
sehr wenig	sehr gering	< 6
wenig	gering	6– 15
mittel	mittel	15– 40
groß	hoch	40–100
sehr groß	sehr hoch	> 100

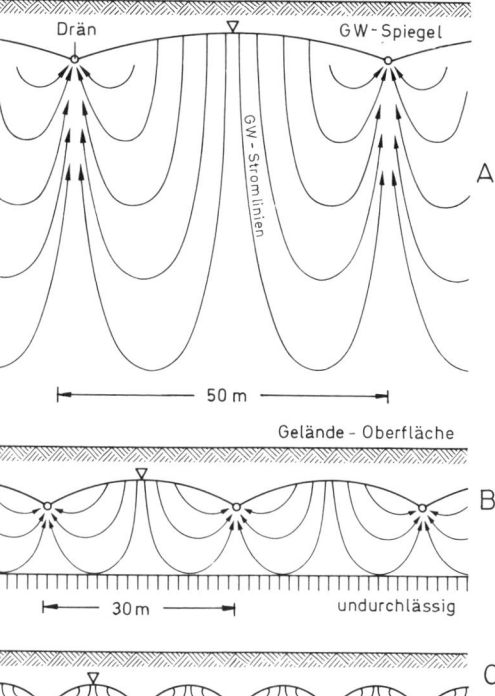

Abb. 148. Strömung des Wassers zum Dränrohr in Abhängigkeit von der Tiefe einer undurchlässigen Schicht (A > B > C).

keit als feinkörnige Substrate. Allerdings können letztere durch Gefügebildung eine ebenso gute Durchlässigkeit erhalten (Tab. 83 und 84).

Wechsel in Körnung oder Gefüge durch Schichtung, bzw. Horizontierung der Profile bedingen stets einen Porensprung mit behinderter, vertikaler Wasserführung. Sie müssen als Wasserstau bei der Auswahl der Meßtiefen der Durchlässigkeit berücksichtigt werden. Sofern nicht die Durchlässigkeit aus Erfahrungswerten abzuleiten ist (Tab. 83), gibt es weitere Möglichkeiten, die Durchlässigkeit im Gelände zu schätzen. Dazu legt man mit einem Flügelbohrer bis oberhalb einer vorher festgestellten schwer- bis undurchlässigen Schicht/Horizont eine mindestens 0,5 m tiefe Bohrung (Durchmesser 7 bis 10 cm) an. Eine weitere Bohrung geht bis zur nächsten Sohle, bzw. bis maximal 2 m Tiefe. Die erste Beobachtung gilt dem Wasserandrang (Tab. 139).

Diese Schätzungen sollten durch *Messungen* der tatsächlichen Geschwindigkeit des Grundwasseranstieges im Bohrloch ebenfalls kontrolliert werden. In der Regel werden zur Bestimmung des Dränabstandes 2 Bohrlöcher notwendig,

a) *oberhalb* beabsichtigter, bzw. nach der Vorflut – stets freie Dränausmündungen – möglicher Dräntiefe

b) *unterhalb* Dräntiefe unter Berücksichtigung des Abstandes zu einer schwer durchlässigen Schicht.

Je näher diese zur Dräntiefe liegt, umso günstiger sind nach Abb. 148 die Anströmungen des Wassers zum Drän, d. h., es muß dann enger gedränt werden (C < B < A). Entscheidend für die Dränabstandsbemessung ist die *unterhalb* beabsichtigter Dräntiefe gemessene Felddurchlässigkeit kf 2. In diesem Raum erfolgt vorzugsweise die Anströmung des Wassers zum Drän.

Der Dränabstand wird neben der im Felde zu messenden, bzw. zu schätzenden Durchlässigkeit durch weitere Faktoren bestimmt, nämlich (Abb. 149):

1. Mächtigkeit der durchströmten Bodenschicht unterhalb Drän (D)
2. Höhe des zulässigen Grundwasserspiegels zwischen 2 Dränen (h). Sie bestimmt die erwünschte, stets grundwasserfreie Bodentiefe (f) 50 bis 80 cm u. GOF
3. Maximale tägliche Abflußhöhe (s) in Abhängigkeit vom Niederschlagsgebiet. Nach DIN 1185 ergibt sich folgende regionalklimatische Abhängigkeit von s.

Jahresnieder-schlag (mm)	Abflußhöhe (mm/Tag)	Abflußspende (l/s · ha)
< 600	7	0,8
600–1000	9	1,0
> 1000	17	2,0

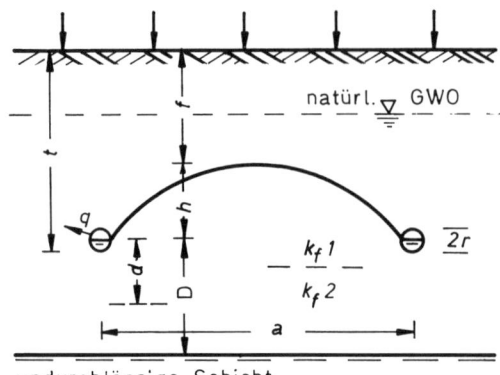

Das Berechnungsbeispiel unter Abb. 149 zeigt den großen Einfluß der Durchlässigkeit *unter* Dräntiefe auf den Dränabstand (Faktor 8 statt 4). Würde man einen geringeren grundwasserfreien Bodenraum zwischen den Dränen, z. B. bei trittfestem Grünland mit nur 0,5 m tolerieren, so ergibt das bei t = 1,0 m für h = 0,5 in obige Formel eingesetzt einen Dränabstand von 15,4 m.

Bei Moorböden kann die Durchlässigkeit aus dem Zersetzungsgrad der Torfe abgeleitet werden (Tab. 36). Je größer der Zersetzungsgrad, um so geringer ist die Durchlässigkeit des Torfes. In Abb. 150 sind für Niedermoor und Hochmoor die Abhängigkeiten der Durchlässigkeit, bzw. des Dränabstandes vom Zersetzungsgrad

$$a = \sqrt{\frac{8 \cdot k_{f2} \cdot d \cdot h}{s} + \frac{4 \cdot k_{f1} \cdot h^2}{2}} \ (m)$$

k_{f1} = Durchlässigkeit *oberhalb* Dräntiefe, z. B. gering = 0,10 m/Tag
k_{f2} = Durchlässigkeit *unterhalb* Dräntiefe, z. B. hoch = 1,00 m/Tag
d = d-Faktor, siehe Tab. 140
D = Abstand des Dräns zu einer undruchlässigen Sohle, z. B. 0,5 m
h = Zulässige Aufwölbung zwischen den Dränen, wenn beabsichtigte Dräntiefe (t) 1 m und 0,8 m grundwasserfreier Bodenraum (f) erforderlich (Tragfähigkeit?)
  h = t − f
  h = 1,0 − 0,8 = 0,2 m
s = maximale tägliche Abflußhöhe, 0,009 m/Tag

$$a = \sqrt{\frac{8 \cdot 1,00 \cdot 0,5 \cdot 0,2}{0,009} + \frac{4 \cdot 0,10 \cdot 0,04}{0,009}} = \sqrt{\frac{0,8 + 0,016}{0,009}}$$

$$a = \sqrt{90,7} = 9,6 \, m$$

Abb. 149. Schema zur Dränabstandsformel (nach Hooghoudt aus DIN 1185, Teil 2, 1973).

Tab. 140. d-Faktor (in m) für die Dränabstandsberechnung

D in m	d-Faktor für Dränabstand in m										
	5	7,5	10	15	20	25	30	35	40	45	50
0	0	0	0	0	0	0	0	0	0	0	0
0,50	0,47	0,48	0,49	0,49	0,49	0,50	0,50	0,50	0,50	0,50	0,50
0,75	0,60	0,65	0,69	0,71	0,73	0,74	0,75	0,75	0,75	0,76	0,76
1,00	0,67	0,75	0,80	0,86	0,89	0,91	0,93	0,94	0,96	0,96	0,96
1,25	0,70	0,82	0,89	1,00	1,05	1,09	1,12	1,13	1,14	1,14	1,15
1,50	0,71	0,88	0,97	1,11	1,19	1,25	1,28	1,31	1,34	1,35	1,36
1,75	0,71	0,91	1,02	1,20	1,30	1,39	1,45	1,49	1,52	1,55	1,57
2,00	0,71	0,93	1,08	1,28	1,41	1,50	1,57	1,62	1,66	1,70	1,72
2,50	0,71	0,93	1,14	1,38	1,57	1,69	1,79	1,87	1,94	1,99	2,02
3,00	0,71	0,93	1,14	1,45	1,67	1,83	1,97	2,08	2,16	2,23	2,29
3,50	0,71	0,93	1,14	1,50	1,75	1,93	2,11	2,24	2,35	2,45	2,54
4,00	0,71	0,93	1,14	1,53	1,81	2,02	2,22	2,37	2,51	2,62	2,71
5,00	0,71	0,93	1,14	1,53	1,88	2,15	2,38	2,58	2,75	2,89	3,02
∞	0,71	0,93	1,14	1,53	1,89	2,24	2,54	2,58	2,91	3,24	3,88

Abb. 150. Ermittlung des Dränabstandes für Nieder- und Hochmoore
in Abhängigkeit vom Zersetzungsgrad und Intensität der Vorentwässerung gem. DIN 1185, Teil 2, 1973).

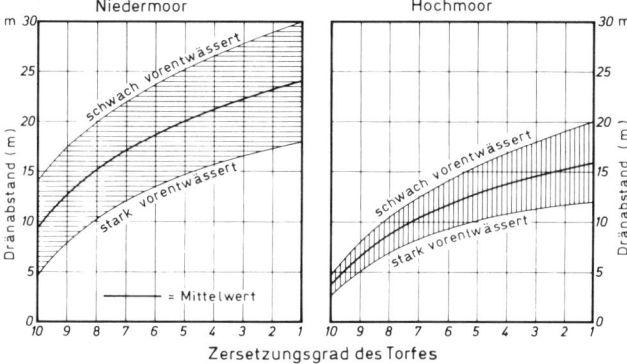

und Lagerungsdichte (Grad der Vorentwässerung) aufgetragen. Je stärker vorentwässert ein
Moorboden ist, um so höher wird die Lagerungsdichte der Torfe. Deshalb sind bei gleichem Zersetzungsgrad die Wasserdurchlässigkeit und der Dränabstand im schwach vorentwässerten Moorboden größer zu wählen als in
stärker vorentwässerten, dem heute allerdings
vorherrschenden Zustand.

Bei der Moorbodenentwässerung ist die *Sak-
kung* in der Bemessung der Dräntiefe zu berücksichtigen. Entwässerte Moore unterliegen einem Höhenverlust, der von der Moormächtigkeit und der Lagerungsdichte abhängt
(Abb. 151).

Da der mineralische Untergrund eines Moores selten eben ist, sacken die tieferen Stellen im
Moor stärker als die flacheren Torfauflagen.
Auch die im Moorboden verlegten Dränstränge
sacken mit. Unterschiedliche Sackung kann zu
Abflußstörungen durch teilweises Gegengefälle
führen. Die Dräne sind in ihrem Gefälle daher
im Moor stets dem Gefälle des mineralischen
Untergrundes anzupassen, d. h. von der geringeren zur größeren Moortiefe zu führen. Dazu
muß vor einer Moordränung stets eine möglichst
engmaschige Moorpeilung bis zum mineralischen Untergrund erfolgen. Sie kann im weichen Moorboden relativ einfach mit einer an
ihrem unteren Ende löffelartig verstärkten Peil-
stange nach DIN 19671 durchgeführt werden.

Die Lagerungsdichte (fast schwimmend bis
dicht) wird schichtmäßig ermittelt. Bei Kenntnis
von Lagerungsdichte und Moormächtigkeit
kann nach Abb. 151 bzw. DIN 19683, Teil 9, die
Sackung errechnet werden. Es ist zu beachten,
daß ackerbaulich genutzte Moore darüber hinaus in unserem Klima jährlich in der Krume bis
zu 2 cm und auch in der Grünlandnarbe bis zu

1 cm Torfschwund durch Mineralisation erfahren. Man kann im wahrsten Sinne des Wortes
ein Moor herunterwirtschaften (Schutzmaßnahmen siehe Moorkulturverfahren).

Die durch Entwässerung eingeleiteten Prozesse der Sackung, Mineralisierung, Humifizierung und Schrumpfung werden mit der nun höheren Nutzungsintensität, vor allem durch die
Düngung beschleunigt. Der dadurch bis zu 30%
der ursprünglichen Moormächtigkeit bedingte
Höhenverlust vermindert wieder den Grundwasserflurabstand. Das macht nach einigen Jahren eine neue Entwässerung mit Ausbau der
Vorflut erforderlich. Die Prozesse wiederholen

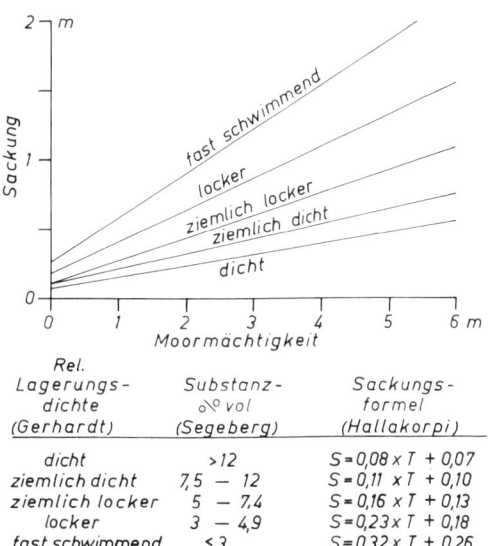

Rel. Lagerungs- dichte (Gerhardt)	Substanz- % vol (Segeberg)	Sackungs- formel (Hallakorpi)
dicht	>12	$S = 0,08 \times T + 0,07$
ziemlich dicht	7,5 — 12	$S = 0,11 \times T + 0,10$
ziemlich locker	5 — 7,4	$S = 0,16 \times T + 0,13$
locker	3 — 4,9	$S = 0,23 \times T + 0,18$
fast schwimmend	< 3	$S = 0,32 \times T + 0,26$

Abb. 151. Maß der Moorsackung in Abhängigkeit
von der Lagerungsdichte und Moormächtigkeit (nach
DIN 19683, Teil 19, 1973).

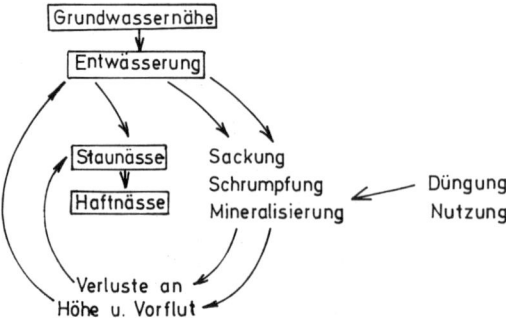

Abb. 152. Die Entwicklung eines grundnassen Moorbodens zum stau-haftnassen Problemstandort durch zu intensive Entwässerung und Nutzung.

sich mit jeder neu erforderlichen Entwässerung, bis schließlich aus einem grundnassen ein stau- bis haftnasser, nicht mehr dränfähiger, dicht lagernder Moorboden entstanden ist. Dieser Teufelskreis (Abb. 152) ist nur durch verhaltene Entwässerung und Nutzungsintensität zu vermeiden.

Die im Mineralboden dagegen konstante Dräntiefe bestimmt sich nach dem Profilaufbau.

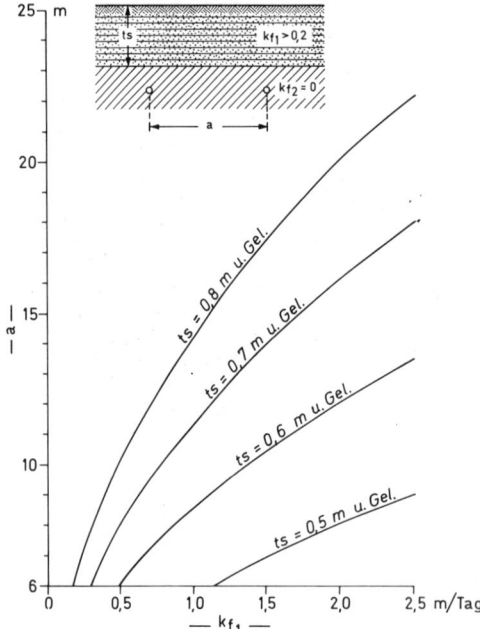

Abb. 153. Dränabstand in Stauwasserböden in Abhängigkeit von der Durchlässigkeit im Stauwasserleiter und Tiefe des Staukörpers (n. Kartieranleitung, 1982).

Sofern ein genügend großer Abstand zu einer stauenden Sohle gewahrt werden kann, ist er günstig für den dann weiten Dränabstand. In Stauwasserböden werden daher je nach Staunässegrad u. U. sehr enge Saugerabstände erforderlich (Abb. 153).

Hier ist daher bereits zu fragen, ob es nicht besser durch Unterbodenmeliorationen gelingt, diese Stausohle zu beseitigen, bzw. zu vertiefen (siehe Kap. 4.5.2.2). Ab kf < 10 cm/Tag und Stauwassersohle < 0,6 m GOF ergeben sich unwirtschaftlich enge Dränabstände.

Zur Regelung des Wasserhaushalts sehr schlecht durchlässiger Böden wird die kostengünstigere rohrlose *Erd-* oder *Maul*wurfdränung, kombiniert mit weiten Sammlerabständen und Grabenfilterung (Kies) und die systematische Tieflockerung (siehe Kap. 4.5.2.2.1) eingesetzt. Erddräne sind im Abstand von 2 m nur in steinfreien, bindigen Böden (> 30% mas < 2 µm, T/U < 0,5) einzusetzen. In Moorböden wird bei ausreichender Lagerungsdichte (SV > 7,5%) und Zersetzungsgrad (H > 5) in 5 bis 10 m Abstand die Maulwurffräsdränung eingesetzt.

Die optimale Dräntiefe richtet sich nach Vorflut, Profilaufbau und dem GW-Grenzflurabstand. Dieser hängt ab von effektiver Durchwurzelungstiefe, nFK, ku und hk.

Wegen der mechanischen Störung durch Maschinendruck, Frostsprengung und Verwurzelung sollte die Mindestüberdeckung der Dräne 0,8 m sein. Sofern kein natürliches Gefälle ausgenutzt werden kann, liegen Sauger und Sammler an ihrem oberen Ende flacher als an der Ausmündung (weitere Randbedingungen siehe Tab. 141).

Wenn es Vorflut und Bodendurchlässigkeit *oberhalb* des Drän zulassen, ist eine größere Dräntiefe immer von Vorteil:

1. Sie gestattet bei gleichen Entwässerungsansprüchen und Durchlässigkeit einen weiten Saugerabstand.
2. Sie erhöht den luftführenden Porenraum, weil mit der Tiefe des Grundwassers und steigendem Unterdruck auch kleinere Poren mit entleert werden.
3. Befahrbarkeit und Bearbeitungsfähigkeit werden damit früher erreicht.

Für die Schleppspannung des abfließenden Wassers im Drän und eine gewisse Selbstreinigung sollten Mindestgefälle eingehalten werden (Tab. 141).

In gefügelabilen, schluffreichen Böden

Tab. 141. Planungsgrundsätze zur Dränung (nach DIN 1185, gekürzt)

		für Sammler	für Sauger
Mindestgefälle je nach Bodenart	J_{min}	0,05−0,45	0,1−0,3%
Erwünschtes Gefälle je nach Bodenart	J_{opt}	0,4−4,0	0,3−1,0%
Höchstgefälle je nach Bodenart	J_{max}	4−8	1−8%
Maximale Länge	L_{max}	400−500	100−200 m
Mindestnennweite	NW_{min}	65	50 mm
Maximale Nennweite	NW_{max}	150	65 mm
Mindestüberdeckung	t	0,8	0,7 m
Mindestfläche der Eintrittsöffnungen	F		$8\,cm^2 \cdot m^{-1}$

(Wl-Wp < 6, U < 5) müssen Dräne durch *Vollfilterung* gegen *mechanische* Verschlämmung geschützt werden. Lange reduzierte, tonreiche saure Böden verlagern bei Entwässerung viel Fe^{2+} in die Dräne, wo es zu $Fe(OH)_3$ oxidiert. Diese autochthone Verockerung endet mit Reifung des Bodens in wenigen Jahren. Kalkung und Lockerung fördern Oxidation und Verbraunung des Bodens. Fe^{3+} soll *vor* dem Drän im Boden ausfallen. Wird zusätzliches Fe^{2+} mit Fremdwasser herausgeführt (allochthone Verockerung), ist mit permanenter Verockerung zu rechnen (> 1 ppm Fe^{2+} und pH < 7 im GW). Dann hilft nur wiederholte mechanisch-chemische Dränspülung.

4.5.2.2 Gefüge- und Unterbodenmelioration
Geogene Schichtungen, pedogene Einlagerungs- und Setzungsverdichtungen sowie Nutzungsfehler bedingen Störungen im Unterboden (Abb. 154). Gestörte Profile sind wegen Mängel im Wasser- und Lufthaushalt physiologisch flachgründig. Daher ist man bestrebt, durch mechanische Maßnahmen den verdichteten Unterboden für die Pflanzenwurzeln besser zu erschließen.

In Tab. 142 sind die durch Bodenentwicklung und Nutzung ausgelösten Gefügeschäden mineralischer Unterböden dargestellt. Man unterscheidet 3 Prozesse: Verdichten, Verschmieren und Einlagerung.

In kühl feuchtem Klima werden durch die Prozesse der Versauerung, Lessivierung und schließlich Podsolierung, im warm feuchten tropischen und subtropischen Klima durch Alkalisierung, Solodierung und Laterisierung Feinstbestandteile des Bodens (Ton, Sesquioxide, Huminstoffe) mit dem Sicker- bzw. Kapillarwasser verlagert und bei Erreichen ihres IEP im Unterboden wieder ausgeflockt. Sie füllen dabei die intergranularen Hohlräume aus. Durch solche Einlagerungen entstehen Porenverengungen und Störhorizonte.

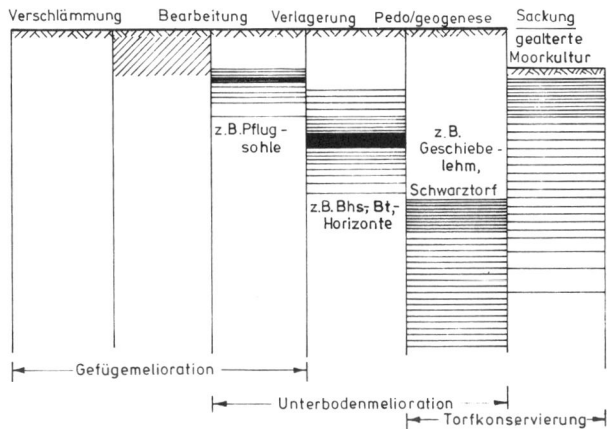

Abb. 154. Verdichtungen der Böden.

Bei geringerer Gefügestabilität infolge Kalk- und Humusmangel sowie Bearbeitung im zu feuchten Zustand (oberhalb Ausrollgrenze Wp) werden durch hohe Belastungen und Vibration, Kneten und Verschmieren Bodenteilchen dichter gelagert, das bedeutet weniger grobe Poren bzw. Porenverschluß.

Ein dichter Boden hat

– ein wenig ausgeprägtes, instabiles Gefüge (Einzelkorn-, Kitt-, Hüllen-, Kohärentgefüge)
– Relativ große Rohdichte (Mineralböden > $1,4 \text{ g} \cdot \text{cm}^{-3}$, Moorböden > 7,5% SV)
– zu wenig dränende Poren (< 3% vol)
– zu geringe Wasserdurchlässigkeit (< 6 cm/Tag)

Man unterscheidet *allgemein* verdichtete Böden *(Profilverdichtung)*. Solche sind relativ selten. Häufiger dagegen ist die *relative* Verdichtung (Schicht-*Horizontverdichtung*). Verdichtungen bewirken Haftnässe, Stauwasser, Wassererosion, Flachgründigkeit, schwache Durchwurzelbarkeit, erhöhten Bearbeitungs- und Düngungsaufwand. Darauf resultieren Ertragsunsicherheiten und -verluste.

Am deutschlichsten wird dieses am Vorgewende, wo der Fahrverkehr besonders häufig durch Wenden der Großgeräte stattfindet. Mindererträge bis zu 50% und schnelle Oberflächenvernässungen werden dort sichtbar. Erhöhte Düngung kann solche Gefügeschäden nicht ausgleichen (Tab. 143), jedoch trockene Bearbeitung. Hier sollte die Regel gelten, daß in nassen Jahren möglichst flach, in trockenen Jahren hingegen tief bearbeitet wird. Durch eine Meliorationskalkung und -düngung ist das mechanisch erstellte Lockergefüge zu stabilisieren. Tiefwurzler wie spezielle Zwischenfrüchte können das mechanisch erstellte Lockergefüge sta-

bilisieren helfen. Mit zunehmendem Einsatz schwerer Maschinen entstehen Verdichtungen in immer größerer Tiefe. Pedogene Prozesse lassen Verdichtungen erst im Unterboden entstehen.

Verbreiteter Irrtum ist, daß nur bindige Böden durch Bearbeitungsfehler plastisch verformbar die gefürchteten Unterbodenverdichtungen erhielten. Gerade schluff- und feinsandreiche Böden werden, in zu feuchtem Zustand befahren, durch die Vibration der schweren Geräte bis in größere Tiefe verdichtet. Solche Rüttelverdichtungen sind auch dann möglich, wenn mit Gitterrädern, Zwillingsbereifung, Allradantrieb, Antischlupf-Niederdruckreifen zur Bodenentlastung gefahren wird (Tab. 144).

Ziel der Unterbodenmelioration ist es, geologisch-bodenkundlich vorgegebene oder durch falsche Nutzung entstandene Profilstörungen zwischen Krume und Untergrund zu beseitigen bzw. zu verhindern. Man unterscheidet *Tieflockern* und *Tiefumbruch*.

Die Grenzen zwischen meliorativer Bodenbearbeitung (*gelegentlich* tieferes Pflügen oder wiederholtes Lockern über die Krumtiefe hinaus) zu Unterbodenmeliorationen (*einmaliger* Eingriff bis *größere* Tiefe) sind fließend. Grundsätzlich gilt bei jeder Unterbodenmelioration, daß die notwendige Bearbeitungstiefe > MGW liegen muß. Der Unterbodenmelioration hat deshalb eine entsprechende Entwässerung vorauszugehen. Vernäßte Böden lassen sich nicht lockern, wenden und mischen. Im Zeitpunkt der Tiefenbearbeitung sollte die Bodenfeuchte bindiger Substrate < wp liegen.

Je nach Niederschlagshöhe muß bei geringem Gewinn an FK/nFK nach der Unterbodenmelioration in weiten Abständen (30 bis 40 m) zusätzlich gedränt werden, u.U. genügt Bedarfsdränung (Tab. 145). Die zusätzliche Hydromeliora-

---

Tab. 142. Gefügeschäden mineralischer Unterböden

Entstehung		Bewirtschaftung		Bodenentwicklung
		↙ ↘		↓
Prozess	Verdichten	Verschmieren		Einlagerung
	(Belastung, Vibration)	(Kneten, Scheren)		(Versauerung)
	↓ ↓	↓		↓
Wirkung	engere Packung weniger Poren	Porenverschluß		Horizontierung, Porensprung
	↓ ↓	↘		
	Verfestigung LK < 3 % vol	→ $kf < 6 \text{ cm} \cdot \text{d}^{-1}$ ↗		
	> $3,5 \text{ N} \cdot \text{mm}^{-2}$			
Folgen	mangelhafte Durchwurzelung ⟶	Stauwasser⟶	Haftwasser	⟶Erosion

Tab. 143. Einfluß der Bodenstruktur auf Ertrag und notwendiges N-Angebot (nach HEGE 1982)

Frucht	Bodenstruktur			
	»gut«		»schlecht«	
	Ertrag dt $\cdot$ ha^{-1}	N-Düngung kg $\cdot$ ha^{-1}	Ertrag dt $\cdot$ ha^{-1}	N-Düngung kg $\cdot$ ha^{-1}
Winterweizen	73,1	150	54,4	183
Winterweizen	79,5	122	76,3	167
Zuckerrüben	537,0	200	420,0	310

Tab. 144. Wirkung gleicher Radlasten (2600 kg) und verschiedener Bereifung auf den Boden (slU) (nach WAYDELIN, HASSENPFLUG et al.)

Bereifung	184-R-38 (Normal)	184-R-38 (Zwilling)	66 $\cdot$ 43,00-25 (Niederdruck)	
Reifendruck	1,2	0,8	0,4	bar
Lastfläche	1490	3100	8323	cm^2
Kontaktdruck	1,74	0,84	0,31	kg/cm^2
Bodenscherfestigkeit				
6−10 cm	90	58	39	Nm
26−30 cm	175	124	117	Nm

Tab. 145. Unterbodenmelioration und Bedarfsdränung (nach KUNTZE 1968)

Niederschlagshöhe (N)	< 600	600−800	> 800 mm
Evapotranspiration (Vet)	500	500	500 mm
+ nFK nach Unterbodenmelioration (+ R)	50	50	50 mm
Oberflächabfluß (A$_O$)	< 50	50−100	> 100 mm
unterird. Abfluß (A$_U$)	0	100−150	> 150 mm
zusätzlicher Entwässerungsbedarf	keine Bedarfs-dräne	Teildränung, Bedarfs-dräne in Senken	Volldränung mit weiten Saugerabständen

tion wird von der erweiterten Wasserhaushaltsgleichung $N = V_{et} + A_o + A_u + R$ abgeleitet.

Die Folgenutzung ist wichtig für die nachhaltige Wirkung der Unterbodenmelioration. Grundsatz sollte sein, gelockerte und damit erhöht setzungsempfindliche Böden so wenig wie möglich zunächst zu belasten und zu bearbeiten und so schnell wie möglich das mechanisch erstellte Lockergefüge mit wurzelaktiven Kulturpflanzen, z. B. Luzerne, Raps, Rübsen, Hafer zu stabilisieren. Verfahren sind vorzuziehen, die möglichst wenig Planierungsarbeiten notwendig machen. Zur besseren Homogenisierung und Einmischung notwendiger Meliorationsdünger (siehe Kap. 4.5.2.3) sollte die Krumenbearbeitung stets quer zur Tieflockerung oder zur Tiefpflugfurche erfolgen. Ein bewährtes Nachbearbeitungsgerät ist die Spatenrollegge.

4.5.2.2.1 Tieflockerung

Lockerungs*bedürftig* sind verdichtete Böden (Pseudogleye, Pelosole, Podsole mit Orterde). Lockerungs*fähig* sind vor allem ungleichkörnige Lehmböden, bedingt abgetrocknete Tonböden (Tab. 146).

Tab. 146. Lockerungswirkung und Bodenarten (nach KUNTZE 1968)

Bodenart	Änderung der Gefügeeigenschaft	zus. Dränbedarf
S	+ LK = + PV	−
L	+ LK > + PV	(−)
T	+ LK < + PV	+
U	− LK > − PV	++

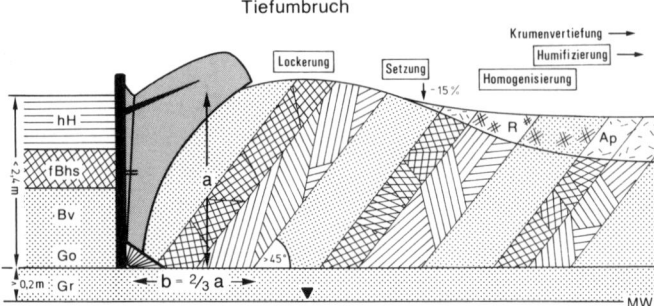

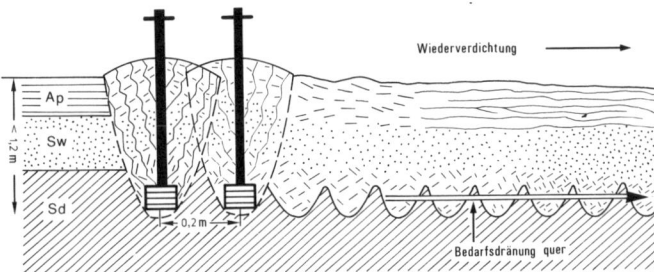

Abb. 155. Mischende und lokkernde Unterbodenmelioration – Tiefumbruch bzw. Unterbodenlockerung.

Nicht lockerungsfähig sind Schluffböden. Ihr Gefüge ist instabil. Sie verschlämmen nach Lockerung und lagern dann immer dichter. Sandböden sind – abgesehen von Einlagerungsverdichtungen (Ortstein, siehe Tiefpflügen, Kap. 4.5.2.2.2) – durch ihre gröbere Körnung nicht lockerungs*bedürftig*. Sie haben ausreichend grobe, primäre Hohlräume. Lockerungsbedürftig und -fähig sind nur solche trockenen Böden, deren Schollen zwischen den Fingern in der Hand bei leichtem Druck zu gröberen Gefügeelementen sich aufteilen lassen. Verdichtete Schichten oder Horizonte sind zu unterfahren. Bei Allgemeinverdichtung bestimmt die vorhandene Zugkraft die Bearbeitungstiefe. Als Faustregel kann gelten: je cm Bearbeitungstiefe für ein Lockerungsschar mindestens 1 kW, d. h. ein zweiarmiges Lockerungsgerät, das 80 cm tief arbeiten soll, verlangt 160 kW (= 218 PS).

Aus dem einfachen, starren Unterbodenmeisel oder Haken- bzw. Maulwurfdränpflug wurden verschiedene Lockerungsgeräte entwickelt. Folgende Typen sind zu unterscheiden: Ein- und mehrarmige (meist 2 bis 3), starre und bewegliche (Abb. 156), mit und ohne Preßkegel (siehe Maulwurfdränung), mit und ohne Einrichtung zur Tiefendüngung.

Durch Zapfwellenantrieb beweglich angeordnete Wippscharlockerer (Auf- und Abbewegung des Lockerungsschars durch eine exzentrisch gelagerte Welle) oder Hubschwenklockerer bzw. Stichhublockerer (zusätzliche Vor- und Rückwärtsbewegung) ahmen die Spatenarbeit nach. Damit ist eine partielle Vermischung des Bodens durch Verlagerung von Ah-Material in den Unterboden verbunden. Das ist vor allem bei Podsoltiefflockerung wichtig, die sich sonst, bei starren Lockerungsgeräten bald und stärker im Bhs-Horizont verdichten. Die Zugkraftbeanspruchung wird bei beweglicher Anordnung des Lockerungsschares um 25 bis 30% reduziert. Allerdings unterliegen solche Geräte einem entsprechend hohen Verschleiß. Den Lockerungseffekt kann man am besten am gewölbeartigen Aufbruch der Bodenoberfläche beurteilen (Abb. 155).

Je höher der verdichtete Boden angehoben wird, um so besser ist die Lockerung. Dabei sollten die Lockerungsbereiche der einzelnen Schare sich überlappen. Der Furchenabstand richtet sich nach der Lockerungstiefe. Zum Überschneiden der Lockerungswirkung in Krumentiefe ist bei 80 cm Lockerungstiefe eine Arbeitsbreite von 70 cm anzustreben. Die Locke-

Abb. 156. Arbeitsprinzip
von beweglichen Unterbo-
denlockerern (nach SCHULTE-
KARRING 1976).

Hubschwenk-   **Wippschar-**   **Stechhublockerer**

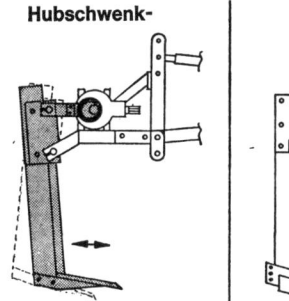
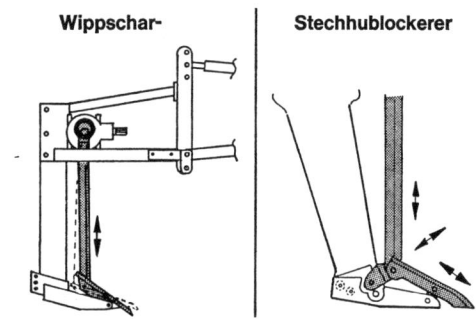

rung wirkt zunächst nur mechanisch. Das *primä-re* Lockerungsgefüge besteht mehr oder weniger aus groben Schollen, Klumpen oder Prismen. Druckentlastet unterliegen diese unter Einfluß wechselnder Durchfeuchtung und Austrocknung einer weiteren Aufgliederung in kleinere Gefügeelemente (Bröckel und Polyeder). Dieses *Sekundär*gefüge gilt es zu stabilisieren, damit optimale Luft- und Wassergehalte sich im vorher vernäßten Boden langfristig einstellen können. Auf die große Bedeutung der Pflanzenwurzeln wurde bereits hingewiesen. Sie vernetzen nicht nur die einzelnen Gefügeelemente, sondern sind auch Nahrung für die Bodenorganismen, die biologisch den weiteren Verbau zur Gefügestabilisierung fördern.

Man hat versucht, diese Prozesse durch Tiefen*düngung* zu fördern. Alle bisher angebotenen Tiefenlockerungsgeräte mit Vorrichtungen zur Tiefendüngung bringen zu geringe Düngermengen in das vergrößerte Bodenvolumen. Statt der maximal möglichen 20 dt · ha⁻¹ sind oft bis zu 200 dt · ha⁻¹ Mineraldüngung im Unterboden zu verteilen. Am besten, d. h. gleichmäßig, wird der Dünger bei pneumatischer Einbringung im Unterboden verteilt. Vorzugsweise sind staubförmige Düngemittel einzusetzen. Körnige Düngemittel werden oft nur bandartig in der Lockerungsfurche abgelagert. Leichtlösliche Nährstoffe unterliegen im humiden Klima jedoch einer schnellen Auswaschung. Oft reicht daher die verstärkte Krumendüngung mit Einwaschung. Da Kalk leichtlöslich und schnell auswaschbar ist, können die für den Unterboden notwendigen Mengen auch durch oberflächliche Ausbringung allmählich tief verteilt werden. Für die Tiefendurchwurzelung sind N- und P-Vorräte im Unterboden wichtig. NO_3-N ist, da leicht löslich, durch Krumendüngung schnell in den Unterboden verlagert, nicht dagegen die Phosphorsäure. Deshalb sind alle unsere Bodenpro-

file »kopflastig«, d. h. in der Krume P-Versorgungsstufen C bis E, im Unterboden dagegen meist A bis M. Phosphate sind in Mineralböden praktisch nicht auswaschbar. Sie müssen daher vorzugsweise im Unterboden angereichert werden. Dazu reichen die Tiefendüngungseinrichtungen allerdings aus, wenngleich es sicherlich nicht erforderlich ist, Unterboden über Versorgungsstufe C hinaus aufzudüngen.

4.5.2.2.2   Tiefumbruch

Während man zu bindiges, stark saures oder steiniges Bodenmaterial, z. B. der Grundmoräne, tunlichst dort läßt, wo es ist, nämlich im Unterboden, und solche dort verdichteten Böden durch Tieflockerung verbessern kann, ist bei physikalisch und chemisch günstigerem Bodenmaterial im Unterboden bzw. Untergrund gegenüber der Krume das Tiefpflügen zur Standortverbesserung geeignet. Gleichzeitig werden stauende Horizonte und Schichten in eine mehr vertikale, wasserdurchlässige Lage gewendet (Abb. 155).

Unter Tiefpflügen versteht man nach DIN 1185 eine einmalige wendende Bodenbearbeitung tiefer als 60 cm. Tab. 147 gibt einen Über-

Tab. 147. Entwicklung der Tiefkultur

Boden-typ	max. Tiefe (cm)	Anlaß
1870 L	40	Rübenmüdigkeit
1900 P	60	Aufforstung, Heidekultur
1950 HH	120	Moorkultur
1965 L, A, M	100	Erosionsschutz, Kalkung
1975 HN	150	Rekultivierung
1983 HH	240	Rekultivierung

blick über das Tiefpflügen, welches erst mit Einführen des Dampfpfluges (MAX VON EYTH) in die Landwirtschaft möglich wurde.

Zunächst wurden mit Ausdehnung des Zuckerrübenanbau in der 2. Hälfte des 19. Jh. auf Parabraunerden die Rübenmüdigkeit zu bekämpfen versucht. Bei nur 40 cm maximaler Pflugtiefe wurde damals der in der Regel tiefere Bt-Horizont nicht erfaßt. Nachdem dieses »Tiefpflügen« keine entsprechenden Erfolge zeigte, wurde es hier wieder aufgegeben. Noch heute sind die verlassenen Pflugsohlen in diesen Böden an ihrer höheren Rohdichte zu erkennen.

Zwischen 1960 und 1970 wurde jetzt mit Pflugtiefen, die den Bt-Horizont unterfaßten, erneut eine Verbesserung der Parabraunerden versucht. Zwar beseitigte diese Bodentechnologie den vor allem im gequollenen Zustand verdichteten Bt und stabilisierte das an Ton verarmte Al- und Ah-Material durch Einmischen von tonreichem Bt-Material. In der tonreicheren Mischkrume wurde die Erodierbarkeit verringert. Nachhaltige Ertragsverbesserungen wurden nicht erzielt.

Nach den großen Erfolgen der Heidekultur, mit welcher einige 100000 ha Podsole durch Aufpflügen des Ortsteins und Meliorationskalkung regradiert wurden, vor allem bei der Aufforstung der Heiden, wurden ab 1937 zunächst auch flachgründige wurzelechte Hochmoore über fossilen Podsolen durch Tiefumbruch und Meliorationsdüngungen melioriert. Dieses inzwischen auf 150000 ha bewährte Verfahren wird in der Abgrenzung zur Holländischen (Spaten-)Fehnkultur als Deutsche Sandmischkultur bezeichnet. Die Randbedingungen für den Tiefpflugeinsatz vor allem zur Rekultivierung gealterter Hochmoorkulturen oder teilabgetorfter Moore sind in Tab. 132 aufgeführt.

Eine Ausdehnung dieses Verfahrens auf die Niedermoore ist nur modifiziert als Tiefpflugsanddeckkultur (siehe Kap. 4.5.1.2) angezeigt. Bisher wurden erst etwa 10000 ha damit rekultiviert. Problematisch ist das Aufpflügen von Mudden und lehmig schluffigen Untergrundmaterials, weil diese keine gute Dränwirkung besitzen, die dann vom lockeren Torf mit übernommen werden muß.

Sofern in Auen und Marschen kalkreiche ältere Sedimente im Untergrund mit dem Tiefpflug erreichbar sind, könnte neben der Beseitigung der für die Wasserbewegung im Profil ungünstigen Sedimentschichtungen größere Kalkvorräte in die Oberböden aufgepflügt werden. Meist ist damit auch ein Magerungseffekt durch Vermischung der gröberen Körnung des Untergrundes mit schwerem, bindigen Oberbodenmaterial verbunden. Auch dieses Verfahren ist bisher über unbefriedigende Versuchsergebnisse nicht hinausgekommen.

4.5.2.3 Chemomelioration

Unter diesem Begriff wird die Bodenverbesserung mit Hilfe chemischer Mittel/Verfahren verstanden, die in großen Mengen einmalig bzw. in längeren Abständen aufgewendet werden. Solche Mittel sind: Kalke, Phosphate, Torfe, Komposte, synthetische Bodenverbesserungsmittel und einige Industrieschlämme.

Altbewährte natürliche Bodenverbesserer, die vorwiegend chemisch das Gefüge stabilisieren, sind Naturkalke (»Mergel«) oder chemisch aufbereitete Kalke (Branntkalk, Hüttenkalk, Scheideschlamm). Zur Ermittlung des Kalkbedarfes für die Meliorationskalkung siehe Kap. 2.2.3.6. Neben der Gefügeverbesserung nach Kalkung liegt das Einsatzgebiet dieser Chemomelioration auch in der Sanierung schwermetallbelasteter Böden. Mit steigendem pH sinkt die Mobilität der Schwermetalle.

Sofern die Stabilisierung des Bodengefüges oder ein verbesserter Nährstoffpool erst mit großen Düngermengen erzielt werden können, handelt es sich um eine *Meliorationsdüngung*. Kalk- und silicathaltige P-Dünger (Thomasphosphat, Konverterkalk) sind zur Gefügestabilisierung schluffreicher Böden einzusetzen. Für oligotrophe Böden (Hochmoore, Heidepodsole) sind bei der Kultivierung größere Mengen an schwer löslichen Düngemitteln angezeigt (siehe Kap. 4.5.1.2). Schließlich wirken alle organischen Düngemittel durch ihre biochemischen Umsetzungen bei der Bodenverbesserung nachhaltig mit.

Als Bodenverbesserungsmittel, das die Humusgehalte direkt erhöht, wird im Garten- und Landschaftsbau Hochmoortorf bevorzugt. Seine faserige, offenporige Zellstruktur verbessert in leichten Böden die Wasserspeicherung, in schweren die Luftführung. DIN 11524 unterscheidet Düngetorf = enthält Kalk- und Nährstoffzusätze und Torfdünger = ohne Zusätze aufbereitete Torfe, meist Hochmoortorfe. Zur Bodenverbesserung werden ein bis zwei Ballen Torf/100 m^2 empfohlen. Unkrautsamenfreie Hochmoortorfe (H 2 bis 3) sind leichter abbaubaren Niedermoortorfen vorzuziehen.

Aufbereitete Siedlungsabfälle (Komposte siehe Kap. 4.5.3.8.1) werden zunehmend als Alternative zum Torf empfohlen, um die begrenzten Rohstoffvorräte einerseits und die Restmoore als Feuchtbiotope andererseits zu schonen. Komposte sind hygienisch unbedenklich über den Boden verwertbar, wenn Randbedingungen ihres Einsatzes (Mengen, Zeitpunkt, mögliche Schadstoffgehalte, Kulturpflanzenart) beachtet werden. Leider fehlen entsprechende Richtlinien ihres Einsatzes analog zur Klärschlammverordnung. In großen Mengen ($> 100\,m^3 \cdot ha^{-1}$) werden sie zum Erosionsschutz im Weinbau, im Landschaftsbau zur Böschungsbegrünung und im öffentlichen Grün eingesetzt, um eine Vegetationstragschicht mit aufbauen zu helfen.

Sie sind Nährstoffträger und Humusquelle zugleich (Nährstoffäquivalent: $100\,m^3$ Müllkompost bzw. Klärschlamm entsprechen 1,5 dt Volldünger). Über Siedlungsabfälle werden relativ stabile organische Substanzen angeboten (Klärschlämme 80%mas in der Trockenmasse, Müllkompost 30%mas. Alternativ zu diesen Naturprodukten werden für gärtnerische Erden aufgeschäumte Kunststoffe angeboten. Der geschlos-senporige Schaumstoff Styropor® ist relativ abbauresistent und lockert vor allem stark bindige Böden. Der offenporige Hygromull® ist wegen seines N-Gehaltes jährlich bis zu 3 bis 5% abbaubar. Seine hohe Wasserspeicherung verbessert vor allem leichte Böden. Je nach Bodenart sind 1 bis $2\,m^3/100\,m^2$ Styro- oder Hygromull erforderlich.

Zur Sanierung schwermetallbelasteter Böden, die gegenüber hohen Kalkgaben empfindlich sind, wie z. B. Sand- und Moorböden, haben sich Eisenschlämme, die als industrielle Nebenprodukte anfallen, wie z. B. der Rotschlamm bei der Aluminiumproduktion aus Bauxit oder Fällungsschlämme der Wasserwerke, ein Einsatzgebiet im Sinne des Recyclings eröffnet. Mit hohen Gaben von $10\,t \cdot ha^{-1}$ Rotschlamm konnte zum Beispiel die zu hohe P-Auswaschung aus Hochmooren deutliche reduziert werden. Allerdings ist beim Rotschlamm der Cr- und As-Gehalt zu berücksichtigen.

Weil physikalische, chemische und biologische Bodeneigenschaften voneinander abhängig sind, ist eine Bodenverbesserung in der Regel nicht allein mit *einem* physikalischen oder che-

Tab. 148. Meliorationsbedürftige Bodentypen und ihre standortgemäßen Meliorationsverfahren (nach KUNTZE 1986)

Bodentypen		Meliorationsverfahren									
		HS	KV	GE	RD	MD	TP	TL	SD	MK	BW
Podsole	(P)						+			+	+
Pelosole	(D)					+		(+)			
Pseudogleye	(S)			(+)				+			(+)
Parabraunerden	(L)						(+)				
Gleye	(G)		(+)	+	+	+				+	
Auenböden	(A)	+	+	+	(+)	+	(+)				
Marschen	(M)	+	+	+	+	+	(+)			+	
Hochmoore	(HH)			+	+	+	+		+	+	
Niedermoore	(HN)	+	+	+	+	(+)	(+)		+	(+)	(+)

HS   = **H**ochwasser**s**chutz, Eindeichung, Polderung
KV   = **K**ünstliche **V**orflut
GE   = (großräumige) **G**rab**e**nentwässerung
RD   = **R**ohr**d**ränung
MD   = **M**aulwurf**d**ränung
TP   = **T**ief**p**flügen
TL   = **T**ief**l**ockern
SD   = Be**s**an**d**en
MK   = **M**elioration**sk**alkung und -düngung
BW   = **B**e**w**ässerung
(+) = Bedingt anwendbar, selten erforderlich
+   = Hauptverfahren

mischen Verfahren zu erreichen. Erst Verfahrenskombinationen führen deshalb zum nachhaltigen Meliorationserfolg. Für die meliorationsbedürftigen Bodentypen sind abschließend die wichtigsten Meliorationsverfahren in ihrer standortgemäßen Kombination in Tab. 148 dargestellt.

4.5.3 Bodenschutz

Der Boden ist ein knappes Naturgut. Er ist unvermehrbar. Daraus erwächst insbesondere in hochindustrialisierten, dicht besiedelten Räumen eine vielfältige Nutzungskonkurrenz mit Mehrfachnutzungsansprüchen. In Tab. 149 wird die Multifunktionalität der Böden in 3 Hauptfunktionen – sozioökonomisch – ökologisch und immateriell – aufgezeigt.

Die Summe der jeweiligen Flächenansprüche beträgt 225%, d. h. im Durchschnitt werden die Böden in Deutschland mit mehr als 2 Funktionen beansprucht. Dabei gibt es zunehmende Ansprüche z. B. im Siedlungsbereich und abnehmende Tendenz bei der Ernährungssicherung. Mit steigenden Nutzungsansprüchen nehmen zwangsläufig Nutzungsfehler durch mechanische (Verdichtung, Versiegelung) und chemische Überlastungen (Immissionen) zu. Damit drohen vielfältige Gefahren der Boden(zer)störung.

Schon in der Vergangenheit wurden Einzelfragen des Bodenschutzes und der Bodenerhaltung in der Bodenforschung aufgegriffen wie z. B.

– Erhaltung und Förderung der Bodenfruchtbarkeit durch standortgerechte Bemessung von pH und Kalkbedarf sowie Nährstoffversorgung (Gefügestabilisierung, Nährstoffdynamik) durch den Bodenuntersuchungsdienst der LUFA's seit Mitte der 30er Jahre.
– Ersatz der torfzehrenden Moorbrand- und Schwarzkulturen des 19. Jh. durch torfkonservierende Deck- und Mischkulturen seit 1876.
– Einrichtung eines Soil Conservation Service 1934 in den USA zur Eindämmung der großflächigen Bodenverluste nach Prärieumbrüchen über eine umfangreiche Erosionsforschung.
– Erhaltung standorttypischer Humusspiegel mit Pflege und Aufbereitung von Wirtschaftsdünger durch die Humusforschung vor und nach dem 2. Weltkrieg.

Diesen Forschungen gemeinsam waren *agrar*pedologische Fragestellungen. *Ökologische* Nebenwirkungen wurden nicht berücksichtigt. Inzwischen ist die Bedeutung des Bodens in der Ökosystemforschung erkannt worden. Damit wurden *neue* Problemstellungen aufgeworfen, wie z B.

– Filter- und Puffereigenschaften für den Gewässerschutz (Trinkwassergewinnung, Gewässereutrophierung, bodenhydrologische Schutzzonen, Versiegelung, Verdichtung).
– Schadstoffimmissionen (Akkumulation, Transformation, Mobilisierung/Immobilisierung, Transfer/Pflanze – Gewässer, Langzeit-

Tab. 149. Multifunktionalität der Böden (BRD, 1989)

Funktion	Tendenz	Flächenanspruch (%), derzeitig
sozioökonomisch		
Ernähren	–	48
Versorgen (Rohstoffe)	+	30
Entsorgen (Abfälle)	+	2
Wohnen		
Arbeiten } (tw. versiegelt)	+	13
Verbinden		
ökologisch		
Filtern (WSG)	+	15
Lebensraum	–	85
immateriell		
Erholen	+	30
Erhalten (NSG)	+	2

verhalten, Altlasten- und -standorte, Siedlungsabfallverwertung).

Erstmalig wurde mit der **Europäischen Bodencharta** von 1972 der Bodenschutz als überregionales politisches Ziel formuliert. Auszugsweise heißt es darin:

1. Der Boden ist eines der kostbarsten Güter der Menschheit. Er ist ein fundamentaler Teil der Biosphäre und, zusammen mit der Vegetation und dem Klima, trägt er zur Regelung der Zirkulation bei und bestimmt die Qualität des Wassers.
2. Der Boden ist ein nur begrenzt vorhandenes Gut und leicht zerstörbar. Er bildet sich langsam durch physikalische, physikalisch-chemische und biologische Prozesse. Seine Produktionskapazität läßt sich durch sorgfältiges Vorgehen verbessern.
3. Jede regionale Planung muß von den Eigenschaften des Bodens und von den heutigen und morgigen Bedürfnissen der Gesellschaft ausgehen. Böden geringerer Ertragsleistung und nicht bewirtschaftbare Flächen stellen ein großes Potential als Naturreserven, Wiederaufforstungsgebiete, Schutzzonen gegen Bodenerosion und Lawinen, Regulatoren für Wassersysteme und als Erholungsgebiete dar.
4. Land- und Forstwirte müssen Verfahren anwenden, bei denen die Qualität des Bodens erhalten bleibt. Die zum Ackerbau und zum Ernten verwendeten Verfahren sollten die Eigenschaften des Bodens erhalten und verbessern.
5. Der Boden muß gegen Erosion geschützt werden.
6. Der Boden muß gegen Verunreinigungen geschützt werden.
7. Die Entwicklung von Städten muß konzentriert und so geplant werden, daß guter Boden weitmöglichst davon verschont bleibt und eine Beeinträchtigung von landwirtschaftlichen und forstwirtschaftlichen Böden, des Naturhaushaltes und von Erholungsgebieten vermieden wird.
8. Die Kosten für den Schutz umliegender Gebiete müssen bei der Planung bereits miteinkalkuliert werden und, falls es sich nur um ein vorübergehendes Vorhaben handelt, müssen auch die Kosten für die Wiederherstellung im Budget berücksichtigt werden.
9. Eine Bestandsaufnahme der vorhandenen Bodenreserven ist unerläßlich. Zu diesem Zweck sind Bodenkarten, ergänzt durch angemessene Spezialkarten über die Bodennutzung, Geologie, die wirkliche und potentielle Hydrologie der Böden und dergleichen erforderlich. Diese Karten sollen so angefertigt werden, daß sie auf internationaler Ebene miteinander verglichen werden können.
10. Weitere Forschungsarbeit und eine Zusammenarbeit der einzelnen Fachgruppen sind erforderlich. Von ihr hängt die Perfektionierung der Erhaltungstechniken in Landwirtschaft und Forst ab, außerdem die Aufstellung der Normen für die Verwendung chemischer Düngemittel, die Entwicklung von Ersatzstoffen für giftige Schädlingsbekämpfungsmittel und der Verfahren zur Verringerung einer Verunreinigung.
11. Bodenerhaltung muß auf allen Stufen gelehrt werden und immer stärker in den Blickpunkt der Öffentlichkeit treten. Die Behörden sollten danach streben, daß die der Öffentlichkeit über die Massenmedien gegebenen Informationen korrekt sind.
12. Der Boden ist ein wesentliches, aber nur begrenzt vorhandenes Gut. Deshalb muß seine Nutzung rationell geplant werden, was bedeutet, daß die zuständigen Planungsbehörden nicht nur die unmittelbaren Bedürfnisse ins Auge fassen dürfen, sondern auf eine langfristige Erhaltung des Bodens hinarbeiten müssen, und dabei die Produktionskapazität des Bodens möglichst steigern oder aber zumindest erhalten sollen.

Staaten, die diese vorstehend aufgeführten Prinzipien akzeptierten, sollten auch die erforderlichen Mittel zu ihrer Verwirklichung zur Verfügung stellen und eine echte Bodenverbesserungspolitik fördern.

Mit der Bodenschutz*konzeption* der Bundesregierung aus dem Jahre 1985 wurden auf nationaler Ebene alle bedeutenden Einwirkungen auf den Boden zusammengefaßt, bewertet und ein Handlungsrahmen für den Ausgleich vielfältiger Nutzungsansprüche zur Abwehr von Schäden und zur Vorsorge gegen langfristige Gefährdungen des Bodens aufgezeigt. Leitlinie des Bodenschutzes sind sein interdisziplinärer, ressortübergreifender Ansatz und wie im Umweltbereich allgemein gültig das *Vorsorge-, Verursacher-* und *Kooperation*prinzip. Als Boden wird in dieser Betrachtungsweise über den bisherigen durchwurzelbaren Bereich hinausreichend der gesamte durch menschliche Einwirkungen be-

Tab. 150. Bodenschützende Rechtsvorschriften (n = 29), Materialien BMI 1984

Unmittelbar boden-schützend (n = 11)	Planungsnormen (n = 8)	Mittelbar bodenschützend (n = 10)
Bundesnaturschutzgesetz §§ 1, 2, 8, 12, 15, 27	Raumordnungsgesetz § 2	Wasserhaushaltsgesetz §§ 19, 34, 36
Bundesberggesetz §§ 1, 2	Bundesbaugesetz §§ 1, 39	Waschmittelgesetz
Chemikaliengesetz § 3	Bundesfernstraßengesetz § 17	Bundesimmissionsschutzgesetz § 50
Pflanzenschutzgesetz §§ 1, 8	Bundeswasserstraßengesetz	(TA Luft)
Düngemittelgesetz §§ 2, 5	Bundesbahngesetz	DDT-Gesetz
Abfallbeseitigungsgesetz §§ 2, 11, 15	Luftverkehrsgesetz	Benzin-Blei-Gesetz
Tierkörperbeseitigungsgesetz § 3	Telegraphenwegegesetz	Gesetz über die Beförderung
Altölgesetz	Landbeschaffungsgesetz	gefährlicher Güter
Atomgesetz §§ 7, 9		Gewerbeordnung
Strahlenschutzverordnung §§ 6, 18		Bundeswaldgesetz §§ 1, 6, 12, 16, 17
Strafrecht §§ 326, 329, 330		Flurbereinigungsgesetz §§ 1, 18, 37
		Grundstücksverkehrsgesetz §§ 1, 2, 9

In Vorbereitung: Gesetz zum Schutz vor schädlichen Bodenveränderungen und zur Sanierung von Altlasten (Bundesbodenschutzgesetz)

troffene Bereich, d. h. bis in den Grundwasserleiter unter Einschluß oberflächennaher Lagerstätten und ihrer Nutzung verstanden. Aufgabe der im Rahmen konkurrierender Gesetzgebung verantwortlichen Bundesländer ist es, in anschließenden Ländergesetzen Maßnahmen und Handlungsbedarf unter Berücksichtigung landesspezifischer, regionaler Probleme sowie ihren Handlungsbedarf aufzuzeigen. Vordringlich ist, dabie die zahlreichen, den Bodenschutz direkt oder indirekt berührenden Gesetze aufeinander abzustimmen.

Ein Bundesbodenschutzgesetz ist in Vorbereitung. Dieses wird analog zu anderen Umweltschutzgesetzen zu seiner Durchsetzung Verordnungen bzw. technische Richtlinien (TA Boden) nach sich ziehen (analog Klärschlammverordnung, Gülleverordnung zum Abfallbeseitigungsgesetz, TA Luft zum Immissionsschutzgesetz, technische Richtlinien zum Bodenabbau im Rahmen des Naturschutzgesetzes). Auf dieser gesetzlichen Grundlage wird die staatliche Aufsicht und Verantwortung für den Bodenschutz steigen. Zu ihrer Durchsetzung bedarf es fachlich ausgebildeter Bodenkundler.

Dem *prophylaktischen* Bodenschutz kommt größere Bedeutung zu als dem *sanierenden*. In den folgenden Kapiteln stehen im ersten Teil deshalb der Flächenschutz, Erosions- und Funktionsschutz als prophylaktische Maßnahmen im Vordergrund. Anschließend werden Sanierungsprobleme im Rahmen von Rekultivierung, Renaturierung, Altlasten und Siedlungsabfallverwertung behandelt. Einleitend sei hier vor allem darauf hingewiesen, daß es sich im Vergleich zu den anderen Umweltmedien Wasser und Luft beim Boden um ein wenig einheitliches Medium handelt.

Böden sind u. U. auf kleinstem Raum aus Grundeinheiten (pedons) mosaikartig zusammengesetzte Bodengesellschaften (Pedokomplexe) in Bodenlandschaften (-gebiet, -provinz, -region, -zone). In Deutschland entstehen aus 65 verschiedenen vorherrschenden Substraten (geologisches Ausgangsmaterial) durch Verwitterung bis zu 30 mineralische und 3 organische Boden*arten*, die je nach dem Zusammenwirken der übrigen bodenbildenden Faktoren (Klima, Relief, Vegetation, Mensch) im Laufe der Zeit (Pedogenese) sich zu verschiedenen Boden*typen* (etwa 70) entwickeln. Die Verknüpfung von Substraten und Bodentypen ergeben verschiedene Boden*formen* mit unterschiedlichen chemischen, physikalischen, biologischen und damit ökologischen Eigenschaften. Diese bestimmen nicht nur die Nutzungsansprüche, sondern unterscheiden die Böden auch hinsichtlich ihres **Schutzbedarfs**, ihrer Schutz**fähigkeit** und Schutz**würdigkeit**. Generelle Schutzkonzepte kann es daher für *den* Boden nicht geben. Deshalb ist für die richtige Anwendung des Bodenschutzes als erster Schritt ein möglichst großmaßstäbliches Bodenkataster erforderlich. Hier steht die moderne Bodenkunde mit ihren weitreichenden Erkenntnissen vor einer zweiten großen Herausforderung, wie vor fast 6 Jahrzehnten mit dem Bodenschätzungsgesetz aus dem Jahre 1934 (siehe Kap. 4.2). Galt es damals, innerhalb weniger Jahre flächendeckend im M 1:5000 möglichst einfache, nachhaltig gültige

Tab. 151. Abflußbeiwerte für unterschiedlich versiegelte Flächen (nach IMHOFF u. IMHOFF 1976)

Dächer	1,00−0,95	offene Bebauung	0,50−0,30
Asphaltstraßen	0,90−0,85	Kieswege	0,30−0,15
Pflasterstraßen, Schlackenwege	0,85−0,60	Sportplätze	0,25−0,10
sehr dichte Bebauung	0,90−0,70	Gärten	0,15−0,05
geschlossene Bebauung	0,70−0,50	Parks	0,10−0,00

Bewertungsmaßstäbe für eine ökonomisch richtige Bewertung der nachhaltigen Bodenfruchtbarkeit bei standortsgemäßer Bodennutzung und damit eine Besteuerung wie finanzielle Belastungsgrundlage zu schaffen, so müssen heute analog möglichst bald in einem ökologisch orientierten Bodenkataster u. a. Kriterien der unterschiedlichen Schadstoffbelastbarkeiten, der Filtereigenschaften usw. flächendeckend dargestellt werden. Die Verknüpfung der vielfältigen Bodeneigenschaften und ihre ökologische Wirkung ist nur mit Hilfe umfangreicher Datenerfassung und -verarbeitung möglich. Für diese Aufgaben werden Bodeninformationssysteme entwickelt (siehe Kap. 4.4).

Wie mit den Reichsmusterstücken brauchen wir dazu Dauerbeobachtungsflächen, um standorttypische Entwicklungen von z. B. Schadstoffanreicherungen wie auch deren Langzeitverhalten, möglicherweise Metabolisierung, Immobilisierung, Mobilisierung beweissichernd zu verfolgen (siehe Kap. 4.5.3.3.2.7). Daneben ist eine Bodenprobenbank für Referenzproben zu bisher nicht erkannten Belastungsfaktoren erforderlich.

4.5.3.1 Flächenschutz

Der Verlust offener, d. h. vegetationstragender Flächen ist ökologisch wie ökonomisch bedenklich. Oberster Grundsatz des Bodenschutzes sollte sein, den jeweiligen Boden nach spezifischen Ansprüchen und entsprechenden Eigenschaften zu nutzen. Historisch begründet liegen Ballungsgebiete häufig in Landschaften mit landbaulich besten Böden (Börden). Der früh siedelnde Mensch orientierte sich beim Seßhaftwerden und Übergang zum Ackerbau stark nach der natürlichen Bodenfruchtbarkeit. Mit Ausdehnung der Ansprüche für Wohnungen, Industrie und Verkehrsanlagen sind gerade bessere Böden zunehmend überbaut worden. Seit Kriegsende hat sich dieser Flächenanspruch von 6 auf 13% der Gesamtfläche mehr als verdoppelt. Dabei wird die Bodenoberfläche großflä-

chig versiegelt und fällt als Retentions- und Filterraum in der Grundwasserneubildung aus. Regenwasserrückhaltebecken müssen dann zur Entlastung der Vorfluter gebaut werden. Mischkanalisation erschwert die Abwasserreinigung. Wie Tab. 151 zeigt, kann der sog. *Abflußbeiwert* einer versiegelten Fläche 4 bis 20mal höher sein als in durch Vegetation offengehaltenen Böden.

Zu beachten ist, daß in den Fugen der gepflasterten Wege und Rinnsteine neben total versiegelten Asphaltstraßen eine vielfach erhöhte Wassermenge versickert und dort mit tieferen und erhöhten Schadstoffeinträgen zu rechnen ist.

Täglich gehen z. Zt. in Deutschland 140 ha durch Überformung und Versiegelung verloren. Die Rekultivierung von Altstandorten (siehe Kap. 4.5.3.6), Abgrabungen, Tagebauen (siehe Kap. 4.5.3.4) kann diesen Flächenverbrauch nur zum Teil kompensieren.

Mit der Flächeninanspruchnahme der Industriegesellschaft sind auch Flurzerschneidungen durch Verkehrsanlagen verbunden. In deren Saumbereich sind die Schadstoffbelastungen beidseitig bis zu 100 m Breite z. B. mit Pb und bis zu 10 m durch Auftausalze besonders hoch. Davon sind etwa 7% der Gesamtfläche unseres Landes betroffen. Flurzerschneidungen sind auch wesentliche Ursache für den Artenschwund.

Raumordnung, Landesplanung, Flurbereinigungsgesetz bieten rechtliche Ansätze für einen sparsameren Flächenverbrauch und standortgerechtere Bodennutzung. Naturraumpotentialkarten über landwirtschaftliches Ertragspotential, oberflächennahe Rohstoffe, Filtereigenschaften, Siedlungsabfallverwertung, Baugrund, Grundwasserhöffigkeit bieten dazu das notwendige, planerische Instrumentarium.

4.5.3.2 Bodenerosion

Der Abtrag (= Erosion) von Verwitterungs- und Bodenbildungsprodukten durch fließendes Wasser oder Wind ist ein natürlicher Prozeß im geologischen Stoffkreislauf (siehe Kap. 1.3.3), vor allem in Klimazonen, in denen sich eine geschlossene Vegetationsdecke wegen zu großer Trockenheit nicht entwickeln kann (Wüsten) (siehe Kap. 1.3.2.3.6).

Unter geschlossenen Vegetationsdecken in den feuchteren und gemäßigten Klimazonen ist die Bodenoberfläche nahezu vollständig vor Erosion geschützt.

Landnutzung des Menschen bedingt zumindest zeitweilige Zerstörung bzw. Beseitigung schützender Vegetation. Der anthropogen ausgelöste bzw. beschleunigte Bodenabtrag wird als *Bodenerosion* bezeichnet.

Durch großflächige Waldrodungen sind periodisch seit dem frühen Mittelalter in den Gebirgslandschaften durch Wassererosion, in den Ebenen durch Winderosion große Bodenumlagerungen erfolgt, die landschaftsformend waren. Mit Hochflutlehm überdeckte Talsande schufen fruchtbaren Auenboden. Geschiebelehme sind mit Flugsand überdeckt worden (Binnen-, Flußdünen).

Die Bodenerosion kann in der Agrarlandschaft je nach Art und Intensität der Landnutzung unterschiedlich schnell verlaufen. Damit stellt sich die Frage, welche Bodenabträge noch zu tolerieren sind, ohne die Fruchtbarkeit der Böden nachhaltig zu verschlechtern. Dieser tolerierbare Bodenabtrag orientiert sich an der Neubildungsrate von Böden, einem sehr langsam verlaufenden Prozeß. Ehe aus einer 1 m mächtigen Lößdecke ein Lößboden (Schwarzerde, Parabraunerde, Braunerde) werden konnte, sind 2000 bis 4000 Jahre vergangen. Daraus errechnet sich für dieses Substrat eine mittlere Bodenbildungsrate von 0,5 bis 0,25 mm · a^{-1}. Je nach Gründigkeit des Bodens und Substrat wird der tolerierbare Bodenabtrag mit 1 bis 10 t · ha^{-1} · a^{-1} beziffert (1,5 t = 0,1 mm · ha^{-1}). Aufgabe des prophylaktischen Bodenschutzes ist es, potentiell erosionsgefährdete Standorte (Erodierbarkeit der Böden und Erosivität des Klimas) auszuweisen, erosionshemmende Nutzungen zu empfehlen und ggf. Schutzeinrichtungen in die Landschaft einzubauen.

4.5.3.2.1 Wassererosion

Können Niederschläge nicht vollständig oder schnell genug in den Boden infiltrieren (siehe Regenverdaulichkeit, Kap. 2.4.3.7.1), entsteht Oberflächenabfluß (Ao). Vorwiegend feinsand- und schluffreiche Böden werden durch fließendes Wasser transportiert. Mit zunehmender Flächengröße kann Wassererosion schon bei Hangneigungen > 1 bis 2% auftreten. Eine wichtige Rolle bei der Ablösung der Bodenteilchen spielt die Planschwirkung der Regentropfen. Durch ihre hohe kinetische Energie werden Aggregate zerschlagen. Feinstteilchen werden im fließenden Oberflächenwasser hangabwärts transportiert, dort akkumuliert (Kolluvium) oder in die Gewässer eingetragen.

Unter den Klimabedingungen der Agrarlandschaften Mitteleuropas treten Bodenverluste zunächst flächenhaft, kaum sichtbar, schleichend auf, ehe sie vorzugsweise über verdichteten Fahrspuren in Rillen- und schließlich Grabenerosion übergehen. Bei mittleren jährlichen Bodenabträgen von 1 bis 5 t · ha^{-1} · a^{-1} geht man bei mittel- bis tiefgründigen Böden von einer noch sehr geringen Erosionsgefährdung aus. Bei Bodenabträgen > 30 t · ha^{-1} · a^{-1} wird die Erosionsgefährdung als sehr hoch eingestuft, Erosionsschutzmaßnahmen sind dann erforderlich.

Ständige Bodenabträge vermindern nicht nur die Bodenfruchtbarkeit durch Profilverkürzung am Oberhang und Verlust der nährstoffreichen Feinanteile und o.S. (Tab. 107, siehe Kap. 2.5.4.4). Die verfrachteten Bodenmassen verursachen auch Schäden am Ort ihrer Ablagerung. Besonders gravierend ist die Belastung der Gewässer mit Sedimentfrachten und ihre Eutrophierung durch hohe Nährstoffeinträge, vor allem von P und N (Tab. 109).

In der ehemals kleinkammerigen, bäuerlichen Kulturlandschaft wurde der Erosionsgefahr durch terrassierte Kleinflächen mit Querbearbeitung zum Hang und immergrüner Wirtschaftsweise wirksam begegnet. Die rationalisierte Großflächenwirtschaft mit vereinfachtem Fruchtwechsel und hohem Anteil spätdeckender Kulturpflanzen (Mais, Zuckerrüben) erhöht die Erosionsgefahr dagegen beträchtlich.

Mit der in den USA von WISCHMEYER und SMITH entwickelten und von SCHWERTMANN für bayerische Verhältnisse überprüften »Allgemeinen Bodenabtragsgleichung (ABAG)« lassen sich bei vorgegebenen Boden-, Klima- und Reliefverhältnissen unter Berücksichtigung von Anbau- und Schutzmaßnahmen die langjährigen mittleren jährlichen Bodenverluste durch Wassererosion prognostizieren und in Erosionsgefährdungskarten darstellen.

Die Allgemeine Bodenabtragsgleichung lautet:

$$A = R \cdot K \cdot LS \cdot C \cdot P$$

mit A = langfristiger, mittlerer, jährlicher Abtrag in t · ha^{-1}; R = Regenfaktor; K = Erodierbarkeit des Bodens; LS = Topographiefaktor; C = Bodenbedeckungs- und Bearbeitungsfaktor; P = Erosionsschutzfaktor.

Die Erosivität der Niederschläge (R) wird gebietsspezifisch aus Jahresniederschlagshöhe und Regenintensität, nach den langjährigen Beobachtungen des Deutschen Wetterdienstes ermittelt. Die Erodierbarkeit des Bodens (K) wird am stärksten gefördert durch einen hohen Anteil an U und ffS (0,002 bis 0,1 mm), ein hoher Steinanteil wirkt dagegen deutlich erosionsmindernd (Abb. 157).

Steigende Gehalte von T und o. S. haben eine »verkittende« Wirkung auf die Aggregierung und erhöhen die Aggregatstabilität (siehe Kap. 2.4.2.5) was sich erosionsmindernd auswirkt.

Sandböden (ausgenommen fS) sind mit hoher Infiltrationsrate (geringer bis kein Ao) weniger erosionsfällig. Am stärksten erosionsgefährdet sind humusarme oder durch zu tiefes Pflügen humusverdünnte feinsand- bis schluffreiche Böden. Für die K-Werte der verschiedenen Böden liegen inzwischen Erfahrungswerte vor (Tab. 152). Sie können im Gelände aus Bodenart, organischer Substanz, Aggregatgröße und kf abgeleitet werden.

Mit steigender Hanglänge und Hangneigung wird durch kumulierenden Ao und erhöhte kinetische Energie des fließenden Wassers der Abtrag sehr stark erhöht (Tab. 153). Hierdurch sind der Flurbereinigung Grenzen der Flächengröße gesetzt.

Je nach Bodennutzungssystem und Frucht schwanken die C-Werte zwischen 0 (Immergrün) und 1 (Schwarzbrache). Entscheidend für den Schutz der Bodenoberfläche vor den aufprallenden Regentropfen ist der Bedeckungsgrad durch Pflanzen oder Mulch (Abb. 158).

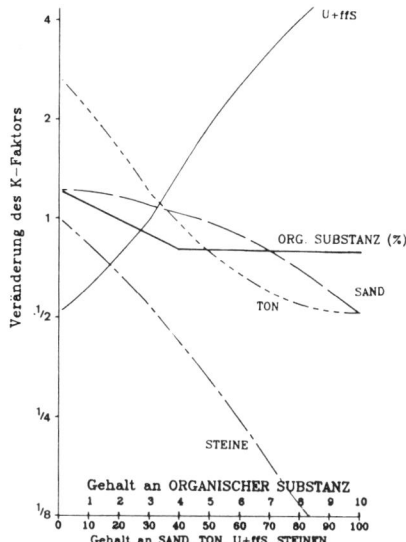

Abb. 157. Einflüsse auf den K-Faktor (nach AUERSWALD 1987).

Tab. 153. Einfluß von Hanglänge und Hangneigung auf den relativen Bodenabtrag (nach SCHWERTMANN et al. 1987)

Hangneigung (%) (50 m Hanglänge)	5	10	15	20
rel. Erosion	100	293	500	806
Hanglänge (m) (5 % Hangneigung)	50	100	150	200
rel. Erosion	100	139	170	194

Als Erosionsschutzmaßnahmen (P) haben sich Konturpflügen, Bodenlockerung für eine bessere Regenverdaulichkeit, Winterzwischen-

Tab. 152. Beispiele für K-Faktoren (nach AG Bodenkunde, 1982, gekürzt)

Gley-Podsol aus Flugsand	0,05
Braunerde aus kiesreichem Molassematerial	0,11
Braunerde aus fms Molassematerial	0,21
Parabraunerde aus Löß	0,50
Braunerde aus glimmerreichem, u-l Molassematerial	0,55
Braunerde mittlerer Entwicklung aus mittlerem Buntsandstein	0,28−0,34
Parabraunerde aus kiesig-schluffiger Jungmoräne	0,28−0,35
Braunerde aus sandig-kiesiger Jungmoräne	0,09−0,13
Parabraunerde und Braunerde aus Altmoräne	0,21−0,37
Rigosol auf Unterem Muschelkalk	0,44−0,60*

* Bezogen auf den Feinboden 2 mm∅, je nach Steingehalt

früchte, Zwischensaaten von Schutzstreifen, Minimalbodenbearbeitung bewährt (Tab. 154).

Bei extrem hoher Erosionsgefährdung bleibt jedoch nur ein Verzicht auf Mais- und Rübenanbau oder sogar Dauerbegrünung. Abb. 159 faßt die unterschiedlichen Wirkungen von Veränderungen der die Wassererosion auslösenden Faktoren zusammen. Geländemorphologie und Flurgestaltung haben den größten Einfluß.

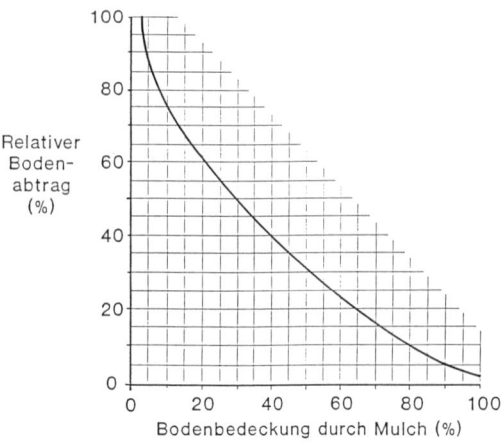

Abb. 158. Abhängigkeit des Relativen Bodenabtrags von der Bodenbedeckung durch Mulch (n. SCHWERTMANN et al. 1990).

4.5.3.2.2 Winderosion

Die Windströmung wird über der Bodenoberfläche durch Reibung gebremst und turbulent verwirbelt. Dabei wird kinetische Energie des Windes auf Partikel an der Bodenoberfläche übertragen.

Die Bewegung der Bodenpartikel kann von verschiedenen Mechanismen (Schubkraft des Windes; aerodynamischer Auftrieb; Impulsübertragung durch rollende oder springende Partikel) initiiert werden und setzt ein, wenn die Windgeschwindigkeit einen von den Bodeneigenschaften (Partikelgröße, -dichte, Kohäsion)

abhängigen Schwellenwert überschritten hat. Dieser Schwellenwert ist bei fS mit Windgeschwindigkeiten von 4 bis $5 \, m \cdot s^{-1}$ (in 15 cm Höhe) am geringsten und steigt mit zunehmender Korngröße (größeres Teilchengewicht) und

Tab. 154. Wirksamkeit von Erosionsschutzmaßnahmen (n. KIRKBY u. MORGAN 1980)

Maßnahme	Schutzwirkung vor			
	Regentropfen		Oberfl.Abfluß	
	A	T	A	T
Ackerbauliche Maßnahmen				
Bodenbedeckung mit				
Vegetation	++	++	++	++
Mulch	++	++	++	++
Erhöhung der Bodenrauhigkeit	−	−	++	++
Verbesserte Infiltration	−	−	+	++
Verbesserte Wasserspeicherung	+	+	++	++
Kulturtechnische Maßnahmen				
Kalkung, organische Düngung	++	+	++	+
Unterbodenlockerung	−	−	+	++
Streifen-, Konturanbau	−	+	+	++
Terrassierung	−	+	+	++
Hanggräben	−	−	+	++

A   = Ablösung des Bodens
T   = Transport des Bodens
−   = keine Wirkung
+   = mittlere Wirkung
++ = gute Wirkung

Abb. 159. Veränderung des Bodenabtrages bei Veränderung der Einflußfaktoren relativ zum Standardfall (9 %, 1,22 m, 33 %, 0,3, 70 respektive) (nach AUERSWALD 1987).

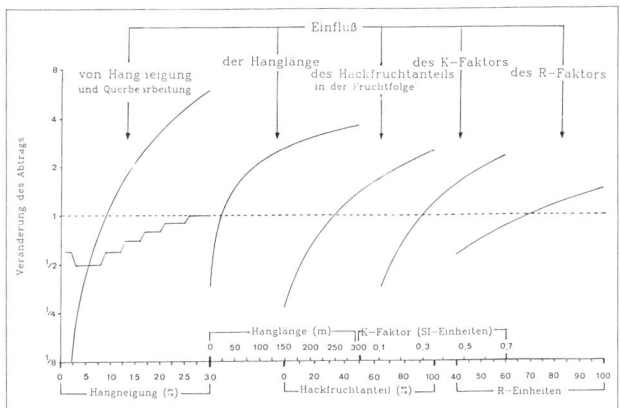

abnehmender Korngröße (zunehmende Kohäsionskräfte) deutlich an.

Mineralteilchen bzw. Aggregate > 0,63 mm ⌀ werden bei den zu erwartenden Windgeschwindigkeiten als nicht mehr erodierbar betrachtet.

Diese physikalische Gesetzmäßigkeit spiegelt sich auch in Tab. 155 wieder, wobei der Einfluß der Korngröße von der erosionsmindernden »verklebenden« Wirkung des Humus und der Bodenfeuchtigkeit (Wassermenisken) variiert wird.

Stark entwässerte, ackerbaulich genutzte und vermulmte organische Böden (siehe Kap. 2.4.1.7) (vor allem Niedermoore, Schwarzkulturen, aber auch zu tief gepflügte, humusarme Sandmischkulturen) sind aufgrund der geringen Dichte der organischen Partikel stark erosionsgefährdet (Schwellenwert 2 bis 4 m · s^{-1}).

Nach Überschreiten der Schwellenwindgeschwindigkeit steigt die Masse des transportierten Bodenmaterials mit der 3. Potenz der Windgeschwindigkeit an.

Die vom Boden abgelösten Partikel werden je nach Wind- und Fallgeschwindigkeit in unterschiedlicher Weise transportiert. Drei Haupttransportarten – Kriechen; Springen (Saltation); Schweben (Suspension) – werden unterschieden (Abb. 160), die in der Natur zusammen auftreten, sich gegenseitig beeinflussen und fließend ineinander übergehen.

Das gleichzeitige Nebeneinander dieser drei Transportformen mit ihren unterschiedlichen Transportdistanzen führt zu einer starken Sortierung (Klassierung) des transportierten Bodenmaterials. Durch diese Transportprozesse können auf den betroffenen Flächen erhebliche

Tab. 155. Potentielle Erosionsgefährdung der Mineralböden durch Wind in Abhängigkeit von Bodenart, Humusgehalt und ökologische Feuchtestufe (nach Kartieranleitung, 3. Aufl. 1982)

Bodenart	Humusgehalt in %	naß				trocken
		Feuchtestufe				
		I−III	IV	V	VI	VII
T, U, L		0	0	1		
S13	> 4	0	1	2	3	
S14	< 4	0	2	2	3	
S12, Su	> 4	0	2	3	4	5
ffS, gS	< 4	0	3	4	4	5
mS, msfS	> 4	0	3	4	5	5
fSms, fS	< 4	0	4	5	5	5

potentielle Erosionsgefahr: 0 = keine; 1 = sehr gering; 2 = gering; 3 = mittel; 4 = hoch; 5 = sehr hoch

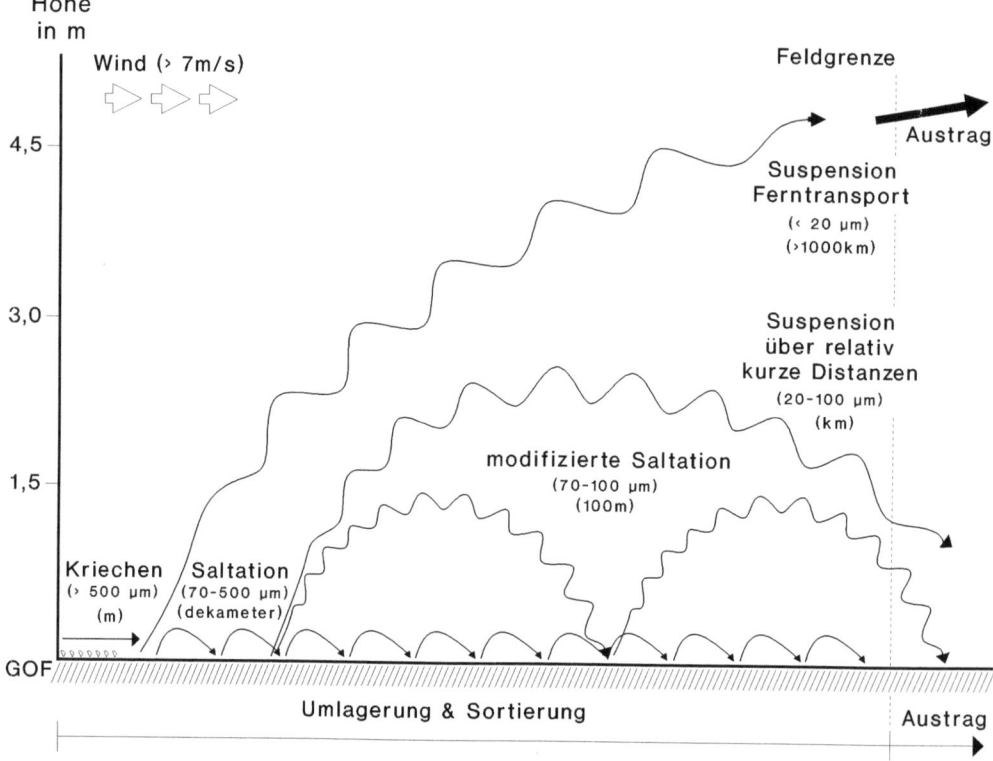

Abb. 160. Sedimenttransportformen durch Wind. Die angegebenen Bereiche für Partikelgrößen entsprechen denen bei gemäßigten Windgeschwindigkeiten (mod. nach PYE 1987).

Massenverluste entstehen, deren negative Wirkung noch durch den ausgeprägten Sortierungseffekt verstärkt wird.

Messungen in Norddeutschland haben gezeigt, daß der Wassererosion analoge Bodenverluste bis zu 200 t · ha^{-1} schon bei *einem*, mehrtägigen Winderosionsereignis auf vegetationsfreien, frisch bearbeiteten, trockenen Ackerflächen vorkommen können. Der überproportionale Verlust der als Suspension transportierten mineralischen Feinbestandteile und der organischen Substanz führt zu starken Nährstoff- und Humusverlusten. Dieser »Magerungseffekt« kann langfristig auch zu einer Verringerung der KAK und nFK in der Ackerkrume führen.

Durch springende Sandpartikel (Sandstrahlgebläse) werden Pflanzenteile verletzt bzw. zerstört, Saatgut und Keimlinge können ausgeblasen werden. Wiederholte Neuaussaaten werden erforderlich. Schäden durch Winderosion sind nicht nur am Ort der Deflation, sondern auch am Ort der späteren Ablagerung zu erwarten

wie z. B.: Überdeckung von Pflanzen, Akkumulation in Gräben, Hecken und auf Straßen, Nährstoffeintrag in Gewässer und Naturschutzgebiete, Verdriftung bodengebundener Schadstoffe, Pflanzenschutzmittel.

Die wichtigsten den Bodenabtrag durch Wind steuernden Faktoren sind ähnlich wie bei der Wassererosion in einer empirischen Gleichung nach WOODRUFF und SIDDOWAY (1965) zusammengefaßt:

$$WE\ (t/ha^{-1} \cdot a^{-1}) = f\,(I, C, K, L, V).$$

Neben Bodeneigenschaften (Bodenerodierbarkeit I) und Transportkraft des Windes (Klimafaktor C) wird der Bodenabtrag (WE) von der Rauhigkeit (K) der Boden- bzw. Geländeoberfläche, der Feldlänge (L) in Windrichtung und der Vegetation (V) bestimmt.

Betrachtet man zunächst nur die Erodierbarkeit des Bodens und die Erosivität des Windes, so kann in Anlehnung an BAGNOLD (1966) der Sedimenttransport durch die Formel

Tab. 156. Bodenart, Humusgehalt und Bodenerodierbarkeitsfaktor (Mittelwert) von Böden (Acker-krume) potentiell stark winderosionsgefährdeter Naturräume im nördlichen Niedersachsen (nach NEE-MANN et al. 1991)

Naturraum	n	Humus	T + U	ffs	fs	mS	gS	K-Faktor
Burgdorf-Peiner Geest	11	2,3	18,6	3,1	24,1	51,4	2,9	0,101
Lüneburger Heide	27	2,7	17,3	5,2	25,6	45,4	6,4	0,159
Lüchower Niederung	11	3,8	19,0	14,9	40,3	23,2	2,6	0,733
Lingener Land	23	4,3	8,7	12,4	52,9	24,1	1,9	0,740
Cloppenburger Geest	7	4,2	13,8	16,9	57,8	10,6	1,0	1,444
Hunte-Leda-Niederung	18	6,0	10,5	17,3	58,8	12,3	1,1	1,447

$Q = K * (V - V_t)^2 * V$

Q = Bodenabtrag $(kg \cdot s^{-1} \cdot m^{-2}))$

V = Windgeschwindigkeit $(m \cdot s^{-1})$

V_t = Schwellengeschwindigkeit $(m \cdot s^{-1})$

K = Bodenerodierbarkeitsfaktor $(kg \cdot s^2 \cdot m^{-5})$

mit recht guter Annäherung an Feldmeßergeb-nisse beschrieben werden. Durch Messung von Q und V kann der Bodenerodierbarkeitsfaktor (K) bestimmt werden. In Tab. 156 sind im Wind-kanal bestimmte mittlere »K-Faktoren« von potentiell winderosionsgefährdeten Böden aus

verschiedenen Naturräumen Niedersachsens dargestellt.

Je nach qualitativer und quantitativer Wir-kung dieser Faktoren lassen sich Schutzmaßnah-men ableiten und optimieren. Die bekannteste und wirksamste Schutzmaßnahme in Agrarland-schaften ist die Anlage von Windschutzanlagen (Knicks). Diese sollen den Wind nicht stauen, sondern durchlässig sein und die Windgeschwin-digkeit um etwa 50% senken (Abb. 161).

Dieser Windbremseffekt reicht luvseitig bis zum 5fachen, leeseitig bis zum 20- bis 30fachen

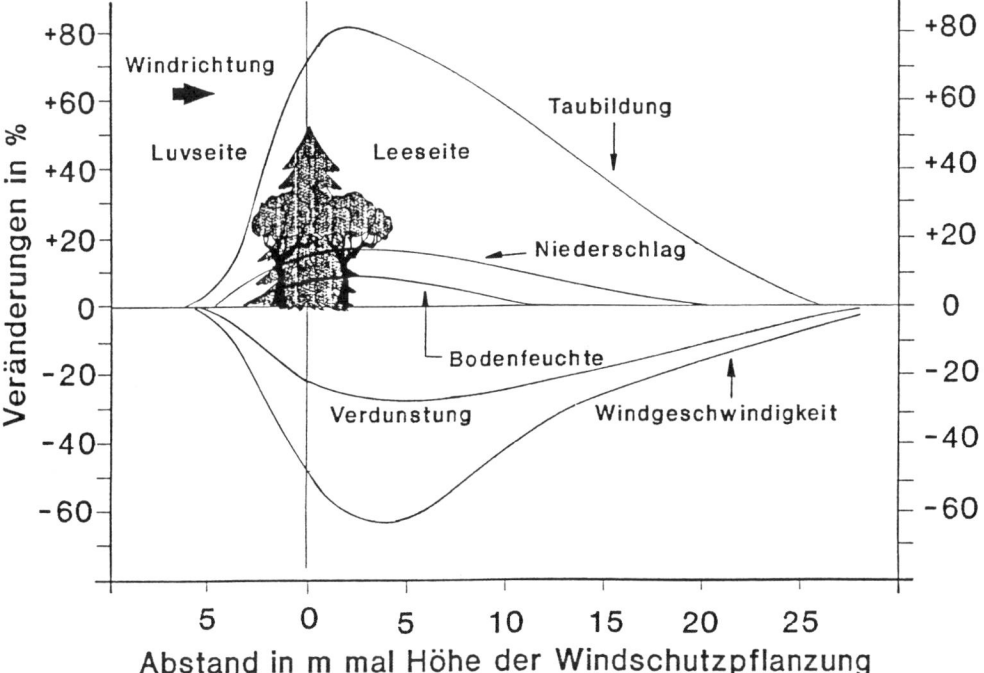

Abb. 161. Wirkung einer Windschutzhecke (nach NAGLI und KREUTZ in DIETZ, 1989).

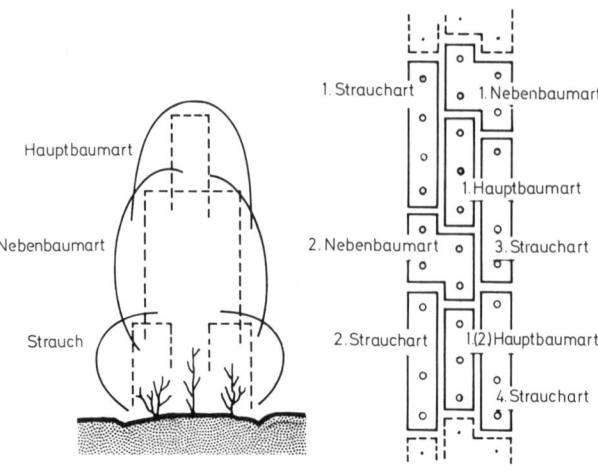

Abb. 162. Beispiel für eine dreireihige Windschutzpflanzung.

Hauptbaumart

Nebenbaumart

Strauch

1. Strauchart   1. Nebenbaumart

1. Hauptbaumart

2. Nebenbaumart   3. Strauchart

2. Strauchart   1.(2) Hauptbaumart

4. Strauchart

der Höhe der Windschutzshecke. Die Anlage von Windschutzhecken führt zwar zu einem Verlust von bis zu 8% LF, besonders in ausgeräumten Agrarlandschaften können solche Windschutzanlagen jedoch auch einen weiteren hohen ökologischen Ausgleich durch Biotopvernetzung bewirken. Abb. 162 zeigt den Aufbau einer Windschutzhecke mit standortgemäßen Hölzern.

Auch die mittelbare Wirkung einer Windschutzanlage ist positiv. Vor allem auf leichten Böden verbessert sich damit ihr Wasserhaushalt (Niederschlagserhöhung, geringere Verdunstung, mehr Taubildung). Flächenhafte Schutzmaßnahmen bestehen in einer möglichst ständigen Bodenbedeckung durch Vegetation oder Mulch (Optimierung der Fruchtfolge, Zwischenfruchtanbau, Minimalbodenbearbeitung, Zwischensaat von schützenden Pflanzen, Direktsaatverfahren), in der Stabilisierung von Bodenaggregaten durch Humuswirtschaft und Förderung der biologischen Aktivität des Bodens und in der Erhöhung der Oberflächenrauhigkeit durch Bodenbearbeitung. Zum Schutz vor einer akuten Verwehungsgefahr hat sich in einigen Regionen die »Verklebung« der Bodenoberfläche durch Verregnung eines dünnen Gülleschleiers bewährt. Potentiell stark durch Winderosion gefährdete Böden sollten nicht als Akkerland genutzt werden.

4.5.3.3 Funktionsschutz

Der Boden ist nicht nur Träger der Vegetation und damit Voraussetzung für die Produktion von Nahrungsgütern und nachwachsenden Rohstoffen, sondern auch landschaftsprägendes Element. Der Boden ist darin als belebtes physikalisch-chemisches System an entscheidender Stelle eingebunden in natürliche Stoffkreisläufe. Dabei dient er als Speicher (Senke), Umsetzer (Transformator), bei Überladung jedoch als Quelle (source).

Dem menschlichen oder tierischen Organismus vergleichbar, nimmt er alle Stoffwechselfunktionen solange wahr und reguliert gelegentlichen Stress, wie er nicht durch langfristig einseitige, falsche, zu energiereiche Ernährung (Düngung) belastet wird oder zu lange schädlichen Reizen (Immissionen) seiner äußeren und inneren Organe ausgesetzt ist. Vielseitige, seiner Konstitution und Kondition angepaßte Ernährung (Düngung), geländegemäße Bekleidung (Pflanzendecke), in der Dosis entscheidende Genuß- und Reizmittel (Agrochemikalien), Vermeiden von Streßsituationen (Nutzungsintensität) halten die in den Begriffen Bodenfruchtbarkeit und Ökosystem zusammengefaßten, vielseitigen Bodenfunktionen aufrecht. Wo drohen den Böden nun besondere Belastungen, die dieser Forderung widersprechen?

Den Böden drohen besondere Belastungen, die ihre Funktionen beeinträchtigen und über diese andere Kompartimente im Ökosystem schädigen. Alle *mechanischen* Überlastungen wirken sich in Bodenverdichtungen aus, die Wasser-, Luft-, Wärme- und Nährstoffhaushalt nachteilig beeinträchtigen. Schädliche Immissionen und Kontaminationen erfolgen durch Stäube, Säuren, Schwermetalle, Salze, Xenobiotika, Radionuklide und Gase (*chemische* Belastungen).

4.5.3.3.1 Bodenverdichtungen

Landwirtschaftlich genutzte Böden sind im Gegensatz zu nicht bewirtschafteten hohen mechanischen Belastungen ausgesetzt, die oft zu Gefügeverschlechterungen führen. Mit Großtechnik und vereinfachten Fruchtfolgen haben mechanische Belastungen zugenommen. Als besonders anfällig gegenüber mechanischen Beanspruchungen gelten tonarme, schluffreiche Mineralböden und Moorböden. Ob eine meliorative Gefügeverbesserung (siehe Kap. 4.5.2.2) eines verdichteten Bodens notwendig ist, hängt nicht zuletzt von der Art der Beurteilung ab. Am besten geschieht dieses durch die *Lagerungscharakteristik*, in der im halblogarithmischen Maßstab die addierten Bodengewichte σ_z in den jeweiligen Tiefen z der Porenziffer ε (siehe 2.4.3.3) gegenübergestellt werden.

$$\varepsilon = f(\sigma_z) \qquad \sigma_z = z \cdot \varrho t \cdot g$$

Ein normalverdichteter (nichtbelasteter) Standort zeichnet sich durch einen linearen Kurvenverlauf bei steigender Vertikalspannung aus. Abb. 163 zeigt drei Lagerungscharakteristika verschiedener Lößstandorte unterschiedlicher Nutzung.

Die Lagerungscharakteristika der Böden unter Wald und Grasbrache geben die Verhältnisse eines normalverdichteten Standortes wieder. Die Tschernosem-Parabraunerde unter Ackernutzung zeigt dagegen bei sonst gleicher Steigung ein Abknicken der Kurve bei ca. 80 hPa. Sie deutet damit auf eine Verdichtungswirkung bis ca. 50 cm Tiefe hin („Pflugsohle"). Verdichtung und Lockerung haben hauptsächlich Auswirkungen auf den Mengenanteil

an schnell und langsam dränenden Grobporen, wie die Porengrößenverteilung der drei Böden in Abb. 163 zeigt (Tab. 157).

Verdichtete Böden werden stau- und haftnaß. Sie nehmen nicht mehr in ausreichendem Maße an der Grundwasserneubildung teil. Zeitweise Vernässung bedeutet Abnahme des ROP und pH. Schadstoffe werden dann leicht mobilisiert. Tiefere Bodenbearbeitung (Unterbodenmeliorationen) werden deshalb erforderlich. Damit steigt wieder die Gefahr der Humus- und Nährstoffverdünnung (siehe Erosion). Nur ausreichend tief abgetrocknete Böden lassen Gefügeschäden durch Überlastung vermeiden. Eine ausreichende Entwässerung hilft daher, die Filterfunktion aufrecht zu erhalten. Ziel einer standortgemäßen Melioration ist nach richtiger Diagnose des Meliorationsbedarfs (hier Verdichtung) die richtige Therapie (Dränung oder Sanierung durch Unterbodenmelioration, siehe Meliorationsfähigkeit) unter Berücksichtigung von nachhaltigem Aufwand-/Nutzverhältnis (Meliorationswürdigkeit). Bodenschutz und Bodenverbesserung sind danach kein Widerspruch in sich. Wie eine Bodenverbesserung ohne bodenschützerische Aspekte nicht von nachhaltiger Wirkung sein kann, ist auch der Bodenschutz oft nicht ohne unterstützende, bodenverbessernde Maßnahmen durchführbar (siehe Kap. 4.5.3.5).

4.5.3.3.2 Immissionen

Unter *Emission* versteht man das Ausströmen luftverunreinigender Stoffe (Stäube und Gase) in die Außenluft. Natürliche Emittenten sind z.B. aktive Vulkane (SO_x, Asche) und Sümpfe

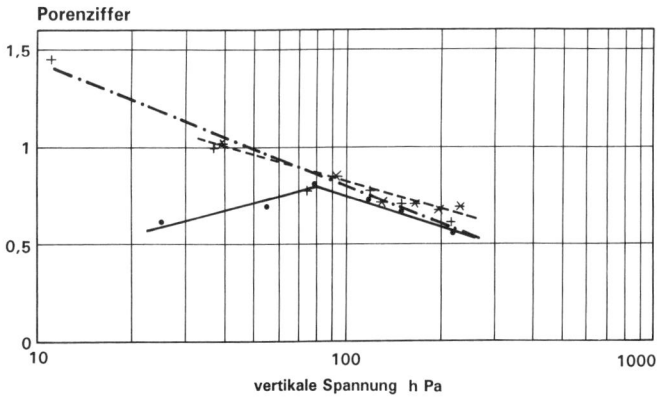

Abb. 163. Lagerungscharakteristik eines Pseudogleys unter Wald sowie einer Tschernosem-Parabraunerde unter Acker und einer Parabraunerde unter Grasbrache.

Tab. 157. Porengrößenklassen eines Pseudogleyes unter Wald, einer Tschernosem-Parabraunerde unter Acker und einer Parabraunerde unter Gras

	\> 50	50−3	3−0,2	\< 0,2 µm	% GPV
		Porengrößenklassen			
Pseudogley 0−20 cm	13,2	16,3	18,1	11,5	59,1
Tschernosem-Parabraunerde 0−30 cm	3,8	8,7	12,8	12,5	37,8
Parabraunerde 0−30 cm	6,8	17,6	13,9	11,9	50,2

Tab. 158. Mittlere statistische Bodenbelastungen in der Bundesrepublik Deutschland (nach Bodenschutzkonzeption BMI, Nov. 1984)

Luftverunreinigungen
Stäube $0,028\,t \cdot ha^{-1}\,GF$
SO_2 $0,120\,t \cdot ha^{-1}\,GF$
NO_x $0,124\,t \cdot ha^{-1}\,GF$
CH $0,064\,t \cdot ha^{-1}\,GF$
CO $0,328\,t \cdot ha^{-1}\,GF$

$0,664\,t \cdot ha^{-1}$ Gesamtfläche

Abfälle
Klärschlamm $1,880\,t \cdot ha^{-1}\,GF$
Hausmüll $1,280\,t \cdot ha^{-1}\,GF$
Industriemüll $2,000\,t \cdot ha^{-1}\,GF$
Sondermüll $0,140\,t \cdot ha^{-1}\,GF$

$5,300\,t \cdot ha^{-1}$ Gesamtfläche

Agrochemikalien
Mineraldünger (ges.) $1,386\,t \cdot ha^{-1}\,LF$
Wirtschaftsdünger (TM) $1,670\,t \cdot ha^{-1}\,LF$
Pflanzenschutzmittel (Wirkstoffe) $0,003\,t \cdot ha^{-1}\,LF$

$3,059\,t \cdot ha^{-1}$ landwirtschaftlich genutzte Fläche

Tab. 159. Emissionen (%) in der BRD nach UBA 1982

Verursacher	SO_2	NO_x	CO	CH	Staub
Verkehr	3,4	**54,6**	**65,0**	**39,0**	9,4
Haushalte	9,3	3,7	21,0	**32,4**	9,2
Kraftwerke	**62,1**	27,7	0,4	0,6	21,7
Industrie	25,2	14,0	13,6	**28,0**	**59,7**
insgesamt in Mio t	3,0	3,1	8,2	1,6	0,7
Vergleichswerte (Jahr)	3,7 (1973)	1,0 (1952)			7,0 (1952)

(CH$_4$, N$_2$O). Durch Verbrennen fossiler Energieträger wird über den natürlichen C-Kreislauf hinaus zunehmend CO$_2$ emittiert und bei dadurch verminderter Rückstrahlung CO$_2$-reicherer Luft eine Erwärmung der Erdatmosphäre befürchtet (Glashauseffekt). Industrie und Verkehr emittieren zusätzlich bisher gebundene (Schwermetalle) sowie naturfremde Stoffe (Xenobiotika). Auch Abwässer und feste Abfälle sind Immissionen i. w. S. wie auch die über den Bedarf hinaus im Boden angereicherten oder falsch behandelten Dünger (Gülle) und Pflanzenschutzmittel (Tab. 158). Die darin ausgewiesenen Emissionsdichten in t · ha^{-1} GF über den Luftpfad sind nicht als tatsächliche Immissionen zu werten. Tab. 159 gibt Hinweise auf die spezifischen Emittenten.

Unter *Immissionen* versteht man das direkte Einwirken von Luftverunreinigungen, Schadstoffen, Lärm und Strahlen auf Menschen, Tiere und Pflanzen, indirekt durch deren Akkumulation im Boden. Emissionen unterliegen auf dem Transportweg Umsetzungen *(Transmission)*. So können z. B. emittierte Säurebildner durch basenreiche Stäube neutralisiert werden. Das Problem saurer Regen wurde ein überregionales durch die Staubfilterung (»blauer Himmel über der Ruhr«) und die Erhöhung der Schornsteine.

Luftverunreinigungen müssen global betrachtet werden. Durch vorherrschende Westwinde werden in Deutschland und Skandinavien vor allem industrielle Abgabe aus England, Niederlanden, Frankreich und Belgien zusätzlich eingetragen. Emissionen in Deutschland können sich erst in den benachbarten östlichen Ländern auswirken. Elbe und Rhein bringen erhöhte Schadstofffrachten aus den oberhalb liegenden Länden bei Überflutung in die Flußauen und durch Uferfiltration in die sie begleitenden Aquifere.

Die jeweilige Nähr- und Schadstoffkonzentration in der Luft ist abhängig von der Art und Nähe des Emittenten und der Niederschlagsdichte. Nebel sind u. U. besonders nähr- und schadstoffreich (smoke = engl. Rauch + fog = engl. Nebel → smog). Die Witterungslage (Luftfeuchte, Wind, Inversion) und Vegetationsform bestimmen in hohem Maße die Immissionen. Immergrüne Nadelwälder filtern die Luft im stärkeren Maße als Laubwälder oder gar kurzlebige, niedrige landwirtschaftliche Kulturen (höhere Vi aber beim Mais). Während unmittelbare Rauchschäden durch hohe Schornsteine und Staubfilter heute selten geworden sind, sind vor allem auf SO$_2$- und NO$_x$-Immissionen zurückgeführte Walderkrankungen durch Bodenversauerung, Schwermetallmobilisierung, Nährstoffverarmungen (Mg, K), Photooxidantien (O$_3$) zu einem großflächigen Umweltproblem geworden. Landwirtschaftliche Kulturen sind infolge ihrer geringeren Interzeption, aber auch durch gezielte kontinuierliche Kalkung und Düngung bisher davon nicht betroffen. Durch unterschiedliche Seenähe werden je nach Windstärke über Aerosole beachtliche Salzmengen landeinwärts verfrachtet (Tab. 160). Die staubfreie Luft in Küstennähe verringert die Chance einer teilweisen Neutralisation saurer Immissionen. Alkali- und Erdalkali-Ionen sind meist im Staubniederschlag enthalten (siehe Winderosion). So bestimmen auch die jeweiligen Bodenlandschaften die Qualität des sauren Regens.

4.5.3.3.2.1 Bodenversauerung

Entkalkung und Versauerung der Böden sind natürliche Prozesse im humiden Klima (siehe Kap. 2.2.3.6). Sie werden anthropogen verschärft durch steigenden Verbrauch fossiler Brennstoffe, Intensivierung der Landwirtschaft, Abfallverbrennung. Man unterscheidet trockene und nasse Säuredepositionen. In Ballungsgebieten erfolgen 50% der S-Depositionen trocken (bis zu 14 g · m^{-2} · a^{-1}), in ländlichen Räumen, fern von Emittenten nur noch ⅓ (bis 4,5 g · m^{-2} · a^{-1}).

Tab. 160. Salzzufuhr (kg · ha^{-1} · a^{-1}) über Niederschläge im Küstengebiet (nach BÄTJER u. KUNTZE 1963)

km zum Meer	Ort	Cl	SO$_3$
0,1	Norderney	339	138
7,0	Infeld/Nordenham	67	88
9,0	Großheide/Norden	71	n. b.
18,0	Abelitzmoor/Aurich	53	n. b.
28,0	Friedeburg	49	86

Tab. 161. Deposition säurerelevanter Bestandteile (kg $\cdot$ ha^{-1} $\cdot$ a^{-1}) (nach BRECHTEL 1989)

	Niederschlag (mm)	H$^+$	NH$_4^+$ – N	NO$_3^-$ – N	SO$_4^{2-}$ S	Cl$^-$*
Freiland	1 007	0,5	9,0	6,7	18,0	16,2
Fichtenaltbestände	665	1,4	15,7	14,0	50,9	36,7
Buchenaltbestände	568	0,6	10,6	8,0	27,6	21,4

* vorwiegend meeresbürtig

In Tab. 161 sind die Depositionen potentiell säurerelevanter Bestandteile in den Niederschlägen, im Freiland und unter Kronentraufen des Waldes aufgeführt. SO$_2$ ist darin zu 70%, NO$_x$ zu 20% beteiligt. Hauptbestandteil des Chlorideintrages ist marinen Ursprungs (Tab. 160). HCl-Gase entstehen bei Verbrennung von PVC-haltigem Müll. Der Salzsäureanteil in den Niederschlägen beträgt etwa 10%.

Etwa 80 bis 90% der NH$_3$-Immissionen stammen aus intensiver Tierhaltung. In Regionen hoher Viehdichte (Vechta) liegt die NH$_3$-Emissionsdichte mit 52 kg $\cdot$ ha^{-1} $\cdot$ a^{-1} etwa doppelt so hoch wie im Durchschnitt des Landes.

Die Acidität der Niederschlagswässer wird durch Säure-Basen-Reaktion in der Atmosphäre bestimmt. Im Mittel haben Niederschläge heute in Europa pH um 4,3. In der winterlichen Heizperiode werden z. B. in Bremen bis zu pH 3,2 gemessen. In der Atmosphäre findet durch Oxidation (NH$_3$ → NO$_3$) und Neutralisation (2NH$_3$ + H$_2$O + SO$_2$ + O → (NH$_4$)$_2$SO$_4$) sowie Sorption (basische Stäube) eine Selbstreinigung statt. Man unterscheidet »rainout« (Tropfenbildung), »washout« (Adsorption) und Interzeption. Letztere ist in bewaldeten Kammlagen der Gebirge besonders hoch.

Je nach Puffersystem sind Böden über einen unterschiedlich langen Zeitraum gegen Versauerung geschützt (siehe Kap. 2.2.4). Hohe Pufferraten sind jedoch im humiden Klima mit Auswaschungsverlusten an Säureneutralisationskapazität verbunden. In lehmig-tonigen Böden nimmt mit verminderter Elektrolytkonzentration der Bodenlösung die Gefügestabilität ab, die Verschlämmung zu. Huminstoffe verlieren mit Versauerung die Fähigkeit der Me$^+$-Adsorption. Tonminerale zerfallen < pH 4. Podsolierung führt zu verminderter biologischer Aktivität und Anreicherung organischer Substanz. Spätestens ab pH 3,5 verschwinden Regenwürmer, Milben und Springschwänze neh-

men zu, Bakterien und Actynomyzeten treten zugunsten der Pilze zurück. Besondere Schäden durch Versauerung erfolgen in Waldökosystemen. Je nach Baumart sind inzwischen 50 bis 70% der Bestände geschädigt. Stark versauerte Oberflächen-, Grund- und Quellwässer entsprechen mit dann hoher Al^{3+}- und Schwermetallkonzentration nicht mehr den Anforderungen für Trinkwasser.

Die Reduktion der Bodenversauerung hat bei den Verursachern zu beginnen. Die TA-Luft schreibt vor, die SO$_2$-Abgase von Großfeuerungsanlagen auf < 200 mg $\cdot$ m^{-2} jährlich bis 1993 zu senken, sonst droht Stillegung. Nach Entschwefelung von Kohle und Öl sowie verschiedenen Verfahren des Waschens bzw. Katalyse lassen sich 95% SO$_2$ und 90% NO$_x$ filtrieren. Durch schnelle Einarbeitung der Gülle in den Boden lassen sich NH$_3$-Verluste (bis zu 90%) auf < 10% reduzieren. Zur Erhaltungs- und Meliorationskalkung siehe Kap. 2.2.3.6. In landwirtschaftlich genutzten Böden sind bei regelmäßiger Düngung und Kalkung Schäden durch Säureeinträge zu vermeiden. Kalk hat die ökologische Aufgabe, Schadstoffe zu immobilisieren. Mit zunehmendem pH sinkt die Pflanzenverfügbarkeit der meisten Schwermetalle. Bei sauren Waldböden jedoch reicht eine Aufkalkung bis pH 4 zur Immobilisierung toxischer Aluminiumionen aus. Stärkeres Aufkalken kann den Artenbestand von Wildpflanzen und Bodentieren verändern. Kalk fördert auch die Nitrifizierung und die Umsetzung organischer Schadstoffe. Kalk stabilisiert aber auch das Bodengefüge. Die Oberflächenverschlämmung, Verdichtbarkeit ausreichend mit Kalk versorgter Böden ist geringer als die versauerter Böden. Bei guter Regenverdaulichkeit nimmt die Erosionsgefährdung ab. Die quantitative und qualitative Filterleistung der Böden wird verbessert.

4.5.3.3.2.2 Schwermetalle – Anorganische Schadstoffe

Schwermetalle (SM) sind Elemente, deren Dichte $> 5\,g \cdot cm^{-3}$ liegt. So betrachtet, ist bereits Fe ein SM. Einige sind für die Ernährung von Pflanzen, Tieren und Menschen *essentielle* Bioelemente, solange ihre Dosis gering bleibt (*Spuren*elemente), andere *nicht* essentielle schon in geringen Dosen hochgradig toxisch (z. B. Cd, Hg, As).

SM sind Bestandteile vieler Minerale und Ausgangsgesteine (Tab. 162). Dort überwiegend im Kristallgitter silicatisch, sulfidisch oder carbonatisch gebunden sind diese *lithogenen* SM nur bei technischer Aufbereitung z. B. zu Gesteinsmehl bedingt löslich. Erst durch weitere industrielle Aufbereitung und Verarbeitung gelangen sie z. B. als leichter lösliche Oxide über den Luft- und Abfallpfad (Stäube, Halden) auf die Böden. Rohphosphate sind Cd-haltig. In Siedlungsabfällen moderner Industriegesellschaften konzentrieren sich SM. Bei der Abwasserreinigung erfolgt eine weitere Konzentrierung im Klärschlamm. Auch Hafenschlämme sind derartige SM-Fallen. Nach Tab. 164 ist bereits der mittlere Eintrag größer als der Austrag. Das führt langfristig zu SM-Anreicherungen im Boden und macht entsprechende gesetzliche Kontrollen erforderlich (siehe Abfallbeseitigungsgesetz, Klärschlammverordnung).

Im Boden unterliegen diese *anthropogenen* SM einer weiteren Veränderung ihrer Bindungsformen und damit Löslichkeit (Abb. 110). *Pedogene* SM nehmen absorbiert an Austauscher, komplexiert mit o. S., okkludiert in Metalloxiden eine mittlere Löslichkeit zwischen lithogenen und anthropogenen SM ein. Mobilisierung und Immobilisierung sind deshalb möglich.

In der Klärschlammverordnung werden Grenzwerte für tolerierbare SM-Anreicherungen genannt (Tab. 165). Dazu werden im Königswasseraufschluß (Goldscheidewasser: 3 Teile konzentrierte HCl und 1 Teil konzentrierte HNO_3) lösliche, quasi *Gesamt*-SM-Gehalte und damit das *maximale* Gefährdungs*potential* zugrunde gelegt. Mittlere Bodenverhältnisse werden angenommen. Diese Grenzwerte sind jedoch für einen differenzierten Bodenschutz zu überdenken, da SM in Böden in verschiedenen chemischen Bindungsformen mit unterschiedlicher Aufnahmefähigkeit und Toxizität für die Pflanzen vorliegen und im Laufe der Zeit bodentypisch unterschiedlichen Umwandlungsprozessen unterliegen (Langzeitwirkung!).

Großen Einfluß nimmt der pH-Wert (Abb. 164). Bei pH 5 hat die Versuchspflanze Radies einen um den Faktor 8 höheren Cd-Gehalt als bei pH 6, oberhalb dem erst der Richtwert des Bundesgesundheitsamtes für Gemüse unterschritten wird.

In Tab. 166 sind die pH-Schwellen für die Mobilisierung der verschiedenen SM aufgeführt. Mit sinkendem pH nehmen die unspezifisch gebundenen Anteile der adsorbierten Metalle zu. In Tonböden sind bei gleichen Gesamtgehalten SM weniger löslich als in S-Böden. Je % $< 2\,\mu m$ wurde eine um 2% geringere SM-Aufnahme durch Testpflanzen festgestellt. Tonmineral-Art und damit KAK sind entscheidend. Auch die Wirkung der organischen Substanz auf die SM-Mobilität ist von ihrer Menge und Form abhängig.

Bisher ist es nur möglich, die *relative* Bindungsstärke der SM durch die dafür wirksamen Bestandteile Ton, Humus, Metalloxide in Abhängigkeit kritischer pH-Schwellen festzulegen (Tab. 167). Mit dem Humifizierungsgrad steigt die Selektivität der SM-Bindung (z. B. Cu-Mangel auf Moorböden). Dagegen können niedrigpolymere Nichthuminstoffe durch Chelatisierung die SM-Mobilität fördern.

Bodeneigenschaften, welche die Löslichkeit und Pflanzenverfügbarkeit von SM beeinflussen, werden durch Ermittlung als Gesamtgehalte im Königswasserauszug nicht erfaßt. Als zusätzliche Extraktionsverfahren zur Einschätzung der SM-Mobilität in Böden werden die in der folgenden Tab. 168 aufgeführten empfohlen.

Diffuse und punktuelle SM-Einträge sind auf möglichst niedrigem Niveau, bezogen auf tolerierbare Entzüge durch Pflanzen bzw. Auswaschung zu halten. Aufgabe des Bodenschutzes ist es, die bisher recht unterschiedlichen zulässigen Schadstoffeinträge durch Immissionen, Siedlungsabfälle und Düngemittel anzugleichen und ihre mögliche Summenwirkung zu berücksichtigen (Tab. 169). Die Grenzwerte der Klärschlammverordnung sind Vorsorgewerte. Erreicht ein Standort den einen oder anderen Grenzwert, so ist er nicht als »vergiftet« von jeglicher Nahrungsproduktion auszuschließen. Hier ist lediglich die Zufuhr weiterer SM auszuschließen (siehe Kap. 4.5.3.3.2.2). Mit SM bereits belastete Böden sind durch Erhöhung des pH-Wertes (Meliorationskalkung) zu sanieren. Zu berücksichtigen ist der »geogene background«. Je nach Element und Gestein werden

Tab. 162. Durchschnittswerte (mg · kg^{-1}) umweltrelevanter Schwermetalle in verschiedenen Fest- und Lockergesteinen (lithogener Grundgehalt) nach HINDEL und FLEIGE (1991), für Böden nach KLOKE (1980)

	Ultra-basite	Basite	Granite	tonige Gesteine	Sand-steine	Kalk-steine
As	0,5	2,0	1,5	6,6	1	2
Cd	0,05	0,19	0,1	0,3	0,0	0,035
Cr	2 000	200	25	100	35	11
Cu	20	100	20	57	–	4
Ni	2 000	160	8	95	2	20
Pb	0,1	8	20	20	7	9
Zn	30	130	60	80	15	20

	Schwarz-schiefer	Löß	Bimstuff	Sand	Geschiebe-lehm	»Böden«
As	–	6,5	5,1	1,3	3,4	20
Cd	–	<0,03	<0,3	<0,3	<0,3	3
Cr	200	67	41	1,5	20	100
Cu	310	15	9	<3	9	100
Ni	425	28	19	5	15	50
Pb	28	34	28	10	20	100
Zn	400	53	133	11	36	300

Tab. 163. Geogene Schwermetallgehalte in Feinböden von C-Horizonten aus Festgestein (nach HINDEL und FLEIGE 1991)

	(mg · kg^{-1}, bei Hg μg · kg^{-1})							
	Pb	Cu	Zn	Cd	Ni	Co	Hg	As
Kalkstein	100	50	350	1,5	70	40	100	25
Sandstein	80	40	200	(1,0)	40	20	80	20
Tonstein	80	70	200	(1,0)	100	60	200	30
Mergelstein	80	80	120	(1,0)	120	40	150	15
Basalt	70	130	300	(1,0)	(1 000)	100	120	15
Granit	(70)	15	(200)	1,0	(25)	(20)	120	(10)
Glimmerschiefer	130	60	300	(1,0)	80	40	50	25
Pikrit	70	500	(600)	(1,0)	1 800	160	160	5,0

Tab. 164. Schwermetalle in Böden (nach Materialien BMI zur Bodenschutzkonzeption 1985)

	Pb	Cd	Cu	Ni	Hg	As
natürlicher Gehalt im Boden	<20	<1	<20	<50	<1	<20 ppm
mittlerer Eintrag	183	4−108	350	26−255	7	2−365 g/ha · a
mittlerer Austrag	14−124	2−34	118−282	28−146	1−5	16 g/ha · a
Persistenz	+++	+++	+++	+++	++	++
Mobilität	+	++	+	+	+	++
pflanzliche Aufnahme	+	+++	++	++	++	++

+ = gering, ++ = mittel, +++ = hoch

Tab. 165. Grenzwerte für Schwermetalle und einige organische Schadstoffe in Klärschlamm und Böden (Bundesgesetzblatt 1992)

Element	Grenzwerte in Klärschlamm $(mg \cdot kg^{-1} TM)$	Gesamtgehalte in lufttrockenem Boden $(mg \cdot kg^{-1})$		
		natürlich	kontaminiert	Grenzwert
Cd	10/5*	0,1− 1	− 200	1,5/1*
Zn	2500/2000*	3−50	−20000	200/150*
Cu	800	1−20	−22000	60
Ni	200	2−50	−10000	50
Pb	900	0,1−20	− 4000	100
Cr	900	2−50	−20000	100
Hg	8	0,1− 1	− 500	1

Xenobiticum

AOX	$500 \, mg \cdot kg^{-1} TM$
PCB (Nr. 28, 52, 101, 138, 153, 180)	jeweils $0,2 \, mg \cdot kg^{-1} TM$
PCDD	$100 \, ng \, TE \cdot kg^{-1} TM$
PCDF	$100 \, ng \, TE \cdot kg^{-1} TM$

* jeweils niedriger Wert für Böden < 5% < 2 μm oder pH < 5−6
TE = TCDD, Toxizitätsäquivalent

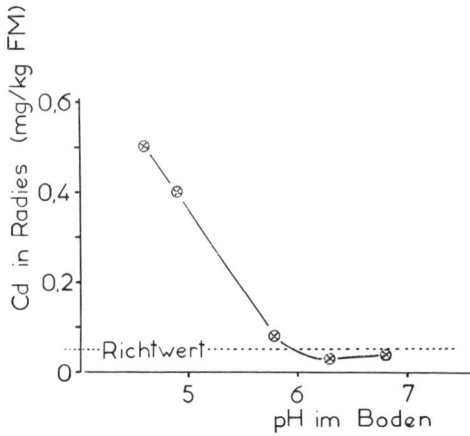

Abb. 164. Einfluß des pH-Wertes auf die Schwermetallaufnahme durch die Testpflanze Radies auf einem Cd-reichen Boden ($10\,mg \cdot kg^{-1}$).

Tab. 166. pH-Schwellen der Schwermetallmobilisierung (BLUME und BRÜMER 1987)

Cd	Zn	Ni	Co	Cu	As	CrIII	Pb	Hg
6,5	6,0	5,5	5,5	4,5	4,5	4,5	4,0	4,0

Tab. 167. Relative Bindungsstärke für Schwermetalle durch Bestandteile bei entsprechenden pH-Schwellen (nach DVWK 1988)

Element	Humus	Ton	Me-Oxide
Cd	4	2	3
Ni	3–5	2	3
Co	3	2	3
Zn	2	3	3
Cu	5	3	4
CrIII	5	4	5
Pb	5	4	5
Hg	5	4	5

2 = gering, 3 = mittel, 4 = stark, 5 = sehr stark

bei sonst gleichen Randbedingungen zwischen 50 und 10% der entsprechenden SM aus oxidischer Bindung von Testpflanzen aufgenommen. Im pH-Wert begrenzt kontrollierbare leichte Böden sind ggf. durch Zufuhr von Eisen zu sanieren. Goethitreiche Gleyböden sind bessere SM-Senken als Ferrihydrithaltige. Eisenhaltige Nebenprodukte (z. B. Rotschlamm der Aluminiumindustrie oder Fällungsschlämme der Wasserwerke) sind meliorative Alternativen zur Kalkung empfindlicher Böden (S, H). Eine Beeinträchtigung der Phosphatmobilität ist zu berücksichtigen. Durch Überdecken (30 cm Grünland, 60 cm Ackerland) mit SM-freien Böden bleiben SM-Belastungen unterhalb des Hauptwurzelraumes im häufig reduktiven Milieu. Vermischen von SM-haltigen Oberböden mit SM-freien Unterböden hat sich nicht bewährt. Durch bessere Zugänglichkeit erhöhten sich sogar die SM-Aufnahmen der Pflanzen.

Tab. 168. Extraktionsverfahren zur Abschätzung der Schwermetallmobilität

Extraktionsmittel	Bindungsart	Mobilität
H_2O	Bodenlösung	+++
0,1 M $CaCl_2$	austauschbar sorbiert	++
0,1 M HNO_3	spezif. adsorbiert	+
DTPA	org. komplexiert	+
NH_2OH-HCl	oxidisch gebunden	++

+ = wenig, ++ = mittel, +++ = hoch

Tab. 169. Gesetzlich zulässige Schwermetallimmissionen ($g \cdot ha^{-1} \cdot a^{-1}$)

	Pb	Cd	Cu	Ni	Hg	Zn
1. Düngemittel-VO	200	4	200	30	4	750
2. TA Luft	913	18				
3. Klärschlamm-VO	1530	17/8,5*	1360	333	13	4250/3400*
4. Grenzbelast. des Bodens × 1 000 g/ha · 30 cm	450	6,8/4,5	270	225	4,5	900/675
5. mind. Belastungsjahre $\dfrac{4}{(1. + 2. + 3.)}$	175	174/150	173	620	265	180/162

* jeweils niedriger Wert für leichte, saure Böden (siehe Anmerkung Tab. 165)

Tab. 170. Potentielle Gefahrstoffe

	anorganisch (Schwermetalle) »natürlich«	organisch (PAH, PCB, PCDD, HCH) »xenobiotisch«
1. Anzahl	61	50 000 + 1500/a
2. Probenahme	konventionell	Konservierung!
3. Analytik	AAS, RFA »quantitativ«	GC, MS, HPLC, IR* »qualitativ«
4. Konzentration	ppm	ppb
5. kritisch	6	200
6. Verhalten im Boden	fest (flüssig) Sorption/Ionenbindung	fest – flüssig – gasförmig, metabolisierbar »bound residues«

* Erläuterungen: AAS = **A**tom**a**d**s**orptions**s**pektrometrie; RFA = **R**öntgen**f**luoreszenz**a**nalyse; GC = **G**as**c**hromatographie; MS = **M**assen**s**pektrometrie; HPLC = **h**igh **p**ressure **l**iquid **c**hromatography (Hochdruckflüssigkeitsspektrometrie); IR = **I**nfra**r**ot

4.5.3.3.2.3 Organische Gefahrstoffe

Im Vergleich zu den nach Zahl, Konzentration, Analytik, Probenahme/Konservierung und Verhalten im Boden überschaubaren Schwermetallen sind organische Gefahrstoffe als meist xenobiotische (naturfremde) Substanzen schwieriger zu beurteilen. Sehr aufwendige Analysenmethoden gestatten häufig erst eine halbquantitative bis qualitative Bewertung. Es muß mit Zustandsänderungen auch dieser organischen Substanzen im Boden gerechnet werden. Metabolite werfen neue Fragen ihrer Toxizität auf. In Tab. 170 ist dieser Sachverhalt tabellarisch dargestellt.

Das Chemikalien-Gesetz schreibt eine Risikobeurteilung neuer Stoffe vor. Es handelt sich überwiegend um stoffspezifische Prüfungen wie z. B. Löslichkeit, Dampfdruck und Abbaubarkeit. Diese Prüfungen erfolgen losgelöst vom natürlichen Milieu Boden. So wird die Sorption sowie die von den Bodeneigenschaften pH, KAK, o. S., Enzymaktivität stark geprägte, unterschiedliche Abbaubarkeit je nach biologischer Aktivität der Böden nicht berücksichtigt. Das Pflanzenschutzmittel-Gesetz nimmt sich dieser Frage mit Modellböden an. Die 1992 novellierte Klärschlamm-Verordnung zum Abfallbeseitigungs-Gesetz hat erst einige organische Schadstoffe als neue Gefahrstoffparameter in Klärschlämmen und Böden berücksichtigt (siehe Tab. 165).

Die Abbaugeschwindigkeit für verschiedene potentielle Schadstoffe liegt zwischen wenigen Wochen (z. B. Insektizide, P-Ester), wenigen Monaten (z. B. Wuchsstoffherbizide, Phenoxi-fettsäure, Öle) und mehreren Jahren (Chlorkohlenwasserstoff). Nach bisherigem Kenntnisstand ist ein chemischer Abbau – ausgenommen photochemische Reaktionen – von geringerer Bedeutung als der mikrobielle.

Von 4 Mio. bekannten chemischen Verbindungen sind mindestens 5000, möglicherweise über 50 000 umweltrelevant. Die US-Environmental Protection Agency bezeichnet davon 650 als prioritäre Gefahrstoffe, von denen die OECD 115 Risikostoffe nennt. Alle diese einzeln abzuhandeln, ist selbst der spezifischen Fachliteratur noch nicht möglich. Sie werden meist in Gruppen potentieller Schadstoffe dargestellt, diesem Vorgehen wird hier gefolgt (Abb. 165).

Halogenierte Kohlenwasserstoffe (CKW)

Diese werden als Reinigungsmittel (z. B. Tri-, Tetrachloräthan) oder zur Entfettung in der Metall-Elektronik-Industrie verwendet. Sie erreichen als leicht flüchtige Stoffe über die Luft, aber auch über Abwasser und Klärschlamm den Boden. Dort sind sie infolge ihrer langsamen Verdampfung mit anschließendem photolytischen Abbau wenig persistent. Verweilzeiten bis zu 18 Monaten wurden jedoch beobachtet. In der Bodenluft, aber auch in Sickerwässern in der Nähe von Deponien sind erhöhte Konzentrationen festgestellt worden.

Polychlorierte Biphenyle (PCB)

An Biphenyl-Molekülen können durch Substitution bis zu 10 Cl angelagert werden. Mit dem Chlorierungsgrad steigt die Persistenz im Bo-

Grundstruktur	Jahresproduktion BRD[1] [t/a]	Bodengehalte [mg/kg] Ballungsg. Ländl. Geb.
PCB	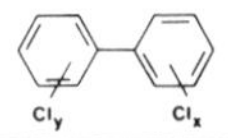 7500-2700 (1980) (nur Verbrauch, keine Produktion)	< 100 0,05-0,1
PCDD	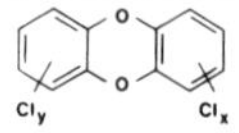 keine; Nebenprodukte bei 2,4,5-T; PCP-Herstellung; Müllverbrennung	nur in Kontaminationsflächen (Seveso, Times Beach) untersucht
PAH's	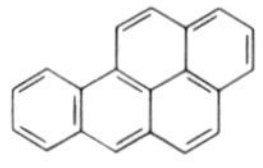 keine; Nebenprodukte bei Verbrennung fossiler Brennstoffe und organischer Substanz	< 650 0,02
Tri-, Tetra- chlorethen	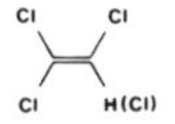 113.000 (1979)	< 60 (Tri) < 112 (Tetra) [μg/m^3 Bodenluft]

Abb. 165. Organische Gefahrstoffe – Produktion und Konzentration in Böden (nach FÜHR et al. 1986).

den. Diese große Langlebigkeit verlangt daher ihre Verwendung nur noch in geschlossenen Systemen (Kühlmittel in Transformatoren). Sie werden aber auch als Stabilisatoren in Pflanzenschutzmitteln benötigt und können durch Einwirkung vom UV-Licht beim Abbau des – inzwischen in der Bundesrepublik Deutschland verbotenen – DDT entstehen. Wegen zahlreicher Isomere ist ihre Analytik schwierig. Infolge geringer Wasserlöslichkeit reichern sie sich in der Wasser-Luft-Grenzschicht an, wo nur die niedrig chlorierten verdampfen. Ländliche Gebiete weisen deutlich niedrigere PCB-Gehalte im Boden auf als Ballungsgebiete. Siedlungsabfälle akkumulieren PCB. Ein Kontaminationsrisiko mit PCB-Aufnahme durch die Pflanzen entsteht > 5 mg · kg^{-1} Boden.

Polychlorierte Dibenzodioxine (PCDD)

Diese entstehen als Nebenprodukte bei der Herstellung z. B. von PCB 2, 4, 5-T, bzw. bei deren Beseitigung (unvollständige Müllverbrennung, große Waldbrände). Von den 75 Dioxinen ist bisher nur das 2, 3, 7, 8-Tetrachlordibenzodioxin (TCDD, Seveso-Dioxin) toxikologisch erfaßt. Weil die Analytik dieser Stoffgruppe äußerst aufwendig und schwierig ist, ist ihre Risikoabschätzung noch nicht möglich. Ein Toxizitätsrichtwert von 5 ng TE/kg Boden wird z. Zt. für jegliche Bodennutzung als unbedenklich vorgeschlagen (Bund/Länder-AG-Dioxine) Bis 40 ng TE/kg Boden ist mit sehr geringem Dioxintransfer Boden → Pflanze zu rechnen. Vorsorgliche Untersuchungen sind angezeigt. Nutzungsbeschränkungen werden bei > 40 ng TE/kg Bo-

---

Tab. 171. Organische Schadstoffe (nach Materialien des BMI zur Bodenschutzkonzeption 1985)

	PCB	PAH	PCP	PCDD	HCH	HCB
natürlicher Gehalt im Boden	<0,1 μg	–	–	–	–	–
Produktion	–	+	+	(+)	–	+
Eintrag	KS	Luft	PSM	Müllverbr.	PSM	PSM
Persistenz	+++	++	+	+++	++	++
Mobilität	+	+	+++	+	++	+++
pflanzliche Aufnahme	+	+	+	+	+++	+++

PSM = Pflanzenschutzmittel
KS = Klärschlamm
+++ = sehr groß
++ = groß
+ = mittel
– = nicht vorhanden

Die meisten organischen Schadstoffe werden in der organischen Bodensubstanz oberflächennah akkumuliert.

Dioxinbelastete Böden
Empfehlungen. Bund-Länder-AG Dioxine 1992

< 5 ng TE/kg^{-1} TM =	uneingeschränkte landwirtschaftliche Nutzung
$5-40$ ng TE/kg^{-1} TM =	eingeschränkte landwirtschaftliche Nutzung für Nahrungsmittel, keine Weide
> 40 ng TE/kg^{-1} TM =	landwirtschaftlich nur bei nachweislich minimalem Dioxintransfer
> 100 ng TE/kg^{-1} TM =	Bodenaustausch auf Spielplätzen erforderlich
> 1000 ng TE/kg^{-1} TM =	Bodenaustausch in Siedlungsgebieten, Dekontamination
> 10000 ng TE/kg^{-1} TM =	Bodenaustausch, Entsorgung, Bodenversiegelung

den (Grenzwert) erforderlich. Obenstehende Aufstellung zeigt weitere Begrenzungen

Polyzyklische, aromatische Kohlenwasserstoffe (PAH)
Benzo(a)pyren ist die Leitsubstanz dieser ubiquitären Stoffgruppe. Es entsteht bei unvollständiger Verbrennung von fossilen Brennstoffen. In der Luft werden PAHs an Staubteilchen gebunden und gelangen so in die Böden. Die Humusauflagen von Waldböden enthalten mehr PAH als Freilandböden (Filterwirkung).

Tab. 171 gibt Vergleichsmöglichkeiten gradueller Unterschiede von Eigenschaften potentieller organischer Schadstoffe, geordnet nach Entstehung (Produktion), Eintragspfad, Persistenz, Mobilität und pflanzliche Aufnahme.

Pflanzenschutzmittel
Am Beispiel der Pflanzenschutzmittel wird das Verhalten organischer Fremdstoffe im Boden verdeutlicht (Abb. 166).

Hierbei handelt es sich um die am besten erforschte Stoffgruppe. Jährlich werden z. Zt. in

den alten Bundesländern 30000 t Pflanzenschutzmittel verbraucht. Das entspricht einem Biozideinsatz von etwa $5\,kg \cdot ha^{-1}$ Ackerland. Diese werden überwiegend von der organischen Substanz sorbiert. Einige Herbizide verlangen z. B. auf humusreichen Böden eine 4- bis 5fach erhöhte Dosis, um zu vergleichbarer Wirkung zu gelangen. Das kann für Folgefrüchte (z. B. Nachwirkung von Gesaprim für Mais auf die Nachfrucht Getreide) Schäden bis zu Totalausfällen bewirken. Derartig hoch angereicherte Böden sind in ihren mikrobiellen Aktivität zumindest vorübergehend beeinflußt. Bei sachgemäßem Pflanzenschutzmittel-Einsatz ist die Mikroflora – von vorübergehenden Störungen abgesehen – durch ihre hohe Zahl und Artenvielfalt weniger betroffen als die von Wildkräutern abhängigen Insekten. Schwund und Vitalitätsverluste des Regenwurms als wichtigsten Bodenwühler werden allerdings nicht ausgeschlossen.

Humin- und Fulvosäuren besitzen reaktive Gruppen, die organische Fremdstoffe bzw. deren Metabolite sorbieren. Mit steigender Ver-

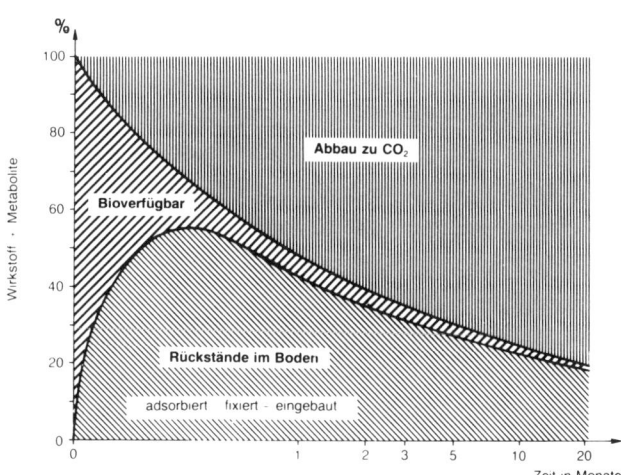

Abb. 166. Die generelle Situation von Pflanzenschutzmittel-Wirkungen in Böden (nach FÜHR et al. 1986).

weildauer sinkt so die biologische Verfügbarkeit durch Sorption einerseits und biochemischem Abbau, Verflüchtigung und Auswaschung andererseits. Denkbar ist auch, daß organische Fremdstoffe oder deren Metabolite im Bodenhumus inkorporiert werden. Solche sorptiven, fixierten oder inkorporierten Bindungen erhöhen zwar die Persistenz organischer Gefahrstoffe im Boden, aber, je stärker die Bindung wird, desto geringer ist das Risiko derartiger »bound residues« hinsichtlich ihrer Mobilität in der Ökosphäre.

4.5.3.3.2.4 Radioökologie
Je nach Ausgangsgestein gibt es über 60 natürliche Radionuklide. Böden aus magmatischer Gesteinsverwitterung (Basalt, Granit) weisen eine höhere natürliche Radioaktivität auf als solche aus Lockersedimenten. Vorherrschendes lithogenes Radionuklid ist 40 K (bis zu 90% der β-Aktivität). Silicatreiche schwere Böden, z. B. aus Tonschieferverwitterung haben deshalb höhere natürliche Radionuklidgehalte als Sandböden.

Radionuklide zerfallen spontan unter Abgabe von α-, β- und γ-Strahlung in andere Nuklide. α-Strahlen senden relativ massereiche He^+-Atomkerne, β-Strahlen setzen massearme, negativ geladene Elektronen frei. Die γ-Strahlung ist kurzwellig, elektromagnetisch und energiereich. Sie tritt im bodenkundlichen Bereich nicht auf. In natürlichen Böden dominieren α- (40 K) und β-Strahler (238 U, 87 Rb, 129 J und 14 C). Die Radioaktivität wird spektroskopisch in Becquerel (Bq) gemessen. 1 Bq = 1 Zerfall je Sekunde. Bezugsgröße ist die Rohdichte. $1 Bq \cdot kg^{-1}$ = $360 Bq \cdot m^{-2}$ bei Rohdichte, trocken 1,2 kg · dm^{-3} und 3 dm Tiefe.

Durch Verbrennung fossiler Energieträger können in Nähe von Kohlekraftwerken radioaktive Kontaminationen mit 232 Th, 226 Ra, 137 Cs und 40 K erfolgen. Weitaus kritischer

sind gasförmige künstliche Radionuklidemissionen und radioaktive Abwässerbelastung kerntechnischer Anlagen, insbesondere aber Störfälle wie der GAU von Tschernobyl, der 1986 je nach Niederschlagsverteilung die Böden in Westdeutschland zwischen 20000 und 280000 $Bq \cdot m^{-2}$ radioaktiv belastete. Nach den oberirdischen Kernwaffenerprobungen 1951/76 lag gebietsweise die radioaktive Belastung mit 90 Sr noch deutlich höher als nach dem Tschernobyl-Ereignis.

Radioaktive Immissionen erfolgen als trockene und nasse Depositionen. Grob-, kolloid- oder ionendispers werden die Radionuklide wie die stabilen Isotope im Boden gefiltert und gepuffert. Humusreiche Waldböden (Interception!) sind stärker belastbar als humusarme, durch ackerbauliche Maßnahme verdünnte, landwirtschaftlich genutzte Böden. Die 90 Sr Adsorption wird durch das chemisch ähnliche Ca^{2+}, aber auch durch H^+ verhindert. Durch die Tschernobyl-Katastrophe wurden vor allem 137 Cs und 106 Ru freigesetzt. 137 Cs verhält sich im Boden ähnlich K^+ und ist bei Einlagerung in die Tonmineralzwischenschichten wenig mobil. Das erklärt die hohe Einwaschungsgeschwindigkeit dieses Radionuklids vor allem in Sandböden. 106 Ru (Halbwertszeit 365 Jahre) wird vor allem im Humus gebunden. Mit einer Halbwertzeit von nur 8 Tagen gegenüber 5730 Jahren beim 14 C ist das relativ leicht abbaubare 131 J im Boden kaum anreicherbar. Besonders gefährlich, weil sehr mobil, ist Tritium 3H. Es tritt in Böden als THO auf, verhält sich wie Wasser und wird deshalb als »tracer« bei Wasserhaushaltsstudien eingesetzt. Da 14 C auch kosmischen Ursprungs ist, wird es zur Altersbestimmung von Wasser und Pflanzenresten benutzt (Radiocarbonmethode).

Radionuklide werden wie vergleichbare Nährstoffe über die Wurzel aus dem Boden aufgenommen. Als Transferfaktoren werden die Quotienten aus Nuklidkonzentrationen im Boden und in der jeweilig darauf wachsenden Pflanze bezeichnet. Sie stellen eine gute Bewertungsgrundlage für die Ausbreitung in biologischen Systemen dar. Allgemein liegen die Transferfaktoren auf schweren Böden niedriger als auf leichten.

Nach Tab. 172 ist das radioaktive Sr mobiler als die Radionuklide von Co bzw. Cs, in einer illitreichen Parabraunerde noch weniger als im sauren Podsol. Dikotyle Pflanzen haben aufgrund ihrer hohen Wurzel-KAK höhere Trans-

Tab. 172. Mittlere Transferfaktoren für radioaktive Isotope von Sr, Cs, Co ermittelt durch verschiedene Nahrungspflanzen auf 2 in Körnung und pH unterschiedliche Böden (nach STEFFENS et al. 1983)

Nuklid	Parabraunerde (Ls)	Podsol (S)
90 Sr	0,124	0,269
137 Cs	0,0015	0,024
60 Co	0,0047	0,095

ferfaktoren als monokotyle. Flachwurzler (Pilze!) in sehr stark kontaminierten Auflagehumushorizonten der Waldböden sind deshalb seit Tschernobyl besonders kontrolliert worden.

4.5.3.3.2.5 Wasserschutzgebiete

Es gilt abzuwägen zwischen $100\,t \cdot ha^{-1}$ Biomasseproduktion und bis zu $3000\,m^3 \cdot ha^{-1}$ GW-Neubildung für die Trinkwasserversorgung. Die GW-Neubildung ist unter LF höher als unter Wald (Interzeptionsverluste), qualitativ dort jedoch bislang besser. Steigende Nitratgehalte im GW machen die Ausweisung von Wasserschutzgebieten (WSG) nach der Wasserschutzgebietsverordnung zum Wasserhaushaltsgesetz erforderlich. Nach der Trinkwasserverordnung beträgt der EG-Grenzwert $50\,mg\ NO_3 \cdot l^{-1}$, der Richtwert $25\,mg\ NO_3 \cdot l^{-1}$. Z. Zt. sind erst 13% GF als WSG ausgewiesen. Eine Verdoppelung ihres Flächenanteils wird angestrebt.

Ein WSG besteht aus 3 Schutzzonen, Schutzzone I betrifft den unmittelbaren Fassungsbereich eines Brunnens. Hierin ist jegliche Bodennutzung untersagt. Sie wird durch Einzäunung im Umkreis von etwa 10 m ausgeschlossen. Schutzzone II wird durch die sog. 50-Tage-Kennlinie nach außen begrenzt. Aus der über Tracer ermittelten *horizontalen* Filtergeschwindigkeit (v_o) im Aquifer wird die Fließstrecke (x) unter Berücksichtigung von Nutzporosität des Aquifers (n_e) ($\sim$ LK), Wasserentnahmemenge (Q) sowie Mächtigkeit des Aquifers (m) nach folgender Formel ermittelt.

$$t\,(50\,d) = \frac{n_e}{v_o}x - \frac{n_e}{v_o}\frac{Q}{2\,\pi\,m\,v_o} \ln\left(\frac{2\,\pi\,m\,v_o}{Q}x + 1\right)$$

Unter der Annahme, daß pathogene Keime im Grundwasser innerhalb 50 d abgetötet werden, sind in der Schutzzone II hygenisch bedenkliche Handlungen (Ausbringung von Wirtschaftsdünger, Klärschlamm, Siloplätze) untersagt. Dabei wurde bisher die *vertikale* Versickerungsgeschwindigkeit im Bodenraum bis zum Aquifer nicht berücksichtigt. Die Ausdehnung von Schutzzone II kann mehrere 100 m betragen. An sie schließt sich Schutzzone III an, die noch in A- und B-Bereiche unterteilt sein kann. Ihre äußere Begrenzung ist die hydrogeologisch festzulegende hydraulische Wasserscheide, die je nach Verwerfungen und Streichen der grundwasserführenden Schichten mit der topografischen der Oberflächengewässer nicht identisch sein muß. Ein WSG kann je nach hydrogeologischen und topografischen Verhältnissen einige

km^2 groß sein. So kann es Jahrzehnte dauern, bis über den Pflanzenbedarf hinaus im Boden vorhandene überschüssige Nitrate über Sicker- (vertikal) und Grundwasserströmung (horizontal) die Brunnen erreichen (Abb. 167). Derzeitige Nitratgehalte spiegeln u. U. die Düngungsaktivitäten der 50er Jahre wieder. Aus Vorsorgegründen sind daher bei *steigenden* Nitratgehalte bereits weit unterhalb der 50 bzw. $25\,mg \cdot l^{-1}$-Grenze Düngungs- und Nutzungseinschränkungen angezeigt. Standortunterschiede sind zu berücksichtigen.

Zunehmende Nitratgehalte sind ein Zeichen nachlassender Denitrifikation im Boden und im Aquifer. Bei zu viel Nitratzufuhr kommt der zur Denitrifikation notwendige lösliche Kohlenstoff ins Minimum.

In Tab. 109 ist die Nitratauswaschungsgefahr aus dem Wurzelhorizont in Abhängigkeit von nFKWe und KWBa aufgezeigt. Durch Bodenkartierung im M 1:5000 sind die Böden im WSG in 5 Klasen der Nitratauswaschungsgefährdung parzellenscharf festzulegen. In Porengrundwasserleitern ist die biochmemische Filterung besser als in Kluft- oder gar Karstgrundwasserleitern. Auf dieser Grundlage werden durch die

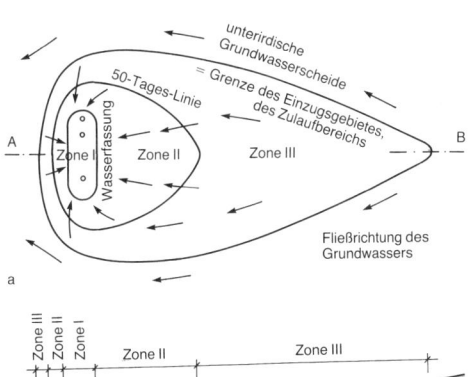

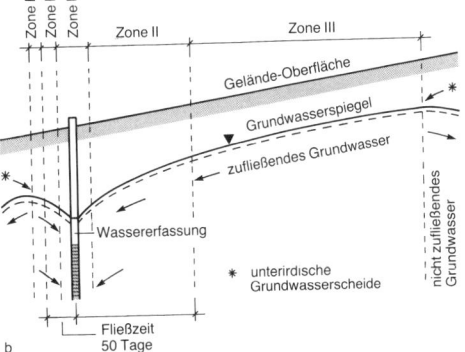

Abb. 167. Prinzipskizzen zum Aufbau eines Wasserschutzgebietes. a: Grundriß; b: Querschnitt A–B.

unteren Wasserbehörden im Rahmen der Schutzgebietsverordnung Auflagen über Zeitpunkt und Höhe der Stickstoffdüngung, Pflanzenschutzmittelanwendung sowie Nutzung festgelegt und überwacht.

Wegen der Gefahren starker Bodenstickstoffmobilisation ist Grünlandumbruch in WSG verboten. Der Anteil von Halbbrachefrüchten ist auf schlecht Nitrat zurückhaltenden Böden in WSG zu minimieren. Ein hoher Zwischenfruchtanteil wird angestrebt, können dadurch bei früher Saat doch bis zu $50\,kg\,N \cdot ha^{-1}$ zusätzlich biologisch fixiert werden, aber auch zusätzlich 150 mm Wasser biologisch verdunsten. Strohdüngung bindet ebenfalls vorübergehend einen Teil des freien Bodenstickstoffs in der Krume. Zu früh untergepflügte Zwischenfrüchte setzen den organisch gebundenen Stickstoff wieder frei. Bei herbstlicher Gülledüngung kann die Nitrifikation durch Zusatz von Nitrifikationshemmern (z. B. Didin®, Dicyandiamid) solange gebremst werden, wie noch zu hohe Bodentemperaturen ($> 5\,°C$) einen Stickstoffumsatz wahrscheinlich machen. Die Wirkungsdauer des Didins liegt je nach Bodentemperatur zwischen 2 und 4 Monaten. Im mehrjährigen Durchschnitt konnte mit didinhaltigem Mineraldünger Alzon® der winterliche Nitrataustrag in S- und L-Böden um durchschnittlich 50% reduziert werden.

Die N-Düngung in WSG wird durch N_{min}-Untersuchungen im Frühjahr *und* Herbst gelenkt. Im Herbst, vor Beginn der Sickerperiode kann der über dem Pflanzenbedarf gedüngte bzw. im Boden mineralisierte Reststickstoff ermittelt werden. Aus der Differenz zur im folgenden Frühjahr durchgeführten N_{min}-Düngung kann die Nitratauswaschung im Winter abgeschätzt und Konsequenzen für die nächste Düngungsperiode gezogen werden (siehe Beweissicherung, Kap. 4.5.3.3.2.7). In WSG dürfen nur Pflanzenschutzmittel mit W-Vermerk, d. h. leicht abbaufähige ausgebracht werden.

4.5.3.3.2.6 Bodenfruchtbarkeit

Die Fähigkeit eines Bodens, in Wechselwirkungen seiner physikalischen, chemischen und biologischen Eigenschaften Funktionen als Pflanzenstandort zu erfüllen, wird als Bodenfruchtbarkeit (BF) bezeichnet. Je höher die Produktion pflanzlicher Substanz, je vielfältiger die Vegetation und je geringer die witterungs- und nutzungsabhängigen Ertragsschwankungen sind, um so fruchtbarer ist der Boden. BF muß jedoch

bei den vielfältigen ökologischen Ansprüchen an den Boden heute weiter gesehen werden als nach dieser älteren Lehrmeinung.

BF umfaßt sehr komplexe Eigenschaften des Bodens. Zusammen mit den Faktoren Klima, Pflanze, Bearbeitung, Pflege und Umwelt wird die *Standort*ertragsfähigkeit definiert. Bei Optimierung aller Randbedingungen wird eine maximale, d. h. *potentielle* Standortertragsfähigkeit erreicht. Dieses Standortpotential wird mit der Reichsbodenschätzung erfaßt (siehe Kap. 4.2). Die unter gegebenen Bedingungen erreichbare aktuelle Standortertragsfähigkeit ist als *effektive* Standortertragsfähigkeit zu bezeichnen. Die Schwarzerden der Ukraine haben z. B. eine potentiell hohe BF. Ihre effektive Standortertragsfähigkeit ist dagegen unter dort vorherrschenden Bedingungen gering. Umgekehrt ist die bereits degradierte Schwarzerde in der Hildesheimer Börde durch eine sehr effektive Standortertragsfähigkeit ausgezeichnet, welche die potentielle BF bereits übertrifft. Dieses kann langfristig Nachteile für den Standort bedeuten. Oberstes Ziel des Bodenschutzes ist es daher, BF zu erhalten und zu verbessern. Die geringe effektive Standortertragsfähigkeit eines degradierten Bodens, z. B. saurer Podsol mit Ortsteinverdichtung, ist mit bodentechnologischen Maßnahmen (Tiefumbruch + Kalkung) potentiell zu erhöhen (Regradierung).

Wenn man BF über ökonomische Funktionen hinaus auch in ihren ökologischen Ansprüchen beurteilen möchte, dann sollte man eher vom Gebrauchswert der Böden sprechen. Seine Funktionen sind von Bodeneigenschaften geprägt (Tab. 173).

Die wichtigsten BF-Meßgrößen sind die Nachhaltigkeit von Ertragshöhe/Aufwand, geringe Ertragsschwankungen, Witterungsunabhängigkeit, Qualität der Erträge, breites Anbauspektrum, technologische Anpassungsfähigkeiten und Pufferung von Immissionen. Diese hängen von Bodeneigenschaften ab, deren Stabilität bzw. Labilität recht unterschiedlich ist. In Tab. 174 wird aufgezeigt, daß die Körnung eine recht stabile Bodeneigenschaft ist, die durch Erosionen aber verändert und durch Verwitterungsneubildungen nur begrenzt ersetzt werden kann. Eine nur mittlere Stabilität nimmt je nach Pufferkapazität die Bodenreaktion ein. Mit der Nutzungsintensität und durch Umweltbelastungen kommt es zur allmählichen Versauerung, der durch Kalkung gezielt entgegengewirkt werden kann. Eine recht labile Bodeneigenschaft ist das Gefüge. Es wird durch unsachgemäße Belastungen zerstört, meßbar an den nach Grad und Tiefe zunehmendem Verdichtungen. Meliorationen sollen diese dann mit hohen Aufwendungen beseitigen.

Durch nicht standortgemäße Bodennutzung sind die Verluste an BF beeinflussenden Bodeneigenschaften meist größer als ihr Gewinn durch sanierende Maßnahmen. Veränderungen von Bodeneigenschaften zeigen, ob BF zu- oder abgenommen hat. Durch allmähliche Krumenvertiefung hat sich der Humusspiegel nicht wesentlich verändert, das humushaltige Bodenvolumen jedoch erhöht. Durch Krumenvertiefung von 20 auf 30 cm nimmt der Humusvorrat um 50% zu, selbst wenn der Humusgehalt unverändert bleibt. Erhöhte Humusmengen bedingen, daß im jährlichen Umsatz statt z.B. früher nur 50, heute bei besseren Böden durchaus 100 bis 120 kg N · ha^{-1} jährlich nachgeliefert werden. Betreibt man die Krumenvertiefung zu schnell, wächst bei vorübergehender Magerung des Bodens die Erosionsgefahr (siehe Kap. 4.5.3.2).

Mißt man BF bzw. Standortertragsfähigkeit nur an steigenden Erträgen, dann haben sich diese durch moderne Landbewirtschaftung deutlich erhöht. Mit immer stärkerer Ausnutzung der potentiellen Standortertragsfähigkeit werden jedoch mit erhöhtem Potential Gleichgewichtsstörungen kritischer. Ein Vergleich zur Volksgesundheit bietet sich an: Die Lebenser-

wartung der Menschen ist durch medizinisch-technischen Fortschritt, verbesserte Hygiene und Ernährung deutlich gestiegen. Mit zunehmendem Lebensalter als Maßstab der Volksgesundheit haben sich jedoch die Todesursachen von früher vorwiegend Infektionskrankheiten heute auf Kreislauf- und Stoffwechselstörungen infolge Stress und einseitiger Überernährung sowie durch Umweltgifte mit ausgelöste Krebserkrankungen verlagert. Auch die Bodenfruchtbarkeit als Maß der Bodengesundheit ist durch Stress, Kreislaufstörungen und Schadstoffe gefährdet. In Tab. 175 wird gezeigt, was unter Bodenstress zu verstehen ist, nämlich übertriebener Einsatz der Großtechnik auf Großflächen,

Tab. 173. Gebrauchswert der Böden

Versorgung (Wasser, Luft, Wärme, Nährstoffe)	Transformationsvermögen
Regulation – Sanierung – Entsorgung (Nähr-, Gefahr-, Schadstoffe)	Biologische Aktivität Pufferung, Filterung
Technologische Eignung (Großtechnik – Großflächen)	Tragfähigkeit, Bearbeitbarkeit

Tab. 174. Bodeneigenschaften und Bodenfruchtbarkeit

Eigenschaft	Stabilität	Verlust durch	Gewinn durch
Körnung		Erosion	(Verwitterung)
Gründigkeit		Erosion, Verdichtung	Melioration
Reaktion		Entzug, Auswaschung Immission	Kalkung
Nährstoffspeicher und -nachlieferung (Transformation)		Ertrag, Auswaschung Mineralisation	Düngung
Humusgchalt		Erosion	Fruchtfolge
Gefüge		Verdichtung	Melioration
Biologische Aktivität		Schadstoffe, Versauerung	Minimalbodenbearbeitung

Tab. 175. Gefährdungen der Bodenfruchtbarkeit

Belastung	durch	Folge	Schutzmaßnahme
Streß	Großtechnik	Bodenverdichtung Humusumsatz Erosion	– Bodenwasserhaushalt regeln – Niederdruckbefreiung – Gerätekoppelung – konservierende Bodenbearbeitung – Unterbodenlockerung
	Großflächen	Artenschwund Erosion	– Zwischenfrüchte – Aufgelockerte Fruchtfolgen – Acker-, Uferrandstreifen
Kreislauf	Düngung	Eutrophierung	– standorts- und bedarfsgerechte Düngung – Bodenuntersuchung
Gefahrstoffe	Immission	Bodenversauerung	– Kalkung
	Siedlungsabfälle	Schwermetall-anreicherung	– Klärschlammverordnung – Schadschwellen,
	Pflanzenschutz	Bound residues	– integrierter Pflanzenschutz

der zu Bodenverdichtungen, vermehrtem Humusumsatz, Erosionen und Artenschwund führt. Komplexe Bodenschutzmaßnahmen werden deshalb prophylaktisch oder sanierend erforderlich.

Einseitige, überhöhte Düngung führt zu Eutrophierungen. Erhöhte Nitratausträge lassen erkennen, daß der Nährstoffkreislauf regional nicht mehr in Ordnung ist. Standort- und bedarfsgerechte Düngung nach Bodenuntersuchung grenzt dieses Krankheitssymtom besser ein. Zahlreiche Gefahrstoffe werden durch Immissionen, Siedlungsabfälle, aber auch Pflanzenschutzmittel im Boden akkumuliert. Hier sind deshalb die Schadschwellen zu beachten (Grenz- und Richt-Werte für Schwermetalle laut Klärschlamm-Verordnung) und integrierter Pflanzenschutz, Kalkung u.a. als Schutzmaßnahmen zu nennen.

Verdichtungen, Erosion und Nährstoffaustrag sind die am meisten genannten Bodenschäden. Standortgemäße Bodennutzung ist ein alter Grundsatz des Bodenschutzes. Bleiben diese Grundsätze unbeachtet, z.B. durch Grünlandumbruch in Hanglagen und auf Moorböden mit dem Ziel des Maisanbaues und der Gülleverwertung, sind nachhaltige, irreparable Boden- und Gewässerschäden unausweichlich. Die Erhaltung und Mehrung der BF, als oberstes Prinzip des Bodenschutzes deklariert, macht wegen wirtschaftspolitisch ausgelöster Nutzungsänderungen über das bodenkundliche Augenmerk hinaus flankierende, agrarpolitische Maßnahmen erforderlich.

Abb. 168 zeigt, wie mit Veränderung der Landbausysteme von der Kulturstufe der Jäger und Sammler über Umlage-, Dreifelder-, Fruchtwechselwirtschaft zur Monokultur wohl das Ertragspotential gestiegen ist, allerdings mit immer weiterem Öffnen der Agrarökosysteme durch vermehrten Input von Nährstoffen schließlich Hypotrophierungen eintreten. Man kann diesen Zustand mit einem labilen Gleich-

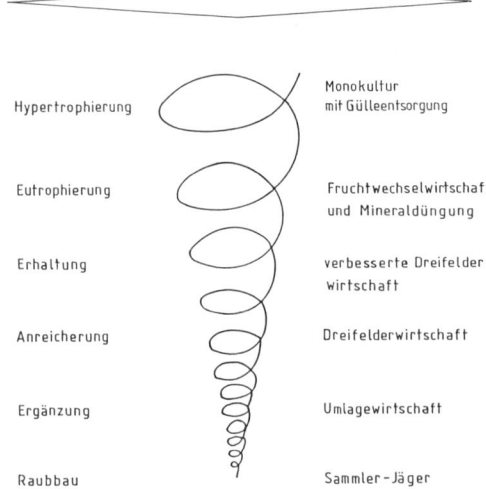

Abb. 168. Spirale der offenen Nährstoffkreisläufe und Entwicklung der Ertragspotentiale in Landbausystemen (nach Kuntze und Voss 1981).

gewicht auf hohem Niveau vergleichen. Wie in dem Modell, Abb. 169 links bei niedrigem Niveau die Lage der Kugel tief in dem Hohlgefäß relativ stabil bleibt und erst mit Potentialerhöhung (Abb. rechts) aus dem Gleichgewicht geratend aus der nun flacheren Mulde herausgetragen werden kann, ist ein überhöhtes, nicht mit den Standorteigenschaften im Gleichgewicht befindliches Ertragsniveau durch ökologische Risiken gekennzeichnet. Die aktuelle, effektive Standortsertragsfähigkeit (Bodenfruchtbarkeit) sollte niemals über der potentiellen liegen.

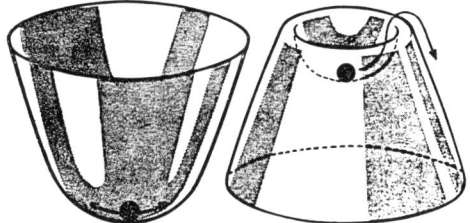

Abb. 169. Gleichgewichtsmodelle.

4.5.3.3.2.7 Beweissicherung

Mit zahlreichen direkten und indirekten Eingriffen nimmt der Mensch Einfluß auf natürliche Ökosysteme. Diese Eingriffe können in verschiedenen Ebenen (Atmosphäre, Boden, Grundwasser) erfolgen. Sie führen nicht selten zu nachhaltigen Veränderungen ganzer Landschaftsräume. Beispiele: Anreicherung der Atmosphäre mit Gasen, Stäuben, Aerosolen, Eintrag von Fremdstoffen oder nicht verwertbaren Düngermengen in Böden, GW-Absenkungen durch großräumige Baumaßnahmen (Braunkohletagebau, Flußregulierung, Wasserschutzgebiete). Um bei solchen Eingriffen nicht immer vorhersehbare Veränderungen im Ökosystem rechtzeitig erkennen zu können, müssen der status quo ante und die Veränderung wichtiger Eigenschaften an repräsentativen Stellen festgestellt werden. Diese Vorgehensweise nennt man *Beweissicherung*. Eine Beweissicherung wird immer dann erforderlich, wenn ein Schaden zu erwarten ist. Als »Schäden« sind neben monetär bewertbaren auch nicht monetär bewertbare (z.B. Verlust eines Feuchtbiotopes) zu verstehen. Beweissicherung dient auch der Bewertung *langfristig* eintretender Veränderungen (z.B. schleichende Bodenerosion), mit dem Ziel, vorsorglich Gegenmaßnahmen einleiten zu können. Die Reichsmusterstücke der Bodenschätzung oder Dauerbeobachtungsflächen im Bodenkataster des Bodenschutzes sind klassische Beispiele der ökonomischen und ökologischen Beweissicherung in Böden.

Erster Schritt in der Beweissicherung ist die Standortserkundung. Gezielte Sammlung von Informationen trägt erheblich dazu bei, das weitere Vorgehen auf die konkrete Fragestellung zu konzentrieren und dadurch Kosten zu sparen. Standortserkundung kann von der Befragung, Kartierung (M 1:5000) über multitemporale Karten- und Luftbildauswertung bis hin zu Nut-

zung von Boden- und Landschaftsinformationssystemen reichen.

Wichtig sind standardisierte Hilfsmittel wie Kartieranleitung, DIN-(ISO)-Normen für Zeitreihen von Luft-Boden-Wasseranalysen. Datenbanken verschiedener Literaturdokumentationen, die über Bibliotheken erreichbar sind, leisten hier wertvolle Dienste (z.B. EROLIT – Literaturdatenbank zur Bodenerosion). Bei nicht vorhersehbaren Prozessen ist die Einrichtung von Meß- und Beobachtungsflächen sinnvoll (Umweltmonitoring). Mit Einsatz immer leistungsfähigerer Rechner ist es möglich, große Datenbestände übersichtlich zu verwalten und zur Verfügung zu stellen.

Beweissicherung als Daueraufgabe ist amtlichen Stellen vorbehalten. Neben langfristig konstanten Parametern (z.B. Körnung) sind mittelfristig veränderliche (pH, o.S., Porenraumverteilung) und vor allem kurzfristig stark schwankende Kriterien (GW, NO_3-N-Gehalt) zu beachten. Solche Untersuchungen dürfen nur an sorgfältig nach Feinkartierung ausgewählten und genau fixierten Leitprofilen durchgeführt werden. Vergleichbare Probenahmezeitpunkte sind zu beachten.

Prognosemodelle bieten im Vergleich zu früher deskriptiver Vorgehensweise den großen Vorteil, daß geplante Eingriffe in ihren Auswirkungen abgeschätzt werden können. Die Qualität der Prognosen ist abhängig von den verwendeten Modellen, der Qualität und Verfügbarkeit notwendiger Eingabeparameter.

4.5.3.4 Rekultivierung

Die Wiederherstellung eines Kulturbodens nennt man *Rekultivierung*. Bei Abgrabungen oberflächennaher Rohstoffe (Kies, Sand, Ton, Kieselgur, Torf, Braunkohle) wird dem Erhalt der humus- und nährstoffhaltigen, belebten Krume besonderes Augenmerk gewidmet (Mut-

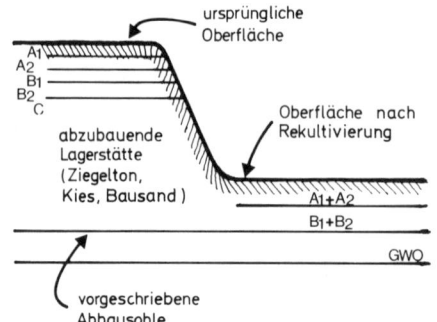

Abb. 170. Schema der Rekultivierung (nach HARTGE und HORN 1989).

terboden-Verordnung). Die horizontmäßige Zwischenlagerung von Deckböden bei Abgrabungen und ihr anschließend entsprechender Wiedereinbau verfolgt den Zweck, möglichst der Umgebung ähnliche Verhältnisse zu schaffen (Abb. 170).

Bodenabbau ist seit 1981 im Naturschutzgesetz geregelt. Die Unteren Naturschutzbehörden bei den Landkreisen genehmigen ihn nur, wenn neben einem technisch und zeitlich festgelegten Abbauplan ein Rekultivierungs- oder Landschaftspflegeplan bzw. andere Ersatzvornahmen zum Ausgleich des Eingriffes rechtzeitig vorgelegt werden. Besonders problematisch sind die tiefen Braunkohlentagebaue, wo auch weniger wertvoller pyrithaltiger Abraum mit u. U. großen Halden über längere Zeit, bzw. auf Dauer entstehen, die sich hinsichtlich Höhe und Form dem Landschaftsbild anzupassen haben. Dadurch kann der Flächenanspruch einer Halde u. U. größer sein als der des Tagebaus.

Kippen und *Halden* sind wegen möglicher Abspülungen, Verwehungen und Schädigungen des Wasserhaushalts oft Belastungen für die Landschaft. Auch hier ist zunächst die Erhaltung des belebten Bodens vorrangig, der zur späteren Abdeckung der Schüttung benötigt wird. Das aufgetragene Bodenmaterial muß bei steiler Böschung (Verhältnis 1:2) durch Aufrauhung des Untergrundes oder durch Faschinen vor Rutschungen und Erosion geschützt werden.

Muß das Haldenmaterial den Pflanzen unmittelbar als Standort dienen, da Oberboden nicht zur Verfügung steht, ist zuerst eine gründliche chemische und physikalische Untersuchung durchzuführen zur Ermittlung des Nährstoffhaushaltes, des Gefüges, des Kalkbedarfs und

möglicher pflanzenschädlicher Stoffe. Nur so ist eine gezielte Rekultivierung möglich. Besonders wichtig ist die Körnung, da von ihr z. B. die Sorption der Pflanzennährstoffe sowie je nach Lagerungsdichte nFK und kf abhängen. Mechanische Bodenlockerung kann sinnvoll mit Einarbeitung von Humus und Mineraldünger verbunden werden. Die Begrünung beginnt mit Pionierpflanzen, die sich durch Raschwüchsigkeit, Anspruchslosigkeit sowie Unempfindlichkeit gegenüber Frost, Hitze und Wind auszeichnen. Bodendeckenden und tiefwurzelnden Leguminosen folgen je nach Standort verschiedene Pioniergehölze, z. B. Roterle, Grauerle, späte Traubenkirsche, Mehlbeere, Moorbirke, Zitterpappel, Robinie, Sanddorn, Brombeere, Besenginster u. a. Gehölze, die Wald aufbauen, werden vielfach wenige Jahre später gesetzt.

Beim Bau und Unterhaltung von Verkehrswegen und Häfen wird zum Bodenaustausch, bzw. zur Entschlammung vorzugsweise das Naßbaggerverfahren mit Spültechnik eingesetzt. Dieses *Baggergut* kann sehr vielschichtig zusammengesetzt sein. In Spülpoldern können sich verschieden schwere Bestandteile im Spülstrom und durch Sedimentation trennen. Dabei entstehen je nach Sorptionsfähigkeit des Spülgutes unterschiedlich mit anorganischen und organischen Schadstoffen, bzw. pflanzenschädlichen Stoffen (Pyrit) belastete Areale. Häufiges Umsetzen des Spülkopfes, nicht zu große Spülpolder, geringe Spülhöhen halten diese unerwünschte Auftrennung in Grenzen. Durch Voruntersuchungen lassen sich vorbelastete Partien in Sonderpolder rechtzeitig abzweigen.

Mit dem Ende der Aufspülung beginnt bereits die Reifung des Sedimentes zum Boden. Möglichst bald sind mit Schwimmgeräten flache Grüppen in engem Abstand (6 bis 12 m) zur Oberflächenentwässerung anzulegen. Eine Pioniervegetation sorgt für zusätzliche, biologische Entwässerung. In den trockenfallenden Jjsselmeerpoldern wurde dazu vom Flugzeug aus Schilf eingesät. Allmählich nimmt die Rohdichte des Schlicks dabei von 100 bis $200\,g \cdot l^{-1}$ auf 600 bis $1000\,g \cdot l^{-1}$ zu. Das ist wenig im Vergleich zum gewachsenen Mineralboden (1000 bis $1500\,g \cdot l^{-1}$). Die Zunahme der Rohdichte wird verursacht durch Setzung und Schrumpfung. An den breiten Schwundrissen siedelt sich wegen der dort besonders guten Belüftung und schnellen Salzauswaschung eine Pioniervegetation an. Die Tiefe der Schwundrisse zeigt, wie tief die Grüppen sukzessive angelegt werden sollen.

Sind durch Entwässerung und Gefügebildung Reifungstiefen von 80 cm erreicht, können die Grüppen teilweise durch Rohrdräne ersetzt werden.

Je nach Schadstoffgehalt ist die Kalkung ein wichtiges Mittel zur beschleunigten Reifung solcher Sedimente. Man beginnt mit flacher Einarbeitung und vertieft allmählich die Krume. Die Bodenreifung von Spülgut kann je nach Ausgangsbedingungen und bodentechnischer Unterstützung 8 bis 20 Jahre dauern. Schwermetallhaltiges Baggergut kann – solange eine spezielle Baggergut-Verordnung fehlt – nach den Richtlinien der Klärschlamm-Verordnung bewertet und behandelt werden (Kap. 4.5.3.8.2).

4.5.3.5 Renaturierung

Der Mangel an ökologischen Ausgleichsflächen gibt *Renaturierungen* heute einen höheren Stellenwert als Rekultivierungen. Unter Renaturierung versteht man das Ziel der Wiederherstellung einer naturnahen Fläche. Der Mangel an Feuchtbiotopen wird mit grundwassererfüllten Kiesgruben, Flachuferzonen, Ruhebuchten sowie Inseln und durch sekundäre limnische Ökosysteme kompensiert. Steinbrüche ergeben wertvolle Trockenbiotope.

Abtorfungen sind z. B. nach dem Niedersächsischen Moorschutzprogramm nur auf ökologisch wertlosen Resthochmooren oder landwirtschaftlich genutzten Flächen (gealterte Deutsche Hochmoorkultur) zulässig. Ist als Folgenutzung eine *Moorregeneration* vorgesehen, müssen die dann nur *teil*abgetorften Hochmoore durch Anstau des Niederschlagswassers zunächst wieder vernässen. Voraussetzungen sind: > 50 cm stark zersetzter, wenig durchlässiger, möglichst oligotropher Basistorf als Wasserstauer + 30 cm Bunkerde als Vegetationstragschicht, Vorentwässerung nicht bis in den lie-

genden, mineralischen Untergrund reichend. Je nach Entwässerungstiefe, Restmoorträchtigkeit und Rückquellung (bis zu 15%) sowie im Zeitraum der *Wiedervernässungsphase* vorherrschender klimatischer Wasserbilanz ist dieser erste Schritt der Moorregeneration *kurzfristig* (innerhalb weniger *Jahre*) möglich. Sind damit erst einmal die abiotischen Voraussetzungen geschaffen, siedeln sich zunächst inselartig erste moortypische Pflanzen an, atypische (Gehölze, Callunaheide) werden verdrängt. Die schwimmfähige Bunkerde gleicht bei hoher FK witterungsbedingte Stauwasserschwankungen im Moor aus, ohne daß es zu nachhaltigen Austrocknungen kommen kann. *Freie* Wasserflächen sind großflächig zu vermeiden (erhöhte Verdunstungsverluste, Guanotrophierung). Am besten stellt sich das Bult-Schlenkenwachstum mit Torfmoospolstern auf nicht total eingeebneten Flächen ein. Diese *zweite Phase der Renaturierung* erfolgt je nach Ausgangssituation (Degenerations-, Stillstands-, Wachstumskomplexe) unterschiedlich schnell *(mittelfristig, Jahrzehnte)*. Der moortypischen Vegetation folgt bald die ihr entsprechende Fauna. Am Ende steht die *Moorregeneration* mit sichtbarer neuer Torfbildung aus der Biomasse. Sie dürfte erst *langfristig* in *Jahrhunderten* erreichbar sein.

Für landwirtschaftliche Folgenutzung ist eine *vollständige* Abtorfung dann anzustreben, wenn die Voraussetzungen einer sicheren Sandmischkultur (siehe Kap. 4.5.1.2) gegeben sind. Dann kann auf die Bunkerde verzichtet werden, wenn nur mindestens 50 cm Resttorfe (möglichst keine holzreichen eutrophen Torfe) verbleiben (Abb. 171).

Für die Renaturierung der Niedermoore sind die unterschiedliche Entstehung in Abhängigkeit von hydrologischen Moortypen (siehe Kap. 1.3.2.6), Gefügeentwicklung (siehe Kap.

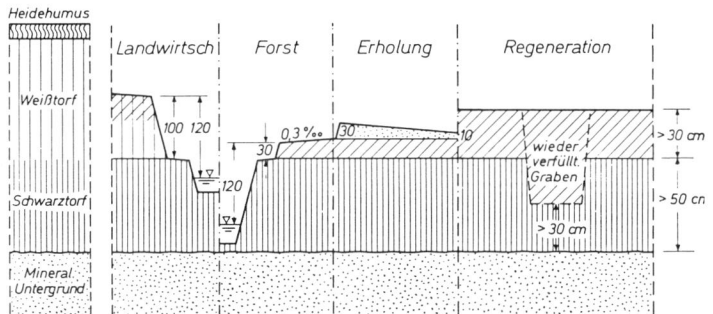

Abb. 171. Teilabbau von Hochmoor und Folgenutzung.

2.4.1.7) sowie Eutrophierungsgrade zu beachten. Ihre Hagerung dürfte nur langfristig erreichbar sein (siehe Denitrifikation, Kap. 2.5.4.4.3).

Während bei renaturierenden Mooren die Wiedervernässung eine natürliche Bewaldung ausschließt, sind durch Aufgabe landwirtschaftlicher Nutzung mit Dauer der Brache auf Mineralböden nach einem Stadium der Ruderal-Grasslandvegetation Verbuschung und Bewaldung vorgezeichnet (potentielle natürliche Vegetation). Offenhaltung der Landschaft setzt also eine weitere, extensive landwirtschaftliche Nutzung oder Mulchen mit anschließender Kompostierung voraus (siehe Kap. 4.5.3.8.1). Bei fehlendem Nährstoffentzug kann die Nährstoffauswaschung eutrophierter Böden dennoch groß bleiben (siehe Kap. 2.5.4.4.2).

4.5.3.6 Altlastensanierung
Altlasten sind Bodenverunreinigungen, die in der Vergangenheit insbesondere durch ungeordnete Deponien und industrielle Produktion verursacht worden sind. Voraussetzung für diese Bezeichnung ist eine Gefährdungsabschätzung aus der hervorgeht, ob Mensch und/oder Umwelt gefährdet sind. Potentielle Altlasten, bei denen diese Gefährdungsabschätzung noch nicht erfolgt ist, werden als »Altlastverdachtsflächen« bezeichnet. Altlasten lassen sich untergliedern in:
- *Altablagerungen*, ehemalige ungeordnete Deponien (Müllkippen) mit unübersehbarer Vielfalt potentiell gefährlicher Stoffe.
- *Altstandorte*, ehemalige Betriebsgelände, die mit umweltgefährdenden Stoffen (z. B. SM, Mineralöle u. a.) belastet sind.
- *Sonstige diffuse oder punktuelle Bodenkontaminationen*, durch Immissionen, Leckagen, Verrieselung von Abwässern, Aufbringung von belasteten Schlämmen, längere Anwendung heute verbotener Pflanzenschutzmittel.

Altablagerungen und Altstandorte sind punktuelle (m^2 bis einige ha), sonstige Bodenkontaminationen dagegen häufig flächenhafte, diffuse (einige ha bis km^2) Belastungen.

Bis 1989 wurden in der Bundesrepublik Deutschland etwa 50000 Altlastverdachtsflä-

---

Tab. 176. Gefahrenbeurteilung altlastverdächtiger Flächen (nach Länderarbeitsgemeinschaft Abfall [LAGA] in ROSENKRANZ et al. 1988)

I. **Erfassungsbewertung**
   - Erste Bewertung möglicher Gefährdungen aufgrund vorliegender Informationen und Ortsbesichtigung
   - Entscheidung über orientierende Untersuchungen

II. **Orientierungsphase**
   - Durchführung von orientierenden Untersuchungen am Ort
   - Beurteilung, ob eine Gefährdung vorliegt (Altlast?)
   - Ermittlung der Pflichtigen

III. **Detailphase**
   - Bestimmung der relevanten Verunreinigungen und abschließende Feststellung der Gefahren nach Art und Ausmaß
   - Festlegung der Grobziele für Gefahrenabwehrmaßnahmen

IV. **Sanierungsuntersuchung**
   - Untersuchung und Beurteilung von Sanierungsalternativen
   - Behördliche Entscheidung unter Beachtung der Verhältnismäßigkeit, Festlegung der Feinziele
   - Ausarbeitung der Sanierung

V. **Sicherung und Sanierung**

VI. **Nachsorge**
   - Überwachung
   - Beurteilung möglicher Gefahren für Folgenutzungen

In jeder Phase: Entscheidung über Sofortmaßnahmen und Prioritäten

Tab. 177. Die wichtigsten Sanierungstechniken

Sanierungstechniken	Ausdehnung der Kontamination			Sanierungsart		
	klein	mittel	groß	in-situ	ex-situ	
					on-site	off-site
	m^2 bis ha	ha bis km^2	$> km^2$			
Sicherungsmaßnahmen						
– Aushub, Bodenaustausch	+	(+)	–	–	–	+
– Einkapselung (Oberflächenabdichtung/ vertikale und horizontale Untergrundabdichtung)	+	(+)	–	+	–	–
Dekontaminationsverfahren						
– Abpumpen flüssiger/gelöster Stoffe	+	(+)	–	+	–	–
– Bodenabsaugung	+	(+)	–	+	+	+
– Thermisch mit Hochtemperatur (1200 °C)	+	–	–	–	–	+
Niedertemperatur (400−600 °C)	+	–	–	–	–	+
– Bodenwäsche im Wasserstrom	+	–	–	–	+	+
– Extraktion mit Tensiden	+	–	–	–	–	+
Chelaten/Säuren	+	–	–	–	–	+
– Biologisch	+	+	–	+	+	+
Immobilisierungsverfahren						
– Absorbtion oder Fällung durch pH-Erhöhung	+	+	+	+	(+)	(+)
– Zusatz von Absorbentien	+	+	–	+	(+)	(+)
– Verfestigung	+	(+)	–	+	+	–
Sonstige Verfahren						
– Verdünnung z. B. Tiefpflügen	+	+	–	+	–	–
– Auftrag von nicht kontaminiertem Boden	+	(+)	–	+	–	–

+ geeignet; (+) bedingt geeignet; − nicht geeignet;

chen lokalisiert. Es kann mit ziemlicher Sicherheit angenommen werden, daß sich die Zahl dieser Verdachtsflächen im Laufe der Zeit noch auf mehr als 100000 erhöhen wird.

Zur Gefahrenbeurteilung altlastverdächtiger Flächen wird folgendes Bearbeitungsschema empfohlen (Tab. 176).

Es ist zweckmäßig, ausgewählte Schadstoffe über Gefährdungspfade von der möglichen Altlast (Quelle) bis zu den Schutzobjekten (z.B. Mensch, Nahrungskette, Grundwasser) zu verfolgen.

Soll nach der Gefährdungsabschätzung ein Standort saniert werden, ist zunächst das Sanierungsziel festzulegen. Als Ziele kommen z.B. in Frage

– Wiederherstellung der universellen Verwendbarkeit eines Standortes (multifunktionelle Nutzung)
– Verringerung der Schadstoffbelastung auf ein vorgegebenes Maß
– Sicherung, bis ein geeignetes Sanierungsverfahren verfügbar ist
– Unterbindung der Gefährdungspfade.

Das Idealziel (multifunktionelle Nutzung) wird nur in seltenen Fällen zu erreichen sein. Das Sanierungsziel muß mit den technischen Möglichkeiten und dem wirtschaftlich Machbaren in Einklang gebracht werden.

Die wichtigsten heute zur Verfügung stehenden Sanierungsverfahren sind in Tab. 177 aufgeführt.

Tab. 178. Eignung von Sanierungstechniken in Abhängigkeit von Kontaminationsart und Bodenart

Technologie	Stoffgruppe				Bodenart				Bodenveränderungen	wiederverwendbar als Boden
	Schwermetalle	Mineralöl	PAK	(leichtflüchtige) CKW	Sand	Lehm Ton	heterogen	organogen		
Dekontaminationsverfahren										
– Abpumpen	–	+	–	+	+	–	–	?	kaum	+
– Absaugen	–	–	–	+	+	–	–	?	kaum	+
– Thermisch mit										
Hochtemperatur (1200 °C)	–	+	+	+	+	+	+	?	sehr stark: Zerstörung der o. S., Bodenleben, Tonminerale, Gefüge	–
Niedertemperatur (400–600 °C)	–	+	(+)	–	+	+	+	?	stark: Verlust der T- und U-Fraktion, Humusverluste, Gefügezerstörung	–
– Bodenwäsche im Wasserstrom	+	(+)	+	(+)	+	–	(+)	–	stark:	–
– Extraktion mit										
Tensiden	–	+	+	(+)	+	–	(+)	?	Gefügezerstörung, Schädigung des Bodenlebens,	?
Chelaten/Säuren	+	–	–	–	+	–	(+)	?	Humusverluste, zusätzlich pH-Änderung	–
– Biologisch										
on/off-site	–	+	(+)	(+)	+	(+)	+	+	mittel: Gefügezerstörung, starke Anreicherung mit org. Substanz	(+)
in-situ	–	+	(+)	(+)	+	–	(+)	?	gering: Humusabbau, veränderte Mikroben-Population	+
Immobilisierungsverfahren										
– Adsorption oder Fällung durch pH-Erhöhung	+	(+)	–	–	(+)	+	+	+	gering; pH-Erhöhung, verstärkte mikrobielle Aktivität (Humusabbau)	+
– Zusatz von Adsorbentien	+	(+)	–	–	+	+	+	+	gering: erhöhte Nährstoffbindung	+
Sonstige Verfahren										
– Verdünnung durch z. B. Tiefpflügen	(+)	+	+		(+)	(+) +	+	+	mittel: Vermischung, Lockerung, Belüftung	+
– Auftrag von nicht-kontaminiertem Boden	+	+	+		+	+	+	+	mittel	+

+   geeignet
(+) bedingt geeignet
–   nicht geeignet
?   noch nicht bekannt

Die Einsetzbarkeit der Verfahren (Tab. 178) hängt ab von

– *Kontaminationsart* (z. B. SM, org. Schadstoffe, Müll)
– *Kontaminationsort* (z. B. Oberboden, Untergrund)
– *Kontaminationsausdehnung* (z. B. punktuell, flächenhaft, diffus)
– *Kontaminationsvolumen* (Masse)
– *kontaminierter Bodenart*

Häufig führt nur die Kombination verschiedener Techniken zum gewünschten Sanierungserfolg.

Die Sanierungsverfahren lassen sich untergliedern in in-situ-Techniken (Sanierung am Ort der Kontamination) und on/off-site-Techniken (Sanierung nach Auskofferung des kontaminierten Substrates/Boden vor Ort (on-site) oder in einem Behandlungszentrum (off-site).

Vorteile der in-situ-Techniken sind geringere Kosten, geringerer Energieeinsatz, Eignung für größere Flächen bzw. große Massen mit niedrigeren Schadstoffkonzentrationen oder bei Kontaminationen im Untergrund. Nachteilig sind hoher Zeitbedarf (Jahre), Nebeneffekte durch Zusätze und Umwandlungsprodukte (laufende Kontrolle).

On/off-site-Techniken sind besonders geeignet bei punktuellen, oberflächennahen Kontaminationen, geringen bis mittleren Massen und wenn infolge hoher Schadstoffkonzentrationen eine sofortige Gefahrenabwehr durch Sicherungsmaßnahmen (Auskofferung) erforderlich ist.

Sicherungsmaßnahmen

Durch *Sicherungsmaßnahmen* werden von der Altlast ausgehende Gefährdungspfade bzw. Emissionen lediglich unterbrochen, die Altlast selbst jedoch nicht beseitigt.

Ziel des Einkapselungsverfahrens ist die Unterbrechung der Gefährdungspfade aus Altlagerungen. Die von einer Altablagerung ausgehenden Umwelteinflüsse sind in Abb. 172 dargestellt.

Beim Einkapselungsverfahren wird die Altlagerung von einer Hülle umschlossen (Abb. 173).

Wichtigste Aufgabe der Abdichtungssysteme ist die Minimierung des Deponiegas- und Sickerwasseraustritts.

Deponiegas (30 bis 60% Methan, 30 bis 50% CO_2, Spurengase) entsteht bei Alterung und biologischen Abbauprozessen im Müllkörper.

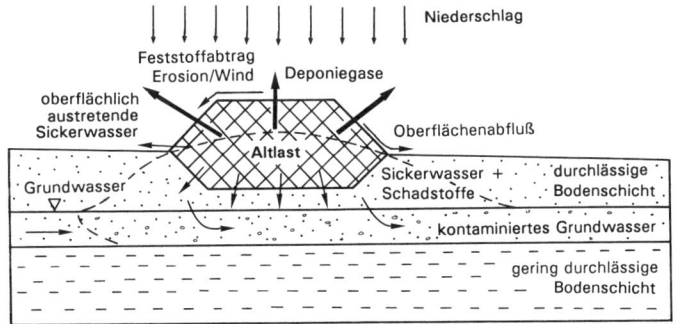

Abb. 172. Umwelteinflüsse aus einer Altablagerung (Nussbaumer 1988).

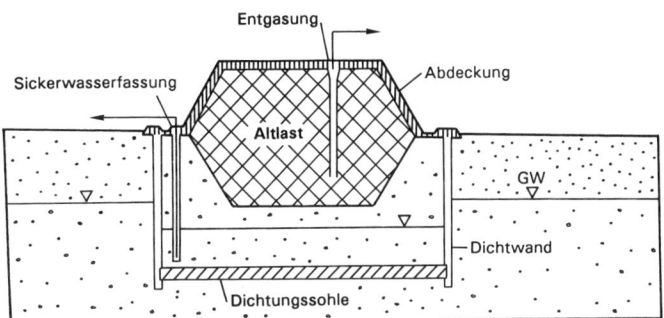

Abb. 173. Eingekapselte Altlast (Nussbaumer 1988).

Tab. 179. Inhaltsstoffe von Sickerwässern aus älteren, biologisch stabilisierten Hausmülldeponien (nach EHRIG 1988)

Parameter		Mittelwert	Bereich
pH		8	7,5 − 9
BSB_5	$(mg \cdot l^{-1})$	180	20 − 550
CSB	$(mg \cdot l^{-1})$	3 000	500 − 4 500
Cl^-	$(mg \cdot l^{-1})$	2 100	100 − 5 000
NH_4-N	$(mg \cdot l^{-1})$	750	30 − 3 000
NO_3-N	$(mg \cdot l^{-1})$	3	0,5 − 50
Öle und Fette (Petroletherextrahierbar)	$(mg \cdot l^{-1})$	1	0,1 − 3
AOX	$(mg\,Cl \cdot l^{-1})$	2	0,32 − 3,35
polycykl. Aromaten	$(\mu g \cdot l^{-1})$	0,1	0,02 − 1
As	$(\mu g \cdot l^{-1})$	160	5 − 1 600
Pb	$(\mu g \cdot l^{-1})$	90	8 − 1 020
Cd	$(\mu g \cdot l^{-1})$	6	0,5 − 140
Cr	$(\mu g \cdot l^{-1})$	300	30 − 1 600
Cu	$(\mu g \cdot l^{-1})$	80	4 − 1 400
Ni	$(\mu g \cdot l^{-1})$	200	20 − 2 050
Hg	$(\mu g \cdot l^{-1})$	10	0,2 − 50

Die anaerobe stabile Methangärung ist nach einigen Jahren erreicht und dauert bis zu 50 Jahre. Eindringen von Deponiegas in Böden und Deponieabdeckungen führt zu anaeroben Bedingungen (Bodentyp: Methanosol) und Schädigung der Vegetation. Durch Gasdräne wird Deponiegas gesammelt, teilweise abgefackelt oder technisch verwertet.

Unter den Klimabedingungen Mitteleuropas können langfristig bis zu 40% des Niederschlags in einer nicht abgedichteten Deponie versickern und als schadstoffbelastetes Sickerwasser (Tab. 179) aus der Deponie seitlich oder an der Basis austreten.

Da Altablagerungen i. d. R. keine Basisabdichtung haben, kommt der Oberflächenabdichtung zur Verhinderung des Eintritts von Sickerwasser in die Deponie eine besondere Bedeutung zu (siehe Kap. 4.5.3.7).

Dekontaminationsverfahren

Mit verschiedenen – meist noch in Entwicklung befindlichen – Techniken (Tab. 178) wird versucht, Schadstoffe vom Boden bzw. Substrat abzutrennen oder abzubauen.

Die wichtigsten Dekontaminationsverfahren sind:

Abpumpen: Voraussetzung ist ein grobporenreicher, durchlässiger Boden (Tab. 178). Gut geeignet für leichte, viskose Treibschichten von Kohlenwasserstoffen (KW) auf dem Grundwasser. Nach Abpumpen bleiben abhängig von der Porosität des Bodens noch ca. 30 bis 35% der KW im Boden zurück (Restsättigung). Ihr Abbau kann durch eine in-situ-Biodegradation (s. u.) stimuliert werden.

Entgasung: Sanierung von CKW-Schadensfällen, Reinigung der ungesättigten Bodenzone im in-situ-Verfahren.

Durch Preßluft werden CKW aus dem Aquifer in die ungesättigte Bodenzone ausgetragen und abgesaugt.

Auch bei on/off-site-Verfahren ist eine Sanierung durch Entgasung möglich. Durch Erwärmung des kontaminierten Substrates können auch mäßig flüchtige Stoffe entgast werden.

Thermische Behandlung: Hochtemperatur-(1200 °C), Niedertemperatur-(400 bis 600 °C) Verfahren, kosten- und energieaufwendig, vor allem zur Eliminierung biologisch schwer abbaubarer organischer Schadstoffe hoher Konzentration.

Bei CKW und Müll ist die Bildung von Dioxinen möglich, deshalb nur in Hochtemperatur-Verbrennungsanlagen. Durch die thermische Behandlung werden Böden sehr stark verändert, o. S. und Tonminerale werden zerstört, Hydroxide in Oxide umgewandelt, z. T. stark pelletiert, pH-Werte danach sehr hoch (− pH 11).

Bei Niedertemperatur-Behandlung (600 °C) von SM-belasteten Böden können lösliche SM-Oxide gebildet und die SM-Mobilität erhöht werden.

Bodenwäsche: Klassierung des kontaminierten Substrates im Wasserstrom in grobkörnige, schwach kontaminierte Fraktion (S) und stark kontaminierte feinkörnige Fraktion (U + T). Die »gereinigte« Sandfraktion als Füllsand zu verwenden, die feinkörnige Fraktion nach Entwässerung (Problem Abwasserbehandlung) zur Deponie.

Extraktion: mit Tensiden, Laugen, Säuren, Chelaten (»Chemische Bodenwäsche«). Voraussetzung durchlässige Böden mit geringen Feinanteilen. Viele Methoden im Entwicklungsstadium, wegen hoher Kosten und Problemen der Abwasserentsorgung noch nicht praxisreif. Wirkungsgrad der Schadstoffbeseitigung bei SM 30 bis 80%. Gefährdungspotential konnte häufig nicht reduziert werden, weil die SM-Verfügbarkeit für Pflanzen bzw. Bodenorganismen erhöht wurde.

Biologische Verfahren: Bei Kontaminationen mit organischen Schadstoffen, vor allem Mineralölen. Verfahren beruhen auf Stimulation biologischer Abbauprozesse im Boden durch Regelung von O_2-Gehalt, Temperatur, Feuchte, Nährstoffe und evtl. Impfung mit Mikroorganismen, Zusatz von o. S.

In-situ-Behandlung: Bei mit organischen Schadstoffen »gering« belasteten Böden, wenn eine Auskofferung zu aufwendig bzw. nicht möglich ist. Abbauleistungen bei Mineralölkohlenwasserstoffen $\sim 1\,g \cdot m^{-3} \cdot d^1$, Sanierungszeiten mehrere Jahre.

On/off-site-Verfahren: Nach Auskofferung und Homogenisierung der kontaminierten Substrate zur Förderung der mikrobiellen Abbauleistung Zugabe von Nährstoffen (N, P, K als Mineraldünger), o. S. (Stroh, Kompost) (siehe Kap. 4.5.3.8.1) und evtl. Mikroorganismen; Sauerstoffzufuhr durch Belüftung (z. B. Umsetzen der Miete). Durch Belüftung der Substrate wird die Entgasung der leichtflüchtigen KW gefördert, deshalb Erfassung und Reinigung der Abluft notwendig, Behandlungsdauer einige Monate.

Immobilisierung
Durch mechanische Verfestigung, Verringerung der Löslichkeit bzw. biologischen Verfügbarkeit der Schadstoffe. Die *Verfestigung* kontaminierter Substrate (z. B. SM-belasteter Schlämme) erfolgt nach Zugabe von z. B. Flugasche als hydraulisches Bindemittel. Ziel ist Schaffung einer mechanisch festen und chemisch stabilen Matrix, in der Schadstoffe eingebunden und ihr Austritt minimiert wird.

In SM-kontaminierten Böden kann die biologische Verfügbarkeit (z. B. Pflanzenaufnahme) durch *Adsorption an Austauscher oder Fällung* deutlich gemindert werden. Der Zusatz von Adsorbentien (z. B. Sesquioxide und o. S.) und pH-Anhebung > 6,5 durch Kalkung haben sich bewährt. Besonders geeignet für SM-belastete Ackerflächen. Nachteil ist mangelnde Nachhaltigkeit; pH-Wert sinkt durch Bodenversauerung. pH-Kontrolle, Nachkalkungen notwendig.

Sonstige Verfahren
Verminderung hoher Schadstoffkonzentrationen durch *Verdünnung* mit nicht kontaminierten Böden bzw. Substraten. Belasteter Krumenboden könnte z. B. durch Tiefpflügen mit unbelastetem Unterboden vermischt werden. Zu beachten ist die verbesserte biologische Verfügbarkeit der Schadstoffe durch Magerung und

Lockerung mit erhöhter Durchwurzelbarkeit des Bodens. Je nach Durchwurzelungstiefe der Pflanzen kann die Schadstoffaufnahme auch durch *Bodenauftrag* von nichtkontaminierten Böden deutlich reduziert werden. Bei SM-Belastungen genügen 30 cm für Grünland und 60 cm für Ackerland.

4.5.3.7 Geordnete Deponie
Deponierung ist immer noch die häufigste Art der »Abfallbeseitigung« (70% feste Siedlungsabfälle, 90% Erdaushub, 50% industrielle Sonderabfälle). Moderne Sicherheitskonzepte der Deponietechnik beruhen auf dem Vorsorgeprinzip mit dem Ziel, keine Deponien mehr zu errichten, die später als Altlasten zu sanieren sind.

An die Schutz- und Sicherungsmaßnahmen zur Verringerung bzw. Unterbindung der von einer Deponie ausgehenden Emissionen (Abb. 172) werden daher immer höhere Anforderungen gestellt.

Die Deponiekonzepte beruhen auf dem Einschließen des Deponiekörpers (Abb. 173) mit Hilfe verschiedener Dichtungssysteme. Grundlage der modernen Deponietechnik ist das Multibarrierenkonzept. Als Barrieren werden bezeichnet:

1. der geeignete Deponiestandort (geologische Barriere)
2. die Deponiebasisabdichtung
3. der verdichtete Deponiekörper
4. die Deponieoberflächenabdichtung
5. die Kontrolle von Deponieverhalten und Nutzung

An die Dichtungssysteme sind die in Tab. 180 aufgelisteten Anforderungen zu stellen.

Wichtig sind die Dauerhaftigkeit, Kontrollierbarkeit und Reparierbarkeit der Abdichtungssysteme.

Deponiestandort und geologische Barriere
Mit technischen Abdichtungsmaßnahmen ist auf Dauer ein hermetischer Abschluß (Nullemission) der Abfallstoffe nicht zu erreichen. An den Deponiestandort sind deshalb besondere Anforderungen hinsichtlich Minimierung möglicher Schadstoffausbreitungen im Untergrund und in das Grundwasser zu stellen. Die Ermittlung der geologischen Standortfaktoren ist bei Festlegung des Deponiestandortes daher unerläßlich.

Die »Geologische Barriere« sollte die Fähigkeit zur Bindung von Sickerwasserinhaltsstoffen

Tab. 180. Anforderungskatalog an das Dichtungssystem (nach REUTER 1985)

Schutzschicht	Schutz der Dränung und Dichtung vor: – Witterungseinflüssen (Sonne, Frost, Wind) – mechanischer Zerstörung
Dränschicht	Sammlung und Ableitung des anfallenden Deponiesickerwassers – ausreichendes Gefälle – Beständigkeit gegen chemisch aggressive Medien/thermische Beanspruchung – Spülmöglichkeit – optische Kontrollmöglichkeit
Dichtungsschicht	Dichtung des Untergrundes gegen das kontaminierte Deponiesickerwasser – langfristig, dauerhaft dicht – Beständigeit gegen chemisch aggressive Medien/thermische Verformbarkeit – Beständigkeit gegen pflanzliche oder tierische Organismen – ausreichende Festigkeit zur Abtragung der Auflasten – plastische Verformbarkeit – Filterstabilität/Suffosionssicherheit/Erosionssicherheit
Planum/Untergrund	Ausgleichs- und Stützschicht für das Dichtungssystem – frei von organischen Bestandteilen – ausreichende Festigkeit zur Aufnahme von Auflasten ohne wesentliche Setzungen

aufweisen, eine ausreichend große Mächtigkeit und sehr geringe Wasserdurchlässigkeit besitzen. Die Anforderungen werden im allgemeinen von bindigem Material (z. B. Ton, Tonstein, Mergel, evtl. Lößlehm, Geschiebelehm) erfüllt (Tab. 181).

Technische Basisabdichtung
Anforderungen sind durch Vorschriften der einzelnen Bundesländer definiert, in der Regel gilt eine kombinierte Dichtung (Abb. 174) als Stand der Technik.

Eine Kunststoffoliendichtung soll Sickerwasseraustritt während der Betriebszeit der Deponie verhindern, die mineralische Abdichtung übernimmt diese Aufgabe nach Versagen der Kunststoffdichtung durch Alterung (ca. 50 Jahre).

Wirksamkeit mineralischer Dichtungsschichten wird im wesentlichen mit dem kf-Wert (siehe Kap. 2.4.3.7) charakterisiert, obwohl Gültigkeit des Darcy-Gesetzes bei Durchströmung von verdichtetem, bindigem Material nicht mehr gegeben ist (Wasserbewegung wird durch stark an Bodenteilchen gebundenes Wasser (siehe Kap. 2.4.3.7.2) vermindert).

Inzwischen werden kf-Werte von 10^{-9} m · s^{-1} bis 10^{-10} m · s^{-1} in einer mindestens 75 cm mächtigen Dichtungsschicht gefordert. Problema-

tisch ist die Eignungsprüfung und Überwachung der mineralischen Dichtungssysteme. Die für Wasser bestimmten kf-Werte sind für organische Lösungsmittel nicht anwendbar. Durch Dispersion »kriechen« langfristig organische Lösungsmittel durch den dichtesten Ton.

Eine Dränschicht oberhalb der Dichtungsschichten soll das Sickerwasser abführen und so den hydraulischen Gradienten (siehe Kap. 2.4.3.7) möglichst klein halten. Zur optimalen Entwässerung müssen die Dräne ($\emptyset \geq 200$ mm) < 20 m Abstand und ca. 3% Gefälle (durch dachförmiges Profil der Dichtungsschicht vorgegeben) aufweisen.

Oberflächenabdichtung
Die Oberflächenabdichtung ist i. d. R. Bestandteil eines Deponieabdeckungssystems (Abb. 175) mit verschiedenen Systemelementen und Funktionen (Tab. 182).

Die Mächtigkeit der Decksubstratschicht sollte ausgerichtet sein an den Ansprüchen der Vegetationsschicht hinsichtlich Durchwurzelbarkeit, Wasserversorgung (nutzbare Feldkapazität), Klima (Vermeiden von Staunässe) und Standsicherheit (Wald). Ist Baumbewuchs vorgesehen, sollte die Deckschicht eine Mächtigkeit von mindestens 1,5 m aufweisen.

Für die Dichtungsschicht können künstliche

Tab. 181. Empfehlungen des Arbeitskreises »Deponien« der Geologischen Landesämter und der Bundesanstalt für Geowissenschaften und Rohstoffe. Anforderungen an die Geologische Barriere von Deponien (OELTZSCHNER 1990). (Die Notwendigkeit von technischen Dichtungssystemen wird hier nicht behandelt)

Deponietyp	umgebendes Gestein		Mächtigkeit d[m] ≥	Gebirgsdurchlässigkeit Kf [m · s⁻¹]	spezifischer Grundwasserdurchfluß* [m³m² · s⁻¹]	Grundwassernutzung
Bauschutt	Lockergestein	bindige Böden	angepaßt an Abfall und Standort	$1 \cdot 10^{-6}$	$1 \cdot 10^{-8}$	nicht in TGG und HQSG
	Festgestein	nicht verkarstet	angepaßt an Abfall und Standort	$1 \cdot 10^{-6}$	$1 \cdot 10^{-8}$	
Siedungsabfall und Mono-/Oligodeponie Typ 1**	Lockergestein	bindige Böden	5	$1 \cdot 10^{-7}$	$1 \cdot 10^{-9}$	nicht in TGG, HQSG und TVG
	Festgestein	Tonstein (Schluffstein), Mergenstein, kristalline und metamorphe Gesteine	20	$1 \cdot 10^{-7}$	$1 \cdot 10^{-9}$	
Sonderabfall und Mono-/Oligodeponie Typ 2***	Lockergestein	bindige Böden	10	$1 \cdot 10^{-8}$	$1 \cdot 10^{-10}$	nicht in TGG, HQSG und TVG
	Festgestein	Tonstein (Schluffstein), Mergelstein, kristalline und metamorphe Gesteine	30	$1 \cdot 10^{-7}$	$1 \cdot 10^{-10}$	
Sonderabfall für Untertagedeponie	Festgestein	Salzgestein, kristalline Gesteine, Tonsteine, nicht in Erdebenenzonen 3 u. 4 (DIN 4149)	angepaßt an Abfall, Standort und Herstellungsverfahren	$1 \cdot 10^{-9}$	–	dichte natürliche Barriere zu GW-Leitern

* Vgl. DIN 4049, Teil 1, Nr. 4.55
** Anforderung geringer als für Sonderabfall gem. TA Sonderabfall
*** Anforderung höher als für Sonderabfall gem. TA Sonderabfall

TGG = Trinkwassergewinnungsgebiet
HQSG = Heilquellenschutzgebiet
TVG = Trinkwasservorrangebiet

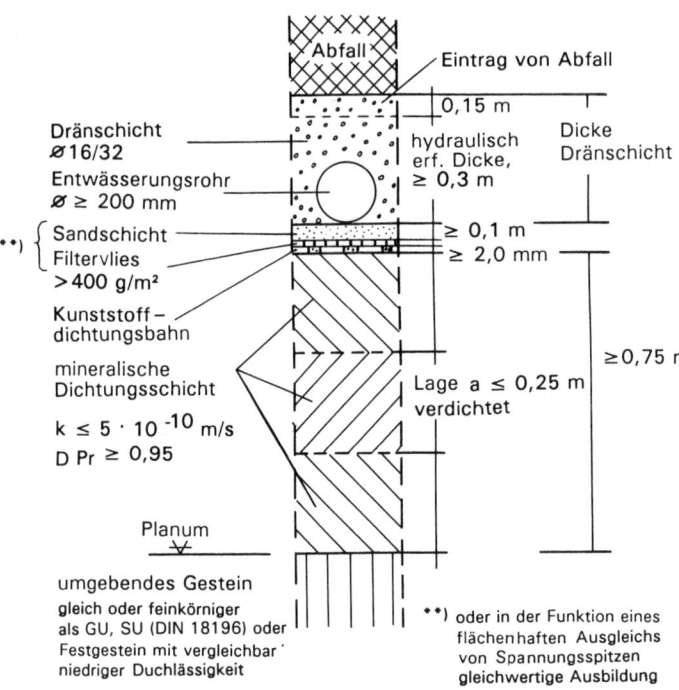

Abb. 174. Kombiniertes Basisdichtungssystem (nach: Nieders. RDErl. d. MU vom 24. 6. 1988: Abdichtung von Deponien für Siedlungsabfälle).

Materialien (z. B. Kunststoffolie), verdichtete, bindige mineralische Erdstoffe oder nichtbindige mineralische Erdstoffe (Kapillarsperre) und deren Kombinationen eingesetzt werden. Kapillarsperren bestehen aus einer feinkörnigen Schicht oberhalb einer grobkörnigeren Schicht.

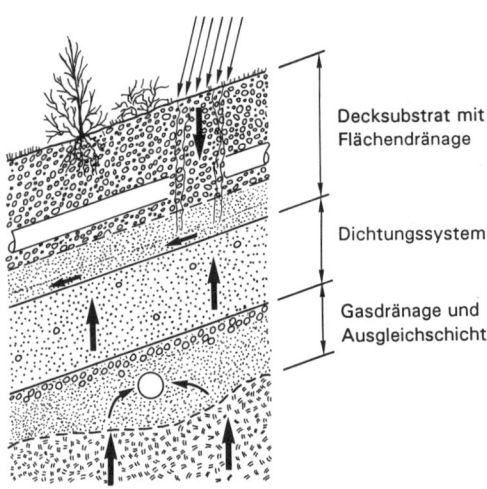

Abb. 175. Systemaufbau einer Deponieabdeckung (GÜNTHER 1988).

In der Dichtungsschicht werden k_f-Werte von $< 10^{-9}$ m · s^{-1} erreicht, die Sickerwasserbildung unter mitteleuropäischen Klimabedingungen auf 5 bis 30 mm · a^{-1} verringert.

Über die Langzeitstabilität von Oberflächenabdeckungen gibt es noch wenig Erfahrungen. Die wichtigsten, langfristig die Funktion einschränkenden Faktoren sind:

– Setzungen des Deponiekörpers, mit Rißbildung in der Dichtungsschicht
– Schrumpfrißbildung in der Dichtungsschicht durch Austrocknung (= erhöhter Makroporenfluß)
– Durchwurzelung und Durchwühlung der Dichtungsschicht
– Ausbildung von Frostrissen
– Verminderte Funktion der Flächendränung (z. B. durch Verockerung) und Aufbau von Stauwasser oberhalb der Dichtungsschicht.

Bei Hausmülldeponien ist in der ersten Phase der Eintritt von Sickerwasser erwünscht, um den mikrobiologischen Abbau zu fördern. Erst nach dem Abklingen der Abbauprozesse sollte hier eine Oberflächenabdichtung erfolgen.

Bei älteren Deponien (Altablagerungen) ohne Basisabdichtung ist die Oberflächenabdich-

Tab. 182. Systemelemente einer Deponieabdeckung und ihre Funktion

Systemelement	Funktion
Vegetationsschicht	– optische Wiedereingliederung der Deponie in die Landschaft – Erosionsschutz (Wasser und Wind) – Verminderung des Sickerwasseranfalls durch erhöhte Evapotranspiration
Decksubstrat (60 bis 150 cm) mit Mutterbodenschicht (20 bis 30 cm)	– Erfüllung aller Bodenfunktionen für die Vegetation z. B. Durchwurzelbarkeit, Nährstoffspeicher, Wasserspeicher – Schutz vor Zerstörung der Dichtungsschicht durch z. B. Wurzeln, Durchwühlung, Frost, Schrumpfrißbildung durch Austrocknung
Flächendränage	– Verhinderung von Stauwasserbildung auf der Dichtungsschicht
Dichtungssystem	– Minimierung des Sickerwassereintritts in die Deponie – Unterbindung des Entweichens von Deponiegas
Gasdränage und Ausgleichsschicht	– Abfuhr des Deponiegases

tung die letzte Möglichkeit, um Schadstoffaustrag in das Grundwasser zu vermindern.

4.5.3.8 Siedlungsabfallverwertung

Dem Gesetz von der Erhaltung der Energie folgend, sind Abfälle nicht zu beseitigen. Sie lassen sich je nach Behandlung nur in eine höhere Entropiestufe (z. B. durch Verbrennung) oder in eine niedrigere (durch Deponie) versetzen. Sinnvoller ist es jedoch, die wertvollen Bestandteile (o. S., Nährstoffe) des zivilisatorischen Stoffwechsels ähnlich landbaulich wiederzuverwerten wie dieses seit altersher in ländlichen Regionen zusammen mit den tierischen Exkrementen erfolgte. Für dieses landbauliche Recycling geeignet sind Abwässer, Klärschlämme, Biokomposte (getrennte Erfassung) bzw. Müllklärschlammkomposte unter Beachtung hygienischer und toxikologischer Auflagen. In Nähe von Ballungsgebieten übernimmt so die Landwirtschaft zusätzlich und oft auch anstelle ihrer *Versorgungs*funktionen nun *Entsorgungs*funktionen.

4.5.3.8.1 Kompostierung

Unter Kompostierung wird bodenkundlich der gesteuerte und beschleunigte, O_2-abhängige Abbau organischer Reststoffe verstanden.

Wenn Kompost geforderte Eigenschaften aufweist (Tab. 183), sind die Verwertungsmöglichkeiten vielfältig (Tab. 184).

Die Verarbeitung fester organischer Abfall- und Reststoffe wird kommunal und von Privatunternehmen durchgeführt. Organische Abfallarten neben häuslichen Küchenabfällen bei ge-

trennter Sammlung aus Privathaushalten sind Baum-, Strauch- und Grasschnitt und andere Gartenabfälle. Aus gewerblichen Bereichen kommen Großküchen-, Gemüse-, Park- und Friedhofsabfälle, Hobelspäne, Böschungsschnitt und Klärschlamm.

Die Reststoffe werden im Freiland- oder Hallenmietenverfahren, seltener in Bioreaktoren umgesetzt. Böden und Grundwasser müssen mit Betonplatten o. ä. gegen Sickerwasser geschützt sein. Sickerwasser aus der Hallenmietenkompostierung darf den Mieten wieder zugeführt werden. Die Verfahren der Behandlung der organischen Reststoffe sind in den Grundzügen sehr ähnlich (Abb. 176).

Dreiecks- oder Trapezmieten (2 bis 3 m breit, 1,2 bis 1,5 m hoch, beliebig lang) werden aufgesetzt. Zur Verminderung übermäßiger Verdunstung und dadurch bedingter Austrocknung, können die Mieten mit Holz- oder Rindenhäck-

Tab. 183. Beschaffenheit einsatzfähiger Komposte

– gleichbleibende Qualität über den Jahresverlauf
– geringe Schadstoffbelastung
– hygienisch unbedenklich
– frei von Unkrautsamen
– pflanzenverträglich
– lagerfähig
– frei von visuell erkennbaren Störstoffen
– positiv empfundene Geruchsbeschaffenheit
– definierte Korngröße (< 40 mm)

Tab. 184. Einsatzbereiche für Komposte

– Landschaftsbau
– Rekultivierung
– Gartenbau
– Baumschulen
– Landwirtschaft
– Weinbau (Erosionsschutz)
– Lärmschutzwälle, Filterbau
– Blumenerde (bei sehr guter Qualität)

sel in dünner Schicht abgedeckt werden. Ebenfalls finden luftdurchlässige Vliese Verwendung. Mietenlagerung unter Dach läßt eine genauere Steuerung des Rotteprozesses zu. Vor allem wird der Niederschlagseintrag und damit jahreszeitlich verschieden, intensiver Nährstoffaustrag verhindert. Grundsätzlich muß durch

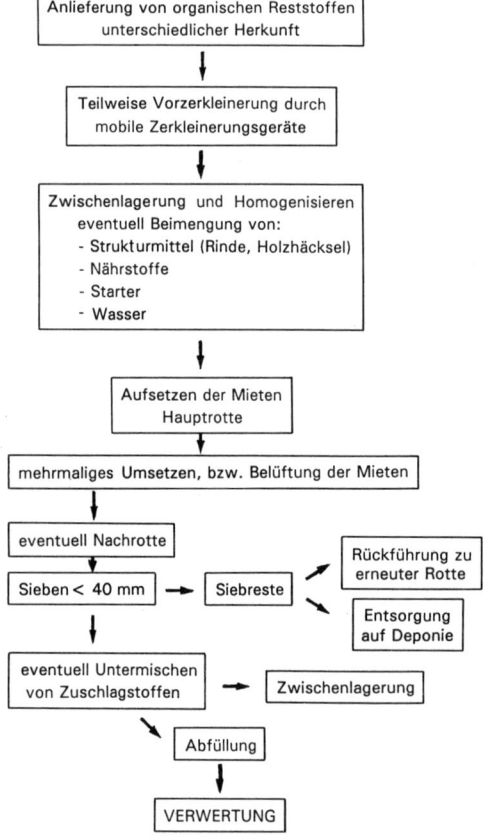

Abb. 176. Verfahrensschema zur Kompostherstellung aus Biomüll.

Überprüfung des Wassergehaltes ein Wasserverlust ausgeglichen werden. Durch tägliches Temperaturmessen wird der Rotteverlauf überwacht und der Zeitpunkt für das Umsetzen der Mieten oder andere notwendige Maßnahmen ermittelt. Nach ausreichend langer Heißrotte (> 55 °C), die durch Belüftung oder mehrmaliges Umsetzen den gesamten Mietenkörper durchlaufen muß, kann in einer Nachrotte ein weiterer Ab- bzw. Umbau der organischen Substanz erzielt werden. Zu lange Mietenlagerung in der Nachrotte unter Freilandbedingungen kann jedoch auch zu hohen Nähstoffverlusten führen. Der Reifekompost wird nach Siebung auf einige Qualitätsparameter (Tab. 185) und eventuelle Belastung mit Schadstoffen (SM, Pestizide), je nach Herkunft des Ausgangsmaterials untersucht. Richtlinien hierzu gibt die Länderarbeitsgemeinschaft Abfall (LAGA, Merkblatt 10). Die SM-Gehalte dürfen die Grenzwerte der Klärschlammverordnung nicht übersteigen (Tab. 165 und 187).

Während der Abbau- bzw. Umbauprozesse in den Rottephasen, werden organische C- und N-Verbindungen bis zu einem gewissen Grad mineralisiert.

Zu Beginn der Rotte werden während der kurzen, mesophilen Vorphase (bis 40 °C) (Abb. 177) große Mengen organischer Säuren frei, die den pH-Wert in der Miete auf < pH 7 absinken lassen. Überwiegend leicht abbaubare C-Quellen werden veratmet. Im Laufe der sich anschließenden thermophilen Phase (50 bis 70 °C) wird unter hohen Temperaturen ein Teil des freigesetzten N als Ammoniak entgast. Die Umsetzungsintensität ist bei wieder ansteigendem pH-Wert hoch. Die Abbauleistung erbringen im wesentlichen thermophile Pilze. Die Heißrotte in Freilandmieten soll mit Tempera-

Tab. 185. Anzustrebende Kompostgüteparameter

Wassergehalt: < 45 % bei loser Freilandware
　　　　　　< 34 % bei abgedeckter Ware
organische Substanz: < 25 % mas
pH-Wert: 6 bis 8
Salzgehalt (elektrische Leitfähigkeit):
　< 2000 μS · cm^{-1}
C/N-Verhältnis: < 18
Hauptnährstoffe: Orientierung nach Düngemittelverordnung
Schwermetalle: nach Klärschlammverordnung

turen > 55 °C mindestens drei Wochen andau-ern, um einen hygienisch einwandfreien Kom-post herzustellen, der frei von pathogenen Kei-men, keimfähigen Samen oder wachstums- bzw. vermehrungsfähigem Pflanzenmaterial ist. Bei Temperaturabfall kann die Heißrotte durch eventuelles Bewässern und Umsetzen der Mie-ten wieder angeregt werden. Nach endgültigem Temperaturabfall findet während der mesophi-len Nachphase eine mikrobielle Umstrukturie-rung statt. Die Bakteriengehalte nehmen wieder stark zu, wobei die Milieubedingungen für Nitri-fikanten jetzt besonders geeignet sind. Während dieser Phase ist daher vor allem ein vermehrter Nitrataustrag mit dem Kompostsickerwasser möglich, der zu erheblichen N-Verlusten führen kann.

Während der Reifephase setzt die Humin-stoffbildung vor allem mit Vertretern der Pilz-flora verstärkt ein. Anlagerung von N an das mikrobiell nur geringfügig angegriffene, jedoch nicht mehr stabile Ligningerüst führt zur Bil-dung von Ligno-Proteinen. An der Huminstoff-bildung sind abiotische Prozesse, rein chemische Reaktionen also, wesentlich beteiligt. Daraus resultieren in Komposten relativ stabile Humin-stoffsysteme und Substanzgemische, die mit Al-terung und chemischem Umbau immer schwerer mineralisierbar werden. Das Einwandern von Bodentieren kennzeichnet die Reifephase (ab-geschlossene Rotte). In einem speziellen Ther-mogefäß (Dewar-Gefäß) kann überprüft wer-den, ob sich Kompostproben noch selbst erhit-zen. Auch das NO_3-N-/NH_4-N-Verhältnis kann zur Beurteilung des Reifegrades herangezogen werden.

4.5.3.8.2 Abwasser- und Klärschlammverwertung

Mit der Abwasserkanalisation erwuchs die Not-wendigkeit von Abwasserreinigung und -ver-wertung. Beides wird mit der landwirtschaftli-chen Abwasserverwertung erwartet. Ökologi-sche (Gewässerreinigung) und ökonomische (Wasser- und Nährstoffverwertung) Vorausset-zungen treffen hier zusammen.

Zunächst entstanden vor etwa 100 Jahren Rie-selfelder in Großstadtnähe (Berlin, Leipzig, Braunschweig, Münster), vorzugsweise auf Bö-den geringer nFK und in Trockengebieten. Die kontinuierliche Anwendung großer (bis 7000 mm · a^{-1}) nicht oder allenfalls mechanisch vorgereinigter Abwässer führte auf Dauer zur Rieselmüdigkeit der Böden.

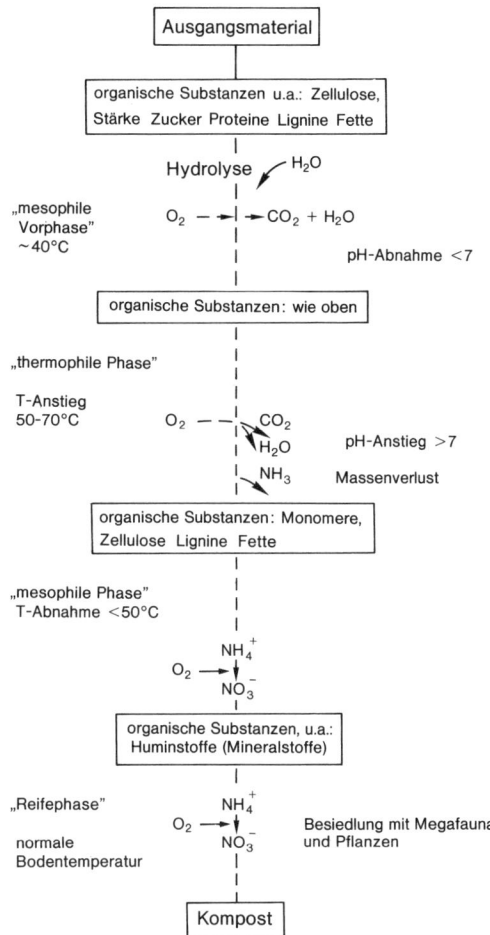

Abb. 177. Kompostierung organischer Abfallstoffe durch sauerstoffabhängige Abbau- und Umbaupro-zesse.

Tab. 186. Bodenveränderungen durch Abwasser-verrieselung, sandige Braunerde, Berlin-Gatow (Aurand 1981, gekürzt)

	nicht berieselt		ständig berieselt	
	O	U	O	U
Humus (%)	4,5	1	11	5
pH (CaCl$_2$)	4,6	5,0	5,2	5,6
Fe (g · kg^{-1})	6,5		8,5	
Zn (mg · kg^{-1})	105		250	
Cd (mg · kg^{-1})	2,2		10	
Pb (mg · kg^{-1})	200		−2000	
Cr (mg · kg^{-1})	45		110	

(O = Oberboden, U = Unterboden)

Mechanische Reinigung
(Filterung)

Physikalisch–chemische
Reinigung
(Entsalzung)

Biologische Reinigung
(Entkeimung)

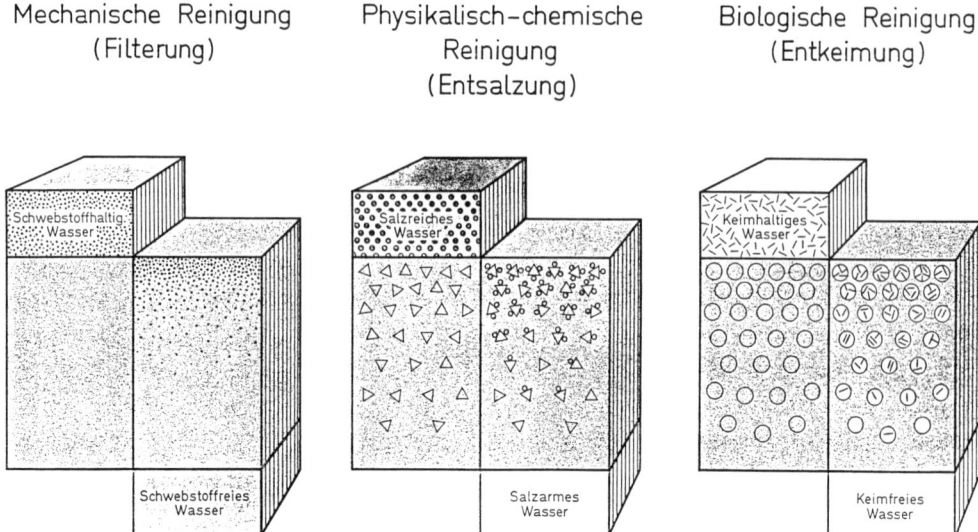

Abb. 178. Wie reinigt der Boden Abwasser und Abwasserschlamm?

Die Anreicherung von o. S. und Nährstoffen in Böden nach Abwasserverrieselung ist zunächst positiv zu werten. Gleichzeitig werden aber auch Schwermetalle akkumuliert (Tab. 186).

Im Abwasser sind aber auch aus Wasch- und Reinigungsmitteln stammende organische Substanzen, die peptisieren und chelatisieren. So dispergierter Ton und o. S. werden in den Unterboden verlagert, wo sie bei Überschreiten ihres IEP zu Einlagerungsverdichtungen führen. Die Infiltrationsleistung der Böden läßt nach. Das landwirtschaftliche Verwerten nicht aufbereiteter Abwässer ist auch hygienisch äußerst bedenklich (z. B. Bandwurmseuche).

Die Abwasserverrieselung erfolgt inzwischen nur noch auf landbaulich nicht genutzten Poldern. Durch weitergehende Klärtechnik werden heute nur noch Abwässer nach erster (mechanischer) und zweiter (biologischer) Reinigung durch Verregnen verwertet. Eine kontinuierliche Abnahme übers Jahr muß sichergestellt sein. Zur Abwasserverregnung (bis 300 mm · a^{-1}) geeignet sind grundwasserferne Sandböden in unmittelbarer Nähe von Großstädten (z. B. Abwasserverband Braunschweig). Hier wurde die Produktivität von Grenzertragsböden durch diese düngende Bewässerung über einen erst dann sicheren Anbau von Hackfrüchten, Zwischenfrüchten erhöht. Die Qualität der Grund- und Oberflächenwässer wird durch die Wirkung

des Bodens als Tropfkörper mit mechanischer, physiko-chemischer und biologischer Reinigung nicht beeinträchtigt (Abb. 178).

Mit Verbesserung der Klärtechnik nimmt der Klärschlamm von ca. 1 l Primärschlamm/Einwohner · Tag auf 2 l/E · d (Sekundärschlamm) zu. Regional werden wegen des hohen Nährstoff- und o. S.-Gehaltes bis zu 100% des Klärschlammes landbaulich verwertet (∅ 30%). Seit 1982 regelt die Klärschlammverordnung zum Abfallbeseitigungsgesetz die landbauliche Verwertung. Nach Tab. 165 dürfen nur Klärschlämme in die Landwirtschaft abgegeben werden, die bestimmte Grenzwerte nicht überschreiten.

Bereits das Überschreiten des Grenzwertes *eines* Elementes schließt eine landbauliche Verwertung des Klärschlammes aus. Daher muß Klärschlamm jährlich mindestens 4× amtlich untersucht werden. Auch der damit zu belastende Boden muß analytisch überwacht werden. Die tolerierbaren Grenzwerte im Boden liegen deutlich unter den phytotoxischen.

Bei 1,7 t Klärschlamm TM · ha^{-1} · a^{-1} oder 5 t · ha^{-1} in einem 3jährigen Turnus werden erst nach mehreren 100 Jahren kritische SM-Gehalte im Boden erreicht. Offen bleibt das SM-Langzeitverhalten im Boden. Organische Schadstoffe werden bisher nur z. T. erfaßt. Ein Toxizitätsgrenzwert von 100 ng TE kg^{-1} Klärschlamm TM darf z. B. für PCDD und PCDF nicht überschritten werden (siehe Tab. 165).

Tab. 187. Nutzungs- und schutzgutbezogene Orientierungswerte für einige wichtige Schwermetalle in Böden (mg · kg^{-1}) (nach Eickmann und Kloke 1991, gekürzt)

Nr.	Nutzungsarten	Elemente	As	Be	Cd	Cr	Cu	Hg	Ni	Pb	Se	Tl	Zn
0	Multifunktionale Nutzungs- möglichkeit	BW I	20	1	1	50	50	0,5	40	100	1	0,5	150
1	Kinderspiel- plätze	BW II	20	1	2	50	50	0,5	40	200	5	0,5	300
		BW III	50	5	10	250	250	10	200	1000	20	10	2000
2	Haus- und Kleingärten	BW II	40	2	2	100	50	2	80	300	5	2	300
		BW III	80	5	5	350	200	20	200	1000	10	20	600
3	Sport- und Bolzplätze	BW II	35	1	2	150	100	0,5	100	200	5	2	300
		BW III	90	2,5	5	350	300	10	250	1000	20	20	2000
4	Park- und Frei- zeitanlagen, un- befestigte vegeta- tionsarme Flächen	BW II	40	5	4	150	200	5	100	500	10	5	1000
		BW III	80	15	15	600	600	15	250	2000	50	30	3000
5	Industrie-, Gewerbe- und Lagerflächen, unversiegelt	BW II	50	5	10	200	300	10	200	1000	15	10	1000
		BW III	150	20	20	800	1000	20	500	2000	70	30	3000
6	Industrie-, Ge- werbe- und Lager- flächen, versiegelt oder bewachsen	BW II	50	10	10	200	500	10	200	1000	15	10	1000
		BW III	200	20	20	800	2000	50	500	2000	70	30	3000
7	Landwirtschaft- liche Nutzflächen, Obst- und Ge- müsebau	BW II	40	10	2	200	50	10	100	500	5	2	300
		BW III	50	20	5	500	200	50	200	1000	10	20	600
8	nichtagrarische Ökosysteme	BW II	40	10	5	200	50	10	100	1000	5	2	300
		BW III	60	20	10	500	200	50	200	2000	10	20	600

Zur Zeit werden unter Berücksichtigung der über Inhalation und Ingestion verschiedenen Schadstoffpfade (Boden-Mensch, Boden-Was-ser-Mensch, Boden-Pflanze-Mensch, Boden-Pflanze-Tier-Mensch) nutzungs- und schutzgut-bezogene Orientierungswerte für Schwermetalle in Böden diskutiert. 3 Bereiche von SM-Bela-stungen werden unterschieden:

A = unbedenklich, da natürlich bedingte Ge-halte in Atmo-, Hydro-, Geo-, Pedo- und Ökosphäre, oberer geogener Schwellen-wert = Bodenwert I

B = tolerabel, nach bisherigen Erkenntnissen langfristig ohne Schaden für Schutzgüter, Mensch, Tier, Pflanze, Ökosystem und Nutzung – Bodenwert II

C = toxisch, Schutzgüter geschädigt, Ökotoxi-zität, Sanierungsbedarf = Bodenwert III

Der Bodenwert II liegt mit einem nutzungs- und schutzgutbezogenen Sicherheitsabstand deut-lich unter Bodenwert III. In Tab. 187 sind für ökotoxikologisch relevante SM diese Boden-werte (BW) für verschiedene Nutzungsarten dargestellt. Allgemein steigen die Bodenwer-te II und III von Kinderspielplätzen (direkte orale Bodenaufnahme) über Sportplätze (Inha-lation) zu gärtnerisch-landwirtschaftlich genutz-ten Flächen (Blattgemüse < Getreide < Indu-striepflanzen).

Das für die SM dargestellte 3-Bereichs-Be-wertungssystem gilt auch für organische Schad-stoffe. In folgender Tab. 188 sind bisher beleg-bare Orientierungswerte relativ gut bekannter organischer Schadstoffe entsprechend aufgeli-stet.

Tab. 188. Nutzungs- und schutzgutbezogene Orientierungswerte für drei organische Schadstoffe in Böden (BW = Bodenwert) (nach EICKMANN und KLOKE 1991)

Nr.	Nutzungsarten		Benzo-a-pyren (mg/kg)	Polychlorierte Biphenyle (PBC)* (mg/kg)	PCDD/PCDF (ngTE/kg)**
0	Multifunktionale Nutzungs-möglichkeit	BW I	1	0,2	10
1	Kinderspielplätze	BW II	1	0,2	10
		BW III	5	1	100
2	Haus- und Kleingärten	BW II	2	0,5	30
		BW III	5	2,5	100
3	Sport- und Bolzplätze	BW II	1	1	30
		BW III	3	5	100
4	Park- und Freizeitanlagen, unbefestigte, vegetations-arme Flächen	BW II	3	3	50
		BW III	6	10	150
5	Industrie-, Gewerbe- und Lagerflächen, unversiegelt, versiegelt oder bewachsen	BW II	5	5	75
		BW III	10	15	200

* Summe 6 Ballschmiter PCB-Kongenere   ** TE nach BGA/UBA

Der z. Z. diskutierte Entwurf des BMU (Dez. 1993) zum Bundesbodenschutzgesetz greift diese Gefähr-dungsabstufungen (BW I−III) auf. Zur Bewertung schädlicher Bodenveränderungen werden Prüf-, Vorsorge- und Gefahrenwerte unter Berücksichtigung der jeweiligen Bodennutzung gefordert.

Der Arbeitskreis Bodensystematik der Deut-schen Bodenkundlichen Gesellschaft (DBG) hat Ende 1993 u. a. nachstehende Änderungen und Ergänzungen der im Band 44 der »Mittei-lungen der DBG« 1985 veröffentlichten und in diesem Buch verwendeten »Systematik der Bö-den der Bundesrepublik Deutschland« beschlos-sen:

Zu den Bodenhorizonten (Kap. 3.3)

1) Horizonte, innerhalb derer sich Merkmale des darüber und darunter folgenden Hori-zontes verzahnen (Verzahnungshorizont) werden durch die mit einem Plus-Zeichen verbundenen jeweiligen Horizontsymbole gekennzeichnet (z. B. Al+Bt).

2) Horizonte, in denen Merkmale unterschied-licher, pedogenetischer Prozesse kombiniert vorkommen (Mischhorizont), werden durch die mit einem Bindestrich verbundenen, je-weiligen Horizontsymbole dargestellt (z. B. Ah-Bv).
In beiden Fällen hat das zuletzt stehende Horizontsymbol Vorrang gegenüber dem voranstehenden.

3) Der R-Horizont wird durch eine Bearbei-tungstiefe von > 4 dm definiert.

4) Der bisherige Y-Horizont (siehe Seite 256) entfällt in dieser Form. Künstlich aufge-brachte Schichten werden als Substrate (Tab. 118) und damit als C-Horizonte defi-niert, denen zur Kennzeichnung geogener, natürlicher Substrate ein kleines »j«, zur Kennzeichnung technogener, künstlicher Substrate (z. B. Bauschutt oder Schlacke) eine kleines »y« vorangestellt wird (jC, yC).

5) Der Großbuchstabe Y soll künftig für Hori-zonte Verwendung finden, die (z. B. inner-halb von Mülldeponie-Substraten) durch re-duzierend wirkende Gase (z. B. CO_2, CH_4,

H_2S) geprägt sind. Solche Böden werden als »Reduktosole« in die Bodensystematik aufgenommen.

6) Die auf den Seiten 256 und 257 aufgeführten Kleinbuchstaben-Zusatzsymbole für pedogenetische und geogenetisch-anthropogenetische Bodenmerkmale werden künftig durch weitere Zusatzsymbole ergänzt mit dem Ziel, die Böden mindestens bis zum Subtypen-Niveau durch eindeutige, diagnostische Horizontsymbole kennzeichnen zu können.

Zur Bodensystematik (Kap. 3.4)

7) Bis zum Subtypen-Niveau werden substantivische Bodennamen verwendet (z.B. Typ Braunerde: Subtypen u.a. Kalkbraunerde, Podsol-Braunerde). In der Varietät kommen dann adjektivische Ergänzungen hinzu aufgrund von zusätzlichen, pedogenetischen Merkmalen (z.B. vergleyte Podsol-Braunerde).

8) Zur Kennzeichnung dieser zusätzlichen pedogenetischen Merkmale können für den diagnostischen Bodenhorizont maximal drei Hauptsymbole mit den entsprechenden Zusatzsymbolen verwendet werden (z.B. Go-Bs-Al-Horizont einer vergleyten Podsol-Parabraunerde).

9) Für das Varietät-Niveau werden als weitere Gliederungsmerkmale z.B. Unterschiedliche Basizität (»Trophie«) und Humusform genannt.

10) In jede Boden-Abteilung wird eine Klasse »Kultosole« bzw. »anthropogene Böden« (Anthroposole) eingeführt.

11) Innerhalb der Klasse der A/C-Böden werden alle Bodentypen in einen basenreichen Eu-Subtyp (> 50% Basensättigung) und einen basenarmen Dys-Subtyp (< 50% Basensättigung) untergliedert, wobei der Eu-Subtyp dem bisherigen »Typischen Subtyp« entspricht:
Die Typische Rendzina z.B. wird künftig als Eurendzina bezeichnet. Der diagnostische Horizont für den Eu-Subtyp ist ein durch intensive Bioturbation (Symbol »x«) geprägter Axh-Horizont.

12) Der Syrosem hat ein Ai/mC-Profil. Rohböden aus Felsgestein mit geringmächtiger Lockergesteinsauflage gehören bereits zum Typ Lockersyrosem.

13) Die Klasse der Braunerden wird in zwei Klassen aufgegliedert:
a) Klasse Braunerden: Typ Braunerde; Subtypen Eubraunerde, Dysbraunerde, Lockerbraunerde und Kalkbraunerde.
b) Klasse Lessivées: Typ Parabraunerde und Typ Fahlerde.

14) Die Klasse der Kolluvien wird aufgelöst. Ein Bodentyp »Kolluvisol« wird innerhalb der Abteilungen A und B zur jeweiligen Klasse der anthropogenen Böden gestellt.

15) Ein Bodentyp Kolluvisol liegt dann vor, wenn der Humusgehalt des M-Horizontes dem eines Ah-Horizontes entspricht. Andernfalls wird das humusfreie bis -arme Kolluvium als Substrat beschrieben (Tab. 118) und der Boden z.B. als »Kolluvium über Gley« oder als »Braunerde aus Kolluvium« angesprochen.

16) Der bisherige Auenbodentyp »Auenbraunerde« (Braunauenboden) wird künftig im Sinne eines »braunerdeähnlichen Bodens in Auenlage« als Bodentyp »Vega« bezeichnet.

17) Der bisherige Auenbodentyp »Borowina« wird künftig als humusreicher Subtyp zur Auenpararendzina gestellt.

Weitere Änderungen der Bodensystematik von 1985 werden zur Zeit im Arbeitskreis Bodensystematik der DBG diskutiert.

Literaturverzeichnis

Mit * gekennzeichnete Veröffentlichungen sind Quellen für Abbildungen und Tabellen, die teils unverändert, teils in abgewandelter Form in diesem Buch wiedergegeben sind.

*ACHTNICH, W. (1981): Bewässerungslandbau. Verlag E. Ulmer, Stuttgart.

ALTERMANN, M. und H. J. FIEDLER (1975): Substrat- und Bodenwechsel am nördlichen Lößrand des Schwarzerdegebietes der DDR. Herzynia, N. F. 12,2 130−159, Leipzig.

ANDERSON, J. P. E. und K. H. DOMSCH (1977): A Phisiological Method for the Quantitative Measurement of Microbiol Biomass in Soil. Soil Biol. Biochem. 10, 215−221.

*Arbeiten der DLG, Band 185 (1986): Bodenschutz mit der Landwirtschaft-Bodenbelastungen. Ursachen, Folgen, Gegenmaßnahmen. DLG-Verlag, Frankfurt/M.

*Arbeitsgruppe Bodenkunde der Geologischen Landesämter und der Bundesanstalt für Geowissenschaften und Rohstoffe (1982): Kartieranleitung, 3. Aufl., Hannover.

*Arbeitskreis für Bodensystematik der DBG (1985): Systematik der Böden der Bundesrepublik Deutschland. Mittlg. d. Dtsch. Bodenkundl. Ges., 44, Göttingen.

*AUERSWALD, K. (1987): Sensivität erosionsbestimmender Faktoren. Wasser und Boden, 39, 34−39.

*AURAND, K. (1981): Bewertung chemischer Stoffe im Wasserkreislauf. E. Schmidt Verlag, Berlin.

AVERY, B. W. (1990): Soils of the British Isles, C. A. B. International, Wallingford.

*BADEN, W. und R. EGGELSMANN (1958): Über die Regelung des Wasserhaushaltes bei Moormeliorationen und die dafür notwendigen Vor- und Folgearbeiten. Wasser und Boden 10, 29−36.

*BAGNOLD, R. A. (1966): An approach to the sediment transport problem from general physics. U. S. Geological Survey Professional Paper 422-I.

BAIZE, D., M. C. GIRARD et al. (1990): Référentiel Pédologique. 3ème Proposition. A. F. E. S.-I. N. R. A., Plaisir.

*BÄTJER, D. und H. KUNTZE (1963): Untersuchungen des Niederschlagswassers im Küstengebiet Ostfrieslands und Oldenburgs. Die Küste 11, 34−51.

BECK, T. (1968): Mikrobiologie des Bodens. Bayerischer Landwirtschaftsverlag, München.

*BEERS, W. F. J. VAN (1962): Die Bohrlochmethode (übersetzt von R. BURSACK). Int. Institut f. Land Reclamation and Improvement, Wageningen.

BEHRE, K. E. und U. LADE (1986): Eine Folge von Eem und 4 Weichsel-Interstadialen in Oerel/Niedersachsen und ihr Vegetationsablauf. Eiszeitalter und Gegenwart 36, 11−36, Hannover.

*BENNE, I., H. J. HEINECKE und R. NETTELMANN (1990): Die DV-gestützte Auswertung der Bodenschätzung (Erfassungsanweisung und Übersetzungsschlüssel). Techn. Berichte z. NIBIS, Bodenkunde, Niedersäch. LA f. Bodenforschg. Hannover

BENNE, I., J.-H. BENZLER und A. CAPELLE (1992): Vorschläge zur Bodentypologischen Profilansprache und Klassifikation der Böden in Niedersachsen. Technische Berichte zum NIBIS, Nieders. Landesamt für Bodenforschung, Hannover.

BERGMANN, W. (1993): Ernährungsstörungen bei Kulturpflanzen. 3. Aufl., G. Fischer Verlag, Jena u. Stuttgart

BLEICH, K. E. und E. SCHLICHTING (1979): Nachweis und Vorkommen von Paleoböden in SW-Deutschland. Z. Geomorph. N. F., Suppl.-Band 33, 168−181.

BLUME, H. (1991): Das Relief der Erde. Ein Bildatlas. Verlag F. Enke, Stuttgart.

BLUME, H. P. (Hrsg.) (1990): Handbuch des Bodenschutzes. Ecomed Verlagsges., Landsteg, Lech.

*BLUME, H. P. und G. BRÜMMER (1987): Prognose des Verhaltens der Schwermetalle in Böden mit einfachen Feldmethoden. Mittlg. Dtsch. Bodenkdl. Ges. 53, 111−117.

BLUME, H. P. und U. PFISTERER (1993): Exkursionsführer Jahrestagung 1993 Kiel. Mittlg. d. Deutschen Bodenkdl. Ges., 70.

*BMI (1985): Bodenschutzkonzeption der Bundesregierung. Verlag W. Kohlhammer, Stuttgart.

BÖGL, H. (1986): Geologie in Stichworten. 4. Aufl., Verlag F. Hirt, Kiel.

BORK, H. R. und W. RICKEN (1983): Bodenerosion, holozäne und pleistozäne Bodenentwicklung. Catena Supplement 3.

*BRANDT, E. (Hrsg.) (1988): Altlasten-Untersuchung, Sanierung, Finanzierung. E. Blattner Verlag.

BRAUNS, A. (1986): Praktische Bodenbiologie. G. Fischer Verlag, Stuttgart.

BREBURDA, J. (1983): Bodenerosion und Bodenerhaltung. DLG-Verlag, Frankfurt/M.

*BRECHTEL, H. H. (1989): Stoffeinträge in Waldökosysteme – Niederschlagsdepositionen im Freiland und in Waldbeständen. DVWK-Mittlg. 17, Bonn.

*BRINKMANN, R. (1991): Abriß der Geologie, Bd. 1 Allgemeine Geologie, Bd. 2 Historische Geologie, 14. Aufl., Verlag F. Enke, Stuttgart.

BRONGER, A. und J. A. CATT (1989): Paleopedology, Nature and Application of Paleosols. Catena Supplement 16.

BRUCKER, G. and D. KALUSCHE (1990): Boden und Umwelt, Bodenökologisches Praktikum. 2. Aufl., Quelle & Meyer Verlag, Heidelberg-Wiesbaden.

*BUOL, S. W., F. D. HOLE und R. J. MCCRACKEN (1989): Soil Genesis and Classification. 3. Aufl., The Iowa State University Press, Ames.

Canada Soil Survey Committee (1978): The Canadian System of Soil Classification. Research Branch Canada Department of Agriculture, Publication 1646, Ottawa.

CHEPIL, W. S. and N. P. WOODRUFF (1963): The physics of winderosion and its control. Advances in Agronomy 15, 211−302.

Commission of the European Communities (1985): Soil Map of the European Communities. Brüssel-Luxemburg.

CORD-LANDWEHR, K. (1993): Einführung in die Abfallwirtschaft. B. G. Teubner, Stuttgart.

CORD-LANDWEHR, K. und G. SCHWERDTFEGER (1990): Nitratbelastung am Beispiel des Wasserwerkes Holdorf. Wasser und Boden 42, 216−220.

CORD-LANDWEHR, K., K.-P. SALOMO, G. SCHWERDTFEGER, H. SPONAGEL und B. URAN (1992): Auswertung von Daten eines Bodeninformationssystems im Wasserschutzgebiet Stadensen unter Berücksichtigung der Altlastenproblematik. Mittlg. d. Dt. Bodenkdl. Ges., 67, 17−20.

CORRENS, C. W. (1968): Einführung in die Mineralogie, 2. Aufl., Verlag Springer, Berlin, Heidelberg, New York.

*Deutsche Bodenkundliche Gesellschaft (1985): Systematik der Böden der Bundesrepublik Deutschland. Mittlg. d. Deutsch. Bodenkdl. Ges., Band 44, Göttingen (auch in Englisch und Französisch).

DEUTSCHE LANDWIRTSCHAFTS-GESELLSCHAFT (1993): Mehr Bodenschutz durch ein Bodenschutzgesetz? Vorträge und Ergebnisse des DLG-Kolloquiums vom 8. und 9. Dezember 1992. Arbeitsunterlagen DLG C/93, Frankfurt a. M.

*DIEZ, T. (1989): Vermeiden von Erosionsschäden, AID e. V., Bonn.

*DIEZ, T. und H. WEIGELT (1991): Böden unter landwirtschaftlicher Nutzung-48 Bodenprofile in Farbe, 2. Aufl., BLV Verlagsges. München.

DIXON, J. B. und S. B. WEED (Herausgeber) (1977): Minerals in soil environments. Soil Science Society of America, Madison.

DOMSCH, K. H. (1985): Funktionen und Belastbarkeit des Bodens aus der Sicht der Bodenmikrobiologie. Materialien zur Umweltforschung herausgegeben vom Rat für Umweltfragen. Verlag W. Kohlhammer, Stuttgart und Mainz.

*DORN, M. (1989): Von Alfred Wegeners Verschiebungstheorie zur Theorie der Plattentektonik. Die Struktur einer wissenschaftlichen Revolution in den Geowissenschaften. Teil I: Alfred Wegeners Verschiebungstheorie der Kontinente; Teil II: Der Neuansatz durch die Plattentektonik. Die Geowissenschaften, 7, 44−49, 61−70.

DRIESSEN, P. H. und R. DUDAL (1988): Lectures on Major Soils of the World. Agric. Univ. Wageningen and Univ. Leuwen.

DUCHAUFOUR, P. (1977): Pédologie-Pédogenèse et classification. Verlag Masson, Paris, New York, Barcelona, Milan. Engl. Ausgabe 1982.

DUDAL, R. (1978): Definitions of Soil Units for the Soil Map of the World. World Soil Resources Report 33. World Soil Resource Office, Land and Water Development Division, FAO, Rom.

DUDAL, R. (1990): An International Reference Base for Soil Classification (IRB). Transactions 14. Int. Bodenkundl. Kongreß, V, 38−42.

DVWK (Hrsg.) (1980−1986): Bodenkundliche Grunduntersuchungen im Felde zur Ermittlung meliorationsbedürftiger Standorte, Heft 115−117. Teil I: Grundansprache der Böden; Teil II: Ermittlung von Standortkennwerten; Teil III: Anwendung der Kennwerte für die Melioration. Verlag Paul Parey, Hamburg und Berlin.

*DVWK (Hrsg.) (1988): Filtereigenschaften des Bodens gegenüber Schadstoffen. Teil I: Beurteilung der Fähigkeit von Böden, zugeführte Schadstoffe zu immobilisieren. Merkblätter für Wasserwirtschaft 212, Verlag Paul Parey, Hamburg und Berlin.

DYCK, S. (Hrsg.) (1978): Angewandte Hydrologie. Teil 2: Der Wasserhaushalt der Flußgebiete. Verlag W. Ernst u. Sohn, Berlin.

EGGELSMANN, R. (1981): Dränanleitung. 2. Aufl., Verlag Paul Parey, Hamburg und Berlin.

EHRIG, H.-J. (1988): Sickerwasserentstehung in Altlasten und ihre Problematik. In: FRANZIUS u. a.: Handbuch der Altlastensanierung. R. v. Deckers Verlag, G. Schenck.

EHWALD, E. (1991): Bodenhorizonte und bodensystematische Einheiten Mitteleuropas im internationalen Vergleich. Petermanns Geographische Mittlg., 135, 61−64, Verlag H. Haack, Gotha, Leipzig.

*EICKMANN, T. und KLOKE, A. (1991): Nutzungs- und schutzgutbezogene Orientierungswerte für Schadstoffe in Böden. VDLUFA-Mittlg., 1, 19−26.

EISBACHER, G. H. (1991): Einführung in die Tektonik. Ferdinand Enke Verlag, Stuttgart.

*ELLENBERG, H. (1993): Vegetation Mitteleuropas mit den Alpen in ökologischer Sicht. 5. Aufl., Verlag E. Ulmer, Stuttgart.

FABIAN, P. (1987): Atmosphäre und Umwelt. 2. Aufl., Springer Verlag, Berlin, Heidelberg, New York.

FAO-UNESCO (1988): Soil Map of the World-Revised Legend. Food and Agriculture Organization of the United Nations, Rom.

FAO-UNESCO (1991): Guidelines for Distinguishing Soil Subunits in the FAO/UNESCO/ISRIC Revised Legend. World Soil Resources Report 60, 3. Draft; Rom

*FEIGE, W. (1975): Bodenkundliche Untersuchungen nordwestdeutscher Standorte zur geordneten Abwasserfaulschlammdeponie. Göttinger Bodenkdl. Berichte 32, 1−142, Göttingen.

FEIGIN, A., I. RAVINA und J. SHALHEVET (1991): Irrigation with Treated Sewage Effluent. Advanced Series in Agricultural Sciences 17, Springer Verlag, New York, Berlin, Heidelberg.

FELIX-HENNINGSEN, P. (1983): Paleosols and their stratigraphical interpretation. In: EHLERS, J. (Hrsg.): Glacial deposits in North-West Europe. Verlag Balkema, Rotterdam.

FELIX-HENNINGSEN, P. (1984): Zur Relief- und Bodenentwicklung der Goz-Zone Nordkordofans im
Sudan. Z. f. Geomorph. 28, 285−303.

FELIX-HENNINGSEN, P. (1990): Die mesozoisch-tertiä-
re Verwitterungsdecke (MTV) im Rheinischen
Schiefergebirge – Aufbau, Genese und quartäre
Überprägung. Relief, Boden, Paläoklima, 6,
1−192, Bornträger, Berlin-Stuttgart.

FELIX-HENNINGSEN, P. (1992): Merkmale, Verbreitung und klimazonale Ausprägung frühholozäner
Feuchtzeitböden in der Tenere, Ostniger. Würzbur-
ger Geogr. Arbeiten, 84, 97−129.

FELIX-HENNINGSEN, P. und H. WIECHMANN (1985):
Ein mächtiges autochthones Bodenprofil präoligo-
zänen Alters aus unterdevonischen Schiefern der
nordöstlichen Eifel. Z. Pflanzenernähr. u. Bodenkunde 148, 147−158.

FELIX-HENNINGSEN, P., H. ZAKOSEK und L.-W. LIU
(1989): Distribution and genesis of red and yellow
soils in the central subtropics of southeast China.
Catena 16, 73−89.

FELIX-HENNINGSEN, P., E.-D. SPIES und H. ZAKOSEK
(1991): Genese und Stratigraphie periglazialer
Deckschichten auf der Hochfläche des Ost-Huns-
rücks. Eiszeitalter und Gegenwart 41, 57−106.

FELIX-HENNINGSEN, P. und C. ERBER (1992): Gehalte
und Bindungsformen von Schwermetallen in Böden
der Rieselfelder von Münster (Westfalen). Kieler
Geogr. Schriften, 85, 59−73.

FELIX-HENNINGSEN, P., A. WILBERS und G. CRÖSS-
MANN (1993): Polycyclische aromatische Kohlenwasserstoffe (paks) in den Böden der Rieselfelder
der Stadt Münster (Westfalen). Z. Pflanzenernährung u. Bodenkunde, 156, 115−221.

FETZER, K. D., CH. KÖNIG, K. LARRES, M. LOBENHO-
FER, A. PORTZ und P. SCHLICKER (1992): Aufbau und
Implementierung des saarländischen Bodeninformationssystems SAAR-BIS. Z. angew. Umwelt-
forschg. 5, 1, 58−67; Berlin

FIEDLER, H. J. und H. J. RÖSLER (HRSG.) (1988): SPU-
RENELEMENTE IN DER UMWELT. ENKE VERLAG,
STUTTGART.

FIEDLER, M.J. (1990): Bodennutzung und Bodenschutz. VEB J. Fischer, Jena.

FINNERN, H. (1991): Bodenkartierung in den Altbun-
desländern. Mitteilg. Dtsch. Bodenkdl. Ges. 65,
71−74. Oldenburg.

FISCHER, P. und M. JAUCH (1991): Schwermetallgehalte von Grünkomposten. Müll und Abfall, 6,
357−365, Verlag Erich Schmidt, Berlin.

*FRANZIUS, V., R. STEGMANN und K. WOLF (1988):
Handbuch der Altlastensanierung. R. v. Deckers-
Verlag, G. Schenck.

*FREDE, H. G. (1986): Der Gasaustausch des Bodens.
Göttinger Bodenkundl. Ber. 87, 1−130.

FREDE, H. G. (1990): Gestaltung und Funktion von
Porensystemen unter dem Einfluß der Landwirt-
schaftung. Mitt. d. Österr. Bodenkdl. Ges. 42,
57−70.

FREDE, H. G. (1991): Gefügebildende Wirkungen na-

türlicher Kräfte auf schluffreichen Böden. Berichte
über Landwirtschaft, 204. Sonderh., 55−68.

FREDE, H.G., H. GEBHARD und B. MEYER (1975):
Größe, Ursachen und Bedingungen von Boden-
und Dünger-N-Verlusten durch Denitrifikation aus
dem Ap-Horizont einer Acker-Parabraunerde aus
Löß, Labor-Modell-Versuche mit natürlichen Bo-
den-Monolithen. Göttinger Bodenkundl. Ber. 34,
69−165.

FREDE, H.G., B. CHEN, K. JURASCHEK und C. STOECK
(1988): Simulation of gas diffusion. Catena Supplement 11, 21−28.

*FÜHR, F., B. SCHEELE und G. KLOSTER (1986): Schad-
stoffeinträge in den Boden durch Industrie, Besiedlung, Verkehr und Landbewirtschaftung (organische Stoffe). VDLUFA-Schriftenreihe, Kongreßband Gießen, 73−85, Darmstadt.

*GANNSSEN, R. und F. HÄDRICH (1965): Atlas zur Bo-
denkunde. Meyers Großer Physischer Weltatlas,
Band I. Bibliogr. Inst., Mannheim.

GÄTH, S. und B. WOHLRAB (1993): Strategien zur Reduzierung standort- und nutzungsbedingter Belastungen des Grundwassers mit Nitrat. Deutsche Bodenkundl. Ges., Oldenburg.

GEHRT, E. (1994): Verbreitung und Stratigraphie der
äolischen Sedimente zwischen Leine und Oker unter besonderer Berücksichtigung der Lößgrenze
und deren Einfluß auf die Bodenverbreitung. Dissertation, Göttingen.

GEISLER, G. (1978): Der Lufthaushalt des Bodens in
seiner Bedeutung für das Pflanzenwachstum. Kali-
Briefe 14, 61−78.

GILL, W. R. und R. D. MILLER (1956): A method for
study of the influence of mechanical impedance and
aeration of the growth of seedling roots. Soil Sci.
Soc. Am. Proc. 20, 154−157.

GISI, U., R. SCHENKER, R. SCHULIN, F.X. STADEL-
MANN und H. STICHER (1990): Bodenökologie.
G. Thieme Verlag, Stuttgart, New York.

GOSS, M.J. (1977): Effect of mechanical impedance
on root growth in barley, 1. Effects on the elongation and branching of seminal root axes. J. Exp.
Bot. 28, 96−111.

GÖTTLICH, K. (Hrsg.) (1990): Moor- und Torfkunde.
3. Aufl. E. Schweizerbartsche Verlagsbuchhandlung, Stuttgart.

GOTTSCHALL, R. (1984): Kompostierung. Alternative
Konzepte 45, Karlsruhe.

GRABLE, A. R. (1966): Soil aeration and plant growth.
Advance in Agronomy 18, 57−106.

GRABLE, A. R. und E. G. SIEMER: Effects of bulk den-
sity, aggregate size and soil water suction on oxygen
diffusion, redox potentials and elongation of corn
roots. Soil Sci. Am. Proc. 32, 180−186.

GUNREBEN, M. (1992): Schwarzerde-Relikte in
Deutschland. – Ein regionaler Vergleich von Böden
ausgewählter Klimagebiete und Lößprovinzen. Dissertation, Marburg.

*GÜNTHER, K. (1988): Oberflächenabdeckungen für
Deponien und Altlasten. Altlastensanierung 88,

577−592. 2. Int. Kongreß f. Altlastensanierung, Kluwer Acad. Publishers, Dordrecht.

HAASE, G. u. a. (1970): Bodenkarte der DDR 1:500 000. Inst. f. Geographie, Leipzig.

*HAASE, G. und R. SCHMIDT (1975): Struktur und Gliederung der Bodendecke der DDR. Petermanns Geogr. Mittl. 119, Heft 4, VEB H. Haack, Gotha, Leipzig.

HAASE, G. und R. SCHMIDT (1985): Konzeption und Inhalt der Karte »Böden« 1:750 000 im »Atlas der DDR«. Peterm. Geogr. Mitt. 3, Gotha, Leipzig.

HAASE, G., K. MANNSFELD und R. SCHMIDT (1985): Typen des Anordnungsmusters zur Kennzeichnung der Arealstruktur von Mikro-Geochoren. Petermanns Geogr. Mittlg. 12, Gotha, Leipzig.

HAASE, G., H. BARSCH, H. HUBRICH, K. MANDFELD und R. SCHMIDT (1991): Naturraumerkundung und Landnutzung – Geochorologische Verfahren zur Analyse, Kartierung und Bewertung von Naturräumen. Beiträge zur Geographie 34, Akademie-Verlag, Berlin.

HABBE, K. A. (1989): Die pleistozänen Vergletscherungen des süddeutschen Alpenvorlandes. Mittlgn. d. Geogr. Ges. in München 74, 27−51.

HARTGE, K. H. (1985): Einfluß der Landbewirtschaftung auf das Bodengefüge. VDLUFA-Schriftenreihe 16, Kongreßband, 1−6.

*HARTGE, K. H. (1988): Erfassung des Verdichtungszustandes eines Bodens und seiner Veränderung mit der Zeit. Soil Technology, 1, 37−46.

HARTGE, K. H. und R. HORN (1989): Einführung in die Bodenphysik, 2. Aufl., Verlag F. Enke, Stuttgart.

HARTWICH, R., J. BEHRENS, G. HAASE, A. RICHTER, G. ROESCHMANN, R. SCHMIDT und P. SCHULZ (1994): Bodenübersichtskarte der Bundesrepublik Deutschland im Maßstab 1 : 1 000 000 mit Legende. Bundesanstalt für Geowissenschaften und Rohstoffe Hannover, Außenstelle Berlin.

*HEINECKE, H. J. (1991): Zur Systemarchitektur des Niedersächsischen Bodeninformationssystems (NIBIS). Teil: Fachinformationssystem Bodenkunde. Geol. Jb. A, 126, 47−57; Hannover

HERRMANN, R. (1977): Einführung in die Hydrologie. Teubners Studienbücher, Geographie, Stuttgart.

HEYMANN, U., H. NEBEN, H. J. DANCKWERTS und B. URBAN (1990): Sickerwassermenge und -beschaffenheit aus Müllkompost getrennter Sammlung. Wasser und Boden 42, Heft 5, 303−308.

*HILLEL, D. (1982): Introduction to Soil Physics. Acad. Press Inc., San Diego.

*HILPOLTSTEINER, L. (1958): Der Anteil des Oberbodens an organischer verbrennlicher Substanz in deren Raumwirkung gesehen. Mittlg. Landeskultur, Moor- und Torfwirtschaft, 5, 51−54.

*HINDEL, B. und H. FLEIGE (1990): Geogene Schwermetallgehalte in Böden der Bundesrepublik Deutschland. VDI-Berichte 837, 53−74.

*IMHOFF, K. und K. IMHOFF (1990): Taschenbuch der Stadtentwässerung. 28. Aufl., Verlag R. Oldenburg, München, Wien.

International Society of Soil Science (1986): Soil Map of Middle Europe 1:1 000 000. Luxemburg.

*ISERMANN, K. (1983): Bewertung natürlicher und anthropogener Stoffeinträge über die Atmosphäre als Standortfaktoren hinsichtlich der Versauerung land- und forstwirtschaftlich genutzter Böden. VDI-Berichte Nr. 500, 307−335.

*JASMUND, K. (1955): Die silicatischen Tonminerale. 2. Aufl. Verlag Chemie; Weinheim.

*JEDICKE, E. (1989): Boden. Entstehung, Ökologie, Schutz. Verlag Otto Maier, Ravensburg.

KEHRES, B., W. PERTL und H. VOGTMANN (1989): Qualität, Verwertung und Vermarktung von Kompost aus der Biotonne. Müll und Abfall, 4, 516−528, Erich Schmidt Verlag, Berlin.

*KELLER, R. (Hrsg.) (1978): Hydrologischer Atlas der Bundesrepublik Deutschland, Erläuterungsband. H. Boldt Verlag, Boppard.

KIRKBY, M. J. und R. P. C. MORGAN (1980): Soil Erosion. Wiley, New York.

*KOHNKE, H. (1968): Soil Physics. McGraw Hill Book Co. New York, St. Louis, San Francisco, Toronto, London, Sydney.

*KOSSINA, E. (1923): zitiert bei MURAWSKI, H. (1963): Geologisches Wörterbuch, 5. Aufl., Verlag F. Enke, Stuttgart.

KOPP, D. (1975): Kartierung von Naturraumtypen auf der Grundlage der forstlichen Standorterkundung. Petermanns Geogr. Mittl. 119, Heft 2, Gotha, Leipzig.

KREEB, K. H. (1983): Vegetationskunde. UTB Große Reihe, Verlag Eugen Ulmer, Stuttgart.

KUBIENA, W. K. (1953): Bestimmungsbuch und Systematik der Böden Europas. Verlag F. Enke, Stuttgart.

KUBIENA, W. K. (1986): Grundzüge der Geopedologie und der Formenlehre der Böden. Österr. Agrarverlag, Wien.

KUNDLER, P. (Hrsg.) (1989): Erhöhung der Bodenfruchtbarkeit. VEB Deutscher Landwirtschaftsverlag, Berlin.

*KUNTZE, H. (1965): Die Marschen – schwere Böden in der landwirtschaftlichen Evolution. Verlag Paul Parey, Hamburg.

*KUNTZE, H. (1967): Tiefkultur und Bedarfsdränung. Kalibriefe, Fachgeb. 1, 7. Folge.

*KUNTZE, H. (1973): Abtorfung – Rekultivierung oder Regeneration. Telma 3, 289−299.

*KUNTZE, H. (1974): Meliorationsbeispiel Sandmischkultur. Landbauforschung Völkenrode, Sonderheft 24.

*KUNTZE, H. (1981): Bedeutung und Schutz von Mooren und Feuchtgebieten. Wasser, Berlin, 273−287.

*KUNTZE, H. (1983): Probleme bei der modernen landwirtschaftlichen Moornutzung. Telma 13, 137−152.

*KUNTZE, H. (1983): Meliorationen. In: OEHMICHEN (Hrsg.): Pflanzenproduktion. Verlag Paul Parey, Hamburg, Berlin.

*Kuntze, H. (1986): Soil reclamation, improvement and conservation. Z. f. Pflanzenernährung u. Bodenkunde, 149, 500–512.

*Kuntze, H. (1989): Meliorationen vom Hofe aus. 2. Aufl. RKL, Kiel.

*Kuntze, H. (1991): Einfluß der Trophie auf den Erfolg der Hochmoorregeneration. Mittlg. Nordd. Naturschutzakad. 2, H. 1, Schneverdingen.

*Kuntze, H. und B. Djacovic (1970): Einfluß mineralischer und organischer Komponenten auf physikalische Eigenschaften von Sandmisch-Kulturen. Z. f. Kulturtechnik u. Flurbereinigung 11, 72–87.

*Kuntze, H. und W. Voss (1980): Statusbericht Düngung. Schriftenreihe des BMELF, Landwirtschaft-Angewandte Wissenschaft, Heft 245, Landwirtschaftsverlag Münster-Hiltrup.

Kuntze, H., H. Fleige, R. Hindel, T. Wippermann, M. Filipinski, M. Grupe und E. Pluquet (1991): Empfindlichkeit der Böden gegenüber geogenen und anthropogenen Gehalten an Schwermetallen-Empfehlungen für die Praxis. In: Rosenkranz, Einsele und Harress: Handbuch der Maßnahmen und Empfehlungen für Schutz, Pflege und Sanierung von Böden, Landschaft und Grundwasser, VI, 1–86. Verlag E. Schmidt, Berlin.

Laatsch, W. (1944): Dynamik der deutschen Acker- und Waldböden, 2. Aufl., Verlag Steinkopf, Dresden und Leipzig.

LAGA-Arbeitsgruppe »Altablagerungen und Altlasten« (1988): LAGA Informationsschrift Altlasten. In: Rosenkranz et al.: Handbuch der Maßnahmen und Empfehlungen für Schutz, Pflege und Sanierung von Böden, Landschaft und Grundwasser. Verlag E. Schmidt, Berlin.

Länderarbeitsgemeinschaft Abfall (LAGA) (1985): Qualitätskriterien und Anwendungsempfehlungen für Kompost aus Müll und Müll/Klärschlamm. Merkbl. 10, Verlag E. Schmidt, Berlin.

*Landwirtschaftskammer Weser-Ems (1988): Richtwerte und Unterlagen für die Düngung nach Boden- und Pflanzenanalysen. Oldenburg.

Lehmeier, F. (1993): Auszug des Symbolschlüssels Geomorphologie (DARG), Geol. Jb. F, 26, Hannover.

*Leser, H. (1991): Landschaftsökologie. 3. Aufl., Verlag E. Ulmer, Stuttgart.

Lieberoth, J. (1973): Hauptbodenformenliste mit Bestimmungsschlüssel für die landwirtschaftlich genutzten Standorte der DDR. 2. Aufl., Inst. f. Bodenkunde, Eberswalde.

Lieberoth, J. (1991): Bodenkunde. 4. Aufl., Landwirtschaftsverlag, Berlin.

Lof, P. (1986): Soils of the World (Wall Chart 80 × 135) – 100 typische Bodenprofile der Erde in Farbbildern mit int. Nomenklatur. Verlag Elsevier, Amsterdam.

*Louis, H. (1968): Allgemeine Geomorphologie. Lehrbuch d. Allg. Geographie. Band 1, Hrsg. E. Obst. Verlag W. de Gruyter & Co., Berlin.

*Lundegardh, H. (1949): Klima und Boden in ihrer Wirkung auf das Pflanzenleben. 3. Aufl., Verlag G. Fischer, Jena.

Malterer, T. J., E. S. Verry und J. Erjavec (1992): Peat Classification in relation to several Methods used to determine Fiber Content and Degree of Decomposition. Proceedings of the 9th Int. Peat Congress, 1, 310–318, Uppsala.

Matthes, S. (1990): Mineralogie. Eine Einführung in die spezielle Mineralogie, Petrologie und Lagerstättenkunde. 3. Aufl., Verlag Springer, Berlin.

Melchior, S., K. Berger, R. Rook, B. Vielhaber und G. Miehlich (1990): Testfeld- und Traceruntersuchungen zur Wirksamkeit verschiedener Oberflächendichtsysteme für Deponien und Altlasten. Z. dtsch. geol. Ges. 141, 339–347, Hannover.

Meseck, H. (1987): Mineralische Deponieabdichtungen-Anforderungen-Stand der Technik-Anwendungsbeispiele. Beihefte zu Müll und Abfall 24, Berlin.

*Meyer, B. und G. Roeschmann (1971): Das Schwarzerdegebiet um Hildesheim. Mittlg. Dtsch. Bodenkdl. Ges. 13, 287–310, Göttingen.

Meyer, B. und H. Rohdenburg (1981): Paläoböden der südniedersächsischen Lößgebiete. Geol. Jb. F, 14, 298–309; Hannover.

Morgan, R. P. C. (1986): Soil Erosion and Conservation. Longman, London.

Mückenhausen, E. (1973): Die Produktionskapazität der Böden der Erde. Vortrag Nr. 234, Rheinisch-Westfäl. Akad. d. Wissensch. Westdeutscher Verlag, Opladen.

*Mückenhausen, E. (1977): Entstehung, Eigenschaften und Systematik der Böden der Bundesrepublik Deutschland, 2. Aufl., DLG-Verlag, Frankfurt/M.

Mückenhausen, E. et al. (1982): Inventur der Paläoböden der Bundesrepublik Deutschland. Geol. Jb. F, Hannover.

*Mückenhausen, E. (1993): Die Bodenkunde und ihre geologischen, geomorphologischen, mineralogischen und petrologischen Grundlagen, 4. Aufl., DLG-Verlag, Frankfurt/M.

Mückenhausen, E. (1992): Die Entwicklung der Bodenkunde im Deutschen Reich und in der Bundesrepublik Deutschland. Mittlg. Dtsch. Bodenkdl. Ges., Sonderheft, Oldenburg.

Müller, H. (1978): Pollenanalytische Untersuchungen und Jahresschichtenzählungen an der eemzeitlichen Kieselgur von Bispingen/Luhe. Geol. Jb. A 21, 149–169, Hannover.

*Müller, S. (1969): Böden unserer Heimat. Kosmos Naturführer. Franckh'sche Verlagsbuchhandlung, Stuttgart.

Müller-Ahlten, W. (1994): Zur Genese der Marschböden. I: Der Einfluß von Sediment- und Bodengefüge. Z. Pflanzenernähr. Bodenkunde, 157, 1–9. II: Kalksedimentation und Entkalkung. III: Vorschläge zur Systematik der Marschböden. (im Druck) Weinheim.

*Neemann, W., W. Schäfer und H. Kuntze (1991): Bodenverluste durch Wind in Norddeutschland –

Erste Quantifizierungen. Z. f. Kulturtechnik u. Landentwicklung, 32, 180−190.

*Niedersächsischer Minister für Umwelt (1988): RdErl. v. 24. 6. 1988: Durchführung des Abfallgesetzes: Abdichtung von Deponien für Siedlungsabfälle. Nds. MBl. 22, 632−639, Hannover.

*Nussbaumer, M. (1988): Einkapselungsverfahren. In: E. Brandt (Hrsg.): Altlasten-Untersuchung, Sanierung und Finanzierung. E. Blattner-Verlag.

Oehmichen, J. (Hrsg.) (1983 u. 1986): Pflanzenproduktion, Bd. 1 u. 2. Verlag Paul Parey, Berlin und Hamburg.

Oelkers, K.-H. (1984): Datenschlüssel Bodenkunde, Hannover.

*Oelkers, K.-H. (1992): Aufbau und Nutzung des Niedersächsichen Bodeninformationssystems NIBIS, Fachinformationssystem Bodenkunde (FIS BODEN). Geol. Jb. F, 27; Hannover.

*Oeltschner, H.J. (1990): Vorschläge der Geologischen Landesämter und der Bundesanstalt für Geowissenschaften und Rohstoffe für Anforderungen an die »Geologische Barriere« im Deponiekonzept. Z. dtsch. geol. Ges., 141, 215−224, Hannover.

Okruszuko, H. (1985): Decession in the natural evolution of Low Peatlands. Bulletin Int. Ass. f. Ecologie.

Overbeck, F. (1975): Botanisch-geologische Moorkunde. K. Wachholtz Verlag, Neumünster.

*Pape, H. (1988): Leitfaden zur Gesteinsbestimmung, 5. Aufl. Verlag F. Enke, Stuttgart.

Pfeffer, W. (1983): Druck- und Arbeitsleistung durch wachsende Pflanzen. Abh. d. Mathem.-Physischen Klasse d. Königl. Sächs. Ges. d. Wissenschaften, 20, 233−747.

*Pons, J. und J.S. Zonneveld (1965): Soil ripening and soil classification. Dutch. Int. Inst. for Land Reclamation and Improvement, 13, 1−128, Wageningen.

Preuss, H., R. Vinken und H.H. Voss (1991): Symbolschlüssel Geologie, 3. Aufl. Herausg. Nieders. Landesamt f. Bodenf. und Bundesanst. f. Geowissensch. u. Rohstoffe, Hannover, Verlag Schweitzerbarth, Stuttgart.

*Pye, K. (1987): Aeolian Dust and Dust Deposits. Acad. Press, London.

*Ramdohr, P. und H. Strunz (1978): Klockmanns Lehrbuch der Mineralogie, 16. Aufl., Verlag F. Enke, Stuttgart.

Rehfuess, K.E. (1990): Waldböden, 2. Aufl., Verlag Paul Parey, Hamburg und Berlin.

Renger, M. und O. Strebel (1980): Wasserverbrauch und Ertrag von Pflanzenbeständen. Kalibriefe 15, 135−143.

*Reuter, E. (1985): Eignungsuntersuchungen von natürlichen Dichtungsmaterialien für Deponien. Mittlg. d. Inst. f. Grundbau und Bodenmechanik d. TU Braunschweig.

Richter, D. (1986): Allgemeine Geologie. Sammlung Göschen Nr. 2625, 3. Aufl., Verlag W. de Gruyter, Berlin und New York.

*Richter, G. (1987): Die Bedeutung der Denitrifikation im Stickstoffumsatz von Niedermoorböden. Dissertation, Göttingen.

Richter, G. und W. Sperling (1976): Bodenerosion in Mitteleuropa. Wiss. Buchgesellsch., Darmstadt.

*Richter, J. (1986): Der Boden als Reaktor. Verlag F. Enke, Stuttgart.

Richter, J. und A. Grossgebauer (1978): Untersuchungen zum Bodenlufthaushalt in einem Bearbeitungsversuch. 2. Gasdiffusionskoeffizienten als Strukturmaß für Böden. Z. Pflanzenernährung und Bodenkunde 141, 181, 202.

*Rid, H. (1984): Das Buch vom Boden. Verlag E. Ulmer, Stuttgart.

Rieger, S. (1983): The Genesis and Classification of Cold Soils. Acad. Press, New York.

Roder, U. und H. Thöne (1987): Möglichkeiten der Reduzierung des Abfallaufkommens durch Recyclingmaßnahmen am Beispiel des Modellversuchs »Komposttonne im ländlichen Raum«. Diplomarbeit FH NON, Fachber. Bauingenieurwesen (Wassers. u. Kulturtechn.), Suderburg.

Roeschmann, G. (1963): Zur Entstehungsgeschichte von Parabraunerden und Pseudogleyen aus Sandlöß südlich von Bremen. N. Jb. Geol. Paläont. Abh. 117, 286−302.

*Roeschmann, G. (1971): Die Böden der nordwestdeutschen Geestlandschaft. Mittlg. dt. Bodenkdl. Ges. 13, 151−231, Göttingen.

Roeschmann, G. (1974): Die Entstehung der Böden. In: Woldstedt und Duphorn: »Norddeutschland und angrenzende Gebiete im Eiszeitalter« 376−403. Verlag F. Enke, Stuttgart.

*Roeschmann, G. (1975): Zur Untersuchungsmethodik, pedogenetischen Deutung und Datierung fossiler Sandböden des Pleistozäns in Norddeutschland. Mittlg. dt. Bodenkdl. Ges. 22, 581−590, Göttingen.

Roeschmann, G. (1986): Bodenkarte der Bundesrepublik Deutschland 1:1 000 000 mit Legenden- und Erläuterungsheft. Bundesanstalt für Geowissenschaften und Rohstoffe, Hannover.

Roeschmann, G., J. Ehlers, B. Meyer und H. Rohdenburg (1982): Paläoböden in Niedersachsen, Bremen und Hamburg. Geol. Jb., F, 14, 255−309, Hannover.

Roeschmann, G., J.H. Benzler und K.H. Oelkers (1991): Die Entwicklung der Bodenkartierung in Niedersachsen von der Herstellung analoger Karten bis zum Bodeninformationssystem. Geol. Jb. A, 127, 195−234, Hannover.

Roeschmann, G. und F. Lehmeier (1993): Vorschläge zur morphographischen Kennzeichnung des Oberflächenreliefs für punktbezogene geowissenschaftliche Profilaufnahmen. Anhang: Datenschlüssel Oberflächenrelief. Geol. Jb. F, 26, Hannover.

*Roeschmann, G., G. Grosse-Brauckmann, H. Kuntze, J. Blankenburg und J. Tüxen (1993): Vorschläge zur Erweiterung der Bodensystematik der Moore. Geol. Jb. F, 29, Hannover.

Rösler, H.J. (1984): Lehrbuch der Mineralogie,

3. Aufl., VEB Dtsch. Verlag f. Grundstoffindustrie, Leipzig.

ROHDENBURG, H. und H.-R. BORK (1985): Ziele und Struktur des Forschungsvorhabens »Wasser- und Stoffhaushalt landwirtschaftlich genutzter Einzugsgebiete unter besonderer Berücksichtigung von Substrataufbau, Relief und Nutzungsform«. Mittlg. Dtsch. Bodenkundl. Ges. 42, 247−252, Göttingen.

ROHDENBURG, H. und B. MEYER (1968): Zur Datierung und Bodengeschichte mitteleuropäischer Oberflächenböden (Schwarzerde, Parabraunerde, Kalksteinbraunlehm): Spätglazial oder Holozän? Göttinger Bodenkdl. Berichte, 6, 127−212, Göttingen.

ROMMEL, L. (1922) zitiert bei BAVER, L.D. et al. (1972): Soil Physics. 4. Aufl., J. Wiley & Sons, New York.

SCHÄFER, W., H. KUNTZE und R. BARTELS (1987): Bodenentwicklung auf Spülgut in Deponieflächen. Geol. Jb., Reihe F, H. 23. Hannover.

SCHÄFER, W. und W. NEEMANN (1989): Bodenerosion durch Wind in Niedersachsen. Z. f. Kulturtechnik und Landentwicklung, 31, 72−81.

SCHÄFER, W., W. NEEMANN und B. KRUSE (1991): Bodenerosion durch Wind. Berichte über Landwirtschaft, 205 (Sonderheft), 37−50.

*SCHEFFER, F., H. KUNTZE und H. NEUHAUS (1963): Quellen und Schrumpfen-Faktoren der Bodenstruktur und ihre Beeinflussung bei Marschböden, Z. f. Pflanzenernähr., Düngung und Bodenkunde 103, 210−219.

*SCHEFFER, F. und P. SCHACHTSCHABEL (1992): Lehrbuch der Bodenkunde, 13. Aufl., Verlag F. Enke, Stuttgart.

SCHINNER, F., R. ÖHLINGER und E. KANDELER (1991): Bodenbiologische Arbeitsmethoden. Springer Verlag, Berlin, Heidelberg, New York.

SCHLEGEL, H.G. (1985): Allgemeine Mikrobiologie. Thieme Verlag, Stuttgart.

SCHLICHTING, E. und H.-P. BLUME (1988): Bodenkundliches Praktikum, 2. Aufl., Verlag Paul Parey, Berlin und Hamburg.

SCHLICHTING, E. und U. SCHWERTMANN (Hrsg.) (1973): Pseudogley und Gley. Verlag Chemie, Weinheim.

*SCHMIDT, K. und W. ROLAND (1990): Erdgeschichte. Sammlung Göschen 2616, 4. Aufl. Verlag W. de Gruyter, Berlin-New York.

*SCHMIDT, R. (1978): Geographische Aspekte der mittelmaßstäbigen landwirtschaftlichen Standortkartierung. Hallesches Jb. d. Geow. 3, 15−32, VEB H. Haack, Gotha/Leipzig.

SCHMIDT, R. (1991): Genese und anthropogene Entwicklung der Bodendecke am Beispiel einer typischen Bodencatena des Norddeutschen Tieflandes. Peterm. Geogr. Mittl. 135, 29−37, Gotha.

SCHMIDT, R. und R. DIEMANN (1974): Richtlinien für die mittelmaßstäbige landwirtschaftliche Standortkartierung. Inst. f. Bodenkd. Eberswalde.

SCHMIDT, R. und R. DIEMANN (1981): Erläuterungen zur mittelmaßstäbigen landwirtschaftlichen Standortkartierung. Forsch. Zentrum Müncheberg, Bereich Bodenkunde, Eberswalde.

*SCHMIDT-LORENZ, R. (1986): Die Böden der Tropen und Subtropen. In: S. REHM (Hrsg.): Grundlagen des Pflanzenbaus in den Tropen und Subtropen. Band 3, 47−92, E. Ulmer Verlag, Stuttgart.

SCHRÖDER, D. und B. URBAN (1985): Bodenatmung, Zelluloseabbau und Dehydrogenaseaktivität in verschiedenen Ackerböden und ihre Beziehung zu Strohdüngung und Bodeneigenschaften. Landw. Forschung, Sonderh. 38, 166−172.

SCHROEDER, D. und W.E.H. BLUM (1992): Bodenkunde in Stichworten, 5. Aufl. Ferdinand Hirt in der Gebr. Borntraeger Verlagsbuchhandlung, Berlin−Stuttgart.

*SCHULTE-KARRING, H. (1976): Die meliorative Bodenbewirtschaftung. Verlag R. Warlich, Ahrweiler.

SCHULTZ, J. (1988): Die Ökozonen der Erde. Verlag E. Ulmer, Stuttgart.

SCHUMANN, H. (1968): Einführung in die Gesteinswelt. 4. Aufl., Göttingen.

SCHWAAR, J. (1986): Subfossile, moosreiche Kleinseggenriede im Geeste-Mündungstrichter bei Laven/ Krs. Cuxhaven. Tuexenia 6, 205−218, Göttingen.

SCHWAAR, J. und G. SCHWERDTFEGER (1992): Peathorizons and their use to typify Mire Profiles. Proceedings of the 9th Int. Peat Congress, 1, 40−45, Uppsala.

SCHWARZBACH, M. (1988): Das Klima der Vorzeit, 4. Aufl., Verlag F. Enke, Stuttgart.

*SCHWEGLER, P., P. SCHNEIDER und W. HEISSEL (1969): Geologie in Stichworten, 3. Aufl. Verlag F. Hirt, Kiel.

SCHWEIKLE, V. (1982): Gefügeeigenschaften von Tonböden. Hohenheimer Arbeiten 117, 1−80.

SCHWERDTFEGER, G. (1948): Moderne Kompostwirtschaft. Verlag M. & H. Schaper, Hannover.

SCHWERDTFEGER, G. (1977): Genese und Nomenklatur krumenvertiefter Ackerböden. Mittlg. dtsch. Bodenkdl. Ges. 25, 633−638.

SCHWERDTFEGER, G. (1981): Ursachen und Bekämpfung der Erosion auf Ackerflächen, Berichte über Landwirtschaft, Sonderheft 197, 60−71. Verlag Paul Parey, Hamburg und Berlin.

SCHWERDTFEGER, G. (1993): Die bodenkundliche Systematik der Moore im internationalen Vergleich. Mitteilg. Dtsch. Bodenkundl. Gesellschaft, 71/II, 1055−1058.

SCHWERDTFEGER, G. und B. URBAN (1992): Flächendeckende Landschaftspflege am Beispiel der Bodenteicher Seewiesen, Niedersachsen. TELMA, 22, 267−276, Hannover.

SCHWERDTFEGER, G. (1988): Die Bodenentwicklung in den Bodenteicher Seewiesen, ihre bisherige landwirtschaftliche Nutzung, zukünftige Probleme und Lösungsansätze. Int. Symp. d. IPS in Eberswalde, Band II, 429−437.

SCHWERDTFEGER, G. (1990): Jüngste Entwicklungen in der Klassifikation von Moorböden in Mitteleuropa.

14. Int. Bodenkdl. Kongreß, Kyoto, Transactions, Band V, 406/7.

SCHWERDTFEGER, G. (1991): Internationale Übereinkunft für die Klassifikation von Böden: Mittlg. dtsch. Bodenkdl. Ges., 66, 851–854.

SCHWERTMANN, U. (1988): Occurrence and formation of iron oxides in various pedoenvironments. In: J. W. STUCKI, B. A. GOODMAN und U. SCHWERTMANN (Hrsg.): Iron in soils and clay minerals, 267–308. NATO ASI series, Reidel Publ. Comp. Dordrecht, Boston, Tokyo.

*SCHWERTMANN, U., W. VOGL und M. KAINZ (1990): Bodenerosion durch Wasser, Vorhersage des Abtrags und Bewertung von Gegenmaßnahmen. Verlag E. Ulmer, Stuttgart.

SEMMEL, A. (1989): Angewandte konventionelle Geomorphologie: Beispiele aus Mitteleuropa und Afrika. Frankfurter Geowiss. Arbeiten, Serie D. 6. Aufl., Frankfurt/M.

*SEMMEL, A. (1993): Grundzüge der Bodengeographie, 3. Aufl., Teubner Studienbücher Geographie, Stuttgart.

*SIEM, H.-K., E. CORDSEN, H.-P. BLUME und E. FINNERN (1987): Klassifizierung von Böden anthropogener Lithogenese – vorgestellt am Beispiel von Böden im Stadtgebiet Kiel. Mitteil. Dtsch. Bodenkundl. Gesellsch., 55/II, 831–836.

Soil Survey Staff (1975): Soil Taxonomy, Agric. Handb. No. 436, Soil Conservation Service, USDA, Washington, D. C.

Standard Soil Colour Charts. Farbtafel nach dem Munsell Notation System mit 398 Farben, Erläuterungen in Englisch, Französisch und Japanisch. Fujihira Industry Co. Ltd., Tokyo.

*STEFFENS, W., W. MITTELSTAEDT und F. FÜHR (1986): Der Transfer für die Radionukleide 90 Sr, 137 Cs, 60 Co, 54 Mo. KFA Jülich.

*STIEF, K. (1987): Zur Wirksamkeit von Deponieabdichtungen. Beihefte zu »Müll und Abfall« 24, 9–15, Berlin.

*STRECKEISEN, A. (1973): Classification and Nomenclature of Plutonic Rocks. Recommandation. N. Jb. Mineralogie 4aA, 149–164, Stuttgart.

STREMME, H. E., P. FELIX-HENNINGSEN, H. WEINHOLD und S. CHRISTENSEN (1982): Paläoböden in Schleswig-Holstein. Geolog. Jb. F, 14, 311–361.

SUCCOW, M. (1981): Landschaftsökologische Kennzeichnung und Typisierung der Moore der DDR. Habil. Schrift. d. Akad. d. Landwirtschaftswissenschaften d. DDR, Berlin.

SUCCOW, M. (1988): Landschaftsökologische Moorkunde. Verlag Gebr. Bornträger, Berlin und Stuttgart.

SUCCOW, M. und L. JESCHKE (1986): Moore in der Landschaft. Urania Verlag, Leipzig, Jena, Berlin.

THIEME, H. (1991): Alt- und Mittelsteinzeit. In: H.-J. HÄßLER (Hrsg.): Ur- und Frühgeschichte in Niedersachsen, 77–108, Theiß-Verlag, Stuttgart.

THÖLE, R. und B. MEYER (1979): Bodengenetische und bodenökologische Analyse eines Repräsentativbereiches der Göttinger Muschelkalkscholle als Planungsgrundlage. Göttinger Bodenkdl. Berichte 59, 1–230.

THOME-KOZMIENSKY, K. J. (1985): Kompostierung von Abfällen. Bd. 1 u. 2, EF-Verlag für Energie- u. Umwelttechnik, Berlin.

TROLLDENIER, G. (1971): Bodenbiologie – Die Bodenorganismen im Haushalt der Natur. Kosmos Studienbücher, Francksche Verlagsbuchhandlung, Stuttgart.

ULRICH, B., R. MAYER und P. K. KHANNA (1979): Deposition von Luftverunreinigungen und ihren Auswirkungen in Waldökosystemen im Solling. Schriften a. d. forstl. Fakultät d. Univ. Götting, Band 58, Sauerländ. Verlag, Frankfurt a. M.

Umweltbundesamt Berlin (1989): Grundlage für Umweltzeichenvergabe; Bodenverbesserungsmittel/ Bodenhilfsstoffe aus Kompost.

URBAN, B. (1985): Bodenkundliche und mikrobiologische Untersuchungen. In: STEPHAN, S., URBAN, B., VOSS, C., UND R. WOLFF-STRAUB: Sukzessionen auf Rohböden im Rheinischen Braunkohlengebiet. Schriftenreihe für Vegetationskunde, Heft 16, 20–36, Bonn-Bad Godesberg.

URBAN, B. (1991 a): Quartäre Vegetationsgeschichte im norddeutschen Raum. In: H.-J. HÄßLER (Hrsg.): Urgeschichte Niedersachsens. 38–53, Theiß-Verlag, Stuttgart.

URBAN, B. (1991 b): Zusammenfassung biostratigraphischer Ergebnisse, holstein- und saalezeitlicher Vorkommen im Tagebau Schöningen, Landkreis Helmstedt. Sonderveröffentlichungen, Geol. Inst. d. Univ. Köln 82 (Festschrift K. BRUNNACKER), 329–342, Köln.

URBAN, B. (1992): Interglacial/Glacial transitions recorded from middle and young Pleistocene sections of eastern Lower Saxony/Germany. G. J. KUKLA und E. WENT (Herausgeber): Start of a Glacial, 37–50. NATO ASI Series, I 3; Springer Verlag, Berlin, Heidelberg.

URBAN, B. (1992): Die Rolle der Quartärbotanik und ihre Bedeutung für die Fundstelle des Homo erectus heidelbergensis von Mauer. K. W. BEINHAUER und G. A. WAGNER (Herausgeber): Schichten von Mauer, 111–119. Reiß-Museum der Stadt Mannheim. Edition Brauns.

URBAN, B. (1993): Role of heathland during Pleistocene climatic changes in NW-Europe. Scripta Geobotanica 21, im Druck.

URBAN, B., R. LENHARD, D. MANIA u. B. ALBRECHT (1992): Mittelpleistozän im Tagebau Schöningen, Landkreis Helmstedt. Zeitschr. d. Geol. Ges., 142.

*VOLGMANN, W. (1986): Landschaftsbau, 2. Aufl. Verlag E. Ulmer, Stuttgart.

*WALTER, H. (1990): Vegetation und Klimazonen; Grundriß einer globalen Ökologie. 6. Aufl., Verlag E. Ulmer Stuttgart.

WALTHER, H. W. und A. ZITZMANN (1973): Geologische Karte der Bundesrepublik Deutschland 1:1 000 000 und benachbarter Gebiete. Bundesanstalt für Geowissenschaften und Rohstoffe, Hannover.

WEBER, H.H. (1990): Altlasten-Erkennen, Berwerten, Sanieren. Springer Verlag, Berlin.

WEISE, O.R. (1983): Das Periglazial-Geomorphologie und Klima gletscherfreier kalter Regionen. Verlag Bornträger, Berlin, Stuttgart.

WEISCHET, W. (1988): Einführung in die allgemeine Klimatologie, 4. Aufl., Teubners Studienführer, Stuttgart.

WEISFLOG, D. (1967): Die Bestimmung der Wasserverteilung im Kapillarsaum mittels Segmentröhren. Dt. Gewässerkdl. Mittlg., 11, 109−116.

WIECHMANN, H. (1974): Stoffverlagerungen in Podsolen. Hohenheimer Arb., 94. Verlag E. Ulmer, Stuttgart.

*WILHELMY, H. (1971/72): Geomorphologie in Stichworten I bis III. Verlag F. Hirt, Kiel.

*WILHELMY, H. (1974): Klimageomorphologie in Stichworten, Verlag F. Hirt, Kiel.

*WINKLER, H. (1974): Progenesis of Metamorphic Rocks. Verlag Springer, Berlin, New York.

WISCHMEIER, W.H. und D.D. SMITH (1978): Predicting rainfall erosion losses-a guide to conservation planning. Agr. handbook No. 537, USDA, Washington (DC).

WITTMANN, O. (1986): Der Bodenkataster Bayern −

Bodeninformationssystem für Standortkunde, Boden- und Umweltschutz. Amtsblatt Bayer. Staatsmin. f. Landesentwicklung und Umweltfragen, 16 (3); München.

WITTMANN, O. (1989): Bodenkataster Bayern. In: Staatsmin. f. Landesentwicklung und Umweltfragen: Materialien 59, 4−22; München.

*WOHLRAB, B. und R. BAHR (1972): Bodennutzung und Wasserhaushalt, Wirkungen von Eingriffen − Schutzmaßnahmen. Ber. über Landwirtschaft, 50, 10−25.

*WOLDSTEDT, P. und K. DUPHORN (1974): Norddeutschland und angrenzende Gebiete im Eiszeitalter. Verlag Koehler, Stuttgart.

WÜNSCHE, M. et al. (1981): Die Klassifikation von Böden auf Kippen und Halden im Braunkohlerevier der DDR. Neue Bergbautechnik 11, 42−48, Halle.

YAALON, D.H. (1971) (Hrsg.): Paleopedology; Origin. Nature and Dating of Paleosols. Papers of Sympos. Age of Parent Materials and Soils. Israel Universities Press, Jerusalem.

*ZIECHMANN, W. (1980): Huminstoffe − Probleme, Methoden, Ergebnisse. Verlag Chemie, Weinheim.

ZIECHMANN, W. und U. MÜLLER-WEGENER (1990): Bodenchemie. Wissenschaftsverlag Mannheim, Wien, Zürich.

Bodenkundliche Richtlinien und Normen

DIN-Normen (Deutsches Institut für Normung)
(sämtliche Beuth-Vertriebs GmbH, Berlin 30)
DIN 4047, Teil 1 bis 10, 1985: Landwirtschaftlicher
  Wasserbau; Begriffe
  Teil 3: Bodenkundliche Grundlagen
  Teil 4: Moorböden
  Teil 10: Der Boden als Pflanzenstandort
DIN 4220, Teil 1 + 2, 1987: Bodenkundliche Standortbeurteilung.
DIN 18122, 1976: Baugrund. Untersuchung von Bodenproben, Zustandsgrenzen (Konsistenzgrenzen, Bestimmung der Fließ- und Ausrollgrenzen.)
DIN 18915, Teil 1 bis 3, 1973: Landschaftsbau; Bodenarbeiten für vegetationstechnische Zwecke.
DIN 11542, Blatt 1 + 2, 1967: Torf für Gartenbau und Landwirtschaft.
DIN 16655, 1961: Bewässerung; Richtlinien
DIN 19671, Teil 1 + 2, 1964: Erdbohrgeräte für den Landeskulturbau.
DIN 19672, Teil 1 + 2, 1968: Bodenentnahmegeräte für den Landeskulturbau; Geräte zur Entnahme von Bodenproben in ungestörter Lagerung.
DIN 19680, 1970: Bodenuntersuchungen im Landwirtschaftlichen Wasserbau; Bodenaufschlüsse und Grundwasserbeobachtungen.
DIN 19681, 1970: Bodenuntersuchungen im Landwirtschaftlichen Wasserbau; Entnahme von Bodenproben.
DIN 19682, Teil 1 bis 13, 1972: Bodenuntersuchungsverfahren im landwirtschaftlichen Wasserbau; Felduntersuchungen.
DIN 19683, Teil 1 bis 19, 1973: Bodenuntersuchungsverfahren im Landwirtschaftlichen Wasserbau; Physikalische Laboruntersuchungen.
DIN 19684, Teil 1 bis 11, 1977: Bodenuntersuchungsverfahren im Landwirtschaftlichen Wasserbau; Chemische Laboruntersuchungen.
DIN 19685, 1979: Klimatologische Standortuntersuchung im Landwirtschaftlichen Wasserbau; Ermittlung der meteorologischen Größen.
DIN 19686, 1983: Vegetationskundliche Standortuntersuchung.
DIN 1185, Teil 1 bis 5, 1973: Dränung; Regelung des Bodenwasser-Haushaltes durch Rohrdränung, Rohrlose Dränung und Unterbodenmelioration.
DIN Taschenbuch 187, 1982: Wasserbau 2, Normen über Bewässerung, Entwässerung, Bodenuntersuchung.

DVWK-Regeln und Merkblättter zur Wasserwirtschaft
(Deutscher Verband für Wasserwirtschaft und Kulturbau e. V.) Verlag P. Parey, Hamburg

Bodenkundliche Grunduntersuchungen im Felde zur Ermittlung von Kennwerten meliorationsbedürftiger Standorte:
Teil I (Heft 115): Grundansprache der Böden (1980)
Teil II (Heft 116): Ermittlung von Standortkennwerten (1986)
Teil III (Heft 117) Anwendung der Kennwerte für die Melioration (1986)
Beweissicherung bei Eingriffen in den Bodenwasserhaushalt von Vegetationsstandorten; Heft 208 (1986)
Filtereigenschaften des Bodens gegenüber Schadstoffen, Teil I: Beurteilung der Fähigkeit von Böden, zugeführte Schwermetalle zu immobilisieren; Heft 212 (1988)
Gewinnung von Bodenwasserproben mit Hilfe der Saugkerzenmethode Heft 217 (1990)

Fachbereichsstandards (Auswahl)
(Akademie der Landwirtschaftswissenschaften der ehemaligen DDR)
TGL 24300: Aufnahme landwirtschaftlich genutzter Böden.
  Teile 1 bis 19. Auswahl:
  Teil 04: Moorstandorte
  Teil 05: Körnungsarten und Skelettgehalt
  Teil 07: Substratarten und Substrattypen
  Teil 08: Horizonte, Bodentypen und Bodenformen von Mineralböden
  Teil 09: Wasserverhältnisse im Boden
  Teil 11: Ergänzende Bodenmerkmale
  Teil 19: Bodengefüge von Mineralböden
TGL 80-24299: Meliorationen, Fachausdrücke, Begriffe
TGL 23865: Darstellung bodengeologischer Kartiereinheiten

Richtlinien zur Standortkartierung in der ehemaligen DDR
Richtlinien für die mittelmaßstäbige landwirtschaftliche Standortkartierung, – SCHMIDT, R. u. DIEMANN, R., Institut f. Bodenkunde, Eberswalde 1974.
Anweisung für die forstliche Standorterkundung in der DDR. – VEB Forstprojektplanung, Potsdam, 1974 u. 1985.
Arbeitsrichtlinie Bodengeologie. – VEB Kombinat Geol. Forschung u. Erkundung, Halle, 1979.
Richtlinie zur Herstellung bodengeologischer Karten 1:25000 u. 1:100000. – VEB Kombinat Geol. Forschung u. Erkundung, Halle 1975.
Richtlinie für die Bildung und Kennzeichnung der Kartiereinheiten der »Naturraumtypen-Karte der DDR« HAASE, G. u. a., Institut f. Geographie u. Geoökologie, Wissenschaftliche Mitteilungen, Sonderheft 3, Leipzig 1985.

Glossare

1) Ausschuß für Internationale Zusammenarbeit im Kuratorium für Kulturbauwesen: Fachwörterbuch für Bewässerung und Entwässerung, Englisch, Französisch, Deutsch. Franckh'sche Verlagshandlung, 1971.
2) Dachverband wissenschaftlicher Gesellschaften, der Agrar-, Forst-, Ernährungs-, Veterinär- und Umweltforschung e. V.: Begriffe aus Ökologie, Umweltschutz und Landnutzung. 1984.
3) FREEMAN: Wörterbuch technischer Begriffe mit Definitionen nach DIN 4300, Deutsch u. Englisch. Beuth Verlag, Berlin 1983.
4) Internationale Moor- und Torfgesellschaft: Peat Dictionary. Helsinki 1983.
5) LOGIE, G.: Glossary of land resources. Verlag Elsevier. Amsterdam, 1984.
6) LOZET, J. et MATHIEU, C.: Dictionnaire de Science du Sol. Paris 1986.
7) MEYNEN, E.: Int. Geographisches Glossarium. Stuttgart, 1985.
8) MURAWSKI: Geologisches Wörterbuch. Ferdinand Enke Verlag, Stuttgart 1983, 8. Aufl.
9) Soil Conservation Society of America: Resource Conservation Glossary. 3. Aufl. Ankeny-Iowa 1982.
10) SCHAEFER/TISCHLER: Ökologie, 2. Auflage, Fischer Verlag, Stuttgart 1983 (Wörterbücher der Biologie).
11) VOLLMER: Lexikon für Wasserwesen, Erd- und Grundbau. UTB Nr. 255 Fischer Verlag, Stuttgart 1973.
12) Soil Science Dictionary: Englisch, Französisch, Deutsch, Rumänisch, Russisch. – Interpr. Poligrafica Information, Bukarest 1964.

Zeitschriften mit bodenkundlichen Veröffentlichungen (Auswahl)

Belgien
Pédologie

Bundesrepublik Deutschland
Allgemeine Forstzeitschrift
Geologisches Jahrbuch, Reihe F, Bodenkunde
Catena
Landwirtschaftliche Forschung
Mitteilungen der Deutschen Bodenkundlichen Gesellschaft
Wasser und Boden
Zeitschrift für Acker- und Pflanzenbau
Zeitschrift für Kulturtechnik und Landentwicklung
Zeitschrift für Pflanzenernährung und Bodenkunde
Archiv für Acker- und Pflanzenbau und Bodenkunde
Landwirtschaftliches Zentralblatt, Pflanzliche Produktion
Pedobiologia

FAO, ROM
Soils Bulletin

Frankreich
Science du Sol

Großbritannien
Journal of Soil Science
Soils and Fertilizers
Geomorphology

Japan
Journal of Soil Science

Kanada
Canadian Journal of Soil Science

Niederlande
Geoderma
Plant and Soil

Österreich
Bodenkultur

Polen
Roczniki Gleboznawcze

USA
Hydrology
Journal of Soil and Water Conservation
Soil Science
Soil Science Society of America Proceedings

Rußland
Pochvovedenie (GUS Soil Science)

Sachregister

Halbfett gedruckte Seitenzahlen verweisen auf Schwerpunkte der Ausführungen im Text, kursiv gedruckte Seitenzahlen auf Abbildungen, Tabellen und Formeln.